现代蔬菜病虫鉴别与防治手册

HANDBOOK OF CONTEMPORARY VEGETABLE
PESTS AND DISEASES:
IDENTIFICATION AND MANAGEMENT

(FULLY COLORED EDITION)

（全 彩 版）

郑 建 秋　著

WRITTEN BY ZHENG JIANQIU

中国农业出版社

CHINA AGRICULTURE PRESS

图书在版编目（CIP）数据

现代蔬菜病虫鉴别与防治手册：全彩版／郑建秋著.
北京：中国农业出版社，2004.3（2017.1重印）
ISBN 978-7-109-08909-9

Ⅰ.现··· Ⅱ.郑··· Ⅲ.蔬菜－病虫害防治方法－手册
Ⅳ.S436.3-62

中国版本图书馆 CIP 数据核字（2004）第 018127 号

中国农业出版社出版
（北京市朝阳区农展馆北路 2 号）
（邮政编码 100125）

责任编辑　张洪光　杨金妹　阎莎莎

中华商务联合印刷（广东）有限公司印刷　　新华书店北京发行所发行
2004 年 5 月第 1 版　　2017 年 1 月深圳第 4 次印刷

开本：889mm × 1194mm 1/16　印张：62.5
字数：1 100 千字　　印数：9 001～10 000 册
定价：450.00 元

（凡本版图书出现印刷、装订错误，请向出版社发行部调换）

图文并茂

科学实用

张燕丽

二〇〇三·三

The pictures and the accompanying essays are both excellent and the techniques are practical in commercial production.

Zhang Yanli

Former Vice-Chairwoman of Standing Committee of Beijing

People's Congress

Mar. 2003

序

　　近年来蔬菜花色品种越来越丰富多彩了，这也是人民生活不断改善、保健要求不断提高、全面步入小康社会的一种表现。病虫害防治是蔬菜生产中必不可缺的保证措施，而且这是一种持久的斗争。原有的多种病虫害此起彼伏、时隐时现，新病虫害不断出现。新引进和发展的蔬菜自然又有些我们前所未见的新病虫害。很需要一本种类全、内容新、易查而可靠的读物，供用户查询参考。《现代蔬菜病虫鉴别与防治手册（全彩版）》便应运而生。

　　这本手册包括了我国传统种植的、近年发展的以及从国外引进的144种蔬菜上的病虫害1323种，种类可谓相当齐全了。有彩色照片3400余幅，文图对照，便于识辨。图片是作者自己精心摄制的，文字资料力求刷新，并含有作者及其同行们多年实践经验和研究结果。防治途径中还注意贯穿生态环保、食品安全的思想，体现其先进性与实用性。教学、研究工作者可以用它为便捷参考，而广大菜农更是其主要用户。

　　一本好的科普读物把知识和技术送给千家万户，其作用之直接和作用面之广，常常会大于一本教科书或专著。希望并相信这本手册会在蔬菜植保中发挥其应有的良好作用。

中国农业大学教授　曾士迈

2003.4.3

PREFACE

In recent years, the varieties of vegetable crops have become much more colorful and diversed, which symbolizes the continuous improvement of people's living standard, the increasing health requirement, and the initial wealth society. Pest management is necessary to vegetable crop production and is a durable task. The known pests happen here and there, while new pests break out unexpectedly. Introduced and newly adapted vegetables bring in unknown pests and Diseases. Therefore, a comprehensive, reader-friendly book with new material is urgently required for a reliable reference. *Handbook of Contemporary Vegetable Pests and Diseases: Identification and Management* (*fully colored edition*) comes into being as the times require.

The Handbook is quite comprehensive, covering 1 323 pests and diseases of 144 domestic and introduced vegetables. It includes 3 400 color plates with precise and easy-to-read explanations, which make the identification very easy. All of the plates were prepared by the author himself and the text provides as more new information as possible, which demonstrates the rich experience and outstanding achievement of the author and his colleagues. Meanwhile, the environmental protection and food safety in the pest and disease control are emphasized throughout the Handbook. The Handbook is a valuable reference with advantageousness and practicability for educators, researchers, and especially for vegetable growers.

A good popular scientific reading will bring the knowledge and techniques to many readers. Its influence can be wider and more direct than either of a textbook or a monograph. I do wish the Handbook to play a good role in the pest and disease management of vegetable crops.

Professor Zeng Shimai
China Agricultural University
April 3, 2003

前　言

　　近20年来，我国蔬菜产业发生了翻天覆地的变化，种植面积不断扩大，品种迅速增加，极大地丰富了城乡人民的菜篮子。特别是随着人民生活水平的提高，农业种植结构不断调整，蔬菜生产得到前所未有的发展，全国大市场、大流通基本形成，使过去仅供宾馆、饭店、外宾消费的小面积零星种植的名、特、优、稀蔬菜也悄然走进千千万万个普通消费者家庭，这些蔬菜就其本质而言，既不同于过去的普通大众蔬菜，也不同于原有的名、特、优、稀蔬菜，在生产技术、产品内在质量、外观标准等方面较过去提高了许多，并逐渐向现代社会人们对蔬菜产品的消费需求方向发展，因而，作者将本书中所介绍的我国从国外引进和自己培育及传统种植的名、特、优、稀蔬菜改称为现代蔬菜。

　　由于这些蔬菜在过去相当长时间内局部小面积栽种，产品数量少、生产季节单一、种植方式简单，病虫防治技术缺少研究。一些引自国外的蔬菜，因在原产国按照蔬菜最适宜生态类型规划布局，具有很好的配套设施和相关条件，病虫种类很少，危害损失极轻，多无须进行专门防治，相关研究亦较少，可供我们借鉴参考的病虫防控技术资料不多。伴随着蔬菜生产的迅速发展，新品种大量引进，南北方频繁交流，多形式连续种植，强化栽培，使病虫种类不断增加，生产损失日趋严重。为了维持正常生产，部分农民因不能准确识别病虫，采用不恰当措施盲目防治，随意使用农药，影响了产品质量，也在一定程度上影响或限制了现代蔬菜生产的健康发展，与我国发展绿色农业、高效农业、精品农业和创汇农业的目标很不相符。

　　为了较好地满足现代蔬菜安全生产需要，经济有效地控制病虫，减少生产损失，提高现代蔬菜产品质量，逐步增强蔬菜产品国际竞争力，真正保持现代蔬菜的"名优"价值，作者经过近20年广泛调查收集资料，试验研究相关技术，在总结、整理十多年技术成果，结合前人经验的基础上撰写了《现代蔬菜病虫鉴别与防治手册（全彩版）》，希望能在我国现代蔬菜无公害生产中更好地发挥作用，为我国加入WTO以后蔬菜产品走出国门提供必要的技术支撑，也希望通过本书向广大农技推广人员和农民朋友推荐多种现代蔬菜病、虫无公害综合防治技术措施，使广大农民朋友无公害综合控制病、虫的意识和能力不断增强，逐步改变单一依赖农药防治病、虫的不良做法，进一步推进我国蔬菜的无公害生产。

　　本书包括了144种现代蔬菜（包括食用菌13种）的病虫1 323种，其中病害1 135种，害虫188种。包含田间彩色照片约3 400余幅，其中病害近2 700幅，虫害500余幅，食用菌病虫300余幅，防治技术70余幅，害虫天敌30余幅，病虫显微照片40余幅，病虫显微描绘墨线图310幅。版面文字约110万字。内容包括病虫中文名、英文名、拉丁学名、分类地位、田间症状、为害特点、形态特征、生物学特性、发生规律及综合防治技术，书后附现代蔬菜中英文名索引、病虫学名索引、读者意见反馈表和参考文献。

　　本书力求反映本领域先进技术水平，作者把参加工作以来潜心研究和试验开发总结出的数十项技术成果和相关实用技术融于其中，重要技术尽可能以田间操作实况照片的方式提供给读者，始终以方便读者为宗旨，注重文稿质量和实用性，病、虫标本均为作者收集、调查、鉴定，某些疑难病、虫的鉴定得到有关专家的帮助，所用病、虫为害症状、形态鉴别等图片资料均由作者拍摄、制作、整理，亲自描绘病虫显微墨线图，尽可能保持病、虫的真实原貌，提供病虫不同时期的典型和非典型生态照片，以方便读者使用，使传统技术与高新技术有机结合，田间症状与特写症状结合，图片与文字结合，以满足读者借助本书直接、快速、准确识别、鉴定病、虫和及时进行无害化防治的需要。本书充分考虑寄主、有害生物和环境三者关系，在实践应用和总结长期一线工作经验的基础上，提出以生态保健种植为基础的切实可行的综合防治病虫技术或措施，同时尽可能考虑到防治病、虫对社会、经济、环境等多方面的影响，重点突出农业防治、物理防治、生态防治、生物防治的协调控制作用，特别强调环保施药、优化施药，所有农药或化学投入品均符合低毒无公害生产要求。本书于1994年开始撰写，历时8年多，其间，相关技术发展很快，特别是农药，当初很新的技术随着时间推移渐趋过时，为保证本书质量，作者多次更新和充实相关内容，尽可能提供更多实用新技术，尽可能保持本书的先进性与实用性。北京市"无公害生物生态调控工程——绿色食品病虫防治配套技术及检测系统研究与应用"、"无公害蔬菜技术规程标准研究与应用"、"绿色食品生产、检测关键技术研究及示范基地建设"等重大科技项目的实施极大地丰富了本书的技术内容。

撰写出版本书经历了20年日积月累的资料收集和技术储备过程，其间得到了北京市农业局、北京市科学技术委员会、北京市农村工作委员会、北京市委组织部优秀青年知识分子工作办公室、北京市人事局跨世纪优秀人才工程办公室、北京市科学技术协会、北京市有关区县蔬菜办公室和区县植保站等多家单位领导和同志们的支持与帮助。原北京市农业局局长、北京市人大常委会张燕丽副主任一直关心和支持本书的撰写与出版，北京市农村工作委员会聂玉藻副主任、北京市农业局程贤禄局长高度重视本书的出版工作，张燕丽副主任和程贤禄局长为本书书名提出了很好的建议，张燕丽副主任并为本书题词。2002年5月中国植物保护学会为本书正式出版组织在京有关院士和著名专家专门论证，邱式邦、张广学、曾士迈、郭予元、方智远院士，张燕丽副主任，成卓敏、倪汉祥、李明远研究员，冯峰主任，尹幼奇副局长，谷天明、李世清站长对本书进行了全面论证，对本书提出了宝贵意见。曾士迈院士对本书部分内容进行了详细审阅，提出了许多宝贵的修改意见，还特别为本书作序。郭予元院士对本书害虫学名进行了一一核对，并对病、虫英文名定稿提供了很好的建议。奥本大学胡兴平博士也对本书提出了许多好的建议，在此致以衷心感谢。孙福在、赵庭昌、张芝利、雷仲仁等专家帮助鉴定了部分病虫，师迎春、吴钜文、陈乃中、吕佩珂、周浩东、涂祖霞、刘秀芳、姜道宏为本书提供了部分资料，早期还得到了赵书泉、王金山、曹华、吴宝兴等同行的鼎立协助，师迎春在协助手册资料的收集和病虫鉴定中做了大量工作，陈笑瑜、张芸帮助进行了书稿校对，陈笑瑜还帮助翻译了手册的序、前言、读者意见反馈表、作者简介，此外本书还得到了杨刚、张光连、马金旺、张平、姜善文、王海龙、袁文、何昕、王立平、方芳、柯常取、张梅、陶志强、吴建繁、廖洪、徐公天、钱亮、车晋滇、曹金娟、张令军、丁建云、曹之富、林原、赵山普、杨福刚、王铭堂、陈立新等领导和同志们的支持与帮助，特致以诚挚的谢意。

本书主要面向农业技术推广人员，兼顾部分中、基层技术人员参考应用，在病虫发生特点和规律方面作了尽可能详细的介绍，针对某一病、虫还尽量介绍多方面非农药综合防治技术措施或方法，适于农业技术推广、生产管理技术人员和蔬菜生产者使用，也可供大专院校、科研单位和植物检疫检验等部门参考。

尽管本书的编写经历了很长时间，由于作者水平和经验有限，难免存在不少错误与疏漏，衷心期待专家、同仁和广大读者批评指正。

作　者

2003年5月于北京

FOREWORD

In recent two decades, there have been great changes in many aspects of vegetable crop production in China, such as the continuous enlargement of growing areas and the rapid increase of the number of varieties which have much enriched the people's "shopping baskets". With the increase of living standards and readjustment of agricultural production systems, the vegetable production has been developed rapidly. The establishment of national markets and communication networks has made the famous, special, excellent and rare vegetables, which was normally consumed only in hotels, restaurants and by foreigners, owing to small growing areas and low productivity, become much more available to ordinary families. These vegetables are now different from both the so-called famous, special, excellent and rare vegetables and the popular vegetables in traditional senses. They have been improved in cultivation techniques, product quality, appearance and other agronomic characteristics, and have developed towards the consumers' needs in the modern society. Therefore, these introduced and domestically raised vegetables are termed contemporary vegetables in this book.There was very little research on pest and disease control of these contemporary vegetables because they were for long time grown in small local sites by using simple techniques in unique growing seasons with low production. The foreign varieties from developed countries were grown under the optimum industrial conditions with well-designed ecological parameters and may not have much loss caused by pests and diseases. Therefore, there is not much information available on the new pests and diseases occurring in these countries. Following the rapid development of vegetable production, more introduced varieties, frequent exchanges between the south and the north, various succession of intensive planting, contemporary vegetables have encountered many more pests and diseases and their losses in products become more severe. The growers cannot treat these pests and diseases properly because they are not able to recognize them. The blind pest management and misapplication of pesticides and fungicides affect the quality of vegetable and hinder the development of contemporary vegetables. This is also in conflict with the aims of Green, High Efficient, Good Quality and Foreign Exchange-earning Agricultures.

Handbook of Contemporary Vegetable Pests and Diseases: Identification and Management (*fully colored edition*) is brought out as a diagnostic guide and a summarization of a serial of practical techniques of pest management for vegetable growers. It is the results of the author's collections from his experience in field trials for demonstration and research work in the last 20 years. This Handbook may help growers and agricultural workers in an easy way to identify the pests and diseases by high-quality color photographs depicting typical symptoms in different growing stages and the accompanying text. The Handbook recommends the integrated measurement of pest control for vegetable growers, agricultural workers and scientists. The Handbook also provides with the advice on responsibilities in pest management and with necessary technical support for contemporary vegetable produce exporting, especially after China's entery into the World Trade Organization. The less-experienced growers may learn from the Handbook to replace chemical control with multiple alternatives to manage the pests to improve the quality of the contemporary vegetable produce.

This Handbook covers 1 135 diseases and 188 insect pests of 144 contemporary vegetables (including 13 edible fungi), and includes 3 400 color plates (2 700 for diseases, 500 for insect pests, 300 for edible fungi pests, 70 for management techniques and 30 for natural enemies), 40 pests micrographs and 310 black-white drawings of insects, mites and nematodes. The Chinese name, English common name and Latin scientific name of each pest and disease are provided and accompanied with their classification, symptom, morphology, biology and integrated management techniques in an extensive text of 1.1 million words. The Handbook is indexed by Chinese name of hosts and Latin name of pests and diseases. The references are also appended. A commentary form is included for the feedback from readers.

This work is based on the author's experience in research and experience of traditional handlings, hi-tech management and new information on pest management since he entered the field. The key techniques are illustrated by photographs of field operation which is accompanied with text. Almost all of the infected and damaged samples were collected, investigated, recorded and identified by the author, except for some difficult samples which were identified with the help from relevant specialists. The photographs and graphs are original prepared by the author, the text is based on the author's practical experience of Eco-Healthy Planting and on the theory of host-pest-environment triangle relationships considering social, economical and environmental effects. Meanwhile, the author emphasizes the harmonization of agricultural, physical, ecological and biological controls of pests and prescripts correct application of pesticides for the non-toxic vegetable production. Many addition and emendations have been made for this Handbook since 1994, with as many as possibly updated techniques (especially agrochemicals) to keep the leading and practical. Additionally, the implementation of some relevant important projects in Beijing, such as the "Investigation and Application of the System of Technical Regulations for Non-toxic Vegetable Production" and the "Establishment of Demonstration Station for Green Food Production and Detection Techniques", has substantiated the content of the Handbook.

Thanks are due to administrative leaders of Beijing Municipal Bureau of Agriculture, Beijing Science and Technology Commission, Beijing Municipal Rural Work Commission, Excellent Youth Intellectuals Office of Organization Department of Beijing Committee of

Chinese Communist Party, Trans-century Talents Program Office of Beijing Municipal Bureau of Personnel, Beijing Association of Science and Technology, Vegetable Production and Management Office and Plant Protection Station of each counties and regions in Beijing area, for their kind support during this project.

The author expresses his appreciation to the following professors and academicians for their concerns, suggestions and comments: Zhang Yanli, Nie Yuzao, Cheng Xianlu, Qiu Shibang, Zhang Guangxue, Zeng Shimai, Guo Yuyuan, Fang Zhiyuan, Cheng Zhuomin, Ni Hanxiang, Li Mingyuan, Feng Feng, Yin Youqi, Gu Tianming and Li Shiqing, and special thanks to Dr. Hu Xingping for his useful suggestions to the Handbook.

The author expresses his deepest gratitude to the following colleagues for their continuous support and assistance through the long duration of preparation of this book, they are: Sun Fuzai, Zhao Tingchang, Zhang Zhili, Lei Zhongren, Shi Yingchun, Wu Juwen, Chen Naizhong, Lü Peike, Zhou Haodong, Tu Zuxia, Liu Xiufang, Jiang Daohong; Zhao Shuquan, Wang Jinshan, Cao Hua, Wu Baoxing, Chen Xiaoyu, Zhang Yun; Yang Gang, Zhang Guanglian, Ma Jinwang, Zhang Ping, Jiang Shanwen, Wang Hailong, Yuan Wen, He Xin, Wang Liping, Fang Fang, Ke Changqu, Zhang Mei, Tao Zhiqiang, Wu Jianfan, Liao Hong, Xu Gongtian, Qian Liang, Che Jindian, Cao Jinjuan, Zhang Lingjun, Ding Jianyun, Cao Zhifu, Lin Yuan, Zhao Shanpu, Yang Fugang, Wang Mingtang, Chen Lixin.

The Handbook can be used by the agricultural extension workers, the agricultural technicians, production managers and vegetable growers. It may be used as reference for college students, researchers and plant quarantine officers.

Any comments, suggestions and criticism are most welcome.

Zheng Jianqiu in Beijing
May, 2003

目 录
Content

序
PREFACE
前言
FOREWORD

蔬菜病害 Diseases of Vegetables

一、甘蓝类蔬菜病害 Diseases of Cabbage Vegetables

三、绿叶菜类蔬菜病害 Diseases of Greens

四、瓜类蔬菜病害 Diseases of Gourds

五、茄果类蔬菜病害 Diseases of Solanceous Fruits

六、豆类蔬菜病害 Diseases of Legume Vegetables

九、葱蒜类及芳香族蔬菜病害 Diseases of Bulb and Aroma Vegetables

十、水生蔬菜病害 Diseases of Aquatic Vegetables

十一、多年生蔬菜病害 Diseases of Perennial Vegetables

十二、芽菜类蔬菜病害 Diseases of Sprouting Vegetables

十三、其他蔬菜病害 Diseases of Other Vegetables

蔬菜害虫 Pests of Vegetables

十四、十字花科蔬菜害虫 Pests of Cruciferae Vegetables

二十一、多年生蔬菜害虫 Pests of Perennial Vegetables

二十二、地下害虫 Subterranean Pests

二十三、其他蔬菜害虫 Pests of other Vegetables

食用菌病虫害 Edible Fungi Diseases and Pests

二十四、食用菌病害 Edible Fungi Diseases

二十五、食用菌害虫 Edible Fungi Pests

重要检疫性病虫害 Key Foreign Pests

蔬菜病害

Diseases of Vegetables

蔬菜病害

Diseases of Vegetables

一、甘蓝类蔬菜病害
Diseases of Cabbage Vegetables

1. 青花菜（西兰花、绿菜花）病害 Diseases of broccoli

病毒病是青花菜的主要病害，分布广泛，发生普遍而严重。此病主要在夏秋季发生，一般病株率10%～30%，对产量影响较小，严重时病株率可达60%～80%，甚至更高，严重影响产量。此病还侵染紫甘蓝、芥蓝、豆瓣菜、乌塌菜等多种十字花科蔬菜。

[症状] 此病在苗期发生较重。初期在叶片上产生近圆形小型褪绿斑，以后整个叶片颜色变淡，或出现浓淡相间的绿色斑驳，随病情发展叶片皱缩、扭曲、畸形，最后全株坏死。成株期染病除嫩叶出现浓淡不均匀斑驳外，老叶背面有时还产生黑褐色坏死斑，或伴有叶脉坏死，最后病株矮化畸形，叶柄歪扭，内外叶比例严重失调，轻则花球变小，重则根本不结球。

[病原] 此病主要由芜菁花叶病毒 Turnip mosaic virus (TuMV) 侵染所致，部分地区亦有由黄瓜花叶病毒 Cucumber mosaic virus (CMV)、烟草花叶病毒 Tobacco mosaic virus (TMV)或萝卜花叶病毒 Radish mosaic virus (RMV)及其他病毒单独或与TuMV混合侵染引起发病。芜菁花叶病毒粒体线状，大小为700～800nm×12～18nm。失毒温度55～60℃，10min，稀释限点1 000倍，体外保毒时间48～72h。通过蚜虫或汁液摩擦接触传毒，在田间自然条件下主要靠蚜虫传毒。TuMV还侵染菠菜、茼蒿、荠菜、芥菜等多种蔬菜。

[发病规律] 在温暖地区，常年种植十字花

青花菜病毒病叶脉坏死病叶

青花菜病毒病皱缩畸形病株

青花菜病毒病褐色坏死斑病叶

科蔬菜，无明显越冬现象。十字花科的其他蔬菜、野油菜及十字花科杂草为初侵染来源。冬季不种十字花科蔬菜的地区病毒在贮存的白菜、甘蓝、萝卜或越冬菠菜上越冬，冬季种植十字花科蔬菜，病毒则在寄主体内越冬。由桃蚜、菜缢管蚜、甘蓝蚜等将毒源传到各种十字花科蔬菜上，春夏秋冬相互传染，致多种蔬菜发病。高温干旱、地温高，寄主根系生长发育受影响，抗病力显著降低，而蚜虫繁殖快、活动频繁，致病害普遍发生。若管理粗放、土壤干燥、缺水缺肥，则发病严重。不同品种间抗病性存在着差异。

[防治方法]

1. 因地制宜地选用较抗病品种，如里绿、绿岭、加斯达或其他较耐热品种比较抗病。

2. 合理间、套、轮作，夏秋种植，远离其他十字花科蔬菜，发现重病株及时拔除。

3. 采用遮阳网或无纺布覆盖栽培技术，增施有机底肥，高温干旱季节注意勤浇小水和很好地防治蚜虫，控制病害的发生与传播。

4. 发病初期可喷洒20%病毒A可湿性粉剂500倍液，或1.5%植病灵乳剂1 000倍液，或喷施复合叶面肥，抑制发病，增强寄主抗病力。

青花菜霜霉病
Broccoli downy mildew

霜霉病是青花菜的主要病害，分布广泛，保护地种植发生普遍。发病率差异较大，轻者在10%以下，重者达100%，对产量有所影响。此病还为害多种其他十字花科蔬菜。

[症状] 从苗期到成株期均可发生。多从植株的下部叶片开始发病，先在叶正面产生较小的褪绿斑，以后病斑中央呈灰褐色坏死，逐渐扩大后形成不规则坏死斑，大小差异很大。空气潮湿时，病斑背面产生稀疏霜状白霉。空气干燥时，形成许多不规则形枯斑。病害发展到后期，多个病斑相互连接成片，致叶片变黄枯死，严重时，全株枯死。

[病原] *Peronospora parasitica* (Pers.)Fr.属鞭毛菌寄生霜霉真菌。病菌菌丝无色，无隔膜，蔓生于细胞间，通过圆形、梨形或棒状吸器伸入细胞内吸收水分和营养。从气孔伸出孢囊梗，单生或几根成束，无色，无分隔，主干基部略膨大，作重复二叉分枝3～5次，长度为145～505μm，主轴和分枝成锐角，顶端的小梗尖锐、弯曲，端部着生一个孢子囊。孢子囊无色，单胞，近圆形至卵圆形，大小为19.5～27.5μm×16.9～26μm，萌发时产生芽管，不形成游动孢子。卵孢子球形，单胞，黄褐色，表面光滑，大小为25.5～38.5μm，卵球直径15.6～20.5μm，壁厚，表面光滑，可直接产生芽管侵染（图1-1）。

[发病规律] 病菌以卵孢子在病残体、土壤中或附着在种子表皮上越冬，也可在其他寄主上为害过冬。土壤中的病菌萌发直接侵染幼苗，或侵染其他十字花科蔬菜，产生大量孢子囊，借风雨、气流传播，使病害扩展蔓延。孢子囊萌发温度为8～12℃，侵入适温16℃，菌丝生长适温20～24℃。孢子囊形成、萌发和再侵染需要水滴或水膜，因而空气湿度高低、结露时间长短，直接影响病害发生轻重。一般连阴雨天发病重，保护地通风不良、连茬或间套种其他十字花科蔬菜容易发病。不同品种间抗性差异

青花菜霜霉病中期病叶

青花菜霜霉病后期病叶

青花菜霜霉病病菌侵染花茎

较明显。

[防治方法]

1. 选用抗病良种，目前从国外引进的王冠、里绿、加斯达等品种比较抗病。

2. 收获后彻底清除病残落叶，尽可能与非十字花科蔬菜轮作。

3. 发病初期进行药剂防治，可选用72%克露可湿性粉剂600～800倍液，或72%霜脲·锰锌可湿性粉剂600～800倍液，或66.8%霉多克可湿性粉剂800～1 000倍液，或50%溶菌灵可湿性粉剂600～800倍液，或69%安克·锰锌可湿性粉剂800～1 200倍液喷雾防治。保护地种植用5%百菌清粉尘或5%霜霉清粉尘剂15kg/hm²喷粉防治效果更佳。有条件的宜采用常温烟雾施药。

图1-1 青花菜霜霉病菌
1. 孢囊梗　2. 孢子囊

青花菜黑腐病
Broccoli black rot

黑腐病是青花菜的主要病害，分布广泛，发生普遍，以露地种植受害较重。一般发病率20%～50%，重病地块达100%，对产量和品质影响极大。此病还侵害多种其他十字花科蔬菜。

[症状] 各生育期均可发生。幼苗出土前发病，多引起烂种而缺苗。子叶出土后发病，呈水渍状坏死，迅速蔓延至真叶造成幼苗枯死。成株发病，病菌多从叶缘水孔或叶片上的伤口侵入，形成V字形或不定形淡黄褐色坏死斑，病健交界不明显，病斑边缘常具有黄色晕圈，迅速向外发展到周围叶肉组织变黄枯死。有时病菌沿叶脉向里发展，形成网状黄脉。病菌进入叶柄或茎部维管束，呈灰褐色坏死或腐烂，逐渐蔓延到花球或叶脉，引起植株萎蔫坏死，严重时花球或主茎呈黄褐色坏死干腐。

[病原] *Xanthomonas campestris* pv. *campestris* (Pammel) Dowson 属黄单胞杆菌甘蓝黑腐黄单胞菌甘蓝黑腐致病变种细菌。病菌菌体短杆状，极生单鞭毛，无芽孢，有荚膜，单生或链生，革兰氏染色阴性，大小为0.4～0.5μm×0.7～3.0μm。在马铃薯琼脂培养基上，菌落淡黄色，在牛肉汁琼脂培养基上菌落黄色或蜡黄色，边缘光滑，略凸起，有光泽，老龄菌落边缘呈放射状。

[发病规律] 病菌随病残体在土壤中越冬，也可在种子和种株上存活越冬。种子带菌，子叶上的病菌在幼苗出土时从子叶边缘的水孔或伤口侵入

而发病。成株叶片染病，病菌在寄主薄壁细胞内繁殖，再迅速进入维管束引起发病，由叶片维管束蔓延至茎部维管束引起系统侵染。种株染病，病菌由果柄维管束侵入，沿维管束进入种子皮层

青花菜黑腐病中期田间受害状

青花菜黑腐病前期病叶

青花菜黑腐病后期田间受害状

或由种荚维管束进入种脐，使种子内部带菌。病菌耐干燥，可存活2～3年，生长发育温度为5～39℃，适宜温度为25～30℃，致死温度51℃10min。生长期主要通过浇水、施肥、风、雨、农事操作和病株传播蔓延。高温多雨、空气潮湿、叶面多露、叶缘吐水或害虫造成的伤口较多，利于病菌侵入而发病。此外，水肥管理不当、植株衰弱、害虫防治不及时，或暴风雨天气较多，病害发生严重。

[防治方法]

1. 与非十字花科蔬菜进行2～3年轮作。

2. 选用无病种子或进行种子处理，干种子60℃干热灭菌6h，或用55℃温水浸种15～20min后移入冷水中降温，晾干后播种。也可选用种子重量0.3%的47%加瑞农可湿性粉剂拌种。

3. 生长期加强管理，适时浇水、施肥和防治害虫，减少各种伤口。重病株及时拔除，带出田外妥善处理。收获后及时清洁田园。

4. 发病初期进行药剂防治，可选用47%加瑞农可湿性粉剂400～600倍液，或58.3%可杀得2000干悬浮剂600～800倍液，或25%噻枯唑可湿性粉剂800倍液，或30%络氨铜水剂350倍液，或新植霉素、农用链霉素5000倍液喷雾，10～15天防治1次，视病情防治1～3次。

青花菜软腐病
Broccoli bacterial soft rot

青花菜软腐病侵染花球

青花菜软腐病侵染花茎

软腐病是青花菜的重要病害，分布亦较广泛，主要在夏秋露地种植时发生，保护地种植偶尔可见。一般零星发病，产量损失5%左右，重病年病株率可达30%～40%，显著影响产量。此病可侵染数十种蔬菜作物。

[症状] 此病多在花球形成后期发生，主要为害花球，主茎和叶柄亦受害。花球染病，初期被侵染小花蕾褪绿变灰，随后转变成灰褐色，略显水渍状，以后坏死腐烂并迅速向四周扩展蔓延，造成花球软腐呈黄泥状，并释放出恶臭气味。主茎和叶柄受害，多从采收后的伤口或受伤的叶柄开始侵染，初在病部形成暗绿色水渍状斑，迅速向上下扩展成不规则大斑，同时病组织变软溃烂，叶柄或植株倒塌，并散发出恶臭气味。

[病原] *Erwinia carotovora* subsp. *carotovora*（Jones）Bergey et al. 属胡萝卜软腐欧氏杆菌胡萝卜软腐病亚种细菌。病菌菌体杆状，两端钝圆，2～5根周生鞭毛，大小为0.5～0.7μm×1.0～2.0μm。兼性嫌气性，革兰氏染色阴性。肉汁胨琼脂平面上菌落圆形，凸起，灰白色，有光泽，表面光滑，不透明，边缘整齐，无芽孢，无荚膜。能在5%食盐溶液中生长。

[发病规律] 病菌主要在病株、种株及随土中未腐烂的病残体越冬，也可在害虫体内越冬。温暖地区，病菌无明显越冬期。病菌在田间通过雨水、浇水、昆虫和带菌肥料等传播，在田间辗转传播，重复侵染。病菌生长发育温度为2～40℃，最适温度25～30℃，致死温度50℃10min。病菌不耐光或干燥，日光下曝晒2h即大部分死亡，在脱离寄主的土中只能存活15天左右。田间发病与害虫、天气、管理造成的伤口多少和黑腐病有关。生长后期高温多雨、病虫及人为造成的伤口多或花球内长时间积水，病害发生较重。地势低洼、积水、管理粗放，或前茬作物残体未彻底清除就整地种植，病害发生严重。

[防治方法]

1. 尽可能实行与禾本科、豆科作物轮作，避免与葫芦科和十字花科蔬菜连作。

2. 上茬收获后彻底清除植株残体，尽早翻地整地，促进病残体腐烂分解。

3. 加强管理，适时浇水施肥和防治害虫，减少各种伤口。发病后及时清除病株，并注意浇小水。花球形成后适期采收，减少损失。

4. 药剂防治参见黑腐病的防治。

青花菜细菌性角斑病
Broccoli bacterial angular leafspot

细菌性角斑病是青花菜的重要病害，分布较广，发生较普遍，以夏秋种植受害较重，一般病株率20%～30%，对产量无明显影响，严重时病株率可达80%以上，显著影响产量和品质。此病还可为害多种其他十字花科蔬菜，亦常和细菌性斑点病混合发生，加重其为害。

[症状] 此病从小苗至成株均可发生。初在中下部叶片的叶柄两侧出现油渍状坏死小斑，灰褐色，稍凹陷，逐步发展成膜状多角形至不规则形病斑，灰褐至暗褐色，油渍状，具有光泽。空气潮湿时叶背病斑表面溢出污白色菌脓，后期呈膜状腐烂。干燥时病斑呈灰白色，易破裂穿孔。多个病斑连片，常使叶片皱缩畸形，最后死亡干枯。严重时病害亦侵染叶柄，形成长椭圆形或条形病斑，显著凹陷，黑褐色，略具光泽。

[病原] *Pseudomonas syringae* pv. *maculicola* (McCulloch) Young et al.属假单胞杆菌丁香假单胞菌白菜斑点病致病变种细菌。病菌菌体短杆状，大小为0.8～0.9μm×1.5～2.5μm。成链状，无芽孢，具1～5根极生鞭毛，革兰氏染色阴性，好气性。肉汁胨琼脂平面上菌落白色，平滑，有光泽，渐变灰白色。边缘初为圆形，后稍有皱褶。肉汁胨液中云雾状，无菌膜。在KB培养基上产生蓝绿色荧光，无PHB积累。能产生果聚糖。

[发病规律] 病菌随病残体越冬，也可在种子上存活过冬。借风雨、浇水传播蔓延。病菌生长温度为4～41℃，最适生长温度25～28℃，致死温度48～49℃10min。高温多雨、空气潮湿利于发病。寄主生长期多阴雨或降雨次数多，雨后即开始发病。不同品种病害发生程度略有差异。

[防治方法]

1. 选用或引进较抗病品种。

2. 实行与非十字花科、茄科、伞形花科蔬菜轮作。

3. 播种前进行种子处理，发病初期进行药剂防治，方法与药剂种类参见黑腐病的防治。

青花菜细菌性角斑病初期叶背病斑　　青花菜细菌性角斑病中后期叶面症状　　青花菜细菌性角斑病中后期叶背症状

青花菜细菌性斑点病
Broccoli bacterial leafspot

细菌性斑点病亦为青花菜的重要病害，分布较广，发生普遍，以露地种植发病重，尤其是夏秋多雨季节，一般病株率30%左右，轻度影响产量。重病地块，病株率可达100%，对青花菜的产量与品质影响极大。此病可为害多种十字花科、茄科、伞形花科、菊科蔬菜，田间常与角斑病混合发生。

[症状] 此病在全生育期均可发生。先在叶背面产生水渍状小点，暗绿色，逐渐发展成0.2～0.5mm大小灰褐至暗褐色近圆形坏死斑，中央明显凹陷，边缘常有一水渍状暗绿色晕环。叶面病斑呈灰褐至暗褐色，形状不规则，边缘颜色较深，呈油渍状。多个病斑相互连接成坏死斑块，空气干燥时易破裂脱落穿孔，致叶片坏死。病害严重时，植株全部叶片均可染病，基部3～5片叶可因病枯死。

青花菜细菌性斑点病中期叶背病斑

青花菜细菌性斑点病中后期叶背病斑

青花菜细菌性斑点病后期叶面症状

青花菜细菌性斑点病重病单株症状

[病原] *Pseudomonas cichorii* (Swingle) Stapp. 属假单胞杆菌菊苣假单胞菌荧光类群细菌。病菌菌体短杆状，或呈链状连接，大小为 0.8μm × 1.6～2.5μm，具 1～4 根极生鞭毛。在 KB 平板培养面上，菌落白色，近圆形或略不规则形，中央稍凸起，呈污白色，边缘锯齿毛状，有黄绿色荧光。在肉汁胨琼脂平面和在 YDC 培养基上菌落与 KB 培养基上相似。革兰氏染色阴性。

青花菜细菌性斑点病重病田受害状

[发病规律] 病菌在种子内或随病残体越冬，成为翌年发病的初侵染源。在田间通过降雨、浇水、农事操作和昆虫进行传播，形成再侵染，致病害发展蔓延。病菌生长温度为4～41℃，最适生长温度25～27℃。高温高湿有利于发病。青花菜生长期多阴雨、多雾，或昼夜温差大、田间结露时间长，病害发生严重。此外，管理粗放、土壤贫瘠、植株生长衰弱，病害发生较重。田间常与角斑病混合发生而加重对寄主的为害。

防治方法参见角斑病的防治。

青花菜褐腐病
Broccoli rhizome rot

褐腐病为青花菜、紫甘蓝、芥蓝等多种十字花科蔬菜的重要病害。菜苗发病很普遍，病株率差异很大，一般为5%～30%，重病地块可达80%～100%。成株多造成朽根或茎基腐，病株率为3%～5%，对产量影响较大。

[症状] 此病多在苗期发生，病菌主要侵染植株根茎部，使病部变黑，轻度缢缩，沿病部向上下发展使根茎或幼根变褐坏死腐烂，造成菜苗立枯。空气干燥时，病部表皮多与维管束组织分离脱落，植株叶片萎蔫下垂，最后干枯死亡。空气潮湿时，病部产生较稀疏灰白色丝状物。成株期染病，多造成根部或茎部叶柄褐色腐烂，形成朽根或脱帮，致使植株失水萎蔫死亡。叶片受害，多从基部向上发展，沿叶缘向内呈V字形褐色坏死，严重时在叶面上散生不规则褐色坏死斑，短期内整片叶坏死腐朽。

[病原] *Rhizoctonia solani* Kühn 属半知菌立枯丝核菌真菌。病菌菌丝初期无色，后为黄褐色，具有隔膜，粗8～12μm，多呈直角分枝，基部略缢缩，老菌丝常呈一连串桶状细胞状。菌核不定形至近球形，0.5～1.0mm，淡褐至深褐色。担孢子近圆形，大小为6～9μm×5～7μm。

青花菜褐腐病基部叶片褐腐症状

[发病规律] 病菌主要借菌丝和菌核在土壤或病残体内越冬和存活。在无寄主的条件下最长可存活140天以上。病菌可产生担孢子借气流和浇水传播。田间主要以叶片、根茎接触病土染病传播。潮湿时病健接触亦可传播。此外，种子、农具和带菌的肥料都可传播此病。病菌适应温度范围较广，6～40℃均可生长，适温为20～30℃，以25～30℃时生长最快。菌核萌发需要98%以上的高湿条件，病菌侵入需要保持一定时间的饱和湿度或自由水。田间发病与寄主抗性有关，不利于植株生长的土壤湿度会加重植株的病情，土壤温度过高过低、土质黏重、潮湿等均有利于病害发生。

[防治方法]

1. 选用无病土育苗，使用充分腐熟的粪肥，播种不宜过密，覆土不宜过厚。

2. 旧苗床每公顷选用22.5～30kg70%土菌消可湿性粉剂或12～18kg 98%恶霉灵可溶粉加22.5～30kg50%多菌灵可湿性粉剂，或单用50%利克菌可湿性粉剂30～60kg拌细土600～1 200kg，2/3药土均匀覆盖在待播种苗床表面，1/3药土撒

青花菜褐腐病幼根褐腐症状

青花菜褐腐病幼株根茎褐腐症状

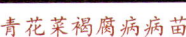

青花菜褐腐病病苗

青花菜褐腐病病菌菌核

盖种子。

3. 播种前用种子重量 0.4% 的 70% 甲基托布津可湿性粉剂，或 40% 拌种双可湿性粉剂，或 75% 卫福可湿性粉剂，或 50% 利克菌可湿性粉剂，或 50% 扑海因可湿性粉剂拌种。也可用 45% 特克多悬浮剂 800 倍液或 98% 恶霉灵可溶粉 2 500～3 000 倍液喷浇苗床。

4. 出苗后或成株期发病，选用 50% 农利灵可湿性粉剂 1 000 倍液，或 50% 扑海因可湿性粉剂 800 倍液，或 30% 倍生乳油 1 200 倍液，或 5% 井冈霉素水剂 800 倍液，或 95% 敌克松可湿性粉剂 600 倍液，或 45% 特克多悬浮剂 1 000 倍液喷雾，重点防治根茎和基部叶柄，7～10 天防治 1 次，连续防治 2～3 次。

青花菜猝倒病
Broccoli Pythium damping-off

猝倒病为青花菜的一般性病害，种植地区都有发生。通常病株零星，轻度影响生产。严重时常造成菜苗成片坏死倒折，显著影响青花菜育苗。

[症状] 此病主要侵害幼苗根茎部，出苗前染病可侵染种子和幼芽，致烂种和烂芽，使苗床出苗不齐或缺苗。幼苗茎基染病，初呈水渍状暗绿色病变，而后软化腐烂，病部缢缩，幼苗倒折，潮湿时在病部产生少许白霉，即病菌菌丝。

[病原] *Pythium aphanidermatum* (Eds.) Fitzp.属鞭毛菌瓜果腐霉真菌。详见苦瓜猝倒病。

发病规律、防治方法参见苦瓜猝倒病。

青花菜猝倒病病苗

青花菜菌核病
Broccoli Sclerotinia rot

青花菜菌核病多在老菜区冬春棚、室中发生，一般病株率在 10% 以下，但此病有进一步发展的趋势，一旦发病全株腐烂，造成一定损失和影响产品质量。此病还为害数十种其他蔬菜。

[症状] 此病主要为害主茎，严重时亦为害花球和叶片。田间发病多由茎基部或下部老黄叶开始侵染。初期呈水渍状暗绿色不规则坏死，逐渐扩展使叶柄和茎基软腐坏死，在病部产生浓密絮状白霉，以后生成鼠粪状黑色菌核。叶片受害形成暗绿色污斑，潮湿时迅速腐烂，产生白霉，并迅速发展蔓延，引起健康组织发病。花球染病亦呈水渍状软腐，病部产生浓密白霉，后期产生黑色菌核。

青花菜菌核病初期病茎

青花菜菌核病中后期病花球

[病原] *Sclerotinia sclerotiorum* (Lib.) de Bary 属子囊菌核盘菌真菌。病菌菌核初为白色，后表面变黑，由菌丝扭集形成，一般为1.3～14mm×1.2～5.5mm。菌核在适宜条件下萌发产生浅褐色子囊盘。子囊盘杯状或盘状，成熟后变成暗红色，盘中产生许多子囊和侧丝，子囊内的子囊孢子呈烟状弹放。子囊无色，棍棒状，内生8个无色子囊孢子。子囊孢子椭圆形，单细胞，大小为 10～15μm×5～10μm。

[发病规律] 病菌以菌核在土壤中或混杂在种子里越冬。在5～20℃并吸足水分时菌核萌发产生子囊盘。子囊弹放出的子囊孢子，经气流、浇水传播，引起植株发病。棚室内主要通过病组织上的菌丝与健株接触传染，使病害蔓延。菌丝生长适宜温度范围较广，但不耐干燥，相对湿度85%以上有利于发病。此外，带病的种苗调运和移栽病苗，可扩大传播。

[防治方法]

1. 青花菜收获后及时仔细清除病残体，深翻土壤，将遗漏的菌核深埋在土壤深层使之不能萌发出土。病重棚室进行土壤处理。

2. 冬春季棚室注意通风排湿，生长期及时清除基部老黄病叶及病株。

3. 在早春子囊盘萌发刚出土时，结合中耕管理及时铲除子囊盘，减少初侵染源。

4. 发病初期随时清除染病组织并及时进行药剂防治，可选用65%甲霉灵可湿性粉剂600倍液，或50%多霉灵可湿性粉剂700倍液，或40%菌核净可湿性粉剂1 200倍液，或45%特克多悬浮剂1 200倍液，或40%施加乐悬浮剂800～1 000倍液，或10%宝丽安可湿性粉剂800倍液喷雾，7～10天防治1次。有条件的选用上述药剂的粉尘剂喷粉或采用常温烟雾施药防治效果更理想。

青花菜灰霉病
Broccoli gray mold

灰霉病是保护地种植青花菜近几年发生的新病害，主要在老菜区冬春保护地内发生，以冬季和早春温室发生较为普遍，发病率为15%～60%，轻者对生产无影响，重病棚室则造成一定损失。此病还为害紫甘蓝、芥蓝、樱桃萝卜、结球莴苣、菊苣、小西葫芦、佛手瓜、落葵、草莓等数十种蔬菜。

[症状] 此病多从植株结有水膜或小水滴的叶缘及植株中下部受伤的叶柄或枯黄的外叶开始发生。初呈水渍状，随病斑扩展使病部组织迅速坏死腐烂，在叶片上形成 V 字形或不规则形坏死斑，空气潮湿时病部产生灰色霉层，即病菌分生孢子梗和分生孢子。有时亦从采收后的伤口侵染，造成主茎软腐，在病部长出灰色霉层。

[病原] *Botrytis cinerea* Pers.属半知菌灰葡萄孢真菌。病菌分生孢子梗单生或丛生，浅褐色，有隔膜，基部略膨大，顶端具1～2次分枝，分枝顶端产生小柄，其上着生大量分生孢子，大小为 1 200～

2 800μm×10～19.3μm。分生孢子圆形至椭圆形，单细胞，近无色，大小为 6.3～11.3μm×7.5～17.5μm，平均 9.6～15.2μm（图1-2）。

[发病规律] 病菌以分生孢子或菌核在病残体上、土壤中或地表越冬越夏。由菌丝体或分生孢子侵入寄主。分生孢子借气流、浇水和农事操作传播。病菌产生分生孢子的最低温度为2～4℃，最适温度为 10～22℃，24℃以上不利于病害发展，30℃以上高温抑制病害发展。病菌孢子萌发和侵染需要较高的空气湿度，相对湿度94%～100%对病害发生最适宜，植株表面有水滴或水膜

青花菜灰霉病病叶

青花菜灰霉病 V 字形坏死病斑

青花菜灰霉病病苗后期症状

表面灭菌——药液喷洒地表面

表面灭菌——药液喷洒棚膜

表面灭菌——药液喷洒墙壁

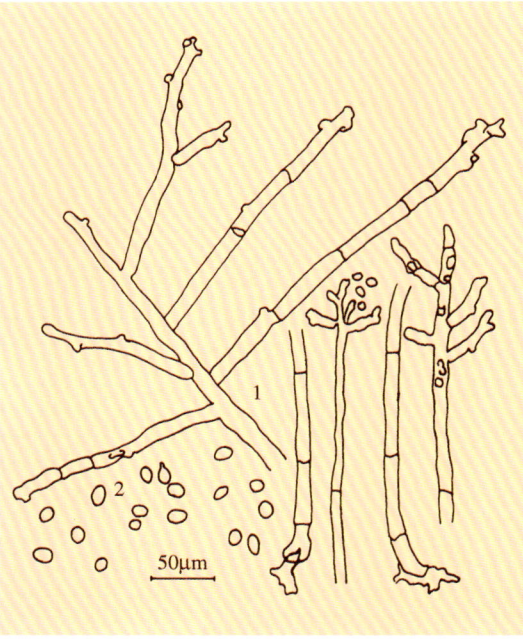

图1-2 青花菜灰霉病菌
1. 分生孢子梗 2. 分生孢子

表面灭菌——药液喷洒架材

未翻地之前用比生长期使用较浓的药液喷洒地表面、墙壁、立柱和棚膜等,进行表面灭菌。亦可用超量防治灰霉病的烟雾剂熏烟灭菌。

2. 提倡应用有利于栽培防病的小高畦地膜覆盖栽培和采用滴灌、膜下管灌等节水灌溉技术。

3. 发病初期加强放风管理,适当提高管理温度,上午棚温尽可能保持在20～25℃,下午适当延长放风,以降低空气湿度。同时注意及时清除老黄及坏死叶片。

4. 发病初期可选用50%扑海因可湿性粉剂,或50%速克灵可湿性粉剂,或50%农利灵可湿性粉剂800～1 200倍液喷雾。对上述药剂产生抗性的地区可选用50%敌菌灵可湿性粉剂400～500倍液,或45%特克多悬浮剂1 200倍液,或10%宝丽安可湿性粉剂600倍液,或40%施加乐悬浮剂800～1 000倍液,或65%甲霉灵可湿性粉剂、50%溶菌灵可湿性粉剂600～800倍液喷雾。有条件的可选用上述药剂的粉尘剂喷粉,或常温烟雾施药,防治效果更理想。

最有利于病害发生。

[防治方法]

1. 收获后和定植前彻底清除棚、室内病残体,

青花菜黑斑病
Broccoli black spot

黑斑病为青花菜的一般性病害。分布较广,发生亦较普遍,但多在夏秋露地种植时发生,病株率一般在20%以下,对生产无明显影响,仅个别地块或特殊年份病害发生普遍,病情较重,造成一定程度产量损失。此病还可为害紫甘蓝、抱子甘蓝、球茎甘蓝、乌塌菜等。

[症状] 此病在各生育期都可发生,主要侵染叶片,严重时也为害叶柄、花梗和种荚。植株发病多由外叶向内叶发展,初期在叶面出现褪绿小斑,以后病斑中央变褐坏死,形成近圆形病斑,随病害发展逐渐扩大成具有同心轮纹灰褐至黄褐色中型斑,略凹陷,其上产生轮纹状分布的黑褐色霉状物,即病菌分生孢子梗和分生孢子。多个病斑相互汇合,使叶片枯黄坏死。叶柄染病,病斑呈长梭形,明显凹陷,其上产生黑色霉状物。花梗和种荚染病,在表面出现近椭圆形略凹陷小型灰褐色斑,病斑多时花梗坏死,植株结实少或不结实,或结实瘦小。

[病原] *Alternaria brassicicola* (Schweinitz) Wilts.属半知菌甘蓝链格孢真菌。病菌分生孢子梗单生或几根束生,褐色至暗褐色,

上下色泽均匀，基部细胞膨大，少数有分枝，正直或屈曲，有时具有膝状节，1～7个隔膜，长短差异很大，75～200μm×3.5～6μm。分生孢子长卵形至倒棍棒状，棕褐色，具1～7个横隔膜，0～3个纵隔膜，多个链生，喙状细胞短或无，大小16.6～62.5μm×7.5～18.8μm（图1-3）。

［发病规律］病菌以菌丝体或分生孢子在土壤中病残体上越冬，也可在种株上或附着在种子表面越冬，成为来年的初侵染源。分生孢子借气流传播，在多种甘蓝类蔬菜上重复侵染，发展蔓延。病菌生长发育温度为10～35℃，最适温度为17℃，最适pH6.6，病菌可在水中存活1个月，在土中存活3个月，表层土中可存活1年。寄主生长期间，连续阴雨或暴风雨较多，病害发生较重。此外，管理粗放，植株后期脱肥早衰，有利于发病。

［防治方法］

1. 施足有机底肥，配合增施磷钾肥。生长期适时追肥和浇水，避免植株脱肥早衰，增强寄主抗病能力。

2. 搞好田园清洁，收获后彻底清除病残组织及落叶，生长期及时清除病叶，减少菌源。

3. 发病初期进行药剂防治，可选用50%扑海因可湿性粉剂1 200倍液，或65%多果定可湿性粉剂1 000倍液，或50%农利灵可湿性粉剂1 500倍液，或50%敌菌灵可湿性粉剂500倍液，或2%农抗120水剂200倍液，或50%克菌丹可湿性粉剂400倍液，或80%大生可湿性粉剂800倍液，或70%代森锰锌可湿性粉剂600倍液，结合防治细菌性病害，还可选用47%加瑞农可湿性粉剂600～800倍液喷雾，10～15天防治1次，根据病情防治1～3次。

青花菜黑斑病病斑

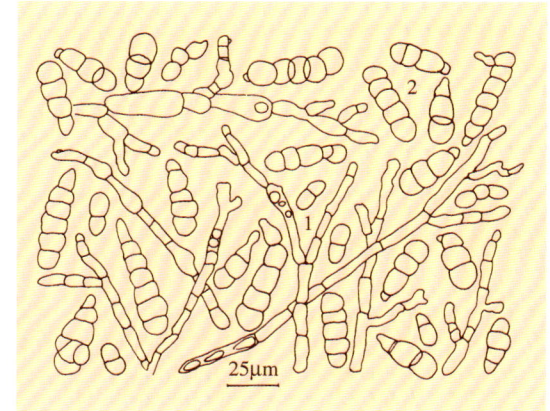

图1-3 青花菜黑斑病菌
1. 分生孢子梗 2. 分生孢子

青花菜萎蔫病
Broccoli Fusarium wilt

萎蔫病为青花菜的重要病害，在部分地区发生分布，病株零星，轻度影响生产，重病地块发病率可达5%～10%，明显影响青花菜产量和品质。

青花菜萎蔫病病株

［症状］在青花菜全生育期都可发生。病株生长缓慢，叶片褪绿，逐渐萎蔫，随病害的发展部分叶片沿叶缘向里黄化坏死，最后全株萎黄死亡。拔起病株，须根较少，剖开主根，可见维管束变褐。在田间，病株多不能形成正常花球，重病株花蕾尚未抽出即死亡。

［病原］Fusarium sp.属半知菌镰刀菌真菌。有待进一步研究鉴定。

［发病规律］病菌在土壤中存活，青花菜生长期干旱少雨，较长时间土温过高、植株生长衰弱，或根系受伤，病菌即由根系侵染而引起发病。通常，田间管理粗放、土壤贫瘠、地下害虫多，则有利于发病。

［防治方法］

1. 适期播种，避开高温干旱季节种植。

2. 增施有机底肥，青花菜生长期加强田间管理，适时浇水追肥，防止过度蹲苗。注意防治地下害虫。

3. 发病初期拔除病株，用药剂进行病穴消毒灭菌和浇根防治。参见西瓜或苦瓜枯萎病。

青花菜叶腐病
Broccoli Rhizoctonia leaf rot

叶腐病为青花菜的一般性病害，零星分布，露地和保护地种植均有发生，一般病株率20%～30%，对青花菜生产有轻度影响，个别棚室或地块发病较重，病株率可达50%，造成约30%减产。此病还侵染多种其他蔬菜。

[症状]　在苗期、成株期和开花期均可发生，主要侵染中下部叶片。病害发生初期在叶片上形成水渍状暗绿色湿腐斑，后扩展成灰绿色不规则多角形或不定形坏死斑，背面明显凹陷。空气干燥时，病斑变为灰白色，严重时病斑密布，叶片

仅剩叶脉，短时间内即枯死。空气潮湿时，病斑呈暗褐色，随病害发展而腐烂，在病部表面产生蛛丝状菌丝，后期菌丝相互缠绕，扭结成团，最后变成灰褐至紫褐色小颗粒状菌核。有时叶柄和茎基部也染病，形成灰褐色至黄褐色不规则形斑，明显凹陷，后期腐烂并长出蛛丝状菌丝。

[病原]　*Rhizoctonia solani* Kühn属半知菌立枯丝核菌真菌。有性时期为*Pellicularia sasakii* (Shirai) Ito et Otani属担子菌稻纹枯网膜革菌真菌。病菌幼嫩时菌丝无色，老熟时呈黄褐色，5～14μm，分枝处缢缩，离分枝不远处具隔膜，菌丝集结成菌核。菌核初为白色，后变深色，呈扁平馒头状，大小为1.5～3.5mm，表面粗糙。有性时期子实层生在病组织表面或其附近，灰白至灰褐色。担子无色，倒卵形或倒棍棒状，上生小梗，顶端着生一个担孢子。担孢子无色，单细胞，倒卵形，6.8～11μm × 4.8～8.4μm。

[发病规律]　病菌以菌丝所在病部或以菌核遗落在土中越冬。来年菌核萌发抽出菌丝进行初侵染，使寄主发病，病部产生菌丝借接触或攀缠作用向邻近植株扩展，特殊条件下担孢子亦可侵染，使病害发展蔓延。病菌生长发育温度为10～38℃，最适28～30℃，菌核在27～30℃和高湿条件下1～2天即萌发产生菌丝，6～10天后又形成新菌核。寄主生长期内高温多雨或闷热潮湿有利于发病，低洼地、黏重地或植株茂密、偏施氮肥等发病较重。

[防治方法]

1. 施用充分腐熟的有机肥，增施磷肥和钾肥。合理密植，高温季节避免田间积水，雨后及时中耕培土。

2. 重病地块进行土壤处理，可选用50%利克菌可湿性粉剂，或70%土菌消可湿性粉剂，或95%敌克松可湿性粉剂，或50%多菌灵可湿性粉剂45～75kg/hm²拌细土600～900kg均匀撒施在种植沟内。

3. 发病初期及时清除中心病株和植株老黄病叶等。保护地应增加放风，降低空气湿度。

4. 及时进行药剂防治，发病初期可喷洒45%特克多悬浮剂800倍液，或5%井冈霉素水剂1 000倍液，或30%倍生乳油1 200倍液，或50%农利灵可湿性粉剂1 500倍液，或50%扑海因可湿性粉剂1 200倍液，或10%宝丽安可湿性粉剂600倍液，或40%菌核利可湿性粉剂500倍液，7～10天防治1次，连续防治2～3次，病情严重时还可用药液喷浇根茎。

青花菜叶腐病初期叶背病斑

青花菜叶腐病初期叶面病斑

青花菜叶腐病中后期症状

青花菜白粉病
Broccoli powdery mildew

白粉病为青花菜的一般性病害，局部地区发生分布，保护地、露地都发病。通常病情较轻，对生产无影响，仅个别地块或棚室发病较重，造成植株茎叶坏死干枯，明显影响产量或制种。

[症状] 此病在青花菜各个生育期都发生，以中后期和采种期发病严重。植株各个部位都受害，初期在植株表面产生白色粉斑，以后随病害发展茎叶表面布满白色粉状霉层，即病菌分生孢子梗和分生孢子。逐渐使植株早衰黄化，最后枯死，影响开花结实。

[病原] *Erysiphe cruciferarum* (Opiz) Junell属子囊菌十字花科白粉菌真菌，详见樱桃萝卜白粉病（图1-4）。

发病规律、防治方法参见樱桃萝卜白粉病。

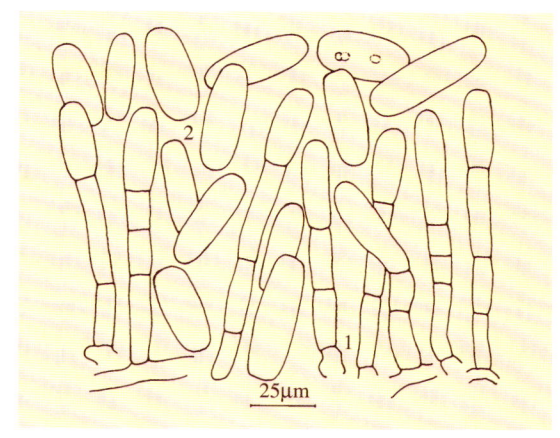

图1-4 青花菜白粉病菌
1.分生孢子梗 2.分生孢子

青花菜白粉病初期叶面病斑

青花菜白粉病中后期花序症状

青花菜根结线虫病
Broccoli root-knot nematode

根结线虫病为青花菜一般性病害，局部地区发生分布。通常病情较轻，对生产无明显影响，严重时在一定程度上影响青花菜生产。

[症状] 此病主要在苗期为害，成株期植株根系木质化后线虫侵害较少，发病程度轻，对生产影响不明显。幼苗期发病主要表现在新生嫩根受害，被侵害幼根呈粗细不均等肿大，或形成串珠状肿瘤，以后变褐腐烂。发病幼苗地上部叶色变浅，生长缓慢，严重时停止生长，最后萎蔫死亡。

[病原] *Meloidogyne incognita* Chitwood属南方根结线虫。详见香芹根结线虫病。

发病规律、防治方法参见香芹根结线虫病。

青花菜根结线虫病病苗根部症状

青花菜茎瘤病
Broccoli stem gall

茎瘤病为青花菜的一般性生理伤害，仅在少数地区发生。一旦发生，植株受害率往往很高，明显影响青花菜正常生产。

[症状] 受害植株主要表现根茎异常肿大膨胀，形成疱状突起，以后破裂变褐，腐烂或形成粗糙的肿突。地下部根茎呈黄褐色至锈褐色坏死，侧根和须根减少，重时亦坏死。

[病因] 据调查，造成类似受害状的原因可能有如下几种。

1. 定植前后使用化学除草剂种类或施用剂量不当。

2. 附近地区麦田使用2,4-滴丁酯喷雾除草，药雾飘移到青花菜生产田形成药害，此种药害植株地下根系一般不变色坏死。

3. 浇用化肥厂废水，或灌施未腐熟的粪稀，尤其是使用屠宰废料沤肥作追肥易造成类似状肥害。

[防治方法]

根据田间受害症状综合判定受害原因，采取相应预防措施，尽可能避免受害。一旦受害，应加强田间管理，适当增加中耕和培土，增施叶面肥，促使新根发育，减少生产损失。

青花菜茎瘤病根茎受害状

青花菜茎瘤病病部局部放大

青花菜水肿病
Broccoli edema

水肿病为青花菜的非侵染性生理伤害，各地都可发生，以早春保护地或多寒流时期较常见，一旦发生，明显影响青花菜生产。

[症状] 水肿主要在叶片上表现症状，初在叶背面出现许多水渍状暗绿色小点，以后变成黄色至黄褐色疮痂状小突起，表皮破裂，露出叶肉，四周具有暗绿色晕环。随时间推移病部渐变成灰白色至灰褐色疮痂状干斑，叶正面即出现很多浅绿至灰白色不规则坏死斑，严重时可相互连接成较大型干斑。

[病因] 水肿病属生理性病害，主要由于青花菜在较温暖环境中生长，突然遇到寒流袭击，或在棚室内较高温管理，突然寒风侵入，叶片细胞急剧收缩，致叶表皮破裂，或由于大温差出现，使叶片吸水快于失水，把表皮细胞胀破，致叶肉细胞暴露后木栓化，或在破裂附近产生愈伤组织而呈现水肿症状。

防治方法参见樱桃番茄水肿病。

青花菜水肿病叶面受害状

青花菜水肿病叶背受害状

2. 紫甘蓝病害 Diseases of red cabbage

紫甘蓝病毒病
Red cabbage virus disease

病毒病是紫甘蓝的主要病害，分布广泛，发生普遍，多在夏秋高温干旱季节发生较重。一般病株率10%左右，对紫甘蓝生产影响不明显，重病年份病株率达50%以上，严重影响紫甘蓝的正常生产。此病还为害其他十字花科蔬菜。

[症状] 此病在各生育期都可发生，以前期发病对生产影响较重。苗期染病，心叶扭曲畸形，叶色浓淡不均，心叶与外叶比例严重失调，扭帮卷缩，不包心。中后期染病，外叶颜色浓淡不均，叶片不正常展开，呈勺状上卷，叶面抽缩。心叶畸形呈波纹状不规则扭曲，不包心或心叶不能相互抱合，或包心松散。随病害发展外叶上出现不规则灰褐色坏死斑，最后植株逐渐萎蔫，干缩坏死。开花期染病，轻病株叶片变小，颜色浓淡不均，叶柄歪扭，上部叶呈条状或勺状，花序短小，种荚空瘪，籽粒瘦小。重病株花序扭曲畸形，有时呈鸡爪状，不开花结实。

[病原] 此病主要由TuMV，即芜菁花叶病毒侵染所致。部分地区还有烟草花叶病毒(TMV)、黄瓜花叶

病毒(CMV)等病毒混合侵染引起。详见青花菜病毒病。

发病规律、防治方法参见青花菜病毒病，注意应用抗病良种。

紫甘蓝病毒病波纹状扭曲病株

紫甘蓝病毒病勺状卷曲病株

紫甘蓝病毒病花叶坏死病株

紫甘蓝茎腐病
Red cabbage Fusarium rhizome rot

茎腐病为紫甘蓝的一般性病害，局部地区分布，一般发生较轻，对紫甘蓝生产基本无影响。个别地块发病较重，病株率10%～20%，多造成病株腐烂死亡。此病还可为害其他蔬菜。

[症状] 此病主要在抽薹开花期发生为害，其他时期也偶有发生。多从茎基部或中下部叶腋伤口处开始侵染，病部初呈水渍状，暗灰色不规则坏死，迅速向上下发展，使茎和叶柄变褐腐烂，致植株上部叶片逐渐萎蔫死亡。后期，病茎干腐变朽，病叶脱落，病部表

面长出少量白色菌丝和粉红色霉状物，即病菌菌丝和分生孢子，随病害发展病株折倒。

[病原] *Fusarium* sp. 属半知菌镰孢霉真菌。病菌分生孢子镰刀形，无色，有隔膜，多细胞。有时还产生小型分生孢子，小型分生孢子无色，单细胞，卵圆形。

[发病规律] 病菌以分生孢子或菌丝体随病残组织越冬。一旦条件适宜即侵染寄主引起发病。在田间以分生孢子或菌丝块借浇水、施肥或雨水冲刷传播蔓延，形成再侵染。高温高湿利于发病，伤口有利于病菌侵染。生长期时晴时雨、田间积

紫甘蓝茎腐病基部病叶后期症状

紫甘蓝茎腐病茎基部症状

紫甘蓝茎腐病叶球初期症状

水和因水肥管理不当造成伤口较多等有利于发病。此外，管理粗放、土壤贫瘠、植株生长衰弱，或施用未腐熟肥料，则发病较重。

[防治方法]

1. 收获后随时清理病残植株，集中沤肥或妥善处理，减少田间菌源。

2. 平整土地，增施充分腐熟的有机底肥，适当配合施用磷钾肥，后期适时浇水和追肥，防止植株脱肥早衰。

3. 生长期加强管理，及时疏沟排水，防止田间积水和土壤板结，增强植株抗病能力。

4. 发现病株及时拔除，并配合药剂防治。可选用45%特克多悬浮剂1 000倍液，或25%敌力脱乳油1 500倍液，或65%多果定可湿性粉剂1 000倍液，或98%恶霉灵可湿性粉剂2 500倍液，或50%复方硫菌灵可湿性粉剂500倍液，或95%敌克松可湿性粉剂500倍液，或50%多菌灵超微可湿性粉剂500倍液喷洒叶面和茎部，7～10天防治1次，连续防治2～3次。

紫甘蓝霜霉病
Red cabbage downy mildew

霜霉病是紫甘蓝的主要病害，分布广泛，发生普遍，但一般病情较轻，仅保护地种植和我国南方地区发病较重，病株率30%～100%，个别棚室或严重地块外部3～5片叶染病坏死，影响包心，育苗棚严重时可造成毁苗。此病亦为害其他十字花科蔬菜。

[症状] 此病在植株整个生育期均发生。多从外叶开始发病，初期在叶的背面和正面形成深紫色不规则小斑，逐渐扩大成较大的坏死病斑，中央浅黄褐色，边缘深紫色，同时在

紫甘蓝霜霉病初期叶面病斑

50μm

图1-5 紫甘蓝霜霉病菌
1. 孢囊梗 2. 孢子囊

叶背面病部长出霜状霉层，多个病斑相互连接，形成大的坏死斑，直至整个叶片坏死。

[病原] *Peronospora parasitica* (Pers.)Fr.属鞭毛菌寄生霜霉真菌。菌丝无隔，无颜色，生于细胞间，靠吸器伸入细胞吸收水分和营养，吸器球形、梨形或棍棒形。菌丝产生孢囊梗从寄主气孔伸出，单生或几根成束，无色，无分隔，主干基部略膨大，作重复2～4次二权分枝，长180～330μm，主轴和分枝成锐角，顶端小梗尖锐，弯曲，尖端产生一个孢子囊。孢子囊单胞无色，长圆至卵圆形，大小为18.5～25.5μm×12.5～23μm。卵孢子球形，单胞，黄褐色，表面光滑，大小为23.5～32.5μm，卵球径11.8～25.3μm，胞壁厚，表面光滑，可直接产生芽管进行侵染（图1-5）。

发病规律、防治方法参见青花菜霜霉病，从品种抗病性考虑。宜选用紫甘一号良种。

紫甘蓝霜霉病中期叶面病斑

紫甘蓝霜霉病苗期叶背病斑

紫甘蓝霜霉病中后期叶面病斑

紫甘蓝霜霉病成株期单株症状

紫甘蓝霜霉病成株期群体症状

黑腐病是紫甘蓝的主要病害，分布广泛，发生普遍。主要为害露地种植紫甘蓝。一般病株率20%～30%，轻度影响产量，重病地块或重病年份，病株率100%，外叶4～8片坏死干枯，显著

紫甘蓝黑腐病初期叶面病斑

紫甘蓝黑腐病中期病株

紫甘蓝黑腐病
Red cabbage black rot

影响产量和品质。此病还为害多种其他十字花科蔬菜。

[症状] 此病各生育期均有发生，以成株期发病对生产影响较大。幼苗发病，子叶呈水浸状坏死，逐渐萎蔫致幼苗枯死。成株发病多从外叶叶缘开始侵染，或由害虫造成的伤口处侵染，向内或向四周发展，形成V字形或不规则形坏死斑，黄褐色，病斑边缘常具有浅黄色晕环。叶柄染病，叶脉变褐坏死，沿维管束向上下发展，使叶帮或外叶呈浅褐色干腐。种株染病，初期与成株染病症状相似，后期根茎髓部组织变褐腐烂，叶片由下向上逐渐呈浅褐色坏死，轻者结实瘦小，使种子带菌，重者植株萎蔫死亡。

[病原] *Xanthomonas campestris* pv. *campestris* (Pammel) Dowson

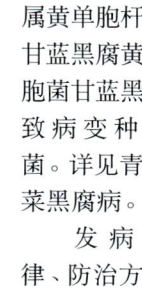

属黄单胞杆菌甘蓝黑腐黄单胞菌甘蓝黑腐致病变种细菌。详见青花菜黑腐病。

发病规律、防治方法参见青花菜黑腐病。各地需因地制宜选用较抗病良种，如紫甘一号等。

紫甘蓝黑腐病中后期病株

紫甘蓝软腐病顶腐症状

紫甘蓝软腐病
Red cabbage bacterial soft rot

软腐病是紫甘蓝的重要病害，分布广泛，发生较普遍。主要在夏秋露地种植季节发生为害。一般病株率3%～5%，轻度影响紫甘蓝生产。严重地块病株率10%～30%，明显造成紫甘蓝产量损失。此病除为害十字花科蔬菜外，还侵染多种其他蔬菜。

[症状] 此病主要在紫甘蓝生长后期发生，苗期和生长前期也偶有发病。苗期和前期发病，多从根部或根茎部侵染，随病害发展使嫩茎腐烂，终致幼苗死亡或植株腐烂萎蔫而坏死。后期发病，多从外叶叶柄或茎基部开始侵染，形成灰褐至暗褐色水渍状不规则形病斑，迅速发展使根茎和叶柄、叶球溃烂变软、倒塌，并散发出恶臭气味。有时病菌从叶柄虫伤处侵染，沿顶部从外叶向心叶腐烂，形成"顶腐"或"心腐"症状。

[病原] *Erwina carotovora* subsp.*carotovora*（Jones）

Bergey et al. 属胡
萝卜软腐欧氏杆
菌胡萝卜软腐亚
种细菌。详见青
花菜软腐病。

发病规律、
防治方法参见青
花菜软腐病。

紫甘蓝软腐病心腐症状

紫甘蓝软腐病普通病株

紫甘蓝根朽病
Red cabbage Phoma root rot

根朽病为紫甘蓝的重要病害，分布较广，发生普遍，保护地、露地种植均有零星发生。一般病株率5%～10%，严重地块可达20%以上，明显影响紫甘蓝生产。此病还为害多种其他十字花科蔬菜。

[症状] 此病在幼苗期、成株期均可发生，以苗期为害重。苗期发病，子叶、真叶和幼茎上产生圆形至椭圆形斑，初浅褐色，后变成灰白色，其上产生许多灰褐色颗粒点，重病苗很快死亡。轻病苗移栽后病害沿茎基上下发展蔓延，形成长条状灰褐至暗褐色病斑，随病情发展，病茎和病根皮层腐朽，露出木质部，致植株萎蔫死亡，后期在病部产生许多灰褐色小粒点，即病菌分生孢子器。成株发病，多在老叶和成熟叶片上发生，形成不规则坏死斑块，花梗和种荚受害后症状与茎上相似，后期在病部均产生灰褐色颗粒状小点，纵剖根、茎可见维管束变褐。贮藏期发病，使叶球干腐。

[病原] *Phoma lingam* (Tode ex Schw.) Desm.属半知菌十字花科黑胫茎点霉真菌。病菌分生孢子器球形至扁球形，无喙，埋生于寄主表皮下，褐色，器壁炭质，有孔口，直径170～220μm。分生孢子无色透明，椭圆形至圆柱形，内含1～2个油球或多个油球，大小为2.5～10μm×1.2～1.8μm（图1-6）。

[发病规律] 病菌以分生孢子器和菌丝体在病残体上越冬，种子的种皮也可带菌。病菌

还可在土壤内、肥料中或野生寄主上越冬，在土中可存活3年。田间以分生孢子借风雨、浇水、施肥及昆虫传播，由植株气孔、皮孔或伤口侵入。种子带菌，病菌可直接侵害幼苗子叶和幼茎，发病后分生孢子可重复侵染使病害蔓延。高温高湿利于发病。潮湿、多雨，尤其是雨后高温易引起发病。育苗期雨日多、雨量大、田间高湿，病害发生严重。此外，播种过密、浇水过多、地面过湿、田间管理不良、植株生长衰弱等均易诱发此病。

[防治方法]

1. 重病地块实行与非十字花科蔬菜3年以上轮作。

2. 选用无病种子或进行种子处理，可用50℃温水浸种20min，或用40%福尔马林200倍液浸种20min后洗净播种。也可用种子重量的0.3%～0.4%的50%扑海因可湿性粉剂，或70%甲基托布津可湿性粉剂拌种。

紫甘蓝根朽病幼株根茎症状

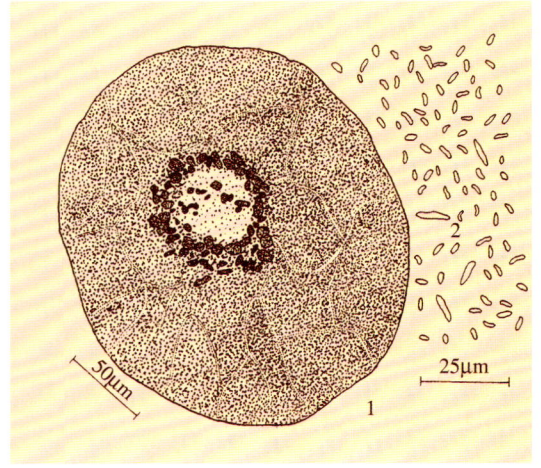

图1-6 紫甘蓝根朽病菌
1.分生孢子器 2.分生孢子

3.旧苗床进行土壤消毒，可选用敌克松原粉或70%甲基托布津可湿性粉剂，或50%大富丹可湿性粉剂45～75kg/hm²，拌细土600～900kg，2/3药土均匀撒施在备好的苗床表面，1/3药土覆盖种子。也可用98%恶霉灵可湿性粉剂3 000倍液喷浇苗床。

4.施用充分腐熟的有机肥，采用高垄或高畦栽培，健苗移栽，尽量减少人为根伤。定植后加强管理，避免田间积水，重病株及时清除。

5.发病初期进行药剂防治，可选用50%扑海因可湿性粉剂1 200倍液，或70%甲基托布津可湿性粉剂600倍液，或40%多硫悬浮剂400倍液，或50%敌菌灵可湿性粉剂500倍液，或50%大富丹可湿性粉剂800倍液，或45%特克多悬浮剂1 000倍液，或80%大生可湿性粉剂600倍液喷雾，7～10天防治1次，连续防治2～3次。

紫甘蓝褐腐病
Red cabbage rhizome rot

褐腐病为紫甘蓝重要病害，分布广泛，保护地、露地种植均较普遍发生，病株率一般为10%～30%，重病地块为80%～100%，显著影响紫甘蓝产量与质量。此病还侵染多种其他十字花科蔬菜。

[症状] 此病全生育期均可发生，以苗期发病普遍而严重，常造成大片死苗。病菌主要侵染植株根茎部，使病部变褐。多数病苗染病后根茎略缢缩，沿病部向上下发展使根茎和幼根变褐坏死而腐烂。空气潮湿时，病部产生较稀疏灰白色蛛丝状物。空气干燥时，病部表皮多与维管束组织分离脱落，植株叶片萎蔫下垂，最后干枯死亡。成株期发病，多造成根部和根茎褐色腐烂，同时基部叶柄呈灰褐至紫褐色坏死腐烂，终使植株萎蔫死亡。

[病原] *Rhizoctonia solani* Kühn 属半知菌立枯丝核菌真菌。初生菌丝无色，后呈黄褐色，直径8～12μm，多呈直角分枝，在其附近具有一个隔膜，分枝基部变细。由菌丝集结形成浅褐至深褐色不定形菌核。有性阶段为 *Pellicularia filamentosa* (Pat.)Rogers 属担子菌丝核薄膜革菌真菌。病菌主要以菌丝体传播繁殖，形成圆形担孢子，大小为6～9μm×5～7μm。

[发病规律] 病菌主要以菌核随病残体在土壤中越冬，也可在土壤中营腐生生活，可在土中存活2～3年。菌核萌发产生菌丝直接接触寄主根茎部或基部叶柄，形成初次侵染，借雨水、浇水、农具和带菌的肥料及土壤传播蔓延。病菌6～40℃下均可生长，以20～30℃为宜，土壤潮湿，或有自由水时适宜发病。田间湿度大、较长时间积水、土壤板结、栽植过深、培土过湿过多，或施用未腐熟农家肥，则发病较重。

[防治方法]

1.选用无病土育苗，施用充分腐熟的有机肥，播种不宜过密，覆土不宜过厚。

2.发病初期及时清除病苗，成株期结合中耕培土摘除基部病叶和老黄叶，注意浇小水，避免雨后或浇水后田间积水。

3.播种前种子处理或土壤消毒及发病后选用药剂防治，参见青花菜褐腐病。

紫甘蓝褐腐病成株症状

紫甘蓝炭疽病
Red cabbage anthracnose

炭疽病为紫甘蓝的一般性病害，分布较广，在局部地区发生为害，以夏秋季露地种植发病较重，病株率可达30%～60%，一般发病程度轻，对紫甘蓝生产无明显影响，病重时，外叶4～8片坏死，在一定程度上影响紫甘蓝产量与品质。此病还为害其他十字花科蔬菜。

[症状] 此病主要在苗期和生长前期发生为害。发病初期在基部叶片上形成许多湿润状紫褐色小点，以后逐渐发展成灰褐色近圆形坏死斑，直径0.5～4mm，病斑边缘紫褐色，微隆起，中央略凹陷，呈薄纸状。有时病斑外围还形成黄绿色晕环。后期病斑浅灰褐至灰白色，半透明，易破裂穿孔。主脉及叶柄受害，多形成长椭圆形至长梭形病斑，灰褐色至暗褐色，显著凹陷，周围水渍状，两端易开裂。种株受害，花梗及种荚染病亦形成近椭圆形明显凹陷紫褐色坏死斑，易从病部折断。

[病原] *Colletotrichum higginsianum* Sacc.属半知菌十字花科炭疽刺盘孢菌真菌。病菌菌丝无色透明，有隔膜。分生孢子盘很小，散生，子座埋生或大部分埋于寄主表皮下，暗褐色。刚毛散生于分生孢子盘中，数量较少，具1～3个隔膜，基部膨大，色深，顶端较尖，色淡，正直或微弯，大小为48～76μm×3.5～5μm。分生孢子梗无色单胞，倒锥形，顶端较狭，7.8～13.5μm×3～4μm。分生孢子无

紫甘蓝炭疽病叶背病斑

色单胞，圆柱形至梭形，或星月形，两端钝圆，内含颗粒物，大小为 14～17.5μm × 3.5～5μm（图1-7）。

[发病规律] 病菌以菌丝随病残体遗落在土中或附着在种子上越冬。第二年条件适宜时，分生孢子长出芽管进行侵染，以分生孢子借风雨、浇水飞溅传播，进行再侵染。病菌发育温度10～38℃，适宜温度为26～30℃。碱性条件利于产孢，酸性条件利于孢子萌发，光照可刺激菌丝生长，高温多雨是引起发病的重要条件。7～9月高温多雨，或降雨次数多发病较重。此外，地势低洼，田间积水，种植密度过大，管理粗放，植株生长衰弱的地块发病重。

[防治方法]

1. 用50～52℃温水浸种10～20min后冷却晾干播种，或用种子重量0.3%的25%施保克可湿性粉剂拌种，也可用种子重量0.4%的25%炭特灵，或50%多菌灵可湿性粉剂拌种。

2. 收获后注意清洁田园，重病地块实行与非十字花科蔬菜轮作，调节种植期使苗期至莲座期避开高温多雨季节。

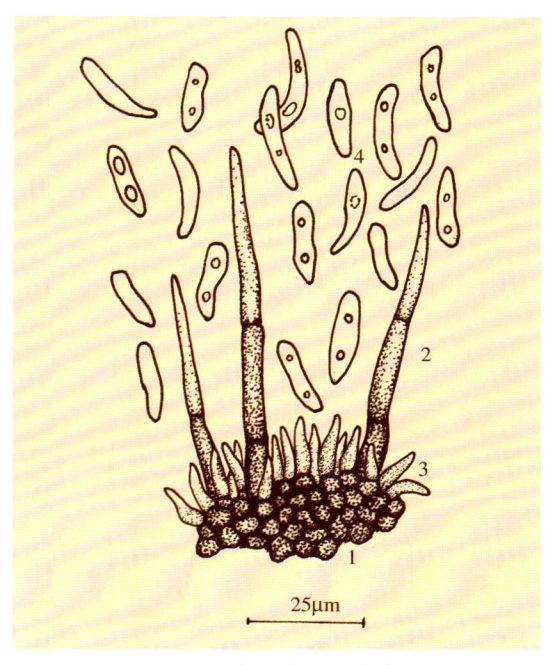

图1-7 紫甘蓝炭疽病菌
1. 分生孢子盘 2. 刚毛 3. 分生孢子梗 4. 分生孢子

3. 深翻晒土，施足有机底肥，增施磷肥和钾肥。生长期加强管理，雨后及时排水，避免田间积水。

4. 发病初期喷施药液防治，可选用25%炭特灵可湿性粉剂600～800倍液，或25%施保克可湿性粉剂1 000倍液，或30%倍生乳油2 000倍液，或25%敌力脱乳油1 000倍液，或40%多硫悬浮剂400倍液，或70%甲基托布津可湿性粉剂600倍液，或2%加收米水剂600倍液，兼防其他病害可选用47%加瑞农可湿性粉剂600～800倍液，7～10天防治1次，视病情防治1～3次。

紫甘蓝菌核病
Red cabbage Sclerotinia rot

菌核病为保护地种植紫甘蓝的重要病害，主要在种植蔬菜时间较长的地区保护地内发生，一般病株率5%～10%，个别棚室发病较重，并有逐年加重趋势。一旦发病，全株腐烂，造成明显损失。此病可为害数十种蔬菜。

[症状] 此病全生育期均发生。前期主要为害茎基部和基部叶片，形成水渍状暗灰色坏死斑，迅速发展腐烂，使植株萎蔫死亡，病部产生浓密絮状白霉，以后转变成鼠粪状菌核。结球期染病，多从根茎或基部叶片开始侵染，亦呈水渍状腐烂，发展迅速，同时在病部产生浓密絮状白霉，最后形成黑色菌核。花期染病，主要由根茎部或从下部叶片开始侵染，病部呈暗灰绿色坏死腐烂，随病害发展，植株由下向上逐渐萎蔫枯死，剖茎可见髓部生有黑色颗粒状菌核。

[病原] *Sclerotinia sclerotiorum* (Lib.) de Bary 属子囊菌核盘菌真菌。详见青花菜菌核病。

发病规律、防治方法参见青花菜菌核病。

紫甘蓝菌核病初期症状

紫甘蓝菌核病中期症状

紫甘蓝菌核病后期症状

紫甘蓝灰霉病
Red cabbage gray mold

灰霉病是紫甘蓝的一般性病害，为近几年新病害，主要在保护地内发生，尤其是冬春育苗和生产棚室发生较多，发病率10%～30%，多造成零星死苗，对产量无明显影响，个别棚室发病较重，造成一定损失。此病可为害数十种蔬菜。

[症状] 此病主要在苗期发生，中后期也偶有发生。病菌多从结水的叶缘，或受伤的部位，或枯黄的外叶开始侵染，病部初呈水渍状灰褐色腐烂，发展迅速，短期内使病苗或病叶坏死。随即向四周扩展蔓延，致邻近植株或幼苗快速染病。中后期叶片染病，常形成V字形病斑，空气潮湿时，病部软腐，病斑表面产生灰色霉层。空气干燥时，病部多形成干腐症状，病组织表面仅产生少量稀疏灰色毛霉状物。开花结荚期染病，多从中下部衰老叶片开始侵染，沿叶片向叶柄发展，最后蔓延至主茎，使主茎坏死，终致植株提前死亡，影响结实。病部多产生灰黑色霉层，即病菌分生孢子梗和分生孢子。

紫甘蓝灰霉病症状

[病原] *Botrytis cinerea* Pers.属半知菌灰葡萄孢真菌。详见青花菜灰霉病。

发病规律、防治方法参见青花菜灰霉病。

紫甘蓝缘枯病初期病株

缘枯病为紫甘蓝的重要病害，仅在局部地区分布，保护地和露地种植均有发生，一般零星发病，轻度影响产量。病重时发病率达20%～30%，严重影响紫甘蓝产量与品质，是一个值得引起重视的新病害。

紫甘蓝缘枯病
Red cabbage bacterial leafedge wilt

[症状] 此病主要在紫甘蓝生长中后期发生，以包心期发病较重。病株均从包心叶开始发病，初期叶缘均呈油渍状灰褐色坏死，逐渐向叶柄方向发展，病部转变成黄褐色，新侵染区呈灰褐色油渍状坏死，随病害发展包心叶缘均干腐抽缩，停止生长，使菜球呈花瓣状，最终致整个叶球黄褐至灰褐色坏死干腐。

[病原] *Pseudomonas marginalis* pv. *marginalis* (Brown)Stevens 属边缘假单胞菌边缘单胞致病型细菌。病菌菌体短杆状，无芽孢，极生1～6根鞭毛。在普通琼脂培养基上，菌落黄褐色，表面平滑具光泽，边缘波状。革兰氏染色阴性。

[发病规律] 病菌随病残体在土壤中越冬,也可随种子带菌成为田间发病的初侵染源。病菌从叶缘水孔等自然孔口侵入,发病后病部产生细菌借风雨、浇水和农事操作等传播蔓延,进行再侵染。温暖潮湿有利于发病,温度15～25℃,相对湿度90%以上,叶面结露和叶缘吐水是病菌活动、侵染和蔓延的重要条件。春秋紫甘蓝种植期间,温暖多雨,或多雾、昼夜温差大、结露时间长等有利于发病。

[防治方法]

1.有病地块在收获结束后及时彻底清除病残落叶,集中堆沤经高温发酵灭菌后方可作肥料还田。重病地块与非十字花科蔬菜和非瓜类作物轮作。

2.无病土育苗和进行种子处理。可选用52℃温水浸种30min,或55℃温水浸种15min,或干种子用72℃干热处理3天。也可用种子重量0.3%的47%加瑞农可湿性粉剂拌种,或用40%福尔马林150倍液,或1%稀盐酸溶液浸种1.5 h后,洗净催芽播种。

3.生长期加强管理。发病后适当控制浇水,改进浇水方法,禁止大水漫灌。保护地种植应加强通风排湿,减少叶面结露。

4.发病初期将重病株拔除并配合药剂防治,可选用47%加瑞农可湿性粉剂600～800倍液,或58.3%可杀得2 000干悬浮剂1 000倍液,或30%络氨铜水剂500倍液,或25%噻枯唑可湿性粉剂600倍液,或72%农用链霉素可湿性粉剂4 000倍液,或新植霉素5 000倍液喷雾,10～15天1次,视病情防治1～3次。

紫甘蓝缘枯病后期病株

病残植株集中堆沤发酵灭菌

紫甘蓝缘枯病中期病株

紫甘蓝黑斑病
Red cabbage black spot

黑斑病是紫甘蓝的一般性病害,分布广泛,发生普遍,但常常零星发生,病株率5%～20%,发病程度很轻,对生产无影响,仅个别夏秋种植地块或特殊年份发生较重,可造成外叶2～5片枯死,在一定程度上影响产量。此病亦可侵害其他十字花科蔬菜。

[症状] 此病主要为害叶片,偶尔侵染叶柄。发病初期在叶面产生水渍状小点,逐渐变成灰褐色近圆形小斑,边缘常具暗褐色环线,以后向外发展形成浅色或浸润状暗绿色晕环,随病害发展,病斑呈现同心轮纹,最后发展成5～15mm大小的略凹陷较大型斑。空气潮湿,病斑两面都产生呈轮纹状分布的灰黑色霉状物,即病菌分生孢子梗和分生孢子。病害严重时,多个病斑相互汇合连接成大的坏死斑,终至叶片枯萎死亡。叶柄染病,病斑近椭圆形至不规则形,明显凹陷,后期病斑表面产生灰黑色霉状物。

[病原] *Alternaria brassicicola* (Schweinitz) Wilts.属半知菌甘蓝链格孢真菌。病菌分生孢子梗单生或2～5根束生,褐色至暗褐色,上下色泽

紫甘蓝黑斑病病斑放大

均匀，基部细胞膨大，不分枝或少数分枝，正直或屈曲，具0~2个膝状节，1~6个隔膜，长短悬殊，大小为23.0~72.5μm×4.0~7.5μm。分生孢子褐色至榄褐色，棍棒形至长椭圆形，无喙状细

紫甘蓝黑斑病中后期病斑

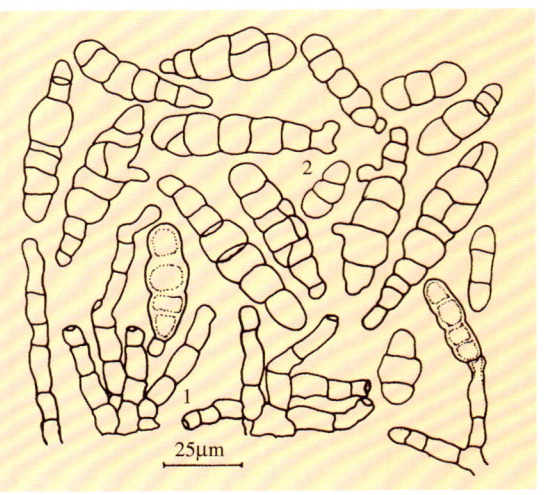

图1-8 紫甘蓝黑斑病菌
1. 分生孢子梗 2. 分生孢子

胞或极短，具2~8个横隔膜，0~3个纵隔膜，分隔处缢缩，大小为23.5~79.5μm×7.5~16.5μm（图1-8）。

发病规律、防治方法参见青花菜黑斑病。

褐点病为紫甘蓝的一般性病害，局部地区分布，保护地、露地种植均有发生，一般病株率

紫甘蓝褐点病叶面病斑

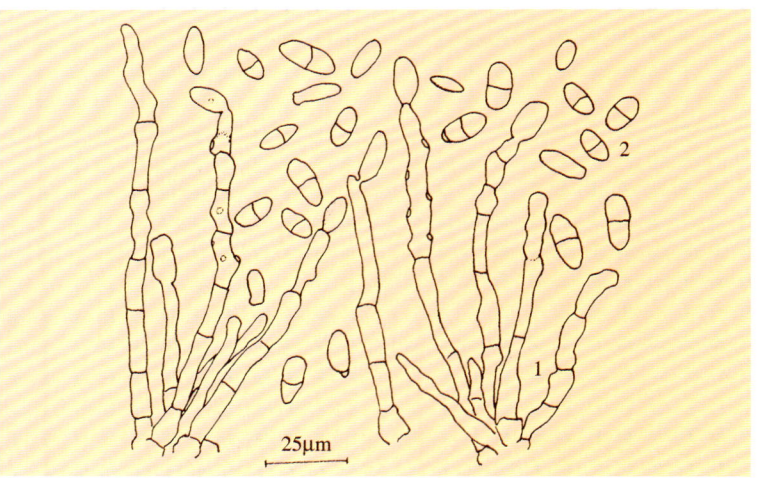

紫甘蓝褐点病叶背病斑

紫甘蓝褐点病
Red cabbage Cladosporium spot

10%~20%，对紫甘蓝生产无明显影响，病重时病株率可达40%~60%，甚至更高，在一定程度上影响产量和质量。

[症状] 此病仅为害叶片，一般穿透叶两面，初在叶两面形成紫褐色小点，后逐渐发展成近圆形或椭圆形紫褐色斑，直径0.5~5mm，病斑中央颜色随叶肉细胞组织坏死由深变浅，呈灰褐至黄褐色。空气潮湿，病斑表面形成灰黑色绒状霉层，即病菌分生孢子梗和分生孢子。病害严重时，外叶上病斑密布，使叶片变黄早衰，最后枯死。

[病原] *Cladosporium* sp.属半知菌芽枝霉真菌。分生孢子梗多数为1~6根簇生，基部色暗，先端色较淡，曲折，孢痕明显，一般每节2个孢痕，具0~6个隔膜，大小为55.5~125.8μm×3.8~7.5μm。分生孢子近长卵圆形至楔形，淡榄褐色，1~2个细胞，个别3个细胞，表面密生微刺，大小为8.5~17.5μm×3.8~7.5μm

图1-9 紫甘蓝褐点病菌
1.分生孢子梗 2.分生孢子

（图1-9）。

[发病规律] 病菌主要以菌丝体和菌丝块随病残组织越冬，种子亦可带菌。当条件适宜时病菌即产生分生孢子，形成初次侵染，发病后分生孢子借气流传播，进行再侵染。温暖潮湿有利于发病，尤其是18～25℃，叶面有凝结水时，适宜病菌侵染。一般生长期温暖多雨，棚室内较长时间闷热潮湿，病害发生较重。

[防治方法]

1. 收获后及时清除病残落叶，集中堆沤，经高温发酵灭菌。重病地块进行轮作换茬，减少田间菌源，控制发病。

2. 播种前用52℃温水浸种20～30min灭菌，晾干后播种。

3. 发病期进行药剂喷雾防治，可选用2%加收米水剂600倍液，或40%福星乳油6 000～8 000倍液，或2%武夷菌素水剂200～300倍液，或60%防霉宝超微可湿粉600倍液。选用47%加瑞农可湿性粉剂800倍液还可兼防多种其他病害。保护地内可选用上述有关药剂的粉尘剂喷粉或采用常温烟雾施药防治。

紫甘蓝烧心病
Red cabbage heart rot

烧心病为紫甘蓝的重要病害，分布较广，局部地区局部地块发生较重，保护地和露地种植均可发病，以露地种植受害重。一般病株率5%～10%，重病地块发病率可达40%以上，严重影响紫甘蓝的产量和品质。

[症状] 此病主要在包心期和贮藏期发生。初期叶球外叶叶缘颜色变深，略向外卷，逐渐发展至叶缘向下呈湿润状坏死，形成黄褐至浅紫色不规则坏死斑，边缘常具有色泽较深的界限模糊的侵染带，随后病部细胞组织失水干瘪，叶肉呈纸状，最后叶缘抽缩，多片球叶至数十片球叶发病。轻病株在田间生长期症状不明显，仅收获后纵剖球叶方可见到心叶边缘坏死干腐。重病株部分外叶即表现轻度干边，外层球叶大部分坏死干腐，致整个菜球丧失食用价值。

[病因] 过去许多研究认为，类似于大白菜、甘蓝的干烧心病，均系钙供应不足引起的生理病害。由于生长迅速，80%～90%球叶在此期间长成，需要大量包括钙质在内的营养物质供应和适宜的综合环境条件。若综合条件不宜，如天气干旱、土壤返盐，或高温，或重施氮肥等，不断增加土壤溶液浓度，相应冲淡了土壤溶液中钙的含量，而影响或阻碍钙的吸收与运输，老叶中积累的钙又不能被再利用，使叶球得不到足够的钙，引致叶球钙的供应不足而出现干烧心病害。最近有报道认为，干烧心病是由于土壤中严重缺乏活性锰所致。因为测定典型钙质土中活性锰含量相当低，多为1～10mg/kg，甚至更低，易出现干烧心病，而石灰性土壤活性锰含量很高，可达100mg/kg或更高，可满足作物对锰的需要，作物含量分析结果也说明干烧心病的菜球含锰量很低，而含钙量病健菜球无明显规律性。

由于作物生理代谢极其复杂，目前尚不能准确断定致病原因。但从田间直观调查看，紫甘蓝包心期天气高温干旱、空气湿度低、土壤干燥缺水，或地势偏高、浇水不匀，或偏施氮肥，尤其是施用尿素或硫酸铵的地块，易发生此病。

[防治方法]

由于各地气象、土壤、栽培条件差异较大，防治此病应因地制宜采取措施。首先考虑应用以栽培为主的综合技术，即选择灌溉条件较好的地块种植，平整土地，适期浇水，尤其是包心期遇高温干旱天气要及时浇水，合理适量追肥，注意氮、磷、钾肥配合使用，避免偏施氮肥。在此基础上再试用补钙或补锰技术。补钙可选用0.7%有水氯化钙附加20 000倍萘乙酸，在包心初期开始分次喷洒心叶，或心叶撒施专用氯化钙缓效颗粒剂。补锰可喷洒0.7%硫酸锰。

紫甘蓝烧心病病株

3. 皱叶甘蓝病害 Diseases of savoy cabbage

皱叶甘蓝病毒病
Savoy cabbage virus disease

病毒病为皱叶甘蓝的常见病，分布广泛，发生普遍，夏秋露地种植发病稍重，一般发病率10%左右，对产量影响不明显，严重时病株率可达20%以上，显著影响皱叶甘蓝正常包心。此病还侵染多种其他十字花科蔬菜。

[症状] 此病在各生育期都可感染，以苗期发病受害重。菜苗染病，多在叶片上产生近圆形褪绿斑点，直径1～3mm，略显晕环，以后叶色变浅或产生浓淡相间斑驳症状，重病植株扭曲、畸形或矮化。成株染病，幼嫩叶上出现花叶或斑驳症状，外部老叶正背面多产生许多不规则黑褐色坏死斑点，致病株结球松散或不结球，严重时多片外叶枯死。

[病原] TuMV即芜菁花叶病毒。亦有一定比例的TMV或CMV侵染，详见青花菜病毒病。

发病规律、防治方法参见青花菜病毒病。

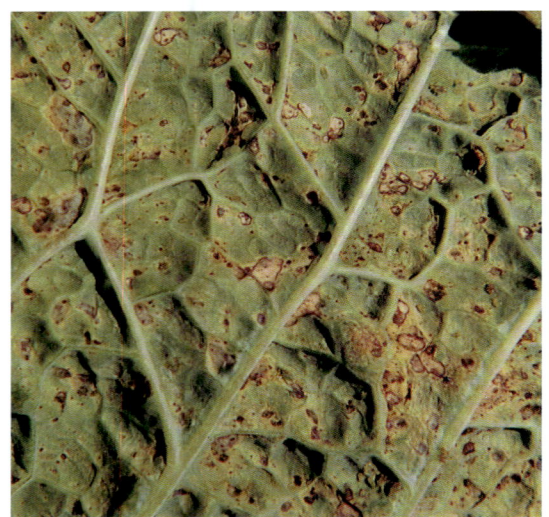

皱叶甘蓝病毒病叶面病斑

皱叶甘蓝病毒病叶背病斑

皱叶甘蓝软腐病
Savoy cabbage bacterial soft rot

软腐病为皱叶甘蓝的常见病，分布较广，发生亦较普遍。主要在夏秋露地种植发生为害。一般都零星发病，造成个别烂棵，重病地块病株率可达10%以上，明显造成产量损失。此病可侵染多种蔬菜。

[症状] 此病多在包心中后期发生，多从茎基部和外叶叶柄开始侵染。初期病部形成灰褐色至黄褐色水渍状斑，迅速发展成不规则形坏死大斑，随即病部溃烂软腐，并释放出恶臭气味，病株外叶逐渐萎蔫，最后全株瘫倒。有时，病菌从叶球伤口侵染，由外叶向心叶腐烂，形成顶腐或心腐症状。

[病原] *Erwinia carotovora* subsp. *carotovora*（Jones）Bergey et al. 属胡萝卜软腐欧氏杆菌胡萝卜软腐病亚种细菌。详见青花菜软腐病。

发病规律、防治方法参见青花菜软腐病。

皱叶甘蓝软腐病病株

皱叶甘蓝黑腐病
Savoy cabbage black rot

黑腐病为皱叶甘蓝的常见病，发生较普遍，南北方均有分布，多在夏秋露地种植发病，一般病株率5%～10%，对产量无明显影响，严重地块或重病年病株率可达40%以上，明显影响皱叶甘蓝的产量和品质。

[症状] 此病在各生育期都可发生，主要为害植物维管束，使维管组织坏死变褐。幼苗染病，子叶呈水渍状，逐渐枯死并迅速扩展蔓延到真叶，在真叶叶脉上形成褐色坏死小点，最后致菜苗死亡。成株发病多从伤口处或沿叶缘水孔开始侵染，形成不规则形或V字形黄褐色坏死斑，进一步向四周或向叶柄方向发展，蔓延到茎部，再向上下发展，形成系统侵染症状，最后致全部叶片发黄枯死干腐或软腐。

[病原] *Xanthomonas campestris* pv.*campestris* (Pammel) Dowson 属黄单胞杆菌甘蓝黑腐黄单胞菌甘蓝黑腐致病变种细菌。详见青花菜黑腐病。

发病规律、防治方法参见青花菜黑腐病。

皱叶甘蓝黑腐病病叶

皱叶甘蓝基腐病
Savoy cabbage rhizome rot

基腐病为皱叶甘蓝的重要病害，分布较广，发生也较普遍，保护地、露地种植都发病，一般病株率10%～30%，重病地块发病率可达80%左右，造成植株成片萎蔫死亡，显著影响皱叶甘蓝的产量与品质。此病可侵染多种蔬菜。

[症状] 此病全生育期都可发生，以幼苗期发病对生产影响大。幼苗期发病，病菌多侵染根茎部，使根茎呈褐色干腐，最后菜苗呈立枯死亡。成株及结球期发病，病害亦多从茎基和叶柄基部开始发生，初呈水渍状浅褐色至灰褐色坏死腐烂，随后病部下陷并迅速向各方向扩展蔓延，使茎基和叶柄基部呈暗褐色腐烂并下陷，病株外叶很快萎蔫死亡，最后菜球干腐或与软腐病混合发生，表现溃烂软腐。

[病原] *Rhizoctonia solani* Kühn 属半知菌立枯丝核菌真菌。详见青花菜褐腐病。

发病规律、防治方法参见青花菜褐腐病。

皱叶甘蓝基腐病病株

皱叶甘蓝黑斑病
Savoy cabbage black spot

黑斑病为皱叶甘蓝的一般性病害，分布较广，发生较普遍，但一般病情较轻，对生产无明显影响，仅个别地块或重病年份发病较重，外叶4～8片因病早衰坏死，在一定程度上影响生产。此病还侵染薹菜、菜心、叶用芥菜、乌塌菜等十字花科蔬菜。

[症状] 此病多在包心中后期开始发生，前期亦偶见发病。多从外叶开始侵染，初期在叶片上形成水渍状褐色坏死小斑，逐渐向外围扩展成黄褐至红褐色近圆形轮纹坏死斑，大小为5～20mm，空气湿度高时在病斑两面产生灰黑色霉层。空气干燥时，病斑破裂。多个病斑相互连接致叶片黄化坏死。

[病原] *Alternaria brassicae* (Berk.)Sacc. 属半知菌芸薹链格孢真菌。病菌分生孢子梗榄褐色，多束生，不分枝，具2～5个分隔，顶端孢子痕明显，大小为40.7～64.9μm×5.6～9.3μm。分生孢子单生，长倒棍棒状，浅褐色，喙胞明显，孢身至喙胞渐细，孢身具8～14个横隔膜，0～2个纵隔膜，大小为83.3～162.8μm×14.8～25.0μm。

喙胞具1～4个横隔膜，大小为55.5～101.8μm×6.5～12.0μm。有时还零星有*A.brassicicola* (Schweinitz)Wilts.即甘蓝链格孢混合侵染（图1-10）。

发病规律、防治方法参见青花菜和菜心黑斑病。

皱叶甘蓝黑斑病初期病斑

皱叶甘蓝黑斑病后期病斑

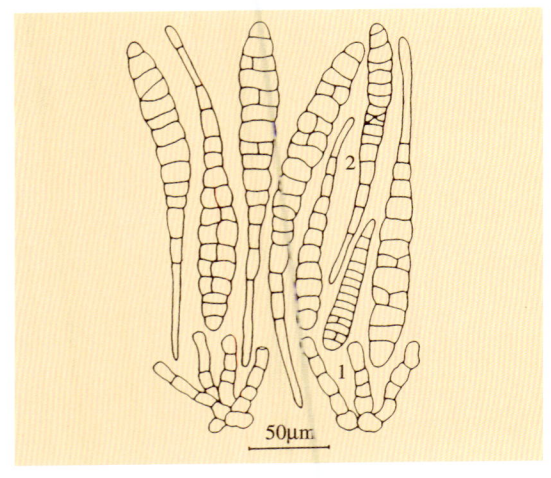

图1-10　皱叶甘蓝黑斑病菌
1. 分生孢子梗　2. 分生孢子

皱叶甘蓝黑斑病中期病斑

皱叶甘蓝菌核病
Savoy cabbage Sclerotinia rot

菌核病为皱叶甘蓝的重要病害，在局部地区发生分布，主要在北方种菜时期较长的保护地内发病，南方油菜产区和长江流域地区也零星发生。一般病株率3%～5%，严重地块或棚室达10%以上，在一定程度上影响生产。

[症状] 此病在各生育期都可发生，苗期发病多引起茎叶坏死腐烂，在病部产生白霉，最后白霉转变成黑色菌核。成株期发病，多从茎基部开始侵染，使茎基和叶柄呈水渍状灰绿色腐烂坏死，在病部表面产生浓密絮状白霉，随病情发展，植株外叶萎蔫致全株坏死。结球期染病，病菌沿茎基侵染，向菜心扩展致菜球内部腐烂，外叶干腐，最后在叶球内形成许多鼠粪状菌核。有时，病菌也从外叶侵染，使叶球由外向内坏死腐烂，在病部产生浓密白霉，后期形成鼠粪状菌核。

[病原] *Sclerotinia sclerotiorum* (Lib.) de Bary属子囊菌核盘菌真菌。详见青花菜菌核病。

发病规律、防治方法参见青花菜菌核病。

皱叶甘蓝菌核病初期病叶和种株病茎

皱叶甘蓝灰霉病
Savoy cabbage gray mold

灰霉病为皱叶甘蓝的一般性病害，分布较广，多在保护地内发生。通常病株零星，对生产无明显影响。

[症状] 此病主要侵害叶片和叶球茎基部。多从叶缘、叶片受伤处或积水的部位侵染，形成V字形或不定形褐色坏死斑，随病害发展病叶黄化坏死，在病部产生灰黄色霉层，即病菌分生孢子梗和分生孢子。病菌亦可从植株基部侵入，使植株茎基部坏死腐烂，在病部产生灰褐色霉层。

[病原] *Botrytis cinerea* Pers.属半知菌灰葡萄孢真菌。详见青花菜灰霉病。

发病规律、防治方法参见青花菜灰霉病。

皱叶甘蓝灰霉病病叶

[防治方法] 参见紫甘蓝烧心病。

皱叶甘蓝烧心病
Savoy cabbage heart rot

烧心病为皱叶甘蓝的重要病害，在局部地区发生分布，保护地、露地种植均可发病。发病程度因年份、地区、管理水平差异很大，一般都零星发病，造成一定经济损失，重病地块或重病年份病株率可达40%～60%，甚至更高，显著影响产量和品质。

[症状] 此病主要在包心中后期和贮藏期发生。染病植株表现球叶受害，初期叶缘颜色褪淡，逐渐坏死、干边、向内扣卷。随病害发展，病斑沿叶缘向下呈湿润状坏死，形成浅黄至灰白色坏死环，染病细胞组织失水干缩呈纸状，最后叶缘抽缩。严重时数十片心叶发病，使菜球失去商品价值。轻病株，在田间无明显症状，仅贮藏期内部心叶叶缘坏死干腐，叶球丧失食用价值。

[病因] 此病为非侵染性病害，主要因包心期生理缺钙所致。详见紫甘蓝烧心病。

皱叶甘蓝烧心病病株

皱叶甘蓝冻害
Savoy cabbage chilly injury

冻害为皱叶甘蓝一般非侵染性伤害，局部地区在深秋露地偶有发生。形成一定的经济损失。

[症状] 幼苗轻微受冻，仅表现叶缘褪绿，叶片向下扣卷。受冻严重时幼株呈深绿色水渍状坏死。成株受冻害，叶色褪淡，外叶瘫倒，严重时球叶和外叶全部褪绿。

[病因] 此病为非侵染性生理伤害，因气温低影响叶绿素形成，气温太低则造成植物细胞冻结，完全破坏叶绿素甚至细胞组织结构而瘫倒。

[防治方法] 一般无须专门防治，寒冷季节生产上注意防冻保暖，深秋季及时采收，避免受冻。

皱叶甘蓝冻害初期受害状

皱叶甘蓝冻害单株受害状

皱叶甘蓝冻害后期受害状

4. 羽衣甘蓝病害 Diseases of collard

羽衣甘蓝病毒病
Collard virus disease

病毒病为羽衣甘蓝的主要病害。分布广泛，发生普遍，主要在夏秋季发病。一般病株率5%～10%，轻度影响产量和品质，重病地块发病率达30%以上，显著影响正常生产。

[症状] 此病全生育期都可发生。苗期染病，在叶片上散生褐色小斑点，以后整个叶片叶色变浅，黄化坏死。成株发病，心叶和部分外叶不规则褪绿，在叶片上产生许多浅墨绿色坏死斑，以后变褐坏死，随病情发展，植株停止生长，叶片黄化扭曲坏死。

[病原] TuMV即芜菁花叶病毒。在一些地区，黄瓜花叶病毒（CMV）和烟草花叶病毒（TMV）亦可形成复合侵染。参见青花菜病毒病。

发病规律、防治方法参见青花菜、芥蓝病毒病。

羽衣甘蓝病毒病中期病叶

羽衣甘蓝病毒病后期病叶

灰霉病为羽衣甘蓝的一般性病害，在南方露地和北方保护地零星发生。通常病情很轻，对生产无影响，重病地块或棚室染病

羽衣甘蓝灰霉病病叶

羽衣甘蓝灰霉病
Collard gray mold

率可达30%～40%，在一定程度上影响产量和质量。

[症状] 此病在各生育期都发生。多从衰老枯黄的叶片或受伤或长时间积水的部位开始侵染。病部呈黄褐色坏死，湿度大时呈水渍状腐烂，发展迅速。发病后期，病组织表面产生灰色霉层，即病菌分生孢子梗和分生孢子。

[病原] *Botrytis cinerea* Pers.属半知菌灰葡萄孢真菌。详见青花菜灰霉病。

发病规律、防治方法参见青花菜灰霉病。

羽衣甘蓝菌核病
Collard Sclerotinia rot

菌核病为羽衣甘蓝的重要病害，分布较广，在南方露地、北方保护地都可发生。以老菜区保护地内发病较重，一般病株率5%～10%，重病地块可达30%左右，明显影响产量和质量。

[症状] 此病在植株各生育期都发生，主要为害中下部叶片、叶柄、茎秆和茎基部。发病初期病部呈水渍状坏死，以后迅速软腐，在

病部长出浓密棉絮状菌丝，后期转变成鼠粪状菌核。茎秆和茎基染病，亦呈水渍状腐烂，表面产生絮状白霉，随病害发展髓部变空，植株病部以上组织逐渐萎蔫死亡，后期可在髓腔和茎表面产生菌核。

[病原] *Sclerotinia sclerotiorum* (Lib.) de Bary 属子囊菌核盘菌真菌。详见青花菜菌核病。

发病规律、防治方法参见青花菜菌核病。

羽衣甘蓝菌核病初期病叶

羽衣甘蓝菌核病中后期病叶

羽衣甘蓝黑腐病
Collard black rot

黑腐病为羽衣甘蓝的主要病害，分布广泛，发生普遍，以露地种植发病较重，尤以夏秋季黑腐病明显。一般病株率10%～20%，重病地块达40%～80%，对生产有一定影响。

[症状] 此病在各生育期均发生，以中后期发病较重。子叶期染病，在子叶上形成水渍状斑，灰褐至黄褐色，并迅速向真叶扩展。早期染病，种子未出苗即腐烂。成株染病，多从下部外叶开始发病，沿叶缘坏死形成V字形黄褐色斑，病健组织界限模糊，病斑迅速向内发展致叶片坏死。有时病菌沿叶柄和由叶柄向基部和根茎蔓延，形成黄褐色网状坏死，最后致根髓部变褐干腐。病害严重时，多片外叶同时发病，并与软腐病混合侵染，在短时期内致使整株染病腐烂而坏死。

[病原] *Xanthomonas campestris* pv. *campestris* (Pammel) Dowson 属黄单胞杆菌甘蓝黑腐黄单胞菌甘蓝黑腐致病变种细菌。详见青花菜黑腐病。

发病规律、防治方法参见青花菜黑腐病。

羽衣甘蓝黑腐病后期病叶　　　　羽衣甘蓝黑腐病V字形病斑　　　　羽衣甘蓝黑腐病系统侵染病叶

羽衣甘蓝软腐病
Collard bacterial soft rot

软腐病为羽衣甘蓝的常发病害，分布广泛，露地种植零星发病，一般发病率5%左右，夏秋季重病地块病株率可达30%。

[症状] 此病多在成株期发生。多由茎基部采后伤口处侵入，病部初为黄褐色水渍状，逐渐扩大变为暗灰褐色，进而发病组织呈软化腐烂，释放出臭味。病害沿基部向上发展，致上部外叶萎蔫后死亡。

[病原] *Erwinia carotovora* subsp. *carotovora*（Jones）Bergey et al. 属胡萝卜软腐欧氏杆菌胡萝卜软腐病亚种细菌。详见青花菜软腐病。

发病规律、防治方法参见青花菜软腐病。

羽衣甘蓝软腐病初期病株

羽衣甘蓝软腐病中期病株

羽衣甘蓝软腐病后期病株

5. 球茎甘蓝（茎蓝）病害 Diseases of kohlrabi

球茎甘蓝病毒病
Kohlrabi virus disease

　　病毒病是球茎甘蓝的普通病害，分布广泛，夏秋季露地种植发病较重，一般发病率10%～20%，在一定程度上影响球茎甘蓝生产。

　　[症状] 此病在全生育期都发生，发病轻时，仅在植株中上部少数叶片上出现褪绿斑驳，病叶和心叶皱缩不平，内外叶比例失调或植株畸形。重病株则表现全株褪绿变黄、矮化，叶片皱缩变小，最后整株枯黄死亡。

　　[病原] 此病由TuMV即芜菁花叶病毒单独或与CMV、TMV即黄瓜花叶病毒、烟草花叶病毒共同侵染所致。参见青花菜病毒病。

　　发病规律、防治方法参见青花菜病毒病。

球茎甘蓝病毒病病株

球茎甘蓝黑腐病
Kohlrabi black rot

　　黑腐病是球茎甘蓝的重要病害，分布广泛，发生普遍，以夏秋露地种植发病严重。一般病株率30%～40%，重病地块发病率60%～100%，有时多数叶片因病坏死，显著影响球茎甘蓝的产量和品质。此病可侵害几乎所有十字花科蔬菜。

　　[症状] 此病主要为害叶片，也侵染球茎。子叶染病呈水渍状，以后枯死并蔓延到真叶。真叶受害多从叶缘开始发病，形成V字形黄色至黄褐色枯斑。病菌也可以从伤口处侵染，在叶面任何部位形成不定形浅褐色坏死斑，边缘常具有黄色晕圈，随病害发展致叶肉组织变黄枯死。病菌进入维管束后逐渐蔓延到球茎和叶脉及叶柄，使植株萎蔫死亡，剖茎可见维管束全部变黑或腐烂，一般无臭味，区别于软腐病。干燥条件下球茎黑心或干腐。

　　[病原] *Xanthomonas campestris* pv. *campestris* (Pammel) Dowson

属黄单胞杆菌甘蓝黑腐黄单胞菌甘蓝黑腐致病变种细菌。详见青花菜黑腐病。

　　发病规律、防治方法参见青花菜黑腐病。

球茎甘蓝黑腐病病叶

细菌性叶斑病为球茎甘蓝的重要病害,分布较广,发生亦较普遍。主要在夏秋露地发生,发病地块一般病株率40%～60%,重时均达100%,显著影响球茎甘蓝生产。

[症状] 此病全生育期都可发生,以中后期受害重,主要侵染叶片。发病初期叶背面产生大量油渍状浅褐至紫褐色小斑,边缘略具光泽,逐渐发展成不定形灰褐至黑褐色半透明病斑,凹陷,形状大小变化较大,空气潮湿叶背有菌液溢出。空气干燥病斑易破裂穿孔。病害严重时,多个病斑相互连接成片,使叶片坏死枯焦。重病株在生长后期几乎全部叶片都因病死亡。

[病原] *Pseudomonas syringae* pv. *maculicola* (McCulloch) Young et al.属假单胞杆菌丁香假单胞菌白菜斑点病致病变种细菌。病菌菌体短杆状,

球茎甘蓝细菌性叶斑病中期病叶

球茎甘蓝细菌性叶斑病
Kohlrabi bacterial leafspot

链状生,两端圆,具1～5根极生鞭毛,大小为1.3～3.0μm×0.7～0.9μm。无芽孢,好气性,革兰氏染色阴性。肉汁胨琼脂平面上菌落白色,平滑,有光泽,渐变灰白色。边缘初为圆形,后稍有皱褶。肉汁胨液中云雾状,无菌膜。在KB培养基上产生蓝绿色荧光,无PHB积累。能产生果聚糖。

[发病规律] 病菌主要在种子上或在土壤内随病残体越冬。在土壤中病菌可存活1年以上,条件适宜即可侵染。病菌生长温度0～30℃,发育适温25～27℃,致死温度48～49℃10min,适宜pH6.1～8.8,最适pH7。温暖多雨利于发病。一般球茎甘蓝生长期多雨病害重。

[防治方法]

1. 重病地区实行与非十字花科蔬菜2年以上轮作。

2. 收获后及时彻底清理病残组织,带到田外妥善处理。

3. 进行种子处理,可选用种子重量0.3%的47%加瑞农可湿性粉剂拌种。

4. 发病初期进行药剂防治,药剂和方法参见青花菜角斑病。

球茎甘蓝细菌性叶斑病后期病叶

球茎甘蓝软腐病
Kohlrabi bacterial soft rot

软腐病为球茎甘蓝一般性病害,分布广泛,发生普遍,保护地、露地都发病。通常病情很轻,个别植株染病,轻度影响球茎甘蓝生产。严重时发病率可达10%以上,明显影响球茎甘蓝产量和质量。

[症状] 此病主要为害球茎,亦可侵害叶柄。多从伤口或生理裂口处开始染病,病部初期呈水渍状暗绿至灰绿色坏死,以后软化腐烂,迅速向外围扩展,短时间内即导致球茎全部腐烂,外叶萎蔫坏死,从病部散发出恶臭气味。生长后期,球茎染病后髓部腐烂失水,仅留木质化外壳,内部形成一个大的空腔。

[病原] *Erwinia carotovora* subsp. *carotovora* (Jones) Bergey et al. 属胡萝卜软腐欧氏杆菌胡萝卜软腐病亚种细菌。详见青花菜软腐病。

发病规律、防治方法参见青花菜软腐病。

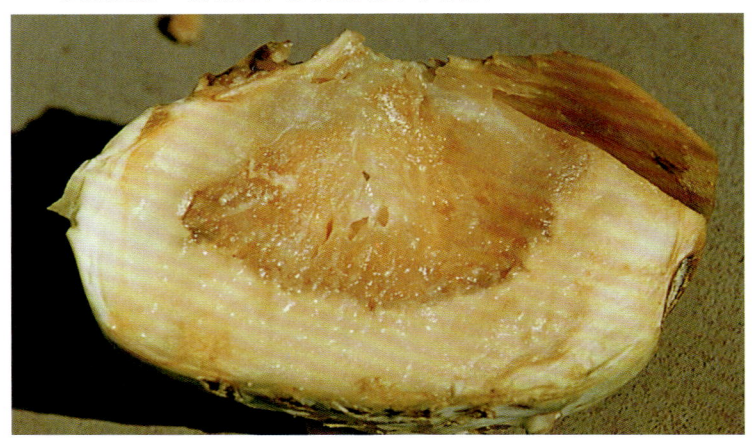

球茎甘蓝软腐病病球茎

球茎甘蓝褐腐病
Kohlrabi rhizome rot

褐腐病为球茎甘蓝的重要病害，分布较广，多零星发病，对生产无明显影响，重病地块发病率可达60%以上，显著影响球茎甘蓝的产量与质量。

[症状] 此病全生育期均可发生，苗期发病较普遍，大小苗均可染病，常造成大片死苗。病菌多侵染菜苗根茎部，初形成褐色小点，以后病部变褐，多数病苗后期根茎略缢缩，沿病部向上下发展使根茎和幼根变褐坏死干腐。空气潮湿时在病部产生稀疏灰白色蛛丝状物，即病菌菌丝。空气干燥时病部表皮多与维管束组织分离脱落，菜苗叶片萎蔫下垂，叶色褪绿，最后干枯死亡。成株染病，多从球茎至根系处开始染病，初呈暗绿色水渍状坏死，以后形成浅褐色至黄褐色凹陷病斑，椭圆形至不定形，潮湿时在病部表面产生稀疏白霉，球茎迅速腐烂。干燥条件下球茎呈褐色干腐。有时基部叶柄可染病，呈灰褐至暗褐色坏死腐烂，致叶片坏死。

[病原] *Rhizoctonia solani* Kühn 属半知菌立枯丝核菌真菌。病菌菌丝初期无色，以后呈黄褐色，直径8～12μm，多呈直角分枝，在分枝附近形成一隔膜，分枝基部变细。可由菌丝集结形成浅褐色至深褐色不定形菌核。

[发病规律] 病菌以菌丝体或菌核随病残体在土壤中越冬，也可在土壤中营腐生生活，无寄主条件可在土中腐生存活2～3年。菌核萌发产生菌丝直接接触寄主根茎部或基部叶柄形成初侵染，发病后通过雨水、浇水、农具和带菌肥料及土壤传播蔓延。病菌发育适宜温度为20～30℃，适宜pH3～9.5。6～40℃均可生长。土壤潮湿、温度过高、田间湿度大、较长时间积水适宜发病。土壤板结、栽植过深、培土过湿过多，或土壤贫瘠、偏酸偏碱，或施用未腐熟农家肥发病较重。

[防治方法]

1. 选用无病土育苗，施用充分腐熟的有机肥或生物菌肥，播种不宜过密，覆土不宜太厚。

2. 旧苗床用98%恶霉灵可溶粉2 500倍液，或72.2%普力克水剂600倍液，或50%扑海因可湿性粉剂1 200倍液，或30%倍生乳油1 200倍液，或5%井冈霉素水剂800倍液喷浇。也可用上述药剂15～45kg/ hm² 拌适量细土，2/3药土均匀覆盖在待播种苗床表面，1/3药土撒盖种子。

3. 出苗后或成株期发病需及时清除病苗或病株，注意浇小水，避免雨后或浇水后田间积水。必要时可选用50%扑海因可湿性粉剂800倍液，或30%倍生乳油1 200倍液，或5%井冈霉素水剂600倍液，或45%特克多悬浮剂1 000倍液喷雾，重点防治球茎和基部叶柄，7～10天防治1次，连续防治2～3次。

球茎甘蓝褐腐病病球茎

球茎甘蓝菌核病
Kohlrabi Sclerotinia rot

菌核病为球茎甘蓝的一般性病害，主要在老菜区保护地内零星发病，一般病株率5%～10%，局部发病重，病株率可达20%左右，明显影响球茎甘蓝产量和品质。

[症状] 此病主要为害茎基部和球茎。病部初呈暗绿色水渍状，以后腐烂并迅速向周围扩散，其表面产生浓密的絮状白霉，后期转变成鼠粪状菌核。

[病原] *Sclerotinia sclerotiorum* (Lib.) de Bary 属子囊菌核盘菌真菌。详见青花菜菌核病。

发病规律、防治方法参见青花菜菌核病。

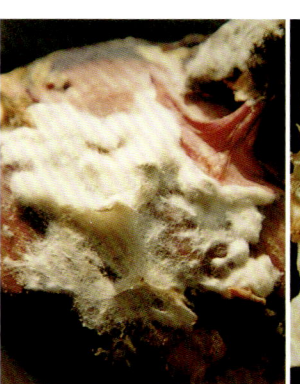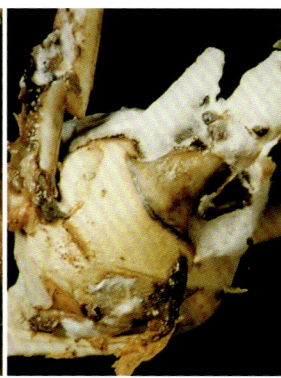

球茎甘蓝菌核病病球茎

球茎甘蓝裂茎病
Kohlrabi stem gape

裂茎病为球茎甘蓝的一般性生理病害,各地都时有发生,通常零星发病,对生产无明显影响,严重时受害率可达30%以上,显著影响球茎甘蓝的产量与质量。

[症状] 此病在田间表现与2,4-滴丁酯药害症状极相似,被害状很难区别,只是显现时间长短有所不同。通常,生理裂茎表现症状的时间较长,形成裂口较少,开口的边缘比较钝圆,表皮略平滑。

[病因] 此病为生理病害,形成裂茎的原因没有专门研究。据调查了解,裂茎与浇水和空气湿度直接相关。通常在球茎膨大前期生长正常。中、后期较长时间没浇水,突然浇大水或连降暴雨,或土壤温湿度较适宜于球茎甘蓝生长发育,而空气湿度过低易造成球茎开裂。另外,球茎达采收期,延迟采收亦可出现裂茎。

[防治方法]

1. 生长期加强管理,球茎膨大期,按球茎甘

蓝生长要求适时适量浇水,防止长时间控水。

2. 适时采收,减少后期裂茎。

球茎甘蓝裂茎病受害球茎

球茎甘蓝2,4-滴丁酯药害
Kohlrabi 2,4-D butylate injury

球茎甘蓝2,4-滴丁酯药害多发生在粮菜混作区,一般较少见,常在小麦田应用2,4-滴丁酯进行除草后出现,一旦发生,受害严重,损失可达80%以上。

[症状] 受害植株嫩叶最先表现症状,程度轻时仅表现嫩叶扭曲畸形,叶柄变短发脆。受害重时心叶生长受抑制,嫩叶变小增厚,紧密簇生,生长缓慢或停止生长。有的叶片变成细棍状,变脆失绿,球茎龟裂,随着植株生长最后呈开花馒头状开裂,完全丧失商品价值。

[病因] 此种受害症状是在球茎甘蓝生长期间受麦田化学除草飘移2,4-滴丁酯药雾的影响,寄主细胞受刺激,叶片不正常生长和球茎髓部细胞快速膨大,表皮细胞受抑制生长缓慢所致。

[防治方法]

1. 种植地块远离小麦田,宜在上风地块安排种植,或选择天然屏障进行隔离。

2. 小麦除草期间加强球茎甘蓝田间管理,适当增加浇水和追肥。

3. 发现2,4-滴丁酯药雾飘移到田间,立即喷洒清水,再配合管理可减轻受害。

球茎甘蓝2,4-滴丁酯药害受害球茎

6. 抱子甘蓝病害 Diseases of brussels sprouts

抱子甘蓝病毒病
Brussels sprouts virus disease

病毒病为抱子甘蓝的主要病害。分布广泛，发生普遍，保护地、露地都可发病。一般病株率5%～10%，轻度影响产量和品质，重病年或重病地块，病株率常达30%以上，显著影响正常生产。

[症状] 此病全生育期都可发生。苗期染病，在叶片上产生褪绿色近圆形斑点，以后整个叶片叶色变浅或形成浓淡相间的斑驳。有的品种则产生许多浅墨绿色蚀纹斑，以后变褐坏死，随病情发展，叶片卷曲坏死。成株染病，上部嫩叶皱缩卷曲，有时还产生叶色浓淡不均斑驳。中下部老叶多产生大小不等形状不规则的黄褐色坏死斑。叶球染病，菜球松散，小球叶皱缩歪扭，逐渐坏死干枯。

[病原] TuMV即芜菁花叶病毒。在一些地区，黄瓜花叶病毒（CMV）和烟草花叶病毒（TMV）亦可形成复合侵染。参见青花菜病毒病。

发病规律、防治方法参见青花菜、芥蓝病毒病。

抱子甘蓝病毒病中后期病叶

抱子甘蓝病毒病前期病叶

抱子甘蓝病毒病前期病斑放大

抱子甘蓝病毒病皱缩畸形病株

抱子甘蓝菌核病
Brussels sprouts Sclerotinia rot

菌核病为抱子甘蓝的重要病害，主要在北方保护地和南方露地发生为害，一般病株率5%左右，重病地块或棚室可达10%以上，明显影响抱子甘蓝的产量与品质。此病还可侵染数十种蔬菜，引起组织坏死腐烂。

[症状] 此病主要为害茎基部和中下部叶球。受害部位初呈水渍状，边缘不明显，以后迅速软化腐烂，病部表面密生棉絮状菌丝，后期逐渐转变成黑色鼠粪状菌核。茎基部全部染病后上部组织即开始萎蔫，最后全株枯死。

[病原] *Sclerotinia sclerotiorum* (Lib.) de Bary属子囊菌核盘菌真菌。详见青花菜菌核病。

发病规律、防治方法参见青花菜菌核病。

抱子甘蓝菌核病病株

黑腐病为抱子甘蓝的常见病,分布广泛,发生普遍,主要在露地发生为害。一般病株率10%～30%,重病地块可达100%,明显影响产量和品质。此病还侵染多种其他十字花科蔬菜。

[症状] 此病主要侵害叶片,严重时亦侵染叶球,全生育期都可发病。苗期发病,子叶呈水渍状坏死,黄褐色,逐渐蔓延至真叶,终致幼苗枯死。成株期染病,病菌多从叶缘侵入,形成Ｖ字形黄褐色病斑。也可沿伤口侵入,在叶片任何部位形成不定形黄褐色坏死斑,边缘常具有黄色晕环,随病害发展病斑迅速向四周扩展,使周围叶

抱子甘蓝黑腐病
Brussels sprouts black rot

肉组织变黄或枯死。同时,病菌沿叶脉、叶柄进入茎部维管束,再向其他未发病部位扩展,终致全株萎蔫坏死,最后干枯。

[病原] *Xanthomonas campestris* pv. *campestris* (Pammel) Dowson 属黄单胞杆菌甘蓝黑腐黄单胞菌黑腐致病变种细菌。详见青花菜黑腐病。

发病规律、防治方法参见青花菜黑腐病。

抱子甘蓝黑腐病前期叶面Ｖ字形病斑

抱子甘蓝黑腐病前期叶背Ｖ字形病斑

抱子甘蓝灰霉病
Brussels sprouts gray mold

灰霉病为抱子甘蓝的一般性病害,在南方露地、北方保护地内偶有发生。染病率和发生程度因时因地因管理差异较大,病重时可造成一定经济损失。

[症状] 此病主要侵染中下部叶片、叶柄和叶球。多从衰弱、受伤或积水的部位开始侵染,使病部组织呈浅褐色坏死腐烂,在病部产生灰色霉层,即病菌分生孢子梗和分生孢子。条件适宜时,病害发展迅速,可使部分叶球在短期内因病坏死腐烂,其上产生灰色霉层。

[病原] *Botrytis cinerea* Pers.属半知菌灰葡萄孢真菌。详见青花菜灰霉病。

发病规律、防治方法参见青花菜灰霉病。

抱子甘蓝灰霉病基部病叶

抱子甘蓝烧心病
Brussels sprouts heart rot

烧心病为抱子甘蓝的重要生理病害，发生较普遍，保护地、露地种植都可发病，一旦发病，病株率往往很高，显著影响抱子甘蓝的产量和质量。

[症状] 此病多在开始采摘小子球后发病，主要表现主茎大菜球发病，从内部球叶开始显症，完全展开后的功能叶一般无症状表现。发病菜球初期球叶叶缘白化，逐渐坏死干缩成纸状，迅速向叶柄方向发展，使菜球坏死干缩，终致植株停止生长而坏死。空气潮湿时菜球腐烂或腐生黑色杂菌。

[病因] 此病主要由于植株小子球不断采摘，带走了植株体内大量钙素，主茎菜球因植株缺钙，或因温度太低或太高，或根系生理障碍致主茎菜球钙供应不足引起生理缺钙。此外，由于天气干燥、土壤返盐，或重施氮肥后，土壤溶液浓度增加，冲淡了土壤溶液中钙的含量，影响或阻碍钙的吸收与运输，使主茎菜球得不到足够的钙，引致钙的供应不足而出现干烧心病。据观察，冬季寒冷季节种植，温度太低时亦可严重发生。

[防治方法]

1. 增施有机肥，改善土壤结构，促进根系生长发育，增强根系吸收能力。

2. 适期浇水和追肥，尤其是采子球时期遇高温干旱天气要及时浇水，合理适量追肥，注意氮、磷、钾肥配合，避免偏施氮肥。

抱子甘蓝烧心病中期病株

抱子甘蓝烧心病后期病株

3. 在采子球期喷洒 0.7%～1% 氯化钙溶液。

干腐病为抱子甘蓝的一般生理性病害，各地都可发生，在一定程度上影响生产。

[症状] 此病多在生产后期发生，植株中下部子球外叶失水褪绿，以后干缩坏死，有的子球在后期开裂。

[病因] 此病主要由于植株结子球太多，生长后期气温较高，生长势较弱，根系吸收的养分和水分满足不了子球生长需要致子球早衰坏死。

抱子甘蓝干腐病
Brussels sprouts physiological dry rot

[防治方法] 生长后期加强田间管理，及时追肥浇水，适时采收子球，避免缺水时高温管理。

抱子甘蓝干腐病子球受害状

抱子甘蓝干腐病后期病株

抱子甘蓝肥害叶面受害状

肥害为抱子甘蓝的一般非侵染性伤害。管理不当时有发生，轻时对生产无明显影响，重时显著降低产品质量和产量。

[症状] 叶面肥害主要在喷施肥料的植株上发生。主要表现叶片皱缩，叶片表层细胞坏死，着肥多的部位叶肉组织坏死，严重时在叶片上产生许多白色至浅褐色大小不等的灼烧坏死斑块，不能进行正常光合作用，以后叶片干枯坏死。

[病因] 此病由于喷施叶面肥浓度过高，或喷施不均匀，使局部肥料聚集造成叶片灼伤。

[防治方法] 喷施叶面肥掌握准确用量和浓度及适宜时期，均匀喷施，防止高温炎热时施用，避免局部聚集。若及时发现可在未显现受害症状前喷洒清水减轻受害。

抱子甘蓝肥害叶背受害状

抱子甘蓝肥害受害部位放大

7. 芥蓝病害　Disdases of Chinese kale

病毒病是芥蓝的主要病害，分布广泛，发生普遍，保护地、露地种植都经常发生，以夏秋季种植病情较重，一般发病率20%～30%，严重地块或棚室病株率60%～80%，显著降低芥蓝的产量和品质。

[症状] 此病在各生育期均可发生，以前期发病损失重，对生产影响明显。发病植株常表现轻花叶、重花叶和畸形症状。即染病较轻的植株，仅在中上部少数叶片上出现叶肉褪色失绿，色泽浓淡不均，病叶和心叶皱缩不平，大小比例失调等轻花叶和畸形症状。染病较重，生长期又持续高温，田间发病则表现全株褪绿变黄，仅主脉保持绿色，病株多矮化，叶片变小，最后整株枯黄死亡。

[病原] 此病主要由TuMV，即芜菁花叶病毒侵染，同时部分由CMV与TMV即黄瓜花叶病毒与烟草花叶病毒共同侵染所致。

[发病规律] 详见青花菜病毒病。

[防治方法]

1. 注意选用耐热及抗、耐病优良品种，如梧州早芥蓝等。

2. 增施充分腐熟的有机底肥，高温干旱季节，注意勤浇小水，发病期加强管理，适时追肥，注意及时防治蚜虫，重病株应尽早拔除。

3. 有条件时尽可能采用遮阳网或寒冷纱覆盖栽培技术。

芥蓝病毒病皱缩花叶病株

芥蓝病毒病皱缩病株

芥蓝病毒病花叶病株

芥蓝病毒病黄化病株

芥蓝霜霉病
Chinese kale downy mildew

霜霉病为芥蓝的主要病害，发生普遍，分布广泛。保护地和露地均造成为害，一般病株率20%左右，重病地块和棚室病株率可达100%，明显影响芥蓝的产量和品质。此病还为害多种其他十字花科蔬菜。

[症状] 此病各生育期都可发生，以苗期发病

芥蓝霜霉病中期叶面病斑

芥蓝霜霉病中期叶背症状

受害较重。主要侵染叶片,初期在叶背面形成灰褐色小点,空气潮湿时呈水渍状,以后逐渐扩大成不规则灰褐至灰白色凹陷斑,随后病斑上长出稀疏霜状霉层。叶正面病斑初为浅绿色小点,逐渐发展成灰白至黄褐色不规则形坏死斑,随病害发展多数叶肉组织坏死,终致叶片枯黄死亡。

[病原] *Peronospora parasitica* (Pers.)Fr.属鞭毛菌寄生霜霉真菌。病菌菌丝无隔,生于寄主细胞间,产生吸器吸取寄主细胞营养。菌丝上长出孢囊梗,自气孔伸出,多单生,梗基部膨大,作重复2~4次二权分枝,主轴和分枝成锐角,顶端生小梗,较尖,弯曲,端部着生一个孢子囊,全长130~415μm。孢子囊无色,单胞,近圆形至卵圆形,少数具不明显乳突,大小为18.5~31.5μm×15~27.5μm(图1-11)。

发病规律、防治方法参见青花菜霜霉病。

芥蓝霜霉病后期病叶

图1-11 芥蓝霜霉病菌
1.孢囊梗 2.孢子囊

芥蓝黑斑病
Chinese kale black spot

黑斑病是芥蓝的主要病害,分布广泛,发生普遍,保护地、露地种植都可发生,以夏秋露地种植病情较重。发病率一般在30%左右,对生产有一定影响,严重时病株100%,中下部4~8片叶染病坏死,显著影响产量与质量。病菌还侵染青花菜、紫甘蓝、乌塌菜等其他十字花科蔬菜。

[症状] 此病各生育期都可发生,主要为害叶片。多从下部叶开始侵染,逐渐向上发展。初在叶片上产生水渍状褐色坏死小点,逐渐变成很小的近圆形斑,中心黄褐色,边缘紫褐色,以后随病情发展病斑呈略显轮纹的中到大型坏死斑,边缘不明显,常具有黄绿色晕环。空气潮湿,病斑的正反表面都生出呈轮纹分布的灰黑色霉状物,即病菌分生孢子梗和分生孢子。多个病斑相互连接使叶片黄化早衰,提早枯死。

[病原] *Alternaria brassicicola* (Schweinitz) Wilts.属半知菌甘蓝黑斑交链孢霉真菌。病菌分生孢子梗橄榄褐色,单生或2~5根成簇,不分枝,有1~4个分隔,长18.5~54.5μm×4~6.5μm。分生孢子浅褐色,顶生,单生或几个形成长孢子链,倒棍棒形,有2~8个横隔膜,无喙或短喙,大小为22~90μm×8.5~15μm(图1-12)。

发病规律、防治方法参见青花菜黑斑病。

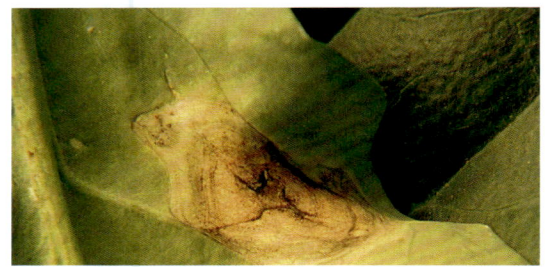

芥蓝黑斑病病斑放大

芥蓝黑斑病后期病叶

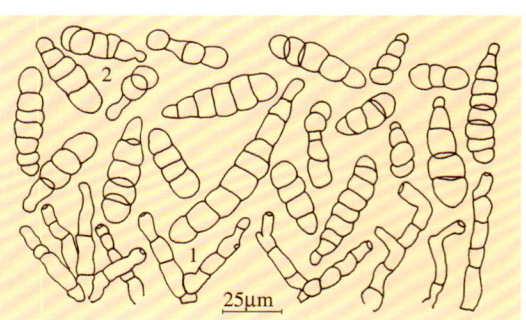

图1-12 芥蓝黑斑病菌
1.分生孢子梗 2.分生孢子

芥蓝黑腐病
Chinese kale black rot

黑腐病是芥蓝的主要病害，分布广泛，发生普遍，多以露地种植发生较重。一般发病率20%～30%，重病地块达80%以上，对产量和品质影响较大。此病亦侵害多种其他十字花科蔬菜。

[症状] 此病在全生育期均可发生。播种期多引起烂种而缺苗。子叶出土后发病呈水渍状坏死，迅速蔓延至真叶，造成幼苗枯死。成株发病，多从叶缘或叶片上害虫伤口侵入，形成V字形或不定形淡黄褐色坏死病斑，病健交界不明显，病斑边缘常具有黄色晕圈，迅速向四

芥蓝黑腐病初期病斑

周发展，致叶肉组织变黄枯死。病菌进入叶柄维管束，呈灰褐色坏死或腐烂，逐渐蔓延至整株，引起植株萎蔫坏死，严重时主茎呈黄褐色坏死干腐。

[病原] *Xanthomonas campestris* pv. *campestris* (Pammel) Dowson 属黄单胞杆菌甘蓝黑腐黄单胞菌甘蓝黑腐致病变种细菌。详见青花菜黑腐病。

发病规律、防治方法参见青花菜黑腐病。

芥蓝黑腐病中期病斑

黑根病为芥蓝的主要病害，分布广泛，发生十分普遍，一般病株率10%～20%，造成轻度死苗。严重时发病率很高，病株率可达80%以上，造成大片死苗或严重缺苗断垄，对生产影响极大。此病还侵害青花菜、紫甘蓝、茎蓝、皱叶甘蓝、羽衣甘蓝、乌塌菜等多种十字花科蔬菜。

[症状] 此病在各生育期都可发生，以苗期发生普遍，受害严重。病苗主要侵染植株根茎部，初在根茎上形成一褐色坏死小点，随后发展成近椭圆形凹陷斑，进一步发展，病部变黑缢缩，病株随病害发展叶片由下向上萎蔫、坏死、干枯，当病斑绕茎基一周时，病株整株死亡。空气潮湿，病部表面常产生蛛丝状灰褐色霉状物，即病菌菌丝体。

[病原] *Rhizoctonia solani* Kühn 属半知菌立枯丝核菌真菌。病菌菌丝初期无色，后渐变成深黄褐色，多呈直角分枝，在分枝处缢缩，并生一隔膜，菌丝宽4.5～15.5μm。菌核由老菌丝互相缠绕而成，近球形或核桃形，紫红色至黑褐色，大小为0.1～0.5mm。

[发病规律] 病菌主要借菌丝体或菌核在土壤或病残体内越冬存活。菌丝也可在土壤中营腐生生活，无寄主菌丝可腐生140天以上。植株根茎或基部叶片接触病土，菌丝便形成初侵染。另外，病菌在土表有时还形成子实层，产生担孢子借气流传播到寄主上引起发病。在田间病菌主要靠接触传染或带菌的农具和堆肥等传播蔓延。种子带菌也可引起发病。病菌适应性很强，菌丝6～40℃均可生长，适温为20～30℃，最适为25～30℃。菌核萌发需要高湿，相对湿度98%以上时菌核才能萌发，病菌侵染需要饱和湿度或保持一定时间的自由

芥蓝黑根病
Chinese kale rhizome rot

水，在有水膜的条件下，病健接触即可形成侵染。此外，寄主的自身抗性与病害发生程度有关，管理不当、土壤过湿，或土温过高、过低，植株生长衰弱等均有利于发病。

[防治方法]

1. 选择地势高燥、排灌良好的地块及无病新

芥蓝黑根病幼株症状

土育苗，使用充分腐熟的有机肥，掌握适当的播种密度，覆土不宜太厚。

2.旧苗床宜进行药剂处理，可选用50%利克菌可湿性粉剂，或70%土菌消可湿性粉剂，或50%多菌灵可湿性粉剂，或50%扑海因可湿性粉剂，或95%敌克松可湿性粉剂45～75kg/hm²，拌细土600～900kg，拌匀后均匀撒于苗床表面，留少量药土播种后盖种。也可用45%特克多悬浮剂800倍液，或50%利克菌可湿性粉剂600倍液，或30%倍生乳油1 200倍液，或5%井冈霉素1 500倍液，或72.2%普力克水剂600倍液喷淋苗床。

3.发病初期及时拔除重病株，加强苗床管理，注意棚室保暖与放风，浇水宜小水多次，浇水后需增加放风排湿，同时可选用上述药液喷洒苗床。

芥蓝菌核病
Chinese kale Sclerotinia rot

菌核病为芥蓝的重要病害，局部地区分布，主要发生在老菜区保护地内，一般病株率10%以下，部分棚室发生较重，病株率最重可达20%以上，对生产有明显影响。此病还可为害数十种其他蔬菜，并有进一步加重的趋势。

[症状] 此病各生育期都发生，以冬春保护地生产较常见，植株发病多从下部叶片或茎基部开始侵染。叶片受害呈灰绿色水渍状坏死，基部叶片或湿度大时上部叶片病部长出絮状白霉，短期内导致整片叶染菌腐烂。中上部叶片染病，多形成大小不等的白色干斑，空气潮湿时产生少量白霉。茎基受害呈暗绿色水渍状腐烂，病部表面产生浓密的絮状白霉，后期白霉转变成鼠粪状菌核，植株随病害发展逐渐萎蔫死亡。

[病原] *Sclerotinia sclerotiorum* (Lib.) de Bary 属子囊菌核盘菌真菌。详见青花菜菌核病。

发病规律、防治方法参见青花菜菌核病。

芥蓝菌核病上部病叶

芥蓝菌核病基部病叶

芥蓝菌核病后期病株

芥蓝软腐病病苗

芥 蓝 软 腐 病
Chinese kale bacterial soft rot

软腐病为芥蓝一般性病害，分布较广，发生亦较普遍，多在夏秋露地芥蓝生产季节发病，一般发病率5%～10%，在一定程度上影响生产。重病年份病株率可达30%以上，造成田间大量死苗或缺株。此病可为害多种蔬菜。

[症状] 此病在各生育期都可发生，以夏秋雨后较多见。病菌主要由采收后伤口或由病虫、田间管理操作等造成的机械伤口侵入，使植株初呈暗绿色水渍状软腐，以后幼嫩组织迅速溃烂倒折，释放出恶臭气味。木质化程度较高的主茎随病害发展，髓部组织腐烂后仅剩维管组织，呈黄褐至黑褐色干腐状。病害发展中后期病部

亦散发出恶臭气味。以此为与其他病害引起腐烂相区别的重要特征之一。

[病原] *Erwinia carotovora* subsp. *carotovora* （Jones）Bergey et al. 属胡萝卜软腐欧氏杆菌胡萝卜软腐病亚种细菌。病菌菌体杆状，周生鞭毛，肉汁胨琼脂平面上菌落白色。详见青花菜软腐病。

发病规律、防治方法参见青花菜软腐病。

芥蓝软腐病成株前期症状

芥蓝软腐病成株中后期症状

芥蓝软腐病种株后期症状

芥蓝灰霉病
Chinese kale gray mold

灰霉病为芥蓝的一般性病害，分布较广，主要在保护地内发生。通常病株零星，对生产无明显影响，严重时病株率可达10%～30%，在一定程度上影响芥蓝品质。

[症状] 此病主要侵害叶片。多沿叶缘或积水的部位侵染，使叶片呈V字形变褐坏死，或形成不规则褐色坏死病斑，随病害发展病叶黄化坏死，在病部产生灰黄色霉层，即病菌分生孢子梗和分生孢子。病菌亦可从植株采收后的伤口侵入，使植株沿伤口坏死腐烂，在病部产生灰褐色霉层。

[病原] *Botrytis cinerea* Pers.属半知菌灰葡萄孢真菌。详见青花菜灰霉病。

发病规律、防治方法参见青花菜灰霉病。

芥蓝灰霉病病茎

芥蓝灰霉病基部病叶

芥蓝绵腐病
Chinese kale Pythium rot

绵腐病为芥蓝的一般性病害，分布较广，发生较普遍，主要在夏秋雨后发病。通常病株零星，轻度影响生产，重时病株率达10%以上，显著影响芥蓝产量和质量。

[症状] 此病主要侵害芥蓝幼嫩部位，病部初呈水渍状暗绿至灰绿色坏死，不定形，以后软化腐烂，并迅速向四周扩展，在病部产生浓密絮状白霉。

[病原] *Pythium aphanidermatum* (Eds.) Fitzp.属鞭毛菌瓜果腐霉真菌。详见菜心绵腐病。

发病规律、防治方法参见菜心绵腐病。

芥蓝绵腐病病花 　　　　　芥蓝绵腐病病叶 　　　　　芥蓝绵腐病后期病株

1-7-25 芥蓝根结线虫病病苗

芥蓝根结线虫病
Chinese kale root-knot nematode

根结线虫病为芥蓝的一般性病害，在部分地区发生分布。保护地、露地都可发病，发病后病株率往往很高，田间病株率常达60%以上，但多数地块病情较轻，对生产仅造成轻度影响。

[症状] 此病主要在苗期发生，多侵染细小幼根，在被害根上形成葫芦状肿瘤，即根结。剖开根结，可见乳白色细小洋梨形线虫，即根结线虫雌虫。随病害发展，幼苗外叶黄化，空气干燥时，部分外叶萎蔫。病害严重时，地下根结较多，根结体积较大，幼苗生长明显受抑制，长势衰弱，叶色淡绿，明显矮化，最终不能正常发育，明显影响产量和质量。

[病原] *Meloidogyne incognita* Chitwood 属南方根结线虫。详见樱桃番茄根结线虫病。

发病规律、防治方法参见樱桃番茄根结线虫病。

芥蓝2,4-滴丁酯药害
Chinese kale 2,4-D butylate injury

2,4-滴丁酯药害为非侵染性伤害，多在粮菜混作区发生，轻时在一定程度上影响芥蓝产量和品质，重时严重影响芥蓝生产。

[症状] 发生2,4-滴丁酯药害，主要在地上幼嫩部表现症状，受害轻重与接受2,4-滴丁酯药量直接相关。轻时幼茎变粗，节间和叶柄缩短，叶片增厚，生长点停止发育，重时嫩茎不规则肿大，表皮破裂，以后产生瘤状突起，叶片紧缩，生长点死亡或不生新叶，始终不能正常生长。

病因、防治方法参见茎蓝2,4-滴丁酯药害。

芥蓝2,4-滴丁酯药害受害株

二、白菜类蔬菜病害
Diseases of Chinese Cabbage Group

白菜病毒病
Pak-choi virus disease

病毒病为白菜的主要病害，分布广泛，发生普遍，多在夏秋季发病较重。一般病株占5%～15%，轻度影响生产，严重时病株率可达20%以上，显著影响产量与质量。

[症状] 此病在幼苗期发生较重，染病后常出现不同症状，染病轻时仅表现为轻度畸形花叶，幼苗或幼株叶片颜色浓淡不均，出现不均匀花叶、黄化或轻度皱缩、畸形。染病较重时明显畸形，心叶不发，皱缩或扭曲，外叶颜色浓淡不均，皱缩歪扭。另一种为坏死斑点型，多在外叶上出现许多大小不等、近圆形至不规则形黄褐至灰褐色坏死斑，病斑中央凹陷，有时边缘具有黄色晕环，或出现环状坏死蚀纹斑，随病害发展病叶迅速坏死。系统感染芜菁花叶病毒则表现为心叶白化坏死，其上散生许多不规则灰褐色坏死小斑，菜株严重畸形，随后病株即死亡。

[病原] TuMV即芜菁花叶病毒，有时还有烟草花叶病毒(TMV)和黄瓜花叶病毒(CMV)单独或复合侵染。详见青花菜病毒病。

发病规律、防治方法参见青花菜病毒病。

白菜病毒病病苗

白菜病毒病轻花叶病叶

白菜病毒病病株

白菜病毒病蚀纹斑病叶

白菜病毒病坏死病叶   白菜病毒病灰星病株

白菜细菌性角斑病
Pak-choi bacterial angular leafspot

角斑病为白菜的重要病害，分布较广，发生较普遍。在夏秋露地种植发病严重，一般病株率 10%～20%，轻度影响白菜生产。严重时病株率 60% 以上，显著影响白菜生产。

[症状] 此病主要侵害叶片，初在叶柄两侧出现油渍状污绿色病斑，逐渐发展成灰褐至黑褐色稍凹陷斑，因受叶脉限制呈膜状不规则形或多角形，大小不等，有的半透明，病斑表面略具光泽，湿度大时叶背病斑表面常溢出污白色菌液。空气干燥时病部易破裂穿孔。幼株发病后遇阴雨或暴雨，常使多片外叶或整株染病坏死，病叶和叶柄呈锈褐色干腐，或呈筛状破裂穿孔。

[病原] *Pseudomonas syringae* pv. *syringae* van Hall. 属假单胞杆菌丁香假单胞白菜斑点病致病变种细菌。详见蚕豆细菌性疫病。

发病规律、防治方法参见青花菜细菌性角斑病。

白菜细菌性角斑病病叶

白菜细菌性角斑病病株

白菜细菌性角斑病病苗

白菜细菌性角斑病后期病株

白菜黑腐病
Pak-choi black rot

黑腐病为白菜的主要病害，分布很广，发生普遍，保护地、露地都可发病，以夏秋高温多雨季发病较重。一般病株率20%左右，轻度影响白菜生产，病重时病株率达100%，显著影响白菜产量与品质。

[症状] 此病主要为害叶片，全生育期都可发病。播种带菌种子可造成烂种。出土后子叶染病呈水渍状，迅速蔓延至真叶或枯死。真叶染病，多在叶缘形成V字形黄褐色坏死斑。病菌从伤口侵入，可在叶片任何部位形成不定形黄褐色病斑，病斑边缘常具黄褐色晕圈，随病害发展病斑向周围迅速扩展，致周围叶肉变黄枯死。病菌扩展至茎部维管束后，逐渐蔓延到多个叶片的叶脉和叶柄，引起植株萎蔫死亡，最后呈褐色干腐。

[病原] *Xanthomonas campestris* pv. *campestris* (Pammel) Dowson属黄单胞杆菌甘蓝黑腐黄单胞菌黑腐致病变种细菌。详见青花菜黑腐病。

发病规律、防治方法参见青花菜黑腐病。

白菜黑腐病V字形病斑

白菜黑腐病病株

白菜软腐病
Pak-choi bacterial soft rot

软腐病为白菜的常发性病害，分布广泛，一般零星发病，轻度影响白菜生产。严重时发病率可达20%以上。

[症状] 此病常在多雨季节或害虫发生较重时发生。多由叶柄基部伤口处侵染，病部初呈水渍状，逐渐扩大变为淡灰褐色，叶柄组织软化腐烂并释放出臭味。严重时病害沿叶柄基部向根茎发展，终致菜株腐烂。

[病原] *Erwinia carotovora* subsp. *carotovora* (Jones) Bergey et al. 属胡萝卜软腐欧氏杆菌胡萝卜软腐病亚种细菌。详见青花菜软腐病。

发病规律、防治方法参见青花菜软腐病。

白菜软腐病病苗

白菜软腐病病株

白菜霜霉病
Pak-choi downy mildew

　　霜霉病为白菜的主要病害，主要在南方菜区发生为害，以长江流域发生普遍。春季多阴雨，此病发生为害严重，病株率可达60%以上，显著影响白菜的产量与质量。

　　[症状] 此病主要为害叶片，从外叶开始侵染。病斑叶两面生，发病初期在叶片上产生黄绿色小点，逐渐转变成红褐至灰白色不规则形坏死斑，进一步发展成多角形至不规则形病斑，大小差异很大，随病情发展多个病斑相互连接形成不规则形大斑，终致叶片坏死干枯。空气湿度大时，叶背病斑表面长出白色霜状霉层，即病菌孢囊梗和孢子囊。

　　[病原] *Peronospora parasitica* (Pers.) Fr.属鞭毛菌寄生霜霉真菌。详见青花菜霜霉病（图2-1）。

　　发病规律、防治方法参见青花菜霜霉病。

白菜霜霉病初期病斑

白菜霜霉病叶背症状

白菜霜霉病重病叶叶面症状

白菜霜霉病叶面症状

白菜霜霉病抗病品种症状

图2-1　白菜霜霉病菌
1.孢囊梗　2.孢子囊

白菜白斑病
Pak-choi Cercosporella leafspot

白斑病为白菜的一般性病害,在南方部分地区常年发生,以春、秋露地种植发病较重,北方局部地区也常年发生。一般病株率为20%～40%,重病地块或重病年份病株率可达80%～100%,明显影响白菜生产。

[症状] 本病主要为害叶片,特别严重时亦侵染叶柄。叶片病斑初为浅绿色小点,逐渐变成灰白至灰褐色近圆形斑,以后发展成大小不等形状各异的不定形略凹陷病斑。空气潮湿时病斑表面产生稀疏灰白色霉状物,即病菌分生孢子梗和分生孢子。空气干燥时病部

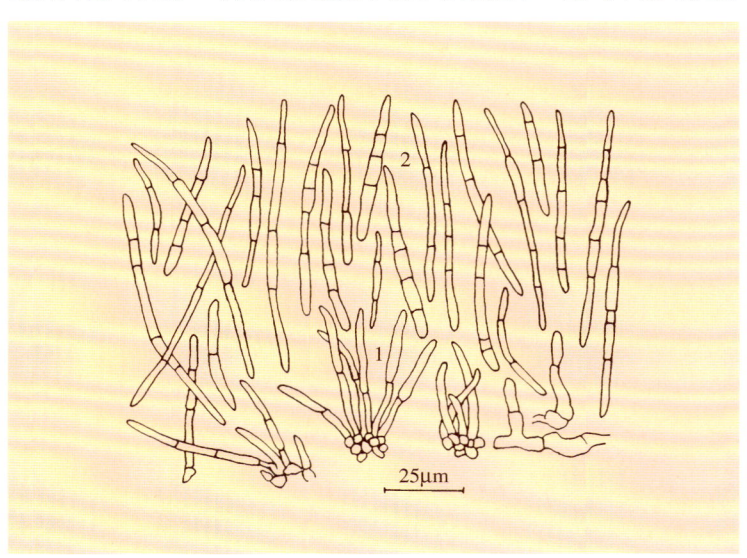

图 2-2　白菜白斑病菌
1. 分生孢子梗　2. 分生孢子

组织干缩变薄,破裂或穿孔。病害严重时,叶片上病斑密布,相互连接致叶片枯黄坏死。

[病原] *Cercosporella albo-maculans*(Ell.et Ev.)Sacc.属半知菌白斑小尾孢真菌。详见菜心白斑病(图 2-2)。

发病规律、防治方法参见菜心白斑病。

普通白菜白斑病病叶

油菜型白菜白斑病病叶

白菜立枯病
Pak-choi Rhizoctonia wilt

立枯病为白菜的常见病,分布广泛,发生普遍,保护地、露地种植都普遍发病。通常局部发病,发病率10%～30%。重病地块病苗或病株率达80%以上,幼苗可因病成片死亡。

[症状] 此病多在苗期发生,成株期亦可发病,主要侵染根茎部和基部叶片。初在茎基部产生水渍状浅褐色坏死小点,以后扩展成椭圆形至不定形凹陷坏死斑,逐渐绕茎一周致幼苗或植株萎蔫枯死。下部叶片染病,多从叶柄基部开始侵染,呈浅褐色坏死腐烂,最后致全株坏死瘫倒。空气潮湿,病部表面产生灰褐色蛛丝状菌丝。

[病原] *Rhizoctonia solani* Kühn 属半知菌立枯丝核菌真菌。详见青花菜褐腐病。

发病规律、防治方法参见青花菜褐腐病和蚕豆立枯病。

白菜立枯病病苗

白菜黑斑病前期病叶

白菜黑斑病中期病叶

黑斑病为白菜的主要病害，分布广泛，发生普遍，以秋季多雨发病严重。一般发病率10%～30%，重病地块100%发病，对产量有明显影响，损失可达50%以上。

[症状] 黑斑病主要为害叶片和叶柄。叶片染病，初生近圆形褪绿斑，扩大后边缘呈淡绿色至浅黄褐色，有时病斑周围具黄色晕环，多具有较明显同心轮纹。严重时多个病斑相互汇合致半片叶或整片叶枯死，最后全株叶片由外向内干枯。叶柄染病，病斑呈椭圆形或长梭形，浅暗褐色，明显凹陷，潮湿时病部都产生暗褐色霉层，即病菌分生孢子梗和分生孢子。

[病原] *Alternaria brassicae* (Berk.) Sacc.属半知菌芸薹链格孢真菌。详见菜心黑斑病（图2-3）。

发病规律、防治方法参见菜心黑斑病和青花菜黑斑病。

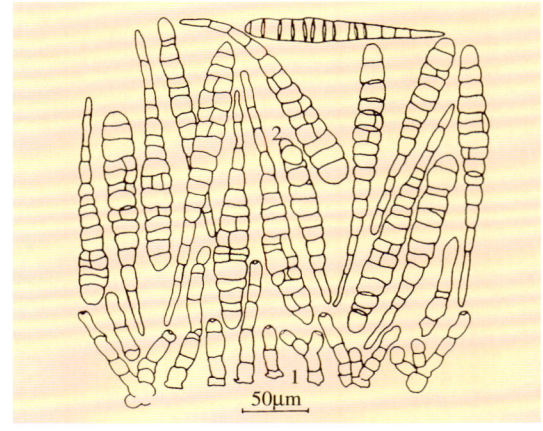

50μm

图2-3 白菜黑斑病菌
1. 分生孢子梗　2. 分生孢子

茎腐病为白菜的一般性病害，局部地区分布，通常零星发病，对白菜生产无明显影响。个别地块发病较重，病株率可达10%以上，明显影响白菜生产。

[症状] 此病多从茎基部或下部叶柄伤口处开始侵染，病部初呈水渍状灰绿色不规则坏死，迅速向上下发展，使茎基部或叶柄软化腐烂，致病叶瘫倒或使病株叶片逐渐萎蔫死亡。后期在病部表面长出少量白色菌丝和粉红色霉层，即病菌菌丝和分生孢子。

[病原] *Fusarium* sp. 属半知菌镰孢霉真菌。病菌分生孢子镰刀形，无色，有3～5个隔膜。有时还产生小型分生孢子，小型分生孢子无色，单细胞，卵圆形。

发病规律、防治方法参见紫甘蓝茎腐病。

白菜茎腐病病株

白菜褐斑病
Pak-choi Cercospora leafspot

褐斑病为白菜的一般性病害，分布较广，一般发病率30%左右，严重时病株率可达50%以上，明显影响产品质量。

[症状] 此病主要侵染叶片，多在外叶上散生初为圆形至近圆形小点，以后扩大成多角形至不规则形灰白色至浅黄褐色近圆形小斑，略凹陷。严重时叶片上病斑密布，相互汇合成不规则形大斑，终致叶片坏死干枯。

[病原] *Cercospora brassicicola* P. Hennings 属半知菌芸薹生尾孢霉真菌。详见樱桃萝卜褐斑病（图2-4）。

发病规律、防治方法参见樱桃萝卜褐斑病。

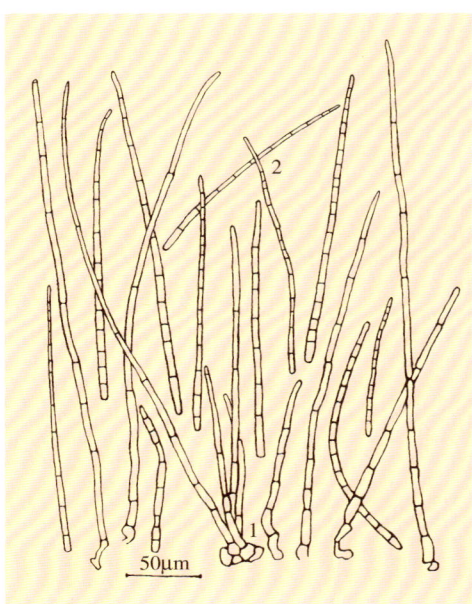

图2-4 白菜褐斑病菌
1.分生孢子梗 2.分生孢子

白菜褐斑病前期病斑

白菜褐斑病后期病斑

炭疽病为白菜的重要病害，分布广泛，长江流域发病较重。一般病株率10%～30%，重病地块常达50%以上，显著影响产品质量。

[症状] 此病主要为害叶片和叶柄。叶片染病，初为白色至黄褐色水渍状近圆形小点，以后扩大成直径1～5mm、边缘暗褐色、略隆起、中央灰褐色、稍凹陷病斑，后期病斑白色至灰白色半透明纸状，易破裂穿孔。叶柄或叶脉染病，多形成椭圆形或梭形病斑，显著凹陷，黄褐至灰褐色，边缘色深，有的向两端开裂。病害严重时整片叶和整个叶柄病斑密布，相互连接成不规则大斑，短期内使叶片萎黄枯死。潮湿时在病部产生淡红色黏稠

白菜炭疽病
Pak-choi anthracnose

状物，即病菌分生孢子盘和分生孢子。

[病原] *Colletotrichum higginsianum* Sacc.属

白菜炭疽病病苗

白菜炭疽病叶背病斑

半知菌希金斯刺盘孢真菌。详见紫甘蓝炭疽病。

发病规律、防治方法参见紫甘蓝炭疽病。

白菜炭疽病叶柄病斑

白菜炭疽病重病叶片

白菜白锈病
Pak-choi white rust

白锈病为白菜的重要病害，分布较广，长江流域发生较重，一般病株率10%～20%，轻度影响产品质量。严重时病株率可达50%以上，致40%～60%叶片染病，显著影响白菜的产量和质量。

[症状] 此病主要为害叶片，在叶片正面产生初为褪绿小点，边缘不明晰，以后发展成黄色病斑，最后呈褐色坏死。叶背产生略隆起、白色、近圆形至不规则形疱斑，即病菌孢子囊堆。疱斑表皮破裂后散出白色粉末状孢子囊。严重时叶两面都产生疱斑，叶片上病斑密布，表皮破裂后散出白色粉末状孢子囊，遍及整个叶片，短期内致病叶坏死。

[病原]*Albugo candida* (Pers.)O.Kuntze 属鞭毛菌白锈菌真菌。详见樱桃萝卜白锈病（图2-5）。

发病规律、防治方法参见樱桃萝卜白锈病。

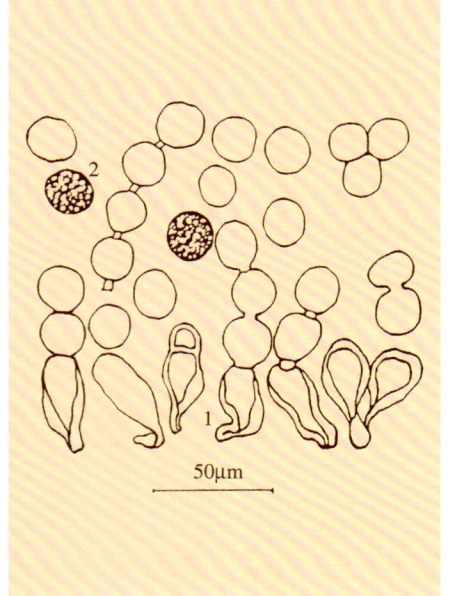

白菜白锈病叶面症状

白菜白锈病叶背症状

图2-5 白菜白锈病菌
1.孢囊梗 2.孢子囊

白菜褐腐病
Pak-choi rhizome rot

褐腐病为白菜的重要病害，分布广泛，发生普遍，保护地、露地种植都可发病。通常病情较轻，对生产形成轻度影响，严重时造成植株或幼苗成片坏死，显著影响产量和品质。

[症状] 此病全生育期都发生。苗期染病多为害根茎部，形成立枯症状，病部呈浅褐色坏死干缩，终致菜苗萎蔫死亡。大苗或成株染病，多从基部叶片的叶柄开始侵染，逐渐向上发展，病部呈黄褐至暗褐色腐烂坏死，病斑不规则，随病害扩展，病叶萎蔫死亡，最后致整株呈褐色干腐。湿度大时病部可产生少许蛛丝状菌丝。

[病原] *Rhizoctonia solani* Kühn 属半知菌立枯丝核菌真菌。详见青花菜褐腐病。

发病规律、防治方法参见青花菜褐腐病和紫甘蓝茎腐病。

白菜褐腐病田间症状

白菜褐腐病病苗

白菜根肿病
Pak-choi clubroot

根肿病为白菜的重要病害，主要分布在南方地区，北方局部地区偶发，一旦发病，病株率常达30%以上，局部区域100%植株发病，显著影响白菜生产。此病还可为害其他几种十字花科蔬菜。

[症状] 此病只为害菜株根部，苗期发病损失严重。发病初期地上部症状不明显，仅表现菜株矮小，生长缓慢，在白天烈日下菜株外叶萎蔫，傍晚至清晨恢复，后期叶色暗淡，叶缘枯黄，严重时枯萎死亡。挖出病株可见根部肿大呈瘤状，肿瘤形状和大小因着生位置变化较大。主根上肿瘤多靠近上部，呈球形或近球形，较大，数量少。侧根上肿瘤多为小白薯状或手指状，小而多。须根上肿瘤极小，常多个串生。肿瘤在初期时表面光滑，以后粗糙不平，最后腐烂。

[病原] *Plasmodiophora brassicae* Woron.属鞭毛菌根肿菌芸薹根肿菌真菌。病菌在寄主细胞内形成休眠孢子囊，休眠孢子囊球形、单胞、无色或略带灰色，在寄主细胞内密集呈鱼卵块状。休眠孢子囊萌发产生游动孢子。游动孢子具有双鞭毛，能在水中作短距离游动。

[发病规律] 病菌以休眠孢子囊随病根残体遗留在土壤中越冬，在土壤中可存活6～7年。病株残体沤肥未腐熟时也能带菌。田间主要通过雨水、浇水、昆虫和农机具传播。远距离病苗调运、病菜

白菜根肿病田间受害状

白菜根肿病幼苗肿根

根或带菌泥土可传带。休眠孢子囊在适宜条件下萌发产生游动孢子，从幼根或根毛穿透表皮侵入，侵入后从根部皮层进入形成层，刺激寄主薄壁细胞膨大分裂，形成肿瘤。后期肿瘤细胞内病菌又

白菜根肿病成株肿根

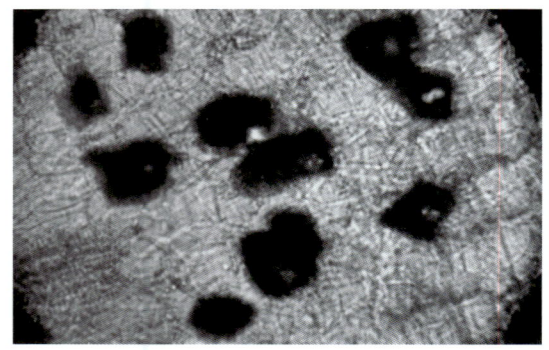

白菜根肿病菌
休眠孢子囊团

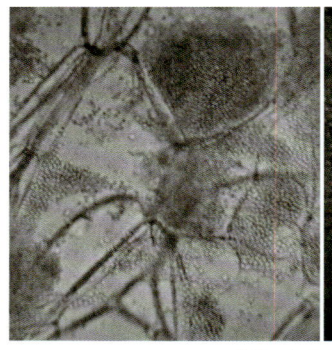

白菜根肿病菌
休眠孢子囊团和休眠孢子显微放大

形成很多休眠孢子囊，肿根腐烂后孢子囊散入土中。土壤偏酸，pH5.4～6.5，气温18～25℃，土壤含水量70%～90%，适宜病菌休眠孢子囊萌发，也利于游动孢子活动与侵入。9℃以下，30℃以上很少发病。连作、低洼、下湿地，水改旱菜地发病严重。

[防治方法]

1. 保护无病区，严禁从病区调运种苗。

2. 重病区实行与非十字花科蔬菜6年以上轮作，并彻底铲除田间十字花科杂草。

3. 无病土育苗，实行无病苗移栽。播前使用硫酸铜45～75kg/hm²，或72%霜脲·锰锌可湿性粉剂30～45 kg/ hm²消毒苗床土壤。

4. 用充分腐熟的沤肥，收菜时彻底清除病根集中妥善销毁处理。

5. 低洼、下湿地块采用高畦或高垄栽培。酸性土壤结合整地施用生石灰1 500～4 500 kg/ hm²，调节土壤酸碱度至微碱性。

6. 生长期加强田间管理，雨后及时排水，防止积水。零星发病时及时拔除病株，带到田外妥善处理。

7. 必要时病穴及四周撒生石灰或浇15%石灰乳，或用72%霜脲·锰锌可湿性粉剂或72.2%普力克水剂600倍液浇根。

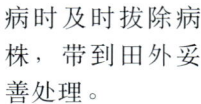

白菜烧心病
Pak-choi heart rot

烧心病为白菜的重要生理病害，发生较普遍，一旦发病，病株率往往很高，显著影响白菜生产。

[症状] 此病多在包心期开始发病，主要表现由心叶向外叶开始显现症状，叶缘白化坏死干缩成纸状，病株多不能包心，终致植株停止生长而坏死。

病因、防治方法参见紫甘蓝烧心病。

白菜烧心病早期病株

白菜烧心病中期病株

白菜烧心病重病株

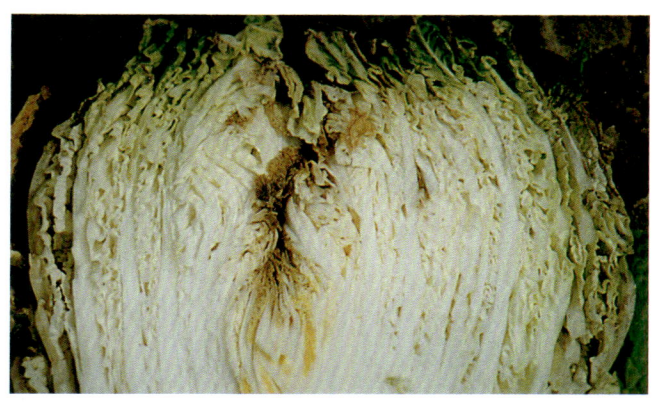

白菜烧心病轻病株

白菜肥害
Pak-choi fertilizer injury

肥害为白菜的一般非侵染性伤害。管理不当时有发生，重时明显影响生产。

[症状] 肥害初期在受害叶片主脉两侧或叶缘出现水渍状不规则墨绿色斑块，失水后呈灰白色坏死，空气干燥，受害叶片卷缩干枯，潮湿时在叶片坏死组织表面腐生灰黑色杂菌。

[病因] 此病由于施用氮肥（碳酸氢铵）不当，或施肥后没及时覆土，或施肥量较大，或在施肥后未及时浇水，氨气散发使菜叶中毒坏死。

[防治方法] 正确施肥，掌握适宜的施肥量，避免裸露撒施和高温炎热时施肥，注意施肥后及时浇水。及时发现，加强管理，减轻受害。

白菜肥害初期受害状

白菜肥害后期受害状

白菜新植霉素药害
Pak-choi bacteriophage injury

新植霉素药害为非侵染性伤害，施用不当时偶有发生，一般对生产无明显影响。

[症状] 新植霉素药害多在苗期发生，表现心叶白化，较幼嫩叶叶缘和部分叶肉组织褪绿、白化或黄化。受害轻时，随幼苗生长心叶逐渐恢复正常，严重时受害叶片坏死枯焦。

[病因] 由于苗期使用新植霉素防治病害，幼苗对抗菌素敏感，致叶肉细胞叶绿素合成受抑制，药液太浓时叶绿素源或其他细胞组织遭破坏致叶片坏死。

[防治方法] 小苗期避免使用抗菌素药类，轻微受害时可喷洒叶面肥和加强管理，促使菜苗恢复正常。

白菜新植霉素药害轻度受害苗

白菜新植霉素药害重度受害苗

白菜烟害
Pak-choi smoke injury

烟害为白菜一般非侵染性伤害，偶有发生，重时影响白菜生产。

[症状] 烟害主要在外叶主脉两侧表现受害，轻时仅叶肉组织褪绿发白，呈网状花叶，随后可逐渐恢复正常。严重时多片外叶大片组织坏死，呈白色卷缩状，失水后枯焦。空气潮湿，在叶片坏死组织表面腐生灰黑色杂菌霉层。

[病因] 此病由于焚烧作物秸秆，或焚烧垃圾等杂物离菜地太近，烟气或热浪使叶片组织中毒或烤伤死亡。

[防治方法] 一般不需采用专门措施防治，焚烧作物秸秆、垃圾、杂物等远离菜地，避免烟害发生。出现后注意及时浇水施肥，加强田间管理，减轻生产损失。

白菜烟害受害状

2. 菜心病害 Diseases of mock pad-choi

菜心病毒病
Mock pad-choi virus disease

病毒病为菜心的主要病害，分布广泛，发生普遍，保护地、露地都可发病，以夏秋发病较重。一般病株率5%～10%，对产量影响不明显，严重时病株率可达20%～30%，显著降低菜心产量与品质。

[症状] 此病主要在幼苗期发生，因品种或毒源不同，染病后常出现两种症状，一种为畸形花叶型，另一种为坏死斑点型。前者表现心叶明脉、扭曲、畸形，外叶颜色浓淡不均，皱缩歪扭，呈现明显花叶或斑驳症状。后者多在外叶上出现许多大小不等、近圆形至不规则形黄褐至灰褐色坏死斑，病斑中央明显凹陷，边缘常具有黄色晕环，随病害发展病叶黄化坏死。

[病原] TuMV即芜菁花叶病毒，有时还伴随烟草花叶病毒(TMV)和黄瓜花叶病毒(CMV)复合侵染。详见青花菜病毒病。

发病规律、防治方法参见青花菜病毒病。

菜心病毒病畸形病株

菜心病毒病皱缩花叶病株

菜心病毒病坏死病叶   菜心病毒病蚀纹坏死斑

黑腐病为菜心的主要病害，分布很广，发生也很普遍，保护地、露地都常年发病，以夏秋较高温多雨季节发病较重。一般病株率10%~30%，轻度影响产量，病重时病株率达100%，显著影响菜心产量和品质。此病还为害其他十字花科蔬菜。

[症状] 此病主要为害叶片，全生育期都可发病。子叶染病呈水渍状，后迅速枯死或蔓延到真叶。真叶染病，病菌多由水孔侵入，引起叶缘发病，形成V字形黄褐色坏死斑。病菌从伤口侵入，可在叶片任何部位形成不定形的黄褐色病斑，边缘常具黄褐色晕圈，随病害发展病斑向周围扩展，致周围叶肉变黄或枯死。病菌进入茎部维管束后，逐渐蔓延到多数叶片的叶脉和叶柄，引起植株萎蔫死亡，最后呈黑褐色干腐。

菜心黑腐病
Mock pad-choi black rot

[病原] *Xanthomonas campestris* pv. *campestris* (Pammel) Dowson 属黄单胞杆菌甘蓝黑腐黄单胞菌黑腐致病变种细菌。详见青花菜黑腐病。

发病规律、防治方法参见青花菜黑腐病。

菜心黑腐病前期V字形病斑   菜心黑腐病中后期病叶

菜心软腐病
Mock pad-choi bacterial soft rot

软腐病是菜心的常发性病害，分布广泛，露地种植零星发生，棚室内栽种高温高湿发病普遍。一般可减产约5%，局部地区严重发生时损失可达30%左右。除菜心外，此病还为害紫甘蓝、皱叶甘蓝、青花菜等其他蔬菜。

[症状] 此病多在成株期发生。多由叶柄基部伤口处侵入，病部初为半透明水渍状，逐渐扩大变为淡灰褐色，叶柄组织呈黏滑软腐状，并释放出臭味。病害沿叶柄基部向根茎发展，腐烂，造成外叶白天萎蔫，早晚恢复正常。随病情发展萎蔫叶不再恢复，终致植株倒斜，病部失水，组织干腐。

菜心软腐病中期病株

菜心软腐病后期病株

[病原] *Erwinia carotovora* subsp. *carotovora*（Jones）Bergey et al. 属胡萝卜软腐欧氏杆菌胡萝卜软腐病亚种细菌。详见青花菜软腐病。

[发病规律] 病菌主要在病株上或随病叶在土壤和肥料中越冬。通过浇水和地下害虫传播，经植株伤口或生理裂口侵入，在寄主细胞间隙繁殖使寄主组织解体。病菌寄生性弱，喜高温，25～30℃为适宜温度。菜心生长期高温高湿，细菌繁殖快，易诱发此病且发展迅速。一般平畦栽种发病多比高畦重。追肥、浇水等田间管理粗放及地下害虫造成伤口，为病菌侵入创造有利条件，会加重病害的发生与发展。

[防治方法]

1. 改平畦为高畦或半高垄栽培。适时合理浇水，注意浇水前清除田间腐烂的病残组织，雨后或浇水后避免田间长时间积水。

2. 施用充分腐熟的肥料，避免施肥伤根。及时防治地下害虫和食叶类害虫，减少伤口，控制发病。保护地注意通风降湿，避免长时间高温高湿，减少田间结露和叶面及菜心内积水。

3. 发病初期进行药剂防治，施药时注意喷洒菜心茎基部。药剂参见青花菜软腐病。

霜霉病为菜心的常见病，分布亦很广泛，保护地、露地均有发生。保护地多发生在春秋两季，

菜心霜霉病
Mock pad-choi downy mildew

南方多在梅雨季后发病。一般发病率30%～60%，严重地块或棚室100%发病，约影响产量10%～30%，最直接的影响是降低产品质量。

[症状] 此病主要为害叶片，病斑初期为浅绿色，逐渐变黄坏死，形成不规则黄褐色坏死斑，受叶脉限制而呈多角形。空气潮湿，病斑背面产生较厚密的霜状霉层。严重时病害发展迅速，短时间内即蔓延，致大半叶片黄化坏死。

[病原] *Peronospora parasitica* (Pers.)Fr.属鞭毛菌寄生霜霉真菌。详见青花菜霜霉病。

发病规律、防治方法参见青花菜霜霉病。

菜心霜霉病叶背症状

菜心黑斑病
Mock pad-choi black spot

黑斑病是菜心的常见病，发生普遍，露地、保

护地种植都有零星发病，对产量一般无明显影响，保护地以春、秋两季稍重，一般发病率10%～40%，个别棚、室和重病地块100%发病，对产量有明显影响，估计可造成损失10%～30%，最重可达50%以上。

[症状] 黑斑病主要为害叶片和叶柄，严重时为害花梗。叶片染病，初生近圆形褪绿斑，扩大后边缘为淡绿色至暗褐色，有时病斑具有黄色晕环，病斑多有较明显的同心轮纹，空气潮湿时，可使下部病叶穿孔，严重时多个病斑汇合成大斑，致半片叶或整片叶枯死，最后全株叶片由外向内干枯。茎和叶帮上病斑呈椭圆形或

菜心黑斑病初期病斑

菜心黑斑病中期病斑

长梭形、暗褐色凹陷。采种株茎及花梗病斑暗褐色，椭圆形。种荚上病斑近椭圆形，中央灰白色，边缘褐色，周围淡褐色，潮湿时病部都产生暗褐色霉层。

[病原] *Alternaria brassicae* (Berk.)Sacc.属半知菌芸薹链格孢真菌。病菌分生孢子梗榄褐色，单生或几根成束，个别分枝，偶有膝状节，2～7个隔膜，由基部向上渐细，顶端钝圆，大小为55～135μm×6.3～12.5μm。分生孢子倒棍棒状，单生，喙状细胞明显，孢身至喙渐细，具9～23个横隔膜，0～3个纵隔膜，大小为150～325μm×17.5～30μm（图2-6）。

[发病规律] 病原以菌丝体在病残体上、种子和冬贮菜上越冬，翌年产生分生孢子形成初侵染，潜育期为3～5天。病菌以分生孢子进行重复侵染，使病害不断扩展蔓延。发病温度为11～24℃，适宜温度为12～20℃，相对湿度为75%～85%，湿度越高、叶面结露对病害发生极有利。品种间抗性存在差异，棚室内长时间温暖潮湿病害发生严重。

菜心黑斑病后期病斑

[防治方法]

1. 因地制宜选用优良抗病品种，适当增施有机肥。

2. 种植前彻底清除上茬残体，收获后及时清除十字花科蔬菜病残落叶。

3. 带菌种子可用50℃温水恒温浸种25min，冷却晾干后播种，或用种子重量0.3%的50%扑海因可湿性粉剂，或50%敌菌灵、50%克菌丹可湿性粉剂拌种。

4. 药剂防治参见青花菜黑斑病。

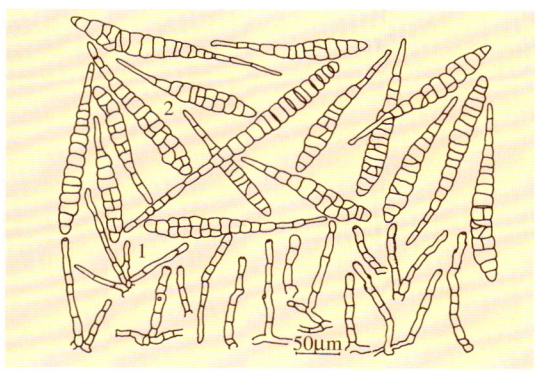

图2-6 菜心黑斑病菌
1.分生孢子梗 2.分生孢子

菜心尻腐病
Mock pad-choi bottom rot

尻腐病是菜心的重要病害，分布广泛，发生较普遍，露地和保护地种植都发病。一般病株率10%～20%，轻度影响产量，严重时病株率可达60%以上，显著影响菜心产量和品质。

[症状] 此病主要为害叶柄和叶片。多从叶柄基部开始侵染，初为黄褐色水渍状坏死小点，逐渐发展成椭圆形黄褐至暗褐色水渍状腐烂斑，边缘略显模糊，随病情发展病斑呈现不明显轮纹。多个病斑相互连接成大斑致叶柄腐烂脱落。叶片染病，初形成浅褐色近圆形至椭圆形斑，迅速向四周发展，病部腐烂穿孔，外围健康组织黄化坏死，常形成较宽的黄色晕环。病害严重时，多个病斑迅速扩展，使病叶在短期内坏死腐烂，失去商品价值。

[病原] *Pellicularia filamentosa* (Pat.) Rogers 属担子菌丝核薄膜革菌真菌。病菌子实体为坚密薄层，干燥时呈

白色或淡黄色。担孢子卵圆至长圆形，多数一端稍尖，另一端钝圆，大小为6～9μm×2.5～7.5μm（图2-7）。无性时期为半知菌立枯丝核菌(*Rhizoctonia solani* Kühn)，病菌初生菌丝无色，后变为黄褐色，直径8～12μm，直角状分枝，分枝基部变细。菌核浅褐至黑褐色，不定形。

菜心尻腐病叶柄基部病斑

菜心尻腐病病叶

[发病规律] 病菌主要以菌核随病残体在土中越冬。病菌在土壤中营腐生可存活2～3年。菌核萌发产生菌丝，与寄主组织接触后直接侵染致病。条件适宜时也可通过担孢子萌发侵染。田间病菌借雨水、浇水、农具和带菌肥料传播蔓延。田间积水、空气湿度大或土壤黏重、含水量高、通透性差，或施用未充分腐熟的有机肥等，病害发生严重。

防治方法参见青花菜叶腐病。

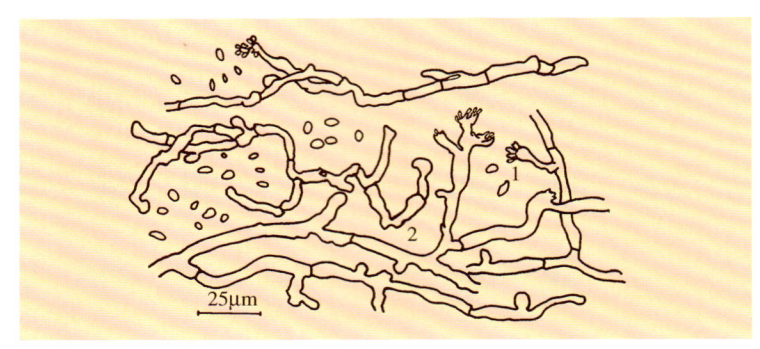

图 2-7 菜心尻腐病菌
1. 担子和担孢子 2. 菌丝

菜心绵腐病
Mock pad-choi Pythium rot

绵腐病为菜心的一般性病害，分布亦较广，各地都零星发生。保护地、露地种植都可受害，露地以夏秋雨后发生较重，保护地高温高湿管理即引起发病。一般病株率5%～10%，个别地块或棚室达30%左右，对菜心生产有一定影响，此病还可侵害多种其他蔬菜。

[症状] 此病主要侵害茎基和叶柄。染病初期病部呈水渍状坏死，迅速向各方向扩展蔓延，在茎基和叶柄上形成水渍状不规则形大斑，短期内病组织腐烂，同时在病部长出白色浓密絮状霉团。条件适宜，病情发展很快，造成菜苗成片死亡而腐烂。

[病原] *Pythium aphanidermatum* (Eds.) Fitzp. 属鞭毛菌瓜果腐霉真菌。病菌菌丝发达繁茂，呈白色棉絮状，无隔膜，直径2.5～7.5μm。孢子囊条状，偶有裂瓣状分枝，孢子囊梗与菌丝区别不明显，孢子囊萌发产生泡囊，其内形成多个游动孢子。游动孢子肾形，侧生两根鞭毛，大小为12～17μm×5～6μm。藏卵器球形，直径15～32μm。卵孢子球形，表面光滑，直径13～22μm。雄器有柄，同丝或异丝生，多为1个。一个藏卵器一般与一个雄器交配。

[发病规律] 病菌以卵孢子随病残组织在土中越冬。条件适宜时卵孢子萌发产生芽管，芽管膨大形成孢子囊，再释放游动孢子，经雨水或浇水传播到幼苗上，使茎基和叶柄发病。高温高湿，病菌产生孢子囊和游动孢子进行再侵染，使病害进一步扩展蔓延。病菌喜高温高湿，在高湿条件下，温度25～34℃时病害发展迅速。田间长时间积水，菜苗生长衰弱，或长时间干燥后突降暴雨，或浇水后遇连阴雨，菜苗受低温侵袭等有利于发病。

[防治方法]

1. 收获后及时清理病残组织，深翻晒土，减少田间菌源。施用充分腐熟的堆肥。

2. 选择地势高燥、易于排水的地块种植，重病地块改用高畦或小高垄栽种。雨后注意及时排水，保护地在浇水后增加放风排湿。发病后及时清除病株，并注意适当控制浇水和降湿。

3. 发病初期进行药剂防治，可选用72.2%普力克水剂600倍液，或72%霜脲·锰锌可湿性粉剂600倍液，或50%溶菌灵可湿性粉剂600倍液，或72%凯克灵可湿性粉剂400倍液，或69%安克·锰锌可湿性粉剂1000倍液，或80%塞得福可湿性粉剂300倍液喷浇根茎和叶柄，7～10天防治1次，连续防治1～2次。

菜心绵腐病病株

菜心绵腐病群体症状

菜心褐腐病
Mock pad-choi Choanephora rot

褐腐病为菜心的一般性病害,局部分布,仅零星发病,一般发病率3%～10%,对产量有一定影响。

[症状] 此病主要为害老黄叶片和叶柄,受害组织变褐腐烂,形成较大型黄褐色坏死病斑,其上产生褐色茸霉,即病菌分生孢子梗和分生孢子。空气干燥时病叶褐色干腐。

[病原] *Choanephora cucurbitarum* (Berk. et Rav.) Thaxt.属鞭毛菌瓜果笄霉真菌。详见小西葫芦褐腐病。

发病规律、防治方法参见小西葫芦褐腐病。

菜心褐腐病病叶

菜心炭疽病
Mock pad-choi anthracnose

菜心炭疽病叶面病斑

炭疽病为菜心的重要病害,分布广泛,各地都有发生,长江流域受害较重,北方仅夏秋露地种植的局部地块或少数棚室发病较重。一般病株率10%～30%,严重地块达50%左右,在一定程度上影响菜心产量,显著降低其商品价值。

[症状] 此病主要为害叶片和叶柄,在种株上亦为害花梗和种荚。叶片染病,开始出现苍白色水渍状近圆形小斑,直径1～2mm,扩大后边缘变褐,略隆起,病斑中央灰褐色,稍凹陷,直径2～4mm,后期病斑变成白色至灰白色半透明纸状,易破裂穿孔。叶柄或叶脉染病,形成椭圆形或梭形斑,显著凹陷,黄褐至灰褐色,有时开裂向两端辐射。病害严重时整片叶和整个叶柄布满病斑,相互连接成

菜心炭疽病叶背病斑

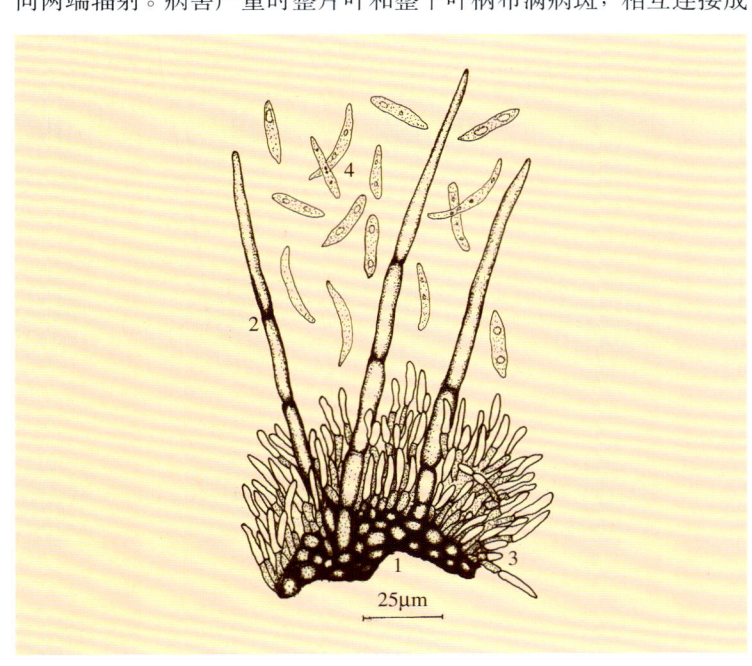

图2-8 菜心炭疽病菌
1.分生孢子盘 2.刚毛 3.分生孢子梗 4.分生孢子

菜心炭疽病叶柄前期病斑

菜心炭疽病叶柄后期病斑

不规则大斑，短期内使叶片萎黄枯死。空气湿度大时，病部长出淡红色黏稠状物，或因细菌感染而腐烂。种株染病，花柄和种荚症状与叶柄相似。

[病原] *Colletotrichum higginsianum* Sacc.属半知菌希金斯刺盘孢真菌。菌丝无色透明，有隔膜。分生孢子盘小，散生，大部分埋于寄主表皮下，黑褐色，有数根刚毛。刚毛黑褐色，基部粗大，色深，顶端渐细，具3～5个隔膜，大小为80～155μm×5～7.5μm。分生孢子梗倒钻形，无色单细胞，基部较宽，顶端细窄，大小为9.5～18.5μm×3.5～5.5μm。分生孢子星月形至纺锤形，无色单胞，大小为16.5～30μm×3～4.5μm（图2-8）。

发病规律、防治方法参见紫甘蓝炭疽病。

菜心菌核病
Mock pad-choi Sclerotinia rot

菌核病为菜心的一般性病害，主要分布在老菜区，南方露地生产零星发病，北方多在保护地内发生。一般病情较轻，对生产无明显影响，个别地块或少数棚室发病严重，造成局部死苗或烂棵，在一定程度上影响产量。

[症状] 此病在菜心各生育期都发生，以早春生产季发病重。病菌多由茎基或叶柄基部开始侵染。初期病部呈浅灰色至浅灰褐色水渍状，以后形成不规则腐烂斑，逐渐扩展使叶柄和茎基软腐，终致整棵菜心腐烂。与此同时，病部表面产生浓密絮状白霉，以后转变成鼠粪状黑色菌核。

[病原] *Sclerotinia sclerotiorum* (Lib.) de Bary属子囊菌核盘菌真菌。详见青花菜菌核病。

发病规律、防治方法参见青花菜菌核病。

菜心菌核病前期病株

菜心菌核病后期病株

菜心菌核病中期病株

菜心菌核病病菌子囊盘

菜心白锈病
Mock pad-choi white rust

白锈病是菜心的重要病害，分布较广，局部地区发生较重，保护地、露地种植都可发病。一般病株率5%～20%，轻度影响菜心生产。严重时病株率达60%～80%，显著影响菜心的产量，降低商品价值。

[症状] 此病主要为害叶片，初期在叶背产生略隆起白色近圆形至不规则形疱斑，即病菌孢子囊堆。随病害发展疱斑表皮破裂，散出白色粉末状物，即病菌孢子囊。叶正面病斑初为褪绿小点，边缘不清晰，随病情发展病斑变黄变大，最后呈褐色坏死。严重时叶两面都生疱斑，可布满整个叶片，

表皮破裂后散出白色粉末状孢子囊，遍布整叶，短期内病叶即坏死。

[病原] *Albugo candida* (Pers.)O.Kuntze 属鞭毛菌白锈菌真菌。详见樱桃萝卜白锈病（图2-9）。发病规律、防治方法参见樱桃萝卜白锈病。

菜心白锈病叶面病斑

菜心白锈病后期病叶

菜心白锈病叶背病斑

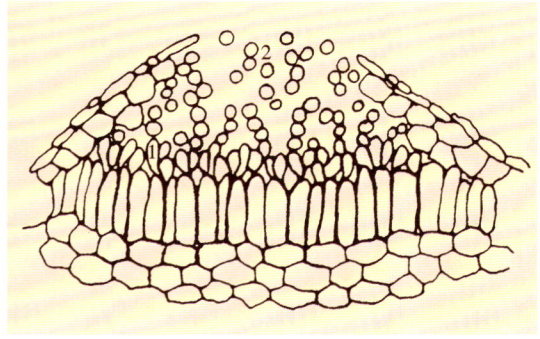
图2-9 菜心白锈病菌
1.孢囊梗 2.孢子囊

菜心茎腐病
Mock pad-choi rhizome rot

茎腐病为菜心的一般性病害，分布较广，发生也较普遍，保护地、露地种植都可受害，但多零星发病，对菜心生产影响不大，仅个别地块或个别棚室此病发生严重，病株率达20%～30%

菜心茎腐病田间症状

菜心茎腐病后期病苗

甚至更高,造成局部或成片死苗毁棵,明显影响菜心生产。此病除为害菜心外,还侵染多种其他蔬菜。

[症状] 此病主要在苗期为害。病菌主要侵染菜苗根茎部,使病部变褐坏死。菜苗染病后病部呈浅褐色坏死干腐,外叶逐渐失水变黄,继而萎蔫干枯,终致整棵苗死亡。有些菜苗染病后茎基缢缩,后期倒折,湿度大时茎基表面可产生稀疏白霉或蛛丝状物,即病菌子实体。

[病原] *Rhizoctonia solani* Kühn 属半知菌立枯丝核菌真菌。详见紫甘蓝褐腐病。

发病规律、防治方法参见紫甘蓝褐腐病。

菜心白斑病
Mock pad-choi Cercosporella leafspot

白斑病为菜心的一般性病害,分布较广泛,发生不普遍,但在南方和北方部分地区发病较重,主要在春秋两季造成危害。一般病株率20%～30%,严重时病株率达80%以上,在较大程度上影响菜心产量和品质。

[症状] 此病主要为害叶片,严重时亦为害叶柄。发病初期在叶片上散生灰白色圆形病斑,后扩大成浅灰色圆形至近圆形斑,大小为5～15mm,病斑周缘有时有晕环。叶背病斑周缘多不明显,随病情发展病斑两面呈现不明显轮纹。空气潮湿,后期病斑背面产生灰白色绒霉状物,即病菌分生孢子梗和分生孢子。病情严重时,多个病斑连接成片,终致叶片枯死,病斑一般不穿孔。叶柄染病,多形成近椭圆形斑,灰白至灰褐色,边缘模糊呈放射状,病斑表面色泽不均,凹凸不平,湿度大时病部呈水渍状坏死腐烂。

[病原] *Cercosporella albo-maculans* (Ell.et Ev.)Sacc.属半知菌白斑小尾孢真菌。病菌分生孢子梗束生,无色,正直或弯曲,顶端圆截,其上着生一个分生孢子,大小为7.0～17.5μm × 2.5～3.5μm。分生孢子针形,无色透明,基部稍膨大,钝圆,顶端稍尖,直或微弯,具1～4个隔膜,大小为30～95μm × 2～3μm。

[发病规律] 病菌主要以菌丝和菌丝块随病残组织越冬。翌年条件适宜时产生分生孢子通过浇水或降雨飞溅形成初侵染,发病后产生分生孢子借风雨传播进行多次再侵染。病菌对温度要求不严格,5～28℃下均可发病,以11～23℃对病菌适宜。旬均温23℃左右,相对湿度高于62%,降雨达16mm以上,雨后12～16天即开始发病。菜心生长期低温多雨或在梅雨季后,发病普遍。此外,该病与品种、栽种时期、地势和是否连作等直接相关,一般土壤黏重、地势低洼、种植期正逢雨季或与白菜类蔬菜连作,发病严重。

[防治方法]

1.因地制宜选用适宜本地的抗病品种。平整土地,重病区实行与非白菜类蔬菜2～3年轮作。

2.避开雨季适期栽种,增施底肥,生长期加强管理,避免田间积水。

3.发病初期进行药剂防治,可选用50%敌菌灵可湿性粉剂400～500倍液,或50%多菌灵可湿性粉剂600～800倍液,或40%福星乳油6 000～8 000倍液,或70%甲基托布津500～600倍液,或80%大生可湿性粉剂500～600倍液,或40%多硫悬浮剂500～600倍液,或2%加收米水剂600～800倍液喷雾,10～15天防治1次,根据病情防治1～3次。

菜心白斑病叶面病斑

菜心白斑病叶背病斑

菜心灰霉病
Mock pad-choi gray mold

灰霉病为菜心的一般性病害，分布较广，保护地偶有发病，通常不造成危害，重时在一定程度上影响产品质量。

[症状] 此病主要侵害将坏死外叶和较衰弱的叶片和叶帮。多从积水或受伤处开始侵入，病部呈水渍状坏死变褐，以后腐烂，在病部产生灰色霉层，即病菌分生孢子梗和分生孢子。

[病原] *Botrytis cinerea* Pers.属半知菌灰葡萄孢真菌。详见青花菜灰霉病。

发病规律、防治方法参见青花菜灰霉病。

菜心灰霉病病株

菜心灰霉病病部放大

菜心褐斑病
Mock pad-choi Cercospora leafspot

褐斑病为菜心的一般性病害，分布较广，保护地、露地都可发病，但仅少数地块或棚室发病，病株率30%左右，重时发病率可达50%以上，明显影响菜心的品质。

[症状] 此病主要侵染叶片，多在外叶上发生，初生圆形至近圆形小点，以后扩大成多角形至不规则形灰白色至浅黄褐色小斑，多受叶脉限制，略凹陷。严重时叶片上病斑密布，相互连接成不规则形大斑，终致叶片坏死干枯。

[病原] *Cercospora brassicicola* P. Hennings 属半知菌芸薹生尾孢霉真菌。详见樱桃萝卜褐斑病。

发病规律、防治方法参见樱桃萝卜褐斑病。

菜心褐斑病叶面病斑

菜心褐斑病叶背病斑

菜心白粉病
Mock pad-choi powdery mildew

白粉病为菜心的一般性病害，局部地区发生分布，保护地、露地都发病。通常病情较轻，对生产无影响，严重时造成植株叶片坏死干枯，明显影响菜心生产。

[症状] 此病多在菜心生长后期发生，以后期缺水和高温发病严重。初期在外部叶片表面产生白色粉斑，以后随病害发展迅速向其他叶片扩展蔓延，在叶表面布满白色粉状霉层，即病菌分生孢子梗和分生孢子，逐渐使外叶早衰黄化，最后枯死。制种期发病可严重影响开花结实。

[病原] *Erysiphe cruciferarum* (Opiz) Junell属子囊菌十字花科白粉菌真菌，详见樱桃萝卜白粉病（图2-10）。

发病规律、防治方法参见樱桃萝卜白粉病。

菜心白粉病病株

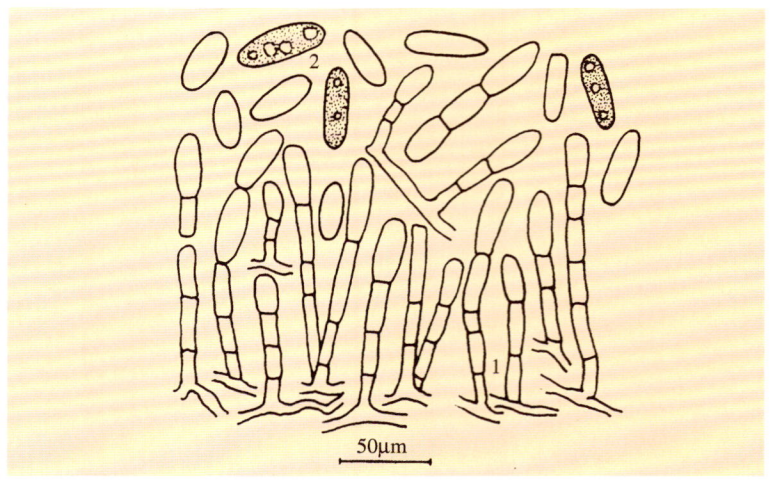

图 2-10 菜心白粉病菌
1. 分生孢子梗　2. 分生孢子

菜心根结线虫病
Mock pad-choi root-knot nematode

根结线虫病为菜心的一般性病害，在局部地区发生分布。随着蔬菜生产的发展，尤其是保护地的迅速增加，此病进一步加重，一旦发病，染病率均较高，常达60%以上，显著影响菜心的产量与品质。此病还可侵害多种其他蔬菜。

[症状] 此病主要发生在根部，以侧根和须根最易受害。染病植株侧根和须根增多，主根生长受抑制，停止生长，或在早期即腐烂。在幼嫩的侧根和须根上形成大小和形状不同的瘤状根结，有的串生。瘤状根结初为白色，质地柔软，后变为褐色至暗褐色，表面龟裂，最后腐烂。受害植株地上部生长衰弱，叶色变淡发黄，由外叶向心叶逐渐萎蔫死亡。

[病原] *Meloidogyne incognita* Chitwood，此病主要由南方根结线虫侵染所致；爪哇根结线虫、花生根结线虫、北方根结线虫(*M. javanica*、*M. arenaria*、*M. hapla*)也可侵染致病。南方根结线虫雌雄异形，幼虫呈细长蠕虫状。雄成虫线状，无色透明，尾端稍圆，大小为1.0～1.5mm×0.03～0.04mm。雌成虫梨形，多埋生于寄主组织内，大小为0.44～1.59mm×0.26～0.81mm。

发病规律、防治方法参见苦瓜根结线虫病。

菜心根结线虫病幼株病根

菜心根结线虫病成株病根

菜心寒害与冻害
Mock pad-choi chilly injury

寒害为菜心一般性生理伤害，各地都时有发生，损失轻重主要取决于受害程度。通常在一定程度上影响菜心的品质。

[症状] 寒害症状的表现主要受寒害程度的影响。轻度寒害仅表现叶缘扭卷皱缩，叶片呈勺形或呈锤状。寒害较重时，受害叶片叶肉组织初呈水渍状坏死，以后褪绿变白或变褐。受冻轻时形成网状黄化花叶或坏死斑，中脉和主脉仍保持绿色，或叶缘黄化坏死。严重时外叶坏死瘫倒。

[病因] 此病为非侵染性生理伤害，因气温低影响叶绿素形成，气温太低则造成植株细胞冻结，破坏叶绿素甚至破坏细胞组织结构而瘫倒。

[防治方法] 一般无须专门防治，寒冷季节生产注意防冻保暖，避免受冻。

菜心寒害与冻害受害株

菜心寒害与冻害田间受害状

爱福丁药害为非侵染性伤害，防治害虫不当时偶有发生，一般对生产无明显影响。

[症状] 爱福丁药害多在叶片上产生许多不规则近圆形大小悬殊的褪绿斑，严重时后期呈半透明纸状，受害叶片坏死枯焦。

[病因] 由于使用爱福丁乳油防治害虫时施用浓度太高，药液中有机助剂致叶片细胞灼伤。

[防治方法] 在施药后尚未形成受害时喷洒清水，可减轻受害，受害症状显现后一般不再防治。

菜心爱福丁药害
Mock pad-choi abamectin injury

菜心爱福丁药害前期受害状

菜心爱福丁药害中后期受害状

3. 薹菜病害 Diseases of taicai

薹菜病毒病
Taicai virus disease

病毒病为薹菜的主要病害，分布广泛，发生普遍，保护地、露地种植都可发病，以夏秋季发病较重。一般病株率5%～10%，轻度影响产品质量，严重时病株率30%～60%，最重地块可100%发病，显著影响薹菜生产。

[症状] 此病全生育期都发生，苗期发病对生产影响大。病株初期叶脉褪绿或半透明，以后叶片呈浅绿与浅黄相间花叶状，致叶片皱缩、畸形或向一边扭曲。后期在叶片上出现褐色坏死小点。重病株矮缩，心叶皱卷成团，下部叶片变黄枯死，终致全株枯死。

薹菜病毒病病株

种株染病，除表现花叶或变褐坏死外，花梗常短缩畸形，长短不一，开花不正常，致种子不结实或不饱满。

[病原] TuMV即芜菁花叶病毒，部分地区还可能有ＣＭＶ即黄瓜花叶病毒复合侵染。参见青花菜和苦瓜病毒病。

发病规律、防治方法参见青花菜病毒病。

薹菜黑腐病
Taicai black rot

黑腐病是薹菜的主要病害，薹菜产区发生普遍，保护地、露地都可发生。一般病株率20%～30%，在一定程度上影响薹菜的产量与品质，重病地块病株率达50%以上，显著影响产量，降低品质。

[症状] 此病在全生育期都可发生。幼苗出土前发病引起烂种。出土后子叶染病呈水渍状，根髓部呈黑褐色，终致幼苗枯死。成株染病，多从叶缘开始侵染，向叶柄方向发展，形成Ｖ字形黄褐色枯斑，病斑周围组织浅黄色，病健交界不明显。病菌也可从叶面有伤口的任何部位侵染，形成不规则形黄褐色枯斑，逐渐发展使周围组织褪绿变褐，最后枯死。有时病菌沿叶脉扩展，形成大型黄褐色网状坏死，后期致叶片枯黄死亡。

[病原] *Xanthomonas campestris* pv. *campestris* (Pammel) Dowson 属黄单胞杆菌甘蓝黑腐黄单胞菌甘蓝黑腐致病变种细菌。详见青花菜黑腐病。

发生规律、防治方法参见青花菜黑腐病。

薹菜黑腐病群体症状

薹菜黑腐病病叶

薹菜褐腐病
Taicai Rhizoctonia rot

褐腐病为薹菜的重要病害，在种植地区都有分布，保护地、露地均可发生。病株在田间通常分布均匀，多零星发病，局部病情严重，影响产品质量。

[症状] 此病可侵染叶片和叶柄，严重时还可侵染根茎部。叶片染病呈水渍状不规则腐烂，初期暗绿色，以后变成黄褐色。腐烂组织接触到健康叶片即引起健康叶片坏死腐烂。叶柄染病亦呈水渍状不规则软腐，扩展迅速，多从病部倒折。发病后期，病组织表面均产生蛛丝状稀疏菌丝。茎基部染病，呈黄褐至黑褐色腐烂，由一侧向整个根茎发展，致地上部萎蔫死亡。

[病原] *Rhizoctonia solani* Kühn 属半知菌立枯丝核菌真菌。详见樱桃萝卜褐腐病。

发病规律、防治方法参见樱桃萝卜褐腐病。

薹菜褐腐病病叶

黑斑病为薹菜的主要病害。保护地、露地都可发生，一般病株率20%左右，重病地块可达100%，发病后显著降低产品质量甚至完全不能食用。

[症状] 此病主要为害叶片，严重时为害叶柄。叶片染病，初生近圆形黄褐色小点，逐渐扩大成近圆形斑，边缘淡绿色至浅褐色，随病害发展形成不明显同心轮纹，有的病斑周围具有黄色晕环。条件适宜时，叶面上病斑密布，相互汇合成大的斑块，终致叶片枯死。空气潮湿，病斑表面产生暗褐色霉层，即病菌分生孢子梗和分生孢子。叶柄染病，多形成黄褐至暗褐色凹陷斑，椭圆至长梭形，空气湿度高时，表面亦产生少许黑霉，严重时从病部折断。

[病原] *Alternaria brassicae* (Berk.) Sacc.属半知菌芸薹链格孢真菌。病菌分生孢子梗橄榄色，不分枝。分生孢子单生，孢身具7～17个横隔膜，0～8个纵隔膜，浅橄榄褐色，大小为83.5～203.5μm×14.9～27.8μm。喙胞具0～4个横隔膜，大小为35.2～92.5μm×5.5～9.5μm（图2-11）。

[发病规律] 病菌主要以菌丝体随

薹菜黑斑病病叶

病残体越冬，也可在其他十字花科蔬菜上为害过冬。条件适宜时病菌产生分生孢子形成初侵染，发病后病斑上形成分生孢子进行再侵染。温暖潮湿适宜发病。薹菜生长时期阴雨天较多，或浇水过多、长时间闷棚等病害发生严重。

防治方法参见青花菜和菜心黑斑病。

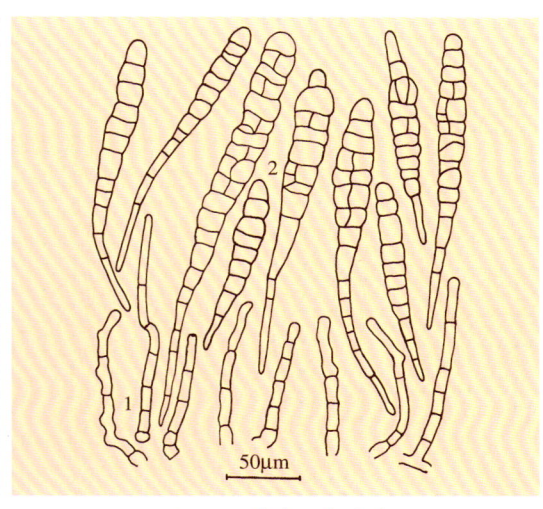

图2-11　薹菜黑斑病菌
1. 分生孢子梗　2. 分生孢子

4. 茎芥菜（榨菜）病害　Diseases of swollen-stemmed mustard

茎芥菜黑斑病
Swollen-stemmed mustard black spot

黑斑病为茎芥菜的一般性病害，分布广泛，发生普遍，但一般发病较轻，对茎芥菜生产影响不明显。发病严重时，病株率可达80%～100%，4～8片外叶因病坏死，在一定程度上影响茎芥菜生产。

[症状] 此病主要为害叶片，特别严重时侵染叶柄。病斑叶两面生，圆形至近圆形，黄褐至红褐色，具不明显同心轮纹，大小为2～10mm。病斑周围常具有浅黄色晕环。空气潮湿时病斑表面产生灰黑色霉状物，即病菌分生孢子梗和分生孢子。空气干燥，病斑易破裂穿孔。

[病原] *Alternaria brassicae* (Berk.)Sacc.属半知菌芸薹链格孢真

菌。详见菜心黑斑病。

发病规律、防治方法参见菜心黑斑病。

茎芥菜黑斑病病叶

软腐病为茎芥菜的一般性病害，发生分布较广，多零星发病，病株一般在5%以下，对茎芥菜

茎芥菜软腐病病叶

角斑病为茎芥菜的一般性病害，分布较普遍，主要在南方露地种植季节发生，病株率一般为10%～20%，对茎芥菜生产影响不明显，严重时病株

茎芥菜细菌性角斑病病叶

生产影响不明显，病害严重时发病率可达10%以上，明显影响茎芥菜正常生产。

[症状] 此病多从茎基部或从叶柄基部及其他伤口处侵染，形成水渍状不规则形斑，迅速扩大并向各方向发展蔓延，使病部软腐，释放出黏稠腐烂组织，同时在病部发出恶臭气味。

[病原] *Erwinia carotovora* subsp. *carotovora* （Jones）Bergey et al. 属胡萝卜软腐欧氏杆菌胡萝卜软腐亚种细菌。详见青花菜软腐病。

发病规律、防治方法参见青花菜软腐病。

率可达40%以上，在一定程度上影响茎芥菜生产。

[症状] 此病主要侵害叶片，初在叶柄两侧出现水浸状污绿色病斑，逐渐发展成灰褐至黑褐色稍凹陷斑，因受叶脉限制呈膜状不规则形或多角形，大小不等，病斑表面略具光泽，湿度大时叶背病斑表面溢出污白色菌液。空气干燥病部易破裂穿孔。植株早期发病后遇长时间阴雨，常使植株多片外叶染病坏死，病叶呈锈褐色干枯，或破裂穿孔呈筛状。

[病原] *Pseudomonas syringae* pv. *syringae* van Hall.属假单胞杆菌丁香假单胞白菜斑点病致病变种细菌。详见蚕豆细菌性疫病。

发病规律、防治方法参见青花菜细菌性角斑病。

5. 叶芥菜（青菜、辣菜、盖菜）病害　Diseases of leaf mustard

叶芥菜病毒病病株

病毒病为叶芥菜的重要病害，分布广泛，发生普遍，春秋露地种植较常见。通常零星发病，病株率5%～10%，在一定程度上影响叶芥菜产量和品质。病害严重时，发病率可达80%～100%，显著影响叶芥菜生产。

[症状] 此病全生育期都发生，主要表现花叶和缩叶症状。花叶型主要发生在嫩叶上，初期表现明脉或不规则褪色，以后扩展成带状，最后表现明显花叶，有的叶片呈浅绿色，上生深绿色凹凸不平斑块，稍皱缩，病株生长缓慢或矮缩，后期病叶变黄枯死。缩叶型多发生在新抽出的嫩叶上，沿叶脉褪绿或出现明脉，由心叶向外叶扩展，病叶明显表现深绿与浅绿相间皱缩花叶，脉间组织上凸，叶柄歪扭。严重时病叶畸形扭卷，叶背主脉和支脉上产生褐色坏死条斑，或产生褐色小点或横向裂口，病株萎缩或半边萎缩，最后萎黄坏死。

[病原] Turnip mosaic virus（TuMV）即芜菁花叶病毒。详见青花菜和京水菜病毒病。

发病规律、防治方法参见青花菜和京水菜病毒病。

叶芥菜菌核病
Leaf mustard Sclerotinia rot

菌核病为叶芥菜的重要病害，主要分布在老菜区。北方保护地内发病较重，发病率最高可达40%，明显造成经济损失。南方露地种植亦可零星发病，在一定程度上影响产量与品质。

[症状] 此病多从茎基部和外叶叶柄开始侵染，初期病斑为水渍状灰褐至黄褐色，迅速向各方向发展，使病部呈不规则腐烂，随病害发展在病组织表面产生浓密絮状白霉，以后变成黑色菌核。有时多片外叶同时染病，病株在短时期内即坏死倒折，茎基因腐烂变空，后期在髓部产生菌核，终致整株萎蔫坏死。

[病原] *Sclerotinia sclerotiorum* (Lib.) de Bary 属子囊菌核盘菌真菌。详见青花菜菌核病。

发病规律、防治方法参见青花菜菌核病。

叶芥菜菌核病中后期病叶

叶芥菜菌核病前期病株

叶芥菜菌核病菌核

叶芥菜灰霉病
Leaf mustard gray mold

灰霉病为叶芥菜的一般性病害，主要在保护地内发生，一般病株占20%左右，对生产影响不明显，严重棚室病株率可达40%～60%，在一定程度上影响产量与质量。长江流域露地种植也零星发病，仅在长时间梅雨后发生较重，一般对生产无影响。

[症状] 本病多从叶缘、叶尖或积水的叶面，或受伤的、较衰弱的组织开始侵染，使病部呈浅黄褐色至暗褐色坏死腐烂。叶缘病斑多呈V字形，叶片上病斑近圆形至不规则形，后期均在病部产生灰黄色霉状物，即病菌分生孢子梗和分生孢子。病害严重时，多片外叶染病坏死。

[病原] *Botrytis cinerea* Pers.属半知菌灰葡萄孢真菌。详见青花菜灰霉病。

发病规律、防治方法参见青花菜灰霉病。

叶芥菜灰霉病V字形病斑

叶芥菜灰霉病病斑放大

叶芥菜炭疽病
Leaf mustard anthracnose

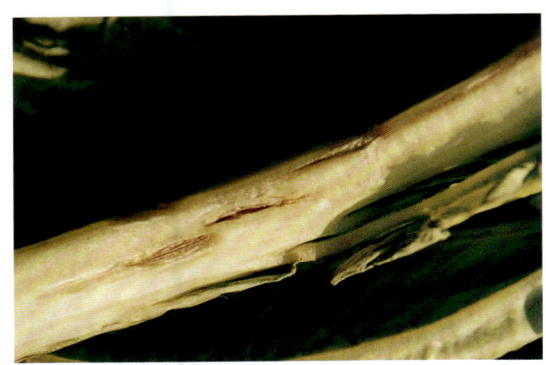

叶芥菜炭疽病叶柄病斑

炭疽病为叶芥菜的常见病，分布较广，发生较普遍，保护地、露地种植都发病，以夏秋多雨发病较重。通常病株占20%～30%，轻度影响产品质量。病害严重时病株率达80%以上，显著影响叶芥菜质量。

[症状] 此病主要在外叶上发生，可侵染叶片和叶帮。叶片受害，初产生针尖大小水渍状小点，以后扩大成2～3mm大小褐色半透明斑，多个病斑相互融合成不规则形深褐色病斑，严重时病斑开裂或穿孔，终致叶片坏死枯黄。叶帮染病，初产生水渍状灰褐色至黄褐色椭圆至近棱形显著凹陷斑，以后发展成狭条状暗褐色凹陷斑，病斑两端多开裂，湿度大时软化腐烂，后期病部可产生淡红色黏稠物和黑色小点，即病菌分生孢子盘和分生孢子。

[病原] *Colletotrichum higginsianum* Sacc.属半知菌希金斯刺盘孢真菌。详见紫甘蓝炭疽病。

发病规律、防治方法参见紫甘蓝炭疽病。

叶芥菜白粉病
Leaf mustard powdery mildew

白粉病为叶芥菜的一般性病害，部分地区发生分布，通常对生产无明显影响，严重时对制种造成一定影响。此病还可为害其他十字花科蔬菜。

[症状] 此病主要在叶芥菜生长后期发生，可为害叶、茎、花器和种荚。初在植株表面产生近圆形放射状粉斑，逐渐扩展使病斑密布，形成明显粉状霉层。随病害发展病叶褪绿黄化，最后早衰枯死，严重时种株结荚少而小，种子瘦瘪。

[病原] *Erysiphe cruciferarum* (Opiz) Junell 属子囊菌十字花科白粉菌真菌。详见樱桃萝卜白粉病（图2-12）。

发生规律、防治方法参见樱桃萝卜白粉病。

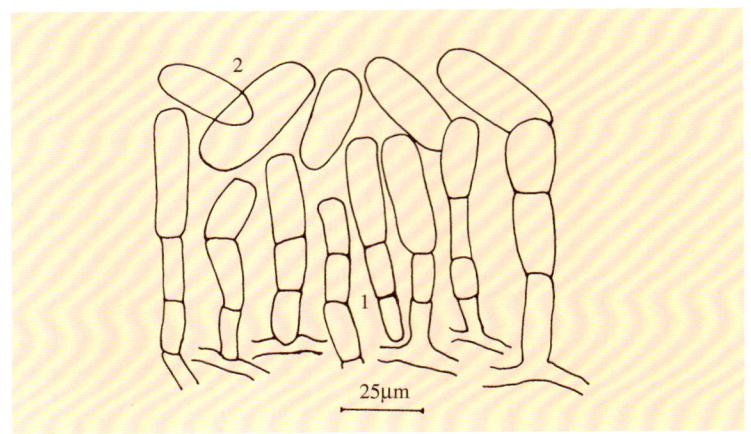

图2-12 叶芥菜白粉病菌
1. 分生孢子梗 2. 分生孢子

叶芥菜白粉病生长期病叶

叶芥菜白粉病种株病叶

6. 紫菜薹病害 Diseases of purple caitai

紫菜薹黑斑病
Purple caitai black spot

黑斑病为紫菜薹的主要病害，分布广泛，发生普遍。保护地、露地都发病，多在春秋两季发生，通常病情较轻，对生产无明显影响。病害严重时，使植株部分下部叶片黄化坏死，明显影响产量和质量。

[症状] 此病全生育期都可发生，主要为害叶片，在叶面初生黑褐色至黄褐色稍隆起小圆斑，以后扩大成边缘为苍白色中心部淡褐至灰褐色病斑，直径3～6mm，同心轮纹不明显，湿度大时病斑上产生稀疏灰黑色霉状物，即病菌分生孢子梗和分生孢子。空气湿度较低时，病斑发脆易破裂，严重时多个病斑汇合致叶片局部枯死。茎和花梗染病，病斑多为黑褐色椭圆形斑块。

[病原] *Alternaria raphani* Groves et Skoloko 属半知菌萝卜链格孢真菌。病菌分生孢子梗较短，不分枝，单生或2～6根束生，正直或具1个屈曲，隔膜2～6个，淡榄褐色，顶端颜色略浅，基部细胞稍大，大小为12.5～60.5μm×3.0～7.5μm。分生孢子倒棒状，单生，淡榄褐色，具4～10个横隔膜，0～2个纵隔膜，分隔处明显缢缩，大小为36.5～115μm×12～18.5μm。喙胞较长，顶端色淡，不分枝，具1～4个横隔膜，大小为22～108μm×3.5～12μm（图2-13）。

[发病规律] 病菌以菌丝或分生孢子随病残体越冬或越夏，也可在种株或种子表面上残留。条件适宜时进行初侵染，发病后产生分生孢子借气流传播蔓延，形成再侵染，使病害扩展蔓延。病菌喜欢较低温度和高湿，10～35℃均可生长，适宜温度为17℃。紫菜薹生长期阴雨较多，或棚室内温暖高湿病害发生严重。

[防治方法]

1. 收获后彻底清除病残落叶，减少田间菌源。重病地区实行与非十字花科蔬菜轮作。

2. 必要时进行种子消毒灭菌，可选用种子重量0.4%的50%扑海因可湿性粉剂或80%大生可湿性粉剂拌种。

3. 发病初期进行药剂防治。参见青花菜黑斑病。

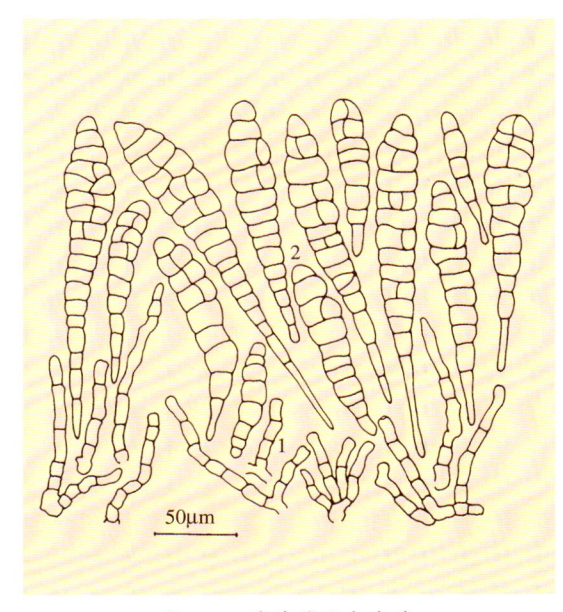

图2-13 紫菜薹黑斑病菌
1.分生孢子梗 2.分生孢子

紫菜薹黑斑病病斑

紫菜薹黑斑病病叶

红粉病为紫菜薹的一般性病害，在部分地区发生分布。一般发病较轻，仅零星植株染病，对

紫菜薹红粉病病斑

紫菜薹红粉病
Purple caitai Trichothecium rot

生产无明显影响。

[症状] 此病主要在成株期发生，多见于生长衰弱的中下部叶片和嫩茎。病菌多沿叶缘开始侵染，形成半圆形至不定形灰绿色至红褐色较大型坏死病斑，并进一步向叶柄和嫩茎方向发展致幼茎发病，最后致茎叶坏死。空气潮湿时在病组织表面生出白色至粉红色霉层，即病菌分生孢子梗和分生孢子。

[病原] *Trichothecium roseum* (Bull.) Link 属半知菌粉红单端孢霉真菌。详见苦瓜红粉病。

发病规律、防治方法参见苦瓜红粉病。

紫菜薹霜霉病
Purple caitai downy mildew

霜霉病为紫菜薹的主要病害，分布较广，发生较普遍。保护地、露地种植都发病，以春、秋发病较重，病株率常达30%以上，明显影响产量与品质。

[症状] 此病全生育期均可发生，多从下部叶片开始侵染，由下向上发展。染病后叶面初出现不规则褪绿黄斑，以后逐渐扩大成多

角形至不规则形黄褐色坏死斑，湿度大时叶背或叶两面产生霜状白霉，即病菌孢囊梗和孢子囊。严重时多个病斑连片致叶片枯黄坏死。花薹染病，出现暗褐色不规则斑点。种荚和花器上染病，病斑亦不规则，浅褐色，潮湿时病斑表面亦产生白色霉状物。

[病原] *Peronospora parasitica* (Pers.) Fr.属鞭毛菌芸薹霜霉真菌。病菌孢囊梗自气孔伸出，2～5根丛生或单生，无色，无隔，主干基部稍膨大，全长425～788μm，二权分枝2～6次，顶端小枝尖锐且弯曲，其上着生一个孢子囊。孢子囊无色单胞，长圆形或卵圆形，大小为20～27.5μm×17.5～21.5μm。

发病规律、防治方法参见青花菜霜霉病。

紫菜薹霜霉病中后期病叶

紫菜薹霜霉病中后期叶背症状

菌核病为紫菜薹的重要病害，主要在南方老菜区露地和北方保护地内发生分布。通常病株零星，对生产造成轻度影响，严重时常造成幼苗成片死亡。

[症状] 此病全生育期都可发生，以幼苗期发

紫菜薹菌核病
Purple caitai Sclerotinia rot

病严重。病苗多呈水渍状腐烂，其上产生浓密絮状白霉，短期内引

致幼苗瘫倒在地，后期在病组织上形成鼠粪状黑色菌核。后期染病，常引致菜株主茎水渍状腐烂坏死，最后在病茎内形成菌核。

[病原] *Sclerotinia sclerotiorum* (Lib.) de Bary 属子囊菌核盘菌真菌。详见青花菜菌核病。

发病规律、防治方法详见青花菜菌核病。

紫菜薹菌核病症状

7. 乌塌菜病害 Diseases of wuta cai

乌塌菜病毒病
Wuta cai virus disease

病毒病为乌塌菜的主要病害，分布广泛，发生普遍，多在夏秋季发生。一般病株率10%～20%，轻度影响产量。重病年病株率可达40%左右，显著影响乌塌菜产量与品质。

[症状] 此病全生育期均可发生，以苗期和生长前期发病损失重。田间常表现两种类型症状，即花叶皱缩型和蚀纹坏死斑症状。前者表现不均匀花叶或斑驳，心叶和嫩叶畸形，叶脉略透明，叶肉严重皱缩，凹凸不平。严重时植株生长缓慢或停止生长，外部叶片黄化枯死。后者病株染病后

外部叶片上出现许多近圆形或不规则形白色至灰褐色坏死环斑，限制病毒向心叶发展蔓延。随病害发展，多个病斑连接成片，致叶片坏死枯焦。

[病原] TuMV即芜菁花叶病毒，部分地区还有TMV、CMV即烟草花叶病毒和黄瓜花叶病毒等混合侵染。详见青花菜病毒病。

发病规律、防治方法参见青花菜病毒病。

乌塌菜病毒病花叶病株

乌塌菜病毒病蚀纹斑坏死病株

乌塌菜黑腐病
Wuta cai black rot

黑腐病为乌塌菜的常见病，分布广泛，发生普遍，保护地、露地种植都可发病，以夏秋露地发生较重，一般病株率10%～30%，对生产造成轻度影响，严重地块病株率可达80%～100%，显著降低产品质量和产量。

[症状] 此病在各生育期都可发生。幼苗在出土前染病即造成缺苗。出土后染病子叶呈水渍状，根髓部变黑，幼苗枯死。成株染病，

乌塌菜黑腐病V字形病斑

多从叶缘开始发病，逐步向里扩展，形成V字形黄色至黄褐色坏死斑，边缘颜色较浅，病健交界不明显。有时病害沿叶脉向里发展，形成网状坏死斑或黄褐色大斑。叶片伤口较多时，常从伤口处染病，形成不规则黄褐色坏死斑，最后致叶片坏死。叶帮染病，沿维管束向上发展，致叶帮呈黄褐至棕褐色坏死干腐，最后脱落。

[病原] *Xanthomonas campestris* pv. *campestris* (Pammel) Dowson 属黄单胞杆菌甘蓝黑腐黄单胞菌黑腐致病变种细菌。详见青花菜黑腐病。

发病规律、防治方法参见青花菜黑腐病。

乌塌菜黑斑病
Wuta cai black spot

黑斑病是乌塌菜的重要病害，在局部地区分布。南方多在春末和秋季露地发生，北方常在冬春保护地内和夏秋露地发病，一般病株率10%～20%，轻度影响产量，严重时病株可达30%～50%，估计损失10%～30%。此病还为害青花菜、紫甘蓝、芥蓝等其他十字花科蔬菜，有时与普通黑斑病混合发生。

[症状] 此病多在苗期和成株期发生，初在叶面形成一水浸状褪绿小点，后转变成浅黄色至灰白色小圆斑，明显下陷，随后向外扩展，又形成环状略凹陷坏死斑，其外围常具有浅色晕环，条件适宜时病斑可继续向外扩展，多个病斑最后致叶片黄化坏死。普通黑斑病病斑轮纹细，略密，凹陷不明显，病斑中心颜色较深，边缘浅黄色晕环明显而较宽。

[病原] *Alternaria brassicicola* (Schweinitz) Wilts.属半知菌甘蓝链格孢真菌。病菌分生孢子梗单生或束生，暗褐色，上下色泽均匀，基部细胞膨大，个别有分枝，正直或有屈曲，有时具膝状节，2～6个分隔，长短差异极大，35～175μm×5～7.5μm。分生孢子多个链生，长卵形至倒棍棒状，浅褐色，具1～7个横隔膜，0～2个纵隔膜，喙细胞无或很短，大小为15～58μm×7～16μm（图2-14）。普通黑斑病病原*A.brassicae* (Berk.) Sacc.属半知菌芸薹链格孢真菌。分生孢子梗榄褐色，不分枝，具2～6个隔膜，顶端渐细，大小为25～82.5μm×3.6～5.2μm。分生孢子单生，灰褐色，喙状细胞较长，孢身5～13个横隔膜，0～3个纵隔膜，大小为45.5～102.5μm×9～16.5μm。喙细胞具0～5个横隔膜，大小为22.8～67.2μm×3.5～7.5μm（图2-15）。

[发病规律] 参见青花菜黑斑病。露地种植夏秋多雨，或保护地浇水后长时间闷棚，高温高湿利于此病的发生与发展。

防治方法参见青花菜黑斑病。

乌塌菜黑斑病 *A. brassicicola* 引起的病斑

乌塌菜黑斑病 *A.brassicae* 引起的病斑

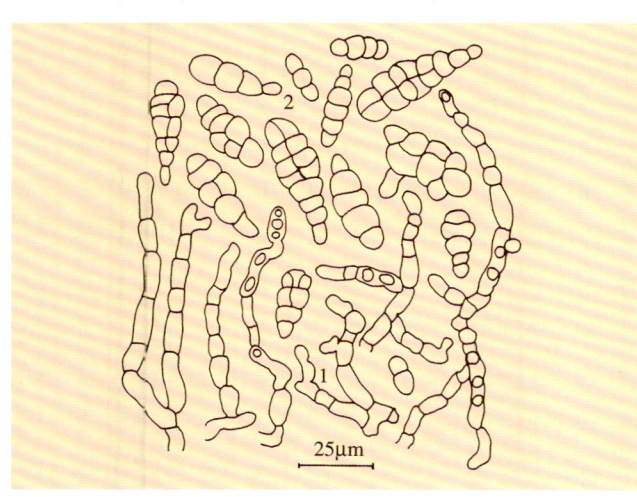

图 2-14 乌塌菜 *A. brassicicola* 黑斑病菌
1. 分生孢子梗 2. 分生孢子

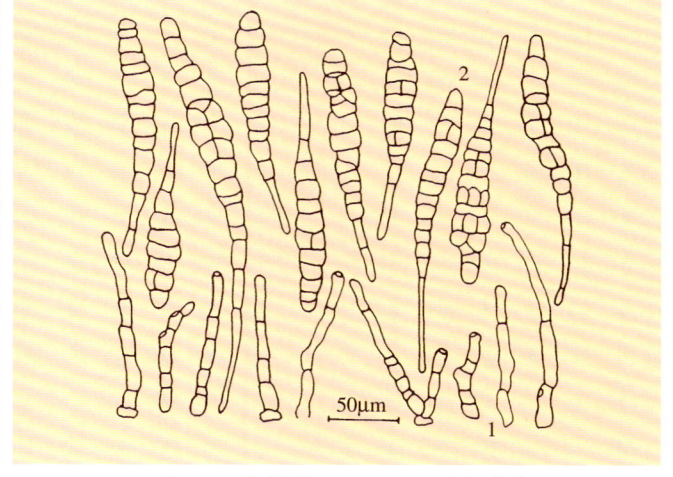

图 2-15 乌塌菜 *A.brassicae* 黑斑病菌
1. 分生孢子梗 2. 分生孢子

乌塌菜菌核病
Wuta cai Sclerotinia rot

乌塌菜菌核病病株

菌核病为乌塌菜的重要病害，在部分老菜区保护地内发生，南方露地亦可发病。通常病株零星，发病率5%～10%，重病地块或棚室，病株率可达30%以上，显著影响乌塌菜产量与质量。

[症状] 此病主要侵害植株下部叶柄和叶片。病部初期呈灰白色水渍状软腐，表面产生浓密絮状白霉，迅速向各方向扩展致多片叶倒折腐烂，在病部产生浓密白霉，最后在病部形成鼠粪状菌核。

[病原] *Sclerotinia sclerotiorum* (Lib.) de Bary 属子囊菌核盘菌真菌。详见青花菜菌核病。

发病规律、防治方法参见青花菜菌核病。

乌塌菜菌核病病苗

乌塌菜菌核病菌核和子囊盘

乌塌菜根腐病
Wuta cai Oospora root rot

根腐病为乌塌菜的一般性病害，分布较普遍，局部地区发生较重，保护地、露地种植均可受害。一般病株率10%左右，严重地块常成片死苗，病株率可达30%，在一定程度上影响乌塌菜生产。

[症状] 此病主要侵害根部和根茎部，发病初期在根和根茎表面形成水渍状浅褐色坏死斑，迅速扩展使表皮组织呈浅褐色水渍状坏死，极易与维管组织分离脱落。湿度大时病组织表面产生白色霉状物，即病菌分生孢子梗和分生孢子。随病情发展植株叶片由外向内褪绿变黄，后呈黄褐色萎蔫坏死，最后全株萎黄死亡。

[病原] *Oospora* sp.属半知菌卵形孢霉真菌。病菌分生孢子梗与菌丝区别很小，很少分枝。分

乌塌菜根腐病病苗

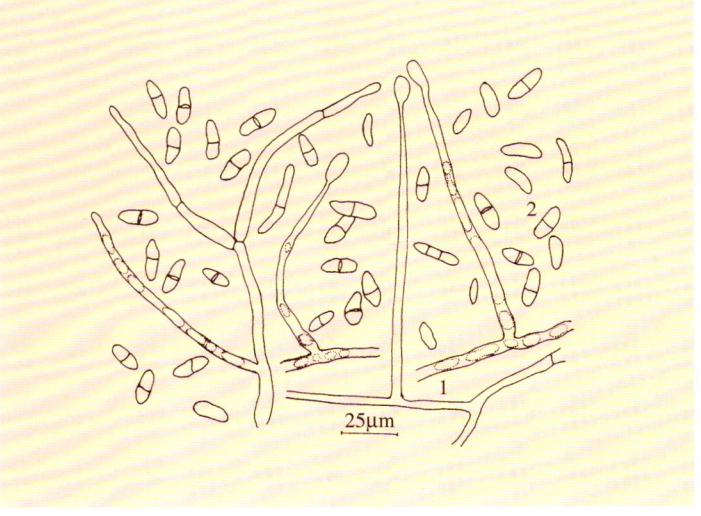

图2-16 乌塌菜根腐病菌
1.分生孢子梗　2.分生孢子

生孢子串生于顶端，无色，两端钝圆，具0～2个分隔，大小为 11.8～34.2μm × 3.3～7.5μm（图2-16）。

[**发病规律**] 病菌腐生性较强，以菌丝体在土中越冬，或以分生孢子附着在保护地内表面，以分生孢子借气流或雨水进行传播，多由伤口或生活力衰弱部位侵入，发病后病部产生大量分生孢子，通过浇水、施肥传播，引起再侵染，使病害扩展蔓延。病菌喜温暖潮湿，气温23～28℃、相对湿度85%以上适宜发病。因管理或害虫造成伤口较多，土壤含水量高等有利于发病。

[**防治方法**]

1. 精细整地，施用充分腐熟的有机底肥，适当增施磷肥和钾肥，选用壮苗移栽。

2. 采用高畦或小高垄种植，雨后及时排水，黏土地雨后或浇水后适当中耕。注意适时浇水和追肥，增强植株抗病力。抓好地下害虫防治，减少虫害和管理等造成根伤，减轻发病。

3. 发病初期及时清除病株及腐烂组织，保护地注意增加放风排湿，露地适当延缓浇水。

4. 发病前或发病初进行药剂防治，可选用45%特克多悬浮剂800倍液，或40%多硫悬浮剂400倍液，或98%恶霉灵可湿性粉剂2 500倍液，或65%多果定可湿性粉剂1 000倍液，或2%加收米水剂600倍液，或10%宝丽安可湿性粉剂800倍液，或50%多菌灵可湿性粉剂500倍液，或50%扑海因可湿性粉剂1 000倍液喷洒茎基部和叶柄，7～10天防治1次，共防治2～3次。

8. 瓢儿菜病害 Diseases of piaocai

瓢儿菜褐斑病
Piaocai Cercospora leafspot

褐斑病为瓢儿菜的主要病害，分布较广，发生较普遍，但仅少数地块或棚室发病较重，一般病株率30%左右，重时可达50%以上，明显影响瓢儿菜质量。

[**症状**] 本病主要为害叶片，严重时可侵染叶柄。叶片上病斑圆形至近圆形，初为水渍状黄褐色小斑，后发展成直径为2～6mm边缘红褐色中央灰白色坏死斑，后期在病斑中央产生灰黑色霉层，即病菌分生孢子梗和分生孢子。严重时叶片上病斑密布，相互连接致病叶早枯坏死。叶柄染病，病斑椭圆形至梭形，明显凹陷，中央灰白至灰褐色，边缘红褐至暗褐色，有时纵向开裂，终致叶柄腐烂、干缩。后期在病斑表面产生灰黑色霉层。

[**病原**] *Cercospora brassicicola* P. Hennings 属半知菌芸薹生尾孢霉真菌。详见樱桃萝卜褐斑病。

发病规律、防治方法参见樱桃萝卜褐斑病。

瓢儿菜褐斑病叶面病斑

瓢儿菜褐斑病叶背病斑

三、绿叶菜类蔬菜病害
Diseases of Greens

1. 结球莴苣（生菜）病害 Diseases of head garden lettuce

结球莴苣病毒病
Head garden lettuce virus disease

病毒病是结球莴苣的常发病，分布广泛。以露地种植为害重，发病率可达60%，甚至更高。保护地以夏秋较常见，一般发病率5%～15%，发病严重棚室病株率30%以上，对产量有明显影响。此病除为害结球莴苣外，还为害莴笋、菊苣、苦苣、豌豆和菠菜等蔬菜。

[症状] 此病全生育期均可发生，以前期发病对产量影响大。苗期发病，多在长出4片真叶后显症，在叶上出现浅绿或黄白色花叶或斑驳，叶片皱缩歪扭。有时还出现明脉，严重时出现不规则灰色至褐色坏死斑点。成株发病，植株明显矮化，叶片不规则扭卷，严重时细脉变褐，叶面出现许多褐色坏死斑点，植株似缺水状，结球松散或不结球。

[病原] Let-

tuce mosaic virus（LMV）和Cucumber mosaic virus（CMV）即莴苣花叶病毒和黄瓜花叶病毒侵染所致，部分由Dandelion yellow mosaic virus（DYMV）即蒲公英黄花叶病毒侵染。莴苣花叶病毒粒体线状，长约750nm，稀释限点10～100倍，体外保毒期2～3天，失毒温度55～60℃，可通过汁液接触摩擦或蚜虫传毒。黄瓜花叶病毒颗粒球状，直径

结球莴苣病毒病病苗

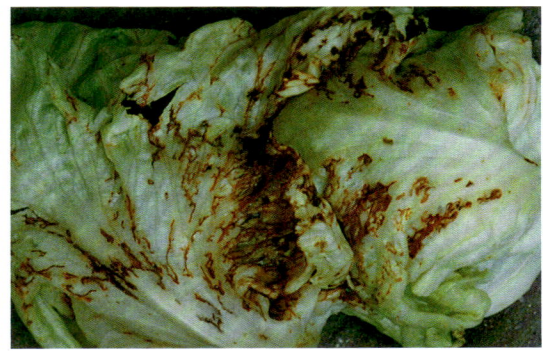
结球莴苣病毒病贮藏期病叶球

结球莴苣病毒病病株

遮阳网覆盖防病

28～30nm，稀释限点1 000～10 000倍，钝化温度60～70℃，10min，不耐干燥，体外存活期3～4天，蚜虫传毒。蒲公英黄花叶病毒粒体球形，直径30nm，稀释限点1 000～10 000倍，体外保毒期2天，失毒温度65～70℃，主要靠蚜虫和种子传毒。汁液接触传毒率较低。

[发病规律] 此病毒源主要来自于邻近田间带毒的莴笋、莴苣、菠菜等，种子也可直接带毒。种子带毒，苗期即可发病，田间主要通过蚜虫传播，汁液接触摩擦也可传染。桃蚜传毒率最高，萝卜蚜、瓜蚜、大戟长管蚜也可传毒。病害发生与发展和天气直接相关，高温干旱病害较重，一般平

均气温18℃以上和长时间缺水，病害发展迅速，病情也较重。

[防治方法]

1. 选用抗病耐热品种，一般散叶型品种较结球品种抗病。目前，皇帝、太湖366、红结球莴苣、甜脉菜、鸡冠结球莴苣等品种较抗病毒病。

2. 夏、秋季种植，采用覆盖遮阳网或棚膜上适当遮荫栽培技术。露地种植采用与甜玉米或菜豆4~6∶1间作，改善田间小气候，预防发病。注意适期播种，出苗后小水勤浇，勿过分蹲苗。

3. 及时防治蚜虫，减少传毒，控制病害发展。发病初期可喷施叶面肥，增强植株抗病性。也可用20%病毒A可湿性粉剂500倍液，或抗毒剂1号水剂300倍液喷雾。10天左右1次，根据病情连续喷施2～4次。

结球莴苣霜霉病
Head garden lettuce downy mildew

霜霉病是保护地结球莴苣的主要病害。多在春季和秋季发生，以春末和秋季发生最普遍，南方露地种植亦普遍发生，常造成一定程度危害，病害严重时损失可达20%～40%。此病除为害结球莴苣外，还为害普通莴笋、菊苣等。

[症状] 此病从幼苗到收获各阶段均可发生，以成株受害较重。主要为害叶片，由基部向上部叶发展。发病初期在叶面形成浅黄色近圆形至多角形病斑，空气潮湿时叶背产生霜状霉层，有时可蔓延到叶面。后期病斑连片枯死，呈黄褐色，严重时全部外叶枯黄死亡。

[病原] *Bremia lactucae* Regel属鞭毛菌莴苣盘梗霉真菌。病菌孢囊梗自气孔伸出，单生或2～6根束生，无色，个别有分隔，主干基部稍膨大，4～6次二权对称分枝，长度为215～478μm，主干和分枝呈锐角，孢囊梗顶端分枝扩展成小碟状，大小为4.5～12μm，边缘长出3～5根小梗，大小为2.5～5.0μm×0.75～1.75μm，每一小梗上着生一个孢子囊。孢子囊卵形至

结球莴苣霜霉病叶背症状

结球莴苣霜霉病中后期叶背症状

结球莴苣霜霉病中后期叶面症状

图 3-1 结球莴苣霜霉病菌
1. 孢囊梗 2. 孢子囊

椭圆形，无色，无乳状突起，大小为10.0～17.5μm×5.0～22.5μm（图3-1）。

[发病规律] 病菌以菌丝在种子或秋冬季结球莴苣、莴笋、菊苣上为害越冬，也可以卵孢子在病残体上越冬。在南方一些温暖地区无明显越冬现象。越冬病菌在翌春产生孢子囊，通过气流、浇水、农事及昆虫传播。田间孢子囊常间接萌发，产生游动孢子，部分直接萌发产生芽管，从寄主的表皮或气孔侵入。病菌孢子囊萌发适宜温度为6～10℃，适宜侵染温度为15～17℃。田间种植过密、定植后浇水过早和过大、田间积水、空气湿度高、夜间结露时间长或春末夏初或秋季连续阴雨，病害发生严重。

[防治方法]

1. 选用抗病良种，从外形上看，花叶和散叶型品种比较抗病。目前国内种植的蒙玛、皇帝、鸡冠结球莴苣、红结球莴苣、广东结球莴苣、太湖366等品种较抗病。

2. 收获后和种植前彻底清除病残落叶集中妥善处理，沤肥必须经过高温发酵灭菌。

3. 采用高畦、高垄或地膜覆盖栽培，适当稀植，浇小水，严禁大水漫灌，雨后及时排水，保护地雨天注意防漏，有条件的地区采用滴灌栽培技术可较好地控制病害。

4. 发病初期进行药剂防治，可选用69%安克·锰锌可湿性粉剂800～1 000倍液，或72%霜脲·锰锌可湿性粉剂，或50%溶菌灵可湿性粉剂600～800倍液，或66.8%霉多克可湿性粉剂800～1 000倍液喷雾，施药时应尽量把药液喷到基部叶背面。保护地内应优先选用粉尘剂或常温烟雾施药防治。发病初期或前期可选用5%百菌清粉尘剂15kg/hm²喷粉，或选用45%安全型百菌清烟雾剂7.5kg/hm²熏烟防治效果更理想。

结球莴苣软腐病
Head garden lettuce bacterial soft rot

软腐病为结球莴苣的常见病。分布较广，发生也较普遍，保护地、露地都有发生，以露地种植发病重，严重地块损失达50%以上。保护地仅零星发病，一般发病率3%～12%，严重时病株率可达30%左右。

[症状] 此病常在结球莴苣生长中后期或结球期开始发生，多从植株基部伤口处开始侵染，初呈浸润半透明状，以后病部扩大成不规则形，水渍状，充满浅灰褐色黏稠物，并释放出恶臭气味，随病情发展病害沿基部向上快速扩展，使菜球腐烂。有时病菌也从外叶叶缘和叶球的顶部开始侵染，引起腐烂。

[病原] *Erwinia carotovora* subsp. *carotovora*（Jones）Bergey et al. 属胡萝卜软腐欧氏杆菌胡萝卜软腐亚种细菌。病菌菌体杆状，两端钝圆，2～5根周生鞭毛，大小为0.5～0.7μm×1.0～2.0μm。兼性嫌气性，革兰氏染色阴性。肉汁胨琼脂平面上菌落圆形，凸起，灰白色，有光泽，表面光滑，不透明，边缘整齐，无芽孢，无荚膜。能在5%食盐溶液中生长。

[发病规律] 病菌主要在病株及土壤肥料中的病残体上越冬，或在其他蔬菜上继续为害过冬。通过浇水、施肥或昆虫传播，由植株的伤口、生理裂口侵入。病菌生长温度为4～39℃，最适温度为25～30℃。田间水肥管理不当、害虫数量多或因农事操作等造成的伤口多时发病严重。

[防治方法]

1. 尽早腾茬，及时翻耕整地，使前茬作物残体在种植前充分腐烂分解。重病地块实行高垄或高畦栽培。

2. 施用充分腐熟的农家肥。适期播种，使感病期避开高温和雨季。高温季节种植选用遮阳网或无纺布遮荫防雨。浇水后或降雨后注意随时排水，避免田间积水。发现病株及早清除。

结球莴苣软腐病中后期病株

结球莴苣软腐病后期病株

3. 发病初期选用47%加瑞农可湿性粉剂800倍液，或50%可杀得可湿性粉剂500倍液，或新植霉素、农用链霉素、硫酸链霉素5 000倍液喷雾，根据病情7～10天防治1次，视病情防治1～3次。

结球莴苣灰霉病
Head garden lettuce gray mold

灰霉病是保护地结球莴苣的主要病害，分布广泛，发生普遍。种植结球莴苣的地区都有发生。通常在冬季温室和春、秋各种保护地生产发生普遍，发病率一般20%～40%，重病地块可达80%以上，通常损失在25%以下，个别棚室发病率很高，造成大批烂球，损失高达50%以上。南方菜区，此病在露地梅雨季后发生普遍，损失也较重。病菌的寄主范围很广，据调查可为害十字花科、茄科、葫芦科、菊科、伞形花科、豆科、藜科等数十种蔬菜。

[症状] 此病多从根茎或下部叶片开始发生，由下向上发展，引起叶片萎蔫或植株死亡，最后腐烂。根茎受害初期呈水渍状，迅速向各个方向发展使根茎腐烂，病部产生灰色霉层。空气湿度高时，病菌还从叶缘或积水的叶面开始侵染，形成圆形至椭圆形斑，叶缘病斑呈弧形，初为水渍状，逐渐扩大呈黄褐色，有明显轮纹，上生灰霉。

[病原] *Botrytis cinerea* Pers.属半知菌灰葡萄孢霉真菌。病菌分生孢子梗单生或丛生，浅褐色，有隔膜，基部略膨大，顶端具1～2次分枝，分枝顶端产生小柄，其上着生大量分生孢子，大小为1 200～2 800μm × 10～19.3μm。分生孢子圆形至椭圆形，单细胞，近无色，大小为6.3～11.3μm × 7.5～17.5μm，平均9.6～15.2μm。

[发病规律] 病菌以菌核或分生孢子在病残体或土壤表层内越冬。主要通过气流传播，也可通过未腐熟的堆肥或通过浇水扩散。病菌生长适宜温度为2～31℃，最适温度为23℃。保护地气温20℃左右，连续相对湿度达90%以上时容易发病。植株叶面有水滴、管理造成伤口、生长衰弱容易染病，特别是春末夏初，植株受较高温影响或早春受低温侵袭后，植株生长衰弱，相对湿度达94%以上，发病普遍而严重。

[防治方法]

1. 收获后彻底清除病残落叶妥善堆沤处理。在种植或定苗前用65%甲霉灵可湿性粉剂500倍液，或40%施加乐悬浮剂800倍液，或45%特克多悬乳剂1 000倍液，或50%溶菌灵可湿性粉剂400倍液均匀喷洒棚室地面、墙壁、棚膜等，进行表面灭菌。

2. 采用小高畦、地膜覆盖和滴灌栽培技术，发病期增加通风，尽量降低空气湿度，提

结球莴苣灰霉病叶面病斑

结球莴苣灰霉病病苗

结球莴苣灰霉病干燥状态叶缘 V 字形小斑

结球莴苣灰霉病初期病株

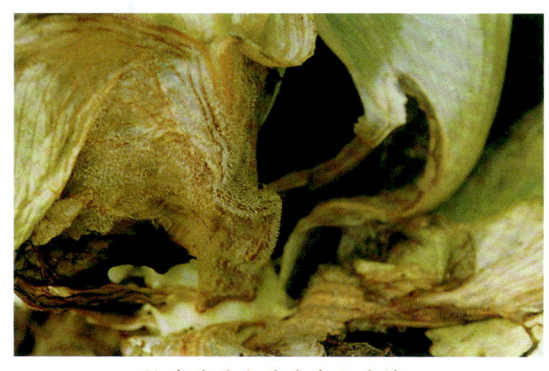

结球莴苣灰霉病中期病株

结球莴苣灰霉病 V 字形病斑

高管理水平。发现病株、病叶，及时小心地清除，放入塑料袋内带到棚室外妥善处理。

3. 发病初期进行药剂防治，可选用65%甲霉灵可湿性粉剂600倍液，或40%施加乐悬浮剂800～1 000倍液，或45%特克多悬乳剂800倍液，

或50%敌菌灵可湿性粉剂500倍液，或50%溶菌灵可湿性粉剂800倍液喷雾。植株茂密时选用防治灰霉病粉尘剂喷粉防治或采用常温烟雾施药防治，效果较好。喷药后注意通风降湿并适当控制浇水。

结球莴苣灰霉病顶腐病株

结球莴苣灰霉病叶球腐烂病株

结球莴苣菌核病
Head garden lettuce Sclerotinia rot

菌核病亦是保护地结球莴苣十分重要的病害，老菜区发生普遍，有进一步发展的趋势。据京郊调查，该病为冬、春季结球莴苣损失最为严重的病害，全生育期均可发生，以包心后发病最重。一般发病率10%～30%，严重棚室发病率可达80%以上，直接引起植株腐烂或坏死，对产量影响极大。南方菜区露地种植亦零星发病，在一定程度上影响生产。此病还为害数十种其他蔬菜。

[症状] 本病主要为害茎基部，最初病部为黄褐色水渍状，逐渐扩展至整个茎部发病，使其腐烂或沿叶帮向上发展引起烂帮和烂叶，最后植株萎蔫死亡。保护地内湿度偏高时病部产生浓密絮状菌丝团，后期转变成黑色鼠粪状菌核。

[病原] *Sclerotinia sclerotiorum*（Lib.）de Bary 属子囊菌核盘菌真菌。病菌菌核初为白色，后表面变黑，由菌丝扭集形成，一般较大，1.3～14mm × 1.2～5.5mm。菌核在适宜条件下萌发产生浅褐色子囊盘。子囊盘杯状或盘状，成熟后变成暗红色，盘中产生许多子囊和侧丝，子囊内

的子囊孢子呈烟状弹放。子囊无色，棍棒状，内生8个无色子囊孢子。子囊孢子椭圆形，单细胞，大小为 10～15μm × 5～10μm（图3-2）。

[发病规律] 病菌以菌核和病残体遗留在土壤中越冬。北方地区3～4月气温回升到5～30℃，只要土壤湿润，菌核就萌发产生子囊盘和子囊孢子。子囊盘开放后子囊孢子萌发，先侵害植株根茎部或基部叶片，受害病叶与邻近健株接触即可传病。菌核本身也可以产生菌丝直接侵入茎基部或近地面的叶片。发病中期，病部长出白色絮状菌丝形成新的菌核萌发后进行再次侵染，发病后期产生的菌核则随病残体落入土中越冬。土壤中有效菌核数量对病害发生程度影响很大，新建保护地或轮作棚室土中残存菌核少，发病轻，反之发病重。菌核形成和萌发的适宜温度分别为20℃和10℃左

结球莴苣菌核病病苗

结球莴苣菌核病病幼株

右，并要求土壤湿润。空气湿度达85%以上病害发生重，在65%以下则病害轻或不发病。

[防治方法]

1. 收获后彻底清除病残落叶，进行50～60cm深翻，将菌核埋入土壤深层，使其不能萌发或子囊盘不能出土。还可覆盖阻隔紫外线透过的地膜，使菌核不能萌发，或阻隔子囊孢子飘逸飞散，减少初侵染源。

2. 在春茬结束将病残落叶清理干净后，撒施生石灰3～4.5t/hm²和碎稻草或小麦秸秆4～6t/hm²，然后翻地、做埂、浇水，最后盖严地膜，关闭棚室闷7～15天，使土壤温度长时间达40℃以上，杀死有害病菌。

3. 发病初期先清除病株病叶，再选用65%甲霉灵可湿性粉剂600倍液，或40%菌核净可湿性粉剂1 200倍液，或40%菌核利可湿性粉剂500倍液，或45%特克多悬浮剂800倍液喷雾，重点喷洒茎基和基部叶片。有条件的地区最好选用粉尘剂进行防治。

结球莴苣菌核病成株茎基部症状

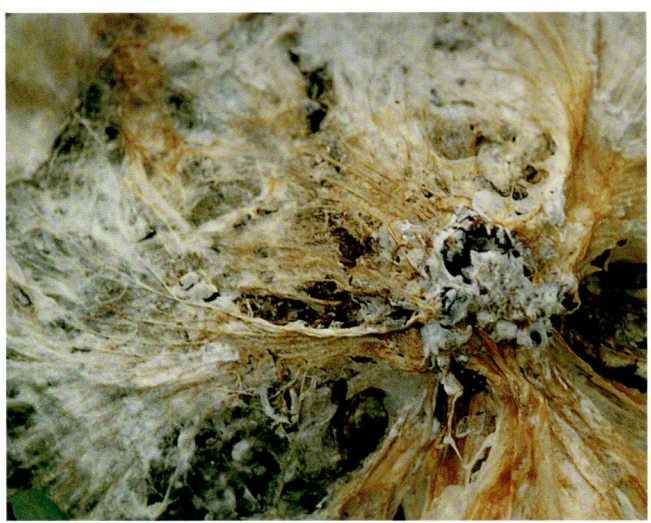

结球莴苣菌核病后期病株

结球莴苣菌核病田间受害状

结球莴苣菌核病顶腐初期症状

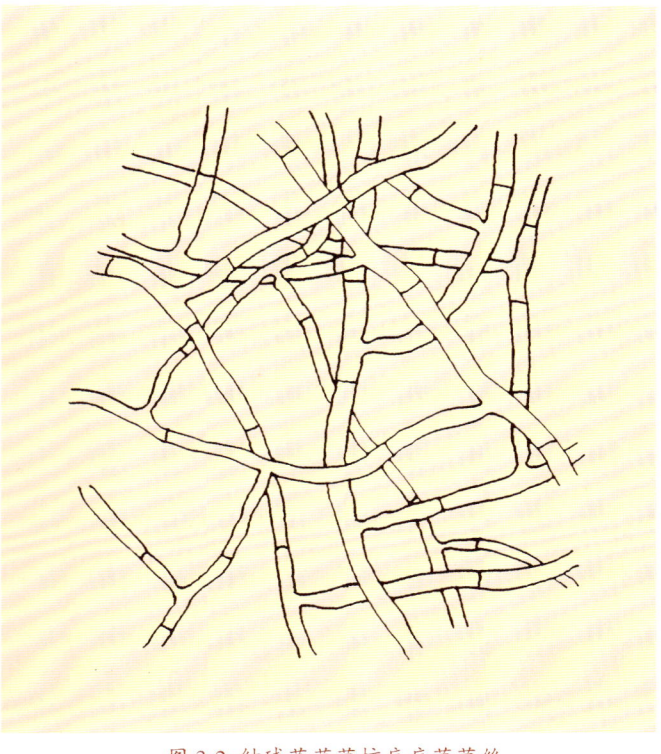

图3-2 结球莴苣菌核病病菌菌丝

结球莴苣菌核病顶腐中期症状

结球莴苣菌核病顶腐后期症状

结球莴苣菌核病叶缘症状

结球莴苣菌核病菌核（上）和萌发的子囊盘（下）

结球莴苣褐腐病
Head garden lettuce brown rot

褐腐病为结球莴苣的主要病害，分布广泛，发生普遍，保护地、露地都发病。以露地种植发病较重，损失明显，一般发病率8%～15%，在一定程度上影响结球莴苣生产，重病地块病株率可达40%～60%，甚至更高，常造成菜球成片坏死腐烂。保护地一般病情较轻，发病率常低于10%，个别棚室病株率可达30%。此病还可为害多种其他蔬菜，在田间常与软腐病混合发生。

[症状] 该病多在结球中后期发生，生长前期偶有发病，对生产影响较小。病菌多从植株根茎或基部叶柄开始侵染，初呈黄褐色水渍状斑，逐渐由根茎或叶柄向上发展蔓延，或由外叶向叶球心叶扩展坏死，最后使全株呈黄褐至黑褐色腐烂。空气潮湿时表现为软腐，根茎和叶柄基部产生较稀疏灰白至灰褐色蛛丝状菌丝。空气干燥时，病株呈浅褐色枯死萎缩。

[病原] *Rhizoctonia solani* Kühn 属半知菌立枯丝核菌真菌。病菌初生菌丝无色，后呈黄褐色，直径8～12μm，多呈直角分枝，在其附近具一隔膜，分枝基部变细。由菌丝集结形成浅褐至深褐色不定形菌核。有性阶段为 *Pellicularia filamentosa* (Pat.) Rogers 属担子菌丝核薄膜革菌真菌。病菌主要以菌丝体传播繁殖，形成圆形担孢子，大小为6～9μm×5～7μm（图3-3）。

[发病规律] 病菌以菌丝体或菌核在土壤中和病残体上越冬，也可在土壤中营腐生生活。条件适宜时病菌直接侵染寄主，主要通过浇水、施肥和田间管理传播。病菌对环境的适应性很强，13～42℃均可生长发育，以24℃左右最适。病菌对湿度要求不严格，但温暖潮湿有利于发病，尤其是高温多雨，或浇水后长时间闷棚，植株生长不良，抗病力显著下降后，有利于病害发生与发展，从而造成大批植株腐烂。

结球莴苣褐腐病叶球褐腐症状

结球莴苣褐腐病子苗受害状

结球莴苣褐腐病茎基褐腐症状

结球莴苣褐腐病病苗

结球莴苣褐腐病田间受害状

结球莴苣褐腐病叶球中期症状

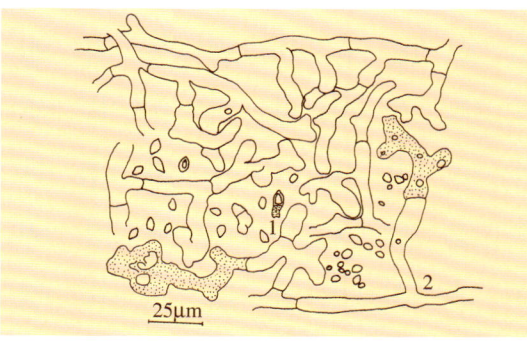
图3-3 结球莴苣褐腐病菌
1. 担子和担孢子 2. 菌丝

[防治方法]

1. 进行种子处理，用种子重量 0.4% 的 40% 拌种双可湿性粉剂，或 50% 多菌灵可湿性粉剂，或 50% 利克菌可湿性粉剂，或 75% 卫福可湿性粉剂，或 50% 扑海因可湿性粉剂拌种。

2. 施用充分腐熟的堆沤肥，适期播种，使采收高峰期避开高温多雨季节。夏秋季种植，采用遮阳网或无纺布遮荫降温，并注意适时浇水，改善田间生态环境，增强植株生长势，提高抗病能力。后期适时采收，及时清除烂菜病叶。

结球莴苣褐斑病
Head garden lettuce Cercospora leafspot

褐斑病为结球莴苣的普通病害，分布较广，多在秋季露地发生，春季和保护地也偶有发病。一般病株率 10% 左右，对生产无明显影响，重病地块发病率可达 30% 左右，在一定程度上影响结球莴苣的产量与质量。有时，此病与黑斑病混合发生而加重为害。

[症状] 此病在各生育期都可发生，主要侵害叶片。初在叶片上出现浅黄色水渍状小点，逐渐转变成褐色近圆形至椭圆形坏死斑，3～14mm，早期中心染病处常变成 1～2mm 灰白色小斑。空气潮湿时病斑正反表面产生稀疏灰褐色霉层，即病菌分生孢子梗和分生孢子。严重时叶片上多个病斑扩大汇合，形成大型坏死斑，致叶片早衰枯死。

[病原] *Cercospora longissima* Sacc. 属半知菌莴苣褐斑尾孢霉真菌。病菌子实体散生于叶两面，子座不发达，由几个褐色细胞组成。分生孢子梗多散生，少数几根至十多根束生，榄褐色，顶端色较浅，也较狭，不分枝，近截形，具 0～4 个膝状节，孢痕明显，具 1～6 个隔膜，大小为 23.8～88.8μm × 2.8～3.8μm。分生孢子针状或倒棍棒形，无色，直或弯，基部平截，顶端渐细，具 3～19 个隔膜，大小为 32.5～107.5μm × 2.5～3.2μm（图 3-4）。

[发病规律] 病菌以菌丝体和分生孢子在病残体上越冬。条件适宜时以分生孢子进行初次侵染，借气流和雨水溅射传播蔓延。温暖潮湿适宜发病，秋季多雨、多露或多雾均有利于发病。植株生长衰弱、缺肥或偏施氮肥、生长过旺等，病害发生较重。

[防治方法]

1. 收获后彻底清除病残组织。重病地块实行与非菊科蔬菜轮作，避免偏施过多的氮肥。

3. 发病初期进行药剂防治，可选用 70% 甲基托布津可湿性粉剂 600 倍液，或 45% 特克多悬浮剂 800 倍液，或 80% 大生可湿性粉剂 600 倍液，或 30% 倍生乳油 1 200 倍液，或 2% 加收米水剂 600 倍液，或 40% 菌核利可湿性粉剂 500 倍液，或 10% 宝丽安可湿性粉剂 500 倍液喷雾，重点喷洒植株基部，7～15 天防治 1 次，连续防治 2～3 次。

2. 发病初期选用 50% 敌菌灵可湿性粉剂 400～500 倍液，或 70% 甲基托布津可湿性粉剂 600 倍液，或 50% 农利灵可湿性粉剂 1 000 倍液，或 6% 乐必耕可湿性粉剂 1 000 倍液，或 40% 多硫悬浮剂 500 倍液，或 80% 大生可湿性粉剂 800 倍液，或 70% 代森锰锌可湿性粉剂 600 倍液喷雾。

3. 保护地选用 5% 百菌清粉尘剂，或 5% 加瑞农粉尘剂，或 6.5% 甲霉灵粉尘剂 15kg/hm² 喷粉，或采用常温烟雾施药防治。

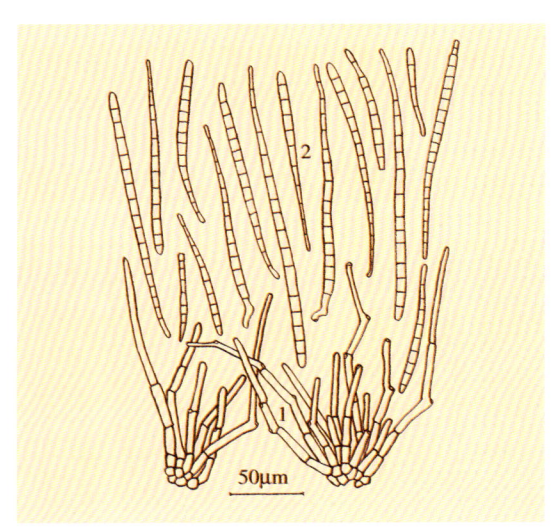

图 3-4 结球莴苣褐斑病
1. 分生孢子梗 2. 分生孢子

结球莴苣褐斑病病叶

结球莴苣褐斑病病斑放大

结球莴苣黑斑病
Head garden lettuce Alternaria leafspot

黑斑病是结球莴苣的普通病害，我国南、北方部分地区分布，多在夏、秋季露地发生，病株率多在20%以下，仅少数外叶染病，对产量和品质无明显影响，严重时病株率达30%～50%，部分外叶因病早枯死亡，在一定程度上影响生产。此病还可为害其他蔬菜。

[症状] 此病在结球莴苣各生育期都发生，外叶最先发病，由下向上发展。初期在叶片上出现一黄褐色水渍状小点，周缘褪绿坏死，逐渐发展成近圆形至不规则形黄褐色坏死斑，大小为3～

结球莴苣黑斑病幼苗病叶

结球莴苣黑斑病幼株病叶

15mm，具有同心轮纹，外围常具有褪绿晕环。空气潮湿，病斑正背面均产生灰黑色霉层，即病菌分生孢子梗和分生孢子。病害严重时，叶片上布满病斑，相互连接致叶片黄化枯死。

[病原] *Alternaria tenuis* Nees 属半知菌细交链孢真菌。病菌分生孢子梗直立，淡榄褐色，无分枝，有屈曲，顶端膨大，具明显孢痕，大小为15～65μm×4～6.5μm。分生孢子链生，浅榄褐色，表面光滑，有喙或无喙，形状变化很大，长椭圆形至倒棍棒状，有横隔膜0～10个，纵隔膜0～3个，大小为25～75μm×8～15μm，喙细胞大小为3～36μm×2.5～7μm。

[发病规律] 病菌以菌丝体在病残体上越冬，南方温暖地区可继续为害过冬。翌年条件适宜，病菌产生分生孢子借风雨传播引起初侵染，病斑上形成分生孢子，不断进行再侵染。高温高湿利于发病。结球莴苣生长季多雨，植株生长衰弱、茂密、缺肥等病害发生较重。

[防治方法]

1. 收获后及时清除遗落在田间土表的病残组织，集中妥善处理，减少越冬菌源。

2. 增施有机底肥，氮、磷、钾合理配合施用，适当密植，注意雨后田间排水和保护地浇水后通风排湿。中后期适时追肥，防止植株脱肥早衰。

3. 发病初期进行药剂防治，可选用50%扑海因可湿性粉剂1 000倍液，或65%多果定可湿性粉剂1 000倍液，或50%农利灵可湿性粉剂1 200倍液，或50%敌菌灵可湿性粉剂500倍液，或2%农抗120水剂200倍液，或50%克菌丹可湿性粉剂400倍液，或80%大生可湿性粉剂800倍液，或70%代森锰锌可湿性粉剂600倍液，结合防治细菌性病害，还可选用47%加瑞农可湿性粉剂600～800倍液喷雾，10～15天防治1次，根据病情防治1～3次。

结球莴苣黑斑病成株病叶

结球莴苣叶焦病
Head garden lettuce bacterial leaf rot

叶焦病为结球莴苣的重要病害，分布较广，发生较普遍，一般病株率30%～60%，重病地块可达80%以上，显著影响结球莴苣生产。此病还可侵害多种其他蔬菜。

[症状] 病害多从外侧叶片或心叶边缘开始发生，沿叶缘向叶柄方向黄化，叶边缘产生褐色坏死斑块，随病害发展病叶边缘枯焦，叶色变淡，最

后全部萎蔫枯死。

[病原] *Pseudomonas cichorii*（Swingle）Stapp.属荧光假单胞杆菌菊苣叶斑假单胞菌细菌。病菌菌体杆状，具1～4根极生鞭毛，大小为0.8μm×1.6～2.5μm，革兰氏染色阴性。在KB平板培养基上27℃培养3～7天菌落白色，近圆形或略不规则形，中央稍凸起呈污白色，边缘锯齿毛状，菌落大小为4～8mm，有黄绿色荧光。

[发病规律] 病菌在叶片失水较多的情况下从叶缘侵染，引起寄主叶片组织病变坏死，逐步发展蔓延。病菌可随种子或随病残体越冬。生长温度为4～41℃，适宜温度为28～30℃。在田间温度较高湿度很低时，叶片严重失水，或由于土壤干燥、地温低、根系生长

弱，或土壤盐分浓度高等多种因素影响结球莴苣根系吸水，亦可产生上述叶焦症状。通常，田间高温低湿容易诱发此病。

[防治方法]

1. 保持土壤湿润和适宜含水量，防止田间温度过高或过低，维持植株正常水分代谢。

2. 科学管理，保持田间适宜温湿度，保护地室温较高时防止猛放大风，注意维持根系正常功能。

3. 提倡使用酵素菌肥，改善土壤理化性状。避免过量浇水、施肥，维持土壤适宜的含水量和适宜盐溶液浓度。

4. 必要时可喷施叶面肥。有病菌侵染可喷施加瑞农等防治细菌性病害的药液。

结球莴苣叶焦病病株

结球莴苣根结线虫病
Head garden lettuce root-knot nematode

根结线虫病为结球莴苣的重要病害，在部分地区发生分布。保护地、露地都可发病，以老菜区保护地内发生严重，病株率常达100%，明显影响结球莴苣的产量与质量。

[症状] 此病发生轻时症状不明显，仅在中午天热时表现叶片萎蔫。发病较重时，幼苗或菜棵矮小，生长衰弱，不包心或包心松散，有的枯死，其根部可见幼根上产生许多葫芦状至链珠状乳黄色根瘤，后期根瘤颜色变深腐烂。

[病原] *Meloidogyne incognita* Chitwood 属南方根结线虫。病原线虫雌雄异形，幼虫细长蠕虫状。雄成虫线状，尾端稍圆，无色透明，大小为1.0～1.5mm×0.03～0.04mm。雌成虫梨形，每头雌线虫可产卵300～800粒，埋生于寄主组织内，大小为0.44～1.59mm×0.26～0.81mm。

[发病规律] 南方根结线虫以二龄幼虫或卵在土壤中越冬。越冬卵孵化后从嫩根侵入，刺激根细胞增生，形成瘤状根结。幼虫在根结内发育至四龄进行交尾产卵。卵孵化后，幼

虫到二龄时离开卵壳脱离寄主进入土中进行再侵入或越冬。根结线虫多分布在表土20cm的土层内，主要在3～10cm土层内活动。通过病土、病苗和浇水传播。中性砂壤、结构疏松的土壤发病严重，连作时间长受害严重。一般南方根结线虫在北方地区露地不能越冬，因而保护地受害较重。

[防治方法]

1. 棚内土壤高温消毒。在前茬拉秧后仔细清除植株残根，深翻土壤，在盛夏挖沟起垄，在沟内灌水，然后盖严地膜再密闭棚室10～15天。有条件的可分别均匀施入4.5～7.5t/hm²碎稻草和生石灰，在灌水盖膜前均匀翻入土壤，消毒效果更理想。

结球莴苣根结线虫病病苗

结球莴苣根结线虫病染病成株

结球莴苣根结线虫病病幼株

结球莴苣根结线虫病田间幼株群体症状

2. 药剂土壤处理。播种前15～20天选用98%～100%必速灭微粒剂75～105 kg/ hm²沟施于20cm土层内,施药后浇水封闭或覆盖塑料薄膜,过5～7天后松土散气,然后再播种。还可选用3%米乐尔颗粒剂15～22.5kg/ hm²均匀施于苗床土内和拌少量细土均匀施于定植沟穴内。苗床和定植穴也可用1.8%虫螨克乳油1 500倍液浇灌防治,浇施药液2t / hm²。

3. 收获后彻底清除病根,深翻土壤,长时间灌水。北方可进行表土层换土,经严冬可冻死大量虫卵。

4. 实行与葱、蒜、辣椒等抗耐病蔬菜轮作,降低土壤中线虫数量。空茬期亦可种植快熟感病蔬菜诱集,提早连根将线虫带走。

结球莴苣顶腐病
Head garden lettuce tip-burn

顶腐病为结球莴苣的重要病害,分布较广,发生也较普遍,露地、保护地种植均有发生。病情随年度间、地区间、不同管理水平地块间差异很大。一般地块发病很轻,生长期常不表现明显症状。少数地块零星发病,收获前不直接影响产量,多降低产品品质,使部分菜球失去食用价值。

[症状] 此病多在结球莴苣结球期或采收后显症。在田间表现外层球叶叶缘褪绿坏死,病部叶肉组织失水,呈灰白至灰褐色薄纸状,略向外卷,逐渐发展,坏死斑扩大,同时多层球叶出现类似坏死症状,最后菜球萎蔫,坏死干缩,失去价值。轻病株在采收时外部球叶基本正常,剖开菜球,内部数片球叶表现叶缘呈不规则坏死,干缩呈纸状。有时因软腐或其他病菌感染而腐烂。

[病因] 此病为生理病害。主要由于生长期高温致有效钙供应不足,或水肥供需失衡造成生理缺钙所致。详见紫甘蓝烧心病。

防治方法参见紫甘蓝烧心病。

结球莴苣顶腐病普通病株

结球莴苣顶腐病无土栽培病株

结球莴苣顶腐病病种株

结球莴苣寒害受害株

结球莴苣寒害
Head garden lettuce chilly injury

寒害为结球莴苣一般非侵染性伤害,各地都时有发生,以早春保护地种植较常见。损失大小因受害轻重而异。

[症状] 此病多在叶尖和叶缘表现受害。受害部位初为略呈水渍状不规则灰绿至暗绿色斑,以后叶肉细胞坏死干缩成浅黄褐色不定形干斑。

[病因] 寒害主要由于棚室内管理温度较高,开棚后寒风突然侵入,使部分叶肉组织受害致死。参见樱桃番茄寒害与冻害。

防治方法参见樱桃番茄寒害与冻害。

结球莴苣高温热害
Head garden lettuce high temperature injury

高温热害为结球莴苣的重要生理病害，夏秋种植经常发生。轻时对生产无明显影响，严重时造成毁灭性损失。

[症状] 田间多表现大面积植株同时受害，普遍表现叶色淡黄、结球松散或不结球，以后随植株生长逐渐早衰死亡。

[病因] 结球莴苣喜温暖和弱光照，夏秋种植气温高、光照强，显著降低了结球莴苣的生长势，使其不能正常生长发育，最终早衰死亡。

[防治方法]

1. 选择较抗旱耐热品种，或避免在高温强光照季节种植，增施充分腐熟的有机底肥，增强抗逆能力。

2. 阳光照射太强，采用遮阳网适当遮阳或按一定密度间作甜玉米或其他高秆作物，改善田间小气候条件。

3. 喷施增进叶片功能的叶面肥或氮、磷、钾复合肥，并注意适时浇水。

结球莴苣高温热害田间受害状

结球莴苣2,4-滴丁酯药害
Head garden lettuce 2,4-D butylate injury

2,4-滴丁酯药害为生理伤害，在多数粮菜混作区时有发生。轻时对生产无明显影响，重时可造成显著经济损失。

[症状] 结球莴苣对2,4-滴丁酯较敏感，各生育期都可受害，以幼苗期受害损失严重。幼苗受害，叶片增厚、变窄、僵直或扭曲，严重时停止生长。成株期受害，叶片增厚、变窄、扭曲，叶柄变粗、僵硬，不包心，或无心叶，或心叶簇生，整株畸形。

病因、防治方法参见球茎甘蓝2,4-滴丁酯药害。

结球莴苣2,4-滴丁酯药害幼苗受害状

结球莴苣2,4-滴丁酯药害结球前期受害状

肥害为结球莴苣非侵染性伤害。施肥不当时有发生，重时明显影响生产。

[症状] 肥害症状表现因造成伤害方式不同表现出不同差异，肥料气体直接熏蒸叶片，受害部位初期出现水渍状不规则墨绿色斑块，失水后呈灰白色坏死，空气干燥，受害叶片卷缩干枯。根系因肥料烧伤，植株地上部表现出缺水状，外叶萎蔫下垂，以后坏死。

[病因] 肥害多因施用氮肥（碳酸氢铵）不当，或施肥后没及时覆土，或施肥量较大，或施

结球莴苣肥害
Head garden lettuce fertilizer injury

肥后未及时浇水，氨气散发使菜叶中毒坏死。此外，肥料未充分腐熟而灼伤根系也能致肥害。

[防治方法] 正确施肥，掌握适宜的施肥量，避免裸露撒施和高温炎热时施肥，不使用未充分腐熟的肥料，注意施肥后及时浇水。及时发现，加强管理，减轻受害。

结球莴苣肥害受害株

2. 长叶莴苣（油麦菜）病害 Diseases of longleaf garden lettuce

长叶莴苣病毒病
Longleaf garden lettuce virus disease

病毒病为长叶莴苣的重要病害，分布广泛，发生普遍，种植地区都有发病。一般病株零星，对生产无明显影响，重时病株率可达20%，明显影响长叶莴苣的产量和品质。

[症状] 全生育期都可发病，以苗期发病对生产影响大。病苗真叶初出现淡绿至黄白色不规则斑驳，叶缘不整齐，以后明脉并逐渐表现花叶或黄绿相间斑驳或出现不规则褐色坏死斑点。成株染病多

长叶莴苣病毒病皱叶病株

表现皱缩花叶，有的细脉变褐，叶缘下卷。有时叶脉变褐或产生褐色坏死斑，病株明显矮化。

[病原] LMV、DYMV、CMV 即莴苣花叶病毒、蒲公英黄花叶病毒和黄瓜花叶病毒。详见蒲公英病毒病。

发病规律、防治方法参见结球莴苣病毒病。

长叶莴苣病毒病花叶病株

长叶莴苣菌核病
Longleaf garden lettuce Sclerotinia rot

菌核病为长叶莴苣的重要病害，分布较广，主要在保护地内发生，南方露地亦可发病，通常病株率10%左右，轻度影响生产。严重地块或棚室，病株率可达50%以上，甚至造成植株成片死亡，显著影响产量和质量。

[症状] 此病可为害寄主所有地上部位，全生育期都发病，病株多呈水渍状软腐，在病部产生浓密白色霉层，最后形成黑色鼠粪状菌核。此病一旦发生，往

长叶莴苣菌核病初期病株

往发展迅速，很短时间内即造成植株或幼苗成片腐烂瘫倒。

[病原] *Sclerotinia sclerotiorum* （Lib.）de Bary 属子囊菌核盘菌真菌。详见结球莴苣菌核病。

发病规律、防治方法参见结球莴苣菌核病。

长叶莴苣菌核病中期病株

长叶莴苣菌核病病苗　　　　　长叶莴苣菌核病后期病株　　　　　长叶莴苣菌核病田间发病状

长叶莴苣霜霉病叶背症状

长叶莴苣霜霉病
Longleaf garden lettuce downy mildew

霜霉病为长叶莴苣的主要病害，分布广泛，发生普遍，保护地、露地都经常发病。一般病株率30%～50%，明显影响产品质量，重时病株率达80%～100%，多数叶片因病坏死，显著影响长叶莴苣生产。

[症状] 此病全生育期都可发生，以成株期受害重，主要为害叶片，由植株外叶向心叶蔓延。初在叶片上产生淡黄色近圆形至多角形病斑，以后在叶背病斑上长出霜状白霉，即病菌孢囊梗和孢子囊。条件适宜时病菌可蔓延到叶片正面，后期病斑枯死变褐并连接成大片，短期内致全叶枯死。

[病原] *Bremia lactucae* Regel 属鞭毛菌莴苣盘梗霉真菌。详见结球莴苣霜霉病。

发病规律、防治方法参见结球莴苣霜霉病。

长叶莴苣霜霉病田间发病状

长叶莴苣灰霉病
Longleaf garden lettuce gray mold

灰霉病为长叶莴苣的重要病害。主要在保护地内发生，露地种植亦可发病，通常发病率5%～10%，轻度影响产品质量，严重时病株率常达30%以上，显著影响长叶莴苣正常生产。

[症状] 此病多从叶尖或幼株根茎基部侵染。叶片染病，在叶尖或叶缘形成V字形黄褐色坏死斑，略具轮纹，后期在病部产生灰褐色霉状物，即病菌分生孢子梗和分生孢子。幼株根茎基部染病，多造成病部呈水渍状坏死变褐，最后腐烂，在病部产生灰色霉层。

[病原] *Botrytis cinerea* Pers.属半知菌灰葡萄孢真菌。详见结球

长叶莴苣灰霉病病叶

莴苣灰霉病。

发病规律、防治方法参见结球莴苣灰霉病。

长叶莴苣褐斑病
Longleaf garden lettuce Cercospora leafspot

褐斑病为长叶莴苣的主要病害，分布广泛，发生较普遍，保护地、露地都可发病。一般病株率10%～20%，在一定程度上影响生产。重病地块或棚室病株率达50%以上，显著影响产量和品质。

[症状] 此病主要侵害叶片，初生红褐色小点，以后发展成近圆形至不规则形病斑，浅黄褐至浅红褐色，略具同心轮纹，中心灰白色，随病害发展病斑破裂穿孔。空气潮湿，病斑上产生灰褐色较稀疏绒霉，即病菌分生孢子梗和分生孢子。病害严重时叶片上病斑密布，相互连接成片，短期内致叶片黄化坏死。

[病原] *Cercospora longissima* Sacc.属半知菌莴苣褐斑尾孢霉真

长叶莴苣褐斑病后期病斑

菌。详见结球莴苣褐斑病。

发病规律、防治方法参见结球莴苣褐斑病。

长叶莴苣细菌性叶斑病
Longleaf garden lettuce bacterial leafspot

细菌性叶斑病为长叶莴苣的重要病害，部分地区发生，保护地、露地均可发病，以露地发病重。一般病株率30%左右，明显影响产品质量，重时发病率达60%以上，部分叶片因病坏死，显著影响长叶莴苣生产。

[症状] 此病主要侵害叶片，初在叶片上出现橘红色近圆形小点，以后发展成近圆形至不规则形坏死病斑，橘红色至暗褐色，或边缘橘红色中央暗褐色，凹陷，后期易破裂穿孔。严重时叶片上病斑密布，相互连接成片，终致病叶坏死。

[病原] *Pseudomonas fluorescens* biovar Ⅱ（Trevisan）Migula属假单胞杆菌荧光假单胞杆菌生物型Ⅱ细菌。病菌菌体杆状，短链生，有荚膜，无芽孢，大小为0.42～1.25μm×0.83～2.08μm。1～3根极生鞭毛，革兰氏染色阴性，好气性，无PHB积累，在KB培养基上产生强绿色荧光。肉汁胨琼脂平面上菌落白色，圆形，薄而平滑，边缘整齐，肉汁胨液中浓云雾状。产生果聚糖，明胶缓慢液化，淀粉不水解，硝酸盐还原，产氨，不产生硫化氢和吲哚。

[发病规律] 病菌随病残体或种子越冬，翌年从幼苗叶片的气孔、水孔、伤口侵入，以后形成系统侵染。种子带菌为远距离传播的主要途径。在田间借雨水、昆虫、带菌肥料传播蔓延，高温高湿利于发病。病菌生长最低温度0℃，适宜温度为25～26℃，最高38℃，致死温度52～53℃。通常低洼地块、重茬种植及害虫多的地块发病严重。

[防治方法]

1. 与葱蒜类、禾本科作物实行2～3年以上轮作。

2. 收获后彻底清除病残落叶，减少田间菌源。

3. 选用无病种子，或播种前用种子重量0.3%的47%加瑞农可湿性粉剂拌种。

4. 施用充分腐熟的有机堆肥，生长期适时防治害虫，雨后及时排水，保护地注意通风降湿，控制发病。

5. 发病初期进行药剂防治，参见青花菜黑腐病。

长叶莴苣细菌性叶斑病病叶

3. 皱叶莴苣（散叶生菜）病害　Diseases of crinkle garden lettuce

皱叶莴苣霜霉病
Crinkle garden lettuce downy mildew

霜霉病为皱叶莴苣的主要病害。多在南方露地发生，以春、秋梅雨期较常见，设施栽培亦经常发生，发病率常达80%以上，显著影响正常生产。

[症状] 此病各生育期均可发生，多为害基部和外部叶片，由外叶向新叶发展。初期在叶面形成浅黄色不定形至多角形病斑，边缘不明显，空气潮湿时叶背产生白色霜状霉层，严重时可蔓延到叶面。条件适宜时病斑迅速扩展，多个病斑连片致病叶呈黄褐色枯死。

[病原] *Bremia lactucae* Regel 属鞭毛菌莴苣盘梗霉真菌。详见结球莴苣霜霉病。

发病规律、防治方法参见结球莴苣霜霉病。

皱叶莴苣霜霉病田间发病状

皱叶莴苣霜霉病病株

皱叶莴苣软腐病
Crinkle garden lettuce bacterial soft rot

软腐病为皱叶莴苣的普通病害。分布较广，保护地、露地都时有发生，以夏、秋露地种植发病较重，显著影响皱叶莴苣生产。

[症状] 此病常在皱叶莴苣生长中后期发生，多从植株基部叶片开始发病，病部初呈暗绿色水渍状坏死，以后迅速扩大蔓延，沿叶片坏死腐烂，形成不规则形坏死腐烂病斑，在病部充满灰褐色至绿褐色黏稠物，并散发出恶臭气味，随病情发展病害沿基部向上部快速扩展致基部菜叶全部腐烂。雨水多时病菌可从上部叶片的叶缘侵染，引起心叶腐烂。

皱叶莴苣软腐病干燥状态病株

[病原] *Erwinia carotovora* subsp. *carotovora*（Jones）Bergey et a1.属胡萝卜软腐欧氏杆菌胡萝卜软腐病亚种细菌。详见结球莴苣软腐病。

皱叶莴苣软腐病初期病株

皱叶莴苣软腐病后期病株

[发病规律] 病菌主要在田间随其他寄主病株及残体在土壤中越冬，也可在其他蔬菜上为害越冬。条件适宜时引起发病，通过浇水、施肥或害虫传播，由植株伤口、生理裂口侵入。病菌生长温度为4～39℃，最适温度25～30℃。皱叶莴苣生产时期雨水多、空气湿度高有利于发病，特别是大雨、暴雨较多，土壤黏重，田间水肥管理不当，害虫数量多，或因暴雨暴晴等造成伤口较多时发病严重。

[防治方法]

1. 采用高垄或高畦栽培，施用充分腐熟的有机肥。

2. 适期播种，使感病期避开高温雨季。高温季节生产选用遮阳网或无纺布遮荫防雨。

3. 加强田间水肥管理，适时浇水和防虫，减少生理伤口和虫伤。浇水后或降雨后注意随时排水，防止田间积水。重病植株及早清除。

4. 必要时进行药剂防治。参见结球莴苣软腐病。

皱叶莴苣顶腐病
Crinkle garden lettuce tip-burn

顶腐病为皱叶莴苣的重要病害，分布较广，发生较普遍，露地、保护地种植均有发生。通常在初夏和秋季发病，严重时发病率30%～50%甚至更高，显著降低产品质量，重时菜株不能食用。

[症状] 此病多在生长中后期发生，在田间多从心叶开始显症，初期心叶叶尖或叶缘褪绿，叶肉组织失水坏死，呈灰白至黄褐色焦边，逐渐发展，坏死斑扩大，致多层心叶同时出现类似坏死症状，菜株失去商品价值。空气干燥，菜株逐渐失水萎蔫死亡。空气潮湿，常因软腐或其他病菌感染而腐烂。

[病因] 此病为生理病害。主要由于生长期温度较高，使有效钙供应不足，或供需失衡造成生理缺钙所致。详见紫甘蓝烧心病。

皱叶莴苣顶腐病病株

防治方法参见紫甘蓝烧心病。

皱叶莴苣寒害
Crinkle garden lettuce old injury

寒害为皱叶莴苣的一般非侵染性伤害，各地时有发生，以早春保护地种植较常见，损失大小因受害轻重差异较大。

[症状] 此病多在叶尖和叶缘表现受害，受害部位初呈水渍状灰绿色，以后逐渐坏死干缩，沿叶缘形成浅黄褐色不规则形干斑。湿度高时在叶缘腐生灰黑色杂菌。

[病因] 寒害主要由于棚室内管理温度较高，开棚后寒风突然侵入，使部分叶肉组织受害致死。参见樱桃番茄寒害与冻害。

防治方法参见樱桃番茄寒害与冻害。

皱叶莴苣寒害受害状

皱叶莴苣寒害受害叶

4. 茎用莴苣（贡菜）病害 Diseases of stem-eating lettuce

茎用莴苣病毒病
Stem-eating lettuce virus disease

病毒病为茎用莴苣的主要病害，分布较广，种植地区都有发生。通常零星发病，对生产无明显影响；严重时发病率可达20%以上，明显影响茎用莴苣的产量和质量。

[症状] 此病在茎用莴苣的全生育期都可发生，以苗期发病对生产影响大。幼苗发病，真叶呈现淡绿至黄白色不规则斑驳，以后表现明脉并逐渐出现花叶或黄绿相间斑驳，或出现白色斑块，或出现不规则褐色坏死病斑。成株期染病多表现皱缩花叶，有时细脉变褐坏死或产生褐色坏死病斑，有的病株明显矮化皱缩。

[病原] LMV、DYMV、CMV即莴苣花叶病毒、蒲公英黄花叶病毒和黄瓜花叶病毒。详见蒲公英病毒病。

发病规律、防治方法参见结球莴苣病毒病。

茎用莴苣病毒病花叶病株

茎用莴苣病毒病坏死病株

茎用莴苣菌核病
Stem-eating lettuce Sclerotinia rot

菌核病为茎用莴苣的重要病害，零星分布，通常病株率5%以下，轻度影响茎用莴苣生产。严重地块或棚室，发病率可达20%以上，显著影响茎用莴苣的产量和质量。

[症状] 此病主要为害寄主根茎部，多在茎用莴苣生长中后期发病，植株染病后外叶逐渐褪绿变黄，最后萎蔫枯死。病部多呈水渍状软腐，在病组织表面产生浓密白色霉层，

茎用莴苣菌核病病株

最后形成黑色鼠粪状菌核。条件适宜常造成植株成片坏死瘫倒。

[病原] *Sclerotinia sclerotiorum*（Lib.）de Bary 属子囊菌核盘菌真菌。详见结球莴苣菌核病。

发病规律、防治方法参见结球莴苣菌核病。

茎用莴苣菌核病病茎和菌核

茎用莴苣灰霉病
Stem-eating lettuce gray mold

灰霉病是茎用莴苣的常见病害，分布较广，种植地区都有发生。保护地、露地都可发病，以长江流域冬、春季和北方温室发病较重，明显影响茎用莴苣生产。此病还为害100多种其他蔬菜。

[症状] 此病在各生育期都可发生，苗期发病，叶和幼茎呈水渍状腐烂，在病部产生灰色霉层。定植后发病多始于近地面的叶片

和茎基部，受害部位初呈水渍状不规则形，扩大后呈褐色，病叶基部呈红褐色，形状各异，大小不等。茎基部被害状与叶柄基本相似，病斑绕茎一周即腐烂，随后地上部茎叶凋萎。空气潮湿，叶和茎腐烂部均密生灰色霉层，即病菌分生孢子梗和分生孢子。病害多由下向上发展，可引致整株腐烂。条件适宜可在病部产生黑色菌核。

[病原] *Botrytis cinerea* Pers.属半知菌灰葡萄孢霉真菌。详见结球莴苣灰霉病。

发病规律、防治方法参见结球莴苣灰霉病。

茎用莴苣灰霉病初期病叶

茎用莴苣灰霉病中期病株

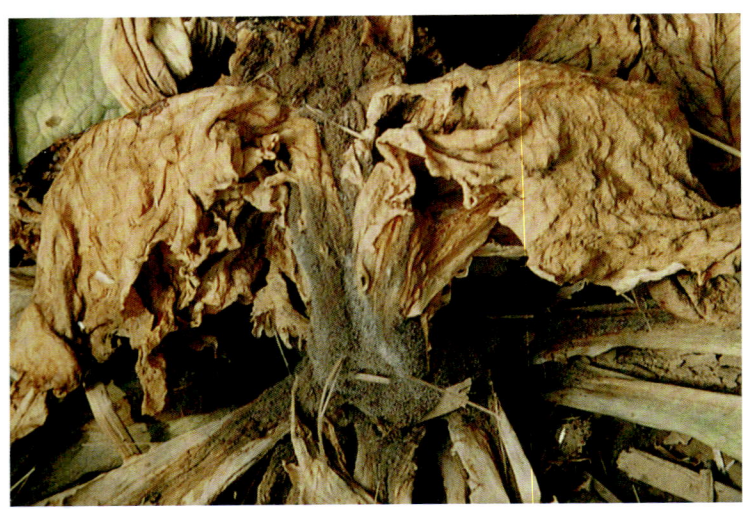

茎用莴苣灰霉病后期病株

茎用莴苣灰霉病田间受害状

茎用莴苣黑斑病
Stem-eating lettuce Stemphylium leafspot

黑斑病是茎用莴苣的普通病害，又名轮纹病、叶枯病，分布较广，种植地区都可发生，通

茎用莴苣黑斑病病斑

常病情很轻，对生产无明显影响，严重时发病率可达60%以上，在一定程度上影响产品质量。

[症状] 此病主要为害叶片，在叶片上形成圆形至近圆形黄褐色至褐色病斑，在不同条件下病斑大小差异较大，具有同心轮纹。空气潮湿时病斑易脱落穿孔，通常在田间病斑表面看不到霉状物。

[病原] *Stemphylium chisha*（Nish.）Yamamoto 属半知菌微疣匍柄霉真菌。病菌分生孢子梗单生或2～5根束生，浅褐色，顶端色稍淡，基部细胞稍大，顶端常较宽或膨大，呈截形，具1～6个横隔膜，大小为15～51μm×6～8μm；分生孢子椭圆形至卵形，单生，淡褐色至褐色，无喙胞，具纵横隔膜，分隔处缢缩，成熟后表面具微疣，大小为24～47μm×10～20μm。

[发病规律] 病菌可在土壤中随病残体或种子越冬。温湿度适宜时产生分生孢子进行初侵染，发病后孢子通过风雨传播，进行再侵染。温暖潮湿，阴雨天多及结露持续时间长，病害发生较重。土壤肥力不足，植株生长衰弱发病重。

[防治方法]

1. 重病地区实行与非菊科蔬菜轮作。

2. 增施有机肥及磷、钾肥，生长期加强田间管理，提高植株抗病力。及时除去老叶、病叶集中妥善处理。

3. 发病初期进行药剂防治。参见结球莴苣褐斑病。

茎用莴苣褐斑病
Stem-eating lettuce Cercospora leafspot

褐斑病为茎用莴苣的普通病害，在局部地区分布。一般病株率10%～20%，对生产无明显影响，重病地块发病率可达30%左右，可轻度影响茎用莴苣生产。

[症状] 此病主要侵害叶片。初在叶片上出现浅褐色小点，逐渐转变成褐色近圆形至不规则形

坏死斑，边缘水渍状，中心有灰白色小斑。潮湿时病斑表面产生稀疏灰褐色霉层，即病菌分生孢子梗和分生孢子。严重时叶片上病斑密布，多个病斑扩大汇合

茎用莴苣褐斑病病叶

形成大型坏死斑，致叶片枯死或腐烂。

[病原] *Cercospora longissima* Sacc.属半知菌莴苣褐斑尾孢霉真菌。病菌子实体叶两面生，分生孢子梗散生，多根束生，榄褐色，顶端色较浅，渐狭，不分枝，近截形，具0～4个膝状节，具明显孢痕，1～6个隔膜，大小为22.5～90.5μm×2.5～3.5μm。分生孢子针状或鞭状，无色，直或弯，基部平切，顶端渐细，具多个隔膜，大小为32.5～110.5μm×2.5～3.5μm。

[发病规律] 病菌以菌丝体和分生孢子随病残体越冬。条件适宜时以分生孢子进行初次侵染，发病后产生分生孢子借气流和雨水溅射传播蔓延。温暖潮湿适宜发病，多阴雨、多露或多雾有利于发病。植株生长衰弱、缺肥或偏施氮肥、生长过旺等，病害较重。

防治方法参见茼蒿褐斑病。

茎用莴苣细菌性叶斑病
Stem-eating lettuce bacterial leafspot

细菌性叶斑病为茎用莴苣的重要病害，部分地区发生，发病程度可能与种子带菌有关，一般发病后病情都较重。发病地块病株率常达30%以上，明显影响产量和质量，严重时部分叶片因病坏死，显著影响茎用莴苣生产。

[症状] 此病主要侵害叶片，在叶片上出现黄褐色近圆形小斑，以后发展成不规则形坏死病斑，黄褐色至暗褐色，后期破裂穿孔。严重时叶片上布满病斑，相互汇合成片致病叶坏死。

[病原] *Pseudomonas fluorescens* biovar Ⅱ（Trevisan）Migula 属假单胞杆菌荧光假单胞杆菌生物型Ⅱ细菌。详见长叶莴苣细菌性叶斑病。

发病规律、防治方法参见长叶莴苣细菌性叶斑病和青花菜黑腐病。

茎用莴苣细菌性叶斑病病叶

5. 菊苣病害 Diseases of chicory

菊苣病毒病
Chicory virus disease

病毒病是菊苣的重要病害，分布广泛，发生较普遍，我国南、北方栽种菊苣的地区都零星发病，以夏秋露地种植发病相对较重。一般病株率5%～8%，轻度影响产量与质量。严重地块病株率可达30%，对生产有显著影响。

[症状] 此病在菊苣全生育期都可发生，前期和中期发病受害重。植株染病后，心叶褪绿增厚，叶肉生长受抑制，小叶呈条状或勺状，颜色浓淡不均。严重时叶柄和主脉两侧叶肉组织全部坏死。外叶多表现不均匀黄绿色花叶或呈浓淡相间斑驳状，皱缩畸形或歪扭反卷，病株不结球，最终早衰坏死。

[病原] 此病主要由莴苣花叶病毒（LMV）和黄瓜花叶病毒（CMV）侵染所致，详见结球莴苣病毒病。

发病规律、防治方法参见结球莴苣病毒病。

菊苣病毒病花叶病株

菊苣病毒病轻病株

菊苣病毒病重病株

菊苣黑斑病
Chicory Alternaria leafspot

黑斑病为菊苣的普通病害，分布较广，多在夏秋季雨后发病，保护地偶有发生，一般病株率10%～30%，病情较轻，对生产无明显影响。个

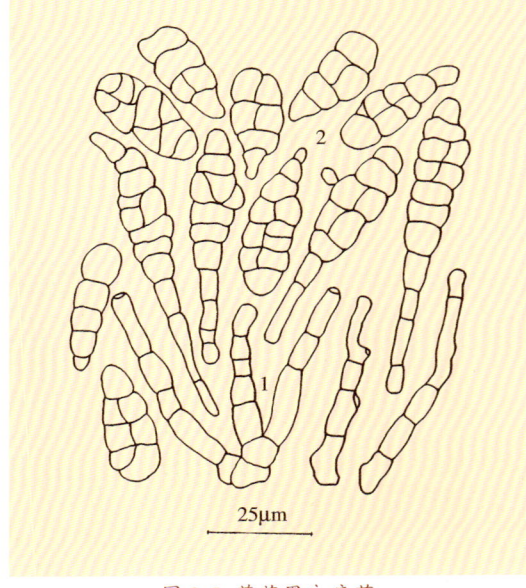

25μm

图3-5 菊苣黑斑病菌
1. 分生孢子梗　2. 分生孢子

别地块发病较重，病株率达50%～70%，外部5～10片叶染病，在一定程度上影响产量与质量。此病还侵害其他多种蔬菜。

[症状] 此病主要为害叶片，严重时也侵害叶柄。多从外叶开始发病，由外叶向里叶发展。初在叶片上产生灰褐色浸润状小点，逐渐变成近椭圆形至不规则形灰褐色坏死斑，早期病斑稍凹陷，受叶脉限制，略显轮纹，后期病斑相互连接成不规则大斑，细叶脉和病部主脉也随之呈黄褐色坏死，终致整个叶片坏死。空气潮湿，病斑正背面均产生较稀疏灰黑色霉层，即病菌分生孢子梗和分生孢子。

[病原] *Alternaria brassicae*

菊苣黑斑病叶背病斑

菊苣黑斑病叶面病斑

菊苣黑斑病后期病叶

（Berk.）Sacc.属半知菌芸薹链格孢真菌。病菌分生孢子梗榄褐色，不分枝，基部膨大，顶端色浅，钝圆，孢痕明显，具2～5个隔膜，大小为28～72μm×4.5～6.5μm。分生孢子单生，浅榄褐色，多具有明显喙胞，孢身至喙渐细，孢具4～8个横隔膜，0～3个纵隔膜，大小为28～55μm×10～14μm。喙胞1～4个横隔膜，大小为25～38μm×3.5～6μm（图3-5）。

[发病规律] 病菌主要以菌丝体随病残体越冬，也可在保护地内为害过冬。翌年条件适宜产生分生孢子，借气流或雨水传播，直接侵入或从气孔侵入形成初侵染，病斑上产生分生孢子进行重复侵染，使病害进一步扩展蔓延。温暖高湿有利于发病。病菌生长温度为0～35℃，适宜温度为17～25℃，孢子萌发适温为20～25℃。11～24℃均可发病，以12～26℃最适，相对湿度72%～85%适宜发病。一般地势低洼、积水，管理粗放，植株长势衰弱，种植过密发病较重。

防治方法参见结球莴苣黑斑病。

菊苣褐斑病
Chicory Cercospora leafspot

褐斑病为菊苣的主要病害，分布广泛，发生普遍，保护地、露地均可发生，以夏、秋露地发病严重，损失较大。一般病株率40%～60%，重病地块发病率均达100%，外部叶片几乎全部染病，常造成少数外叶早衰枯死。此病还侵染其他菊科蔬菜。

[症状] 本病主要为害叶片，严重时也为害叶柄，全生育期都可发生。发病初期在叶片上出现红褐色小点，周缘褪绿，逐渐发展成近圆形坏死斑，中央灰白色，周围紫红色，最后发展成形状大小差异很大的各种不规则形灰褐色坏死斑，边缘紫红至红褐色。叶柄上病斑多呈放射状长椭圆形至长梭形，明显凹陷，中央黄褐色，边缘紫红色。空气潮湿，病斑两面均产生灰褐色绒霉，即病菌分生孢子梗和分生孢子。病害严重时，叶片上病斑密布，短时间即使叶片早衰枯死。

[病原] *Cercospora longissima* Sacc.属半知菌莴苣褐斑尾孢霉真菌。病菌子座不发达，散生于叶两面。分生孢子梗散生或几根束生，榄褐色，顶端色泽较浅，渐细，有分枝，近截形，具0～4个膝状节，2～7个隔膜，梗上多个孢子痕明显，大小为65～400μm×3.8～6.5μm。分生孢子针状或鞭状，直或弯，基部平切，顶端渐细，具4～19个隔膜，大小为37.5～385μm×3.5～6.3μm（图3-6）。

发病规律、防治方法参见结球莴苣褐斑病。

菊苣褐斑病前期病叶

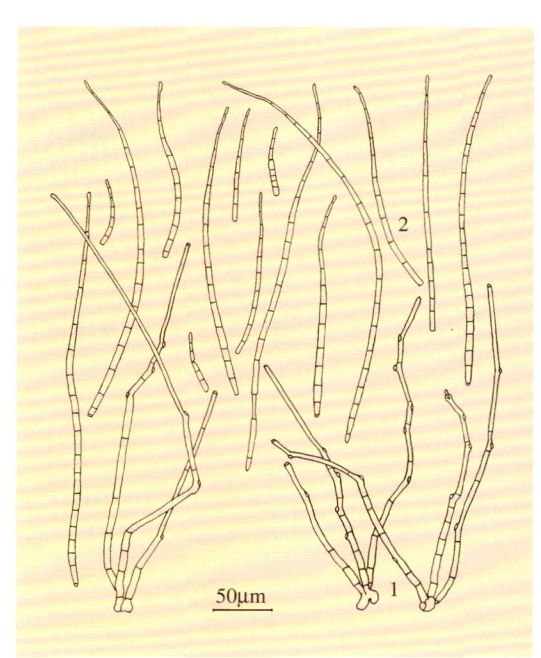

图3-6 菊苣褐斑病菌
1.分生孢子梗 2.分生孢子

菊苣褐斑病中后期病叶

菊苣灰霉病
Chicory gray mold

　　灰霉病为菊苣的重要病害，分布较广，主要在保护地内发生，南方露地种植也零星发病。一般病株率10%～20%，在一定程度上影响生产，重病棚室或地块发病率可达40%，可造成20%～30%的产量损失。

　　[症状]此病主要侵染茎基和基部叶柄，使病部呈灰褐至黄褐色水浸状坏死，表面产生灰色霉层，即病菌分生孢子梗和分生孢子。随病害发展，较短时期内使植株坏死干腐。有时病菌亦从积水的叶缘或其他受伤的部位侵染，使菜球腐烂坏死，在病部长出灰色霉层。

　　[病原]*Botrytis cinerea* Pers.属半知菌灰葡萄孢真菌。详见结球莴苣灰霉病。

　　发病规律、防治方法参见结球莴苣灰霉病。

菊苣灰霉病病株

菊苣菌核病
Chicory Sclerotinia rot

　　菌核病亦为菊苣的重要病害，主要在保护地内发生，以老菜田发病偏重，南方部分地区露地也零星发病，在一定程度上影响菊苣生产，重病棚室或地块病株率可达30%～40%，造成显著损失。

　　[症状]病害在各生育期都可发生。苗期发病常造成菜苗成片腐烂坏死，产生浓密白色絮状霉层，后期变成黑色颗粒状菌核。成株期，多从茎基部或叶柄开始侵染，使病部呈水渍状腐烂，产生浓密絮状白霉，后期变成黑色鼠粪状菌核。最后致全株萎蔫死亡。

　　[病原]*Sclerotinia sclerotiorum* （Lib.）de Bary 属子囊菌核盘菌真菌。详见结球莴苣菌核病。

　　发病规律、防治方法参见结球莴苣菌核病。

菊苣菌核病叶球中期症状

菊苣菌核病初期病叶

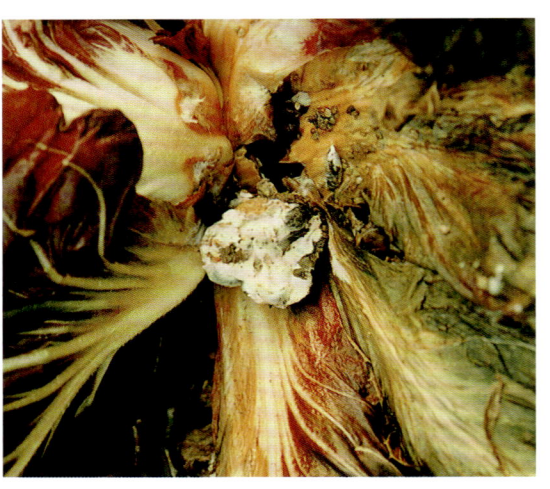
菊苣菌核病叶球后期症状

三、绿叶菜类蔬菜病害　109
Diseases of Greens

菊苣轮纹病
Chicory Stagonospora leafspot

　　轮纹病为菊苣的普通病害，局部地区分布，多在夏、秋露地发生。一般病株率10%～20%，零星发病，对生产无明显影响，秋季多雨年份此病发生较重，病株率可达80%，少数叶片因病早衰死亡，在一定程度上影响菊苣正常生产。

　　[症状]　本病在全生育期都可发生，主要为害叶片。初期在叶片上出现一褐色小点，略呈水浸状，周围组织褪绿变黄，以后逐渐发展成近椭圆形至不规则形褐色坏死斑，具有明显同心轮纹，边缘常带有明显浅黄色晕环。后期病斑上轮生黑色小粒点，即病菌分生孢子器。空气干燥，病斑破裂穿孔，多个病斑相互汇合致叶片早衰，最后枯黄死亡。

　　[病原]　*Stagonospora* sp.属半知菌壳多隔孢真菌。病菌分生孢子器半埋生于寄主组织内，球形，顶部开口，器壁拟柔组织状，暗褐色，大小为95～145μm。分生孢子梗8～15μm。分生孢子长椭圆形至纺锤形，色淡，双细胞，少数有2～3个隔膜，分隔处略缢缩，内含有多个油球，大小为8.8～14.5μm×3.8～6.3μm（图3-7）。

　　[发病规律]　病菌以分生孢子器随病残体在土壤内或保护地内越冬，亦可随种子传带。条件适宜时分生孢子借风雨或浇水传播，通过气孔、水孔或伤口侵入，形成初侵染。发病后产生分生孢子进行重复侵染，使病害扩展蔓延。温暖潮湿有利于发病。平均气温18～25℃，相对湿度约85%以上适宜发病。菊苣生长期施氮肥过量，或长势太弱，或种植太密、田间积水、长时间高湿，易诱发此病。

　　[防治方法]

　　1. 收获后及时清除病残组织，带到田外妥善处理，减少田间菌源。重病地块实行2～3年轮作。

　　2. 无病株留种或播种前进行种子处理。可用52℃温水浸种20min后再晾干播种。或用种子重量0.3%的70%甲基托布津可湿性粉剂，或50%敌菌灵可湿性粉剂，或50%扑海因可湿性粉剂拌种。

　　3. 施足腐熟底肥，按比例增施磷、钾肥。合理密植，雨后

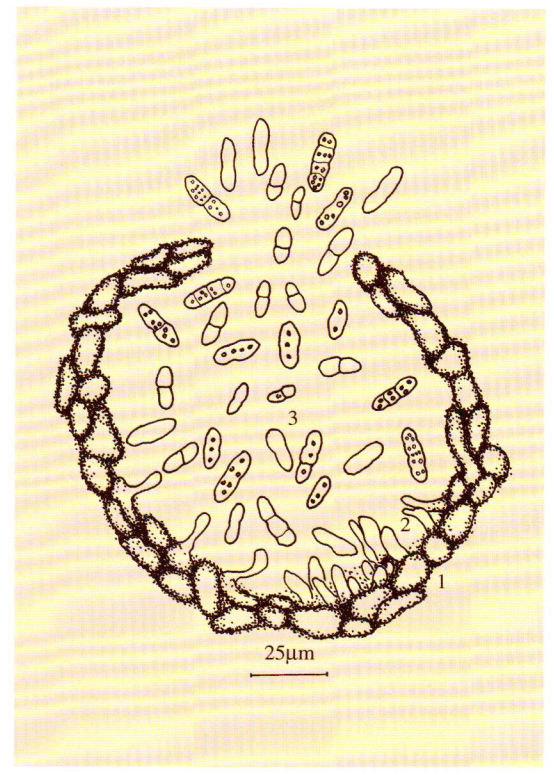

图3-7　菊苣轮纹病菌
1. 分生孢子器　2. 分生孢子梗　3. 分生孢子

避免田间积水，保护地注意通风降湿，控制发病。

　　4. 发病初期进行药剂防治，可选用40%多硫悬浮剂400倍液，或43%菌力克悬浮剂8 000倍液，或10%世高水分散粒剂6 000倍液，或40%福星乳油8 000倍液，或30%倍生乳油1 200倍液，或50%扑海因可湿性粉剂1 200倍液，或70%甲基托布津可湿性粉剂600倍液，或45%特克多悬浮剂1 000倍液喷雾，7～10天防治1次，视病情防治1～3次。

菊苣轮纹病叶背病斑

菊苣轮纹病叶面病斑

菊苣软腐病
Chicory bacterial soft rot

软腐病为菊苣的普通病害，种植地区都有发生，露地、保护地均可发病。通常病害发生较轻，

菊苣软腐病病种株

病株零星，轻度影响生产。严重地块发病率可达30%以上，显著影响菊苣生产。

[症状] 此病全生育期都可发生，以生长中后期发病较重。多从叶球基部或球叶开始发病，病部初呈水渍状，浅灰色至浅黄褐色，不规则，迅速扩展使叶球呈黄褐色至暗褐色软腐，外叶叶柄亦软腐，叶片萎蔫瘫倒，从病部散发出恶臭气味。

[病原] *Erwinia carotovora* subsp. *carotovora*（Jones）Bergey et al. 属胡萝卜软腐欧氏杆菌胡萝卜软腐病亚种细菌。详见结球莴苣软腐病。

发病规律、防治方法参见结球莴苣软腐病。

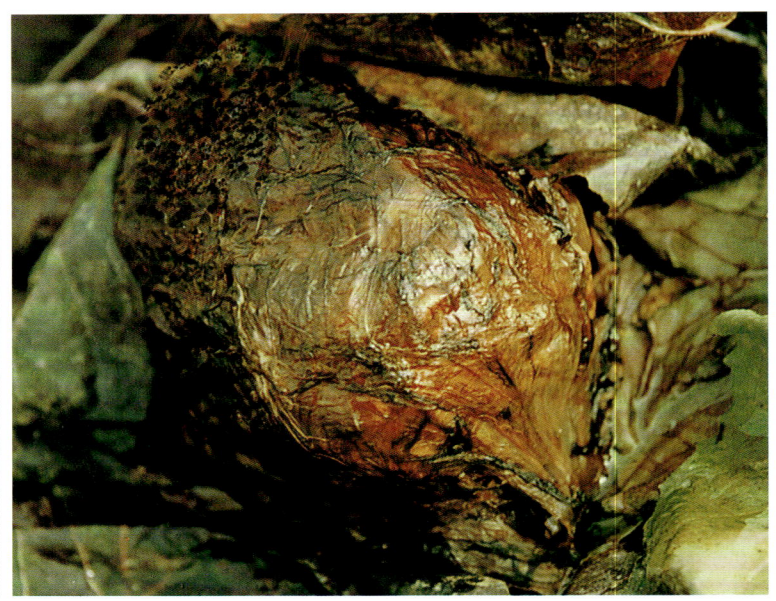

菊苣软腐病后期叶球

菊苣褐腐病
Chicory bacterial brown rot

褐腐病为菊苣的重要病害，分布较广，保护地、露地都有发生，主要在夏、秋季形成为害。一般病株率5%～10%，在一定程度上影响产量，重病地块发病率可达20%～40%，明显影响菊苣的正常生产。此病还可侵害其他蔬菜。

[症状] 本病在各生育期都可发生，以中后期发病损失重。苗期发病，菜苗未出土即可引起烂种。出苗后子叶染病，初为水渍状灰绿色至灰褐色小点，逐渐变褐坏死，并迅速向真叶扩展，使菜苗呈黄褐色坏死。成株染病，多从茎基或叶柄基部开始侵染，初呈黄褐色水渍状，以后迅速向各方向扩展，使根茎和叶柄呈黄褐至暗褐色不规则坏死腐烂。叶柄染病后，沿维管束扩展蔓延，致

菊苣褐腐病病株

多数外叶发病。染病外叶多表现叶缘呈灰绿至暗绿色坏死，逐渐变褐，失水干缩，最后全株萎蔫死亡。开花期染病，病菌多从根部或根茎部侵染，沿维管束向上发展，植株叶色褪淡，叶片由下向上逐渐萎蔫至全株枯死。

[病原] *Xanthomonas campestris* pv. *vitians*（Brown）Dye 属黄单胞杆菌甘蓝黑腐黄单胞菌腐败病致病变种细菌。病菌菌体杆状，大小为 0.42～0.83μm × 0.65～1.25μm，短链生，有荚膜，无芽孢。单极鞭毛。好气性，革兰氏染色阴性。肉汁陈琼脂平面上菌落乳黄色，平滑，较薄，圆形，边缘整齐。肉汁陈液中轻云雾状，有不完整菌膜，并有片段的薄膜飘浮。马铃薯柱上生长茂盛，亮黄色。

[发病规律] 病菌可在种子及病残体上越冬。种子带菌，幼苗出土后即发病。成株期染病，病菌从伤口或自然孔口侵入，在髓部薄壁细胞内繁殖，再迅速进入维管束，引起系统侵染，致全株发病。在田间，病菌主要通过病株、肥料、风雨、浇水或农具传播。病菌生长温度为 0～35℃，最适温度为 26～28℃，致死温度 51～52℃。生长期高温多雨或田间积水、高湿，肥水管理不当，地下害虫严重，

造成根伤较多等，利于病害发生与蔓延，损失亦严重。

防治方法参见青花菜黑腐病。

菊苣褐腐病后期病株

菊苣顶腐病
Chicory tip-burn

顶腐病为菊苣的普通病害，分布较广，发生较普遍，保护地、露地均有发生。一般零星发病，病株率 5% 以下，对产量直接影响较轻，个别地块或特殊年份发病较重，田间病株率可达 30%，显著影响菊苣的产量和品质。

[症状] 此病主要在结球期和贮存期发生。多从心叶向外发展并显现症状。病株初期表现外层球叶叶缘褪色失水，呈红褐色枯死抽缩或干边，后形成大型红褐色坏死斑，终致菜球干腐。空气潮湿，病株菜球最后因细菌侵染而腐烂。轻病株采收时菜球外叶无坏死症状，仅剖开菜球后内部球叶叶缘表现干腐，丧失食用价值。

[病因] 此病主要由生理缺钙所致。详见紫甘蓝烧心病。

防治方法参见紫甘蓝烧心病。

菊苣顶腐病中后期病株

菊苣顶腐病初期病株

菊苣顶腐病贮藏期病叶球

6. 茼蒿病害 Diseases of garland chrysanthemum

茼蒿病毒病
Garland chrysanthemum virus disease

病毒病为茼蒿的重要病害，分布广泛，发生普遍，多零星发病，对生产影响不明显。干旱年份或少数地块发病严重，显著影响产量，降低产品品质。此病还可侵害菊科的其他多种植物。

[症状] 本病全生育期都可发生。多表现全株受害，病株明显矮化，叶片褪绿或叶色浓淡不均，呈轻花叶或重花叶状。有的病株表现叶片皱缩、畸形，有的表现顶芽或腋芽簇生，内外叶大小比例严重失调或叶片退化成线状或窄条状，随病情发展，病株由下向上萎蔫枯死。

[病原] Chrysanthemum virus B（CVB）和CMV即菊花B病毒和黄瓜花叶病毒单独或复合侵染所致。菊花B病毒质粒近直杆状，大小为685 nm×12nm。血清学上与马铃薯Y病毒和菊脉斑病毒有近缘关系，致死温度为70~80℃，稀释限点100~10 000倍，温室条件下体外保毒期6天。黄瓜花叶病毒质粒球状，直径为28~30nm。钝化温度60~70℃10min，体外存活期3~4天，不耐干燥，稀释限点为1 000~10 000倍。

[发病规律] CVB和CMV都有许多其他寄主，均可借汁液或昆虫传毒引起发病，种子和土壤不能传毒。CVB主要由传毒媒介桃蚜和马铃薯蚜作非持久性传毒，CMV主要由桃蚜和棉（瓜）蚜作非持久性传毒。高温干旱、蚜虫猖獗或利于蚜虫繁殖活动的环境条件均有利于发病，蚜虫重病害亦重。

[防治方法]

1. 及时灭蚜防病，在有翅蚜迁飞前及时防治蚜虫，控制蚜虫迁飞传毒，参见桃蚜、瓜蚜等防治。

2. 加强管理，干旱年份注意适时浇水追肥，可因地制宜喷施叶面肥，促进植株早发快长，改善田间生态条件，增强寄主抗耐病能力。

3. 发病初期，及时清除重病株，并配合适当的药剂防治，可喷洒20%病毒A可湿性粉剂500倍液，或1%抗毒剂1号水剂250~300倍液，或1.5%植病灵乳剂1 000倍液，幼株期7天左右1次，视病情防治1~3次。

茼蒿病毒病皱缩病株

茼蒿病毒病花叶病株

茼蒿病毒病畸形病株

茼蒿病毒病蕨叶病株

茼蒿霜霉病
Garland chrysanthemum downy mildew

霜霉病是茼蒿的主要病害，在局部地区发生，南方主要在春、秋露地种植时零星发病，北方保护地以冬、春季发病稍重。一般对产量无明显影响，仅个别棚室或地块发病较重，显著影响产品质量，重时可减产20%～30%。

[症状] 本病主要为害叶片，一般由基部向上发展，全生育期都可发病。初期病斑为浅黄绿色圆形至不规则形，边缘界限不清晰。随病害发展病斑逐渐枯黄，病叶背面产生白色霜状霉层，即病菌的孢囊梗和孢子囊。病害严重时叶片背面布满霜状霉层，随即黄化枯死。

[病原] *Peronospora chrysanthemi-coronarii*（Saw.）Ito et Tokun.属鞭毛菌茼蒿霜霉菌真菌。病菌孢囊梗密生，5～8次二权状分枝，大小为420～780μm×11～15μm；顶枝呈钝角分枝，直而尖端略膨大，大小为9～16μm×3～5μm。孢子囊长椭圆形至椭圆形，大小为38～56μm×18～28μm（图3-8）。

[发病规律] 病菌以菌丝体在寄主上越冬，翌年条件适宜时产生孢子囊，借气流或浇水传播，在温、湿度较适宜的环境条件下产生游动孢子，

或直接长出芽管从气孔侵入。茼蒿生长期多阴雨，或多雾、多露，或棚室内温暖潮湿，夜间结露时间长等病害发生较重。

防治方法参见结球莴苣霜霉病。

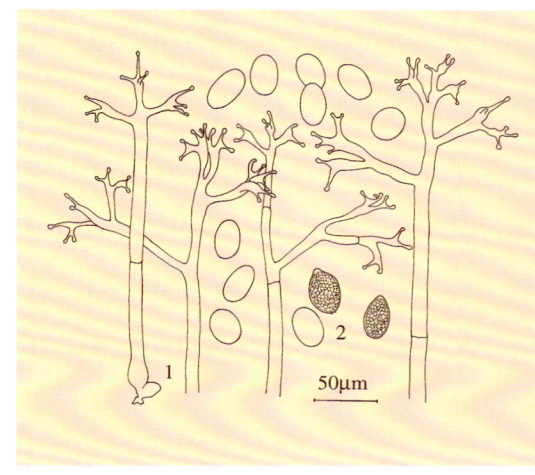

图3-8 茼蒿霜霉病菌
1.孢囊梗 2.孢子囊

茼蒿霜霉病后期病株

茼蒿霜霉病前期病叶

大叶茼蒿霜霉病前期病叶

茼蒿霜霉病中后期病叶

大叶茼蒿霜霉病后期病叶

茼蒿褐斑病
Garland chrysanthemum Cercospora leafspot

褐斑病是茼蒿的主要病害，分布广泛，发生普遍，全国各地常年发病，露地及保护地种植均受害。一般发病率20%～40%，轻度影响产量，降低品质。严重棚室或地块，100%植株发病，重病株完全失去商品价值。

茼蒿褐斑病病叶

大叶茼蒿褐斑病病斑

茼蒿褐斑病病株

大叶茼蒿褐斑病后期病株

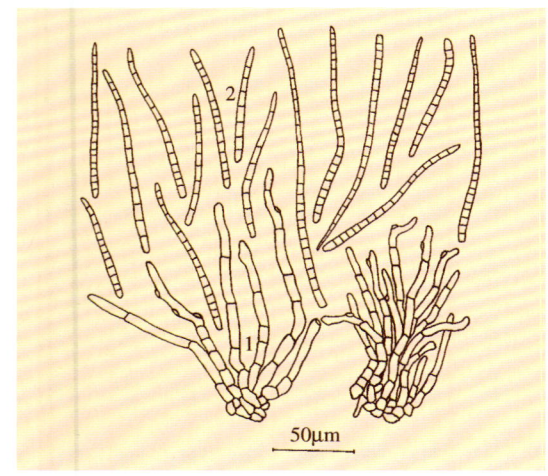

图3-9 普通茼蒿褐斑病菌
1. 分生孢子梗 2. 分生孢子

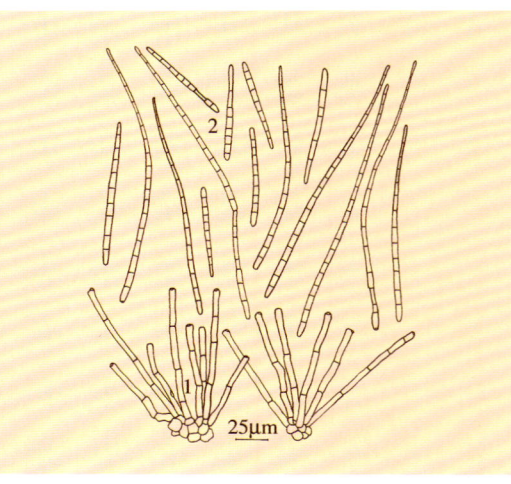

图3-10 大叶茼蒿褐斑病菌
1. 分生孢子梗 2. 分生孢子

[症状] 此病全生育期都发生，以生长中后期病害重。一般为害叶片，病斑圆形至椭圆形，有时不规则，病斑中央灰白色，边缘黄褐至褐色，有的病斑颜色由外向内深浅交替，略显宽轮纹状。空气湿度高时病斑正背面均产生灰黑色霉状物，即病菌分生孢子梗和分生孢子。后期病斑相互连接成片，致叶片枯死。严重时全株发病，较短时期内病株枯死。

[病原] *Cercospora chrysanthemi* Heald et Wolf 属半知菌菊尾孢真菌。病菌子实层叶两面生，子座不发达，分生孢子梗密集，淡橄褐色，有屈曲0～2个，偶尔膨大，顶端亚平切状，孢子痕大而明显，有2～6个隔膜，大小为37.5～162.5μm×3.8～7.5μm。分生孢子鞭状，直或弯曲，基端平切，顶端稍尖，具5～25个隔膜，大小为67.5～225.5μm×3.0～5.5μm（图3-9、图3-10）。

[发病规律] 病菌主要以子座或菌丝块随病叶越冬。翌年条件适宜时产生分生孢子，通过气流或田间作业传播，引起发病，病斑上产出分生孢子进行重复侵染。温暖潮湿适宜发病。南方冬春温暖、雾大、露重，或梅雨时间长发病较重。保护地植株茂密、空气潮湿容易发病。

[防治方法]

1. 收获后彻底清除病残落叶，重病地区实行与非菊科蔬菜轮作。发病期保护地种植应注意通风排湿。

2. 发病初期进行药剂防治，可选用70%甲基托布津可湿性粉剂600倍液，或50%农利灵可湿性粉剂1 000倍液，或6%乐必耕可湿性粉剂1 000倍液，或50%敌菌灵可湿性粉剂400倍液，或40%百科乳油1 500倍液，或80%大生可湿性粉剂800倍液，或40%多硫悬浮剂500倍液喷雾。

3. 保护地选用5%百菌清粉尘剂或5%加瑞农粉尘剂或6.5%甲霉灵粉尘剂15kg/hm² 喷粉防治。有条件的最好采用常温烟雾施药防治。

茼蒿炭疽病
Garland chrysanthemum anthracnose

炭疽病为茼蒿的主要病害，分布较广，主要在春秋露地发生，一般病株率20%～30%，病情较轻，对产量和品质仅有一定程度影响。严重时病株率可达50%以上，明显影响正常生产。

[症状] 此病多在茼蒿生长中后期发生，叶片、茎秆和叶柄均可受害。叶片染病，初为水渍状浅褐色小点，以后逐渐发展成黄褐至灰褐色近圆形坏死斑，直径多1～6mm，条件适宜时病斑较大。多个病斑相互连接致叶片坏死腐烂，潮湿时病组织表面产生粉红色黏稠物，即病菌分生孢子盘和分生孢子。茎秆染病，多形成椭圆形至梭形斑，略凹陷，暗褐色，多个病斑汇聚绕茎扩展，病部缢缩变细，植株上部逐渐萎蔫枯死。幼嫩茎端部染病，多形成黄褐至暗褐色"烂梢"，空气湿度大时，病部亦产生粉红色黏稠物。

[病原] *Gloeosporium chrysanthemi* Hori 属半知菌盘长孢真菌。病菌分生孢子盘初埋生于寄主表皮下，以后暴露呈盘状，无刚毛，分生孢子梗稍长，圆柱形至倒楔形。分生孢子单细胞，无色，近椭圆形至圆柱形。

[发病规律] 病菌以分生孢子附着在种子外表越冬，也可以分生孢子、菌丝体，特别是以分生孢子盘随病残组织遗留在土表越冬。翌年播种带菌的种子或播种于病土上引起初次侵染。发病后病部产生分生孢子通过雨水、昆虫等传播，形成再侵染。病菌可直接侵入表皮，也可从伤口侵入。温暖多雨、空气潮湿有利于炭疽病的发生与发展。一般种植过密、施肥不足或偏施氮肥，或田间积水的地块有利于发病。

防治方法参见紫甘蓝炭疽病。

大叶茼蒿炭疽病病株

茼蒿叶枯病前期病株

茼蒿叶枯病
Garland chrysanthemum Alternaria blight

叶枯病为茼蒿的重要病害，分布比较广泛，发生也较普遍，主要在春秋露地发生。一般病株率10%～20%，在一定程度上影响产量和品质，重病地块发病率可达40%以上，显著影响茼蒿生产。

[症状] 此病多在生长中后期发生，主要为害叶片和叶柄，由下向上发展。叶片染病多从叶缘开始侵染，形成黄褐色至暗红褐色坏死斑，多不规则。或在叶面上形成褐色小斑点，发展扩大与叶缘坏死斑汇合形成不规则大斑，致叶片枯死。空气湿度大时，病害发展迅速，可使多数叶片发

病枯死，并在病斑表面产生灰黑色霉层，即病菌分生孢子梗和分生孢子。

[病原] *Alternaria* sp.属半知菌交链孢霉真菌。分生孢子梗榄褐色，单枝，有分隔，顶端串生分生孢子。分生孢子淡褐色，棒状或椭圆形，有纵横隔膜，顶端有较短喙状细胞。

[发病规律] 病菌主要以菌丝体和分生孢子随病残体在土壤内越冬。通过气流及雨水和农事操作等传播，形成初侵染和再侵染。温暖潮湿有利于发病。田间植株生长衰弱、缺肥，或雨后积水发病较重。秋季雨水多、昼夜温差大、结露时间长亦有利于病害的发生与发展。

防治方法参见青花菜黑斑病。

茼蒿叶枯病后期病株

茼蒿菌核病
Garland chrysanthemum Sclerotinia rot

菌核病为茼蒿的重要病害，我国多数地区都有分布，以老菜区或油菜种植区较常见，北方主要在冬、春保护地内零星发生，南方露地亦可零星发病。一般病株率5%～10%，严重地块局部病株率可达30%以上，明显影响茼蒿生产。

[症状] 此病各生育期都可发生。苗期发病常造成成片死苗烂棵，在病苗上产生浓密白霉，最后形成黑色菌核。成株期病菌多从茎基或下部叶片开始侵染，病部呈水渍状腐烂，发展迅速，其表面密生絮状白霉，逐渐转变成鼠粪状菌核。

[病原] *Sclerotinia sclerotiorum* (Lib.) de Bary属子囊菌核盘菌真菌。详见结球莴苣菌核病。

发病规律、防治方法参见结球莴苣菌核病。

茼蒿菌核病中后期病株

茼蒿菌核病前期病株

茼蒿菌核病病茎

茼蒿灰霉病
Garland chrysanthemum gray mold

灰霉病为茼蒿的普通病害，分布较广，发生也较普遍，但多零星发病，对生产未造成明显经济损失。南方主要在春季露地梅雨后发病，北方多在冬春管理粗放的棚室内发生，严重时造成一定经济损失。

[症状] 此病在各生育期都可发生。苗期发病，多引起死苗烂棵，在病苗上产生许多灰霉。成株期病菌多从下部老黄叶，或积水的、受伤的叶片开始侵染，形成水渍状不规则腐烂，病情发展迅速。短期内即可引致成片植株发病坏死，随病情发展，病组织表面均产生灰色霉状物，即病菌分生孢子梗和分生孢子。

[病原] *Botrytis cinerea* Pers.属半知菌灰葡萄孢真菌。详见结球莴苣灰霉病。

发病规律、防治方法参见结球莴苣灰霉病。

茼蒿灰霉病病叶

茼蒿灰霉病后期病株

茼蒿芽枯病
Garland chrysanthemum Alternaria bud rot

芽枯病为茼蒿的常见病，分布较广，发生较普遍，保护地、露地都可发病，以保护地发病重。通常病株率10%～20%左右，重时可达30%，显著影响茼蒿产量和质量。

[症状] 此病主要为害幼芽和顶梢。初期多从积水的幼芽或有积水或受损伤的叶片开始侵染，呈不规则水渍状坏死变褐，最后腐烂或干枯。湿度高时病部产生灰褐色稀疏霉层，即病菌分生孢子梗和分生孢子。

[病原] *Alternaria tenuis* Nees 属半知菌细交链孢真菌。病菌分生孢子梗直立，分枝，绿褐色，有屈曲，顶端常扩大，具有多个孢子痕，大小为5～178.5μm×3.5～6μm。分生孢子棒状至长椭圆形，榄褐色，多个串生，有横隔膜1～8个，纵隔膜0～4个，大小为8.5～49.5μm×7～13.5μm，喙胞大小为1.5～5.5μm×1～3.5μm。

茼蒿芽枯病中期病株

茼蒿芽枯病前期病株

茼蒿芽枯病后期病株

[发病规律] 病菌主要以菌丝体随病残体越冬，也可在其他寄主上为害过冬。条件适宜时以分生孢子形成初侵染，发病后产生分生孢子传播蔓延。温暖多雨，空气潮湿，植株生长衰弱或受不良因素伤害后容易发病。

[防治方法]
1. 收获后彻底清除田间病残组织，减少菌源。
2. 生长期加强管理，避免肥害或冻害、烟害等。适时追肥浇水，防止田间积水，保护地注意通风降湿。
3. 发病初期进行药剂防治。参见青花菜黑斑病。

茼蒿软腐病
Garland chrysanthemum bacterial soft rot

软腐病为茼蒿的普通病害，各地均有分布，保护地、露地都可发生，以夏、秋露地发病较普遍，对茼蒿生产有明显影响，一般年份仅造成轻微产量损失。夏、秋季多雨，植株常成片坏死腐烂，损失显著。

[症状] 此病各生育期都发生。苗期染病，病部呈水渍状软腐，致菜苗瘫倒坏死。成株发病，病菌多从根和茎基部伤口侵染，病部呈水浸状软腐，并迅速沿髓部组织向上发展，使茎秆腐烂变空软化倒折，病茎外表变成灰绿至暗绿色，并释放出恶臭气味。有时病菌亦从嫩叶、嫩茎或害虫及风雨造成的机械伤口侵染，引致地上部呈不规则腐烂坏死，并释放出臭味。

[病原] *Erwinia carotovora* subsp. *carotovora* （Jones）Bergey et al. 属胡萝卜软腐欧氏杆菌胡萝卜软腐亚种细菌。详见结球莴苣软腐病。

发病规律、防治方法参见结球莴苣软腐病。此外，需注意适当稀植和适时采收，避免田间积水。

茼蒿软腐病病茎

7. 紫背天葵病害 Diseases of gynura

紫背天葵病毒病
Gynura virus disease

病毒病为紫背天葵的普通病害，分布较广，发病率常在5%以下，严重地块病株率可达30%以上，可显著降低产品质量。

[症状] 此病侵染幼株后主要表现为叶片皱缩不平，叶色浓淡不均或明显花叶、畸形，病株矮化，明显降低产品价值。

[病原] 由病毒侵染所致，毒源不详。

[发病规律] 不详。据观察，紫背天葵由扦插繁殖，在扦插存活后高温干旱时病情较重，毒源来自于田间其他寄主的可能性较大。

[防治方法] 防治此病目前尚无成熟技术，必要时参考雍菜病毒病。

紫背天葵病毒病病株

紫背天葵炭疽病
Gynura anthracnose

　　炭疽病是紫背天葵的重要病害之一,分布较广,一般零星发生,在一定程度上影响产品质量,严重时造成明显损失。

　　[症状] 此病在各生育期都可发生,主要为害叶片,严重时亦为害茎和叶柄。叶片染病初在叶面形成紫红色小斑,随后病斑中心呈灰白色坏死,外围呈紫褐色,圆形至不规则形,直径2~20mm,中央略凹陷。后期病斑中央长出黑色小点,即病菌分生孢子盘。空气干燥,病斑破裂,脱落穿孔。多个病斑汇合使叶片坏死。茎部和叶柄染病,初为略显水渍状斑点,扩大后呈椭圆形至梭形,浅褐色,中心部分凹陷,色较浅,常从病部折断,最后致烂茎、烂梢。

　　[病原] *Gloeosporium carthami*(Fukui)Hori et Hemmi 属半知菌盘长孢真菌。分生孢子盘无刚毛,聚生,黑褐色。分生孢子梗单胞,无色,顶端较狭,呈倒棍棒状,大小为8~15μm×3~4μm。分生孢子单胞,无色,长卵形至近椭圆形,大小为8~16μm×3~5μm。

　　[发病规律] 病菌主要随病残组织遗留在土壤中越冬。条件适宜时产生分生孢子形成初侵染,发病后病斑上产生大量分生孢子借风雨传播,进行再次侵染。温暖潮湿有利于发病,长江流域一般3月下旬至4月上旬开始发病,5~6月为盛发期,北方地区6月开始发生。一般气温20~25℃,连阴雨天较多,适宜病害发生发展。

　　[防治方法]

　　1. 冬季彻底清除病残组织,减少越冬菌源。

　　2. 生长期注意田间排水,避免种植过密,发现初期病株病叶,及时摘除并妥善销毁处理。

　　3. 发病后选用25%炭特灵可湿性粉剂600倍液,或25%施保克可湿性粉剂1 000倍液,或70%甲基托布津可湿性粉剂700倍液,或30%倍生乳油1 500倍液,或40%多硫悬浮剂500倍液,或25%敌力脱乳油1 000倍液,或6%乐必耕可湿性粉剂1 500倍液,或2%加收米水剂500倍液,或50%敌菌灵可湿性粉剂500倍液,10~15天防治1次,根据病情连续防治2~3次。

紫背天葵炭疽病病株

紫背天葵炭疽病病茎

紫背天葵灰霉病
Gynura gray mold

　　灰霉病为紫背天葵的常见病,分布较广,发生亦较普遍。主要在保护地内造成危害。南方春露地种植也可发病,一般发病率10%~30%,在一定程度上影响产量和品质。

　　[症状] 此病主要在苗期和生长前期发生。多从叶尖、叶缘或其他生长衰弱、受伤、积水的部位开始侵染。初期病部略呈水渍状,以后迅速坏死变褐,空气干燥时,病株干腐。空气潮湿时,短时间内即引致病株腐烂。随病害发展,病组织表面均产生灰色霉状物,即病菌分生孢子梗和分生孢子。

　　[病原] *Botrytis cinerea* Pers. 属半知菌灰葡萄孢霉真菌。详见结球莴苣灰霉病。

　　发病规律、防治方法参见结球莴苣灰霉病。

紫背天葵灰霉病初期病株

紫背天葵灰霉病中期病株

紫背天葵灰霉病后期病株

紫背天葵菌核病
Gynura Sclerotinia rot

菌核病为紫背天葵的重要病害，分布广泛，发生普遍，在老菜区发生较重，多在保护地内造成危害，南方露地亦可发病。一般病株率5%～10%，严重地块或棚室病株率达50%以上，显著影响产量和品质。

[症状] 此病在紫背天葵各生育期都可发生，以苗期发病损失严重。植株各个部位都受害，染病部位初呈水渍状，随后迅速软腐，在

紫背天葵菌核病病叶

紫背天葵菌核病后期病株

紫背天葵菌核病初期病株

紫背天葵菌核病病部放大

病部长出浓密的白色菌丝团，最后转变成黑色鼠粪状菌核。

[病原] *Sclerotinia sclerotiorum*（Lib.）de Bary 属子囊菌核盘

菌真菌。详见结球莴苣菌核病。

发病规律、防治方法参见结球莴苣菌核病。

紫背天葵软腐病
Gynura bacterial soft rot

软腐病为紫背天葵的常见病，分布广泛，发生普遍，露地、保护地种植均可发生。通常病株零星，对生产无影响，严重时病株率可达5%以上，在一定程度上影响生产。

[症状] 病菌多从采收后伤口或因害虫和管理不当造成的伤口开

始侵染，使幼嫩组织呈水渍状坏死，以后腐烂。根部或茎基部染病，后期仅剩丝状维管束，植株上部常萎蔫坏死。

[病原] *Erwinia carotovora* subsp. *carotovora*（Jones）Bergey et al. 属胡萝卜软腐欧氏杆菌胡萝卜软腐亚种细菌。详见结球莴苣软腐病。

发病规律、防治方法参见结球莴苣软腐病。

紫背天葵软腐病中期病株

紫背天葵软腐病后期病株

8. 苦苣菜病害 Diseases of common sowthistle

苦苣菜褐腐病病株

苦苣菜褐腐病
Common sowthistle Rhizoctonia rot

褐腐病为苦苣菜的重要病害，分布较广，发生普遍，保护地、露地都发病。一般发病率8%～10%，重病地块病株率可达30%以上，常造成幼株成片死亡。

[症状] 此病多在幼苗期发生，病菌多从植株根茎部开始侵染，使病部呈黄褐色至暗褐色水渍状坏死，逐渐向上下发展蔓延，致幼株萎蔫枯死，最后使全株呈黄褐至黑褐色腐烂。空气潮湿时在病部产生较稀疏灰白至灰褐色蛛丝状菌丝。

[病原] *Rhizoctonia solani* Kühn 属半知菌立枯丝核菌真菌。详见结球莴苣褐腐病。

发病规律、防治方法参见结球莴苣褐腐病。

苦苣菜白粉病
Common sowthistle powdery mildew

白粉病为苦苣菜的主要病害，分布较广，发生亦较普遍，保护地、露地都发生。一般病株率50%左右，轻度影响产量。病重时100%植株发病，多数叶片因病而枯黄死亡，明显影响产量与品质。

[症状] 此病主要为害叶片，严重时亦为害花梗和叶柄。叶片染病，在叶两面产生白色粉斑，以后病斑相互汇合，叶肉组织褪绿变黄。发病后期，叶片表面病斑密布，终致叶片枯黄坏死。

[病原] *Erysiphe cichoracearum* DC.属子囊菌菊科白粉菌真菌。病菌闭囊壳近球形，黑褐色，直径85～144μm。附属丝较多，菌丝状。子囊卵形至短椭圆形，6～21个，大小为44～107μm×23～59μm。子囊孢子2～3个，多为2个，椭圆形，大小为19～38μm×11～22μm。无性时期为 *Oidium ambrosiae* Thüm.属豚草粉孢菌。我国台湾省报道无性时期为 *O. crystallinum* Lév.属晶粉孢菌。分生孢子梗直立，不分枝。分生孢子长圆形，单胞，无色，串生。

苦苣菜白粉病初期病株

苦苣菜白粉病中期病叶

苦苣菜白粉病中期病茎

苦苣菜白粉病后期病株

[发病规律] 病菌以闭囊壳随病残体在土表或在保护地内越冬。翌年产生子囊孢子进行初次侵染，发病后病斑上产生分生孢子通过气流传播蔓延，进行多次重复侵染。南方温暖地区，病菌无明显越冬期，以分生孢子辗转为害过冬。苦苣菜生长期温暖潮湿，或多露大雾发病较重。植株生长衰弱，土壤缺肥或施氮肥过多有利于发病。

防治方法参见樱桃萝卜白粉病。

苦苣菜锈病
Common sowthistle rust

锈病为苦苣菜的主要病害，分布较广，发生较普遍。一般病株率30%～50%，在一定程度上影响苦苣菜品质，病重时染病率100%，显著影响苦苣菜生产。

[症状] 此病主要为害叶片，严重时可侵染叶柄和嫩茎。初期多在叶背面出现褪绿小斑，以后在病斑中央产生很小的锈红色点，逐渐变成圆形至椭圆形小疱斑，略隆起，突破表皮露出明显锈红色锈孢子堆，并散出鲜橘红色粉末状物，即病菌锈孢子，病斑周围组织褪绿。以后在叶背表皮组织下，散生棕褐色小疱斑，即夏孢子堆。生长后期则产生暗褐色冬孢子堆，内含大量冬孢子。病害严重时，叶正面、叶柄和嫩茎均受侵染，其表面可产生一层醒目的鲜橘红色粉末状物，叶片表面病斑密布，致病叶早衰枯死。

[病原] *Puccinia sonchi* Rob.属担子菌苦苣菜柄锈菌真菌。病菌夏孢子堆叶背面生，近圆形至椭圆形，锈红色，成熟后突破表皮外露。夏孢子圆形至卵圆形，单胞，厚壁，淡褐色，表面具有微刺，大小为20～28μm×18～24μm。冬孢子堆主要生于叶背，散生或聚生，直径0.5mm，暗褐色。冬孢子卵圆形至球拍状，双细胞，浅褐色，胞壁和隔膜较厚，呈红褐至暗褐色，具柄，柄无色，孢子大小为27～45μm×18.5～23μm，柄长4.6～29.5μm（图3-11）。

[发病规律] 病菌以菌丝体和冬孢子在活体寄主上存活越冬。温暖地区无越冬现象，以夏孢子借气流传播，在多种寄主上辗转为害。苦苣菜生长期温暖潮湿，多露、多雾有利于发病，植株生长衰弱，偏施氮肥病害严重。

[防治方法]

1. 收获后及时清洁田园，病残体集中烧毁或经高温堆肥，减少越冬病菌。

2. 增施磷钾肥。注意田间排水降湿，避免积水。

3. 发病初期进行药剂防治，可选用25%敌力脱乳油4 000倍液，或30%特富灵可湿性粉剂4 000倍液，或30%百科乳油2 500倍液，或6%乐必耕可湿性粉剂2 500倍液，或43%菌力克悬浮剂6 000～8 000倍液，或40%福星乳油6 000～8 000倍液，或15%粉锈宁可湿性粉剂1 500倍液喷雾，7～10天防治1次，连续防治2～3次。

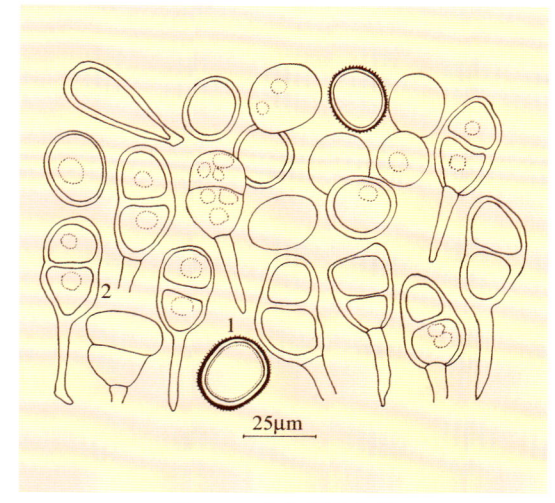

图3-11 苦苣菜锈病菌
1. 夏孢子 2. 冬孢子

苦苣菜锈病病斑放大

苦苣菜锈病病叶

苦苣菜菌核病
Common sowthistle Sclerotinia rot

菌核病为苦苣菜的重要病害，主要发生在老菜区，北方主要在保护地内发生，南方露地种植亦可发病。一般病株率5%~10%，在一定程度上影响正常生产，严重时发病率可达30%，明显影响产量。

[症状] 此病主要为害茎基部，各生育期都可发病。苗期染病，幼苗茎基部腐烂坏死，病部产生白色菌丝团和鼠粪状菌核。成株期染病，病部呈不规则水渍状腐烂，表面产生浓密的白色絮状菌丝团，以后转变成鼠粪状菌核，病株随病害发展而枯死。后期病株茎秆坏死变空，其内形成鼠粪状菌核。

[病原] *Sclerotinia sclerotiorum*（Lib.）de Bary 属子囊菌核盘菌真菌。详见结球莴苣菌核病。

发病规律、防治方法参见结球莴苣菌核病。

苦苣菜菌核病病株

苦苣菜菟丝子
Common sowthistle Chinese Cuscuta

菟丝子为寄生性种子植物，分布广泛，主要发生在耕作粗放的地区，以夏秋季较为常见，发生后对生产有一定影响。

[症状] 菟丝子以其线形茎蔓缠绕寄主主茎和叶柄，在与寄主接触部位产生吸器，伸入寄主主茎和叶柄细胞内，吸取水分和养分，致植株叶片变黄枯萎，严重时成团枯死。

[病原] *Cuscuta chinensis* Lamb.属中国菟丝子。详见食用菊菟丝子。

发病规律、防治方法参见食用菊菟丝子。

苦苣菜菟丝子田间为害状

苦苣菜菟丝子为害后期

9. 苦苣病害 Diseases of endive

苦苣白粉病
Endive powdery mildew

白粉病为苦苣的主要病害，分布较广，发生较普遍，春、夏、秋季都可发病，以夏秋发病重，常造成植株早衰枯死，明显影响苦苣产量与品质。

[症状] 此病主要为害叶片，严重时茎上也产生白色粉斑。发病植株多在叶两面产生白色粉斑，随病害发展多个病斑相互汇合，使叶面覆满白粉，即病菌的分生孢子，终致叶片衰老黄化坏死。秋冬季可在病叶上产生黑色小粒点，即病菌的闭囊壳。

[病原] *Erysiphe cichoracearum* DC.属子囊菌菊科白粉菌真菌。

苦苣白粉病前期病叶 　　　　　　苦苣白粉病中后期病叶

病菌菌丝体表面生，留存。分生孢子链生，长椭圆形至长圆柱形，大小为23～34.5μm×15.5～19μm。闭囊壳球形至扁球形，暗褐色，直径85～144μm。附属丝丝状，基部颜色较深，端部色浅或无色，有隔膜，长短不均，不分枝，与菌丝体交织在一起。子囊6～21个，椭圆至长椭圆形，有柄，大小为44～107μm×23～59μm。子囊孢子一般2个，椭圆形至球形，大小为19～38μm×11～22μm（图3-12）。

[发病规律] 温暖地区病菌以菌丝体和分生孢子在寄主上为害过冬，寒冷地区病菌以闭囊壳随病残体越冬。翌年产生子囊孢子进行初侵染，病部产生分生孢子借气流传播，由表皮直接侵入。苦苣生长期昼暖夜凉、露水重、多雨、高湿，此病发生严重。土壤缺肥或偏氮易发病。

[防治方法]

1. 秋冬季彻底清除病叶，集中烧毁，减少菌源。

2. 人工种植适当施用有机肥和磷、钾肥，提高植株抗病力。加强管理，避免田间积水。

3. 发病初期进行药剂防治。参见樱桃萝卜白粉病。

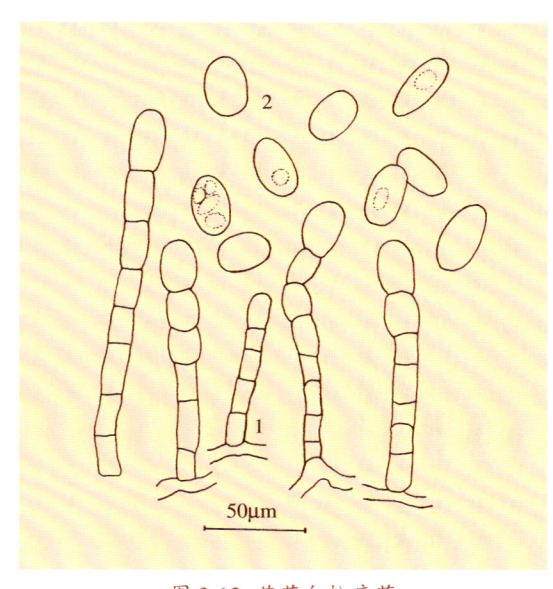

图3-12 苦苣白粉病菌
1. 分生孢子梗　2. 分生孢子

苦苣菌核病
Endive Sclerotinia rot

苦苣菌核病病茎

菌核病为苦苣的重要病害，部分地区发生分布，主要在南方露地和北方老菜区保护地内发病。一般病株率5%～10%，轻度影响产量和品质，重时病株率可达30%以上，明显影响苦苣生产。

[症状] 此病可为害地上部各个部位，病部初呈水渍状不规则坏死，黄褐至灰褐色，以后迅速腐烂并快速向四周扩展蔓延，在病部表面产生浓密白色絮状菌丝团，最后形成黑色鼠粪状菌核。随病害发展，植株萎蔫坏死。

[病原] *Sclerotinia sclerotiorum* (Lib.) de Bary 属子囊菌核盘菌真菌。详见结球莴苣菌核病。

发病规律、防治方法参见结球莴苣菌核病。

苦苣褐斑病
Endive Ascochyta leafspot

褐斑病为苦苣的普通病害，主要在南方菜区发生分布，通常病株率10%左右，轻度影响产品质量，重病地块发病率可达30%以上，显著影响苦苣生产。

[症状] 此病主要侵害叶片，初在叶片上出现浅褐色小点，以后逐渐发展成近圆形至不规则形略呈同心轮纹的坏死病斑，病斑中央常具有浅灰白色圆形侵染小点，后期病斑上可产生黑色小点，即病菌分生孢子器。多个病斑扩大后相互连接致叶片坏死枯萎。

[病原] *Ascochyta lactucae* Oud.属半知菌莴苣褐斑菌真菌。病菌分生孢子器生于寄主叶片内，后期突破表皮外露，近球形，暗褐色，器壁膜质，具孔口，直径为150～180μm。分生孢子长椭圆形，无色，双细胞，分隔处缢缩，大小为12～15μm×3.5μm。

发病规律、防治方法参见菊苣轮纹病。

苦苣褐斑病病叶

10. 豆瓣菜病害　Diseases of water cress

豆瓣菜病毒病
Water cress virus disease

病毒病为豆瓣菜的主要病害，分布广泛，发生普遍，保护地、露地都有零星发病。一般病株率5%～15%，轻度影响生产。严重时发病率可达30%甚至更高，显著影响豆瓣菜的正常生产。

[症状] 此病在各生育阶段都可发生，染病植株在田间受侵染毒源的影响，常表现出花叶、坏死斑和畸形三种类型症状。花叶型：即植株系统染病，由下向上叶片出现黄绿相间的斑驳，或出现网状花叶，病株轻度畸形，叶柄扭曲，叶片均向下呈勺状扣卷，较短时期内病株即枯黄坏死。坏死型：即染病植株中下部叶片上出现许多不规则红褐色坏死小斑点，其边缘常具有黄色晕圈，病叶亦向下反卷，随病情发展多个病斑连接汇合，致叶片坏死。畸形症状，即中后期染病植株，仅幼嫩部叶片表现出轻度花叶或斑驳，新出幼叶变小，节间和叶柄缩短，或腋芽丛生，心叶和外叶比例严重失调。

[病原] TuMV即芜菁花叶病毒，也有一定比例的CMV和TMV即黄瓜花叶病毒和烟草花叶病毒混合侵染。

发病规律、防治方法参见青花菜病毒病。

豆瓣菜病毒病畸形轻花叶病株

豆瓣菜病毒病畸形病株

豆瓣菜病毒病花叶病株

豆瓣菜病毒病坏死斑病株

豆瓣菜黑斑病
Water cress black spot

（图3-13）。

发病规律、防治方法参见青花菜、紫甘蓝黑斑病。

黑斑病为豆瓣菜的一般性病害，分布较广，局部地区发生，保护地和露地均有零星发病，夏秋季较常见，病情一般较轻，病株率多在20%以下，对生产几乎没有影响，但严重时发病率可高达100%，植株多数叶片染病坏死，对产量和品质影响较大。此病还侵害紫甘蓝、青花菜、芥蓝等多种十字花科蔬菜。

[症状] 此病主要为害叶片，多从中下部老叶开始侵染，开花期有时也侵染花序。发病初期在叶片上出现水渍状褐色坏死小点，周围逐渐褪色黄化，形成近圆形浅黄至黄绿色晕环，病健交界模糊，随病害发展，病斑中心组织进一步不规则变褐坏死腐烂。空气特别潮湿的情况下，病斑表面产生稀疏灰黑色霉层。正常情况下病斑上很少产生分生孢子，多随病害发展病部坏死干腐破裂，多个病斑相互汇合致叶片黄化坏死。

[病原] *Alternaria brassicicola* (Schweinitz) Wilts.属半知菌甘蓝链格孢真菌。病菌分生孢子梗橄榄褐色，呈葡萄状单生，偶有分枝，具0～3个分隔，大小为25～45μm×5～9μm。分生孢子浅褐色，顶生，单生或数个链生，倒棍棒形，个别长卵形，具2～7个横隔膜，很少产生纵隔膜，无喙细胞或极短，大小为15～85μm×7.5～18μm

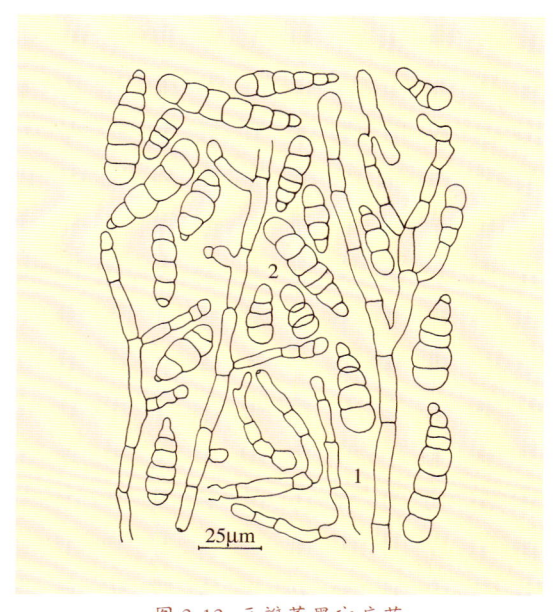

图3-13 豆瓣菜黑斑病菌
1. 分生孢子梗 2. 分生孢子

豆瓣菜黑斑病前期病斑

豆瓣菜黑斑病中后期病斑

豆瓣菜菌核病
Water cress Sclerotinia rot

菌核病为豆瓣菜的重要病害，分布较广，发生不很普遍，主要在老菜区冬春保护地内发生，南方地区露地也偶有零星发病。一般病株率10%以下，对生产有一定影响。

[症状] 此病在各生育期都可发生。初期多使基部叶片、叶柄或匍匐茎呈暗绿至黄褐色水渍状腐烂，随即在病部长出浓密的絮状白色菌丝团，最后由菌丝集结形成黑色鼠粪状菌核。植株染病后病情发展迅速，很快即造成病株死亡，或形成大片死株、烂秧。

[病原] *Sclerotinia sclerotiorum* (Lib.) de Bary属子囊菌核盘菌真菌。形态同青花菜菌核病。

发病规律、防治方法参见青花菜菌核病。

豆瓣菜菌核病病苗

豆瓣菜菌核病中后期病茎

豆瓣菜菌核病病株

豆瓣菜菌核病菌核和子囊盘

豆瓣菜丝核菌腐烂病
Water cress Rhizoctonia rot

丝核菌腐烂病为豆瓣菜的重要病害，分布很广，发生较普遍，保护地、露地均可发病，以春秋两季发生较重。一般发病率8%～20%，对产量有一定影响。病重时植株成片死亡，可造成30%～40%产量损失。此病还为害多种其他蔬菜。

[症状] 此病主要为害叶片和茎。叶片病斑圆形或不规则形，浅黄至灰褐色，多从叶缘或叶尖开始侵染，湿度大时病叶腐烂，病部产生蛛丝状菌丝。严重时许多叶片发病、枯死或腐烂。茎部染病，初呈水渍状，后变成浅褐色不规则形斑点，随病情发展病茎软腐或干腐，病部缢缩，其上产生较明显的白霉，后期转变成小菌核，最后全株倒折，萎蔫死亡。

[病原] *Rhizoctonia solani* Kühn属半知菌丝核菌真菌。病菌菌丝初期无色，后变成浅褐色，直径4.5～8.5μm，呈直角分枝，离分枝不远处具一隔膜，分枝处多缢缩，后期菌丝纠集形成菌核。菌核初期白色，后转变成浅褐至深褐色，大小为0.5～0.7mm。

[发病规律] 病菌主要以菌丝体或菌核在土壤内及病残体上越

冬。借浇水、施肥或农事操作传播，形成初侵染。病部产生菌丝接触蔓延，形成再侵染。病菌生长发育温度4～34℃，适宜温度23℃左右，23～28℃最适宜菌核形成。豆瓣菜生长期间，空气温暖潮湿、植株生长茂密、施氮肥过量，有利于发病。保护地在浇水后长时间闷棚，病害发生较重。

[防治方法]

1. 采用水培或基质栽培。避免偏施过量氮肥。

2. 土壤处理。种植前用50%利克菌可湿性粉剂60～75kg/hm²，拌细土450～600kg均匀施于地表。

3. 发病初期喷洒45%特克多悬浮剂800倍液，或50%扑海因可湿性粉剂1 000倍液，或40%施加乐悬浮剂800～1 000倍液，或50%农利灵可湿性粉剂1 000倍液，或5%田安水剂300倍液，或50%溶菌灵可湿性粉剂600～800倍液。7～10天防

治1次，视病情防治1～3次，保护地在施药后适当增加放风，水培或基质栽培喷药后需排水晾秧2～3天。

豆瓣菜丝核菌腐烂病前期病茎

豆瓣菜丝核菌腐烂病病叶

豆瓣菜丝核菌腐烂病后期病茎

豆瓣菜丝核菌腐烂病后期病株

豆瓣菜褐斑病
Water cress Cercospora leafspot

褐斑病为豆瓣菜的主要病害，分布广泛，发生普遍，保护地、露地种植及各生产季节均零星发生，一般发病率8%～25%，对产量有轻微影响，严重时病株率可达80%，造成10%～30%生产损失。

[症状] 此病主要为害叶片，病斑圆形或近圆形，初为褪绿小点，逐渐发展成黄色至褐色病斑，边缘不明显，多数病斑周围具有一黄绿色晕环，病斑直径多为3～5mm，个别10mm以上，有时具有轮纹，上生灰黑色霉状物，即病菌分生孢子梗和分生孢子。多个病斑相互连接成片，使叶片黄化坏死干枯。空气潮湿，病部腐烂穿孔。

[病原] *Cercospora nasturtii* Pass.属半知菌水田芥尾孢霉真菌。分生孢子梗浅褐色，数根丛生，不分枝，具明显屈痕，有0～3个屈曲，2～5个分隔，顶端渐细，钝圆，颜色较浅，大小为55～153μm×3.8～6.5μm。分生孢子无色，细棒状或鼠尾状，直或微弯，基部平截状，尖端钝圆，具3～18个隔膜，大小为42.5～164.8μm×3.5～6.5μm（图3-14）。

[发病规律] 病菌以菌丝体或分生孢子在病叶或病残组织上越冬。南方地区冬季仍继续侵染为害，高温季节，病菌遗留在种株上或随病残体遗落在田间越夏。病菌以分生孢子进行初侵染和再侵染，借气流或浇水和雨水传播。温暖潮湿条件有利于发病。植株生长茂密，氮肥施用过多，

浇水后田间积水,或保护地通风较差,病害发生严重。

[防治方法]

1.重病地块,实行与非十字花科蔬菜轮作,避免偏施过多的氮肥。

2.发病初期选用50%敌菌灵可湿性粉剂400～500倍液,或70%甲基托布津可湿性粉剂600倍液,或50%农利灵可湿性粉剂1 000倍液,或6%乐必耕可湿性粉剂1 000倍液,或40%多硫悬浮剂500倍液,或80%大生可湿性粉剂800倍液,或70%代森锰锌可湿性粉剂600倍液喷雾。保护地可选用5%百菌清粉尘剂,或5%加瑞农粉尘剂或6.5%甲霉灵粉尘剂15kg/ hm²喷粉或采用常温烟雾施药防治。

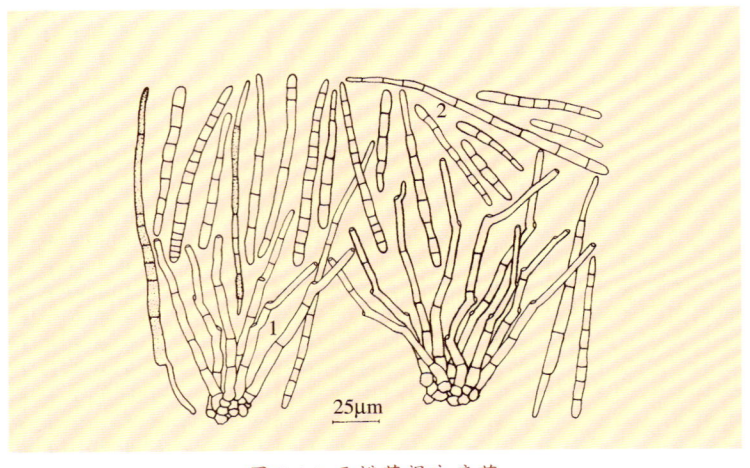

图3-14 豆瓣菜褐斑病菌
1.分生孢子梗 2.分生孢子

豆瓣菜褐斑病病斑放大

豆瓣菜褐斑病病株

豆瓣菜灰霉病
Water cress gray mold

灰霉病为豆瓣菜的一般性病害,仅在保护地零星发生,病情很轻,对生产无影响,严重时发病率达30%以上,在一定程度上影响豆瓣菜产量和质量。

[症状]此病多在生长中后期发生。多从基部枯黄叶片或受伤的部位开始侵染。使病部呈水渍状黄褐色坏死腐烂,发展迅速,在病组织表面产生灰色霉层,即病菌分生孢子梗和分生孢子。

[病原]*Botrytis cinerea* Pers.属半知菌灰葡萄孢真菌。详见青花菜灰霉病。

发病规律、防治方法参见青花菜灰霉病。

豆瓣菜灰霉病病叶

11. 京水菜病害 Diseases of jingshuicai

京水菜病毒病
Jingshuicai virus disease

病毒病为京水菜的主要病害,分布广泛,发生较普遍。保护地、露地种植都可发生,春、夏、秋季均可发病,以夏、秋发病重,严重地块病株率可达30%以上,显著影响产量和品质。

[症状] 此病在幼苗期至生长后期均可发生。多发生在幼嫩叶片,出现明脉或不规则褪绿。以后呈明显花叶,有的叶片出现颜色深浅不均,叶面凹凸不平斑块,畸形皱缩。重病植株生长受抑制,裂叶变窄或呈细条状,植株矮缩,最后变黄枯死。

[病原] TuMV、CMV、TMV,即芜菁花叶病毒、黄瓜花叶病毒、烟草花叶病毒,以TuMV为主。芜菁花叶病毒粒体线状,大小为700~800nm×12~18nm,

京水菜病毒病病株

失毒温度55~60℃经10min,稀释限点1 000倍,体外保毒期48~72 h,通过蚜虫或汁液接触传毒,在田间自然条件下主要靠蚜虫传毒。除侵染十字花科蔬菜外,还可侵染菠菜、茼蒿等蔬菜。

[发病规律] 温暖地区病害常年发生,无明显越冬现象。北方菜区初侵染源主要来自十字花科蔬菜和野生寄主,主要通过桃蚜、菜缢管蚜、甘蓝蚜等迁飞传播,也可通过病毒汁液接触传毒。此外,新近研究发现TuMV和CMV有自然非蚜传株系存在。TuMV主要在豆瓣菜、鹅肠菜、天蓬草、碎米芥、野油菜、芥菜等多种十字花科寄主上越冬和越夏。高温干旱、蚜虫数量多,病害发生严重。

[防治方法]

1. 合理布局,避免十字花科蔬菜间、套作,最好与非十字花科蔬菜轮作。

2. 育苗地远离菜田,定植时注意清除田间及周边杂草,剔除病苗、弱苗。

3. 生长期加强管理,适时浇水、施肥,及时防治传毒蚜虫。

4. 必要时在发病初期喷洒5%菌毒清可湿性粉剂400倍液,或0.5%抗毒剂1号水剂300倍液,或20%毒克星可湿性粉剂500倍液。

京水菜菌核病
Jingshuicai Sclerotinia rot

菌核病为京水菜的一般性病害,主要在老菜区保护地内发生分布。通常零星发病,对生产有轻度影响,严重时发病率达30%以上,病株成片腐烂坏死。

[症状] 此病主要侵害植株基部。病部呈水渍状软腐,在其表面产生浓密的絮状白霉,迅速向各方向发展蔓延,短时期

内致整株瘫倒坏死,最后形成鼠粪状菌核。

[病原] *Sclerotinia sclerotiorum* (Lib.) de Bary 属子囊菌核盘菌真菌。详见结球莴苣菌核病。

发病规律、防治方法参见结球莴苣菌核病。

京水菜菌核病病苗

京水菜菌核病病株

京水菜菌核病菌核

京水菜菌核病子囊盘

京水菜软腐病病株

京水菜软腐病
Jingshuicai bacterial soft rot

软腐病为京水菜的一般性病害，分布广泛，发生普遍。保护地、露地都可发病，通常病株零星，发病率5%～10%，严重时造成植株成团或成片坏死，明显影响京水菜产量和品质。

[症状] 此病全生育期都可发生，可侵染植株的各个部位。多从根茎部开始侵染，病部初呈水渍状，灰白色至暗绿色，迅速向上下发展，使叶柄或根茎软化腐烂，叶片瘫倒坏死，释放出恶臭气味。叶片染病，多从伤口处开始侵染，呈水渍状软腐，空气潮湿，迅速向各方向发展，短期内使整片叶腐烂坏死。空气干燥，病叶呈灰绿色萎蔫干枯。

[病原] *Erwinia carotovora* subsp. *carotovora* （Jones）Bergey et al. 属胡萝卜软腐欧氏杆菌胡萝卜软腐病亚种细菌。详见青花菜软腐病。

发病规律、防治方法参见结球莴苣软腐病。

12. 西芹病害 Diseases of celery

西芹病毒病病苗

西芹病毒病
Celery virus disease

病毒病为西芹的主要病害，分布广泛，发生普遍，保护地、露地都可发病，以夏、秋露地种植受害重。一般病株率5%～20%，重病地块或重病年份病株率可达30%以上，严重影响西芹的产量和品质。

[症状] 此病在西芹的全生育期都可发生，以苗期发病受害重。染病初期在叶片上出现褪绿花斑，逐渐发展成黄绿相间的斑驳或黄色斑块，后期变成褐色枯死斑。严重时叶片卷曲皱缩，心叶扭曲畸形，植株生长受抑制、矮化。

[病原] 此病可由多种病毒引起。主要由 Celery mosaic virus

（CeMV）和CMV即芹菜花叶病毒和黄瓜花叶病毒侵染所致，两种病毒引起相似症状。芹菜花叶病毒（CeMV）粒体线形，大小为750～800nm×13nm，汁液稀释限点100～1000倍，钝化温度为55～65℃，室温条件下体外存活期5天，主要侵染菊科、藜科、茄科的几种植物。黄瓜花叶病毒（CMV）粒体球状，直径28～30nm，汁液稀释限点1000～10000倍，钝化温度60～70℃10min，不耐干燥，体外存活期3～4天，可侵染39科117种植物。

[发病规律] 两种病毒主要在保护地芹菜和其他宿根寄主上越冬。环境条件适宜时引起发病，在田间主要通过蚜虫传播，也可通过接触摩擦引起部分传毒。西芹生长期高温干旱、缺水、缺肥、蚜虫发生严重，则病害发生严重。

[防治方法]

1.因地制宜选用抗、耐热品种，适时播种，防止苗期染病。重病苗及时剔除，减少感染源。

2.加强田间管理，合理施肥，高温季节及时浇水，注意防旱排涝，增强植株抗耐病能力。生长期间坚持抓好蚜虫防治，减少传毒。

3.发病初期喷施1%抗毒剂1号水剂200～300倍液，或20%病毒A可湿性粉剂500倍液，或1.5%植病灵乳剂1000倍液。

西芹病毒病蕨叶病株

西芹病毒病矮化病株

西芹病毒病病叶

西芹病毒病花叶病株

西芹斑枯病
Celery Septoria late blight

斑枯病为西芹的主要病害，分布广泛，发生普遍，保护地、露地均可发生。一般病株率20%～30%，在一定程度上影响产品质量。严重地块或棚室，发病率均达80%以上，显著影响产量和品质。

[症状] 此病主要为害叶片，也为害叶柄和茎部。叶片发病可产生两种类型病斑，早期症状相似，初为浅褐色油渍状小点，后发展成黄褐至灰褐色坏死斑。大斑型病斑一般较大，多近圆形，直径4～15mm，边缘多为墨绿色，病斑上较均匀散生黑色小点，即病菌分生孢子器。小斑型病斑边缘多有一黄色晕环，形状不规则，多小于5mm，其上产生紫红至锈褐色分布不均匀小粒点。叶柄和茎部染病，

西芹斑枯病叶背病斑

西芹斑枯病叶面病斑

多形成梭形褐色坏死斑，略凹陷至显著凹陷，边缘常呈浸润状，病部散生黑色小点，大、小斑型仅表现斑的大小不同。病害严重时植株表面病斑密布，短时期内即坏死枯萎。通常在较寒冷季节或北方地区小斑型较多，较温暖或南方菜区大斑型较普遍。

[病原] *Septoria apiicola* Speg.属半知菌芹菜壳针孢真菌。病菌分生孢子器球形，生于寄主表皮下，直径82～148μm，大斑型多散生，孔口直径较小，小斑型多丛生，孔口直径较大，遇水均从孔口逸出大量分生孢子。分生孢子针形，无色透明，直或微弯，顶端稍尖，基部略钝，大小为32～65μm×1.5～3μm，0～7个分隔，多为3个（图3-15）。

[发病规律] 病菌主要以菌丝体潜伏在种皮内或在病残体及病株上越冬。种皮内病菌可存活1年以上。条件适宜时越冬病菌产生分生孢子侵染幼苗，或通过风、雨、农事操作传播，进行初次侵染。病菌从气孔或直接透过表皮侵入，寄主发病后产生分生孢子器，释放分生孢子进行重复再侵染。分生孢子萌发温度9～28℃，发育适温20～27℃。病菌致死温度为48～49℃，30min。病菌在冷凉天气下发育迅速，潮湿多雨有利于发病，田间发病适宜温度为20～25℃。芹菜生长期多阴雨或昼夜温差大，白天空气干燥，夜间结露多、时间长，或大雾等发病严重。田间管理粗放、积水或缺肥，或高温致植株生长不良，病害发生亦严重。

[防治方法]

1. 选用无病种子，用无病株留种，或采用隔年陈种子。普通种子需进行种子处理，可用48～50℃温水浸种15～20min，边浸边搅拌，其后用凉水冷却，待晾干后播种。

2. 收获后彻底清除田间病残落叶，发病初期及时清除病叶、病茎等，带到田外集中沤肥或深埋销毁，以减少菌源。

3. 根据气候特点和需要，因地制宜选用抗、耐病良种。如抗病、抗寒、耐热品种意大利冬芹，抗病耐热，耐寒品种意大利夏芹和抗逆性较强的上海大芹、佛罗里达683等。

4. 生长期加强管理，增施底肥，适时追肥，雨后及时排水。保护地注意通风排湿，减少夜间结露，禁止大水漫灌。

5. 发病初期进行药剂防治，可选用40%福星乳油8 000倍液，或50%大富丹可湿性粉剂500倍液，或43%菌力克悬浮剂8 000倍液，或10%世高水分散粒剂8 000倍液，或50%敌菌灵可湿性粉剂500倍液，或65%多果定可湿性粉剂1 000倍液，或50%扑海因可湿性粉剂1 000倍液，或45%特克多悬浮剂1 000倍液，或40%多硫悬浮剂500倍液，或70%安泰生可湿性粉剂800倍液喷雾，或采用常温烟雾施药防治，7～10天防治1次，视病情连续防治1～3次。保护地选用5%百菌清粉尘，或6.5%甲霉灵粉尘或上述药剂粉尘剂喷粉，防治效果更理想。

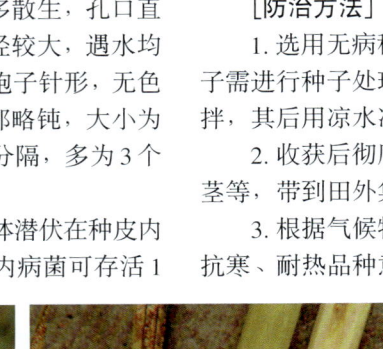

西芹斑枯病病叶

西芹斑枯病叶柄病斑

西芹斑枯病重病叶柄

西芹斑枯病种株病茎

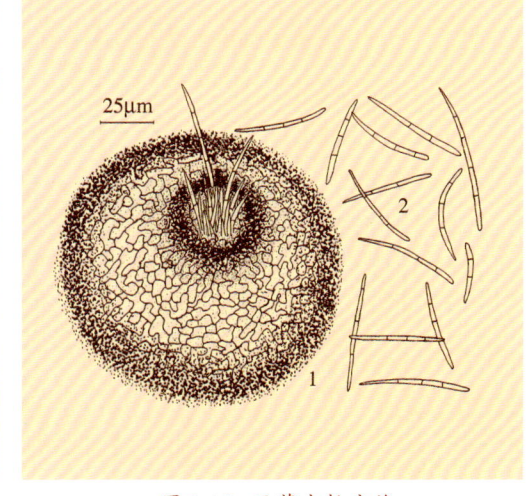

图3-15 西芹斑枯病菌
1.分生孢子器 2.分生孢子

西芹斑枯病田间为害状

西芹叶斑病

Celery early blight

叶斑病又称早疫病，是西芹的主要病害，分布广泛，发生普遍，保护地、露地均有发生。一般病株率10%～20%，仅影响西芹品质。严重时发病率高达60%～100%，病株多数叶片因病坏死甚至全株枯死，显著影响产量与品质。

[症状] 此病主要为害叶片，亦为害茎和叶柄。叶片染病初为黄绿色水渍状小点，后扩展成近圆形或不规则形灰褐色坏死斑，边缘不明显，紫褐色至暗褐色。空气潮湿，病斑上产生灰白色霉层，多个病斑相互汇合致叶片枯死。茎和叶柄受害，初为水渍状暗黄色略凹陷梭形至长椭圆形小斑，逐步发展成长梭形至不规则形黄褐色坏死斑，明显凹陷，龟裂，边缘浸润状。空气潮湿病部表面亦产生灰白色霉层。

[病原] *Cercospora apii* Fres.属半知菌芹菜尾孢霉真菌。病菌子实体叶两面生，子座较小，暗褐色，分生孢子梗束生，榄褐色，顶端色淡，近截形，多不分枝，多具膝状屈曲，其上孢痕明显，具

西芹叶斑病病斑

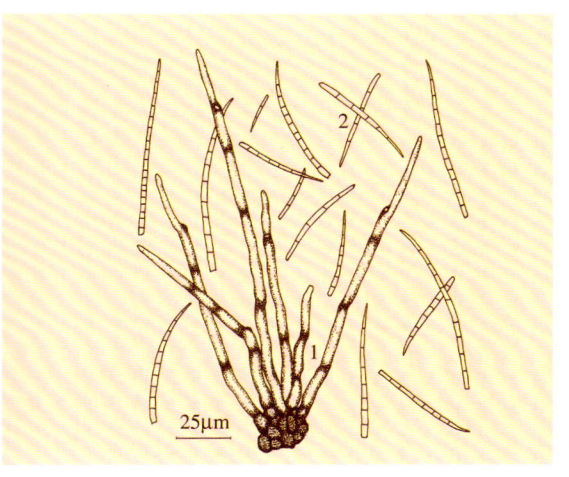

图3-16 西芹叶斑病菌
1. 分生孢子梗 2. 分生孢子

0～4个隔膜，大小为65～170μm×3.5～6μm。分生孢子无色，鞭状，正直或略弯，顶端较尖，向下逐渐膨大，基部近截形，具2～19个隔膜，大小为17.5～112.5μm×1.5～3.5μm（图3-16）。

[发病规律] 病菌以菌丝体随种子、病残体或在保护地内越冬。春季条件适宜时产生分生孢子，通过气流、雨水或浇水及农事操作传播。由气孔或直接穿透表皮侵入，其后病部产生新的分生孢子进行重复侵染。高温高湿适宜发病，病菌发育适宜温度为25～30℃，产生分生孢子适宜温度为15～20℃，分生孢子萌发适温为28℃左右。西芹生长期高温多雨、大雾、夜间持续长时间结露，病害发生严重。植株缺肥、生长衰弱、田间高湿等发病亦较重。

[防治方法]

1. 清洁田园，种子处理，选用抗、耐病品种，田间管理、防病等参见斑枯病。

西芹叶斑病中后期病叶

西芹叶斑病叶柄病斑

2. 药剂防治可选用50%敌菌灵可湿性粉剂500倍液，或70%甲基托布津可湿性粉剂600倍液，或70%安泰生可湿性粉剂800倍液，或40%百科乳油1 000倍液，或50%农利灵可湿性粉剂1 000倍液，或80%大生可湿性粉剂800倍液，或70%代森锰锌可湿性粉剂600倍液，或6%乐必耕可湿性粉剂1 500倍液喷雾。保护地亦可选用6.5%甲霉灵粉尘剂，或5%扑海因粉尘剂15kg/hm²喷粉，或采用常温烟雾施药防治。

西芹叶斑病后期病叶

西芹叶斑病田间受害状

菌核病为西芹的普通病害，在老菜区零星发生。以冬春保护地生产棚室较为常见，病株率一般在10%以下，一旦发病，全株腐烂，造成一定的产量损失。

[症状] 此病主要为害叶柄，多由茎基部开始染病，初呈浅褐色水渍状，迅速向各方向发展，致发病组织溃烂软腐，病部表面产生浓密絮状白霉，以后形成鼠粪状黑色菌核。有时也为害叶片，形成暗绿色污斑，空气潮湿时产生白霉，迅速向下发展蔓延引起叶柄及茎发病而腐烂，产生白霉和形成菌核。

[病原] *Sclerotinia sclerotiorum*（Lib.）de Bary 属子囊菌核盘菌真菌。详见结球莴苣菌核病。

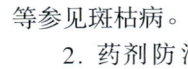

西芹菌核病
Celery Sclerotinia rot

[发病规律] 病菌以菌核在土壤中或混杂在种子内越冬。土中菌核萌发产生子囊盘和子囊，子囊弹放出子囊孢子引起发病。田间主要通过带病组织上的菌丝与无病植株接触，或农事携带传播病害。菌核在0～35℃均可萌发，适宜温度为5～10℃，20℃对菌丝生长最有利，菌核萌发适宜温度为15℃，高于50℃，5min即死亡，棚室内相对湿度高于85%有利于发病。

[防治方法]

1. 深翻地，使大部分菌核埋在6cm土层以下。种植前彻底清除杂草，掌握在病菌子囊盘出土盛期进行中耕，切断子囊束。

2.培育无病壮苗，生长期注意通风降温、排湿，发现病株及时彻底清除，带到棚外销毁，防止病菌落入土中，以减少越冬菌源。

3.药剂防治：发病初期可喷洒65%甲霉灵可湿性粉剂600倍液，或40%施加乐悬浮剂800～1 000倍液，或45%特克多悬浮剂800倍液，或40%菌核利可湿性粉剂500倍液，或50%敌菌灵可湿性粉剂500倍液，或50%农利灵可湿性粉剂1 000倍液。用上述药剂的粉尘剂喷粉防治效果更理想。

西芹菌核病前期病株

西芹菌核病中后期病株

西芹菌核病中期病株

西芹菌核病后期病株

西芹叶枯病
Celery Alternaria blight

叶枯病为西芹的普通病害，分布较广，发生亦较普遍，但通常病情很轻，仅零星发病，对生产无明显影响，严重时病株率可达5%～10%，在一定程度上影响产量和质量。

[症状] 此病在西芹全生育期都可发生，以幼嫩时期较多见，主要为害叶片。叶片染病，多从叶尖或叶缘开始侵染，初呈水渍状，暗绿色，以后变褐坏死并向里扩展。空气干燥，病部呈红褐色干枯，叶片卷缩。潮湿时沿叶缘向里腐烂，病部逐渐变成暗褐色，病组织表面产生灰黑色霉状物，即病菌的分生孢子梗和分生孢子。

[病原] Alternaria sp.属半知菌交链孢霉真菌。病菌分生孢子梗深褐色，单枝，有分隔，顶端串生分生孢子。分生孢子形态差异较大，多为棒状至椭圆形，淡褐色，有纵横隔膜，顶端有较短的喙状细胞。

[发病规律] 病菌随病残组织越冬，或在其他寄主上存活。条件适宜时产生分生孢子，侵染积水的心叶或叶缘。发病后病部产生分生孢子进行再侵染。通常健壮的植株不发病，荫蔽潮湿适宜发病。西芹生长期多阴雨，植株生长纤细茂密，叶缘长时间积水，发病较重。

[防治方法] 掌握适当的种植密度，保护地适当增加通风，降低空气湿度。发病初期，清除病株和病叶，必要时配合进行药剂防治，参见青花菜黑斑病。

西芹叶枯病病株

西芹黑斑病
Celery Alternaria leafspot

黑斑病为西芹的普通病害，分布较广，主要在露地发生。一般病情较轻，病株率10%～20%，对生产无明显影响。重病地块发病率可达60%以上，部分枝叶因病坏死，在一定程度上影响生产。

[症状] 此病主要为害叶片，初为浅褐色水渍状小点，以后在叶片上形成近圆形黄褐至暗褐色坏死斑，边缘明显，颜色较深，空气潮湿时在病斑中央产生稀疏灰黑色霉层，即病菌分生孢子梗和分生孢子。有时和叶斑病混合发生，在叶斑病病斑外围形成侵染。

[病原] *Alternaria tenuis* Nees 属半知菌细交链格孢真菌。病菌分生孢子梗多根丛生，直立，个别分枝，偶有屈曲，榄褐色，顶端膨大，具有明显的孢痕，大小为22～74.5μm×3.4～6.5μm。分生孢子长椭圆形至倒棍棒形，浅榄褐色，有喙状细胞，具3～9个横隔膜，0～6个纵隔膜，大小为20.5～54μm×12.1～17.6μm。喙胞大小为4～108μm×4～6.8μm（图3-17）。

[发病规律]病菌主要以菌丝体随病残体越冬，翌年条件适宜时产生分生孢子，通过雨水溅射，或气流进行传播，引起植株发病。病斑上产生分生孢子进行再侵染。西芹生长期间多雨高湿、田间积水、缺肥等有利于发病。

防治方法参见青花菜黑斑病。

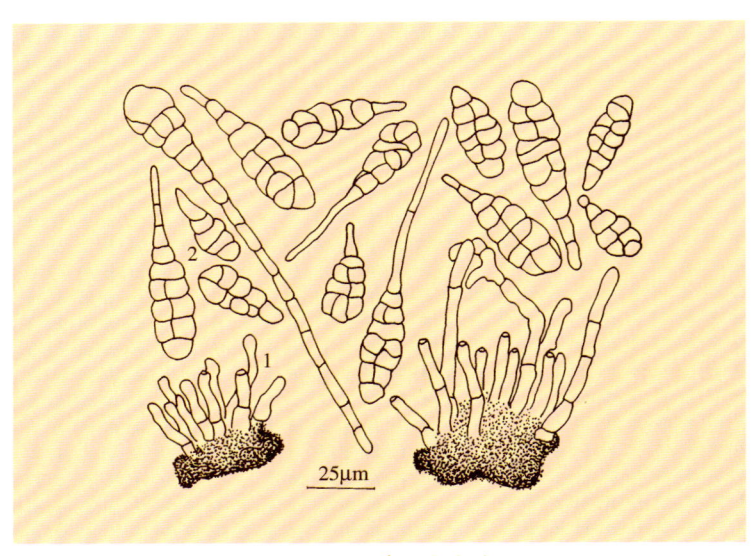

图 3-17 西芹黑斑病菌
1. 分生孢子梗 2. 分生孢子

西芹黑斑病病叶

西芹黑斑病病斑

西芹叶点病
Celery Phyllosticta leafspot

叶点病为西芹的普通病害，在局部地区发生为害，多发生于露地，保护地种植偶有发生。一般病株率5%～10%，对产量无明显影响，严重时发病率可达30%以上，致部分枝叶枯萎坏死，在一定程度上影响产量和品质。

[症状] 此病主要为害叶片，严重时亦为害茎和叶柄。多从中下部生长势较弱的叶片开始侵染，形成初为水渍状褪绿小点，后发展成近圆形至不规则形灰白至灰褐色坏死斑，大小差异很大，边缘多不明显，颜色较深。后期病斑上密生黑色小粒点。严重时多个病斑相互连接致叶片枯黄死亡。

[病原] *Phyllosticta apii* Halst 属半知菌芹菜叶点霉真菌。病菌分生孢子器埋生于寄主组织中，后期部分外露，褐色，扁球形，壁薄，内壁上产生分生孢子。分生孢子椭圆至卵圆形，无色，单细胞。

[发病规律] 病菌以菌丝体或分生孢子器随病残体越冬。条件适宜时产生分生孢子，借风、雨等传播引起发病，再形成分生孢子进行重复侵染。温暖潮湿有利于发病，西芹生长期多雨、露大、雾多，或田间管理粗放、植株缺肥、生长衰弱等病害发生较重。

防治方法参见西芹斑枯病。

西芹叶点病病株

西芹叶点病病斑放大

西芹灰霉病
Celery gray mold

灰霉病为西芹的普通病害，局部地区发生分布。多在老菜区冬春棚室内零星发生或局部发病，病株率常在20%以下，造成一定的经济损失。

[症状] 此病多从积水的心叶、叶片的边缘，或植株下部受损伤叶柄及枯黄的外叶开始侵染。病部呈水渍状坏死、腐烂，以后在病部表面产生灰色霉层，随病害发展染病枝叶萎蔫死亡。

[病原] *Botrytis cinerea* Pers. 属半知菌灰葡萄孢真菌。病菌分生孢子梗单生或丛生，具隔膜0～2个，顶端膨大，呈棒头状，上生小梗，其上着生大量分生孢子，大小为1 850～3 570μm×12.5～20.5μm。分生孢子多卵圆形，单细胞，近于无色，大小为3.8～12.5μm×3.1～6μm（图3-18）。

发病规律、防治方法参见青花菜灰霉病。

西芹灰霉病病叶

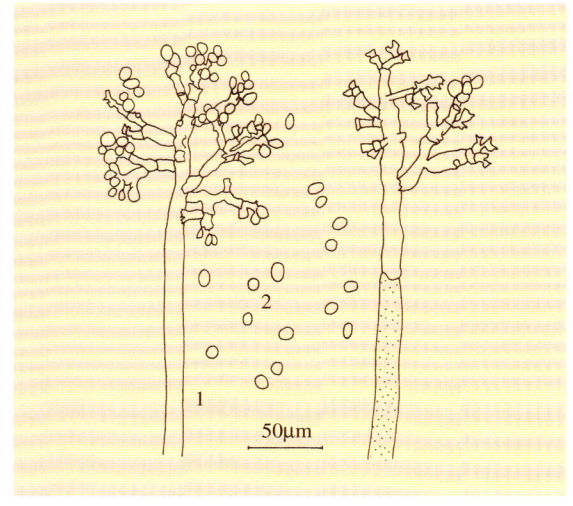

图3-18 西芹灰霉病菌
1. 分生孢子梗 2. 分生孢子

西芹灰霉病病株　　　　　　　　　　　西芹灰霉病病叶柄

西芹绵腐病
Celery Pythium rot

绵腐病为西芹的普通病害，分布较广泛，南北方都有发生，但多零星发生，对西芹生产无显著影响。个别地块发病较重，病株率可达5%～10%，明显影响产量和质量。

[症状] 此病主要为害茎基和叶柄，偶为害叶片。叶柄和茎基染病，初形成水渍状暗绿色至灰绿色不规则形坏死斑，以后迅速发展，病部变褐、软腐、明显下陷，在其表面长出一层白色绵毛状物，最后致内部组织全部腐烂。

[病原] *Pythium aphanidermatum*（Eds.）Fitzp. 属鞭毛菌瓜果腐霉真菌。病菌菌丝体生长繁茂，呈白色棉絮状，菌丝无隔，无色，直径为2.3～7.1μm。菌丝与孢子囊梗无明显区别，孢子囊呈不规则膨大，大小为63～725μm×4.9～14.8μm。泡囊球形，内含6～26个游动孢子。藏卵器球形，直径为14.9～34.8μm。雄器袋状或宽棍状，同丝或异丝生，多1个，大小为5.6～15.4μm×7.4～10μm。卵孢子球形，平滑，不满器，直径为14.0～22μm。

发病规律、防治方法参见苦瓜绵腐病。

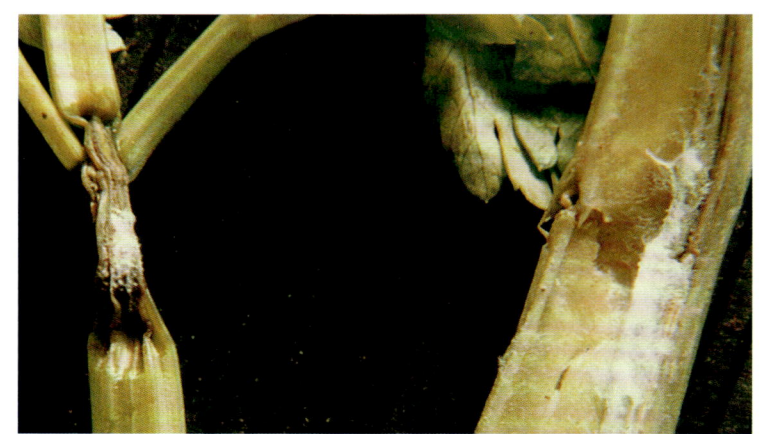

西芹绵腐病病叶柄

镰刀菌腐烂病为西芹的普通病害，分布较广，但一般都零星发生，对生产无明显影响。严重时病株率可达20%以上，造成植株成片坏死腐烂。

西芹镰刀菌腐烂病病叶柄

西芹镰刀菌腐烂病
Celery Fusarium rot

[症状] 此病主要为害叶柄和根茎部，染病部位初呈水渍状暗绿色坏死，以后逐步呈灰白色至灰褐色软腐，在病组织表面产生初为白色后呈粉红色的霉层，即病菌的子实体。进一步发展致多个叶柄染病腐烂，最后仅留丝状维管束，病株上部叶片随即失水枯萎，有的病株腐烂倒折。

[病原] *Fusarium* sp.属半知菌镰孢霉真菌。病菌分生孢子镰刀形，多细胞，2～5个隔膜，无色。小型分生孢子卵圆形至长梭形，单细胞，无色。

发病规律、防治方法参见鸭儿芹根腐病。

西芹软腐病
Celery bacterial soft rot

软腐病为西芹的常见病，分布广泛，发生普遍，保护地、露地都有发生，以夏秋露地较常见。一般病株率5%～10%，轻度影响产量，严重时发病率可达30%以上，明显造成产量损失。

[症状] 此病主要发生于叶柄基部或茎基部。初期形成水渍状凹陷斑，纺锤形或不规则狭条状，浅墨绿色，随病情发展病部迅速腐烂、变褐、发臭，病株最后瘫倒，病部仅留表皮或维管束组织。苗期多引起烂心死苗。

[病原] *Erwinia carotovora* subsp. *carotovora*（Jones）Bergey et al. 属胡萝卜软腐欧氏杆菌胡萝卜软腐亚种细菌。详见青花菜软腐病。

发病规律、防治方法参见青花菜软腐病。

西芹软腐病病叶柄

西芹软腐病前期病株

西芹软腐病中期病株

西芹软腐病后期病株

西芹软腐病病茎

西芹细菌性叶斑病
Celery bacterial blight

细菌性叶斑病为西芹的重要病害，局部地区分布，保护地、露地均可发生。一般病株率为5%～20%，轻度影响西芹的产量与品质。严重时病株率80%以上，严重影响产量和质量，甚至使植株完全丧失商品价值。此病还可侵染多种十字花科、茄科、菊科蔬菜。

[症状] 此病主要为害叶片，严重时亦为害叶柄，全生育期均可发生。叶片染病初期在叶正、背面产生油渍状小点，以后发展成2～5mm灰褐至黄褐色不规则坏死斑，中央凹陷，边缘颜色较深，油渍状，多沿叶脉向外辐射扩展，多个病斑相互连接成不规则大型坏死斑，终致整片叶坏死腐烂或干枯。叶柄染病，多形成大小不等、近椭圆形至不规则形凹陷坏死斑，中央灰白色，边缘褐色，具油渍状光泽，严重时易从病部折断。

[病原] *Pseudomonas cichorii*（Swingle）Stapp.属假单胞杆菌菊苣假单胞细菌。病菌菌体短杆状或链状，大小为0.8μm×1.6～2.5μm，1～4根极生鞭毛，革兰氏染色阴性。在KB平板培养基上27℃培养3～7天，菌落白色，近圆形或略不规则形，中央稍凸起，呈污白色，边缘锯齿毛状，菌落大小为4～6mm，有黄绿色荧光。

[发病规律] 病菌在种子或病残体上越冬。条件适宜时引起发病，在田间借雨水或浇水及害虫传播。病菌生长温度为4～41℃，最适生长温度为25～28℃，发病适宜温度为25～27℃。西芹生长期多阴雨，植株表面长时间结水有利于发病。此外，害虫数量多、为害重的地块发病较重。

防治方法参见青花菜黑腐病和角斑病。

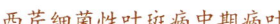
西芹细菌性叶斑病中期病叶

西芹细菌性叶斑病后期病叶

西芹根结线虫病
Celery root-knot nematode

根结线虫病为西芹的重要病害，部分地区发生分布，保护地、露地都发病，以保护地种植发病严重。通常病株率40%～60%，重病地块均达100%，显著影响西芹的产量和质量。

[症状] 此病为害根系，幼苗期主要侵害主根，成株期和半成株期多侵害幼嫩侧根和细根。根部受害后形成大小不等、链珠状或葫芦状肿瘤，初期乳白色至乳黄色，以后变褐腐烂。受害幼苗或植株生长缓慢，叶色褪绿变黄，由外叶向心叶发展，最后萎蔫死亡。

[病原] *Meloidogyne incognita* Chitwood属南方根结线虫。详见结球莴苣根结线虫病。

发病规律、防治方法参见结球莴苣根结线虫病。

西芹根结线虫病病幼苗

西芹根结线虫病病成苗

西芹烂心病
Celery heart rot

烂心病为西芹的重要病害,分布广泛,发生普遍,保护地、露地都可发生。通常零星发病,病株率5%~10%。重病年或少数棚室,植株发病率可达80%以上,显著影响西芹生产。

[症状] 此病在西芹全生育期都可发生,以苗期发病严重,个别地块或棚室可因此病绝收。早期发病,可造成烂种,致出苗不齐。幼苗出土后染病,多表现生长点或心叶变褐坏死、干腐,由心叶向外叶发展,同时通过根茎向根系扩展,剖开根茎可见根茎向下内部组织变褐坏死。根系生长不正常,病苗停止生长,形成无心苗或丛生新芽,严重时致病苗坏死。发病轻者随幼苗生长在幼株期和成株期继续发展,使部分幼嫩叶柄由下向上坏死变褐,最后腐烂。

[病因] 此病由生理缺钙所致,发病植株在田间常伴有细菌感染,种类不详,有待进一步研究。

[发病规律] 经调查,病害严重程度与播种期和苗期天气关系密切。闷热多雨或暴晴暴雨,光照强,或土壤持续高湿,病害发生严重。此外,土壤贫瘠、黏重,平畦种植,幼苗和幼株生长衰弱,发病较重。偏施氮肥发病也较重。品种间抗性差异较大。

[防治方法]
1. 重病区因地制宜选择试种抗、耐热优良品种。
2. 选择透性较好的土壤育苗,采用高畦种植,注意适当遮阳,避免苗期阳光暴晒。
3. 为减少生产损失,预防菜苗发病后感染细菌,播种前可用种子重量0.3%的47%加瑞农可湿性粉剂拌种,或用47%加瑞农可湿性粉剂400倍液浸种20~30min。
4. 育苗时注意覆盖保护,防止雨水直接冲刷。育苗至生长前期避免田间积水。
5. 幼苗期叶面喷施1%氯化钙(CaCl₂)1~3次,发病初期清除病苗并及时选用防治细菌病害的药液喷浇。参见青花菜黑腐病。

西芹烂心病前期病株

西芹烂心病后期病株

西 芹 冻 害
Celery chilly injury

冻害是西芹较常见的非侵染性伤害，早春和晚秋时有发生，给生产常造成一定损失，严重时可大面积毁苗。

[症状] 冻害主要在叶部表现症状，受害轻时叶片颜色褪绿，叶脉坏死变褐，形成网状褐脉，随后期生长管理逐渐恢复。受害重时，叶片呈水渍状，以后不规则褪绿白化直至坏死，最后整片叶坏死垂萎。

[病因] 此病属生理性病害。详见香芹低温障碍和冻害。

防治方法参见香芹低温障碍和冻害。

西芹冻害中期受害状　　　　　　　西芹冻害后期受害状

13. 鸭儿芹（三叶芹）病害　Diseases of mitsuba

鸭儿芹病毒病
Mitsuba virus disease

病毒病为鸭儿芹的主要病害，分布较广，发生亦较普遍，一般病株率15%～20%，重病地块发病率可达30%～40%，对鸭儿芹的产量与品质影响很大。

[症状] 此病为系统侵染性病害，多全株表现症状，病株叶色变淡，初期叶片出现浓绿和淡绿相间的斑驳或黄色斑块，轻度皱缩扭曲，以后多表现网状花叶，植株黄化矮缩或生长畸形，嫩茎节间缩短，枝叶生长比例严重失调。有时叶片上还出现黄褐色坏死斑点，终致植株萎蔫死亡。

[病原] Celery mosaic virus（CeMV）即芹菜花叶病毒。病毒质粒为弯曲纤维状，大小为750～800nm×13nm，寄主范围较窄，主要侵染菊科、藜科、伞形花科和茄科中的几种植物。经多种蚜虫以非持久方式传毒。病毒汁液稀释限点为100～1 000倍，钝化温度为55～65℃，体外存活期6天。

[发病规律] 芹菜花叶病毒，在活体寄主上存活越冬，在田间主要通过蚜虫传播，亦可通过人工接摩擦传毒。高温干旱利于发病。栽培管理条件差、土壤贫瘠、干旱、蚜虫数量多发病重。

[防治方法]

1. 增施有机底肥，适期播种，培育壮苗，使苗期避开高温干旱季节。注意适时浇水和中耕除草，促进根系发育，增强植株抗病能力。

2. 收获后或定植前彻底清除田间及周围杂草，生长期注意防治本田和邻作的蚜虫，减少田间传毒媒介，控制病害。

3. 发病期加强水肥管理，避免缺水，高温季节提倡小水勤浇，适当追肥，改善田间小气候。可喷洒1.5%植病灵乳油1 000倍液，或

1%抗毒剂1号水剂200～300倍液，或20%病毒A可湿性粉剂500倍液，或0.1%高锰酸钾溶液，重病株应及时拔除，并妥善处理。

鸭儿芹病毒病病叶

鸭儿芹病毒病病株

鸭儿芹根腐病
Mitsuba Fusarium root rot

根腐病是鸭儿芹的主要病害，分布普遍，但一般都零星发生，对生产无明显影响。严重时发病率较高，病株率可达40%以上，局部100%植株发病，造成成片死苗。此病还侵染其他蔬菜。

[症状] 此病主要为害根部，染病植株初期部分叶缘暗绿色失水，逐步呈褐色坏死，叶片颜色变淡，进一步发展，多个叶片的叶缘和叶尖失水枯焦，病株停止生长，终致全株萎蔫死亡。染病植株根系初呈浅褐色坏死，逐渐呈暗褐色腐烂，最后仅留丝状维管束，土壤湿度高时，根茎表面产生少量白色至粉红色霉层，即病菌分生孢子。

[病原] *Fusarium* sp.属半知菌镰孢霉真菌。病菌分生孢子镰刀形，多细胞，1～5个隔膜，无色，大小为33.5μm×5.3μm。有时还形成卵圆形小型分生孢子，单细胞，无色，着生在帚状分枝的梗上。大小为6.5μm×2μm。

[发病规律] 病菌以菌丝体和分生孢子在土壤内或在病组织中越冬。生长期一旦条件适宜即引起发病。田间发病轻重与水肥管理

关系十分密切，一般浇水不均，土壤黏重或忽干忽湿，或板结积水，施用未腐熟的堆肥，或施肥和地下害虫造成根伤较多，则发病较重。此外，植株生长衰弱亦有利于发病。

[防治方法]

1. 种植前深翻土壤，晒土晾地。安排与非伞形花科、非茄科蔬菜轮作。

2. 生长期合理浇水施肥，禁止施用未腐熟肥料，浇水后及时中耕松土，降低土壤含水量，防止土壤板结，同时注意防治地下害虫。

3. 及时拔除病株，病穴撒生石灰灭菌，或用2%生石灰水，或50%退菌特可湿性粉剂600倍液浇灌病区，防止病害进一步蔓延。

4. 发病初期选用98%恶霉灵可湿性粉剂2 000倍液，或45%特克多悬浮剂1 000倍液，或65%多果定可湿性粉剂1 000倍液，或10%双效灵水剂1 000倍液，或50%多菌灵可湿性粉剂500倍液，或25%敌力脱乳油1 500倍液浇根，5～7天1次，视病情连续浇1～3次。

鸭儿芹根腐病病苗

鸭儿芹根腐病病株

鸭儿芹灰霉病
Mitsuba gray mold

灰霉病为鸭儿芹的普通病害，主要发生在保护地内，一般病株率8%～15%，对生产无明显影响，严重时发病率可高达40%以上，在一定程度上影响产量与品质。

[症状] 此病主要为害叶片，亦为害嫩茎和叶柄，全生育期均可发生。植株发病，多从衰弱的叶尖或叶缘，或受伤部位，或较长时间结水的叶面开始侵染，初呈水渍状坏死，迅速发展使整片叶黄化坏死或腐烂，在病部产生明显的灰色霉毛状物，即病菌分生孢子梗和分生孢子。嫩茎和叶柄染病亦呈水渍状坏死和不规则腐烂，病部产生灰色霉毛状物。空气潮湿，病害发展迅速，终致全株坏死。

[病原] *Botrytis cinerea* Pers.属半知菌灰葡萄孢真菌。病菌子座明显，由数个较规则细胞组成。分生孢子梗单生或束生，浅褐色，直立，较长，梗基部细胞较膨大，老孢子梗较粗，色较深，具4～8个隔膜，梗顶端着生分生孢子处具数十根淡色小梗，大小为850～2 240μm×12～20μm。分生孢子单胞，无色透明，椭圆或近球形，个别孢子一端具乳状小突起，大小为6.3～10.8μm×5～10μm（图3-19）。

[发病规律] 病菌主要由菌丝体和分生孢子随病残组织越冬或越夏，条件适宜时分生孢子通过气流、浇水等传播形成初次侵染，也可由其他发病寄主传播而引起发病。低温潮湿利于发病。田间管理不当，造成肥害、有毒气体伤害，或植株受冻致伤等易诱发此病。此外，植株生长茂密，浇水后湿度过大或昼夜温差大，植株表面较长时间结水，利于发病。另据观察，病健区往来频繁，会加速病害扩展蔓延。

[防治方法]

1. 收获后彻底清除病残组织，集中妥善处理，减少残存病菌数量。

2. 种植前选用较浓防治灰霉病药液均匀喷洒地表、墙壁、立柱、棚膜等进行表面灭菌。

3. 加强通风，避免造成各种伤口，发病初期及时小心清除病株病叶用塑料袋带出棚室外妥善处理，减少病健区间的来往穿行和田间结露，控制病害扩展蔓延。

4. 发病初期可选用65%甲霉灵可湿性粉剂600倍液，或40%施加乐悬浮剂800～1 000倍液，或45%特克多悬浮剂1 000倍液，或50%敌菌灵可湿性粉剂500倍液，或10%宝丽安可湿性粉剂800倍液喷雾防治，有条件的可采用6.5%甲霉灵等防治灰霉病粉尘剂喷粉，防治效果更佳，一般7～10天防治1次，连续防治1～3次。

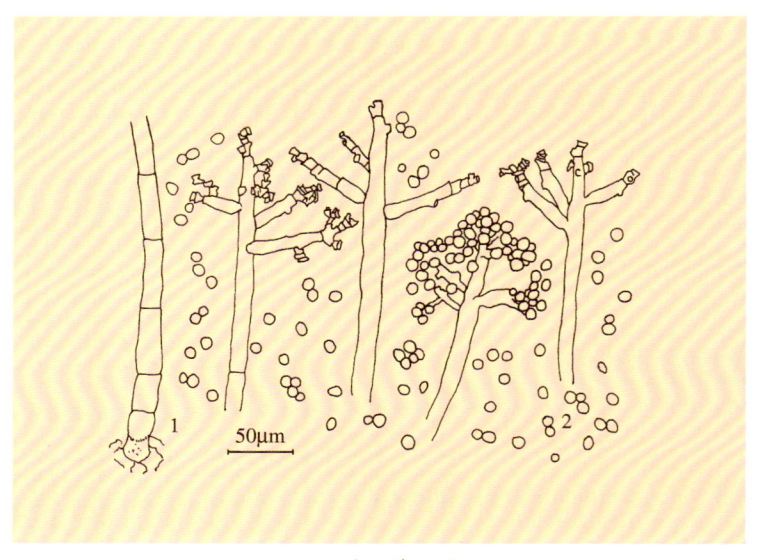

图3-19　鸭儿芹灰霉病菌
1.分生孢子梗　2.分生孢子

鸭儿芹灰霉病中期病叶

鸭儿芹灰霉病后期病叶

14. 菠菜病害 Diseases of spinach

菠菜病毒病
Spinach virus disease

病毒病为菠菜的主要病害，分布广泛，发生普遍，主要在露地发病。通常病株零星，对生产无明显影响，重病地块或重发生年，病株率可达 30% 以上，显著影响菠菜产量和品质。

[症状] 此病多全株性表现症状，多表现花叶或心叶萎缩，老叶提早枯死脱落或植株卷缩成球状。田间症状表现常因毒源不同而异，黄瓜花叶病毒侵染后表现叶片细小，畸形或丛生矮缩。芜菁花叶病毒侵染后，叶片出现浓淡相间斑驳，叶缘上卷。甜菜花叶病毒侵染后表现明脉和新叶变黄，或产生斑驳，叶缘向下卷曲。

[病原] CMV、TuMV、BMV（Beet mosaic virus）即黄瓜花叶病毒、芜菁花叶病毒或甜菜花叶病毒单独或复合侵染。CMV 的性状见樱桃番茄蕨叶病。BMV 粒体线条状，大小为 730 nm × 12nm，稀释限点 1 000 倍，体外存活期 1～2 天，致死温度为 55～60℃。主要由桃蚜和豆蚜或汁液接触传染。TuMV 见青花菜病毒病。

[发病规律] 病毒在菠菜及菜田杂草上越冬，由桃蚜、萝卜蚜、豆蚜、棉蚜等进行传播。在田间 CMV 和 TuMV 往往混合发生为害，形成相应的症状。春秋干旱、邻近有黄瓜或萝卜的地块发病较重。

[防治方法]

1. 选择远离黄瓜、萝卜田的地块种植。适期播种，春、秋干旱时注意多浇水，减少发病。

2. 彻底清除田间及四周杂草，及时拔除田间病株。

3. 施足有机底肥，增施磷、钾肥，增强寄主抗病力。及时防治蚜虫，特别是越冬蚜虫。

4. 必要时于发病初期喷洒 1.5% 植病灵乳剂 1 000 倍液，或 1% 抗毒剂 1 号水剂 300 倍液，10 天左右喷 1 次，根据病情喷洒 1～3 次。

菠菜病毒病轻病株

菠菜病毒病重病株

菠菜病毒病病叶

菠菜霜霉病
Spinach downy mildew

霜霉病为菠菜的主要病害，分布广泛，发生普遍，保护地、露地都经常发生。通常病株率 10%～30%，在一定程度上影响菠菜生产，严重时病株率 60% 以上，显著影响菠菜产量和质量。

[症状] 此病主要为害叶片，病斑初呈淡绿色小点，边缘不明显，后扩大成不定形灰绿色病斑，大小差异很大，在叶背病斑上产生灰紫色绒状霉层，即病菌孢子囊梗和孢子囊。病害由下向上扩展，干旱时病叶枯黄，湿度高时坏死腐烂。严重时整株叶片变黄枯死。种子带菌形成系统侵染病株，呈萎缩状，明显矮化畸形，多数早衰坏死。

[病原] *Peronospora spinaciae*（Greb.）Lavb. 属鞭毛菌菠菜霜霉菌真菌。病菌孢囊梗从气孔伸

菠菜霜霉病叶面病斑

菠菜霜霉病叶背病斑

菠菜霜霉病后期病叶

出，长为200～450μm，呈2杈分枝。孢囊梗分枝与主轴成锐角，3～6次分枝，末端小梗短而尖，无色，主轴无隔。孢子囊卵形，顶生，无乳状突，半透明，单胞，大小为18.5～32.5μm×15.5～23.5μm。卵孢子球形，具厚膜，黄褐色，直径为23～38μm（图3-20）。

[发病规律] 病菌以菌丝在被害的寄主和种子上越冬，也可以卵孢子随病残体越冬。条件适宜时产生孢子囊，通过气流、雨水、农具、昆虫及农事操作传播蔓延，孢子萌发产生芽管，由寄主表皮或气孔侵入，发病后病部产生孢子囊在田间进行再侵染。病菌孢子囊形成适温为7～15℃，萌发适宜温度为8～10℃，最高24℃，最低3℃。气温10℃左右，相对湿度85%以上，植株生长茂密，田间积水容易发病。

[防治方法]

1. 重病区实行2～3年轮作，合理密植，科学浇水，尽可能降低田间湿度。

2. 发现系统侵染矮缩株及时拔除，带到田外妥善处理，减少田间菌源。

3. 发病初期进行药剂防治。参见结球莴苣霜霉病。

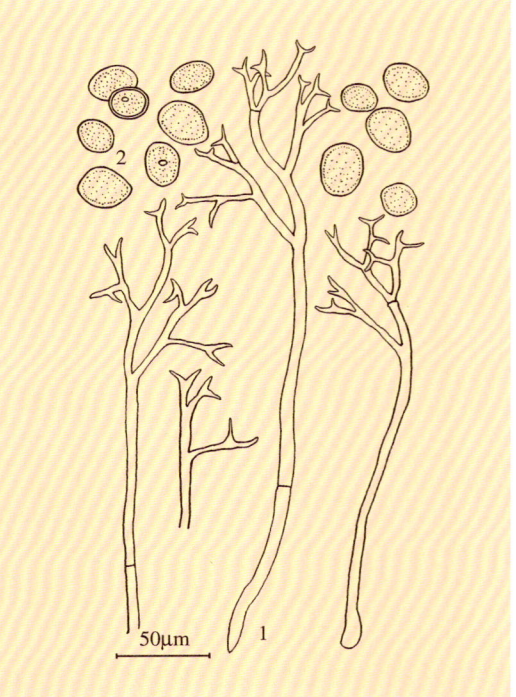

图3-20　菠菜霜霉病菌
1. 孢囊梗　2. 孢子囊

炭疽病为菠菜的主要病害，分布广泛，发生普遍，保护地、露地都可发生，以露地种植发病

菠菜炭疽病病叶

菠菜炭疽病
Spinach anthracnose

较重。通常病株率20%左右，轻度影响菠菜质量，重时病株率40%以上，显著影响菠菜生产。

[症状] 此病主要为害叶片，重时亦侵害茎，以基部叶片受害重。叶片染病，初生淡黄色小点，边缘污绿色，逐渐扩大成浅灰褐色至红褐色圆形或椭圆形病斑，略具轮纹，后期病斑上可产生黑色小点，即病菌分生孢子盘。严重时叶片上病斑密布，短期内叶片即坏死腐烂。茎部染病，病斑梭形至纺锤形，明显凹陷，黄褐至灰褐色，后期可生黑色轮纹状排列的小点。

[病原] *Colletotrichum spinaciae* Ell. et Halst.属半知菌菠菜刺盘孢真菌。病菌分生孢子盘上散生针状淡黑色刚毛，具2～3个隔膜，基部屈曲，大小为72～142μm×4～5μm。分生孢子梗单胞，无色。分

生孢子单胞，无色，稍弯曲，大小为 14～25μm×3～4μm。

[发病规律] 病菌以菌丝体在病组织内或黏附在种子上越冬。条件适宜时产生分生孢子，借风雨传播，由伤口或穿透表皮直接侵入而引起发病，以后产生分生孢子盘和分生孢子进行再侵染。温暖高湿适宜发病。病菌生长温度为 5～34℃，适宜温度为 24～29℃。菠菜生长期多雨、植株茂密、地势低洼积水，或植株生长衰弱，发病较重。

[防治方法]

1. 实行与其他蔬菜 3 年以上轮作。

2. 选用无病种子，播种前用 52℃温水浸种 20min 后移入凉水中冷却，晾干播种。或用种子重量 0.3% 的 25% 施保克可湿性粉剂，或 25% 炭特灵可湿性粉剂拌种。

3. 合理密植，氮、磷、钾肥配合施用，生长期适时浇水施肥，避免大水漫灌，雨后防止田间积水。

4. 收获后及时彻底清除田间病残组织，带出田外妥善处理，减少菌源。

5. 必要时在发病初期进行药剂防治。参见紫背天葵炭疽病。

菠菜根腐病
Spinach Fusarium root rot

根腐病为菠菜的重要病害，分布较广，发生较普遍。以春秋、雨季发病严重，常致菜株局部坏死，在一定程度上影响生产，严重时造成植株大片死亡，显著影响菠菜生产。

[症状] 此病主要侵害根部，多从根尖开始侵染，呈褐色坏死，逐渐向上扩展，终致根系变褐腐朽。病株地上部由外叶向心叶发展，逐渐褪绿变黄，最后坏死腐烂，重病株明显矮化。

[病原] *Fusarium oxysporum* f. sp.*spinaciae*（Sherbakoff）Snyder et Hansen 属半知菌菠菜尖镰孢霉真菌。病菌分生孢子座常在下端形成，分生孢子梗无色，由菌丝分枝产生。大型分生孢子无色，长镰刀形，两端稍弯曲，多具 3 个隔膜，小型分生孢子单胞，长椭圆形，无色，单胞。

[发病规律] 病菌主要以菌丝体、分生孢子及厚垣孢子随病残体在土壤中越冬或越夏。未腐熟粪肥亦可带菌，病菌随雨水、浇水传播，从根部伤口或根尖直接侵入。高温高湿利于发病。土温 25～30℃、土壤潮湿、肥料未充分腐熟、地下害虫严重，则发病重，浇水过多或土壤黏重亦发病较重。

[防治方法]

1. 重病地块实行与葱蒜类、禾本科作物 3 年以上轮作。

2. 施用充分腐熟的有机肥，氮、磷、钾肥配合施用，提倡使用生物菌肥。

3. 常发病区采用高畦或半高垄栽培，严禁大水漫灌，雨后及时排水，防止田间积水。

4. 发病初期进行药剂防治，参见鸭儿芹根腐病。

菠菜根腐病病苗

菠菜根腐病病株

菠菜斑点病
Spinach Heterosporium leafspot

斑点病为菠菜的主要病害，分布广泛，发生普遍，保护地、露地种植都可发病，通常病株率 20%～40%，轻度影响菠菜质量，重病地块或棚室病株率 80% 以上，显著影响菠菜生产。

[症状] 此病主要为害叶片，多从中、下部叶开始发病。叶片染病初为浅黄褐色圆形小斑，中央淡黄色，略凹陷，边缘褐色，以后发展成隆起病斑，灰黄色至灰白色，外围浅绿褐色。空气潮湿，病斑上可长出黑褐色霉层，即病菌分生孢子梗和分生孢子。严重时病斑密布，相互连接成片，短期内叶片即因病黄化坏死。

[病原] *Heterosporium variabile* Cke.属半知菌菠菜煤斑瘤蠕孢霉真菌。病菌分生孢子梗丛生，暗色，有隔膜，屈折，孢痕明显，一般每节具两个孢痕，先端色淡，大小为 45～194μm×4～8.5μm。分生孢子圆筒形、卵形至长椭圆形，淡榄褐色，表面生密集细刺，具 0～5 个隔膜，大小为 11～41μm×5～11.5μm（图3-21）。

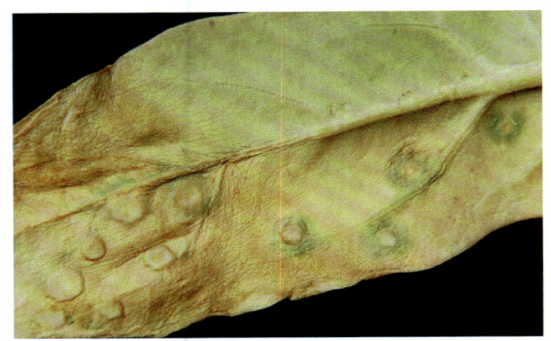

菠菜斑点病初期病斑

菠菜斑点病中后期病斑

[发病规律]病菌以菌丝体潜伏在病部随病残体越冬。条件适宜时产生分生孢子进行初侵染和再侵染，借气流和雨水传播蔓延。天气温暖多雨或田间湿度高，或偏施、过施氮肥发病重。

[防治方法]

1. 收获后及时彻底清除病残体，集中妥善处理，减少田间菌源。

2. 合理密植，氮、磷、钾肥配合施用，避免偏施氮肥。适时、适量浇水，雨后防止田间积水。

3. 发病初期进行药剂防治，可选用40%福星乳油8 000倍液，或43%菌力克悬浮剂8 000倍液，或10%世高水分散粒剂8 000倍液，或40%多硫悬浮剂500倍液，或47%加瑞农可湿性粉剂600倍液，或70%甲基托布津可湿性粉剂600倍液喷雾。保护地选用6.5%甲霉灵粉尘剂，或5%加瑞农粉尘剂15kg/ hm²喷粉防治效果更理想。

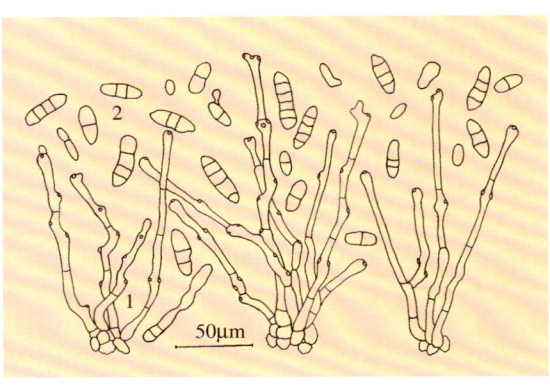

图 3-21 菠菜斑点病菌
1.分生孢子梗 2.分生孢子

菠菜叶斑病
Spinach Cercospora leafspot

叶斑病为菠菜的常见病，分布较广，种植地区都有发生，主要在露地发病。通常病株率10%～30%，轻度影响产品质量，重时病株率达60%以上，部分叶片因病丧失食用价值，明显影响菠菜生产。

[症状]此病主要为害叶片，下部叶片先发病，病斑圆形至近圆形，边缘明显，直径为0.5～4mm，初期病部中央褪绿，边缘淡褐至紫褐色，扩展后逐渐发展成白色病斑，湿度高时，病斑上可产生稀疏灰褐色霉状物，即病菌分生孢子梗和分生孢子。空气干燥，病斑易破裂穿孔。

[病原]*Cercospora beticola* Sacc.属半知菌甜菜生尾孢霉真菌。病菌繁殖体生于叶两面，叶面居多，子座不明显。分生孢子梗多散生，直立，淡榄色，梗基部浅褐色，向上渐无色，有屈曲，具0～3个隔膜，顶端孢痕明显，大小为24～90.5μm × 3～5μm。分生孢子无色透明，鞭状，基部钝平，向上渐细至较尖锐，微弯，具3～18个隔膜，大小为46.5～169.5μm × 1.5～3.5μm（图3-22）。

[发病规律]病菌以菌丝体随病残体在土壤中越冬，翌春产生分生孢子，借风、雨传播蔓延，进行初侵染，发病后再产生分生孢子进行重复侵染。温暖高湿、植株生长衰弱有利于发病。地势低洼、管理粗放、植株茂密柔弱发病较重。

[防治方法]

1. 选择地势高燥平坦地块种植，施用充分腐熟的有机底肥，合理密植，生长期精细管理，增强植株抗病力。

2. 收获后及时彻底清除病残体，集中妥善

菠菜叶斑病病叶

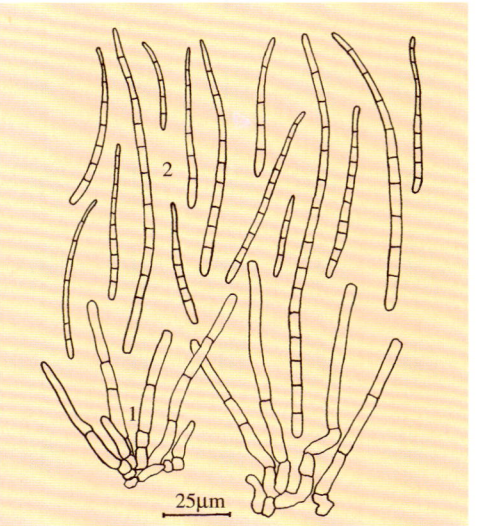

图 3-22 菠菜叶斑病菌
1.分生孢子梗 2.分生孢子

处理，减少田间菌源。

3. 发病初期进行药剂防治，可选用50%敌菌灵可湿性粉剂500倍液，或70%甲基托布津可湿性粉剂600倍液，或6%乐必耕可湿性粉剂1 500

倍液，或40%福星乳油8 000倍液，或70%代森锰锌可湿性粉剂600倍液，或50%多霉灵可湿性粉剂1 000倍液喷雾，10天防治1次，视病情防治1～3次。

菠菜茎枯病
Spinach Phoma stem blight

茎枯病为菠菜的普通病害，分布较广，许多地区均有不同程度的发生。通常病株率10%～20%，在一定程度上影响菠菜制种，重病地块发病率达40%以上，致种株早衰枯死。

[症状] 此病主要为害种株，生长后期刚抽出花薹亦可受侵染。初在花薹或茎上形成大小不等、梭形至不规则形灰色斑，边缘颜色较深，病斑大小差异较大，后期病部生出许多小黑点，即病菌分生孢子器。严重时病斑相互汇合，绕茎一周使病部以上叶片萎垂，病株根部皮层多腐烂，重病株枯死。

[病原] *Phoma spinaciae* Bub. et Kreig.属半知菌菠菜茎点霉真菌。病菌分生孢子器球形，暗褐色，初埋生于寄主组织内，后孔口突破表皮外露，分生孢子卵圆形至长圆形，较小，无色透明，单细胞。

[发病规律] 病菌以菌丝体和分生孢子器随病残体在土壤中或以

菌丝体和分生孢子附着在种子上越冬。条件适宜时以分生孢子进行初侵染，发病后分生孢子器释放分生孢子通过风雨或浇水传播，进行重复侵染。温暖高湿适宜发病。植株生长期多雨、田间积水、植株生长衰弱发病较重。

防治方法参见菠菜叶点病。

菠菜茎枯病病茎

菠菜叶点病
Spinach Phyllosticta leafspot

叶点病为菠菜的普通病害，分布较广，发生较普遍，多在春、秋季发病。一般病株率10%～20%，仅少数叶片染病，轻度影响菠菜品质，重病地块植株染病率可达30%以上，明显影响菠菜生产。

[症状] 此病主要侵害叶片，在叶片上产生近圆形至不定形坏死斑，淡褐色至灰白色，中央凹陷，呈纸质状，病斑边缘颜色多较深，后期病部可产生少量不明显小黑点，即病菌分生孢子器。

[病原] *Phyllosticta chenopodii* Sacc.属半知菌藜叶点霉真菌。病菌分生孢子器球形，直径约50μm。分生孢子椭圆形至长圆形，无色，单细胞，大小为5μm×3μm。

[发病规律] 病菌以分生孢子器随病残体在土壤内越冬。翌春条件适宜时产生分生孢子，通过雨水、气流传播，进行初侵染和再侵染。温暖高湿有利于发病。菠菜生长期多雨，田间湿度很高，或植

菠菜叶点病病叶

株偏氮发病较重。

[防治方法]

1. 收获后及时彻底清除病残体，带到田外妥善处理，减少田间菌源。

2. 合理密植，适时适量浇水，雨后防止田间积水。

3. 发病初期进行药剂防治。参见西芹斑枯病。

菠菜心腐病
Spinach Phoma heart rot

心腐病为菠菜的重要病害，分布较广，发生较普遍。田间常与根腐病或软腐病混淆，通常病株零星，轻度影响菠菜生产，重时病株率达20%以上，显著影响菠菜产量与品质。

[症状] 此病主要为害茎基部，重时根、茎、叶亦可受害。种子带菌时，菠菜发芽后未出苗即染病坏死，造成缺苗。幼苗染病，茎基变褐、缢缩，引致猝倒或腐烂。大苗发病，根茎变褐坏死，略缢

菠菜心腐病前期病株

菠菜心腐病中后期病株

缩，植株外叶黄化，心叶坏死，或半边黄化坏死，最后瘫倒。发病后期可在病茎基部产生不明显小黑点，即病菌分生孢子器。

[病原] *Phoma betae* Frank 属半知菌甜菜茎

株腐病为菠菜的普通病害，分布较广，发生亦较普遍，保护地、露地都可发病。通常病株零

菠菜株腐病病叶

菠菜灰霉病

Spinach gray mold

菠菜灰霉病初期病株

点霉真菌。病菌分生孢子器球形至扁球形，暗褐色，初埋生于表皮下，后部分突出表皮，内生很多分生孢子，成熟后从顶端孔口逸出。分生孢子圆形至椭圆形，单胞无色，大小为 4～6μm×3～4μm。厚垣孢子壁厚，圆形，无色。

[发病规律] 病菌以菌丝体和分生孢子器随病残体在土壤中越冬，也可以菌丝体和分生孢子在种子上存活，直接使菜苗发病。均以分生孢子通过风雨或浇水传播，形成初侵染和再侵染。病菌发育适温为 27℃左右，分生孢子形成和萌发温度为 2～35℃，适宜温度为 23～25℃，适宜湿度为 95%～100%。土壤干燥、根茎受伤或施肥不当、土壤盐碱重、植株生长衰弱均有利于发病。

[防治方法]

1. 实行无病种植，播前用 52℃温水浸种 30min，或用种子重量 0.3% 的 50% 扑海因可湿性粉剂拌种。

2. 选择排灌方便的壤土种植，施用充分腐熟的有机肥，避免造成根伤。

3. 生长期加强管理，适时浇水、施肥，及时拔除初期病苗，防止大水漫灌，控制病害发生蔓延。

4. 必要时进行药剂防治，参见紫甘蓝根朽病。

菠菜株腐病

Spinach Rhizoctonia rot

星，轻度影响菠菜生产，重时田间发病率可达 30%～50%，显著影响菠菜产量和品质。

[症状] 此病全生育期都可发生，苗期发病常造成根茎坏死变褐，逐渐缢缩致幼苗黄化萎蔫，最后枯死。成株或大苗时期病菌多侵染中、下部叶片，形成许多不规则褪绿坏死干斑，灰白至灰褐色，随病害发展病叶坏死穿孔。严重时常造成基部叶片呈褐色坏死干腐，在病组织上产生蛛丝状菌丝。

[病原] *Rhizoctonia solani* Kühn 属半知菌立枯丝核菌。详见青花菜叶腐病。

发病规律、防治方法参见青花菜叶腐病。

灰霉病为菠菜的普通病害，部分地区发生，主要在保护地内发病，一般病情很轻，对生产无明显影响，个别棚室发病较重，在一定程度上影响菠菜质量。

[症状] 此病主要为害叶片，多从叶尖、叶缘或较衰弱的部位开始侵染。初生浅褐色不规则形病斑，后扩展成淡褐色湿润状大斑，逐渐致病叶变褐坏死，最后腐烂，在病部产生灰色霉层，即病菌的分生孢子梗和分生孢子。

菠菜灰霉病病叶

[病原] *Botrytis cinerea* Pers.属半知菌灰葡萄孢真菌。详见结球莴苣灰霉病。

发病规律、防治方法参见结球莴苣灰霉病。

菠菜菌核病
Spinach Sclerotinia rot

菌核病为菠菜的普通病害，在部分老菜区发生，主要在保护地内造成危害。通常病株零星，对生产造成轻度影响，严重棚室病株率可达 20% 以上，形成显著的经济损失。

[症状] 此病主要侵染茎基部和中、下部叶片。病部初呈水渍状灰绿色至黄褐色坏死，以后形成不定形病斑，迅速向周围扩展蔓延使病部软化腐烂，在其表面产生浓密白色絮状菌丝团，后期逐渐变成黑色鼠粪状菌核。

[病原] *Sclerotinia sclerotiorum*（Lib.）de Bary 属子囊菌核盘菌真菌。详见结球莴苣菌核病。

发病规律、防治方法参见结球莴苣菌核病。

菠菜菌核病病株

菠菜软腐病
Spinach bacterial soft rot

软腐病为菠菜的普通病害，分布广泛，发生普遍，保护地、露地都可发病。通常病株零星，对生产无明显影响，重时病株率 10% 以上，致植株成片腐烂坏死。

[症状] 此病主要为害嫩茎、叶柄和菜心。病部初呈水渍状暗绿色至黄褐色坏死，以后软化腐烂，迅速向四周扩展蔓延，短期内致幼苗或菜株坏死或瘫倒，从病部散发出臭味。

[病原] *Erwinia carotovora* subsp. *carotovora*（Jones）Bergey et al. 属胡萝卜软腐欧氏杆菌胡萝卜软腐病亚种细菌。详见结球莴苣软腐病。

发病规律、防治方法参见结球莴苣软腐病。

菠菜软腐病病株

菠菜黏菌病前期病苗

菠菜黏菌病
Spinach Myxomycetes disease

黏菌病为菠菜的重要病害，仅在少数地区个别地块或棚室发生，一旦发病，病情十分严重，受害株常达 60% 以上，致菜株或菜苗成片坏死，显著影响菠菜生产。

[症状] 此病主要影响根系，病株或病苗根系表现生长发育严重受阻碍，多不产生新根，无根毛，根表皮呈浅土红色湿润状，以后变褐坏死，最后腐烂。地上部表现整株受害，由外叶向心叶褪绿变黄，逐渐坏死褐腐，终致全株坏死，瘫倒在地，病株明显矮化或不生长，心叶扭曲畸形。

菠菜黏菌病中期病苗

菠菜黏菌病中后期病苗

菠菜黏菌病菌体黏液

菠菜黏菌病病土

菠菜黏菌病菌体胶质层

[病原] 为一种黏菌(Myxomycetes)。菌体为近球形原生质团，浅红褐色，相互聚结粘连在一起形成紫红至紫褐色胶质状物。

[发病规律] 本致病菌为土壤习居菌，繁殖体形成有细胞壁的孢子。肥沃、有机质含量高的土壤中含菌量高，尤其大量施用屠宰畜禽废料沤制的堆肥后菌量极大。致病原因有待进一步研究，田间初步观察，大量菌体黏合成胶体状物，严重破坏土壤结构，堵塞土壤颗粒间孔隙，致耕作层严重缺氧，菠菜根系不能进行正常呼吸代谢，长时间处于厌氧环境，使根系坏死腐烂。土壤潮湿、田间积水、长期遮光，发病严重。

[防治方法]

1. 施用适量细砂，或草木灰或生石灰等，改良土壤，改变土壤酸碱度，阻碍病菌增殖。种植前深翻土地，晾晒土壤。

2. 重病地块与便于中耕的蔬菜轮作，或改撒播为条播，出苗后行间适当浅中耕，破坏病菌胶体状结构，增强土壤通透性。

3. 生长期适当控制浇水，雨后防止田间积水，尽可能降低土壤含水量，抑制菌体增殖。

菠菜根结线虫病
Spinach root-knot nematode

根结线虫病为菠菜的重要病害，在部分地区发生分布，保护地、露地都可发病。一旦发生，植株染病率常高达80%以上，显著影响菠菜产量与品质。

[症状] 此病主要侵害根系，多从侧根和细根侵入，形成乳白色、球形、葫芦形或链珠状根结，有时主根呈粗细不均匀肿胀。剖开根结或肿根可见乳白色梨形线虫雌虫。后期病根变褐，随病害发展逐渐坏死腐烂。通常轻病株地上部症状不明显，重病株显著矮化畸形，逐渐萎蔫死亡。

[病原] *Meloidogyne incognita* Chitwood属南方根结线虫。详见结球莴苣根结线虫病。

发病规律、防治方法参见结球莴苣根结线虫病。

菠菜根结线虫病病株

菠菜沤根田间受害状

菠菜沤根
Spinach moisture stress

　　沤根为菠菜的非侵染性生理病害，各地时有发生。发生轻时在一定程度上影响菠菜质量，重时严重影响菠菜生产。

　　[症状] 沤根多表现叶色褪绿发黄，由外叶向心叶萎蔫下垂，逐渐坏死。拔起病株，可见根系表皮呈浸润状，颜色变暗，细小根少或无。

　　病因、防治方法参见苋菜沤根。

菠菜2,4-滴丁酯药害
Spinach 2,4-D butylate injury

　　2,4-滴丁酯药害为菠菜的一般非侵染性伤害，在部分粮菜混作区发生，轻时对生产无影响，重时在一定程度上影响菠菜的产量与质量。

　　[症状] 发生药害以幼苗和幼嫩部位受害重。受害植株叶片增厚扭卷、变窄或呈狭条状至线形，叶柄扭转，生长点紧缩，有的菜心包卷成球形，幼芽簇生。幼苗受害，矮缩畸形，生长发育严重受阻，最后死亡。

　　病因、防治方法参见球茎甘蓝2,4-滴丁酯药害。

菠菜2,4-滴丁酯药害轻度受害状

菠菜2,4-滴丁酯药害重度受害株

15. 叶荟菜病害 Diseases of swiss chard

叶荟菜病毒病
Swiss chard virus disease

　　病毒病为叶荟菜的主要病害，分布广泛，发生普遍，保护地、露地都可发生，以夏秋露地发病严重。通常发病率10%～30%，重病地块80%～100%，严重影响叶荟菜的产量和质量。

　　[症状] 此病全生育期都可发生，染病后整株表现症状。苗期染病，幼苗叶片初期褪绿，以后黄化或形成花叶，心叶皱缩，畸形，严重时幼苗停止生长。成株发病，植株多表现花叶、卷曲、畸形或皱缩，整株褪绿。有时叶部组织增厚，叶尖或叶缘变黑枯焦。严重

叶荟菜病毒病田间受害状

叶蒸菜病毒病病株

时植株生长受阻，明显矮化、萎缩或畸形。

[病原] CMV 和 BMV(Beet mosaic virus)即黄瓜花叶病毒和蒸菜花叶病毒单独或复合侵染所致。BMV 质粒弯细纤维状，大小为 730nm

× 13nm。寄主范围较广，可通过汁液接触传播，也可经多种蚜虫以非持久方式传播。致死温度 55～60℃，稀释限点 100～1 000 倍，20℃体外存活期 2～3 天。

[发病规律] CMV 和 BMV 均可在叶蒸菜植株和菠菜及田间其他寄主上存活越冬。种子可带毒，可通过汁液摩擦和通过桃蚜、豆蚜、棉蚜等进行传播蔓延。有利于蚜虫发生、繁殖、活动的气候条件也利于病害发生。农事操作不当也有利于病害扩展蔓延。田间管理粗放、寄主生长衰弱有利于发病。

[防治方法]

1. 远离菠菜、黄瓜地块种植。种植前彻底清除田间及周边杂草，减少中间寄主。

2. 施足有机底肥，增施磷、钾肥，增强寄主抗病力。避开夏季高温种植，必要时采用遮荫覆盖栽培，春、秋干旱时注意适时浇水，保持良好的墒情，减少发病。

3. 叶蒸菜生长期及时拔除田间中心病株，并注意及时防治蚜虫，特别是越冬蚜虫。

4. 必要时于发病前期喷施病毒预防药剂。参见菠菜病毒病。

叶蒸菜褐斑病
Swiss chard Cercospora leafspot

褐斑病为叶蒸菜的主要病害，全国各地都有分布，发生也十分普遍。保护地、露地都有发病。一般病株率 30%～50%，在一定程度上影响产量

叶蒸菜褐斑病田间受害状

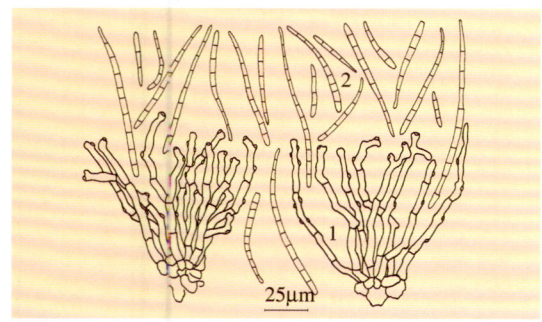

图 3-23　叶蒸菜褐斑病菌
1. 分生孢子梗　2. 分生孢子

与品质，病害严重时病株率 100%，数片外叶染病坏死，显著影响产量，降低产品质量。此病还侵染菠菜、根蒸菜等蔬菜。

[症状] 本病主要为害叶片，严重时亦侵染叶柄和茎部。叶片上病斑圆形至近圆形，初期为水渍状灰褐色小点，后变成直径为 0.5～6mm、边缘紫红色至褐色、中央灰白色的坏死斑，后期在病斑中央产生灰黑色霉状物，即病菌分生孢子梗和分生孢子。严重时叶片上病斑密布，互相汇合致病叶早枯死亡。叶柄和茎部染病，病斑椭圆形至梭形，明显下陷，中央灰白至灰褐色，边缘红褐至暗褐色。有的病斑纵向开裂，终致叶柄腐烂、干缩。后期在病斑表面产生灰黑色霉层。

[病原] *Cercospora beticola* Sacc.属半知菌蒸菜褐斑尾孢霉真菌。病菌子实体叶两面生，子座明显，由褐色细胞组成。分生孢子梗多根束生，榄褐色，顶端颜色较浅，钝圆，孢子痕明显，多弯曲，偶有分枝，有屈曲 1～3 个，具 1～3 个隔膜，大小为 47.2～106.8μm × 4.0～6.8μm。分生孢子鞭状或针形，无色，顶端尖锐，基部钝圆或平切，具不明显隔膜 3～15 个，大小为 23.5～122.8μm × 2.7～4.1μm（图 3-23）。

[发病规律] 病菌以菌丝块或分生孢子随病残体，或附着在种子上越冬。第二年条件适宜时菌丝块产生分生孢子，通过气流或雨水传播，由寄主气孔侵入形成初侵染。发病后产生大量分生孢子进行再侵染。病菌生长温度为 5～37℃，适宜温度为 27～30℃，45℃经 10min 致死。气温 26～31℃、相对湿度 98%～100% 适宜分生孢子萌发。叶蒸菜生长期温暖多雨，有利于发病。日平均最低气温高于 13℃，旬均温达 19～25℃，且降雨偏多，发病严重。

[防治方法]

1. 实行与非藜科作物 2～3 年轮作。收获后彻底清理病残组织及植株残体，以减少田间越冬菌源。

2. 选用无病种子，或实行无病壮苗移栽。

3. 发病初期进行药剂防治，参见西芹叶斑病。

叶荼菜褐斑病病叶　　　　叶荼菜褐斑病叶柄正面病斑　　　　叶荼菜褐斑病叶柄背面病斑

叶荼菜腐霉病
Swiss chard Pythium rot

　　腐霉病为叶荼菜的常见病，分布较广，发生亦较普遍。通常零星发病，对生产无影响，多雨季节发病较重，病株率达20%以上，造成明显的经济损失。

　　[症状] 此病多为害中、下部叶片和根茎部，染病部位初期呈水渍状，暗绿色，迅速向四周扩展蔓延，造成组织腐烂。随着病害发展病叶中肋和叶脉变褐坏死，空气潮湿时病部表面产生少许白色菌丝。干燥时短时间内病叶或病株萎蔫干缩。

　　[病原] *Pythium* sp.属鞭毛菌腐霉真菌。参见菜心绵腐病。
　　发病规律、防治方法参见菜心绵腐病。

叶荼菜腐霉病病叶

叶荼菜褐腐病
Swiss chard rhizome rot

叶荼菜褐腐病病株

　　褐腐病为叶荼菜的一般性病害，分布较广，发生亦较普遍，保护地、露地都受侵害，但一般都零星发病，病株率5%～10%，对生产造成轻微损失，重病地块发病率可达40%以上，使菜株成片坏死，明显影响叶荼菜正常生产。此病还可侵染多种其他蔬菜。

　　[症状] 本病主要为害根茎和叶柄基部。初期染病，病部为水渍状浅黄褐色斑，逐渐变成不规则形或狭长条形浅褐色坏死斑，随病情发展根茎呈褐色坏死腐烂，最后干缩，叶柄病斑由下向上扩展成大型坏死条斑，明显凹陷，最后致叶柄腐烂。潮湿条件下病部表面长出稀疏白霉，即病菌菌丝体。

　　[病原] *Rhizoctonia solani* Kühn 属半知菌立枯丝核菌真菌。详见青花菜褐腐病。
　　发病规律、防治方法参见青花菜褐腐病。

炭疽病为叶菾菜的重要病害，分布较广，发生也较普遍，南方菜区全年均可发病，一般病株

叶菾菜炭疽病初期病斑

叶菾菜炭疽病中期病斑

叶菾菜炭疽病后期病斑

率10%～20%，重病地块可达60%～80%，明显影响产量与品质。北方菜区仅夏秋多雨季节或保护地内零星发病，对生产影响较小。此病还侵染菾菜、菠菜、根菾菜等。

[症状] 此病主要为害叶片，严重时亦为害茎。叶片染病，初生浅黄至污绿色水渍状小点，逐渐变成污绿色坏死斑，进一步扩大成灰褐至黄褐色近圆形斑，具同心轮纹，边缘呈污绿色水渍状，后期在病斑中央产生轮状排列的黑色小粒点，即病菌分生孢子盘。种株染病，主要侵害茎部，病斑梭形至纺锤形，黄褐至暗褐色，略下陷，其上密生轮状排列的小粒点。病重时多个病斑连接成片，使茎叶坏死干枯。

[病原] *Colletotrichum spinaciae* Ell. et Halst. 属半知菌菠菜炭疽刺盘孢真菌。病菌分生孢子盘先埋生于寄主组织内，后突破表皮而暴露，黑褐色，周围产生刚毛。刚毛针状，黑色，基部屈曲，多具2～3个隔膜，大小为72～142μm×4～5μm。分生孢子梗较短，无色，单细胞。分生孢子近纺锤形至新月形，无色，大小为14～25μm×3～4μm。

[发病规律] 病菌以菌丝体随病残组织或黏附在种子上越冬。翌春条件适宜时产生分生孢子，经风雨传播，由伤口或直接从表皮侵入，形成初次侵染。发病后以分生孢子进行重复再侵染。病菌生长温度为5～34℃，适宜温度为24～29℃，高湿或叶片结露有利于发病。叶菾菜生长期内降雨日多、雨量大，或地势低洼、栽种过密、植株生长衰弱等发病严重。

[防治方法]

1. 收获后及时彻底清洁田园，妥善处理病残组织，减少田间菌源。

2. 因地制宜选用抗病良种，从无病株留种，或播前用52℃恒温浸种15～20min后移入凉水中冷却，晾干播种。或用种子重量0.3%的25%炭特灵可湿性粉剂，或25%施保克可湿性粉剂拌种。

3. 重病地区实行与非藜科蔬菜3年以上轮作。选择地势较高燥地块，或采用小高畦、半高垄方式种植。合理掌握种植密度，氮、磷、钾肥配合施用，生长期加强水肥管理，避免田间积水和植株脱肥。

4. 发病初期进行药剂防治，可选用25%炭特灵可湿性粉剂600～800倍液，或25%施保克可湿性粉剂1 200～1 500倍液，或2%加收米水剂600～800倍液，或30%倍生乳油1 500～2 000倍液，或25%敌力脱乳油1 000～1 500倍液，或40%百科乳油1 500～2 000倍液，或40%多硫悬浮剂400～500倍液，或70%甲基托布津可湿性粉剂500～600倍液喷雾，7～10天防治1次，根据病情防治1～3次。

叶莙菜沤根受害株

　　沤根为叶莙菜的一般非侵染性生理病害，种植地区都时有发生，以黏土地、梅雨季较常见，通常对生产影响较小，严重时可造成植株或幼苗死亡，明显影响叶莙菜产量与质量。

　　[症状] 沤根主要表现根表皮呈暗红褐色湿润状，须根和侧根较少，无细小根。地上部似缺水状，叶色变淡，外叶萎蔫下垂。长时间持续沤根使根系逐渐坏死腐烂，地上部亦萎蔫坏死。

　　病因、防治方法参见苋菜沤根。

16. 落葵（木耳菜）病害 Diseases of malabar spinach

落葵病毒病
Malabar spinach virus disease

　　病毒病为落葵的普通病害，分布较广，但发生不普遍。通常零星发病，对生产无明显影响，个别地块发病较重，病株率达60%以上，明显影响生产。

　　[症状] 此病可为害植株地上部。病株叶片发黄、变小，以后皱缩，或呈泡状突起，严重时植株生长受阻，明显矮化，显著减产。

　　[病原] 毒源不详，有待研究。

　　[发病规律] 本病传播途径不明，高温干旱有利于发病。

　　防治方法参见蕹菜病毒病。

落葵病毒病病苗

落葵病毒病病株

落葵立枯病
Malabar spinach Rhizoctonia wilt

　　立枯病为落葵的重要病害，分布广泛，发生普遍，保护地、露地种植都可发生。通常零星发病，对生产有轻度影响，重时则造成

幼苗成片萎蔫枯死，明显影响产量和品质。

　　[症状] 此病全生育期都可发生，以幼苗期多见。主要为害幼苗茎基部，初期幼苗茎基部出现黄褐至红褐色小斑，以后发展成明显凹陷近椭圆形坏死斑，进一步向上下发展使幼苗茎基部干缩变细，或使幼苗茎基腐烂。随着病害的发展，病苗逐渐萎

蔫死亡。空气潮湿时病部可产生少许白色菌丝。

[病原] *Rhizoctonia solani* Kühn 属半知菌立

枯丝核菌。详见芥蓝黑根病。

发病规律、防治方法参见芥蓝黑根病。

落葵立枯病田间为害状

落葵立枯病病部放大

猝倒病为落葵的重要病害,分布较广,发生较普遍,多在冬、春育苗时发生。通常零星发病,病情较轻,个别苗床发病严重,致菜苗成团坏死。

[症状] 此病多在落葵幼嫩时期发生,主要引起嫩茎基部腐烂。发病初期,茎基呈水渍

落葵猝倒病
Malabar spinach Pythium damping-off

状软腐,以后缢缩倒折。随病害的发展,病苗幼茎全部腐烂,最后仅剩表皮。空气潮湿,病组织表面产生少许白色霉状物。

[病原] *Pythium aphanidermatum* (Eds.) Fitzp.属鞭毛菌瓜果腐霉真菌。病菌菌丝生长繁茂,呈白色絮状,菌丝无色无隔,直径为3~6μm。孢子囊呈不规则膨大,大小为85~680μm×5~15μm。泡囊球形,内含游动孢子。藏卵器球形,直径18~31μm。雄器袋状,大小为7.8~15.5μm×7.5~9.5μm。

发病规律、防治方法参见苦瓜猝倒病。

落葵猝倒病田间为害状

落葵猝倒病病苗根茎

落葵猝倒病病苗

落葵猝倒病后期病苗

落葵蛇眼病
Malabar spinach Phyllosticta leafspot

蛇眼病为落葵的重要病害，分布较广，发生较普遍，多在露地种植时发病，田间常与褐斑病混合发生。发病后染病率很高，病叶率常达50％以上，显著影响产品质量。

[症状] 此病主要为害叶片，发病初期在叶片上产生水渍状小点，以后形成白色圆形小斑，明显凹陷，质薄，易破裂穿孔，边缘具有紫红色环，后期在病斑上产生黑色小粒点，即病菌的分生孢子器。严重时病叶上遍布病斑，不堪食用。此病与褐斑病的区别是紫红色病斑无论大小，中央都具有清晰可见的圆形、灰白色至黄白色斑，多为较明显整圆形凹陷，与外围紫红色环交界分明，中心更易破裂，田间不易产生分生孢子器，可腐生其他杂菌与褐斑相混。

[病原] *Phyllosticta* sp.属半知菌叶点菌真菌。病菌分生孢子器球形，初埋生于寄主组织内，以后孔口外露，壁薄，浅褐色，直径为85～120μm。分生孢子卵圆形至长椭圆形，单细胞，浅色，大小为10.5～21.5μm×5.5～8.0μm（图3-24）。

[发病规律] 病菌以菌丝体和分生孢子器随病残体越冬，翌年条件适宜时分生孢子进行初侵染和再侵染，借雨水溅射传播蔓延。种子亦可带菌，引起幼苗发病。南方可周年发生，在田间辗转为害，无明显越冬期。通常天气温暖多湿，阴雨较多发病严重。

[防治方法]

1. 搞好田园清洁，及时彻底清除病残落叶，减少菌源。

2. 播前进行种子处理，可用种子重量0.3％的50％扑海因可湿性粉剂，或65％多果定可湿性粉剂，或70％甲基托布津可湿性粉剂拌种。

3. 发病初期进行药剂防治。参见西芹斑枯病。

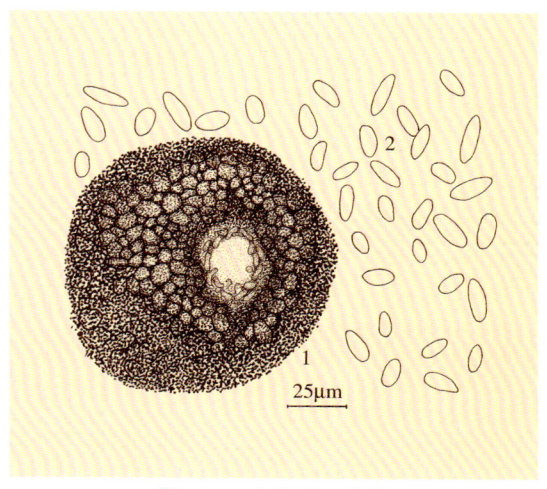

图3-24 落葵蛇眼病菌
1. 分生孢子器　2. 分生孢子

落葵蛇眼病初期病斑

落葵蛇眼病中后期病株

落葵蛇眼病后期病叶

落葵蛇眼病后期病株

落葵黑斑病
Malabar spinach Alternaria leafspot

黑斑病为落葵的重要病害，分布较广，发生较普遍。主要在露地发生，保护地偶有发病。通常病株率10%以下，春、秋多雨，或棚室内长期高湿，病害发生严重，植株染病率可高达80%～100%，显著影响产量和品质。

[症状] 此病主要侵害叶片，初在叶片上出现灰褐色坏死小点，以后发展成近圆形灰白至灰褐色坏死斑，稍下陷，具有不明显轮纹，其上产生灰黑色霉层，即病菌的分生孢子梗和分生孢子。病害严重时叶片上病斑密布，相互连接形成不规则形大斑，短期内即致叶片坏死。

[病原] *Alternaria tenuis* Nees 属半知菌细交链孢霉真菌。病菌分生孢子梗直立，分枝或不分枝，淡榄褐色，有屈曲，顶端常膨大，具多个孢子痕，大小为25～105.5μm×4～7μm。分生孢子链生，圆柱形、椭圆形至棍棒状，有喙或无喙，淡榄褐色，有横隔膜2～9个，纵隔膜0～8个，大小为27～74.5μm×14～23μm。喙大小为4～85μm×4～8μm（图3-25）。

[发病规律] 病菌主要以菌丝体及分生孢子随病残体在土壤中越冬，也可黏附在种子表面越冬，成为田间初侵染源。病菌分生孢子借风雨扩散传播，温暖潮湿适宜发病。通常阴雨较多，田间高湿、多露病害发生严重。此外，田间管理粗放、地势低洼、植株生长衰弱，病害较重。

[防治方法]

1. 收获后彻底清除病残落叶，减少田间菌源。

2. 播种前进行种子处理，可用种子重量0.3%的50%扑海因可湿性粉剂，或65%多果定可湿性粉剂，或50%农利灵可湿性粉剂拌种。

3. 发病初期喷药防治。参见结球莴苣黑斑病。

落葵黑斑病叶面病斑

落葵黑斑病叶背病斑

落葵黑斑病后期病斑

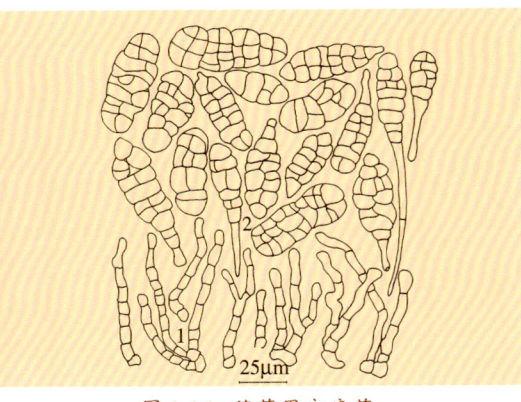
图3-25　落葵黑斑病菌
1. 分生孢子梗　2. 分生孢子

落葵褐斑病
Malabar spinach Cercospora spot

褐斑病为落葵的主要病害，分布广泛，发生普遍，保护地、露地都可发生。一般病株率30%～60%，严重地块病株率均达100%，病叶率亦常达80%以上，严重影响产品质量。此病在田间常与蛇眼病混淆。

[症状] 此病主要为害叶片，严重时亦为害茎蔓。叶片染病，初出现紫红色小点，以后发展成近圆形至不定形、中央灰白至黄白色、边缘紫红色病斑，病斑外围略呈辐射状，中央稍凹陷。空气潮湿时在病斑表面产生灰褐色绒霉状物，即病菌的分生孢子梗和分生孢子。严重时叶片上病斑密布，不能食用。茎蔓受害，病斑近圆形，中央灰白色，明显下陷，边缘有一紫红色环，空气潮湿时病斑表面亦产生灰褐色绒毛状霉层。

[病原] *Cercospora* sp.属半知菌尾孢霉真菌。病菌分生孢子梗短粗，淡褐色。分生孢子鞭状，基部略膨大，顶端渐细，略尖，无色至淡色，直或略弯，有的呈波浪状弯曲，有4～6个隔膜，大小为80～100μm×4.5～5.5μm。

[发病规律] 病菌以菌丝体和分生孢子随病残体在土表越冬，种子亦可带菌。翌年条件适宜时以分生孢子进行初侵染，发病后在病部产生分生孢子，通过气流、雨水传播蔓延，反复侵染。播种带病种子，幼苗即可发病。南方菜区此病周年发生，病菌在田间辗转为害，无越冬时期。影响此病的决定因素是湿度，落葵生长期多阴雨，或雾多、露重有利于发病。土壤黏重、田间积水、植株生长茂密，病害发生严重。

落葵褐斑病初期病斑

落葵褐斑病病茎

落葵褐斑病中期病斑

落葵褐斑病病苗

[防治方法]

1. 收获后彻底清除病株残体，集中妥善处理，减少田间菌源。

2. 进行种子处理。可用种子重量 0.3% 的 70% 甲基托布津可湿性粉剂，或 50% 敌菌灵可湿性粉剂或 75% 卫福可湿性粉剂拌种。

3. 合理密植，氮、磷、钾肥合理配合施用，避免偏施氮肥。雨后及时排水，降低田间湿度。

4. 发病初期喷药防治。可选用 50% 敌菌灵可湿性粉剂 400～500 倍液，或 70% 甲基托布津可湿性粉剂 600 倍液，或 6% 乐必耕可湿性粉剂 1 500 倍液，或 40% 菌力克悬浮剂 8 000 倍液，或 40% 福星乳油 8 000 倍液，或 70% 安泰生可湿性粉剂 800 倍液喷雾，7～10d 防治 1 次，连续防治 1～3 次。

落葵褐斑病中后期病株

落葵炭疽病
Malabar spinach anthracnose

炭疽病为落葵的重要病害，分布较广，发生较普遍。主要在夏、秋露地发生，通常零星发病，轻度影响落葵产量与质量。重病地块病株率可达 40% 以上，明显影响落葵生产。

[症状] 此病主要为害叶片，严重时亦为害叶柄和茎蔓。叶片染病，初形成黄褐色至灰褐色坏死斑点，以后发展成近圆形至不规则形黄褐色斑，稍凹陷，边缘颜色较深，后期在病斑表面产生黑色小点，即病菌分生孢子盘。病斑较多时相互汇合成片，致叶片坏死腐烂。叶柄和茎蔓染病，多形成椭圆形凹陷斑，边缘明显，后期在其表面产生黑色小点，在田间常从病部断折，严重时病斑相互连接成片，其上密生黑色小点，终致植株萎蔫死亡。

落葵炭疽病初期病斑

[病原] *Colletotrichum* sp.属半知菌刺盘孢真菌。病菌分生孢子盘散生，具有黑褐色刺状刚毛。分生孢子星月形，两端稍钝，中间具有透明油球，

单细胞，无色。

[发病规律] 病菌以菌丝体和分生孢子盘在病株上或随病残体遗落在土中越冬。条件适宜时以分生孢子进行初侵染和再侵染，借雨水溅射或害虫活动传播蔓延，由表皮直接侵入。温暖多雨、田间高湿有利于发病。落葵生长期雨日多、雨量多则病害重。田间地势低洼、植株过密或植株生长衰弱发病较重。

[防治方法]

1. 重病地块与其他蔬菜实行 2 年以上轮作。

2. 采收完毕及时清除病残体，适当深翻，减少初侵染源。

3. 合理密植，避免大水漫灌。适时追肥，注意氮、磷、钾肥配合使用。

4. 发病初期进行药剂防治。参见紫背天葵炭疽病。

落葵炭疽病中后期病斑

落葵炭疽病病蔓

落葵灰霉病
Malabar spinach gray mold

灰霉病为落葵的常见病，分布广泛，发生普遍，主要在保护地内发生，南方露地发病亦很普遍。一般病株率 10%～20%，轻度影响产量和品质，严重时发病率可高达 80% 以上，严重影响落葵生产。

[症状] 此病可为害叶片、叶柄和嫩茎。叶片染病，初形成水渍状坏死斑，半圆形至不规则形，以后迅速向各方向发展蔓延致病叶腐烂，在病组织表面长出稀疏灰色毛霉状物，即病菌分生孢子梗和分生孢子。叶柄和嫩茎染病，多形成褪绿水渍状斑，以后从病部折倒或腐烂，随着病害的发展，在病部表面产生灰色霉层。

[病原] *Botrytis cinerea* Pers.属半知菌灰葡萄孢真菌。详见结球莴苣灰霉病。

发病规律、防治方法参见结球莴苣灰霉病。

落葵灰霉病初期病斑

落葵灰霉病中后期病斑

落葵菌核病
Malabar spinach Sclerotinia rot

菌核病为落葵的重要病害，主要在老菜区保护地内发生分布，南方露地亦可发生。通常零星发病，轻度影响生产，重病地块或棚室，植株成团或成片腐烂坏死，显著影响落葵产量与品质。

[症状] 此病在植株各生育期均可发生，主要为害植株地上部，染病部位初呈水渍状坏死，

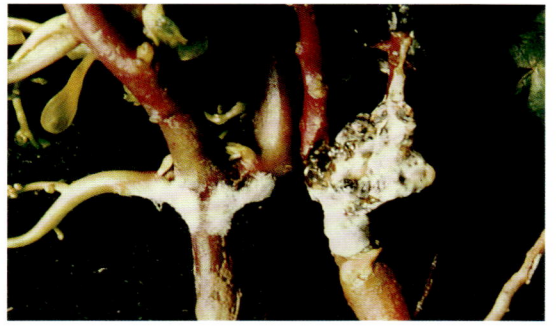
落葵菌核病病株

以后迅速软化腐烂，在病部表面产生浓密白色絮状菌丝团，最后转变成黑色鼠粪状菌核。

[病原] *Sclerotinia sclerotiorum*（Lib.）de Bary 属子囊菌核盘菌真菌。详见青花菜菌核病。

发病规律、防治方法参见青花菜菌核病。

落葵菌核病菌核

落葵软腐病
Malabar spinach bacterial soft rot

软腐病为落葵的普通病害，分布较广，但仅在夏秋多雨时发生。在一定程度上影响产量和品质。

[症状] 此病主要为害叶片和嫩茎。病部呈水渍状，以后软腐湿烂，迅速向四周扩展蔓延，致幼嫩茎叶倒折或瘫倒。有时散发出恶臭气味。

[病原] *Erwinia carotovora* subsp. *carotovora*（Jones）Bergey et al.属胡萝卜软腐欧氏杆菌胡萝卜软腐病亚种细菌。详见结球莴苣软腐病。

发病规律、防治方法参见结球莴苣软腐病。

落葵软腐病病叶

落葵根结线虫病
Malabar spinach root-knot nematode

根结线虫病为落葵的重要病害，部分地区发生分布。保护地、露地都可发生，一经发病，病株率常达80%以上，显著影响落葵的产量与品质。此病还可侵害多种其他蔬菜。

[症状] 此病主要侵害根系，在幼根上形成许多大小不等的肿瘤，初为乳黄色，近球形至葫芦状，以后发展成形状各异的肿根，剖开肿根可见乳白色梨形根结线虫雌虫。随着病害的发展，肿瘤逐渐变褐，最后腐烂。发病植株地上部生长缓慢，叶色褪绿。严重时植株明显矮化、畸形，最后萎蔫死亡。

[病原] *Meloidogyne incognita* Chitwood 属南方根结线虫。详见结球莴苣根结线虫病。

发生规律、防治方法参见结球莴苣根结线虫病。

落葵根结线虫病病株

落葵沤根
Malabar spinach moisture stress

沤根为落葵的生理性病害，分布较广，发生

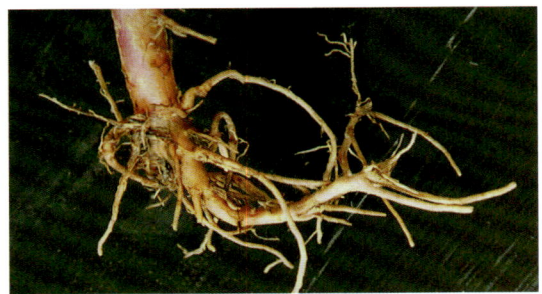

落葵沤根受害株

亦较普遍，多在夏、秋雨季或黏性土壤地区发生。一旦发病，田间病株率常达30%以上，严重时影响落葵的产量。

[症状] 此病在落葵全生育期都可发生，以生长前期受害重。主要为害根系，初期在细根和侧根端部呈水渍状变色，以后逐渐向主根发展，使根系失去鲜色，继而逐渐丧失生理机能，终致根系变褐腐烂。病株地上部表现缺水症状，叶片由下向上萎蔫，有的叶缘坏死变褐，最后干缩。

[病因] 此病主要由于雨水过多或浇水过量，使土壤含水量过高，根系长时间缺氧，呼吸作用受阻，持续时间超过植株耐受限度，使根系正常生理机能受破坏，吸收养分和水分的能力显著降低而造成沤根。早春和冬季保护地由于地温过低，或同时伴随土壤过湿也易发生沤根。

防治方法参见苋菜沤根。

落葵冻害受害状

落葵冻害
Malabar spinach chilly injury

冻害为落葵的非侵染性伤害，早春和晚秋偶有发生，严重时常造成一定程度的生产损失。

[症状] 冻害主要发生在上部叶片，初期受害叶片呈暗绿色水渍状，以后变褐坏死，最后形成灰褐至暗褐色不规则大型坏死斑块，空气潮湿在表面腐生黑色霉层。

[病因] 此病属生理性病害。详见香芹低温障碍和冻害。

防治方法　参见香芹低温障碍和冻害。

17. 藤三七病害　Diseases of madeira-ving

藤三七病毒病病株

藤三七病毒病
Madeira-ving virus disease

病毒病为藤三七的重要病害，种植地区时有发生，通常轻度影响产品质量，严重时发病率可达10%以上，显著影响产品的质量。

[症状] 此病主要侵害叶片，在叶片上密生大小不等、环形、浅绿色蚀纹斑。随病情发展病斑逐渐坏死，叶片不可食用。

[病原] 此病由病毒侵染所致，毒源不详，有待研究。

发病规律、防治方法参见蕹菜病毒病。

藤三七蛇眼病
Madeira-ving Phyllosticta leafspot

蛇眼病为藤三七的普通病害，仅在局部地区分布，通常发病较轻，对生产无明显影响，严重地块发病率较高，病叶达30%以上，显著影响产品质量。

[症状] 此病主要为害叶片，初在叶片上产生水渍状小点，以后形成白色圆形小斑，明显凹陷，膜质，易破裂穿孔，边缘紫红色，后期可在病斑上产生黑色小粒点，即病菌分生孢子器。有时病斑上腐生杂菌而生出灰褐色霉层。

[病原] *Phyllosticta* sp.属半知菌叶点菌真菌。详见落葵蛇眼病。

藤三七蛇眼病病叶

发病规律、防治方法参见落葵蛇眼病。

18. 蕹菜（空心菜）病害 Diseases of water spinach

蕹菜病毒病
Water spinach virus disease

病毒病为蕹菜的一般性病害，分布广泛，发生普遍，主要在夏秋露地种植发生为害。通常病情较轻，对生产影响不明显，少数地块发病严重，病株率可达60%以上，显著影响蕹菜产量与品质。

[症状] 此病在蕹菜各个生育期都可发生，以幼苗期发病损失严重。受害症状常因侵染的病毒毒源种类不同而变化较大。通常表现叶片变小、畸形、皱缩，叶质粗厚，严重时植株矮化，甚至坏死。有时亦表现黄绿色花叶，或网状花叶等。

[病原] TMV、CMV 和 Beet curly top virus 即烟草花叶病毒、黄瓜花叶病毒和甜菜曲顶病毒单独或复合侵染引起。甜菜曲顶病毒质粒球形，直径 18～22nm，致死温度 80℃，稀释限点 1 000 倍，体外保毒期 8～330 天，干燥病组织内可存活 4 个月至 8 年，汁液不传毒，可借叶蝉和菟丝子传染。

[发病规律] 此病由多种来源于田间其他寄主的多种病毒复合侵染引起，可经汁液摩擦、蚜虫或叶蝉、带毒种子传毒。田间管理粗放、土壤贫瘠、植株生长衰弱、缺少水肥，则发病严重。农事操作

蕹菜病毒病病株

和有利于蚜虫和叶蝉活动的气候条件，对病害发生与发展有利。

[防治方法]

1. 适期播种，播前和播后随时清除田间杂草。

2. 增施有机肥料，生长期适时浇水、追肥和防治蚜虫。

3. 发病初期及时清除初始病株。可用20%病毒A可湿性粉剂500倍液，抗毒剂1号水剂300倍液喷雾，抑制病害发展。

蕹菜轮斑病
Water spinach Phyllosticta leafspot

轮斑病为蕹菜的主要病害，分布广泛，发生普遍，周年发生，保护地、露地都可发病。一般病株率10%～40%，重病地块或棚室均达80%以上，显著影响产品质量。

[症状] 此病主要为害叶片，叶柄和嫩茎偶受侵染。叶片染病，初期在叶片上产生褐色小斑点，扩大后呈圆形、椭圆形至不规则形

蕹菜轮斑病叶面病斑

斑，浅褐色至红褐色，具明显同心轮纹，后期在病斑上产生稀疏黑色小粒点，即病菌分生孢子器。病害严重时，叶片染病率很高，多个病斑可汇合成不规则形大斑，空气干燥，病斑易破裂穿孔，终致病叶坏死干枯。叶柄和嫩茎受害，多形成长椭圆形凹陷斑，易从病部折断。

[病原] *Phyllosticta ipomoeae* Ell. et Kell.属半知菌蕹菜叶点霉真菌。病菌分生孢子器球形至扁球形，埋生于病斑正背面寄主组织内，器壁膜质，直径94～192μm。孔口突破表皮外露，孔口直径16～24μm。分生孢子卵圆形至肾形，无色，单胞，多具有2个油球，大小为5.5～11.3μm×2～3.5μm（图3-26）。

[发病规律] 病菌以分生孢子器随病残体越冬。翌年春天随雨水溅射形成初侵染，发病后产生分生孢子进行多次重复侵染。蕹菜生长期多阴雨、植株生长郁闭发病严重。管理粗放、土壤贫瘠、植株生长衰弱，则病害发生较重。

[防治方法]

1. 收割完毕后彻底清除病残植株及残体，减少田间菌源。

2. 重病地块应与其他蔬菜进行轮作。

3. 增施有机肥，注意配合施用磷、钾肥。生长期加强管理，避免田间积水。

4. 发病初期进行药剂防治，参见菊苣轮纹病。

蕹菜轮斑病叶背病斑

蕹菜轮斑病病斑放大

蕹菜轮斑病中后期病叶

蕹菜轮斑病冬春季病叶

蕹菜轮斑病后期叶面病斑

蕹菜轮斑病幼茎病斑

蕹菜轮斑病后期叶背病斑

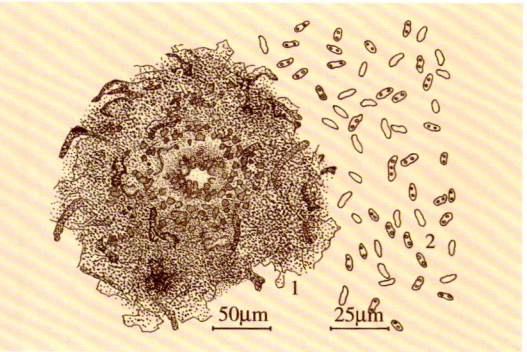

图3-26 蕹菜轮斑病菌
1.分生孢子器 2.分生孢子

蕹菜白锈病
Water spinach white rust

白锈病为蕹菜的主要病害，分布广泛，发生普遍，保护地、露地都可发病。通常病株零星，轻度影响生产，严重时病株率可达80%以上，显著影响蕹菜品质。

[症状] 此病主要为害叶片，严重时亦侵害嫩茎和叶柄。叶片受害，叶正面初出现淡黄色至黄绿色斑点，后逐渐变褐，在叶背形成白色隆起状疱斑，后期疱斑破裂散出白色孢子囊。病害严重时，病斑密布，致叶片畸形或脱落。叶柄和嫩茎受害，肿胀畸形，直径增粗，内含大量卵孢子，亦可形成大量白色孢子囊。

[病原] *Albugo ipomoeae-aquaticae* Saw.属鞭毛菌蕹菜白锈菌真菌。病菌孢子囊梗棍棒状，无色，不分枝，大小为36.5～65.5μm×14.5～22.5μm。孢子囊椭圆形至扁椭圆形，无色，串生，大小为13～19.5μm×14.5～23.5μm。藏卵器表面皱缩，淡黄褐色，直径为49.5～75μm。卵孢子近球形，表面平滑，无色至淡黄色，直径为33.5～58.5μm，壁厚4.5～9.5μm（图3-27）。

[发病规律] 病菌以卵孢子随病残体遗落在土中或附着在种子上越冬。卵孢子主要形成于根和茎基部的肿瘤内，大量遗落到土壤中。蕹菜生长期病菌主要以孢子囊随风雨传播，形成再侵染。孢子囊萌发适温为20～35℃，以25～30℃最适。病害发生与发展直接受空气湿度影响，只有寄主在幼嫩时期其表面有水膜或游离水时病菌才能够侵染。此外，隔年轮作可大幅度减少卵孢子数量，水旱轮作可完全消除卵孢子。

[防治方法]

1. 选用无病种子。播种前可用种子重量0.3%的72%霜脲·锰锌可湿性粉剂，或69%安克·锰锌可湿性粉剂拌种。

2. 重病地区实行1年以上轮作，最好与非旋花科作物轮作。

3. 加强田间通风排水，降低空气湿度。

4. 发病初期进行药剂防治。可选用50%溶菌灵可湿性粉剂800倍液，或69%安克·锰锌可湿性粉剂1 000倍液，或72%克露可湿性粉剂800倍液，或72%霜脲·锰锌可湿性粉剂800倍液喷雾，7～15天防治1次。根据病情防治1～3次。

蕹菜白锈病病株

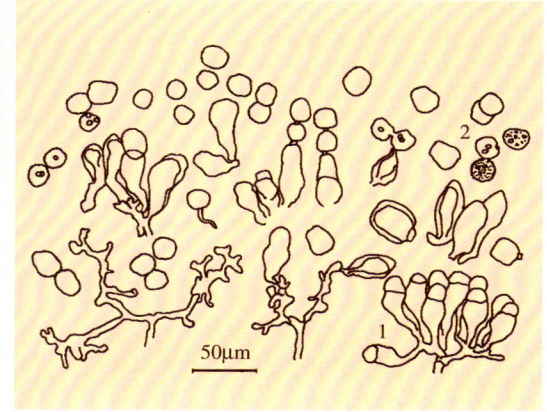

图3-27 蕹菜白锈病菌
1.孢囊梗 2.孢子囊

蕹菜白锈病病斑放大

蕹菜白锈病叶柄病斑

蕹菜黑斑病
Water spinach Alternaria leafspot

黑斑病为蕹菜的重要病害，在部分地区发生分布，多在夏秋露地种植时发生。通常病株率20%～40%，轻度影响产量与质量，病害严重时病株率可达80%以上，显著影响蕹菜生产。

[症状] 此病在蕹菜全生育期都可发生，以生长中后期较常见。主要为害叶片，初期在叶片上产生浅红褐色水渍状坏死小点，以后发展成近圆形、黄褐色至红褐色、大小不等的坏死病斑，具有同心轮纹，边缘常具有褪绿晕环。空气潮湿时病斑正背面产生稀疏灰黑色霉层，即病菌的分生孢子梗和分生孢子。病害严重时叶片上病斑密

布，相互连接成片，短期内致叶片坏死枯萎。

蕹菜黑斑病病株

蕹菜黑斑病叶面病斑

蕹菜黑斑病叶背病斑

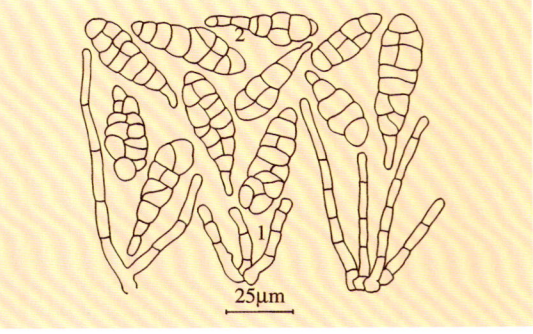

图 3-28　蕹菜黑斑病菌
1. 分生孢子梗　2. 分生孢子

[病原] *Alternaria bataticola* Ikata 属半知菌甘薯交链孢霉真菌。病菌分生孢子梗单生或几根成束，浅褐色，偶有分枝，具 2～5 个隔膜，直立，大小为 2 4～110μm×3～6μm。分生孢子棍棒形，浅色，具横隔膜 3～8 个，纵隔膜 0～6 个，喙细胞有或无，大小为 27～62μm×11～19μm。喙胞大小为 5.5～35μm×3.5～6μm（图 3-28）。

发病规律、防治方法参见结球莴苣黑斑病。

蕹菜锈病
Water spinach rust

锈病为蕹菜的一般性病害，局部地区发生分布。通常在田间少见，仅个别地块零星发病，在一定程度上影响产品质量。

[症状] 此病主要为害叶片，初期在叶面产生许多鲜黄色至橘红色帽状锈孢子器，叶背形成隆起小疱斑，表皮破裂散出锈褐色至暗褐色粉末状物，即病菌冬孢子。病斑较多时叶片黄化枯死。

[病原] *Uromyces* sp. 属担子菌单胞锈菌。病菌夏孢子堆粉状，无包被，夏孢子单生于柄上，壁有色，有细疣状突起。冬孢子堆粉状，暗褐色，冬孢子单胞，单生于柄上。

[发病规律] 病害初侵染来源不详，北京仅 9 月个别地块见到少量发病。温暖高湿有利于发病。雾大、露重，

蕹菜锈病病叶

植株生长茂密、柔嫩，病害相对较重。

防治方法参见苦荬菜锈病。

蕹菜褐斑病
Water spinach Cercospora leafspot

褐斑病为蕹菜的一般性病害，在部分地区发生分布。多在秋季发病，通常发病田病株率 60% 以上，明显影响产品质量。此病还可侵害甘薯。

[症状] 此病在蕹菜各生育期都发生，主要为害叶片。叶片染病，初为黄褐色小点，以后发展成边缘暗褐色、中央灰白至黄褐色、圆形至椭圆形坏死病斑，外围常具有浅黄绿色晕环，后期转变成灰褐至黑褐色斑，边缘明显。空气潮湿，病斑表面产生稀疏绒状霉层，即病菌的分生孢子梗和分生孢子。严重时病斑密布，相互连接致病叶枯黄坏死。

[病原] *Cercospora ipomoeae* Wint. 属半知菌甘薯尾孢霉真菌。病菌分生孢子梗 3～8 根束生，直或稍屈曲，淡榄褐色，具明显孢痕，

大小为28.5～157.5μm×4～5.5μm。分生孢子针形，无色，基部平切，直或稍弯曲，具6～18个隔膜，大小为69.5～158.5μm×2.8～4.5μm（图3-29）。

发病规律、防治方法参见结球莴苣褐斑病。

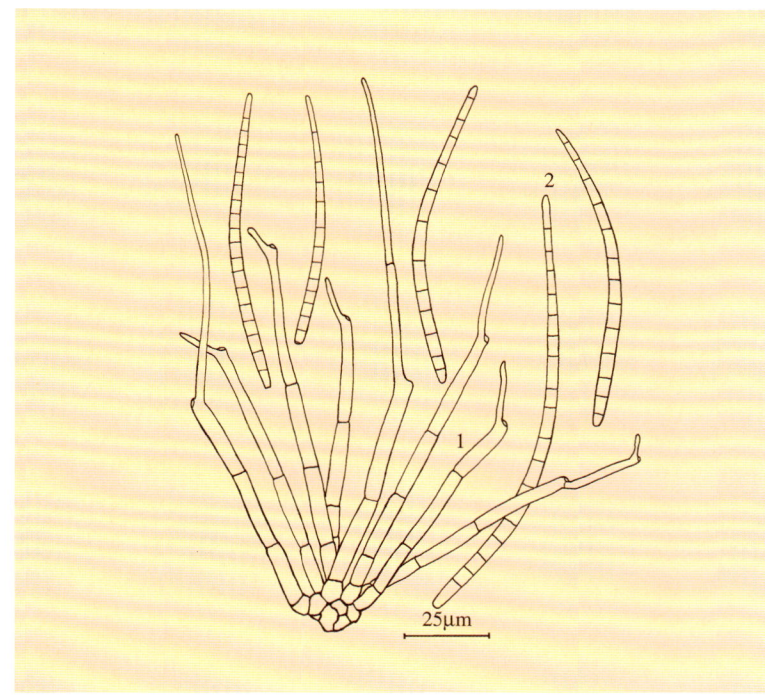

图3-29 蕹菜褐斑病菌
1.分生孢子梗　2.分生孢子

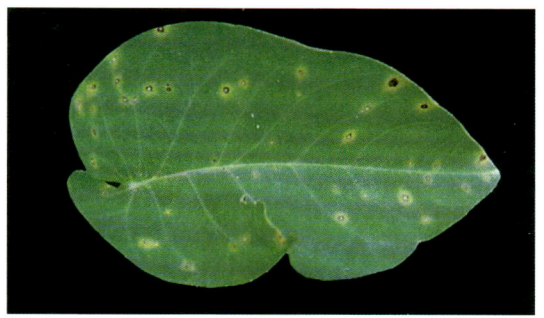

蕹菜褐斑病初期病斑

蕹菜褐斑病后期病斑

蕹菜菌核病
Water spinach Sclerotinia rot

菌核病为蕹菜的重要病害，主要在北方老菜区保护地内发生，南方露地亦可发病。通常病株零星，病情较轻，对生产无明显影响，在重病地块或棚室严重影响蕹菜产量和质量。

[症状] 此病全生育期都可发生，可为害蕹菜地上部各个部位。病部初呈水渍状，灰绿至暗绿色，以后在病部表面产生浓密絮状菌丝层，随病害的发展，染病组织迅速软化腐烂，使茎叶瘫倒在地，最后在病部表面形成鼠粪状菌核。

[病原] *Sclerotinia sclerotiorum* (Lib.) de Bary 属子囊菌核盘菌真菌。详见结球莴苣菌核病。

发病规律、防治方法参见结球莴苣菌核病。

蕹菜菌核病病苗

蕹菜细菌性叶枯病
Water spinach bacterial leaf blight

细菌性叶枯病为蕹菜的重要病害，部分地区发生分布，主要在夏、秋露地发生为害，一旦发病，植株染病率很高，常达80%～100%，显著影响蕹菜产量和质量。

[症状] 此病在蕹菜全生育期都可发生。主要为害叶片，严重时亦为害嫩茎和叶柄。病菌多从叶缘开始侵染，初沿叶缘向里呈黄褐至红

蕹菜细菌性叶枯病初期病叶

褐色坏死,形成半圆形至不规则形坏死斑,以后发展成大型不规则形坏死枯斑。亦可从叶面侵染,形成不定形坏死枯斑。病害严重时几个病斑连接成片,致病叶枯死或腐烂。叶柄或嫩茎染病,呈水渍状变褐坏死,以后腐烂或干缩,后期常从病部倒折。

[病原] 此病为一种细菌侵染所致,菌原不详,待进一步研究鉴定。

[发病规律] 此病可能由种子传带,幼苗期即可发病,田间病株分布较均匀。蕹菜生长期降雨多、雨量大,或田间积水,病害发生严重。不同地块间病情差异很大。

[防治方法]

1. 播种前进行种子处理。可选用种子重量0.3%的47%加瑞农可湿性粉剂拌种。

2. 采用高畦或高垄栽培,生长期加强水肥管理,避免大水漫灌,雨后及时排水。

3. 发病初期进行药剂防治,可选用47%加瑞农可湿性粉剂600倍液,或77%可杀得可湿性粉剂500倍液,或40%多丰农可湿性粉剂500倍液,或新植霉素5 000倍液喷雾,保护地可选用5%加瑞农粉尘剂15kg/hm²喷粉防治。

蕹菜细菌性叶枯病中后期病株

蕹菜细菌性叶枯病病苗

19. 苋菜病害 Diseases of edible amaranth

苋菜病毒病
Edible amaranth virus disease

病毒病为苋菜的主要病害,分布广泛,发生普遍,保护地、露地都有发病,以夏、秋露地种植发病严重,一般病株率10%～20%,在一定程度上影响苋菜的产量与品质,重病地块或重发生年病株率可达60%以上,显著影响苋菜生产。

[症状] 此病在各生育期均可发生,以苗期发病较多。染病植株嫩叶颜色变淡,叶面皱缩,向下翻卷,沿叶缘或叶脉产生不规则红褐至黄褐色坏死斑,嫩梢节间缩短,腋芽丛生,病株矮化畸形,严重时生长点及嫩梢变褐坏死。

[病原] 此病为病毒侵染所致,毒源不详,待鉴定。

[发病规律] 此病毒可能在其他寄主上为害越冬,从其他寄主上传播到苋菜上引起发病,也有可能通过种子传毒。高温干旱有利于发病。田间管理粗放、干旱缺水,蚜虫或蓟马等害虫发生数量多,则病害较重。

防治方法 参见蕹菜病毒病。

苋菜病毒病病株

苋菜病毒病病苗

苋菜病毒病后期病株

苋菜白锈病
Edible amaranth white rust

　　白锈病为苋菜的主要病害，分布广泛，发生普遍，主要在露地形成为害，4～10月均可发病。一般病株率20%～40%，严重时常达80%以上，显著影响苋菜产量与品质。

　　[症状] 此病主要为害叶片。在叶片上出现大小不等的不规则褪绿斑块，叶背面产生圆形至不定形白色疱状斑，大小差异较大。严重时疱斑密布，叶片凹凸不平，病部变褐坏死，终致全叶枯黄，多数叶片丧失食用价值。疱斑破裂，散出白色粉末状物，即病菌的孢子囊。

　　[病原] *Albugo bliti* (Biv.) O. Kuntze 属鞭毛菌苋白锈真菌。病菌孢子囊堆埋生于寄主表皮下，随孢子囊成熟逐渐隆起，终致表皮破裂，散出大量白粉状孢子囊。孢囊梗无色，短棒状，栅栏状排列，大小为27～52μm×12～17μm。孢子囊圆球至扁球形，串生于棒状孢囊梗上，无色，壁厚，大小为15～24μm×12～20μm。卵孢子近球形，暗褐色，表面具网纹状突起，形成于寄主组织内，直径为45～56μm（图3-30）。

　　[发病规律] 南方地区病菌以孢子囊越冬，条件适宜时孢子囊

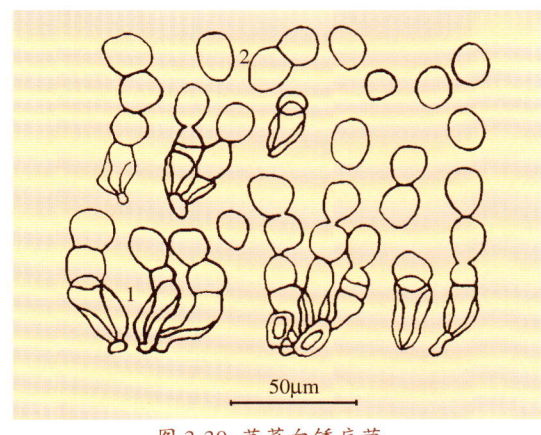

图3-30　苋菜白锈病菌
1. 孢囊梗　2. 孢子囊

进行初侵染，发病后产生孢子囊借气流或雨水溅射传播蔓延。寒冷地区病菌以卵孢子随病残体遗落在土中越冬，翌年卵孢子萌发产生孢子囊或直接产生芽管侵染致病。孢子囊萌发适温为10℃，同时要求高湿或有饱和水。苋菜生长期阴雨连绵、植株生长茂密、偏施氮肥等发病较重。

　　防治方法参见蕹菜白锈病。

苋菜白锈病病株

苋菜白锈病叶背病斑

苋菜黑斑病
Edible amaranth Alternaria leafspot

　　黑斑病为苋菜的一般性病害，分布广泛，发生普遍，保护地、露地都有发生。一般病株率10%～30%，轻度影响产量和品质，重病地块发病率可达60%以上，多数外叶因病坏死，显著影响苋菜生产。

　　[症状] 此病主要为害叶片。初期在叶片上出现小的红褐色坏死斑点，周围组织颜色逐渐褪绿变成浅黄绿色，湿度大时呈水渍状，以后病斑进一步发展成圆形至近圆形坏死斑，淡褐色，具不明显轮纹，后期病斑表面产生灰黑色霉状物，即病菌的分生孢子梗和分生孢子。

　　[病原] *Alternaria amaranthi* (PK.) Venkat 属半知菌交链孢霉真菌。病菌分生孢子梗单生或2～7根束生，褐色，顶端色淡，基部细胞稍大，不分枝或偶有分枝，多数正直，少数有屈曲，具2～6个隔膜，大小为28～57μm×4～6μm。分生孢子单生，倒棍棒形，淡褐

色，喙胞稍长，色浅，孢身至喙胞逐渐变细。孢身具3～8个横隔膜，0～6个纵隔膜，分隔处多缢缩，大小为32～48μm×9～16μm。喙胞0～3个横隔膜，大小为18～40μm×2.5～5μm（图3-31）。

　　发病规律、防治方法参见结球莴苣黑斑病。

苋菜黑斑病初期病斑

苋菜黑斑病中后期病斑

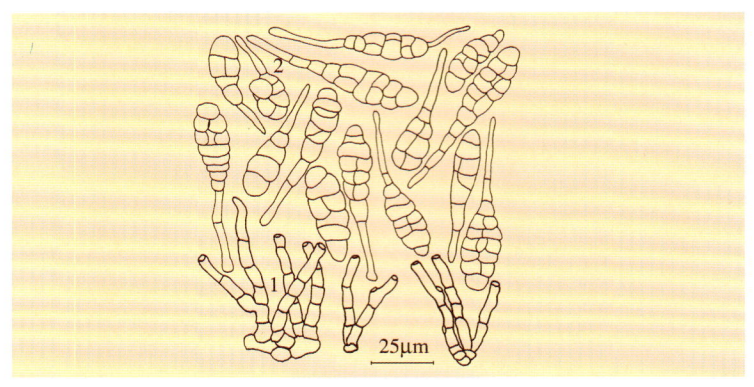

图 3-31 苋菜黑斑病菌
1. 分生孢子梗 2. 分生孢子

苋菜炭疽病
Edible amaranth anthracnose

炭疽病为苋菜的一般性病害，分布较广，发生不太普遍。一般病株率20%左右，轻度影响产量，严重地块病株率可达50%以上，部分植株因病枯死，明显影响苋菜产量与品质。

[症状] 此病主要为害叶片，严重时也为害茎。叶片病斑近圆形至不规则形，灰色至灰褐色，

苋菜炭疽病病叶

有的边缘颜色较深，发病后期病斑表面产生黑色小粒点，即病菌的分生孢子盘。病害严重时，叶片上病斑密布，相互连接致叶片枯死。茎秆染病，病斑呈长梭形，黄褐至红褐色，凹陷，后期龟裂，空气潮湿亦产生黑色小粒点。

[病原] *Colletotrichum erumpens* Sacc.属半知菌蓖麻炭疽弯孢刺盘孢真菌。病菌分生孢子盘丛生，黑色，直径60～300μm；刚毛多，隔膜稀少，深褐色，50～200μm×4～6μm。分生孢子梗圆筒形，大小为14～20μm×3μm。分生孢子新月形，大小为18～26μm×3～4.5μm。

[发病规律] 病菌主要以菌丝体在植株病部或随病组织遗留在土壤中过冬。翌年温湿度适宜时产生分生孢子，通过风雨溅射传播，引起初次侵染。叶片发病后，病部产生分生孢子进行再侵染，使病害扩展蔓延。病害在4～10月均可发生，以5～6月、8～9月气温较高、潮湿闷热或忽晴忽雨条件下，发病较重。

防治方法参见叶恭菜炭疽病。

苋菜炭疽病病茎

苋菜斑点病
Edible amaranth phyllosticta leafspot

斑点病为苋菜的一般性病害，分布广泛，发生亦较普遍，主要在秋季发生。一般病株率20%～30%，轻度影响产量和品质，严重时病株率达50%左右，显著影响苋菜生产。

[症状] 此病主要为害叶片，严重时亦为害茎部和叶柄。发病初期在叶片上产生红褐色小点，

逐渐发展成近圆形、灰白至粉红色斑，边缘红褐色至暗褐色，上生黑色小粒点，即病菌的分生孢子器，后期病叶枯黄坏死。叶脉、叶柄和嫩茎染病，病部多为黄褐色长梭形坏死斑，并常向上下放射扩展，使病斑相互连接成狭条形。病害严重时染病部位成片组织坏死，终致植株萎蔫枯死。

[病原] *Phyllosticta amaranthi* Ell. et Kell.属半知菌叶点霉真菌。病菌分生孢子器球形，浅褐色，初埋生于寄主组织内，后部分外露，壁薄，膜质，壁细胞较清晰，直径120～150μm。分生孢子卵圆形至长椭圆形，单胞无色，有1～3个油球，大小为8～17μm×5～8μm（图3-32）。

[发病规律] 病菌以分生孢子器随病残组织越冬,条件适宜时以分生孢子形成初次侵染。种子也可带菌,引起菜苗发病。发病后病部产生分生孢子借风雨传播进行再侵染,温暖潮湿有利于发病。田间植株生长衰弱、种植密度过高、缺肥或氮肥过多,病害发生较重。苋菜生长期多阴雨,或田间长时间积水,病害发生严重。

[防治方法]

1. 采收后彻底清理病残落叶,集中销毁处理。重病地块与其他蔬菜进行轮作。

2. 选用无病种子或用50℃温水浸种15min进行种子消毒。

3. 合理配合施用氮、磷、钾肥,避免种植过密,雨后注意田间排水。

4. 发病初期进行药剂防治,可选用40%福星乳油8 000倍液,或40%菌力克可湿性粉剂8 000倍液,或50%扑海因可湿性粉剂1 000倍液,或40%多硫悬浮剂500倍液,或80%大生可湿性粉剂600倍液,或25%敌力脱乳油1 000倍液喷雾,7～10天防治1次,连续防治1～3次。

苋菜斑点病病叶

苋菜斑点病病茎

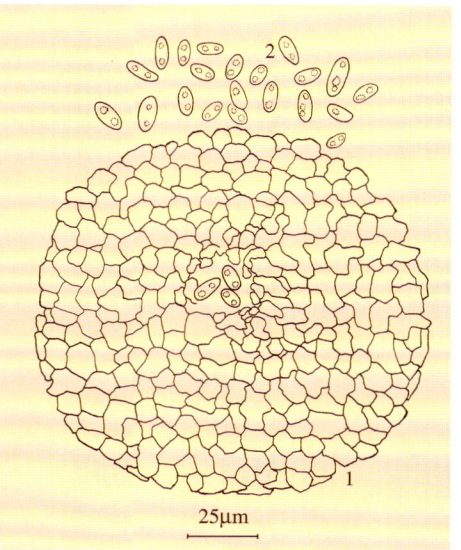

图3-32 苋菜斑点病菌
1. 分生孢子器 2. 分生孢子

苋菜立枯病
Edible amaranth Rhizoctonia wilt

立枯病为苋菜的一般性病害,分布较广,发生较普遍,保护地、露地都有发病。一般零星发生,造成局部死苗。少数地块发病严重,成团死苗或成片毁棵,对生产有明显影响。

[症状] 此病主要为害菜苗,有时亦为害幼株。多侵染寄主茎基或根部。病部呈暗褐色坏死,皮层湿腐,露出木质部组织,后期病部缢缩,病株地上部叶片褪绿黄化。严重时植株萎蔫死亡,极易拔起。病部有时产生蛛丝状菌丝层。

[病原] *Rhizoctonia solani* Kühn 属半知菌立枯丝核菌真菌。病菌老熟菌丝深褐色,多为直角分枝,在分枝附近分隔。菌核颗粒状,扁平,生于基物表面,内外颜色一致,有细丝与基物相连,菌核之间有菌丝相连。

发病规律、防治方法参见芥蓝黑根病。

苋菜立枯病病苗

苋菜立枯病病叶

苋菜根结线虫病
Edible amaranth root-knot nematode

根结线虫病为苋菜的重要病害，在局部地区发生分布，保护地、露地都有发生，北方以保护地受害重。发病地块一般植株染病率很高，多为80%～100%，轻时对生产无明显影响。重病地块植株生长受阻，或矮缩死亡，显著影响产量与产值。

[症状] 此病仅为害根系，病株在侧根和须根上产生大小不等的乳白色至乳黄色瘤状根结，严重时主根上也可形成较大的葫芦状根结。染病植株地上部表现生长不良、矮小，或轻度畸形，最后枯黄死亡。

[病原] *Meloidogyne incognita* Chitwood属南方根结线虫。病原线虫雌雄异形，幼虫呈长蠕虫形。雄成虫线状，无色透明，尾端稍圆，大小为1.0～1.5mm×0.03～0.04mm。雌成虫梨形，多埋生于寄主组织内，大小为0.44～1.59mm×0.26～0.81mm，每头雌虫可产卵300～800粒。

[发病规律] 根结线虫以卵或2龄幼虫随病残体遗留在土壤中越冬。寒冷地区主要在保护地内越冬，多在5～30cm土层内生存，主要通过病土、病苗、灌溉水进行传播。在土中可存活1～3年，40～60天完成一世代。苋菜上一般可完成一完整代，有时还可进入第二代。线虫活动温度5～40℃，12℃以上卵开始孵化，25～30℃对线虫最适宜，55℃经10min致死。土壤病残组织内的越冬雌虫，在条件适宜时产卵，经几小时后变成一龄幼虫，脱皮后孵出二龄幼虫，由寄主初生根根尖后伸长区或刚分化的幼嫩组织侵入，其后刺激导管细胞分裂增生，形成巨细胞而表现出根结，发育到四龄时交配产卵，以后再继续发育进行再侵染或越冬。

防治方法参见结球莴苣根结线虫病。

苋菜根结线虫病前期病根

苋菜根结线虫病中后期病根

沤根为苋菜的一般非侵染性病害，各地都常见。多发生在土壤黏重地区，尤其在雨后长时间积水的地块较常见，一般造成局部死苗，严重时苋菜成片毁灭，显著影响苋菜生产。

[症状] 此病多在苗期发生，病株表现不发

苋菜沤根受害苗

苋菜沤根
Edible amaranth moisture stress

新根，不定根少或无。早期较老根色泽变深，由乳黄色变成黄色至锈褐色，以后腐烂，菜苗容易拔起。地上部早期表现为部分叶缘呈黄褐色坏死枯焦，以后少数叶片似缺水状萎蔫，最后全株枯死。

[病因] 此病主要是因浇水过量或连阴雨、大雨使田间长时间积水，致土壤板结，不能进行空气交换，菜苗根系缺氧，正常呼吸受抑制或受严重阻碍而窒息坏死。此外，菜苗在土壤高湿条件下，因长时间处于低温状态，根系正常代谢受抑制，也可导致沤根。

[防治方法]

1. 选择地势高燥的壤土或砂壤土种植，避免用黏重土栽种。

2. 整地细致平整，修好排灌沟渠，严防大水漫灌，雨后及时排水。

3. 育苗期加强地温管理，避免苗床过湿，或地温过低，防止浇水过多。

4. 发生沤根初期，注意及时中耕松土，提高地温，改善土壤通透性，促进菜苗产生新根。

苋菜菟丝子
Edible amaranth dodder

菟丝子为苋菜的一般性生物伤害，分布广泛，但发生不普遍，多在管理粗放或新开发菜区发生。一般造成减产 3%～5%，严重地块损失可达 30% 以上。

[症状] 菟丝子以其线形茎蔓缠绕苋菜的茎、叶柄和花序，在接触寄主部位产生吸器或吸根，伸入寄主体内，吸取水分和养分，抑制植株生长，使寄主生长衰弱，甚至黄化坏死。

[病原] *Cuscuta chinensis* Lamb.属中国菟丝子。为全寄生种子植物，无根，无叶。茎呈线状，幼苗时期为乳白色，后为深黄色，有肉质吸器。攀缘生长，不断产生分枝，向四周蔓延。花为总状花序，

苋菜菟丝子田间为害状

小花钟形，黄白色，花冠与花瓣均为 5 瓣。蒴果圆球形，内含 2～4 粒种子。

发病规律、防治方法参见食用菊菟丝子。

20. 冬寒菜病害 Diseases of curled mallow

病毒病为冬寒菜的主要病害，发生普遍，几乎所有冬寒菜种植地区都有发生。一般发病率 5%～10%，重病地块病株率可达 30% 以上，对产量和品质有明显影响。

[症状] 发生此病，全株受害，主要叶片表现症状，以较幼嫩叶片症状明显。初在叶面形成大小不等、不规则形褪绿黄斑，以后发展成不规则褐色坏死斑，最后叶片褐色坏死。发病较轻时，叶片出现花叶或褐色斑驳，重病株矮化、皱缩、畸形。

[病原] Okra mosaic virus 属秋葵花叶病毒。病毒质粒球状，呈 20 面体，直径为 28nm。

[发病规律] 此病毒在冬寒菜和秋葵等锦葵科植物上为害越冬。高温干燥是引发此病的主要条件。可借汁液和叶甲、跳甲及叶螨类害虫传播。高温干旱、管理粗放、害虫发生严重，此病害则发生严重。

[防治方法]

1. 施足底肥，增施有机肥。生长期加强管理，适时浇水。高温季节避免控水。

2. 发病初期，发现病株及时拔除，减少毒源。

冬寒菜病毒病
Curled mallow virus disease

3. 生长期，注意防治各种害虫，尤其是加强甲虫和螨类防治。

冬寒菜病毒病中期病叶

冬寒菜病毒病初期病叶

冬寒菜病毒病后期病叶

冬寒菜褐斑病
Curled mallow Cercospora leafspot

褐斑病为冬寒菜的重要病害，部分地区发生分布，主要在夏、秋露地种植地块发生，春季温暖多雨亦可发病。发病地块病株率常达70%以上，重病地块均100%发病，显著影响冬寒菜的产量与质量。

[症状] 此病主要为害叶片，初期在叶片上产生浅褐色水浸状小点，以后扩展成近圆形边缘紫褐色中央灰白色的病斑，后期发展成多角形或不规则形大斑。随病害的发展病斑正背面产生浅灰褐色绒状霉层，即病菌的分生孢子梗和分生孢子。病害严重时叶片上病斑密布，短时期内致病叶坏死干枯。

[病原] *Cercospora abelmoschi* Ell. et Ev.属半知菌洋麻煤污尾孢霉真菌。详见秋葵褐斑病。

发病规律、防治方法参见西芹叶斑病。

冬寒菜褐斑病叶面病斑

冬寒菜褐斑病叶背病斑

冬寒菜炭疽病
Curled mallow anthracnose

炭疽病是冬寒菜的主要病害，分布广泛，南方发生较普遍，发病率30%左右，严重时病株率可达80%，明显影响冬寒菜产量与质量。北方地区发生较少，仅个别地块零星发病。

[症状] 此病主要为害叶片，严重时亦为害叶柄和嫩茎。叶片受害，初出现浅绿色水渍状小点，逐渐变成灰褐色近圆形病斑，边缘浅绿色，以后发展成大小不等的圆形至不规则形坏死斑，外缘常具有一晕环。后期病斑表面产生黑色小点，即病菌的分生孢子盘。空气干燥，病斑则破裂穿孔。叶柄和嫩茎染病，多表现浅褐色坏死腐烂，后期病部产生黑色小点。

[病原] *Colletotrichum malvarum* Southw.属半知菌锦葵刺盘孢真菌。病菌分生孢子盘埋生于寄主表皮下，成熟时突破表皮外露，浅盘状，黄褐色，盘上具周生刚毛。刚毛刺状，深褐色，末端渐尖，色淡，基部略膨大，具1～2个隔膜，大小为58～105μm×3～4μm。分生孢子圆筒形，单胞，无色，大小为10～28μm×3.5～5μm。

[发病规律] 病菌主要以分生孢子盘和菌丝体随病残体遗落在土中越冬。翌春条件适宜时产生分生孢子形成初侵染，分生孢子借雨水溅射传播，使病害多次侵染蔓延。温暖高湿，或地势低洼、土壤黏重利于发病，植株施用氮肥过多、叶片荫蔽发病较重。南方多在梅雨季节发生较重。

[防治方法]

1. 收获后彻底清除病残植株，深翻土地使残存病菌随病残体腐烂死亡。

2. 加强管理，雨后或浇水后及时中耕松土避免田间积水，采用高垄、高畦栽培，发病初期及时清除基部病叶和老黄叶，带到田外。

3. 发病初期进行药剂防治，可选用25%炭特灵可湿性粉剂600倍液，或70%甲基托布津可湿性粉剂600倍液，或40%多硫悬浮剂500倍液，或2%农抗120水剂200倍液，或2%加收米水剂600倍液，或50%施保功可湿性粉剂1 500倍液，或30%倍生乳油1 500倍液，或25%施保克可湿性粉剂1 000倍液喷雾，7～15天防治1次，根据病情防治1～3次。

冬寒菜炭疽病病叶

冬寒菜菌核病
Curled mallow Sclerotinia rot

　　菌核病为冬寒菜的一般性病害，局部地区发生，主要分布在种菜时间较长的老菜区，露地种植仅个别地块零星发病，保护地种植病情重于露地，多造成零星死苗死秧，严重时成片毁苗，在一定程度上影响冬寒菜生产。

　　[症状] 此病可为害地上部任何部位，以茎基和中下部茎、叶受害较多，植株各生育期都可发生。染病部位初呈水渍状，以后迅速腐烂，并快速向四周发展蔓延，在病部产生浓密的絮状白霉，以后转变成鼠粪状菌核，终致病株部分枝叶或全株萎蔫死亡。田间发病，一般植株幼嫩部位或幼嫩时期受害较重。

　　[病原] *Sclerotinia sclerotiorum* (Lib.) de Bary 属子囊菌核盘菌真菌。病菌菌核初白色，后变黑色，由菌丝体扭集形成，形状不规则，大小不等，通常 0.8～6.5mm × 1.7～13mm。菌核萌发产生初为漏斗状子囊盘，浅棕色，成熟后棕色，浅盘状。子囊孢子单胞，无色，椭圆形。

　　[发病规律] 病菌以菌核在土壤表层或随病组织越冬。翌年温度达12℃以上时菌核开始萌发，产生子囊盘，弹射出子囊孢子，侵染茎基部或中下部衰老组织，引起发病。在田间靠病健组织接触，或病组织随浇水、施肥及农事操作传播，引起再侵染。温暖高湿有利于发病，春、秋季多雨，或地势低洼、土壤板结、排水不良、偏施氮肥等亦有利于病害发展蔓延。南方多在3～6月和9～11月发生，北方多在早春2～5月保护地内发病。一般上茬种植瓜类、茄科蔬菜、十字花科蔬菜，病害发生较重。

　　[防治方法]

　　1. 收获后仔细清理病残组织，及时深翻土壤将菌核埋入土壤深层，使之腐烂或抑制萌发。

　　2. 重病地块实行水旱轮作。或夏季时分别撒施1 500～4 500kg/ hm² 生石灰和碎稻草或施青草皮或新牛粪，以后翻地作畦起垄，灌透水后覆盖塑料膜，压实保持密闭15～20天杀灭菌核。

　　3. 加强管理，发现病株立即清除，并注意降低田间和土壤湿度。保护地内适当提高温度和延后浇水。

　　4. 发病初期或子囊出土时期进行药剂防治，可选用40%施加乐悬浮剂800倍液，或65%甲霉灵可湿性粉剂500倍液，或40%菌核利可湿性粉剂400倍液，或45%特克多悬浮剂800倍液，或50%农利灵可湿性粉剂1 000倍液，或50%溶菌灵可湿性粉剂800倍液喷雾。保护地种植，选用防治菌核病的粉尘剂或烟雾剂效果更理想。一般7～10天防治1次，根据病情连续防治2～3次。

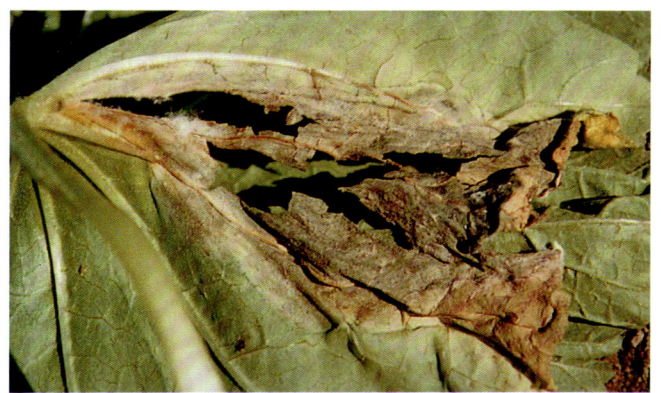
冬寒菜菌核病病叶

冬寒菜菌核病菌核

冬寒菜菌核病病茎

冬寒菜菌核病子囊盘

冬寒菜灰霉病
Curled mallow gray mold

灰霉病是冬寒菜的常见病，分布广泛，北方地区主要在保护地内零星发病。南方地区，露地生产亦有发生，一般发病率10%～20%，严重时病株率可达60%左右，对冬寒菜生产有明显影响，此病可为害多种蔬菜。

冬寒菜灰霉病病叶

冬寒菜灰霉病后期病叶

冬寒菜轮纹病
Curled mallow Phyllosticta leafspot

轮纹病是冬寒菜的一般病害，主要发生在我国南方，一般发病率15%～20%，少数叶片受害，

冬寒菜轮纹病叶面病斑

[症状] 此病主要为害叶片和嫩茎，各生育期均可发生。叶片发病多从积水的叶面或叶缘开始侵染，初呈水渍状，后发展成不规则形黄褐色大斑。空气潮湿，病部迅速腐烂；空气干燥，病斑干枯破裂。后期病斑上产生稀疏灰色霉状物。嫩茎和叶柄受害，多形成水渍状不规则腐烂，病部沿各方向发展迅速，并在腐烂组织表面密生灰色霉状物，即病菌的分生孢子梗和分生孢子。

[病原] *Botrytis cinerea* Pers.属半知菌灰葡萄孢真菌。病菌分生孢子梗简单，直立，有隔膜，基部色较深，顶端簇生葡萄状分生孢子，大小为1 680～3 250μm×11.5～19.5μm。分生孢子广椭圆形或近圆形，表面光滑，无色，大小为7.5～15μm×5～11.5μm。

[发病规律] 病菌主要以菌丝体和分生孢子在病残体上越冬。分生孢子亦可在土壤及保护地墙壁、立柱等表面较长时间存活，有时病菌还可产生菌核进行越冬。田间发病主要是翌年菌丝体产生分生孢子或越冬分生孢子借气流传播到寄主上引起初侵染。低温潮湿是发病的重要条件。生长期内如温度适宜，叶面有水滴的条件下，孢子萌发即从寄主伤口、衰弱或死亡组织部位侵入，在冬寒菜全生育期不断侵染。阴雨、多雾天气和寄主生长衰弱或植株茂密荫蔽等，极易诱发此病。

[防治方法]

1. 收获后彻底清除病残落叶，集中处理，减少菌源。

2. 种植前进行土壤或棚室表面灭菌，可选用65%甲霉灵可湿性粉剂600倍液，或40%施加乐悬浮剂800～1 000倍液，或50%灭菌灵可湿性粉剂400倍液，或45%特克多悬浮剂1 000倍液，均匀喷洒土壤表面和棚室的墙壁、立柱、棚膜等，杀灭表面残存病菌。保护地内还可用防治灰霉病的烟雾剂进行熏烟灭菌。

3. 发病初期及时清除病叶及衰老组织，并配合药剂防治，可选用50%灭菌灵可湿性粉剂500倍液，或65%甲霉灵可湿性粉剂600倍液，或40%施加乐悬浮剂800～1 000倍液，或50%溶菌灵可湿性粉剂800倍液，或45%特克多悬浮剂1 000倍液，或10%宝丽安可湿性粉剂800倍液喷雾防治，7～10天防治1次，连续防治1～3次。

对产量无明显影响，严重地块病株率达80%～100%，在一定程度上影响冬寒菜的产量与质量。

[症状] 此病主要为害叶片，多从下部叶片开始发病。染病叶片初在叶面或叶缘形成一浅褐色小点，逐渐变成近圆形坏死斑，边缘色较深，中央浅黄褐色，最后形成黄褐色近圆形或不规则形大斑，多具有较明显的同心轮纹，极易破裂穿孔，有时亦受叶脉限制。后期病斑两面产生轮纹状排列的黑色小点，即病菌的分生孢子器，使叶片早衰黄化坏死。

[病原] *Phyllosticta* sp.属半知菌叶点菌真菌。病菌分生孢子器叶两面生，初埋藏于寄主病组织内，以后部分外露，散生，具孔口，褐色，近球形，壁薄、膜质，直径105～140μm。分生孢子长椭圆形至圆柱形，无色，透明，单细胞，个别孢子具1个不明显隔膜，大小为5～8.5μm×2～3.5μm（图3-33）。

[发病规律] 病菌以分生孢子器和菌丝体随病残组织越冬。翌春分生孢子在条件适宜时借浇水或雨水溅射形成初次侵染，靠近地面的叶片多先发病。田间以分生孢子器释放分生孢子通过气流、雨水

传播蔓延，反复进行多次侵染。温暖潮湿有利于发病。春秋季多阴雨，雾多，露大，病害往往较重。植株生长茂密或管理粗放、缺肥、生长衰弱，病害亦较重。

[防治方法]

1. 收获后注意清除病残落叶，集中妥善处理，并深翻晒土，减少越冬病菌。

2. 注意增施有机肥，合理密植，修好田间排水沟，生长期避免田间积水，促使植株生长健壮，增强抗病力。

3. 发病初期可选用70%甲基托布津可湿性粉剂600倍液，或50%敌菌灵可湿性粉剂500倍液，或50%大富丹可湿性粉剂800倍液，或50%扑海因可湿性粉剂1 000倍液，或50%多硫悬浮剂400倍液喷雾，10～15天防治1次，根据病情连续防治2～3次。

冬寒菜轮纹病叶缘病斑

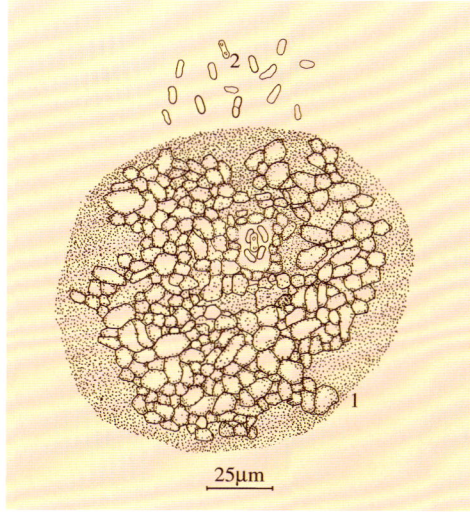

图3-33 冬寒菜轮纹病菌
1. 分生孢子器 2. 分生孢子

冬寒菜轮纹病后期病斑

冬寒菜根腐病
Curled mallow Fusarium root rot

根腐病是冬寒菜最重要的病害，分布广泛，发生普遍，保护地、露地种植均可造成危害。我国南方发生较重，一般发病率10%～20%，严重地块病株率达40%～100%，显著影响冬寒菜的正常生产。

[症状] 此病主要为害植株根部和根茎部。染病后叶色褪绿变淡，中、下部叶片不同程度萎蔫。有时某方向部分叶片沿叶缘向叶柄方向变褐坏死，终至全株萎蔫死亡。染病植株的根部和根茎部形成不规则黑褐色坏死斑，几个病斑相互连接，致根或根茎部黑褐色腐烂，剖视病部，可见维管束变褐坏死。空气湿度高，病斑表面产生白色至粉红色霉状物，即病菌的子实体。

[病原] *Fusarium solani* (Mart.) App. et Wollenw.属半知菌腐皮镰孢霉真菌。病菌大型分生孢子纺锤形，稍弯曲，3～5个隔膜，3个隔膜的孢子大小为19～50μm×3.5～7μm，5个隔膜的孢子大小为32～68μm×4～7μm。厚垣孢子顶生或间生，褐色，球形或

洋梨形，单胞或双胞，单胞大小为8μm×8μm，双胞大小为9～16μm×6～10μm。

[发病规律] 病菌主要以菌丝体或厚垣孢子随病残组织在土壤内越冬，带菌的肥料和土壤为引起发病的主要初侵染源。病菌寄主范围较广，其他作物遗留的病组织也可引起发病，病菌还可以分生孢子随种苗进行传播。田间病菌以病部产生的分生孢子进行再侵染，借雨水溅射或浇水施肥传播蔓延。一般连作、低洼、土质黏重的地块发病较重，施用未腐熟的堆肥或施肥不当，或地下害虫严重致植株根部受伤等易诱发此病。

[防治方法]

1. 收获后及时彻底清理病残组织，集中妥善处理。种植前深翻晒土，杀灭病菌。

冬寒菜根腐病病苗

冬寒菜根腐病病株根茎

2. 重病田实行轮作，采用高垄或高畦栽培。

3. 施足底肥，增施磷、钾肥，有机堆肥充分

腐熟。生长期适时中耕，彻底防治地下害虫，避免田间积水或因水肥管理不当造成生理根伤。

4. 重病地块选用70%土菌消可湿性粉剂，或50%利克菌可湿性粉剂，或75%姜福双可湿性粉剂，或50%复方硫菌灵可湿性粉剂，或50%多菌灵可湿性粉剂45～75 kg/ hm²，在种植前拌细土450～750kg，均匀撒施在地表，或沟施或穴施在种植沟穴内，进行土壤消毒灭菌。

5. 发病初期，拔除病株，病穴及邻近植株配合淋浇50%多菌灵可湿性粉剂500倍液，或10%双效灵水剂1 000倍液，或25%敌力脱乳油2 500倍液，或45%特克多悬浮剂1 000倍液，或65%多果定可湿性粉剂1 000倍液，或98%恶霉灵可湿性粉剂2 500倍液，7～10天1次，视病情连续淋浇2～3次。

冬寒菜根腐病病株

冬寒菜根腐病病叶

21. 番杏病害 Diseases of New Zealand spinach

番杏病毒病

New Zealand spinach virus disease

病毒病为番杏的一般性病害，部分地区发生分布。通常病株零星，对生产无明显影响，严重地块发病率可达10%以上，明显影响番杏的产量和质量。

[症状] 此病在田间多表现系统侵染，初期在叶片上散生大小不等、形状不规则褪绿斑，以后形成环形蚀纹斑或较大的褪绿坏死斑，随病害发展，病叶逐渐萎蔫坏死，完全丧失商品价值。

[病原] 此病由病毒侵染所致，病毒不详，有待进一步研究。

[发病规律] 此病在保护地、露地都可发生，高温干旱天气较适宜发病。

防治方法参见菠菜病毒病。

番杏病毒病病株

番杏褐腐病
New Zealand spinach Rhizoctonia rot

褐腐病为番杏的主要病害。分布较广，发生较普遍，保护地、露地均有发生，发病后可造成幼苗或菜株成片死亡甚至腐烂，影响产量和品质。

[症状] 此病在全生育期都可发生。幼苗期常使幼苗立枯死亡。成株期多从植株下部茎叶开始发病，初期略呈水渍状，以后呈暗绿色至灰褐色腐烂，潮湿时在病部表面产生少量白霉，即病菌菌丝体。

[病原] *Rhizoctonia solani* Kühn 属半知菌立枯丝核菌。详见青

番杏褐腐病病叶

花菜褐腐病。

发病规律、防治方法参见青花菜褐腐病。

番杏灰霉病
New Zealand spinach gray mold

灰霉病为番杏的重要病害。分布普遍，主要在保护地内发生，一旦发病，病情往往较重，显著影响番杏产量和品质。

[症状] 此病多从下部较密蔽的部位或采后伤口侵染，可侵害地上部所有组织。病部呈水浸状软腐，黄褐至暗褐色，常致幼茎倒折，随病害发展，在病部组织表

面产生灰褐色霉层，即病菌的分生孢子梗和分生孢子。

[病原] *Botrytis cinerea* Pers. 属半知菌灰葡萄孢真菌。详见青花菜灰霉病。

发病规律、防治方法参见青花菜灰霉病。

番杏灰霉病病苗

番杏灰霉病病茎

番杏菌核病
New Zealand spinach Sclerotinia rot

菌核病为番杏的重要病害，主要在老菜区保护地内发生。一般病株零星，轻度影响番杏的产量和品质。

[症状] 此病可侵染番杏的各个部位，病部初呈水浸状软腐，以后在病组织表面产生浓密白色菌丝团，迅速向外扩展蔓延，

最后在病部形成黑色鼠粪状菌核。

[病原] *Sclerotinia sclerotiorum* (Lib.) de Bary 属子囊菌核盘菌真菌。详见结球莴苣菌核病。

发病规律、防治方法参见结球莴苣菌核病。

番杏菌核病初期病株

番杏菌核病中期病株

番杏沤根
New Zealand spinach moisture stress

番杏沤根植株

沤根为番杏的一般性生理病害，各地都有发生，通常对生产无明显影响，严重时可使幼苗或植株成片死亡。

[症状] 此病主要表现根系表皮变褐，或呈水渍状，新根很少或没有新根。严重时部分根系沤烂变糟，甚至全部沤烂。地上部随病情发展叶色变淡，由外叶向心叶逐步萎蔫坏死。

[病因] 此病为生理性伤害。主要由于土壤长时间过度潮湿，或由于地温低、土壤板结，植株根系缺氧，不能进行正常生理代谢，致根系出现生理病变，植株整体代谢失调。

[防治方法]

1. 及时中耕松土，改善土壤通透性状。

2. 控制浇水，防止土壤长时间过分潮湿。

3. 因地温低发生沤根，应尽快提高管理温度，升高地温至16℃以上。

4. 提倡施用酵素菌肥，或充分腐熟的有机肥。

22．长寿菜病害 Diseases of leaf-eating sweet potata

长寿菜病毒病
Leaf-eating sweet potata virus disease

病毒病为长寿菜的普通病害，部分地区发生，通常病株零星，轻度影响生产。病害严重时，病株率可达10%以上，明显影响长寿菜的产量与品质。

[症状] 此病主要侵害叶片，表现叶色褪淡，叶缘不整齐、上卷或扭曲，植株矮化，叶柄缩短，叶片变花或呈长条状，有时叶片上出现浅绿色斑驳，或在叶片上出现褐色坏死斑点，病株坏死。

[病原] 此病为病毒侵染所致，毒源不详。

[发病规律] 生产管理粗放、蚜虫较多、土壤贫瘠，病害发生较重。

防治方法参见蕹菜病毒病。

长寿菜病毒病病株

长寿菜菌核病
Leaf-eating sweet potata Sclerotinia rot

长寿菜菌核病病苗

长寿菜菌核病病蔓

菌核病为长寿菜的重要病害，分布广泛，发生较普遍，保护地、露地种植都有发病，以老菜区保护地种植发病较重，发病后明显影响产品质量和产量。

[症状] 此病全生育期都可发生，以植株幼嫩时期发病严重，叶片、叶柄和蔓茎都受害。叶片染病呈灰褐色水渍状腐烂，表面产生浓密白霉。叶柄和蔓茎染病，呈黄褐至灰褐色坏死，以后腐烂，在病茎表面产生絮状白霉，后期

形成鼠粪状菌核。

[病原] *Sclerotinia sclerotiorum*（Lib.）de Bary 属子囊菌核盘菌

真菌。详见冬寒菜菌核病。

发病规律、防治方法参见冬寒菜菌核病。

长寿菜缩叶病
Leaf-eating sweet potata Elsinoe curl

缩叶病为长寿菜的主要病害，分布较广，发生较普遍，保护地、露地都可发病。一般病株率 10%～20%，轻度影响长寿菜的产量与品质。严重时病株率 30% 以上，部分叶片卷缩坏死，显著影响产品质量。

[症状] 此病全生育期都可发生，以幼株期发病对生产影响明显，主要为害植株幼嫩部位。植株染病后，初在幼嫩叶片、叶柄和茎蔓上形成不定形小斑点，以后发展成不规则形、大小差异较大的坏死病斑，黄褐至红褐色。后期在病斑表面产生灰白色粉霉状物，即病菌分生孢子梗和分生孢子。病害严重时，幼芽扭缩，嫩蔓黄萎，叶片卷曲畸形。

[病原] *Elsinoe batatas*（Saw.）Viegas et Jenkins 属子囊菌甘薯痂囊腔菌。病菌分生孢子盘直径 12～25μm，由 1～2 层拟薄壁组织细胞组成，细胞直径约 4 μm。分生孢子梗长 6～8μm。分生孢子长椭圆形，无色，单细胞，表面光滑，大小为 6～7.5μm×2.5～3.5μm。子囊球形，大小为 15～16μm×10～12μm。子囊孢子 4～6 个，略弯曲，有隔膜，无色，大小为 7～8μm×3～4μm。

[发病规律] 病菌主要以菌丝体随病残组织在土壤中越冬，病土可传播病害。条件适宜时产生分生孢子形成初侵染，发病后病部再形成分生孢子通过气流、雨水或浇水传播。温暖潮湿有利于发病，气温 25～28℃，空气潮湿易发病。长寿菜生长期多雨，或生长过度茂密、持续高湿，病害发生严重。

[防治方法]

1. 采收结束后彻底清除病株残体，减少田间越冬菌源。

2. 重病地块实行与非旋花科作物 3 年以上轮作。

3. 合理密植，避免偏施氮肥，雨后防止田间积水，保护地加强通风，降低空气湿度。

4. 发病初期进行药剂防治。可选用 70% 甲基托布津可湿性粉剂 600 倍液，或 43% 菌力克悬浮剂 8 000 倍液，或 10% 世高水分散粒剂 6 000 倍液，或 40% 福星乳油 8 000 倍液，或 40% 多硫悬浮剂 600 倍液，或 65% 多果定可湿性粉剂 1 000 倍液喷雾防治。保护地可选用 5% 百菌清粉尘剂，或 6.5% 甲霉灵粉尘剂 15kg/ hm²，喷粉防治。

长寿菜缩叶病前期病叶

长寿菜缩叶病中期病叶

长寿菜灰霉病
Leaf-eating sweet potata gray mold

灰霉病为长寿菜的普通病害，分布广泛，发生较普遍。通常病情很轻，对生产无影响，严重时发病率可达 10% 以上，在一定程度上降低产品质量。

[症状] 此病主要侵害叶片和其他衰弱组织。叶片受害多从叶尖或叶缘开始侵染。病斑初为绿褐色，后为浅黄褐色，边缘颜色较深，半圆形至 V 字形，略具同心轮纹，后期在病斑表面产生较稀疏灰色霉状物，即病菌分生孢子梗和分生孢子，后期病斑易破裂或腐烂。叶柄和茎部染病，呈浅褐色至暗褐色坏死腐烂，后期在病组织表面产生灰色霉状物。

[病原] *Botrytis cinerea* Pers. 属半知菌灰葡萄孢真菌。详见结球

莴苣灰霉病。

发病规律、防治方法参见结球莴苣灰霉病。

长寿菜灰霉病病叶

长寿菜叶斑病
Leaf-eating sweet potata Phyllosticta leafspot

叶斑病为长寿菜的常见病，分布较广，发生较普遍，种植地区都可发病。通常零星发病，在一定程度上影响产品质量。严重地块病株率达80%以上，部分叶片不能食用，显著影响产品质量。

[症状] 此病主要为害叶片，初在叶片上出现水渍状、浅褐至红褐色小点，以后扩展成近圆形、灰黄色、略凹陷坏死斑，边缘黄褐色，最后变成灰白色，其上散生黑色小点，即病菌分生孢子器。空气干燥，病斑破裂穿孔。严重时叶片上病斑密布，相互连接致叶片枯死。

[病原] *Phyllosticta batatas*（Thüm）Cke. 属半知菌甘薯叶点霉真菌。详见甘薯叶斑病。

发病规律、防治方法参见甘薯叶斑病。

长寿菜叶斑病叶面病斑

长寿菜叶斑病叶背病斑

细菌性叶斑病为长寿菜的普通病害，分布较广，种植地区都有发生。通常病株率10%左右，轻度影响产品质量，重时病株率达30%以上，部分叶片不能食用，明显影响生产。

[症状] 此病主要侵害叶片，初在叶面出现黄褐色小点，以后扩展成不定形黄褐色病斑，大小差异较大，边缘多具黄绿色晕环，病斑背面颜色较深，墨绿色至暗褐色，略具光泽，薄纸状，后

长寿菜细菌性叶斑病
Leaf-eating sweet potata bacterial leafspot

期易破裂。病害严重时叶片上病斑密布，相互连接成片，终致病叶坏死枯焦或腐烂。

[病原] 一种细菌，有待进一步鉴定研究。

发病规律、防治方法参见紫甘蓝缘枯病。

长寿菜细菌性叶斑病叶面病斑

长寿菜细菌性叶斑病叶背病斑

23．珍珠菜病害　Diseases of clethra loosestrife

珍珠菜菌核病
Clethra loosestrife Sclerotinia rot

菌核病为珍珠菜的重要病害，主要在保护地内发生，一般零星发病，造成局部死苗烂秧。重时植株成片死亡，对生产有明显影响。

［症状］此病主要为害叶柄和幼嫩组织，发病初期病部呈水渍状腐烂并长出浓密絮状白霉，较短时间使植株全部坏死腐烂，沿病叶或腐烂组织迅速向邻近植株发展蔓延，造成大片发病。后期病组织表面产生絮状白霉逐渐转变成大小不等的黑褐色菌核。

［病原］*Sclerotinia sclerotiorum*（Lib.）de Bary 属子囊菌核盘菌真菌。详见结球莴苣菌核病。

发病规律、防治方法参见结球莴苣菌核病。

珍珠菜菌核病病株

珍珠菜菌核病病苗

24．荠菜病害　Diseases of Shepherd's purse

荠菜霜霉病
Shepherd's purse downy mildew

霜霉病为荠菜的重要病害，分布较广，发生较普遍，保护地、露地栽种或野生都可发病。一旦发病，染病率往往很高，常达 80% 以上，明显影响品质。

［症状］此病主要为害叶片，亦侵染花梗和种荚。初在叶片上产生浅黄绿色病斑，以后发展成黄色坏死斑，随病害发展病斑背面产生霜状白霉，即病菌的孢囊梗和孢子囊。条件适宜时叶片正面和叶柄上亦可产生浓密的霜状白霉，短时期内即可导致叶片黄化坏死。病害轻时病斑发展受叶脉限制，呈多角形黄褐色坏死斑。花器染病畸形，不能正常结实。

［病原］*Peronospora parasitica* var.*capsellae*（Pers.）Fr. 属鞭毛菌寄生霜霉荠菜属变种真菌。病菌孢囊梗单生或多根成束，无色、无隔，主干基部稍膨大，作重复二叉分枝，顶端 2～5 次分枝，主轴和分枝成锐角，顶端小梗略尖，弯曲，每端长一个孢子囊，全长163.5～507.5μm。孢子囊无色，单胞，圆形至卵圆形，大小为 17.3～29.5μm × 22.5～32.8μm（图 3-34）。

［发病规律］病菌随荠菜属植物活体越冬，也可以卵孢子随病残体越冬或越夏。条件适宜时借雨水或浇水传播形成初侵染。气温 16～20℃，空气高湿或植株表面有水滴时易发病。孢子囊形成适宜温度约为 8～12℃，萌发适温 7～13℃，侵染

荠菜霜霉病重病株

荠菜霜霉病重病苗

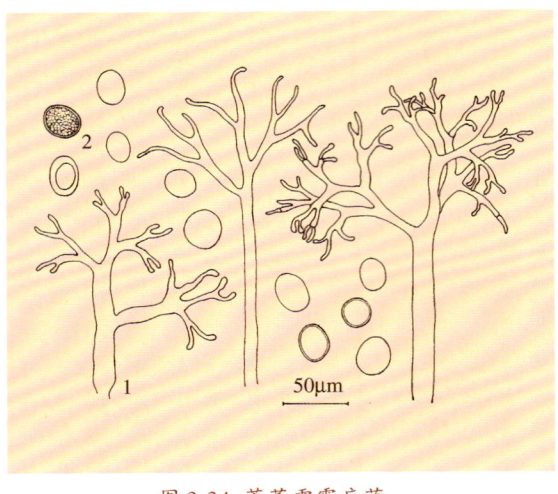

适温约为 16℃，菌丝体生长发育适温 20～24℃，卵孢子形成适温约为 10～15℃，相对湿度 70%～75%。荠菜生长期多阴雨、田间高湿发病严重。

　　防治方法参见结球莴苣霜霉病。

图 3-34 荠菜霜霉病菌
1. 孢囊梗 2. 孢子囊

腐烂病是荠菜的常见病，分布广泛，发生普

荠菜腐烂病病株

荠菜腐烂病
Shepherd's purse Rhizoctonia rot

遍。保护地、露地都有发病，但一般病情较轻，对产量影响不明显。个别地块种植过密、生长衰弱，发病较重，植株成片腐烂坏死，明显影响产量与质量。

　　[症状] 此病多由外叶叶柄、茎基部开始侵染，或从个别接触地面的老黄叶开始发病。病部呈水渍状腐烂，并迅速向各方向扩展蔓延，致菜苗成片发病，腐烂坏死，后期在病部产生蛛丝状较稀疏的灰褐色菌丝。

　　[病原] *Rhizoctonia solani* Kühn 属半知菌丝核菌真菌。详见紫甘蓝褐腐病。

　　发病规律、防治方法参见紫甘蓝褐腐病。

25. 蒲公英病害 Diseases of dandelion

蒲公英病毒病
Dandelion virus disease

蒲公英病毒病病叶

　　病毒病为蒲公英的普通病害，在局部地区发生分布，常年发病较轻，对生产无明显影响，个别地块或特殊年份病情较重，病株率可达 30% 以上，显著影响产品质量。此病还侵害菊科的其他蔬菜。

　　[症状] 此病全生育期都可发生。幼苗发病，心叶明脉，叶片歪扭卷缩，外叶上出现淡绿至黄白色不规则斑驳。成株发病，植株矮化，内外叶比例失调，心叶亦明脉扭卷，外叶出现细网状脉间蚀纹，或叶脉变黄。随病情发展病叶枯死。

　　[病原] Dandelion yellow mosaic virus（DYMV）即蒲公英黄花叶病毒。病毒质粒球状，直径 30nm，稀释限点 10 000~100 000 倍，失毒温度 65～70℃，体外存活期 24 h，主要靠蚜虫和种子传毒，也可通过汁液接触传毒。

　　发病规律、防治方法参见结球莴苣病毒病。

蒲公英眼斑病
Dandelion Alternaria leafspot

眼斑病为蒲公英的普通病害，在局部地区发生分布，多在春、秋露地零星发生。一般病株率30%～40%，在一定程度上影响产量与质量。春季多雨本病发生较重，病株率可达80%，病叶50%～60%，显著影响品质。

[症状] 此病在各生育时期都有发生，主要侵害叶片。初在叶片上形成紫红色至紫褐色病斑，近圆形，空气潮湿略显湿润状，随病情发展，病斑扩大成4～8mm的坏死斑，中央灰白色，边缘紫红色，后期在病斑两面产生灰黑色霉层，即病菌的分生孢子梗和分生孢子。

[病原] *Alternaria tenuis* Nees 属半知菌细交链孢霉真菌。分生孢子梗直立，分枝或不分枝，淡榄褐色，多有屈曲，顶端具多个孢痕，大小为30～110μm×4～7μm。分生孢子链生，多数有喙，倒棍棒形至长椭圆形，

蒲公英眼斑病病叶

表面平滑，浅褐色，有横隔膜3～7个，纵隔膜0～6个，大小为20～50μm×8～16μm。喙胞大小为3～30μm×3～8μm（图3-35）。

[发病规律] 病菌主要以菌丝体和分生孢子随病残体在土壤内越冬。通过风雨传播，形成初侵染和再侵染。温暖潮湿有利于发病。植株生长衰弱、缺肥或雨后积水发病较重。秋季雨水多、昼夜温差大、长时间结露，有利于病害的发生与发展。

防治方法参见结球莴苣黑斑病。

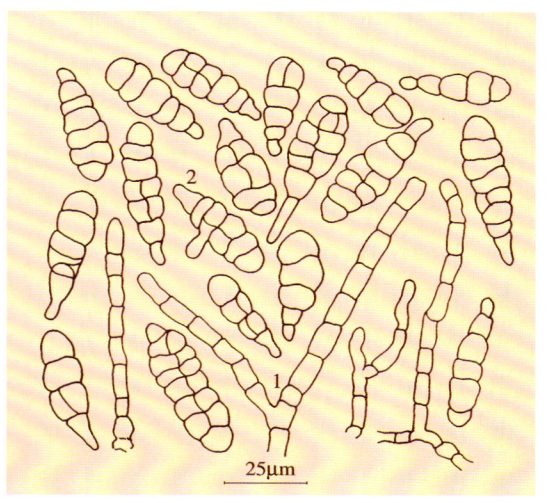

图3-35 蒲公英眼斑病菌
1.分生孢子梗 2.分生孢子

蒲公英白粉病
Dandelion powdery mildew

白粉病为蒲公英的常见病害，分布较广，保护地、露地都可发生，以春、秋季发病较重。一般病株率30%～50%，轻度影响产量与品质，重发生年或重病地块，植株100%染病，严重影响产量和质量。

[症状] 此病全生育期都可发生，以生长中后期受害重。病害多从外叶开始染病，由外叶向内叶发展，在叶片正面和背面产生白色粉斑，随后病斑处叶肉组织褪绿变黄，最后呈黄褐色枯死。病害严重时，植株几乎全部叶片受害，重病叶布满病斑，有时茎上也有病斑，终使叶片早衰枯死。

[病因] *Sphaerotheca erigerontis-canadensis* （Lév）L.Junell 属子囊菌飞蓬单囊壳真菌。病菌菌落叶两面和茎上生。菌丝体直接形成白粉斑，以后遍及全叶。分生孢子长椭圆形，无色，单胞，大小为22.5～38.5μm×12.5～18.3μm。闭囊壳球形，暗褐色，直径60～87μm。壳壁细胞大，正多角形至长方形，宽12～30μm。附属丝丝状，3～5根，近全褐色，仅顶部无色弯曲，有3～7个隔，长为闭囊壳直径的1～3倍。子囊1个，广椭圆形，顶部壁薄而平，大小为54～66μm×42～60μm。子囊孢子8个，椭圆形，个别圆形，大小为12～

18μm×9～13.5μm（图3-36）。

[发病规律] 病菌以闭囊壳在病残体上越冬。翌春以子囊孢子进行初侵染，病斑上产生分生孢子借风雨传播，不断形成再侵染，干旱少雨或昼暖夜凉有利于发病。

防治方法参见牛蒡白粉病。

蒲公英白粉病病叶

蒲公英白粉病病斑放大

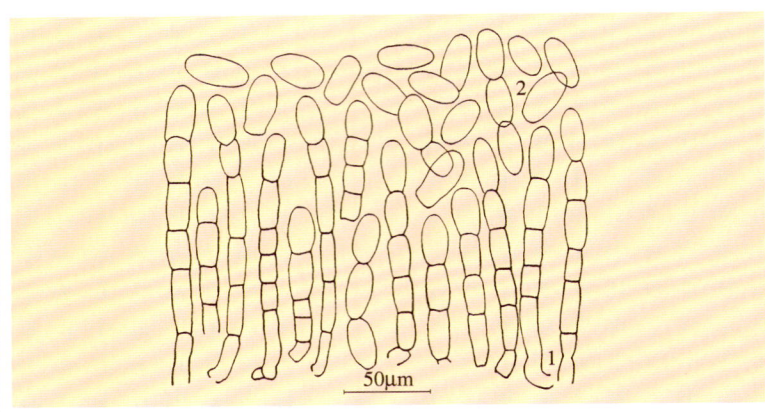

图3-36 蒲公英白粉病菌
1. 分生孢子梗 2. 分生孢子

蒲公英灰霉病
Dandelion gray mold

灰霉病为蒲公英的重要病害，主要发生在保护地内，南方露地春季梅雨后也偶有发生。一般零星发病，对产量无明显影响，仅个别人工种植棚室发病较重，造成局部死苗烂棵。

[症状] 此病全生育期都可发生。病菌多从积水的叶尖开始侵染，由叶尖向叶柄方向发展，形成黄褐色

V字形坏死斑，病斑表面产生灰色霉状物，即病菌的分生孢子梗和分生孢子。空气潮湿时，病害发展迅速，短时间内可使多数嫩叶发病坏死而腐烂，在病部产生较浓密的灰色霉层。

[病原] *Botrytis cinerea* Pers.属半知菌灰葡萄孢真菌。详见鸭儿芹灰霉病。

发病规律、防治方法参见鸭儿芹灰霉病。

蒲公英灰霉病病叶

蒲公英灰霉病病株

蒲公英菌核病
Dandelion Sclerotinia rot

菌核病为保护地栽种蒲公英的重要病害，主要在老菜区保护地内发生，南方露地野生植株也偶尔发生。一般病情较轻，仅造成轻度产量损失，严重棚室植株成片死亡、腐烂，明显影响产量。

[症状] 此病在各生育期都有发生，多从茎基部或下部

叶片开始侵染，病部呈水渍状腐烂，发展迅速，表面密生絮状白霉，以后逐渐变成鼠粪状菌核，最终致全株坏死腐烂。

[病原] *Sclerotinia sclerotiorum*（Lib.）de Bary 属子囊菌核盘菌真菌。详见青花菜菌核病。

发病规律、防治方法参见青花菜菌核病。

蒲公英菌核病病斑

蒲公英菌核病病株

26．苦菜病害 Diseases annual sowthistle

苦菜霜霉病
Annual sowthistle downy mildew

霜霉病为苦菜的主要病害，分布广泛，发生普遍，保护地、露地栽种均有发生，发病后染病率一般都较高，常达60%以上，显著影响苦菜生产。

[症状] 此病主要侵害叶片，多从基部叶开始侵染，在叶片背面产生白色霜状霉层，即病菌的孢子囊梗。严重时叶片正面亦产生霜状霉层，随病害发展病叶逐渐变褐坏死。

[病原] *Bremia lactucae* Regel f. *chinensis* Ling et M. C. Tai属鞭毛菌莴苣盘梗霉真菌。病菌菌丛稀疏，白色，生于叶两面，孢囊梗1～3根从气孔伸出，偶具隔膜，长310～985μm，主轴长220～670μm，粗6～12μm，上部呈4～6次权状分枝，末枝顶端膨大呈盘状，边缘生3～6个小梗。孢子囊近球形，着生于小梗顶端，大小为10～22μm×8～21μm（图3-37）。

发病规律、防治方法参见结球莴苣霜霉病。

苦菜霜霉病叶背病斑

苦菜霜霉病叶面病斑

苦菜霜霉病病株

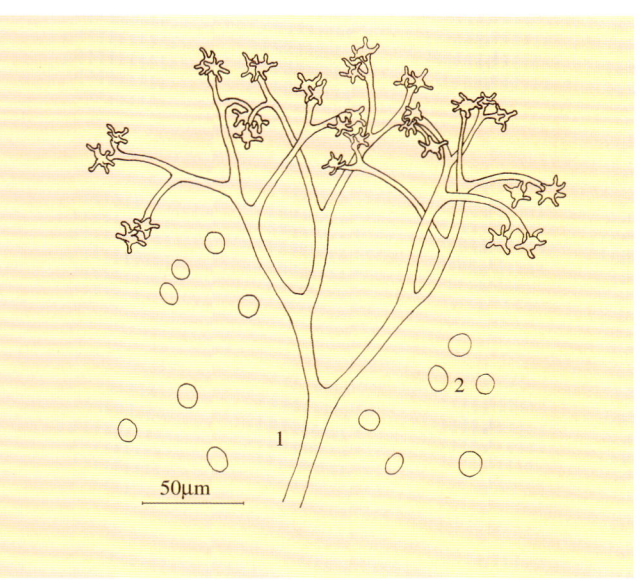

图3-37 苦菜霜霉病菌
1. 孢囊梗 2. 孢子囊

苦菜根腐病病株

苦 菜 根 腐 病
Annual sowthistle Fusarium root rot

　　根腐病为苦菜的普通病害，分布较广，人工栽种常有发生，保护地、露地都可发病。通常病情很轻，对生产无明显影响，严重地块成片死苗，显著影响苦菜生产。

　　[症状] 此病主要侵害根部，多从根茎部或从受伤部位侵染，使根系呈黄褐色至暗褐色坏死腐烂，致地上部逐渐萎蔫枯死。土壤潮湿，根茎表面产生少量白色霉层，即病菌的分生孢子丛。

　　[病原] *Fusarium* sp.属半知菌镰孢霉真菌。病菌产生两种类型分生孢子，大型分生孢子镰刀形，两端渐尖，具2～5个分隔。小型分生孢子卵圆形至长梭形，偶有1个分隔。

　　发病规律、防治方法参见鸭儿芹根腐病。

苦菜褐斑病病叶

苦 菜 褐 斑 病
Annual sowthistle Cercospora leafspot

　　褐斑病为苦菜的普通病害，分布较广，人工种植地块常有发生。通常病情较轻，对生产无明显影响，严重时苦菜质量显著降低。

　　[症状] 此病主要为害叶片，多从基部叶片开始发病，在叶片上产生浅褐色中央和边缘颜色较暗的近圆形病斑，直径2～6mm。空气潮湿时在病斑两面产生暗褐色稀疏霉层，即病菌的分生孢子梗和分生孢子。严重时叶片上病斑密布，短期内病叶即黄化坏死。

　　[病原] *Cercospora longissima* Sacc.属半知菌莴苣褐斑尾孢霉真菌。详见结球莴苣褐斑病。

　　发病规律、防治方法参见结球莴苣褐斑病。

苦 菜 白 粉 病
Annual sowthistle powdery mildew

　　白粉病为苦菜的常见病，分布较广，发生较普遍，一旦发生，病株率常达60%以上，明显影响苦菜的产量和品质。

　　[症状] 此病主要为害叶片，后期亦为害花轴和花器，在叶片上散生白色粉状霉斑，严重时病斑相互汇合成片，致叶片黄化早衰，最后枯死。

　　[病原] *Erysiphe cichoracearum* DC.属子囊菌菊科白粉菌真菌。详见苦苣白粉病（图3-38）。

　　发病规律、防治方法参见牛蒡白粉病。

苦菜白粉病病斑

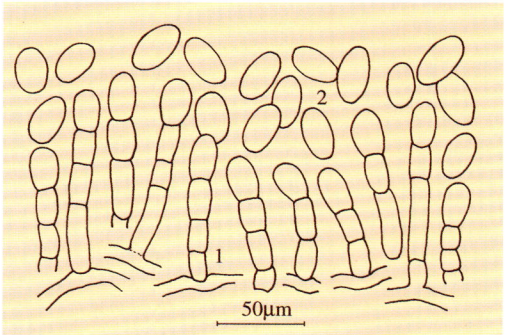

图3-38 苦菜白粉病菌
1.分生孢子梗 2.分生孢子

苦菜根结线虫病
Annual sowthistle root-knot nematode

根结线虫病为苦菜的重要病害，在部分地区发生分布，一旦发生，病情严重，病株率常达100%，严重影响产量和质量。

[症状] 此病主要侵害根系，在主根上形成半球形至球形肿瘤，乳黄色至橘黄色，随病害发展，地上部褪绿变黄，最后萎蔫枯死，病根上的肿瘤亦随病害发展变褐腐烂。

[病原] *Meloidogyne incognita* Chitwood属南方根结线虫。详见香芹根结线虫病。

发病规律、防治方法参见香芹根结线虫病。

苦菜根结线虫病中期病根

苦菜根结线虫病中后期病根

苦菜沤根
Annual sowthistle moisture stress

沤根为苦菜的一般性生理病害，人工栽种常有发生。通常对苦菜生产无明显影响，严重时造成大片死苗。

[症状] 此病表现为幼苗或幼株外叶沿叶缘逐渐黄化萎蔫，最后坏死干枯，并向心叶发展。地下部表现不生新根，根表皮呈黄褐至锈褐色，容易拔起。

[病因] 此病为非侵染性生理病害，主要由于移栽后地温低、土壤太湿、通透性差、根部缺氧、根系生理活动不能正常进行且持续时间长，即造成沤根。

防治方法参见香芹沤根。

苦菜沤根田间受害状

苦菜沤根单株受害状

27．马齿苋病害 Diseases of purshane

马齿苋白锈病
Purshane white rust

白锈病为马齿苋的主要病害，分布广泛，发生普遍。春、秋季都有发病，以秋季雨后较常见，一般病株率20%～40%，重时达60%以上，明显

马齿苋白锈病病株

马齿苋白锈病病斑放大

影响品质。

[症状] 此病主要为害叶片，在叶片上产生初为黄色、无明显边缘的斑点，叶背生出白色隆起小疱斑，以后变成近圆形至椭圆形疱斑，破裂后散出白色粉末状物，即病菌的孢子囊。病菌亦可侵染叶正面，形成近圆形至椭圆形的疱斑，严重时病斑密布、叶片畸形坏死。

[病原] *Albugo portulacae* (DC.) O. Kuntze 属鞭毛菌马齿苋白锈菌真菌。病菌孢子堆1～7mm。孢囊梗袋状，无色，不分枝，大小为32～60μm×9～16μm。孢子囊圆形至椭圆形，无色，串生，膜厚均匀，大小为13～16μm×15～21μm。卵孢子近球形，褐色至深褐色，表面有网状小梗，网孔内有乳状突起，大小为36～60μm（图3-39）。

[发病规律] 病菌以卵孢子随病残体在土壤中越冬。北方地区可在棚室内为害过冬，南方温暖地区无明显越冬期。越冬病菌在条件适宜时萌发产生游动孢子，经风雨、水流传播到寄主上引起侵染，发病后病部产生大量孢子囊借雨水传播，不断引起再侵染。春、秋多雨、田间潮湿、平均气温20～25℃左右容易发病。植株生长茂密、地势低洼、土壤黏重的地块发病严重。

[防治方法]

1. 秋末彻底清除病残体，集中妥善处理，翻耕土壤，减少田间菌源。

2. 种植期和多雨季节，注意开沟排水，降低田间湿度。

3. 发病初期进行药剂防治。参见樱桃萝卜白锈病。

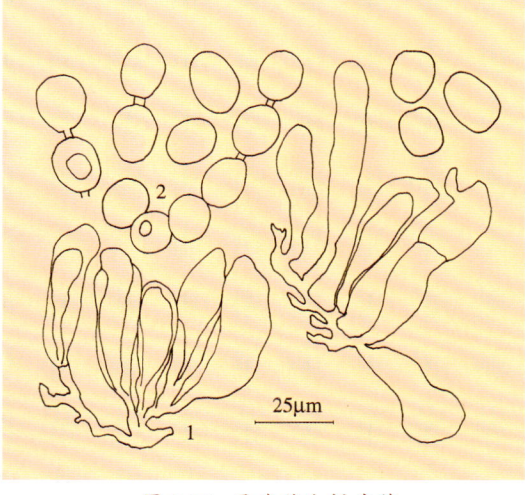

图3-39　马齿苋白锈病菌
1.孢囊梗　2.孢子囊

马齿苋炭疽病
Purshane anthracnose

炭疽病为马齿苋的主要病害，分布亦较广，发生较普遍，春、秋季发生，以秋季病重，发病后显著影响产品品质，不能食用。

[症状] 此病主要为害叶片，亦侵染茎蔓。发病初期在叶片上出现水浸状深绿色小斑，以后病斑中心出现坏死小点，逐渐发展成近圆形坏死病

斑，中央明显凹陷，灰褐至暗褐色，边缘水渍状，随病害发展病斑进一步扩大坏死，最后在病斑两面产生黑色小点，即病菌的分生孢子盘。茎蔓染病，初期呈水渍状坏死，以后发展成近椭圆形凹陷斑，后期亦产生黑色小点，严重时致病部以上茎叶萎蔫枯死。

[病原] *Colletotrichum* sp.属半知菌刺盘孢真菌。病菌分生孢子盘黑色，初埋藏，后暴露，混生刚毛。刚毛暗褐色，有2～5个隔膜，多为3个，大小为65～135μm×4～6μm。分生孢子梗圆筒形，大小为5.5～18.5μm×2.5～4.0μm。分生孢子新月形至镰刀形，浅色，大小为21.5～35.0μm×3.0～4.5μm（图3-40）。

[发病规律] 病菌以菌丝体和分生孢子在病残体上越冬。翌年

条件适宜时分生孢子借风雨、流水传播，引起侵染。发病后病斑上产生大量分生孢子靠雨水溅射传播，不断进行再侵染。5～6月和8～9月多雨容易发病。田间地势低洼、积水，或大雨、暴雨后

病重。

防治方法参见紫背天葵炭疽病。

马齿苋炭疽病病叶

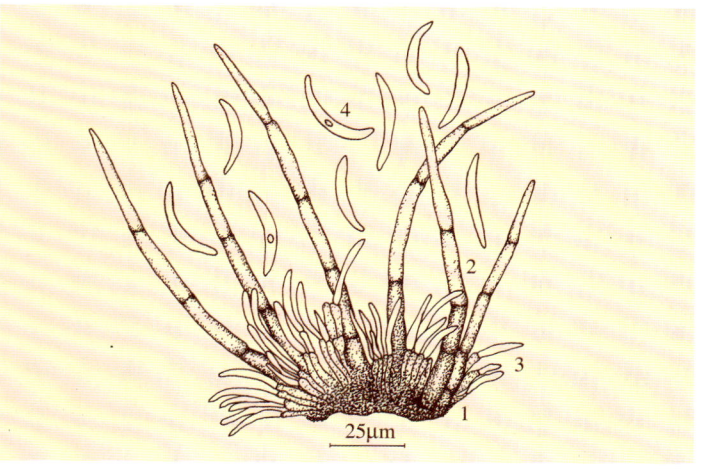

图3-40 马齿苋炭疽病菌
1.分生孢子盘 2.刚毛 3.分生孢子梗 4.分生孢子

马齿苋根结线虫病
Purshane root-knot nematode

根结线虫病为马齿苋的重要病害，部分地区发生，保护地、露地都可发病。一旦发病，染病率通常较高，常为30%～50%，轻时对寄主无明显影响，重时病株率80%～100%，显著影响马齿苋的正常生长发育。

[症状] 此病主要为害根系，在幼根上形成粗细不均的肿大，或形成链珠状至葫芦状的根结，初期乳白色至乳黄色，以后变褐坏死，最后腐烂。剖开根结，可见乳白色半透明梨形小颗粒状线虫雌虫。病轻时植株地上部生长正常，严重时地上部生长缓慢，病株短缩，重病株最后萎蔫坏死。

[病原] *Meloidogyne incognita* Chitwood 属南方根结线虫。详见香芹根结线虫病。

发病规律、防治方法参见香芹根结线虫病。

马齿苋根结线虫病病苗

马齿苋菟丝子
Purshane dodder

菟丝子为寄生性种子植物，分布广泛，马齿苋受害较常见，尤其是新菜区发生较普遍，在一定程度上影响产品质量。

[症状] 菟丝子以其线形茎蔓缠绕寄主，在接触寄主部位产生吸根，伸入到寄主体内，吸收寄主的水分和养分，使寄主生长缓慢，植株衰弱，最后死亡。

[病原] *Cuscuta chinensis* Lamb.属中国菟丝子。详见食用菊菟丝子。

发病规律、防治方法参见食用菊菟丝子。

马齿苋菟丝子为害状

28. 蕺菜（蕺儿根、鱼腥草）病害 Diseases of heartleaf houttuynia

蕺菜立枯病
Heartleaf houttuynia Rhizoctonia wilt

立枯病为蕺菜的普通病害。仅在局部地区发生，通常野生蕺菜病情很轻，不需防治，人工栽

种的发病后可造成一定损失。

[症状] 此病主要侵害根茎部和地下茎，重时还可侵染靠地面的叶片。病部初呈浅黄褐色水渍状，逐渐发展成暗褐色，终致幼株萎蔫死亡。湿度高时可引起病组织坏死腐烂，在病部产生少量白霉，即病菌的菌丝体。

[病原] *Rhizoctonia solani* Kühn 属半知菌立枯丝核菌真菌。详见蚕豆立枯病。

[发病规律] 此病仅在人工种植地块零星发生为害。土壤潮湿、种植太密有利于发病。

[防治方法] 一般不需防治，必要时参见蚕豆立枯病。

蕺菜立枯病病苗

蕺菜立枯病病叶

蕺菜灰霉病
Heartleaf houttuynia gray mold

灰霉病为蕺菜的普通病害，在部分地区发生分布。仅在春季连续阴雨后零星发病，对产品质量有所影响。

[症状] 此病主要侵害中下部叶片和幼茎。叶片染病，多形成浅黄褐色至灰褐色、近圆形或半圆形、具有同心轮纹的坏死斑，易破裂穿孔。幼茎染病呈水渍状坏死、腐烂，后期在病部表面产生灰褐色霉层，即病菌的分生孢子梗和分生孢子。

[病原] *Botrytis cinerea* Pers.属半知菌灰葡萄孢真菌。详见鸭儿芹灰霉病。

发病规律、防治方法参见鸭儿芹灰霉病。

蕺菜灰霉病病斑

蕺菜灰霉病病苗

29. 车前草病害 Diseases of plantain

车前草霜霉病
Plantain downy mildew

霜霉病为车前草的普通病害，分布较广，

春、夏、秋季都可发生。发病后病株常达30%以上，影响产品质量。

[症状] 此病主要为害叶片，初在叶面上侧脉之间出现黄绿色近圆形病斑，边缘不明显，以后病斑逐渐坏死变褐，形成不规则坏死斑块。随病害发展叶背病斑表面产生稀疏灰色至灰黄色霉状物，即

病菌的孢囊梗和孢子囊。

[病原] *Peronospora alta* Fuck.属鞭毛菌车前草霜霉真菌。病菌菌丝多分枝，无隔，有吸器。孢囊梗由气孔伸出，浅灰褐色，顶端叉状分枝4～9次，末端尖锐，大小为240～750μm×7.5～10μm，顶枝呈S形弯曲，长10～25μm。孢子囊卵形、椭圆形或近球形，淡褐色，大小为18.5～31.5μm×17.0～25μm。卵孢子球形，表面平滑，淡黄色至黄褐色，直径22.5μm，外壁厚3～5μm。

[发病规律] 病菌以卵孢子在病残体上越冬，

翌春条件适宜时产生孢子囊，借雨水或浇水传播，进行初侵染和再侵染。温暖潮湿或多雨，病害发生较重。

[防治方法] 野生车前草一般不进行专门防治，人工种植的必要时参见结球莴苣霜霉病防治。

车前草霜霉病叶面病斑

车前草霜霉病叶背病斑

车前草白粉病
Plantain powdery mildew

白粉病为车前草的主要病害，常在南方发生，北方秋季亦可发病，在一定程度上影响车前草的品质，重时致植株提早枯死。

[症状] 此病主要为害叶片，在叶两面产生白色近圆形粉斑，大小变化较大，后期病斑逐渐变褐坏死，边缘模糊，多个病斑相互连接成较大型不规则的粉斑，致叶片提前老化枯死，有时可在后期病斑上产生黑色小粒点，即病菌的闭囊壳。病害严重时，叶柄亦可受害，产生一段一段的白粉，白粉脱落后病部变褐，易断折。

[病原] *Erysiphe sordida* Junell属子囊菌污色白粉菌真菌。病菌闭囊壳扁球形，暗褐色，聚生或近聚生，直径为95～130μm，具16～32根附属丝，多不分枝，个别呈不规则1～2次分枝，弯曲，常相互缠绕，长65～150μm，具0～3个分隔，褐色至暗褐色，中下部色深。子囊卵形至袋状，9～14个，多具有柄或柄短，大小为48～62μm×31～42μm。子囊孢子卵圆形，榄褐色，2个，个别4个，大小为18.5～24.5μm×12.5～15.5μm。分生孢子桶柱形至长椭圆形，浅色，大小为31～45μm×13.5～20.5μm（图3-41）。

[发病规律] 病菌以闭囊壳随病残体越冬。翌春条件适宜时释放子囊孢子形成初侵染。发病后产生分生孢子借风雨传播，进

行重复再侵染。阴湿干晴交替适宜发病。

防治方法参见牛蒡白粉病。

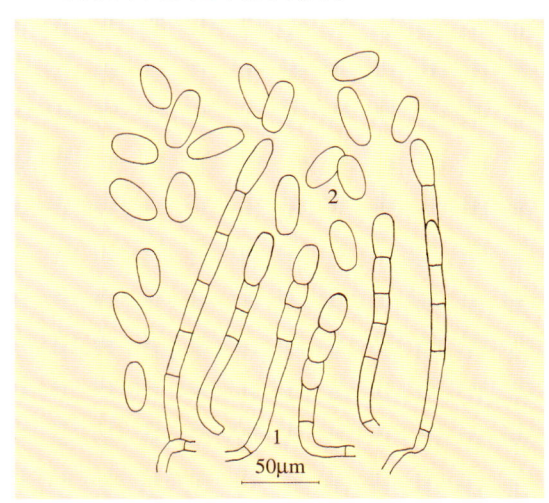

图 3-41 车前草白粉病菌
1. 分生孢子梗　2. 分生孢子

车前草白粉病前期病叶

车前草白粉病后期病叶

四、瓜类蔬菜病害

Diseases of Gourds

1. 小西葫芦病害　Diseases of small custard squash

小西葫芦病毒病

Small custard squash virus disease

病毒病是小西葫芦的主要病害，又称花叶病。分布广泛，各地都普遍发生，保护地、露地种植都可受害，一般发病率10%～15%，严重时病株达80%以上，常减产3～4成，其果实质量低劣，致小西葫芦提早拉秧甚至毁种。此病除为害小西葫芦外，还可为害普通西葫芦、黄瓜、冬瓜、甜瓜等瓜类蔬菜。

[症状] 该病从幼苗至成株期均可发生。主要有花叶型、黄化皱缩型及两者混合型。花叶型表现嫩叶明脉及褪绿斑点，后呈淡而不均匀的小花叶斑驳，严重时顶叶变为鸡爪状，染病早的植株可引起全株萎蔫。黄化皱缩型表现植株上部叶片沿叶脉失绿，叶面出现浓绿色隆起皱纹，继而叶片黄化，皱缩下卷，叶片变小或出现蕨叶、裂片、植株矮化，病株后期扭曲畸形，果实小，果面出现花斑，或产生凹凸不平的瘤状物，严重时植株枯死。

小西葫芦病毒病畸形花叶病株

小西葫芦病毒病畸形病株

小西葫芦病毒病轻花叶病株

小西葫芦病毒病畸形花

[病原] CMV、Melon mosaic virus（MMV）、Squash mosaic virus（SqMV）和 Tobacco ring spot virus（TRSV），即黄瓜花叶病毒、甜瓜花叶病毒、南瓜花叶病毒和烟草环斑病毒。CMV 颗粒球状，直径 28～30nm，汁液稀释限点 1 000～10 000 倍，钝化温度 60～70℃，10min，不耐干燥，体外存活期 3～4 天，主要通过蚜虫传播，寄主范围很广。MMV 钝化温度 60～62℃，稀释限点 2 500～3 000 倍，体外存活期 3～10 天，主要通过棉蚜、桃蚜或汁液接触传染。SqMV 颗粒球形，直径 25～30nm，稀释限点 10^{-4}～10^{-5}，钝化温度 70～80℃，体外存活期 28 天以上，主要通过汁液和种子传播，只侵染瓜类和豆科植物。TRSV 为多面体，直径 30nm，稀释限点 10 000 倍，钝化温度 55～65℃，体外存活期 3 周，主要通过汁液传播，寄主范围广泛。

[发病规律] 病毒可在保护地瓜类、茄果类及其他多种蔬菜和杂草上越冬。翌年通过蚜虫传播，也可通过农事操作接触传播，种子本身也可带毒。高温干旱有利于病毒病发生，小西葫芦生长期管理粗放、缺水缺肥、光照强、蚜虫数量多等情况下病害发生严重。

[防治方法]

1. 选择抗病良种，可选用矮生早熟品种、花叶型品种。目前长蔓西葫芦、阿太一代、早青 1 号等品种相对较抗病。

2. 进行种子消毒，播种前用 10% 磷酸三钠浸种 20min，然后洗净催芽播种。也可用 55℃温水浸种 40min，或干种子 70℃热处理 3 天。

3. 施足底肥，适时追肥，前期少浇水，多中耕，促进根系生长发育。及时防治蚜虫，早期病苗尽早拔除，中后期注意适时浇水、施肥，加强田间管理。

4. 药剂防治。发病前期至初期可用 20% 病毒 A 可湿性粉剂 500 倍液，或 1.5% 植病灵乳剂 1 000 倍液，或 NS-83 增抗剂 100 倍液，或抗毒剂 1 号水剂 250 倍液喷洒叶面，每 10 天 1 次，连续喷施 2～3 次。

小西葫芦病毒病畸形簇生病株

小西葫芦病毒病黄化病株

小西葫芦病毒病皱缩畸形病株

小西葫芦病毒病黄化病叶

小西葫芦病毒病田间受害状

小西葫芦病毒病皱缩花叶病株

小西葫芦病毒病皱缩花叶病叶

小西葫芦病毒病坏死病瓜

小西葫芦病毒病畸形病瓜

小西葫芦病毒病畸形病瓜

小西葫芦银叶病
Small custard squash silver leaf disease

银叶病为小西葫芦的重要病害，局部地区发生严重，一旦发病，几乎全部植株都受害，显著影响小西葫芦生产。此病还可侵染南瓜等。

[症状] 此病表现为植株部分或全部叶片正面逐渐显现银灰色斑，扩大后致整片叶的叶面呈银灰色，可反射光泽，以后叶片增厚，逐渐变得较僵直，最后早衰死亡。严重时病株叶柄和心叶随病害发展逐渐白化，不结瓜或造成化瓜，后期倒折坏死。

[病原] Whitefly-transmitted geminivirus（WTG）粉虱传双生病毒。属于双生病毒科（Geminiviridae）菜豆金黄花叶病毒属(Begomovirus)病毒。病毒粒子为孪生颗粒状，大小为 18nm × 30nm，基因组为单链环状 DNA，大小为 2.5~3.0kb。大多 WTG 病毒包含 2 个大小相近的 DNA 组分，称 DNA-A 和 DNA-B。DNA-A 与病毒的复制和介体传播有关，DNA-B 与病毒在植株体内的运输和病毒的寄主范围有关。

[发病规律] WTG 为广泛发生的一类植物单链 DNA 病毒，在自然条件下均由烟粉虱传播。据初步观察，此病春、秋季都可发生，当小西葫芦幼嫩时期受烟粉虱为害后即感染此病，多数棚室发病率很高，受害轻时后期可在一定程度上恢复正常。不同品种发病程度略有差异，早青 1 号和金皮小西葫芦发生严重。

[防治方法]
1. 种植前彻

小西葫芦银叶病田间受害状

小西葫芦银叶病初期病株

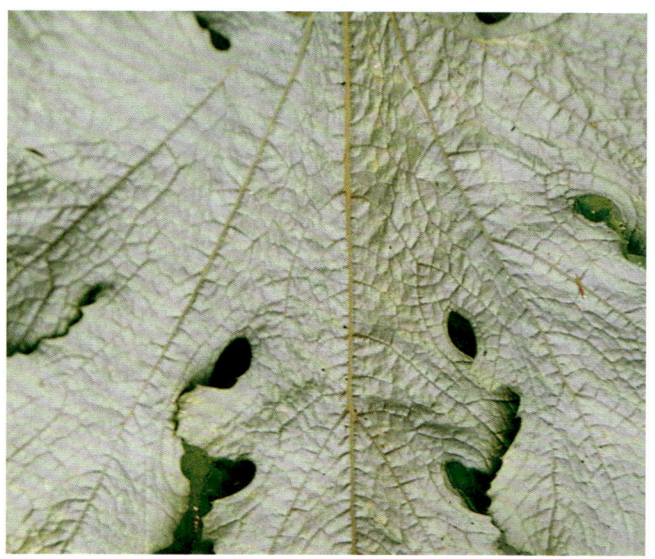

小西葫芦银叶病后期病叶

小西葫芦银叶病重病株

小西葫芦银叶病后期病株

小西葫芦银叶病病株叶柄

底清洁田园，铲除烟粉虱野生寄主，棚室采用防虫网覆盖，种植前进行棚室熏蒸灭虫，彻底消除烟粉虱虫源。详见温室白粉虱。

　　2. 小西葫芦生长期加强田间管理，增强小西葫芦的抗病能力。早期挂设黄板诱杀烟粉虱成虫，发现飞行成虫还需及时进行药剂防治，必要时喷施叶面肥，减少生产损失。

小西葫芦银叶病病瓜

叶焦病是小西葫芦的重要病害，局部地区分布，保护地、露地均可发生。一般不常发病，一旦发生病株率多达 20%～30%，严重棚室或地块病株率可达 50% 以上，最重棚室未结瓜即造成整

棚拉秧，显著影响小西葫芦生产。此病对小西葫芦生产具有潜在威胁，值得引起注意。

[症状] 此病以小西葫芦生长前期发生较多，主要侵害叶片，发病多为全株系统性侵染，幼嫩叶片叶脉间组织褪绿，密生许多不规则大小差异较大的白色枯斑，短期内病叶黄化坏死。较老叶片发病，在叶面上散生不规则或近圆形大小差异很大的白色至灰白色枯死斑，多个病斑相互汇合即形成大的不规则形坏死斑。重病叶片则直接产生大片灰白色急性枯死斑，病斑背面略呈水渍状青绿色，多沿叶脉两侧分布，短期内病叶即枯死。病害严重时病株在短期内枯死，不能结瓜。

[病原] 可能由病毒或类病毒侵染所致，毒源不详，有待研究。

[发病规律] 从病害田间分布和发病情况看，此病可能由种子带毒引起，从国外引进的品种病害发生严重。据观察，高温条件下病害发生严重，低温条件下有的也较严重，有待研究。

[防治方法] 不详，有待研究。

小西葫芦叶焦病花叶病叶

小西葫芦叶焦病前期病叶

小西葫芦叶焦病后期叶面症状

小西葫芦叶焦病中期病叶

小西葫芦叶焦病后期叶背症状

小西葫芦红粉病
Small custard squash Fusarium red powder disease

红粉病为小西葫芦的普通病害，分布较广，苗期常见发病。通常病苗零星，重时病苗达 10% 以上，明显影响生产。

[症状] 此病主要在育苗期发生，初在子叶上出现水渍状黄褐色小点，以后发展成不规则形黄褐色坏死斑，子叶畸形。空气潮湿，病斑上产生灰白色至粉红色霉层，即病菌的分生孢子丛和分生孢子。随病害发展病苗萎蔫死亡。

[病原] *Fusarium* sp.属半知菌镰孢霉真菌。病菌菌丝体无色，有分隔。分生孢子梗丛生于分生孢子座上，露出于寄主表面，呈淡红色至粉红色。产生大小两种分生孢子，大型分生孢子新月形，无色，具 1～5 个分隔。小型分生孢子单胞，无色，卵圆形至纺锤形，偶有一个分隔。

[发病规律] 病菌主要随种子传带，亦可随病残组织遗落在土壤内越冬。种子萌发至出苗期形成侵染，发病后在病部产生分生孢子通过浇水、雨水、昆虫或管理传播。幼苗生长衰弱或育苗时种子未作灭菌处理发病较重。

[防治方法]

1. 精选种子，播种前用 50% 多菌灵可湿性粉剂 400 倍液浸种 2～3 h，或用 65% 防霉宝可湿性粉剂 600 倍液浸种 0.5～1 h。

2. 净土育苗，施用充分腐熟的有机肥。苗期适时防治害虫。

3. 发病初期及时清除病苗和喷药防治。可选用 50% 多菌灵可湿性粉剂 500 倍液，或 65% 多果定可湿性粉剂 1 000 倍液，或 25% 敌力脱乳油 1 500 倍液，或 45% 特克多悬浮剂 1 000 倍液，或 20% 萎锈灵乳油 2 500 倍液喷雾防治。

小西葫芦红粉病初期病苗

小西葫芦红粉病子叶病斑

小西葫芦红粉病后期病叶

小西葫芦伞卷霉病
Small custard squash Circinella rot

伞卷霉病为小西葫芦的普通病害，在部分地区发生。通常病情较轻，致零星死苗或烂瓜，重时发病率可达 10% 以上，明显影响小西葫芦生产。

[症状] 此病主要在苗期发生，成株期亦可发病。幼苗发病，多侵染子叶，病部呈水渍状软腐，扩展迅速，很快即致幼苗倒折死亡，同时在病部表面产生浓密疏松的白色霉团，后期在白色霉团中形成细小的黑点，即病菌孢子囊。生长期发病，主要为害幼瓜，由开败的花瓣或伤口处侵染，使瓜果呈水渍状软腐，在病组织表面产生白色霉团。

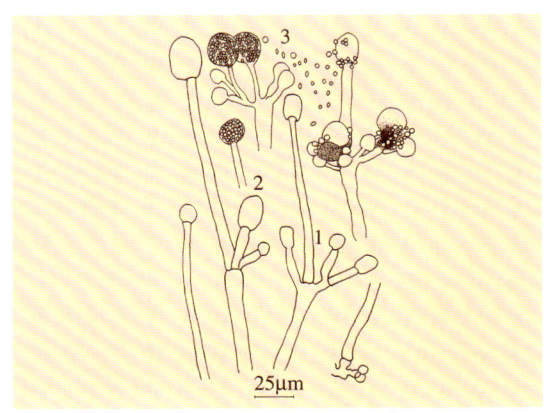
图 4-1　小西葫芦伞卷霉病菌
1. 孢囊梗　2. 孢子囊　3. 孢子

[病原] *Circinella umbellata* V.T.et Le Monn. 属鞭毛菌伞形卷霉真菌。病菌孢囊梗无限制地伸长，顶部不产生孢子囊，呈聚伞状分枝。分枝卷曲，单生或群生，顶端生孢子囊。孢子囊球形，有草酸钙结晶所形成的外壳，破裂时残留部分在中轴基部成为衣领状。囊轴大，圆筒形至立锥形。孢子球形至椭圆形。由两个以上的孢子囊形成伞状群，每个伞状群至少有孢子囊8个或10个（图4-1）。

发病规律、防治方法参见小西葫芦根霉腐烂病。

小西葫芦伞卷霉病初期病苗

小西葫芦伞卷霉病中后期病苗

小西葫芦白粉病初期病叶

小西葫芦白粉病中期病叶

小西葫芦白粉病
Small custard squash powdery mildew

白粉病为小西葫芦的主要病害，分布广泛，各地均有发生，春、秋两季发生最普遍，发病率30%～100%，对产量有明显的影响，一般减产10%左右，严重时可减产50%以上。此病除为害小西葫芦外，还为害甜瓜等多种瓜类作物。

[症状] 此病从幼苗到收获期均可发生，以生长中后期受害严重。主要为害叶片、叶柄和茎蔓。发病初期在中下部叶上产生白色近圆形小粉斑，逐渐向外围发展成较大粉斑，随病情发展，粉斑可布满整个叶片。以后发病叶片病部组织褪色变黄，最后呈褐色坏死，粉斑颜色亦随病害发展而变深。有时，后期病叶上还形成褐色，渐变深褐色的小粒点。病害严重时茎蔓和叶柄都可同时产生许多粉状病斑，终致植株早衰死亡。

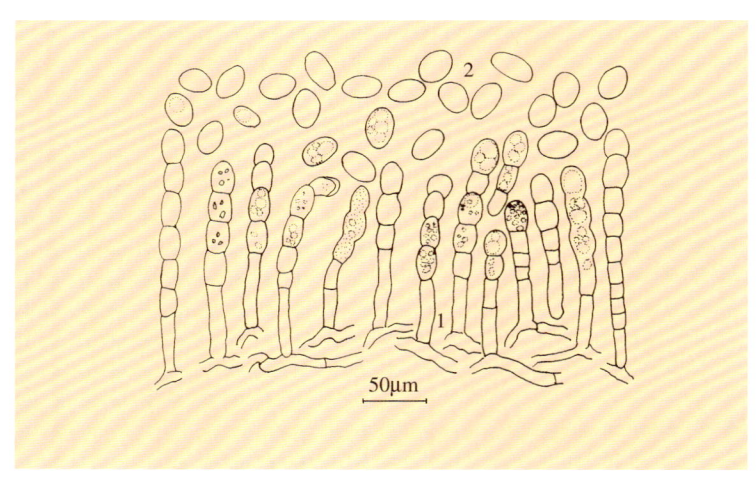

图4-2 小西葫芦白粉病菌
1. 分生孢子梗 2. 分生孢子

[病原] *Sphaerotheca fuliginea*（Schl.）Poll.属子囊菌单丝壳白粉菌真菌。病菌分生孢子梗无色，圆柱形，不分枝，其上着生分生孢子。分生孢子串生，无色，单细胞，椭圆至长圆形，有的呈腰鼓状，孢内线粒体明显，大小为23.6～36.8μm×13.2～23.7μm。闭囊壳球形，褐色，无孔口，表面生菌丝状浅褐色附属丝，直径为67.5～110.5μm。壳内生一个倒梨形子囊，无色，大小为65～115μm×48～75μm，内含8个子囊孢子。子囊孢子椭圆形，单胞，无色，或浅黄色，表面光滑，大小为19.8～28.5μm×12.5～18.8μm（图4-2）。

[发病规律] 病菌以闭囊壳随病残体在土中越冬，或在保护地内为害越冬。南方菜区病菌以菌丝或分生孢子在寄主上为害越冬和越夏。借气流、雨水和浇水传播。10～25℃均可发病，高温干燥和潮湿交替，病害发展迅速。生长后期植株生长衰弱，病害严重。种植过密、生长期缺肥亦发病较重。

[防治方法]

1. 选用抗病良种，目前从国外引进的品种多表现不太抗病，需引起注意。国内长蔓西葫芦、阿太一代、早青1号较抗病。

2. 培育壮苗，定植时施足底肥，增施磷、钾肥，避免后期脱肥。生长期加强管理，注意通风透光，保护地提倡使用硫磺熏蒸器定期熏蒸预防。

3. 发病初期选用

2%农抗120水剂，或2%武夷菌素水剂200～300倍液，或43%菌力克悬浮剂8 000倍液，或10%世高水分散粒剂8 000倍液，或40%福星乳油8 000倍液，或2%加收米水剂500倍液，或25%百理通可湿性粉剂2 500倍液，或30%特富灵可湿性粉剂4 000倍液，或25%粉锈宁可湿性粉剂1 000～1 500倍液喷雾。保护地种植发病初期选用5%百菌清粉尘剂或5%加瑞农粉尘剂，或上述喷雾药剂的粉尘剂15kg/hm²喷粉，防治效果理想。有条件的宜使用常温烟雾施药防治。

小西葫芦白粉病后期病株

小西葫芦白粉病田间为害状

小西葫芦白粉病后期病蔓

硫磺熏蒸器

小西葫芦灰霉病
Small custard squash gray mold

灰霉病是小西葫芦十分重要的病害，分布广泛，在北方保护地内和南方露地普遍发生。一旦发病，损失较重。一般病瓜率8%～25%，严重时达40%以上。此病除为害小西葫芦外，还侵害普通西葫芦、结球莴苣、蕹菜、落葵、球茎茴香、香芹、草莓和多种其他蔬菜。

[症状] 此病主要为害瓜条，也为害花、幼瓜、叶和蔓。病菌最初多从开败的花开始侵入，使花腐烂，产生灰色霉层，后由病花向幼瓜发展。染病瓜条初期顶尖褪绿，后呈水渍状软腐、萎缩，其上产生灰色霉层。病花或病瓜接触到健

小西葫芦灰霉病田间为害状

康的茎、花和幼瓜即引起发病而腐烂。有时病瓜上还长出黑褐色小颗粒状菌核。

[病原] *Botrytis cinerea* Pers. 属半知菌灰葡萄孢真菌。病菌分生孢子梗单生或几根成束，具2～5个分隔，后期分枝，顶端膨大，上生小梗，小梗上着生分生孢子，大小为2 180～3 850μm×13.2～19.8μm。分生孢子多卵圆形，单细胞，近于无色，大小为7.9～13.2μm×6.6～10.5μm（图4-3）。

[发病规律] 病菌以菌核、分生孢子或菌丝在土壤内及病残体上越冬。分生孢子借气流、浇水或农事操作传播。病菌生长适宜温

小西葫芦灰霉病初期病瓜

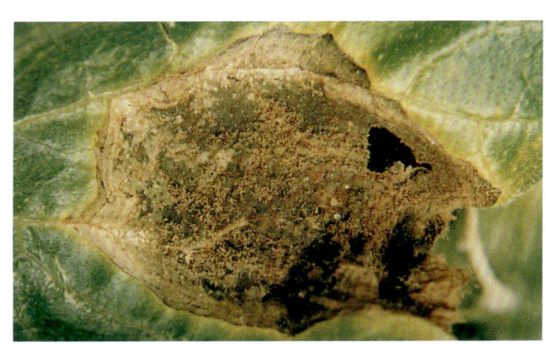

小西葫芦灰霉病病叶

小西葫芦灰霉病中期病瓜

小西葫芦灰霉病病叶柄

小西葫芦灰霉病后期病瓜

小西葫芦灰霉病病蔓

度为 18～24℃，发病温度为 4～32℃，最适温度 22～25℃，空气湿度达 90% 以上，植株表面结露易诱发此病。

熏烟防治效果更理想。

小西葫芦覆膜搭架栽培

[防治方法]

1. 前茬拉秧后彻底清除病残落叶及残体，用 20% 速克灵烟剂或 20% 特克多烟剂 15kg/hm² 熏闷棚室 12～24 h，或用 65% 甲霉灵可湿性粉剂 400 倍液，或 50% 溶菌灵可湿性粉剂 500 倍液，或 40% 施加乐悬浮剂 600 倍液，或 45% 特克多悬浮剂 800 倍液，或 50% 敌菌灵可湿性粉剂 400 倍液，或 50% 速克灵可湿性粉剂 600 倍液仔细喷洒地面、墙壁、棚膜等，进行表面灭菌。

2. 采用高垄地膜覆盖和搭架栽培，配合滴灌、管灌等节水措施可有效控制病害。

3. 加强管理，避免阴雨天浇水，并注意浇水后加大通风，降低空气湿度。及时清除下部败花和老黄脚叶，发现病瓜小心摘除放入塑料袋内带到棚室外妥善处理。

4. 发病初期用 50% 农利灵可湿性粉剂 1 000 倍液，或 65% 甲霉灵可湿性粉剂 500 倍液，或 40% 施加乐悬浮剂 800～1 000 倍液，或 50% 敌菌灵可湿性粉剂 500 倍液，或 45% 特克多悬浮剂 800 倍液喷雾，重点喷洒花和幼瓜。保护地用防治灰霉病的粉尘剂，如 6.5% 甲霉灵粉尘剂 15kg/hm² 喷粉，或用 20% 特克多烟雾剂 4.5～7.5kg/hm²

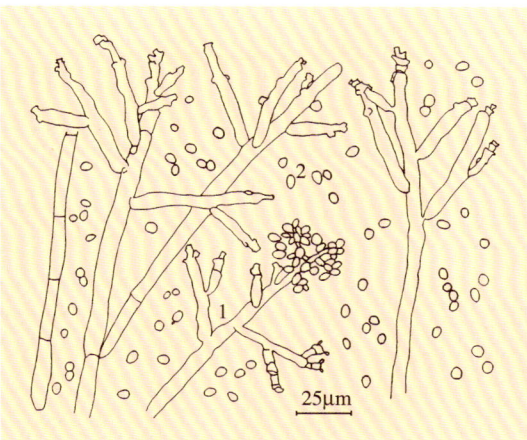

图 4-3 小西葫芦灰霉病菌
1. 分生孢子梗 2. 分生孢子

小西葫芦搭架栽培生长状况

小西葫芦菌核病
Small custard squash Sclerotinia rot

菌核病为小西葫芦的重要病害，主要在老菜区春季保护地内发生，南方菜区露地亦零星发病。一般发病率 5%～20%，严重棚室病瓜可达 40% 以上，显著影响生产。此病还为害数十种其他蔬菜。

[症状] 此病主要为害幼瓜及茎蔓，严重时也为害叶片。幼瓜染病，多从开败的残花开始侵染，初呈水渍状腐烂，后长出较浓

密的絮状白霉，随病害发展，白霉上散生黑色鼠粪状菌核。茎蔓染病，初呈水渍状腐烂，随后病部变褐，长出白色絮状菌丝和黑色鼠粪状菌核，空气干燥时病茎坏死干缩，灰白至灰褐色，最后病部以上茎蔓及叶片枯死。叶片染病呈污绿色水渍状腐烂，病部亦长出白色菌丝和较细小的黑色菌核。

小西葫芦菌核病初期病瓜

小西葫芦菌核病初期病叶

小西葫芦菌核病初期病蔓

小西葫芦菌核病中后期病叶柄

小西葫芦菌核病后期菌核

小西葫芦菌核病田间为害状

小西葫芦菌核病干燥状态病斑

[病原] *Sclerotinia sclerotiorum*（Lib.）de Bary 属子囊菌核盘菌真菌。详见青花菜菌核病。

[发病规律] 病菌主要以菌核遗落在土壤中越冬或越夏。温湿度适宜时菌核萌发产生子囊盘和子囊孢子。子囊孢子借气流传播形成初侵染，产生菌丝，植株发病后主要通过病健部接触传播蔓延。病菌发育温度0～30℃，适宜温度20℃左右，子囊孢子萌发温度5～35℃，发育适温为5～10℃。菌丝在潮湿、相对湿度85%以上时发育良好，低于75%明显受抑制。干湿交替有利于菌核形成。在干燥土壤中菌核可存活3年以上，潮湿土壤中则只能存活1年。

防治方法参见结球莴苣菌核病。

小西葫芦菌核病与灰霉病并发症状

小西葫芦绵腐病
Small custard squash Pythium rot

绵腐病为露地小西葫芦的重要病害，发生普遍，保护地亦零星发生。地势低洼地区或多雨年份对生产影响较大，造成大量烂瓜，估计损失可达 10%～30%。

[症状] 此病主要为害瓜果，有时亦为害叶和茎及其他部位。瓜果染病初呈水渍状椭圆形暗绿色斑，或从开败的花向里呈水渍状侵染，发病后病部软腐、变褐，表面产生较浓密的絮状白霉，很快整个瓜条腐烂。空气干燥，病斑凹陷，病情发展较慢，仅病部果肉变褐腐烂，表面产生少量白霉。叶片染病，在叶片上产生近圆形至不定形暗绿色水渍状斑，湿度高时病叶呈沸水烫状腐烂。空气干燥，病斑干裂脱落。

[病原] *Pythium aphanidermatum*（Eds.）Fitzp.属鞭毛菌瓜果腐霉真菌。菌丝生长繁茂，呈棉絮状，无色，无隔，直径 2.5～6.5μm。孢子囊梗与菌丝区别不明显。孢子囊丝状或分枝裂瓣状，不规则膨大，大小为 72～685μm×5.6～14.5μm。孢子囊萌发产生球形泡囊，由内放出几个至几十个游动孢子。藏卵器球形，直径 15～32.5μm，雄器袋状，同丝或异丝生，多为 1 个，大小为 5.5～14.5μm×6.8～9.5μm，两者结合后形成卵孢子。卵孢子球形，壁厚平滑，浅黄褐色，直径为 15～20μm。

[发病规律] 病菌以卵孢子在土壤中越冬。条件适宜产生孢子囊和游动孢子侵染寄主，也可直接长出芽管侵入寄主。病部产生孢子囊和游动孢子，借雨水或浇水传播，进行再侵染。温度较低或高温均可发病。发病轻重及病情发展快慢取决于湿度与雨量。高温多雨，特别是田间积水、土壤潮湿病害严重。

[防治方法]

1. 采用高畦或高垄地膜配合搭架栽培，普通种植必要时把瓜垫起。

2. 合理浇水，避免大水漫灌，雨后及时排水，适当增施钾肥，发现病瓜及时清除。

3. 重病区在种植前用 45～75kg/ hm² 硫酸铜均匀施在定植沟内，或用水稀释后泼浇土壤。

4. 发病初期进行药剂防治，可选用72%霜脲·锰锌可湿性粉剂 800 倍液，或 50% 溶菌灵可湿性粉剂 800 倍液，或 72.2% 普力克水剂 800 倍液，或69% 安克·锰锌可湿性粉剂 1 000 倍液，或 80% 赛得福可湿性粉剂 400 倍液，或 10% 宝丽安可湿性粉剂 800～1 000 倍液喷雾。

小西葫芦绵腐病前期病瓜

小西葫芦绵腐病后期病瓜

小西葫芦褐色腐败病
Small custard squash Phytophthora rot

褐色腐败病为小西葫芦的普通病害，局部地区分布，保护地、露地均发病。一般病株零星，对生产无明显影响，严重时病瓜可达5%～10%。

[症状] 此病主要侵染瓜条，严重时亦为害叶片和叶柄。瓜条染病初期产生水渍状不规则坏死斑，以后迅速发展成不规则大斑，暗绿色至灰褐色，随病害发展病瓜迅速软化腐烂。空气潮湿，病部表面可产生不很明显的稀疏白霉，即病菌的孢囊梗。叶片染病，多形成水渍状暗绿色大斑，湿度高时病部腐烂。空气干燥，病斑易破裂穿孔。叶柄受害亦呈水渍状软腐，病部表面产生稀疏白霉。

[病原] *Phytophthora* sp.属鞭毛菌疫霉菌真菌。病菌无性阶段产生孢子囊，无色，单胞，近圆球至椭圆形，顶端有乳状突起，孢子囊萌发产生游动孢子，也可直接萌发产生芽管。卵孢子球形，黄褐色，单卵球。

小西葫芦褐色腐败病初期病瓜

[发病规律]病菌以卵孢子随病残组织遗留在土壤中越冬,翌年条件适宜时侵染寄主,在病部产生大量游动孢子,通过浇水或风雨传播,发生再侵染,高温多雨有利于发病。一般地势低洼、排水不良、浇水过多,或地块不平整,长时间连作发病较重。

防治方法参见小西葫芦绵腐病。

小西葫芦褐色腐败病中后期病瓜

小西葫芦褐色腐败病湿腐病瓜

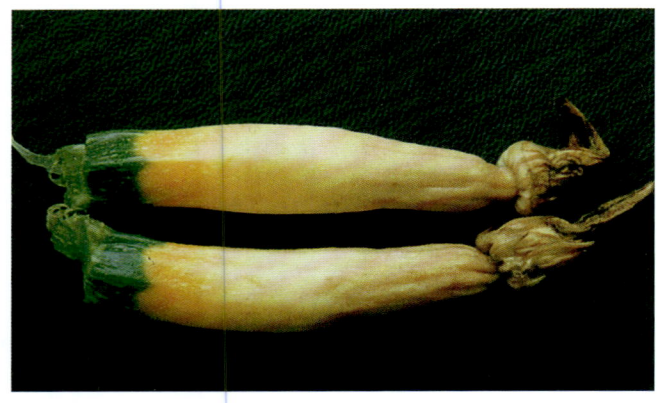

金皮小西葫芦褐色腐败病病瓜

小西葫芦褐色腐败病后期病瓜

疫病为小西葫芦的重要病害,分布较广,保护地、露地都可发病。一般病情较轻,对生产无明显影响,严重时发病率可达20%～30%,造成大批烂瓜和死秧。

[症状]此病主要侵害幼嫩瓜条,亦可侵染嫩茎和嫩叶。瓜条染病初出现水渍状浅绿褐色不定形斑,以后软化腐烂,迅速向各方向扩展,在病部产生白色霉层,即病菌的孢囊梗和游动孢子囊,

终致病瓜全部腐烂。嫩茎和嫩叶染病呈暗绿色水渍状坏死,病蔓缢缩倒折,病叶腐烂或枯焦。

[病原]*Phytophthora melonis* Katsura属鞭毛菌甜瓜疫霉菌真菌。病菌菌丝无隔,多分枝,宽3.5～7μm,老熟菌丝长出瘤状节结或不

小西葫芦疫病初期病瓜

小西葫芦疫病中期病瓜

规则球状体。孢囊梗直接从菌丝或球状体上长出，平滑，大小为80～110μm×1.5～3μm，偶形成隔膜。游动孢子囊顶生，卵球形至椭圆形，大小为35.5～80.5μm×17.5～46.5μm。游动孢子近球形，直径为7.5～16μm。藏卵器穿雄生，淡黄色，球形，外壁1.5～4μm。雄器无色，球形至扁球形。卵孢子淡黄至黄褐色，直径15.5～33.5μm

小西葫芦疫病后期病瓜

（图4-4）。

发病规律、防治方法参见小西葫芦绵腐病。

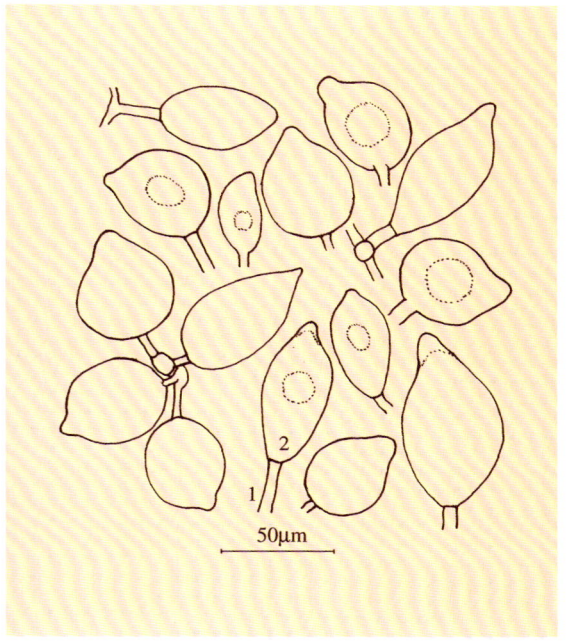

图4-4　小西葫芦疫病病菌
1.孢囊梗　2.孢子囊

小西葫芦褐腐病
Small custard squash Choanephora rot

　　褐腐病为小西葫芦的常见病，分布广泛，保护地、露地均零星发病，保护地以春季较常见，一般发病率3%～10%，重病田达30%以上，对产量有一定影响。此病还为害西葫芦、南瓜、西瓜、彩色甜椒和豇豆等蔬菜。

　　[症状]　此病主要为害花及幼瓜，以幼瓜受害较重。病菌多侵染开败的花，病花变褐腐烂，其上产生褐色绒霉。幼瓜受害多从花蒂部侵入，由瓜尖端向全瓜蔓延，病瓜呈水渍状坏死、变褐，并迅速软腐。空气潮湿病瓜表面产生灰白色至黑褐色绒毛状霉，霉顶有灰白色至黑褐色毛状物。空气干燥时病瓜褐色干腐。一般幼瓜易受害，病瓜腐烂后有时还具有臭味，严重时成熟瓜亦受害，使局部变褐腐烂。

　　[病原]　*Choanephora cucurbitarum*（Berk. et Rav.）Thaxt.属鞭毛菌瓜果笄霉真菌。病菌分生孢子梗直立，生于寄主表面，长3～5mm，无色，无隔膜，基部渐狭，端部宽为28.6μm，不分枝，顶端膨大成头状泡囊，囊上生许多小枝，小枝末端膨大成小泡囊，囊上生小梗，分生孢子着生于小梗顶端。分生孢子柠檬形、棱形，褐色至棕褐色，单胞，表面有许多纵纹，大小为12.5～20.8μm×8.6～12.5μm（图4-5）。

　　[发病规律]　病菌主要以菌丝体随病残体在土壤中越冬，也可产生接合孢子在土壤中越冬。条件适宜即可侵染花和幼瓜，产生大量孢子，借气流和浇水、施肥等传播。病菌腐生性较强，多从较衰弱的组织或受伤的部位侵入。温暖潮湿适宜发病，棚室内浇水过多或

田间积水，湿度过高或植株密蔽缺乏光照等病害发生严重。

　　[防治方法]
　　1.实行与非瓜类作物2年以上轮作。

小西葫芦褐腐病初期病瓜

小西葫芦褐腐病中期病瓜

2.采取高畦、高垄地膜覆盖栽培，合理浇水，防止大水漫灌，避免地表长时间积水和浇水后闷棚。

3.坐瓜后及时清除残花、败花和病瓜，带到田外妥善处理。

4.开花坐果期进行药剂防治，参见迷你黄瓜霜霉病。

图4-5 小西葫芦褐腐病菌
1.分生孢子梗 2.分生孢子

小西葫芦褐腐病后期病瓜

根霉腐烂病是小西葫芦的主要病害，分布广泛，发生普遍，保护地、露地都有发生。一般病瓜率为10%～30%，重病地块或棚室病瓜可达40%以上，显著影响生产。

[症状] 此病主要为害幼嫩瓜条，也为害花和叶柄等。病菌多从开败的花或受伤的组织开始侵

小西葫芦根霉腐烂病
Small custard squash Rhizopus rot

染，使病部呈水渍状坏死腐烂，在腐烂组织表面形成毛刺状黑色至灰黑色毛状霉层。瓜条受害多从花器侵染，沿脐部向瓜条快速发展致全瓜软腐，病瓜表面长出较厚的毛刺状黑色至灰黑色毛状霉层，烂瓜常具有腥臭味。

[病原] *Rhizopus nigricans* Ehrb.属接合菌黑根霉真菌。病菌假根发达，常从匍匐菌丝与寄主基质接触处生出，多分枝。孢囊梗直立，无分枝，2～8根丛生于假根上，粗壮，顶端着生较大的球状孢子囊，大小为380～3 450μm×30～40μm。孢子囊球形或卵圆形，褐色至黑色，直径80～285μm，孢囊

小西葫芦根霉腐烂病初期病瓜

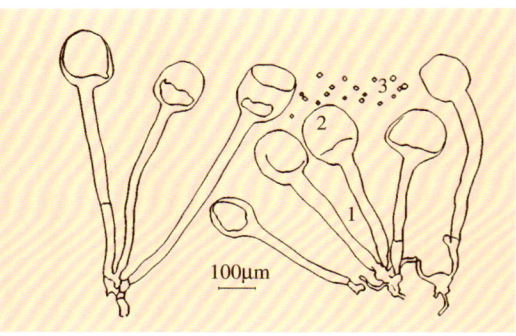

图4-6 小西葫芦根霉腐烂病菌
1.孢子囊梗 2.孢子囊 3.孢囊孢子

小西葫芦根霉腐烂病中期病瓜

小西葫芦根霉腐烂病后期病瓜

内生有许多很小的圆形孢囊孢子（图4-6）。

[发病规律] 病菌为弱寄生菌，腐生性极强，田间自然分布很普遍，可在多种蔬菜的残体上以菌丝状态腐生存活。孢囊孢子可附着在田间架材和保护地内所有暴露在空中的表面上越冬。当条件适宜时，病菌由伤口或生活力极低的衰弱部位侵入。病菌侵入后分泌一种果胶酶快速分解细胞间质，引起腐烂，产生大量孢子随气流、雨水或浇水传播蔓延，形成多次重复侵染。温暖潮湿有利于发病，病菌生长适宜温度为23～28℃，要求相对湿度80%以上。田间浇水多，土壤和空气潮湿，病害发生较重。平畦种植、无地膜种植、管理粗放的地块受害重。

[防治方法]

1. 种植前彻底清除前茬作物的所有残余组织。必要时可用比生长期喷雾防治稍浓的药液喷洒地表和保护地内墙壁、立柱、架材等进行表面灭菌。

2. 采取高垄或高畦地膜覆盖栽培。

3. 精心管理，及时小心清除病瓜、病花和衰败的残花等。避免造成各种伤口，减少病菌侵染机会。

4. 雨后或浇水后避免田间积水，保护地加强通风降湿，抑制病害发生发展。

5. 发病后及时进行药剂防治，可用50%多菌灵可湿性粉剂500倍液，或50%多硫悬浮剂500倍液，或70%甲基托布津可湿性粉剂800倍液，或50%扑海因可湿性粉剂1 500倍液，或80%大生可湿性粉剂800倍液喷雾。

小西葫芦根霉腐烂病田间受害状

金皮小西葫芦根霉腐烂病中期病瓜

金皮小西葫芦根霉腐烂病后期病瓜

金皮小西葫芦根霉腐烂病田间为害状

小西葫芦镰孢霉果腐病
Small custard squash Fusarium fruit rot

　　镰孢霉果腐病为小西葫芦的常见病，保护地、露地都零星发病，一般病瓜率5%～10%，严重时达20%以上，明显影响小西葫芦生产。

　　[症状]　此病只为害瓜果，以幼瓜或未成熟瓜受害较多。常从花蒂部位或受伤处侵染，病部初期呈水渍状，以后变褐软腐，后期在病部表面产生白色至粉红色霉状物，即病菌的分生孢子，最终致病瓜完全腐烂。

　　[病原]　*Fusarium* sp.属半知菌镰孢霉真菌。分生孢子多为大型孢子，长镰刀形，两端稍尖，有不明显的脚胞，具2～3个分隔。偶尔产生近椭圆形小型分生孢子，无色，无隔。

　　[发病规律]　病菌在土壤中越冬，果实与土壤接触容易染病，湿度高，水肥管理不当，造成生理裂口发病较重。生长期雨水多，雨量大，田间积水或浇水过大，发病较重。

　　[防治方法]

　　1. 采用高垄地膜覆盖栽培。

　　2. 加强管理，适时浇水和追肥，减少瓜果伤口，发现病瓜及时清除。

　　3. 重病地块注意雨后及时排水，黏质土壤适当控制浇水，避免田间积水，普通种植可用瓦块等把幼瓜垫起，使之不能与土壤接触。

　　4. 发病初期喷施药液进行防治。参见小西葫芦枯萎病。

金皮小西葫芦镰孢霉果腐病前期病瓜

金皮小西葫芦镰孢霉果腐病中期病瓜

小西葫芦镰孢霉果腐病中后期病瓜

小西葫芦镰孢霉果腐病后期病瓜

小西葫芦枯萎病
Small custard squash Fusarium wilt

　　枯萎病是小西葫芦的普通病害，局部地区分布，保护地、露地均可发病，一般病株率为5%～10%，对生产有一定程度的影响。

　　[症状]　此病多在结瓜初期开始发生，仅为害根部。发病初期植株外叶片褪绿，逐渐萎蔫坏死，至最后全株萎蔫死亡。发病植株根系初呈黄褐色水渍状坏死，随病害发展维管束由下向上变褐，以后根系腐朽，最后仅剩丝状维管束组织。湿度高时根茎表面产生白色至粉红色霉层，即病菌分生孢子。

　　[病原]　*Fusarium* sp.属半知菌镰孢霉真菌。病菌分生孢子镰刀形，多细胞，无色。有时还形成卵圆形小型分生孢子。

　　[发病规律]　病菌在土壤中可存活3～5年。条件适宜即引起发病。土壤黏重、低洼、积水，地下害虫严重的地块有利于发病。长

期连作，管理粗放或施肥伤根等病害发生较重。

[防治方法]

1. 重病地块与其他蔬菜轮作。

2. 选择地势高燥，排灌方便的地块种植，重病地块定植前选用50%多菌灵可湿性粉剂30～45kg/hm²拌细土施于定植穴内，进行土壤灭菌。

3. 施用充分腐熟的有机肥，避免田间积水，注意防治地下害虫。

4. 发病前或初见病株及时用药防治，可选用50%多菌灵可湿性粉剂500倍液，或10%双效灵水剂1 500倍液，或65%多果定可湿性粉剂1 000倍液，或25%敌力脱乳油2 000倍液，或45%特克多悬浮剂1 000倍液灌根，每株灌药液0.15～0.25L。

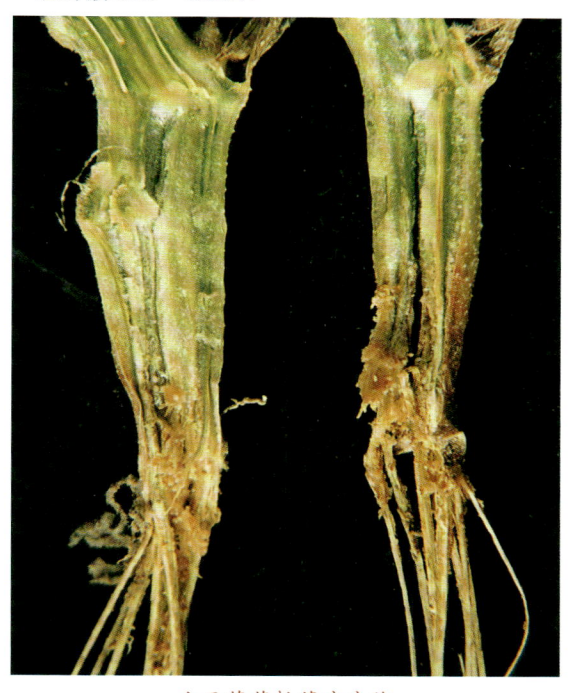

小西葫芦枯萎病病株

小西葫芦枯萎病病蔓

小西葫芦黑星病
Small custard squash C1adosporium scab

黑星病为小西葫芦的重要病害。主要分布在东北、华北、西北地区，多在保护地内发生。一旦发病，发病率往往较高，明显影响小西葫芦的产量和品质。本病还为害甜瓜、黄瓜和普通西葫芦等。

[症状] 此病可为害叶片、嫩茎及果实。幼叶染病，初期出现水渍状污绿色斑点，后扩大为褐色或墨褐色病斑，易破裂穿孔。嫩茎染病，出现椭圆形或长条形凹陷暗黑色病斑，中部易龟裂。幼果染病，初生暗绿色凹陷斑，以后病部停止生长使瓜条畸形，其果实上病斑多呈疮痂状，有的龟裂或烂成孔洞，从病部分泌出半透明胶质物，后变成琥珀色块状，湿度高时在病部表面密生绿褐色霉层，即病菌的分生孢子梗和分生孢子。

[病原] *Cladosporium cucumerinum* Ell. et Arthur 属半知菌瓜疮痂枝孢霉真菌。病菌菌丝白色至灰色，具分隔。分生孢子梗细长，丛生，褐色或淡褐色，形成合轴分枝，大小为160～520μm×4～5.5μm。分生孢子近梭形至长梭形，串生，具0～2个隔膜，淡褐色，单胞，大小为10.5～19.5μm×4～5μm；双胞大小为18.0～26.5μm×4.5～5.5μm（图4-7）。

[发病规律] 此病以菌丝体或分生孢子丛在病残体内于田间或在土壤中越冬，成为翌年的初侵染

小西葫芦黑星病病叶

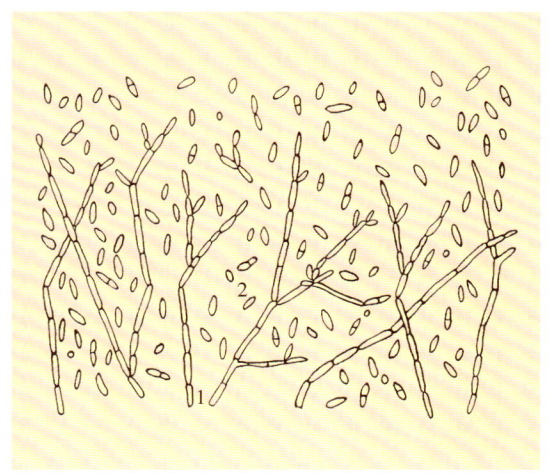

图4-7 小西葫芦黑星病菌
1.分生孢子梗 2.分生孢子

源。种子也可带菌，带菌种子可引起田间发病。病菌生长发育温度为2～35℃，适宜温度为20～22℃。病菌主要从表皮直接穿透，或从气孔、伤口侵入，在相对湿度93%以上，日均温15～30℃时较易产生分生孢子，相对湿度100%产孢最多，分生孢子在5～30℃均可萌发，适宜温度15～25℃，并要求有水滴和营养。分生孢子借气流、雨水溅射在田间传播蔓延，形成再侵染。当棚内最低温度超过10℃，相对湿度高于90%，植株叶面结露，该病发生严重。露地发病与雨量和雨日有关，雨量大、雨日多发病重。保护地内低温高湿，植株郁闭，或连续雨雪天气发病重。品种间抗病性差异明显。

[防治方法]

1. 病害重发生或常发生地区，选用相对较抗病或耐病品种。

2. 选用无病种苗和进行种子消毒，新种子可用50℃温水浸种30min后立即移入冷水中冷却，再催芽播种。或选用50%多菌灵可湿性粉剂，或47%加瑞农可湿性粉剂500倍液浸种30min后催芽播种。干种子可用种子重量0.3%的50%多菌灵可湿性粉剂或47%加瑞农可湿性粉剂拌种。

3. 实行与非瓜类作物2～3年轮作。采用高垄地膜覆盖栽培、膜下暗灌浇水技术。保护地发现病株后适当控制浇水和增加通风，降低空气湿度，缩短植株结露时间。露地栽培，雨季及时排水。结瓜期增施磷、钾肥，增强抗病力。

4. 发病初期及时喷药防治，可选用40%福星乳油6 000倍液，或43%菌力克悬浮剂6 000倍液，或47%加瑞农可湿性粉剂500倍液，或50%多菌灵可湿性粉剂500倍液喷雾，药液重点喷洒植株幼嫩部位，隔7～10天防治1次，视病情连续2～4次。保护地可选用5%加瑞农粉尘剂15kg/ hm² 喷粉防治。

5. 拉秧后彻底清洁田园，减少越冬病菌。

叶枯病为小西葫芦常见病，分布较广，多在露地发生。一般零星发病，仅造成部分叶片坏死干枯，严重时病株可达30%，造成叶片大量枯死，在一定程度上影响小西葫芦生产。

[症状] 此病多在生长中后期发生，一般老叶发病较多。初期在叶缘或叶脉间形成黄褐色坏死小点，周围有黄绿色晕圈，以后变成近圆形小斑，有不明显轮纹，很快数个小斑相互连接成不规则坏死大斑，终致叶片枯死。

[病原] *Alternaria* sp.属半知菌交链孢真菌。

小西葫芦叶枯病病叶

小西葫芦霜霉病
Small custard squash downy mildew

霜霉病为小西葫芦普通病害，局部地区分布，特殊年份发生较重。主要在保护地内形成危害，南方露地偶有发病。一般病株率为30%～40%，严重棚室可达80%以上，致植株叶片坏死拉秧，明显影响小西葫芦产量和品质。此病还可为害其他瓜类蔬菜。

小西葫芦叶枯病
Small custard squash Alternaria leaf blight

病菌分生孢子梗深褐色，单生，有分隔，顶端串生分生孢子。分生孢子淡褐色，棍棒状或椭圆形，喙状细胞较短，有纵横隔膜。

[发病规律] 病菌随病残体越冬。春季条件适宜时产生分生孢子形成初侵染。发病后病部产生大量分生孢子借气流和雨水传播，进行多次重复侵染。温暖潮湿有利于发病。小西葫芦前期干旱，生长中后期阴雨天气较多，管理粗放，发病较重。

[防治方法]

1. 拉秧后彻底清除植株病残落叶，减少田间菌源，重病地块与非瓜类蔬菜轮作。

2. 增施有机肥，中后期适当追肥，提高植株抗病能力，浇水后增加通风，严防大水漫灌。

3. 发病初期可选用50%扑海因可湿性粉剂1 200倍液，或65%多果定可湿性粉剂1 000倍液，或50%敌菌灵可湿性粉剂500倍液，或50%农利灵可湿性粉剂1 500倍液，或80%大生可湿性粉剂800倍液，或2%农抗120水剂300倍液。保护地种植还可选用5%百菌清粉尘剂，或5%加瑞农粉尘剂15kg/ hm² 喷粉防治。

[症状] 此病各生育期都可发生，以生长中后期较为常见，主要为害叶片。发病初期在叶背面形成水渍状小点，逐渐扩展成多角形水渍状斑，以后长出黑紫色霉层，即病菌的孢囊梗和游动孢子囊。叶正面病斑初期褪绿，逐渐变成灰褐至黄褐色坏死斑，多角形，随病情发展多个病斑相互连接成不规则大斑，终致叶片枯死。

[病原] *Pseudoperonospora cubensis*（Berk. et Curt.）Rostov.属鞭毛菌古巴假霜霉真菌。病菌孢囊梗从寄主气孔伸出，多单生，少数几根成束，基部略膨大，上部呈3～5次锐角分枝，分枝末端着生一个游动孢子囊，主干长98～224μm。孢囊呈卵圆形至水滴形，浅褐色，单细胞，顶端具乳头状突起，大小为22.4～36.8μm × 13.6～

24.5μm（图4-8）。

[发病规律] 病菌随病叶越冬或越夏，也可在黄瓜、甜瓜等瓜类作物上为害过冬。条件适宜时病菌产生孢子囊借气流传播，形成初侵染。发病后再产生孢子囊飘移扩散，进行再侵染。温暖潮湿有利于发病，叶背结水有利于病菌侵染。病菌发育温度15～30℃，孢子囊形成适宜温度15～20℃，湿度85%以上，萌发适宜温度为15～22℃。在高湿条件下，20～24℃病害发展迅速而严重。

[防治方法]

1. 收获后彻底清除病残落叶，重病区实行与非瓜类蔬菜轮作。

2. 采用高垄或高畦地膜覆盖和滴灌、管灌或膜下暗灌等节水和搭架栽培技术，亦注意适当稀植，降低小气候空气湿度。

3. 加强管理，阴雨天控制浇水，保护地注意适当增加通风。

4. 发病初期进行药剂防治。参见迷你黄瓜霜霉病。根据小西葫芦生长特性，保护地最好选用粉尘剂喷粉或烟雾剂熏烟防治。有条件的采用常温烟雾施药效果更理想。

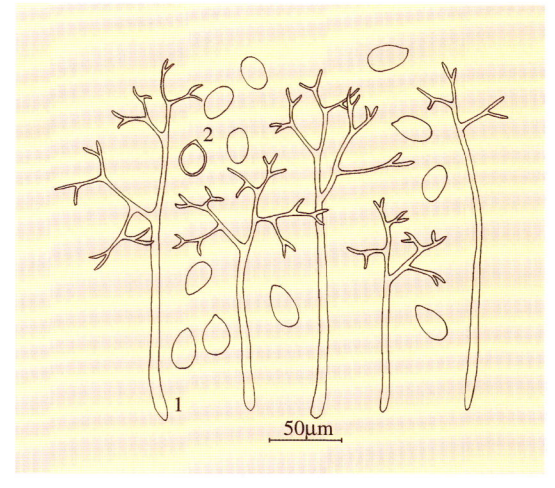

图4-8 小西葫芦霜霉病菌
1.孢囊梗 2.孢子囊

小西葫芦霜霉病叶面病斑

小西葫芦霜霉病叶背病斑

小西葫芦叶点病
Small custard squash Phyllosticta spot

叶点病为小西葫芦普通病害，分布较广，发生较普遍，但通常病情很轻，仅少数地区发病稍重，在一定程度上影响小西葫芦生产。

[症状] 此病可为害叶片和花轴。叶片受害，形成圆形至近圆形或大V字形坏死斑，灰白至浅黄褐色，常具有黄色晕环，易破裂。湿

小西葫芦叶点病病叶

度高时病斑四周呈水渍状，后期在病斑表面密生黑色小点，即病菌的分生孢子器。严重时病斑相互融合，致叶片局部枯死。染病的花轴或花呈黑褐色水渍状，以后腐烂。

[病原] *Phyllosticta orbicularis* Ell. et Ev.属半知菌正圆叶点霉真菌。病菌分生孢子器散生或聚

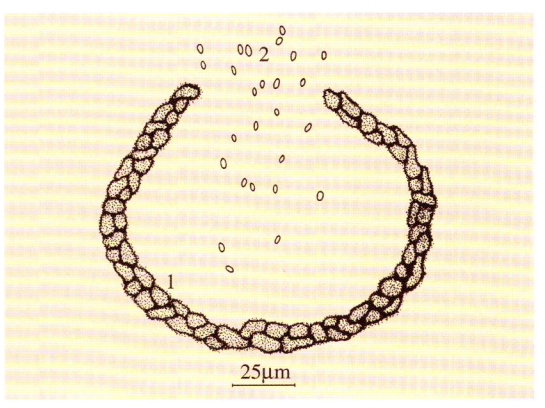

图4-9 小西葫芦叶点病菌
1.分生孢子器 2.分生孢子

生，球形至扁球形，黑褐色，具孔口，直径95～140μm。分生孢子椭圆形，单胞无色，有的一端稍狭细，大小为3～5μm×1.5～2.5μm（图4-9）。

[发病规律] 病菌以分生孢子器或菌丝体随病残体遗留在土中越冬，条件适宜时以分生孢子进行初侵染和再侵染，借雨水溅射传播。高温高湿有利于发病。地势低洼，植株间郁闭，保护地通风不良，发病严重。

[防治方法]

1. 收获后及时清除病株残体，减少田间菌源。

2. 避免田间积水，保护地注意通风降湿。

3. 发病初期进行药剂防治。参见甜瓜叶点病。

细菌性叶枯病为小西葫芦普通病害，保护地、露地都有发生，分布亦较广泛。一般发病率5%～10%，对产量影响较小，严重时病株率可达10%以上，明显影响小西葫芦生产。

[症状] 此病主要侵染叶片，病斑初期为水渍状褪绿小点，近圆形，逐渐扩大成近圆形至不规则形浅黄色至黄褐色坏死斑，凹陷，见不到菌脓。多个病斑相互连接形成大的坏死枯斑。最后整片叶枯黄死亡。随病害发展病株多数叶片因病枯死，

小西葫芦细菌性叶枯病
Small custard squash bacterial leaf blight

不能正常产瓜。

[病原] *Xanthomonas campestris* pv. *cucurbitae*（Bryan）Dye 属黄单胞杆菌甘蓝黑腐黄单胞菌瓜叶斑致病变种细菌。详见甜瓜细菌性叶枯病。

发病规律、防治方法参见迷你黄瓜角斑病。

小西葫芦细菌性叶枯病叶面病斑

小西葫芦细菌性叶枯病叶背病斑

软腐病是小西葫芦的常见病，分布广泛，发生普遍，保护地、露地都零星发生。一般病瓜5%～10%左右，严重地块或棚室病瓜可达30%，明显影响小西葫芦产量。此病可为害数十种蔬菜。

[症状] 此病主要为害瓜条，病菌多从伤口处侵染，初期呈水渍状灰白色坏死，继而软化腐烂，散发出臭味。此病发生后病势发展迅速，瓜条染病后在很短时期内即全部腐烂。染病后空气干燥或条件对病菌极端不利时病部逐渐变褐并失水萎缩。

[病原] *Erwinia carotovora* subsp. *carotovora*（Jones）Bergey et al.属胡萝卜软腐欧氏杆菌胡萝

小西葫芦软腐病
Small custard squash bacterial soft rot

卜软腐病亚种细菌。详见结球莴苣软腐病。

[发病规律] 病菌主要随病残体在土壤中越冬。由于病菌可为害多种蔬菜，田间菌源普遍存在。当条件适宜时病菌借雨水、浇水及昆虫传播，由伤口侵入。高温高湿条件下发病严重。通常，高温条件下病菌繁殖迅速，多雨或高湿有利于病菌传播和侵染，且伤口不易愈合增加了染病几率，伤口越多病害越重。

[防治方法]

1. 采用高垄或高畦地膜覆盖栽培，生长期避免大水漫灌，雨后及时排水，避免田间积水。

2.加强管理，及时防治病虫，避免日烧、肥害和机械伤口、生理裂口。

3.发现病瓜及时清除，并及时施药防治。参见结球莴苣软腐病。

小西葫芦软腐病前期病蔓

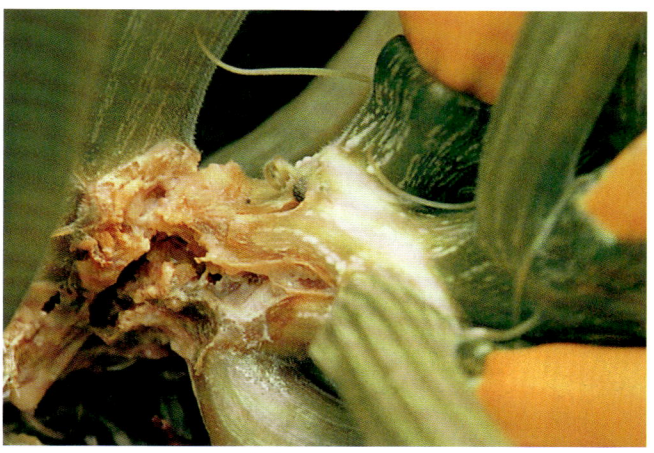

小西葫芦软腐病中期病蔓

小西葫芦软腐病初期病瓜

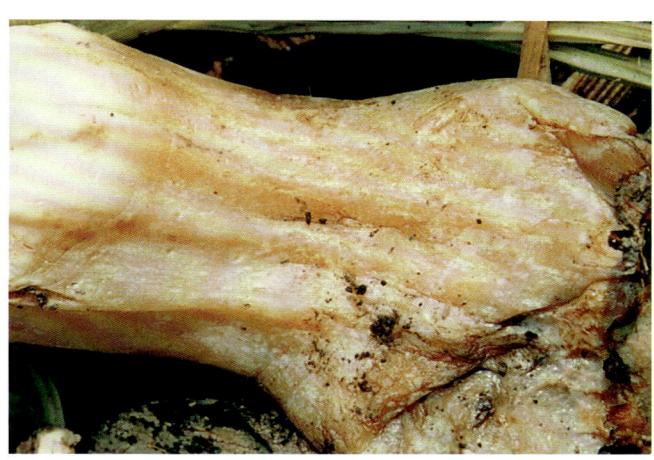

小西葫芦软腐病后期病瓜

小西葫芦白点病
Small custard squash white spot

倍液，或10%双效灵水剂1 000倍液，或50%可杀得可湿性粉剂500倍液喷雾。

白点病为小西葫芦的常见病，分布较广，保护地、露地都零星发生，一般对产量影响不明显，严重时部分叶片坏死干枯，在一定程度上影响产量。

[症状] 此病主要为害叶片，由基部向上部叶片发展。初期在叶正面出现淡黄色近圆形至不规则形小斑，沿主脉两侧分布，随病害发展病斑坏死变白并向外扩散，最后破裂穿孔至叶片枯死。

[病原] 此病由一种黏菌(Myxomycetes)所致，待进一步鉴定。

[发病规律] 病菌在土壤中自然存活，温暖多雨、空气潮湿即可引起发病。低洼和土壤黏重或施用未腐熟肥料病情稍重。

[防治方法]

1.选择地势高燥的田块种植，重病地块应用高垄或高畦方式栽种，施用充分腐熟的肥料。

2.雨后及时排水，避免田间积水，降低田间湿度。

3.发病初期进行药剂防治，可选用47%加瑞农可湿性粉剂800

小西葫芦白点病病叶

小西葫芦根结线虫病病根

小西葫芦根结线虫病
Small custard squash root-knot nematode

　　根结线虫病为小西葫芦的次要病害，局部地区分布，一般不影响生产。

　　[症状] 小西葫芦根结线虫病地上部通常无明显症状表现，染病植株和幼苗仅在侧根或须根顶端产生初期乳白色后为黄褐色瘤状根结，或形成肿大根。解剖根结可在病部组织内发现细小乳白色线虫。成株症状多不明显，幼苗染病后根系发育不良，重病苗会萎蔫枯死。

　　[病原] *Meloidogyne incognita* Chitwood 属南方根结线虫。参见苦瓜根结线虫病。

　　[发病规律] 参见苦瓜根结线虫病。

　　[防治方法] 一般无需防治，必要时参见苦瓜根结线虫病。

小西葫芦裂果病
Small custard squash cracking fruit

　　裂果病为小西葫芦的普通病害，各地都有发生，保护地、露地种植都较常见，以春季发生较多。一般病瓜率为5%～20%，严重地块或棚室病瓜可达30%～40%，显著影响小西葫芦的产量和品质。

　　[症状] 瓜条多从脐部沿果柄方向纵裂或龟裂，使果肉暴露。裂开组织初为乳黄色，后逐渐变成锈褐色，空气湿度高，伤口因进水或进杂物而变质腐烂。

　　[病因] 小西葫芦裂果属生理病害。主要由于水分管理不当所致。多因在瓜条膨大期缺水或较长时间控水后突然浇大水，或降暴雨后，果肉细胞迅速大量吸水膨大，果皮细胞老化不能与果肉同步膨大增长而造成瓜条纵裂，或是前期水肥充足，生长良好，突然遇高温、强日照，空气干燥，表皮细胞快速不均匀失水收缩，导致瓜条表皮破裂。

　　[防治方法]

　　1. 选择不易开裂的品种，一般颜色较深，果皮较厚的品种裂果较少。

　　2. 结瓜期合理浇水，避免小西葫芦在较长时间控水后，或严重缺水时突然猛浇大水，应分次浇水，水量逐渐由小到大。

　　3. 科学田间管理。保护地避免温度和湿度忽高忽低，并注意适时浇水和施肥。

小西葫芦裂果病纵裂瓜

小西葫芦裂果病顶裂瓜　　　　　　小西葫芦裂果病中后期裂瓜

小西葫芦黄化变异
Small custard squash yellowing variation

黄化变异为小西葫芦的一般性遗传变异，偶尔发生，通常在育苗期出现，对生产无影响。

[症状] 变异经常在苗期出现，主要表现为幼苗出土后始终为浅黄色或半边黄色半边白色，生长发育很缓慢，幼苗小而弱，最后萎蔫死亡。

[病因] 黄化苗主要是由于小西葫芦遗传基因发生变异，使幼苗不能进行正常生理活动，光合作用严重受阻，或根本不能进行光合作用，从而表现幼苗黄化或白化。

[防治方法] 黄化变异一般不需防治，随田间管理拔除淘汰即可。

小西葫芦黄化变异病苗

小西葫芦黄化变异病苗放大

小西葫芦化瓜幼瓜受害状

小西葫芦化瓜
Small custard squash physiological abortion

化瓜为小西葫芦的常见生理病害，发生普遍，通常病瓜率为10%～30%，在一定程度上影响生产，重时病瓜达80%以上，显著影响小西葫芦产量与品质。

[症状] 化瓜一般在生长后期发生，严重时生长前期和中期就有发生。主要表现幼瓜坐不住，或坐瓜后由顶端向里黄化萎缩，最后坏死，或坐瓜后幼瓜生长缓慢，最后坏死。

病因、防治方法参见甜瓜化瓜。

小西葫芦化瓜成瓜受害状

小西葫芦化瓜后期

颈腐病为小西葫芦的重要生理病害，仅在引进金皮西葫芦品种上发生，程度轻时病瓜率为10%～30%，严重地块或棚室病瓜达50%以上，显著影响小西葫芦的产量和质量。

[症状] 此病仅为害瓜条，多在果柄下方表现症状，初期病部颜色变暗，逐渐呈黄褐至暗褐色坏死，坏死组织略显水渍状，随病害发展瓜条颈部坏死收缩，最后呈褐色干腐。

小西葫芦颈腐病
Small custard squash physiological neck rot

[病因] 此病为生理病害，主要由于结瓜期施肥和浇水后天气阴凉，温度低，植株不能进行正常生长，土壤溶液浓度高，致使瓜条内部水分倒流，果柄附近的果肉组织失水坏死。

防治方法参见玉盘瓜脐腐病。

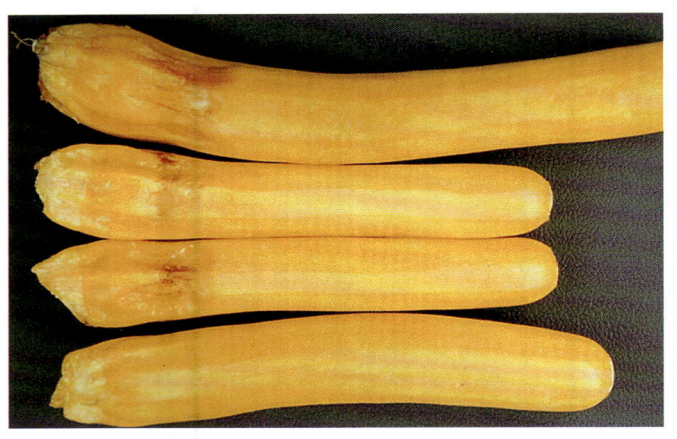

小西葫芦颈腐病受害状

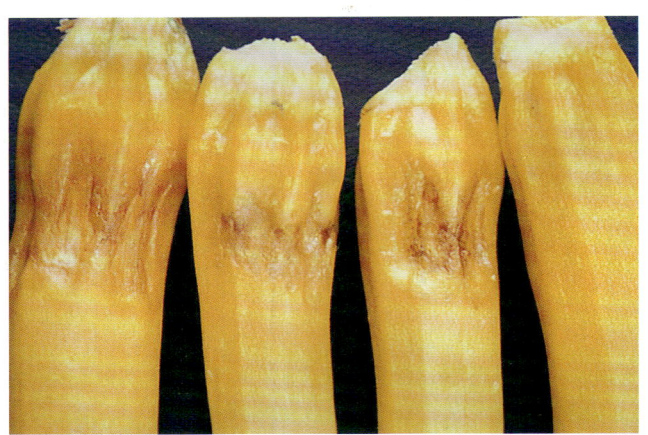

小西葫芦颈腐病病部放大

小西葫芦日灼病
Small custard squash sunscald

日灼病是小西葫芦的普通病害，主要在露地发生，果实一般零星受害，轻度影响小西葫芦的产量与品质。

[症状] 此病主要在果实上发生，在果实向阳的一面被日光长时间直射灼伤，褪绿坏死，逐渐变成浅黄白色至灰白色革质坏死斑，病部表皮失水变薄发硬，略下陷。空气潮湿时，常在病斑表面腐生灰黑色霉状物，即腐生杂菌的子实体。

[病因] 日灼，属生理病害。因果实表面被较强的日光直射，表皮局部温度过高，使果实向阳的表皮组织坏死所致。

[防治方法]

1. 适当增大种植密度，使植株叶片相互遮荫。在高海拔日照强的地区，可采用遮阳网覆盖，或与高秆作物间作，避免果实直接暴露在阳光下。

2. 生长前期加强水肥管理，促使早发秧、植株生长繁茂，遮挡果实不致受害。

小西葫芦日灼病初期病瓜

小西葫芦日灼病后期病瓜

小西葫芦冻害受害株

小西葫芦冻害
Small custard squash chilly injury

冻害为小西葫芦一般性生理伤害，多在北方地区保护地内发生，处理不当，对生产可造成显著损失。

[症状] 冻害易在幼苗期发生，受冻叶片叶缘初呈水渍状，迅速变褐坏死，在叶缘形成V字形绿褐色大斑，叶片整体向下卷缩，严重时部分叶片或整株被冻死。

[病因] 由于通风或管理不当，寒冷空气进入保护地，温度过低使叶片细胞冻结崩溃，胞液外渗致使组织坏死。

[防治方法]

1. 加强苗床管理，寒冷季节注意保暖，谨防寒风侵入。

2. 移植前进行低温炼苗，提高幼苗抗寒耐冻能力。移植后采取盖二层膜等临时增温保温措施。

3. 必要时喷施防冻剂。

小西葫芦肥害
Small custard squash fertilizer injury

肥害为小西葫芦非侵染性生理伤害，各地都有发生，保护地、露地都可形成为害，一旦发生，植株受害多较普遍，显著影响小西葫芦产量和质量。

[症状] 肥害主要在功能叶上表现症状，沿叶缘逐渐向里褪绿坏死，在叶脉间形成灰绿色至绿黄色花斑，最后变褐坏死，形成V字形至不规则形浅褐色坏死枯斑，终致叶片枯死。

[病因] 肥害，属生理病害。此种受害状主要由于施用较多底肥，尤其是施用较多未充分腐熟的有机肥，或追肥后植株长时间缺水，土壤中肥料溶液浓度始终保持较高，负向渗透压使根系不能正常吸收土壤中的水分，而空气湿度低、管理温度或气温偏高，植株地上部水分大量蒸发，丧失的水分不能及时补充，植株内部水分吸收与蒸发严重失衡，终致植株功能叶严重失水，组织坏死直至干枯。

[防治方法]

1. 施用充分腐熟的有机肥，避免施用后因肥料继续发酵而伤根，影响根系生长和对水分的吸收。

2. 定植后及时浇水，保持土壤溶液的合适浓度，以利根系正常生长发育、维持根系对水分和

小西葫芦肥害初期受害叶

小西葫芦肥害初期受害株

养分的正常吸收。

3.根系尚未发育很好时，保持适宜的管理温湿度。空气湿度应不低于50%，最好维持在70%～80%。管理温度不宜太高，尤其空气湿度较低时，应适当降低管理温度。

4.发生肥害后需及时浇水，冲淡土壤肥料溶液浓度，同时亦可进行叶面喷洒清水，减轻受害。

小西葫芦肥害中期受害株　　　　　　　　　小西葫芦肥害中后期受害株

小西葫芦 2，4- 滴药害
Small custard squash 2,4-D injury

2,4-滴药害在一些使用生长素2,4-滴保果催果的地区零星出现。一般对产量影响不明显，严重时可造成减产。

[症状] 2,4-滴药害主要表现在叶片和瓜果上。叶片受害后沿主脉褪绿增厚，裂叶不能展开，整叶纵向皱缩、僵硬，叶缘扭曲畸形，类似病毒症状。果实受害多形成畸形果、裂果或僵果。

[病因] 此种症状的受害植株在田间出现多具有一定规律性分布，表现受害叶位和时期相同或相近。多因喷花时所用2，4-滴药液太浓，或喷药量过大，或喷花重复，或施药时温度太高，药液蒸发在空气中使上部嫩叶受害，以及药液飘洒到叶片上造成药害。

[防治方法]

1.严格掌握2，4-滴或其他生长素合理的使用浓度，避免重喷。随气温升高施用药液浓度适当降低。

2.掌握好施用时间，喷施过早易出现僵果或裂果。避免在高温烈日时喷施。

3.喷施生长素后要加强管理，适时浇水和施肥。

小西葫芦 2、4-滴药害轻度受害叶　　　　　　小西葫芦 2、4-滴药害重度受害叶

2. 玉盘瓜病害 Diseases of tray custard squash

玉盘瓜病毒病
Tray custard squash virus disease

病毒病为玉盘瓜的主要病害，分布广泛，种植地区都有发生，轻时零星发病，在一定程度上影响生产，严重时发病率极高，显著影响玉盘瓜的产量和质量，最重地块可造成毁种绝收。

[症状] 此病在玉盘瓜全生育期都可发生，多产生畸形花叶症状。苗期染病后植株黄化矮缩，后期死亡或不正常开花坐果。中、后期染病植株嫩叶黄化、皱缩，或产生明脉及褪绿斑点，重病株矮化畸形，最后枯死。有时出现黄化、花叶、皱缩、蕨叶或不规则坏死混合表现病株，不能正常结瓜或结瓜后坏死。

[病原] CMV、Melon mosaic virus（MMV）、Squash mosaic virus（SqMV）及 Tobacco ring spot virus（TRSV）即黄瓜花叶病毒、甜瓜花叶病毒、南瓜花叶病毒和烟草环斑病毒。详见小西葫芦病毒病。

发病规律、防治方法参见小西葫芦病毒病。

玉盘瓜病毒病花叶病株

玉盘瓜病毒病蕨叶病株

玉盘瓜根霉果腐病
Tray custard squash Rhizopus rot

玉盘瓜根霉果腐病病瓜

果腐病为玉盘瓜的重要病害，分布广泛，所有种植地均有发生，保护地、露地都有发病。一般病瓜率5%～20%，重病地块或棚室病瓜率可达30%以上，显著影响玉盘瓜的产量和质量。

[症状] 此病主要为害瓜果，以幼嫩瓜受害重，也为害花和叶柄。病菌多从瓜盘靠近地面的部位或受伤部位开始侵染，使病部迅速褪色变成灰褐至黄褐色坏死，以后呈水渍状腐烂，在腐烂组织表面形成毛刺状黑色至灰黑色霉层。空气潮湿病菌多从开败的花瓣或结水部位侵染，沿侵染部位向瓜盘快速发展致全瓜腐烂，在病瓜表面长出毛刺状黑色至灰黑色霉层，烂瓜常具有腥臭味。

[病原] *Rhizopus nigricans* Ehrb.属接合菌黑根霉真菌。详见小西葫芦根霉腐烂病。

发病规律、防治方法参见小西葫芦根霉腐烂病。

玉盘瓜灰霉病
Tray custard squash gray mold

灰霉病为玉盘瓜的主要病害，分布广泛，主要在保护地内发生。一般病瓜率5%～20%，严重时达30%以上，显著影响玉盘瓜的产量和品质。

[症状] 此病主要为害瓜盘，也为害花瓣、幼叶和瓜蔓。病菌多从接近地表的部位或较长时间积水的部位开始侵染，染病瓜盘初期褪绿，后呈水渍状软腐，其上产生灰色霉层。病花或病瓜接触到健康的茎蔓和瓜盘即引起发病而腐烂。花瓣染病致花腐烂，产生灰色霉层，并由病花向瓜盘发展，终致瓜盘腐烂。

[病原] *Botrytis cinerea* Pers.属半知菌灰葡萄孢真菌。详见小西葫芦灰霉病。

发病规律、防治方法参见小西葫芦灰霉病。

玉盘瓜灰霉病病瓜

玉盘瓜脐腐病
Tray custard squash physiological navel rot

脐腐病为玉盘瓜的重要生理病害，发生普遍，一般病瓜率为10%～30%，严重时病瓜率达80%以上，显著影响玉盘瓜的产量与品质。

[症状] 此病多在生长后期发生，严重时生长中期和初瓜期就有发生。主要表现幼瓜坏死，或由脐部开始呈黄褐色坏死，逐渐向外和向瓜柄方向扩展，病部凹陷萎缩，其上常腐生黑色或粉红色霉层。随病害发展果柄附近果肉组织亦逐渐变褐坏死，最后整个瓜盘坏死腐烂。

[病因] 此病属生理病害，主要原因可能是水肥管理不当，即发病前田间浇水和空气湿度正常，突然缺水，湿度低，植株体内水分大量蒸发，瓜盘中水分倒流使脐部组织坏死；或偏施氮肥，影响植株对钙的吸收使瓜盘缺钙而脐腐。长时间阴雨天、植株光照不足使叶片同化作用下降、光合产物减少、瓜果养分供应不足亦可引起幼瓜坏死和脐腐烂瓜。

[防治方法]

1. 施用充足的腐熟有机肥，前期注意中耕和适当控水，促进根系发育。中期适时追肥浇水，防止缺钙，结瓜后叶面喷施磷、钾肥，尽可能保持相对稳定的空气湿度。

2. 适当稀植，避免植株间相互遮荫，使叶片受光均匀，保持植株正常生长。有条件的提倡增施二氧化碳气体肥，促进光合作用。

3. 加强管理，控制夜间温度，加大昼夜温差，减少呼吸消耗。

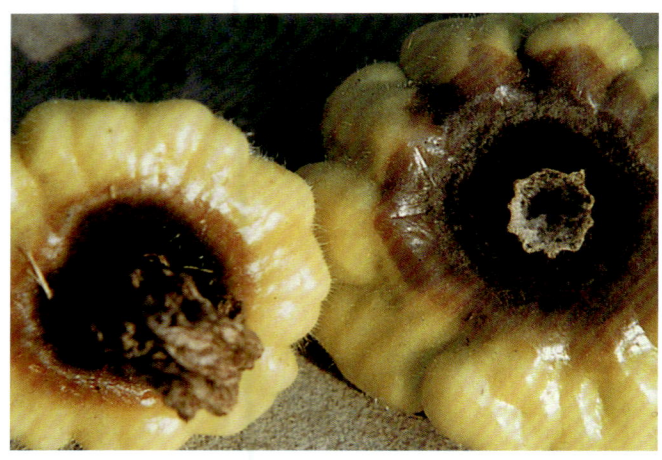
玉盘瓜脐腐病病瓜脐部

玉盘瓜脐腐病病瓜蒂部

3. 苦瓜病害 Diseases of balsampear

苦瓜病毒病
Balsampear virus disease

病毒病为苦瓜的主要病害，分布广泛，发生普遍，保护地、露地都有发生。以夏秋露地种植发病较重。一般病株率5%～10%，在一定程度上影响产量和品质。病害重时发病率可达15%以上，显著影响苦瓜生产。

[症状] 此病在各生育期都发生。幼苗染病，叶片皱缩，生长点畸形，发育速度缓慢，重病苗不到移栽期就逐渐坏死萎蔫。大苗染病，以上部幼嫩部位症状明显，叶片变小、皱缩，节间缩短，植株矮化，有时病株表现花叶，一般不结瓜或结瓜少。中后期染病，植株中上部叶片皱缩，叶色浓淡不均，嫩梢畸形，结瓜小或扭曲，或瓜条上产生不规则凹陷坏死斑。病株往往都提早枯死。

[病原] CMV、WMV，即黄瓜花叶病毒和西瓜花叶病毒单独或复合侵染所致。黄瓜花叶病毒粒体呈球状，直径为30nm，稀释限点3 000～10 000倍，钝化温度60～70℃，体外存活期3～4天，寄主范围很广，可侵染45科124种植物。西瓜花叶病毒粒体呈线状，长约750nm，汁液稀释限点2 500倍，钝化温度60～65℃，体外存活期3～10天。种子带毒率低，可侵染葫芦科和豆科植物。

[发病规律] 此病主要由机械摩擦接触传播，也可由桃蚜、棉蚜等进行非持久性传毒。高温干旱有利于发病。管理粗放、杂草多，与瓜类作物邻作，蚜虫数量大，发病严重。此外，田间缺水、缺肥，植株生长衰弱，病害也较重。

[防治方法]

1.培育无毒壮苗，可在苗床四周挂拉银灰膜条避蚜，减少传毒。高温时注意勤浇小水，降低土壤及环境温度。

2.及时清除田间杂草，注意适时防蚜。

3.发病初期喷施20%病毒A可湿性粉剂500倍液，或1.5%植病灵乳剂1 000倍液，或抗毒剂1号300倍液。

4.发病后加强水肥管理，注意适时追肥和浇水，可减轻病害损失。

苦瓜病毒病病瓜

苦瓜病毒病花叶病株

苦瓜病毒病黄化病株

苦瓜立枯病
Balsampear Rhizoctonia wilt

立枯病为苦瓜的苗期病害，分布较广，发生较普遍，但一般都零星发生，引起零星死苗，个别苗床发病严重，致使瓜苗成片坏死。

[症状] 此病多在育苗中后期，或床温较高的苗棚内发生。主要为害茎基部或根部，初在茎基部出现椭圆形或不定形褐色水渍状斑，逐渐向下凹陷坏死，绕茎一周致茎部萎缩干枯，随病情发展瓜苗逐渐萎蔫枯死。根部受害，初期皮层变褐，以后腐烂。病苗在发病前期表现白天萎蔫，夜间恢复，重复数日后病苗枯死。此病最后都直立萎蔫枯死，与猝倒病相区别。

[病原] *Rhizoctonia solani* Kühn 属半知菌立枯丝核菌真菌。详见蚕豆立枯病。

发病规律、防治方法参见蚕豆立枯病。

苦瓜立枯病田间症状

苦瓜猝倒病
Balsampear Pythium damping-off

猝倒病为苦瓜的苗期病害，分布较广。多发生在早春苗床，秋季偶尔可见，发病后常造成幼苗成片死亡，病重时严重毁苗。

[症状] 此病从播种到出苗均可发生，以2～3片真叶期前最易发病。种子发芽期染病常引起烂种。出苗后染病，幼茎基部初呈水渍状，黄褐至暗绿色，随后软化腐烂，病部缢缩，很快幼苗倒折。随病害发展病苗迅速向四周扩展，引起成片倒苗。苗床湿度高时，病菌残体表面及附近土壤表面可长出白色霉层。

[病原] *Pythium aphanidermatum*（Eds.）Fitzp.属鞭毛菌瓜果腐霉真菌。病菌菌丝无色，无隔。孢囊梗菌丝状，游动孢子囊棒状或丝状，分枝裂瓣状，不规则膨大。萌发时产生球形孢囊，其内释放出游动孢子。藏卵器球形，雄器袋状，两者结合后产生卵孢子。卵孢子球形，厚壁，淡黄褐色。

[发病规律] 病菌以卵孢子在土壤中越冬。条件适宜萌发产生游动孢子囊，孢子囊释放游动孢子或直接长出芽管侵染幼苗。病菌也可以菌丝体在病残体或在土壤内腐殖质上腐生生活，菌丝形成游动孢子囊，释放游动孢子侵染幼苗。病菌主要通过浇水或管理传播，带菌粪肥和操作工具也可传播。病菌侵染后在皮层薄壁细胞中扩展，以后在病部产生孢子囊，进行再侵染，最后在病组织内产生卵孢子越冬。土壤温度15～16℃病菌繁殖很快，土壤高湿极易诱发此病。浇水后苗床积水或苗床棚顶滴水处多为发病中心。光照不足，幼苗长势弱，或育苗期遇寒流或连阴雨、雪天气，低温潮湿，病害发生严重。

[防治方法]

1. 采用营养钵、营养盘、地热线等快速育苗技术育苗。苗土选用无病新土或大田土，有条件的选用基质育苗。肥料充分腐熟，并注意施匀。

2. 育苗土壤消毒，可在苗床喷洒72.2%普力克水剂600倍液，或72%霜脲·锰锌可湿性粉剂600倍液，或50%溶菌灵可湿性粉剂600倍液，或69%安克·锰锌可湿性粉剂1 200倍液，或98%恶霉灵可湿性粉剂2 500倍液。

3. 加强管理，底水浇足后适当控水，尤其是播种和刚分苗后，应注意适当控水和提高管理温度，切忌浇大水或漫灌。

4. 应及时清除病苗和邻近病土，并配合药剂防治，可选用72%克露可湿性粉剂600倍液，或72.2%普力克水剂600倍液，或69%安克·锰锌可湿性粉剂800倍液，或72%霜脲·锰锌可湿性粉剂600倍液，或66.8%霉多克可湿性粉剂800倍液喷雾，随后可均匀撒干细土降低苗床湿度。施药后注意提高土壤温度。

苦瓜猝倒病病苗

苦瓜镰孢霉红粉病
Balsampear Fusarium rot

镰孢霉红粉病为苦瓜的常见病，分布较广，主要在苗期发生。常造成幼苗局部坏死，严重时成片毁苗。

[症状] 此病从播种到成苗前都可发生。种子发芽期间染病，多引起烂种。出苗后发病常从子叶开始侵染，最初在子叶上出现水渍状黄褐色坏死小点，很快变成灰白色至黄褐色近圆形凹陷斑，边缘水渍状，进一步发展成不规则凹陷斑，其表面产生白色至粉红色霉层，即病菌的分生孢子丛。

[病原] *Fusarium* sp.属半知菌镰孢霉真菌。病菌产生两种类型分生孢子，大型分生孢子多为镰刀形，2～7个隔膜，多数5个，大小为21.5～58.0μm×3.7～5.9μm。小型分生孢子椭圆形至长圆形，单胞至双胞，大小为5.3～11.2μm×2.6～5.3μm（图4-10）。

[发病规律] 病菌在土壤或病残组织上越冬。条件适宜种子在发芽过程中染病，或出苗后病菌通过浇水或雨水溅射引起发病。种子可以带菌，在种子萌发后直接侵染子叶引起发病。发病组织产生大量分生孢子借浇水、雨水和管理进一步传播扩散。高温多雨或温暖潮湿有利于发病。瓜苗浇水不当或种子未经任何处理，发病较重。

[防治方法]

1. 选无菌土育苗或基质育苗。

2. 播种前进行种子处理，可用80℃温水浸种5～10min，或用开水变温浸种5～10min，也可用65%防霉宝可湿性粉剂400倍液，或50%多菌灵可湿性粉剂200倍液浸种30min。

3. 发现病苗及时拔除并配合药剂防治，可选用65%防霉宝可湿性粉剂600倍液，或50%多菌灵可湿性粉剂500倍液，或10%双效灵水剂1 500倍液，或75%敌力脱乳油2 000倍液，或2%农抗120水剂200倍液，或45%特克多悬浮剂1 000倍液喷雾。

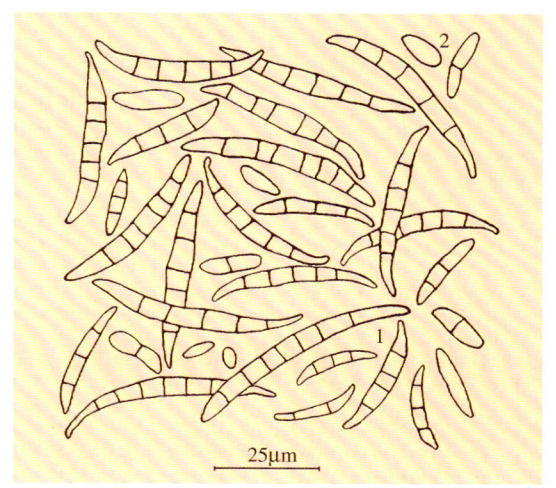

图4-10　苦瓜镰孢霉红粉病菌
1. 大型分生孢子　2. 小型分生孢子

苦瓜镰孢霉红粉病子叶病斑

苦瓜镰孢霉红粉病病苗

苦瓜红粉病
Balsampear Trichothecium rot

红粉病为苦瓜的常见病，在部分地区发生分布。主要在保护地内造成危害，引起瓜苗发病坏死，生长期偶见发病，对生产无明显影响。

[症状] 此病主要在幼苗期发生，多见于生长衰弱的苦瓜苗棚，或因管理不当造成瓜苗局部坏死的苗棚。病菌多沿子叶或真叶叶缘开始侵染，形成半圆形至不定形灰绿色至红褐色坏死斑，一般较大，并进一步向叶柄和嫩茎方向发展致幼茎发病，最后使瓜苗坏死。空气潮湿在病组织表面生出白色至粉红色霉层，即病菌的分生孢子梗和分生孢子。

[病原] *Trichothecium roseum*（Bull.）Link属半知菌粉红单端孢霉真菌。病菌分生孢子梗直立，无色，不分枝，偶有1～2个隔膜，顶端有时稍膨大，大小为165～200μm×2.5～4.5μm。分生孢子顶生，单独形成，多数孢子聚集成头状，呈浅橙红色。分生孢子呈倒洋梨形，无色到半透明，成熟时具一隔膜，分隔处略缢缩，大小为15～30μm×8～16μm。

[发病规律] 病菌以分生孢子或菌丝随病残组织越冬，也可在其他寄主上为害过冬。苦瓜育苗时病菌随带菌的堆肥传入苗棚或从其他发病寄主上通过气流、浇水及苗床管理等传播。条件适宜时病菌菌丝或分生孢子接触到生长衰弱或受伤的

瓜苗形成侵染。发病后，病部产生分生孢子，通过气流或浇水传播蔓延。育苗期间连续阴天或连

苦瓜红粉病病苗

苦瓜枯萎病
Balsampear Fusarium wilt

枯萎病为苦瓜的重要病害，部分地区发生分布，多在老菜区种植苦瓜年限较长的地区造成危害。一般病株率8%～15%，个别地块或棚室病株率可达20%以上，显著影响苦瓜生产。

[症状] 此病在苦瓜全生育期均可发生，以结瓜后发病较多。发病初期植株叶片由下向上褪绿，逐渐变黄萎蔫，最后枯死，剖茎可见病株根茎部和根部维管束变褐。有时根茎表面可出现浅褐色坏死条斑，潮湿时表面可产生白色至粉红色霉层，即病菌菌丝和分生孢子，终致病部腐烂，最后仅剩维管束组织。

[病原] *Fusarium oxysporum* Schl. var. *aurantiacum*（Link）Wollenw.属半知菌金黄尖镰孢霉真菌。病菌产生两种类型分生孢子。大型分生孢子纺锤形至镰刀形，弯曲或端直，基部有足

细胞或拟足细胞，与典型种 *F.oxysporum* 的区别在于大型分生孢子较大，4～5个隔膜的孢子数量较多，5个隔膜的孢子大小为33～70μm×3～5.5μm。厚垣孢子球形至卵形，单细胞，直径5～12μm，双胞的11～14μm×7～9μm。

[发病规律] 病菌以厚垣孢子或菌丝体在土壤、肥料中越冬。条件适宜时形成初侵染，在病部产生大小分生孢子通过浇水、雨水和土壤传播，从根茎部伤口侵入，并进行再侵染。通常地下部当年很少再侵染。连作地或施用未充分腐熟的沤肥，或低洼、土质黏重、植株根系发育不良，或天气闷热潮湿发病严重。品种间抗病性有差异。

[防治方法]

1. 选用抗病品种。目前，夏雷苦瓜、蓝山大白苦瓜和大白苦瓜较抗病。

2. 实行与非瓜类蔬菜2～3年轮作，施用充分腐熟的有机肥。选用无病土育苗，提倡用新法育苗，减少伤根。

3. 重病地块或棚室进行日光高温消毒土壤，处理后增施生物菌肥。参见根结线虫病。

4. 及时拔除病株，病穴及邻近植株用88%枯必治可湿性粉剂1 500倍液，或50%多菌灵可湿性粉剂500倍液，或98%恶霉灵可溶剂2 500倍液，或70%土菌消可湿性粉剂1 500倍液，或65%多果定可湿性粉剂1 000倍液，或25%敌力脱乳油1 500倍液，或45%特克多悬浮剂1 000倍液，或20%姜锈灵乳油2 500倍液淋浇，每株用药液200～250ml。

雨雪天气，苗棚高湿，瓜苗光照不足，生长衰弱，或因管理不善，瓜苗受不良环境因素侵害致伤，有利于此病的发生发展。

[防治方法]

1. 采用新法育苗，培育壮苗。

2. 施用充分腐熟的堆肥作苗肥，防止未腐熟沤肥带入病菌或烧伤幼苗。育苗与生产棚分开，减少病菌来源。

3. 加强管理，适时分苗、倒苗和炼苗。遇不良天气，注意苗棚通风降湿。避免冻害、肥害及其他伤害。

4. 发病后及时清除病苗并配合药剂防治，可选用70%甲基托布津可湿性粉剂600倍液，或80%大生可湿性粉剂800倍液，或40%多硫悬浮剂400倍液，或50%扑海因可湿性粉剂1 000倍液，或45%特克多悬浮剂1 000倍液喷雾，有条件的可选用上述有关药剂的粉尘剂喷粉防治。

苦瓜枯萎病病株

苦瓜枯萎病田间受害状

苦瓜炭疽病
Balsampear anthracnose

炭疽病是苦瓜的主要病害，分布广泛，发生普遍，春、秋季多与蔓枯病混合发生而加重为害。一般病株率为8%～20%，最高可达30%～50%，一般减产10%左右，病害严重时可损失30%或更高。此病还为害多种其他瓜类作物。

[症状] 此病主要为害瓜条，亦为害叶片和茎蔓。幼苗多从子叶边缘侵染，形成半圆形凹陷斑。由浅黄色变成红褐色，空气潮湿时产生粉红色黏稠物。幼茎染病呈水渍状，红褐色，凹陷或缢缩，最后倒折。叶片染病，叶斑较小，黄褐至棕褐色，圆形或不规则形。蔓上病斑黄褐色，梭形或长条形，略下陷，有时龟裂。瓜条病斑不规则，初为水渍状，后显著凹陷，其上产生粉红色黏稠状物，后期病斑转变成黑色粗糙不规则斑块，上生黑色小点，即病菌的分生孢子盘、刚毛及分生孢子，受病瓜条多畸形，易开裂。

[病原] *Colletotrichum orbiculare*（Berk.et Mont.）Arx.属半知菌瓜刺盘孢真菌。病菌分生孢子盘聚生，初埋生，后突破表皮外露，呈黑褐色，刚毛散生于分生孢子盘中，顶端色淡，略尖，基部膨大，长90～120μm，具1～3个分隔。分生孢子梗无色，圆筒状，栅状排列，大小为20～25μm×2.5～3.0μm。分生孢子长圆形，单细胞，无色，大小为14～20μm×5.0～6.0μm（图4-11）。

[发病规律] 病菌主要通过病残体在土壤内或附在

种子表面越冬，也可通过为害其他寄主越冬。借气流、雨水和昆虫传播。温度20～27℃、相对湿度80%以上适宜发病，最适温度24℃，相对湿度95%。空气湿度对病害影响极大，相对湿度低于54%病害几乎不发生。田间土壤过湿、植株荫蔽、与瓜类作物连茬种植等有利于发病。

[防治方法]

1. 实行与非瓜类作物3年以上轮作。

2. 选无病种子播种，播种前用80℃温水浸种5～10min，或用开水变温浸种5～10min，或用种子重量0.3%的25%炭特灵可湿性粉剂，或25%施保克可湿性粉剂，或50%敌菌灵可湿性粉剂拌种。

3. 采用地膜覆盖和滴灌、管灌或膜下暗灌等

苦瓜炭疽病后期病苗

苦瓜炭疽病叶部病斑

苦瓜炭疽病病蔓

苦瓜炭疽病前期病瓜

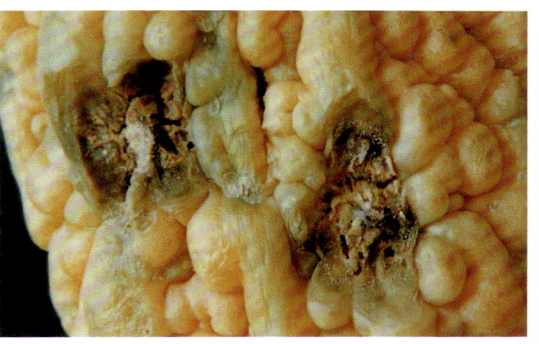
苦瓜炭疽病病瓜中期病斑

苦瓜炭疽病病瓜中后期病斑

节水灌溉技术,瓜苗定植前用药剂仔细普防一次,以减少移栽后的菌源。发病期间随时清除病瓜,避免田间积水,保护地应加强通风,尽量降低空气湿度,控制病害。

　　4.发病初期选用25%炭特灵可湿性粉剂600倍液,或25%施保克可湿性粉剂1 200倍液,或10%世高水分散粒剂6 000倍液,或70%甲基托布津可湿性粉剂600倍液,或25%敌力脱乳油1 000倍液,或80%大生可湿性粉剂600倍液,或30%倍生乳油2 000倍液,或2%农抗120水剂200倍液,或2%加收米水剂600倍液喷雾。保护地可选用5%百菌清粉尘剂15kg/ hm²喷粉防治。

苦瓜炭疽病中后期病瓜

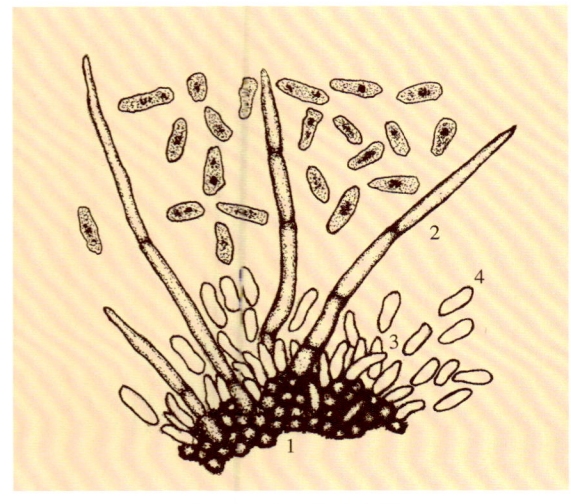

图4-11　苦瓜炭疽病菌
1.分生孢子盘　2.刚毛　3.分生孢子梗　4.分生孢子

苦瓜炭疽病后期病瓜

苦瓜蔓枯病
Balsampear Ascochyta stem blight

　　蔓枯病是苦瓜的主要病害,分布广泛,主要在春、秋发生。病株率一般为10%～40%,产量

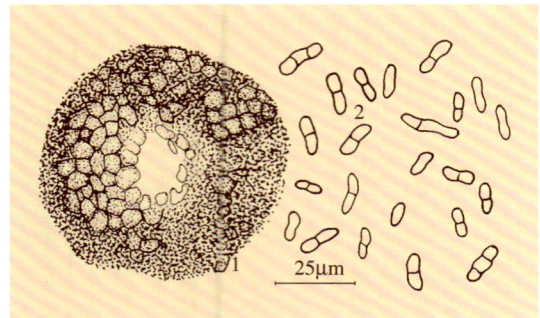

图4-12　苦瓜蔓枯病菌
1.分生孢子器　2.分生孢子

损失5%～10%,严重时损失达30%～60%。此病还为害多种其他瓜类作物。

　　[症状] 蔓枯病为害叶片、茎蔓和瓜条。叶斑较大,初为水渍状小点,以后变成圆形至椭圆形或不规则形斑,灰褐至黄褐色,有轮纹,其上产生黑色小点。茎蔓病斑多为长条不规则形,浅灰褐色,上生小黑点,多引起茎蔓纵裂,易折断,空气潮湿时形成流胶,有时病株茎蔓上还形成茎瘤。瓜条受害初为水渍状小圆点,后变成不规则稍凹陷木栓化黄褐色斑,后期产生小黑点,染病瓜条组织变朽,易开裂腐烂。

　　[病原] *Ascochyta citrullina* Smith 属半知菌瓜壳二孢真菌。病菌分生孢子器埋生于表皮下,后露出表皮,球形至扁球形,黑褐色,顶部呈乳状突起,孔口明显,直径为72.5～85.5μm。分生孢子短圆形至圆柱形,初为单胞,后产生1～2个隔膜,分隔处略缢缩,大小为7.9～13.2μm×2.5～4.5μm(图4-12)。有性时期为 *Mycosphaerella melonis*(Pass.)Chiu et Walker 属子囊菌甜瓜球腔菌真菌。子囊壳球形,黑褐色,单生于寄主表面,孔口突出表面,大小为44.5～98.5μm。子囊呈短棍棒状或袋状,无色透明,正直或稍弯,大小

为28.5～43μm×8.5～12.5μm。子囊孢子无色透明，梭形至椭圆形，双细胞，上面细胞较宽，顶端较钝，下部细胞较窄，顶端稍尖，分隔处明显缢缩，大小为10～20μm×3.5～6.5μm（图4-13）。

[发病规律] 病菌以分生孢子器或子囊壳随病残体在土壤中或附着在架材上越冬，也可随种子传播。遇适宜条件时引起侵染，发病后病菌产生分生孢子，通过浇水、气流等传播，平均温度18～25℃、相对湿度高于85%以上时容易发病。苦瓜生长期高温、潮湿、多雨，植株生长衰弱，或与瓜类蔬菜连作则病害发生较重。

[防治方法] 1.实行2～3年与非瓜类作物轮作，拉秧后彻底清除瓜类作物的枯枝落叶及残体。

苦瓜蔓枯病初期和中期病斑

苦瓜蔓枯病后期病斑

苦瓜蔓枯病病蔓

苦瓜蔓枯病初期病瓜

苦瓜蔓枯病中期病瓜

苦瓜蔓枯病病瓜初期病斑

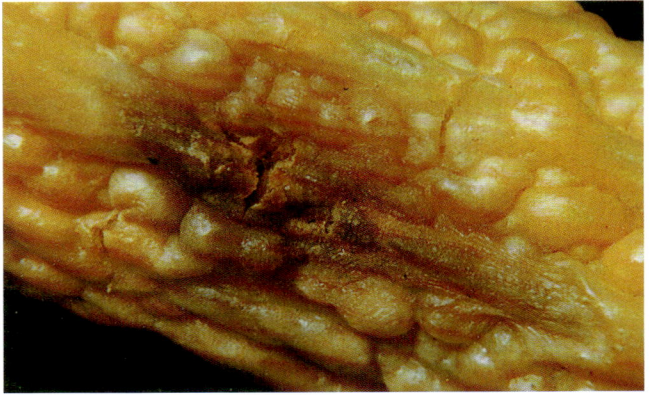

苦瓜蔓枯病病瓜中期病斑

2．选用无病种子，或用开水变温浸种5~10min。

3．施用充分腐熟的沤肥，适当增施磷肥和钾肥，生长期加强管理，避免田间积水，保护地增加通风，浇水后避免闷棚。

4．发病初期进行药剂防治，可选用70%甲基托布津可湿性粉剂600倍液，或50%扑海因可湿性粉剂1 000倍液，或80%大生可湿性粉剂800倍液，或40%多硫悬浮剂400倍液，或45%特克多悬浮剂1 000倍液喷雾。保护地亦可用5%百菌清粉尘剂，或5%加瑞农粉尘剂15kg/ hm²喷粉防治。

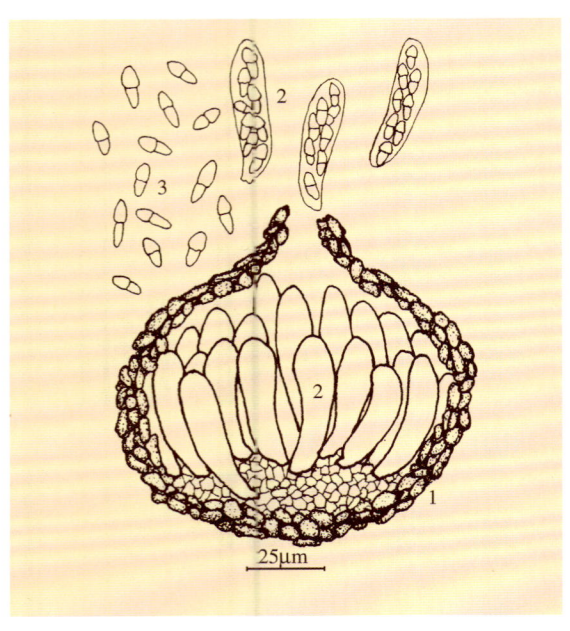

图4-13 苦瓜蔓枯病菌
1.子囊壳 2.子囊 3.子囊孢子

苦瓜蔓枯病病瓜后期病斑

苦瓜白粉病
Balsampear powdery mildew

白粉病为苦瓜的主要病害，分布广泛，发生普遍，保护地、露地都发生。一般病株率为30%～50%，轻度影响产量与品质，病重时病株率可达100%，植株多因病早衰枯死，严重影响苦瓜生产。

[症状] 此病主要为害叶片，严重时亦为害茎蔓和叶柄。发病初期在叶片正面和背面产生近圆形大小不等的白色粉斑，随病害发展病斑迅速增多，最后粉斑密布，相互连接致叶片变黄枯死，终致全株早衰死亡。

[病原] *Oidium* sp.属半知菌粉孢霉真菌。有性时期地区间有差异，主要有*Erysiphe cichoracearum* DC.即子囊菌二孢白粉菌真菌和*Sphaerotheca fuliginea*（Schl.）Poll.即子囊菌单丝壳白粉菌真菌。发病期间无性时期较常见，分生孢子梗圆柱形，不分枝，无色，顶端串生分生孢子。分生孢子单胞，椭圆形，无色。

[发病规律] 寒冷地区病菌以菌丝体或闭囊壳在寄主上或在病残体上越冬。春天以子囊孢子进行初侵染，发病后以分生孢子进行再侵染，使病害扩展蔓延。温暖地区病菌以分生孢子进行初侵染和再

苦瓜白粉病前期病叶

苦瓜白粉病中期病株

侵染，周年发生，无明显越冬期。病菌喜温暖潮湿，干湿交替对病害也十分有利。通常温暖湿闷、时晴时雨有利于发病。偏施氮肥或肥料不足，植株生长过旺或衰弱发病较重。品种间病情有差异。

　[防治方法]

　1. 因地制宜选用抗耐病良种。

　2. 拉秧后彻底清除病残组织。定植前温室或大棚用硫磺熏蒸消毒，用硫磺 3.75～7.5kg/ hm²，加锯末 7.5～15kg，点燃后闭棚熏蒸一夜。

　3. 生长期加强管理，适时追肥和浇水，保护地注意通风透光，降低湿度。露地在降雨后避免田间积水。

　4. 适时进行药剂防治，发病前可用硫磺熏蒸器定期预防。发病初可选用 40% 福星乳油 8 000 倍液，或 43% 菌力克悬浮剂 8 000 倍液，或 10% 世高水分散粒剂 8 000 倍液，或 30% 特富灵可湿性粉剂 3 000 倍液，或 2% 武夷菌素水剂 200 倍液，或 2% 农抗 120 水剂 200 倍液，或 40% 多硫悬浮剂 500 倍液，或 25% 粉锈宁可湿性粉剂 1 500 倍液喷雾防治。10～15 天 1 次，视病情防治 1～3 次。

苦瓜白粉病后期病株

苦 瓜 斑 点 病
Balsampear Phyllosticta leafspot

　斑点病为苦瓜的常见病，分布较广，发生较普遍，春、夏、秋季都可发病，以夏、秋季较常见。一般发病率为 20%～40%，发病程度轻，对生产无明显影响，病害严重时病株率可达 80%～100%，部分叶片因病坏死干枯，在一定程度上影响苦瓜生产。

　[症状] 此病主要为害叶片，初期在叶片上出现近圆形灰白色小点，略呈水渍状，随后周围组织褪绿，逐渐变成椭圆形至不规则形坏死斑，使病叶局部干枯坏死，终致全叶枯死。空气潮湿时，病斑上产生少量黑色小点，即病菌的分生孢子器。

　[病原] *Phyllosticta orbicularis* Ell. et Ev.属半知菌正圆叶点霉真菌。病菌分生孢子器散生或聚生，球形至扁球形，黑褐色，具孔口，直径 85～105μm。分生孢子椭圆形，单细胞，无色，大小为 5～7μm × 2～3μm。

　[发病规律] 病菌以菌丝体和分生孢子器随病残体遗落在土中越冬。南方温暖地区，苦瓜周年生产，病害无明显越冬期。条件适宜病菌即形成侵染，发病后产生分生孢子借雨水溅射传播，进行初侵染和再侵染，高温潮湿有利于发病。长期连作，地势低洼，或田间积水或植株郁蔽，偏施氮肥等病害发生严重。

　[防治方法]

　1. 重病田实行与非瓜类蔬菜 2 年以上轮作。

　2. 收获后及时清除病残组织，减少田间菌源。

　3. 增施有机底肥，配合施用磷肥和钾肥，避免偏施氮肥。生长期加强管理，雨后及时排水，避免田间积水。

　4. 发病初期进行药剂防治，可选用 70% 甲基托布津可湿性粉剂 600 倍液，或 80% 大生可湿性粉剂 800 倍液，或 40% 多硫悬浮剂 500 倍液，或 50% 敌菌灵可湿性粉剂 500 倍液，或 40% 福星乳油 6 000 倍液喷雾。

苦瓜斑点病病叶

苦 瓜 褐 斑 病
Balsampear Cercospora leafspot

　褐斑病为苦瓜的普通病害，分布较广，发生亦较普遍，多在夏、秋露地发生。一般病株率为 30%～50%，严重时病株率可达 80% 以上，但一般病情较轻，在一定程度上影响产量和品质。

　[症状] 此病仅为害叶片，初期在叶片上出现灰褐色小点，以后发展成多角形至不规则形坏死小斑，灰褐色，中央灰白色，边缘明显，最后变成暗褐色，上生灰褐至淡黑色霉状物，即病菌的分生孢子梗和分生孢子。多个病斑相互连接使叶片早衰黄化，最后坏死。

　[病原] *Cercospora momordicae* Menedoza 属半知菌尾孢霉真菌。病菌子实体主要叶面生，无子座或子座小，褐色。分生孢子梗簇生，淡褐色，上下色泽均匀，顶端渐细，正直或具 0～4 个屈曲，不分枝，具 1～4 个隔膜，顶端近截形，孢痕大而明显，大小为 28～105μm × 3～5μm。分生孢子

鞭形，无色，直或微弯，基部平切，顶端较尖，分隔多但不明显，大小为42～158μm×2～4.5μm。

[发病规律] 病菌以菌丝体在病残组织上越冬。条件适宜时产生分生孢子随气流传播引起初侵染。病斑上产生分生孢子借风雨传播进行重复侵染。温暖多雨有利于发病。

防治方法参见甜瓜靶斑病。

苦瓜褐斑病前期病斑

苦瓜褐斑病后期病斑

苦瓜疫病
Balsampear Phytophthora blight

疫病为苦瓜的普通病害，在局部地区发生分布，多在夏、秋露地发生。通常零星发病或瓜条染病坏死，生产损失较轻。个别地块发病重，发病率可达30%，显著影响苦瓜生产。有时与绵腐病混合发生。

[症状] 此病主要为害植株茎基部和幼嫩部位，亦为害瓜条。茎基染病，初形成灰绿色水渍状不规则形病斑，以后病部软化下陷，空气潮湿，病部表面产生稀疏白色霉层，随病害发展植株逐渐萎蔫死亡。幼茎和嫩梢染病，初期病部呈水渍状暗绿色，很快即腐烂缢缩，致病部以上萎蔫死亡。叶片受害，通常下部叶片先发病，多沿叶缘形成灰绿色不规则形大斑，以后病叶腐烂或干枯。瓜条染病呈水渍状灰绿至灰褐色坏死，病斑不规则，边缘多为水渍状，随病害发展病斑表面产生白色霉层，很快病瓜即腐烂。

[病原] *Phytophthora melonis* Katsura 属鞭毛菌甜瓜疫霉真菌。病菌游动孢子囊梗从菌丝或球状体上生出，直立，长约100μm，中间偶现单轴分枝，个别形成隔膜，顶生游动孢子囊。游动孢子囊卵形或长椭圆形，大小为38.0～68.5μm×25.5～42.8μm，乳突多不明显。萌发时产生游动孢子，从乳突孔口逸出。藏卵器近球形，穿雄生，淡黄色，直径24～31μm。雄器无色，扁球形。卵孢子球形，淡黄色，表面光滑，直径16～32μm。

[发病规律] 病菌以菌丝体、厚垣孢子及卵孢子随病残体在土壤中越冬。翌年春天越冬菌丝接触到寄主，或土中卵孢子、厚垣孢子经雨水反溅到寄主上萌发后直接穿透表皮侵入，25～30℃条件下经24 h即引起发病。病部产生的游动孢子囊及其萌发后形成的游动孢子，借风、雨及灌溉水传播，进行重复侵染。病菌温限较广，9～37℃均可生长发育，最适温度为23～32℃，需95%以上相对湿度，并要有水滴存在。夏、秋雨后暴晴病害发展迅速。此病发生早晚与轻重程度同初始菌量和降雨及水分管理的关系十分密切。一般重茬地发病较早，病情偏重。雨季早、降雨次数多、雨量大发病早且病情重。田间发病高峰多紧接在雨量高峰之后。此外平畦种植比高畦或瓦脊畦发病重，浇水次数多、浇水量大、漫灌的地块发病重。

[防治方法]

1. 实行与非瓜类蔬菜2年以上轮作。用无病土育苗，施用充分腐熟的粪肥。采用高垄或高畦地膜覆盖栽培。

苦瓜疫病初期病瓜

苦瓜疫病中期病瓜

2. 重病地块进行药剂土壤灭菌，可用硫酸铜45～75kg/ hm²拌适量细土在定植前均匀撒施在定植沟或定植穴内。

3. 加强管理，合理施肥，避免偏施氮肥，增施磷、钾肥。雨后及时排水，避免田间积水。定植后适当控水，发病后浇水更应严格控制，切忌大水漫灌，禁止下雨前浇水。发现中心病株及时拔除带到田外妥善处理。

4. 及时进行化学防治，掌握在发病前或发病初喷药防治。参见迷你黄瓜霜霉病。根据此病的发生特点，注意重点防治植株幼嫩部位和根茎部位，必要时中心病区可用药液灌根。

苦瓜绵腐病
Balsampear Pythium rot

绵腐病为苦瓜的常见病，分布较广，发生亦较普遍，主要在多雨季节发生为害。一般瓜条发病率为5%左右，病重时可达10%，明显影响苦瓜生产，多雨年份损失严重。

[症状] 此病主要为害瓜条，幼瓜、成熟瓜都受害，以成熟瓜受害重。瓜条染病，初为水渍状，很快病部组织软化腐烂，表面产生浓密絮状白霉。高温潮湿，病部迅速扩展致整个瓜条染病腐烂。偶尔幼嫩叶片和茎蔓染病，呈水渍状暗绿色腐烂，病部产生浓密白霉，即病菌菌丝体。

[病原] *Pythium aphanidermatum*（Eds.）Fitzp.属鞭毛菌瓜果腐霉真菌。病菌菌丝无色无隔。孢囊梗菌丝状，游动孢子囊呈棒状或丝状，分枝裂瓣状，不规则膨大。萌发时产生球形游动孢子囊，释放出游动孢子。藏卵器球形，雄器袋状，两者结合后产生卵孢子。卵孢子球形，厚壁，淡黄褐色。

[发病规律] 病菌以卵孢子在土壤表层越冬，也可以菌丝体在土中营腐生生活，温湿度适宜时卵孢子萌发或土中菌丝产生游动孢子囊并萌发释放出游动孢子，借浇水或雨水溅射到植株或近地面瓜条上引起侵染。病菌对温度要求不严格，10～30℃均可发病，对湿度要求较高，游动孢子囊萌发和释放游动孢子需要有水存在，田间高湿或积水易诱发此病。通常土质黏重、地势低洼，地下水位高，雨后积水，或浇水过多，田间湿度高等均有利于发病。

[防治方法]

1. 采用高畦或高垄种植，防止田间积水。提倡地膜覆盖，阻止病菌侵染和降低田间湿度，控制发病。

2. 加强管理，及时打掉下部老黄脚叶，增强通风透光性，降低田间湿度。雨后或浇水后避免田间积水。及时摘去靠地面瓜条。

3. 发病初期彻底清除病瓜后及时配合药剂防治。可选用72%克露可湿性粉剂800倍液，或50%溶菌灵可湿性粉剂600倍液，或72%霜脲·锰锌可湿性粉剂800倍液，或69%安克·锰锌可湿性粉剂1 000倍液喷雾，重点防治植株下部瓜条和地面消毒。

苦瓜绵腐病病瓜

苦瓜灰霉病
Balsampear gray mold

灰霉病为苦瓜的普通病害，在部分地区保护地内发生，仅在管理不良的苗棚形成为害。生长期较少见，偶尔发病，病情亦较轻，对生产无明显影响。

[症状] 此病主要为害幼苗，多从受伤的叶尖或叶缘开始侵染，形成黄褐色V字形坏死斑，有不明显轮纹，上生灰褐色霉状物，即病菌分生孢子梗和分生孢子。病菌亦可从积水的叶面侵染，形成黄褐色近圆形坏死斑，上生灰褐色霉状物。生长期发病，病菌多从开败的花瓣开始侵染，以后逐渐向瓜条发展，使瓜条呈水渍状坏死、腐烂，其上产生灰褐色霉层。

[病原] *Botrytis cinerea* Pers.属半知菌灰葡萄孢真菌。详见小西葫芦灰霉病。

[发病规律] 病菌以菌丝体、分生孢子随病残组织或菌核在土壤内越冬，经气流、浇水和农事操作等传播。棚室温度2～30℃，空气湿度85%以上即可发病。苗棚10～25℃，相对湿度90%以上或幼苗表面有水膜时最易发病。其中湿度是发病的关键因素。早春如遇寒流大风或连阴雨、雪天气，苗棚通风不

苦瓜灰霉病病苗

利，棚室内低温潮湿，病害发生较重。此外播种过密，管理不当，幼苗徒长，或受冻害、肥害使瓜叶组织局部坏死，有利于发病。

[防治方法]

1. 搞好苗棚卫生和表面灭菌。彻底清除前茬病残落叶，育苗前用 65% 甲霉灵可湿性粉剂 500 倍液，或 40% 施加乐悬浮剂 600 倍液，或 45% 特克多悬浮剂 600 倍液，或 10% 宝丽安可湿性粉剂 800 倍液，或 50% 敌菌灵可湿性粉剂 300 倍液均匀对苗床土表、顶棚和四周墙壁表面喷雾，进行表面灭菌。

2. 加强管理，避免冻害、肥害。注意提高苗棚温度，长时间阴雨、雪天气或低温炼苗时应注意降低湿度。发现病苗及时小心地清除放入塑料袋内带出棚外妥善处理。

3. 发病初期及时进行防治，苗棚最好选用 6.5% 甲霉灵粉尘剂 15kg/ hm² 喷粉，或用防灰霉病烟雾剂熏烟防治。参见小西葫芦灰霉病。

苦瓜细菌性叶斑病
Balsampear bacterial leafspot

细菌性叶斑是苦瓜的常见病，分布较广，发生较普遍，保护地、露地都可发生，以春、秋露地种植更为常见。一般发病率为 30%～50%，重时可达 80% 以上，致使植株中下部叶片全部坏死，严重影响苦瓜生产。

[症状] 此病全生育期都发生，叶片、瓜条和茎蔓均受害。叶片受害初期在叶背产生许多油渍状小点，逐渐扩大成不规则油渍状灰绿至暗绿色斑，边缘不明显，进一步发展成半透明灰褐至暗褐色坏死斑，最后使叶片坏死。茎蔓和叶柄染病，呈暗绿色油渍状，湿度高时，形成流胶或腐烂。瓜条染病，在瓜条表面出现许多大小不等的油渍状暗绿色不规则形病斑，以后随病害的发展病瓜软化腐烂。有时病瓜表面产生灰白色菌脓，病部坏死下陷，终致病瓜畸形、干腐。

[病原] *Pseudomonas syringae* pv. *lachrymans* （Smith & Bryan） Young et al.属假单胞杆菌丁香假单胞菌黄瓜致病变种细菌。病菌菌体短杆状，可串生，单个细胞大小为 1.4～2μm×0.7～0.9μm，极生 1～5 根鞭毛，有荚膜，无芽孢，革兰氏染色阴性，好气性。

[发病规律] 病菌可随病残体在土壤中越冬，种子也可带菌。播种带病种子在种子萌发时侵染子叶引起幼苗发病。土壤中病残体所带病菌可借雨水或浇水冲溅传播到瓜秧下部叶片或瓜条上引起发病，发病后病部缢出菌脓，借风雨及浇水或叶面结露和叶缘吐水滴落、飞溅传播，昆虫及农事操作也能传播。病菌由气孔、水孔、皮孔等自然孔口侵入，也可由瓜条伤口侵入，反复侵染。病菌可沿导管进入种子皮层，使种子内带菌。病菌生长温度 4～38℃，25～27℃时繁殖速度最快。病菌扩散、传播和侵入均需 90%～100% 相对湿度和有水膜存在。苦瓜生长期多雨、雨大病害重。种植过密、通风不良，或重茬病情亦较重。

[防治方法]

1. 重病田实行与非瓜类作物 2 年以上轮作，用无病土育苗。

2. 进行种子灭菌，可用 40% 福尔马林 150 倍液浸种 1.5 h，或用 1% 稀酸溶液浸种 2 h 后，用清水洗净再催芽播种。也可用种子种量 0.4% 的 47% 加瑞农可湿性粉剂拌种。

3. 加强田间水肥管理，尽量在露水干后进地操作。避免田间积水和漫灌。

4. 发病初期及时用药防治。可选用 47% 加瑞农可湿性粉剂 800 倍液，或 77% 可杀得可湿性粉剂 500 倍液，或新植霉素 5 000 倍液喷雾。保护地选用 5% 加瑞农粉尘剂 15kg/ hm² 喷粉防治效果更好。

苦瓜细菌性叶斑病前期病叶

苦瓜细菌性叶斑病后期病叶

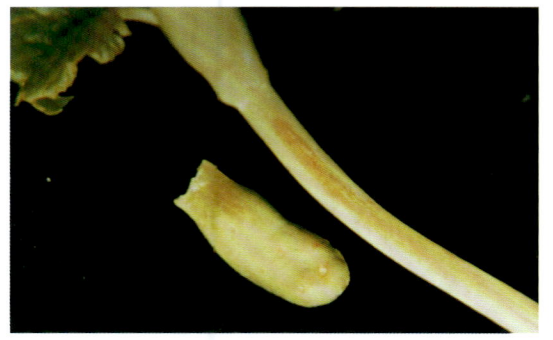
苦瓜细菌性叶斑病病幼茎和子叶

苦 瓜 软 腐 病
Balsampear bacterial soft rot

软腐病为苦瓜的普通病害，分布较广，发生亦较普遍，但多为零星发病，对生产影响不明显，仅个别地块发病较重，造成大量烂果。此病还可为害多种其他蔬菜。

[症状] 此病主要为害瓜果，幼瓜和成熟瓜都可发病。病菌多侵染植株下部瓜，或带有虫伤或生理裂口的瓜条。病瓜呈暗灰色水渍状软腐，发展迅速，短期内使整个瓜条腐烂，散发臭味。空气潮湿，病组织表面常溢出暗灰色菌脓。

[病原] *Erwinia carotovora* subsp. *carotovora* （Jones）Bergey et al. 属胡萝卜软腐欧氏杆菌胡萝卜软腐病亚种细菌。病菌菌体短杆状，周生鞭毛2～8根，革兰氏染色阴性。

[发病规律] 病菌主要随病残体在土壤中越冬。由于病菌可侵害多种蔬菜，田间病菌广泛存在，通过雨水、灌溉水及昆虫传播，由伤口侵入，引起发病。高温高湿条件下发病严重。高湿有利于病菌快速繁殖，潮湿或多雨瓜条伤口难以愈合，而有利于病菌侵染和传播。各种因素造成的伤口多，病害亦发生较重。

[防治方法]

1. 采用高垄栽培，有条件的还可覆盖地膜，可避免或减少土中病菌溅射传染。

2. 修好田间排水沟渠，浇水后或雨后避免田间积水。并注意加强其他病虫防治，减少各种伤口。

3. 严重地块在发病初期摘除病瓜后可进行药剂防治。参见结球莴苣软腐病。

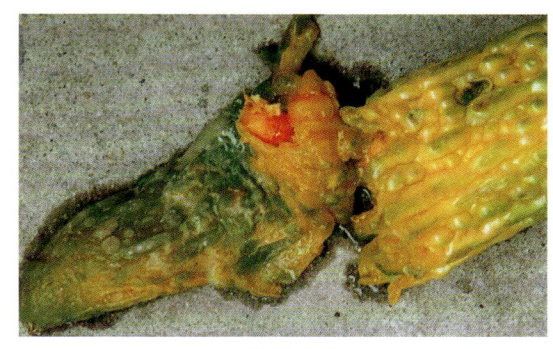

苦瓜软腐病病瓜

苦 瓜 根 结 线 虫 病
Balsampear root-knot nematode

苦瓜根结线虫病是近些年新发展起来的病害，仅在局部地区发生分布，保护地种植受害较严重，有进一步发展的趋势，一旦发病，病株率可达80%～100%，减产30%～60%，甚至造成绝收。此病寄主范围很广，可为害30多种蔬菜，其中以瓜类受害最重。

[症状] 此病主要为害苦瓜根部，受害植株表现为侧根和须根比正常植株增多，在幼嫩的须根上形成球形或不规则形瘤状物，大小随线虫寄生时间长短和数量而异，单生或串生。瘤状物初为白色，质地柔软，后呈褐色或暗褐色，表面粗糙、龟裂。受害植株多在结瓜后表现症状，地上部长势衰弱，叶片由下向上变黄、坏死，至全株萎蔫死秧。

[病原] *Meloidogyne incognita* Chitwood 属南方根结线虫。病原线虫雌雄异形，幼虫细长蠕虫状。雄成虫呈线状，尾端稍圆，无色透明，大小为 1.0～1.5mm × 0.03～0.04mm。雌成虫呈梨形，每头雌线虫可产卵300～800粒，埋生于寄主组织内，大小为0.44～1.59mm × 0.26～0.81mm。

[发病规律] 南方根结线虫冬季可在多种蔬菜上为害繁殖越冬。北方菜区，线虫主要以雌成虫在根结内排出的卵囊团随病残体在保护地土壤中越冬。温度回升，越冬卵孵化成幼虫，或部分越冬幼虫继续发育在土壤表层内活动。遇到寄主便从幼根侵入，刺激寄主细胞分裂增生形成巨细胞，过度分裂形成瘤状根结。幼虫在根结内发育为成虫，并开始交尾产卵。卵在根结内孵化，一龄幼虫留在卵内，二龄幼虫钻出寄主进行再侵染。北京郊区苦瓜上根结线虫1年多为2代，主要分布在20cm表土层内，3～10cm最多。主要通过病土、病苗、浇水和农具等传播。土温20～30℃，湿度40%～70% 条件下线虫繁殖很快，容易在土内大量积累。一般地势高燥、土质疏松，及缺水缺肥的地块或棚室发生较重，通常温室重于大棚，大

苦瓜根结线虫病轻病株

苦瓜根结线虫病中度受害株

棚又重于露地。此外，重茬种植发病较重。

[防治方法]

1. 无病土育苗，病害常发区选用无虫土或大

苦瓜根结线虫病重病株

田土育苗，施用不带病残体或充分腐熟的有机肥，也可用基质育苗，同时注意防止人为传播。

2. 重病地块收获后应彻底清除病根残体，深翻土壤30～50cm，在春末夏初进行日光高温消毒灭虫。即在前茬拉秧后分别施生石灰和碎稻草4.5～7.5t/hm²，翻耕混匀后挖沟起垄或作畦，灌满水后盖好地膜并压实，再密闭棚室10～15天，可将土中线虫及病菌、杂草等全部杀灭。处理后注意增施生物菌肥。

3. 药剂处理土壤，即在播种或定植前根据药剂性质进行土壤处理，可选用1.8%虫螨克乳油10～15L/hm²对水均匀施于苗床，或施于定植沟或定植穴后再播种或定植。还可选用98%～100%必速灭微粒剂75～120kg/hm²，均匀撒施或沟施于20cm表层土内，施药后立即覆土、洒水封闭或盖膜7～12天后，松土放气3～10天，再播种或定植。亦可用22.5～30kg/hm²的3%米乐尔颗粒剂均匀施于定植沟穴内。

苦瓜菟丝子
Balsampear dodder

菟丝子为寄生性种子植物，各地零星分布，多在新发展菜区发生，使植株早衰死亡，严重时造成苦瓜成片枯死。菟丝子可为害茄科、豆科、葫芦科、菊科、伞形花科的多种作物。

[症状] 菟丝子在苦瓜的各个时期都可发生，在田间多呈零星或成团分布。表现为菟丝子藤蔓回旋缠绕苦瓜的地上部分，在与苦瓜茎蔓和叶柄等接触处产生吸根，伸入苦瓜茎蔓和叶柄组织内部，吸收植株的水分和养分，致苦瓜生长衰弱，叶片失绿，枯萎死亡。

[病原] *Cuscuta chinensis* Lamb.称中国菟丝子。茎蔓纤细，黄色，无叶绿素，其茎与寄主接触后产生吸根附着在寄主表面吸收营养。花白色，

小；果实为蒴果；种子圆形，较大，似白菜种。

[发病规律] 菟丝子种子成熟后落入土壤中，或混杂在寄主种子间及随有机肥越冬。条件适宜时土壤中越冬的菟丝子种子发芽，长出一根6～10cm长的幼茎立在田间，其顶端不停地"转圈"，碰上可以寄生的植物即缠绕其上。待菟丝子产生吸根建立起寄生关系，便和它的地下部分立即脱离。它的吸根由维管束鞘突出形成，伸入到寄主组织内就分化成导管和筛管，分别与寄主的导管和筛管相连通，连续从寄主体内大量吸取它生长所需的养分和水分，在田间扩展蔓延。在它的生长期一直开花，结出大量种子，成熟后多数落到土里，少部分随病残组织带走。菟丝子种子生活力很强，在土中可存活5～10年。通常地势低洼、潮湿，菟丝子为害严重。

[防治方法]

1. 精选种子，防止混杂在种子间的菟丝子种子带到田间。采用地膜覆盖可减少发病。

2. 发生菟丝子的地块，拉秧后立即进行土壤深翻，把菟丝子的种子翻到土壤深层使其不能发芽出土。

3. 带有菟丝子种子的沤肥要经过高温发酵，充分腐熟，使菟丝子种子失去发芽能力或沤烂。

4. 在菟丝子发芽未缠绕寄主之前铲锄，在缠绕初期。开花结籽之前彻底摘除菟丝子"黄丝"，集中妥善处理。摘除时切忌不可留下断头。

5. 菟丝子发生后可用48%地乐胺乳油200倍液喷雾进行茎叶处理防除。

苦瓜菟丝子田间为害状

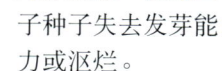

苦瓜菟丝子单株为害状

4. 迷你黄瓜病害 Diseases of slicing cucumber

迷你黄瓜花叶病毒病
Slicing cucumber mosaic virus disease

花叶病毒病是迷你黄瓜的重要病害，分布较广，种植地区都有发生，一般夏秋季发病较重，病株率常达30%以上，显著影响迷你黄瓜生产。

[症状] 此病全生育期都可发生。苗期染病，子叶变黄枯萎，幼叶呈现浓绿与淡绿相间不规则花叶，生长缓慢，以后皱缩畸形。成株染病，幼嫩叶片呈黄绿相嵌状花叶，病叶略皱缩，严重时向上或向下扣卷，以后由下向上逐渐黄枯死亡。瓜条染病，在瓜表面出现深绿与浅绿相间的疣状斑块，凹凸不平或畸形。发病严重时植株节间短缩，叶片簇生，不能结瓜致整株萎缩枯死。

[病原] Cucumber mosaic virus（CMV）和 Melon mosaic virus（MMV），即黄瓜花叶病毒和甜瓜花叶病毒。CMV 颗粒球状，直径 28～30nm，稀释限点 1 000～10 000 倍，钝化温度 60～70℃，体外存活期 3～4 天，不耐干燥，在指示植物普通烟、心叶烟及曼陀罗上呈系统花叶，在黄瓜上也呈现系统花叶，可侵染 39 科 117 种植物。MMV 参见甜瓜病毒病。

[发病规律] CMV 种子不传毒，主要在鸭跖草、反枝苋、刺儿菜、酸浆等多年生宿根植物上越冬，通过桃蚜、棉蚜等传毒。春季越冬寄主发芽后，蚜虫开始活动或迁飞成为传播此病的主要媒介。发病适宜温度为 20℃，气温高于 25℃多表现隐症。MMV 可种传，参见甜瓜病毒病。

[防治方法]

1. 增施有机底肥，培育壮苗，适期定植。高温季节注意浇水和通风降温。

2. 加强管理，及时防治蚜虫。

3. 发病初期开始喷洒20%病毒A可湿性粉剂500倍液，或1.5%植病灵乳剂 1 000 倍液，或 NS-83 增抗剂 100 倍液。

迷你黄瓜花叶病毒病卷缩病株

迷你黄瓜花叶病毒病花叶病株

迷你黄瓜花叶病毒病病苗

迷你黄瓜花叶病毒病厚叶病株

迷你黄瓜花叶病毒病畸形病瓜

迷你黄瓜霜霉病
Slicing cucumber downy mildew

霜霉病为迷你黄瓜的主要病害,种植地区都有发生,轻者零星发病,对迷你黄瓜生产无明显影响,严重地块或棚室病株率高达80%以上,显著影响生产。

[症状] 此病全生育期都可发生,主要为害叶片。子叶染病后初呈褪绿黄斑,扩大后呈黄褐色。真叶染病叶缘或叶背面出现水渍状病斑,逐渐扩大受叶脉限制呈多角形淡黄褐色或黄褐色斑块,湿度高时叶背面或叶面均长出灰黑色霉层,即病菌的孢囊梗和孢子囊。后期病斑连片致叶缘卷缩干枯,严重时植株一片枯黄。

[病原] *Pseudoperonospora cubensis*(Berk. et Curt.)Rostov. 属鞭毛菌古巴假霜霉真菌。病菌游动孢子囊梗从气孔伸出,无色,主干58.5~197.4μm,基部略膨大,上部呈3~5次锐角分枝,分枝末端着生一个游动孢子囊。游动孢子囊呈卵形至柠檬形,顶端具乳状突起,淡褐色,单细胞,大小为18.4~36.8μm×13.2~21.1μm(图4-14)。

[发病规律] 病菌主要在冬季温室内为害越冬,南方可常年发生;借气流和农事操作传播;生长温度15~30℃,孢子囊萌发适温15~22℃,气温15~22℃时,叶面有水滴即可发病,温度20~26℃,相对湿度85%以上最适宜病菌生长,气温15~20℃,相对湿度高于83%时病菌即大量产孢,湿度越高产孢越多。叶面结露是游动孢子囊萌发和游动孢子侵入的必要条件。保护地内空气湿度是发病的关键。

[防治方法]

1. 培育无病壮苗,增施有机底肥,注意氮、磷、钾肥合理搭配。

2. 保护地采用高垄地膜覆盖配合滴灌或管灌等节水栽培技术。

3. 发病期适当控制浇水,并注意增加通风,降低空气湿度。

4. 发病初期选用69%安克·锰锌可湿性粉剂1 200倍液,或72%克露可湿性粉剂800倍液,或72.2%普力克水剂800倍液,或72%霜脲·锰锌可湿性粉剂800倍液,或50%溶菌灵可湿性粉剂800倍液喷雾防治。保护地可选用5%百菌清粉尘剂,或5%霜脲·锰锌粉尘剂15kg/hm²喷粉防治,7~10天防治1次。有条件的最好采用常温烟雾施药防治。

迷你黄瓜霜霉病病苗

迷你黄瓜霜霉病后期病斑

迷你黄瓜霜霉病初期病斑

迷你黄瓜霜霉病中期病株

迷你黄瓜霜霉病中期病斑

迷你黄瓜霜霉病后期病叶

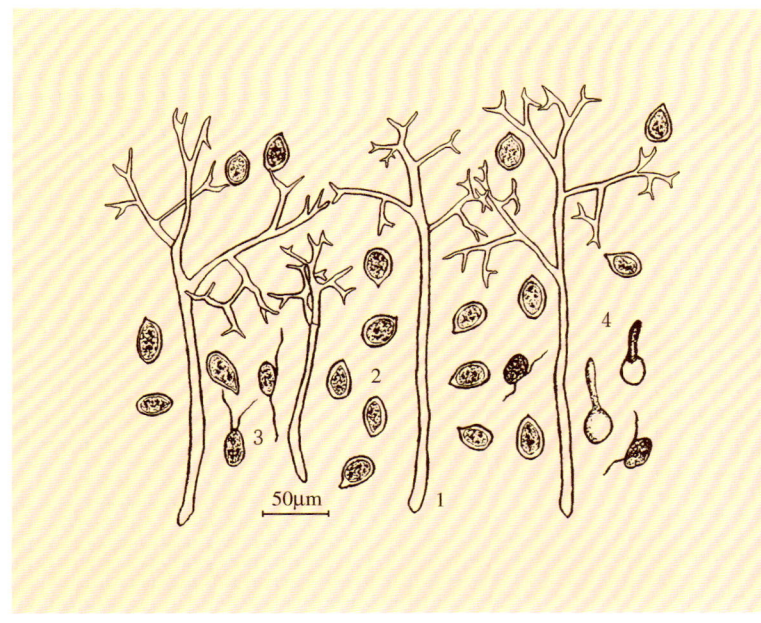

图4-14 迷你黄瓜霜霉病菌
1.孢囊梗 2.孢子囊 3.游动孢子 4.孢子萌发

迷你黄瓜霜霉病田间为害状

迷你黄瓜黑星病
Slicing cucumber C1adosporium scab

瓜生长期雨水多、雨量大、温度低，有利于发病。保护地内低温高湿，植株郁闭，或连续雨、雪天多发病较重。

黑星病为迷你黄瓜的重要病害。部分地区分布，一旦发病，发病率往往较高，明显影响迷你黄瓜的产量和品质。

[症状] 此病全生育期都可发生，主要为害生长点、嫩茎、叶片及幼瓜。幼嫩时期发病，多形成秃尖苗。叶片染病，形成浅黄色近圆形或不规则形病斑，易破裂穿孔，病叶多皱缩。嫩茎染病，在茎上产生小型长棱形黄褐色凹陷病斑，易龟裂。幼瓜染病，在病部形成凹陷斑，致瓜条畸形，后期多在病部形成疮痂，或龟裂或形成孔洞，病部常产生流胶，后期变成琥珀色，湿度高时病部表面产生绿褐色霉层，即病菌的分生孢子梗和分生孢子。

[病原] *Cladosporium cucumerinum* Ell. et Arthur 属半知菌瓜疮痂枝孢霉真菌。详见小西葫芦黑星病。

迷你黄瓜黑星病病蔓

[发病规律] 病菌以菌丝或分生孢子丛随病残体越冬。种子带菌也可引起发病。病菌生长温度2～35℃，适宜温度20～22℃。分生孢子借风雨、气流和害虫在田间传播，形成再侵染。棚室内最低温度10℃以上，相对湿度高于90%，植株叶面结露，该病发生严重。迷你黄

迷你黄瓜黑星病病叶

植株残体集中堆沤处理

[防治方法]

1. 拉秧后彻底清除植株残体，集中堆沤处理，减少越冬病菌。

2. 病害常发区实行与非瓜类作物2～3年轮作。采用高垄地膜覆盖栽培、膜下暗灌浇水。

3. 选用无病种苗和进行种子消毒，可选用50%多菌灵可湿性粉剂，或47%加瑞农可

湿性粉剂400倍液浸种0.5 h后催芽播种。干种子可用种子重量0.3%的50%多菌灵可湿性粉剂或47%加瑞农可湿性粉剂拌种。

4. 发病后保护地增加通风，降低空气湿度，缩短植株结露时间。适当控制浇水并提高管理温度。露地栽培防止田间积水。结瓜期增施磷、钾肥，增强抗病力。

5. 发病初期及时进行药剂防治。参见小西葫芦黑星病。

迷你黄瓜菌核病
Slicing cucumber Sclerotinia rot

菌核病为迷你黄瓜的重要病害，主要在老菜区保护地内发生，发病棚室严重影响迷你黄瓜生产。

[症状] 此病主要为害植株中下部幼瓜及茎蔓，重时亦为害叶片。幼瓜染病，多从顶端开始侵染，初呈水渍状暗绿色腐烂，后在病部产生浓密絮状白霉，随病害发展白霉转变成黑色鼠粪状菌核。茎蔓染病，初呈水渍状坏死，随后软化腐烂，病部产生白色絮状菌丝，后期形成黑色鼠粪状菌核，致使植株病部以上部分枯死。叶片染病，病部呈绿褐色水渍状腐烂，干燥时，形成灰白色大型枯斑，潮湿时，病斑表面产生少量白色菌丝层。

[病原] *Sclerotinia sclerotiorum*（Lib.）de Bary 属子囊菌核盘菌真菌。病原菌呈丝状，近无色，直角分枝，分枝处略缢缩，附近产生一个隔膜。菌核由菌丝扭集形成，初为白色，后表面变黑，1.3～14mm×1.2～5.5mm。在适宜条件下，菌核萌发产生浅褐色子囊盘。子囊盘杯状或盘状，成熟后，变成暗红色，盘中产生许多子囊和侧丝。子囊无色，棍棒状，内生8个无色子囊孢子。子囊孢子椭圆形，单细胞，大小为10～15μm×5～10μm。

[发病规律] 病菌以菌核在土壤中越冬。当温度为5～20℃和吸足水分时，菌核萌发产生子囊盘，子囊弹放出子囊孢子，经气流、浇水传播，引起植株发病。棚室内主要通过病组织上的菌丝与健株接触传播。菌丝生长适宜温度范围较广，不耐干燥，相对湿度85%以上有利于发病。

[防治方法]

1. 迷你黄瓜拉秧后，及时仔细清除植株病残体，将遗漏的菌核深埋在土壤深层，使之不能萌发出土。

2. 重病棚室，于春、夏换茬期进行日光能高温土壤处理，并注意防止病菌再传入。

3. 早春菌核大量萌发出土，子囊盘尚未弹放子囊孢子时，仔细铲除子囊盘。冬春季棚室注意通风排湿，生长期及时清除植株基部老黄叶和病株、病叶等。

4. 必要时，发病初期进行药剂防治，可选用65%甲霉灵可湿性粉剂600倍液，或50%多霉灵可湿性粉剂700倍液，或40%菌核净可湿性粉剂1 200倍液，或45%特克多悬浮剂1 200倍液，或50%农利灵可湿性粉剂1 200倍液，或10%宝丽安可湿性粉剂800倍液喷雾，7～10天防治1次。也可选用上述药剂调成糊状直接涂抹于染病的茎蔓上。有条件的选用上述药剂的粉尘剂喷粉或采用常温烟雾施药防治效果更理想。

迷你黄瓜菌核病病蔓

迷你黄瓜菌核病子囊盘

迷你黄瓜枯萎病
Slicing cucumber Fusarium wilt

枯萎病为迷你黄瓜的普通病害，局部地区发生，多零星发病，个别地块成片死秧，显著影响迷你黄瓜生产。

[症状] 此病多在开花、结瓜后陆续发病，病株初期表现为中下部叶片或植株一侧叶片褪绿，中午萎蔫下垂，早晚恢复，以后萎蔫叶片不断增多逐渐遍及全株，最后整株枯死，在主蔓基部一侧形成长条形凹陷病斑，湿度高时病茎纵裂，其上产生白色至粉红色霉层，剖茎可见维管束变褐，有时病部可溢出少许琥珀色胶质物。

[病原] Fusarium sp.属半知菌镰孢霉真菌。病菌产生大小两种类型分生孢子，大型分生孢子梭形或镰刀形，无色透明，两端渐尖，顶细胞圆锥形，有的微呈钩状，基部倒圆锥截形或有足细胞，具隔膜1～3个。小型分生孢子多生于气生菌丝中，椭圆形至近梭形或卵形，

无色透明，无隔膜（图4-15）。

发病规律、防治方法参见苦瓜枯萎病。根据迷你黄瓜枯萎病病菌的侵染专化性可采用黑籽南瓜嫁接防治。

迷你黄瓜枯萎病病苗　　　　斜插嫁接——去除南瓜生长点

迷你黄瓜枯萎病病茎　　　　斜插嫁接——待用砧木南瓜苗

迷你黄瓜枯萎病病株　　　　斜插嫁接——斜插竹签

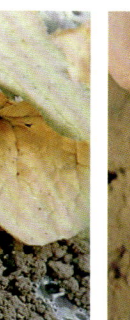
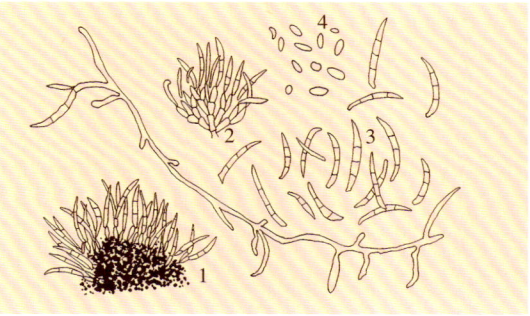

图4-15　迷你黄瓜枯萎病菌　　　　斜插嫁接——插入竹签后的砧木
1.分生孢子堆　2.分生孢子梗　3.大型分生孢子　4.小型分生孢子

斜插嫁接——削黄瓜接穗

斜插嫁接——使接穗斜面接实

斜插嫁接——待用接穗

斜插嫁接——接好幼苗

斜插嫁接——插入接穗

斜插嫁接——嫁接苗高湿管理

迷你黄瓜疫病
Slicing cucumber Phytophthora blight

疫病为迷你黄瓜的重要病害，分布较广，保护地和露地都有发病，多造成零星死苗或死秧，严重时大片死苗或死秧，显著影响迷你黄瓜生产。

[症状] 此病苗期至成株期均可发生，保护地内主要为害茎基部。幼苗染病多从嫩尖开始，初呈暗绿色水渍状萎蔫，逐渐干枯后形成秃尖，不倒伏。成株发病主要在茎基部或嫩茎节部，出现暗绿色水渍状病斑，后变软缢缩，病部以上叶片逐渐萎蔫或全株枯死。湿度高时病部表面长出稀疏白霉，并迅速腐烂，剖茎维管束不变色。叶片染病多产生圆形或不规则形水渍状大型病斑，边缘不明显，扩展迅速，干燥时呈青白色，易破裂穿孔，病斑扩展到叶柄时叶片下垂。瓜条或嫩茎染病，初为水渍状暗绿色，以后缢缩凹陷，最后腐烂，在病部产生稀疏白霉。

[病原] *Phytophthora melonis* Katsura 属鞭毛菌甜瓜疫霉真菌。

详见西瓜疫病（图4-16）。

[发病规律] 病菌以菌丝体、厚垣孢子及卵孢子随病残体在土壤中越冬。条件适宜时越冬病菌接触到寄主即形成初侵染，25～30℃时1天后即引起发病。病部产生游动孢子囊萌发后形成游动孢子，通过风、雨及浇水传播，形成重复侵染。病菌9～37℃均可生长，最适温度23～32℃，相对湿度95%以上，并要有水滴存在。保护地多在春、秋温度较高时期发病，露地夏、秋雨后暴晴病害发展迅速。通常瓜类蔬菜连茬、平畦种植，土壤黏重，降雨多、雨量大，浇水次数多及漫灌地块发病较重。

[防治方法]

1. 实行与非瓜类蔬菜2年以上的轮作。采用无病土育苗，高垄或高畦地膜覆盖栽培。

2. 重病地块种植前用药剂作土壤灭菌，可用硫酸铜45～75kg/hm²拌适量细土均匀撒施在定植沟或定植穴内。也可采用与黑籽南瓜嫁接防治。

3. 加强田间管理，避免偏施氮肥，增施磷、钾肥。雨后及时排水，防止田间积水。定植后适当控水，切忌大水漫灌。发病后延缓浇水，禁止下雨前浇水。发现中心病株及时拔除带到田外妥善处理。

4. 发病前或发病初及时进行药剂防治，喷药重点针对植株幼嫩和根茎部位，必要时中心病区可用药液灌根。药剂种类及使用浓度参见西瓜疫病。

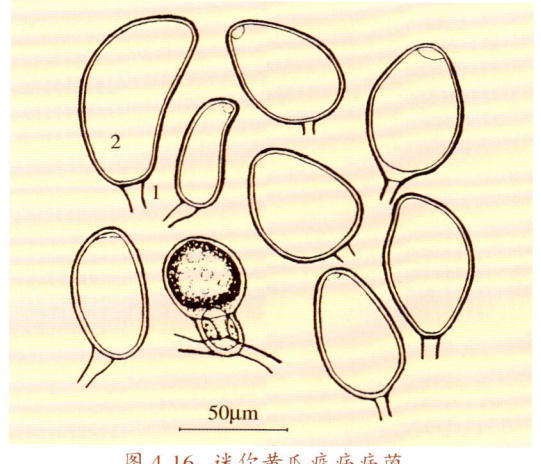

图4-16 迷你黄瓜疫病病菌
1.孢囊梗 2.孢子囊

迷你黄瓜疫病病苗

迷你黄瓜白粉病
Slicing cucumber powdery mildew

白粉病为迷你黄瓜的普通病害，局部地区发生，管理较粗放的棚室发病较重，显著影响迷你黄瓜生产。

[症状] 此病全生育期都可发生，叶片发病严重，叶柄、茎蔓次之。发病初期在叶面或叶背及茎蔓上产生白色近圆形小粉斑，以叶面居多，以后向四周扩展形成边缘不明显的连片白粉，严重时，叶片上布满白粉，即病菌的菌丝和分生孢子。发病后期，白色霉斑逐渐消失，病部呈灰褐色，病叶枯黄坏死。有时在病斑上长出黄褐色至黑褐色小粒点，即病菌的闭囊壳。

[病原] *Sphaerotheca fuliginea*（Schl.）Pol1.属子囊菌单丝壳白粉菌真菌。详见小西葫芦白粉病（图4-17）。

发病规律、防治方法参见小西葫芦白粉病。

迷你黄瓜白粉病病幼茎

迷你黄瓜白粉病初期病苗

迷你黄瓜白粉病中期病叶

迷你黄瓜白粉病病蔓

迷你黄瓜白粉病田间症状

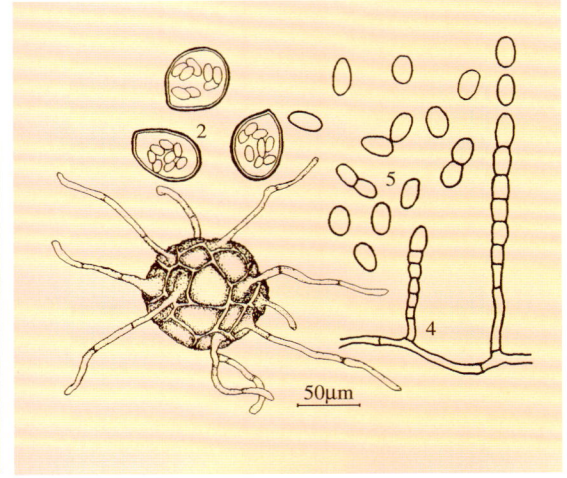

图4-17 迷你黄瓜白粉病菌
1.子囊壳 2.子囊 3.子囊孢子 4.分生孢子梗 5.分生孢子

迷你黄瓜靶斑病
Slicing cucumber target leafspot

　　靶斑病为迷你黄瓜的普通病害,局部地区分布,多在夏、秋季发病,轻时对生产无明显影响,严重时病株率常达100%,显著影响迷你黄瓜生产。

　　[症状] 此病主要为害叶片,初期病斑呈淡黄褐色至灰褐色,近圆形,边缘有晕圈,以后变成灰绿色,多数病斑扩展,受叶脉限制呈不规则形或多角形,有的呈近圆形凹陷。潮湿时,病斑边缘呈水渍状,有的病斑中部呈黄褐色至灰褐色,上生灰黑色霉状物,即病菌的分生孢子梗和分生孢子。严重时多个病斑相互融合导致叶片枯死。

　　[病原] *Corynespora cassiicola*（Berk.& Curt.）Wei.属半知菌瓜棒孢菌真菌。详见甜瓜靶斑病。

　　发病规律、防治方法参见甜瓜靶斑病。

迷你黄瓜靶斑病初期病斑

迷你黄瓜靶斑病中期病斑　　　　　　　迷你黄瓜靶斑病后期病叶

迷你黄瓜褐斑病
Slicing cucumber Cercospora leafspot

　　褐斑病为迷你黄瓜的普通病害，分布较广，多在夏、秋露地发生。一般病株率为40%～80%，严重地块病株率达100%，明显影响迷你黄瓜的产量和品质。

　　[症状] 此病为害叶片，初期在叶片上产生褪绿小点，以后逐渐发展成多角形至不规则形坏死小斑，灰白至浅黄褐色，边缘明显或具有晕环，后期病斑凹陷，空气潮湿病斑表面产生灰褐至淡黑色霉状物，即病菌的分生孢子梗和分生孢子。多个病斑相互连接致使叶片早衰坏死。

　　[病原] *Cercospora momordicae* Menedoza 属半知菌尾孢霉真菌。详见苦瓜褐斑病（图4-18）。

　　[发病规律] 病菌以菌丝体随病残组织在田间越冬。条件适宜时，产生分生孢子随气流传播，引起初侵染。病斑上产生分生孢子，借风雨传播进行重复侵染。夏、秋温暖多雨有利于发病，管理粗放、植株缺肥病害发生严重。

　　防治方法参见甜瓜靶斑病。

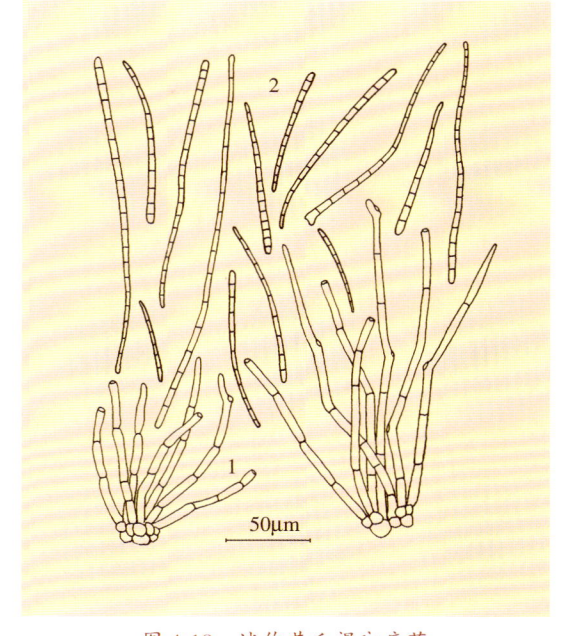

图4-18　迷你黄瓜褐斑病菌
1.分生孢子梗　2.分生孢子

迷你黄瓜褐斑病中期病叶　　　　迷你黄瓜褐斑病中后期病叶　　　　迷你黄瓜褐斑病后期病叶

迷你黄瓜黑斑病
Slicing cucumber Alternaria leafspot

黑斑病为迷你黄瓜的重要病害,局部地区分布,多在夏、秋露地发病,发病后病株率常达50%以上,重病地块病株率达100%,显著影响迷你黄瓜的产量与品质。

[症状] 此病多在迷你黄瓜生长后期发生,仅为害叶片。初期在叶片上出现浅黄色至黄白色水渍状小点,以后发展成圆形至不定形坏死斑,大小差异明显,病斑周围组织因逐渐病变褪绿形成浅绿至浅黄色晕环,以后发展形成近圆形大小各异的灰白至灰黄色坏死斑,随病害发展,多个病斑相互汇合,形成坏死大斑,致使叶片枯死。空气潮湿时,在病斑表面,产生稀疏灰黑色霉层,即病菌的分生孢子梗和分生孢子。

[病原] *Alternaria cucumerina*(Ell.et Ev.)Elliott.属半知菌瓜链格孢真菌。详见甜瓜黑斑病(图4-19)。

发病规律、防治方法参见甜瓜黑斑病。

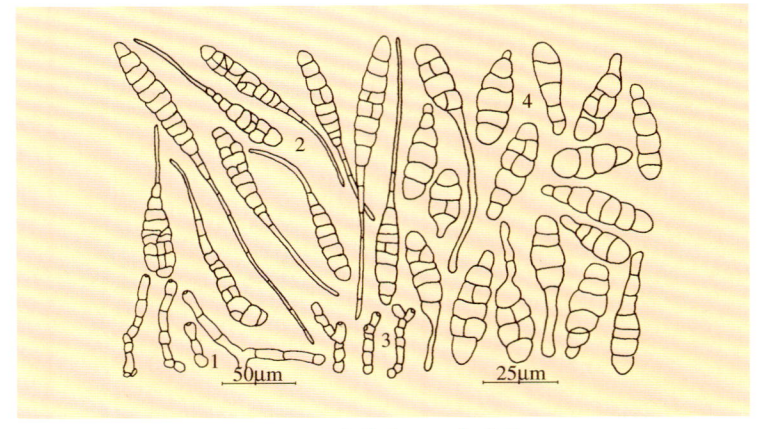

图4-19 迷你黄瓜黑斑病菌
1. 长喙型分生孢子梗 2. 长喙型分生孢子
3. 短喙型分生孢子梗 4. 短喙型分生孢子

迷你黄瓜黑斑病前期病叶

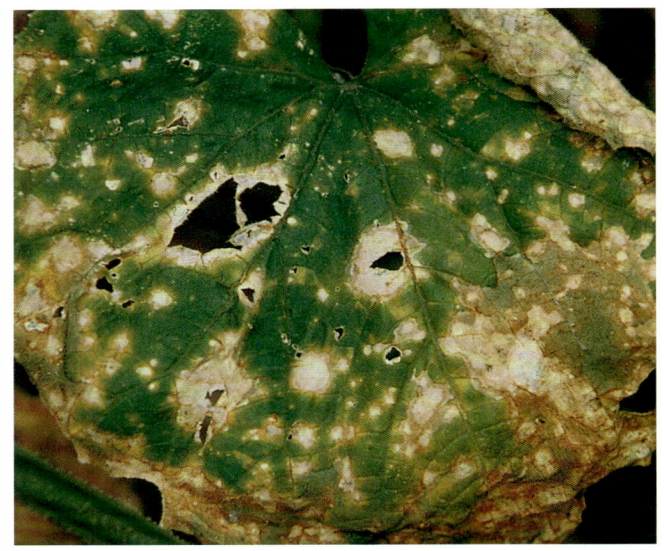

迷你黄瓜黑斑病后期病叶

迷你黄瓜角斑病
Slicing cucumber bacterial angular leafspot

角斑病为迷你黄瓜的重要病害,部分地区发生,在一定程度上影响生产,严重时病株率达60%以上,显著影响迷你黄瓜生产。

[症状] 此病全生育期均可发生,可为害叶片、叶柄、卷须和果实,严重时也侵染茎蔓。子叶染病初呈水渍状近圆形凹陷斑,以后呈黄褐色坏死。真叶染病初为暗绿色水渍状多角形,以后变成淡黄褐色多角形病斑,湿度高时叶背溢出乳白色浑浊水膜状菌脓,干后留下白痕,病部质脆易破裂穿孔,区别于霜霉病。茎蔓、叶柄、卷须染病,在病部出现水渍状小点,沿茎沟纵向扩展呈短条状,湿度高时溢出菌脓,严重时,纵向开裂呈水渍状腐烂,干燥时,茎蔓变褐干枯,表层残留白痕。瓜条染病呈现水渍状小斑,以后扩展成不规则形或连片,在病部溢出大量污白色菌脓,因常伴软腐病菌侵染,呈黄褐色水渍状腐烂。病菌侵入种子致种子带菌。

[病原] *Pseudomonas syringae* pv.*lachrymans*(Smith & Bryan)Young et al.属假单胞杆菌丁香假单胞菌黄瓜致病变种细菌。病菌菌体短杆状,可串生,大小为0.7~0.9μm×1.4~2.0μm,极生1~5根鞭毛,有荚膜,无芽孢。革兰氏染色阴性,好气性。在肉汁胨琼脂

培养基上菌落白色，近圆形、扁平、中央稍凸起，不透明，有同心环纹，边缘一圈薄而透明，菌落边缘有放射状细毛状物。

[发病规律] 病菌在种子内或随病残体在土壤内越冬。通过伤口或气孔、水孔和皮孔侵入，发病后通过雨水、浇水、昆虫传播，病害与结露或雨水关系密切。病菌生长温度1～35℃，发育适宜温度20～28℃，39℃停止生长，49～50℃致死。空气湿度高，或多雨，或夜间结露多有利于发病。

[防治方法]

1. 选用无病种子，播前用50～52℃温水浸种30min后催芽播种。或选用种子重量0.3%的47%加瑞农可湿性粉剂拌种。

迷你黄瓜角斑病初期病斑

迷你黄瓜角斑病后期病斑

迷你黄瓜角斑病中期病斑

迷你黄瓜角斑病中后期病斑

迷你黄瓜角斑病病株

2. 用无病土育苗，拉秧后彻底清除病残落叶，与非瓜类作物进行2年以上轮作。

3. 合理浇水，防止大水漫灌，保护地注意通风降湿，缩短植株表面结露时间，注意在露水干后进行农事操作，及时防治田间害虫。

4. 发病初期进行药剂防治，可选用5%加瑞农粉尘剂15kg/hm²喷粉防治。也可用47%加瑞农可湿性粉剂600倍液，或77%可杀得可湿性粉剂500倍液，或25%二噻农加碱性氯化铜水剂500倍液，或25%噻枯唑300倍液，或用新植霉素5 000倍液喷雾防治。

迷你黄瓜根结线虫病
Slicing cucumber root-knot nematode

根结线虫病为迷你黄瓜的重要病害，局部地区分布，发病后显著影响生产。

[症状] 此病主要为害根系，染病植株和幼苗在侧根或须根上，产生初期乳白色后为黄褐色大小不等的瘤状根结。解剖根结，病部组织内可见很多细小乳白色线虫。随病害发展根结之上可长出细弱新根，以后再度染病，形成根结。地上部症状表现因发病程度不同

迷你黄瓜根结线虫病初期病苗（根）

而异，轻病株症状不明显，重病株发育不良、植株矮小、叶片中午萎蔫或逐渐枯黄，最后枯死。

[病原] *Meloidogyne incognita* Chitwood 属南方根结线虫。参见苦瓜根结线虫病。

发病规律、防治方法参见苦瓜根结线虫病。

迷你黄瓜根结线虫病初期病株（根）

迷你黄瓜根结线虫病中期病株（根）

迷你黄瓜化瓜
Slicing cucumber physiological abortion

化瓜为迷你黄瓜常见的生理病害，管理不当或生育后期经常发生，显著影响迷你黄瓜生产。

[症状] 化瓜主要表现为幼嫩瓜条花未开放就逐渐黄化萎缩，最后死亡，或已经坐住的瓜条停止生长，逐渐褪绿变黄，最后萎缩坏死。

[病因] 化瓜为生理病害，多发生在迷你黄瓜结瓜初期或后期。引致化瓜的原因较多，主要因棚室内高温干燥、叶片老化，或因天气不好、管理不当，叶片光合作用能力弱，或施用肥料过多、水分不足造成伤根，或土壤潮湿但地温和气温偏低发生沤根，或因土壤溶液对植株生长不适宜，根系吸收能力减弱等使植株不能提供瓜条正常生长发育所需的养分而出现化瓜。单性结实能力较弱的品种，低温或高温时妨碍其受精，容易出现化瓜。

[防治方法]

由于造成化瓜的原因较复杂，防止化瓜需及时查明化瓜原因，有针对性地采取防治措施。

1. 属地上部营养不足出现化瓜，需加强温湿度管理，尽量增强叶片光合作用能力，可叶面喷洒喷施宝 1 200 倍液，或按一定浓度喷施农用稀土溶液，使用量为 450g/ hm²。

2. 因根系生理机能受抑制造成化瓜，需及时中耕松土，必要时，轻浇水后再追肥松土，提高地温，促进根系生长发育。

3. 因品种特性化瓜，可在雌花开花后分别喷赤霉素、吲哚乙酸、腺嘌呤，促使幼瓜生长发育。也可进行人工授粉，刺激子房膨大，减少化瓜。

迷你黄瓜化瓜病瓜

迷你黄瓜化瓜田间受害状

迷你黄瓜花打顶
Slicing cucumber blossom top

花打顶为迷你黄瓜常见的生理病害，管理不当，时有发生，延迟瓜果的生长发育，显著影响迷你黄瓜的产量和质量。

[症状] 此病多在早春、晚秋或冬季较冷凉季节发生，主要表现苗期至结瓜初期植株顶端节间和叶片紧缩，不形成心叶，花蕾密集成簇或出现花、叶抱头，即生长点急速形成雌花和雄花间杂的花簇，不能正常开花坐瓜。

[病因] 造成花打顶的原因主要有以下几方面：

1. 迷你黄瓜定植时，过量穴施、沟施有机肥、农家肥，或定植后，浇水不及时、过度蹲苗，造成田间土壤溶液浓度高，或持水量小于22%，相对湿度低于65%，导致根尖成铁锈色或局部坏死，根系不能正常吸收水分会发生花打顶。

2. 土壤温度低于10℃，田间持水量大于25%，土壤相对湿度高于75%时造成沤根，根系生长受抑制，降低了根系的活动能力，因植株严重缺水形成花打顶。

3. 夜间温度低，叶片在白天进行光合作用制造营养物质，要求夜间适宜温度时输送到各个器官。当夜温低于10℃时，只能输送1/2同化物质，其余的贮存在叶片内，直接影响光合作用的正常进行，使叶片呈深绿色，叶面凹凸不平，或植株矮小皱缩，最终表现出营养障碍型花打顶。

4. 因管理不当使植株根系受到伤害，长期未能恢复，造成植株吸收养分受抑制而出现花打顶。

[防治方法] 发生花打顶后需及时查明原因，然后对症采取措施。

1. 烧根引致花打顶，应及时适量浇水，使土壤持水量达到22%，相对湿度达到65%，浇水后及时中耕，促使恢复正常生长。

2. 对沤根型花打顶，应适当增加中耕，加强地温管理，尽快使地温提高到12℃以上。发现根系出现灰白色水渍状时停止浇水，及时中耕，必要时扒沟晒土，尽可能提高地温、降低土壤含水量。同时摘除结成的小瓜，促进根系生长，当新根长出，植株恢复正常生长发育后，即可转为正常管理。

3. 夜温低造成花打顶应设法提高夜温，使前半夜气温达到15℃，持续4～5 h，后半夜保持在10℃左右即可。

迷你黄瓜花打顶受害生长点

迷你黄瓜花打顶受害株

4. 伤根造成花打顶，应采取保秧护根措施，注意中耕时尽量少伤根，防止温度、水分和营养不良影响根系生长。

迷你黄瓜瓜佬和尖头果
Slicing cucumber "little" fruit and cusp

瓜佬和尖头果为迷你黄瓜普通生理病害，管理不良时有发生，在一定程度上影响迷你黄瓜产量和品质。

[症状] 瓜佬表现在瓜秧上结出的黄瓜很短粗，颜色淡黄，形似瓜蛋，俗称瓜佬。尖头果表现为瓜肩部粗大，尖端细小，严重时呈三角形楔状。

[病因] 瓜佬为迷你黄瓜完全花结实所致，因花芽分化时由雌、雄原基同时决定花的雌雄分化，此间极易受环境条件影响，在偶然特定环境条件下，同一花芽雄蕊原基和雌蕊原基同时发育即开出完全花，所结瓜果表现为瓜佬。尖头果多因单性结果低的品种受精时受生理障碍所致，通常高温干燥、冬季冷凉、植株衰弱或徒长易发生。

[防治方法]

1. 防治产生瓜佬宜在花芽分化期保持土壤湿润、二氧化碳充足，白天温度25～30℃，夜间10～15℃，光照8h 左右，相对湿度70%～80%，以促

迷你黄瓜畸形瓜佬

迷你黄瓜畸形尖头

进雌蕊原基正常发育，抑制雄蕊原基发育。早期疏花时随时疏掉完全花。

2. 防治产生尖头果应种植单性结果强的品种。加强田间管理，合理追肥和浇水，维持植株的正常生理机能，预防徒长和早衰。

迷你黄瓜缘枯病
Slicing cucumber leaf-edge wilt

缘枯病为迷你黄瓜的常见生理病害，多在大玻璃温室内发生，轻时对生产无明显影响，重时显著影响迷你黄瓜生产。

[症状] 迷你黄瓜缘枯病多表现在植株中部、上部叶片叶缘枯死，部分叶片向上扣卷呈勺状，严重时叶片皱缩畸形。此病区别于生理缺钙主要是上部叶片向上扣卷，叶脉间褪绿发黄，叶缘枯焦。

[病因] 此病系由夏季高温或冬季供暖后大玻璃温室内空气温度较长时间高于35℃，同时因湿度长时间低于80%，植株叶片水分蒸发迅速，根系所吸收的水分满足不了叶片的正常需要，导致叶缘严重失水而枯死。

[防治方法] 根据致病原因采取相应措施，结瓜前适当控制浇水，促进根系发育。夏季高温季节和冬季开始供暖后，适当增加浇水，空气湿度太低时，可采用微喷或地面浇明水，增加棚内空气湿度，控制病害发展。

迷你黄瓜缘枯病初期受害叶

迷你黄瓜缘枯病中度受害株

迷你黄瓜缘枯病严重受害株

迷你黄瓜低温障碍叶面症状

迷你黄瓜低温障碍和冻害
Slicing cucumber chilly injury

低温障碍和冻害是迷你黄瓜常见非侵染性伤害，冬、春保护地种植管理不当时有发生，重时明显影响生产。

[症状] 低温障碍和冻害可表现多种症状，轻者叶片组织褪绿呈黄白色。长时间持续低温植株往往不发根或不分化花芽。严重时，部分叶肉组织坏死导致部分叶片枯死。严重受害植株开始呈水渍状，以后干枯死亡。植株遭受寒流突然袭击，幼嫩叶片呈水渍状坏死后不能恢复正常，中部功能叶受害初期沿叶脉形成黄褐色水渍状，以后形成掌状黄脉。

[病因] 低温为迷你黄瓜早春或晚秋受生理伤害的重要因素。寒流侵袭或突然降温或降雨，可造成轻微受害，温度接近植株冰点时造成寒害。低温使植株发生冰冻时造成冻害。当气温低于3～5℃时迷你黄瓜生理机能出现障碍，根毛原生质在10～12℃即停止流动。低温时，根细胞原生质流动缓慢，细胞渗透压降低，导致水分供求失衡，植株受冻害。温度低到冻结状态时细胞间隙的水分结冰，使细胞原生质的水分析出，冰块逐

迷你黄瓜冻害初期症状

迷你黄瓜低温障碍叶背症状

迷你黄瓜低温障碍和冻害后期症状

迷你黄瓜低温障碍生长恢复叶片

迷你黄瓜低温障碍和冻害受害幼苗

迷你黄瓜冻害后生长植株

渐加大致细胞脱水，或使细胞胀离死亡。此外，植株上存在冰核细菌（INA），可使植株细胞溶液在 −2～−5℃时结冰而发生冻害。

[防治方法]

1. 低温锻炼，提高植株抗低温能力。

2. 选择晴天定植，霜冻前浇小水，或采用熏烟及临时供暖补温，预防寒害与冻害。

3. 寒冷季节加强棚室保温措施，适时适量通风，谨防寒风侵入。

4. 必要时，喷洒47%加瑞农可湿性粉剂500倍液，或新植霉素5 000倍液杀灭冰核细菌，预防霜冻发生。

迷你黄瓜乙烯利药害
Slicing cucumber Ethephon injury

乙烯利药害为迷你黄瓜生理病害，使用乙烯利不当时经常发生，显著影响生产。

[症状] 乙烯利药害田间表现为植株普遍矮化、畸形，叶片皱缩，生长点紧缩或没有。轻度受害株通过加强管理可逐渐恢复正常，重度受害株始终不能开花结果。

[病因] 造成乙烯利药害的主要原因是使用乙烯利去雄喷施药液太浓，或喷施药液后管理温度太高，严重抑制植株的正常生长发育，或正常生理机能被破坏而出现生长异常和生理变态。

[防治方法]

1. 适期用药，准确掌握使用浓度及用量。

2. 避免在高温炎热的中午施药。施药后保持适宜的土壤、空气条件。

3. 发现受害，及时采取补救措施，通过加强管理，适当增加浇水和追肥，促使植株恢复正常，减少生产损失。

迷你黄瓜乙烯利药害轻度受害株

迷你黄瓜乙烯利药害重度受害株

迷你黄瓜乙烯利药害后生长植株

迷你黄瓜乙烯利药害田间受害状

5. 佛手瓜病害 Diseases of chayote

佛手瓜蔓枯病
Chayote Ascochyta stem blight

蔓枯病为佛手瓜普通病害，分布较广，发生较普遍，以夏、秋露地种植较常见。一般病株率10%左右，对生产无影响，重时达40%以上，在一定程度上影响生产。

[**症状**] 多为成株期发病，主要为害叶片，有时亦为害茎蔓。叶片染病初形成褐色小斑，以后发展成近圆形灰褐色病斑，边缘颜色较深，具有同心轮纹，后期在病斑表面产生稀疏黑色小粒点，即病菌的分生孢子器。茎蔓染病，其上出现梭形至不规则形大斑，灰白色至灰褐色，有时溢出琥珀色胶状物，后期病部干缩，导致病部以上植株萎蔫死亡。

[**病原**] *Ascochyta citrullina* Smith 属半知菌西瓜壳二孢真菌。详见苦瓜蔓枯病（图4-20）。

发病规律、防治方法参见苦瓜蔓枯病。

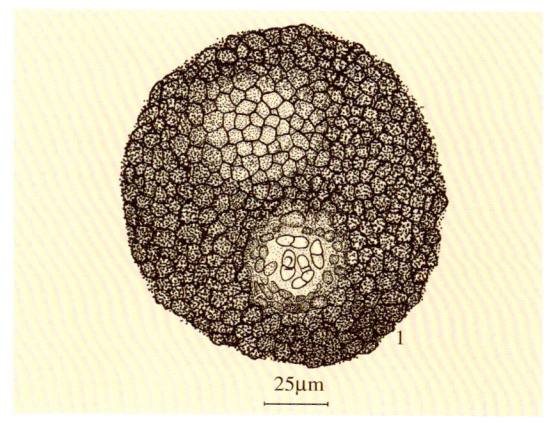

图4-20 佛手瓜蔓枯病菌
1. 分生孢子器 2. 分生孢子

佛手瓜蔓枯病叶面病斑

佛手瓜蔓枯病叶缘病斑

佛手瓜炭疽病
Chayote anthracnose

炭疽病为佛手瓜普通病害，分布较广，多在夏、秋露地发生。雨后较为常见。一般病株率30%左右，重时达80%以上，可轻度影响佛手瓜生产。

[**症状**] 此病主要为害叶片，发病初在叶片上出现红褐色小点，以后发展成红褐至紫褐色斑，病斑较小，边缘颜色略深。空气潮湿病斑上产生粉红色黏稠物。多个病斑相互连接致使病叶枯死。

[**病原**] *Colletotrichum orbiculare* （Berk.et Mont.） Arx.属半知菌瓜刺盘孢真菌。详见苦瓜炭疽病。

发病规律、防治方法参见苦瓜炭疽病。

佛手瓜炭疽病病叶

佛手瓜枯萎病
Chayote Fusarium wilt

　　枯萎病为佛手瓜的普通病害，仅在局部地区发生为害，一般仅有零星病株，轻度影响生产，严重时可引起成片死秧，影响产量。

　　[症状] 此病多在佛手瓜生长中后期陆续发生，开始时被害植株部分下部叶片褪绿，逐步萎蔫并向全株发展，终致植株枯死。病株茎基部缢缩软化，最后纵裂，剖茎可见维管束变色。空气潮湿时，病部表面产生白色至粉红色霉状物，即病菌分生孢子丛和分生孢子。

　　[病原] *Fusarium* sp.属半知菌镰孢霉真菌。参见苦瓜枯萎病。

　　发病规律、防治方法参见西瓜枯萎病。

佛手瓜枯萎病病株

佛手瓜褐斑病
Chayote Cercospora leafspot

　　褐斑病为佛手瓜的常见病，分布较广，发生较普遍。多在春秋露地发生，一般病株率30%左右，严重时可达60%～80%，在一定程度上影响佛手瓜生产。

　　[症状] 此病只侵染叶片，初在叶片上形成褐色坏死小点，以后发展成近圆形至不规则形灰褐色坏死斑，边缘紫褐色，随病害发展病斑表面生出灰白色至灰黑色霉层。即病菌分生孢子梗和分生孢子。病害严重时，叶片上病斑密布，相互连接致叶片枯死。

　　[病原] *Cercospora citrullina* Cke.属瓜类明针尾孢霉真菌。病菌子实体主要生于叶面，子座小或无。分生孢子梗单生或几根成束，淡褐色，直或微弯，不分枝，多隔膜，顶端呈平切状，有0至多个膝状节，大小为50～300μm×4～5.5μm。分生孢子针形，无色，直或微弯，多隔膜，基部平切状，顶端渐尖，大小为50～220μm×2～4μm。

　　发病规律、防治方法参见西瓜叶斑病。

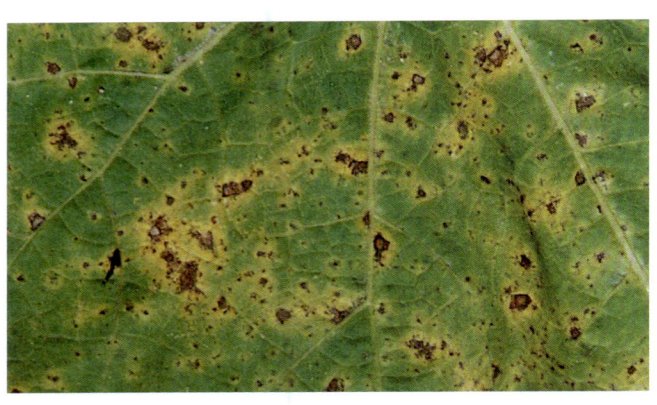

佛手瓜褐斑病前期病斑

佛手瓜褐斑病后期病斑

佛手瓜褐斑病基部叶病斑

佛手瓜黑斑病
Chayote Alternaria leafspot

黑斑病为佛手瓜的普通病害，在部分地区有分布，保护地、露地零星发病，使部分叶片染病坏死，通常对产量无影响，病害严重时有轻度影响。

[症状] 此病主要侵染叶片，多从下部较衰老叶片开始侵染。在叶片上形成圆形至近圆形病斑，初期灰褐色，以后变成褐色至暗褐色，病斑较大，具有不明显轮纹，周缘常有褪绿晕环，空气潮湿在其表面产生黑褐色霉状物，即病菌分生孢子梗和分生孢子。数个病斑相互连接致叶片黄化坏死。

[病原] *Alternaria* sp. 属半知菌交链孢霉真菌。病菌分生孢子梗褐色，单枝，有隔膜。分生孢子暗褐色，单生，倒棍棒形，有纵横隔膜，分隔处略缢缩，喙细胞或短或长，色淡，胞身至喙逐渐变狭。

[发病规律] 病菌以分生孢子和菌丝体随病叶越冬。条件适宜时产生分生孢子，借风雨传播引起初侵染。发病后病斑上形成分生孢子进行再侵染。温暖潮湿利于发病。佛手瓜生长期多阴雨，植株缺肥，相互遮荫，长势衰弱等条件下发病较重。

防治方法参见甜瓜黑斑病。

佛手瓜黑斑病病斑

佛手瓜叶点病
Chayote Phyllosticta leafspot

叶点病为佛手瓜的普通病害，在局部地区发生分布，以夏秋露地较常见，一般病情较轻，个别地块发病偏重，致部分叶片早衰坏死，在一定程度上影响生产。

[症状] 此病主要为害叶片，初期在叶片上产生褐色坏死小点，周围组织褪绿，以后发展成直径1～4mm近圆形坏死斑，边缘明显，褐色，中心灰白色，质薄，易碎，上生黑色小粒点，即病菌的分生孢子器，后期极易脱落造成穿孔。

[病原] *Phyllosticta* sp.属半知菌叶点霉真菌。病菌分生孢子器呈球形，器壁细胞明显，有明显的孔口。分生孢子卵圆形至椭圆形，无色，单细胞（图4-21）。

发病规律、防治方法参见甜瓜叶点病。

佛手瓜叶点病病斑

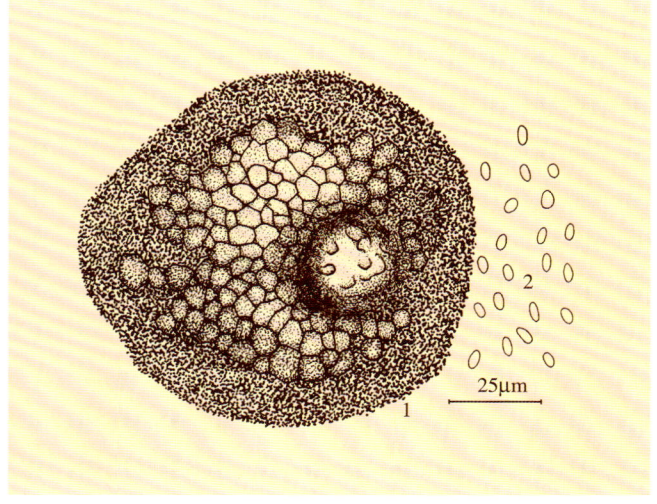
25μm

图4-21　佛手瓜叶点病菌
1.分生孢子器　2.分生孢子

佛手瓜菌核病
Chayote Sclerotinia rot

菌核病为佛手瓜的普通病害，在老菜区发生分布，主要在保护地内零星发病，造成局部死秧或烂瓜，对生产有一定影响。

[症状] 此病可侵染瓜果、茎蔓和叶片，多由植株下部向中上部发展。瓜果染病，初为水渍状灰绿色不规则形，迅速发展成黄褐至橙褐色不规则形大斑，同时病部软化腐烂，在其表面产生浓密的白色絮状霉层，以后变成鼠粪状黑色菌核。茎蔓染病，呈不规则水渍状坏死腐烂，在病部产生少量白色霉状物，随病害发展病部以上植株逐渐失水萎蔫。叶片染病，多形成灰绿色至灰白色坏死干斑，潮湿时腐烂，其上产生少许白霉。

[病原] *Sclerotinia sclerotiorum* (Lib.) de Bary 属子囊菌核盘菌真菌。详见青花菜菌核病。

发病规律、防治方法参见青花菜菌核病。

佛手瓜菌核病中期病瓜

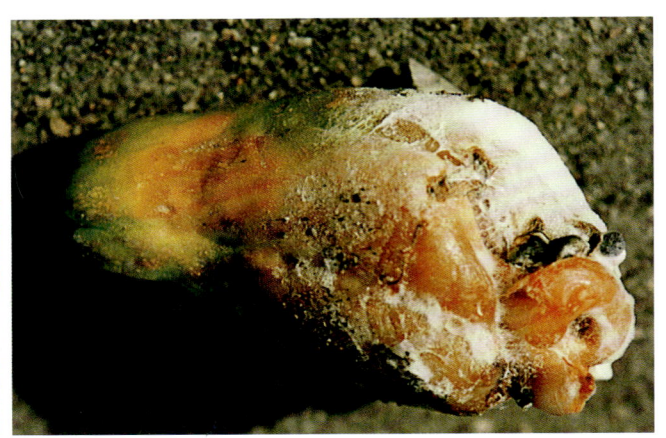
佛手瓜菌核病中后期病瓜

佛手瓜冻害
Chayote chilly injury

冻害为非侵染性生理伤害，常发生在早春或晚秋，程度轻者通过管理可恢复正常，不造成任何损失，受害重时植株多数叶片枯死，影响正常生产。

[症状] 轻度受冻叶片，初期表现叶肉组织失绿，局部坏死，沿叶片主脉呈掌状放射花叶状，正常管理后可进一步恢复。受害重的叶片，初期呈不规则水渍状，很快受冻组织坏死干枯。

[病因] 由于环境温度过低，超过了植株最低忍耐温度，使植株细胞发生冻结，严重影响正常生理代谢，或进一步破坏其正常组织结构致细胞组织坏死。

防治方法参见小西葫芦冻害。

佛手瓜冻害受冻叶片

佛手瓜冻害田间受害状

6. 金丝瓜病害 Diseases of yellow flower gourd

金丝瓜猝倒病
Yellow flower gourd Pythium damping-off

金丝瓜猝倒病病苗

猝倒病为金丝瓜的常见病，分布广泛，发生普遍，以育苗地苗床发病严重，通常造成零星死苗，严重时成片毁苗。

[症状] 此病主要为害幼苗，多在播种至三叶一心期发生。播种至幼苗出土前发病，常造成烂种或烂芽，使幼苗不能出土。出苗后多在分苗期缓苗前后发病，常造成死苗。初期幼苗嫩茎基部呈水渍状软化，以后腐烂、缢缩，短期内致幼苗倒折。湿度高时在病苗或病苗附近土表面产生白色絮状菌丝团。生长期亦可造成幼瓜腐烂，在病部表面产生棉絮状白霉。

[病原] *Pythium aphanidermatum*（Eds.）Fitzp. 属鞭毛菌瓜果腐霉真菌。详见苦瓜猝倒病。

发病规律、防治方法参见苦瓜猝倒病。

金丝瓜靶斑病
Yellow flower gourd target leafspot

靶斑病为金丝瓜的重要病害，分布较广，发生较普遍，主要在露地种植时发病。一般病株率20%～30%，在一定程度上影响生产，重时病株率可达80%以上，显著影响金丝瓜生产。

[症状] 此病主要为害叶片，病斑初为浅黄褐色小点，以后发展成近圆形至不定形黄褐色至绿褐色坏死斑，中央灰白色至黄白色，多个病斑相互连接成片，终致叶片枯死。空气湿度高时病斑上产生稀疏灰黑色霉状物，即病菌分生孢子梗和分生孢子。

[病原] *Corynespora cassiicola*（Berk. & Curt.）Wei 属半知菌瓜棒孢菌真菌。详见甜瓜靶斑病。

发病规律、防治方法参见甜瓜靶斑病。

金丝瓜靶斑病初期病斑

金丝瓜靶斑病中后期病斑

金丝瓜红粉病
Yellow flower gourd Fusarium rot

红粉病为金丝瓜贮藏期常见病,发病率较高,显著影响金丝瓜的品质和保鲜时间。

[症状] 此病在结瓜期和贮藏期发生较多,常在接触地的一面,或从受伤的部位开始侵染,初为浸润状暗灰褐色斑,逐步发展成大型疮痂状近

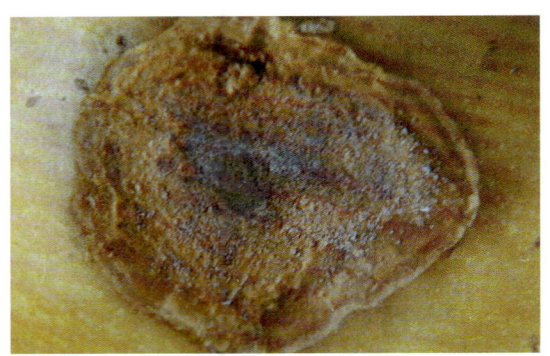

金丝瓜红粉病病瓜

圆形至不规则形灰褐至暗褐色僵斑,病部表面粗糙不平,有的略凹陷,边缘浸润状,后期在病斑表面产生灰白至粉红色霉状物,即病菌分生孢子。

[病原] *Fusarium* sp.属半知菌镰孢霉真菌。病菌主要产生大型分生孢子,镰刀形,顶胞尖钝圆形,脚胞明显,具2~4个隔膜。

[发病规律] 病菌在土壤中越冬,在瓜果生长后期通过生理裂口,或其他伤口侵染。温暖潮湿有利于发病。贮藏期发病多为田间受潜伏侵染的病瓜,或采收时表面沾有病菌的瓜果,贮藏时温暖潮湿即引起发病。病健瓜相互接触,或来回翻动等使病害传播蔓延。

[防治方法]
1. 采用小高畦或半高垄地膜覆盖栽培,隔离病菌,降低空气湿度,减少田间病菌侵染机会。
2. 合理浇水施肥,防止产生生理伤口和机械伤口。
3. 入库前仔细清洁库房,有条件的可用紫外线或药剂熏蒸消毒。瓜果可用50%多菌灵可湿性粉剂300倍液,或45%特克多悬浮剂800倍液,或25%施保克可湿性粉剂600倍液,或25%敌力脱乳油2 000倍液,或10%双效灵水剂1 000倍液浸泡5~10min后,晾干入库。贮藏期间避免过度潮湿。

金丝瓜炭疽病
Yellow flower gourd anthracnose

金丝瓜炭疽病病叶

金丝瓜炭疽病病瓜

炭疽病为金丝瓜的主要病害,部分地区发生分布,主要在生长中后期发病,以雨季后较常见,使部分瓜叶坏死,在一定程度上影响生产。

[症状] 此病在全生育期都可发生,生长中后期较常见,主要为害叶片,重时可侵害嫩茎。苗期发病,在其子叶或真叶上产生初为水渍状小点,以后发展成红褐色坏死病斑,边缘具黄绿色晕环,潮湿时病斑表面产生粉红色黏稠物,即病菌分生孢子。病害严重时可侵害嫩茎的任何部位,病部呈水渍状软腐,凹陷,红褐色,最后缢缩倒折。成株期在叶片上产生近圆形红褐至黄褐色近圆形斑,边缘不明显,黄绿色,潮湿时产生粉红色黏稠物。有时还可侵染瓜果,在瓜果表面形成疮痂状坏死斑,明显凹陷,病部可产生粉红色黏稠物。半成熟瓜受侵染多形成灰白至灰褐色疮痂状斑,其上产生黑色小点,即病菌的分生孢子盘。

[病原] *Colletotrichum orbiculare*(Berk. et Mont.) Arx.属半知菌瓜刺盘孢真菌。详见苦瓜炭疽病(图4-22)。

发病规律、防治方法参见苦瓜炭疽病。

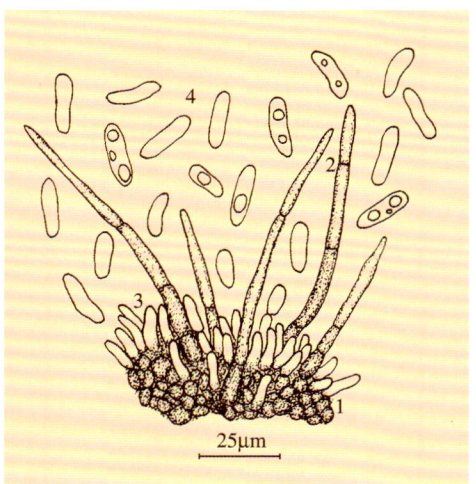

图4-22 金丝瓜炭疽病菌
1. 分生孢子盘 2. 刚毛 3. 分生孢子梗 4. 分生孢子

7. 蛇瓜病害 Diseases of snake gourd

蛇瓜病毒病
Snake gourd virus disease

　　病毒病又名花叶病，是蛇瓜的常见病，分布广泛，发生普遍，可为害葫芦科多种瓜菜，严重时明显影响蛇瓜的产量与质量。

　　[症状] 此病在田间一般表现三种病毒病症状类型，即花叶型：幼苗期开始发病，新叶出现明脉和褪绿斑点，逐渐扩展形成花叶或大块褪绿斑，或形成疱斑，严重时病株矮化，新叶变形呈鸡爪或蕨叶状，瓜条畸形或瓜面产生绿色斑驳或坏死斑；黄化皱缩型：上部幼嫩叶沿叶脉失绿，并出现黄绿色斑点，随后发展至整个叶片黄化、向下卷曲、皱缩、坏死，病株生长缓慢、节间缩短、植株矮化甚至全株枯死，通常重病株不结瓜，较轻时瓜形不正，有的瓜面布满大小不等的瘤凸或花斑；混合型为以上两种类型的并发症，病情表现更重，常造成瓜秧成片死亡。

　　[病原] CMV、Melon mosaic virus（MMV）、Squash mosaic virus（SqMV）及 Tobacco ring spot virus（TRSV），即黄瓜花叶病毒、甜瓜花叶病毒、南瓜花叶病毒和烟草环斑病毒。详见小西葫芦病毒病。

　　发病规律、防治方法参见小西葫芦病毒病。

蛇瓜病毒病病株

蛇瓜白粉病
Snake gourd powdery mildew

蛇瓜白粉病病叶

　　白粉病为蛇瓜的重要病害，分布广泛，在全国各地均有发生，通常在生长中、后期发病，造成叶片干枯甚至提前拉秧。此病还为害小西葫芦、甜瓜、西瓜、苦瓜等多种葫芦科蔬菜。

　　[症状] 此病主要侵害叶片，严重时也侵染茎蔓和叶柄。先在下部叶片正面或背面出现小圆形白粉状霉斑，逐渐增多、扩大，形成厚密连片的白色霉斑，发病后期，整个叶片布满白粉，直到整个叶片坏死干枯。病叶自下而上发展蔓延，条件适宜时还侵染叶柄和茎蔓，产生与叶片相似的病斑。生长后期，有时在病斑上可产生黄褐色至黑褐色小粒点，即病菌子囊壳。

　　[病原] *Sphaerotheca fuliginea*（Schl.）Poll.属子囊菌单丝壳白粉菌真菌。详见小西葫芦白粉病。

　　发病规律、防治方法参见小西葫芦白粉病。

8. 西瓜病害 Diseases of water-melon

西瓜病毒病
Water-melon virus disease

病毒病为西瓜的重要病害，分布广泛，发生普遍，保护地、露地都可发病，以夏秋露地种植受害严重。一般病株率5%～10%，在一定程度上影响生产，严重时病株率可达30%以上，对西瓜生产影响极大。

[症状] 此病在田间主要表现花叶和蕨叶两种类型症状。花叶型即表现系统花叶，幼嫩叶片出现浓淡相间的花斑，以后皱缩畸形，节间缩短，难以坐瓜或瓜很小。蕨叶型表现新叶线状，狭长，幼嫩叶片皱缩扭曲，主蔓变粗，新生蔓纤细扭曲，花器发育不良，难以坐瓜。两种类型轻病株均易形成畸形瓜或僵瓜。重病株未结瓜即坏死。

[病原] Watermelon mosaic virus（WMV）即西瓜花叶病毒侵染所致。病毒粒体呈线状，长约750nm，稀释限点2 500倍，钝化温度60～65℃，体外存活期10～15天。

[发病规律] 此病主要通过机械摩擦传播，种子也可带毒，但带毒率低，也可由桃蚜、棉蚜进行非持久性传播。高温、强光照、干旱是发病的主要条件。生长期管理粗放、缺肥或与瓜类作物邻作，或遇持续高温，发病严重。此外，蚜虫发生数量大，发病较重。

[防治方法]

1. 选用无毒种子，或用10%磷酸三钠浸种10min后洗净播种。也可将干种子用70℃恒温处理72h。

2. 施足有机底肥，增施磷、钾肥。生长期加强管理，适时浇水、施肥，及时拔除重病植株和整枝压蔓。

3. 集中培育壮苗，及时防治蚜虫。

4. 发病前期或初期可喷施20%病毒A可湿性粉剂500倍液，或1.5%植病灵乳剂1 500倍液，或抗毒剂1号300倍液，或NS-83增抗剂100倍液1～3次。

西瓜病毒病畸形病瓜

西瓜病毒病坏死病瓜

西瓜病毒病病株

西瓜病毒病病叶　　　　　　西瓜病毒病坏死斑病瓜

西瓜猝倒病
Water-melon damping-off

猝倒病为西瓜苗期主要病害，分布广泛，发生普遍，多在早春育苗期间发病，常造成局部或成片死苗，病重时严重毁苗。

[症状] 此病在西瓜播种发芽至成苗期都可发生，以出苗和分苗期较常见。发芽期染病即引起烂种。出苗后发病，初在幼苗嫩茎基部出现黄绿色水浸状软腐，以后呈黄褐色缢缩坏死，一拔即断。病害发展迅速，子叶很鲜时病苗即倒折。土壤潮湿，病苗基部和周围地面上可长出一层白色菌丝。

[病原] *Pythium aphanidermatum*（Eds.）Fitzp.属鞭毛菌瓜果腐霉真菌。详见苦瓜猝倒病。

发病规律、防治方法参见苦瓜猝倒病。

4-8-6 西瓜猝倒病病苗

西瓜枯萎病
Water-melon Fusarium wilt

枯萎病是西瓜的主要病害，分布广泛，发生普遍，为害较重，露地和保护地都可发生。以春茬种植发病重，尤其是重茬种植发病极为普遍。一般发病率10%～30%，严重地块或棚室病株率达50%以上，显著影响西瓜生产。

[症状] 此病在西瓜全生育期都可发生。苗期染病，病苗叶色变浅，似缺水状萎蔫，最后枯死，剖茎可见维管束变黄。成株期发病，初期叶片由下向上逐渐萎蔫，似缺水状，尤其在中午表现明显，早晚恢复正常。几天后全株叶片萎蔫下垂，不再恢复，部分叶片变褐或出现褐色坏死斑块，同时茎蔓基部缢缩，呈锈褐色水渍状，空气湿度高时病茎上可出现水渍状条斑，或出现琥珀色流胶，病部表面产生粉红色霉层，即病菌分生孢子梗和分生孢子。最后病根变褐腐烂，茎基部纵裂，剖茎可见维管束变褐。

[病原] *Fusarium oxysporum* f. sp. *niveum*（E. F.Smith）Snyder et Hansen 属半知菌西瓜尖孢霉真菌。病菌产生两种类型分生孢子。大型分生孢子镰刀形或纺锤形，无色，具1～5个分隔，多数3个，顶端细胞较长，渐尖，偶见足细胞，大小为15～47.5μm × 3.5～4μm。小型分生孢子长椭圆形，无色，0～1个分隔，多数无隔，大小为5～

西瓜枯萎病前期病株

西瓜枯萎病病瓜

西瓜枯萎病中期病株

西瓜枯萎病病蔓

12.5μm×2.5～4μm。厚垣孢子间生或顶生,圆形,浅黄色,直径5～13μm(图4-23)。

[发病规律] 病菌主要以菌丝、厚垣孢子或菌核在未腐熟的有机肥或土壤中越冬,在土壤中可存活6～10年,病菌可通过种子、肥料、土壤、浇水进行传播,以堆肥、沤肥传播为主要途径。此病发生与温、湿度关系密切,病菌生长温度为5～35℃,土温24～30℃为病菌萌发和生长的适宜温度。该病为土传病害,发病程度取决于土壤中可

防枯萎病嫁接苗

嫁接苗成苗

侵染菌量。一般连茬种植,地下害虫多,管理粗放,或土壤黏重、潮湿等,病害发生严重。

[防治方法]

1. 选用抗病良种,目前可选用的品种较多,可因地制宜选用,如早花、郑杂5号、红优2号、西农8号、京抗2号、京抗3号等较抗病。

2. 实行与禾本科作物轮作,避免连茬种植。

3. 采用无病土育苗,营养土尽量选用塘土、园田土,不用菜田土和瓜田土。堆、沤肥要充分腐熟,禁止使用带菌有机肥。适当增施磷、钾肥,控制施用氮肥。

4. 种子处理,可用40%甲醛150倍液浸种1～2h后,洗净晾干播种。或用50～66℃温水配制50%多菌灵可湿性粉剂1 000倍液浸种30～40min,或用10%漂白粉浸种10min,取出后再用0.1%～0.5%的50%苯菌灵可湿性粉剂拌种。还可用0.3%的50%利克菌,或75%萎福双,或65%防霉宝可湿性粉剂拌种。

5. 用黑籽南瓜、瓠子瓜嫁接防病,或使用西瓜重茬剂防病。

6. 药剂土壤处理,可用50%多菌灵可湿性粉剂,或65%多果定可湿性粉剂,或70%土菌消可湿性粉剂,或50%利克菌可湿性粉剂45～75kg/hm²,拌细土3t均匀盖种或施于定植穴内。

7. 定植缓苗前或发病初用98%恶霉灵可湿性粉剂2 000倍液,或45%特克多悬浮剂1 000倍液,或10%双效灵水剂1 500倍液,或50%复方硫菌灵可湿性粉剂500倍液,或2%农抗120水剂200倍液,或50%多菌灵可湿性粉剂500倍液浇根,每株浇药液0.25～0.5kg,根据病情防治1～3次。

8. 重病地块可用石灰和稻草进行高温彻底灭菌,处理后注意防止病菌再传入。

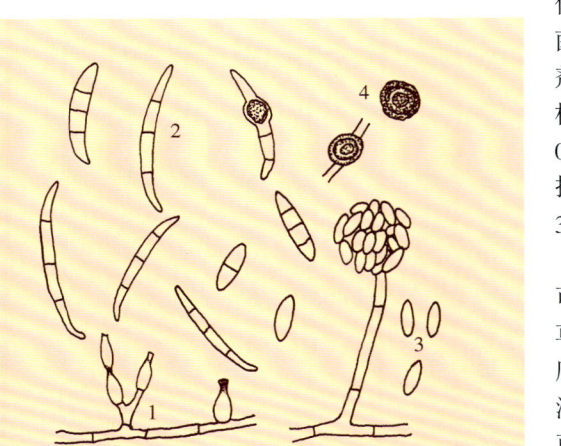
图4-23　西瓜枯萎病菌
1.分生孢子梗　2.大型分生孢子　3.小型分生孢子　4.厚垣孢子

西瓜红粉病
Water-melon Fusarium rot

红粉病为西瓜的普通病害,分布较广,发生亦较普遍。通常病情很轻,多造成零星死苗,重时瓜苗染病率可达20%左右,使瓜苗局部死亡。

[症状] 此病主要在幼苗期发生,生长期亦可造成烂瓜。幼苗染病,多从子叶边缘开始侵染,亦

可从子叶中部积水、受伤处或生长极其衰弱处开始侵染,初呈水渍状浅红褐至暗绿色坏死小点,以后形成不定形浅红褐至浅黄褐色坏死斑,后期在病斑上产生白色至粉红色霉层,即病菌分生孢子丛和分生孢子,随病害发展病苗萎缩枯死或腐烂。瓜果受害,多从触地处或受伤处侵染,使病部软化腐烂,在病组织表面产生白色至粉红色霉层。

[病原] *Fusarium* sp.属半知菌镰孢霉真菌。详见金丝瓜红粉病(图4-24)。

发病规律、防治方法参见金丝瓜红粉病。

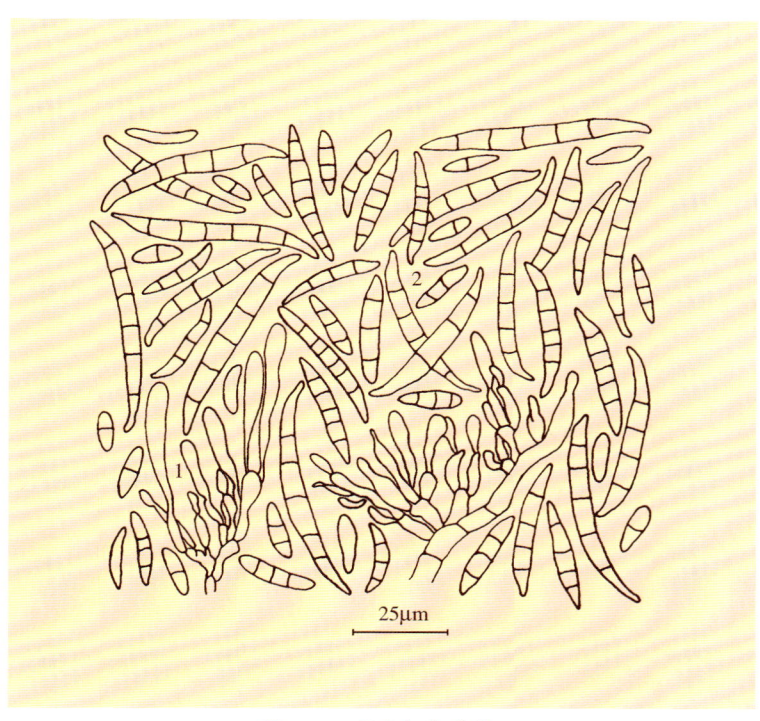

图 4-24　西瓜红粉病菌
1. 分生孢子梗　2. 分生孢子

西瓜红粉病子叶

西瓜红粉病病苗

西瓜炭疽病
Water-melon anthracnose

炭疽病是西瓜的主要病害，分布广泛，保护地、露地都发生较重，也是收获贮运中的主要病害，对西瓜生产影响极大。一般发病率 20%～40%，损失约 10%～20%，重病地块或棚室病株近 100%，损失可达 40% 以上。

[症状] 此病全生育期都可发生，可为害叶片、叶柄、茎蔓和瓜果。苗期发病，子叶边缘出现圆形或半圆形红褐至黑褐色病斑，边缘常具有一浅绿色至黄褐色晕环，其上产生淡红色黏稠物，后期产生黑色小点，即病菌分生孢子盘和分生孢子。嫩茎发病，多从近地表茎基部开始发病，病部黑褐色，收缩变细，致幼苗猝倒。叶柄或茎蔓染病，初为水渍状淡黄色近圆形斑点，稍凹陷，后变黑色，病斑环绕茎蔓一周全株即枯死。叶片染病，初为圆形至不规则形水渍状斑，有时有轮纹，干燥时病斑易破裂穿孔，空气潮湿，病斑表面生出粉红色黏稠物。瓜果染病，初呈水渍状褐色凹陷，凹陷处常龟裂，后期在病斑中部产生粉红色黏稠物，严重时多个病斑连片，病瓜腐烂。未成熟瓜果染病，呈水渍状淡绿色圆形斑，幼瓜畸形或脱落。

[病原] *Colletotrichum orbiculare*（Berk. & Mont.）Arx.属半知菌瓜刺盘孢真菌。病菌分生孢子盘聚生，初埋生，后突破表皮外露，黑褐色。刚毛散生于分生孢子盘中，顶端色淡，略尖，基部膨大，长 90～120μm，具 1～3 个分隔。分生孢子梗无色，圆筒状，栅状排列，大小为 20～25μm × 2.5～3.0μm。分生孢子长圆形，单细胞，无色，大小为 14～20μm × 5～6μm（图 4-25）。

[发病规律] 病菌以菌丝体或拟菌核在土壤中病残体上越冬，条

件适宜时产生分生孢子梗和分生孢子侵染西瓜幼苗、成株或瓜果，形成初侵染。病菌可在多种瓜类蔬菜上越冬，也可以种子带菌。播种带菌种子使瓜苗染病，发病植株产生大量分生孢子，借气流、雨水及浇水传播，进行重复侵染。发病温度

西瓜炭疽病病苗

西瓜炭疽病初期病叶

西瓜炭疽病叶面后期病斑

西瓜炭疽病病蔓

西瓜炭疽病病瓜

10～30℃，最适温度 20～24℃，相对湿度 90%～95%。西瓜生长期多阴雨、地块低洼积水，或棚室内温暖潮湿、重茬种植，或植株生长衰弱等有利于发病。

[防治方法]

1. 与非瓜类作物轮作，施用充分腐熟的有机肥，采用高垄或高畦地膜覆盖栽培。有条件的可应用滴灌、管灌、膜下暗灌等节水栽培防病技术。

2. 选用无病种子或进行种子灭菌，可用 55℃温水浸种 20～30min。或进行药剂拌种，可用种子重量 0.3%的 25%施保克可湿性粉剂，或 6%乐必耕可湿性粉剂，或 50%敌菌灵可湿性粉剂，或 70%甲基托布津可湿性粉剂，或 25%炭特灵可湿性粉剂拌种。

3. 生长期加强管理，适时浇水施肥，避免雨后田间积水，保护地在发病期适当增加通风时间。

4. 适时进行药剂防治，发病初期可选用 70%甲基托布津可湿性粉剂 600 倍液，或 25%施保克可湿性粉剂 1 200 倍液，或 10%世高水分散粒剂 6 000 倍液，或 6%乐必耕可湿性粉剂 1 500 倍液，或 50%敌菌灵可湿性粉剂 400 倍液，或 30%倍生乳油 1 200 倍液，或 25%敌力脱乳油 1 000 倍液，或 40%多硫悬浮剂 600 倍液，或 2%农抗 120 水剂 200 倍液，或 25%炭特灵可湿性粉剂 800 倍液喷雾。保护地还可选用 5%百菌清粉尘剂，或 5%加瑞农粉尘剂 15kg/hm² 喷粉，7～10 天防治 1 次。

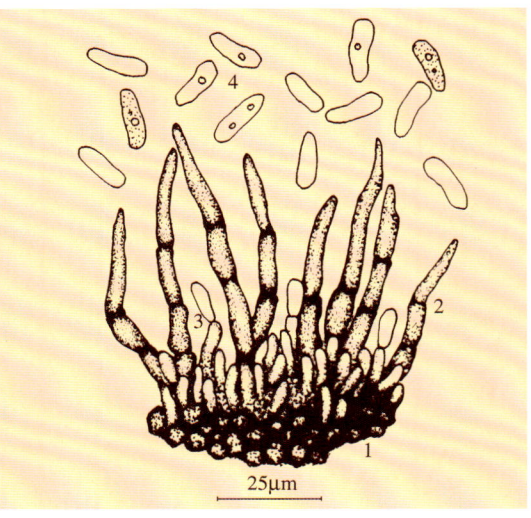

图 4-25　西瓜炭疽病菌
1. 分生孢子盘　2. 刚毛　3. 分生孢子梗　4. 分生孢子

西瓜蔓枯病
Watermelon Ascochyta blight

蔓枯病亦为西瓜的重要病害，分布广泛，保护地、露地都发生，以露地发病较重，保护地少数棚室严重。一般发病率 10%～30%，产量损失较轻，病害严重时露地和保护地病株可达 50%以上，损失达 20%以上。

[症状] 此病主要为害叶片、叶柄和茎蔓，重时还侵染瓜果，全生育期都可发生。幼苗染病，多在子叶分叉处发病，初呈水渍状，后变褐坏死并缢缩，病部产生黑色小点，即病菌分生孢子器。成株期发病，叶片病斑初为褐色，圆形或半圆形，后发展成边缘明显、中心灰褐色的病斑，后期病斑相互汇合成不规则大斑，或单个病斑发展成近圆形大斑，病斑中心灰褐色、边缘深褐色、有同心轮纹并产生明显小黑点，最后病斑波及全叶使叶片变黑枯死。有时病害沿叶脉发展，呈褐色水渍状坏死，也产生小黑点。叶柄及蔓上发病，初为水渍状小斑，后变成褐色梭形至不规则形坏死斑，由小变大致全株枯死，其上产生许多黑色小点。瓜果染病初形成不定形水渍状褐色坏死小斑，迅速发展成近圆形灰褐色水渍状坏死大斑，随病害发展病瓜腐烂，最后在病斑表面产生黑色小点，即病菌分生孢子器或子囊壳。

[病原] *Ascochyta citrullina* Smith 属半知菌西瓜壳二孢真菌。病菌分生孢子器埋生于寄主表皮下，后露出表皮，球形至扁球形，黑褐色，顶部呈乳状突起，孔口明显，直径为 72.5～85.5μm。分生孢子短圆形至圆柱形，初为单胞，后产生 1～2 个隔膜，分隔处略缢缩，大小为 7.9～13.2μm × 2.5～4.5μm（图 4-26）。

西瓜蔓枯病初期病叶　　　　　　　　西瓜蔓枯病病叶柄

[发病规律]
病菌以分生孢子器或子囊壳在病残体上越冬，由气流或浇水传播，种子也可带菌。病菌发育适温 20～30℃，最高生长温度 35℃，最低生长温度 5℃，高湿利于发病。西瓜生长期降雨较多，或保护地内高温高湿、光照较弱，植株生长不良等容易发病。

[防治方法]

1. 实行与非瓜类作物轮作，拉秧后彻底清除病残落叶，适当增施有机底肥。

2. 种子灭菌处理，可用 55℃温水浸种 20～30min。

3. 生长期加强田间管理，适时浇

西瓜蔓枯病叶缘病斑

西瓜蔓枯病中期病斑

西瓜蔓枯病病蔓

西瓜蔓枯病病瓜蒂

水、施肥，避免田间积水，保护地浇水后增加通风，发病后打掉一部分多余的叶和蔓，以利于植株间通风透光。

4. 发病初期进行药剂防治，可用 70% 甲基托布津可湿性粉剂 600 倍液，或 40% 多硫悬浮剂 400 倍液，或 25% 培福朗水剂 800 倍液，或 50% 敌菌灵可湿性粉剂 500 倍液，或 50% 扑海因可湿性粉剂 1 200 倍液，或 80% 大生可湿性粉剂 800 倍液喷雾，7～10 天防治 1 次，视病情防治 2～3 次。病害严重时可用上述药剂加倍后涂抹病茎。

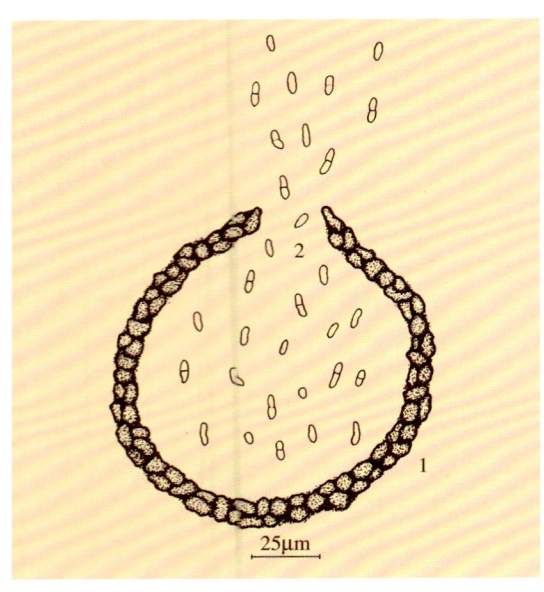

图 4-26 西瓜蔓枯病菌
1. 分生孢子器　2. 分生孢子

西瓜蔓枯病病瓜

西瓜疫病
Water-melon Phytophthora wilt and fruit rot

疫病为西瓜的主要病害，分布广泛，发生普遍，保护地、露地种植都有发生，主要在露地发生，高温多雨季节发病较重，尤以大雨或暴雨后发病严重，给生产造成明显损失。

[症状] 此病全生育期都可发生，叶、茎和瓜果均受害。幼苗发病，幼茎呈浅黄色水渍状坏死并缢缩，最后倒折。子叶染病，出现水渍状暗绿色近圆形坏死斑，以后变为红褐色。真叶染病，初生暗绿色水渍状圆形至不规则形斑，迅速发展使病叶腐烂，空气干燥，病斑变褐干枯。茎蔓发病，以嫩梢或茎基易受害，嫩茎多呈水渍状暗绿色坏死缢缩，湿度高时软腐，干燥时呈灰褐色干腐。茎基染病，多形成纺锤形水渍状暗绿色凹陷斑，绕茎一周即致茎基腐烂，使瓜秧枯死。瓜果染病，初形成水渍状暗绿色近圆形坏死斑，边缘不明显，迅速扩展腐烂，病部表面产生浓密白色菌丝体。

[病原] *Phytophthora melonis* Katsura 属鞭毛菌甜瓜疫霉真菌。病菌孢子囊梗从菌丝或球状体上生出，直立，长约100μm，中间偶现单轴分枝，个别形成隔膜，顶生孢子囊。孢子囊卵形或长椭圆形，大小为38.0～68.5μm×25.5～42.8μm，乳突多不明显。萌发时产生游动孢子，从乳突孔口逸出。藏卵器近球形，穿雄生，淡黄色，直径24～31μm。雄器无色，扁球形。卵孢子球形，淡黄色，表面光滑，直径16～32μm（图4-27）。

[发病规律] 病菌以菌丝体或卵孢子随病残体在土壤中或随粪肥越冬。条件适宜时产生孢子囊，主要通过浇水、雨水和病土传播。发病后病部又产生孢子囊和游动孢子进行再侵染。发病温度5～37℃，适宜温度20～30℃，多雨高湿利于发病。西瓜生长期多雨、排水不良、空气潮湿发病重。大雨、暴雨或大水漫灌后病害发展蔓延迅速。此外，土壤黏重、植株茂密、田间通风不良发病较重。

西瓜疫病病苗

西瓜疫病初期病株

西瓜疫病中后期病叶

西瓜疫病初期病瓜

西瓜疫病中期病瓜

西瓜疫病后期病瓜

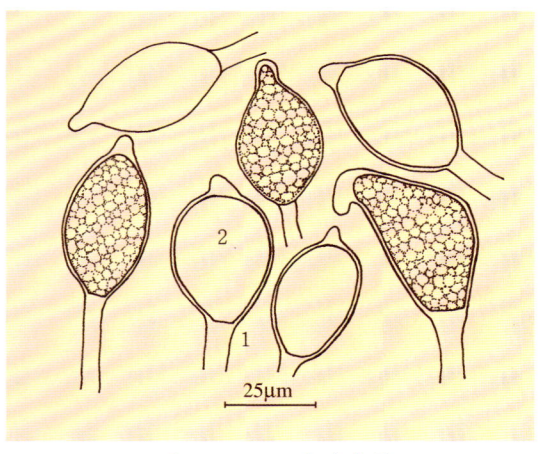

图4-27 西瓜疫病病菌
1.孢囊梗 2.孢子囊

[防治方法]

1.实行与非瓜类蔬菜2年以上轮作。用无病土育苗,施用充分腐熟的粪肥。采用高垄或高畦地膜覆盖栽培。

2.重病地块进行药剂土壤灭菌,可用硫酸铜75～90kg/hm²拌适量细土在定植前均匀撒施在定植沟或定植穴内。

3.加强管理,合理施肥,避免偏施氮肥,增施磷、钾肥。雨后及时排水,避免田间积水。定植后适当控水,发病后严格控制浇水,切忌大水漫灌,禁止下雨前浇水。发现中心病株及时拔除带到田外妥善处理。

4.掌握在发病前或发病初及时进行药剂喷雾防治,药剂参见青花菜霜霉病。根据此病的发生特点,注意重点防治植株幼嫩部位和根茎部位,必要时中心病区还可用药液灌根。

西瓜绵腐病
Water-melon Pythium rot

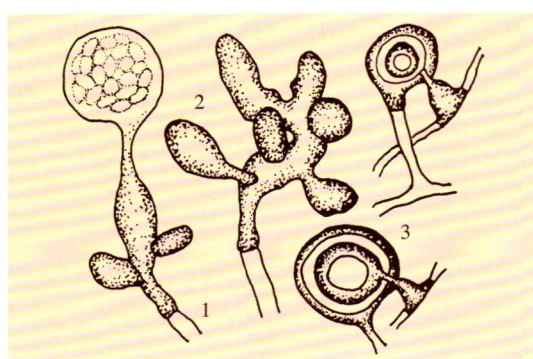

图4-28 西瓜绵腐病菌
1.孢囊梗 2.孢子囊 3.藏卵器

绵腐病为西瓜的常见病,分布较广,发生较普遍,主要在露地西瓜上发生为害,以多雨季节较常见,造成零星烂瓜,影响生产。保护地偶有发生,对生产无明显影响。

[症状] 此病全生育期都可发生。苗期发病多引起瓜苗猝倒。结瓜期染病,主要侵害瓜果。多是靠近地面部位先发病,初期病部呈褐色水浸状,以后迅速软腐,湿度高时在病部长出浓密绵毛状菌丝,后期病瓜腐烂,散发出臭味。有时还引起烂秧和死秧。

[病原] *Pythium aphanidermatum*（Eds.）Fitzp.属鞭毛菌瓜果腐霉真菌。病菌菌丝无色、无隔。游动孢子囊梗菌丝状。游动孢子囊呈棒状或丝状,分枝裂瓣状,不规则膨大,萌发时产生球形游动孢子囊,从其内释放出游动孢子。藏卵器球形,雄器袋状,两者结合后产生卵孢子。卵孢子球形,厚壁,淡黄褐色（图4-28）。

[发病规律] 病菌以卵孢子在土壤表层越冬,也可以菌丝体在土中营腐生生活,温湿度适宜时卵孢子萌发或土中菌丝产生孢子囊萌发释放出游动孢子,借浇水或雨水溅射到植株或近地面瓜条上引起

侵染。病菌对温度要求不严格，10～30℃均可发病，对湿度要求较高，孢子囊萌发和释放游动孢子需要有水存在。田间高湿或积水易诱发此病。通常地势低洼、土壤黏重、地下水位高、雨后积水，或浇水过多，田间湿度高等均有利于发病。西瓜生长期连阴雨天较多，平均温度22～28℃，有利于此病的发生与发展。

[防治方法] 参见苦瓜绵腐病和疫病。根据西瓜生产的特殊性，防治此病要求搞好田间排灌，实行高垄或高畦地膜覆盖栽培，雨季加强防涝，避免田间积水，并注意及时清除病瓜。

西瓜绵腐病前期病瓜

西瓜绵腐病后期病瓜

西瓜叶斑病
Watermelon Cercospora leafspot

叶斑病为西瓜普通病害，分布较广，发生较普遍，主要在露地发病，一般病株率20%～30%，对生产有轻度影响，发病重时病株可达60%～80%，部分叶片因病枯死，明显影响产量与品质。

[症状] 此病主要侵染叶片，初在叶片上出现暗绿色近圆形病斑，略呈水渍状，以后发展成黄褐至灰白色不定形坏死斑，边缘颜色较深，病斑大小差异较大，空气潮湿时病斑上产生灰褐色霉状物，即病菌分生孢子梗和分生孢子。病害严重时叶片上病斑密布，短时期内致使叶片坏死干枯。

[病原] *Cercospora citrullina* Cke.属半知菌瓜类明针尾孢霉真菌。病菌子实层多生于叶面，子座小或无，分生孢子梗单生或几根束生，淡褐色，直或略弯，多无屈曲，不分枝，具有多个分隔，顶端平切状，大小为95～220μm×4～6μm。分生孢子针形，无色，基部平切，隔膜多，不明显，大小为90～130μm×3～4μm（图4-29）。

[发病规律] 病菌主要以菌丝体随病残组织越冬，亦可在保护地其他瓜类上为害过冬，经气流传播引起发病。越冬病菌在春秋条件适宜时产生分生孢子借风雨和农事操作等传播，由气孔或直接穿透表皮侵入，发病后产生新的分生孢子进行多次重复侵染。温暖高湿有利于发病。西瓜生长期多雨、气温较高，或阴雨天较多发病较重。此外，平畦种植，大水漫灌，植株缺水缺肥、长势衰弱或保护地内通风不良等发病较重。

[防治方法]

1. 西瓜拉秧后彻底清除病残落叶带到田外妥善处理，减少田间菌源。

2. 施足有机底肥，增施磷、钾肥，采用高垄或高畦地膜覆盖技术，生长期避免田间积水，严禁大水漫灌。

3. 发病初期进行药剂防治，可选

西瓜叶斑病前期叶面病斑

西瓜叶斑病前期叶背病斑

用50%敌菌灵可湿性粉剂400～500倍液，或70%甲基托布津可湿性粉剂600倍液，或50%农利灵可湿性粉剂1 000倍液，或6%乐必耕可湿性粉剂1 000倍液，或40%多硫悬浮剂500倍液，或80%大生可湿性粉剂800倍液，或70%代森锰锌可湿性粉剂600倍液喷雾。

西瓜叶斑病中期叶面病斑

西瓜叶斑病后期叶面病斑

西瓜叶斑病后期病叶

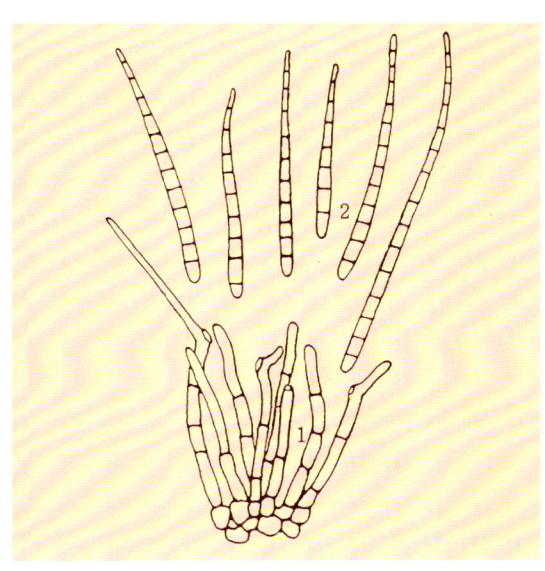
图4-29 西瓜叶斑病菌
1. 分生孢子梗　2. 分生孢子

西瓜叶枯病
Water-melon Alternaria leaf blight

叶枯病为西瓜的常见病，分布广泛，发生较普遍，常在夏、秋露地西瓜上发病，春茬西瓜也可发病。一般发病率10%～30%，轻度影响西瓜生产，严重地块病株达80%以上，使大量叶片枯死，显著影响西瓜生产。

[症状] 此病主要为害叶片，多从叶缘或叶脉间开始发病，由基部叶向上部发展。初在叶片上产生褐色小点，周围黄绿色，以后发展成近圆形坏死斑，具不明显轮纹，病害严重时叶片上病斑密布，相互连接成大斑致全株叶片枯死。

[病原] *Alternaria* sp.属半知菌交链孢霉真菌。病菌分生孢子梗深褐色，单生，具分隔，顶端串生分生孢子。分生孢子浅褐色，棒状至椭圆形，具纵横隔膜，顶端喙状细胞较短或不明显（图4-30）。

[发病规律] 病菌主要随病残体在土壤内或在保护地内越冬。条

件适宜即形成初侵染，发病后病部产生分生孢子借风雨等传播，形成再侵染。温暖潮湿有利于发病。西瓜生长期管理粗放，缺肥、缺水或长时间干旱后遇连阴雨天气发病较重。

防治方法参见甜瓜黑斑病。

西瓜叶枯病病苗

西瓜叶枯病前期病叶

西瓜叶枯病病蔓

西瓜叶枯病中后期病叶

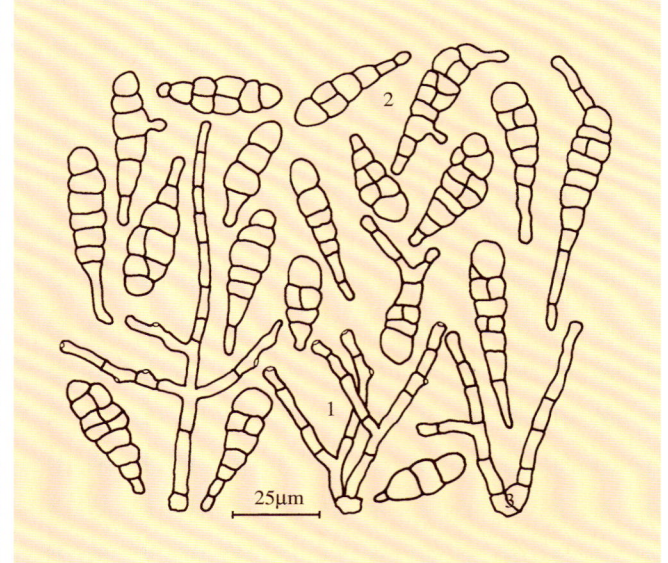

25μm

图4-30 西瓜叶枯病菌
1.分生孢子梗 2.分生孢子

西瓜酸腐病
Water-melon Oospora acid rot

酸腐病为西瓜的普通病害，分布较广，发生亦较普遍。通常发病很轻，对生产无明显影响，晚春和夏秋种植西瓜较为常见，在一定程度上影响西瓜生产。

[症状] 此病主要发生在半成熟瓜上，病瓜初呈水渍状，以后软腐，在其表面产生一层紧密的白色霉层，逐渐呈颗粒状，有酸臭味。瓜皮受伤更易受到侵染，病害严重时造成大批瓜果腐烂。

[病原] *Oospora* sp.属半知菌卵形孢霉真菌。病菌分生孢子梗与菌丝区别很小。分生孢子串

西瓜酸腐病病瓜

生于顶端，椭圆形至圆筒形，单细胞，无色，两端平切。

[发病规律] 病菌腐生性较强，以菌丝体在土壤中越冬。分生孢子借气流、雨水或浇水传播，多从西瓜与地面接触处或伤口处侵入。发病后病部产生大量分生孢子，随雨水或浇水传播蔓延，进行再侵

染。高温高湿有利于发病，通常结瓜期多雨，天气闷热，田间高湿发病较重。

防治方法参见球茎茴香酸腐病。

西瓜白绢病
Water-melon southern blight

白绢病为西瓜的重要病害，主要在我国南方发生分布，保护地、露地都有发病，造成零星烂瓜或死秧，在一定程度上影响西瓜生产。病害严重时，染病率可达20%，显著影响产量与品质。此病还可侵害多种其他蔬菜。

[症状] 此病主要为害瓜果和近地面茎蔓。瓜果染病，病部呈灰褐至红褐色坏死，表面产生绢丝状白色菌丝层，并进一步向四周辐射扩展，后期转变成红褐至茶褐色油菜籽状菌核。随病害发展病瓜腐烂，干燥时病瓜失水干腐。茎蔓染病，多从茎基部或贴地面茎蔓开始发病，初呈暗褐色坏死，以后腐烂，在病部表面产生辐射状菌丝体，致病株萎蔫或枯死，后期亦转变成茶褐色油菜籽状菌核。

[病原] *Sclerotium rolfsii* Sacc.属半知菌齐整小菌核真菌。病菌菌丝无色或浅色，有隔膜，菌丝团呈白色，辐射状，边缘明显，有光泽，菌丝体扭集在一起形成油菜籽状菌核。菌核初为白色，逐渐变成淡黄色，最后变成红褐至茶褐色，表面光滑，球形至近球形，直径0.8～2.3mm（图4-31）。

[发病规律] 病菌主要以菌核或菌丝体在土壤内越冬。条件适宜菌核萌发产生菌丝从寄主基部或从根部侵入引起发病，发病后在病部产生大量菌丝沿地表或病组织向四周扩展蔓延。病菌生长温度8～40℃，适宜温度30～33℃，最适宜pH5～9。高温潮湿有利于发病，特别在西瓜生长期暴雨、暴晴、高温利于发病。此外，酸性土壤、沙性土壤或与果菜类蔬菜连作，发病较重。

[防治方法]

1. 拉秧后及时彻底清除病残组织并深翻土壤。

2. 重病地区用生石灰1.5～4.5t/hm²调节土壤酸碱度，使土壤接近中性。施用充分腐熟的有机肥。

3. 采取高垄或高畦地膜覆盖栽培，控制病菌传播蔓延。发现病株或病瓜及时清除，集中妥善处理。

4. 发病初期使用哈茨木霉（*Trichoderma harzianum* Rifai）15kg/hm²，拌1.5～1.8t细土后均匀撒施在病株基部。或用40%福星乳油6 000倍液，或43%菌力克悬浮剂8 000倍液，或10%世高水分散

西瓜白绢病病瓜

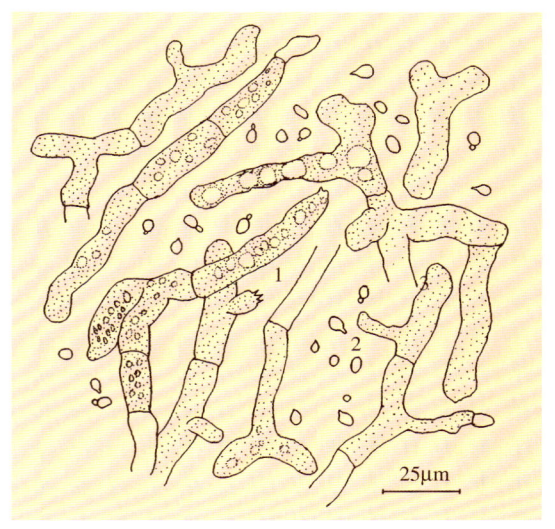

图4-31 西瓜白绢病菌
1. 担子 2. 担孢子

粒剂8 000倍液，或45%特克多悬浮剂1 000倍液，或50%利克菌可湿性粉剂500倍液，或50%敌菌灵可湿性粉剂400倍液，或10%宝丽安可湿性粉剂500倍液喷浇病株根茎和邻近土壤。

西瓜细菌性叶斑病
Water-melon bacterial leafspot

细菌性叶斑病为西瓜的普通病害，分布较广，发生亦较普遍，但一般轻度发病，病株率5%～10%，在一定程度上降低产量和品质，

重时病株率可达20%以上，显著影响西瓜生产。

[症状] 此病全生育期均可发生，叶片、茎蔓和瓜果都可受害。苗期染病，子叶和真叶沿叶缘呈黄褐至黑褐色坏死干枯，最后瓜苗呈褐色枯死。成株染病，叶片上初生水浸状半透明小点，以后扩大成浅黄色斑，边缘具有黄绿色晕环，最后病

西瓜细菌性叶斑病病幼株　　　　　西瓜细菌性叶斑病叶面病斑　　　　　西瓜细菌性叶斑病叶背病斑

西瓜细菌性叶斑病中后期病叶　　　　西瓜细菌性叶斑病中后期病叶　　　　西瓜细菌性叶斑病病蔓

西瓜细菌性叶斑病初期病瓜　　　　　　　　　西瓜细菌性叶斑病中期病瓜

斑中央变褐或呈灰白色破裂穿孔，湿度高时叶背溢出乳白色菌液。茎蔓染病呈油渍状暗绿色，以后龟裂，溢出白色菌脓。瓜果染病，初出现油渍状黄绿色小点，逐渐变成近圆形红褐至暗褐色坏死斑，边缘黄绿色油渍状，随病害发展病部凹陷龟裂呈灰褐色，空气潮湿时病部可溢出白色菌脓。

[病原] *Pseudomonas syringae* pv. *lachrymans*（Smith & Bryan）Young et al.属假单胞杆菌丁香假单胞菌黄瓜致病变种细菌。详见甜瓜细菌性叶斑病。

发病规律、防治方法参见甜瓜细菌性叶斑病。

西瓜细菌性叶斑病中后期病瓜

西瓜细菌性叶斑病后期病瓜

西瓜根结线虫病
Water-melon root-knot nematode

根结线虫病是西瓜的重要病害，在局部地区发生分布，一旦发病，染病率均很高，多在80%以上，损失严重。一般秋茬重于春茬，保护地重于露地，与瓜类和番茄、茄子、芹菜等蔬菜连作，病害发生严重。

[症状] 此病主要侵害根系，全生育期均可受害，以苗期染病对生产影响最大。病苗表现叶色变浅，叶缘枯黄，重病苗枯死，其幼根上产生许多浅黄色大小不等葫芦状根结。成株发病，轻微时症状不明显，仅表现叶色变浅，天热时中午萎蔫。发病重时植株矮化，生长衰弱，叶片萎垂，

西瓜根结线虫病病株

西瓜根结线虫病幼株病根

西瓜根结线虫病成株前期病根

西瓜根结线虫病成株中后期病根

有时嫩叶畸形，不结瓜或瓜很小，多提早枯死。病株根系多表现主根朽弱，侧根和须根增多，其上产生许多大小不等形状不同的瘤状根结。根结早期为鸭黄色，质地柔软，逐渐变成灰褐色，有时龟裂，最后腐烂。剖开根结，病组织内可见极小的鸭梨形乳白色线虫。

[病原] *Meloidogyne incognita* Chitwood 即南方根结线虫。详见苦瓜根结线虫病。

发病规律、防治方法参见苦瓜根结线虫病。根据西瓜生产情况，培育无病壮苗和无病土定植为防病关键，需高度重视。

西瓜裂瓜
Water-melon cracking fruit

裂瓜为西瓜常见非侵染性病害，时有发生，因品种、管理水平、天气状况不同轻重程度差异较大，严重时显著影响西瓜生产。

[症状] 裂瓜多在生长后期、采收前期更容易发生，多表现横向或纵向不规则开裂，使其丧失商品价值，最后多造成腐烂。

[病因] 裂瓜主要由以下几方面原因所致。

1. 品种特性。通常薄皮品种在生产过程中容易出现裂瓜，特别是在临近采收时容易发生。

2. 管理不当。瓜果膨大期间浇水不均或较长时间控水后突然浇大水致瓜皮开裂。

3. 瓜果在临近采收期天气暴晴暴雨，覆膜栽培在揭膜后空气湿度变化剧烈易造成裂瓜。

[防治方法]

根据裂瓜原因，有针对性地采取预防措施，预防裂瓜。参见小西葫芦裂果病和哈密瓜裂瓜。

西瓜裂瓜受害瓜

西瓜日烧病
Water-melon sunscald

日烧病为西瓜常见非侵染生理性伤害，各地都有零星发生，个别地块或个别品种发病较重，造成一定程度的产量损失。

[症状] 此病多在春、秋茬前期较长时期阴或雨天后突然暴晴，或前期管理粗放杂草丛生的地块，在除草后瓜果暴露在阳光下直接照射，使向阳面局部烤伤或灼伤坏死，表皮组织褪绿，最后形成大型革质干斑，湿度高时在病斑表面腐生杂菌而变褐。

病因、防治方法参见小西葫芦日烧病。

西瓜日烧病受害瓜

西瓜除草剂药害
Water-melon herbicide injury

除草剂药害为西瓜常见非侵染性伤害，生产中时有发生，常造成损失。

[症状] 除草剂药害因除草剂种类、受药部位不同表现不同症状，主要表现灼烧和畸形症状。前者表现为叶片、茎蔓和果实表面出现大小不等、形状不规则的灼烧坏死斑。后者表现为受害部位节间缩短、叶片增厚变小、皱缩、扭曲或畸形，或幼嫩部位组织增生，幼芽密集，整体生长不正常。

[病因] 造成除草剂药害的可能性主要有以下几点。

1. 扣棚西瓜在扣膜前施用除草剂，移栽瓜苗后棚内气温较高，没注意适当通风，药剂蒸汽冷凝聚结在膜上滴落到植株表面形成灼烧状药害。植株受除草剂气体熏蒸也可形成畸形症状。

2. 其他作物田间化学除草时因刮风使药剂飘移造成瓜苗和瓜秧产生药害，特别是使用2,4-滴丁酯进行麦田除草时容易造成药害。

3. 进行化学除草施用药剂不当或施药方法、计量不当，或施药后管理不当使植株出现药害。

4. 种瓜地块因上茬作物施用除草剂后形成农药残留致瓜苗受害，尤其上茬种植玉米使用阿特拉津后容易出现药害。

[防治方法]

根据药害症状，准确分析发生药害的原因后采取相应的防患措施，避免药害发生。若发现及时，植株药害症状尚未显现前，及时采取喷、浇清水，加强管理等措施减轻药害。药害症状显现后应加强水肥及田间管理，尽可能减少生产损失，必要时喷施适宜的叶面肥以增强植株生长势。

西瓜除草剂药害受害苗

西瓜除草剂药害受害幼株

西瓜除草剂药害受害生长点

9. 甜瓜病害 Diseases of melon

甜瓜病毒病
Melon virus disease

病毒病是甜瓜的主要病害，分布广泛，发生普遍。一般病株率5%～10%，轻度影响甜瓜生产。严重时病株率可达20%以上，显著影响甜瓜的产量与品质。

[症状] 此病多表现为全株性发病，初期病叶出现黄绿与浓绿相间的花斑，以后皱缩，叶片变小，凹凸不平或向下扣卷。随病害发展瓜蔓扭曲萎缩，植株矮化，幼瓜停止生长，果面上出现浓淡相间的斑驳，或轻微瘤状凸起。

[病原] Melon mosaic virus（MMV）即甜瓜花叶病毒侵染所致。该病毒寄主范围较窄，只侵染葫芦科植物，不侵染烟草或曼陀罗。稀释限点2 500～3 000倍，钝化温度60～62℃，体外存活期3～11天。

[发病规律] 甜瓜种子可带毒，也可通过棉蚜、桃蚜和机械摩擦传染。高温干旱或强光照有利于发病。发病早晚、轻重与种子带毒率高低和甜瓜生长期气候有关，种子带毒率高，病害发生早；生长期天气干燥高温，蚜虫数量多，病害较重。

防治方法参见小西葫芦病毒病。

甜瓜病毒病病株

甜瓜病毒病皱缩病叶

甜瓜病毒病花叶病叶

甜瓜病毒病后期病株

甜瓜褐脉病
Melon brown vein disease

褐脉病为甜瓜的重要病害，局部地区发生分布，保护地、露地都有零星发病。一般病株率5%～10%，轻度影响甜瓜生产，个别棚室或地块发病率可达10%以上，明显影响甜瓜产量与品质。此病还可侵害多种其他作物。

[症状] 此病在甜瓜全生育期都可发生，主要为害叶片和茎蔓。幼苗染病，新叶出现不规则锈褐色坏死斑，周围具有黄绿色晕环，随病害发展瓜苗逐渐变褐枯萎而死亡。成株染病，叶片细脉褪绿变褐，呈网状坏死，逐渐形成锈褐色坏死大斑，致病叶局部枯死，最后整叶坏死。与此同时，叶柄和茎蔓上出现锈褐色凹陷条纹，后期变成较大的坏死条斑，终使植株由下向上焦枯死亡。

[病原] Melon vein necrosis virus（MVNV）即香甜瓜叶脉坏死病毒侵染所致。病毒颗粒线状，大小为660nm×

13nm，稀释限点1 000～10 000倍，致死温度55～60℃，体外存活期3～5天。

[发病规律] 香甜瓜叶脉坏死病毒可种传，主要通过汁液和桃蚜非持久性传毒，高温有利于发病。种子带毒率高，管理粗放，蚜虫数量多发病严重。

[防治方法]

1. 加强检疫防病，防止种子传毒。选用无病种子，商品种子可用10%磷酸三钠溶液浸种20min后清水洗净，再催芽播种。

甜瓜褐脉病前期病叶

甜瓜褐脉病中后期病叶

甜瓜褐脉病中期病株

甜瓜褐脉病中后期病株

甜瓜褐脉病病蔓

甜瓜褐脉病后期病株

2. 加强田间管理，及时防治蚜虫，重病株尽早拔除，减少田间毒源。

3. 必要时发病前期与初期喷施20%病毒A可湿性粉剂500倍液，或1.5%植病灵乳剂1 000倍液，或1%抗毒剂1号水剂800倍液，或5%菌毒清水剂400倍液，10～15天防治1次，视病情防治1～3次。

甜瓜褐点病
Melon brown necrotic spot

褐点病是甜瓜的重要病害，局部地区有分布，保护地、露地均可发生。一般病株率5%～10%，在一定程度上影响生产。严重棚室或地块病株率可达20%，显著影响甜瓜生产。此病对甜瓜生产存在着严重潜在威胁，值得引起注意。

[症状] 此病主要侵害叶片，发病多为全株性，病株叶片上密布初期褪绿逐渐黄化最后呈橘黄色不规则坏死病斑，边缘都具有黄色晕环。几个病斑相互汇合即形成大的不规则形坏死斑，多沿叶脉两侧分布。叶背病斑为淡黄色，边缘呈油绿色水渍状，略凹陷。病害严重时病株在短期内枯死，不能结瓜。

[病原] 由一种病毒侵染所致，毒源不详，有待研究。

[发病规律] 从病害田间分布和发病情况看，此病可能由国外引进种子带毒引起，其他发病条件与香甜瓜叶脉坏死病毒病相近似。此外，需特别注意引进种子的检疫。

防治方法参见甜瓜褐脉病。

甜瓜褐点病前期叶面病斑

甜瓜褐点病病瓜

甜瓜褐点病前期叶背病斑

甜瓜褐点病中后期病叶

甜瓜褐点病后期病叶

甜瓜立枯病
Melon Rhizoctonia wilt

立枯病为甜瓜苗期病害，分布较广，发生较普遍，一般病情较轻，多在温度较高的苗棚零星发生，造成局部死苗。

[症状] 此病主要为害幼苗茎基部和根茎部。初在茎基部产生椭圆形或不规则形褐色坏死斑，逐渐向下凹陷，边缘明显，绕茎一周瓜苗即萎缩死亡。根茎染病，皮层组织变褐腐烂，地上部随病情发展萎蔫枯死。空气潮湿，病部表面产生不甚明显的灰褐色蛛丝状霉层，即病菌菌丝体。

[病原] *Rhizoctonia solani* Kühn 属半知菌立枯丝核菌真菌。详见蚕豆立枯病（图 4 -32）。

发病规律、防治方法参见蚕豆立枯病。

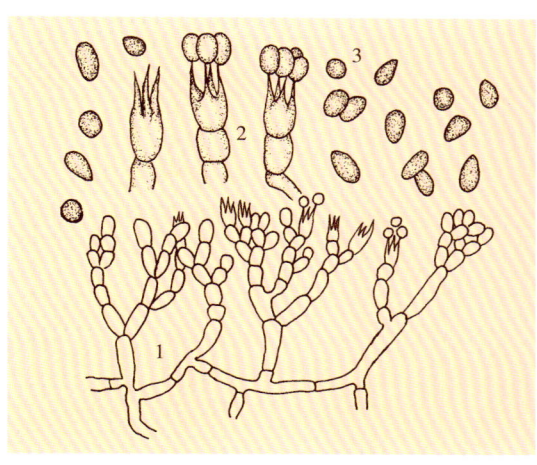

图 4-32 甜瓜立枯病菌
1.菌丝 2.担子 3.担孢子

甜瓜立枯病病苗

甜瓜猝倒病
Melon Pythium damping-off

猝倒病为甜瓜苗期常见病，分布广泛，种植甜瓜的地区都有不同程度发生。老式土法育苗发生较普遍，育苗期间阴雨天气多此病发生严重。

[症状] 此病自播种后即可发生，早期染病种子发芽即坏死腐烂，不能出土。出苗后露出土表的幼茎基部染病呈水渍状，迅速软化腐烂并缢缩，随后幼苗倒伏。有时瓜苗出土胚轴和子叶已腐烂变褐枯死。潮湿时病部产生少许絮状菌丝，病害严重时常造成幼苗成片死亡。

[病原] *Pythium aphanidermatum*（Eds.）Fitzp.属鞭毛菌瓜果腐霉真菌。详见苦瓜猝倒病。

甜瓜猝倒病病苗

发病规律、防治方法参见苦瓜猝倒病。

甜瓜根腐病
Melon Fusarium root rot

根腐病亦为甜瓜的常见病，多发生在土壤较黏重的地区。以分苗或定植后缓苗前较常见，苗肥或底肥未充分腐熟，或因其他原因造成根伤较多，此病严重。

[症状] 此病主要侵染根和根茎，染病部位初呈水渍状，以后呈黄褐色坏死腐烂。湿度大时病根茎表面产生少量白霉，其病部

甜瓜根腐病病苗

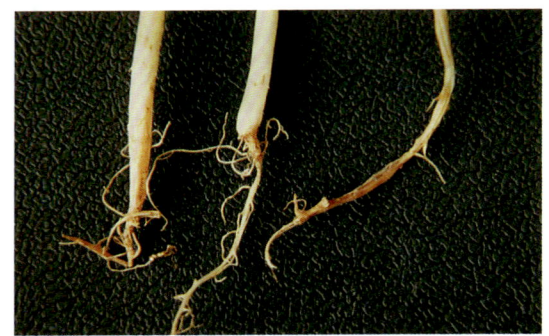

甜瓜根腐病病苗幼根

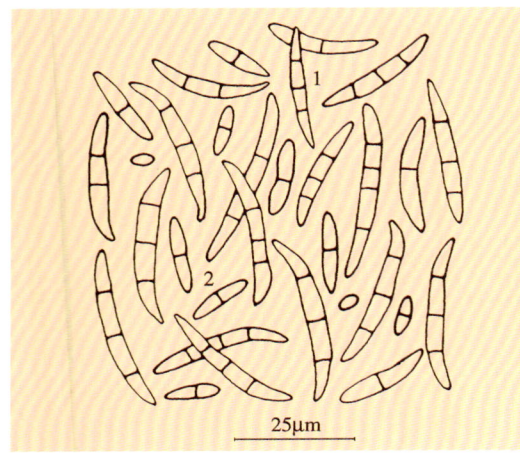

图 4-33 甜瓜根腐病菌
1. 大型分生孢子　2. 小型分生孢子

腐烂处维管束变褐，但不向上发展而区别于枯萎病。随病害发展病部略收缩变细，植株或幼苗叶片由下向上逐渐褪绿萎蔫最后枯死。后期病部全部腐朽，仅剩下丝状维管束组织。

[病原] *Fusarium solani*（Mart.）App.et Wollenw.f.*cucurbitae* Snyder et Hansen 属半知菌瓜类腐皮镰孢霉真菌。病菌产生大小两种类型分生孢子。大型分生孢子梭形至月牙形，无色透明，两端较钝，具 2～4 个隔膜，多为 3 个，大小为 22.5～37.5μm×3～4μm。小型分生孢子纺锤形至卵圆形，具 0～1 个隔膜，大小为 4.5～24μm×2.5～4μm（图 4-33）。

[发病规律] 病菌以厚垣孢子、菌丝体或菌核在土壤中及病残体上越冬，厚垣孢子可在土壤中存活 5～10 年。厚垣孢子为引起发病的主要侵染源，病菌从根部伤口侵入，发病后在病部产生分生孢子，借雨水或浇水传播蔓延，进行重复侵染。高温高湿利于发病，连作、地势低洼、土壤黏重、地下害虫严重，或施用未腐熟肥料烧伤根系等发病较重。

[防治方法]

1. 重病区与十字花科、百合科等非瓜类蔬菜实行 3 年以上轮作。

2. 施用充分腐熟的底肥。精细整地，采用高畦栽培。防止大水漫灌，避免雨后田间积水。注意防治地下害虫。发病后及时松土，增强土壤透气性。

3. 发病初期喷洒或浇灌 50% 多菌灵可湿性粉剂 500 倍液，或 45% 特克多悬浮剂 1 000 倍液，或 25% 敌力脱乳油 1 500 倍液，或 65% 多果定可湿性粉剂 1 000 倍液，每株浇灌药液 150～300ml。

甜瓜白粉病
Melon powdery mildew

白粉病为甜瓜的常见病，分布广泛，发生普遍，春秋两季发病较重，发病率 30%～100%，显著影响甜瓜生产。此病除为害甜瓜外，还侵染多种其他葫芦科蔬菜。

[症状] 此病在甜瓜全生育期都可发生，主要为害叶片，严重时亦为害叶柄和茎蔓。叶片发病，初期在叶正、背面出现白色小粉点，逐渐扩展呈白色圆形粉斑，多个病斑相互连接使叶面布满白粉。随病害发展，粉斑颜色逐渐变为灰白色，后期偶在粉层下产生黑色小点。最后病叶枯黄坏死。

[病原] *Sphaerotheca fuliginea*（Schl.）Poll.属子囊菌单丝壳白

甜瓜白粉病前期病叶

甜瓜白粉病中后期病叶

粉菌真菌。病菌分生孢子梗圆柱形，无色，无分枝，顶端串生分生孢子。分生孢子单胞，无色，椭圆形，大小为18.4～36.8μm×14.5～20.1μm。有性阶段闭囊壳很少产生（图4-34）。

[发病规律] 病菌随病残体在保护地内越冬，也可以分生孢子在其他寄主上为害越冬，借气流、雨水传播。病菌喜温湿，耐干燥，高温干燥和潮湿交替有利于病害发生发展。病菌生长温度为10～30℃，适宜温度为20～25℃，相对湿度25%～85%分生孢子均可萌发，以高湿条件适宜发病。生长中后期植株生长衰弱，发病严重。品种间对白粉病的抗性有明显差异。

[防治方法] 参见小西葫芦白粉病。此外，白粉病严重地区，需因地制宜选用抗耐白粉病品种。目前，龙甜1号、娜依鲁网纹甜瓜、伊丽莎白等品种相对抗病，可试用。

甜瓜白粉病后期病叶

甜瓜白粉病病蔓

甜瓜白粉病后期病株

甜瓜白粉病田间为害状

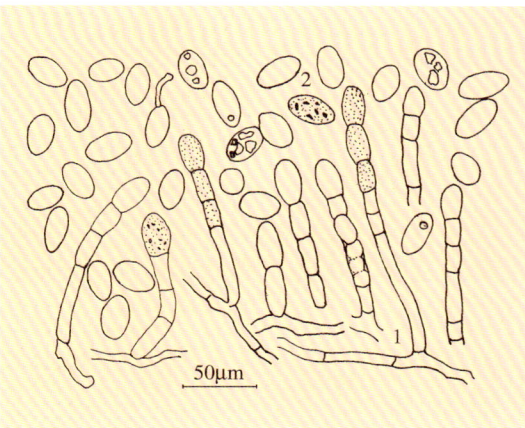

图4-34　甜瓜白粉病菌
1. 分生孢子梗　2. 分生孢子

甜瓜蔓枯病
Melon Ascochyta blight

蔓枯病是甜瓜的重要病害，分布广泛，各地都有发生，部分地区发生普遍。露地、保护地种植和甜瓜各生育期均可受害，以春、秋两季病害严重，引起死秧，一般病株率5%～8%，严重时病株率可达25%以上，对产量影响很大。

[症状] 此病主要为害茎蔓，也为害叶片和叶柄。叶片发病多从靠近叶柄附近或从叶缘开始侵染，形成不规则形红褐色坏死大斑，有不甚

甜瓜蔓枯病田间为害状

甜瓜蔓枯病后期病蔓

甜瓜蔓枯病初期和后期病斑

甜瓜蔓枯病初期病蔓

甜瓜蔓枯病叶片症状

甜瓜蔓枯病中期病蔓

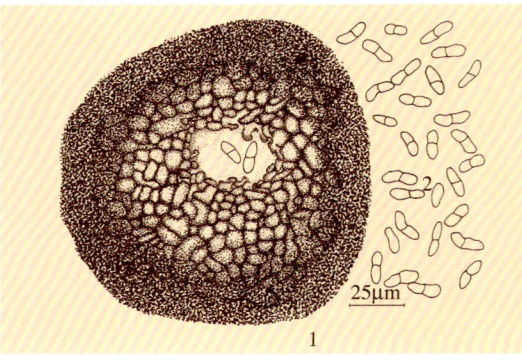

图4-35 甜瓜蔓枯病菌
1.分生孢子器 2.分生孢子

明显的轮纹,后期病斑上密生黑色小点,即病菌的分生孢子器,空气干燥时,病斑易破裂。茎蔓受害多在茎节处形成初为水渍状深绿色斑,以后变成灰白至浅红褐色不规则形坏死大斑,迅速向各方向发展造成茎折或死秧。在田间病部常产生乳白至红褐色流胶,病斑表面形成许多小黑点,即病菌的分生孢子器。叶柄染病,呈水渍状腐烂,后期亦产生许多小黑点,干缩萎垂至枯死。

[病原] *Ascochyta citrullina* Smith 属半知菌瓜壳二孢真菌。病菌分生孢子器表面生,初埋生于寄主组织内,后突破表皮外露,浅褐色,球形至扁球形,直径74.5~52μm,孔口明显,顶部呈乳状突起,直径17.1~31.5μm。分生孢子长椭圆形,无色透明,两端钝圆,初为单胞,后生一隔膜,分隔处常缢缩,大小为9.2~16.4μm×3.3~5.2μm(图4-35)。

[发病规律] 病菌在病残体上、土壤内、棚室架材上越冬,也可附着在种子表面越冬。通过浇水、

气流或农事操作传播。病菌生长温度约15～35℃，适宜温度20～24℃，空气湿度高于85%，平均气温18～25℃适宜发病。种植过密，通风不好，缺肥或偏施氮肥，保护地浇水后长时间闭棚容易诱发此病。连作或平畦种植亦有利于发病。

[防治方法]

1. 实行与非瓜类作物2～3年轮作，拉秧后及时清除枯枝落叶及植物残体，带出棚外妥善处理。

2. 选用无病种子，用52～55℃温水浸种20～30min后催芽播种。也可用种子重量0.3%的50%扑海因可湿性粉剂拌种。

3. 施足充分腐熟的有机肥，适当增施磷、钾肥，生长中后期注意适时追肥，避免脱肥。发病后加强管理，保护地注意通风。

4. 发病初期用

70%甲基托布津可湿性粉剂600倍液，或50%扑海因可湿性粉剂800倍液，或25%培福朗水剂800倍液，或40%多硫悬浮剂500倍液，或70%代森锰锌可湿性粉剂400倍液，或80%大生可湿性粉剂800倍液喷雾，重点喷洒植株中下部。病害严重时，可用上述药剂使用量加倍后涂抹病茎。有条件的地方可用5%百菌清粉尘剂或5%加瑞农粉尘剂15kg/hm²喷粉防治。

甜瓜蔓枯病叶柄病斑

甜瓜蔓枯病病瓜

甜瓜霜霉病
Melon downy mildew

cubensis（Berk. et Curt.）Rostov. 属鞭毛菌古巴假霜霉真菌。详见迷你黄瓜霜霉病（图4-36）。

发病规律、防治方法参见迷你黄瓜霜霉病。

霜霉病是甜瓜的主要病害，分布广泛，各地都有发生，保护地、露地均可发病，多在春末夏初的温室或大棚造成危害。一般发病率10%～30%，严重时可达90%以上。一般轻度影响甜瓜生产，个别严重棚室或地块损失可达30%以上。此病还侵害多种其他瓜类蔬菜。

[症状] 此病从幼苗期到成株期均可发生，仅为害叶片。初在中下部叶背面形成水渍状斑点，逐渐发展，叶正面褪绿坏死，最后变褐，形成不规则形的坏死大斑，潮湿条件下叶背产生紫灰色霉层，即病菌孢囊梗和游动孢子囊。叶背病斑周围常形成水渍状深绿色不规则环纹。病叶由下向上发展，特别严重时可造成整株枯死。

[病原] *Pseu-doperonospora*

甜瓜霜霉病初期叶背病斑

甜瓜霜霉病叶面病斑

甜瓜霜霉病中期叶背病斑

甜瓜霜霉病病株

图 4-36　甜瓜霜霉病菌
1. 孢囊梗　2. 孢子囊

甜瓜炭疽病
Melon anthracnose

炭疽病为甜瓜的普通病害，分布较广，发生亦较普遍，保护地、露地种植均可发生。一般病株率10%～30%，严重时发病率达80%以上，在一定程度上影响甜瓜生产。此病还可侵害多种其他葫芦科蔬菜。

[症状]　此病在甜瓜全生育期都可发生，叶片、茎蔓、叶柄和果实均受侵染。幼苗染病，真叶或子叶上形成近圆形黄褐至红褐色坏死斑，边缘有时有晕圈，幼茎基部常出现水渍状坏死斑。成株期染病，叶片病斑因品种呈近圆形至不规则形，黄褐色，边缘水渍状，有时亦有晕圈，后期病斑易破裂。茎和叶柄染病，病斑椭圆至长圆形，稍凹陷，浅黄褐色。果实染病，病部凹陷开裂，后期产生粉红色黏稠物，即病菌分生孢子。

[病原]　*Colletotrichum orbiculare*（Berk. et Mont.）Arx.属半知菌瓜刺盘孢真

甜瓜炭疽病幼苗病斑

甜瓜炭疽病后期病斑

甜瓜炭疽病成株病斑

甜瓜炭疽病病蔓

菌。详见苦瓜炭疽病。

[发病规律] 病菌主要以菌丝或拟菌核随病残体在土壤内越冬，菌丝也可附着在种子上越冬。条件适宜时菌丝直接侵入子叶引起发病，多数情况下病菌产生大量分生孢子借雨水或浇水传播，形成初侵染。发病后病部产生分生孢子进行重复侵染。发病适宜温度22～27℃，适宜湿度85%～98%。

防治方法参见苦瓜炭疽病。

甜瓜炭疽病瓜上病斑

甜瓜炭疽病病瓜

甜 瓜 枯 萎 病
Melon Fusarium wilt

枯萎病为甜瓜的重要病害，分布较广，局部地区发病严重，主要在保护地内发生，尤其连茬种植棚室发病普遍。一般发病率3%～5%，严重棚室病株可达30%以上，明显影响甜瓜生产。

[症状] 此病在甜瓜全生育期都可发生。苗期染病，病苗叶色变浅，逐步萎蔫，最后枯死，剖茎可见维管束变色。成株期发病，植株叶片由下向上萎蔫下垂，部分叶片叶缘变褐或产生褐色坏死斑，最后全株枯死。有时病茎上还出现凹陷坏死条斑，空气潮湿时病部表面产生白色至粉红色霉层，最后病茎基部腐烂纵裂，维管束变褐。

[病原] *Fusarium* sp.属半知菌镰孢霉真菌。病菌产生两种类型分生孢子。大型分生孢子多镰刀形，个别纺锤形，两端渐细，顶端收缩，3～5个分隔。小型分生孢子多单细胞，无色，椭圆形。

[发病规律] 病菌主要以菌丝体、厚垣孢子在土壤、病残体或未腐熟的菌肥中越冬。条件适宜时病菌通过根部伤口，或直接从根尖分生区细胞间侵入，形成初侵染。土温15～20℃，甜瓜根系生长不良，伤口难以愈合时病菌容易侵入。连茬种植、病菌连续积累病情较重。土壤偏酸、土质黏重、地势低洼积水和施用未腐熟肥料及地下害虫多等都有利于发病。

[防治方法] 参见西瓜枯萎病。根据病菌致病特性，病害严重地区可采用黑籽南瓜作砧木与甜瓜接穗斜插嫁接防病。

甜瓜枯萎病后期病苗

甜瓜枯萎病病苗幼茎

甜瓜枯萎病病株　　　　　　甜瓜枯萎病病蔓　　　　　　甜瓜枯萎病后期病蔓

甜瓜叶斑病
Melon Cercospora leafspot

叶斑病为甜瓜的普通病害，在局部地区发生分布。一般发病较轻，病株率30%～60%，对甜瓜生产影响较轻，重病田块病株可达80%以上，明显影响甜瓜产量与品质。

[症状]　此病主要为害叶片。病斑初期为水渍状，浅褐色，逐渐发展成近圆形至不规则形黄褐至暗褐色，边缘明显。空气潮湿，病斑表面产生灰褐色霉层，即病菌分生孢子梗和分生孢子。多个病斑相互连接成片，致叶片早衰坏死。

[病原]　*Cercospora citrullina* Cke.属半知菌瓜类明针尾孢霉真菌。病菌子实体叶两面生，子座不明显，分生孢子梗单生或几根成束，淡褐色至褐色，直或弯，不分枝，有屈曲，具0～6个隔膜，顶端平切，孢痕明显，大小为48～275μm×4.5～6.5μm。分生孢子鞭状，直或弯曲，基部平切，顶端渐尖，多个隔膜，不明显，大小为45～290μm×3.5～5μm。

[发病规律]　病菌以菌丝块或分生孢子在病残体上或附着在种子上越冬，翌年条件适宜时产生分生孢子，借气流和雨水传播形成初侵染。发病后产生分生孢子进行再侵染，多雨高湿利于病害发生与发展。

[防治方法]

1. 选用无病种子，或用隔年的陈种子。也可用55℃温水恒温浸种15～20min后催芽播种。

2. 重病地区实行与非瓜类蔬菜2年以上轮作。

3. 发病初期进行药剂防治，参见西瓜叶斑病。

甜瓜叶斑病叶面病斑　　　　甜瓜叶斑病叶背病斑

甜瓜叶点病
Melon Phyllosticta leafspot

叶点病为甜瓜的普通病害，局部地区发生分布，保护地、露地均可发生。一般病株率30%～50%，轻度影响甜瓜生产。病害严重时发病率可达100%，明显影响生产。

[症状] 此病主要为害叶片。病斑初为水渍状褐色小点，边缘褪绿，随病斑扩展中部颜色变浅，逐渐干枯，周围具水渍状浅绿色晕环，病斑大小为0.5～6mm，后期病斑中部呈薄纸状，淡黄色至灰白色，易破碎，病斑生少量不明显小黑点，即病菌分生孢子器。严重时叶片上病斑密布，终致病叶早衰枯死。

[病原] *Phyllosticta* sp. 属半知菌叶点霉真菌。病菌分生孢子器球形，器壁细胞明显，有孔口，直径75～100μm。分生孢子卵圆至椭圆形，无色，单胞，大小为4～6.5μm×3～4.5μm（图4-37）。

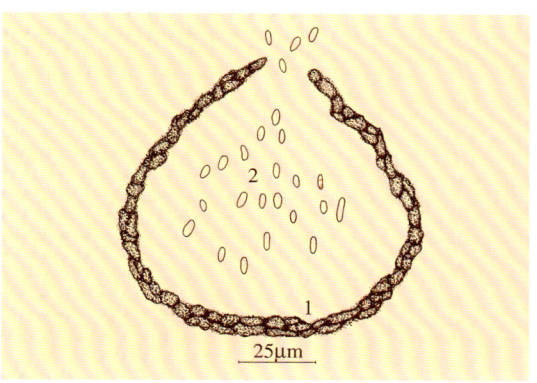

图4-37 甜瓜叶点病菌
1. 分生孢子器 2. 分生孢子

[发病规律] 病菌主要以菌丝体和分生孢子器随病残体遗落在土中越冬。条件适宜时以分生孢子进行初侵染和再侵染，靠雨水溅射传播蔓延。温暖潮湿利于发病。

[防治方法]
1. 重病地块或棚室实行与非瓜类蔬菜轮作。
2. 加强田间管理，避免田间积水，发病后增加通风，降低田间湿度。
3. 发病初期进行药剂防治，可选用70%甲基托布津可湿性粉剂600倍液，或40%多硫悬浮剂500倍液，或50%扑海因可湿性粉剂1 500倍液，或40%福星乳油8 000倍液喷雾。

甜瓜叶点病病斑

甜瓜黑斑病
Melon Alternaria leafspot

黑斑病为甜瓜的重要病害，局部地区发生分布，保护地种植受害较重。一般病株率40%～60%，病害严重时均达100%，多数叶片染病枯死，显著影响甜瓜产量与品质。

[症状] 此病在甜瓜各生育期都可发生，以生长中后期受害重，主要侵害叶片。初期在叶背面出现浅黄色小点，周围水渍状，逐步发展成近圆形至不规则形黄褐色至暗褐色坏死斑，外围墨绿色，中央黄褐色，病斑边缘明显，大小差异大。叶正面病斑初为褪绿晕状小斑，以后发展成黄褐色坏死斑，近圆形，随病害发展多个病斑相互连接成坏死大斑致叶片枯死。后期病斑正背面均产生黑色霉状物，即病菌分生孢子梗和分生孢子。

[病原] *Alternaria cucumerina*（Ell.

et Ev.）Elliott.属半知菌瓜链格孢真菌。病菌分生孢子梗单生或束生，榄褐色，顶端色淡，基部细胞稍大，不分枝，正直或1～2个膝状节，1～7个横隔膜，大小为36～118μm×4～6μm。分生孢

甜瓜黑斑病叶面病斑

甜瓜黑斑病叶背病斑

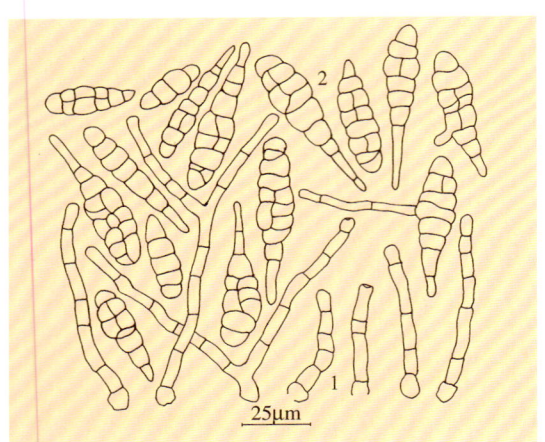

图 4-38 甜瓜黑斑病菌
1. 分生孢子梗　2. 分生孢子

子单生或2～3个串生，倒棒状，浅褐色，孢身具2～9个横隔膜，0～3个纵隔膜，分隔处缢缩，大小为27～48μm×8.5～17μm。喙胞稍长，色淡，不分枝，具0～3个横隔膜，大小为5～28μm×4～6μm，孢身至喙逐渐变细（图4-38）。

[发病规律] 病菌以菌丝体或分生孢子在病残体上，或以分生孢子在病组织上，或附着在种子表面越冬。越冬病菌为翌年初侵染菌源，借气流或雨水传播，分生孢子萌发可直接侵入叶片，发病后很快形成分生孢子进行再侵染。病菌生长温度5～40℃，适宜温度约20～30℃。高温、高湿利于发病。甜瓜生长期高温多雨，或浇水后通风不及时，病害发生严重、扩展迅速。中后期植株脱肥，生长衰弱病害较重。

[防治方法]

1. 拉秧后彻底清除植株病残落叶，减少田间菌源，重病地块与非瓜类蔬菜轮作。

2. 增施有机肥，中后期适当追肥，提高植株抗病能力，浇水后增加通风，严防大水漫灌。

3. 药剂防治：发病初期可选用50%扑海因可湿性粉剂1 200倍液，或65%多果定可湿性粉剂1 000倍液，或50%敌菌灵可湿性粉剂500倍液，或50%农利灵可湿性粉剂1 500倍液，或80%大生可湿性粉剂800倍液，或2%农抗120水剂300倍液。保护地种植还可选用5%百菌清粉尘剂或5%加瑞农粉尘剂15kg/hm²喷粉防治。

甜瓜靶斑病
Melon target leafspot

靶斑病为甜瓜的普通病害，部分地区发生分布。通常病情较轻，病株率5%～10%，少数叶片染病，对生产无明显影响，严重时病株率达20%左右，轻度影响甜瓜生产。

[症状] 此病仅为害叶片，病斑初为淡褐色小点，以后变成浅黄褐色近圆形病斑，边缘颜色略深，通常病斑较大，受叶脉限制，后期呈不规则形或多角形。有的病斑中部呈灰白至浅黄色。空气潮湿，病斑上产生灰黑色稀疏绒霉，即病菌分生孢子梗和分生孢子。严重时，病斑汇合致叶片枯死。

[病原] *Corynespora cassiicola*（Berk. & Curt.）Wei 属半知菌瓜棒孢霉真菌。病菌子实体多生于叶面，分生孢子梗多单生，细长，不分枝，具1～7个隔膜，浅褐至黄褐色，大小为90～430μm×5.5～9.5μm。分生孢子顶生，倒棍棒形至圆筒形，基部膨大，顶端钝圆，直立或弯曲，壁厚，有隔膜0～20个，浅黄褐色，大小为19～264μm×8～23μm（图4-39）。

[发病规律] 病菌以分生孢子丛或菌丝体随病残体在土中越冬，病菌还可以厚垣孢子和菌核越冬。条件适宜时产生分生孢子借气流或雨水飞溅传播，进行初侵染，发病后形成新的分生孢子进行重复侵染。温暖、高湿有利于发病。发病温度20～30℃，相对湿度90%

甜瓜靶斑病叶面病斑

甜瓜靶斑病叶背病斑

甜瓜靶斑病病斑放大

以上。温度 25～27℃和湿度饱和时，病害发生较重。甜瓜生长中后期高温高湿，或阴雨天较多，或长时间闷棚，昼夜温差很大等均有利于发病。

[防治方法]

1. 采收后彻底清除病残株，减少田间菌源。

2. 重病地块实行与非瓜类、豆类作物2～3年以上轮作，控制发病。

3. 加强田间管理，雨后及时排水，保护地注意浇水后加强通风管理，降低空气湿度。

4. 发病初期进行药剂防治。可选用50%敌菌灵可湿性粉剂500倍液，或50%农利灵可湿性粉剂1 000倍液，或40%福星乳油8 000倍液，或6%乐必耕可湿性粉剂1 500倍液，或70%甲基托布津可湿性粉剂600倍液，或80%大生可湿性粉剂600倍液喷雾。保护地选用6.5%甲霉灵粉尘剂15kg/ hm² 喷粉防治。

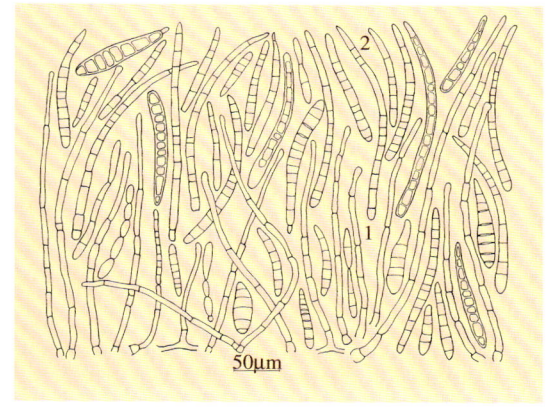

图 4-39 甜瓜靶斑病菌
1. 分生孢子梗 2. 分生孢子

甜瓜褐腐病
Melon Alternaria fruit rot

褐腐病为甜瓜的普通病害，分布较广，发生较普遍，生长期和贮藏期都可发生。通常生长期发病较轻，仅个别果实受害，对甜瓜生产有轻度影响。

[症状] 此病只为害果实，主要为害成熟瓜、接触地面瓜或受伤的、将要化的生长衰弱瓜。病菌多从与地面接触处，或受伤部位及其他较衰弱部位侵染，形成初为水渍状暗黄色后为黄褐色坏死斑，圆形、椭圆形或不定形，大小差异大，向下凹陷，随病害发展病部组织软化腐烂，在病斑表面密生黑色霉状物，即病菌分生孢子梗和分生孢子。

[病原] *Alternaria tenuis* Nees属半知菌细交链孢霉真菌。病菌分生孢子梗绿褐色至黑褐色，屈曲，有明显孢痕，顶端串生分生孢子。分生孢子倒棍棒状，具纵横隔膜，黑褐色，喙胞较长。

[发病规律] 病菌寄主范围广泛，腐生性亦较强，可在多种蔬菜残体上存活。条件适宜时产生分生孢子，借气流、雨水或浇水等传播。通常只侵染受伤或局部坏死或过度成熟的果实。气温20～30℃，相对湿度90%左右即可发病。以23～27℃和大于90%的相对湿度适

甜瓜褐腐病病瓜

宜发病。甜瓜采收期多阴雨，或棚室内湿度过高，发病相对较重。

[防治方法]

1. 果实成熟后应及时采收。

2. 合理肥水管理，防止雨后田间积水，保护地加强通风排湿，及时清除病瓜。

3. 必要时进行药剂防治。参见甜瓜靶斑病。

甜瓜灰霉病
Melon gray mold

灰霉病为甜瓜的普通病害。分布较广，仅在冬季和早春保护地内发生，病瓜零星，轻度影响甜瓜生产。

[症状] 此病可侵染叶片、茎蔓、花和果实，以果实受害为主，初期多从开败的花开始侵染，逐渐向果蒂方向扩展，使果实呈水渍状软腐，在病组织表面产生灰色霉层，即病菌分生孢子梗和分生孢子。

[病原] *Botrytis cinerea* Pers.属半知菌灰葡萄孢真菌。详见小西葫芦灰霉病。

发病规律、防治方法参见小西葫芦灰霉病。根据甜瓜生产特点，

甜瓜灰霉病前期病瓜

发病期着重增温降湿管理，及时发现和清除早期病花、病瓜即可有效控制病害。

甜瓜灰霉病中后期病瓜

甜瓜灰霉病病苗

甜瓜炭腐病
Melon Mycosphaerella fruit rot

炭腐病为甜瓜的普通病害，分布较广，发生较普遍，保护地、露地均可发病。通常病株零星，轻度影响甜瓜生产，严重时损失可达 10% 以上。

[症状] 此病主要为害瓜果，以近成熟瓜果最易染病，重时亦侵染叶片和茎蔓。瓜果染病，初

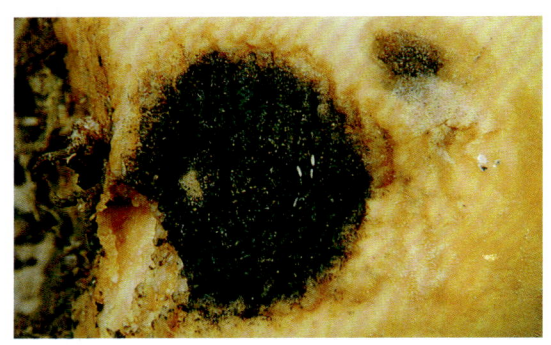

甜瓜炭腐病病瓜

形成水渍状近圆形斑，以后软化腐烂，明显凹陷，在病斑上逐渐产生炭黑色颗粒状物，即病菌分生孢子器。后期发展成炭黑色大型病斑，病瓜完全丧失食用价值。叶片染病，多形成褐色近圆形病斑，后期在病斑上产生黑色粒点，终致叶片枯死。茎蔓染病，病部多形成黑褐色肿瘤，并产生红褐至琥珀色流胶，易断折，后期病部以上枯萎死亡。

[病原] *Mycosphaerella melonis*（Pass.）Chiu et Walker 属子囊菌瓜类黑腐小球壳菌。病菌子囊座近球形，暗褐色，生于寄主表皮下，后突破表皮顶部外露，座壁膜质，直径 120～230μm。子囊圆筒形至棍棒状，大小为 50～80μm × 5～12μm。子囊孢子椭圆形，无色，双细胞，一端稍大，钝圆，大小为 7.5～15.5μm × 4.5～10μm。无性时期产生分生孢子器，变异大，直径 60～330μm。分生孢子单胞或双胞，大小为 4～14μm × 1.5～7μm。

[发病规律] 病菌以子囊座随病残组织越冬，或在其他瓜类作物上为害过冬，也可以分生孢子器随病残体越冬。条件适宜时子囊孢子和分生孢子均可形成初侵染。发病后病部产生分生孢子或子囊孢子，通过雨水、浇水和气流、昆虫等传播，进行再侵染。高温多雨，田间潮湿发病较重。

防治方法参见甜瓜蔓枯病。

甜瓜酸腐病
Melon Oospora fruit rot

酸腐病为甜瓜的一般病害，分布较广，常在露地种植时零星发生，通常发病很轻，严重时在一定程度上影响甜瓜生产。

[症状] 此病主要发生在半成熟至成熟瓜上，病瓜初期呈水渍状，以后软腐，在其表面产生一层致密的白色霉层，以后呈颗粒状，散发酸臭味。严重时可造成大批瓜果腐烂。

[病原] *Oospora* sp.属半知菌卵形孢霉真菌。详见西瓜酸腐病（图4-40）。

[发病规律] 病菌以菌丝体随病残体在土壤中越冬。大雨、暴雨、刮风使病菌冲溅到果实上引

起发病，病瓜表面形成分生孢子借气流、雨水或浇水传播扩散。植株中下部瓜或与地面接触处或表面受伤容易染病。高温高湿有利于发病；结瓜期多雨，高湿发病较重。

防治方法参见球茎茴香酸腐病。

甜瓜酸腐病病瓜

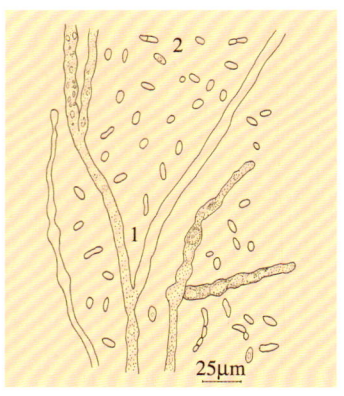

图4-40 甜瓜酸腐病菌
1. 分生孢子梗　2. 分生孢子

甜瓜根霉果腐病
Melon Rhizopus fruit rot

　　根霉果腐是甜瓜的普通病害，分布较广，保护地、露地都偶尔发生。除生长期为害成熟的果实外，贮运期也可发病，造成烂瓜。

　　[症状] 此病只为害果实，多侵染成熟或带伤的近成熟瓜，靠近地面的瓜更易受害。初期病斑不明显，染病后就表现较大面积软化，以后在病部密生白色霉层，随病害发展在白色霉层上产生带黑色小颗粒的丝状物，最后病瓜腐烂。

　　[病原] *Rhizopus nigricans* Ehrb.属接合菌黑根霉真菌。病部密生带黑色小颗粒的丝状物，为病菌孢子囊梗。孢子囊梗直立，无分枝，3～5根丛生于葡匐丝上，与假根成反方向生长，粗壮，顶生较大的球状孢囊。孢囊内形成很多很小的圆形孢囊孢子。

　　[发病规律] 病菌为弱寄生菌，腐生性很强，广泛分布于田间,菌丝可在多汁蔬菜残体上腐生存活,孢囊孢子可在保护地内越冬。条件适宜时病菌由伤口或生活力极度衰弱的部位侵入，分泌果胶酶，分解细胞间质，使组织软化腐烂。发病后产生大量孢子，随气流传播，引起重复侵染。温暖潮湿有利于发病,生长最适宜温度为23～28℃，相对湿度80%以上。甜瓜采收期多雨、田间积水、保护地内空气湿度高，病害发生较重。肥水管理不当，使果实出现生理裂口多而不均匀，病害相对严重。

　　[防治方法]

　　1. 适时采收瓜果，防止过度成熟开裂，减少发病。

　　2. 合理水肥管理，防止机械损伤和生理大裂口，减少病菌侵染机会。

　　3. 加强田间管理，雨后及时排水，避免田间积水。保护地增加通风，降低空气湿度，抑制发病。

　　4. 必要时进行药剂防治。参见小西葫芦根霉腐烂病。

甜瓜根霉果腐病病瓜

甜瓜黑根霉病菌显微放大

甜瓜拟黑斑病
Melon pseudo-Alternaria leafspot

　　拟黑斑病为甜瓜的普通病害，分布广泛，发生普遍，保护地、露地都可发生。一般病株率20%～40%，对甜瓜生产无明显影响。严重地块或棚室，病株率可达80%以上，在一定程度上影响甜瓜生产。

　　[症状] 此病主要发生在甜瓜生长中后期，以叶片受害为主，严重时亦侵害茎蔓和果实。植株发病多从下部老叶开始，形成近圆形坏死病斑，灰褐至紫褐色，具有不明显轮纹。果实染病，多发生在日灼或其他病斑上，引起果实腐烂，后期在病斑上产生黑褐色霉状物。

　　[病原] *Alternaria alternata* （Fr.） Keissl.属半知菌交链孢霉真菌。病菌分生孢子单生，直立，不分枝或偶有分枝，浅褐至榄褐色，基部细胞稍大，具隔膜1～4个，大小为16～78μm×2.5～5.5μm。分生孢子形状差异较大，椭圆形、圆筒形、倒棍棒形、倒梨形和卵形，浅褐色至暗褐色，多个串生，有喙或无喙，喙长不长于孢身的1/3；孢身具横隔膜1～9个，纵隔膜1～6个，分隔处略缢缩，大小为10～

甜瓜拟黑斑病病叶

68μm×6～21μm。

　　[发病规律] 病菌主要以菌丝体随病残体在土壤中越冬，亦可在多种其他寄主上为害过冬。条件适宜时产生分生孢子，借风雨或浇水传播形成初侵

染，病部再形成分生孢子进行多次重复侵染，使病害扩展蔓延。病菌生长温度5～40℃，24～28℃较适，10～37℃分生孢子均可萌发。高湿极有利于发病，植株生长衰弱发病严重。防治方法参见甜瓜黑斑病。

甜瓜菌核病
Melon Sclerotinia rot

菌核病为甜瓜的普通病害，老菜区部分地区分布，主要在保护地内发生。一般零星发病，对甜瓜生产无明显影响，个别棚室发病较重，造成死秧和烂瓜，影响产量。

[症状] 此病主要为害叶片、茎蔓和叶柄，亦侵染果实。叶片染病多侵染中下部叶，初期病斑水渍状，暗绿色，逐步发展成灰褐色坏死斑，边缘明显，黄褐色，具不明显轮纹，后期常破裂。茎蔓和叶柄染病呈不规则水渍状腐烂并快速向上下发展，病部产生絮状白霉，最后变成鼠粪状菌核。果实染病多从脐部软化腐烂，在病部产生浓密白霉，最后形成菌核。

[病原] *Sclerotinia sclerotiorum* (Lib.)de Bary 属子囊菌核盘菌真菌。详见青花菜菌核病。

发病规律、防治方法参见青花菜菌核病。

甜瓜菌核病叶片病斑

甜瓜菌核病前期病瓜

甜瓜菌核病叶柄和病蔓

甜瓜菌核病中期病瓜

甜瓜菌核病病瓜柄

甜瓜菌核病后期病瓜

甜瓜菌核病前期菌核

甜瓜菌核病菌核

甜瓜红粉病
Melon Trichothecium rot

红粉病为甜瓜的普通病害，分布较广，发生较普遍。多在露地甜瓜生长中后期发生，保护地内以网纹厚皮甜瓜较易发病。通常病瓜零星，轻度影响甜瓜生产，严重地块或棚室病瓜可达10%左右，明显影响甜瓜生产。

[症状] 此病主要为害果实，严重时亦侵染叶片、叶柄和茎蔓。果实染病，多从果表皮裂口处开始侵染，初期在病部产生灰白色菌丝团，逐渐扩大形成灰白色至粉白色霉层，即病菌菌丝、分生孢子梗和分生孢子。随病害发展，病部软化腐烂，湿度高时，叶片、叶柄和茎蔓亦可受侵染，在叶片上产生初为暗绿色圆形至近圆形后为不规则形浅黄褐色坏死斑，病斑大小差异较大，边缘呈水渍状，易破裂穿孔，长时间高湿可在病斑上产生稀疏浅橙色霉状物，即病菌分生孢子梗和分生孢子。叶柄和茎蔓染病后软化腐

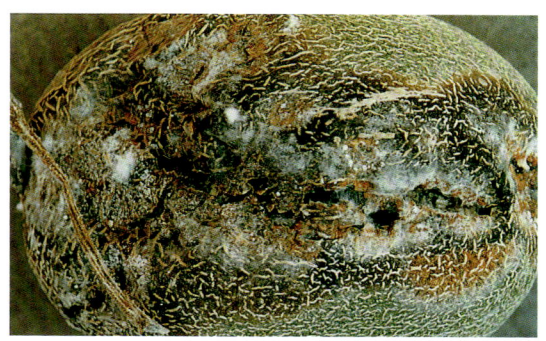

甜瓜红粉病前期病瓜

甜瓜红粉病病苗

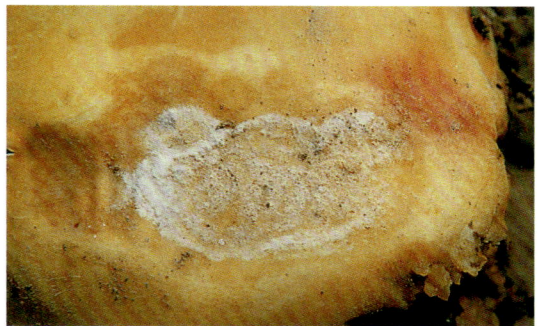

甜瓜红粉病中后期病瓜

甜瓜红粉病病叶

甜瓜红粉病后期病瓜

烂，在病部产生灰白色至粉白色霉状物。

[病原] *Trichothecium roseum*（Bull.）Link属半知菌粉红单端孢霉真菌。病菌菌落初为白色，后渐变成粉红色。病菌分生孢子梗直立，不分枝，无色，顶端有时膨大，具0～2个隔膜，大小为178～216μm×2.5～4μm。分生孢子顶端簇生，单独形成，孢基具一扁乳头状突起。分生孢子倒洋梨形，双细胞，隔膜处略缢缩，初期无色，后期浅粉红色，形成向基序列的孢子链，大小为11.5～24.5μm×8～14.5μm（图4-41）。

[发病规律] 病菌以菌丝体随病残体遗留在土壤中越冬。条件适宜时产生分生孢子，通过气流或雨水传播到植物组织表面，多由伤口侵入。发病后病部产生大量分生孢子，借风雨或浇水传播蔓延，进行重复侵染。温暖潮湿有利于发病。病菌发育适温25～30℃，适宜相对湿度85%以上。甜瓜生长期阴雨较多、光照不足，或保护地内高温、潮湿，植株生长衰弱容易发病。

[防治方法]

1. 增施有机底肥，掌握适宜的种植密度。

2. 加强田间管理，适时浇水追肥，减少生理伤口。保护地浇水后增加通风，降低空气湿度。

3. 做好害虫防治，田间管理时防止出现机械损伤，及时清除中下部老黄病叶，改善通风透光条件。

4. 采收后彻底清除病残植株，减少田间菌源。田间出现病瓜、病叶及时摘除，集中妥善处理。

5. 发病初期进行药剂防治，可选用50%敌菌灵可湿性粉剂500倍液，或50%扑海因可湿性粉剂1 200倍液，或70%甲基托布津可湿性粉剂600倍液，或80%大生可湿性粉剂800倍液，或25%炭特灵可湿性粉剂600倍液喷雾防治。保护地可选用5%百菌清粉尘剂，或5%加瑞农粉尘剂15kg/hm²喷粉防治。

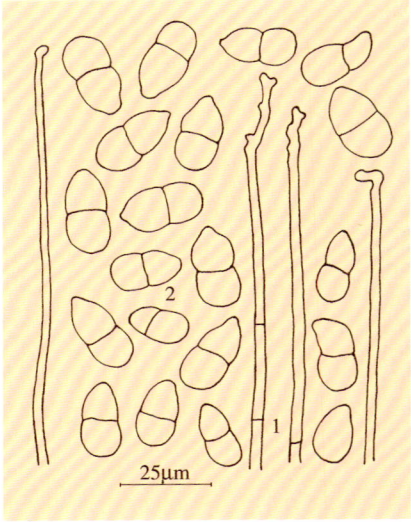

图4-41 甜瓜红粉病菌
1. 分生孢子梗 2. 分生孢子

- -

甜瓜镰孢霉红粉病
Melon Fusarium rot

镰孢霉红粉病是甜瓜的普通病害，局部地区零星发生，夏秋露地种植较常见，保护地偶有发生，造成瓜果和茎叶腐烂，在一定程度上影响甜瓜的品质，严重影响甜瓜正常贮存。

[症状] 此病多在甜瓜的生长后期发生。主要侵染半成熟瓜或成熟瓜，严重时亦侵害茎蔓和叶柄。瓜果染病，病部初呈水渍状，以后变褐坏死，组织腐烂，最后在其表面产生粉红色霉层，即病菌分生孢子。茎蔓和叶柄染病，亦呈水渍状坏死腐烂，病部产生粉红色霉层，终致茎叶枯死。

[病原] *Fusarium* sp.属半知菌镰孢霉真菌。病菌分生孢子镰刀形，顶胞稍尖，脚胞明显，具1～5个分隔，多2～4个。小型分生孢子一般较少见（图4-42）。

[发病规律] 病菌在土壤中越冬，或随病残组织越冬，植株下部或近地面瓜易受侵染，尤其具有生理裂口或生长势极度衰弱的瓜果

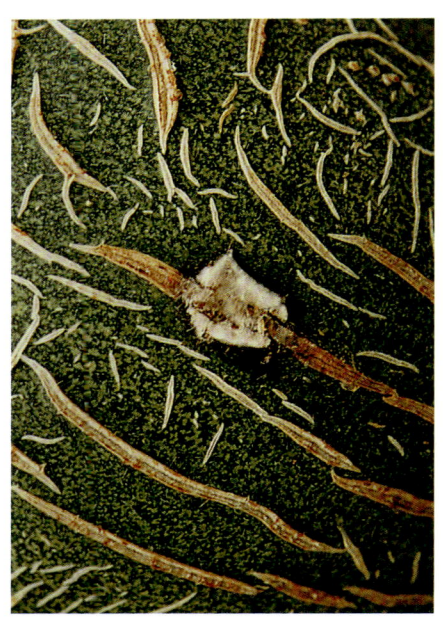

甜瓜镰孢霉红粉病初期病瓜

甜瓜镰孢霉红粉病中期病瓜

甜瓜镰孢霉红粉病中后期病瓜

最易发病。高温潮湿利于发病。一般夏季多雨或保护地内浇水过大，空气潮湿发病较重。

[防治方法]

1. 采用地膜覆盖栽培，防止瓜果直接与地面接触。雨后及时排水，避免田间积水，瓜果成熟后适时采收。

2. 及时摘除病瓜和清除其他病组织，集中销毁。

3. 瓜果近成熟前进行药剂防治，可选用50%多菌灵可湿性粉剂500倍液，或50%甲基托布津可湿性粉剂500倍液，或40%多硫悬浮剂500倍液，或25%敌力脱乳油1 500倍液，或45%特克多悬浮剂1 500倍液喷雾。

甜瓜镰孢霉红粉病后期病瓜

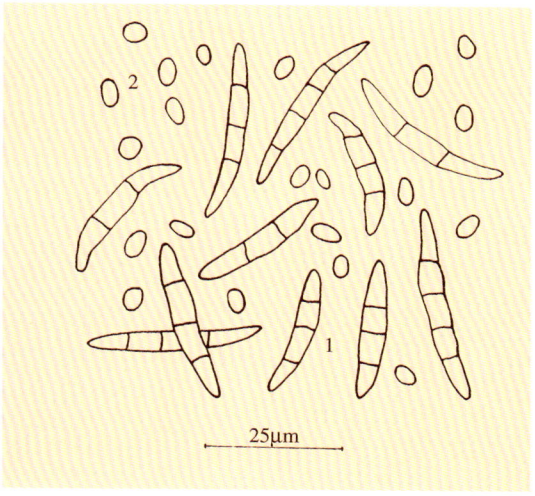

图 4-42 甜瓜镰孢霉红粉病菌
1. 大型分生孢子 2. 小型分生孢子

甜瓜细菌性叶斑病
Melon bacterial angular leafspot

细菌性叶斑病是甜瓜的重要病害之一，分布较广，各地都有发生，一般在春、秋两季发生较重。发病率10%～60%，严重地块或棚室达100%，显著影响甜瓜生产。此病还可为害黄瓜、冬瓜、丝瓜、苦瓜等蔬菜。

[症状] 此病为害叶、茎、瓜，以叶受害较严重，在甜瓜各生育期均可发生。子叶受害呈水渍状近圆形凹陷斑，后变成黄褐色。真叶受害，初呈油渍状，逐渐变成淡褐色多角形至近圆形斑，边缘常有一锈黄色油渍状环，最后呈半透明状，干燥时破裂。空气潮湿时，病斑溢出浅黄褐色菌脓。果实和茎蔓染病，病斑呈油渍状，深绿色，严重时龟裂或形成溃疡，溢出菌液。果实发病，病菌可向内一直扩展到种子，使种子带菌。

[病原] *Pseudomonas syringae* pv.*lachrymans*（Smith & Bryan）Young et al.属假单胞杆菌丁香假单胞菌黄瓜致病变种细菌。详见迷你黄瓜角斑病。

发病规律、防治方法参见迷你黄瓜角斑病。

甜瓜细菌性叶斑病初期叶面病斑

甜瓜细菌性叶斑病中期叶面病斑

甜瓜细菌性叶斑病中后期叶面病斑

甜瓜细菌性叶斑病后期叶面病斑

甜瓜细菌性叶斑病初期叶背病斑

甜瓜细菌性叶斑病中期叶背病斑

甜瓜细菌性叶斑病中后期叶背病斑

甜瓜细菌性叶斑病后期叶背病斑

甜瓜细菌性叶斑病特异品种初期病斑

甜瓜细菌性叶斑病特异品种中期病斑

甜瓜细菌性叶斑病特异品种后期叶背病斑

甜瓜细菌性叶斑病特异品种叶面病斑

甜瓜细菌性叶斑病特异品种中后期病叶

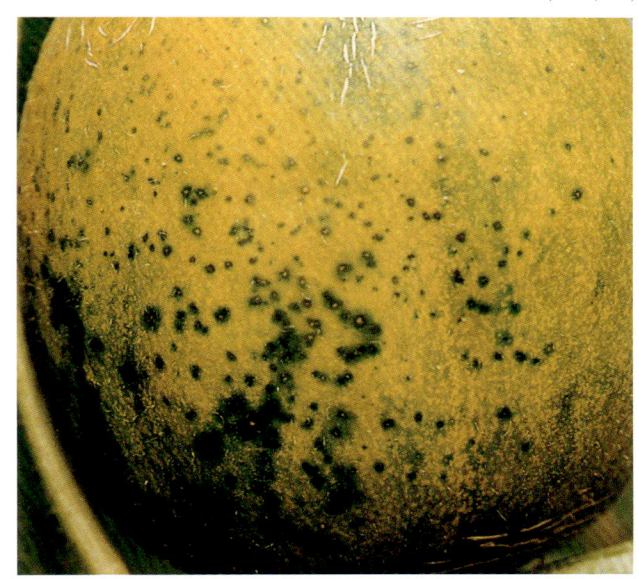

甜瓜细菌性叶斑病前期病瓜

甜瓜细菌性叶斑病中后期病瓜

甜瓜细菌性叶斑病中期病瓜

甜瓜细菌性叶斑病网纹瓜前期病斑

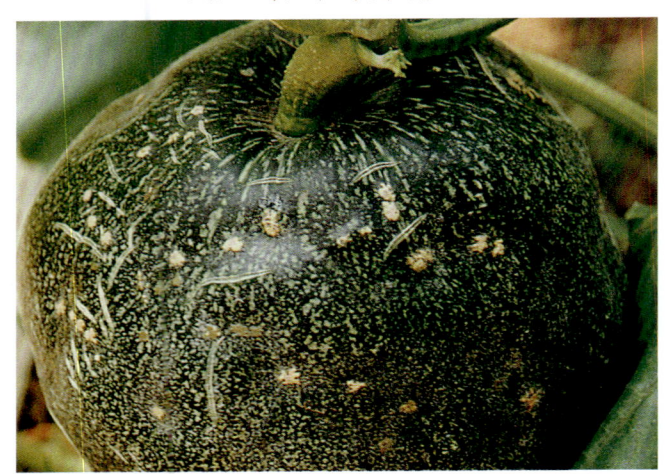

甜瓜细菌性叶斑病网纹瓜中期病斑

甜瓜细菌性叶斑病网纹瓜后期病斑

甜瓜细菌性叶枯病
Melon bacterial leaf blight

细菌性叶枯病为甜瓜的重要病害,分布较广,发生亦较普遍,但一般发病率较低,对甜瓜生产无明显影响,仅部分地区少数棚室或地块发病较重,影响甜瓜产量与品质。

[症状]此病全生育期均可发生,主要为害叶片,有时也为害幼茎和叶柄。症状因品种和管理表现出较大差异,初期幼叶叶面病斑不明显,呈褪绿色淡黄绿斑纹,叶背病斑为水渍状小点,迅速扩大形成近圆形褪色斑,以后坏死,呈黄色至黄褐色,大小差异很大,有的很薄。病斑中央半透明,周围多具有黄色晕圈,无菌脓。幼茎和叶柄受害后开裂。

[病原]初步鉴定为 *Xanthomonas campestris* pv. *cucurbitae*(Bryan)Dye 侵染所致,属黄单胞杆菌甘蓝黑腐黄单胞菌瓜叶斑致病变种细菌。病菌菌体杆状,两端钝圆,大小为 1.0～1.5μm×0.5～0.6μm,极生单鞭毛,单生、双生或链生。无芽孢,有荚膜,好气性,革兰氏染色阴性。在肉汁胨琼脂平面上菌落黄色,圆形,有光泽,表面光滑,隆起,边缘整齐

甜瓜细菌性叶枯病初期叶背病斑

甜瓜细菌性叶枯病中期叶背病斑

透明。在肉汁胨液中生长呈云雾状，无菌环。SX培养基上几乎不生长。

[发病规律] 病菌主要通过种子带菌传播，在土壤中存活十分有限。病菌生长最适温度为25～30℃，36℃仍能生长，40℃以上不能生长，致死温度49℃。保护地内平畦沟灌，无地膜种植发病较重。品种间病情差异较大。

[防治方法] 加强引进种子检疫，防止种子带菌。种子处理及其他防治方法参见甜瓜细菌性叶斑病。

甜瓜细菌性叶枯病初期叶面病斑

甜瓜细菌性叶枯病中后期叶面病斑

甜瓜细菌性叶枯病中期叶面病斑

甜瓜细菌性叶枯病后期病叶

甜瓜软腐病
Melon bacterial soft rot

软腐病为甜瓜的普通病害，分布广泛，发生较普遍，保护地、露地都可发病。通常零星发病，对甜瓜形成轻度损失，发病严重时，病瓜率可达10%左右，明显影响甜瓜生产。

[症状] 此病主要为害果实，有时也为害茎蔓。果实染病，多从生理裂口、伤口或与地面接触处开始侵染。初出现水渍状暗绿色至深绿色病斑，扩大后病部软化，稍凹陷，并逐渐变为黄褐至暗褐色，病斑周围常形成水渍状晕环，短期内由病部向内腐烂，散发出恶臭味。茎蔓多从伤口开始侵染，病部呈暗绿色水渍状软腐，常从病部溢出菌脓，后期病部仅剩维管束组织或腐烂断折，植株病部以上萎蔫枯死。

[病原] *Erwinia carotovora* subsp. *carotovora*（Jones）Bergey et al. 属胡萝卜软腐欧氏杆菌胡萝卜软腐病亚种细菌。详见青花菜软腐病。

[发病规律] 病菌随病残体在土壤中越冬。条件适宜借雨水、浇水及昆虫传播，由伤口侵入。病菌侵入后分泌果胶酶溶解中胶层，导致细胞组织崩溃离析，细胞内水分外溢，

引起果实和茎蔓腐烂。甜瓜生长中后期降雨多，暴晴后遇雨，植株遭受雹灾、虫伤、肥水管理不均，则病害发生严重。

[防治方法]

1. 采收结束后及时清除病果和植株病残体，带到田外妥善处理。

2. 适时浇水，避免干湿交替，减少生理裂口。及时防治蛀果及蛀叶害虫。

3. 雨季避免田间积水，保护地应加强通风，防止棚室内湿度过高。

4. 必要时进行药剂防治。参见青花菜软腐病。

甜瓜软腐病病瓜

甜瓜软腐病病蔓

甜瓜细菌性缘枯病
Melon bacterial leafedge wilt

缘枯病为甜瓜的重要病害，部分地区发生分布，保护地、露地都可发病，通常病情较轻，病株率多在5%以下，轻微影响甜瓜生产。严重地块或棚室，植株发病率可达10%以上，显著影响甜瓜产量和品质。

[症状] 此病可侵染叶片、叶柄、茎蔓和果实。叶片染病，初期在叶缘小孔附近产生水渍状小点，扩大或为淡黄褐色不规则形坏死斑，相互连接成近V字形坏死大斑，由叶缘向叶中央发展，病斑周围常具有黄绿色晕圈。严重时在叶面上产生大型水渍状坏死斑，随病害发展病叶枯死。叶柄、茎蔓染病，呈油渍状暗绿色至黄褐色，以后龟裂或坏死，有的在裂口处溢出黄白色至黄褐色菌脓。果实染病，果柄油渍状褪绿，果表着色不均，具油光，果肉不均匀软化，最后黄化凋萎。空气干燥，病瓜呈木乃伊状，空气潮湿，病瓜腐烂，溢出菌脓。

[病原] *Pseudomonas marginalis* pv. *marginalis*（Brown）Stevens 属假单胞杆菌边缘假单胞致病菌细菌。病菌菌体短杆状，极生1～6根鞭毛，无芽孢。在普通洋菜培养基上菌落黄褐色，表面平滑，具光泽，边缘波状。

[发病规律] 病菌随种子传带或随病残体在土壤中越冬。种子带菌和土壤中的病菌是病害的初侵染来源。病菌多从叶缘自然孔口侵入，通过风雨、浇水和管理传播蔓延，进行重复侵染。潮湿和植株表面结露或积水是引起发病的关键。甜瓜生长期多雨，持续降雨时间长，保护地内高湿管理，昼夜温差大致叶片长时间结露，病害发生严重。

防治方法参见甜瓜细菌性叶斑病。

甜瓜细菌性缘枯病中后期病叶

甜瓜细菌性缘枯病后期病叶

甜瓜根结线虫病幼苗病根

甜瓜根结线虫病
Melon root-knot nematode

根结线虫病为甜瓜的重要病害，局部地区分布。主要在保护地内形成为害，一旦发生，病情多较重，病株率常达100%，显著影响甜瓜产量与品质。

[症状] 此病主要为害根系，在侧根或须根上产生大小不等的葫芦状浅黄色根结。解剖根结，病组织内部可见许多细小乳白色洋梨形线虫。根结上一般可长出细弱的新根，以后随根系生长再度侵染，形成链珠状根结。田间病苗或病株轻者表现叶色变浅，中午高温时萎蔫。重者生长不良，明显矮化，叶片由下向上萎蔫枯死，最后致全株枯死。

[病原] *Meloidogyne incognita* Chitwood 属南方根结线虫。详见苦瓜根结线虫病。

发病规律、防治方法参见苦瓜根结线虫病。

甜瓜根结线虫病幼株病根

甜瓜根结线虫病成株病根

甜瓜泡泡病
Melon leaf pustule

泡泡病是甜瓜的一种常见病,主要在保护地内发生,露地种植个别地块零星发病。保护地一旦发生,则病株率较高,发病程度也较重,在一定程度上影响甜瓜生产。

[症状] 此病主要为害叶片。染病叶片多向叶正面鼓突,形成大小不等的泡状病斑,突起部分褪绿变黄,逐渐呈黄褐至灰褐色不规则坏死并下陷,呈半透明状,易破裂,后期常腐生黑色霉状物。病斑背面凹陷部位多具油渍状光泽。整片病叶凹凸不平,组织增厚、变脆,叶缘向下扣卷,

短期内即衰退老化。

[病因] 此病未分离到病原微生物,发病原因尚未最后定论。田间调查证实,此病常伴随低温寡照发生。一般冬春茬甜瓜,定植早、生长前期温度低、生长缓慢,长时间阴冷天气,光照严重不足,中后期天气突然晴好,温度快速上升,常

甜瓜泡泡病初期叶面病斑

甜瓜泡泡病后期叶面病斑

甜瓜泡泡病初期叶背病斑

甜瓜泡泡病后期叶背病斑

诱发此病发生。此外，偏施氮肥，或施鸡粪过多，此病发生较重。若阴天低温控制浇水，晴天高温浇大水也容易发生此病。调查还发现不同品种间病情差异明显。

[防治方法]

1. 因地制宜选择适宜当地气候条件的品种，氮、磷、钾肥配合施用。

2. 甜瓜定植后加强防寒保温增温措施，防止低温冷冻。

3. 经常打扫棚膜或玻璃上的灰尘，增加透光度。适时更换新棚膜，提高光照强度，有条件的可在阴冷天气增加人工光照。

4. 注意平衡浇水，避免猛浇大水，后期追肥重点是磷、钾肥。

甜瓜根茎癌肿病
Melon rhizome cancer

根茎癌肿病是甜瓜的重要病害，在局部地区保护地内发生为害。一般病株零星，在一定程度上影响甜瓜生产，个别棚室发病严重，发病率可达20%，甚至更高，造成严重经济损失。此病可能是随国外引种带入的重要病害，需高度重视。

[症状] 此病主要为害根茎部。初期茎基部表皮开裂，以后肿大，呈瓣状开裂，在其表面形成木栓化干泡状组织，随后变褐腐朽坏死。植株地上部随病害发展逐渐萎蔫死亡。

病原、发病规律、防治方法不详，有待研究。

甜瓜根茎癌肿病中后期病根

甜瓜根茎癌肿病后期病根

甜瓜根茎癌肿病病根肿块

甜瓜根朽病病根

甜瓜根朽病
Melon root decay

根朽病为甜瓜的重要病害，部分地区发生分布，保护地、露地都可发生，一般零星发病，轻度影响生产，严重时发病率可达20%以上，显著影响甜瓜生产。

[症状] 此病多从根茎处开始侵染，初期表现为表皮细胞坏死，以后呈不规则泡状腐朽，灰白至黄褐色。随病情发展病害由表皮向内部和纵向扩展，使根茎组织由外向里逐渐坏死朽烂，同时根系亦呈褐色坏死朽烂，病株极易拔起。条件适宜，短时间内即可导致植株萎蔫死亡。

[病原] 不详。有待进一步研究鉴定。

[发病规律] 经初步观察，此病表现为雨后或浇水后病情加重，连茬种植病害发生相对较重，新种植地块也可发病。

[防治方法]

1. 拉秧后彻底清除病株和病根残体。

2. 生长期及时清除重病株。避免大水漫灌，减少病害田间传播。

3. 试验应用70%甲基托布津可湿性粉剂，或40%多硫悬浮剂，或47%加瑞农可湿性粉剂调成糊状涂抹病茎，有一定的控制病害作用。

甜瓜沤根
Melon moisture stress

沤根是甜瓜苗期的常见病，分布普遍，黏土地发生较重，可造成局部毁苗，尤其是分苗后遇连阴雨低温天气发病严重。

[症状] 沤根多表现新根不发，不定根少或无，幼苗根皮变黄呈锈褐色，重时腐烂，极易拔起。幼苗叶片由下向上表现叶缘枯焦，叶色褪绿，最后萎蔫或干枯。

[病因] 沤根属低温所致生理病害。主要由于地温长时间处于15℃以下，加之浇水过量或遇连阴雨天气苗床地温过低，土壤板结缺氧，根系生长受阻，长时间低温缺氧使根部细胞坏死变褐。

[防治方法]

1. 采用新法育苗，配合地热线，保持苗床温度17℃以上。

2. 分苗和定植防止浇水过量，尤其是遇阴雨天苗床温度较低时更需避免大水漫灌。

甜瓜沤根病苗

3. 加强苗床温湿度管理，避免低温潮湿，正确掌握通风时间和通风量大小。

4. 发生轻微沤根后及时松土，并迅速提高苗床地温，很快新根将自然长出。

甜瓜无头苗
Melon physiological without bud

无头苗（无心苗）为甜瓜育苗期间较常见的一种生理病害，各地都时有发生，发生程度因品种而异，一般发生较轻，对生产影响不明显。

[症状] 无头苗多表现在幼苗出土或分苗后子叶张开没有生长点，或生长点很小、不生长，或生长点随幼苗生长未完全露出时就逐渐萎蔫坏死，形成秃头，子叶生长肥大、颜色浓绿。

[病因] 无头苗属非侵染因素所致的生理障碍。引起无头苗的原因较多，形成过程较复杂。较直接的主要原因有：

1. 育苗过程中地温太高而气温较低，或某一时段遇寒冷低温，生长点分化受抑制，不能正常生长发育，即幼苗出土子叶张开就见不到明显生长点。

2. 幼苗前期生长发育正常，生长点已经露出，其后由于低温，或蹲苗控水过度，表现出生长点很小、不生长。

3. 幼苗在生长过程中生长点突然受冷气流或有毒有害气体，或不恰当施药等伤害，致生长点停止生长甚至死亡。

[防治方法]

1. 详细了解品种特性，根据品种幼苗期对主要环境条件的要求，创造适宜的育苗地温和气温条件。

2. 加强育苗期间苗床温度、湿度管理，适时适量浇水。尤其注意幼苗敏感时期的温度和浇水管理。

3. 避免有毒有害气体或其他幼苗敏感的药物损害幼苗。

甜瓜无头苗受害幼苗

甜瓜无头苗受害大苗

甜瓜幼瓜化瓜

甜瓜化瓜
Melon physiological abortion

　　化瓜是甜瓜的常见生理病害，保护地、露地都可发生，以冬春季种植较常见，一旦发生，化瓜率较高，明显影响甜瓜生产。

　　[症状] 甜瓜在开花结瓜之后幼瓜中途停止生长，由蒂部开始黄化，逐渐向瓜柄方向发展，萎蔫坏死，最后干瘪但不脱落。

　　[病因] 化瓜属生理病害，主要是由于温度管理不当，或长时间阴天，光照不足使叶片同化作用下降，光合产物少，瓜果养分供应不足所致。此外，如果留瓜数量偏多，或根系生长弱小，地上部与地下部生长失调也造成化瓜。

　　[防治方法]

　　1.施用充足的腐熟有机堆肥，前期注意中耕和适当控水，提高地温，保持土壤松软，促进根系发育。中期适时追肥，防止缺肥，结瓜后叶面喷施磷、钾肥。

　　2.适当稀植，避免植株间相互遮荫，使叶片受光均匀，保持植株正常生长。

　　3.加强管理，控制夜间温度，加大昼夜温差，减少呼吸消耗。

　　4.增施二氧化碳，促进光合作用。

甜瓜半成瓜化瓜　　　　　　　甜瓜成瓜化瓜

甜瓜裂瓜
Melon cracking fruit

　　裂瓜为甜瓜的一般性生理病害，各地都有发生，保护地、露地都可发病。通常病情很轻，病瓜零星，对生产无明显影响，重时病瓜可达20%以上，明显影响甜瓜的质量。

　　[症状] 此病多在瓜果膨大期发生，可为害瓜脐部形成环状开裂，或在其他部位形成大小不等横向或纵向开裂，严重时露出瓜果内部组织。空气湿度高病部可因感染其他杂菌产生灰黑色或粉红色霉状物，亦可因感染软腐病菌最后腐烂。

　　病因、防治方法参见小西葫芦裂果病。

甜瓜裂瓜受害瓜

甜瓜裂瓜受害瓜

甜瓜寒害和冻害
Melon chilly injury

寒害和冻害为甜瓜的生理性伤害，各地都时有发生，以早春育苗期较常见，对生产的影响因受害程度不同有轻有重。

[症状] 寒害主要表现叶色变浅，叶脉间和叶缘白化，严重时叶缘和部分叶肉组织坏死。冻害因受害轻重程度和受冻部位不同症状表现各异。严重时整棵幼苗呈水渍状坏死，以后呈暗绿色腐烂或干缩。温度低但持续时间较长时，多使幼苗近地面嫩茎受冻，初期呈水渍状，逐渐坏死，幼苗茎基缢缩，最后断折或萎蔫死亡。

[病因] 寒害的形成，主要原因是在育苗过程中，管理温度一直正常或偏高，因寒冷空气突然侵入，气温在短时间达到低于甜瓜对低温（-2～5℃）的忍耐温度，表现出轻度受冻。若大量侵入低于-3℃的寒冷气流，幼苗即严重受冻，地上部全面表现水渍状坏死，组织溃烂。若侵入低于-3℃气流缓慢，持续时间较长，或沿地平面方向侵入，在贴近苗床表面形成一浅薄寒冷气流层，造成幼苗茎基部受冻，表现幼茎基部呈水渍状坏死，以后缢缩断折倒伏。

[防治方法] 育苗期加强温度管理，通风换气由小到大，循序渐进，切忌骤然大开风口，尤其在寒冷多风的季节需特别注意。此外，在寒冷季节，夜间应关闭好风口和门窗，防止棚膜破裂漏风。发生轻度受害，需加强管理，促进幼苗恢复正常。

甜瓜寒害受害幼苗

甜瓜冻害受害幼苗

甜 瓜 药 害
Melon chemicals injury

甜瓜药害为非侵染性伤害，各地都时有发生，轻者对甜瓜生产无影响，重者影响极大。

[症状] 因农药使用不当或施药后管理不善，使甜瓜的正常生理功能或生长发育受抑制直至遭到破坏，植株表现出异常症状。具体表现常因药剂种类、施药方法、防治管理不同而异。大致分为急性

甜瓜药害——灼伤坏死斑

甜瓜药害——灼伤后枯焦

甜瓜药害——叶缘褪绿

甜瓜药害——畸形幼株

和慢性两种类型。急性型即在喷药后几小时至几天内植株迅速出现明显药害症状,如表现烧伤、凋萎、脱落、坏死等。慢性型即在施药较长时间后才引起生理反应,逐渐表现不正常症状,如生长缓慢、发育不

良、组织变色、植株畸形、成熟推迟、口味变劣等。

[病因] 由于不正确施用农药,植株吸收后与细胞内含物发生生理化学反应,或直接破坏正常生理功能,表现出生理变态,或因药剂直接阻塞叶表气孔、水孔或细胞间隙,抑制植株正常呼吸、蒸腾和同化作用而表现出组织变态或坏死等。

[防治方法]

1. 选用对作物安全的农药防治病虫。

2. 施药尽量避开作物对药剂的敏感时期,一般苗期、花期较敏感,需特别注意。

3. 准确掌握施药技术,严格按规定浓度和用量配药,科学合理混合用药,稀释用水要选洁净清水。

4. 作物在高温强光照条件下,耐药力减弱,药剂活性增强,易产生药害,避免在炎热的正午施药。

5. 及时采取补救措施。如果发现用错药剂,或使用对作物敏感的药剂施用量过大,可及时喷洒大量清水淋洗,并注意排灌。如发现作物已轻度受害,需加强管理,适当追施氮肥,促进作物向正常生长发育方向发展。如受害严重,需及时浇水、中耕、增施磷肥和钾肥,促进根系发育,尽可能增强植株恢复能力。

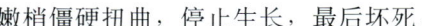

甜 瓜 烟 害
Melon smoke injury

　　烟害在甜瓜生产中常有发生,以保护地生产较多见,轻时对生产无明显影响,重时植株普遍受害,明显影响甜瓜生产,甚致造成绝收。

　　[症状] 烟害症状因烟雾所含有毒有害气体种类和浓度不同而表现各异。多表现全株和一定范围受害。以幼嫩部位和靠近烟源的植株受害重,在田间发展迅速,有的在施放烟剂后几小时就可显症。轻时表现叶缘褪绿变黄,以后变褐,叶片向上或向下卷曲。重时叶片变褐焦枯,或沿叶缘向里出现不规则褪绿斑块,皱缩畸形,

嫩梢僵硬扭曲,停止生长,最后坏死。

　　[病因] 烟害属非侵染性生理伤害,造成烟害的原因主要有:

1. 用煤火加温,煤烟逸出炉堂烟道,进入棚室内多造成二氧化硫、一氧化碳等有害气体中毒。

2. 防治病虫使用烟雾剂方法或用量不当,或烟雾剂质量不合格,造成农药或助剂气体毒害。

3. 焚烧垃圾因气压低,烟雾笼罩,一些有机物在燃烧时释放出有毒有害气体造成毒害。

　　[防治方法] 根据造成烟害的原因分别采取针对性防治措施。发生烟害后需及时浇水、追肥和加强田间管理,增强植株耐害能力,减少生产损失。

1. 用炉火或用燃煤加温棚室,选用含硫较少的优质煤,使其充分燃烧,气压低时炉内加煤适量,不宜一次加煤过多。注意及时清理烟道。

2. 使用烟雾剂防治病虫,一定要对症和按标准用药,不得随意加大用药量,放烟点分布均匀,熏烟后及时通风换气。不用无证农药。

3. 焚烧垃圾远离甜瓜生产田块,避免在阴天、大雾或气压较低的天气焚烧垃圾。

甜瓜烟害受害叶片

甜瓜烟害受害生长点

甜瓜烟害受害幼株

甜瓜烟害受害成株

10. 哈密瓜病害 Diseases of Hami melon

哈密瓜白粉病
Hami melon powdery mildew

白粉病为哈密瓜主要病害，分布广泛，发生普遍，保护地、露地都有发生，一旦发生，病株率多在 50% 以上，重病地块 100% 叶片染病，明显影响哈密瓜生产。

[症状] 此病在哈密瓜各生育期都可发生，可侵染叶片、叶柄和茎蔓。初期在叶面上形成白色小粉斑，多个病斑汇合成大型不规则斑，以后使叶面布满白粉，即病菌分生孢子梗和分生孢子。随病害发展，病叶逐渐衰老

枯死，有时可在坏死病叶上产生黑色小点，即病菌子囊壳。叶柄和茎蔓染病，表面亦产生白色粉状霉斑，严重时病斑密布，组织早衰、死亡。

[病原] *Sphaerotheca fuliginea*（Schl.）Poll.属子囊菌单丝壳真菌。详见小西葫芦白粉病（图 4-43）。

发病规律、防治方法参见小西葫芦白粉病。

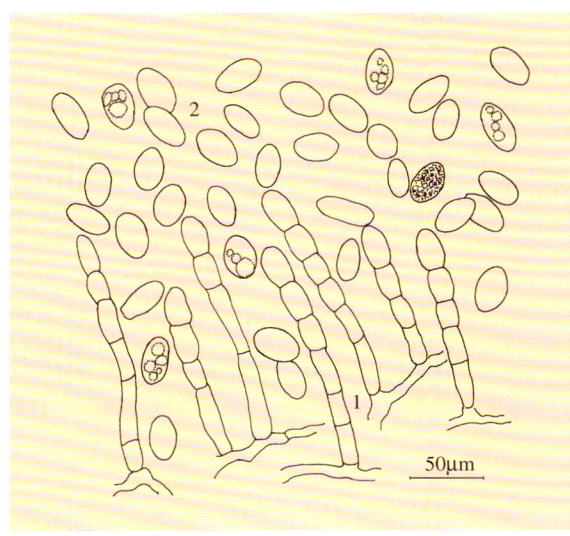

图 4-43 哈密瓜白粉病菌
1.分生孢子梗 2.分生孢子

哈密瓜白粉病病叶

哈密瓜褐斑病
Hami melon Cerocospora leafspot

褐斑病为哈密瓜的普通病害，分布较广。多零星发病，病情较轻，对生产无影响。严重时病株率可达80%以上，使部分叶片染病坏死，在一定程度上影响产量和品质。

[症状] 此病多在哈密瓜生长中后期发生，只侵染叶片。初期在叶片上产生褐色小点，以后发展成近圆形至不定形褐色坏死斑，大小差异较大，病斑边缘明显，常具有黄绿至浅黄色晕圈。一般见不到病斑上的霉层，仅在连阴雨或高湿的条件下产生暗灰色霉层，即病菌分生孢子梗和分生孢子。

[病原] *Cercospora citrullina* Cke. 属半知菌瓜类尾孢霉真菌。病菌分生孢子梗束生，褐色，直或弯曲，无膝状节，不分枝，具隔膜0～4个，顶端平切，孢痕明显，大小为27.5～90μm×4.3～5μm。分生孢子无色，针形或鞭形，直或弯曲，具隔膜4～21个，大小为22.5～175μm×2.8～5μm。

发病规律、防治方法参见西瓜叶斑病和甜瓜靶斑病。

哈密瓜褐斑病叶面病斑　　　　　　　　哈密瓜褐斑病叶背病斑

哈密瓜细菌性叶斑病
Hami melon bacterial angular leafspot

细菌性叶斑病为哈密瓜的重要病害，分布较广，发生亦较普遍，保护地、露地种植都可发病。一般病株率30%～50%，病害程度较轻，对生产造成一定影响。严重地块或棚室病株率达80%以上，重病株因病坏死，明显影响生产。

[症状] 此病主要为害叶片，重时亦侵害茎蔓和果实。叶片染病，初为暗绿色油渍状小点，以后扩展成近圆形至不定形灰褐至黄褐色斑，外围常具有一浸润状暗绿色晕圈，最后病斑呈油渍状暗褐色坏死。严重时叶片上病斑相互连接成片，短期内即致叶片坏死。茎蔓染病后呈暗绿色油渍状，重时龟裂流胶，湿度高时易腐烂。果实染病，初期多在果实表面产生水渍状绿褐色小斑，外围深绿色，病斑汇合形成黄褐色至褐色坏死大斑，易从病部开裂，最后腐烂。

[病原] *Pseudomonas syringae* pv. *lachrymans*

哈密瓜细菌性叶斑病病叶

（Smith & Bryan）Young et al.属假单胞杆菌丁香假单胞菌黄瓜致病变种细菌。参见甜瓜细菌性叶斑病。

发病规律、防治方法参见甜瓜细菌性叶斑病。

哈密瓜根结线虫病
Hami melon root-knot nematode

　　根结线虫病为哈密瓜的重要病害，在部分地区发生分布，保护地、露地都可发病，以秋季发病较重，苗期染病对生产影响大，发病后病株率常达60%以上，明显影响哈密瓜生产。

　　[症状] 此病主要为害根系，在主根和侧根上产生许多大小不等乳白色根结，剖开根结可见白色半透明梨形线虫。发病后期病根颜色变深，最后腐烂，植株或幼苗地上部随病害发展叶色变淡，由下向上逐渐萎蔫至全部枯死。

　　[病原] *Meloidogyne incognita* Chitwood 属南方根结线虫。详见苦瓜根结线虫病。

发病规律、防治方法参见苦瓜根结线虫病。

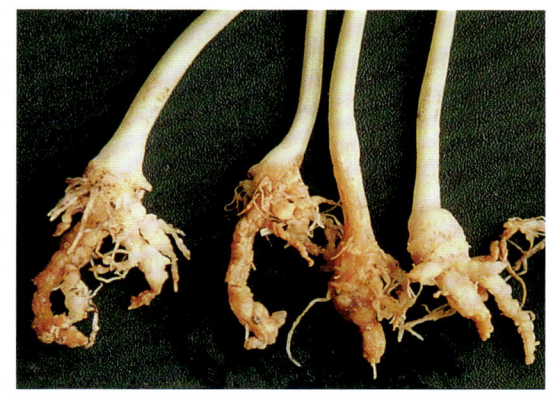

哈密瓜根结线虫病中期病苗（根）

哈密瓜根结线虫病初期病苗（根）

哈密瓜根结线虫病中后期病株（根）

哈密瓜根朽病
Hami melon root decay

　　根朽病为哈密瓜的重要病害，局部地区发生分布，保护地、露地都可发生；一般病株率5%左右，轻度影响生产；病重时发病率可达10%以上，明显影响哈密瓜生产。

　　[症状] 此病主要为害根茎部，病部呈黄褐色坏死溃烂，由表皮向内部扩展蔓延，同时亦向上下发展。发病后期，根茎纵裂，重病植株根茎腐朽变糟，根系腐烂。随病害发展，植株萎蔫枯死。轻病株易从根茎处断折。

　　[病原] 不详。有待研究鉴定。

　　发病规律、防治方法参见甜瓜根朽病。

哈密瓜根朽病病根

哈密瓜裂瓜
Hami melon cracking fruit

裂瓜为哈密瓜较常见的非侵染性病害，各地都时有发生，其损失程度因品种、管理水平和天气条件差异较大，轻者零星裂瓜，重时裂瓜比例很高，影响产量和品质。

[症状] 裂瓜可在坐瓜后至乳熟初期发生，膨大期更为多见，受害亦较明显。初期多形成细小的纵向裂纹，逐渐变成明显裂缝，最后发展成大的裂口，有的可深达瓜肉部位。中后期裂口处可产生流胶，或因杂菌感染变褐，有的腐烂。

[病因] 裂瓜属生理病害，主要原因有：

1. 种植时瓜苗长势不一致，未分类定植，导致开花、坐瓜时期不一致，植株间幼瓜发育时期不同，同样管理，同样一次浇水，使早坐住的部分瓜开裂。

2. 坐瓜后较长时间控水，或因天气较长时间缺水后突然浇大水，或降雨较大，瓜肉组织增长膨大过快，瓜肉和瓜皮生长速度不同步导致裂瓜。

3. 坐瓜后较长时间在较高湿度环境条件下生长，因管理或气候原因突然降低了空气湿度，导致瓜表皮开裂。

4. 幼瓜长时间受光不均匀，突然改变原来受光的方位引起裂瓜。尤其是露天种植阳光照射较强的条件下容易发生。

[防治方法]

1. 综合分析裂瓜原因，分别采取相应措施改善幼瓜生长环境，预防裂瓜。

2. 参见小西葫芦裂果病的防治。

哈密瓜裂瓜纵裂瓜

哈密瓜裂瓜横裂瓜

11. 香瓜病害 Diseases of muskmelon

香瓜褐腐病
Muskmelon Rhizoctonia rot

褐腐病为香瓜的重要病害，分布较广，发生亦较普遍，保护地、露地都有发生。一般染病率10%～20%，轻度影响生产，重时可达30%左右，常造成植株和瓜果腐烂，明显影响产量和品质。

[症状] 此病在香瓜全生育期都可发生，瓜果和茎叶都受害，以瓜果受害对香瓜生产影响大。幼瓜受害，多从顶部开始侵染，沿顶端向瓜柄方向发展，使幼瓜呈褐色坏死干腐。成瓜受害，初在瓜表面出现不规则褐色坏死斑点，逐渐扩大形成不规则褐斑，明显凹陷，空气干燥时多从病部龟裂。空气潮湿，病部组织腐烂，形成褐色坏死凹陷坑，最后致病瓜全部腐烂。茎叶染病，多造成褐色干腐，致植株局部坏死。瓜苗染病则造成立枯死苗。

[病原] *Rhizoctonia solani* Kühn 属半知菌立枯丝核菌。详见结球莴苣褐腐病。

发病规律、防治方法参见结球莴苣褐腐病。

香瓜褐腐病病瓜 香瓜褐腐病病瓜

香瓜褐腐病病瓜

香瓜炭疽病
Muskmelon anthracnose

炭疽病为香瓜的主要病害，分布广泛，发生普遍，保护地、露地种植都有发生。一般病株率20%～40%，轻度影响生产。病害严

重时，病株可达80%以上，显著影响香瓜的产量和质量。

[症状] 此病全生育期都有发生，可为害叶片、叶柄、茎蔓和瓜果。叶片染病，初为灰褐色水渍状小点，以后发展成黄褐至红褐色近圆形坏死斑，空气湿度高时病斑上产生粉红色黏稠物。条件适宜叶片上病斑密布，相互连接成片，短期内致叶片坏死干枯。叶柄和茎蔓染病，初为水渍状淡黄褐色近圆形斑点，略凹陷，以后变褐龟裂，环绕茎蔓一周后病部以上枯死。瓜果染病，病斑初为水渍状小点，后逐渐扩大成近圆形黄褐至红褐色凹陷斑，湿度高时病斑中部长出粉红色粒状物，后期密生黑褐色小点，即病菌分生孢子盘和分生孢子，病斑连片致皮下果肉变褐腐烂。

[病原] *Colletotrichum orbiculare*（Berk. et Mont.）Arx.属半知菌瓜类刺盘孢真菌。详见苦瓜炭疽病。

发病规律、防治方法参见苦瓜炭疽病。

香瓜炭疽病病叶

香瓜霜霉病叶面病斑

香瓜霜霉病
Muskmelon downy mildew

霜霉病为香瓜的重要病害，分布较广，部分地区发生较重，保护地、露地都发病。病情差异较大，轻者几乎不影响生产，重病田病株率达80%～100%，多数叶片因病坏死，明显影响香瓜产量和品质。

[症状] 此病仅为害叶片，初期在叶背产生水渍状小点，逐渐发展成多角形水渍状斑，随病害发展叶面褪绿变褐坏死，病斑背面产生灰黑色霉层，即病菌孢囊梗和孢子囊。条

件适宜，病斑相互连接成坏死大斑，短期内病叶即干枯坏死。

[病原] *Pseudoperonospora cubensis*（Berk. et Curt.）Rostov.属鞭毛菌古巴拟霜霉菌真菌。详见甜瓜霜霉病。

发病规律、防治方法参见迷你黄瓜霜霉病。

香瓜霜霉病叶背病斑

香瓜绵腐病
Muskmelon Pythium rot

绵腐病为香瓜的常见病，主要在露地发生。地势低洼、土壤黏重或多雨年份发病较重，常造成大量瓜果腐烂。

[症状] 此病主要为害瓜果，幼瓜、成瓜均受侵染，以半成熟瓜受害重。瓜果染病，病部初为水渍状灰褐至暗灰色，随后组织软化，病部表面产生浓密白色霉层。高温高湿，病害发展迅速，短时间内病瓜即腐烂。偶尔叶片染病，在叶上产生近圆形至半圆形水渍状暗绿色病斑，潮湿时病叶软腐，干燥时病叶枯焦破裂。

[病原] *Pythium aphanidermatum*（Eds.）Fitzp.属鞭毛菌瓜果腐霉真菌。详见小西葫芦绵腐病。

发病规律、防治方法参见小西葫芦绵腐病。

香瓜绵腐病前期病瓜

香瓜绵腐病中后期病瓜

红粉病为香瓜的普通病害，局部地区零星发生，以多雨季节或保护地内较常见。引起烂果或茎叶组织腐烂，在一定程度上影响香瓜产量和品质，亦影响瓜果贮存。

[症状] 此病在香瓜生长中后期发生，主要侵染半成熟瓜和较衰弱或受伤的茎叶组织。瓜果染

香瓜红粉病
Muskmelon Fusarium rot

病，初期在果面上出现水渍状不规则云纹斑，以后软化、坏死，病部组织失水，瓜表面皱缩，在病部表面产生白色霉状物，即病菌的

香瓜红粉病病瓜

分生孢子。最终致病瓜腐烂变色，丧失食用价值。茎叶组织染病，呈水渍状坏死腐烂，病部组织略软化，随病害发展病组织腐朽，致病部以上植株萎蔫死亡，并在病部产生稀疏白色霉状物，即病菌分生孢子。

[病原] *Fusarium* sp.属半知菌镰孢霉真菌。参见金丝瓜红粉病。

发病规律、防治方法参见金丝瓜红粉病。

香瓜菌核病
Muskmelon Sclerotinia rot

菌核病为香瓜的普通病害，局部地区发生为害，多在保护地内零星发病，病株率常在5%以下，个别棚室发病较重，造成一定数量烂瓜，影响产量。

[症状] 此病全生育期均可发生，叶片、茎蔓和瓜果都可受侵染。叶片染病，呈水渍状腐烂，病部产生白色菌丝，空气干燥时仅形成大型灰褐色坏死枯斑。茎蔓染病，亦呈水渍状软腐，病部产生浓密白色絮状菌丝团，后期变成黑色鼠粪状菌核，致病部以上萎蔫坏死。瓜果受害，初为水渍状，以后迅速腐烂，在病部产生浓密絮状白霉，最后转变成黑色菌核，终致瓜果全部腐烂。

[病原] *Sclerotinia sclerotiorum* (Lib.) de Bary属子囊菌核盘菌真菌。详见结球莴苣菌核病。

发病规律、防治方法参见结球莴苣菌核病。

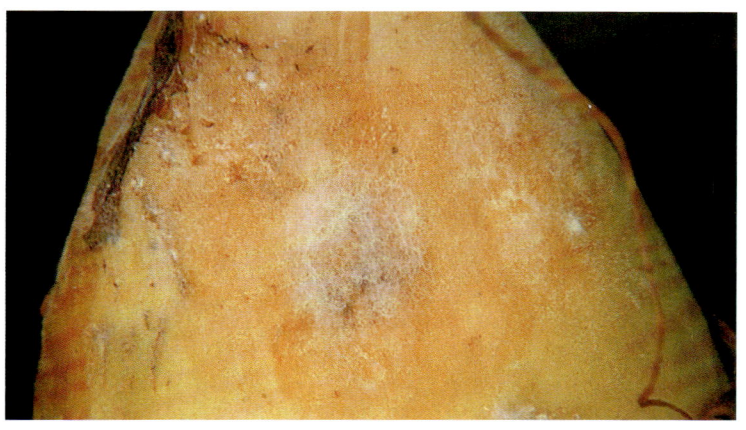

香瓜菌核病初期病瓜

香瓜细菌性叶枯病
Muskmelon bacterial leaf blight

细菌性叶枯病为香瓜的普通病害，分布较广，发生较普遍，多在夏秋露地发生，一般病株率为30%～50%，病重时发病率可达80%以上，少数叶片因病坏死，在一定程度上影响生产。

香瓜细菌性叶枯病前期病叶

香瓜细菌性叶枯病中后期病叶

[症状] 此病主要为害叶片，初期在叶片上产生褪绿小点，以后发展成多角形至不规则形黄褐至锈红色坏死斑，边缘常具有黄绿色晕环。一般无菌液或菌脓。病害重时多个病斑相互连接致叶片枯死。

[病原] *Xanthomonas campestris* pv.*cucurbita*e（Bryan）Dye属黄单胞杆菌甘蓝黑腐黄单胞菌瓜叶斑致病变种细菌。详见甜瓜细菌性叶枯病。

发病规律、防治方法参见甜瓜细菌性叶斑病。

香瓜日烧病
Muskmelon sunscald

日烧病又称日灼病。为香瓜的一般性生理病害，主要在露地发生，保护地偶尔可见，轻度影响产量和品质。

[症状] 此病主要发生在瓜果上，其向阳面被阳光直射，使瓜果表面褪色，呈灰白色至浅黄色革质化坏死。后期常在病斑上腐生杂菌使病部变黑或致瓜果腐烂。

[病因] 此病属生理性病害。详见小西葫芦日烧病。

防治方法参见小西葫芦日烧病。

4-11-12 香瓜日烧病病瓜

五、茄果类蔬菜病害

Diseases of Solanceous Fruits

1. 樱桃番茄病害　Diseases of cherry tomato

蕨叶病毒病为樱桃番茄的重要病害，分布较广，部分种植地区发生较重。保护地、露地都有发生，主要在秋季发病，偶尔春季发病也较重，病株率可达50%以上，甚至完全绝收。

[症状]　此病多在苗期至开花期发生较重，病株表现不同程度的矮化，顶部叶片细长，不扩展，筒状卷曲。严重时枝芽丛生，呈螺旋状下卷，或叶肉退化，叶片成纤细扭曲线状。中、下部叶片向上卷，重者亦卷成筒状，节间短缩。病轻时植株黄化矮缩，花冠加厚成巨型花，结果小或畸形。重病株花

樱桃番茄蕨叶病毒病病梢

樱桃番茄蕨叶病毒病病株

蕾未打开即坏死，随病害发展，中下部枝叶逐渐坏死枯焦。

[病原]　此病主要由Cucumber mosaic virus（CMV）即黄瓜花叶病毒侵染所致。病毒粒体球状，直径30nm，病毒汁液稀释限点为3 000～10 000倍，失毒温度为60～70℃，体外存活期3～4天。可侵染45科124种植物，多种蔬菜都可受害。

[发病规律]　樱桃番茄种子不带毒，在病残体上病毒不能存活。病毒主要在活的寄主体内越冬。冬季温室芹菜、番茄、黄瓜及老根菠菜、

樱桃番茄蕨叶病毒病病花

多年生杂草、十字花科蔬菜种株为病毒的主要越冬寄主，翌春越冬寄主上的病毒成为田间传播的最初毒源。发病后由多种蚜虫取食传播，使病害发展蔓延。高温干旱有利于病毒增殖，也有利于蚜虫繁殖活动和传毒，因而高温干旱病害严重。此外，管理粗放、田间地头杂草丛生、种植地块靠近老根菠菜和十字花科采种地等毒源或蚜源作物时，发病早而重。

[防治方法]

1. 种植前彻底铲除田间及四周杂草，适当远离老根菠菜和十字花科蔬菜采种地块。

2. 秋茬种植，注意适当晚播，最好直播，采用防雨棚、覆盖遮阳网防晒降温，播种后勤浇小水，或地面覆草降低地温，保持土壤湿润。

3. 露地种植田边种植高秆作物，或田间适当间作玉米、架豆等遮荫降温，改善田间小气候和种植引诱蚜虫喜食植物以减轻发病。

4. 加强病害预防，温室可张挂镀铝聚酯反光幕，秋棚可挂银灰塑料膜条避蚜，也可采用防虫网防止蚜虫等传毒害虫传入。

5. 必要时在苗期喷洒 20% 病毒 A 可湿性

樱桃番茄蕨叶病毒病重病株　　　　　樱桃番茄蕨叶病毒病后期重病株

遮阳网覆盖　　　　　　　通风口设置防虫网

粉剂 500 倍液，或 1.5% 植病灵乳剂 1 000 倍液，或喷施复合叶面肥，抑制发病，增强植株抗病力。同时注意防治蚜虫等传毒害虫。

樱桃番茄条斑病毒病
Cherry tomato streak virus disease

条斑病毒病为樱桃番茄的重要病害，分布广泛，发生普遍，主要在露地种植造成危害。一般病株率 5%～10%，在一定程度上影响生产。严重地块病株率可达 20%，明显影响樱桃番茄的产量和质量。

[症状] 此病多在樱桃番茄生长中前期发生，植株地上部各个部位都可受害。多在病株中上部叶片上散生黄褐至黑褐色不规则坏死斑，有的沿叶脉生茶褐色短条斑，向叶柄扩展使叶柄变褐，整叶发黄。枝条、茎秆上初生暗绿色不规则下陷短条斑，后变为深褐色油渍状坏死条斑，长短不一，后期开裂，终致枝条或植株枯死。花序和果柄上多形成大小形状差异较大的褐色坏死小点或斑块，致不开花，或萎蔫坏死，或全部脱落。

[病原] Tobacco mosaic virus（TMV）和 Potato virus X（PVX），即烟草花叶病毒和马铃薯 X 病毒复合侵染所致。烟草花叶病毒粒体杆状，约 300nm×1 518nm，钝化温度 90℃，稀释限点 10^{-6}，体外存活期 3～4 天，无菌条件下致病力可达数年，干燥病组织内可存活 30 年以上。马铃薯 X 病毒粒体弯曲纤维状，有螺旋结构，515nm×11~13nm。钝化温度为 70℃10min，稀释限点 10^{-6}，体外存活期 127 天，20℃下侵染性能保持几周，加甘油可保持 1 年以上。

[发病规律] 烟草花叶病毒、马铃薯 X 病毒主要来源于茄科蔬菜。蚜虫不传毒，主要通过机械摩擦传播，或经微伤口侵入。高温、干旱、强光照利于发病。樱桃番茄生长期干旱少雨，或高温季节浇水不及时，则病害发生严重。发病后连续阴雨，病害发生严重。土壤贫瘠、板结、黏重，植株缺肥，生长衰弱病害亦重。品种间抗病性差异明显。

樱桃番茄条斑病毒病重病株

樱桃番茄条斑病毒病中期病株

樱桃番茄条斑病毒病后期病株

[防治方法]

1．选用优良抗病品种。使用无病种子或进行种子处理，干燥种子可用 70℃ 干热处理 2～3 天。或播种前用清水预浸种 3～5 h 后用 10% 磷酸三钠液浸种 20min，再洗净播种。

樱桃番茄条斑病毒病病果穗

2．重病地块实行与非茄科作物 2 年以上轮作。若茄科蔬菜连作，在收获后深翻，使土壤表面病残体翻入土中分解腐烂。

3．施足底肥，注意氮、磷、钾肥配合施用和适当增施钾肥。

4．加强田间管理，高温干旱季节适时浇水，雨后及时排水，防止田间积水。

5．发病初期喷施 1.5% 植病灵乳剂 1 000 倍液，或 20% 病毒 A 可湿性粉剂 500 倍液，或 1% 抗毒剂 1 号水剂 200～300 倍液，控制病害发展。

樱桃番茄条斑病毒病后期重病株

樱桃番茄花叶病毒病
Cherry tomato mosaic virus disease

花叶病毒病为樱桃番茄的次要病害，仅局部地区零星发生，一般病株在 1% 以下，严重地块可达 3%～8%，在一定程度上影响樱桃番茄生产。

[症状] 此病多在樱桃番茄生长前期发生，发病植株叶色褪淡、生长缓慢、在叶片上出现较均匀网状花叶，或产生黄绿相间不规则斑驳。轻病株可开花，结一部分果后早衰死亡。重病株不形成花序或形成畸形花，开花后不能正常坐果，随病害发展花朵萎蔫脱落。

[病原] 此病主要由 Cucumber mosaic virus（CMV）和 Potato virus X（PVX）即黄瓜花叶病毒和马铃薯 X 病毒复合侵染所致。详见樱桃番茄蕨叶病毒病和樱桃番茄条斑病毒病。

发病规律、防治方法参见樱桃番茄蕨叶病毒病和樱桃番茄条斑病毒病。

樱桃番茄花叶病毒病病株　　　　　　　樱桃番茄花叶病毒病病梢

樱桃番茄猝倒病
Cherry tomato Pythium damping-off

　　猝倒病为樱桃番茄的重要病害，部分地区发生分布。通常在苗期发生，病苗零星，育苗地管理不当发病严重，可造成大片死苗，明显影响生产。

　　[症状] 此病在种子萌发至幼苗出土前发生即造成烂种、烂芽。出土后染病，幼苗茎基部初呈水渍状黄褐色软腐，以后病部缢缩，病苗倒折。潮湿时在病苗表面及附近土壤表面产生少量絮状霉层。此病初期多零星分布，以后向四周扩散，条件适宜即造成成片死苗。偶尔，病菌还侵染幼嫩植株，使茎叶呈水渍状坏死，染病部位收缩腐烂或干枯，有时可产生少许白霉。

樱桃番茄猝倒病田间为害状

樱桃番茄猝倒病病苗

　　[病原] *Pythium aphanidermatum*（Eds.）Fitzp.属鞭毛菌瓜果腐霉真菌。病菌菌丝无色无隔，与孢囊梗区别不明显。孢子囊生于菌丝顶端或中间，呈不规则膨大或分枝裂瓣状。孢子囊萌发时形成球状泡囊，释放出数个至数十个游动孢子。游动孢子肾形，有两根鞭毛，可在水中游动。卵孢子球形，厚壁，淡黄褐色，表面光滑（图5-1）。

　　[发病规律] 病菌以卵孢子在土壤中越冬，条件适宜时萌发产生孢子囊，孢子

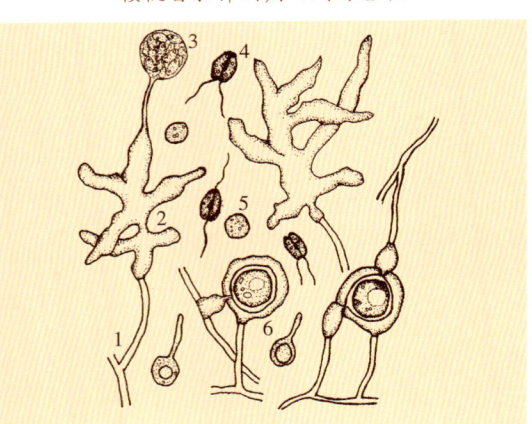

图5-1　樱桃番茄猝倒病菌
1.孢囊梗 2.孢子囊 3.泡囊 4.游动孢子 5.卵孢子 6.藏卵器

囊释放游动孢子或直接长出芽管侵染幼苗。病菌也可以菌丝体在土壤中病残体上营腐生生活。条件适宜时由菌丝体形成孢子囊，释放游动孢子直接侵染幼苗。主要通过雨水、浇水和病土传播，带菌肥料也可传病。在田间，病部产生孢子囊进行再侵染，最后在病组织内形成卵孢子越冬。低温高湿容易发病。病菌生长温度10～30

℃，土温15～16℃病菌生长很快，苗床土壤高湿极易诱发此病。播种或分苗后浇水太多，或遇寒流侵袭或连续低温阴雨、降雪天气，病害发生严重。

防治方法参见苦瓜猝倒病。

樱桃番茄疫病
Cherry tomato Phytophthora rot

疫病为樱桃番茄的重要病害，分布较广，保护地、露地都有发病，夏、秋季较常见，多造成零星死苗或死株，严重时成片死苗或死株，明显影响樱桃番茄生产。

[症状] 此病多在植株幼嫩期发生，主要为害茎基部和基部叶片，生长后期可为害果实。根茎部受害初期病部呈暗绿色水渍状坏死，很快即软化腐烂致幼株倒折，空气潮湿在病部表面产生少许白色霉状物，空气干燥则病部失水缢缩。

[病原] *Phytophthora parasitica* Dast. 属鞭毛菌寄生疫霉真菌。详见樱桃番茄绵疫病。

发病规律、防治方法参见樱桃番茄绵疫病。

樱桃番茄疫病病叶

樱桃番茄疫病病苗

樱桃番茄根肿病
Cherry tomato clubroot

根肿病为樱桃番茄的重要病害，仅局部地区发生，一旦发病，发病率常达60%以上，明显影响樱桃番茄生产。

[症状] 此病仅在苗期发生，只为害幼苗根系。发病初期病苗无明显症状，随病害发展病苗幼根侧根肿大呈短楔状，地上部

生长缓慢，叶片细小、呈蕨叶状扭曲。重病苗在根部形成向外突出的近圆球形肿瘤，肿瘤大小、数量和形状差异较大，颜色由乳白色变成黄褐色，后呈暗褐色，最后腐烂，病苗即随之萎蔫枯死。

樱桃番茄根肿病病苗地上部

樱桃番茄根肿病初期病苗

樱桃番茄根肿病中后期病苗

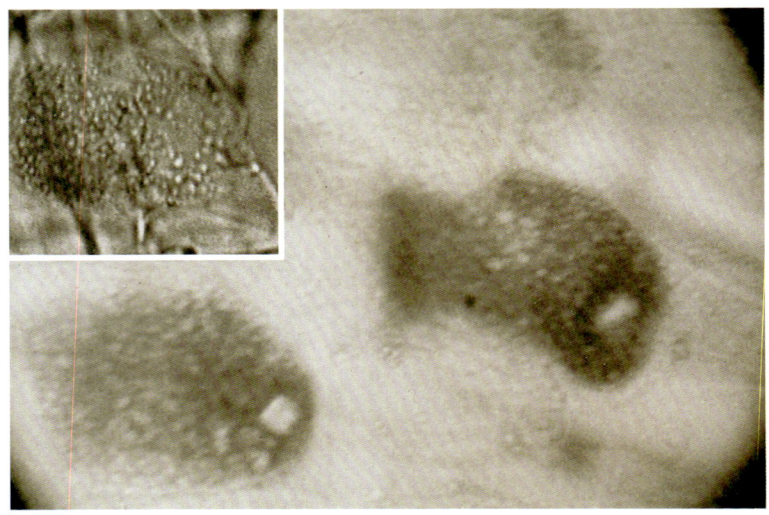

樱桃番茄根肿病休眠孢子囊堆放大

樱桃番茄根肿病病根放大

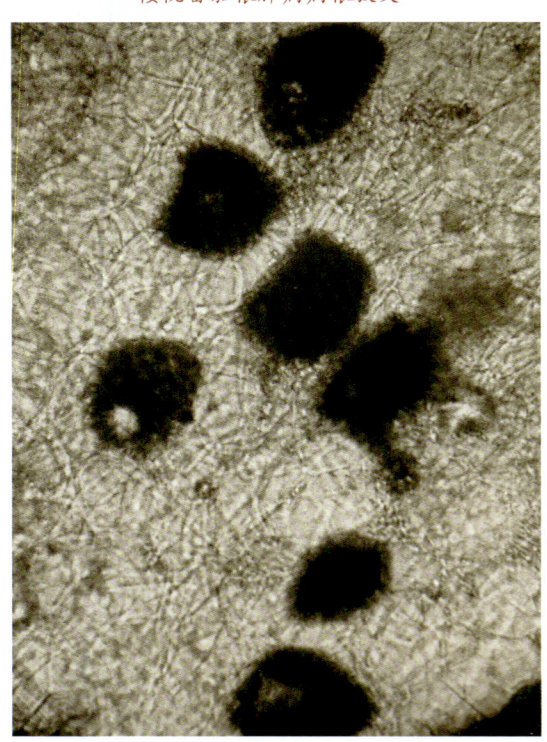

樱桃番茄根肿病
病菌休眠孢子囊堆

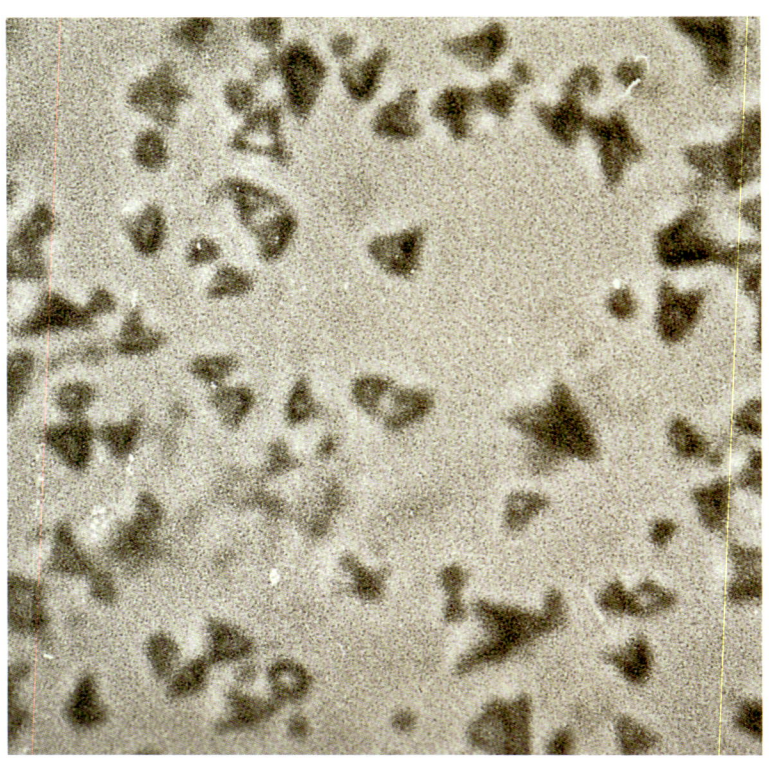

樱桃番茄根肿病休眠孢子囊显微放大

个细胞或多个细胞，大小为15～110μm×10～95μm。休眠孢子囊不规则形、多角形，个别球形，单细胞，无色或略带灰色，大小为2.5～4.5μm。

[发病规律] 病菌初次侵染尚不清楚，可能在土壤内习居，发病后以休眠孢子囊随病根残体遗留在土壤中越冬，病残体沤肥未腐熟时可以带菌。田间主要通过雨水、浇水和土壤传播。病菌可能是由休眠孢子囊萌发产生游动孢子从幼根侵入，侵入后刺激寄主薄壁细胞膨大分裂，形成肿瘤。在肿瘤细胞内病菌又形成很多休眠孢子囊，肿根腐烂后孢子囊散入土中越冬。土壤偏酸，土壤潮湿、低洼有利于发病。

防治方法参见白菜根肿病。

[病原] *Spongospora subterranea*（Wallr.）Lagerh.属鞭毛菌马铃薯粉痂菌真菌。病菌在寄主细胞内形成休眠孢子囊，休眠孢子囊聚集形成休眠孢子囊堆。休眠孢子囊堆球形、长形、不规则形，变化很大，多为长形，一个孢子囊堆占据一

樱桃番茄晚疫病
Cherry tomato late blight

晚疫病为樱桃番茄的主要病害，分布广泛，发生普遍，保护地、露地都有发生。病害发生轻时，对生产无明显影响，重时病株率很高，短期内即可造成植株成片坏死，显著影响樱桃番茄生产。

[症状] 此病幼苗和成株期均可发生。幼苗染病，叶片上出现暗绿色水渍状病斑，迅速向叶柄和茎部扩展，使之变细呈褐色坏死，致幼苗萎蔫或倒折。湿度高时病部表面产生稀疏白霉，即病菌的孢子囊梗和孢子囊。成株发病，主要侵害叶片、叶柄和茎部，重时亦为害青果。叶片发病，多从叶尖或叶缘侵染，条件适宜亦从叶面侵染，初为灰绿色小点，后变成不规则形暗绿色水渍状病斑，后变褐色。温湿度适宜时病斑迅速扩展至半叶或全叶，在病健交界处产生稀疏白霉，随后病叶腐烂。空气干燥，病部青白色，易干枯破裂。叶柄、茎秆和花序染病，形成褐色不规则形大型坏死斑，稍凹陷，边缘不清晰，病部表面粗糙，易腐烂断折。青果染病，在果表面形成不规则形褐色坏死斑，边缘云纹状，潮湿时病果表面可产生稀疏白霉。

[病原] *Phytophthora infestans*（Mont.）de Bary 属鞭毛菌致病疫霉真菌。病菌菌丝无隔多核。孢子囊梗单根或多根成束，无色，由气孔伸出，多分枝，在分枝上多形成结节膨大，大小为295～830μm×6.5～9.5μm。孢子囊顶生或侧生，卵形至近椭圆形，无色，顶端有乳突，基部有短柄，大小为23.5～58.2μm×14.5～29.5μm（图5-2）。

[发病规律] 病菌主要在保护地番茄、茄子上为害过冬，也可在马铃薯块茎中越冬，部分病菌可随病残体在土壤中越冬。条件适宜时越冬病菌产生孢子囊，由雨水或气流传播引起发病，形成中心病株。中心病株产生大量孢子囊借气流或雨水传播，使病害向四周迅速扩展蔓延。低温高湿适宜发病。病菌生长温度10～25℃，适温20℃左右。1～25℃孢子囊均可形成，适宜温度为18～20℃，6～15℃孢子囊萌发产生游动孢子，以10～13℃适宜。产生孢子囊梗要求空气相对湿度达85%以上，形成孢子囊要求相对湿度95%～97%，孢子囊萌发要求有水滴存在。低温高湿是发病的必要条件，尤其饱和湿度或叶面有无水滴直接决定病害的发生与发展。田间发病早晚、病势发展快慢与降雨早晚、雨量多少、空气湿度高低直接

樱桃番茄晚疫病初期病叶

樱桃番茄晚疫病病果

樱桃番茄晚疫病中期病叶

樱桃番茄晚疫病病花序

樱桃番茄晚疫病叶背病斑

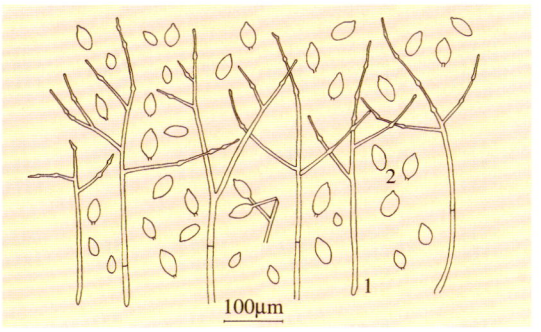

100μm

图5-2 樱桃番茄晚疫病菌
1.孢囊梗 2.孢子囊

相关。气温在病菌生长温度范围内,早晚大雾、露重,或连阴雨,病害即严重发生,相对湿度长时间在75%~100%,病害将流行。田间植株茂密、地势低洼,或偏施氮肥,植株柔嫩徒长,病害发生严重。

[防治方法]

1. 收获后彻底清除病残组织,集中妥善处理。种植地适当远离马铃薯、茄子或普通番茄。

2. 避免种植过密,氮、磷、钾肥配合施用,合理浇水,忌大水漫灌,雨后及时排水。

3. 保护地种植浇水后注意通风。发现中心病叶、病株及时清除带到棚外妥善处理。发病后适当控制浇水,提高管理温度,控制晚疫病发展。

4. 发病初期在清除中心病株、中心病叶后及时进行药剂防治。可选用72.2%普力克水剂600倍液,或72%霜脲·锰锌可湿性粉剂600倍液,或69%安克·锰锌可湿性粉剂800倍液,或72%克露可湿性粉剂600倍液,或50%溶菌灵可湿性粉剂600倍液喷雾,保护地可选用粉尘剂喷粉或常温烟雾施药防治,施药后适当提高管理温度,以利更好地控制病害。

樱桃番茄晚疫病病茎

常温烟雾施药

樱桃番茄晚疫病病苗

常温烟雾施药及药雾

樱桃番茄叶霉病
Cherry tomato Cladosporium leaf mold

叶霉病为樱桃番茄的主要病害,分布广泛,发生普遍,种植樱桃番茄地区都有发生,主要在保护地内造成危害。一般病株率60%~80%,轻度影响生产,严重时100%发病,使樱桃番茄提早拉秧。

[症状] 此病主要为害叶片,多从中下部叶先发病,初在叶正面出现边缘不清晰的褪绿浅黄色斑,随后在叶背面病斑上长出初为乳黄色后为黄褐至紫褐色的绒状霉层。严重时,叶片上多个病斑相互连接致叶片卷曲坏死,最终全株枯死。

[病原] *Cladosporium fulvum* Cke.属半知菌黄枝孢霉真菌。病菌分生孢子梗丛生,直立,稍分枝,多隔,淡褐色,许多细胞向一侧膨大,其上产生分生孢子,大小为127.5~212.9μm × 3.0~5.0μm。产孢细胞单芽生或多芽生,分轴式延伸。分生孢子串生,孢子链常具分枝,孢子圆柱形至椭圆形,淡褐至榄绿色,光滑,具0~3个隔膜,分隔处有时缢缩,大小为10~45μm × 9~8.8μm(图5-3)。

[发病规律] 病菌以菌丝体或菌丝块随病残体在土壤表面越冬,分生孢子可附着在种子表面,或菌丝潜伏在种子内越冬。播种带菌种子,幼苗即可染病。越冬病菌在适宜条件下产生分生孢子引起初侵染。发病后形成大量分生孢子通过气流进行多次重复侵染。温度

4～32℃病菌均可生长，20～25℃最适宜，孢子萌发和侵入要求相对湿度80%以上，气温22℃左右，湿度90%以上病害发生严重。保护地温暖高湿，或遇连阴雨天，光照较弱亦有利于病害发生发展。

[防治方法]

1. 使用无病种子，可用53℃温水浸种30min进行种子处理。

2. 重病棚室与非茄科蔬菜进行2～3年轮作，减少田间菌源。

3. 加强管理，浇水后增加通风，避免长时间闷棚。及时清除下部老黄叶，以利通风透光。

4. 发病初期进行药剂防治。可选用5%加瑞农粉尘剂15kg/hm²喷粉，或用43%菌力克悬浮剂6 000～8 000倍液，或40%福星乳油6 000～8 000倍液，或10%世高水分散粒剂8 000倍液，或47%加瑞农可湿性粉剂600～800倍液，或2%加收米水剂400～500倍液，或30%特富灵可湿性粉剂5 000倍液，或65%多果定可湿性粉剂1 000倍液，或2%武夷菌素水剂300～400倍液喷雾。

樱桃番茄叶霉病前期病斑

樱桃番茄叶霉病病苗

樱桃番茄叶霉病中期病斑

樱桃番茄叶霉病重病苗

樱桃番茄叶霉病中后期病斑

樱桃番茄叶霉病幼苗叶背病斑

樱桃番茄叶霉病中期叶背病斑

樱桃番茄叶霉病后期病斑

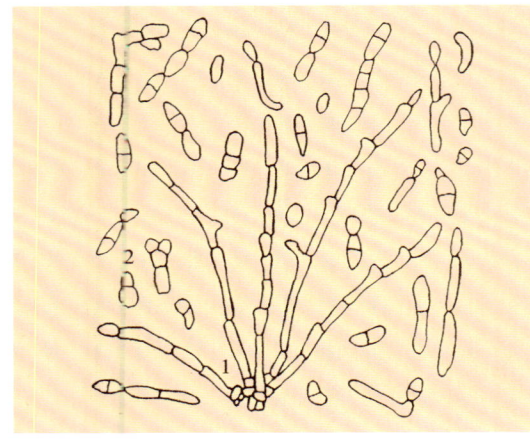

图 5-3 樱桃番茄叶霉病菌
1. 分生孢子梗 2. 分生孢子

樱桃番茄叶霉病后期田间为害状

粉尘剂棚内喷粉

粉尘剂棚外喷粉

樱桃番茄早疫病
Cherry tomato early blight

早疫病为樱桃番茄的主要病害，分布较广，发生较普遍，主要在秋季露地发生，保护地内也时有发生，一般病株率30%～50%，严重时100%

发病，部分枝叶因病坏死，明显影响樱桃番茄生产。

[症状] 此病主要为害叶片，严重时也侵染叶柄、分枝和茎秆。叶片染病，初形成褐色坏死小点，以后发展成近圆形褐色具同心轮纹坏死斑，边缘黄绿色，多个病斑相互连接致叶片变黄枯死。叶柄、分枝和茎秆染病，多形成椭圆形至不规则形褐色坏死斑，明显凹陷，常具有同心轮纹，表面粗糙，易从病部断折。空气潮湿，病斑表面均产生灰黑色霉状物，即病菌的分生孢子梗和分生孢子。

[病原] *Alternaria solani* (Ell. et Mart.) Jones et Grout.属半知菌茄链格孢真菌。病菌分生孢子梗自气孔伸出，1～5根成束，暗褐色，圆筒形至短杆状，具1～4个隔膜，大小为30.6～104μm×4.3～9.2μm，直或较直，顶端着生分生孢子。分生孢子倒棍棒形至长卵形，淡褐色，大小为85.6～146.5μm×11.7～22μm，具横隔7～13个，纵隔

樱桃番茄早疫病病苗

樱桃番茄早疫病病茎

樱桃番茄早疫病病叶

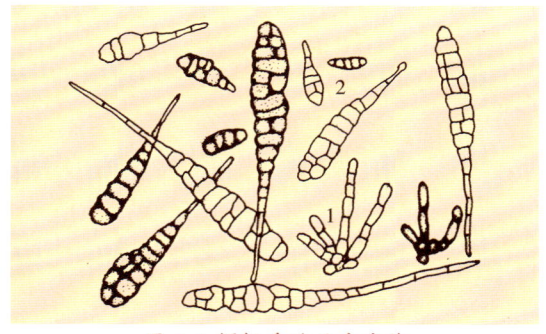

图5-4 樱桃番茄早疫病菌
1.分生孢子梗 2.分生孢子

1～9个，顶端有较长的喙。喙无色，具1～3个横隔，大小为6.3～74μm×3～7.4μm（图5-4）。

[发病规律] 病菌以菌丝或分生孢子在病残体或种子上越冬，可从气孔、皮孔或表皮直接侵入，形成初侵染。发病后病部产生分生孢子借风雨进行重复侵染。病菌发育温度1～45℃，适宜温度20～

23℃，相对湿度80%以上。樱桃番茄生长期连续阴雨或田间高湿时病害发生严重。田间管理粗放，缺肥，植株生长衰弱，病害发生较重。

防治方法参见青花菜黑斑病。

樱桃番茄枯萎病
Cherry tomato Fusarium wilt

枯萎病为樱桃番茄的重要病害，局部地区发生分布，多在老菜区保护地内零星发病，一般病株率3%～5%，重时可达10%以上，在一定程度上影响樱桃番茄生产。

[症状] 此病常在开花期以后发生。发病初期植株中、下部叶片在中午时萎蔫，早晚恢复正常，随病害发展植株中上部更多叶片开始萎蔫，至最后全株叶片萎蔫发黄，整株枯死。发病中期植株茎基一侧出现水渍状黄

褐至暗褐色坏死条斑，空气潮湿时病部表面产生少许淡粉红色霉层，即病菌的分生孢子。拔出病株，纵剖病茎，可见维管束变色。

[病原] *Fusarium oxysporum*(Schl.) f. sp. *lycopersici*（Sacc.）Snyder et Hansen 属半知菌番茄小镰孢菌番茄专化型真菌。病菌大型分生孢子

樱桃番茄枯萎病病茎

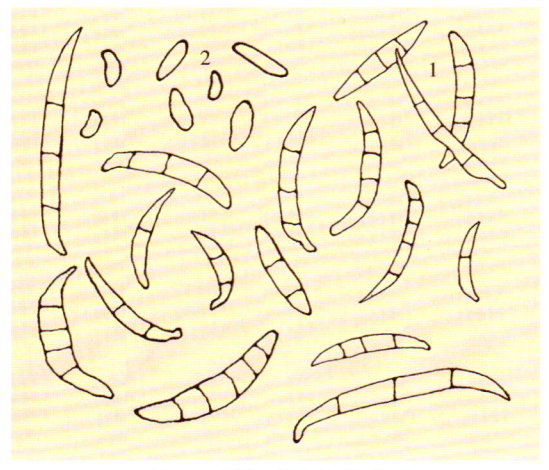

图5-5 樱桃番茄枯萎病菌
1.大型分生孢子 2.小型分生孢子

镰刀形或长纺锤形，顶孢钝圆稍弯曲，脚胞明显而弯曲，具3～5个隔膜。小型分生孢子单胞，长椭圆形。菌丝顶端或中间细胞易形成厚垣孢子。厚垣孢子单胞，圆形，黄褐色（图5-5）。

[发病规律] 病菌以菌丝体和厚垣孢子在土壤中越冬。种子也可以带菌，未充分腐熟的堆肥亦可传病。带菌种子可远距离传播病害，病区可借带菌肥料扩大发病面积，病菌也可随雨水或浇水传播。病菌从根部伤口或幼根尖端直接侵入，侵入后经薄壁细胞达到维管束，堵塞导管，产生毒素，导致叶片萎蔫枯死。高温、多雨利于发病。土温25～30℃，土壤潮湿，则病害严重。土壤偏酸或地下害虫多，或连茬种植，施用未腐熟肥料病害严重。品种间存在着抗性差异。

[防治方法]

1. 重病地区因地制宜选用相对较抗病的优良品种。与其他蔬菜实行轮作。

2. 使用无病种子。播种前种子用52℃温水浸种30min，或用50%多菌灵可湿性粉剂300倍液浸种60min。

3. 无病土育苗，旧苗床用50%多菌灵可湿性粉剂，或70%土菌消可湿性粉剂45～75kg/hm²拌细土450～750kg，播种时用药土垫底和盖种，或用98%恶霉灵可湿性粉剂2 000倍液喷浇苗床。

4. 发病初期用药液浇根。参见西瓜枯萎病。

櫻桃番茄枯萎病病株　　　　櫻桃番茄枯萎病病茎截面　　　　櫻桃番茄枯萎病后期病茎

櫻桃番茄基腐病
Cherry tomato Rhizoctonia rhizome rot

基腐病为櫻桃番茄的普通病害，分布较广，种植地区都有发生，保护地、露地种植均可发生。通常病株零星，轻度影响生产，重时植株染病率可达5%～10%，致植株萎蔫枯死。

[症状] 此病主要为害大苗或定植后櫻桃番茄的茎基部或地下主、侧根，病部初呈暗褐色，后绕茎基或根茎扩展，终致皮层腐烂，地上部叶片变黄，植株枝叶由下向上逐渐萎蔫枯死，病部表面产生蛛丝状菌丝，后期有时可形成黑褐色大小不等的菌核。

[病原] *Rhizoctonia solani* Kühn 属半知菌立枯丝核菌。详见芥蓝黑根病。

发病规律、防治方法参见芥蓝黑根病。

櫻桃番茄基腐病病株

樱桃番茄斑枯病
Cherry tomato Septoria blight

斑枯病为樱桃番茄的重要病害，分布较广，发生较普遍，保护地、露地都有发生，以春、秋露地发病较重，染病率常达100%，后期枝叶枯死，明显影响樱桃番茄生产。

[症状] 此病可为害叶片、叶柄、茎秆和果实，多在开花结果后发生。叶片染病，初形成水渍状小圆斑，后在叶两面形成边缘褐色、中央灰白色圆形至近圆形坏死斑，略凹陷，其上散生黑色小粒点，即病菌的分生孢子器。空气干燥，病组织脱落穿孔，空气潮湿，病斑连片致多数叶片坏死。茎秆和叶柄染病，多形成大小不等椭圆形至梭形凹陷斑，边缘红褐色，中央灰白色，后期亦散生小黑点，病斑相互汇合使枝叶提早枯死。果实染病，多形成近圆形"鱼目"状凹陷斑，中央灰褐色。

[病原] *Septoria lycopersici* Speg.属半知菌番茄壳针孢真菌。分生孢子器球形至扁球形，黑色，初埋生于寄主表皮下，后部分突破表皮外露，呈小黑点状，大小为235～305μm。其内生有大量分生孢子。分生孢子针形，直或稍弯曲，无色，具1～7个隔膜，大小为79.5～247.4μm×3.5～7μm（图5-6）。

[发病规律] 病菌以菌丝体和分生孢子器随病残体在土壤中越冬，也可在田间多年生茄科杂草上越冬，种子也可带菌。病菌越冬后产生分生孢子在田间形成初侵染，发病后产生分生孢子器吸水膨胀，从孔口溢出分生孢子，借风雨传播或雨水飞溅形成再侵染，使病害扩展蔓延。温、湿度对病害影响大，病菌生长温度12～30℃，22～25℃较适宜。相对湿度90%以上才产生分生孢子，且只有水滴存在时分生孢子才能释放。温度25℃左右，湿度95%以上，光照较弱，病害易发生流行。通常樱桃番茄生长中后期多雨，或雾大结露

樱桃番茄斑枯病中后期病叶

樱桃番茄斑枯病后期病叶

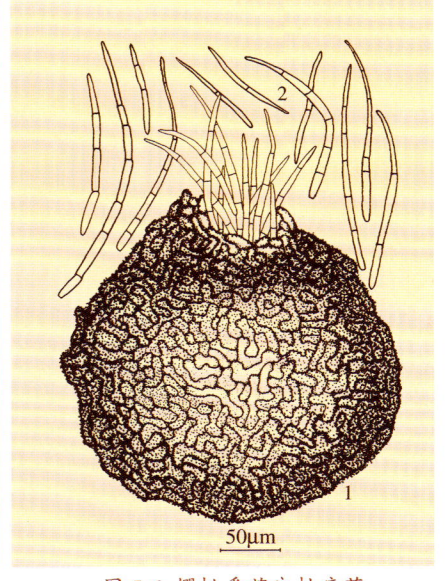
图5-6 樱桃番茄斑枯病菌
1.分生孢子器 2.分生孢子

樱桃番茄斑枯病初期病叶

樱桃番茄斑枯病病茎

重，病害发生严重。

[防治方法]

1. 采用无病种子，可用52℃温水浸种30min进行种子灭菌。

2. 实行与非茄科蔬菜2～3年轮作，收获后彻底清除病残组织和田边杂草，尤其茄科杂草。

3. 采用高畦或高垄地膜覆盖栽培。施足有机底肥，增施磷、钾肥，注意后期追肥。雨后防止田间积水，待田间露水干后进地操作。

4. 发病初期进行药剂防治，可选用40%福星乳油8 000倍液，或50%大富丹可湿性粉剂500倍液，或43%菌力克悬浮剂8 000倍液，或10%世高水分散粒剂8 000倍液，或50%敌菌灵可湿性粉剂500倍液，或65%多果定可湿性粉剂1 000倍液，或50%扑海因可湿性粉剂1 000倍液，或45%特克多悬浮剂1 000倍液，或40%多硫悬浮剂500倍液，或80%大生可湿性粉剂600倍液喷雾，或采用常温烟雾施药防治，7～10天防治1次，视病情连续防治1～3次。保护地选用5%百菌清粉尘剂、或6.5%甲霉灵粉尘剂，或上述药剂粉尘剂喷粉，防治效果更理想。

樱桃番茄绵疫病
Cherry tomato Phytophthora blight

绵疫病为樱桃番茄的普通病害，分布广泛，发生较普遍。多在夏、秋雨季发病，通常病害较轻，对生产无明显影响，严重时造成部分果实腐烂，在一定程度上影响樱桃番茄的产量和质量。

[症状] 此病主要为害果实，多发生在长成的绿果或刚开始着色的果实上。初期在果实表面出现淡褐色斑点，很快向四周扩展成大型浅黄褐色病斑，边缘不清晰。阴晴交替或田间湿度低时病斑多形成具有同心轮纹的较大型斑。湿度高时，病部表面长出白色霉状物。病果一般不软化，易脱落，皮下果肉变褐，最后腐烂。叶片偶尔受害，形成大型水渍状褪绿斑，具有不明显轮纹，最后病叶腐烂。

[病原] *Phytophthora parasitica* Dast. 和 *P. capsici* Leonian 即鞭毛菌寄生疫霉和辣椒疫霉真菌。寄生疫霉菌丝无隔，生于寄主细胞内或细胞间。孢囊梗无色，细长，顶生或间生孢子囊。孢子囊卵圆形至球形。厚垣孢子黄色，球形。卵孢子球形，厚壁，黄色。藏卵器间生或侧生。辣椒疫霉菌丝丝状，无隔，宽3.5～6.5μm，生于寄主细胞内外。孢囊梗无色，丝状，顶生孢子囊。孢子囊卵圆形，单胞，有明显乳头状突起，大小为26.5～56.0μm×42.5～59.0μm。厚垣孢子黄色，单胞，球形厚壁，平滑。卵孢子球形，直径30μm。雄器近球

樱桃番茄绵疫病初期病果

樱桃番茄绵疫病后期病果

樱桃番茄绵疫病中期病果

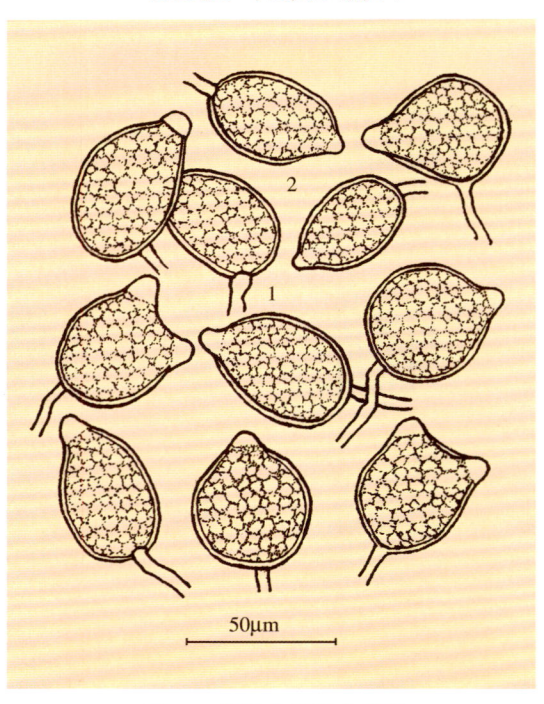

图5-7 樱桃番茄绵疫病菌
1. 孢囊梗 2. 孢子囊

形，大小为17μm×15μm，一般不易产生（图5-7）。

[发病规律] 病菌以卵孢子或厚垣孢子随病残体越冬。通过雨水溅射到近地面果实上，萌发产生芽管从果皮侵入，发病后菌丝产生孢子囊，释放游动孢子，通过雨水或浇水传播蔓延，进行再侵染。秋末形成卵孢子或厚垣孢子越冬。病菌生长温度8～38℃，适宜温度30℃，要求相对湿度高于95％。樱桃番茄生长期高温多雨，或低洼黏重的地块发病较重。

[防治方法]

1. 选择地势较高，排水良好的壤土种植。重病地块实行与非茄科蔬菜2年以上轮作。

2. 采用高垄地膜覆盖栽培。雨后及时排水，避免田间积水。

3. 发病初期及时摘除病果和及时进行药剂防治。可选用69％安克·锰锌可湿性粉剂800倍液，或72％霜脲·锰锌可湿性粉剂600倍液，或40％溶菌灵可湿性粉剂600倍液喷雾，7～10天防治1次，根据病情防治1~3次。

樱桃番茄根霉腐烂病
Cherry tomato Rhizopus rot

根霉腐烂病为樱桃番茄的普通病害，分布较广，保护地、露地都可发生，通常零星发病，对生产无明显影响，严重时造成部分果实腐烂，影响产品质量。

[症状] 此病主要侵害果实，以中下部过度成熟果，或具有生理裂口的果实容易发病。病果呈灰褐色水渍状软腐。在病组织表面产生初为灰白色后变成灰褐色毛状物，上有灰白至灰黑色小粒点，即病菌菌丝和孢囊梗。

[病原] *Rhizopus nigricans* Ehrb.属接合菌黑根霉真菌。病菌孢囊梗丛生在匍匐菌丝上，无分枝，直立，与假根成反向生长，顶生球状孢囊。孢囊褐色至黑色，大小为60～320μm，囊轴球形至椭圆形或不规则形。孢子近球形至卵圆形或多角形，褐色至蓝灰色，表面具线纹，呈蜜枣状，大小为5.5～13.5μm×7～8μm。接合孢子球形至卵形，黑色，具瘤状突起，大小为160～220μm（图5-8）。

[发病规律] 病菌为弱寄生菌，在田间分布十分普遍，可在多种蔬菜、水果的残体上营腐生生活，病菌孢囊孢子可附着在棚室墙壁、架材、薄膜及门窗上越冬。条件适宜时病菌从寄主伤口或生活力衰弱的部位侵入，分泌大量果胶酶，分解细胞间质，致病组织软化腐败，迅速溃解。发病后产生大量病菌孢子，通过气流传播，进行再侵染。温暖潮湿适宜发病，适宜病菌生长的温度为24～29℃，相对湿度为80％以上。樱桃番茄生长期连续阴雨、棚室内浇水过多、空气湿度高容易发病。果实受伤、过度成熟或部分触地发病较重。

[防治方法]

1. 采用高垄、半高垄地膜覆盖栽培，适时采收。

2. 加强水肥管理，科学浇水，避免裂果。结

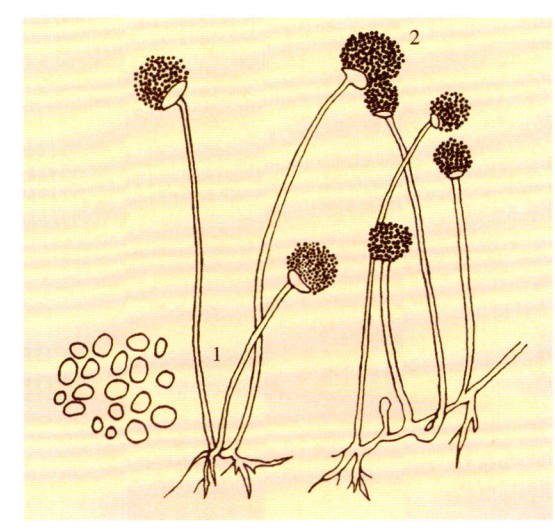

图5-8 樱桃番茄根霉腐烂病菌
1.孢囊梗 2.孢子囊

樱桃番茄根霉腐烂病田间受害状

果期防止大水漫灌，雨后及时排水，保护地注意通风排湿。

3.发病初期及时清除病果后施药防治，可选用77%可杀得或丰护安可湿性粉剂500倍液，或30%绿得保悬浮剂400倍液，或50%多菌灵可湿性粉剂500倍液喷雾，注意采收前5天停止用药。

樱桃番茄炭疽病
Cherry tomato anthracnose

炭疽病是樱桃番茄的普通病害，分布较广，仅在露地种植时发生，夏、秋季多雨发病较重，病果可达10%～20%，明显影响樱桃番茄生产。

[症状] 此病主要为害成熟果实，病部初期为水渍状透明小斑，逐渐扩大成黄褐色略凹陷病斑，

樱桃番茄炭疽病病果

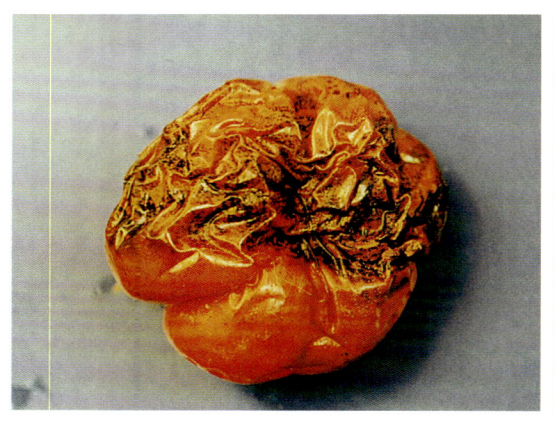
樱桃番茄炭疽病病果

具同心轮纹，其上密生黑色小点，即病菌的分生孢子盘，空气潮湿时产生淡红色黏稠物，后引致果实腐烂或脱落，干燥时形成萎缩僵果。

[病原] *Colletotrichum atramentarium*（Berk. et Br.）属半知菌番茄刺盘孢真菌。病菌分生孢子盘浅盘状，初埋生在寄主表皮下，成熟时突破表皮外露，盘四周具黑褐色刺状弯曲刚毛，长65～112μm。分生孢子梗栅状排列。分生孢子新月形，两端钝圆，单胞，无色，大小为16～24μm×4μm（图5-9）。

[发病规律] 病菌主要以菌丝体随种子或病残体越冬，翌春条件适宜产生分生孢子，借雨水飞溅传播蔓延。病菌生长适宜温度为25～32℃，最高34℃，最低6～7℃。通常分生孢子萌发产生芽管经伤口或直接从表皮侵入，未着色的果实感染后潜伏到果实成熟后显症。生长后期，病斑上产生的粉红色黏稠物内含大量分生孢子，通过雨水溅射传播到健果上，进行再侵染。果实采摘期高温多雨，田间高湿，发病重。

[防治方法]

1.加强管理，及时清除田间病残果。雨后防止田间积水，尽量避免高温高湿条件出现。

2.必要时在绿果期开始进行药剂防治，可选用40%多硫悬浮剂400倍液，或25%施保克可湿性粉剂800倍液，或25%炭特灵可湿性粉剂600倍液，或40%百科乳油2 000倍液，或30%倍生乳油2 000倍液，或2%加收米水剂800倍液，或6%乐必耕可湿性粉剂1 500倍液，或25%敌力脱乳油1 000倍液，或50%敌菌灵可湿性粉剂400倍液，或5%田安水剂500倍液，或70%甲基托布津可湿性粉剂600倍液喷雾，7～10天防治1次，连续防治1～3次。

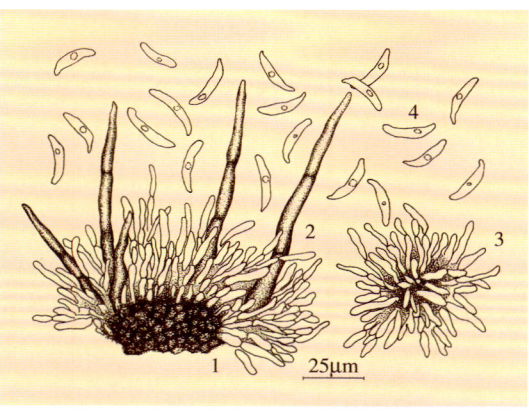
图5-9 樱桃番茄炭疽病菌
1.分生孢子盘 2.刚毛 3.分生孢子梗 4.分生孢子

樱桃番茄煤污病
Cherry tomato Cladosporium mold

煤污病为樱桃番茄常见病，分布广泛，发生普遍，主要在保护地内发生，露地亦有发病。一旦发生，病株率常达60%以上，明显影响樱桃番茄正常生产。

[症状] 此病多在白粉虱或蚜虫发生严重的棚室内发生，主要为害叶片，初在叶片正面或背面产生平铺状白色霉堆，以后逐渐变成灰黑色至黑褐色霉堆，即病菌的菌丝、分生孢子梗和分生孢子。随病害发展，病叶黄化，霉斑背面叶肉组织坏死，形成大小不等、形状不规则的浅褐至暗褐色病斑。严重时叶片上病斑密布，短期内致叶片枯死。病菌侵染果实或嫩茎，亦在其表面产生白色平铺状霉斑，后期变黑，影响果实着色和品质。

[病原] *Cladosporium herbarnm* Link et Fr. 和 *C. macrocarpum* Preuss即半知菌多主枝孢霉和大孢枝孢霉真菌。多主枝孢霉分生孢子梗直立，褐色至榄褐色，单枝或略分枝，上部略弯曲，顶生分生孢子。分

生孢子椭圆形,淡褐色,呈短链状,具1～3个隔膜,大小为10～20μm×5～8μm。大孢枝孢霉菌丝平铺状,分生孢子梗单生或簇生,褐色,略弯曲。

[发病规律] 病菌以菌丝体和分生孢子在病叶上或在土壤内及植物残体上越冬。条件适宜时产生分生孢子借风雨及蚜虫、白粉虱等传播蔓延。荫蔽潮湿、害虫严重、植株生长衰弱利于发病。

[防治方法]

1. 收获后彻底清除病残植株,减少田间菌源。

2. 合理密植,生长期加强管理,改善田间通透条件。雨后及时排水,保护地在浇水后避免闷棚。

3. 及时防治蚜虫、白粉虱等害虫。

4. 必要时在病害点片发生阶段施药防治。参见樱桃番茄叶霉病。

樱桃番茄煤污病病叶

樱桃番茄煤污病病果

樱桃番茄煤霉病
Cherry tomato Cercospora leaf mold

煤霉病为樱桃番茄的普通病害,多在保护地内发生,南方高温高湿地区也可发病,一般对生产无明显影响,严重时显著影响植株光合作用,造成一定程度的减产。

[症状] 此病主要为害叶片,叶柄、茎也可发病。多从叶片背面开始感染,产生圆形至不规则形浅黄绿色至黄褐色病斑,边缘不明显。条件适宜时病斑扩展迅速,在其表面长满浅褐色绒毛状霉层,严重时覆满整个叶背。叶正面病斑黄色至浅黄褐色,边缘明显,后期变成褐色,严重时致病叶萎蔫枯死。叶柄和茎部发病,也可产生褐色绒毛状病斑。

[病原] *Cercospora fuligena* Roldan 属半知菌煤污尾孢霉真菌。病菌分生孢子生于叶片背面,子座不发达,分生孢子束松散或紧密。分生孢子梗短粗,略弯曲,末端尖突状,具2～3个隔膜,褐色,大小为25～27μm×3.5～5μm。分生孢子鼠尾状或棒状,无色,多个隔膜,顶部钝圆,基部稍膨大,末

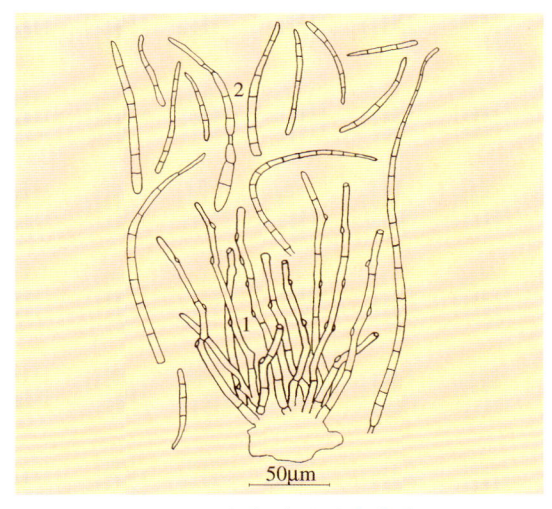

50μm

图5-10 樱桃番茄煤霉病菌
1. 分生孢子梗 2. 分生孢子

樱桃番茄煤霉病叶面病斑

樱桃番茄煤霉病叶背病斑

端尖细，脐痕明显，大小为15～95μm×3.5～5μm（图5-10）。

[发病规律] 病菌主要以菌丝体和分生孢子随病残体遗留在地上越冬，条件适宜时产生分生孢子，借助风雨传播形成侵染。病部产生分生孢子进行重复再侵染。环境不适或缺乏寄主即开始转入越冬阶段。病菌生长最适温度为27℃左右，最高37℃。致死温度为50℃。高温高湿利于发病，一般田间气温超过25℃，遇连续阴雨天或忽雨忽晴容易发病。长时间闷热，气温高，湿度大，病害发生严重。

防治方法参见樱桃番茄叶霉病。

樱桃番茄褐斑病
Cherry tomato Helminthosporium leafspot

褐斑病为樱桃番茄的普通病害，部分地区发生，保护地、露地都可发生，以露地种植较常见。通常病株率30%～70%，重病地块病株率100%，叶片染病率可达80%以上，明显影响樱桃番茄的产量与品质。

[症状] 此病主要侵染叶片，重时亦侵染叶柄、果柄和果实。叶片上产生初为黄褐色小点，以后发展成近圆形灰褐色小型坏死斑，明显凹陷，略具光泽，叶背病斑更为明显，较大的病斑有时出现轮纹，空气潮湿在病斑表面可产生深褐色霉状物，即病菌分生孢子梗和分生孢子。叶柄和果柄染病，病斑灰褐色，凹陷，病斑大小差异较大，有时呈条状，湿度高时病斑上亦产生黑霉。

[病原] *Helminthosporium carposaprum* Pollack.属半知菌番茄长蠕孢霉真菌。病菌菌丝无色或浅褐色。分生孢子梗丛生，细长，梗基部几节略膨大。分生孢子长圆筒形至棍棒状，浅黄褐色，串生于孢子梗顶端，具多个隔膜，大小为62.5～128.5μm×4.5～10.5μm。

[发病规律] 病菌以菌丝体随病残体在田间越冬。条件适宜时产生分生孢子，借气流、雨水反溅到寄主上，从气孔侵入。病菌发育适温25～28℃，高湿利于发病。樱桃番茄生长期高温高湿，特别是多雨高温季节病害易流行。种植过密，田间通风透光差，植株生长衰弱，发病严重。

樱桃番茄褐斑病病株

樱桃番茄褐斑病叶背病斑

樱桃番茄褐斑病叶面病斑

[防治方法]

1. 施足底肥，氮、磷、钾肥合理搭配。采用高畦或高垄地膜覆盖栽培。

2. 加强田间管理，及时浇水和追肥，雨后避免田间积水。采收完毕彻底清除病残植株，并深翻土壤，减少田间病菌。

3. 发病初期进行药剂防治。可选用80%大生可湿性粉剂600倍液，或50%敌菌灵可湿性粉剂500倍液，或6%乐必耕可湿性粉剂1 500倍液，或70%甲基托布津可湿性粉剂600倍液，或40%福星乳油8 000倍液喷雾，7～10天防治1次，视病情连续防治1～3次。

樱桃番茄灰斑病
Cherry tomato Ascochyta spot

灰斑病为樱桃番茄的普通病害，仅局部地区发生，保护地、露地都有发生，以保护地种植发病偏重。一般病株率 20%～40%，对生产影响较小，严重时发病率常达 60% 以上，部分叶片因病坏死，在一定程度上影响生产。

[症状] 此病主要为害叶片，重时亦侵染茎秆。叶片染病初呈浅褐色小点，后扩展成椭圆形至近圆形灰绿色至黄褐色大型病斑，具不明显轮纹，后期迅速扩大至叶片的 1/3～3/4，其上着生轮纹状排列小黑点，即病菌分生孢子器。后期病斑易破裂穿孔。茎部染病多从中上部枝权处开始侵入，病部初呈暗绿色水渍状，以后变成黄褐至灰褐色不定形斑，表面粗糙，边缘褐色，亦散生浅褐色小粒点，易从病部折断或半边枯死。严重时茎髓部腐烂，形成中空或仅残留维管束组织。

[病原] *Ascochyta lycopersici* Brun. 属半知菌番茄壳二孢真菌。病菌分生孢子器深褐色，球形，具孔口，先埋生于寄主表皮下，以后部分露出叶面，直径 100～250μm。分生孢子椭圆形，双细胞，分隔处缢缩，大小为 4.5～15μm × 2.5～5μm（图 5-11）。

[发病规律] 病菌以分生孢子器随病残体在土壤内及地表越冬。条件适宜时遇雨水或浇水释放分生孢子形成初侵染，发病后再形成分生孢子器释放分生孢子，借气流、雨水、浇水和管理扩散蔓延，气温 20℃ 左右，空气潮湿利于发病。植株生长衰弱、茂密发病较重。

[防治方法]

1. 重病地块实行与非茄科蔬菜 2 年以上轮作。

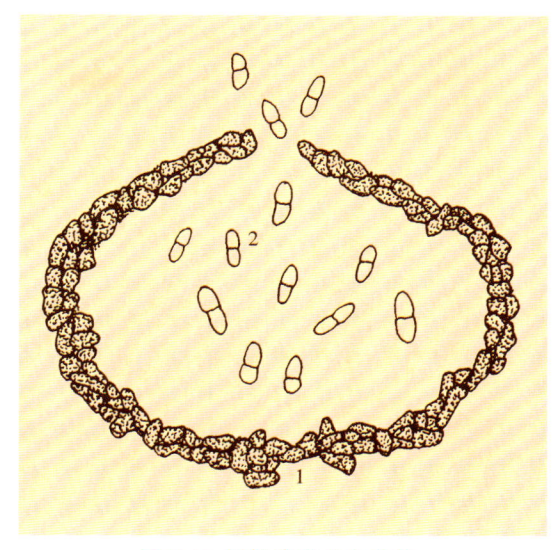

图 5-11 樱桃番茄灰斑病菌
1. 分生孢子器 2. 分生孢子

2. 收获后及时彻底清除病残组织，集中妥善处理，减少田间菌源。

3. 发病初期施药防治。可选用 70% 甲基托布津可湿性粉剂 600 倍液，或 50% 扑海因可湿性粉剂 1 000 倍液，或 80% 大生可湿性粉剂 800 倍液，或 40% 多硫悬浮剂 400 倍液，或 45% 特克多悬浮剂 1 000 倍液喷雾。保护地亦可用 5% 百菌清粉尘剂，或 5% 加瑞农粉尘剂 15kg/ hm² 喷粉防治。

樱桃番茄灰斑病幼叶病斑

樱桃番茄灰斑病叶缘病斑

樱桃番茄灰斑病叶面病斑

樱桃番茄灰斑病茎部病斑

櫻桃番茄白星病
Cherry tomato Phyllosticta leafspot

白星病为樱桃番茄的普通病害，局部地区发生。一般病株零星，发病率3%～5%，对生产无明显影响，严重时病株率可达30%左右，部分叶片因病枯死，轻度影响生产。

[症状] 此病仅为害叶片，初在叶片上出现灰绿色小圆点，以后发展成近圆形至不定形灰白色至浅灰褐色小型坏死斑，病部凹陷呈纸状，后期易破裂穿孔，偶尔可产生稀疏小粒点，即病菌的分生孢子器。

[病原] *Phyllosticta* sp.属半知菌叶点霉真菌。病菌分生孢子器较小，近球形，埋生于寄主组织中，以后从孔口处突破寄主表皮，器壁膜质。分生孢子梗短，不明显。分生孢子较小，卵圆形，单胞，无色。

櫻桃番茄白星病病斑

[发病规律] 病菌主要随病残体越冬。条件适宜时分生孢子器释放分生孢子进行初侵染和再侵染。高温高湿适宜发病。

防治方法参见樱桃番茄斑枯病。

櫻桃番茄灰霉病
Cherry tomato gray mold

灰霉病为樱桃番茄的普通病害，仅在部分管理粗放或管理失时的保护地内发生，一般零星发病，以盆栽荔枝樱桃番茄发病稍重，对生产造成一定程度损失。

[症状] 此病仅在苗期和花期形成侵染。苗期多从受伤的幼苗或长时间结露或积水的叶尖或叶缘开始侵染，引致幼苗或叶片呈黄褐色坏死，多形成V字形或近圆形黄褐色具同心轮纹病斑，后期在病部长出灰色霉状物，即病菌的分生孢子梗和分生孢子。花期或坐果以后发病，多从开败的花瓣侵入，沿花瓣向果实侵染，在果柄附近形成灰褐至黄褐色坏死斑，明显凹陷，空气潮湿时病果腐烂，并在病部表面产生灰色霉层。发病重时造成大量烂花或烂果。

[病原] *Botrytis cinerea* Pers.属半知菌灰葡萄孢真菌。病菌分生孢子梗单生或丛生，浅褐色，有隔膜，基部略膨大，顶端具1～2次分枝，分枝顶端产生小柄，其上着生大量分生孢子，大小为1 200～2 800μm×10～19.3μm。分生孢子圆形至椭

櫻桃番茄灰霉病病苗

櫻桃番茄灰霉病病叶

櫻桃番茄灰霉病幼苗病叶

櫻桃番茄灰霉病病花

圆形，单细胞，近无色，大小为6.3～11.3μm×7.5～17.5μm，平均9.6×15.2μm（图5-12）。

[发病规律] 病菌以菌核残留在土壤中越冬，也可以菌丝体和分生孢子在病残体上越冬。条件适宜时菌核萌发产生菌丝和分生孢子，以分生孢子借气流和农事操作传播，经伤口或较衰弱的残花等侵入。发病后产生大量分生孢子进行重复侵染使病害迅速蔓延。病菌生长温度2～31℃，适宜温度20～23℃，要求90%以上相对湿度和弱光照。樱桃番茄生长期，尤其是苗期、开花期或浇催果水前阴雨天较多，棚室内低温高湿有利于病害发生发展。

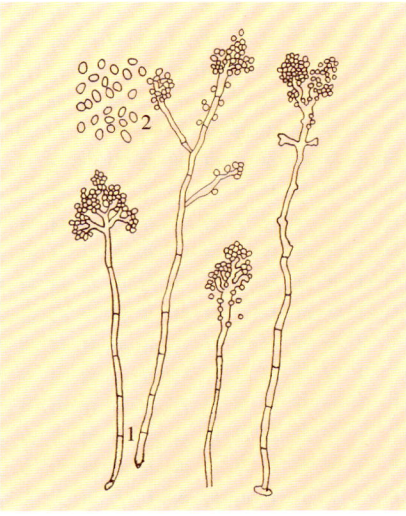

图5-12 樱桃番茄灰霉病菌
1.分生孢子梗 2.分生孢子

樱桃番茄灰霉病病果

樱桃番茄灰霉病病茎

[防治方法]

1. 防治苗期发病应注意苗棚表面灭菌，可选用65%甲霉灵可湿性粉剂500倍液，或40%施加乐悬浮剂800倍液，或45%特克多悬乳剂1 000倍液，或50%溶菌灵可湿性粉剂400倍液，对棚室土壤、墙壁、棚膜等均匀喷雾。

2. 根据本病特点应特别重视花期和浇催果水前的防治，即在花期和在浇催果水前用防治灰霉病的药液重点针对性地喷花和喷果，保护果实不被侵害。

3. 发病后需及时小心清除病花、病果等病残组织，并配合通风降湿和药剂防治。可选用65%甲霉灵可湿性粉剂600倍液，或40%施加乐悬浮剂800～1 000倍液，或45%特克多悬乳剂800倍液，或50%敌菌灵可湿性粉剂500倍液，或50%溶菌灵可湿性粉剂800倍液喷雾。植株茂密时宜选用防治灰霉病的粉尘剂喷粉防治或采用常温烟雾施药技术防治。

樱桃番茄菌核病
Cherry tomato Sclerotinia rot

菌核病为樱桃番茄的普通病害，在部分老菜区保护地内发生。一般零星发病，引起植株坏死，荔枝樱桃番茄发病较重，多引起烂果，一旦发生，对产量有明显影响。

[症状] 此病主要侵害茎部和果实。茎部染病，呈水渍状暗绿至灰白色软腐，在病部产生絮状白霉，后期转变成鼠粪状菌核，病茎变空，亦可在髓部产生黑色菌核，随病害发展植株萎蔫枯死。果实染病，呈暗绿色水渍状软腐，在病部长出浓密絮状菌丝团，后期转变成黑色菌核，随病情发展，病果腐烂并脱落。

[病原] *Sclerotinia sclerotiorum*（Lib.）de Bary 属子囊菌核盘菌真菌。详见青花菜菌核病。

发病规律、防治方法参见青花菜菌核病。

樱桃番茄菌核病病果

樱桃番茄菌核病贮藏期病果

樱桃番茄菌核病病茎解剖

樱桃番茄菌核病病茎

樱桃番茄白粉病
Cherry tomato powdery midew

　　白粉病为樱桃番茄的普通病害，在局部地区发生，多在保护地内发病。通常病情较轻，对生产有轻度影响，个别棚室发病较重，局部100%发病，植株因病早衰死亡。

　　[症状] 此病常在生长中后期发生，由中下部叶向上发展。初在叶片上形成零星白色小粉斑，以后形成较明显大小不等的粉状斑，相互汇合致整叶布满白粉，随病斑的增加早期染病部位的叶肉组织逐渐褪绿，最后坏死。严重时叶正背面均覆满病斑，终致叶片萎黄、全株枯死。

　　[病原] *Erysiphe polygoni* DC.属子囊菌蓼白粉菌真菌。病菌菌丝体表面生，分生孢子梗直立，生于菌丝体上，无色，圆柱状，不分枝，有1～4个隔膜，顶端串生分生孢子，大小为65～140μm×9～12μm。分生孢子单胞，无色，椭圆形至腰鼓状，常含1个至多个液胞，大小为23～42μm×13～23μm。未见有性时期产生（图5-13）。

　　[发病规律] 病菌主要在冬季生产的番茄上越冬，也可在其他寄主上越冬。越冬病菌通过气流传播形成初侵

樱桃番茄白粉病前期病叶

樱桃番茄白粉病后期病叶

染，发病后产生分生孢子进行重复侵染，使病害扩展蔓延。温暖潮湿有利于发病，病菌生长适宜温度为20～25℃，适宜湿度80%左右，湿度较低时也可发病。一般田间荫蔽、昼暖夜凉、结露多时病害较重，樱桃番茄生长中后期管理不善，植株长势弱，空气干燥时，病害仍可发生蔓延。

[防治方法]

1. 彻底清除病残体和田间杂草，尤其是蓼科杂草，减少初侵染菌源。

2. 增施有机底肥，中后期适时追肥，避免早衰。零星发病时及时摘除病叶。

3. 发病初期进行药剂防治。参见苦瓜白粉病。

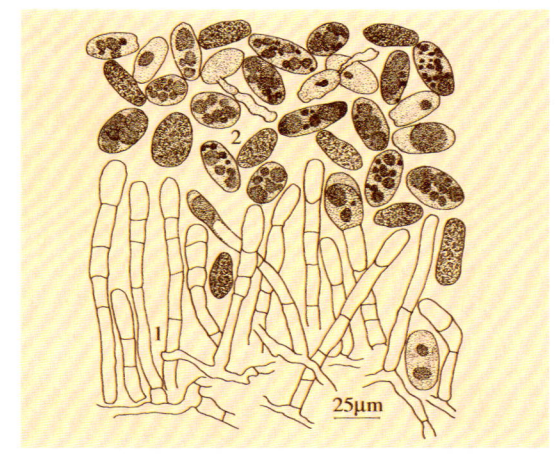

图 5-13 樱桃番茄白粉病菌
1. 分生孢子梗 2. 分生孢子

樱桃番茄红粉病
Cherry tomato Fusarium fruit rot

红粉病为樱桃番茄的普通病害，分布较广，保护地、露地都有发生。一般零星发病，对生产有一定程度的影响，荔枝樱桃番茄发病较多见。

[症状] 此病一般为害成熟果实。多从果柄附近或脐部开始侵染，初形成淡褐色不定形病斑，以后变成红褐色，逐步扩展至整个果实。果实受伤时，常从伤口侵染，致病果软腐。空气潮湿，病部产生初为白色后转变成粉红色、致密的絮状霉层，终致病果腐烂脱落。

[病原] *Fusarium* sp.属半知菌镰孢霉真菌。病菌一般只产生大型分生孢子，镰刀形，浅色，顶胞尖钝，圆形，底胞和脚胞明显，具2～4个隔膜，多为4个。

[发病规律] 病菌在土中越冬，植株下部果或触地果易受侵染，过度成熟果或具有生理和其他伤口的果也易发病，温暖潮湿或采收期多雨，或田间浇水过多，空气湿度高等发病较重。

[防治方法]

1. 重病地块采用高垄和地膜覆盖栽培，防止果实与地面直接接触。

2. 适时采收，生长后期控制浇水，避免田间积水，发现病果及时清除，妥善处理。

樱桃番茄红粉病中期病果

樱桃番茄红粉病后期病果

3. 严重地块在果实未红熟前施药保护。使用药剂和方法参见苦瓜镰孢霉红粉病。

樱桃番茄绵腐病
Cherry tomato Pythium fruit rot

绵腐病为樱桃番茄的普通病害。分布较广，保护地、露地都有发病，但一般都是零星发生，仅个别地块染病率稍高，在一定程度上影响樱桃番茄生产。

[症状] 此病只为害果实，多侵染下部靠近地面果实，成熟果或受伤果容易染病。病果初呈水渍状暗绿至淡褐色坏死，迅速扩展软

化腐烂，在病部表面产生白色霉层，随病害发展病果脱落。

[病原] *Pythium aphanidermatum*（Eds.）Fitzp.属鞭毛菌瓜果腐霉真菌。病菌菌丝无色，无隔。孢子囊梗与菌丝相似。孢子囊丝状，分枝裂瓣状，不规则膨大。孢子囊萌发时产生球形泡囊，由内放出几个至几十个游动孢子。藏卵器球形，雄器袋状，两者结合后形成卵孢子。卵孢子球形、厚壁、淡黄褐色（图5-14）。

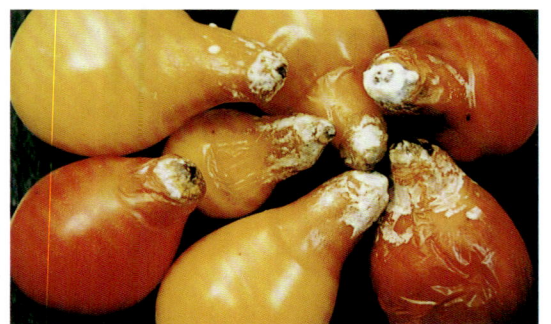

樱桃番茄绵腐病贮藏期病果

樱桃番茄绵腐病病果

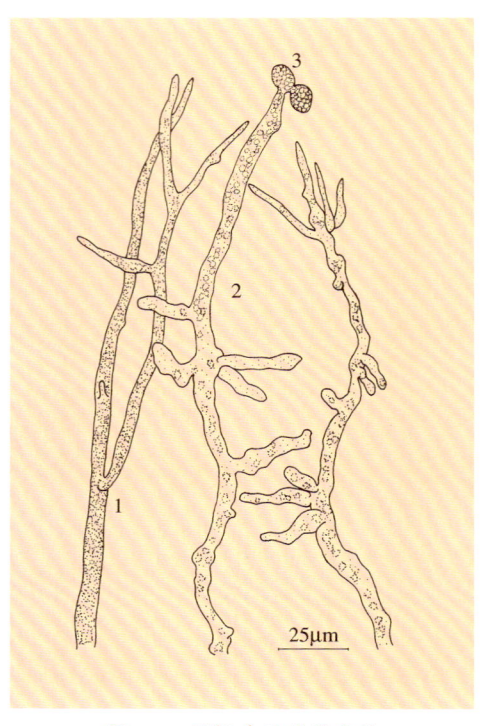

图 5-14 樱桃番茄绵腐病菌
1. 孢囊梗　2. 孢子囊　3. 泡囊

[发病规律] 病菌以卵孢子在土壤表层越冬，也可以菌丝体在土中营腐生生活。温湿度适宜，卵孢子萌发或土中菌丝产生孢子囊，孢子囊萌发释放出游动孢子，借浇水或雨水溅射到下部果实上引起发病。温度10～30℃均可引起侵染发病，孢子囊萌发和释放游动孢子要求95%以上相对湿度和游离水存在。因而地势低洼、地下水位高，土壤黏重，雨后积水发病较重。保护地浇水过多，通风排湿不及时发病较重。

防治方法参见小西葫芦绵腐病。

樱桃番茄溃疡病
Cherry tomato bacterial canker

　　溃疡病为樱桃番茄的毁灭性病害，在许多种植地区都有发生，一旦发病，病株率都很高，常造成成棚或成片植株萎蔫坏死，严重时100%发病，致大面积绝收。

　　[症状] 此病全生育期都可发生。幼苗发病真叶由下向上萎蔫坏死，胚轴或叶柄上产生凹陷坏死斑，剖茎可见维管束变色、髓部变空，终致幼苗枯死。成株发病多表现为由下向上，由局部枝叶向全株发展。初期下部叶片边缘褪绿萎蔫或翻卷，随后全叶呈青褐色皱缩干枯，进一步发展在叶柄、侧枝或主茎上形成灰白至灰褐色条状枯斑，剖茎可见髓部部分变空、维管束变褐。病害发展较慢时，病茎略变粗，其表面可生出许多疣刺状突起或不定根，最终病茎髓部全部变空变褐，全株萎蔫枯死。果实发病多由茎扩展至果柄，部分韧皮部和髓部变褐腐朽，延至果内使幼果畸形空瘪，胎座变小，停止生长，所产种子粒小色暗，成熟度不好，后期常造成大量落果。病菌再次侵染在叶片上形成不定形青褐色斑，在果实表面产生中央暗褐色疮痂状隆起，边缘乳白色"鸟眼"斑，多个病斑连接成片使病部表面十分粗糙。

　　[病原] *Corynebacterium michiganense* pv. *michiganense* (Smith) Jensen.属棒杆菌密执安棒杆菌密执安亚种细菌。菌体短杆状或棒状，两端钝圆，单生或双生，无鞭毛，不运动，大小为0.7～1.2μm×0.6～0.7μm，革兰氏染色阴性，好气性。肉汁胨琼脂平

樱桃番茄溃疡病前期病叶

樱桃番茄溃疡病前期病茎

面上菌落圆形，初为灰黄色，湿润状，后转变成深黄色，不透明，有光泽。在肉汁胨液中生长慢，中等混浊。

[发病规律] 病菌可在种子内、外及病残体上越冬，也可随病残体在土壤中存活2～3年。病菌主要由各种伤口侵入，也可从叶片毛状体及幼果表皮直接侵入。远距离传播主要靠带菌种子、种苗及未加工果实的调运，近距离主要通过雨水、浇水传播。连阴雨和暴风雨后病害发展很快，通过分苗移栽，整枝绑架进一步传播蔓延，一旦侵入，在寄主韧皮部迅速扩展。病菌生长温度为1～33℃，适宜温度为25～27℃，适宜pH 7，53℃10min致死。樱桃番茄生长期内，温暖潮湿，多阴雨或多暴

樱桃番茄溃疡病后期病茎

樱桃番茄溃疡病病枝

樱桃番茄溃疡病病果

樱桃番茄溃疡病中后期病株

樱桃番茄溃疡病后期病株

雨，或长时间结露有利于发病。发病后偏施氮肥，大水漫灌，病害扩展迅速。据调查，此病发生、流行与种子带菌率、带菌量和生长期雨量及雨日直接相关。

[防治方法]

1. 对种子实行严格检疫，禁止从疫区调运种苗。

2. 进行种子消毒灭菌，可用55℃温水浸种30min，或70℃干热灭菌72 h。还可用1%盐酸浸种5～10 h，或用1.05%次氯酸钠浸种20～40min，用清水充分洗净后催芽。

3. 与非茄科蔬菜实行3年以上轮作，采用高垄栽培。发病初期及时清除病株带到田外妥善处理。病后注意水肥管理，避免偏施氮肥，待露水干后进地操作，禁止大水漫灌。雨后防止田间积水。

4. 发病初期药剂喷雾和浇根。可选用47%加瑞农可湿性粉剂800倍液，或77%可杀得可湿性粉剂500倍液，或新植霉素5 000倍液喷雾。保护地选用5%加瑞农粉尘剂15kg/ hm²喷粉。每株0.25～0.3L药剂浇根。

櫻桃番茄軟腐病
Cherry tomato bacterial soft rot

軟腐病為櫻桃番茄的常見病，分布廣泛，發生普遍，保護地和露地都有發生，一般夏、秋露地發病較重，病果率可達30%以上，明顯影響產量和質量。

[症狀] 此病主要為害果實，多從害蟲鑽蛀的傷口或生理裂口染病，使內部組織呈水漬狀軟腐，果皮保持完整，隨病害發展內部果肉全部腐爛，釋放出惡臭氣味。

[病原] *Erwinia carotovora* subsp. *carotovora*

櫻桃番茄軟腐病病果

（Jones）Bergey et al. 屬胡蘿卜軟腐歐氏桿菌胡蘿卜軟腐病亞種細菌。菌體短桿狀，周生2～8根鞭毛。革蘭氏染色陰性，生長發育適溫25～30℃，最高40℃，最低2℃，50℃ 10min致死。

[發病規律] 病菌隨病殘體在土壤中越冬。翌年借雨水、灌溉水及昆蟲傳播，由傷口侵入。害蟲發生為害嚴重，特別是棉鈴蟲造成鑽蛀傷口多，或暴雨暴晴天較多，生理傷口多，田間空氣濕度高使傷口難以愈合，給病菌侵入創造了有利條件。病菌侵入後分泌果膠酶溶解細胞中膠層，致果肉細胞崩潰離析，細胞內水分外溢而腐爛。陰雨天或結露多，或蟲傷、生理傷多發病重。

[防治方法]

1. 及時防治蛀果害蟲，減少蟲傷。注意隨時摘除腐爛病果，控制病害擴散蔓延。

2. 加強田間水肥管理，適時澆水，盡可能保持空氣濕度相對穩定。

3. 必要時噴灑47%加瑞農可濕性粉劑500倍液，或25%絡氨銅水劑500倍液。或77%可殺得可濕性微粒粉劑500倍液。

櫻桃番茄軟腐病病果穗

櫻桃番茄瘡痂病
Cherry tomato bacterial scab

瘡痂病為櫻桃番茄的重要病害，在部分地區發生。病害多在雨後發生，一般病株率10%～30%，在一定程度上影響產量與品質，嚴重地塊

櫻桃番茄瘡痂病病葉和病莖

或重病年份發病率可達50%以上，部分植株可因病提早枯死。

[症狀] 此病可侵害葉、莖和果實。多從中下部葉片開始侵染，初形成水漬狀暗綠色斑點，擴大後變成近圓形至不規則形褐色壞死斑，邊緣明顯，四周具有較窄的褪綠暈環。莖部染病多形成暗褐色不規則瘡痂狀稍隆起病斑。果實染病，主要侵害幼果和青果，初形成中心稍隆起邊緣乳白色小斑點，以後變成中央凹陷邊緣隆起的暗褐色瘡痂狀斑。

[病原] *Xanthomonas campestris* pv. *vesicatoria* （Doidge）Dye 屬黃單胞桿菌甘藍黑腐黃單胞辣椒瘡痂致病變種細菌。菌體短桿狀，兩端鈍圓，鏈生，有莢膜，無芽孢，極生單鞭毛，大小為0.6～0.7μm × 1.0～1.5μm，革蘭氏染色陰性，好氣性。肉汁腖瓊脂平面上菌落淺黃色，圓形，半透明。在馬鈴薯塊上菌苔黃色，擴展型，稍黏。肉汁腖液中輕混濁，草黃色菌環和薄膜。

[發病規律] 病菌隨病殘體在土壤表面或附著在種子表面越冬。條件適宜時病菌通過風雨或昆蟲傳播到番茄葉、莖或果實上，經傷口或氣孔侵入，在細胞間繁殖，細胞受害後被分解，使病部凹陷。病菌生長溫度5～40℃，適宜溫度27～30℃，致死溫度56℃ 10min。櫻桃番茄生長期高溫高濕或降雨次數多，有利於發病。此外，因害蟲及暴風雨造成傷口較多、結露多、田間管理粗放、植株生長衰弱，病害發生較重。

[防治方法]

1. 選用無病種子，或用55℃溫水浸種20min滅菌。

2. 重病地块实行与非茄科作物2～3年轮作。

3. 加强水肥管理，及时整枝打杈，露水干后下地管理，精心操作，减少各种伤口。

4. 发病初期及时用药防治，尤其在暴风雨后需立即喷药。参见溃疡病。

樱桃番茄疮痂病叶背病斑和病果　　　　　　　　樱桃番茄疮痂病病枝

樱桃番茄细菌性褐斑病
Cherry tomato bacterial speck

细菌性褐斑病为樱桃番茄的重要病害，部分地区发生，保护地、露地种植都有发生，一旦发病，病株率常达60%以上，明显影响樱桃番茄生产。

[症状] 此病主要侵害叶片，亦侵染茎、叶柄和果实。叶片染病，密生不定形大小差异大的灰白至灰褐色下陷坏死小斑，边缘颜色较深，具油渍状光泽，相互连接成暗褐色不规则形坏死大斑。湿度高时叶缘或叶尖呈V字形坏死变褐至腐烂。叶柄和茎染病亦产生不定形褐色凹陷坏死小斑。果实染病，多侵害幼嫩果，在果实上出现稍隆起小点，以后变成褐色疮痂状小斑，病斑周围组织推迟红熟。

[病原] *Pseudomonas syringae* pv. *tomato*（Okabe）Young，Dye et Wilkie.属假单胞杆菌丁香假单胞菌番茄叶斑病致病亚种细菌。菌体短杆状，直或微弯，单胞，大小为1.5～4μm×0.1～1μm，革兰氏染色阴性，能产生绿色荧光，可使明胶液化，使蔗糖产酸。

樱桃番茄细菌性褐斑病病株　　　　樱桃番茄细菌性褐斑病病叶　　　　樱桃番茄细菌性褐斑病病茎

[发病规律] 病菌在种子、病残体及土壤中越冬。播种带菌种子，幼苗即染病，病苗定植后即发病，通过雨水飞溅、浇水传播，田间整枝、打杈、采收等农事操作亦传播病害。潮湿冷凉和低温多雨利于发病。虫害严重、大水漫灌，病害发生较重。品种间抗病性存在着一定差异。

[防治方法]

1. 因地制宜选用抗耐病优良品种。

2. 采用高垄地膜滴灌，或膜下暗灌，或管灌等方式栽培。

3. 选用无病种子，或种植前用1%稀酸液浸种10~20min后洗净晾干播种。亦可用种子重量0.4%的47%加瑞农可湿性粉剂拌种。

4. 发病初期喷药防治。参见溃疡病。

櫻桃番茄细菌性褐斑病中期病叶　　　　　　　　櫻桃番茄细菌性褐斑病后期病株

櫻桃番茄根结线虫病
Cherry tomato root-knot nematode

根结线虫病为櫻桃番茄的重要病害，部分地

櫻桃番茄根结线虫病病根

区发生分布，保护地、露地都有发生，以秋季保护地发病严重，病株率常达80%以上，重病棚室发病率均为100%，明显影响櫻桃番茄生产。

[症状] 此病主要侵害根系，在须根和侧根上产生浅黄色串珠状根结，或形成肥肿畸形瘤状根结。解剖根结可见很小的乳白色洋梨状线虫埋生其内。通常在根结之上可再生出细弱新根，再度染病后则形成根结状肿瘤。轻病株地上部症状不明显。重病株发育不良、矮小、畸形，似蕨叶病毒病症状，结果少或不结果，空气干燥时萎蔫，最后枯死。

[病原] *Meloidogyne incognita* Chitwood 属南方根结线虫。成虫雌雄异形，幼虫呈细长蠕虫状。雄成虫线状，尾端钝圆，无色透明，大小为 1.0~1.5mm × 0.03~0.04mm。雌成虫洋梨形，每头可产卵300~800粒，多埋藏于寄主组织内，大小为0.44~1.59mm × 0.26~0.81mm，乳白色。排泄孔近于吻针基球处，有卵巢2个，盘卷于虫体内，肛门和阴门位于虫体末端，会阴花纹背弓稍高，顶或圆或平，侧区花纹由波浪形到锯齿形，侧区不清楚，侧线上的纹常分叉。

[发病规律] 根结线虫常以二龄幼虫或卵随病残体遗留在土壤中越冬，可存活1~3年。条件适宜时越冬卵孵化为幼虫，继续发育并侵入寄主，刺激根部细胞增生，形成根结或肿瘤。线虫发育至四龄时交尾产卵，雄虫离开寄主进入土中，不久即死亡。卵在根结里孵化发育，二龄后离开卵壳，进入土中进行再侵染或越冬。田间发病的初侵染源主要是病土、病苗。土温25~30℃，含水量40%左右，病原线虫发育最快。土温10℃以下幼虫停止活动，55℃经10min死亡。地势高燥、土质疏松、盐分低的地块适宜线虫活动，利于发病。连作地块发病亦重。

[防治方法]

1. 选用无病土育苗，或苗床用药剂处理。可用1.8%虫螨克乳油

1～1.5g/m²，对适量水稀释后喷浇苗床，或用3%米乐尔颗粒剂5～7.5g/m²均匀撒施于苗床。

2. 根结线虫多分布在3～9cm表土层，深翻土壤可减轻病害。重病地块实行与葱蒜类或其他非敏感性寄主作物轮作。

3. 定植前用1.8%虫螨克乳油1～1.5g/m²加适量清水稀释后喷浇定植穴，或用3%米乐尔颗粒剂5～7.5g/m²拌少量细土均匀撒施于定植穴内。

4. 生长期加强管理，适时浇水施肥，以增强植株抗病力。收获后及时清除和彻底处理病株残体。

櫻桃番茄顶枯病
Cherry tomato calcium deficiency

顶枯病为樱桃番茄的生理病害，多在水培、基质栽培时发生，普通栽培偶有发生。发病地块或棚室病株率常达80%以上，明显影响樱桃番茄的产量和品质。

[症状] 此病早期发生时表现植株萎缩。生长期发病，通常下部叶片正常，上部叶片全部硬化，生长异常，幼芽变小黄化，生长点或嫩梢停止生长至枯死，距生长点近的幼叶黄化，叶缘变褐，部分枯死。水培或基质栽培的植株根系常变褐，严重时须根坏死。

[病因] 此病由于植株生理缺钙所致。主要由于土壤、营养液或基质内缺钙，或虽不缺钙但盐类浓度高，植株不能正常吸收钙素而发生缺钙生理障害。通常施用氮肥或钾肥过多，或土壤干燥，或空气湿度低，连续高温时容易发生。

[防治方法]
1. 根据症状和栽培方式进行全面诊断。土壤缺钙，及时施用石灰。营养液或基质缺钙，需及时补充可溶钙素。

2. 普通种植，实行深耕，适时多灌水，防止空气和土壤过干，尤其在高温季节需及时浇水。避免偏施氮肥或钾肥。

3. 发病初期，叶片喷洒0.3%～0.5%氯化钙（$CaCl_2$）水溶液，根据病情3～5天喷施1次，连续喷施2～5次。

樱桃番茄顶枯病病梢

樱桃番茄顶枯病重病梢

樱桃番茄顶枯病顶梢病叶

櫻桃番茄筋腐病
Cherry tomato physiological vascular browning

筋腐病为樱桃番茄的重要生理病害，种植地区都普遍发生，保护地、露地种植都有发病，冬、春季生产较常见。发病轻时部分果实因病降低品质，严重时发病率较高，病果率可达60%以上，明显影响樱桃番茄生产。

[症状] 此病主要表现为白变与褐变两种症状。白变型主要发生在绿熟至红熟期，病果着色不均或不着色，果面呈半透明状，明显可见内部组织变褐。重者靠胎座部位果面呈绿色凸起，具明显光泽。剖开病果，果肉维管束组织呈黑褐色，轻者部分维管束变褐坏死，其变褐部位果肉硬化，不变红，品味差。重者果肉维管束全部变褐，胎座组织发育不良，或形成空洞，果面颜色不均。褐变型自幼果期开始发生，在果实膨大期果面上出现局部变褐，果面凹凸不平，重病果实呈茶褐色变硬或出现坏死斑，剖开病果可见维管束呈茶褐色条状坏死，果心变硬或果肉变褐，完全丧失食用价值。

[病因] 此病是由生理障碍所致，主要因为光照不足，低温高湿，二氧化碳浓度偏低，夜温偏高，导致番茄体内碳水化合物不足，同时由于不合理偏施氮肥，致缺钾或不能正常吸收钾，尤其铵态氮过多，使碳水化合物与氮的比值下降，番

茄植株新陈代谢失调，导致维管束木质化而诱发筋腐病。病害发生程度取决于品种、光照时数和

樱桃番茄筋腐病病果

光照强度以及土壤中氮、磷、钾比例和土壤理化性质，施用肥料种类、腐熟程度亦影响此病的发生与发展。多茬连作，土中氮、钾比例失调，土壤含水量过高，施用未充分腐熟的有机肥，妨碍根系吸收，若光照不足，植株体养分失衡，铁的吸收、转移受拟制，则此病发生严重。

[防治方法]

1. 因地制宜选用抗耐病品种，注意轮作换茬，缓解土壤养分失调。

2. 施用充分腐熟的有机肥，提倡使用生物菌肥或按比例配方施肥。防止偏施氮肥，尤其避免过多施用铵态氮肥。

3. 科学种植，适期栽种，保护地选用透光好的塑料膜，适当稀植。有条件的可增加辅助光照，增施二氧化碳气体肥，一次浇水不宜过多，雨后防止田间积水，保持土壤良好通透性。

4. 必要时在低温寡照期或发病初期叶面喷施磷酸二氢钾（KH_2PO_4）或复硝钠。亦可喷施其他多元复合液肥。

樱桃番茄蒂腐病
Cherry tomato physiological blossom end rot

蒂腐病为樱桃番茄的重要生理病害。部分地区偶有发生，常在保护地内发病，发病后病果率

樱桃番茄蒂腐病病果

可达 30% 以上，显著影响樱桃番茄的产量和品质。

[症状] 此病主要在花期和结果期发生，仅表现果实受害，初期花器萼片上出现不规则暗褐色坏死斑，以后向里扩展，逐渐发展使幼果柄髓部坏死变褐，最后形成空腔，终致幼果脱落或变褐腐烂。

[病因] 此病属生理病害，准确病因有待进一步研究。经观察分析，可能是花期长时间连续阴雨，光照不足，温度忽高忽低，喷施生长素后刺激果蒂髓部细胞快速增长，植株自身制造的光合产物和根系吸收的养分和水分满足不了果实快速膨大的需要，加之温度波动很大，正常生长失去平衡，致髓部细胞坏死，最后形成空腔。

[防治方法] 根据可能引致发病的原因，采取相应措施，改善樱桃番茄的生长条件。冬季和早春保护地种植适当降低种植密度，适当多中耕，改善田间通风透光条件和土壤环境，增强根系生长活力。开花结果期阴雨多温度较低，停止使用生长素喷花，有条件的可喷施含磷和钾的叶面肥或增加辅助光照。

樱桃番茄脐腐病
Cherry tomato physiological navel rot

脐腐病是樱桃番茄的重要生理病害，各地都有发生，管理粗放或受条件限制造成作物水分失调病害发生较重，常会造成一定损失。

[症状] 此病主要为害果实。发病初期在幼果脐部及其周围产生水渍状浅黄褐色至暗绿色病斑，以后病部颜色逐渐变深，边缘云纹状，随病害发展病部组织坏死，最后形成革状坏死斑，表面凹凸不平，病果完全丧失商品价值。

[病因] 此病为生理失调所致。植株在生长

发育过程中，各器官组织要求平衡供应水分。果实水分供应不足，或在各器官中分配不均衡引致器官发育异常，诱发脐腐病。保护地种植浇水不及时或露地种植降雨少，高温干燥，植株体内水分由叶片大量蒸腾散失，叶片细胞质浓度增高，细胞渗透压加大，使果实脐部细胞的水分向高渗透压的叶部细胞转移，又不能及时从根系补充水分，致使脐部组织坏死。此外，土壤内钙素严重不足，或虽土壤不缺钙但植株不能从土壤内吸收足够生长所需的钙素，致使青果脐部细胞生理紊乱，细胞水分失调坏死。通常，土壤严重缺水，植株根系发育不良，不能从土壤中得到所需水分易诱发脐腐病。或因施肥、浇水、中耕等管理不当，使根系受伤，不能正常吸收水分也易诱发此病。此外，偏施氮肥或施用未腐熟的农家肥，或盐碱性土壤，土表层过浅的土壤种植樱桃番茄易发生脐腐病，管理粗放、结果期干旱缺水病害发生较重。品种间发病程度存在明显差异。

[防治方法]

1. 选种抗耐病品种，施用充分腐熟的有机肥，培育壮苗以提高植株抗逆能力。

2. 选用水浇条件较好的优质地块种植，改良砂质土、黏重土和盐碱土，增施腐熟农家肥或绿肥，增加土壤团粒结构，提高保水能力，调节水分均衡供应。

3. 菜用地覆膜栽培，减少土壤钙素和有机质流失，促进根系发育，提高植株对水分和无机盐的吸收能力，控制病害发生。

4. 无土栽培应充分考虑营养液的配比，特别是氮、磷、钾、钙、硼、镁等营养元素的配比。结果期保持适宜的温湿度条件，避免高温干燥。

5. 普通栽培注意适时适量浇水，防止偏施氮肥，尽可能采用滴灌栽培以保持水分平衡供应。

6. 必要时在坐果前期开始叶面喷施0.5%氯化钙，或1%过磷酸钙，或0.1%硝酸钙溶液。

樱桃番茄脐腐病中期病果

樱桃番茄脐腐病初期病果

樱桃番茄脐腐病后期病果

樱桃番茄落花落果
Cherry tomato deflorating and fruitdropping

落花落果是樱桃番茄的常见生理病害，发生普遍，保护地、露地都有出现，严重时明显影响樱桃番茄生产。

[症状] 此病在春、夏、秋、冬季都可发生，轻时零星落花或落果，严重时全棚普遍严重落花落果，甚至整穗花果脱落。

[病因] 造成樱桃番茄落花落果的原因比较复杂，在花芽分化过程中，由于受不良环境条件的影响，细胞分裂不正常，花器发育不良，出现花柱短小、扭曲，无柱头，子房畸形或胚珠退化等花器生理缺陷，致花器不能正常授粉或受精；有的花器虽发育完好并可授粉，但因配子不孕，精卵细胞不亲和，致双受精不能正常进行，使内源激素含量低而造成落花落果。当外界环境温度低，尤其花期夜温低于10℃，花粉管不伸长或伸长缓慢，难以正常授粉常造成落花。当白天温度偏高，如高于34℃，夜间高于20℃，或白天40℃左右高

温持续达4 h以上，则花柱伸长明显高于花药，致子房萎缩或雌雄蕊正常生理受干扰，不能正常授

樱桃番茄落花落果田间受害状

粉亦造成落花。光照不足、温度偏低、光合作用弱、碳水化合物合成或供应不足、花和果的生活力降低也可造成落花落果。结果期干旱缺水或缺肥，激素分泌减少，易形成离层而落花落果。

[防治方法]

1.培育适龄壮苗，开花结果期尽量昼温保持在25℃左右，夜温保持在15℃左右。

2.增施有机肥，防止偏施氮肥；采用滴灌浇水，避免大水漫灌和田间积水，尽可能保证水、气、肥、温的协调。

3.夏季栽培，使用遮阳网覆盖；冬季栽培适当采用防寒保温措施，防止出现35℃以上高温或5℃以下低温。

4.必要时在开花期喷洒生长素，调节生理代谢，刺激花和果实发育，防止落花落果。

樱桃番茄落花落果病穗

樱桃番茄芽枯病
Cherry tomato physiological bud wilt

芽枯病为樱桃番茄的普通生理伤害，夏、秋保护地种植时有发生，严重时显著影响樱桃番茄生产。

[症状]此病主要为害花序，被害植株初期引起幼芽枯死，被害部长出皮层包被，在发生芽枯处形成一线形或Y字形缝隙，常被误认为害虫钻蛀，有时边缘不整齐。

[病因]此病多在夏秋保护地樱桃番茄现蕾期发生，主要由于气温太高，或通风不及时高温烫死了幼芽或花序，致茎部嫩芽或花序处受伤，尤其在定植后长时间控水容易发生。

[防治方法]

1.夏、秋高温季节种植使用遮阳网覆盖，防止高温烫伤幼芽和花序。

2.樱桃番茄定植后注意中午通风，保持棚温不超过35℃。

3.适当蹲苗，天气干燥、气温较高时适当浇水，增加空气湿度。

樱桃番茄芽枯病中期病株

樱桃番茄芽枯病初期病株

樱桃番茄芽枯病后期病株

樱桃番茄早衰
Cherry tomato decline

　　早衰为樱桃番茄生理病害，各地都时有发生，轻时对生产无明显影响，严重时显著影响樱桃番茄生产。

　　[症状] 此病在樱桃番茄生产中后期开始发生，多表现植株基部至下部枝叶受害，初期轻微褪绿，以后逐步黄化萎蔫，自基部向上部发展，最后基部枝叶坏死干枯，萎垂或脱落。

　　[病因] 此病为樱桃番茄生理早衰所致。主要由于生长中后期光照较弱，管理温度偏低或过高，或植株根系生长弱小，或地温低根系吸收能力弱，致中下部枝叶营养不良而早衰坏死。通常冬春及保护地生产容易发生，生长中后期缺肥，温度管理不当，或施肥比例失衡等发病严重。

　　[防治方法]

　　1. 施用充分腐熟的有机肥，或全素复合肥，或生物菌肥作底肥。冬春种植适当稀植，保持较好的光照条件。前期适当控水，促进根系正常发育。

　　2. 加强田间温度管理，防止管理温度过高或过低。避免大水漫灌影响根系正常生理机能。

　　3. 冬季生产田间植株生长过于茂密，应适当疏去下部枝叶。必要时可叶面喷施1%磷酸二氢钾溶液。

　　樱桃番茄早衰病株　　　　　　　樱桃番茄早衰病株

樱桃番茄花叶病
Cherry tomato magnesium deficiency

　　花叶病为樱桃番茄生理性缺镁，发生较普遍，多在保护地内造成为害，严重时显著影响樱桃番茄生产。

　　[症状] 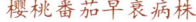缺镁多在坐果期开始发生，初期植株下部老叶出现轻微失绿，叶脉间出现模糊黄化花叶，以后向植株上部叶片扩展，形成黄化花斑叶，仅叶脉保持绿色。严重时叶片略僵硬或边缘卷缩，叶脉间组织逐渐坏死或在叶脉间形成褐色斑块，终致叶片干枯或整叶至全株黄化坏死。

　　[病因] 此病主要因缺镁所致。多系土壤中含镁量低，或土壤中不缺镁但由于施钾肥过多，或酸性和含钙较多的碱性土壤影响樱桃番茄对镁的吸收，或植株结果盛期对镁需要量大，而根系不能满足正常需要时即造成缺镁。保护地采用无土栽培，或冬春大棚生产，或反季节栽培时气温偏低，尤其是地温较低时容易影响樱桃番茄根系对镁的吸收而引起缺镁症状发生。此外，施用有机肥不足或偏施氮肥，尤其是单纯施用化肥，或使用非全素营养液栽培易诱发此病。

　　[防治方法]

　　1. 增施酵素菌肥或充分腐熟的有机肥作底肥。重发生地块测土配方施肥，保持氮、磷、钾和微量元素适宜的比例，镁不足时需补充镁肥。

　　2. 改良土壤，调节土壤酸碱度使之呈中性。必要时可施用硫酸镁或生石灰。结果盛期加强棚室温湿度管理，冬春季尤其注意提高棚温，地温宜保持在16℃以上，适当控制浇水，严防大水漫灌，最好采用滴灌或喷灌，促进根系生长发育。

　　3. 发生缺镁时叶面喷洒1%～2%硫酸镁水溶液，每周喷2～4次。

　　樱桃番茄花叶病病株

樱桃番茄裂果
Cherry tomato cracking fruit

裂果为樱桃番茄生理病害，各地都有发生，轻时零星裂果，轻度影响产量和品质，严重时裂果率可达 30% 以上，显著影响生产。

[症状] 裂果主要表现为不规则纵裂和环裂，即以果蒂为中心，向果肩部延伸，呈不规则放射状深裂。多始于果实绿熟期，初在果蒂附近产生细小的条纹裂缝，后逐渐深入开裂，后期因病菌感染而腐烂或在裂口处产生黑色杂菌。

[病因] 生理裂果主要由于在果实发育渐趋成熟，果皮生长缓慢或趋于停止生长，而果肉继续生长发育，果皮的生长与果肉组织的膨大速度不同步时，膨压增大导致果皮开裂。樱桃番茄长时间在高温、较干旱条件下遇暴雨或突然浇大水，果肉组织在短期内吸水膨大即可造成生理裂果。冬季寒冷，日光温室种植昼夜温差太大，果皮与果肉热胀冷缩差异，亦可导致一些薄皮品种出现裂果。此外，阵雨、暴雨或浇大水以后，或温度过高、过低，均可导致根系生理机能障碍，使硼的吸收运转受到妨碍而产生裂果。据调查，不同品种生理裂果差异很明显。

[防治方法]

1. 选择抗裂、皮厚的品种。

2. 加强田间管理，控制好土壤水分，适时灌水，结果期不可过干过湿，保持相对稳定的空气湿度，避免猛浇大水，雨后防止田间积水。

3. 适时采收，防止果实过度成熟开裂。

樱桃番茄裂果病穗　　　　　　　　　樱桃番茄裂果病穗

樱桃番茄水肿病
Cherry tomato edema

水肿病为樱桃番茄一般性生理病害，多在保护地发生。通常病情较轻，对生产无明显影响，严重时可使植株部分叶片提前早衰坏死，在一定程度上影响产量和品质。

[症状] 此病多发生在植株中下部，主要表现叶片受害，以接近地面的叶片受害重。病叶略向上卷，沿叶缘附近褪绿变黄，最后呈不规则坏死。病叶背面亦多在叶缘附近产生初为不定形水渍状深绿色边缘不明显后变为浅黄色至黄紫色细海绵状突起疱疹病斑，病部表皮破裂，组织疏松，随病害发展变褐坏死。

[病因] 此病主要在寒冷季节发生。樱桃番茄一直处在较温暖环境中生长，因通风不当或其他原因，植株中下部叶突然遭受寒冷气流侵袭，叶背表皮细胞突然收缩而内部细胞含水量较高，致表皮细胞破裂，里层细胞外露，以后逐渐木栓化而形成水肿疱疹病斑。

[防治方法] 加强管理，在寒冷季节保护地内外温差较大时，通风换气应循序渐进，尤其在大风或寒流天气棚室内作物刚浇水不久时需特别注意。

樱桃番茄水肿病病叶　　　　　　　　樱桃番茄水肿病叶背受害状

樱桃番茄寒害与冻害
Cherry tomato chilly injury

寒害与冻害是樱桃番茄常见的生理性伤害。北方地区时有发生，保护地、露地都可受害，保护地种植较常见，对生产影响较大。

[症状] 寒害与冻害在樱桃番茄各生长期都可发生，症状因发生时期和持续低温高低不同表现各异。气温持续8～10℃，植株即表现轻微寒害，叶色暗绿，无光泽，花芽不正常分化。持续6℃以下，叶片则失绿白化，或造成花青素增加，叶片呈紫红色，严重时萎蔫。持续0℃左右，叶片即呈水渍状凋萎，部分细胞组织坏死干枯。在田间，因受害前后温差大小和持续时间长短不同而表现叶脉间散生不规则枯斑，或大型枯斑至整片叶枯死。气温持续低于0℃，植株嫩叶、嫩枝和幼果均呈不规则水浸状坏死，最后软化腐烂。

[病因] 番茄为喜温蔬菜，13℃以上生长正常。气

樱桃番茄轻度寒害株

樱桃番茄寒害株

樱桃番茄冻害株

樱桃番茄冻害叶片

樱桃番茄冻害后恢复状况

樱桃番茄冻害受害果

櫻桃番茄冻害田间幼苗受害状

温低于10℃即影响开花和正常生长而发生寒害。寒害干扰了植株叶绿素合成功能,影响正常光合

作用,植株生长受到抑制。长时间低于6℃,植株将因寒冷而死亡。在櫻桃番茄育苗和生长期间,温度一直较高,因管理不当突然受6℃以下寒风侵害,叶片细胞骤然快速收缩,细胞内含物质外渗,细胞膜半透性受损,致叶片细胞组织呈水渍状坏死。温度较长时间低于0℃,植株幼嫩组织结冰,植株细胞组织结构受到破坏,表现呈水渍状软腐。

[防治方法]

1. 加强苗期管理,培育壮苗,适时进行幼苗低温锻炼,增强幼苗抗寒能力。

2. 根据气候变化规律,适时定植。保护地内可增设天幕、小拱棚、纸被、寒冷纱等保温防冻。

3. 大风天气,通风必须缓慢开大通风口,防止寒风大量侵入造成寒害。大幅度降温时可临时性加温。

4. 必要时在大幅度降温前喷洒植物抗寒剂。

櫻桃番茄高温热害
Cherry tomato high-temperature injury

高温热害为樱桃番茄生理性伤害,棚室内栽培时有发生,通常受害很轻,对生产造成轻度影响。严重时对植株形成明显伤害,显著影响樱桃番茄的产量与品质。

[症状] 高温热害因发生时期、受害温度高低和持续时间长短及相关环境不同,症状表现各异。幼苗和植株幼嫩时期受轻度高温热害,常使幼嫩叶片皱缩变形、弯曲扭卷,有的呈线状或柳叶状。幼嫩期受害,花芽分化多不正常,后造成花芽枯死或花序细小。现蕾后受害,常导致落花落蕾,或形成变形果、空洞果、杂色果。温度较高,空气干燥,植株受害较重,受害症状显现亦较快,叶片初期不均匀褪绿,以后呈水渍状不规则坏死,最后在叶片上形成白色枯斑,或沿叶缘灼伤干枯,严重时整叶或整枝永久性干枯。植株叶、茎、果局部受高温热害,多形成局部日烧或灼伤坏死。

[病因] 櫻桃番茄生长发育正常温度为15～30℃,高于35～40℃即表现抑制植株正常生长与发育,高于45℃植株即受伤害。通常当温度高于30℃,植株呼吸消耗大于光合积累,造成营养状况恶化,叶色褪绿。温度高于40℃低于45℃,植株正常生理机能受到干扰,花芽分化与花序形成和叶片与果实生长异常。温度高于45℃,空气湿度低,土壤缺水,植株水分严重失衡,短时期内植株叶片、花器及嫩茎的部分组织即表现灼伤,出现水渍状坏死或浅黄至枯白色坏死。

[防治方法]

1. 遇高温时及时进行通风降温。通风时注意外界气温,温度较低时通风应由小到大,循序渐进,避免通风过快造成寒害。

2. 当内外温差过大,光照过强,或外界温度过高,应采取遮阳降温,可挂遮阳网、竹帘或隔空盖草帘、旧薄膜等,防止棚室内温度上升过高。

3. 棚室内温度过高,相对湿度低或土壤干燥,可用冷水喷雾或浇水增湿降温,增强植株抗热能力。

櫻桃番茄高温热害受害株

櫻桃番茄高温热害初期叶片

櫻桃番茄高温热害中期叶片

樱桃番茄有毒气害
Cherry tomato harmful gas injury

有毒气害为樱桃番茄生理伤害，各地都有可能发生，发生有毒气害后对生产影响极大。

[症状] 有毒气害主要表现幼嫩生长部位受害，被害植株顶端嫩茎肥大宽扁，生长点颜色褪淡，腋芽丛生，幼叶宽大，皱缩扭卷，整株畸形生长，不正常开花结果。

[病因] 此病由于植株受有毒或有害气体熏蒸后，改变了正常的生理代谢。通常，有毒气害发生后因有毒有害气体种类不同，受害症状表现不一样，田间多表现大面积普遍受害和不同品种间对有毒有害气体反应差异明显。

[防治方法]

1. 采取措施针对性预防有毒气害发生。

2. 及时发现，采取通风、喷（浇）水和喷施叶面肥等措施，尽可能减少损失。

樱桃番茄有毒气害受害株

樱桃番茄 2,4- 滴药害
Cherry tomato 2,4-D injury

2,4-滴药害为樱桃番茄的主要非侵染性病害，生产中时有发生，主要在保护地内形成为害，常给生产带来影响或造成损失。

[症状] 2,4-滴药害主要在叶片和果实上表现受害。叶片受害常出现两种情况，一是局部或整棚受 2,4-滴蒸气熏蒸，受害枝叶在棚内分布均匀，叶位一致，以中上部枝叶受害重。受害叶片增厚下弯，僵硬细长，小叶不展开，多纵向皱缩，叶缘畸形，小枝或叶柄扭曲。二是部分叶片在 2,4-滴喷花时局部直接遭受药雾的伤害，叶片表现更严重畸形、卷曲、细长和增厚，叶片、小枝和茎秆着药最多的经常出

樱桃番茄 2,4-滴药害受害嫩梢

樱桃番茄 2,4-滴药害受害枝叶

现黄绿至浅褐色坏死斑点,重时还形成隆起疱斑。果实受害一般只在喷施 2,4- 滴太浓时发生,受害果常从脐部开裂致畸形。

樱桃番茄 2,4- 滴药害受害叶片

[病因] 2,4- 滴药害属生理性病害。主要原因是 2,4- 滴溶液太浓或在施用当时或随后温度过高,或局部喷药过多或喷重所致。此外,在一天上午、中午、下午或一年中不同季节气温高低不同时使用相同浓度,致植株在高温时产生药害。

[防治方法]

1. 严格控制 2,4- 滴使用浓度,掌握正确施用方法,随温度升高降低使用浓度,一般上午、下午、早春、后秋与冬季气温较低时所用药液应稍浓些,若在正午或夏、秋气温较高时应施用相对较稀的药液,尽可能避免在正午喷施生长素。

2. 掌握在适当的时期喷花。一般盛花期 1 天喷 1 次,初花期 1～2 天喷 1 次,当日开的花喷得太早易形成僵果,喷得太晚果实易开裂。

3. 喷花时做好标记,防止喷重和喷量过大。若用涂抹方法蘸花,所用药液较浓,应防止药蒸气从容器口蒸发逸出造成药害。

4. 改用其他安全生长刺激素药剂,同时注意喷花后适时浇水和追肥。

樱桃番茄 2、4- 滴丁酯药害受害株

樱桃番茄 2,4- 滴丁酯药害
Cherry tomato 2,4-D butylate injury

2,4- 滴丁酯药害为樱桃番茄生理伤害,多在粮菜混作区发生,轻时对生产无明显影响,严重时显著影响樱桃番茄生产。

[症状] 樱桃番茄各生育期都可受害,受害轻时症状似 2,4- 滴药害,叶片增厚变窄,僵直或扭曲,花、果畸形。受害严重时,着药部位褪绿肿大,初期呈泡状突起,后期变褐坏死。

病因、防治方法参见球茎甘蓝 2,4- 滴丁酯药害。

2. 彩色甜椒病害 Diseases of bell pepper

彩色甜椒病毒病
Bell pepper virus disease

病毒病为彩色甜椒的重要病害,分布广泛,发生普遍,露地和保护地种植发病都相当严重,明显影响彩色甜椒的产量和质量。

[症状] 此病常有花叶、黄化、坏死和畸形等多种症状。花叶分为轻花叶和重花叶两种类型,轻花叶型病叶初期表现明脉,轻微褪绿,或出现浓绿、淡绿相间的斑驳,病株不明显畸形矮化,不

造成落叶;重花叶型除表现褪绿斑驳外,叶面皱缩畸形或形成线形叶,植株生长缓慢或严重矮化,果实变小至不结果。黄化病叶明显变黄,严重时造成大批落叶。坏死型病株部分组织变褐坏死,茎秆上出现条斑,植株顶枯,叶片产生坏死斑驳及环斑等。畸形型病株矮小变形,叶片变成线状蕨叶,分枝极多,呈丛枝状。有时几种症状同在一株上出现,或引起落叶、落花、落果,严重影响彩色甜椒的产量和品质。

[病原] CMV、TMV、PVY、TEV(Tobacco etch virus)、PVX、AMV、BBWV(Broad bean wilt virus),即黄瓜花叶病毒、烟草花叶病毒、马铃薯 Y 病毒、烟草蚀纹病毒、马铃薯 X 病毒、苜蓿花叶病毒和蚕豆萎蔫病毒。CMV、TMV、PVY 等是主要病毒,不同地区病

毒不尽相同。CMV为彩色甜椒最主要的病毒，可引致系统花叶、畸形、蕨叶、矮化等症状，有时还可产生叶片枯斑或茎部条斑。TMV是彩色甜椒上的第二位主要病毒，主要在前期为害，常引起急性型坏死枯斑或落叶，或心叶呈系统花叶，或叶脉坏死，或茎部斑块、顶梢坏死。PVY在彩色甜椒上出现系统轻花叶和斑驳，引致花叶、矮化、果少等症状。PVX引致彩色甜椒产生系统重花叶和叶脉深绿。AMV在彩色甜椒上产生系统花叶或褪绿黄斑。BBWV造成彩色甜椒叶片系统性褪绿、斑驳，花蕾变黄，顶枯，茎部坏死及整株萎蔫。CMV、TMV形态略。PVY病毒颗粒弯曲丝状，大小为11nm×680~900nm，致死温度52~62℃，稀释限点100~1 000倍，体外存活期2～3天。TEV病毒颗粒弯曲纤维状，长约730 nm，致死温度55℃，稀释限点10 000倍，体外存活期5～10天。PVX病毒颗粒弯曲线状，大小为13nm×470~580 nm，致死温度68～76℃，稀释限点10 000～1 000 000倍，体外

存活期数周。AMV病毒粒子呈弹状，是多个质粒

彩色甜椒病毒病病苗

彩色甜椒病毒病蕨叶病株

彩色甜椒病毒病病幼株

彩色甜椒病毒病坏死斑病株

彩色甜椒病毒病花叶病株

彩色甜椒病毒病坏死斑病叶

彩色甜椒病毒病黄化病株

彩色甜椒病毒病顶死病株

彩色甜椒病毒病条斑病株

彩色甜椒病毒病丛生病株

彩色甜椒病毒病畸形病叶

彩色甜椒病毒病畸形病果

彩色甜椒病毒病病果

彩色甜椒病毒病病果

的体系,含有5种大小不同的质粒,大小为18 nm×18.9～58.3 nm,致死温度55～60℃,稀释限点1 000～2 000倍,体外存活期3～4天。BBWV病毒粒子球状,直径25 nm,致死温度60～65℃,稀释限点100～1 000倍,体外存活期3～4周。

[发病规律] 彩色甜椒病毒病传播途径因病毒种类不同而异,但主要可分为虫传和机械摩擦传染两类。虫传的病毒主要有CMV、TEV、PVY及AMV、BBWV,田间发病与蚜虫的发生关系密切,特别是遇高温干旱天气,不仅可促进蚜虫传毒,还会降低寄主的抗病性。TMV、PVX主要靠机械摩擦造成的微伤口传播,通过整枝打杈等农事操作传染。通常高温干旱病害严重。定植不适时,连作,低洼及缺肥等易引起此病流行。

[防治方法]

1. 引进选用相对较抗病或耐病的彩色甜椒品种。种子用10%磷酸三钠浸种20～30min后洗净催芽播种。

2. 施足底肥,采用地膜覆盖栽培,适时播种,培育壮苗,增强植株抗病性。生长期加强管理,高温季节勤浇小水。注意及时防治蚜虫。

3. 夏季种植采用遮阳网覆盖,或与高秆遮荫作物间作,改善田间小气候。苗期可喷洒20%病毒A可湿性粉剂500倍液,或1.5%植病灵乳剂1 000倍液,或1%抗毒剂1号水剂200～300倍液,隔10天左右1次,连续喷施3～4次。

彩色甜椒病毒病病果

间作甜玉米遮荫防病

覆盖遮阳网防病

彩色甜椒猝倒病
Bell pepper Pythium damping-off

猝倒病为彩色甜椒的普通病害，分布较广，多在苗期发生，病苗零星，严重时会成片死苗。

[症状] 此病在播种至幼苗期发生，造成烂种、烂芽和死苗，以幼苗发病较多见。染病后幼苗茎基部呈水渍状软腐，暗绿色，以后病部缢缩，病苗倒折坏死。潮湿时在病部表面及附近土壤表面产生少量絮状霉层。

[病原] *Pythium aphanidermatum*（Eds.）Fitzp.属鞭毛菌瓜果腐霉真菌。详见樱桃番茄猝倒病。

彩色甜椒猝倒病田间受害状

[发病规律] 参见樱桃番茄猝倒病。

[防治方法] 采用基质育苗,苗肥在育苗前充分腐熟,必要时在播种后用98%恶霉灵可湿性粉剂2 000倍液,或72%霜脲·锰锌可湿性粉剂,或50%溶菌灵可湿性粉剂,或72.2%普力克水剂800倍液,或69%安克·锰锌可湿性粉剂1 000倍液喷浇基质。

彩色甜椒立枯病
Bell pepper Rhizoctonia wilt

立枯病是彩色甜椒的重要病害,分布较广,多零星发病,一般病株率5%～8%,轻度影响生产,严重时病株可达30%～50%,明显影响彩色甜椒生产。

[症状] 此病多为害根茎部,常在苗期发病。播种期可造成烂籽、芽枯,致缺苗断垄。幼苗期染病,多致幼苗立枯死亡。初期在根茎部一侧产生近椭圆形褐色坏死斑点,逐渐变成褐色大斑,绕茎一周致茎基全部呈黄褐色病变坏死并迅速向上发展。空气干燥,病茎缢缩,幼株随病害发展萎蔫死亡。潮湿时病部产生蛛丝状菌丝,病茎略缢缩,随病害发展下部叶片褪绿坏死,最后全株枯死。

[病原] *Rhizoctonia solani* Kühn 属半知菌立枯丝核菌真菌。病菌菌丝丝状,具分枝,初期无色,后为褐色,分枝处缢缩,宽12～14μm。菌核由桶状细胞结集形成,初为白色,后呈暗褐色至深褐色,形状不一,常结合成块,直径2～11mm。

[发病规律] 病菌以菌丝和菌核在土中或随病残体越冬。以菌丝侵入形成初次侵染,随病土、带菌肥料和浇水传播,引起再侵染。地温16～20℃适宜发病。土壤过干过湿、砂土地或幼苗徒长、温度不适等有利于发病。

[防治方法]

1. 无病土育苗或采用基质育苗。施用充分腐熟的有机肥,增施过磷酸钙肥或钾肥。育苗期加强管理,减少根伤,避免土壤过湿或过干,提高植株抗病力。

2. 进行种子处理,可用种子重量0.3%的45%特克多悬浮剂黏附在种子表面后,再拌少量细土播种。也可用10%施乐时干拌种剂按种子量2g/kg拌种。还可将种子湿润后用干种子重量0.3%的75%卫福可湿性粉剂或40%拌种双可湿性粉剂,或50%利克菌可湿性粉剂或,70%土菌消可湿性粉剂拌种。

3. 发病初期可选用72.2%普力克水剂600倍液,或30%倍生乳油1 000倍液,或5%井冈霉素水剂1 000倍液,或45%特克多悬浮剂1 000倍液,或50%扑海因可湿性粉剂1 000倍液喷浇根茎部,7～10天1次,视病情防治1～2次。

彩色甜椒立枯病前期病苗

彩色甜椒立枯病后期病苗

彩色甜椒根肿病
Bell pepper clubroot

根肿病为彩色甜椒的普通病害，仅局部发生，在一定程度上影响彩色甜椒生产。

[症状] 此病仅为害幼苗根系。初期病苗无明显症状，以后随病害发展病苗幼根肿大，地上部生长缓慢，叶色变淡，叶片增厚、细长，有的呈蕨叶状扭曲。重病苗最后萎蔫枯死。

[病原] *Spongospora subterranea*（Wallr.）Lagerh.属鞭毛菌马铃薯粉痂菌真菌。详见樱桃番茄根肿病。

[发病规律] 参见樱桃番茄根肿病。

[防治方法] 一般无需防治，必要时参见白菜根肿病。

彩色甜椒根肿病病苗

彩色甜椒根肿病病根

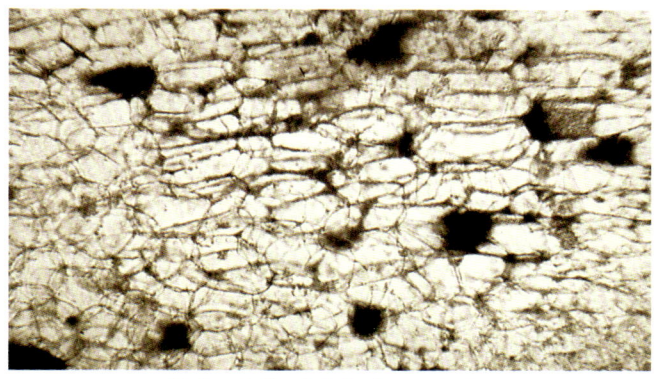

彩色甜椒根肿病病菌孢子囊堆

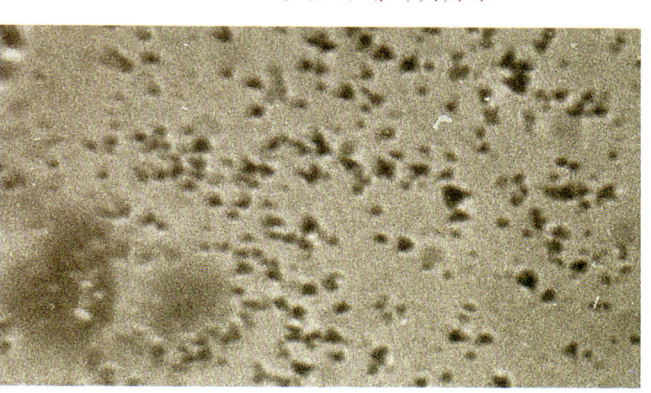

彩色甜椒根肿病病菌休眠孢子囊

彩色甜椒疫病
Bell pepper Phytophthora blight

疫病是彩色甜椒的毁灭性病害，俗称死秧、烂秧。分布普遍，种植地区都有发生，发病后常造成植株成片死亡，甚至成棚坏死，损失极其严重，是当前影响我国彩色甜椒生产的最重要病害之一。此病还可为害樱桃番茄等多种茄科蔬菜。

[症状] 此病在彩色甜椒各生育期都有发生，保护地、露地亦都很严重。可侵害根、茎、叶和果实。苗期发病，茎基部呈暗绿色水渍状软腐或猝倒，根茎随病害发展坏死腐烂，有的茎基部呈黑褐色，幼苗枯萎死亡，湿度高时病部表面产生少许白色霉状物。叶片染病，多从叶缘开始侵染，病斑较大，近圆形或不定形，初期水渍状，边缘黄绿至暗绿色，中央暗褐色，迅速扩展至病叶腐烂或枯死；果实染病多始于蒂部，初生暗色水渍状不定形斑，迅速变褐软腐，湿度高时表面长出白色霉层，即病菌的孢囊梗及孢子囊，干燥则形成暗褐色僵果残留在枝上。茎和枝染病，病

彩色甜椒疫病病苗

彩色甜椒疫病病茎

彩色甜椒疫病病株

彩色甜椒疫病病果

彩色甜椒疫病田间受害状

彩色甜椒疫病田间受害状

高温土壤处理——深翻土壤

细胞间或细胞内，宽3.5～6.5μm。孢子囊梗无色，丝状。孢子囊顶生，单胞，卵圆形，大小为28.0～59.0μm×24.8～43.5μm。厚垣孢子球形，单胞，黄色，壁厚，表面平滑。卵孢子球形，直径约为30μm，雄器约17μm×15μm。此外，*Pythium* spp.和*Phytophthora* spp.的某些种类亦可引起进口彩色甜椒发病坏死（图5-15）。

[发病规律] 病菌主要以卵孢子、厚垣孢子随病残体在土壤内越冬，土中病残体是病害的主要初侵染源。条件适宜时越冬后的病菌经灌溉水或雨水飞溅到茎基部或近地面果实上，引起发病。病部产生孢子囊形成重复侵染，借雨水、浇水传播为害。病菌生长发育适温30℃，最高38℃，最低8℃，田间气温25～30℃，相对湿度高于85%时病害发展迅速而严重。一般雨季，或大雨后天气突然转晴，气温急剧上升，病害易流行。保护地浇水后容易发病，重茬种植病害严重。通常，土壤湿度95%以上，持续4～6 h病菌即完成侵染，2～3天即可完成一个侵染循环。因而，此病发生周期短，流行速度迅猛异常，易形成毁灭性损失。一般较黏重积水的菜地，或定植过密、通风透光不良发病严重。

[防治方法]

1. 前茬收获后，及时、彻底清除植株残体。耕翻土壤，实行菜与粮或菜与豆轮作。

2. 药剂处理土壤。可选用硫酸铜45～75kg/ hm² 拌适量细土，

斑初为水渍状，后迅速环绕表皮扩展，形成褐色或黑褐色不规则条斑，病部以上枝叶迅速凋萎枯死。保护地内多表现为死苗或死秧型发病，首先侵染根茎或茎基部，病部变褐坏死并迅速向上发展至全株坏死。北方露地以茎基部和植株分杈处变为黑褐色或黑色最常见，被害茎木质化前染病，病部明显缢缩，造成地上部折倒，且主要为害成株，使植株急速凋萎死亡。

[病原] *Phytophthora capsici* Leonian 属鞭毛菌辣椒疫霉真菌。病菌菌丝丝状，无隔膜，生于寄主

1/3药土均匀撒施在定植沟或定植穴内，另2/3药土在定植后覆盖在植株根围地面（避免药土直接接触根系），也可用70%土菌消可湿性粉剂15～30 kg/hm²，或72%霜脲·锰锌可湿性粉剂30～45 kg/ hm²拌药土处理土壤。苗期可用72.2%普力克水剂或72%霜脲·锰锌可湿性粉剂500～600倍液，或70%土菌消可湿性粉剂1 500倍液喷雾，或98%恶霉灵可湿性粉剂2 000倍液灌浇苗床。

3. 日光能高温土壤处理，在春夏之交天气晴好保护地空茬时期，深翻土壤，精细整地后均匀撒施2～3cm长碎稻草和生石灰各4.5～7.5t/hm²后全面耕翻，使稻草和石灰均匀分布于耕作层，浇水使土壤湿透后铺膜，四周压实，再闭棚升温，高温闷棚10～30天，使土壤耕作层持续高温将病虫杂菌杀灭。处理后增施生物有机肥和防止再污染。

高温土壤处理——备生石灰

高温土壤处理——均匀撒施碎稻草和生石灰

高温土壤处理——均匀旋耕

高温土壤处理——预浇透水

高温土壤处理——覆膜封闭

高温土壤处理——闭棚增温

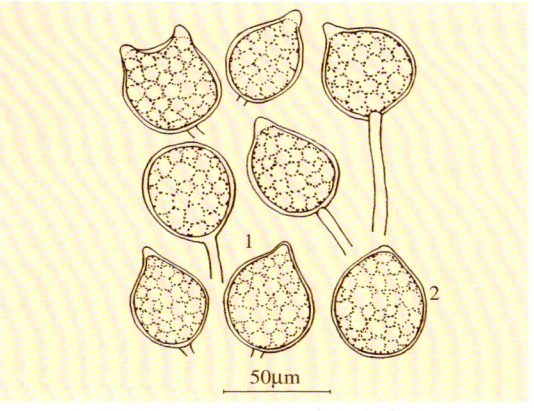
图5-15 彩色甜椒疫病病菌
1. 孢囊梗　2. 孢子囊

4. 彩色甜椒生长期加强田间管理，根据生理需要合理浇水施肥，提倡采用滴灌或膜下暗灌技术，禁止大水漫灌。进入高温雨季或气温高于32℃，尤其是暴雨或浇水后防止田间或棚内空气和土壤湿度过高。

5. 药剂防治。田间发现病苗或病株随时拔除，可选用72.2%普力克水剂或72%霜脲·锰锌可湿性粉剂500～600倍液，或69%安克·锰锌可湿性粉剂1 000～1 200倍液，或70%土菌消可湿性粉剂1 500倍液，或

98%恶霉灵可湿性粉剂2 000倍液灌根，视病情10～15天1次，每株浇灌药液150～250ml。发病期注意适当控制浇水。

彩色甜椒根腐病病株

彩色甜椒根腐病病根

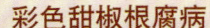

彩色甜椒根腐病
Bell pepper Fusarium root rot

　　根腐病为彩色甜椒的常见病害，分布广泛，发生普遍，通常发病较轻，轻度影响彩色甜椒生产，重病地块发病率可达30%以上，明显影响产量和品质。

　　[症状]　此病多发生于定植后，初期病株中午萎蔫，傍晚至次晨恢复。反复多日后整株枯死。病株的根茎部及根部皮层呈淡褐色至深褐色腐烂，极易剥离，露出暗色木质部，其变色部分一般仅局限于根及根茎部，而别于枯萎病。有时幼苗亦可发病，病苗根茎以下变褐坏死，维管束组织变色，地上部逐渐萎蔫死亡。

　　[病原]　*Fusarium solani*（Mart.）App. et Wollenw.属半知菌腐皮镰孢霉真菌。病菌产生两种类型分生孢子，大型分生孢子梭形或新月形，无色，透明，两端较尖，具2～4个隔膜，多为3个。小型分生孢子椭圆形至卵圆形，0～1个分隔。

　　[发病规律]　病菌以厚垣孢子、菌核或菌丝体在土壤中越冬，成为翌年主要初侵染源，通过雨水或灌溉水进行传播和蔓延。施用未腐熟肥料，或地下害虫严重、黏土地、雨后田间积水重病害发生较重。

　　[防治方法]

　　1. 收获后彻底清除植株残体，集中统一处理，减少田间病菌。

　　2. 进行土壤消毒处理，参见彩色甜椒疫病。

　　3. 施用充分腐熟的有机肥或生物菌肥。生长期加强田间管理，防止田间积水，注意控制地下害虫。

　　4. 发病初期选用50%多菌灵可湿性粉剂500倍液，或50%多硫悬浮剂600倍液，或98%恶霉灵可湿性粉剂2 500倍液灌根或喷浇，视病情隔10天左右1次，连续灌2～3次。

彩色甜椒炭疽病
Bell pepper anthracnose

　　炭疽病是彩色甜椒的一种常见病害，各地均有分布，主要在露地种植时发生，一般病株率20%～30%，严重时可达50%以上，对生产有一定影响。

　　[症状]　此病主要为害果实，亦为害叶片、果梗和茎秆。果实染病，初出现水渍状黄褐色圆斑，边缘褐色，中央灰褐色，病斑表面有稍隆起的同心轮纹，即由许多小点状病菌分生孢子盘集成，小点有时为黑色，有时呈橙红色。潮湿时病斑表面溢出红色黏稠物，病果内部组织半软腐，易干缩呈膜状，有时破裂。叶片染病，初为褪绿水渍状斑点，后渐变为褐色，中间淡灰色，近圆形，后期轮生小点。果梗和茎秆被害，产生褐色不规则凹陷病斑，随病害发展在病部产生许多黑色小点，即病菌的分生孢子盘，干燥时病部开裂。有

彩色甜椒炭疽病病斑

时田间还出现一种症状与上述相似的病果，但构成轮纹的小点较大、色深，为果腐刺盘孢炭疽病菌所致。

[病原] Colletotrichum capsici（Syd.）Bull. et Bisby 属半知菌辣椒刺盘孢真菌（图5-16），后者为 C.coccodes（Wallr.）Hughes属果腐刺盘孢真菌（图5-17）。辣椒刺盘孢菌分生孢子盘上生有暗褐色刚毛，刚毛具2～4个隔膜。分生孢子新月形，无色，单胞，大小为20～31μm×3～6μm。果腐刺盘孢菌刚毛少见，分生孢子顶生，单胞，无色，圆柱状，大小为19～29μm×4～6μm。此外，偶尔可见 Gloeosporium piperatum Ell. et Ev. 即半知菌辣椒炭疽盘长孢菌真菌。分生孢子盘盘状或垫状，无刚毛。分生孢子梗短杆状，丛集。分生孢子长圆筒形至杆状，无色，大小为15.5～20.5μm×4.5～6.5μm（图5-18）。

[发病规律] 病菌主要以拟菌核随病残体在土表越冬，也可以菌丝潜伏在种子内或以分生孢子附着在种皮表面越冬，成为翌

彩色甜椒炭疽病病叶

彩色甜椒炭疽病初期病果

彩色甜椒辣椒刺盘孢炭疽病前期病果

彩色甜椒辣椒刺盘孢炭疽病病茎

彩色甜椒辣椒刺盘孢炭疽病后期病果

彩色甜椒果腐刺盘孢炭疽病病茎

彩色甜椒果腐刺盘孢炭疽病前期病果

彩色甜椒果腐刺盘孢炭疽病后期病果

高垄地膜覆盖栽培防病

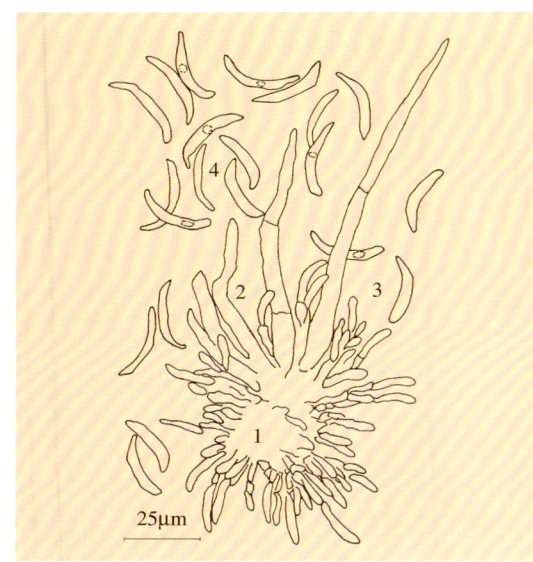
图 5-16 彩色甜椒辣椒刺盘孢炭疽病菌
1.分生孢子盘 2.刚毛 3.分生孢子梗 4.分生孢子

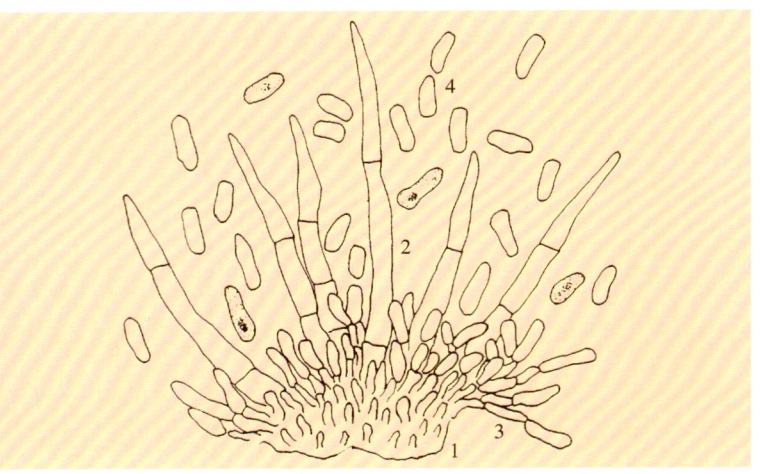
图 5-17 彩色甜椒果腐刺盘孢炭疽病菌
1.分生孢子盘 2.刚毛 3.分生孢子梗 4.分生孢子

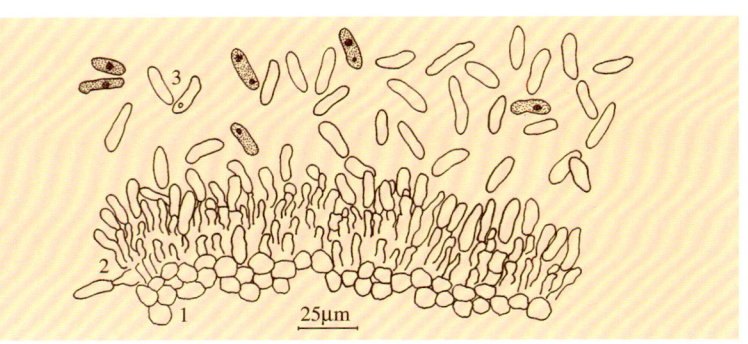
图 5-18 彩色甜椒辣椒炭疽盘长孢病菌
1.分生孢子盘 2.分生孢子梗 3.分生孢子

年的初侵染源。越冬病菌在适宜条件下产出分生孢子，借雨水或气流传播蔓延，病菌多从伤口侵入，发病后产生新的分生孢子进行重复侵染。适宜发病温度为 12～33℃，最适 27℃，孢子萌发要求相对湿度 95% 以上。在适宜温度条件下，相对湿度 87%～95%，病害潜育期 3 天；湿度低，潜育期长，相对湿度低于 54% 不发病。高温多雨发病严重。排水不良、种植密度过大、施肥不当或氮肥过多、田间通风不好，都有利于此病的发生与发展。

[防治方法]

1. 重病地块实行与瓜、豆类蔬菜 2～3 年轮作。

2. 种子用 55℃ 温水浸 30min 后移入冷水中冷却，晾干后播种。或选用种子重量 0.3%～0.4% 的 25% 施保克可湿性粉剂或 25% 炭特灵可湿性粉剂拌种。

3. 采用高垄地膜覆盖栽培，避免栽植过密。生长期加强田间管理，雨后注意田间及时排水，并预防果实日灼。

4. 发病初期施药防治，参见樱桃番茄炭疽病。

彩色甜椒白粉病
Bell pepper powdery mildew

白粉病为彩色甜椒的重要病害，分布较广，但多在局部地区发生，仅个别年份发生普遍而严重，显著影响彩色甜椒生产。

[症状] 此病仅为害叶片，老叶、嫩叶均可染病，病叶正面初生褪绿小黄点，以后扩展为边缘不明显的褪绿黄色病斑，随病害发展病部背面产出白色粉末状物，即病菌分生孢子梗和分生孢子，同时病部组织变褐坏死。严重时病斑密布，终致整叶变黄。条件适宜时，短期内白粉迅速增加，覆满整个叶部，叶片大量脱落形成光杆，严

重影响产量和品质。

[病原] *Leveillula taurica*（Lév.）Arn.属子囊菌鞭粗内丝白粉菌真菌。无性时期为 *Oidiopsis taurica*（Lév.）Salm.属半知菌辣椒拟粉孢霉真菌。病菌菌丝内外生。分生孢子梗散生，由气孔伸出，大小为112～240μm×3.2～6.5μm。分生孢子单生，倒棍棒形或烛焰形，无色透明，大小为40.5～72μm×9.5～18.0μm（图5-19）。

[发病规律] 病菌以闭囊壳随病叶在地表越冬。分生孢子在15～25℃条件下经3个月仍具很高萌发率。孢子萌发从寄主叶背气孔侵入。在田间主要靠气流传播蔓延。分生孢子形成和萌发适宜温度为15～30℃，侵入和发病适宜温度为15～18℃。一般25～28℃和稍干

彩色甜椒白粉病叶面病斑

彩色甜椒白粉病叶背病斑

彩色甜椒白粉病病株

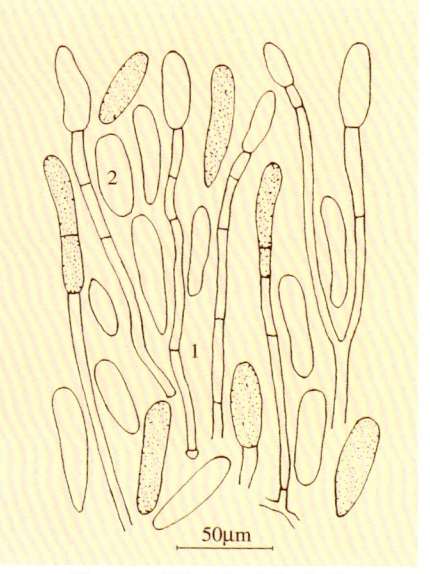

图5-19 彩色甜椒白粉病菌
1. 分生孢子梗 2. 分生孢子

燥条件下或干湿交替，此病易于流行。分生孢子萌发需要有水滴存在。保护地多在春季发病，露地种植从春末到夏、秋都可发生。

[防治方法]

1. 收获后及时彻底清理植株残体，集中高温堆沤处理，消灭残存病菌。

2. 保护地种植前选用硫磺粉4.5～15kg/hm²熏蒸灭菌，

硫磺熏蒸器

田间应用硫磺熏蒸器

或选用43%菌力克悬浮剂8 000倍液，或10%世高水分散粒剂8 000倍液，或40%福星乳油6 000倍液均匀喷洒棚室内部表面，进行灭菌。

3. 生长期加强保护地温湿度管理，防止棚室湿度过低和空气干燥。棚室内挂设硫磺熏蒸器，定期熏蒸预防发病。

4. 发病初期选用43%菌力克悬浮剂8 000倍液，或10%世高水分散粒剂8 000倍液，或40%福星乳油6 000～8 000倍液，或2%农抗120水剂200倍液，或2%武夷菌素水剂200倍液喷雾防治，隔7～15天1次，视病情连续防治2～3次。

彩色甜椒叶枯病
Bell pepper Stemphylium leaf blight

叶枯病为彩色甜椒的普通病害，分布较广，发生较普遍，露地和保护地都可发生，一般病株率10%～30%，对生产无明显影响，严重时病株达80%以上，显著影响生产。

[症状] 此病在苗期及成株期均可发生，主要为害叶片，有时亦为害叶柄和茎部。叶片染病初生褐色小点，迅速扩大为圆形或不规则形病斑，

彩色甜椒叶枯病前期病斑

彩色甜椒叶枯病中后期病斑

中央灰白色，边缘暗褐色，大小差异较大，空气干燥时病斑中央坏死处常脱落穿孔，后期病叶易脱落。病害一般由下部向上扩展，病斑多时，造成严重落叶，甚至整株叶片脱光成秃枝。

[病原] *Stemphylium solani* Weber 属半知菌茄匍柄霉真菌。病菌菌丝无色，分枝，有隔膜。分生孢子梗褐色，具隔，顶端稍膨大，单生或丛生，大小为130～220μm×5～7μm。分生孢子着生于分生孢子梗顶端，褐色，壁砖状分隔，拟椭圆形，顶端无喙状细胞，中部横隔处稍缢缩，大小为45～52μm×19～23μm，分生孢子萌发后可产生次生分生孢子（图5-20）。

[发病规律] 病菌以菌丝体或分生孢子丛随病残体遗落到土中或以分生孢子黏附在种子上越冬，以分生孢子进行初侵染和再侵染，借气流传播蔓延。病菌菌丝生长温度4～38℃，最适温度24℃。该病在南方全年辗转传播为害，中原地区4月上、中旬此病开始发生，随后叶片上病斑增多，引起苗期落叶，成株期在6月上旬出现中心病株，随着雨水增多，病害迅速发展。6月中、下旬进入高峰期，雨水较多，空气潮湿，病害发生严重，即造成严重落叶，病菌随风雨在田间传播为害。保护地温暖潮湿、植株密闭，病害发生较重。施用未腐熟厩肥或旧苗床育苗、气温回升后苗床不能及时通风、湿度过高，利于发病。田间管理不当、偏施氮肥，植株前期生长过盛，或田间积水易于发病。

[防治方法]

1. 收获后彻底清除植株残体，集中妥善处理，减少越冬菌源。

2. 种子用50～55℃温水浸泡15～20min后催芽播种。施用充分腐熟的厩肥作底肥，加强苗床管理，及时通风降湿，控制苗床温湿度，培育无病壮苗。

3. 重病地块实行与非茄科蔬菜轮作，合理施用氮肥，增施磷、钾肥，定植后及时中耕松土和追肥，雨季及时排水。

4. 发病初期及时进行药剂防治。参见樱桃番茄褐斑病。

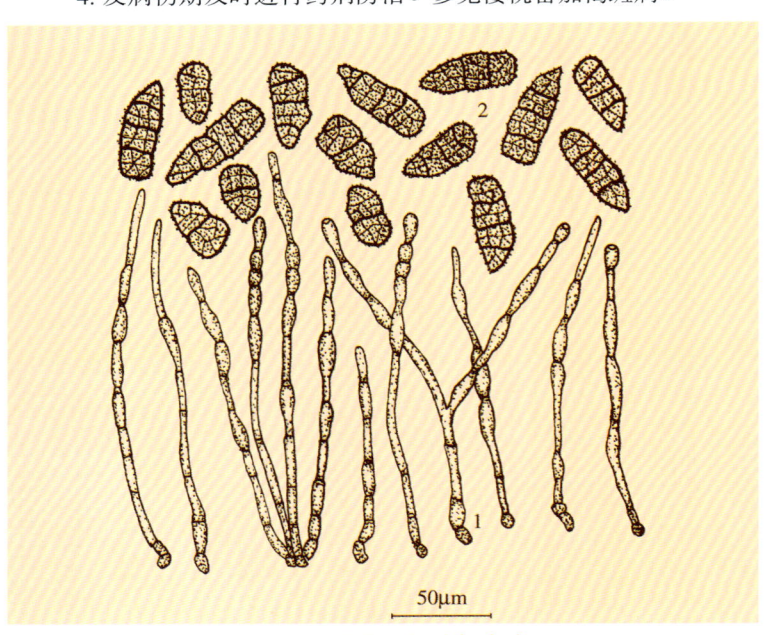
图5-20 彩色甜椒叶枯病菌
1. 分生孢子梗 2. 分生孢子

彩色甜椒褐斑病
Bell pepper Cercospora leafspot

褐斑病是彩色甜椒的普通病害，分布较广，发生亦较普遍，露地和保护地都有发生，通常病情较轻，对生产无明显影响，严重时在一定程度上影响产量和品质。

[症状] 此病主要为害叶片，在叶片上形成圆形或近圆形病斑，初为褐色，后渐变为灰褐色，表面稍隆起，周缘有一晕圈，病斑中央有一个浅色中心，周缘黑褐色。严重时病叶黄化脱落。茎部染病，也可产生类似症状。

[病原] *Cercospora capsici* Heald et Wolf 属半知菌辣椒尾孢霉真菌。病菌分生孢子梗2～20根束生，榄褐色，尖端色较淡，无分枝，具1～6个隔膜，大小为20～250μm×3.5～5.0μm。分生孢子无色，鞭状，

彩色甜椒褐斑病前期叶面病斑

彩色甜椒褐斑病后期叶背病斑

多隔膜，大小为30～200μm×2.5～4.0μm（图5-21）。

[发病规律] 病菌既可在种子上越冬，也可以菌丝块在病残体上或以菌丝在病叶上越冬，成为翌年田间初侵染源。病害常始于苗床，但多在大田生长期形成为害，田间高温高湿利于该病扩展蔓延。

防治方法参见樱桃番茄褐斑病。

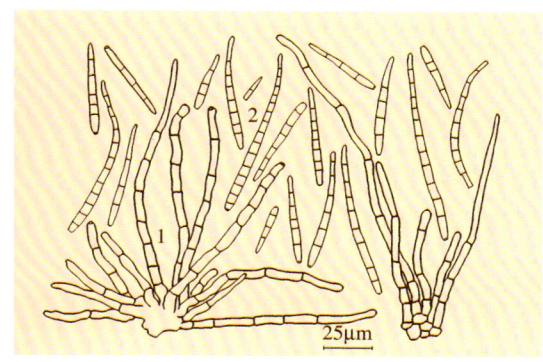
图5-21 彩色甜椒褐斑病菌
1. 分生孢子梗 2. 分生孢子

彩色甜椒褐斑病后期干燥状态病斑

彩色甜椒褐腐病
Bell pepper Choanephora rot

褐腐病为彩色甜椒的普通病害，分布较广，保护地、露地均有发病，但通常较少见。一般发病率3%～5%，对产量有轻微影响。此病还可为害多种瓜、豆类蔬菜。

[症状] 此病主要为害花器及幼果，病菌多从开败的花开始侵染，使花器变褐腐烂，其上产生褐色绒霉。幼果受害多从蒂部侵入，逐步蔓延，病果呈水渍状坏死、变褐，并迅速软腐。在病果表面产生灰白色至黑褐色绒毛状霉，霉顶有灰白色至黑褐色毛状物。空气干燥时病果呈褐色干腐。病果腐烂后有时有臭味。

[病原] *Choanephora cucurbitarum* (Berk. et Rav.) Thaxt. 属鞭毛菌瓜果笄霉真菌。病菌分生孢子梗生于寄主表面，直立，长3～5mm，无色，无隔膜，基部渐狭，端部较宽，不分枝，顶端膨大成头状泡囊，囊上生许多小枝，小枝末端膨大成小泡囊，囊上再生小梗，分生孢子着生于小梗顶端。分生孢子柠檬形、棱形，褐色至棕褐色，单胞，表面有许多纵纹，大小为12.5～20.5μm×7.5～12.5μm（图5-22）。

[发病规律] 病菌主要以菌丝体随病残体在土壤中越冬，也可产生接合孢子在土壤中越冬，条

彩色甜椒褐腐病病果

彩色甜椒褐腐病病果

图 5-22 彩色甜椒褐腐病菌
1. 分生孢子梗 2. 分生孢子 3. 分生孢子放大

件适宜即可侵染花和幼果，产生大量孢子，借气流和浇水、施肥等传播。病菌腐生性较强，多从较衰弱的组织或受伤的部位侵入。温暖潮湿适宜发病，棚室内浇水过多或田间积水、湿度过高或植株密蔽、缺乏光照等有利于发病。

[防治方法]

1. 采取高畦、高垄地膜覆盖栽培，合理浇水，防止大水漫灌，避免地表长时间积水和浇水后闷棚。

2. 开花结果后及时清除残花和发病的幼果，带到田外妥善处理。

3. 必要时在开花坐果期进行药剂防治，参见樱桃番茄晚疫病。

彩色甜椒绵腐病
Bell pepper Pythium rot

彩色甜椒绵腐病病果

绵腐病为彩色甜椒的普通病害。分布较广，多在苗期发病，造成零星死苗，仅个别老式育苗苗床病情稍重，明显影响生产。

[症状] 此病多为害幼苗，有时亦为害果实。幼苗染病，多从嫩茎基部或靠近地面的幼叶开始侵染，病部初呈水渍状暗绿至淡褐色坏死，迅速扩展软化腐烂，在病部表面产生白色絮状霉团，随病害发展幼苗成片坏死。果实染病呈暗绿色水渍状软腐，在病部表面产生浓密絮状菌丝团。

[病原] *Pythium aphanidermatum*（Eds.）Fitzp.属鞭毛菌瓜果腐霉真菌。详见小西葫芦绵腐病。

发病规律、防治方法参见小西葫芦绵腐病。

彩色甜椒黑斑病
Bell pepper Alternaria fruitspot

彩色甜椒黑斑病伤口侵染病果

黑斑病为彩色甜椒的常见病，分布广泛，发生普遍，保护地、露地种植都可发生，通常零星发病，病情较轻，对生产无显著影响，严重时病果率可达 30% 以上。

[症状] 此病主要侵染果实，多侵染过度成熟的果实或日灼病果。病斑初呈淡褐色，不规则水渍状，稍凹陷，逐步发展成几个病斑愈合形成大型坏死斑，其上产生黑色霉层，即病菌分生孢子梗和

分生孢子。

[病原] *Alternaria alternata* (Fr.) Keissl.属半知菌链格孢真菌。病菌分生孢子梗单生，或数根束生，暗褐色。分生孢子倒棒形，褐色至青褐色，3～6个串生，有纵隔膜1～2个，横隔3～4个，多在横隔处缢缩（图5-23）。

[发病规律] 病菌主要在病残体上越冬，亦可在其他寄主上为害过冬。病菌的寄生能力较弱，过度成熟或生长衰弱的果实容易染病，此病与日灼病的发生轻重有关，多发生在日灼病斑处。制种田块发病较重。

[防治方法]

1. 适时采收，防止过度成熟。

2. 加强管理，防止彩色甜椒出现日灼病果。

3. 制种田后期，或发病初期喷洒50%扑海因可湿性粉剂1 500倍液，或40%克菌丹可湿性粉剂400倍液，或70%代森锰锌可湿性粉剂500～600倍液，或75%百菌清可湿性粉剂600倍液，7～10天防治1次，视病情防治1～3次。

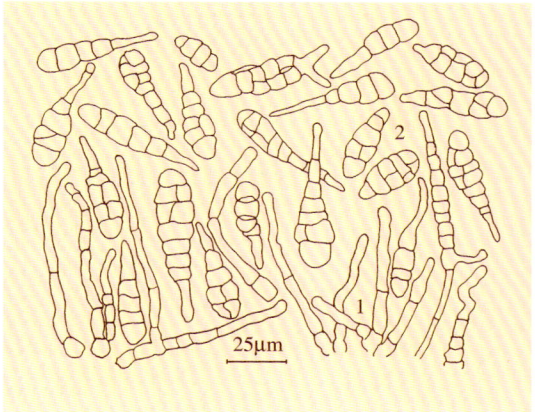

图5-23 彩色甜椒黑斑病菌
1. 分生孢子梗 2. 分生孢子

彩色甜椒黑斑病橙色彩椒病果

彩色甜椒黑斑病红色彩椒病果

彩色甜椒黑斑病日灼伤口侵染病果

彩色甜椒白星病
Bell pepper Phyllosticta leafspot

白星病为彩色甜椒的普通病害，分布较广，发生较普遍，但一般发生很轻，对生产无明显影响，严重时造成落叶。

[症状] 白星病仅为害叶片，苗期、成株期都可发病。病斑初为圆形或近圆形，边缘呈深褐色稍隆起的小点，中央白色或灰白色，后期散生黑色小粒点，即病菌分生孢子器。病斑中间有时脱落，发病严重时造成大量落叶。

[病原] *Phyllosticta capsici* Speg.属半知菌辣椒叶点霉真菌。病菌分生孢子器近球形，直径90～125μm，黑褐色。分生孢子椭圆形至卵圆形，单胞，无色透明，大小为4～7μm×2.5～3μm（图5-24）。

[发病规律] 病菌以分生孢子器随病残体遗留在土壤中或混杂在

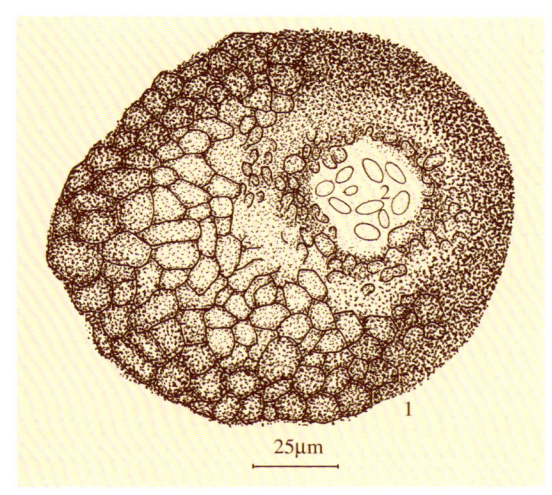

图5-24 彩色甜椒白星病菌
1. 分生孢子器 2. 分生孢子

彩色甜椒白星病初期病斑

彩色甜椒白星病中后期病斑

种子上越冬。翌年条件适宜时形成初侵染，发病后产生分生孢子借风雨传播，进行再侵染。高温高湿利于发病。

[防治方法]

1. 重病地块隔年轮作。

2. 采收后及时清除植株病残体集中妥善处理。

3. 必要时发病初期进行药剂防治。参见樱桃番茄斑枯病。

彩色甜椒早疫病
Bell pepper Alternaria leaf blight

早疫病为彩色甜椒的常见病，分布较广，发生较普遍，发生轻时对生产无影响，严重时在一定程度上影响彩色甜椒生产。

[症状] 此病主要为害叶片，在叶片上形成圆形或长圆形病斑，大小为2～12mm，黑褐色，具同心轮纹。空气潮湿时病斑上产生黑色霉层，即病菌的分生孢子梗和分生孢子。严重时整个叶片可布满病斑，严重影响光合作用。

[病原] *Alternaria solani*（E11.et Mart.）Jones et Grout.属半知菌链格孢真菌。病菌分生孢子梗单生或丛生，暗褐色，具隔膜3～6个，大小为80～225μm×4～12.5μm。分生孢子顶生或串生，倒棍棒状或圆筒形，具横隔膜2～6个，纵隔膜0～5个，淡黄褐色，大小为16.5～64.5μm×6.5～14.5μm，有长喙。喙无色，透明，大小为3～27μm×1.5～3.8μm，具0～2个横隔膜（图5-25）。

[发病规律] 参见樱桃番茄早疫病。

[防治方法]

1. 采收后彻底清除植株残体，集中堆沤发酵处理。

2. 施足基肥，增施有机肥和磷、钾肥，防止后期脱肥。

3. 必要时进行药剂防治。参见彩色甜椒黑斑病。

彩色甜椒早疫病病斑放大

彩色甜椒早疫病中期病斑

彩色甜椒早疫病后期病斑

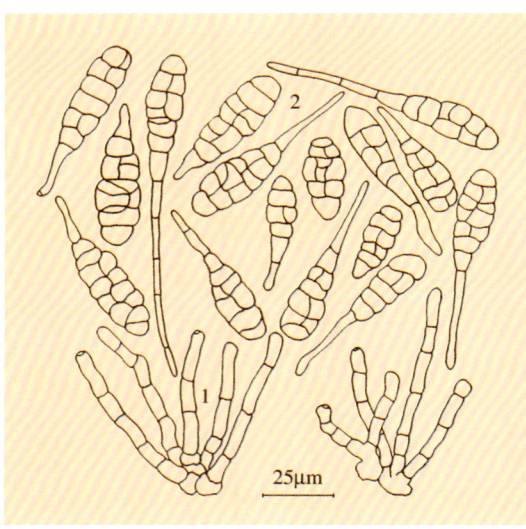

25μm

图5-25 彩色甜椒早疫病菌
1.分生孢子梗 2.分生孢子

彩色甜椒灰霉病
Bell pepper gray mold

灰霉病为彩色甜椒的普通病害，主要在春季保护地内发生，南方露地偶有发病，通常病害很轻，引起零星烂果。此病还可为害100余种蔬菜。

[症状] 病菌可侵染幼苗、叶片、幼茎、嫩枝和花器、果实等。幼苗染病子叶先端变黄，后扩展至幼茎，致病茎缢缩变细，自病部折倒枯死，在病部产生灰色霉状物。叶片染病多从叶尖或叶缘开始侵染，病部呈暗绿色至黄褐色坏死腐烂，并长出灰色霉状物，严重时上部叶片全部烂掉。成株染病茎上初生水渍状不规则形病斑，后变成灰白色或褐色，病斑绕茎一周，其上部枝叶萎蔫枯死，病部表面生出灰白色霉状物。枝条染病亦呈褐色或灰白色，具灰霉，病枝向下蔓延至分杈处。花器染病花瓣呈褐色，水渍状，其上密生灰色霉层，即病菌分生孢子梗和分生孢子。

[病原] *Botrytis cinerea* Pers.属半知菌灰葡萄孢真菌。详见樱桃番茄灰霉病（图5-26）。

发病规律、防治方法参见樱桃番茄灰霉病。

彩色甜椒灰霉病病苗

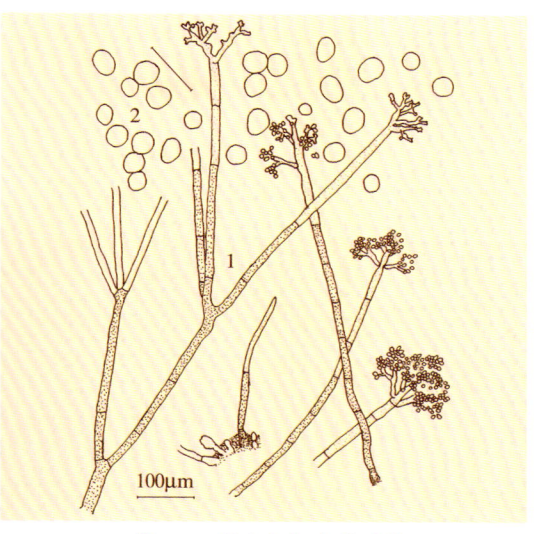

图5-26 彩色甜椒灰霉病菌
1.分生孢子梗 2.分生孢子

彩色甜椒灰霉病幼苗受害状

彩色甜椒灰霉病病花

彩色甜椒灰霉病叶面病斑

彩色甜椒灰霉病后期病花

彩色甜椒灰霉病叶背病斑

彩色甜椒灰霉病病茎

彩色甜椒菌核病
Bell pepper Sclerotinia rot

菌核病是彩色甜椒的重要病害,仅在北方地区部分老菜区保护地内发生。一般病株零星,对生产影响较小,重病棚室病株率可达30%以上,显著影响彩色甜椒生产。此病还可为害100多种其他蔬菜。

[症状] 此病在各生育期都发生,植株地上部都可受害。苗期染病,幼茎基部初呈水渍状浅褐色坏死,后变棕褐色,湿度高时长出白色棉絮状菌丝并软腐倒折,干燥后病部灰白色,病苗呈立枯状死

彩色甜椒菌核病叶面病斑

彩色甜椒菌核病前期病苗

彩色甜椒菌核病叶背病斑

彩色甜椒菌核病后期病苗

彩色甜椒菌核病幼苗田间受害状

彩色甜椒菌核病中期病茎

彩色甜椒菌核病中后期病茎

彩色甜椒菌核病病茎解剖

彩色甜椒菌核病后期病茎和病果

亡。成株染病多在距地面10～20cm茎部或茎枝分杈处，病部呈褐色水渍状腐烂坏死，迅速向上下扩展，湿度高时在病部表面产生白色棉絮状菌丝团，以后茎部皮层霉烂，髓部解体，在病茎表面或髓部形成黑色鼠粪状菌核。干燥时植株表皮破裂，纤维束外露似麻状。花、叶、果柄染病亦呈水渍状软腐，致叶片脱落。果实染病后果面先变褐，呈水渍状腐烂，逐渐向全果扩展，有的从脐部开始向果蒂扩展至整果腐烂，表面长出白色菌丝团，最后形成黑色不规则菌核。

[病原] *Sclerotinia sclerotiorum*（Lib.）de Bary 属子囊菌核盘菌真菌。详见青花菜菌核病。

发病规律、防治方法参见青花菜菌核病。必要时进行日光能高温土壤处理，可有效防治此病。

彩色甜椒菌核病菌核萌发和子囊盘

彩色甜椒软腐病
Bell pepper bacterial soft rot

软腐病为彩色甜椒的普通病害，分布广泛，发生普遍，通常零星发生，对生产无明显影响，严重时可造成一定损失。

[症状] 此病主要为害果实，多从害虫造成的伤口开始侵染，病果初生水渍状暗绿色斑，后变褐软腐，内部果肉腐烂后果皮呈膜状，病果散发恶臭味，稍遇外力即脱落。幼苗染病亦多从伤口开始染病，呈水渍状软腐，终使幼苗倒折死亡。

[病原] *Erwinia carotovora* subsp. *carotovora*（Jones）Bergey et al.属胡萝卜软腐欧氏杆菌胡萝卜软腐病亚种细菌。详见樱桃番茄软腐病。

[发病规律] 病菌随病残体在土壤中或随其他寄主越冬。在田间通过灌溉水或雨水飞溅使病菌由虫蛀或人为造成的伤口或自然孔口侵入，染病后病菌又可通过烟青虫及风雨传播蔓延。害虫为害严重，或土壤黏重、潮湿有利于发病。长时间降雨，田间积水，病害严重。

[防治方法]
1. 生长期加强害虫防治，避免人为造成伤口。
2. 及时摘除虫果、病果。必要时喷药防治，参见樱桃番茄软腐病。

彩色甜椒软腐病病苗

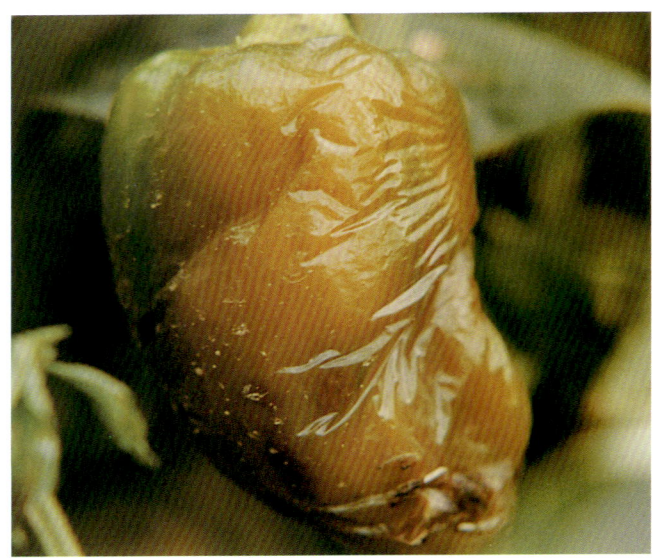

彩色甜椒软腐病中期病果

彩色甜椒软腐病后期病果

彩色甜椒疮痂病
Bell pepper bacterial scab

疮痂病又名细菌斑点病、落叶瘟，分布广泛，全国各地普遍发生。多在高温多雨地区和季节发病，造成大量落叶、落花和落果，病菌侵染果实，降低产品质量。

[症状] 此病主要为害叶片和果实，茎蔓、果柄也可受害。叶片染病，初期出现许多圆形或不规则形水渍状小斑点，墨绿色至黄褐色，有时出现不明显轮纹，病部具不整形疮痂状隆起，多个病斑可融合成较大斑点，引致落叶。果实染病，在其表面出现圆形或长圆形病斑，稍隆起，墨绿色，后期木栓化。茎蔓和果柄染病，病斑呈不规则梭形条斑或斑块，后期木栓化，纵裂或呈疮痂状。

[病原] *Xanthomonas campestris* pv.*vesicatoria*（Doidge）Dye属黄单胞杆菌野油菜黄单胞杆菌辣椒斑点病致病型细菌。病菌菌体杆状，两端钝圆，大小为 1.0～1.5μm×0.6～0.7μm，具极生单鞭毛，能游动。菌体排列成链状，有荚膜，革兰氏染色阴性，好气，在培养基上菌落圆形，浅黄色，半透明。病菌发育适温27～30℃，最高40℃，最低5℃，59℃经10min致死。

[发病规律] 病菌在种子上越冬，带菌种子为初侵染源。病菌与寄主叶片接触从气孔侵入，在细胞间隙内繁殖，致表皮组织增厚形成疮痂状，病痂上溢出菌脓借雨滴飞溅或昆虫传播蔓延。此病易在高温多雨的7～8月雨后发生，尤其是暴风雨后容易严重发生，保护地种植很少发病。

防治方法参见彩色甜椒细菌性叶斑病。

彩色甜椒疮痂病病株

彩色甜椒疮痂病病茎

彩色甜椒疮痂病病果

彩色甜椒疮痂病病果柄

彩色甜椒细菌性叶斑病
Bell pepper bacterial leafspot

细菌性叶斑病为彩色甜椒的重要病害,部分地区发生,多在露地种植时发病,保护地偶有发生。一般病情较轻,发病率 10%～30%,轻度影响生产,严重时病株达 60% 以上,显著影响产量和品质。

[症状] 此病主要为害叶片。叶片染病,初呈黄绿色不规则油渍状,以后变成黄褐色小斑点,扩大后变为红褐色或深褐色至铁锈色;病斑膜质,不规则,大小不等。干燥时,病斑多呈红褐色。条件适宜,此病发展速度很快,严重时致叶片大量脱落。此病病健交界处明显,不规则,病斑边缘不隆起,别于疮痂病。

[病原] *Pseudomonas syringae* pv.*aptata*(Brown et Jamieson)Young,Dye & Wilkie.属假单胞杆菌丁香假单胞杆菌

适合致病型细菌。病菌菌体短杆状,两端钝圆,大小为 0.8～2.3μm × 0.5～0.6μm,具 1～3 根单极生或双极生鞭毛,长 3～10μm。

[发病规律] 病菌可在种子及病残体上越冬,在田间借风雨或灌溉水传播,从叶片伤口侵入。在肉汁胨琼脂培养基上菌落圆形,灰白色,并产生绿色荧光色素。革兰氏染色阴性,有荚膜。病菌发育适温 25～28℃,最高 35℃,最低 5℃。当温湿度适合时,田间病株大批出现并迅速蔓延,否则很难找到病株,系非连续性为害。通常彩色甜椒与普通甜(辣)椒、白菜等十字花科蔬菜连作,病害发生较重,雨后迅速扩展。北方地区通

彩色甜椒细菌性叶斑病初期病斑

彩色甜椒细菌性叶斑病中期病斑

彩色甜椒细菌性叶斑病病株

常6月始发，7～8月高温多雨季节迅速蔓延，9月以后气温降低，扩展缓慢或停止。

[防治方法]

1. 实行与非茄科、十字花科蔬菜2～3年轮作。

2. 选用种子重量0.3%～0.4%的47%加瑞农可湿性粉剂拌种。还可用1%盐酸溶液浸种20～30min，再用清水洗净后催芽播种。

3. 采用高垄地膜栽培，雨后及时排水，防止积水，避免大水漫灌。

4. 发病初期及时进行药剂防治，可选用47%加瑞农可湿性粉剂500倍液，或77%可杀得可湿性微粒粉剂400～500倍液喷雾，7～10天1次，连续防治2～3次。

5. 收获后及时清除病株残体并及时深翻。

彩色甜椒根结线虫病
Bell pepper root-knot nematode

根结线虫病为彩色甜椒的次要病害，部分地区零星发生，通常对生产无明显影响。

[症状] 此病仅在苗期显现症状，在幼苗须根或侧根上产生较小的浅黄色链珠状根结，有的病苗主根略显肿大，幼叶表现轻微畸形。

[病原] *Meloidogyne incognita* Chitwood 属南方根结线虫。详见樱桃番茄根结线虫病。

[发病规律] 此病仅在沙壤地区发生，规律不详。

[防治方法] 此病发生程度很轻，无需防治。

彩色甜椒根结线虫病病苗

彩色甜椒根结线虫病幼株病根

彩色甜椒沤根
Bell pepper moisture stress

沤根为彩色甜椒常见生理病害，种植地区都常有发生。轻时造成局部死苗或死秧，严重时成片毁苗或死秧，影响正常生产。

[症状] 此病多在育苗期和移植期发生。主要表现为分苗或移植后新根极少或不产生不定根，老根根皮变褐呈水渍状或发锈，长时间沤根使根系逐渐坏死腐烂，最后全部根系腐朽，病苗或病株极易拔起，随病害发展，地上部逐渐萎蔫，部分叶片叶缘枯焦。严重时造成幼苗或植株成片枯死。

[病因] 此病主要由于分苗或移植后地温长时间持续低于或高于彩色甜椒根系生长发育需要的正常温度，或分苗、移植后浇水过大，或遇阴雨天，土壤持水量过高，通透性差，根系严重缺氧，不能正常进行生理代谢，致根系生长停滞最后坏死。

防治方法参见甜瓜沤根。

彩色甜椒沤根受害根

彩色甜椒畸形果
Bell pepper deformed fruit

畸形果为影响彩色甜椒生产的重要生理病害，各地都时有发生，轻时零星果实畸形，经济损失不明显，严重时畸形果常达50%以上，明显影响产量和品质。

[症状] 果实畸形膨胀，心室增多，自脐部开裂不规则向外膨大，形成无胎座多瓣异形开花果、裂瓣果，或在脐部产生角状突出。

[病因] 畸形果主要由于彩色甜椒在花芽分化期间温度过低或过高形成生理障碍，使花芽分化不正常，果实不能正常生长和发育。某些品种，开花坐果期遇高温干燥，或

气温忽高忽低温差过大，或浇水和氮肥过多亦可形成类似畸形果。

[防治方法]
1. 搞好苗期温度管理，冬季和早春做好保暖防寒工作，昼夜保持适宜彩色甜椒品种要求的温度。提倡采用快速育苗技术，减少不良气候对花芽分化的影响。夏、秋育苗注意降温增湿。

彩色甜椒畸形果多瓣果

彩色甜椒畸形果裂瓣果

彩色甜椒畸形果角突果（放大）

彩色甜椒畸形果角突果

彩色甜椒畸形果角突果

2.加强开花坐果期水肥管理，避免偏施氮肥和猛浇大水，适当增施磷、钾肥，土壤太湿宜适当中耕松土，改善土壤通透性。

3.出现不正常畸形果须及时摘除，以利正常花果的生长发育。

彩色甜椒脐腐病
Bell pepper physiological navel rot

彩色甜椒脐腐病又名蒂腐病、顶腐病，各地常有发生。保护地和露地种植都可发病，轻时零星果实染病，严重时病果达10%以上，直接影响产量和品质。

[症状] 此病多在幼果和青果期发生，在果实脐部形成水渍状暗绿色或浅褐色病斑，逐渐变成暗褐色皮革状，病部果肉组织腐烂，失水后收缩。严重时，病斑可扩展至半个果面，在田间病果往往果形不正，果实健部提早变色成熟，在潮湿条件下，病部表面易被腐生菌寄生而形成黑色或红色霉状物。

[病因] 此病为生理病害。主要由于土壤水分供应失调或生理缺钙所致。植株在发病前，水分供应充足，生长旺盛，骤然缺水，原来供给果实的水分被快速转移给叶片，致果实突然大量失水，引致果实脐部组织坏死。另外，彩色甜椒生长发育中缺钙，影响对硝态氮的吸收，有机酸不断积累，使草酸钙形成过多，不能被钙中和而引起果脐周围细胞生理紊乱，最后坏死脐腐。高温干旱，多雨后骤晴或植株突然缺水，土壤氮素过量，盐碱过重，植株根系受伤等，均有利于发病。品种间发病程度差异明显。

[防治方法]

1.选用相对较抗病或耐病品种。

2.培育壮苗，采用地膜覆盖栽培和滴灌技术，移栽时避免伤根，前期尽可能促进根系发育，增强植株的吸水能力。

3.加强肥水管理，多施腐熟的农家肥，增强土壤蓄水能力。合理使用氮肥，防止植株徒长，提高抗、耐病能力。结果期适时适量浇水，保持土壤均衡供水，防止钙素淋溶。根据土壤墒情和植株长势，适当整枝疏叶。

4.从开花初期喷洒1%过磷酸钙或0.1%氯化钙，每隔15天喷1次，共喷2～3次。

彩色甜椒脐腐病黄色彩椒病果

彩色甜椒脐腐病黄色彩椒病果

彩色甜椒脐腐病紫色彩椒病果

彩色甜椒脐腐病黄色和紫色彩椒病果

彩色甜椒热害
Bell pepper high-temperature injury

热害为彩色甜椒重要的生理病害，在一些地区偶有发生，轻则局部死苗，重则整棚毁苗，在成株期也可发生，对生产影响极大。

[症状] 此病主要在苗床内发生，初期表现为局部幼苗真叶或子叶边缘呈水渍状暗绿色坏死，逐渐变褐萎垂干枯，随病情发展几个叶片至整棵幼苗上部坏死。严重时在短期内所有幼苗坏死。成株期发生，幼嫩叶受害明显，幼嫩节间缩短，心叶缩小变窄呈蕨叶状扭卷畸形。

[病因] 此病由于在干热的夏季育苗，采用微喷增湿降温，因水的热容量较大，把大量空中的热量吸收到雾滴中，降落到幼苗上或幼叶上的水滴未能及时蒸发而直接吸热形成生理烫伤。据观察，不同品种抗害或耐害能力有所不同。成株受害，因温度太高，严重影响幼嫩组织分

化，致新生叶片生长发育不正常。

[防治方法]

1. 育苗期尽可能避开在炎热的夏季。

2. 选择相对较抗热或耐热的品种和通风条件好的苗床育苗，将棚膜改用遮阳网。

3. 加强育苗期通风，不在炎热的正午喷雾降温。

4. 夏季生产，加强田间管理，遇干热天气时人工遮阳增湿，改善小气候。

彩色甜椒热害前期受害苗

彩色甜椒热害田间受害状

彩色甜椒热害后期受害苗

彩色甜椒热害受害株

彩色甜椒寒害
Bell pepper low-temperature injury

彩色甜椒寒害受害果

寒害为彩色甜椒一般性的生理病害，主要在北方保护地内发生，通常对生产无影响。

[症状] 此病在彩色甜椒生长前期发生较多。幼苗受寒害，子叶向上翘，真叶颜色浓绿，叶缘向下卷。成株受害，老叶颜色暗绿，失去光泽；嫩叶叶缘或叶脉间褪绿变白后逐渐干枯坏死。果实受害，红果不能正常转红，而从果柄向下褪绿变黄，最后变白甚至坏死。

[病因] 寒害主要由于温度长时间低于彩色甜椒的正常生长发育温度，严重影响植株叶绿素的形成，红色色素形成与转运也受到障碍甚导致植株细胞死亡。

[防治方法]

1. 加强棚室保温，必要时覆盖二层膜或采取其他临时增温措施。

2. 在寒冷季节生产，保护地内、外温差较大时，通风换气应由小到大，循序渐进，防止寒风突然侵入。

彩色甜椒冻害
Bell pepper frozen injury

彩色甜椒冻害受害苗

冻害为彩色甜椒的生理性伤害，主要在早春发生，保护地、露地均可受害，严重时显著影响生产。

[症状] 幼苗受冻，多表现幼嫩叶片和生长点受冻，病部呈水渍状暗绿色软腐，以后腐烂。大苗或成株受冻也多是嫩叶和嫩茎受害，叶缘和幼叶呈水渍状坏死腐烂。

[病因] 冻害多因在寒冷季节通风不当，或棚膜破裂，寒冷空气侵入苗床，或早春露地种植突遇霜冻，极端低温使幼苗或植株细胞组织冻结，消冻后崩溃解体，致叶片组织坏死腐烂。

[防治方法]

1. 寒冷季节通风换气，注意看守，防止寒风把风口刮开。注意及时修补棚膜裂缝。

2. 露地种植在预报可能发生霜冻前喷洒47%加瑞农可湿性粉剂500倍液，或77%可杀得可湿性粉剂500倍液杀灭冰核细菌，减缓冻害。亦可采取其他防寒保温措施。

彩色甜椒日灼病受害果

彩色甜椒日灼病
Bell pepper sunscald

日灼病又名日烧病，为彩色甜椒的常见病，多在夏季发生，轻时零星发病，严重时病果可达30%，甚至更高。

[症状] 幼果和成熟果均可受害。果实向阳面被太阳照射灼伤，初期褪绿，以后病部果肉失水变薄，形成有光泽近似透明的革质状，继而病部扩大，稍凹陷，组织坏死变硬，易破裂。病部易受病菌感染，生长黑色或粉色霉层，甚至腐烂。

[病因] 此病是一种生理病害。主要因叶片遮荫不好，果实受强

烈阳光直射，引起果皮温度上升，水分大量蒸发使果面局部温度升高而烧伤。通常，果实的向阳面与背阴面温差愈大，发病愈重。春季栽培彩色甜椒，果实膨大和采收旺季正值盛夏和初秋，如土壤缺水、叶片遮荫不好、天气持续干热，或雨、露、雾天后暴晴暴热，易引致此病。栽植过稀、缺少水肥、植株生长不良、病虫造成缺株，或引致植株早期落叶，则发病较重。

[防治方法]
1. 根据品种特性适当增加种植密度。
2. 实行与高秆作物间作或采用遮阳网遮荫种植。
3. 增施磷、钾肥，促使果实发育。开花结果期，及时、均匀浇水，保持地面湿润，减少发病。
4. 防治病虫，防止因病虫为害引起早期落叶。

彩色甜椒肥害
Bell pepper fertilizer injury

肥害为非侵染性伤害。施用肥料不当时有发生，重时显著影响彩色甜椒生产。

[症状] 肥害症状表现因施肥种类不同差异较大，多表现植株生长点和嫩叶普遍受害。轻者幼嫩心叶黄化皱缩，植株不向上生长。重者心叶变褐坏死，幼嫩叶片皱缩畸形，植株整体矮化。

[病因] 此病是由于施用有机肥太多，土壤中肥料溶液浓度太高，与植株根系形成逆向渗透压，严重影响根系的正常吸收能力，或由于根系较小，肥料溶液中有机酸含量较高使根系生理机能不能正常发挥，甚至使根系受害，最后完全丧失吸收水肥能力而表现地上部受害。

[防治方法]
1. 试用充分腐熟的有机肥，保持肥料不直接接触根系，最好有一定距离。
2. 施肥量较大时，需及时浇水，使土壤保持适宜根系吸收的溶

彩色甜椒肥害受害株

液浓度。
3. 发生肥害后，尽快浇清水冲淡土壤肥料浓度，适当增加中耕次数并加强田间管理，必要时可叶面喷洒清水或辅以根外追肥，促进植株正常生长，减轻受害。

彩色甜椒辛硫磷药害
Bell pepper Phoxim injury

辛硫磷药害为一般生理伤害。生产中偶有发生，轻时对生产无明显影响，重时显著影响彩色甜椒生产。

[症状] 辛硫磷药害主要表现心叶和嫩叶受害。轻度受害时仅表现嫩尖和心叶褪绿变黄，后期逐渐恢复正常。受害较重时叶脉或叶缘白化坏死，叶片呈白色网状坏死花斑或形成不规则皱缩。

[病因] 多种蔬菜对辛硫磷敏感，叶面喷雾易出现药害。出现辛硫磷药害主要由于防治害虫使用药液太浓，或使用时温度较高致幼嫩部位和存药较多的部位组织受害。受害轻时仅表现抑制叶绿素形成，严重时致使受害细胞组织完全丧失生理机能，最后坏死。

[防治方法] 尽可能选用其他药剂防治害虫，发生药害后及时采取补救措施。参见甜瓜药害。

彩色甜椒辛硫磷药害轻度受害株

彩色甜椒辛硫磷药害中度受害株

彩色甜椒辛硫磷药害基部受害叶

3. 香艳茄（人参果）病害 Diseases of penino

香艳茄病毒病病株

香艳茄病毒病
Penino virus disease

病毒病为香艳茄的常见病，分布较广，多零星发生，一般病株约5%左右，对生产有一定影响。

[症状] 此病在全生育期均可发生，以幼苗期发病受害重。病株多表现不均匀花叶或斑驳，或整株叶色褪绿变黄，叶片向上卷曲，开花少而小，不能正常结果。随病情发展病株逐渐卷曲坏死。

[病原] 毒源不详，待研究。

发病规律、防治方法参见彩色甜椒病毒病。

香艳茄病毒病前期病叶

香艳茄疫病
Penino Phytophthora blight

疫病为香艳茄的重要病害，部分地区分布。保护地、露地均有发生，通常局部地块发病，病株率10%～30%，严重时致成片死苗或死秧，明显影响生产。

[症状] 此病在香艳茄各生育期均可发生，以苗期发病损失严重。幼苗发病，多从嫩茎基部呈水渍状软腐，缢缩，终使幼苗倒折死亡。条件适宜时在病部产生少许白霉。成株染病，多从茎基部或植株嫩尖、嫩叶开始侵染，茎基初呈褐色坏死，略显水渍状，以后腐烂致表皮脱落，重时亦造成根系坏死。嫩叶、嫩尖染病，多呈水渍状坏死变褐，以后腐烂或干枯，湿度高时在病部产生少许白霉。

[病原] *Phytophthora* sp.属鞭毛菌疫霉真菌。病菌孢囊梗假单轴式或不规则分枝。游动孢子囊顶生，卵形、长卵形或椭圆形，个别不规则形，基部圆形，顶端具明显乳突，呈半圆形，具柄，易脱落。游动孢子囊成熟后自乳突释放游动孢子。游动孢子肾形，具2根鞭毛。

[发病规律] 病菌主要以卵孢子在土壤中病残体内

香艳茄疫病病叶

香艳茄疫病病茎

越冬。条件适宜时，直接侵害茎基部或根系。卵孢子也可通过雨水溅射到幼嫩部位引起侵染。发病后病部产生孢子囊，借风雨或浇水传播，进行再侵染。高温高湿利于发病。香艳茄生长期降雨多、雨量大，或天气闷热潮湿，病害发生较重。地势低洼、土壤黏重、排水不良，或偏施氮肥、植株郁蔽、通风透光不良的田块发病严重。

防治方法参见彩色甜椒疫病。

发病规律、防治方法参见樱桃番茄灰霉病。

香艳茄灰霉病
Penino gray mold

灰霉病为香艳茄的普通病害，主要在保护地内发生，南方露地也偶有发病，一般对生产无明显影响，个别地块或棚室发病稍重，在一定程度上影响生产。

[症状] 此病主要侵害叶片和花，偶尔侵染果实。叶片受害多沿叶尖向内呈V字形坏死，略具轮纹，也可由受肥害或冻害形成的伤口处或其他衰弱部位开始侵染，呈不规则坏死，后期在病部产生稀疏灰霉，即病菌分生孢子梗和分生孢子。花器和果实染病，多从开败的花瓣开始侵染并向果实发展，使之不能正常结果或导致果实腐烂，后期在病部产生少许灰色霉层。

[病原] *Botrytis cinerea* Pers.属半知菌灰葡萄孢霉真菌。详见樱桃番茄灰霉病。

香艳茄灰霉病V字形病斑

香艳茄菌核病
Penino Sclerotinia rot

菌核病为香艳茄的普通病害，主要在老菜区保护地内发生。通常病株零星，对生产无明显影响，严重时造成一定经济损失。

[症状] 此病主要为害茎、叶及果实。病部初呈水渍状坏死腐烂，浅黄褐色至灰褐色，向外围扩展迅速，病组织表面产生浓密白色菌丝团，后期转变成黑色颗粒状菌核。

[病原] *Sclerotinia sclerotiorum*（Lib.）de Bary 属子囊菌核盘菌真菌。详见青花菜菌核病。

发病规律、防治方法参见青花菜菌核病。

香艳茄菌核病病叶

香艳茄细菌性叶斑病
Penino bacterial leafspot

细菌性叶斑病为香艳茄的普通病害，多零星发病，对生产无明显影响。个别地块发病稍重，明显影响植株正常生长和开花结果。

[症状] 此病主要为害叶片，在叶片上产生初为油渍状褐色坏死小点，以后逐渐发展成不规则褐色坏死斑，凹陷，半透明状，后期破裂穿孔。有时病害沿叶缘侵染，呈不规则坏死，棕褐色至黑褐色，湿度高时叶缘腐烂。

[病原] 由一种细菌侵染所致，待进一步鉴定研究。

发病规律、防治方法参见彩色甜椒细菌性叶斑病。

香艳茄细菌性叶斑病病斑

香艳茄沤根受害株

香艳茄沤根
Penino moisture stress

沤根为香艳茄的常见生理病害，种植地区都常有发生。轻时造成局部死苗，重时导致毁苗，影响正常生产。

[症状] 此病多在育苗期和移植期发生。主要为害幼根和根茎，表现为分苗或移植后不发新根或不产生不定根，老根根皮变色发锈，长时间沤根使根系逐渐坏死腐烂，最后全部根系腐朽，病苗或病株极易拔起，随病害持续发展，地上部逐渐萎蔫，部分叶片叶缘枯焦。严重时造成幼苗或植株成片枯死。

[病因] 此病主要由于分苗或移植后地温长时间持续低于香艳茄根系生长发育需要的正常温度，或分苗、移植后浇水过大，或遇阴雨天，土壤持水量过高，通透性差，根系缺氧，不能正常进行生理代谢，致根系生长停滞最后坏死。

防治方法参见甜瓜沤根。

香艳茄筋腐病
Penino vascular browning

筋腐病为香艳茄的重要生理病害，种植地区时有发生，一般病果率3%～5%，轻度影响生产，严重时病果率达30%以上，显著影响产量与品质。

[症状] 此病主要损害果实，病果表现生长异常，表面凹凸不平，颜色深浅不均，剖开果实，可见维管束不规则变褐，严重时果肉组织内出现多个褐色坏死环，不能食用。有时还造成大批果实脱落。

[病因] 此病主要因管理不当，造成生理障碍所致，有时病毒侵染也可形成类似病果。初步调查，发生此病与浇水、施肥和光照关系密切。通常施用氮肥偏多，植株氮、磷、钾比例不平衡，较长时间控水后突然浇大水，土壤过湿

香艳茄筋腐病初期病果

香艳茄筋腐病病果解剖

香艳茄筋腐病中期病果

香艳茄筋腐病病果解剖

和植株间荫蔽，光合作用弱，造成地上部与地下部养分失调，不能进行正常生理代谢活动，妨碍了植株对钾、铁、硼的吸收、转移，最终表现果实病变。

防治方法参见樱桃番茄筋腐病。

顶枯病为香艳茄的一般性生理病害，种植地区时有发生，以保护地种植较常见，受害程度因地区、因管理而异，轻时对生产无显著影响，重时常造成巨大经济损失。

[症状]此病主要在植株幼嫩部位表现受害。初期上部嫩梢颜色褪绿变浅，叶片上卷，以后叶肉组织进一步褪绿，出现不规则褐色小点，随病害发展叶片卷曲坏死，生长点逐渐萎缩枯死。

病因、防治方法参见樱桃番茄顶枯病。

香艳茄顶枯病受害叶

香艳茄顶枯病受害梢

4. 酸浆病害 Diseases of groundcherry

轮斑病为酸浆的常见病，分布较广，春、夏、秋季都可发生。以夏、秋较常见。一般零星发病，对酸浆生产无明显影响，严重时可轻度影响生产。

[症状]此病主要为害叶片，严重时亦为害花萼。叶斑近圆形，初期为暗绿至暗褐色，以后变为灰褐色，有不明显轮纹，中央颜色稍浅，后期病斑表面产生黑色小粒点，即病菌分生孢子器。多个病斑相互连接致叶片枯死。花萼受害，形成灰白至灰褐色

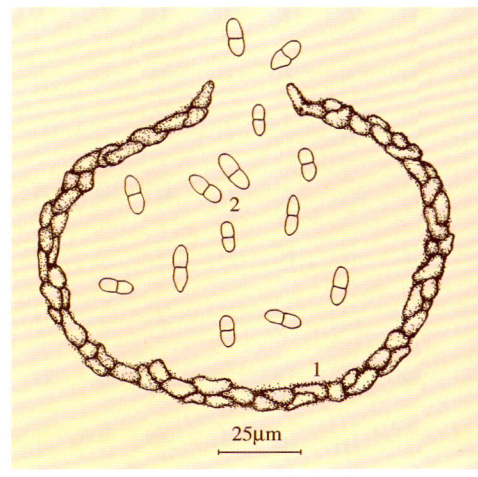

25μm

图 5-27 酸浆轮斑病菌
1.分生孢子器 2.分生孢子

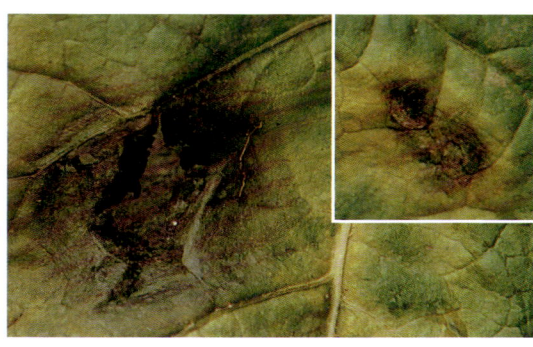

酸浆轮斑病叶面病斑

酸浆轮斑病叶背病斑

酸浆轮斑病病果

坏死斑，大小不规则，后期产生黑色小点，病斑最后破裂穿孔。

[病原] *Ascochyta* sp.属半知菌壳二孢真菌。分生孢子器叶面生，初埋生于寄主组织内，后突破表皮，球形至扁球形，暗褐色，直径85～140μm。分生孢子双细胞，无色，分隔处缢缩，大小为9.5～16μm × 3.5～6μm（图5-27）。

[发病规律] 病菌以分生孢子器随病残体越冬。春天条件适宜时分生孢子借气流传播引起初侵染。发病后产生分生孢子通过雨水和气流扩散蔓延，进行重复侵染。温暖多雨有利于发病。

防治方法参见樱桃番茄灰斑病。

酸浆褐斑病
Groundcherry Cercospora leafspot

褐斑病为酸浆的主要病害，分布较广，发生也较普遍，保护地、露地均有发生。一般病株率20%～30%，轻度影响酸浆生产，严重时发病率达60%以上，明显影响酸浆的正常生产。

[症状] 此病各生育期都有发生，主要为害叶片。病斑圆形至近圆形，边缘不整齐，直径3～10mm，初为浅褐色，后变成灰褐至黄褐色，边缘颜色较深。空气潮湿病斑正背面均产生灰黑色霉状物，即病菌的分生孢子梗和分生孢子。严重时多个病斑同时侵染，相互连接致叶片坏死。

[病原] *Cercospora physalidis* Ell.属半知菌尾孢霉真菌。病菌子实体叶两面生，无子座或很小，暗褐色。分生孢子梗4～12根束生，呈放射状，淡榄褐色，上下色泽均匀，宽度一致，不分枝，正直或略弯，1～3个屈曲，顶端近截形至截形，孢痕大而明显，具2～7个隔膜，大小为37～151μm × 3～5μm。分生孢子倒棍棒状，无色透明，弯曲或正直，基部近截形至截形，顶端略尖，具多个分隔，大小为55～116μm × 3～4.5μm（图5-28）。

[发病规律] 病菌以菌丝体在病残体上越冬。翌年春天条件适宜时病菌产生分生孢子，借气流传播引起初侵染。病斑上再产生分生孢子，借风雨传播不断进行再侵染直至深秋。多阴雨或昼夜温差大有利于发病。

防治方法参见樱桃番茄褐斑病。

酸浆褐斑病病叶

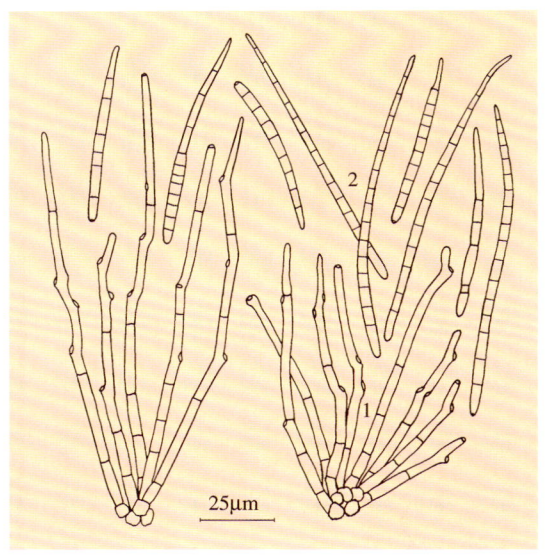

25μm

图5-28 酸浆褐斑病菌
1.分生孢子梗　2.分生孢子

酸浆菌核病
Groundcherry Sclerotinia rot

菌核病为酸浆的重要病害，主要分布在老菜区。南方露地，北方保护地内零星发病，严重地块或棚室病株可达20%～30%，明显影响生产。

[症状] 此病全生育期都可发生，可为害地上各个部位。茎部染病，初呈暗绿色水渍状腐烂，以后变褐，在其表面产生较浓密的白霉，后期在病部表面和病茎内部形成鼠粪状菌核，随病害发展病部

以上枯萎死亡。叶片染病多呈灰绿色坏死腐烂，后期形成灰褐至黄褐色枯斑，极易破裂。

[**病原**] *Sclerotinia sclerotiorum*（Lib.）de Bary 属子囊菌核盘菌

真菌。详见青花菜菌核病。

发病规律、防治方法参见青花菜菌核病。

酸浆菌核病病株

酸浆菌核病病茎

酸浆软腐病
Groundcherry bacterial soft rot

软腐病为酸浆的普通病害，分布较广，常在夏秋雨后发生。一般病株零星，对生产无明显影响，重时发病率可达 10% 左右，明显影响酸浆生产。

[**症状**] 此病主要侵害植株幼嫩部位，多从伤口处开始侵染。病部初呈水渍状湿绿色坏死，以后软化腐烂，随病害发展病株萎蔫死亡，从病部散发出臭味。

[**病原**] *Erwinia carotovora* subsp. *carotovora*（Jones）Bergey et al. 属胡萝卜软腐欧氏杆菌胡萝卜软腐病亚种细菌。详见青花菜软腐病。

发病规律、防治方法参见青花菜软腐病。

酸浆软腐病病果

六、豆类蔬菜病害
Diseases of Legume Vegetables

1. 蚕豆病害 Diseases of broadbean

蚕豆萎蔫病毒病皱缩花叶病株

蚕豆萎蔫病毒病矮化花叶病株

蚕豆萎蔫病毒病
Broad bean wilt virus disease

萎蔫病毒病是蚕豆的主要病害，分布广泛，蚕豆产区都有发生。一般病株率10%～20%，严重时病株可达30%以上，对蚕豆生产影响较大。

[症状] 萎蔫病毒病初期幼嫩叶片出现浓淡相间花叶，进一步转变成褪绿斑驳，不久顶叶开始变褐坏死，最后全株萎蔫枯萎。有时病株花叶不明显，植株仅矮化和叶色变黄、脱落。轻病株可结少数几个较小的种荚，重病株未开花结荚即死亡。

[病原] 萎蔫病毒病由 Broad bean wilt virus（BBWV）即蚕豆萎蔫病毒侵染所致。病毒粒体球形，直径30nm，寄主范围广，可侵染豆科、茄科、藜科、十字花科等20多种植物，稀释限点10 000～100 000倍，钝化温度58℃，

蚕豆萎蔫病毒病褐斑坏死病株

蚕豆萎蔫病毒病坏死落叶病株

体外存活期21℃2～3天。

[发病规律]
萎蔫病毒在田间主要靠桃蚜、豆蚜和植株间机械摩擦进行非持久传毒。高温干旱、蚜虫数量多发病严重。蚕豆生长期高温干旱，有利于豆蚜发生繁殖，则有利于病害发生与发展。

[防治方法]
1. 因地制宜选用抗病品种，增施有机底肥，提高植株抗病能力。
2. 蚕豆生长期加强管理，早期发现病毒株及时拔除，并及时防治好蚜虫，减少田间传毒。
3. 发病初期喷洒1.5%植病灵乳剂1 000倍液，或20%病毒A可湿性粉剂

500倍液，或NS-83增抗剂100倍液，7～10天喷1次，连喷1～2次。

蚕豆萎蔫病毒病病荚坏死斑

蚕豆萎蔫病毒病丛生病株

蚕豆萎蔫病毒病褪绿病株

蚕豆萎蔫病毒病黄化坏死病叶

蚕豆立枯病
Broadbean Rhizoctonia wilt

立枯病又叫茎腐病，常与根腐病混合发生，是蚕豆的重要病害，分布广泛，一般零星发病，病株率5%～10%，轻度影响蚕豆生产，重病地块病株率可达30%～50%，甚至全田枯死，对产量影响较大。此病可侵染80多种作物。

[症状] 此病主要为害茎基部，蚕豆各生育阶段均可发病。播种期染病，常造成烂种、芽枯，致幼苗不能出土，或呈黑色顶枯。幼苗期染病，多使幼苗立枯死亡。成株发病，茎基部一侧初产生近椭圆形褐色坏死斑点，逐渐变成褐色大斑，进一步发展绕茎一周致茎基全部黑褐色病变，向上发展可达10cm。空气干燥，病部下陷，植株随病害发展萎蔫死亡。湿度高时，病部产生蛛丝状菌丝，并沿茎基向外围土面蔓延，最后形成1～2mm颗粒状褐色菌核。地下茎染病，病部多呈灰绿色至绿褐色，主茎略萎缩，随病害发展下部叶片变褐坏死，上部叶片仅叶尖或叶缘变褐坏死，最后全株枯死。

[病原] *Rhizoctonia solani* Kühn 属半知菌立枯丝核菌真菌。病菌菌丝丝状，具分枝，初期无色，后为褐色，宽度不等，分枝处常缢缩，宽12～14μm。菌核由桶状细胞结集形成，初为白色，后呈暗

蚕豆立枯病病苗

褐色至深褐色，形状不一，常结合成块，直径2～11mm。有性世代*Thanatephorus cucumeris*（Frank）Donk 或 *Pellicularia filamentosa*（Pat.）Rogers.分别属担子菌瓜亡革菌和丝核薄膜革菌真菌。病菌在深褐色菌丝上形成灰色子实层，其内混生担子，担子顶端抽出4个小枝，顶生单个担孢子。担孢子无色透明，卵圆形至椭圆形，大小为8～13μm×4～7μm。

[发病规律] 病菌以菌丝和菌核在土中或在发病组织上随病残体越冬。翌年以菌丝侵入寄主，形成初次侵染，随病土、带菌肥料和浇水传播，引起再侵染。地温10～28℃均可侵染发病，以16～20℃为最适。土壤过干过湿，砂土地或幼苗徒长、温度不适等均有利于发病。长江流域几乎全年都可发病。

[防治方法]

1. 适期播种，春蚕豆适当晚播，秋蚕豆适当早播，使幼苗避开雨季。

2. 进行种子处理，可用种子重量0.3%的45%特克多悬浮剂黏附在种子表面后，再拌少量细土后播种。也可将种子湿润后用干种子重量0.3%的75%卫福可湿性粉剂或40%拌种双可湿性粉剂，或50%利克菌可湿性粉剂或70%土菌消可湿性粉剂拌种。

3. 施用充分腐熟的有机肥，增施过磷酸钙肥或钾肥。加强水肥管理，避免土壤过湿或过干，减少根伤，提高植株抗病力。

4. 发病初期使用药剂防治。可选用30%倍生乳油1 000倍液，或5%井冈霉素水剂1 000倍液，或45%特克多悬浮剂1 000倍液，或50%扑海因可湿性粉剂1 000倍液喷浇茎基部，7～10天1次，视病情防治1～2次。

蚕豆赤斑病
Broadbean chocolate spot

赤斑病是蚕豆的主要病害，分布广泛，蚕豆产区都普遍发生。在北方地区多零星或点片发病，在长江流域对蚕豆生产影响较大，一般发病率20%～30%，重病地块病株可达80%以上，致蚕豆成片死亡，减产可达30%以上。

[症状] 此病主要侵染叶片，重时亦为害茎、花和豆荚。叶片染病，初期在叶两面产生紫红色小点，逐步发展成近圆形至不规则形紫红色坏死斑，进一步发展，病斑中央下陷，色泽褪淡，周缘稍显隆起，病健交界明显。严重时叶片上病斑密布，相互连接致叶片短时期内坏死枯萎。茎和叶柄染病，初出现紫红色小椭圆形或小梭形斑，后发展成边缘红褐色条斑，表皮易破裂翘起或病部形成裂纹。花器染病亦产生很多紫褐色坏死小斑点，逐步发展致花器坏死，严重时花

蚕豆赤斑病病苗

蚕豆赤斑病叶斑

蚕豆赤斑病"假斑"病叶

蚕豆赤斑病病茎

冠亦变褐萎蔫腐烂。豆荚染病，多产生暗褐色、大小不等、近圆形坏死斑，中央明显凹陷，有的品种病斑突出，随病害发展，病菌透过种荚侵入到种子内部，在种皮表面出现小红色斑点。空气潮湿时，病斑表面产生灰黑色霉状物，即病菌的分生孢子梗和分生孢子，有时病茎内还产生黑褐色小颗粒状菌核。

[病原] *Botrytis fabae* Sard.属半知菌蚕豆葡萄孢真菌。病菌分生孢子梗细长，有分隔，大小为300～2 000μm×9～12μm，浅褐色，约在主梗1/3处先端部位开始分枝，分枝末梢略膨大，其上生小梗，簇生分生孢子。分生孢子单细胞，多椭圆形，少数近圆形，色浅，大小为11.8～24.5μm×8.5～23μm。菌核椭圆形，扁平状，黑色，表面粗糙，大小为0.5～1.5mm×0.2～0.7mm。

蚕豆赤斑病初期病荚

[发病规律] 病菌以菌核或菌丝随病残体在土壤中越冬和越夏。条件适宜时产生分生孢子梗和分生孢子，通过气流或雨水传播，引起初侵染。

蚕豆赤斑病微菌核

蚕豆赤斑病后期病荚

温暖潮湿是引起发病的重要条件。温度1～30℃病菌即可侵染，最适宜温度约18～24℃。湿度是决定发病的关键因素，只有环境达饱和湿度或寄主表面具有水滴，病菌孢子才能萌发侵入。蚕豆生长期内多阴雨、空气潮湿，病害发生严重，发展迅速，3～5天即可导致病株死亡。此外，连作地、黏土地、低洼地或排水不良的酸性土壤地块发病较重，植株缺钾也可加重病害。

[防治方法]

1. 选用抗病品种，如通研1号、大青豆比较抗病。

2. 实行2年以上轮作。收获后及时清除病残组织及枯枝落叶，集中烧毁或经高温沤肥。

3. 用种子重量0.3%的50%多霉灵可湿性粉剂或50%敌菌灵可湿性粉剂拌种。

4. 采用高畦深沟方式种植，掌握适当密度，氮、磷、钾肥配合施用，避免田间积水和偏施氮肥。

5. 发病初期进行药剂防治，可选用65%甲霉灵可湿性粉剂600倍液，或40%施加乐悬浮剂800～1 000倍液，或45%特克多悬乳剂800倍液，或50%敌菌灵可湿性粉剂500倍液，或50%溶菌灵可湿性粉剂800倍液喷雾。

蚕豆褐斑病
Broadbean Ascochyta blight

褐斑病为蚕豆的主要病害，分布广泛，发生亦很普遍，一般病株率20%～30%，对产量损失较轻，重时病株亦可达80%以上，短时期内造成植株大片死亡，显著影响产量。

[症状] 此病主要侵害叶，亦侵染茎和荚。叶片染

病初呈红褐色小点，后扩大为近圆形至不规则形斑，中央灰褐色，边缘红褐色，略隆起，其上散生略呈轮纹状排列的黑色小粒点，即病菌的分生孢子器。病重时多个病斑相互汇合成不规则大斑。空气潮湿，病部破裂穿孔，病叶黄化枯死或脱落。茎部染病，多产生梭形坏死斑，中央灰褐色，稍

蚕豆褐斑病前期病斑

蚕豆褐斑病中期病斑

蚕豆褐斑病高湿状态病叶

蚕豆褐斑病轻病种子

蚕豆褐斑病后期病叶

蚕豆褐斑病重病种子

蚕豆褐斑病后期病荚

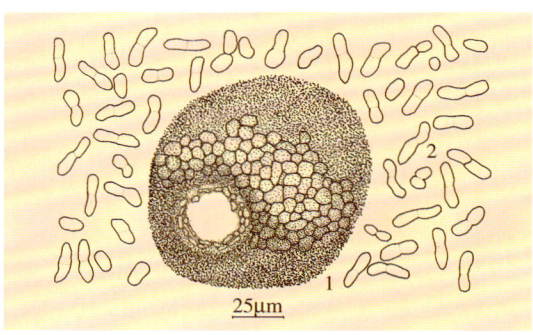

图6-1 蚕豆褐斑病菌
1. 分生孢子器 2. 分生孢子

孢子卵形至圆筒形，直或微弯，多具一个不明显分隔，分隔处多缢缩，大小为6.5～25μm×6～7.8μm（图6-1）。

[发病规律] 病菌以菌丝在种子或病残体内或以分生孢子器在蚕豆上越冬，成为翌年发病的侵染源，病害以分生孢子借风雨传播蔓延，温暖潮湿有利于发病。病菌生长温度8～35℃，适宜温度20～26℃。生长期多雨、多雾或结露较多适宜发病，一般播种未经消毒的种子，或偏施氮肥或土壤阴湿、积水的地块发病较重。

[防治方法]
1. 因地制宜选用较抗病的品种，自留种选用无病豆荚单独脱离。
2. 选用无病种子，或播种前用55℃温水浸种30min，进行种子消毒。

凹陷，边缘红褐色，易折断或枯死。豆荚染病，形成圆形至近圆形斑，中央灰褐至暗褐色，明显凹陷，边缘黑褐色，严重时豆荚皱缩枯萎，病部散生黑色小粒点，病荚内种子瘦小，有时种子表皮上产生褐色至黑褐色斑痕，严重时不能成熟。

[病原] *Ascochyta fabae* Speg.属半知菌蚕豆荚壳二孢真菌。分生孢子器生于基物内，以叶面为多，球形，器壁膜质，直径95～125μm。分生

3. 施足底肥，增施磷肥和钾肥，采用高畦栽培，合理密植。避免田间积水，收获后及时清理病残组织，集中烧毁或高温沤肥。
4. 发病初期进行药剂防治，可选用70%甲基托布津可湿性粉剂600倍液，或50%扑海因可湿性粉剂1200倍液，或70%代森锰锌可湿性粉剂600倍液，或40%多硫悬浮剂500倍液，或50%敌菌灵可湿性粉剂500倍液喷雾，7～10天防治1次，连续防治2～3次。

蚕豆枯萎病
Broadbean Fusarium wilt

枯萎病是蚕豆的主要病害，分布广泛，发生普遍，常与根腐病、茎基腐病等根部病害混合发生，为害十分严重，一般发病率10%～30%，重时达50%以上至全田毁灭，对蚕豆生产影响和威胁极大。

[症状] 此病全生育期均可发生。播种后染病引起烂种。苗期发病，致幼苗枯死。成株染病，在蚕豆开花结荚期叶片褪绿、变黄或出现黄绿色不规则污斑，叶尖或叶缘变黑枯焦，叶片由下向上逐渐萎蔫枯死。随病害发展，茎基变黑、下陷腐坏，病部维管束呈黑褐色，同时根系呈黑褐色坏死，根瘤减少变小，随植株枯死根系完全变黑干腐。病株一般都生长衰弱、矮小，容易拔起，剖茎维管束变色，有时茎部叶片卷曲或干枯脱落，仅留中肋和叶柄。

[病原] *Fusarium oxysporum* Schl.f.sp. *fabae* Yu et Fang属半知菌蚕豆尖镰孢霉真菌。病菌产生两种类型分生孢子，大型分生孢子无色，多具3个隔膜，镰刀形，大小为30～36μm×4～4.5μm。小型分生孢子圆筒形至长椭圆形，无色，单细胞或双细胞，大小为12～18μm×3.8～4μm。厚垣孢子球形，直径为20～70μm。

[发病规律] 病菌以菌丝体及分生孢子在种皮上或在田间随病残体越冬，菌丝体亦可在土壤中腐生。条件适宜时病菌由细根侵入，再进入主根，由维管束向外扩散。病菌生长温度5～33℃，以24～26℃生长最适，分生孢子24～28℃48h即可100%萌发。土壤pH4.5～8.9均对病菌有利，偏酸性土壤适宜发病。病害与土壤湿度关系密切，土壤含水量低于65%时发病严重，土粒越干燥病情越重。此外，土壤贫瘠、偏施氮肥，或地下害虫活动频繁均可加重病情。田间以结荚之前发病较多见，现蕾至结荚期为盛发期。

[防治方法]

1.进行种子消毒，播前可用56℃温水浸种5～10min，或用50%多菌灵可湿性粉剂500倍液与0.15%

盐酸混合液浸种12h，或用0.1%的60%防霉宝（多菌灵盐酸盐）超微粉1000倍液与0.1%平平加混合液浸种1h后，洗净催芽播种。

2.实行3年以上轮作，选择土壤含水量高于70%的田块种植。

3.增施充分腐熟的有机肥，及时浇水，减少伤根，避免偏施氮肥。

4.发病初期进行药剂防治，可选用50%多菌灵可湿性粉剂500倍液，或50%复方硫菌灵可湿性粉剂600倍液，或10%双效灵水剂1500倍液，或65%多果定可湿性粉剂1000倍液，或25%敌力脱乳油2000倍液，或45%特克多悬浮剂1000倍液，或30%土菌消水剂800倍液，或95%敌克松可湿性粉剂800倍液浇灌豆田，7天左右1次，连续浇灌1～2次。

蚕豆枯萎病病株

蚕豆枯萎病病株局部放大

蚕豆根腐、茎基腐病

Broadbean Fusarium rhizome rot

根腐和茎基腐病亦是蚕豆的重要病害，发生普遍，为害仅次于枯萎病，并常和枯萎病混合发生，一般病株率5%～15%，少数地区重时发病率可达50%以上，对蚕豆生产影响很大。

[症状] 根腐病即表现较典型根腐症状，主根和侧根均变黑腐坏干缩，皮层易脱离，病根表面无任何霉层，极易拔起。地上部分叶色褪绿变成污黄色，在叶尖或叶缘出现不规则黑色枯斑，进一步发展，整片叶变黑枯死，最后全株萎蔫枯死。茎基腐病则根茎变下陷腐坏，可向上下发展，维管束变黑仅发展至茎基部上端稍高部位，根茎表面常产生粉红色霉层，叶尖、叶缘和叶面亦产生不规则黑色坏死斑，叶色至下向上变黄，顶芽枯萎。有时根部亦变黑腐坏，植株矮小、萎蔫。

[病原] 根腐病主要由*Fusarium solani*（Mart.）App. et Wollenw.

f.sp. *fabae* Yu et C.T. Fang即半知菌蚕豆腐皮镰孢霉真菌所致。病菌大型分生孢子稍弯，纺锤形，具0～6个隔膜，多为3个，大小为34.8μm×5.2μm。小型分生孢子着生在帚状分枝的分生孢子梗上，分生孢子卵形至圆筒形，单胞，大小为6.6μm×2.1μm。厚垣孢子顶生或间生，球形至椭圆形，多为单细胞，大小为10.6μm×10μm，个别具1～2个分隔，单生，有时连成短杆状，表面光滑。茎基腐病主要由*F. avenaceum*（Fr.）Sacc.和*F. avenaceum*（Fr.）Sacc. var. *fabae*（Yu）Yamamoto即燕麦镰孢和蚕豆镰孢真菌所致。两种病菌形态相近，菌丝白色或带洋红色，棉絮状，大型分生孢子弯梭形、蠕虫形至丝状，顶端细胞稍窄，略尖，弯曲度很大，具0～12个分隔，多5个，大小为46.7～67μm×3.5～4.2μm。小型分生孢子偶尔产生或不产生，0～1个分隔。不产生厚垣孢子，菌

蚕豆根腐、茎基腐病病株

蚕豆根腐、茎基腐病病根茎

核深蓝色，大小为 0.2～2.5μm（图 6-2）。

[发病规律] 病菌以菌丝体和厚垣孢子随病残体或有机质在土壤表层越冬，也可以菌丝潜伏于种皮中随种子传播。条件适宜时病菌经胚根根毛及茎基部伤口侵入，也可从幼嫩组织直接侵入，在寄主细胞间隙蔓延扩展。湿度高时病部产生大量分生孢子，借浇水、降雨及昆虫传播，引起再侵染。发病程度与土壤含水量有关，整地不平、田间积水或苗期浇水过早、水层过深，或遇连阴雨，病害发生严重。此外，土壤碱潮、多年连作发病较重。

[防治方法]

1. 轮作换茬，选择禾本科、百合科、十字花科作物进行轮作。

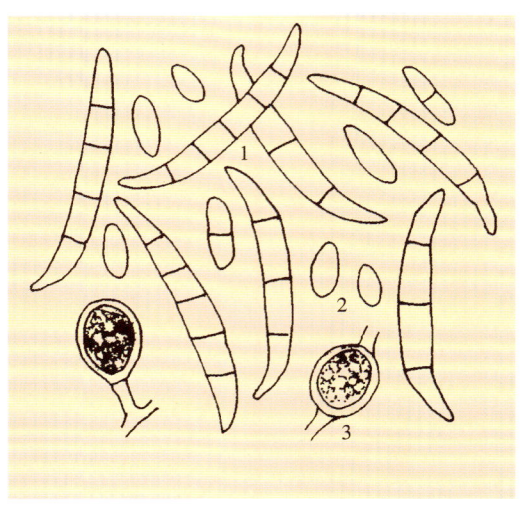

图 6-2 蚕豆根腐、茎基腐病菌
1. 大型分生孢子 2. 小型分生孢子 3. 厚垣孢子

2. 选择高燥、排灌条件好的田地种植，精细整地，施用充分腐熟的有机肥，增施磷、钾肥，防治好地下害虫。蚕豆生长期加强管理，及时浇水、施肥，避免土壤过干过湿和缺肥，禁止使用未腐熟病株沤肥还田。

3. 播种前进行种子处理和发病初期进行药剂防治，参见枯萎病防治。

蚕豆锈病
Broadbean rust

锈病是蚕豆的重要病害，分布广泛，蚕豆产区都有发生，长江流域发病普遍，对蚕豆生产有明显影响，可减产 10%～30%。北方地区仅零星点片发生，对产量有轻度影响。

[症状] 此病为害叶和茎，主要为害叶片。初期在叶两面产生淡黄色小点，逐渐变成橘红色隆起小斑点，大小为 0.5～1.5mm，即病菌的夏孢子堆，外围浅黄色，病斑破裂散出橙红色粉末状复孢子，以后随病害发展产生许多新的夏孢子堆。生长后期病斑逐渐转变成深褐色椭圆形至不规则形疱斑，即病菌冬孢子堆，表皮破裂向外翻卷，散放出黑色粉末状冬孢子。病害严重时叶片病斑密布，叶两面积满橘红色或黑褐色粉末，病叶提早枯死。茎部染病亦形成近椭圆形至不规则形斑，早期橘红色，后期黑褐色，破裂后亦散出粉末状夏孢子和冬孢子。

[病原] *Uromyces fabae* (Pers.) de Bary 属担子菌蚕豆单胞锈菌真菌。病菌单主

蚕豆锈病前期病斑

蚕豆锈病中期病斑

寄生，夏孢子堆生于叶两面、叶柄和茎上，初埋生，后突破表皮，橘红色，夏孢子浅红褐色，有刺，球形至椭圆形，大小为18.5～25μm×20～32μm，壁厚1.5～2.5μm，有3～5个芽孔。冬孢子堆亦生于叶两面和叶柄及茎秆上，早期裸露或后期裂出，黑褐色。冬孢子近椭圆形，顶端圆或平，大小为28～40μm×18～25μm（图6-3）。

[发病规律] 病菌以冬孢子或夏孢子附着在病残体上越冬。南方以夏孢子越冬，进行初侵染和重复侵染。北方主要以冬孢子越冬，条件适宜时产生担子及担孢子，成熟后借气流传播，形成初侵染，随后在病部产生性子器及性孢子和锈孢子腔与锈孢子，再产生夏孢子堆。在田间夏孢子借气流传播形成再侵染，秋季形成冬孢子堆和冬孢子越冬。温暖潮湿适宜发病，气温14～24℃适于孢子萌发和侵染，病害发展迅速。气温20～25℃，若连续降雨，病害极易流行。多数地区，此病在开春雨季后即普遍发生或流行。所以，蚕豆生长期阴雨较多，或多雾、多露，此病均发生严重。此外，黏重土、低洼地、植株茂密、排水不良或偏施氮肥的地块发病较重。品种间抗病性略有差异，生育期较短的早熟品种发病稍轻。

[防治方法]

1. 收获后及时清洁田园，病残体集中烧毁或经高温堆肥，减少越冬病菌。

2. 因地制宜选用较早熟的抗病品种，轮作换茬，最好实行与非豆科作物轮作。

3. 适期播种，合理密植，促使蚕豆早收早熟，避开病害盛发期。修好田间排水沟，避免田间积水。生长中后期及时打掉中下部老黄叶，改善田间通透条件。

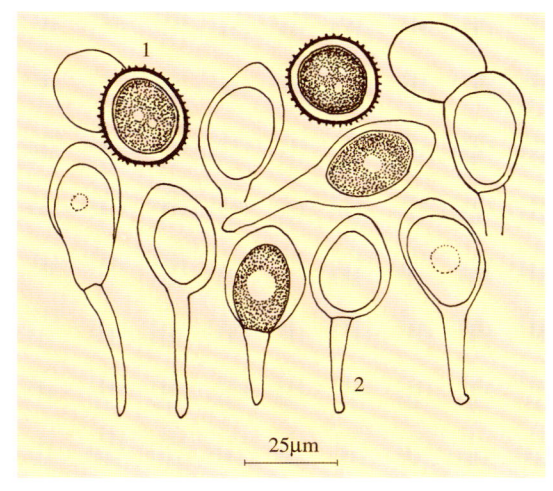

图6-3 蚕豆锈病病菌
1. 夏孢子 2. 冬孢子

4. 发病初期进行药剂防治，可选用25%敌力脱乳油4 000倍液，或30%特富灵可湿性粉剂4 000倍液，或30%百科乳油2 500倍液，或6%乐必耕可湿性粉剂2 500倍液，或43%菌力克悬浮剂6 000～8 000倍液，或40%福星乳油6 000～8 000倍液，或15%粉锈宁可湿性粉剂1 500倍液喷雾，7～10天防治1次，连续防治2～3次。

蚕豆轮纹病
Broadbean zonate spot

轮纹病为蚕豆的常见病，分布较广泛，种植地区都有发生，一般病株率10%～20%，重病地块达30%～60%，明显影响蚕豆生产，降低产量和品质。

[症状] 此病主要为害叶片，偶尔为害茎。叶片染病从积水的部位开始侵染，初期叶尖或叶缘发病较多，最早产生近圆形或V字形红褐色小斑，以后扩大呈灰褐色，周缘红褐色，病健部分界明显。随病害发展转变成颜色深浅相间的大型轮纹斑，近圆形或V字形，田间湿度高时，病斑正背面生出灰黑色霉层，即病菌的分生孢子梗和分生孢子。发病后期病斑常腐烂穿孔，终致叶片坏死、腐烂或脱落。茎部染病，多形成灰黑色长梭形斑，后期易从病部扭折。

[病原] *Cercospora zonata* Wint.属半知菌蚕豆轮纹尾孢霉真菌。病菌子实层叶两面生，子座由少数褐色细胞构成，深褐色。分生孢子梗密束生出，有时成束状孢子梗，褐色，由下向上渐淡，渐细，不分枝，偶有分隔，有时有屈曲，顶端圆或亚平切状，10～80μm×3～5μm。分生孢子无色，圆筒形至倒棍棒状，3～9个隔膜，直或略弯，

蚕豆轮纹病基部病叶

蚕豆轮纹病中期病株

蚕豆轮纹病后期病株

基端亚平切状至长倒圆锥形，顶端圆锥形，40～125μm×2.5～4.5μm。

[发病规律] 病菌以分生孢子座随病叶遗落在土内越冬，次年条件适宜时产生分生孢子，借风雨传播引起初次侵染。随后在病部产生大量分生孢子，引起再侵染。温度12～14℃，相对湿度90%以上时利于病菌侵染。春季多雨，病害发生普遍，土壤黏重、排水不良，或植株生长衰弱、缺少钾肥等发病严重。

[防治方法]

1. 清洁田园，收获后深翻灭茬，减少越冬病菌。

2. 因地制宜选用抗病品种，掌握合理的种植密度，合理施肥，注意增施钾肥。多雨季节及时排除田间积水，生长中后期打掉中下部病叶和衰老黄叶，改善田间小气候，降低空气湿度。

3. 发病初期进行药剂防治，可选用70%甲基托布津可湿性粉剂600倍液，或50%敌菌灵可湿性粉剂500倍液，或50%农利灵可湿性粉剂1 000倍液，或6%乐必耕可湿性粉剂1 500倍液，或70%代森锰锌可湿性粉剂500倍液，或40%百科乳油2 000倍液，或45%特克多悬浮剂1 500倍液喷雾，7～10天1次，视病情防治1～3次。

蚕豆黑斑病
Broadbean Alternaria leafspot

黑斑病是蚕豆的普通病害，分布较广，蚕豆主产区均有零星发病，一般病株10%～20%，严重地块可达40%～60%甚至更高，可造成植株全部叶片枯死，对蚕豆产量有明显影响。此病还可侵害多种其他豆科作物。

[症状] 此病主要为害叶片，多从叶尖或叶缘开始侵染，偶从叶面开始侵染。初形成V字形或半椭圆形褐色坏死小斑，或近圆形斑，迅速向外围发展成不规则形大斑，灰褐至黑褐色，有时显现不太明显的轮纹。空气潮湿，病斑两面产生黑色绒状霉层，即病菌的分生孢子梗和分生孢子，病叶随病害发展而腐烂。空气干燥，病叶干枯扭卷，短时间内染病枝叶枯死或叶片脱落。

蚕豆黑斑病前期病斑

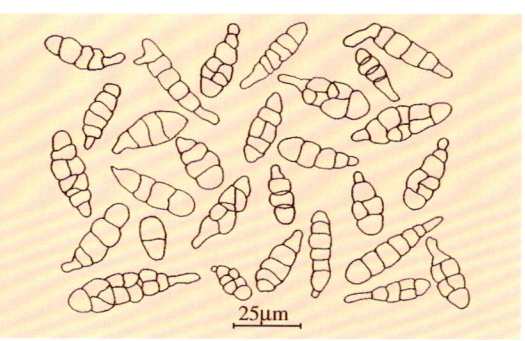

图6-4 蚕豆黑斑病菌分生孢子

蚕豆黑斑病病株

蚕豆黑斑病中后期病叶

[病原] *Alternaria azukiae* Hara属半知菌小豆交链孢霉真菌。病菌子实层叶两面生，暗褐色，分生孢子梗束生，放射状排列，大小为20～66μm×4～4.4μm。分生孢子陀螺形或倒棍棒形，有3～7个横隔膜，0～2个纵隔膜，分隔处常缢缩，暗褐色，有短喙，大小为18.8～50μm×8～13.2μm（图6-4）。

[发病规律] 病菌以菌丝体和分生孢子丛在病部或随病残体遗落在土壤内越冬，南方可在寄主上为害过冬。条件适宜时病菌分生孢子通过气流或雨水等进行传播，引起初侵染，生长期发病组织产生大量分生孢子进行多次重复侵染。温暖潮湿适宜发病。蚕豆生长期多阴雨和伴微风，有利于病害发生和蔓延。植株生长茂密或生长衰弱也有利于发病。

[防治方法]

1. 收获后及时清除病残植株，集中烧毁或经高温沤肥，减少病菌。

2. 施足底肥，增施磷、钾肥，合理密植，生长期避免脱肥和田间积水，中后期适当打掉中下部老黄叶，改善田间通透条件，降低空气湿度。

3. 发病初期进行药剂防治，可选用50%敌菌灵可湿性粉剂500倍液，或65%多果定可湿性粉剂1 000倍液，或47%加瑞农可湿性粉剂800倍液，或50%农利灵可湿性粉剂1 200倍液，或50%扑海因可湿性粉剂1 200倍液，或2%农抗120水剂200倍液喷雾，10～15天防治1次，共防治1～3次。

蚕豆炭疽病
Broadbean anthracnose

炭疽病是蚕豆的普通病害，分布较广，多零星发生，病株率5%～13%，对产量无明显影响，重病地块可达20%左右，造成一定程度的产量损失。此病还可侵染多种其他豆科作物。

[症状] 此病主要为害叶片和豆荚，偶尔为害茎。叶片染病初形成红褐色小点，逐步发展形成近圆形病斑，灰褐至红褐色，边缘颜色较深，直径3～7mm，后期病斑上产生黑色小点，即病菌的分生孢子盘。空气潮湿，病斑破裂穿孔。茎和叶柄染病，形成近梭形斑，下陷龟裂，后呈锈褐色条斑。豆荚染病，初形成黑色坏死疮痂状病斑，近圆形，边缘隆起，中央凹陷，以后发展成黑色干缩凹陷斑，湿度高时，病斑上产生红色黏稠物和黑色小点，即病菌的分生孢子盘。病菌穿透豆荚，使种子染病，在种子表面形成黄褐至红褐色凹陷病斑，外缘颜色由深变淡，有时病部产生白色菌丝或粉红色霉状物，即病菌的子实体。

[病原] *Colletotrichum lindemuthianum*（Sacc. et Magn.）Br.et Cav.属半知菌豆刺盘孢真菌。病菌分生孢子盘黑色，埋生于寄主表皮下，后突破表皮外露，圆形或近圆形。盘上散生黑色刺状刚毛，暗褐色，基部色深，有分隔，大小为23～58μm×3.5～5μm。分生孢子梗短小，单胞，无色，密集生长在分生孢子盘上。分生孢子椭圆形或短圆柱形，单胞，无色，两端较圆，或一端稍尖，孢子内常含有1～2个半透明油球，大小为5.5～11.5μm×1.5～3μm（图6-5）。

[发病规律] 病菌主要以菌丝潜伏在种子内或附着在种皮上越冬，随种子传播引起幼苗发病。也可以菌丝体

随病残体越冬。条件适宜时产生分生孢子，通过雨水飞溅进行初侵染。生长期分生孢子借雨水、气流和昆虫传播，形成重复侵染。病菌生长温度6～30℃，适宜温度21～23℃，45℃10min即致死。高湿有利于发病，饱和湿度最适宜发病。蚕豆生长期多雨、多雾，夜间冷凉，结露时间长或种植过密，土壤黏重，阴湿等发病严重。

蚕豆炭疽病病叶

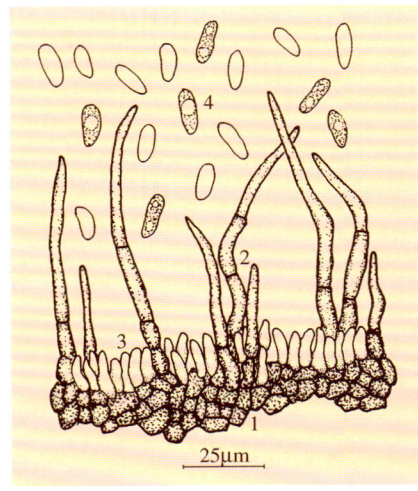

图6-5 蚕豆炭疽病菌
1.分生孢子盘 2.刚毛 3.分生孢子梗
4.分生孢子

蚕豆炭疽病病荚

[防治方法]

1. 收获后认真清除病残落叶及残体，集中妥善处理，减少越冬病菌。

2. 实行与非豆科作物2年以上轮作。

3. 无病种荚上留种和进行种子处理，可选用种子重量0.4%的25%炭特灵可湿性粉剂，或0.3%的25%施保克可湿性粉剂拌种，或用60%防霉宝超微可湿性粉剂600倍液浸种30min后洗净晒干播种。

4. 发病初期进行药剂防治，可选用40%多硫悬浮剂400倍液，或25%施保克可湿性粉剂1 200倍液，或10%世高水分散粒剂6 000倍液，或25%炭特灵可湿性粉剂600倍液，或40%百科乳油2 000倍液，或30%倍生乳油2 000倍液，或2%加收米水剂800倍液，或6%乐必耕可湿性粉剂1 500倍液，或25%敌力脱乳油1 000倍液，或50%敌菌灵可湿性粉剂400倍液，或5%田安水剂500倍液，或70%甲基托布津可湿性粉剂600倍液喷雾，7～10天防治1次，连续防治2～3次。

蚕豆荚腐病前期病荚

蚕豆荚腐病中期病荚

蚕豆荚腐病后期病荚

蚕豆荚腐病
Broadbean Fusarium pod rot

荚腐病为蚕豆的普通病害，主要发生在南方蚕豆产区，一般病株率8%～15%，对产量影响较小。严重时病株可达20%以上，造成部分豆荚腐烂。

[症状] 此病主要为害豆荚，有时也为害茎秆。田间发病多为中下部豆荚受害，初期在豆荚表面产生水渍状暗褐色小点，逐渐变成不规则坏死斑，以后在病部长出白色至粉红色霉层，即病菌的分生孢子，最后豆荚腐烂干缩，病荚内种子和荚壳间亦充满白色至粉红色霉状物，种子表面呈现红褐至污红色不规则坏死斑，外围常带有云纹状模糊晕环，有时病斑表面亦产生白色菌丝和粉红色霉状物。染病种荚子粒停止生长，或不结粒，严重时子粒腐烂。茎部染病，多形成暗褐色不规则坏死斑，干腐，最后表面长出白色菌丝和粉红色霉状物。

[病原] *Fusarium* sp.属半知菌镰孢霉真菌。病菌分生孢子镰刀形，有隔，多细胞，浅粉红色。有时还产生卵圆形至长圆形小型分生孢子，单胞，无色。

[发病规律] 病原菌以分生孢子在土壤或病组织中越冬。蚕豆生长中后期分生孢子借雨水冲刷飞溅引起初侵染，在适宜条件下由病部产生分生孢子形成再侵染。温暖潮湿适宜发病。蚕豆生长期雨水较多，或时晴时雨、土壤积水，或植株生长茂密等有利于发病。

[防治方法]

1. 选用无病种子或进行种子处理，方法参见枯萎病的防治。

2. 掌握合适的种植密度，提倡高垄或高畦种植。生长期及时疏沟排水，尤其是雨后避免田间积水，降低田间湿度。

3. 发病期间，打掉中下部老黄叶和及时摘除病荚带到田外妥善处理。

4. 发病初期喷洒药剂，控制病害进一步扩展蔓延。参见蚕豆枯萎病。

蚕豆灰霉病
Broadbean gray mold

灰霉病是蚕豆的普通病害，局部分布，仅在南方露地零星发生。通常对生产无明显影响。

[症状] 此病多从下部叶片开始侵染，由下向上发展，在叶片上形成半圆形或V字形大斑，病斑边缘暗褐色，中央红褐色至灰褐色。随病害发展致叶片萎蔫坏死，最后腐烂。空气潮湿，在病斑表面产生灰色霉层，即病菌的分生孢子梗和分生孢子。

[病原] *Botrytis cinerea* Pers.属半知菌灰葡萄孢霉真菌。详见结球莴苣灰霉病。

[发病规律] 病菌以菌核或分生孢子在病残体或土壤表层内越

冬。通过气流传播或通过未腐熟堆肥传播。蚕豆生长期温暖潮湿,雨水较多易于发病。

[防治方法] 一般无需防治,必要时参见蚕豆赤斑病。

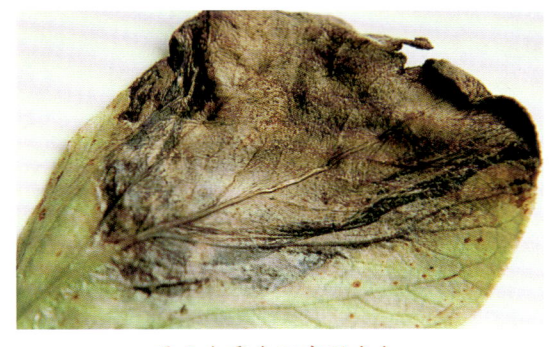

蚕豆灰霉病V字形病斑

蚕豆灰霉病后期病叶

蚕豆细菌性疫病
Broadbean bacterial blight

细菌性疫病为蚕豆的普通病害。主要发生在我国南方,长江流域雨后较常见,一般病株率10%~20%,个别达30%以上,对蚕豆生产有一定影响。此病可侵染多种蔬菜作物,是一个值得注意的病害。

[症状] 此病主要为害叶片,严重时亦为害茎和豆荚。叶片染病多从中下部叶开始,沿叶缘或叶尖向里变黑坏死,呈V字形或波浪形坏死,逐渐发展形成不规则黑色至暗褐色坏死斑,很快整个叶片坏死扭卷,最后腐烂。有时,叶缘形成一暗褐色坏死环,使叶片向下翻卷,呈勺状。茎和叶柄染病,多形成不规则形黑色条斑,有时形成黑色枯斑,下陷,终致植株枯死。豆荚染病,初期荚壳的内部组织呈水渍状坏死,逐渐腐烂变黑,最后荚壳外表皮亦坏死变黑。染病豆粒,表面多形成

蚕豆细菌性疫病再侵染病荚

蚕豆细菌性疫病病株

蚕豆细菌性疫病系统侵染病荚

黄褐至红褐色斑点,中央色稍深,外围常具有较模糊晕环。

[病原] *Pseudomonas syringae* pv. *syringae* van Hall.属假单胞杆菌属丁香假单胞菌丁香致病变种细菌。菌体杆状,大小为1.2~1.6μm×0.6~0.7μm,单生、双生或成短链,有荚膜,无芽孢,极生1~4根鞭毛,革兰氏染色阴性。接种在KB平板培养基上27℃培养3天,菌落圆形、凸起、光滑、乳白色,直径2~3.5mm,培养7天菌落多呈圆形或稍扁平,中央凸起,边缘呈细毛状,直径4~5.5μm,可产生水溶性黄绿色荧光,能氧化葡萄糖,但不能发酵,接触酶呈阴性。

[发病规律] 病菌随种子及病残体越冬,借风雨、浇水和施肥传播。生长温度4~41℃,最适温度25~28℃,48~49℃10min即致死。蚕豆生长期连续阴雨或降雨次数多,病害即发生并迅速蔓延。品种间抗性略有差异。

[防治方法]

1. 收获后彻底清除病残组织及残体,集中销毁,并深翻晒土晾地,减少越冬病菌。

2. 选用较抗病品种,采无病株留种。播前进行种子处理,可选用1%盐酸浸种8~12 h,或1%次氯酸钠浸种30min,洗净晾干后催芽。也可用

蚕豆细菌性疫病病荚解剖

蚕豆细菌性疫病中期病荚内种子

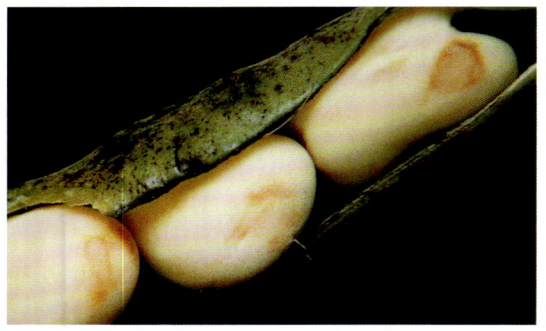

蚕豆细菌性疫病前期病荚内种子

蚕豆细菌性疫病重病荚内种子

55℃温水浸种30min后催芽播种。

3.发病初期药剂防治，可选用47%加瑞农可湿性粉剂800倍液，或77%可杀得可湿性粉剂500倍液，或50%福美双可湿性粉剂500倍液，或25%噻枯唑可湿性粉剂800倍液，或25%二噻农＋碱性氯化铜水剂500倍液，或新植霉素、农用链霉素5 000倍液喷雾，7～10天防治1次，视病情连续防治2～3次。

2. 菜用大豆病害　Diseases of soybean

菜用大豆花叶病
Soybean mosaic virus disease

花叶病为菜用大豆的主要病害，分布广泛，发生普遍，通常发病率5%～10%，严重时可达20%以上，明显影响菜用大豆的产量和品质。

[症状] 此病常因品种、温度和染病早晚表现出症状差异。苗期染病，低温时表现明脉，温度较高时出现皱缩、卷曲，以后萎黄坏死。成株染病，叶上出现浓淡相间的花叶症状，或表现皱缩下卷、畸形。幼嫩叶片受害严重，症状明显，有时可产生褐色坏死斑。病株豆荚缩短，茸毛较少，扁平，扭曲。重病株不结实，或结实后种子表面出现褐色斑纹。早染病植株，节间和叶柄缩短，植株明显矮化。

[病原] Soybean mosaic virus（SMV）即大豆花叶病毒侵染所致。病毒颗粒线条形，大小为650～700nm×15～18nm，钝化温度55～60℃，稀释限点1 000倍，体外存活期3～4天。血清反应和交互保护试验表明：该病毒与普通豆类花叶病毒及豆类黄化花

菜用大豆花叶病花叶病株

菜用大豆花叶病皱缩病叶

叶病毒很相近。

[发病规律]
大豆花叶病毒主要在种子内越冬。种子带毒率高低与植株发病早晚和品种抗病性有关,通常开花前发病和感病品种所产种子带毒率较高。在田间主要通过大豆蚜、桃蚜、蚕豆蚜、苜蓿蚜和瓜蚜传播,生长期也可通过汁液接触传播。气候条件对病害流行和症状表现影响很大,天气干旱、蚜虫数量多,活动频繁,病害发生严重甚至流

菜用大豆花叶病坏死病斑

菜用大豆花叶病中脉坏死叶背症状

菜用大豆花叶病中脉坏死叶面症状

行。气温18℃左右,植株皱缩最严重,30℃以上高温则症状隐蔽。

[防治方法]

1. 选用抗、耐病品种,如新六青、鄂豆5号、州豆30、矮脚早、吉林3号、铁丰18号等。

2. 实行无病留种,及时拔除田间病株,精选无褐斑豆粒作种。

3. 加强管理,适期施肥、浇水,尤其注意及时防蚜,减轻发病。

4. 必要时在发病初期喷施药液控制病害。参见蚕豆萎蔫病毒病。

菜用大豆花叶病病株

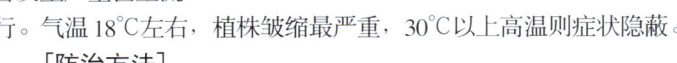

菜用大豆立枯病病株

菜用大豆立枯病
Soybean Rhizoctonia wilt

立枯病为菜用大豆的重要病害,分布较广,发生亦较普遍,部分地区发病严重。一般发病率8%～15%,重病地块病株可达80%以上,常造成大片死苗,显著影响生产。

[症状] 此病多在苗期或幼株期发生。被害幼苗和幼株主根和靠地面茎基部形成红褐色略凹陷病斑,然后包围全部根茎,使病部变褐,局部缢缩,皮层开裂呈溃疡状。随病情发展幼苗或幼株生长缓慢,叶片变黄,最后萎蔫枯死,有时倒折。

[病原] *Rhizoctonia solani* Kühn 属半知菌立枯丝核菌。病菌菌丝初无色,以后呈褐色,宽6～8μm,分枝与母枝成直角,分枝处缢缩,附近产生一隔膜。后期部分菌丝细胞逐渐膨大呈

酒坛状，互相纠结形成菌核。菌核形状不规则，褐色，直径1～3μm。

[发病规律] 病菌以休眠菌丝和菌核在土中残存，其寄主范围很广，广泛存在于土壤中，也可在土中营腐生生活。病菌生长最适温度为25～29℃，但常在15～22℃造成严重为害。豆苗或幼株生长期低温多雨，土壤湿度高或地势低洼，排水不良，土壤黏重不利于幼苗生长，病害发生严重。

防治方法参见蚕豆立枯病。

菜用大豆霜霉病
Soybean downy mildew

霜霉病为菜用大豆的重要病害，分布广泛，北方地区发生普遍，一般病株率10%～30%，重病地块或多雨年份发病率可达60%以上，明显影响菜用大豆的产量和品质。

[症状] 此病全生育期都可发生，可侵害叶片、豆荚和子粒。种子带菌即引起幼苗发病，在第一片真叶展开后沿叶脉两侧出现褪绿斑块，逐渐扩大变黄坏死，空气潮湿叶背产生灰白至灰紫色霉层，即病菌的孢子囊梗和孢子囊，最后病叶坏死干枯。成株期染病，初期在叶正面出现圆形至不规则形边缘不明显的褪绿斑点，后变成黄色至褐色病斑，随病害发展，病斑背面亦产生灰白至灰紫色霉层，发病后期病斑汇合成大的斑块，以后病叶坏死干枯。豆荚染病，一般症状不明显，仅在染病子粒表面或荚壳内表面黏附灰白色菌丝层，内含大量病菌卵孢子。

[病原] *Peronospora manschurica*（Naum.）Syd. 属鞭毛菌东北霜霉真菌。病菌孢子囊自气孔伸出，单生或丛生，无色，呈树枝状，上端呈叉状分枝3～5次，小枝呈锐角或直角，顶端尖锐，生一个孢子囊，大小为212.5～407.5μm×5～7.5μm。孢子囊椭圆形至球形，无色，单胞，表面光滑，大小为22.5～32.5μm×14.5～22.5μm。卵孢子近球形，黄褐色，30～50μm。藏卵器不正形（图6-6）。

菜用大豆霜霉病叶面病斑

菜用大豆霜霉病叶背病斑

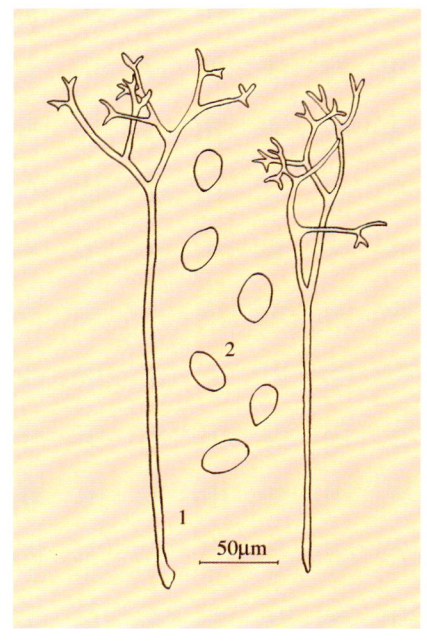
图6-6 菜用大豆霜霉病菌
1. 孢囊梗 2. 孢子囊

[发病规律] 病菌以卵孢子在种子上和随病残体越冬。翌年条件适宜时卵孢子萌发产生游动孢子形成初侵染，发病后产生大量孢子囊借风雨传播进行再侵染。孢子囊的形成温度为10～30℃，气温20～22℃和高湿条件适宜发病。通常叶龄高感病，随叶龄增长抗性增强，病斑数量增多，病斑减小。品种间存在着抗性差异。

[防治方法]

1. 选用抗病品种，目前州豆30、鄂豆5号等较抗病。

2. 重病地块实行3年以上轮作，合理密植，增施磷、钾肥。

3. 选用无病种子或进行种子处理，可选用种子重量0.4%的72%霜脲·锰锌可湿性粉剂拌种，兼防细菌性病害可选用种子重量0.4%的47%加瑞农可湿性粉剂拌种。

4. 收获后彻底清除田间病株残体，并及时耕翻土壤。

5. 必要时进行药剂防治，可选用69%安克·锰锌可湿性粉剂600～800倍液，或72%克露可湿性粉剂600～800倍液，或72.2%普力克水剂600倍液，或50%溶菌灵可湿性粉剂600～800倍液喷雾，施药时应尽量把药液喷洒到叶片背面。

　　紫斑病为菜用大豆的常见病，分布广泛，发生普遍，所有种植菜用大豆的地区都有发生，南方菜区发病较重，显著影响产品质量。

　　[症状] 此病主要为害豆粒和豆荚，也侵染茎秆和叶片。染病种子常在脐部附近种皮上产生浅紫色至暗紫色病斑，严重时种皮大部至全部变紫，表面粗糙并龟裂，有时干缩。豆荚上病斑圆形至不规则形，灰黑色，干后黑褐色，边缘不明显，上生紫黑色霉状物。病种子长出的病苗，子叶上产生紫褐色不规则形病斑，常皱缩。叶上病斑多圆形或多角形，主要沿中脉或侧脉两侧发生，红褐至紫褐色，条件适宜时多个病斑相互连接成不规则形大斑，病斑两面生出紫黑色霉状物，即病菌的分生孢子梗和分生孢子。茎上病斑红褐至紫褐色，梭形，上生微小黑点，即病菌子实体。

　　[病原] *Cercospora kikuchii*（Matsum et Tomoy）Chupp 属半知菌大豆紫斑尾孢霉真菌。病菌子实体生于寄主叶、茎、荚和种子表面，子座小，褐色。分生孢子梗束生，褐色，顶端色淡，多隔膜，孢痕明显，0～3个膝状节，大小为83.5～236.5μm×4～6μm。分生孢子鞭形，无色，直或微弯，基部截形，顶端略尖，隔膜多个，大小为138.9～388.9μm×3.5～6μm（图6-7）。

　　[发病规律] 病菌以菌丝体或子座随种子及病残体越冬。翌年种子发芽时病菌侵入子叶，以后

菜用大豆紫斑病前期病叶

菜用大豆紫斑病中后期病叶

菜用大豆紫斑病后期病叶

菜用大豆紫斑病中期病荚

菜用大豆紫斑病后期病荚

菜用大豆紫斑病病种子

菜用大豆紫斑病重病种子

菜用大豆紫斑病病茎

病苗或病叶上产生分生孢子随气流或雨水传播到豆荚和豆粒及其他叶片上进行重复侵染。菌丝生长和分生孢子萌发适宜温度为28℃，产孢适宜温度为23～27℃。结荚期高温多雨有利于发病。种植过密、通风不良发病较重。品种间抗病性存在差异。

[防治方法]

1. 选用抗耐病品种，一般抗病毒病的品种也较抗紫斑病。

2. 严格精选种子，并进行种子处理，可选用种子重量0.3%的50%福美双可湿性粉剂，或50%敌菌灵可湿性粉剂拌种。

3. 实行轮作，合理密植，氮、磷、钾肥配合施用，生长期注意清沟排水。收获后及早清除病株残体，并深翻土地。

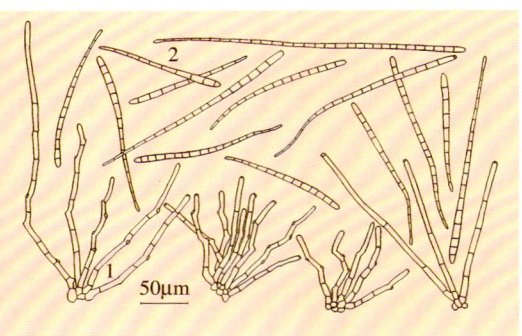

图6-7　菜用大豆紫斑病菌
1. 分生孢子梗　2. 分生孢子

4. 开花至结荚期进行药剂防治可减轻发病。可选用50%敌菌灵可湿性粉剂500倍液，或80%大生可湿性粉剂800倍液，或70%甲基托布津可湿性粉剂600倍液，或6%乐必耕可湿性粉剂1 200倍液喷雾，重点保护豆荚。

菜用大豆A. brassicae引起的黑斑病病叶

菜用大豆黑斑病
Soybean Alternaria leafspot

黑斑病为菜用大豆的常见病，全国分布，多发生在生长后期，对生产无明显影响，严重时可使部分叶片干枯坏死，轻度影响产量和品质，我国菜用大豆黑斑病有以下三种。

[症状] 由*Alternaria brassicae*引起的黑斑病，主要为害叶片，也侵染豆荚。叶上病斑圆形至椭圆形，黄褐至褐色，具同心轮纹，上生黑色霉层，即病菌的分生孢子梗和分生孢子。通常一个叶片上散生数个至十几个病斑。荚上病斑圆形至不规则形，黑褐色，后期密生黑色霉层，常因荚皮破裂侵染豆粒。

由*A. fasciulata*引起的黑斑病，主要为害叶片，也侵染豆荚。叶片病斑不规则，黄褐色，通常较大或多个病斑汇合形成块状病斑，上生黑色霉层，即病菌的分生孢子梗和分生孢子。荚上病斑圆形至不规则形，黑褐色，亦密生黑色霉层，豆荚破裂后侵染豆粒。

由*A. alternata*引起的黑斑病，主要为害叶片，也侵

菜用大豆A. brassicae引起的黑斑病病斑

菜用大豆A. fasciulata引起的黑斑病病叶

染豆荚。叶片染病，病斑圆形至不规则形，中央红褐色，边缘暗褐色，稍隆起，常在叶脉间扩展分布，病斑扩大后易破裂，病叶后期常翻卷干枯，表面密生黑色霉层，即病菌的分生孢子梗和分生孢子。豆荚上病斑圆形至不规则形，密生黑色霉层。

[病原] *Alternaria brassicae* (Berk.) Sacc.var. *phaseoli* Brun.属半知菌大孢芸薹交链孢霉真菌。病菌分生孢子梗单生或2～3根丛生，基部细胞膨大，不分枝，多数正直，具1～4个隔膜，淡榄褐色，顶端色淡，大小为20～50μm×4～6μm。分生孢子单生，倒棍棒形，榄褐色，喙细胞稍长，不分枝，淡色，孢身具4～8个横隔膜，0～10个纵隔膜，分隔处略缢缩，大小为27.5～48.5μm×11～15μm。喙细胞0～1个隔膜，大小为5～27.5μm×3～5μm（图6-8）。

A. fasciulata (Cke. et Ell.) Jones et Grout. (*A. tenuis* Nees) 属半知菌簇生交链孢霉真菌。病菌分生孢子梗多3～6根丛生，少数单生，基部细胞稍膨大，有分枝，正直或有1～3个膝状节，有3～8个隔膜，暗褐色，顶端色淡，大小为58～121μm×4.5～7μm。分生孢子2～5个串生，

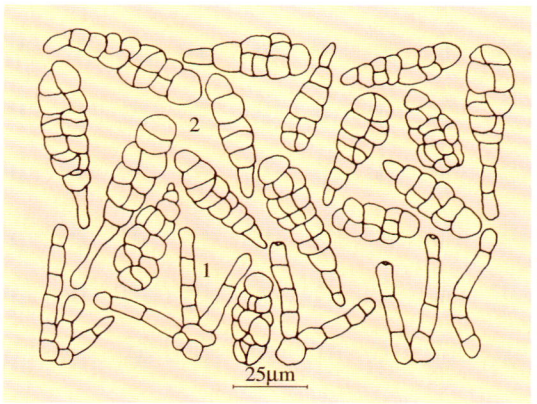
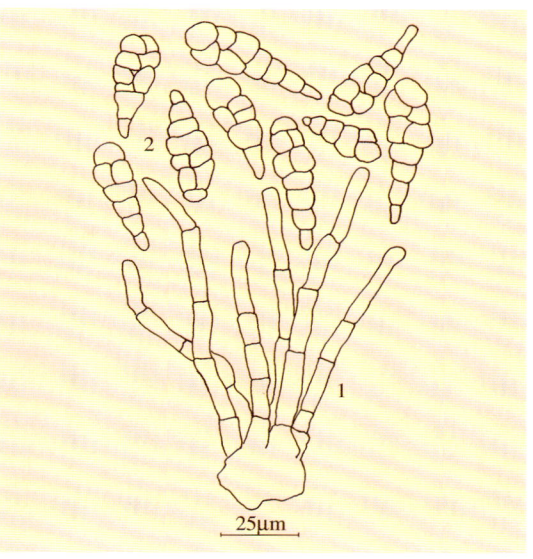

图6-8 菜用大豆大孢芸薹交链孢霉黑斑病菌
1.分生孢子梗 2.分生孢子

图6-9 菜用大豆细交链孢霉黑斑病菌
1.分生孢子梗 2.分生孢子

菜用大豆 *A. alternata* 引起的黑斑病病叶

菜用大豆黑斑病病种子

菜用大豆 *A. alternata* 引起的
黑斑病后期病叶

菜用大豆黑斑病中期病种子

菜用大豆黑斑病病荚

菜用大豆黑斑病后期病种子

个别单生,椭圆形至倒棍棒形,暗褐色,喙细胞无或小,不分枝,色淡,孢身具3～8个横隔膜,1～5个纵隔膜,分隔处缢缩,大小为25～54μm×9.5～18μm。喙细胞0～1个隔膜,大小为3～24μm×3～6μm(图6-9)。

A. alternata(Fr.)Keissl.属半知菌交链孢真菌。病菌分生孢子梗单生或数根束生,基部细胞稍膨大,不分枝或偶有分枝,正直至屈曲,具1～5个隔膜,榄褐色,顶端色淡或上下色泽均匀,大小为19～51μm×4～5.5μm。分生孢子3～6个串生,梭形,椭圆形至倒棍棒形,褐色至榄褐色,无喙细胞或很短,孢身具2～6个横隔膜,0～3个纵隔膜,隔膜处缢缩,大小为16～37μm×8～14μm。喙细胞多无隔膜,大小为0～20μm×0～6μm。

[发病规律] 病菌主要以菌丝体及分生孢子随病残体在土壤中,或附在种子表面越冬,成为翌年初侵染来源。分生孢子借风雨传播到叶片上萌发产生芽管,从气孔或直接穿透表皮侵入。发病后病斑上产生大量分生孢子进行再侵染,使病害扩展蔓延。温暖高湿适宜发病。菜用大豆生长期多雨、多雾或管理粗放、缺乏肥水、植株生长衰弱发病较重。地势低洼积水,种植过密有利于发病。品种间存在一定抗性差异。

[防治方法]

1. 各地因地制宜选用相对较抗病品种。

2. 精选种子,必要时播种前进行种子处理,可选用种子重量0.4%的50%扑海因可湿性粉剂,或50%农利灵可湿性粉剂,或80%大生可湿性粉剂拌种。

3. 生长期加强管理,适时追肥浇水,避免田间积水,必要时在发病初期进行药剂防治。参见蚕豆黑斑病。

4. 收获后彻底清除病残落叶并翻耕土地,减少越冬菌源。

菜用大豆炭疽病
Soybean anthracnose

炭疽病为菜用大豆的重要病害,分布广泛,发生较普遍。通常病株率10%～20%,在一定程度上影响产量和降低品质。严重时病株可达30%以上,多造成幼苗、幼株和成株提早坏死,显著影响菜用大豆生产。

[症状] 此病可侵染叶片、茎秆、叶柄及豆荚,以茎秆和豆荚受害严重。全生育期都可发病。播种带菌种子,大部分种子出苗前即死于土中。出苗子叶上多产生红褐色凹陷斑,潮湿时子叶呈水渍状,很快萎蔫脱落。病菌沿子叶侵染幼茎,产生红褐色略凹陷溃疡斑,终致幼株死亡。成株叶片上病斑近圆形至不规则形,红褐色,多具有黄色晕环,后期病斑上产生粗糙刺毛状黑点,即病菌的分生孢子盘。茎上病斑初为红褐色,椭圆形至不规则形,以后变成褐色至灰褐色,表面密生刺毛状黑点,常包围整个茎部。荚上病斑圆形至不规则形,初红褐色,后变成灰褐色,稍凹陷,有时呈溃疡状,上生黑色分生孢子盘,有时呈粗轮状排列,致种子发霉,呈暗褐至灰褐色,干瘪或皱缩。早期染病豆荚多不结实,或虽结实,豆粒干瘪皱缩,呈暗褐色。

[病原] 由*Colletotrichum glycines* Hori 和 *C. destructivum* O'Gara 即半知菌

菜用大豆炭疽病初期病斑

菜用大豆炭疽病中期病斑

菜用大豆炭疽病中后期病斑

大豆炭疽刺盘孢和毁灭性刺盘孢真菌侵染引起。*C.gly-cines* 分生孢子盘聚生或散生，黑色，刚毛散生于分生孢子盘里，数量很多，暗褐色，顶端色淡，多数刚直，顶端较尖，具1~3个隔膜。分生孢子梗圆柱形，无色，单胞。分生孢子镰刀形，无色，单胞，两端钝圆或一端略尖，大小为10~26.3μm×2.3~5μm（图6-10）。*C. destructivum* 分生孢子盘聚生或散生，黑色，刚毛散生于分生孢子盘里，暗褐色，顶端色淡，正直或微弯，顶端略尖，具0~3个隔膜。分生孢子梗圆柱形，无色，单胞。分生孢子圆柱形，无色，单胞，正直，两端钝圆，大小为12~24μm×3.5~5μm（图6-11）。

[发病规律]
病菌以分生孢子盘随病残体越冬，也可以菌丝在病种子中越冬。翌年病种子长出病苗在潮湿条件下产生大量分生孢子，或越冬病残体上的病菌产生大量分生孢子，借风雨传播侵染，以后再重复侵染。病菌生长适温为25~28℃，菜用大豆生长中后期高温多雨病害普遍而严重。

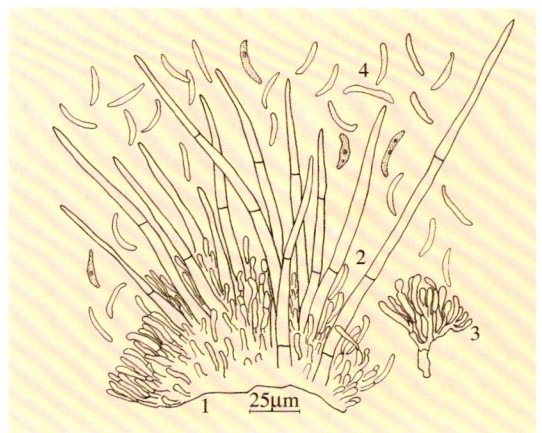

图6-10　菜用大豆刺盘孢炭疽病菌
1.分生孢子盘　2.刚毛　3.分生孢子梗　4.分生孢子

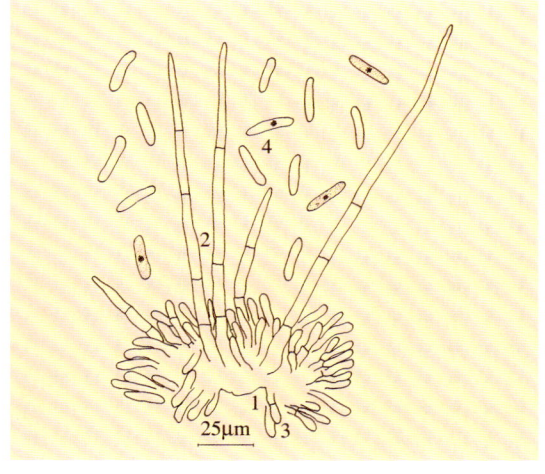

图6-11　菜用大豆 *C. destructivum* 炭疽病菌
1.分生孢子盘　2.刚毛　3.分生孢子梗　4.分生孢子

菜用大豆炭疽病病荚

菜用大豆炭疽病后期病种子

菜用大豆炭疽病病茎

菜用大豆炭疽病前期病种子

[防治方法]
1.收获后彻底清除病株残体，重病区实行3年轮作。

2.选用无病种子或进行种子处理。播种前可选用种子重量0.4%的25%炭特灵可湿性粉剂，或用种子重量0.3%的25%施保克可湿性粉剂，或6%乐必耕可湿性粉剂拌种。

3.大豆开花期进行药剂防治。参见蚕豆炭疽病。

菜用大豆根腐病
Soybean Fusarium root rot

根腐病为菜用大豆的普通病害，在少数地区零星发生。通常造成零星死苗或死秧，个别地块

菜用大豆根腐病病根

或多雨年份病害发生较重，造成幼苗或幼株成片死亡，影响正常生产。

[症状] 此病为害根系和根茎部。初在主根或侧根上产生红褐色水渍状斑，逐渐向上下发展使根系坏死，以后变褐腐烂，并向根茎发展，终致根茎坏死腐烂，潮湿时在根茎病部表面产生少量白色至粉红色霉状物，即病菌的分生孢子。染病幼苗或植株外叶叶色变黄，逐渐萎蔫枯死。

[病原] *Fusarium* sp.属半知菌镰孢霉真菌。病菌分生孢子梗和分生孢子浅色。大型分生孢子镰刀形，多胞。小型分生孢子卵圆至长圆形，单胞。

[发病规律] 病菌在土壤内和在病残体上越冬。植株或幼苗生长衰弱、根系受伤，或土壤黏重、排水不良，利于发病。菜用大豆生长期低温多雨，地下害虫严重或施肥烧根等病害发生严重。

[防治方法]

1.施用充分腐熟的肥料，避免伤根。生长期加强管理，及时清沟排水，防治好地下害虫，同时注意防止土壤板结，增强植株抗病力。

2.必要时在发病初期用药防治。参见蚕豆枯萎病。

菜用大豆轮纹病
Soybean Ascochyta spot

轮纹病为菜用大豆的主要病害，分布广泛，发生亦较普遍。常造成早期落叶，结荚较少或不结荚。严重地块或重病年，田间发病率很高，引起植株大量落叶，显著影响生产。

[症状] 此病主要为害叶片，也侵染茎和荚，全生育期均可发病。叶片上病斑初为黄褐色小点，扩大后形成近圆形褐色病斑，以后病部中央变成灰褐色，边缘紫红至暗褐色，微具同心轮纹，上生黑色小点，即病菌的分生孢子器，后期易破裂穿孔。叶柄染病可引起早期落叶。茎秆染病，多从分枝处开始侵染，形成近梭形灰褐色病斑，扩大干燥后呈灰白色，上生无数小黑点。豆荚染病，初期病斑浅褐色，近圆形，后变成灰白色，密生小黑点，呈不规则或轮纹状排列，重病豆荚常畸形枯死。染病豆粒瘦小，皱缩干瘪不能发芽。

[病原] *As-cochyta glycines* Miura 属半知菌大豆壳二孢真菌。病菌分生孢子器初生于叶表组织内，后突破表皮，散生或聚生，球形，器壁膜质，褐色，直径108～132μm。分

菜用大豆轮纹病前期病斑

菜用大豆轮纹病后期病斑

菜用大豆轮纹病中期病斑

菜用大豆轮纹病中后期病荚

生孢子梭形至圆柱形，无色，多数正直，两端钝圆，有一隔膜，分隔处有时缢缩，大小为9～19μm×3.2～4.6μm（图6-12）。

[发病规律] 病菌以分生孢子器随病残体越冬，种子也可带菌传播。翌年病菌通过风、雨及浇水传播，引起发病。病种子发芽后即可引致子叶染病。发病后产生分生孢子借风雨进行再侵染。病菌喜温暖潮湿。温暖多雨、种植过密、通风不良、多年连作、肥料不足或施氮肥过多等，均会加重发病。

[防治方法]

1. 采用无病种子，播种前进行种子处理。可选用种子重量0.3%的65%多果定可湿性粉剂，或70%甲基托布津可湿性粉剂，或50%敌菌灵可湿性粉剂拌种。

2. 收获后彻底清除田间病株残体，深翻土壤，减少田间菌源。

3. 增施有机底肥，适时追肥浇水，雨后及时排水。

4. 必要时在发病初期进行药剂防治。参见蚕豆褐斑病。

菜用大豆轮纹病后期病荚

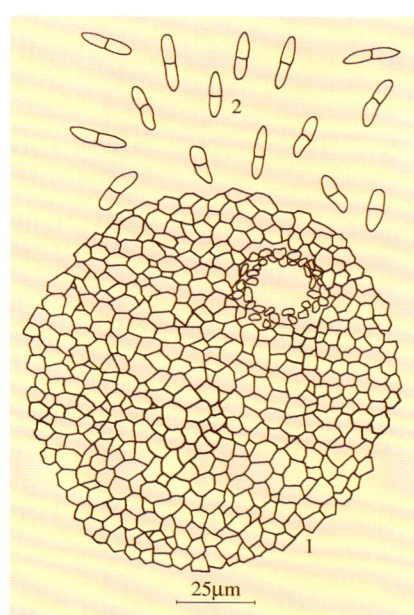

图6-12 菜用大豆轮纹病菌
1. 分生孢子器 2. 分生孢子

菜用大豆轮纹病病种子

菜用大豆靶斑病
Soybean target leafspot

靶斑病为菜用大豆的普通病害，分布较广，在许多种植地区发生。通常病情较轻，对生产无明显影响，严重时造成早期落叶，在一定程度上影响产量和品质。此病还可侵害多种其他蔬菜作物。

[症状] 此病可为害叶片、茎秆和豆荚，全生育期都可发生。苗期发病，子叶病斑圆形至卵圆形，暗红褐色。成株染病，叶斑圆形至近圆形，浅褐至红褐色，病斑扩大时有轮纹，中心为暗褐色圆点，外围浅褐色，最外圈深色，很似靶点，田间病斑大小差异很大，外围常具有黄色晕环。茎和叶柄上病斑点状至长梭形，褐色。荚上病斑近圆形，褐色，中央略带紫色，严重时豆荚上密生紫灰色霉层，即病菌的分生孢子梗和分生孢子。

[病原] *Corynespora cassiicola*（Berk.& Curt.）

菜用大豆靶斑病病叶

菜用大豆靶斑病病荚

Wei 属半知菌山扁豆生棒孢菌真菌。病菌分生孢子梗多数单生，少数多根成束，直立，细长，不分枝，浅褐色，具一至数个隔膜，基部细胞膨大，大小为 90～350μm×7.5～11μm。分生孢子圆筒形或棍棒形，淡褐色，正直或微弯，脐部明显，平截形，基部膨大，顶端钝圆，具隔膜 5～20 个，单生或 2～6 个串生，大小为 40.5～186.5μm×10.8～16.5μm（图 6-13）。

[发病规律] 病菌以菌丝体或分生孢子在病残体上越冬，种子可带菌，还可在土中残存 2 年以上，并在多种寄主残体上繁殖产生分生孢子，借风雨传播，进行初侵染和再侵染。温暖高湿适宜发病。病菌生长适温 18～21℃，湿度 80% 以上。多雨、多雾发病较重，品种间抗性有差异。

防治方法参见菜用大豆紫斑病。

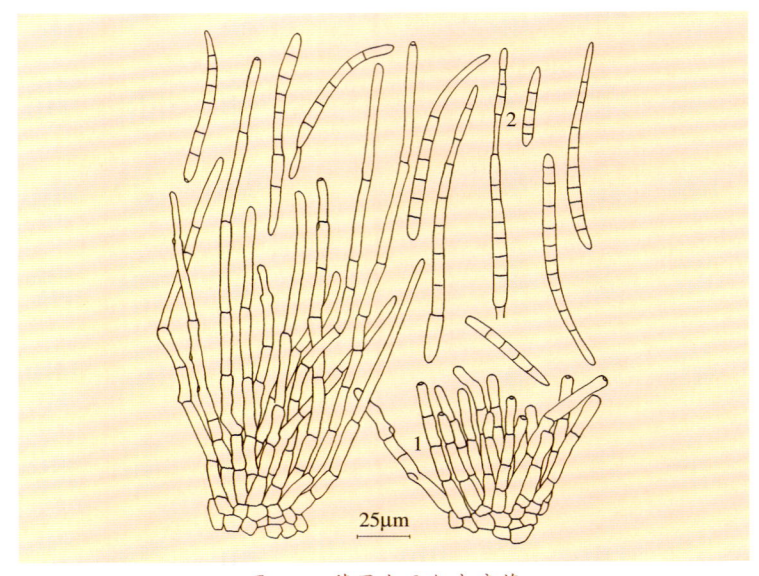

图 6-13 菜用大豆靶斑病菌
1. 分生孢子梗 2. 分生孢子

菜用大豆灰斑病
Soybean frogeye leafspot

灰斑病为菜用大豆的常见病，分布广泛，发生普遍。南方菜区发病很普遍，北方部分地区发病严重，一般轻度影响产量，严重时明显影响产量和降低品质。

[症状] 此病主要为害叶片，也侵染茎、荚和种子。子叶上病斑圆形、半圆形或椭圆形，深褐色，略凹陷。叶片染病，初出现红褐色小斑，以后变成圆形至椭圆形或不规则形，中央灰色，边缘红褐色，病健交界分明，病斑背面产生灰色霉层，即病菌分生孢子梗和分生孢子。严重时病斑密布，使叶片提早干枯脱落。茎、枝和叶柄染病，形成椭圆形至纺锤形斑，中央褐色，边缘红褐色，后期中央灰色，边缘暗褐色，其上产生细微小黑点，即病菌子座。荚上病斑圆形至椭圆形，中央灰色，边缘红褐色。豆粒上病斑圆形至不规则形，浅灰至暗灰色，边缘红褐色。

[病原] *Cercospora sojina* Hara 属半知菌大豆圆斑尾孢霉真菌。病菌子座小或无，褐色。分生孢子梗束生，具 0～3 个隔膜，淡褐色，不分枝，顶端近截形，孢痕显著，大小为 26.3～28.9μm×5.5～6.5μm。分生孢子倒棒形或圆柱形，正直或略弯，无色，基部截形，具 3～11 个隔膜，大小为 52.6～115.8μm×3.5～6μm（图 6-14）。

[发病规律] 病菌以菌丝体随病残体或种子越冬。翌春病种子

菜用大豆灰斑病中期病叶

菜用大豆灰斑病中后期病叶

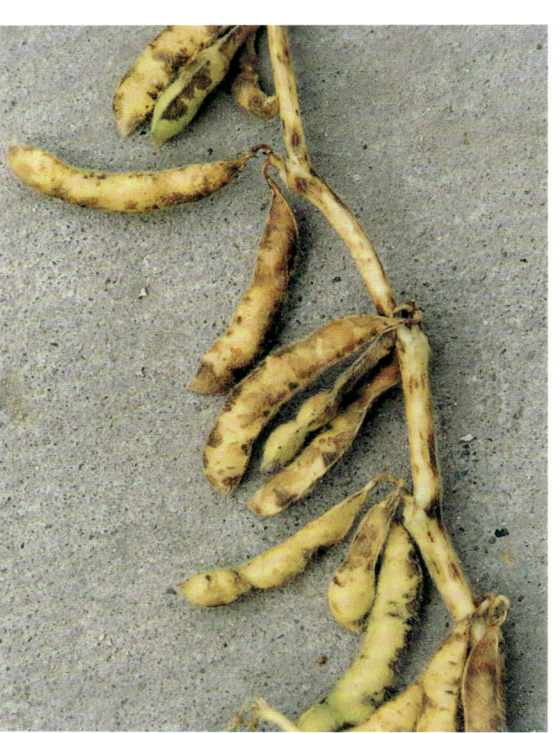

菜用大豆灰斑病中期病荚

长出幼苗子叶即发病，在温暖潮湿条件下病苗产生大量分生孢子，病残体上菌丝亦可产生大量分生孢子，通过风雨或气流传播，不断进行再侵染。高温高湿利于发病。孢子萌发和侵入要求很高的湿度，生长期多雨，叶部发病重；结荚期，尤其是鼓粒期多雨，荚和种子发病重。

防治方法参见菜用大豆紫斑病。

菜用大豆灰斑病病荚内种子

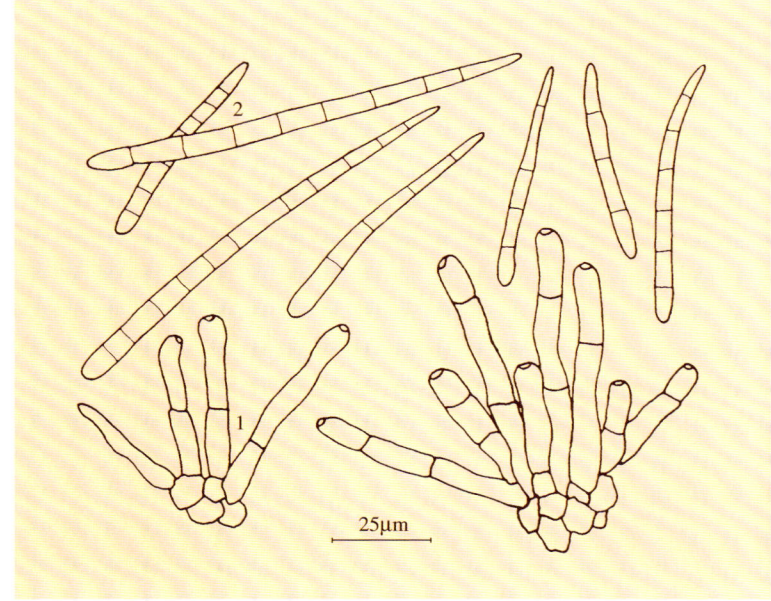

图 6-14　菜用大豆灰斑病菌
1.分生孢子梗　2.分生孢子

菜用大豆灰斑病病茎

菜用大豆褐叶病
Soybean brown leaf blotch

褐叶病为菜用大豆的常见病，分布较广，发生较普遍。通常秋季种植发病较重，致使部分叶片坏死脱落，在一定程度上影响生产。

[症状] 此病为害叶片，初期在叶片上散生黄褐色小点，以后变成浅褐至灰白色不规则形病斑，边缘暗褐色至紫红色，病健交界明显，后期病斑上长出黑色小点，即病菌子囊壳。最终病斑呈灰白至灰褐色干燥枯死脱落。

[病原] *Mycosphaerella sojae* Hori 属子囊菌大豆褐斑小球壳菌真菌。病菌子囊壳近表生，球形至近球形，壳壁膜质，具孔口，黑褐色，直径 78～110μm。子囊束生于子囊壳内，棍棒形至圆筒形，43～68μm×11～15μm，无侧丝，子囊内含有 8

菜用大豆褐叶病前期病叶

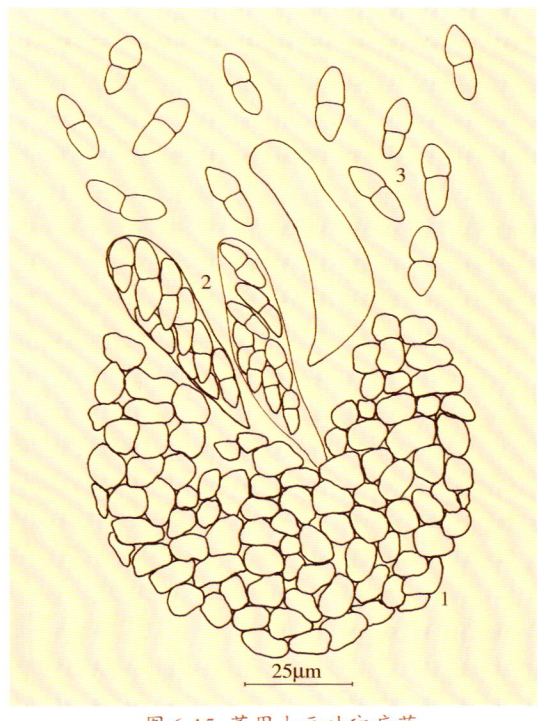

图 6-15　菜用大豆叶斑病菌
1.子囊壳　2.子囊　3.子囊孢子

菜用大豆褐叶病中期病叶

菜用大豆褐叶病后期病叶

个子囊孢子，双行排列。子囊孢子梭形至纺锤形，无色，具一隔膜，分隔处略缢缩，11～20μm×3.5～8μm（图6-15）。

发病规律、防治方法参见蚕豆褐斑病。

棕色叶斑病为菜用大豆的普通病害，在部分地区发生分布。通常发病较轻，对生产无明显影响，仅个别地块或个别年份发病较重，致植株叶片提早黄化坏死而脱落，影响产量与品质。

[症状]　此病主要为害叶片，多从中下部叶片

菜用大豆棕色叶斑病初期病叶

菜用大豆棕色叶斑病中期病叶

菜用大豆棕色叶斑病中后期病叶

菜用大豆棕色叶斑病
Soybean Macrophoma leafspot

开始发病。初在叶片上出现黄褐色小点，逐渐扩大成圆形至近圆形斑，棕褐色，边缘围有黄色晕环，最后病斑发展成不定形大斑，病斑背面产生许多黑色小点，即病菌的分生孢子器。随病害发展病叶黄化枯死。

[病原]　*Macrophoma* sp.属半知菌大茎点霉真菌。病菌分生孢子器生于寄主表皮下，球形至扁球形，有孔口，器壁膜质，褐色，直径为112.5～150μm。分生孢子卵圆形至椭圆形，单细胞，大小为11.5～17.5μm×5～7.5μm（图6-16）。

发病规律、防治方法参见菜用大豆灰星病。

菜用大豆棕色叶斑病后期病叶

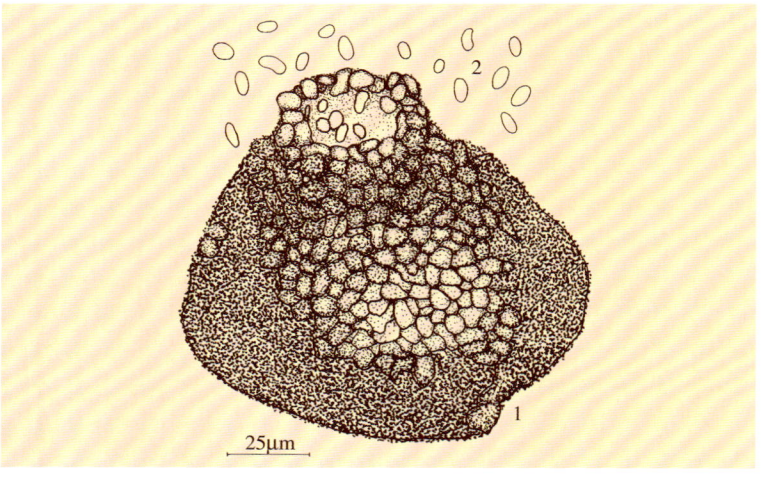

图6-16　菜用大豆棕色叶斑病菌
1.分生孢子器　2.分生孢子

菜用大豆褐斑病
Soybean Septoria leafspot

褐斑病为菜用大豆的常见病，分布广泛，发生普遍。通常病情较轻，对生产无明显影响，个别地块或重发生年可引起菜用大豆叶片提前黄枯脱落，影响产量和品质。

[症状] 此病主要为害叶片，也侵染茎、叶柄和豆荚，全生育期均可发病。苗期染病，子叶上产生圆形至不规则形斑，黄褐至暗褐色，稍凹陷，略具轮纹，病斑两面均生小黑点，即病菌的分生孢子器。成株发病，多从下部叶开始侵染，由下向上发展。叶斑较小，受叶脉限制，常呈多角形或不规则形，初期黄褐色，逐渐变成锈褐色至黑褐色，内生小黑点。多个病斑汇合，病叶干枯并提早脱落。茎部和叶柄染病，病斑呈褐色条状，略下陷，边缘不明显。荚上病斑红褐至暗褐色，形状不规则，界限明显。

[病原] *Septoria glycines* Hemmi 属半知菌大豆壳针孢真菌。病菌分生孢子器埋生于寄主组织

内，散生或聚生，器壁褐色，膜质，球形，具孔口，直径64～112μm。分生孢子针形，无色，正直或弯曲，具1～4个隔膜，多数3个隔膜，大小

菜用大豆褐斑病中期病斑

菜用大豆褐斑病中后期病斑

菜用大豆褐斑病后期病斑

菜用大豆褐斑病后期病叶

菜用大豆褐斑病中后期病茎

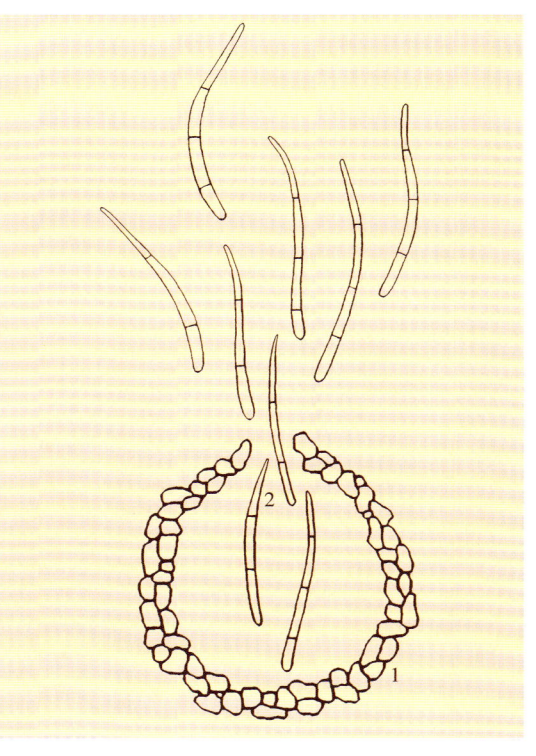
图6-17 菜用大豆褐斑病菌
1.分生孢子器 2.分生孢子

为 26～48μm × 1～2μm（图 6-17）。

[发病规律] 病菌以分生孢子器和菌丝体随病叶、茎及种子越冬。翌年以分生孢子借风雨传播，由气孔侵入，使植株下部叶片发病。带菌种子为引致幼苗发病的重要来源。发病后病部产生大量分生孢子进行重复侵染。温暖潮湿适宜发病。病菌发育温度 5～35℃，最适温度为 24℃左右，菜用大豆生长期温暖多雨病害发生较重。密植的地块病害较重。品种间抗性有差异。

[防治方法]

1. 实行 3 年以上轮作，收获后彻底清除病株残体，深翻土地，减少田间菌源。

2. 选用抗耐病品种，从无病株上留种，或播前进行种子消毒处理。可选用种子重量 0.3% 的 50% 大富丹可湿性粉剂，或 65% 多果定可湿性粉剂，或 50% 敌菌灵可湿性粉剂拌种。

3. 发病初期进行药剂防治，参见樱桃番茄斑枯病。

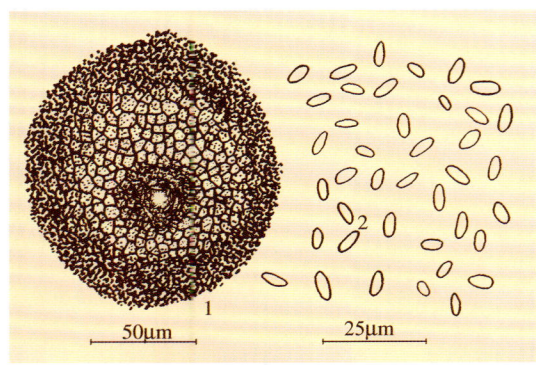

图 6-18 菜用大豆灰星病菌
1. 分生孢子器 2. 分生孢子

菜用大豆灰星病前期病叶

菜用大豆灰星病中后期病叶

菜用大豆灰星病
Soybean Phyllosticta leafspot

灰星病为菜用大豆的重要病害，分布广泛，发生普遍，几乎所有菜用大豆种植地区都有发病，春、夏、秋季都发生。通常对生产影响不明显，发病严重时可造成植株叶片焦枯坏死，大量脱落。

[症状] 此病主要侵染叶片，严重时亦侵染叶柄、茎秆和豆荚。叶片染病，初为紫红色小点，以后发展成圆形、卵圆形至不规则形斑，浅紫褐色，具有细的暗色边缘，后期病斑中央变为灰白色，有

菜用大豆灰星病后期病叶

时穿孔，上生黑色小点，即病菌的分生孢子器。有性时期则形成褐色轮纹斑，中心常有一灰白色小点，后期易穿孔，病斑外常具有一窄的黄色晕环，多受叶脉限制，其上可产生黑色小点，即病菌的子囊壳。病害亦常从叶缘开始侵染，病斑常汇合成片并围有一共同褐色圈。叶柄和茎上病斑长形，淡灰色至黄褐色，具浅紫色或暗褐色边缘。荚上病斑圆形，围有红色边缘。种子受侵染，病斑不规则，浅褐色至褐色。

菜用大豆灰星病病种子

[病原] *Phyllosticta sojaecola* Massal. 属半知菌大豆灰星叶点菌

真菌。病菌分生孢子器初生于叶的表皮层内，以后突破表皮，散生或聚生，球形，器壁膜质，褐色，具孔口，大小为79～139μm。分生孢子椭圆形至卵圆形，无色，单胞，大小为4～8μm×2～3.3μm。有性时期 Pleosphaerulina sojaecola（Massal.）Miura 属子囊菌大豆灰星病菌真菌。病菌子囊壳球形至近球形，直径75～105μm，暗褐色，具孔口。子囊椭圆形，无色，大小为51～65μm×25～35μm，内含8个子囊孢子。子囊孢子椭圆形至圆筒形，无色或浅黄褐色，排列不整齐，具2～4个横隔膜，0～2个纵隔膜，呈砖格状，分隔处略缢缩，大小为22～30μm×6.5～13μm（图6-18）。

[发病规律] 病菌以分生孢子器和子囊壳随病残体越冬。翌年以分生孢子或子囊孢子借风雨传播，条件适宜时形成初侵染，发病后以分生孢子进行重复侵染。高温高湿利于发病。菜用大豆生长期气温24～30℃，相对湿度85%以上，或多雨、多露容易发病。

[防治方法]

1. 收获后彻底清除病株残体，重病地块实行2年以上轮作。

2. 生长期适时浇水，雨后及时排水，降低田间湿度。

3. 精选无病种子和进行种子灭菌处理，必要时在发病初期选用70%甲基托布津可湿性粉剂600倍液，或50%扑海因可湿性粉剂1 000倍液，或80%大生可湿性粉剂800倍液，或40%多硫悬浮剂400倍液，或45%特克多悬浮剂1 000倍液喷雾。

菜用大豆粉霉病
Soybean Fusarium mold

粉霉病为菜用大豆的重要病害，分布广泛，发生普遍，菜用大豆种植地区常年发生。通常发病较轻，少量豆荚受害，轻度影响生产，重病地块或多雨年份显著降低产量和品质。

[症状] 此病主要为害幼苗、豆荚和种子。播种病种子多不发芽，或长出的病芽未出土即死亡。幼苗子叶常从叶缘开始发病，形成半圆形稍凹陷的黄褐至浅紫色病斑，边缘紫红色，潮湿时长满粉红色霉状物，即病菌的分生孢子。干燥时病斑干裂或呈溃疡状。豆荚染病，病斑近圆形或不定形，稍凹陷，上生粉红色至白色霉状物。严重时豆荚开裂，豆粒常被白色菌丝缠绕，腐烂干缩，表面亦产生粉红色霉状物。

[病原] Fusarium avenaceum（Fr.）Sacc. 和 F. oxysporum Schl. 即半知菌燕麦细镰孢霉和尖镰孢霉真菌侵染所致。F.avenaceum 大型分生孢子镰刀形，无色，两端逐渐尖削，微弯至弯曲，细胞近线形，足细胞显著或不显著，具3～5个隔膜，3个隔膜的大小为32～50μm×3～4μm，5个隔膜的大小为51～58μm×3.5～4.5μm。无小型分生孢子。F. oxysporum 大型分生孢子镰刀形，无色，两端逐渐尖削，微弯，顶细胞圆锥形，足细胞较显著，多为3个隔膜，大小为27.5～43.5μm×3～5μm，小型分生孢子卵圆形至长椭圆形，无色，大小为5～11μm×2～3.5μm（图6-19）。

[发病规律] 病菌以菌丝体在病荚和种子上越冬。幼苗出土时空气过湿或播种太深时幼苗发病较重。高温潮湿有利于发病。结荚期高温多雨病害较重，豆荚和子粒受害也重。

[防治方法]

1. 精选无病种子，播前进行种子处理。可选用种子重量0.3%的50%利克菌可湿性粉剂或50%多菌灵可湿性粉剂，或用种子重量0.2%的75%萎福双可湿性粉剂拌种。

2. 合理密植，精细播种，确保健壮出苗。

3. 及时清除田间积水，降低小气候湿度，减轻发病。必要时可施药防治，参见蚕豆枯萎病。

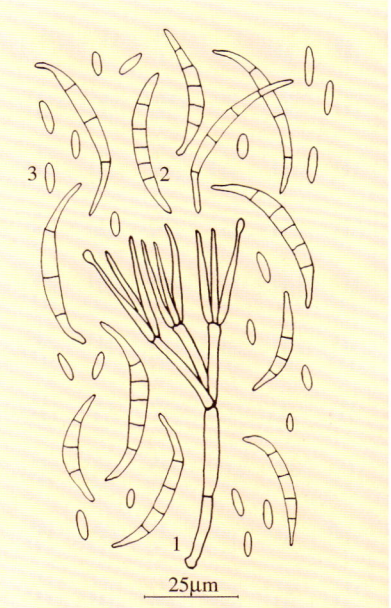

图6-19 菜用大豆赤霉病菌
1. 分生孢子梗 2. 大型分生孢子
3. 小型分生孢子

菜用大豆粉霉病中期病荚

菜用大豆粉霉病后期病荚

菜用大豆煤斑病
Soybean Cercospora mold spot

煤斑病为菜用大豆的常见病，分布较广，发生亦较普遍，多在春、秋季发生，一般病株30%～60%，轻度影响生产，严重时病株达80%以上，部分叶片因病坏死脱落。

[症状] 此病全生育期都可发生，以生长中后期较常见。主要侵害叶片，初在叶面上产生浅褐色小点，以后发展成不规则形红褐至灰褐色病斑，边缘不明显，大小为1～5mm。空气潮湿时随病害发展病斑背面产生浅灰褐色霉层，即病菌的分生孢子梗和分生孢子。严重时病斑密布，短时间内致叶片坏死脱落。

[病原] *Cercospora cruenta* Sacc.属半知菌菜豆尾孢霉真菌。病菌子实层多生于叶背，灰黑色。分生孢子梗淡橄榄褐色，直或波纹状，偶具分枝，0～4个隔膜，顶端圆锥形，有小型孢子痕，大小为10～75μm×2.5～5μm。分生孢子无色，倒棍棒状，直或弯，基端倒圆锥形，顶端圆至略尖削，隔膜不明显，4～14个，大小为25～120μm×2～5μm。

发病规律、防治方法参见菜用大豆紫斑病。

菜用大豆煤斑病叶面病斑

菜用大豆煤斑病叶背病斑

菜用大豆茎枯病
Soybean Phoma stem blight

茎枯病为菜用大豆的普通病害，分布较广，在北方菜区发生较普遍。一般病情较轻，对生产无明显影响，仅少数地块发病较重，部分植株因病枯萎死亡。

[症状] 此病主要为害茎部，在茎上初生长椭圆形病斑，灰褐色，后逐渐扩大成黑色长条斑。病害初发生于茎基部，逐渐扩展至上部，最后至整个茎部染病，病株多随病害发展逐渐萎蔫枯死。

[病原] *Phoma glycines* Saw.属半知菌大豆茎点霉真菌。病菌分生孢子器散生或聚生于寄主表皮下，球形至近球形，器壁褐色，膜质，孔口周围细胞暗褐色，直径105～280μm。分生孢子卵圆形至椭圆形，无色，单胞，内含2个油球，大小为2～4μm×2～3μm（图6-20）。

[发病规律] 病菌以分生孢子器随病茎越冬。翌年以分生孢子通过气流或雨水传播，形成侵染，发病后产生分生孢子进行重复侵染。多雨潮湿有利于发病。种植过密病害较重。

[防治方法]

1. 收获后及时清除病株残体，冬前深翻土地，将病菌深埋在土壤里，消灭菌源。

2. 重病地块实行2～3年轮作。

3. 必要时在发病初期进行药剂防治，重点喷洒茎基。参见菜用大豆灰星病。

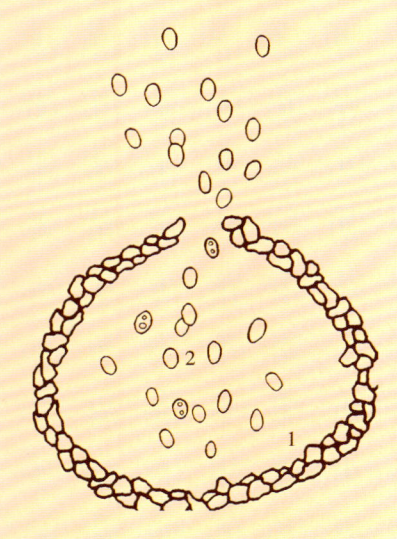

菜用大豆茎枯病后期病茎

图6-20 菜用大豆茎枯病菌
1.分生孢子器 2.分生孢子

菜用大豆荚枯病
Soybean pod blight

荚枯病为菜用大豆的重要病害，分布较广，在许多地区发生为害。通常在菜用大豆生育中后期发生，造成豆荚空瘪，或豆粒瘦小。

[症状] 此病主要为害豆荚，重时亦侵染茎部和叶片。豆荚染病，初出现近圆形至不规则形浅褐色病斑，以后呈苍白色，凹陷，其上密生黑色小点，即病菌的分生孢子器，有时呈轮状排列。幼荚受害易脱落，老荚受害后萎垂，不结实，或结出的豆粒干瘪味苦，无光泽，表面有白色菌丝层。茎上病斑不规则形，褐色，上生黑色小点，受害植株叶色褪绿变黄，随病情发展病茎全部变褐，终致植株枯死。

[病原] *Macrophoma mame* Hara 属半知菌豆荚大茎点菌真菌。病菌分生孢子器散生或聚生，埋藏于寄主表皮下，孔口微露，球形至扁球形，器壁膜质，黑褐色，直径110～170μm。分生孢子卵圆形至长椭圆形，单胞，无色，大小为15～24μm×6～8μm。

[发病规律] 病菌以分生孢子器在被害豆荚和茎秆上越冬，也可以菌丝在种子上越冬。翌年条件适宜时分生孢子形成初侵染，或病种子直接使幼苗发病。结荚期多雨，或阴湿天气较多，病害发生严重。

[防治方法]
1. 收获后彻底清除田间病株残体，及时秋翻土地，将残存病菌深埋于土中，减少田间越冬菌源。重病区实行3年以上轮作。

2. 精选无病种子，播种前进行种子处理。

3. 发病初期，即结荚初期进行药剂防治，施药时重点保护豆荚和茎部。参见菜用大豆灰星病。

菜用大豆荚枯病后期病荚

菜用大豆荚枯病中后期病荚

菜用大豆荚枯病病种子

菜用大豆荚腐病
Soybean Fusarium pod rot

荚腐病为菜用大豆的普通病害，经常发生，多在采摘期或采摘后发病，造成烂荚或烂豆。

[症状] 此病主要为害受伤或生长不良的豆荚，在豆荚上形成不规则形浸润状病斑，暗灰至暗褐色，潮湿时病荚表面产生少量白霉，荚内常生有较紧密的白色菌丝，豆粒呈不均匀变色坏死，形成不定形病斑，表面可产生白色霉状物，即病菌分生孢子丛，最后致豆荚和豆粒腐败。

[病原] *Fusarium* sp.属半知菌镰孢霉真菌。病菌产生两种类型分生孢子，大型分生孢子梭形至镰刀形，两端较钝，微弯，无色透明，无明显足胞，2～5个分隔，多3个隔膜。小型分生孢子长椭圆形、肾形至月牙形，较狭，端部钝圆，无色，多具1个隔膜。

[发病规律] 病菌为弱寄生菌，广泛存在于自然环境中，豆荚或豆粒受伤，或贮运管理不善即形成侵染，温暖高湿或高温高湿有利于发病，持续高湿病荚或病粒即腐败。

[防治方法] 根据此病的特点，在采收、运销过程中，加强管理，防止挤压和造成机械损伤；注意散热、通气，包装容器要求具有良好透气性；发现病荚或烂豆需随时挑除。

菜用大豆荚腐病病种子

菜用大豆锈病
Soybean rust

锈病为菜用大豆的重要病害，主要分布在南方菜区，北方菜区偶有发生。一般造成减产10%～30%，重病地块或重发生年损失可达50%以上，早期发病甚至造成绝收。此病还可为害其他多种豆科作物。

菜用大豆锈病前期病叶

菜用大豆锈病叶背病斑

[症状] 此病主要为害叶片，重时也侵染叶柄和幼茎。叶片受害，初在叶两面出现黄白色小点，后叶背病斑变成灰褐至红褐色稍突起的泡状斑，即病菌夏孢子堆，破裂后变成锈褐色粉斑，散出粉末状夏孢子，同时叶正面出现锈褐色病斑，几个病斑可相互汇合形成稍大病斑。严重时叶片上病斑密布，致叶片枯黄坏死或脱落。菜用大豆生长后期，夏孢子堆附近另生出黑褐色多角形至不定形稍隆起斑点，即病菌的冬孢子堆。叶柄和幼茎染病，多形成纺锤形锈褐色孢子堆。

[病原] *Phakopsora pachyrhizi* Sydow 属担子菌豆薯层锈菌真菌。病菌夏孢子堆生于叶的下表皮层，稍隆起，淡红褐色。夏孢子淡黄褐色，近球形、卵形至椭圆形，单胞，表面密生细刺，具4～5个不明显的萌芽孔，大小为22.4～35.2μm×14.4～25.6μm。冬孢子堆埋生于寄主组织内，由2～4层冬孢子组成。冬孢子黑褐色，长椭圆形至棍棒形或多角形，平滑，膜厚，大小为13～25μm×8～12μm。

[发病规律] 病菌的性孢子器和锈孢子器阶段不明，仅有夏孢子和冬孢子，冬孢子的作用及侵染循环迄今尚不清楚，主要通过夏孢子进行传播为害，夏孢子亦可附着在种子表面作远距离传播。夏孢子发芽温度9～28℃，适宜温度12～25℃，萌发要求有水滴存在和弱光与黑暗条件。寄主各生育期均可侵染，以鼓荚期发病最重。高湿利于病害侵染和蔓延。菜用大豆生长期间雨日多，毛毛细雨或多雾，病害易流行。此外，种植过密、通风不良，或地势低洼、多涝积水，病害发生严重。品种间抗病性差异较大。

[防治方法]

1. 因地制宜地选用抗耐病品种，重病地区可用普通大豆，如九月黄、苞罗豆、秋豆一号等代用。

2. 适当提早或延迟播种，使结荚期避开锈病盛发期或多雨季节。

3. 苗期增施钾肥，生长期加强管理，雨后避免田间积水，降低田间湿度。

4. 发病初期进行药剂防治。参见蚕豆锈病。

菜用大豆菌核病病株

菜用大豆菌核病
Soybean Sclerotinia rot

菌核病为菜用大豆的重要病害，在部分地区发生。一般病株率5%左右，轻度影响生产，重病田病株可达20%以上，造成植株成片枯死，影响产量。

[症状] 此病主要侵害茎部，初在茎基部形成水渍状褐色坏死斑，以后在病部表面产生一层紧密的白色棉絮状菌丝，受病组织内部和表面白色菌丝集结成团，以后形成黑色鼠粪状菌核。干燥条件下茎基干腐，形成边缘不明显的灰褐至灰白色大斑，后期植株茎和分枝均变成灰白色，髓部变空，内生黑色菌核，皮层成纤维状，最后全株坏死。病害可沿茎和枝扩展到豆荚上，荚上病斑褐色，迅速枯死后呈苍白色，病荚不结实，或豆粒干缩皱瘪，或病粒腐烂。

[病原] *Sclerotinia sclerotiorum*（Lib.）de Bary 属子囊菌核盘菌真菌。详见青花菜菌核病。

[发病规律] 病菌主要以遗落在土中和混杂在种子中的菌核越冬。菌核可在土中存活6～8年。越冬菌核在土壤潮湿、土温达12～15℃时萌发产生子囊盘，子囊盘成熟后释放子囊孢子侵害寄主。菜用大豆生长期间，较长时间阴湿天气有利于发病。低洼地块、植株茂密发病较重。

菜用大豆细菌性叶烧病
Soybean bacterial pustule

细菌性叶烧病为菜用大豆的主要病害，分布广泛，菜用大豆种植地区都有发生，以南方菜区发病较重，常引起早期落叶，明显影响产量和品质。此病还可侵害普通菜豆等。

[症状] 此病苗期至成株期均可发生，主要侵染叶片和豆荚，也为害叶柄和茎部。幼苗染病，子叶上先出现油渍状小点，以后逐渐变为褐色小斑。成株染病，初期在叶正面出现黄绿色小斑点，以后发展成红褐色正反面稍隆起的病斑，大小不等，进而病部细胞部分木栓化，形成隆起小疱状斑，表皮破裂似火山口斑疹状，病斑周围常具有黄色晕环。发病严重时，病斑密布，相互汇合成大块红褐色坏死枯斑，后期破裂。荚上病斑初呈圆形小点，红褐色，后变成暗褐色枯斑，稍隆起。

[病原] *Xanthomonas campestris* pv. *glycines*（Nakano）Dye 属黄单胞杆菌甘蓝黑腐黄单胞菌大豆致病变种细菌。病菌菌体短杆状，大小为1.3～1.5μm×0.6～0.7μm，无荚膜，无芽孢，极生单鞭毛。革兰氏染色阴性，好气性。在肉汁胨琼脂平面上菌落圆形，表面光滑，有光泽，边缘整齐，浅黄色，乳脂状，发黏。在肉汁胨液中生长良好，混浊，有菌环。能溶化明胶和水解淀粉，不产生亚硝酸盐，产氨和硫化氢，有溶脂作用。石蕊牛乳变碱消解。

[发病规律] 病菌主要在种子及病残体上越冬。带菌种子为重要的传染源，条件适宜时即可形成初侵染，由气孔、水孔或伤口侵入寄主。发病后借风雨传播进行重复侵染。病菌生

长温度10～38℃，最适温度为25～32℃。通常在菜用大豆生长后期发生。品种间抗性有差异。

[防治方法]
1. 选择适宜于本地区相对抗、耐病品种。
2. 采用无病种子或播种前进行种子处理，可用1%稀盐酸液浸种3～4 h后洗净播种，也可用种重的0.3%的47%加瑞农可湿性粉剂拌种。
3. 实行2～3年以上轮作，收获后及时清除田间病株残体，深翻土地，消灭菌源。
4. 发病初期及时进行药剂防治，参见蚕豆细菌性疫病。

[防治方法]
1. 收获后彻底清除病残植株，深翻土地。
2. 重病地区实行水旱轮作，或与非寄主作物实行2～3年轮作。
3. 精选种子，清除菌核。合理密植，增施磷、钾肥。
4. 必要时进行药剂防治。参见青花菜菌核病。

菜用大豆细菌性叶烧病中期病叶

菜用大豆细菌性叶烧病中后期病叶

菜用大豆细菌性叶烧病病荚和病茎

菜用大豆细菌性叶烧病病种子

细菌性角斑病为菜用大豆的重要病害，在局部地区发生为害。一般发病程度较轻，轻度影响生产，少数地块或局部地区发病较重，部分植株

菜用大豆细菌性角斑病初期病叶

菜用大豆细菌性角斑病中期病叶

菜用大豆细菌性角斑病中后期病叶

菜用大豆细菌性角斑病
Soybean bacterial blight

叶片枯死脱落，明显影响产量与品质。

[症状] 此病可侵染幼苗、叶片、叶柄、茎秆和豆荚。叶片染病初生圆形至多角形暗绿色小斑点，略显水渍状，后逐渐扩大成深褐至黑褐色小斑，边缘多具有一狭窄的褪绿晕圈，发病严重时叶片枯死脱落。子叶、叶柄、茎秆和豆荚上症状与叶部症状相似，病部中央稍凹陷并渗出菌脓。它与细菌性斑点病的症状区别主要表现是病斑颜色较细菌性斑点病深，褪绿晕圈不十分明显，细菌性斑点病叶背常溢出菌脓，呈透明薄膜状。

[病原] *Pseudomonas syringae* pv. *glycinea* var. *japonica* 属假单胞杆菌丁香假单胞杆菌大豆日本致病变种细菌。病菌菌体短杆状，两端钝圆，大小为 0.6～0.9μm，有 1～3 根极生鞭毛，好气性，革兰氏染色阴性，有荚膜，无芽孢。在肉汁胨琼脂平面上菌落圆形，稍隆起，乳白色，光滑，呈弱绿荧光。不能液化明胶，淀粉不水解，硝酸盐不还原，产氨，不形成吲哚和硫化氢。石蕊牛乳变碱凝固，不胨化。

发病规律、防治方法参见菜用大豆细菌性叶烧病。

菜用大豆细菌性角斑病病茎和病荚

菜用大豆细菌性斑点病
Soybean bacterial spot

细菌性斑点病为菜用大豆的主要病害，分布广泛，发生普遍，冷凉潮湿地区发病多而偏重，可导致早期落叶而减产。

[症状] 此病主要为害叶片，严重时也侵染幼苗、叶柄、茎秆、豆荚和子粒。叶片染病，初出现黄绿色水渍状小斑，逐渐扩大成多角形至不规则形黄色至浅褐色斑，最后变成红褐色或黑褐色，边缘具有明显黄色晕环，病斑背面常溢出白色菌脓。数个病斑相互汇合成枯死大斑块，常破裂穿孔。有时沿叶脉产生无数小斑，天气干燥抑制其发展。茎和叶柄上病斑长条形，初水渍状，后呈黑褐色。荚上病斑初呈水渍状，后变成红褐色至黑褐色不正形，多集中在豆荚合缝处。种子上病斑不规则形，褐色。空气潮湿，病斑上均溢出白色细菌黏液，成灰色或褐色薄膜覆在病斑上。

[病原] *Pseudomonas syringae* pv. *glycinea* （Coeper）Young, Dye & Wilkie. 属假单胞杆菌丁香假单胞菌大豆致病变种细菌。病原细菌杆状，两端钝圆，大小为 0.6μm×1.7μm，具 1～3 根极生鞭毛，

好气性,革兰氏染色阴性,有荚膜,无芽孢。在肉汁胨琼脂平面上菌落圆形,乳白色,呈绿色荧光。不能液化明胶,使石蕊牛乳变蓝色,不胨化。硝酸盐不还原,不产氨和硫化氢。

[发病规律]病菌在种子和病残体里越冬,成为翌年发病的初侵染源,病菌随病残体可存活1年,播种病种子可引起幼苗发病。生长期病菌主要通过风雨传播,潮湿时亦可通过田间操作传播,主要由气孔侵入。病菌生长温度2~35℃,最适温度为24~26℃,天气阴冷潮湿利于发病,干热天气抑制病害发展,通常暴雨后

严重发病甚至流行。品种间抗病性亦存在差异。防治方法参见菜用大豆细菌性叶烧病。

菜用大豆细菌性斑点病初期病斑

菜用大豆细菌性斑点病中期病斑

菜用大豆细菌性斑点病病茎和病荚

菜用大豆细菌性斑点病中后期病斑

菜用大豆细菌性斑点病中期病荚

菜用大豆根结线虫病
Soybean root-knot nematode

根结线虫病为菜用大豆的重要病害,在局部地区发生分布,一旦发病,植株染病率均较高,病情也较重,明显影响生产。

[症状]此病仅为害根系,以幼株受害重。被害植株矮小,叶片由下向上萎黄,以后底部叶片焦灼脱落。拔出病根可见主根和侧根上产生许多大小不等近葫芦状的根结。根结初期乳白色,表面光滑,以后颜色变深,表皮粗糙不匀,最后腐烂。

[病原]*Meloidogyne incognita* Chitwood 属南方根结线虫。病原线虫雌雄异形,幼虫呈细长蠕虫状。雄成虫线状,无色透明,尾端

菜用大豆根结线虫病病根

稍圆，大小为1.0～1.5mm×0.03～0.04mm。雌成虫梨形，多埋生于寄主组织内，大小为0.44～1.59mm×0.26～0.81mm，每头雌成虫可产卵300～800粒。

[发病规律] 收获后病原线虫以幼虫和卵在根结中或散落于土壤和肥料里越冬，成为翌年初侵染来源。田间主要借助浇水传播，也可通过人、畜、农具携带传播。病原线虫一龄幼虫在卵内孵化，二龄幼虫脱壳入土，然后潜入根端部为害，使根部组织膨大形成根结。雌雄线虫在根内发育至4龄后交配产卵，卵落入土中。砂土地受害重。品种间抗性有差异。

[防治方法]

1. 实行与非寄主作物或抗耐病蔬菜如葱、蒜、韭菜、辣椒、石刁柏等轮作。有条件的实行水旱轮作可有效阻止线虫侵染、繁殖和增长。

2. 因地制宜选用抗、耐病品种，降低病害损失。

3. 增施有机底肥，适时浇水追肥，增强抗病力。

4. 播种前进行土壤药剂处理，可选用1.8%虫螨克乳油10～15L/hm² 对水均匀喷浇播种穴或播种沟内。也可选用3%米乐尔颗粒剂45kg/hm² 拌适量细土均匀撒施在播种穴或播种沟内。为保证药效，药剂应施撒在根围5～10cm范围内。

菜用大豆胞囊线虫病
Soybean cyst nematode

胞囊线虫病为菜用大豆的重要病害，在部分地区分布为害，发病后病株率亦很高，一般减产10%～20%，严重时达50%以上，甚至完全绝收。

[症状] 此病在菜用大豆全生育期均可侵害，主要为害根部。被

菜用大豆胞囊线虫病病苗

菜用大豆胞囊线虫病病根和胞囊

菜用大豆胞囊线虫病田间为害状

害植株生长不良，矮小，茎叶变黄，以后萎蔫坏死，花器群生，荚和种子萎缩瘪小，结实少或不结实。苗期感病，子叶和真叶萎黄，发育迟缓。通常田间植株成片变黄萎缩，拔出病株可见根系发育不良，主根及支根减少，细根增多，根瘤显著减少，根上附有白色颗粒状物，即病原线虫雌虫——胞囊。

[病原] *Heterodera glycines* Ichinohe 属大豆胞囊线虫。雌雄虫体形态不同，老熟雄虫细长线条状，尾部多向腹侧弯曲，体长 1.33mm。老熟雌虫柠檬形，初白色，后变为黄白色，0.85mm×0.51mm。胞囊鸭梨状，浅黄至褐色，表面有斑纹，长 0.6mm。卵长椭圆形，藏于胞囊或卵囊里，大小为 0.175mm×0.043mm。幼虫分四期，第一期幼虫在卵壳内发育脱皮一次，为仔虫期；第二期幼虫圆筒形，雌雄形态相似，为侵染期；第三期幼虫圆筒形，雌雄可辨；第四期雌虫柠檬状，雄虫线条状。

[发病规律] 病原线虫以胞囊内的卵在土中越冬，翌春卵孵化冲破卵壳进入土壤，雌幼虫以口器吸附在寄主根上，经第三、第四期发育为成虫，随着卵的形成膨大成柠檬状。胞囊可长期在土中存活，田间主要随农具、病残体、粪肥、风雨及流水传播。土温低于 10℃，幼虫停止活动，低于 14℃ 不能侵入根系，产卵最适温度为 23～28℃，最适土壤湿度为 60%～80%。高温、土壤干燥有利于线虫活动为害。

防治方法参见菜用大豆根结线虫病。

菜用大豆菟丝子
Soybean dodder

菟丝子为寄生性种子植物，分布很广，菜用大豆种植地区均有发生，常造成成团或成片植株枯黄坏死，一般减产 10% 左右，严重时可达 40% 以上。另外，菟丝子还可侵害多种其他蔬菜和经济作物。

[症状] 菟丝子以幼茎缠绕寄主茎秆和叶柄，与寄主接触处产生吸盘，吸收寄主养分和水分，被害植株表现生长受阻，上部叶色褪绿，后期萎蔫枯死，致不结实或子粒瘪小。重时植株大片枯死。

[病原] *Cuscuta chinensis* Lamb. 属中国菟丝子。茎黄色纤细，光滑无毛，向左缠绕于大豆茎上，以吸器伸入大豆茎内吸收营养和水分，营寄生生活，无根。叶呈鳞片状，膜质。花黄白色，多数簇生呈绣球形，花梗粗短，苞片 2 个，花萼及花冠 5 裂，基部相连呈杯状，花药卵形，子房半球形，有二室，每室有 2 个胚珠生 4 粒种子。蒴果扁球形，外包萼片和花冠，种子近圆形，长 1.3mm，宽 1.1mm，黄褐至黑褐色，表面粗糙。

[发病规律] 菟丝子主要靠种子传播，成熟的种子可落入土中或混杂在肥料内。翌年萌发后侵害寄主，种子在土壤内可存活 5 年以上，多在寄主生长后开始萌发。种子发芽适宜土壤温度为 25℃ 左右，要求土壤含水量 30% 以上，土层深度 0～1cm。生长期蔓延很快，并能营养繁殖，断茎能继续生长。菟丝子的种子较菜用大豆种子成熟早，成熟后落入土中。一株菟丝子能寄生 100～300 余株大豆。菜用大豆生长期间温暖高湿，菟丝子扩展蔓延迅速。

[防治方法]

1. 重病地块实行 3～5 年轮作。

2. 播种前精选种子，清除淘汰掉菟丝子种子。

3. 播种前深翻土地，生长期在菟丝子开花前拔除销毁。

4. 适时进行药剂防治。播种前或播后芽前选用 43% 拉索乳油 4.5～6L/hm² 喷洒土壤，进行土壤处理。菟丝子出苗后在菜用大豆始花期选用 48% 地乐胺乳油 100～200 倍液均匀喷雾进行茎叶处理，也可选用含活孢子数量 3×10⁷/ml 个以上的生物农药鲁保 1 号，于雨后或傍晚及阴天喷洒防治，药前最好使菟丝子造成伤口，以便提高防效。

菜用大豆菟丝子田间为害状

菜用大豆菟丝子单株为害状

3. 荷兰豆、甜豌豆病害 Diseases of garden pea and sweet pea

甜豌豆病毒病条斑坏死病茎

荷兰豆、甜豌豆病毒病
Garden pea and sweet pea virus disease

病毒病为荷兰豆和甜豌豆的常见病，各地都有发生，通常病株零星，轻度影响荷兰豆、甜豌豆产量与质量，重病地块病株可达10%以上，显著影响生产。

[症状] 此病多在荷兰豆、甜豌豆生长中后期发生，病株常在茎秆上出现初期为浅紫褐色狭条形不规则小型病斑，以后发展成长条形坏死斑块，终致病茎以上坏死枯萎。有时可在叶片上产生细小不规则浅褐色坏死斑点，病叶因此而早衰枯死。有时亦可在豆荚表面产生不规则坏死小点，后期致荚壳龟裂，表面粗糙。

[病原] 此病由病毒侵染所致，种类不详。有待进一步研究。

[发病规律] 此病多在荷兰豆、甜豌豆生长中后期发生，植株生长衰弱，田间害虫多，则发病相对较重。

[防治方法] 目前尚无可行的方法，可参见蚕豆萎蔫病毒病。

荷兰豆病毒病花叶病株

甜豌豆病毒病畸形病株

荷兰豆立枯病初期病苗

荷兰豆、甜豌豆立枯病
Garden pea and sweet pea Rhizoctonia wilt

立枯病为荷兰豆和甜豌豆的重要病害，分布广泛，发生较普遍。保护地、露地都有发生，以露地发病重，个别棚室发病亦较重，常造成成片死苗，显著影响生产。

[症状] 此病主要为害根茎部，初期在根茎基部产生黄褐色坏死小点，以后变成近椭圆形至不规则形坏死斑，进一步向上下发展使根茎甚至根系全部染病。同时病苗叶片由下向上逐渐坏死干枯，终

致全棵苗坏死。

[病原] *Rhizoctonia solani* Kühn 属半知菌立枯丝核菌真菌。详见蚕豆立枯病。

发病规律、防治方法参见蚕豆立枯病。

甜豌豆立枯病后期病苗　　　　　　甜豌豆立枯病病株

荷兰豆、甜豌豆白粉病
Garden pea and sweet pea powdery mildew

白粉病是荷兰豆和甜豌豆的主要病害，分布广泛，发生普遍。保护地、露地都发病，一旦发生，病株率很高，一般发病率50%以上，重病地块或棚室100%发病，病叶率亦可达80%以上。染病植株提前衰老，由下向上枯黄，严重影响结荚，降低品质。此病还可侵害数十种其他蔬菜。

[症状] 此病多在生长中后期发生，主要为害叶片、茎蔓和豆荚，多始于叶片。叶片染病初出现白粉状淡黄色小点，后扩大呈不规则形粉斑，相互连合，病部表面被白粉覆盖，叶背呈褐色或紫色斑块。病情发展，病斑波及全叶，致叶片迅速枯黄坏死。茎蔓和豆荚染病，也出现白色粉斑，严重时布满茎和荚，致使茎蔓枯黄，嫩茎干缩，豆荚干小。后期病部形成黑褐色小点，即病菌的子囊壳。

[病原] *Ery-*

siphe pisi DC.属子囊菌豌豆白粉菌真菌。病菌分生孢子柱状至筒形，无色，单胞，大小为24.5～37.8μm×13～17.5μm。子囊壳暗褐色，扁球形，直径88～115μm，壁细胞不规则，多角形，附属丝多根，丝状，为子囊壳的1～3倍。子囊5～8个，卵圆形，大小为60～78μm×36～45μm。子囊孢

荷兰豆白粉病前期病叶

荷兰豆白粉病中期病叶

子3～5个，浅黄色，卵圆形，大小为19.5～25.5μm × 12.5～15.5μm。

[发病规律] 寒冷地区病菌以子囊壳随病残体越冬。翌年产生子囊孢子进行初侵染。借气流和雨水溅射传播。病部产生分生孢子进行多次重复侵染，使病害进一步扩展蔓延。温暖地区病菌以分生孢子在寄主作物间辗转传播为害，无明显越冬期，也未见产生子囊壳。日暖夜凉、温差大、空气潮湿、植株结露适宜发病。干湿交替、持续干燥病害会较重。品种间抗病性差异明显。

[防治方法]

1. 各地因地制宜选用较抗病品种。

荷兰豆白粉病中后期病株

2. 豌豆根系分泌物对来年植株根瘤菌活动和根系生长有影响，因而需轮作倒茬，切忌连作。

3. 种子处理，播种前用种子重量0.3%的25%粉锈宁可湿性粉剂，或30%特福灵可湿性粉剂拌种。

4. 拉秧后彻底清除田间病株残体，妥善处理。保护地在发病前期可选用硫磺粉15～30kg/hm²，或20%特克多烟雾剂3.75～7.5kg/hm²熏烟灭菌。

5. 发病初期及时进行药剂防治，可选用43%菌力克悬浮剂6 000～8 000倍液，或40%福星乳油6 000～8 000倍液，或30%特福灵可湿性粉剂4 000～5 000倍液，或25%粉锈宁可湿性粉剂1 500～2 000倍液，或2%加收米水剂500倍液，或2%农抗120水剂、2%武夷菌素水剂200～300倍液喷雾。保护地可选用5%加瑞农粉尘剂，或5%百菌清粉尘剂15kg/hm²喷粉防治。

荷兰豆白粉病前期病荚

荷兰豆白粉病后期病荚

荷兰豆、甜豌豆黑斑病
Garden pea and sweet pea Mycosphaerella spot

黑斑病为荷兰豆和甜豌豆的常见病害，分布较广，种植地区多零星发生。通常病害较轻，发病率5%～10%，对生产无明显影响。重病地块或重发生年发病率可达40%以上，部分豆荚因染病失去食用价值，影响产量和品质。

[症状] 此病可为害叶片、茎蔓和豆荚。叶片染病，初出现不规则形淡紫色小点，以后变成紫红色近圆形斑，有时具有颜色深浅相间的同心轮纹。高温高湿条件下，病斑迅速扩

荷兰豆黑斑病前期病斑

荷兰豆黑斑病后期病斑

展，布满整个叶片，致病叶变黄枯死。后期病斑中央多产生黑色小点，即病菌的子囊壳或分生孢子器。叶柄和茎蔓染病，形成大小不等中央略凹陷的紫褐色坏死斑。豆荚染病，初出现许多暗褐色近圆形凹陷小点，以后呈黄褐色，相互汇合成黄褐色坏死下陷斑，严重时病菌可从种荚侵入到种子内部，后期亦可在病部产生小黑点，即分生孢子器。

[病原] *Mycosphaerella pinodes*（Berk. et Blox.）Stone 属子囊菌豌豆球腔菌真菌。无性时期为 *Ascochyta pinodes*（Berk. et Blox.）Jones 属半知菌豆类壳二孢真菌。病菌子囊壳球形，黑色或黑褐色，直径为 80～120μm。子囊长圆筒形，无色，大小为 55～72μm×13～15.5μm。子囊孢子纺锤形，无色，具有一隔膜，大小为 9～20μm×4～8μm。分生孢子器球形至扁球形，黑褐色，大小为 80～130μm。分生孢子卵圆形至长椭圆形，双胞，无色，大小为 12～17μm×3.5～5.5μm（图6-21）。

[发病规律] 病菌主要以菌丝体或分生孢子在种子上越冬。也可以子囊孢子随种子传带越冬。翌年播种带

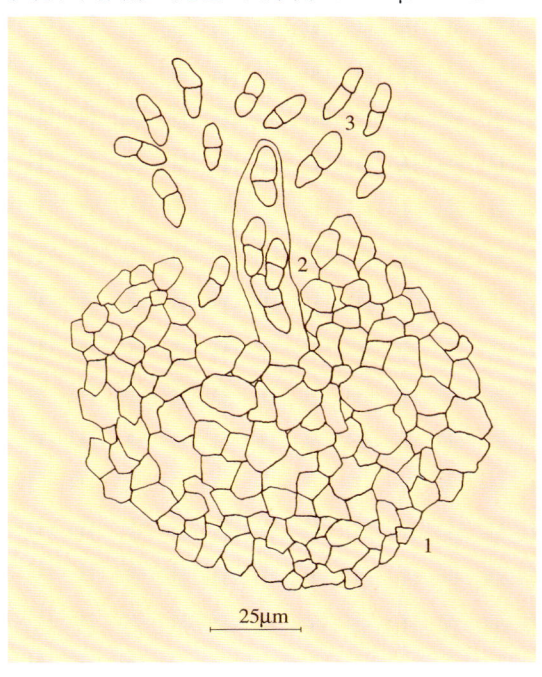

图 6-21 荷兰豆、甜豌豆黑斑病菌
1. 子囊壳　2. 子囊　3. 子囊孢子

菌的种子，出苗后即染病。发病后病部产生孢子借风雨传播蔓延，进行重复侵染。病菌生长温度 5～34℃，适宜温度约25℃，高湿多雨有利于发病。通常播种过早、受低温冷害侵袭，或田间湿度过高、偏施氮肥、植株生长过旺，容易引起发病。

[防治方法]

1. 重病地块与非豆科作物实行3年以上轮作。

2. 进行种子处理，参见荷兰豆和甜豌豆褐斑病。

3. 发病初期进行药剂防治，参见蚕豆褐斑病。

甜豌豆黑斑病中后期病荚

荷兰豆黑斑病后期病荚

荷兰豆、甜豌豆褐纹病
Garden pea and sweet pea Ascochyta blight

褐纹病为荷兰豆和甜豌豆的常见病，分布较广，发生亦较普遍，但为害较轻。少数地区发病稍重，发病率多为 20%～40%，个别地块或棚室病株达80%以上，少量豆荚受害。此病还侵害普通豌豆、蚕豆和菜豆等。

[症状] 此病可侵染叶片、茎蔓和豆荚。叶片染病形成圆形至近圆形病斑，淡褐色至红褐色，具有同心轮纹，边缘明显，后期病斑上产生针尖大小的小黑点，即

病菌的分生孢子器。茎蔓染病，病斑褐色至黑褐色，呈纺锤形或椭圆形。豆荚上病斑近圆形，稍凹陷，红褐色至暗褐色，亦具有同心轮纹，后期产生黑色小点，病斑向内扩展波及到种子致种子带菌。种子上病斑不明显，湿度高时呈污黄色至灰褐色，有时还产生少量白色菌丝。

[病原] *Ascochyta pisi* Libert 属半知菌豌豆壳

甜豌豆褐纹病前期病叶

甜豌豆褐纹病中后期病叶

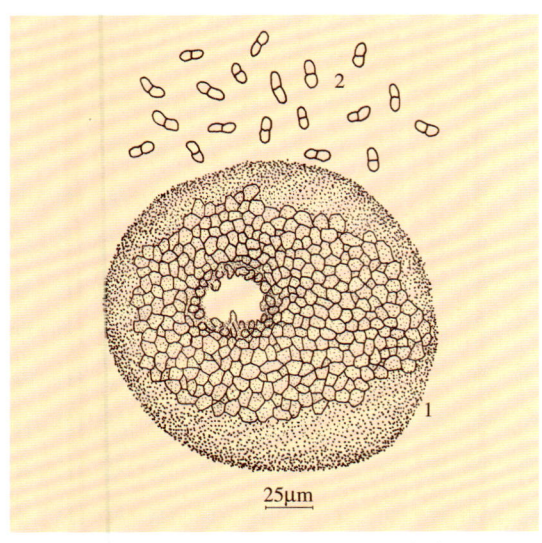

图 6-22 荷兰豆、甜豌豆褐纹病菌
1.分生孢子器 2.分生孢子

二孢真菌。病菌分生孢子器黑褐色，球形至扁球形，器壁膜质，孔口圆形，成熟时释放出分生孢子，直径为108～185µm。分生孢子长椭圆形，双胞，无色，分隔处多缢缩，大小为10.5～17.5µm×4～6µm（图6-22）。

[发病规律] 病菌以分生孢子器或菌丝体附着在种子上或随病残体在田间越冬。播种带菌种子，幼苗出土即受感染，子叶或幼茎上出现病斑和分生孢子器。分生孢子借浇水、风雨传播，进行初侵染和再侵染。病菌发育温度8～33℃，适宜温度15～26℃。气温15～20℃时，多雨或多雾容易发病。

[防治方法]

1. 重病地块与非豆科蔬菜轮作。

2. 精选种子，保证无病种播种。或将种子在凉水中浸泡4～5 h后置入50～55℃温水中浸种5min，再移入凉水中冷却，晾干播种。也可进行药剂拌种，参见蚕豆褐斑病和菜用大豆轮纹病。

3. 收获后及时彻底清洁田园，冬季翻耕，减少越冬病菌。

4. 发病初期进行药剂防治，参见蚕豆褐斑病。

荷兰豆炭疽病中期病荚

荷兰豆炭疽病中后期病荚

荷兰豆炭疽病后期病荚

荷兰豆、甜豌豆炭疽病
Garden pea and sweet pea anthracnose

炭疽病为荷兰豆和甜豌豆的常见病，分布较广，南北方均有发生。通常零星发病，个别植株和豆荚受害，部分地块发病较重，少数病叶坏死干枯，豆荚因病失去食用价值，影响产量和品质。

[症状] 此病可为害叶片、茎蔓和豆荚，全生育期都可发病，多在生长中后期雨后发病。叶片染病，病斑较小，圆形至椭圆形，中央淡褐色至暗黄色，边缘深褐色至暗褐色，后期病斑中央密生小黑点，即病菌的分生孢子盘。严重时多个病斑汇合连片，终致叶片枯死。茎蔓染病，病斑近梭形至椭圆形，稍凹陷，中央淡褐色，边缘颜色较深。豆荚染病，初生水浸状黄褐至褐色小点，以后发展成中央淡褐色，边缘暗褐色圆形病斑，后期密生黑色分生孢子盘使病斑变褐，严重时多个病斑相互连接成不规则形凹陷大斑，使种子带菌。

[病原] *Colletotrichum pisi* Pat.属半知菌豌豆炭疽刺盘孢真菌。病菌分生孢子盘聚生，初埋生，后突破表皮，黑褐色，子座发达，刚毛散生于分生孢子盘中，数量较多，暗褐色，顶端色淡，多数正直，基部稍大，顶端尖细，具2～4个隔膜，大小为42～98µm×3～5µm。分生孢子梗倒钻形，无色，顶端较狭，大小为11～14µm×3～5µm。分生孢子新月形，无色，单胞，微弯，两端略尖或一端钝圆，大小为13～19µm×3～4.5µm。

[发病规律] 病菌以菌丝体和分生孢子在病残体上越冬，也可种子传带。翌春条件适宜时，带菌种子直接侵入幼苗使豆苗发病，或越冬病菌的分生孢子借气流或雨水溅射传播引起侵染。发病后病部产生分生孢子进行重复侵染。高温高湿有利于发病。荷兰豆或甜豌豆生长期多雨，病害发生较重。

[防治方法]

1. 重病地块实行与非豆科蔬菜轮作。收获后及时彻底清除病残落叶，翻土晒地，减少越冬菌源。

2. 选用无病种子或播种前精细选种和进行种子处理。参见蚕豆炭疽病或菜用大豆炭疽病。

3. 发病初期及时进行药剂防治。参见蚕豆炭疽病。

荷兰豆、甜豌豆灰斑病
Garden pea and sweet pea Cercospora leafspot

灰斑病为荷兰豆和甜豌豆的普通病害，局部地区发生分布，以夏、秋露地较常见。一般病情较轻，对生产无影响，仅个别地块发病稍重，致部分叶片因早衰坏死，轻度影响生产。

[症状] 此病主要为害叶片，严重时亦侵染茎蔓。叶片染病，初在叶两面出现褐色小点，以后发展成大小不等边缘不明显浅褐色坏死病斑，最后病斑中央变成灰白色，空气潮湿时病斑两面均产生灰褐色绒毛状物，即病菌的分生孢子梗和分生孢子。严重时叶片上病斑密布，致病叶早衰坏死。茎蔓染病，多形成浅灰褐色不定形病斑，边缘不明显，潮湿时亦产生绒霉。

[病原] *Cercospora szechuanensis* Tai 属半知菌豌豆绒层尾孢霉真菌。病菌子实层扩展型，生于叶的两面和茎上，形成绒霉层。分生孢子梗成密束状，直或略弯，有的有屈曲，褐色，具2～4个隔膜，偶尔分枝，孢子痕明显，孢子梗大小为50～160μm×4～6μm。分生孢子近无色，倒棍棒形，直或微弯，具很多隔膜，大小为56～

160μm×3.5～5μm。

[发病规律] 病菌以菌丝体随病叶、病茎在田间土壤表层内越冬。翌年条件适宜时产生分生孢子通过气流或雨水飞溅传播引起发病，以后再产生分生孢子进行重复侵染。温暖潮湿适宜发病。

[防治方法]

1. 收获后注意清洁田园，集中妥善处理病残落叶，减少越冬菌源。

2. 加强栽培管理，避免过度密植，雨后注意田间排水，降低空气湿度，抑制发病。

3. 必要时在发病初期进行药剂防治。参见菜用大豆紫斑病。

荷兰豆灰斑病病叶

荷兰豆灰斑病病茎

荷兰豆、甜豌豆根腐病
Garden pea and sweet pea Fusarium root rot

根腐病为荷兰豆和甜豌豆的常见病，分布较广，各地都有发生。病情因地区、年份、管理水平差异较大，一般病株率5%～15%，严重时可达60%以上，有的甚至造成毁灭性损失。

[症状] 此病全生育期均可发生，以苗期和开花期染病较多，主要为害根和根茎部。幼苗染病，萎蔫死亡。成株染病，下部叶片先发黄，逐渐向中上部发展，致全株变黄枯萎。初期主、侧根表面出

现红褐至黄褐色坏死小点，以后扩大蔓延使病根变褐，纵剖病根可见维管束变褐或呈锈红色至锈褐色，根瘤明显减少。轻病株矮化，叶色褪绿，个别分枝萎蔫或枯萎，在一定程度上影响豆荚的大小和数量。重病植株根茎部缢缩或凹陷，黄褐至暗褐色，皮层腐烂，开花后全株枯死。

[病原] *Fusarium solani*（Mart.）f.sp. *pisi*（Jones）Snyder et Hansen 属半知菌豌豆腐皮镰孢霉真菌。病菌在PDA培养基上菌落圆形，白色，棉絮状，产生少量卵圆至长椭圆形小型分生孢子。

在燕麦皮培养基中可形成大型分生孢子，大型分生孢子镰刀形，两端较钝，弯曲，多具3个隔膜，脚胞不明显。厚垣孢子顶生、间生或串生，淡褐色，圆形至近圆形，表面光滑。

[发病规律] 病菌为土壤习居菌，由土壤、病残体和种子传播蔓延，由种皮或侧根侵入，最后蔓延至主根，容易与枯萎病相混。发病适宜温度

24～33℃，土温对病害影响较土壤湿度大。土壤过干或过湿、地下害虫多，或连作地块病重。

[防治方法]

1. 播种前用种子重量0.3%的50%利克菌可湿性粉剂，或用种子重量0.3%的72%姜福双可湿性粉剂拌种。也可用种子重量0.3%的70%土菌消与40%拌种双可湿性粉剂等量混合后拌种，拌种前注意用水湿润种子。

2. 拌种前施用50%多菌灵可湿性粉剂，或75%姜福双可湿性粉剂，或70%土菌消可湿性粉剂45～75kg/hm²于种植沟内进行土壤灭菌。

3. 收获后彻底清除病残体，带到田外集中销毁。生长期适时浇水、施肥，促进根系正常生长，及时防治地下害虫，减少根系受外界的伤害。

荷兰豆根腐病病苗

甜豌豆根腐病病株

基腐病为荷兰豆和甜豌豆的普通病害。局部地区发生，保护地、露地都可发病，通常病情较轻，个别植株染病后枯死。重时亦可导致幼苗或植株成片坏死。

[症状] 此病主要侵害茎基部，病部初呈水渍状，暗绿色，以后迅速向四周扩展，致病茎上

荷兰豆、甜豌豆基腐病

Garden pea and sweet pea Sclerctium rhizome rot

部萎蔫，最后变褐枯死。条件适宜，病害发展蔓延迅速，病部表面可生出绢丝状白色霉层，后期转变成黄褐至紫褐色微菌核，病根腐朽。

[病原] *Sclerctium rolfsii* Sacc. 属半知菌白绢小菌核真菌。病菌菌丝无色，生长迅速，宽5～6μm。菌核初期黄褐色，后期紫褐色，不规则形，表面粗糙，常多个汇合在一起，大小为2～5μm×1～3μm。

[发病规律] 病菌以菌核残存在土壤中越冬。翌年条件适宜时菌核萌发形成初侵染，高温高湿有利于发病。病菌生长适宜温度为25～32℃。寄主生长期连阴雨，湿度高发病较重。偏施氮肥，植株

荷兰豆基腐病病苗

甜豌豆基腐病病株

生长过旺亦发病偏重。

[防治方法]

1. 耕翻土地，施用1.2～1.5t/hm²生石灰结合整地改造土壤。种植前可用哈茨木霉（*Trichoderma harzianum*）与麸皮培养物，加细土稀释成4%的菌土，均匀撒施在种植沟穴内，抑制病菌生长繁殖。

2. 增施有机肥，合理密植，施用沤肥要充分腐熟。发现病株及时拔除，并将病株周围病土一起挖除，撒施石灰粉消毒。

3. 必要时在发病前或发病初进行药剂防治。可选用50%利克菌可湿性粉剂1 000倍液，或30%倍生乳油1 200倍液，或5%井冈霉素水剂800倍液，或45%特克多悬浮剂1 200倍液，或25%萎锈灵可湿性粉剂500倍液，均匀喷洒植株根茎及周围土壤，7～10天1次，视病情防治1～3次。

荷兰豆、甜豌豆绵腐病
Garden pea and sweet pea Aphanomyces rot

绵腐病为荷兰豆和甜豌豆的普通病害。在部分地区发生分布，保护地、露地均可发生，通常零星发病，对生产无明显影响，重时造成个别植株或豆荚坏死，轻度影响生产。

[症状] 此病主要侵染根部，引起根腐死苗。也为害幼苗和植株幼叶、幼茎和嫩荚。染病部位初呈水渍状不规则暗绿色，以后变成黄褐色坏死斑，病部表面长出长毛状菌丝和病菌孢子囊。空气湿度高时病部迅速软化腐烂，并长出较浓密的毛团状菌丝和孢子囊。

[病原] *Aphanomyces euteiches* Drechs属鞭毛菌豌豆根腐丝囊霉真菌。病菌菌丝分枝发达，无隔膜，透明。藏卵器亚球形，直径19～42μm，壁的内表面呈波纹状。卵孢子亚球形至椭圆形，直径14～31μm。雄器常分枝。

[发病规律] 病菌随病残体在土中或随带菌肥料越冬。条件适宜在幼苗出土时形成侵染或生长期侵染根系，发病后通过雨水或浇水溅射传播。温暖潮湿有利于发病。植株生长茂密、生长期多雨，发病偏重。

[防治方法]

1. 播种前进行种子处理，可用种子重量0.3%的72%霜脲·锰锌可湿性粉剂，或69%安克·锰锌可湿性粉剂拌种。

2. 合理密植，加强管理，施用沤肥要求充分腐熟。生长期避免田间积水。

3. 发病期及时清除病苗、病叶及其他病组织。收获后彻底清除病残植株，带到田外妥善处理。

荷兰豆绵腐病初期病叶

荷兰豆绵腐病中后期病叶

荷兰豆、甜豌豆灰霉病
Garden pea and sweet pea gray mold

荷兰豆灰霉病病苗

灰霉病为荷兰豆和甜豌豆的重要病害，局部地区分布。主要在北方保护地内发生为害，一般病情较轻，对生产影响不明显，个别棚室发病较重，显著影响正常生产。南方露地种植亦可发病，通常病情较轻，不影响生产。

[症状] 此病可为害叶片、茎蔓和豆荚，全生育期都可发生，以幼嫩时期受害重。苗期发病，多造成幼苗坏死腐烂，初期产生白色菌丝。以后长出灰色霉状物，即病菌的分生孢子梗和分生孢子，严

重时常成片毁苗。叶片受害，多从叶缘开始侵染，形成V字形黄褐至灰白色坏死斑，有时也在叶面形成近圆形同心轮纹斑。空气潮湿，病斑上产生稀疏灰白色霉状物，以后腐烂。豆荚染病，多形成水渍状不规则形灰绿色坏死斑，潮湿时致豆荚腐烂，表面产生灰色霉状物。严重时病菌可侵染豆粒，致豆粒呈水渍状坏死腐烂。茎蔓受害，多形成不规则灰褐至黄褐色坏死斑，后期产生稀疏灰霉。

[病原] *Botrytis* sp.属半知菌葡萄孢真菌。病菌分生孢子梗浅褐至深褐色，多隔、透明、直而长，具1～5次分枝，大小为457～635μm×4.5～7.5μm。分生孢子簇生于分生孢子梗顶部的小柄上，圆形至卵圆形，大小为3.5～6.3μm×2.5～4.5μm（图6-23）。

发病规律、防治方法参见结球莴苣灰霉病。

荷兰豆灰霉病病叶

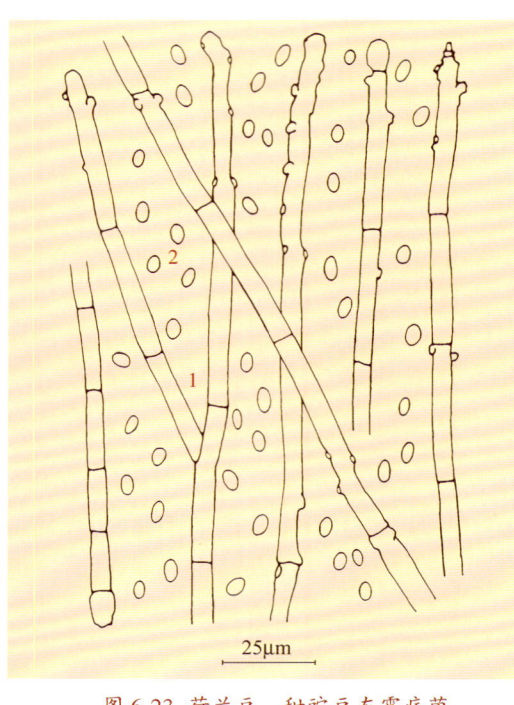

25μm

图6-23 荷兰豆、甜豌豆灰霉病菌
1.分生孢子梗 2.分生孢子

甜豌豆灰霉病前期病荚

甜豌豆灰霉病储运期病荚

甜豌豆灰霉病后期病荚

荷兰豆灰霉病田间为害状

　　菌核病为荷兰豆和甜豌豆的重要病害，在部分地区发生分布。主要在老菜区保护地内形成为害，可造成大片烂秧或死苗，明显影响生产。南方露地种植亦可轻度发生，通常发病程度轻，对生产影响较小。

　　[症状] 此病可侵害叶片、茎蔓和豆荚，全生育期都可发病，以幼嫩时期受害重。染病部位多呈水渍状腐烂，表面产生浓密的白色菌丝团，后期转变成黑色鼠粪状菌核。条件适宜时病害发展蔓延迅速，短时期内即可造成植株腐烂坏死。成株期染病，多侵染茎部，使茎蔓呈水渍状灰绿色软腐，表面产生白色菌丝团，很快致病株萎蔫枯死，发病后期可在病茎表面或内部产生黑色菌核。

　　[病原] *Sclerotinia sclerotiorum*（Lib.）de Bary 属子囊菌核盘菌真菌。详见青花菜菌核病。

　　发病规律、防治方法参见菜用大豆菌核病。

荷兰豆菌核病田间为害状

　　细菌性斑点病为荷兰豆和甜豌豆的重要病害，部分地区发生，主要在春、秋季发病。一般发病率 10%~30%，重病地块的豆荚染病率可达 50% 以上，明显影响荷兰豆、甜豌豆的产量和品质。

　　[症状] 此病主要在豆荚上表现症状，初在豆荚上出现针尖大小墨绿色小点，略显水渍状，周围常具有绿黄色至浅绿色晕环，以后发展成暗褐色疮痂状突起小斑，外围常形成浅绿色病变区。严重时豆荚上病斑密布，终致豆荚萎缩坏死。剖开豆荚可见豆粒上出现水渍状至浅褐色坏死斑。

　　[病原] 此病为一种细菌侵染所致，病原不详，待进一步研究。

　　发病规律、防治方法参见蚕豆细菌性疫病。

甜豌豆细菌性斑点病后期病荚

　　根茎热害为荷兰豆和甜豌豆的生理病害，地膜覆盖种植地块常有发生，轻时局部死秧，严重时幼株成片死亡，明显影响生产。

　　[症状] 此病主要表现根茎部受害，初期根茎略呈水渍状，以后坏死变褐并向上下发展，终致地上部萎蔫枯死。

　　[病因] 此病为生理伤害，主要原因是，采用地膜覆盖方式种植，在豆苗出土之后，种植穴孔周围地膜压土不实或被雨水冲开，天气暴晴，膜下高温气体从根茎附近逸出，熏蒸幼苗或幼株，形成根茎伤害。

　　[防治方法] 针对造成根茎伤害原因，幼苗出土后注意培土并用土把地膜穴口压实，防止热气逸出伤害幼株。

甜豌豆根茎热害受害幼苗

4. 扁豆病害 Diseases of lablab

扁豆病毒病
Lablab virus disease

病毒病为扁豆的常见病，分布较广，发生亦较普遍。主要在夏、秋露地发生为害，一般发病率5%左右，轻度影响扁豆生产，重时病株可达10%以上，明显影响产量与品质。

[症状] 此病在田间的症状因时、因地、因品

扁豆病毒病病株

种而异，苗期即可显症。多出现斑驳、花叶或皱缩症状，偶表现明脉。重病植株矮化，嫩叶畸形扭曲，致开花推迟或落花。

[病原] Bean common mosaic virus、Bean yellow mosaic virus（BYMV）、Cucumber mosaic virus phaseoli 即菜豆普通花叶病毒、菜豆黄花叶病毒及黄瓜花叶病毒菜豆系侵染所致。BMV粒体线状，致死温度56～58℃，稀释限点1 000倍，主要靠蚜虫及汁液接触传染，种子带毒率30%～50%，还可侵染蚕豆、豇豆及菜豆。BYMV粒体线状，致死温度56～60℃，稀释限点800～1 000倍，也靠蚜虫及汁液接触传毒，种子不带毒，还可侵染菜豆、豇豆、蚕豆、豌豆等。黄瓜花叶病毒菜豆系病毒粒体球状，致死温度60～70℃，稀释限点1 000～10 000倍，也靠蚜虫及汁液接触传毒，种子不带毒，可侵染100多种植物。

[发病规律] 由菜豆普通花叶病毒引起发病的主要靠种子传播，也可通过蚜虫传染。由菜豆黄花叶病毒和黄瓜花叶病毒菜豆系引起的初始毒源主要来自越冬寄主，桃蚜和棉蚜也可在田间传播。显症受温度影响，26℃以上高温多表现重花叶、植株矮化或卷叶，18℃仅表现轻花叶。气温20～25℃，光照时间长或强度高，症状明显。寄主缺肥，生长衰弱，或生长期遇干旱发病较重。

[防治方法]
1. 选择相对较抗、耐病品种，精选无病种子进行播种。
2. 增施有机底肥，适时浇水追肥，加强防治田间蚜虫。
3. 必要时发病初期开始喷洒1.5%植病灵乳剂1 000倍液，或1%抗毒剂1号水剂300倍液，7～10天1次，视病情防治2～3次。

扁豆黑斑病
Lablab Alternaria leafspot

黑斑病为扁豆常见病，分布广泛，发生普遍。保护地、露地都有发生。一般病株率30%左右，对生产无明显影响，重时病株达80%以上，部分叶

扁豆黑斑病后期病叶

片因病枯死，在一定程度上影响扁豆产量和质量。

[症状] 此病主要为害叶片，常在生长中后期发生，多从较衰弱的叶片开始侵染。初期叶斑圆形至多角形，大小不等，灰白色至红褐色，以后发展成不规则形病斑，中央灰褐色，空气潮湿，病斑表面产生灰黑色霉状物，即病菌的分生孢子梗和分生孢子。通常叶

图6-24 扁豆黑斑病菌
1.分生孢子梗 2.分生孢子

片上病斑数个至数十个，终致叶片坏死干枯。

[病原] *Alternaria azukiae* Hara 属半知菌小豆交链孢真菌。病菌分生孢子梗束生，放射状排列，大小为 20～66μm × 4～4.5μm。分生孢子倒棍棒形或陀螺形，暗褐色，顶端有短喙，具横隔膜 3～7 个，纵隔膜 1～2 个，分隔处缢缩，大小为 35～44μm × 8～

扁豆黑斑病叶面病斑

扁豆黑斑病叶背病斑

13.5μm（图6-24）。

发病规律、防治方法参见蚕豆黑斑病。

扁豆白星病
Lablab Phyllosticta leafspot

白星病为扁豆的主要病害，分布广泛，发生较普遍。夏、秋露地发病较重，通常病株 60%～80%，明显影响扁豆生产。严重时常造成植株叶片提早坏死干枯。

[症状] 此病主要侵染叶片，叶斑初为紫红色小点，以后发展成近圆形或不规则形斑，初期淡褐色，后为灰白色，周围常具有暗紫色边缘，后期在病斑表面产生黑色小点，即病菌的分生孢子器。严重时叶片上病斑密布，相互连接成不规

则形大斑，终致叶片坏死枯萎。

[病原] *Phyllosticta phaseolina* Sacc.属半知菌菜豆叶点霉真菌。病菌分生孢子器初埋生于叶表皮内，后突破表皮，散生或聚生，球形，器壁膜质，浅褐色，具孔口，直径 70～120μm。分生孢子卵圆形至椭圆形，无色，单胞，两端钝圆，大小为 4～7μm × 2～4μm。

发病规律、防治方法参见菜用大豆灰星病。

扁豆白星病中后期病斑

扁豆白星病后期病斑

扁豆炭疽病
Lablab anthracnose

炭疽病为扁豆普通病害，分布较广，但发生不普遍，仅在夏、秋露地个别地块发生，通常植株零星发病，严重时病株可达20%以上，在一定程度上影响扁豆生产。

[症状] 此病主要为害叶片，重时也为害豆荚。叶片发病多从叶背

开始侵染，叶脉初呈红褐色条斑，后扩展成多角形网状斑，最后变成红褐至紫红色斑，边缘不整齐。豆荚染病，初出现红褐色小点，扩大后呈红褐至暗褐色圆形至椭圆形斑，四周稍隆起，中央凹陷，空气潮湿病斑中央产生粉红色黏稠状物。

扁豆炭疽病病苗子叶

扁豆炭疽病前期病斑

[病原] *Colletotrichum lindemuthianum* （Sacc. et Magn.） Br.et Cav.属半知菌豆刺盘孢真菌。病菌分生孢子盘黑色，埋生于表皮下，后突破表皮外露，圆形或近圆形，盘上散生黑色刺状刚毛。分生孢子梗短小，单胞，无色，密生于分生孢子盘上。分生孢子圆形或卵圆形，单胞，无色，两端较圆，或一端稍狭，大小为6～12μm×1～3μm，内含1～2个透明油球（图6-25）。

[发病规律] 病菌主要随种子越冬，也可随病残体越冬。条件适宜带菌种子使幼苗发病，或病残体上病菌产生分生孢子，通过雨水飞溅传播形成初侵染。发病后，分生孢子进行再侵染，使病害扩展蔓延。病菌生长温度6～30℃，适宜温度21～23℃。高湿适宜发病。扁豆生长期多雨、多露、多雾或冷凉潮湿、土壤黏重，或种植过密，发病严重。

防治方法参见蚕豆炭疽病。

扁豆炭疽病中后期病斑

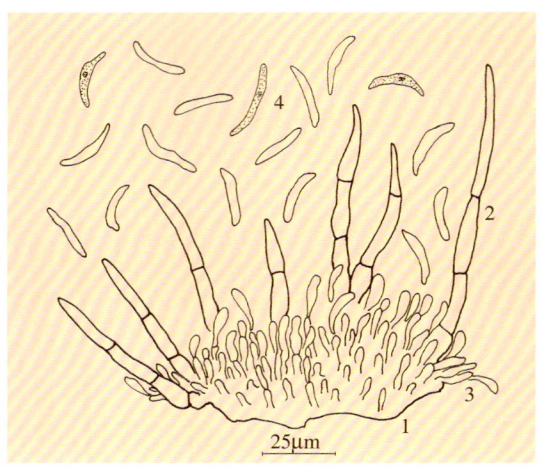

图6-25 扁豆炭疽病菌
1.分生孢子盘 2.刚毛 3.分生孢子梗 4.分生孢子

褐斑病为扁豆的重要病害，分布广泛，发生普遍。主要在夏、秋露地发生，一般病株率50%～70%，严重地块均达100%，明显影响产量与质量。

[症状] 此病主要侵染叶片，初期在叶片上出现紫褐色不规则形病斑，边缘有时不明显，大小不等，随病害发展，病斑中部变成灰白色至灰褐色，空气潮湿病斑上产生灰黑色霉层，即病菌的分生孢子梗和分生孢子。

[病原] *Cercospora cruenta* Sacc.属半知菌豆类煤污尾孢霉真菌。病菌子实体叶两面生，子座发达，深褐色。分生孢子梗簇生，直立，0～1个屈曲，淡榄褐色，顶端截形，具0～3个隔膜，孢痕明显，大小为15～70μm×4～5.5μm。分生孢子鞭状，直或弯曲，无色，隔膜不明显，0～24个，大小为31.5～130μm×2.5～4μm（图6-26）。

[发病规律] 病菌以子座组织在病残体上越冬，以分生孢子进行初侵染和再侵染，借风雨传播蔓延。高温多雨，连茬种

扁豆褐斑病中期病斑

扁豆褐斑病后期病斑

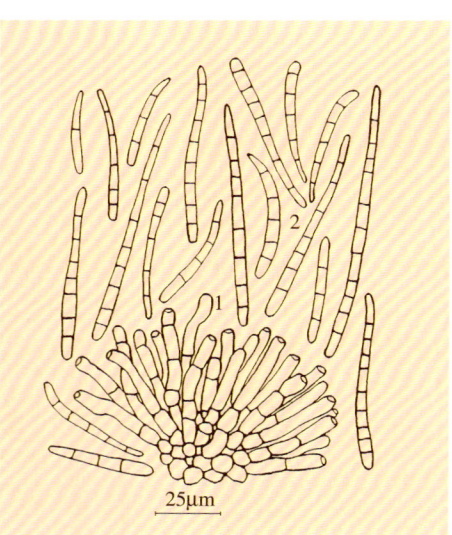

图6-26 扁豆褐斑病菌
1.分生孢子梗 2.分生孢子

植发病重。

[防治方法]

1. 收获后彻底清除病株残体，及时深翻整地，减少越冬菌源。

2. 重病地块实行与非豆类蔬菜轮作。

3. 合理施肥，注意增施钾肥。生长期加强管理，避免田间积水，降低田间湿度。

4. 发病初期及时喷药防治。参见菜用大豆紫斑病。

扁豆红斑病
Lablab Cercospora red spot

红斑病为扁豆的普通病害。分布广泛，发生普遍，保护地、露地都有发生，一般发病率 30%～50%，轻度影响生产，重时发病率达 80% 以上，部分叶片因病坏死，明显影响生产。

[症状] 此病全生育期都发生，主要为害叶片，严重时亦侵染豆荚。叶片上病斑近圆形至不定形，红褐色，有时沿叶脉发展，后期产生灰褐色霉层，即病菌的分生孢子梗和分生孢子。豆荚受害，形成较大红褐色斑，中心黑褐色，后期密生灰黑色霉层。

[病原] *Cercospora canescens* Ell.et Mart.属半知菌豆类灰星尾孢霉真菌。详见四棱豆灰斑病。

[发病规律] 病菌以菌丝体和分生孢子在种子或病残体上越冬，条件适宜以分生孢子形成侵染，经分生孢子多次再侵染使病害发展蔓延。秋季多雨、高温高湿，有利于病害发生流行。连作地块发病重。

[防治方法]

1. 无病留种，播种前用 50℃温水浸种 10min 杀灭病菌。

2. 采收结束后，及时彻底清理植株残体，重病地区实行与非豆类蔬菜轮作。

3. 发病初期进行药剂防治。参见菜用大豆紫斑病。

扁豆红斑病中期病斑

扁豆红斑病后期病斑

扁豆角斑病
Lablab Isariopsis leafspot

角斑病为扁豆的普通病害，分布较广，部分地区发生较重。一般病株率 50% 左右，轻度影响扁豆生产，严重地块病株率 80%～100%，使部分叶片坏死干枯，在一定程度上影响产量和质量。

[症状] 此病多在扁豆中后期发生，主要为害叶片，初产生灰褐色至黄褐色小点，以后变成紫褐色多角形病斑，病斑背面产生灰褐色霉层，即病菌的分生孢子梗和分生孢

扁豆角斑病叶面病斑

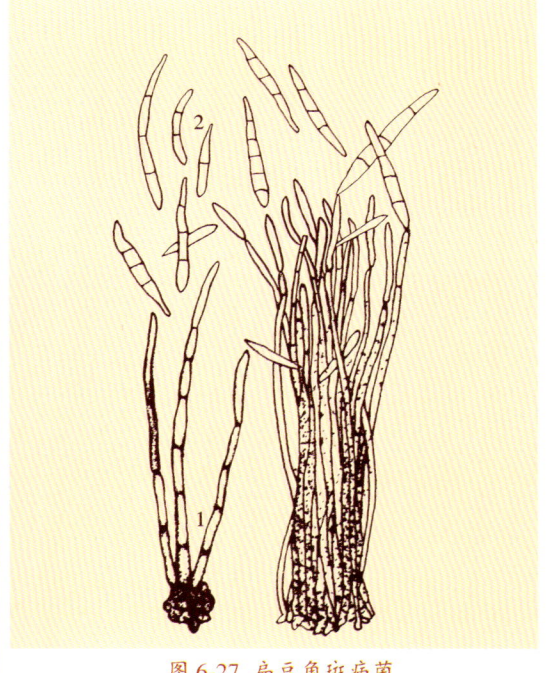
图 6-27 扁豆角斑病菌
1. 分生孢子梗　2. 分生孢子

子。严重时叶片上病斑密布，短时期内病叶即坏死干枯。

[病原] *Isariopsis griseola* Sacc.属半知菌灰拟棒束孢霉真菌。病菌分生孢子梗密集成束，无色、直立，不分枝，屈曲少或无，顶端钝圆，孢子痕小，大小为68.5～135μm×2.5～4.5μm。分生孢子顶生或侧生，长梭形至倒棍棒形，基部钝圆平截，顶端渐细，微弯，无色至淡橄榄褐色，具1～5个隔膜，大小为26.5～66.5μm×5～7.5μm（图6-27）。

[发病规律] 病菌以菌丝块或分生孢子随病残体越冬，也可以分生孢子或菌丝块在种子上越冬，条件适宜即引起发病。生长期以分生孢子进行重复侵染。秋季多雨，昼夜温差大，雾大露多，病害发生较重。

防治方法参见菜用大豆紫斑病。

扁豆角斑病叶背病斑

扁豆靶斑病
Lablab target leafspot

靶斑病为扁豆的普通病害，分布较广，发生较普遍。一般病情较轻，仅少数叶片受害，对生产无明显影响。严重地块或重病年病害可使植株部分叶片坏死干枯，影响产量和品质。

[症状] 此病主要侵染叶片，初在叶片上产生近圆形红褐色小点，以后发展成近圆形红褐色坏死斑，中央浅色，边缘色深，外围常具有浅红褐色坏死斑环。随病害发展病斑向四周扩展蔓延，形成不定形浅红褐色坏死斑，相互间可连接成大型斑块，终致叶片卷曲坏死，最后脱落。空气湿度高时，病斑上产生灰褐色霉状物，即病菌的分生孢子梗和分生孢子。

[病原] *Corynespora cassiicola*（Berk. & Curt.）Wei属半知菌瓜棒孢菌真菌。详见菜用大豆靶斑病。

[发病规律] 病菌以菌丝体或分生孢子在病残体上越冬，种子可带菌，还可在土中残存2年以上，并在多种寄主残体上繁殖产生分生孢子，借风雨传播，进行初侵染和再侵染。温暖高湿适宜发病。病菌生长适温18～21℃，湿度80%以上。多雨、多雾发病较重。

防治方法参见菜用大豆紫斑病。

扁豆靶斑病中后期病叶

扁豆靶斑病前期叶面病斑

扁豆靶斑病前期叶背病斑

扁豆轮纹病
Lablab Ascochyta leafspot

　　轮纹病为扁豆的普通病害，在部分地区发生，通常发病较轻，病株率20%左右，少数叶片染病，对生产无明显影响。个别地块发病较重，病株可达60%以上，部分叶片因病坏死干枯，轻度影响扁豆生产。

　　[症状] 此病多在生长中后期发生，主要为害叶片，在叶片上产生近圆形至不规则形病斑，灰褐色至红褐色，大小不等，边缘颜色稍深，有不明显的轮纹。后期病斑上产生稀疏小黑点，即病菌的分生孢子器。

　　[病原] *Ascochyta phaseolorum* Sacc.属半知菌小豆壳二孢真菌。病菌分生孢子器球形至扁球形，直径100～200μm，暗褐色。分生孢子长圆形，双细胞，分隔处缢缩，无色，大小为7～10μm×3～4μm（图6-28）。

　　[发病规律] 病菌以菌丝体和分生孢子器在病部或随病残组织越冬，以分生孢子借雨水溅射传播，进行初侵染和再侵染。扁豆生长季，

天气温暖高湿、多雨，此病发生较重。此外，植株缺肥、早衰，有利于发病。

　　防治方法参见蚕豆褐斑病。

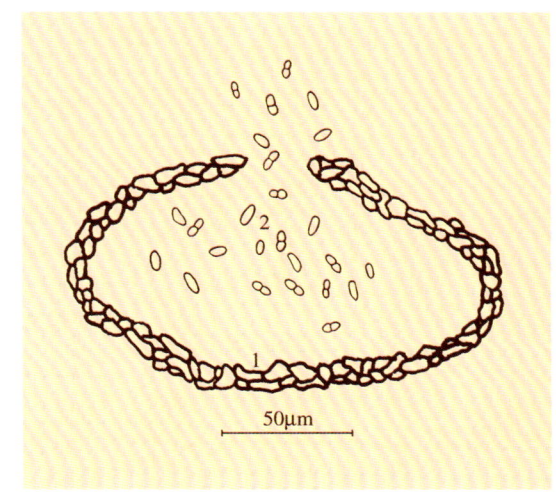

图6-28 扁豆轮纹病菌
1.分生孢子器 2.分生孢子

扁豆轮纹病初期病斑　　　　　　　　　扁豆轮纹病中后期病斑

扁豆轮纹病棚室病株叶面病斑　　　　　　　　　扁豆轮纹病棚室病株叶背病斑

扁豆锈病
Lablab rust

锈病为扁豆的重要病害，分布较广，发生较普遍，主要在秋季发病。通常病株率30%～60%，轻度影响生产。严重地块发病率均达100%，部分叶片因病枯死，明显影响产量与质量。

[症状] 此病主要为害叶片，严重时亦侵染叶柄、茎蔓和豆荚。叶片染病初生黄白色至黄褐色小斑点，略凸起，以后逐渐扩大，病斑上产生黄褐色夏孢子堆，突破表皮散出橙褐至红褐色粉末状物，即夏孢子。深秋，病斑上产生黑色冬孢子堆，表皮破裂散出黑褐色冬孢子。严重时病叶上病斑密布，大批叶片因病脱落或枯死。

[病原] *Uromyces appendiculatus*（Pers.）Ung. 属担子菌疣顶单胞锈菌真菌。病菌夏孢子单胞，椭圆至长圆形，浅黄色至枯黄色，表面有稀疏微刺，具芽孔1～3个，大小为20～30μm×18～24μm。冬孢子单胞，长圆至椭圆形，褐色，顶端有较透明乳突，突高4.5～8.5μm，下端具无色透明长柄，孢壁深褐色，表面光滑，厚2.5～3.5μm，孢子大小为26.5～37μm×20～27μm。锈孢子近椭圆形，淡橄色或无色，表面密生微刺，大小为

图6-29 扁豆锈病病菌
1. 夏孢子　2. 冬孢子

18～31μm×15～23μm（图6-29）。

[发病规律] 病菌主要以冬孢子在病残体上越冬。条件适宜时产生担子孢子形成初侵染，发病后产生夏孢子进行再侵染。南方菜区病菌周年为害，无越冬现象。温暖高湿有利于发病。夏孢子萌发温度10～30℃，适宜温度16～22℃，产孢和侵染适温为15～24℃。扁豆生长期，气温20～25℃、空气潮湿，或昼夜温差大、结露时间长，病害发生严重。

[防治方法]

1. 采收结束后及时清理田间病残组织，集中妥善处理，减少田间病菌。

2. 重病地区，因地制宜选用抗病品种，增施充分腐熟的有机肥或生物菌肥，生长期加强管理。

3. 发病初期进行药剂防治。参见蚕豆锈病。

扁豆锈病叶背病斑

扁豆锈病叶面病斑

扁豆根腐病
Lablab Fusarium root rot

根腐病为扁豆的普通病害，分布较广，在部分地区发病较重。种植地块雨后积水易发生，一旦发病，田间常成团死苗或死秧，染病率局部达30%～50%，明显影响生产。

[症状] 此病主要侵害根系，由侧根或须根开始染病。病部初呈浅黄褐色至橙褐色，逐渐向主根发展，使整个根系变褐坏死，最后腐烂。随病害发展植株叶片由下向上萎蔫、黄化，最后枯死。后期病菌可扩展致根茎，使根茎变褐腐烂。土壤潮湿病部表面可产生少量白霉，即病菌的分生孢子丛和分生孢子。

[病原] *Fusarium* sp.属半知菌镰孢霉真菌。病菌孢子梗及分生孢子无色，孢子有大、小两型。大型分生孢子镰刀形，多细胞；小型分生孢子卵圆形，单细胞。

发病规律、防治方法参见荷兰豆、甜豌豆根腐病。

扁豆根腐病后期病根

扁豆根腐病前期病根

扁豆根腐病成株病根

扁豆白粉病
Lablab podery mildew

白粉病为扁豆的重要病害，在部分地区发生，主要在秋季发病。通常植株染病率较高，病株常达60%～80%，重病地块100%发病，染病植株早衰死亡，明显影响生产。

[症状] 此病主要为害叶片，初期在叶片上产生近圆形粉状白霉，以后融合成粉状斑，严重时布满全叶，致叶片早衰枯死或脱落。

[病原] *Erysiphe polygoni* DC.属子囊菌蓼白

扁豆白粉病病株

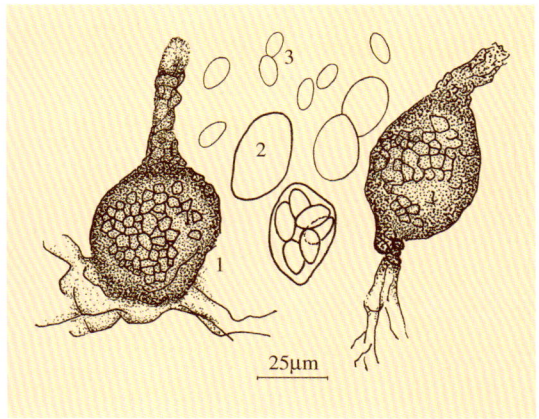

图6-30 扁豆白粉病菌
1.闭囊壳 2.子囊 3.子囊孢子

粉菌真菌。病菌闭囊壳附属丝多，与菌丝交织在一起。闭囊壳扁球形，黑褐色，直径80～180μm，内含3～10个子囊，外有丝状附属丝。子囊长卵形，无色，大小为45～80μm×28～51μm，内含2～8个子囊孢子。子囊孢子椭圆形，单胞，无色，大小为16～30μm×8～19μm。病菌分生孢子椭圆形或柱形，单胞，无色，产生在分生孢子梗顶端，串生，由上向下顺序成熟脱落，大小为25.5～40μm×13～20μm（图6-30）。

[发病规律] 病菌以闭囊壳在病残体上越冬，或以菌丝体在其他多年生寄主体内越冬。以子囊孢子进行初侵染。湿暖地区病菌以分生孢子周年为害，无明显越冬现象。通常，天气干旱或昼夜温差大、叶面结露，发病严重。

[防治方法]

1. 收获后及时清除病残体，集中妥善处理，减少田间菌源。

2. 发病初期进行药剂防治。参见荷兰豆、甜豌豆白粉病。

扁豆菌核病
Lablab Sclerotinia rot

菌核病为扁豆的普通病害，多在老菜区保护

扁豆菌核病病叶柄

地内发生。通常零星发病，轻度影响生产。重病地块或棚室病株常达10%以上，明显影响扁豆生产。

[症状] 此病全生育期都可发生，多侵害植株下部茎蔓和茎基部，严重时亦侵害豆荚。病部初呈水渍状，后逐渐变成灰白色，在其表面长出白色絮状菌丝，后期转变成黑色鼠粪状菌核。随病害发展，病部腐烂并迅速向四周扩展，短期内致植株病部以上萎蔫枯死。

[病原] *Sclerotinia sclerotioru* (Lib.) de Bary 属子囊菌核盘菌真菌。详见青花菜菌核病。

[发病规律] 此病仅在老菜区保护地内与其他蔬菜间、套种植时零星发生，植株间密蔽、潮湿病害稍重。

[防治方法]

1. 收获后彻底清除病残植株，深翻土地。

2. 重病地区实行水旱轮作。精选种子，清除菌核。合理密植，增施磷、钾肥。

3. 必要时进行药剂防治。参见青花菜菌核病。

扁豆圆纹病叶面病斑

扁豆圆纹病叶背病斑

扁豆圆纹病
Lablab Physalospora leafspot

圆纹病为扁豆的普通病害，在局部地区发生，通常发病很轻，仅个别植株零星叶片发生，对生产无影响，极少地块发病较重，部分叶片因病坏死，轻度影响生产。

[症状] 此病主要为害叶片，多从中下部叶片开始侵染，初期在叶片上产生略呈水渍状的红褐色至暗褐色小点，以后发展成黄褐至暗褐色近圆形病斑，边缘颜色较深，具有较明显的同心轮纹，后期在病斑内产生不明显颗粒状物，即病菌的分生孢子器。

[病原] *Physalospora phlyctaenoides* (Berk. et Curt.) Sacc.属子囊菌扁豆囊孢菌真菌。病菌子囊座生于寄主组织内，近球形，暗褐色，直径500～800μm。子囊梭形，榄褐色，大小为52～62μm×11～12μm。子囊孢子椭圆形，单细胞，大小为14～17μm×5～6μm。

[发病规律] 病菌以子囊座随病残组织越冬。条件适宜时以子囊孢子形成初侵染。扁豆生长期温暖高湿有利于发病。此外，植株生长茂密、田间潮湿和连茬种植的地块病害发生偏重。

[防治方法]

1. 收获后彻底清除病残落叶，及时翻耕整地，减少越冬病菌。

2. 重病地块实行轮作。避免密植，雨后及时排水，降低田间湿度。

3. 适时进行药剂防治，可选用70%甲基托布津可湿性粉剂600倍液，或40%多硫悬浮剂400倍液，或50%多菌灵可湿性粉剂500倍液，或80%大生可湿性粉剂800倍液，或40%福星乳油8 000倍液喷雾防治。

扁豆斑枯病
Lablab Septoria blight

斑枯病为扁豆的普通病害，在局部地区发生分布。通常发病很轻，对生产无影响，个别地块病害较重，少数叶片坏死干枯，在一定程度上影响扁豆生产。

[症状] 此病主要为害叶片，初在叶片上产生紫褐色小圆点，以后发展成圆形至不定形紫褐色斑，后期病斑中央变成灰白色至灰褐色，其上产生许多小黑点，即病菌的分生孢子器。条件适宜时叶片上病斑密集成片，短时间致使病叶枯死。

[病原] *Septoria lablabina* Sacc.属半知菌扁豆褐斑壳针孢菌真菌。病菌分生孢子器生于叶上，近球形，器壁膜质，顶端有孔口，直径87～125μm。分生孢子圆筒形，基部稍粗，无色，有隔膜3个，大小为32～56μm×2.5～3.5μm。

[发病规律] 病菌主要随病残体越冬。条件适宜时产生分生孢子器和分生孢子，借气流和雨水飞溅把分生孢子传到植株叶上引起发病。以分生孢子形成再侵染，使病害扩展蔓延。冷凉高湿适宜发病。扁豆生长期多阴雨，或昼夜温差大、田间长时间结露等有利于发病。

防治方法参见菜用大豆灰星病。

扁豆斑枯病病叶

扁豆细菌性叶烧病
Lablab bacterial leaf blight

细菌性叶烧病为扁豆的主要病害，分布较广，发生较普遍。主要在夏、秋季发生为害，春季后期亦可发生，一般病株率20%～40%，轻度影响生产，严重时病株可达80%～100%，部分叶片因病坏死，明显影响生产。

[症状] 此病主要为害叶片，重时亦侵染茎蔓和豆荚，全生育期均可发病。苗期染病，子叶上出现红褐色溃疡斑，或在小叶叶柄基部产生水渍状病斑，绕茎扩展呈红褐色，致幼苗折倒枯死。成株叶片染病，多从叶缘开始侵染，形成V字形坏死斑。雨水多时亦常从叶面侵染，初出现油渍状红褐色小点，以后发展成近圆形至不规则形红褐色坏死斑，周围具黄色晕圈。严重时多个病斑汇合致病叶坏死枯萎。茎蔓染病，病斑红褐色长条形，略凹陷，终致茎叶枯死。豆荚染病，初生油渍状暗绿色小点，以后发展成暗褐色近圆形至不定形凹陷斑，重时致豆荚皱缩。病菌可侵入到种子，使种皮皱缩或出现油渍状不规则云纹状红褐色病斑，潮湿时可溢出菌液。

[病原] *Xanthomonas campestris* pv. *phaseoli* (Smith) Dye 属黄单胞杆菌甘蓝黑腐黄单胞菌菜豆疫病致病变种细菌。病菌菌体短杆状，大小为

扁豆细菌性叶烧病前期病叶

扁豆细菌性叶烧病中期病叶

扁豆细菌性叶烧病后期病叶

0.3~0.8μm×0.5~2.0μm，有荚膜，无芽孢，极生单鞭毛，革兰氏染色阴性，好气性。肉汁胨琼脂平面上菌落黄色，圆形，有光泽。边缘整齐。肉汁胨液中云雾状，有黄褐色菌环。可液化明胶，牛乳呈碱性和澄清，有凝块，硝酸盐不还原，可产氨和硫化氢，可使淀粉水解。

发病规律、防治方法参见蚕豆细菌性疫病。

扁豆软腐病
Lablab bacterial soft rot

软腐病为扁豆的普通病害，分布较广，但发生较轻，通常对生产无明显影响，仅个别地块病情稍重，轻度影响产量和品质。

[症状] 此病主要侵害豆荚，多从害虫引致的伤口部位开始发病，初呈暗绿色水渍状软腐，迅速发展使整个豆荚腐烂，随后病荚失水干缩。

[病原] *Erwinia carotovora* subsp. *carotovora* （Jones）Bergey et al.属胡萝卜软腐欧氏杆菌胡萝卜软腐病亚种细菌。详见青花菜软腐病。

[发病规律] 病菌来自田间多种其他寄主，通过雨水传播和经害虫伤口侵入，形成初侵染和再侵染。结荚期间多雨、害虫多且为害重，此病发生较重。

[防治方法]

1. 加强害虫防治，尽量避免豆荚受伤，减少传病。
2. 及时摘除病荚，减少田间病菌。

扁豆软腐病前期病荚

扁豆软腐病后期病荚

扁豆根结线虫病
Lablab root-knot nematode

根结线虫病为扁豆的重要病害，仅在部分地区发生，保护地、露地都可发病。通常病情较轻，在一定程度上影响扁豆生产。重病地块或棚室，病株常达80%～100%，常致植株成片枯萎死亡，明显影响产量和品质。

[症状] 此病主要侵害根系，初在幼根上出现粗细不均肿大，以后形成乳黄色近球形或葫芦状、链珠状的根结，或形成较大的花椰菜状肿瘤。剖开根结或肿瘤，可见乳白色梨形小颗粒状物，即线虫雌成虫。病害发展至后期，根结和肿瘤变褐腐烂，终致根系坏死。随病害发展，植株叶片逐渐萎蔫褪绿，最后全株枯死。

[病原] *Meloidogyne incognita* Chitwood属南方根结线虫。详见菜用大豆根结线虫病。

发病规律、防治方法参见菜用大豆根结线虫病。

扁豆根结线虫病病根

5. 四棱豆病害 Diseases of winged bean

四棱豆病毒病
Winged bean virus disease

病毒病为四棱豆的常见病，分布较广，发生亦较普遍。通常零星发生，对生产影响较小，仅个别地块或特殊年份发病重，发病率达 20% 以上，明显影响四棱豆正常生产。

[症状] 此病全生育期都可发生，幼苗时期发病对产量影响明显。发病植株叶片颜色浓淡不均，多表现不规则花叶或斑驳。幼嫩叶片皱缩变狭，或不规则卷曲，嫩梢扭曲畸形，花蕾密生成簇。

[病原] Bean Common mosaic

四棱豆病毒病褪绿黄化病株

virus 和 Bean yellow monaic virus 即菜豆普通花叶病毒和菜豆黄花叶病毒。详见扁豆病毒病。

发病规律、防治方法参见扁豆病毒病。

四棱豆病毒病花叶病株

四棱豆镰孢霉红粉病
Winged bean Fusarium rot

镰孢霉红粉病为四棱豆的一般病害，分布较广，主要在苗期发生，常造成幼苗死亡。

[症状] 此病多在苗期发生。种子发芽时染病可引起烂种。出苗后常从子叶开始侵染，初期在子叶上出现水渍状黄褐色坏死小点，以后变成灰白色至黄褐色近圆形凹陷斑，边缘紫褐色，初期水渍状，最后发展成不规则凹陷斑，表面产生白色至粉红色的霉层，即病菌分生孢子丛。嫩茎染病亦形成显著凹陷的坏死病斑，边缘颜色较深，椭圆形，空气潮湿病斑表面产生粉红色霉层。

[病原] *Fusarium* sp.属半知菌镰孢霉真菌。病菌产生两种类型的分生孢子，大型分生孢子镰刀形，3～5 个隔膜；小型分生孢子椭圆形至长圆形，单胞或双胞。

[发病规律] 病菌多随种子传播，也可在土壤内或随病残组织越冬。播种后在种子发芽过程中染病，出苗后病菌可通过浇水或雨水溅射引起发病。种子带菌，当种子萌发时就直接侵染子叶而发病，以后在病部产生大量分生孢子借浇水、雨水和管理进一步传播扩散。高温多雨或温暖潮湿有利于发病。播种未经任何处理的种子发病较重。

[防治方法]
1. 选无菌土育苗或基质育苗。

2. 播种前种子用恒温 55℃温水浸种 10～15min。也可用 65% 防霉宝可湿性粉剂 400 倍液，或 50% 多菌灵可湿性粉剂 200 倍液浸种 30～45min。

3. 苗期发病及时拔除病苗后配合药剂防治，可选用 65% 防霉宝可湿性粉剂 600 倍液，或 50% 多菌灵可湿性粉剂 500 倍液，或 10% 双效灵水剂 1 500 倍液，或 75% 敌力脱乳油 2 000 倍液，或 2% 农抗 120 水剂 200 倍液，或 45% 特克多悬浮剂 1 000 倍液喷雾。

四棱豆镰孢霉红粉病病苗子叶

四棱豆白星病
Winged bean Phyllosticta leafspot

白星病为四棱豆的常见病，分布较广，发生亦较普遍，多在夏、秋露地种植时发生，一般发病率30%左右，重时可达60%以上，可使部分叶片提早衰老坏死，在一定程度上影响生产。

[症状] 此病主要侵染叶片，初期在叶片上出现紫红色放射状小点，以后发展成中心白色至灰白色、边缘紫红色界限不明显的小斑，中央略凹陷，通常病斑大小为2～5mm，后期在病斑表面产生少许褐色小点，即病菌的分生孢子器。条件适宜时病斑稍大，可相互连接，有时可穿孔，终致叶片提前老化坏死。

[病原] *Phyllosticta phaseolina* Sacc.属半知菌菜豆叶点菌真菌。病菌分生孢子器初埋生于叶表皮内，后突破表皮，散生，球形，器壁膜质，褐色，有孔口，直径为68～115μm。分生孢子椭圆形至卵圆形，无色，单胞，大小为4.5～8μm×3～4.5μm。

发病规律、防治方法参见菜用大豆灰星病。

四棱豆白星病叶面病斑

四棱豆白星病叶背病斑

四棱豆灰斑病
Winged bean Cercospora leafspot

灰斑病为四棱豆的常见病，分布较广，发生较普遍，常在秋季雨后发生，一般病株率50%～70%，重病地块100%发病，在一定程度上影响四棱豆生产。

[症状] 此病主要为害叶片，中后期叶片更易受害。初期在叶片上产生褐色坏死小点，以后发展成不定形坏死小斑，中央灰白色至灰褐色，边缘红褐色，不规则，空气潮湿在病斑背面产生灰黑色霉状物，即病菌的分生孢子梗和分生孢子。条件适宜，叶片上病斑密布，终致病叶枯死。

[病原] *Cercospora canescens* Ell.et Mart.属半知菌豆类灰星尾孢霉真菌。病菌子实体多生于叶背，灰黑色，子座不发达。分生孢子梗直立，有时成密束，偶有分枝，褐色，具3～8个隔膜，屈曲0～2个，顶端近平切状，有明显的孢子痕，大小为20～195μm×3～6.5μm。分生孢子针形，无色，直或不同程度弯曲，具隔膜7～12个，基端平切，顶端渐尖，大小为30～300μm×2.5～5μm。

[发病规律] 病菌以菌丝体随病残组织越冬。条件适宜时产生分生孢子，形成初侵染，发病后以分生孢子通过风雨传播，进行再侵染，使病害扩展蔓延。四棱豆生长期多阴雨、气温高，植株生长衰弱，有利于病害发生与发展。

防治方法参见菜用大豆紫斑病。

四棱豆灰斑病病叶

四棱豆叶斑病
Winged bean Mycosphaerella leafspot

四棱豆叶斑病病斑

叶斑病为四棱豆的普通病害，分布较广，常年都零星发生，通常对生产无影响，病害严重时少数叶片坏死。

[症状] 此病主要为害叶片，初期在叶片上产生紫红色坏死小点，逐渐发展成粉红至浅黄褐色病斑，近圆形至不定形，边缘紫红色或红褐色，界限分明，最后病斑干燥枯死，其上产生黑色小点，即病菌的子囊壳。

[病原] *Mycosphaerella phaseolorum* Siemaszko属子囊菌豆类褐斑小球壳菌真菌。病菌子囊壳初生于寄主表皮下，后突破表皮，顶端外露。子囊壳近球形，直径70～120μm，暗褐色，孔口宽大。子囊棍棒状至圆筒形，大小为35～60μm×14～16μm。子囊孢子长椭圆形，无色，具一隔膜，大小为10～12μm×6～7μm。

发病规律、防治方法参见菜用大豆灰星病。

四棱豆炭疽病
Winged bean anthracnose

炭疽病为四棱豆的常见病，分布较广，发生较普遍，但通常发病很轻，对生产无明显影响，仅个别地块或多雨季节发病稍重，病株达10%以上，明显影响四棱豆生产。

[症状] 此病各生育期都可发生。种子带菌，子叶尚未展开即染病，初在子叶边缘出现水渍状浅红褐色小点，以后发展成坏死凹陷斑，湿度高时病斑上产生粉红色黏稠物，即病菌的分生孢子盘和分生孢子。幼茎染病，多形成近椭圆形小型坏死病斑，显著凹陷，粉红色至红褐色，后期可产生黑色小点，即病菌的分生孢子盘。成株染病，初在叶片上产生红褐色小点，以后沿叶脉扩展成近圆形至不定形病斑，红褐色至灰褐色，后期可产生黑色小点，即病菌的分生孢子盘。

[病原] *Colletotrichum lindemuthianum*（Sacc. et Magn.）Bri.et Cav.属半知菌豆刺盘孢真菌。病菌分生孢子盘直径50～100μm，四周有刚毛，大小为30～60μm×3～5μm。分生孢子椭圆形，大小15～19μm×3～5μm。

[发病规律] 病菌主要随种子越冬，也可随病残体越冬。条件适宜带菌种子使幼苗发病，或病残体上病菌产生分生孢子，通过雨水飞溅传播形成初侵染。发病后分生孢子进行再侵染，使病害扩展蔓延。病菌生长温度6～30℃，适宜温度21～23℃。高湿适宜发病。四棱豆生长期多雨、多露、多雾或冷凉潮湿、土壤黏重，或种植过密发病严重。

防治方法参见蚕豆炭疽病。

四棱豆炭疽病叶背病斑

四棱豆炭疽病病荚

四棱豆斑枯病
Winged bean Septoria leaf blight

斑枯病为四棱豆的普通病害，分布较广，部分地区发生较重，以秋季露地种植较多见。通常病株20%～30%，少量叶片染病，对生产无明显影响，严重地块病株可达80%以上，部分叶片因病坏死干枯，明显影响生产。

[症状] 此病主要为害叶片，初在叶片上出现红褐色坏死小点，以后扩展成近圆形至不规则形坏死斑，浅黄褐色至灰白色，边缘紫红色，中央灰白色至黄白色，外围有时具褪绿晕圈。后期病斑背面散生黑色小粒点，即病菌的分生孢子器和分生孢子。病害严重时，叶片上布满病斑，短期内致叶片坏死干枯。

[病原] *Septoria phaseoli* Maubl.属半知菌菜豆壳针孢真菌。病菌分生孢子器散生或聚生，初埋生于寄主组织内，后突破表皮，球形至近球形，黑褐色，直径45～125μm。分生孢子针状，无色，直或微弯，一端渐尖细，一端较钝圆，具1～4个隔膜，大小为10～28μm×1～2μm。

[发病规律] 病菌以菌丝体和分生孢子随病残

体越冬。以分生孢子进行初侵染和再侵染，借雨水溅射传播蔓延，温暖潮湿有利于发病。四棱豆生长期昼夜温差大，夜间结露时间长，或多阴雨、大雾等，病害发生较重。

[防治方法]

1. 采收结束，及时彻底清理植株残体，集中妥善处理。

2. 发病初期结合防治其他病害喷药防治。可选用50%大富丹可湿性粉剂1 000倍液，或50%敌菌灵可湿性粉剂500倍液，或65%多果定可湿性粉剂1 000倍液，或40%福星乳油8 000倍液，或80%大生可湿性粉剂600倍液喷雾防治。

四棱豆斑枯病病叶

四棱豆根腐病
Winged bean Fusarium root rot

根腐病为四棱豆的重要病害，种植四棱豆地区都时有发生，保护地、露地都可发病。通常病株零星，发病率10%以下，重病地块、病株可达30%以上，明显影响生产。

[症状] 此病主要侵害根系或茎基部，初期在根部产生紫红色或黄褐色斑点，多由侧根向主根蔓延，使整个根系呈黄褐色至褐色坏死或腐烂，病株或病苗极易拔起。纵剖病根，病部维管束呈红褐色，病情扩展后向茎蔓上部延伸，主根全部染病致地上部茎叶萎蔫或枯死。湿度高时病部表面产生粉红色霉状物，即病菌的分生孢子。

[病原] *Fusarium* sp.属半知菌镰孢霉真菌。病菌菌丝具隔膜，产生大小两种类型分生孢子。大型分生孢子镰刀形至纺锤形，具2～5个隔膜，多为3个。小型分生孢子卵圆形至长椭圆形，具0～1个隔膜，无色。

[发病规律] 病菌主要随病残体在土壤中越

冬，通过伤口侵入致皮层腐烂。带菌的肥料和土壤，经雨水或浇水亦可传播病害。土质黏重，土壤含水量高或施用未腐熟肥料致根系受伤，病害发生较重。

防治方法参见荷兰豆、甜豌豆根腐病。

四棱豆根腐病病根

四棱豆角斑病
Winged bean Isariopsis leafspot

角斑病为四棱豆的普通病害，在部分地区发生，一般较少见。一旦发病，田间发病率往往较高，常达80%以上，明显影响生产。

[症状] 此病多在生长中后期发生，仅为害叶片，在叶片上产生多角形黄褐色病斑，以后转变成红褐色至紫褐色，叶背病斑密生灰紫色霉层，即病菌的分生孢子梗和分生孢子。严重时叶片上病斑密集，相互连接成片，短期内即致叶片坏死干枯。

[病原] *Isariopsis griseola* Sacc.属半知菌灰拟棒束孢真菌。详见扁豆角斑病。

[发病规律] 病菌以菌丝块或分生孢子随病残体越冬，也可以分生孢子或菌丝块在种子上越冬，条件适宜病菌萌发引起发病。生长期以分生孢子进行重复侵染使病害扩展蔓延。四棱豆生长期多雨，田间空气湿度高，雾大露多，病害发生较重。

防治方法参见菜用大豆灰斑病。

四棱豆角斑病病叶

四棱豆锈病
Winged bean rust

锈病为四棱豆的普通病害，分布较广，部分地区发生。多在秋季发病，一般病株30%左右，轻度影响四棱豆生产，严重地块发病率达100%，明显影响产量与质量。

[症状] 此病主要侵害叶片，初在叶片上出现边缘不明显的褪绿小黄斑，以后中央稍突起，逐渐扩大产生深黄色至橘黄色夏孢子堆，表皮破裂后，散出红褐色粉末，即夏孢子。深秋，病斑上长出黑色冬孢子堆，表皮破裂散出黑褐色冬孢子。严重时叶片上病斑密布，致病叶干枯脱落。

[病原] *Uromyces appendiculatus*（Pers.）Ung.属担子菌疣顶单胞锈菌真菌。详见扁豆锈病。

发病规律、防治方法参见蚕豆锈病。

四棱豆锈病初期病叶

四棱豆锈病后期病叶

四棱豆灰霉病
Winged bean gray mold

灰霉病为四棱豆的普通病害，部分地区发生，主要在保护地内零星发病，南方露地种植亦可发病。通常植株染病率较低，仅零星豆荚和叶片受害，严重时可造成一定程度损失。

[症状] 此病主要侵害叶片和花荚。叶片染病多从叶尖或叶缘或积水的部位开始侵染，形成灰褐色至黄褐色大型坏死斑，多具同心轮纹，边缘暗褐色，后期在其表面产生稀疏灰色霉状物，即病菌的分生孢子梗和分生孢子。花荚染病，多从开败的花瓣开始侵染，逐渐向豆荚方向发展，致豆荚坏死干缩或花序坏死腐烂，在病组织表面产生灰色霉层。

[病原] *Botrytis cinerea* Pers.属半知菌灰葡萄孢真菌。详见樱桃番茄灰霉病。

发病规律、防治方法参见樱桃番茄灰霉病。

四棱豆灰霉病病叶

细菌性叶烧病为四棱豆的常见病，分布广泛，发生普遍，春季和夏季都可发病，以夏、秋

四棱豆细菌性叶烧病前期病苗

四棱豆细菌性叶烧病中期叶面病斑

四棱豆细菌性叶烧病
Winged bean bacterial leaf blight

露地病情稍重，可造成部分叶片坏死干枯，在一定程度上影响生产。

[症状] 此病主要侵害叶片。叶片病斑多在叶缘和叶脉，初生暗绿至灰绿色水渍状小点，后扩大成不规则形坏死斑，以后病部干枯，枯死组织变薄呈半透明状，易破裂，边缘常具有褪绿晕环，有时晕环内还具有一狭窄深色斑环。空气潮湿，病斑上可溢出淡黄色菌脓，病害严重时，病斑相互汇合成大斑，致叶片枯死。

[病原] *Xanthomonas campestris* pv.*phaseoli*（Smith）Dye 属黄单胞菌菜豆疫病致病变种细菌。详见扁豆细菌性叶烧病。

发病规律、防治方法参见蚕豆细菌性疫病。

四棱豆细菌性叶烧病中期叶背病斑

四棱豆细菌性褐斑病
Winged bean bacterial leafspot

细菌性褐斑病为四棱豆的重要病害，部分地区发生，保护地、露地种植都可发病，夏、秋季多雨发病较重，发病率可达60%以上，病株多数叶片因病坏死干枯，明显影响四棱豆正常生产。

[症状] 此病主要侵害叶片，重时亦侵害豆荚。叶片染病初在叶片上产生红棕色坏死小点，以后变成圆形至不规则形红棕色或红褐色坏死病斑，边缘明显。湿度高时病斑外围常产生灰绿色侵染扩展带，随病害发展坏死变褐，多个病斑相互汇合连接致病叶在短期内坏死干枯。豆荚染病在豆荚上产生油渍状绿褐色小点，以后变成暗褐色凹陷坏死小斑，病害严重时病荚萎缩干死。

[病原] *Pseudomonas syringae* pv. *syringae* van Hall.属假单胞菌丁香假单胞菌丁香致病变种细菌。病病菌体短杆状，具1～4根极生鞭毛，革兰氏染色阴性，大小为0.9～1.1μm×1.8～2μm；KB平板培养基上27℃培养3天，菌落呈圆形，凸起，光滑，乳白色，直径2～3.5mm；培养7天，菌落多呈圆形或稍扁平，中央凸起，边缘呈细毛状，直径4～5.5mm，可产生水溶性黄绿色荧光。能氧化葡萄糖但不能发酵，接触酶呈阴性。

[发病规律] 病菌可在种子内部及病残体上越冬，借风雨、浇水传播蔓延。病菌还可侵

四棱豆细菌性褐斑病前期病斑

四棱豆细菌性褐斑病中期病叶

染十字花科、茄科、伞形花科等多种蔬菜，这些蔬菜的病株及残体也可成为田间发病的初侵染源。病菌生长温度4～41℃，适宜温度25～28℃，致死温度48～49℃10min。通常寄主生长期多阴雨或降雨次数多，容易发病。

[防治方法]

1. 建立无病留种田，选用无病种子。播种前用1%盐酸溶液浸种20min后洗净播种。

2. 加强田间管理，及时防治各种害虫，露水干后进地操作，减少病害传播。收获后彻底清除各种寄主病残组织，减少田间菌源。

3. 发病初期施药防治。参见蚕豆细菌性疫病。

四棱豆细菌性褐斑病后期病叶

四棱豆根结线虫病
Winged bean root-knot nematode

根结线虫病为四棱豆的重要病害，在局部地区发生分布。病害轻时症状表现不明显，对生产影响较小，病害严重时，发病率可高达80%以上，常使病株早衰枯死，显著影响产量与质量。

[症状] 此病主要在幼苗期和生长前期发生，仅为害根系，侧根和须根易受害，在病根上串生大小不等葫芦状瘤状根结，剖开根结可见很小白色半透明梨形雌线虫。随病害发展地上部生长衰弱，叶色褪绿，生长缓慢。重病株明显矮化，结荚小或不结荚，逐步萎蔫枯死。

[病原] *Meloidogyne incognita* Chitwood 属南方根结线虫。详见菜用大豆根结线虫病。

发病规律、防治方法参见菜用大豆根结线虫病。

四棱豆根结线虫病幼苗病根

四棱豆药害
Winged bean pesticide injury

药害属非侵染性伤害，各地都时有发生，轻时对生产无明显影响，严重时显著影响产量和品质。

[症状] 药害因药剂种类、施用方式不同表现各异。通常在田间分布较均匀，或在叶片上表现均匀受害，受害植株及叶片与着药剂量、施药部位直接相关。多在叶片上出现较均匀的黄点，或不规则浅褐色坏死斑，或沿叶缘黄化、变褐、坏死等，表现受害症状后一般不再发展。

[病因] 形成药害的原因可能有几个方面。一是施用对作物高度敏感的药剂，如叶面喷洒有机磷（辛硫磷、敌敌畏）、铜制剂、抗菌素类等施用后致植株叶片组织受伤害。二是过量或超量施用平时安全的药剂，施用浓度超过了作物的忍耐剂量，致作物受药害。三是由于施药不均，使药剂在作物叶片等部位局部积累，受药超量，如施用烟雾剂使距药源较近的植株局部药害。喷洒药液过多、药液存积，致叶片下凹处或叶缘受药害等。

[防治方法] 根据造成药害的不同原因，针对性采取预防措施，防患于未然。参见甜瓜药害。

四棱豆药害受害叶

四棱豆风害
Winged bean wind injury

风害为非侵染生理伤害，北方地区春季保护地时有发生，风害损失随受害程度轻重而异。

[症状] 风害与寒害表现类似，略有不同在于寒害表现明显受害状需经相对较长的时间，刚受害时叶脉间出现灰绿色不规则水渍状斑，病斑下陷，背面略具光泽，以后形成相对独立的黄褐色纸状坏死斑，边缘明显。风害多在很短时间内表现叶肉组织大面积不规则坏死，叶片多表现大片大片受害，坏死斑很像由许多碎小杂乱的小斑连接而成，水渍状表现过程很短或看不到，受害叶片多数皱卷，短期内即坏死干枯。

[病因] 寒害多因棚室内外温差很大，小股寒冷气流侵袭植株，使部分叶片零星受害。风害亦是由于棚室内温湿度较高，因较强冷风吹袭使许多植株短期内大面积受害。

防治方法参见樱桃番茄寒害与冻害。

四棱豆风害受害叶

七、根菜类蔬菜病害
Diseases of Starch Underground and Root Vegetables

1. 樱桃萝卜、白萝卜病害 Diseases of cherry radish and garden radish

樱桃萝卜、白萝卜病毒病
Cherry radish and Garden radish virus disease

病毒病是樱桃萝卜、白萝卜的主要病害，分布广泛，发生普遍，多在夏秋露地生产季节发生，一般病株率8%～15%，轻度影响产量，严重时发病率可达30%～50%，显著影响产量和品质。此病还侵害多种其他十字花科蔬菜。

[症状] 此病主要在夏、秋季发生，樱桃萝卜和白萝卜全生育期均可染病，以苗期发病受害重。苗期染病，叶柄歪扭，叶片畸形，无心叶或心叶很小，卷曲，外层叶片叶色褪淡，病苗生长缓慢至不生长。中期或前期染病，多显现系统侵染症状，叶色浓淡不均，呈斑驳或花叶状，叶面皱缩不平，向下扣卷，叶帮歪扭，有

樱桃萝卜病毒病病株

白萝卜种株病毒病前期

时叶脉上产生耳状突起，或叶片上出现不规则浅褐色坏死小点。

[病原] TuMV即芜菁花叶病毒，一些地区还有部分CMV和Radish enation mosaic virus（REMV）即黄瓜花叶病毒和萝卜耳突花叶病毒混合侵染。TuMV、CMV详见青花菜病毒病，REMV主要产生轮纹花叶症状和使叶脉向内皱缩成耳突状。病毒汁液稀释限点1 500倍，钝化温度65～70℃，体外存活期14～21天。寄主范围较广，可侵染十字花科、藜科、茄科的多种植物。

[发病规律] 初侵染毒源主要来自于十字花科的采种桥梁寄主。高温干旱是诱导发病的主要条件，三种病毒都可通过摩擦方式汁液传毒，TuMV、CMV可由桃蚜、萝卜蚜传毒，REMV可由黄条跳甲、黄瓜十一星叶甲等传毒。与传毒介体害虫有关的气象因素均影响病害的发生与发展。生长期高温干旱、田间管理粗放、蚜虫、跳

白萝卜种株病毒病中后期病株

甲发生为害严重,植株缺水、缺肥,病害发生严重。

[防治方法]

1. 选择灌溉条件较好的地块种植,增施有机底肥,适期播种,使苗期避开高温季节。

2. 采用银灰色遮阳网或寒冷纱种植,遮荫避蚜

防病。也可挂银灰色塑料反光膜或铝光纸条避蚜。

3. 生长期加强管理,及时浇水和防治蚜虫、跳甲。

4. 发病初期结合管理可喷洒抗毒剂1号水剂300倍液,或20%病毒A可湿性粉剂500倍液,或1.5%植病灵乳剂1000倍液,7～10天1次,连续防治3～4次。

霜霉病是樱桃萝卜、白萝卜的一般性病害,分布较广,发生较普遍,主要在保护地内发生,一般造成减产不明显,严重发生时显著影响产品质量。

[症状] 此病全生育期均可发生,由植株外叶向内叶发展,叶面上初出现不规则褪绿黄斑,逐渐扩大成多角形黄褐色坏死斑。叶背病斑初为水渍状小点,逐渐发展成不规则水渍状斑,以后变成灰褐色,湿度大时叶背面长出白色霜状霉层,即病菌孢囊梗和孢子囊。病重时多个病斑连接成片,致病叶枯黄死亡。

[病原] *Peronospora parasitica* (Pers.)Fr.属鞭毛菌寄生霜霉真菌。详见青花菜霜霉病。

发生规律、防治方法 参见青花菜霜霉病。

樱桃萝卜、白萝卜霜霉病
Cherry radish and Garden radish downy mildew

樱桃萝卜霜霉病病叶

樱桃萝卜、白萝卜褐腐病
Cherry radish and Garden radish rhizome rot

樱桃萝卜褐腐病上部病叶

樱桃萝卜褐腐病病叶及叶柄

褐腐病为樱桃萝卜、白萝卜的重要病害,分布广泛,发生较普遍,保护地、露地种植都发生。多零星发病,对生产影响不明显,严重时病株率可达30%～40%,引到成片死苗或烂株、烂根,显著影响樱桃萝卜和白萝卜的产量与质量。此病还为害多种其他蔬菜。

[症状] 此病全生育期都可发生,各个部位均可受害。苗期染病多侵染根茎部,初形成水渍状坏死小斑,以后病部缢缩,灰白色至灰褐色,菜苗叶片由下向上萎蔫死亡。生长中期发病多从下部叶片叶缘或叶柄开始侵染,初形成水渍状坏死小斑,浅绿色,逐渐发展成半圆形或近圆形坏死斑,灰褐色至暗褐色,边缘颜色较浅,随病

樱桃萝卜褐腐病基部病叶

害发展病部逐渐腐烂,最后致叶片和叶柄全部腐烂,在病组织表面产生灰褐至黄褐色丝状物。生长后期根茎受害,初形成水渍状黄褐色小斑,迅速扩大成不规则坏死斑,边缘黄褐色,中央暗褐色,病部组织随病害发展而迅速溃烂、开裂,或坏死腐烂后与健康组织分离形成空腔,严重时造成根茎成片腐烂。

[病原] *Rhizoctonia solani* Kühn属半知菌立枯丝核菌真菌。详见青花菜褐腐病。

发病规律、防治方法参见青花菜叶腐病。

樱桃萝卜褐腐病重病苗

白萝卜褐腐病后期病株

白萝卜褐腐病病叶

白萝卜褐腐病与软腐病并发病株

樱桃萝卜黑斑病
Cherry radish black spot

　　黑斑病为樱桃萝卜普通病害，分布广泛，发生普遍，发病严重时，病株率可达80%～100%，影响产品质量。

　　[症状] 此病主要为害叶片，在叶片正背面均可侵染。病斑初为浅褐色小点，以后发展成圆形至近圆形，黄褐色至红褐色，具不明显同心轮纹，大小为1～8mm。病斑周围常具有浅黄色晕环。空气潮湿时病斑表面产生灰黑色霉状物，即病菌分生孢子梗和分生孢子。空气干燥，病斑易破裂穿孔。

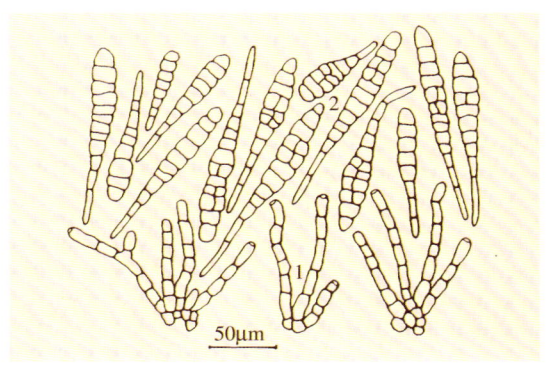

图 7-1　樱桃萝卜黑斑病菌
1. 分生孢子梗　2. 分生孢子

樱桃萝卜黑斑病病斑

樱桃萝卜黑斑病病叶

[病原] *Alternaria brassicae* (Berk.)Sacc.属半知菌芸薹链格孢真菌。详见菜心黑斑病（图7-1）。

发病规律、防治方法参见菜心黑斑病。

樱桃萝卜白锈病
Cherry radish white rust

白锈病为樱桃萝卜的一般性病害，在局部地区分布，主要在春、秋露地种植地块内发生。一般病株率8%～15%，对生产无显著影响，严重时发病率可达40%以上，在一定程度上影响产品质量。

[症状] 此病主要为害叶片，多在生长中后期发病。染病初期叶片正背面出现淡黄色斑，边缘不明显，随后病斑上出现略隆起小泡，稍变大后表皮破裂，散出白色粉末状物，即病菌孢子囊。病害严重时，叶两面布满疱斑，表皮破裂后叶表面散满白色粉末状物，短期内叶片枯黄死亡。种株染病，花序肿大，扭曲畸形。

[病原] *Albugo candida* (Pers.)O.Kuntze 属鞭毛菌白锈菌真菌。病菌菌丝无隔，蔓生于寄主细胞间，产生吸器侵入细胞内吸收营养。孢囊梗棍棒状，顶端着生链状孢子囊，长卵形，大小为26～

42μm×8～15μm。孢子囊球形至亚球形，无色，萌发时产生双鞭毛游动孢子，大小为9～15μm×11～22μm。卵孢子褐色，近球形，外壁有瘤状突起，萌芽形成孢子囊，大小为31～42μm（图7-2）。

[发病规律] 病菌以菌丝体随病残组织或种株越冬。也可以卵孢子在土壤中越冬或越夏，初春卵孢子萌发长出芽管或产生孢子囊及游动孢子，侵入寄主引起初侵染，发病后病部产生孢子囊和游动孢子，通过气流或雨水传播蔓延，进行再侵染，后秋在病组织内产生卵孢子越冬。低温高湿是发病的重要条件，0～25℃病菌均可萌发，以10℃适宜。昼夜温差大，或多露、多雾适宜发病。此病在海拔、纬度高的低温地区，或低温年份，或阴雨后发病重。

[防治方法]

1. 收获后及时清除田间病残组织，集中妥善处理，减少越冬菌源。

2. 重病地块采取与非十字花科蔬菜隔年轮作。

3. 合理密植，雨后及时排水，降低田间湿度，减轻病害。

4. 发病初期进行药剂防治，可选用72.2%普力克水剂600～800倍液，或72%凯克灵可湿性粉剂600～800倍液，或80%赛得福可湿性粉剂400倍液，或72%霜脲·锰锌可湿性粉剂600～800倍液，或69%安克·锰锌可湿性粉剂800～1 000倍液，或50%溶菌灵可湿性粉剂600～800倍液喷雾，仔细喷洒叶片正面和背面，7～10天1次，视病情防治1～3次。

樱桃萝卜白锈病病叶

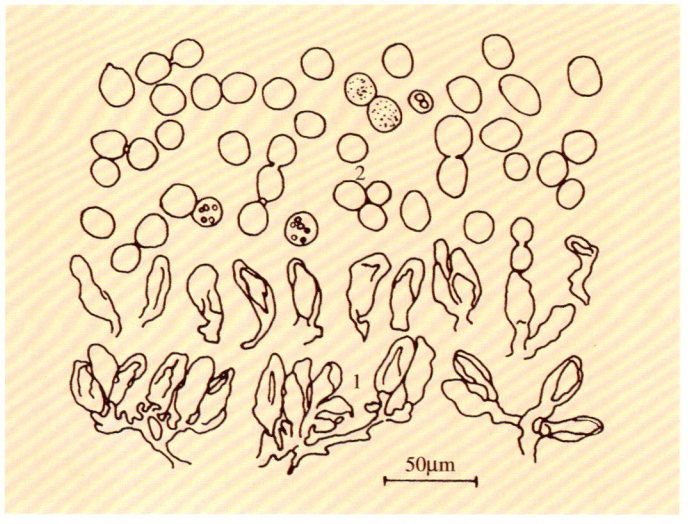

图 7-2 樱桃萝卜白锈病菌
1.孢囊梗 2.孢子囊

樱桃萝卜菌核病
Cherry radish Sclerotinia rot

菌核病为樱桃萝卜的重要病害，主要在老菜区保护地内发生，南方露地有时亦可零星发病。一般病株率3%～8%，个别棚室或地块发病严重，发病率局部可达40%～50%，造成植株成片腐烂死亡，在一定程度上影响生产。

[症状] 此病全生育期都可发生，以生长后期受害重。多从根茎部开始染病，呈水渍状软腐，在病部表面长出浓密的白色霉层，迅速向上发展，使多数叶柄染病腐烂，产生浓密白霉，后期病部白霉转变成鼠粪状菌核。叶片染病，多从中下部叶片的叶缘开始侵染，迅速向内发展呈灰白色坏死腐烂。有时亦侵染叶面，形成近圆形初期灰绿色，后为灰白色坏死斑，病斑表面产生白色霉状物，随病害发展病斑腐烂穿孔，后期形成较小的菌核。花期染病，多侵染主茎茎基，病部多呈灰褐色至灰白色坏死，终致植株萎蔫死亡，剖茎可见髓部变空，其内产生黑色菌核。

[病原] *Sclerotinia sclerotiorum* (Lib.) de Bary 属子囊菌核盘菌真菌。详见青花菜菌核病。

发病规律、防治方法参见青花菜菌核病。

樱桃萝卜菌核病苗期症状

樱桃萝卜菌核病叶背症状

樱桃萝卜菌核病叶缘症状

樱桃萝卜菌核病后期症状

樱桃萝卜菌核病储运期病株

樱桃萝卜立枯病
Cherry radish Rhizoctonia wilt

樱桃萝卜立枯病病苗

立枯病为樱桃萝卜的常见病，分布广泛，种植地区都有发生，保护地、露地都发病。通常零星发病，对生产无明显影响。严重地块或棚室病株率可达80%以上，显著影响樱桃萝卜生产。

[症状] 此病主要在幼苗期发生，幼苗出土时期亦可发病。幼苗染病，初期在根茎部产生黄褐至暗褐色小点，以后扩展成椭圆形至不规则形褐色坏死斑，继而变褐缢缩，最终导致幼苗萎蔫枯死。严重时幼苗成团或成片死亡，空气潮湿，病部可产生稀疏蛛丝状菌丝。

[病原] *Rhizoctonia solani* Kühn 属半知菌立枯丝核菌真菌。病菌不产生孢子，主要以菌丝体传播繁殖，初生菌丝无色，后变成黄褐色，具隔膜，分枝基部缢缩，老熟菌丝常形成串状筒形细胞。菌核不定形至近球形，浅褐色至暗褐色。

[发病规律] 病菌以菌核或厚垣孢子在土壤中休眠越冬，条件适宜时病菌萌发由根部或根茎部皮孔、气孔、伤口侵入或直接侵入，引起幼苗发病。病部长出菌丝向四周扩展，通过雨水、浇水、带菌肥料传播蔓延。土温11～30℃，土壤湿度20%～60%均可侵染，高温、连阴雨、光照不足、幼苗生长衰弱容易发病。

防治方法参见蚕豆立枯病和紫甘蓝茎腐病。

樱桃萝卜炭疽病
Cherry radish anthracnose

炭疽病为樱桃萝卜的重要病害，分布较广，发生较普遍，多在夏秋露地生产季节发生，一般病株率30%～40%，轻度影响樱桃萝卜品质，重病地块病株率可达80%～100%，明显影响产品质量。

[症状] 此病主要为害叶片和叶柄，亦为害花梗和种荚。初在叶片背面产生水渍状小点，后扩大成1～3mm大小灰白色至灰褐色近圆形小斑，中央凹陷，呈半透明薄纸状，多个病斑相互汇合成不规则形褐色大斑，后期病斑破裂穿孔，叶片枯黄。叶柄、花梗或种荚染病，初为水渍状近椭圆形或长梭形凹陷小斑，逐渐发展成褐色长梭形

至狭条状坏死斑，明显凹陷，两端常开裂，严重时致叶柄腐烂。

[病原] *Colletotrichum higginsianum* Sacc.属半知菌十字花科炭疽刺盘孢真菌。详见紫甘蓝炭疽病。

发病规律、防治方法参见紫甘蓝炭疽病。

樱桃萝卜炭疽病病叶柄

樱桃萝卜灰霉病
Cherry radish gray mold

灰霉病为樱桃萝卜的重要病害，主要分布在老菜区。通常发病较轻，对生产无明显影响，仅个别冬春保护地生产管理粗放的棚室发病严重，病株率可达60%～80%，在一定程度上影响产量与品质。

[症状] 此病主要在苗期和生长后期发生，以

生长后期发病严重。苗期染病，多从结水的叶缘、子叶或靠近地面真叶开始侵染，病部呈水渍状灰褐色坏死，表面产生稀疏灰色霉层，即病菌分生孢子梗和分生孢子，湿度大时造成叶片或幼苗迅速腐烂坏死。生长后期染病，多从基部老黄叶，或下部较荫蔽的叶片开始侵染。染病叶片呈黄褐色坏死腐烂，在病部长出灰色霉层。严重时多数外叶染病坏死，最后腐烂。

[病原] *Botrytis cinerea* Pers.属半知菌灰葡萄孢真菌。详见青花菜灰霉病。

发病规律、防治方法参见青花菜灰霉病。

樱桃萝卜灰霉病上部病叶　　　　　　　　樱桃萝卜灰霉病下部病叶

樱桃萝卜细菌性斑点病
Cherry radish bacterial leafspot

　　细菌性斑点病为樱桃萝卜的一般性病害，分布较广，主要在夏秋露地生产季节发生，一般年份病情较轻，对生产无明显影响，重病年份病株率可达50%～80%，外叶6～10片叶发病，在一定程度上影响樱桃萝卜生产。此病还为害其他十字花科蔬菜。

　　[症状]　此病在全生育期都可发生，以苗期至生长中期发病较重。多从下部叶片开始逐步向上发展。初期在叶片上产生水渍状小点，很快变成近圆形小斑，中央凹陷，灰白色至灰褐色，半透明状，随病害发展小病斑继续扩大或相互汇合成大小不等、形状不规则、半透明的坏死斑，边缘墨绿色，略具光泽。湿度大时，病斑多呈灰褐色或褐色油渍状，有时可产生乳白色菌液。空气干燥，病斑易破裂穿孔。

　　[病原]　*Pseudomonas cichorii* (Swingle) Stapp.属假单胞杆菌

樱桃萝卜细菌性斑点病叶背病斑

菊苣假单胞菌荧光类群细菌。详见青花菜细菌性斑点病。

　　发病规律、防治方法参见青花菜细菌性斑点病。

白萝卜细菌性角斑病
Garden radish bacterial angular leafspot

　　细菌性角斑病是白萝卜重要病害，分布广泛，以夏秋种植受害严重，一般病株率为40%～60%，严重时达80%以上，显著影响白萝卜的产量和品质。

　　[症状]　此病全生育期均可发生。苗期发病先在真叶背面出现水渍状褐色小点，以后形成不规则褐色半透明病斑，田间湿度高时可在叶背病斑表面产生污白色菌液，严重时病叶或病苗变褐坏死。成株染病，初在中下部叶片的叶柄两侧出现油渍状坏死小斑，灰褐色至暗褐色，略凹陷，逐步发展成膜状多角形至不规则形病斑。空气潮湿时，叶背病斑表面溢出污白色菌脓，干燥后形成白色菌膜，易破裂穿孔。多个病斑汇合成片，常使叶片变褐坏死，最

白萝卜细菌性角斑病中期病株

后腐烂。严重时在叶柄上形成污褐色水渍状坏死斑，迅速沿维管束扩展坏死，黑褐色，最后致根茎变褐腐烂。

[病原] *Pseudomonas syringae* pv. *maculicola* (McCulloch) Young et al.属假单胞杆菌丁香假单胞菌白菜斑点病致病变种细菌。参见青花菜细菌性角斑病。

发病规律、防治方法参见青花菜细菌性角斑病。

白萝卜细菌性角斑病中期叶面症状　　　　白萝卜细菌性角斑病中期叶背症状

白萝卜细菌性角斑病中后期叶柄症状　　　　白萝卜细菌性角斑病后期病株

樱桃萝卜黑腐病
Cherry radish black rot

黑腐病为樱桃萝卜的一般性病害，局部地区发生，多在夏秋露地种植时发病，轻度影响樱桃萝卜产量与品质。

[症状] 此病主要为害叶片，全生育期都发病。播种带菌的种子，幼苗出土后子叶呈水渍状，以后枯死或逐渐蔓延到真叶。真叶染病，病菌多从叶缘开始侵染，形成V字形黄褐色坏死斑，病斑边缘常具有黄绿色晕圈。病菌从害虫伤口侵入，可在叶片任何部位形成不定形的黄褐色病斑，随病害发展病斑迅速扩展，病菌进入叶柄维管束后，逐渐蔓延到根茎，最后引起植株萎蔫死亡，根茎呈黑褐色干腐。

[病原] *Xanthomonas campestris* pv. *campestris* (Pammel) Dowson属黄单胞杆菌甘蓝黑腐黄单胞菌黑腐致病变种细菌。详见青花菜黑腐病。

发病规律、防治方法参见青花菜黑腐病。

樱桃萝卜黑腐病前期病叶　　　　樱桃萝卜黑腐病中后期病叶

樱桃萝卜、白萝卜软腐病
Cherry radish and Garden radish bacterial soft rot

软腐病为樱桃萝卜、白萝卜的一般性病害，分布广泛，种植地区都可发生，通常病株零星，轻度影响生产，重时发病率可达10%以上，显著影响生产。

[症状] 此病多在种株期发生，大田生长期亦可发病。常从根茎伤口或裂缝侵入，呈水渍状腐烂，并迅速向四周扩展蔓延，随病害发展地上部逐渐褪绿，最后萎蔫瘫倒，温度高时散发出恶臭气味。

[病原] *Erwinia carotovora* subsp. *carotovora* (Jones) Bergey et al. 属胡萝卜软腐欧氏杆菌胡萝卜软腐病亚种细菌。详见青花菜软腐病。

[发病规律] 病菌随各种病残组织广泛存在于田间，气温较低、土壤潮湿、根部出现伤口时即形成侵染。发病后病菌随浇水传播。黏重土壤、田间长时间持水或根茎受伤、地下害虫活动频繁，或长时间控水后猛浇大水，病害发生较重。

[防治方法]
1. 选择易浇易排的地块种植，精细整地，防止雨后田间积水。

2. 合理水肥管理，保持土壤间湿间干，施肥时避免烧根。长时间控水后防止猛浇大水和浇水后田间长时间积水。

3. 及时防治地下害虫，减少根部伤口。必要时可配合药剂防治，参见青花菜软腐病。

樱桃萝卜软腐病初期病根茎

白萝卜软腐病病苗

樱桃萝卜软腐病后期病根茎

樱桃萝卜褐斑病
Cherry radish Cercospora leafspot

褐斑病为樱桃萝卜的一般性病害，分布较广，主要在夏秋露地和保护地内发生，一般病株率20%～40%，病情很轻，对生产无影响，严重时病株率可达80%左右，外叶2～6片坏死，在一定程度上影响产量与品质。

[症状] 此病主要为害外叶，侵染初期在叶片上产生浅褐色水渍状小点，扩大后成为近圆形凹陷斑，大小为0.5～2mm，边缘颜色较深，中央黄褐色至灰白色，略具光泽。空气潮湿时病斑上产生稀疏浅灰褐色霉状物，即病菌分生孢子梗和分生孢子。有时病斑受叶脉限制呈多角形。病害严重时叶片上病斑密布，随后黄化坏死。

[病原] *Cercospora atrogrisea* Ell.et Ev.属半知菌萝卜尾孢霉真菌。子实体叶两面生，由少数几个细胞组成，黑褐色至深褐色，球形至近球形。分生孢子梗5～22根束生，榄褐色，直立，无分枝，0～4个分隔，1～3个孢痕，大小为36.5～119.5μm×3～5μm。分生孢

樱桃萝卜褐斑病病叶

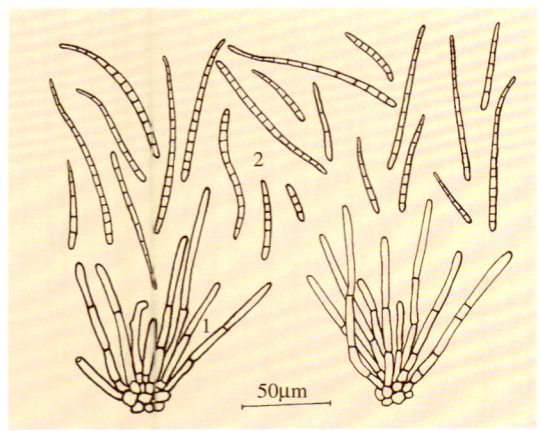

图 7-3 樱桃萝卜褐斑病菌
1. 分生孢子梗 2. 分生孢子

湿，病菌产生分生孢子形成初侵染，借风雨和气流传播扩散，形成再侵染。病菌发育温度约 18～35℃，25～30℃ 最适宜发病，相对湿度 98%～100% 或在水滴中分生孢子萌发最好。一般种植过密，植株荫蔽，或偏施氮肥，或与十字花科蔬菜连作，或土壤黏重、下湿、排水不良等病害发生较重。条件不适，越冬病菌多随病残组织腐烂坏死。

子无色，直或弯曲，针形或鞭状，有隔膜 3～17 个，基部平钝，顶端亚尖，大小为 25～112μm×2.7～3.8μm（图 7-3）。

[防治方法]

1. 收获后注意清洁田园，深翻土地，加速病残体腐烂。重病地块实行与非十字花科蔬菜轮作。

2. 进行种子处理，可用 50～52℃ 温水浸种 20～30min，或用种子重量 0.3%～0.4% 的 50% 敌菌灵可湿性粉剂或 50% 农利灵可湿性粉剂拌种。

3. 选择地势高燥，排灌方便的地块种植。掌握适宜的种植密度，氮、磷、钾肥配合施用，雨后及时排水。

4. 发病初期喷施 50% 敌菌灵可湿性粉剂 500 倍液，或 70% 甲基托布津可湿性粉剂 600 倍液，或 40% 福星乳油 8 000 倍液，或 50% 农利灵可湿性粉剂 1 000 倍液，或 80% 大生可湿性粉剂 600 倍液，或 6% 乐必耕可湿性粉剂 1 500 倍液，或 70% 代森锰锌可湿性粉剂 600 倍液，7～15 天防治 1 次，视病情防治 1～2 次。

[发病规律] 病菌主要以菌丝块在病残体上越冬，也可以随种子传播。温暖多雨或棚内高

白萝卜白绢病
Garden radish southern blight

白绢病为白萝卜的重要病害，主要在南方地区发生，北方保护地和夏、秋露地也可发病，造成零星烂棵，在一定程度上影响白萝卜生产。病害严重时，田间发病率可达 30% 以上，显著影响产量和质量。

[症状] 此病全生育期均可发生，主要为害近地面根茎部。根茎部染病初呈水渍状灰褐色至黄褐色坏死，以后迅速腐烂，病部表面产生绢丝状白色菌丝层，并迅速向上下扩展，后期形成红褐色至茶褐色油菜籽状菌核。随病害发展病株叶片迅速褪绿瘫倒，进而坏死腐烂，根茎很快即全部腐烂。空气干燥时根茎失水干腐，后期亦可形成茶褐色油菜籽状菌核。

[病原] *Sclerotium rolfsii* Sacc. 属半知菌齐整小菌核真菌。病菌菌丝浅色，有隔膜，菌丝团白色，呈辐射状，边缘明显，有光泽，菌丝体扭集形成油菜籽粒状菌核。菌核初期白色，逐渐变成淡黄褐色，最后变成茶褐色，表面光滑，球形至扁球形，直径 0.8～2.5mm。

白萝卜白绢病幼株

白萝卜白绢病中期根茎症状

白萝卜白绢病初期根茎症状

白萝卜白绢病成株

[发病规律] 病菌以菌核或菌丝体在土壤内越冬。条件适宜菌核萌发产生菌丝从寄主根茎部侵入引起发病，发病后在病部产生大量菌丝沿地表或病组织向四周扩展蔓延。病菌生长发育适宜温度30～33℃，生长温度最低8℃，最高40℃，适宜pH5～9。高温潮湿有利于发病，特别在白萝卜生长期高温，暴雨、暴晴利于发病。酸性土壤、砂性土壤或与果菜类蔬菜连作地块发病较重。

[防治方法] 参见西瓜白绢病。根据白萝卜生产特点除收获后及时彻底清除病残组织并深翻土壤外，重病地块施用生石灰1.5～4.5t/hm²调节土壤酸碱度，白萝卜生长期发现病株及时清除，集中妥善处理，防止田间积水。

樱桃萝卜白粉病
Cherry radish powdery mildew

白粉病为樱桃萝卜的一般性病害，仅在局部地区或较特殊年份发生，一般病株率30%～70%，病情较轻，对生产无明显影响，个别地块或棚室病情较重，病株率达80%以上，外叶5～10片萎黄坏死。

[症状] 此病主要为害叶片，初在叶两面产生近圆形放射状粉斑，以后病斑上出现较明显白色粉末状物，随病情发展，叶两面布满病斑，致叶片逐渐褪绿黄化，最后萎蔫枯死。花期发病，种株的花器、种荚、茎秆、叶片均受害，表面布满白色粉末状霉，致种株早衰枯死，种子干瘪。

[病原] *Erysiphe cruciferarum* (Opiz) Junell 属子囊菌十字花科白粉菌真菌。无性时期较常见，分生孢子梗无色，直立于叶表面菌丝上，2～3个隔膜，顶端较粗大，大小为90～125μm×9～13μm，分生孢子无色单胞，圆筒形至桶柱形，表面光滑，大小为33～50μm×10～18μm。子囊果暗褐色，扁球形，直径88～125μm；附属丝丝状，7～39根，一般不分枝，基部褐色；子囊5～7个，卵形，多有柄，大小为55.9～76.2μm×33.0～40.6μm。子囊孢子4～6个，卵圆形，黄色，大小为16.4～23.8μm×12.2～15.4μm（图7-4）。

[发病规律] 北方地区病菌以闭囊壳随病残体越冬，条件适宜时产生子囊和子囊孢子形成初侵染。发病后产生分生孢子借气流传播进行再侵染。南方地区或保护地内，全年种植十字花科蔬菜，病菌以菌丝或分生孢子在十字花科蔬菜上辗转为害。一般较干旱少雨年份或棚室内温暖干燥，植株生长衰弱，或偏施氮肥地块发病较重。

[防治方法]
1. 收获后彻底清除病残落叶，集中妥善处理，减少菌源。

2. 施足有机底肥，适当增施磷、钾肥，生长期加强田间水肥管理，增强植株抗病能力。

3. 发病初期进行药剂防治，可选用40%福星乳剂8 000～10 000倍液，或30%特富灵可湿性粉剂5 000倍液，或2%农抗120水剂200倍液，或5%武夷菌素水剂500倍液，或30%百科乳油3 000～4 000倍液，或40%多硫悬浮剂600倍液，或6%乐必耕可湿性粉剂4 000倍液喷雾，根据病情7～10天防治1次，连续防治2～3次。

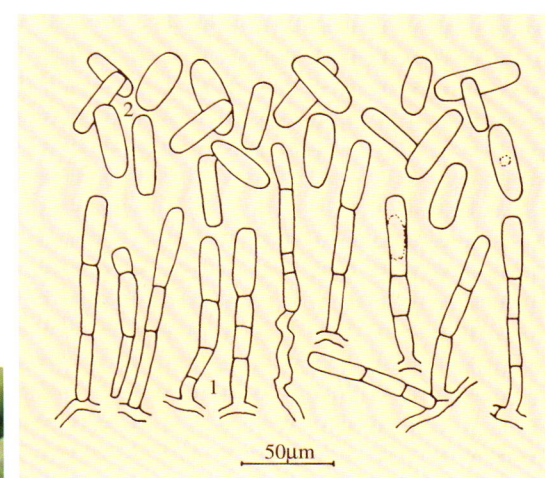

图7-4 樱桃萝卜白粉病菌
1. 分生孢子梗　2. 分生孢子

樱桃萝卜白粉病初期病叶

樱桃萝卜白粉病中期病叶

白萝卜生理白化病株

樱桃萝卜、白萝卜生理白化
Cherry radish and Garden radish physiological albinism

生理白化为樱桃萝卜和白萝卜遗传变异，偶尔零星出现，对生产无明显影响。

[症状] 生理白化主要表现为半边植株叶片边缘或心叶，或叶片的一部分呈白色或浅黄色。有的变异株生长偏小、畸形，或提早衰亡。

[病因] 生理白化可能是由于该植株的遗传基因发生了变异，部分叶片组织不能正常形成叶绿素。

[防治方法] 此病为非侵染性遗传病变，不发展，不需防治。

樱桃萝卜生理开裂受害根茎

樱桃萝卜生理开裂
Cherry radish physiological gape

生理开裂为樱桃萝卜的一般性生理病害，各地都时有发生，保护地、露地种植均较常见，轻时对生产无明显影响，严重时显著影响产品质量，甚至完全丧失经济价值。

[症状] 生理开裂主要表现根茎呈不规则纵向开裂或横向开裂，内部组织外露，以后生长不正常，有的因病菌侵染最后腐烂。

[病因] 生理开裂主要由于樱桃萝卜生长中后期浇水不当所造成，尤其是根茎膨大期较长时间控水后突然浇水过大或遇大雨，或土壤含水量很高，空气湿度较低时发生较普遍。

防治方法参见球茎甘蓝裂茎病。

樱桃萝卜 2,4- 滴丁酯药害受害株

樱桃萝卜 2,4- 滴丁酯药害
Cherry radish 2,4-D butylate injury

2,4-滴丁酯药害为一般非侵染性伤害。多发生在粮菜混作区使用2,4-滴丁酯进行化学除草，粮田附近一定距离内的菜地。发生轻时对生产无明显影响，重时显著降低产品质量和产量。

[症状] 2,4- 滴丁酯药害主要在幼嫩期发生。主要表现病株叶柄缩短，叶片增厚，叶面不继续长大，心叶簇生，不生长，根茎不膨大或稍膨大即开裂，严重时根茎腐烂。

病因、防治方法参见球茎甘蓝 2,4- 滴丁酯药害。

樱桃萝卜敌敌畏药害
Cherry radish DDV injury

敌敌畏药害为一般性生理伤害。生产中偶有发生，较轻时对生产无明显影响，严重时显著影响樱桃萝卜产量和品质。

[症状] 敌敌畏药害主要表现心叶和嫩叶受害。轻度受害时叶片上出现浅黄色花斑，后期可逐渐恢复正常。受害较重时，叶肉细胞白化坏死，叶片上呈现白色网状坏死花斑或形成不规则褐色坏死斑。

[病因] 敌敌畏药害主要是由于施用敌敌畏浓度太大，或用敌敌畏熏烟防虫使用药量太高所致。受害轻时主要表现抑制叶绿素形成，严重时致使叶片组织细胞完全丧失生理机能，最后坏死。

防治方法参见甜瓜药害。

樱桃萝卜敌敌畏药害受害苗

2. 胡萝卜病害 Diseases of carrot

胡萝卜病毒病
Carrot virus disease

病毒病为胡萝卜的普通病害，分布较广，发生较普遍，多在夏、秋露地发病，一般病株零星，对产量无明显影响，发病重时轻度影响生产。

[症状] 此病在全生育期均可发生。发病植株初期多形成明显花叶或斑驳花叶，以后黄化坏死。重病株多形成皱缩花叶，发病叶片扭曲畸形，后期全株死亡。

[病原] 此病由病毒侵染所致，毒源不详。国外报道胡萝卜病毒毒源有胡萝卜花叶病毒（Carrot mosaic virus）、胡萝卜杂色矮缩病毒（Carrot motley dwarf virus）、胡萝卜薄叶病毒（Carrot thin leaf virus）、胡萝卜斑驳病毒（Carrot mottle virus）、胡萝卜红叶病毒（Carrot red leaf virus），国内研究甚少。上述病毒的主要传播媒介为埃二尾蚜、桃蚜和胡萝卜微管蚜。

发病规律、防治方法参见西芹病毒病。

胡萝卜病毒病黄化病株

胡萝卜病毒病花叶病株

胡萝卜立枯病
Carrot Rhizoctonia rot

立枯病为胡萝卜的常见病,凡种植地区都可发生。多在苗期发病形成为害,造成局部或成片死苗。生长中后期亦可形成侵染,造成根茎坏死腐烂,影响胡萝卜生产。

[症状] 此病主要为害根茎部,苗期多引起菜苗立枯,在根茎处形成初为浅褐色近椭圆形后发展成不规则形暗褐色坏死斑,病部凹陷缢缩。随病害发展根系全部变褐坏死,地上部亦逐渐萎蔫枯死。中后期侵染根茎,使根茎和叶柄基部呈黄褐色坏死腐烂,有时在病部产生稀疏灰黑色蛛丝状物。

[病原] *Rhizoctonia solani* Kühn 属半知菌立枯丝核菌真菌。详见结球莴苣褐腐病。

发病规律、防治方法参见结球莴苣褐腐病。

胡萝卜立枯病前期病苗

胡萝卜立枯病中后期病苗

胡萝卜褐斑病
Carrot Cercospora leafspot

褐斑病为胡萝卜常见病,分布较广,发生较普遍,主要在秋季发生。一般病株率5%~20%,严重时达70%以上,致胡萝卜枝叶枯死,明显影响胡萝卜生产。

[症状] 此病主要为害叶片,重时亦侵染叶柄。叶片受害,初形成褪绿小点,以后变为浅褐至灰褐色坏死小斑,圆形至椭圆形,叶缘病斑不规则,边缘色泽较深,病斑发展或相互汇合形成不规则形大斑,终致叶片枯死。空气潮湿,在病斑上产生灰黑色霉状物,即病菌的分生孢子梗和分生孢子。叶柄染病,形成椭圆形至梭形斑,略凹陷,病情严重时,叶柄断折。

[病原] *Cer-cospora carotae* (Pass.) Solheim.属半知菌胡萝卜散梗尾孢霉真菌。病菌子实体叶两面生,无子座。分生孢子梗单生或2~3根成束。孢子梗短,淡褐色,基部一个细胞膨大,多1个隔膜,向上渐细,梗顶平切,孢痕不明显,大小为

胡萝卜褐斑病中期病叶

胡萝卜褐斑病中后期病叶

12.5～27.8μm×3.5～5.6μm。
分生孢子淡褐色，圆柱形，直或微弯，具1～8个隔膜，两端亚钝圆，大小为23.5～93.1μm×2.1～3.5μm（图7-5）。

[发病规律] 病菌以菌丝体在病残体上越冬。环境条件适宜时产生分生孢子借气流传播侵染寄主。发病后又产生分生孢子借风雨传播引起再侵染。温暖潮湿利于发病。胡萝卜生长期多阴雨或夜间多露发病较重。

防治方法参见山药褐斑病。

胡萝卜褐斑病后期病叶

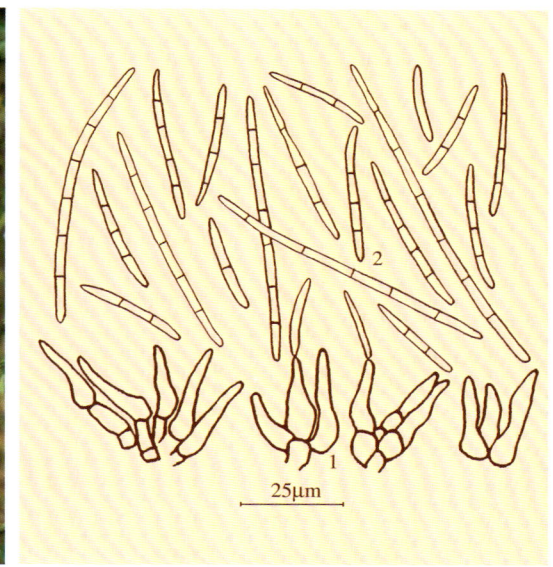

图7-5 胡萝卜褐斑病菌
1. 分生孢子梗 2. 分生孢子

胡萝卜黑斑病
Carrot Alternaria blight

黑斑病为胡萝卜的主要病害，分布广泛，发生普遍，常在秋季露地发病。一般病株率30%～50%，轻度影响生产，严重时病株均达100%，造成植株大面积枯死，明显影响生产。

[症状] 此病可侵染茎、叶柄和叶。叶片发病多从叶尖或叶缘开始侵染，形成半圆形至不规则形浅褐色至暗褐色坏死斑，周围组织略褪绿，湿度高时病斑上长出黑色霉层，即病菌的分生孢子梗和分生孢子。严重时病斑相互汇合，叶缘卷曲，病叶早衰枯死。叶柄和茎染病，病斑呈长圆形至不规则坏死，凹陷，黄褐至暗褐色，边缘颜色较深，潮湿时病斑上亦产生灰黑色霉状物。

[病原] *Alternaria clauci*（Kühn）Groves et Skolko属半知菌胡萝卜链格孢真菌。病菌分生孢子梗短，榄褐色，不分枝，基部细胞膨大，正直或有屈曲，孢痕明显，大小为18.8～62.5μm×3.5～6.3μm。分生孢子倒棍棒形，单生，喙胞较长，有纵横隔膜，横隔膜3～10个，

胡萝卜黑斑病中期病叶

纵隔膜0～6个，多数4个，大小为52～81μm×10.5～20.8μm。喙长42～115μm（图7-6）。

[发病规律] 病菌以菌丝或分生孢子在病残体上或随种子越冬。翌年条件适宜时形成初侵染。发病后病斑上产生新的分生孢子通过气流传播进行重复侵染。胡萝卜生长期多雨、高湿发病较重。生长中后期田间缺肥，植株生长衰弱病情较重。发病后天气高温干旱有利于显症和加重病情。

防治方法参见马铃薯早疫病。

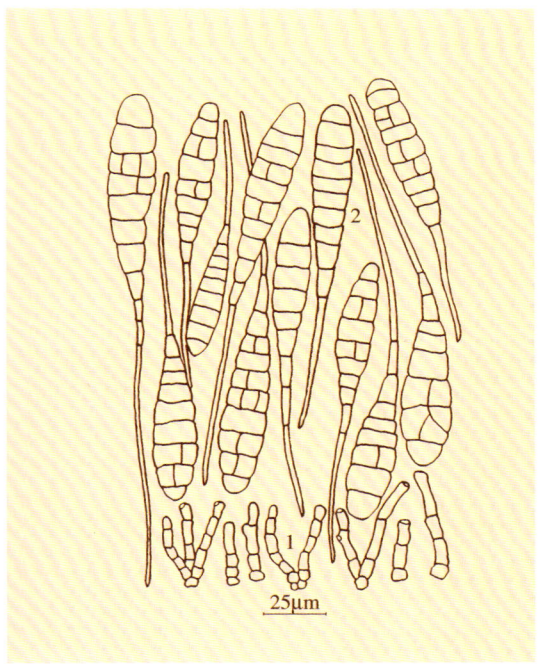

图7-6 胡萝卜黑斑病菌
1. 分生孢子梗 2. 分生孢子

胡萝卜黑斑病后期田间受害状

胡萝卜黑斑病病叶柄

胡萝卜黑腐病
Carrot Alternaria black rot

黑腐病为胡萝卜的普通病害，分布较广，但发生不普遍。一般零星发病，病株率5%～10%，个别地块病株率较高，可达30%，使病株叶片枯死，在一定程度上影响胡萝卜生产。

[症状] 此病主要发生在叶片、叶柄及茎上。叶片受害，多形成暗褐色不规则形坏死斑，相互连接成坏死大斑，最后造成叶片枯死。叶柄和茎上病斑为梭形至长条形，边缘初期不明显，后期呈暗褐色。空气潮湿病斑表面均产生黑色霉层，即病菌的分生孢子梗和分生孢子。贮藏期往往引起块根黑褐色腐烂。病斑初期为近圆形凹陷斑，后期变成不规则形坏死大斑并深入肉根内部使块根变黑腐败，潮湿时病斑表面亦产生黑霉。

[病原] *Alternaria radicina* Meier Derch et Ed.属半知菌胡萝卜黑腐交链孢霉。病菌子实体叶两面生，子座有或无，为近圆形褐色细胞组成。分生孢子梗单生或几根成束，深褐色，有膝曲，少数分枝，孢痕明显，具2～5个隔膜，

胡萝卜黑腐病后期田间受害状

胡萝卜黑腐病病叶柄

胡萝卜黑腐病病根

胡萝卜黑腐病中期病叶

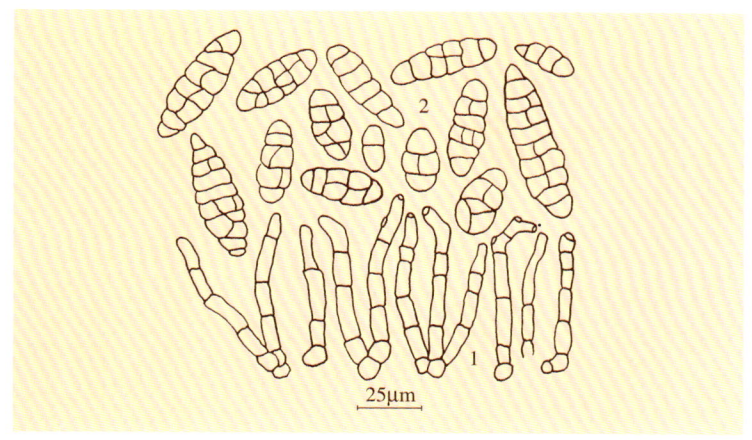

图 7-7 胡萝卜黑腐病菌
1. 分生孢子梗　2. 分生孢子

大小为 28.5～80.4μm × 4.5～8μm。分生孢子梭形至长卵形，暗褐色，无喙，有横隔 1～9 个，纵隔 1～5 个，大小为 18.8～66.1μm × 8.9～17.9μm（图 7-7）。

[发病规律] 病菌以菌丝体或分生孢子随病残体残留在土表越冬，也可随种子越冬。均可成为翌年发病的初侵染源。生长期分生孢子借风雨传播，进行再侵染，扩大为害。9～10 月高温高湿或多雨有利于发病。

防治方法参见马铃薯早疫病。

胡萝卜绵腐病
Carrot Phytophthora rot

绵腐病为胡萝卜的普通病害，分布较广，发生较普遍，保护地和露地都有发生。一般病株零星，轻度影响产量，夏、秋高温多雨，病害发生较重，发病率可达 10% 以上，明显影响生产。贮藏期亦可形成侵染，引起块根大批腐烂。

[症状] 此病在全生育期都发生，块根、叶柄和叶都可受害。幼苗染病多从根茎和叶柄处侵染，病部呈水渍状腐烂，表面产生白色霉层。块根染病，亦呈不规则水渍状腐烂，在病部表面长出白色霉层。随病害发展致全部块根腐烂，地上部茎叶枯死。

[病原] *Phytophthora megasperma* Drechs.属鞭毛菌大子疫霉真菌。病菌孢子囊卵形，无乳头状突起，层出形成，大小为 15～60μm × 6～45μm。藏卵器球形，直径 16～61μm，一般 42～52μm。卵孢子黄色，平滑，直径 11～54μm，一般 37～47μm。

[发病规律] 病菌主要以卵孢子在土壤中的病残组织内越冬。越冬后，病菌可以直接侵害植株根茎和块根。卵孢子也可靠雨水反溅到叶柄上，经萌发侵入引起初侵染。发病后病部产生大量孢子囊借风雨和浇水传播，进行反复侵染。寄主生长期多雨，雨量大，天气闷热有利于发病。地势低洼、排水不良，或土壤黏重、偏施氮肥、植株阴闭、通风透光不好时有利于病害发生发展。

防治方法参见小西葫芦绵腐病。

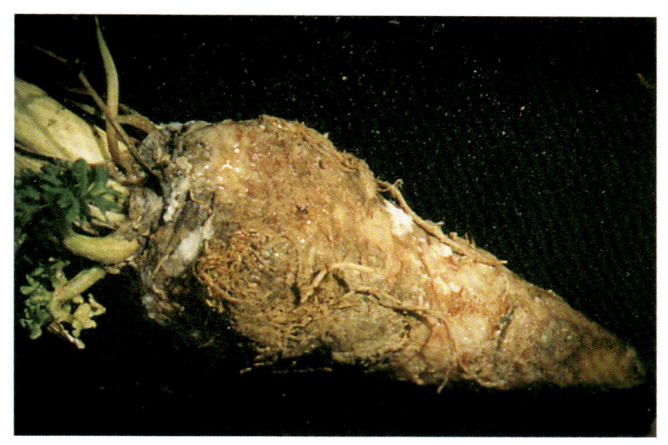

胡萝卜绵腐病初期病根

胡萝卜绵腐病病苗

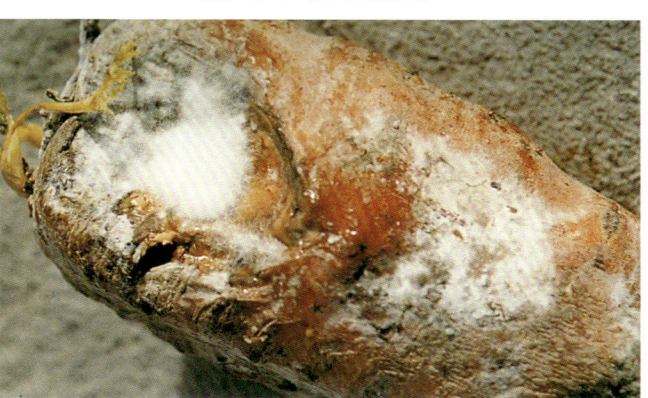

胡萝卜绵腐病后期病根

胡萝卜白绢病
Carrot southern blight

白绢病为胡萝卜的重要病害,主要在南方部分地区发生为害,保护地、露地都可发病,以保护地内发病重。常造成死苗和烂根,影响生产。

[症状] 此病主要为害块根近地表根茎或幼苗根茎。病部呈灰褐至暗褐色坏死,稍凹陷,其上产生白色纹羽状菌丝体,后期形成白菜籽状小菌核。病株或病苗外叶先开始变黄萎蔫,最后完全枯死。土壤潮湿时,病菌菌丝可扩展到病株邻近的地面上,并生出大量菌核。

[病原] *Sclerotium rolfsii* Sacc.属半知菌罗氏白绢小菌核菌真菌。病菌菌核白菜籽状,初为白色,后呈茶褐色:内部灰色,表面光滑,菌核间无菌丝相连,直径0.5～2mm。

[发病规律] 病菌以菌丝体随病残体或遗落

胡萝卜白绢病病根

在土中的菌核越冬。条件适宜时菌核萌发产生菌丝或越冬菌丝体直接从根部或根茎部侵入引致发病。发病后以带菌丝体的土壤或直接接触传播,使病害扩展蔓延。高温高湿有利于发病,疏松砂壤土或与果菜类连作发病较重。

防治方法参见西瓜白绢病。

胡萝卜菌核病
Carrot Sclerotinia rot

菌核病为胡萝卜的重要病害,分布较广,主要在北方老菜区保护地内和南方一些露地发生。一般病株率5%～10%,个别达20%以上。贮藏期发病后对产量影响更大,常造成大量块根腐烂。

[症状] 此病在田间生长期或贮藏期均可发生。轻病株地上部枯死,块根软腐,其上长出大量白色棉絮状菌丝,后期变为黑色鼠粪状菌核。发病重时植株根茎和叶柄呈水渍状软腐,迅速向各方向发展蔓延,病组织表面长出浓密絮状菌丝团,以后变成黑色菌核,随病害发展根茎和叶柄全部腐烂,地上部瘫倒坏死。贮藏期一旦发生,扩展极快,往往使大量块根腐烂。

[病原] *Sclerotinia sclerotiorum*(Lib.)de Bary 属子囊菌核盘菌真菌。详见青花菜菌核病。

发病规律、防治方法参见青花菜菌核病。

胡萝卜菌核病前期病株

胡萝卜菌核病后期病株

胡萝卜软腐病
Carrot bacterial soft rot

胡萝卜软腐病后期病株

软腐病为胡萝卜的重要病害，分布广泛，发生普遍，保护地、露地都可发病。一般病株率5%～10%，严重时局部达30%以上，明显影响胡萝卜生产。

[症状] 此病在生长期和贮藏期均可发生，主要为害肉质根。生长期发病，植株地上部茎叶变黄萎蔫，或直接萎蔫腐烂。肉质根受害，初呈浸润状腐烂，病部浅褐色至灰褐色，不规则，迅速扩展使肉根组织软化溃烂呈酱粥状，散发出臭味。

[病原] *Erwinia carotovora* subsp. *carotovora*（Jones）Bergey et al. 属胡萝卜软腐欧氏杆菌胡萝卜软腐病亚种细菌。详见结球莴苣软腐病。

[发病规律] 病菌在病根组织内或随病残组织在土中或在未腐熟堆肥内存活越冬。条件适宜通过雨水、浇水或昆虫等传播，经肉质根伤口或叶片气孔、水孔侵入。温暖地区病菌在田间辗转为害多种蔬菜，无明显越冬期。胡萝卜种植期多雨，或高温潮湿有利于发病。此外，土壤黏重，地下害虫为害严重，或田间水分干湿差异很大等发病较重。

防治方法参见结球莴苣软腐病。

胡萝卜软腐病前期病株

胡萝卜软腐病病叶柄

胡萝卜软腐病中期病株

胡萝卜软腐病后期病根

胡萝卜软腐病中后期病株

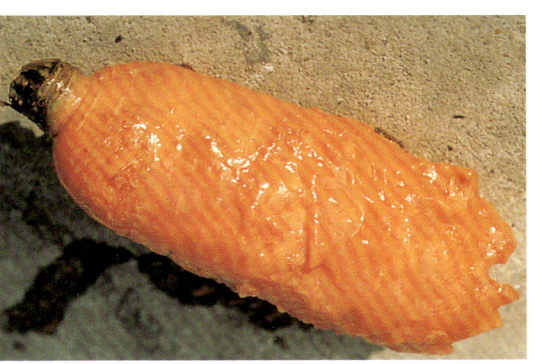

胡萝卜软腐病贮藏期病根

胡萝卜根结线虫病
Carrot root-knot nematode

根结线虫病为胡萝卜的重要病害,在部分地区发生分布。一旦发病,染病率较高,为害损失亦较重。一般秋茬重于春茬,沙土地发病较其他土壤重。

胡萝卜根结线虫病病根

[症状] 此病仅为害根系。发病植株直根呈叉状分枝,或端部散生近球形初呈乳白色,后为黄褐色肿瘤,侧根上亦生出近球形结状肿瘤。染病植株生长缓慢,块根变小或畸形,地上部亦表现生长不良,矮化扭曲。

[病原] *Meloidogyne* sp.属根结线虫。病原线虫幼虫线状,雌成虫鸭梨形,雄成虫线形。虫体无色透明或稍具乳白色。雌虫卵产在阴门分泌胶质所形成的卵囊内,成熟雌虫埋生于病部结状组织内。

[发病规律] 病原线虫以二龄幼虫和卵囊中的卵随病残体在土中越冬。翌春环境条件适宜时越冬卵孵化成幼虫,或越冬幼虫继续发育,借病土、病苗和浇水传播,也可借自身在土粒间蠕动作近距离扩散。以二龄幼虫由根尖部侵入,以后在病组织内取食、发育,刺激寄主细胞增生膨大,形成根结。幼虫在根结内发育成熟即交尾产卵。由卵新孵幼虫重复进行再侵染,使病害进一步发展加重。根结线虫多分布在20cm耕作层内,以3～10cm土层数量最多。土温20～30℃,土壤湿度40%～70%适宜线虫繁殖。一般土质疏松,重茬种植,盐分低的地块发病较重。

防治方法参见结球莴苣根结线虫病。

胡萝卜裂根病
Carrot physiological gape

裂根为胡萝卜的非侵染性病害,在部分地区

胡萝卜裂根病受害根

时有发生,轻时对生产无明显影响,发病重时常造成块根大批开裂,明显影响产量和品质。

[症状] 此病主要为害块根,多在胡萝卜生长中后期发生。多从块根靠近地表处或受虫伤或机械伤的伤口处开始开裂。初期裂口较短,深度较浅,缝口较窄,随胡萝卜生长逐渐发展开裂至块根髓部深层。若遇下雨或土壤潮湿,裂口颜色变深,有的因软腐细菌侵染而腐烂。

[病因] 裂根属生理性伤害,主要是由于水分管理不当所致。多发生在砂壤土质的地区,一般是前期水分管理适宜,胡萝卜块根生长正常,中后期因浇水不及时,土壤干燥,含水量偏低,随块根生长髓部和表层组织生长速度失调,髓部组织增长过快使块根开裂。经调查,不同品种抗开裂能力差异较大。

[防治方法]

1. 砂壤地区,因地制宜选用抗耐开裂品种。

2. 胡萝卜生长期,尤其是块根膨大期加强水分管理,注意保持土壤合适的含水量,避免忽干忽湿,连阴雨天后长时间高温干旱应适时浇水。

胡萝卜菟丝子田间为害状

胡萝卜菟丝子
Carrot dodder

菟丝子为寄生性种子植物,分布广泛,胡萝卜产区都可发生,一般零星发生,轻度影响产量和品质,重时成团或成片发生,局部损失可达30%以上。

[症状] 菟丝子以线形茎蔓缠绕胡萝卜叶柄和叶片,在接触部位产生吸盘,伸入寄主细胞组织内,吸收水分和养分,抑制寄主生长,使植株生长衰弱,甚至死亡。

[病原] *Cuscuta chinensis* Lamb.属中国菟丝子。详见食用菊菟丝子。发病规律、防治方法参见食用菊菟丝子。

3. 牛蒡病害 Diseases of edible burdock

牛蒡黑斑病
Edible burdock Alternaria leafspot

黑斑病是牛蒡的常见病，在多数地区发生，一般发病率10%～30%，对牛蒡生产无明显影响，严重时病株可达50%以上，在一定程度上影响牛蒡生产。

[症状] 此病主要为害叶片。多在叶尖、叶缘和叶片中间产生近圆形或不规则形褐色坏死病斑，空气潮湿时病斑呈水渍状，迅速发展成大斑，后期在病斑上产生灰黑色霉状物，即病菌的子实体。有时病斑略呈轮纹状，空气干燥，病斑穿孔或破裂。

[病原] *Alternaria* sp.属半知菌交链孢真菌。病菌菌丝褐色，有分隔。分生孢子梗2～6根丛生，顶端色淡，基部细胞膨大，偶有1个分枝，成一个膝节状，具3～5个隔膜，大小为32～68μm×3～6μm。分生孢子倒棍棒状，暗褐色，单生或2～3个串生，喙细胞有或无，0～4个隔膜，色淡，不分枝，孢身至喙逐渐变细，大小为4～39μm×2～5.5μm。孢身具4～9个横隔，0～2个纵隔，隔膜处常缢缩，大小为12～22μm×40～116μm（图7-8）。

[发病规律] 病菌主要以菌丝体和分生孢子随病叶及残体在土壤内越冬，成为翌年发病的初侵染。种子亦可带菌。当条件适宜时病菌即萌发侵染，引起发病，产生许多分生孢子经风雨、气流传播，形成再侵染，高温、高湿利于发病。田间植株荫蔽，空气湿度高，或管理不当、缺肥、植株生长衰弱等，病害发生较重。6～9月高温、多阴雨天气，病害发展迅速。进入深秋，病菌逐渐开始越冬。

[防治方法]

1. 做好田园卫生，收获后及时清除遗落在田间土表的病叶残体，集中处理，以减少越冬病菌来源。

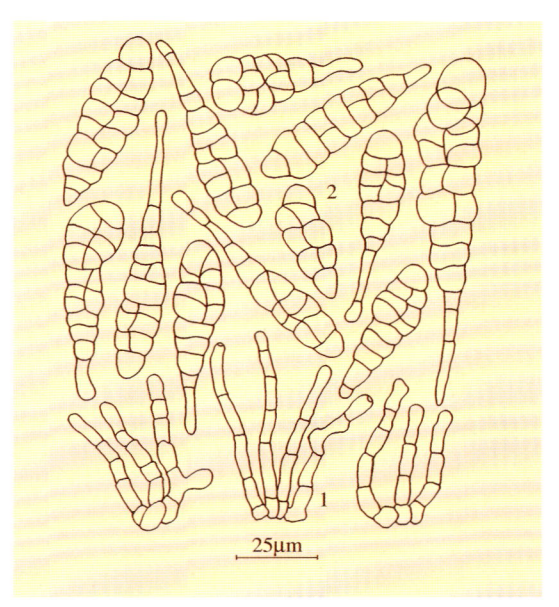

图7-8 牛蒡黑斑病菌
1. 分生孢子梗 2. 分生孢子

2. 重病地块实行与非菊科作物轮作。适当增施底肥，生长期及时追肥，防止田间积水，增强植株抗性。

3. 发病初期可用75%百菌清可湿性粉剂500倍液，或50%敌菌灵可湿性粉剂500倍液，或70%代森锰锌600倍液，或47%加瑞农可湿性粉剂600倍液，或2%农抗120水剂200倍液，50%扑海因可湿性粉剂1 000倍液，或65%多果定可湿性粉剂1 000倍液喷雾防治，10～15天防治1次，根据病情防治1～3次。

牛蒡黑斑病前期病叶

牛蒡黑斑病中后期病叶

牛蒡白粉病
Edible burdock powdery mildew

白粉病为牛蒡的主要常见病害,分布广,发生普遍。病株一般为30%～50%,严重地块100%,明显影响生产。

[症状] 此病主要为害叶片,严重时亦为害叶柄和茎部。发病植株在叶两面生白色粉状斑,随病害发展病斑数量增多,粉斑增厚。多个病斑相互连接布满整个叶片。后期病斑转变为灰褐色,其上长出黑色小点,即病菌的闭囊壳。最后病叶萎蔫枯死。

[病原] *Sphaerotheca fuliginea*(Schl.)Poll.属子囊菌单囊白粉菌真菌。病菌闭囊壳球形,暗褐色,直径83～122μm。壳壁细胞大而清晰,大小为12～42μm。附属丝丝状,褐色,有隔膜。子囊短椭圆形至近球形,65～75μm×70～105μm。子囊孢子8个,卵圆至椭圆形,无色透明,大小为14～25μm×16～28μm。分生孢子串生,椭圆至长椭圆形,大小为15～20μm×27～36μm(图7-9)。

[发病规律] 病菌以闭囊壳在病株残体上越冬,翌年春天条件适宜,子囊孢子引起初侵染,病斑上的粉孢子借风雨传播,进行多次再侵染。日暖夜凉或多露潮湿的春、秋季天气,适宜病害发生流行。有时,天气温暖干燥,植株生长衰弱,发病亦较重。

[防治方法]

1. 彻底清除病株枯枝落叶,集中妥善处理,以减少越冬菌源。

2. 施足底肥,适当配合施用磷、钾肥,生长期适时浇水、追肥,避免脱肥。

3. 发病初期喷施40%多硫悬浮剂600倍液,或30%特富灵可湿性粉剂4 000倍液,或40%福星乳油8 000倍液,或43%菌力克悬浮剂8 000倍液,或10%世高水分散粒剂8 000倍液,或2%农抗120水剂200倍液,或30%百科乳油1 500倍液,或6%乐必耕可湿性粉剂2 000倍液,或2%武夷菌素水剂400倍液,每10～15天防治1次,视病情防治2～3次。

牛蒡白粉病病叶

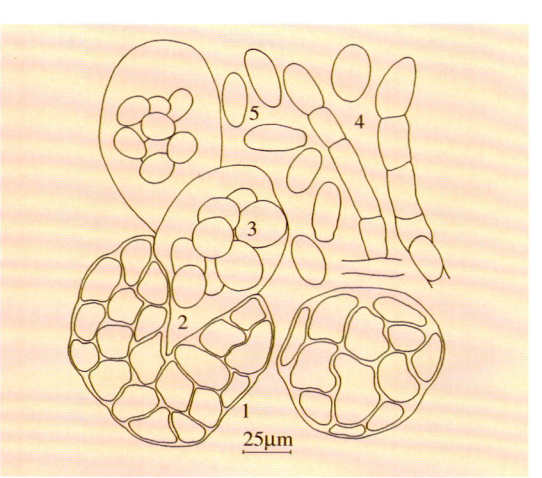

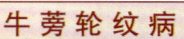

图7-9 牛蒡白粉病菌
1.闭囊壳 2.子囊 3.子囊孢子
4.分生孢子梗 5.分生孢子

牛蒡轮纹病前期病斑

牛蒡轮纹病
Edible burdock Ascochyta leafspot

轮纹病为牛蒡的普通病害,分布较广,主要在夏、秋季发生为害,一般病株率30%～50%,对生产无明显影响,严重时病株80%以上,叶片上布满病斑,在一定程度上影响牛蒡的正常生长。

[症状] 此病主要为害叶片,初在叶片上出现褪绿小点,逐渐发展成暗褐色至红褐色近圆形坏死斑,以后中央转变成灰白色,边缘不整齐,微具轮纹,后期病斑上产生黑褐色颗粒状小点,即病菌的分生孢子器。

[病原] *Ascochyta lappae* Kab. et Bub.属半知菌壳二孢真菌。病菌分生孢子器叶面生,初埋生于病叶组织内,后突破表皮,近圆形至扁球形,器壁膜质,有孔口。分生孢子双细胞,无色。

[发病规律] 病菌以分生孢子器在病株残体上越冬。翌年春天条件适宜时，分生孢子借气流传播引起发病，温暖多雨有利发病。

[防治方法]

1. 收获后彻底清除病残落叶，集中妥善处理，减少田间菌源。

2. 适当稀植，加强田间管理，雨后注意排水，及时除草和追肥。

3. 雨季来前或发病初期施药防治，可选用70%甲基托布津可湿性粉剂600倍液，或80%大生可湿性粉剂800倍液，或50%扑海因可湿性粉剂1 500倍液，或40%多硫悬浮剂500倍液，或45%特克多悬浮剂1 200倍液喷雾。

牛蒡轮纹病后期病斑

牛蒡基腐病
Edible burdock Fusarium rot

基腐病为牛蒡的重要病害，局部地区发生分布，春、夏、秋季都有发生，以多雨季节发生稍重。一般零星发病，轻度影响生产；严重时发病率可达15%～20%，明显影响牛蒡的产量与品质。此病在贮藏期还可继续发生为害，造成产品腐烂。

[症状] 此病主要为害根茎部，多从根茎部开始侵染，使根茎呈暗褐色坏死，病斑不规则，逐渐向上下发展，由表皮向内部组织蔓延，使根茎皮层维管束组织变褐坏死，最后腐烂。随病害的发展，地上部外叶开始萎蔫坏死，当病斑绕茎一周时，植株即全部开始萎蔫，最后坏死。空气潮湿时，病株根茎表面产生白色至粉红色霉层，即病菌的分生孢子。贮藏期病菌可从伤口或根毛基部侵染，引起腐烂。

[病原] *Fusarium* sp.属半知菌镰孢霉真菌。病菌分生孢子镰刀形，无色，具1～4个隔膜，多数3个，大小为12～35μm×3～4.5μm。有

时还形成卵圆形小型分生孢子（图7-10）。

[发病规律] 病菌存在于土壤中，条件适宜即引起侵染。发病后病部产生大量分生孢子，通过浇水和管理传播，一般地势低洼、土壤黏重、雨后积水的地块易发病。此外，地下害虫多，水肥管理不当造成根部生理伤口多，发病严重。

[防治方法]

1. 选择较高燥地块种植，修好排水渠道，避免田间积水。

2. 生长期加强管理，适时浇水，施用腐熟肥料，减少根伤。同时注意防治地下害虫。

3. 发病初期进行药剂防治，参见山药根腐病。

此外，贮藏期在入库前注意挑选，受伤较多的不能入库，采收后待产品表面水分散失和加工伤愈后入库。贮藏期间适当增加通风，降低空气湿度，必要时可选用特克多烟雾剂熏蒸处理。

牛蒡基腐病病根

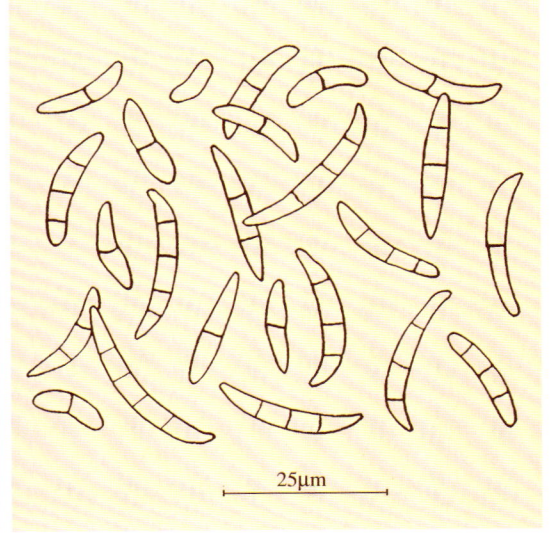

25μm

图7-10 牛蒡基腐病菌分生孢子

牛蒡灰斑病

Edible burdock Cercospora leafspot

灰斑病为牛蒡的重要病害，局部地区分布，

牛蒡灰斑病病叶

主要在夏、秋季发生为害。一般发病率30%～50%，严重时可达80%，在一定程度上影响牛蒡生产。

[症状] 此病主要为害叶片，在叶片上形成近圆形至不规则形坏死斑，大小为1～5mm，褐色至暗褐色，后期中央变成灰白色。空气潮湿病斑正、背面产生灰黑色霉状物，即病菌的分生孢子梗和分生孢子。条件适宜，叶片上病斑密布，相互连接致叶片早衰枯死。

[病原] *Cercospora arctiambrosiae* Halst.属半知菌尾孢霉真菌。病菌子实体叶两面生，无子座或很小。分生孢子梗2～6根成束，浅榄褐色至榄褐色，顶端色浅，不分枝，正直或弯曲，具0～2个屈曲，顶端近截形，孢痕明显，具2～10个分隔，大小为24～128μm×3～5μm。分生孢子鞭形，无色透明，正直或微弯，基部钝圆至截形，顶端渐尖，3～20个隔膜，大小为25～160μm×3～4μm。

[发病规律] 病菌以菌丝体在病残体上越冬。翌春温湿度适宜时，病菌产生分生孢子通过气流传播引起初侵染。发病后病斑上产生大量分生孢子，借雨水、气流传播进行再侵染。温暖高湿利于发病，一般夏、秋季多雨病害严重。

防治方法参见山药褐斑病。

牛蒡斑枯病

Edible burdock Septoria leafspot

斑枯病为牛蒡的一般病害，局部地区发生，通常对生产无明显影响，严重时在一定程度上影响生产。

[症状] 此病多在牛蒡生长后期发生，主要为害叶片。初期在叶片上产生褪绿小斑点，以后变成黄褐色不规则坏死斑，边缘不整齐，空气潮湿时呈水渍状，后期在病斑表面产生黑色小粒点，即病菌的分生孢子器。

[病原] *Septoria helianthi* Ell. et Kell.属半知菌向日葵褐斑菌真菌。详见菊芋斑枯病。

发病规律、防治方法参见菊芋斑枯病。

牛蒡斑枯病病斑

牛蒡敌敌畏药害

Edible burdock DDV injury

牛蒡敌敌畏药害为一般性生理伤害，偶有发生，通常对生产无明显影响，严重时在一定程度上影响生产。

[症状] 敌敌畏药害，多在着药多或生长旺盛的功能叶上显现症状。轻时在叶面或沿叶缘出现不规则褪绿斑块，严重时多形成白色至浅褐色不规则坏死斑，严重影响叶片进行正常光合作用。

病因、防治方法参见樱桃萝卜敌敌畏药害。

牛蒡敌敌畏药害受害叶

4. 根菾菜（紫菜头）病害 Diseases of table beet

根菾菜病毒病
Table beet virus disease

病毒病是根菾菜的主要病害，分布广泛，发生普遍，一般病株率 10%～20%，严重时可达 40% 以上，对产量和品质有较大影响。

[症状] 此病常表现畸形花叶症状。发病植株心叶褪色，叶片缩小扭曲，叶面表现花叶斑驳，严重时心叶成条状，嫩心筒状抱卷。外叶色泽浓淡不均，叶脉皱缩畸形，叶面凹凸不平，整片叶扭曲翻卷至外叶褐色坏死。染病植株多生长缓慢，矮小畸形，根茎瘦小。

[病原] Beet mosaic virus（BMV）即甜菜花叶病毒。还有可能与其他病毒复合侵染引起发病。甜菜花叶病毒质粒线状，大小为 730nm × 13nm，致死温度 55～60℃，稀释限点为 1 000 倍，在 20℃时体外存活期 24～48 h，在甜菜叶片中 -20℃下保持侵染性 1 年。

[发病规律] 病毒在菠菜和多种杂草上越冬，由桃蚜、棉蚜、豆蚜、萝卜蚜等多种蚜虫进行非持久性传播蔓延。亦可通过汁液接触传毒。高温干旱是发病的主要条件。一般春、秋干旱少雨，蚜虫数量多、活动频繁，则病害发生严重。此外，管理粗放，缺水和缺肥发病较重。

[防治方法]
1. 及时清洁田园，铲除田间杂草，彻底清除病株。
2. 施足有机底肥，增施磷、钾肥。加强田间管理，适时浇水、追肥，高温季节，避免缺水。

3. 做好防蚜工作，田间可铺、挂银灰膜条避蚜，或用黄板、黄盆诱蚜。蚜虫发生期及时进行药剂防蚜。

根菾菜病毒病前期病株

根菾菜病毒病后期病株

根菾菜褐斑病
Table beet Cercospora leafspot

褐斑病是根菾菜的主要病害，分布广泛，发病普遍较重，一般发病率 30%～50%，重病地块达 100%，对生产有明显影响。

[症状] 此病主要为害叶片和叶柄，在叶片上初生紫红至红褐色小点，逐步发展成中心灰白边缘紫红色的圆斑，最后形成大小不等圆形或近圆形马眼状斑，稍凹陷，病斑外缘形成较规则的紫红色斑环。严重时多个病斑连接成片，使叶柄变褐坏死。

叶柄染病亦形成类似于叶斑的不规则形坏死斑，病斑处易折断。空气潮湿，病部均可产生灰褐色霉状物，即病菌的分生孢子梗和分生孢子。

[病原] *Cercospora beticola* Sacc.属半知菌甜菜褐斑尾孢霉真菌。病菌子实层生于病组织表面，无子座。分生孢子梗丛生，基部色深，向上渐淡，上细下粗，1～3 个屈曲，不分枝，有 1～

根菾菜褐斑病前期病叶

根菾菜褐斑病中期叶面病斑

6个分隔，屈曲处和顶端常有孢子痕，大小为22.5～250μm×2.5～6μm。分生孢子针形，无色，基部平切，直或弯曲，顶端尖细，具4～18个隔膜，大小为42.5～157.5μm×2.5～5μm（图7-11）。

[发病规律] 病菌以分生孢子和菌丝体在病残组织内遗落在土壤中越冬。翌年分生孢子在条件适宜时萌发形成初侵染。以分生孢子借风雨传播扩大为害。高温高湿、土壤缺肥、植株营养不良、生长衰弱有利于发病。田间多在6～9月发病，温暖多雨病害发生较重。

[防治方法]

1. 秋后注意田园清洁，彻底清除病残植株，

根恭菜褐斑病中期叶背病斑

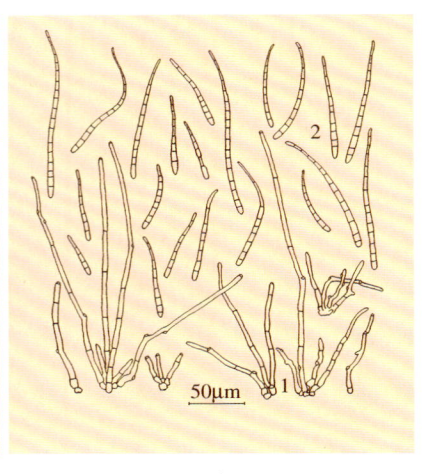

图7-11 根恭菜褐斑病菌
1.分生孢子梗 2.分生孢子

减少越冬菌源。

2. 加强栽培管理，增施有机肥和磷、钾肥，增强植株抗病能力。

3. 发病初期开始喷雾防治，可选用50%敌菌灵可湿性粉剂500倍液，或6%乐必耕可湿性粉剂1 500倍液，或70%甲基托布津可湿性粉剂600倍液，或70%代森锰锌可湿性粉剂500倍液，或45%特克多悬浮剂1 500倍液，10～15天防治1次，连续防治2～3次。

根恭菜黑斑病
Table beet Alternaria leafspot

黑斑病是根恭菜的主要病害,部分地区分布,一旦发生,病株率均较高,多在70%以上至100%,在一定程度上影响产量与质量。

[症状] 此病主要为害叶片,严重时也为害叶柄。侵染叶片，初在叶面产生紫红色小点，逐渐变成边缘颜色深中心灰白色的小圆斑，进一步发展成为中等大小有少数轮纹的黄褐色斑，病斑边缘不明显，有一褪绿晕环，中心多有一浅色小点。病害严重时数个病斑相互连接，使叶片枯黄死亡。叶柄受害，在病部形成浅褐色坏死斑。空气潮湿时病斑表面均产生灰褐色霉状物，即病菌的分生孢子梗和分生孢子。

[病原] *Alternaria tenuis* Nees 属半知菌细交链孢霉真菌。病菌分生孢子梗直立，浅褐色，有个别屈曲，顶端扩大，具孢子痕，大

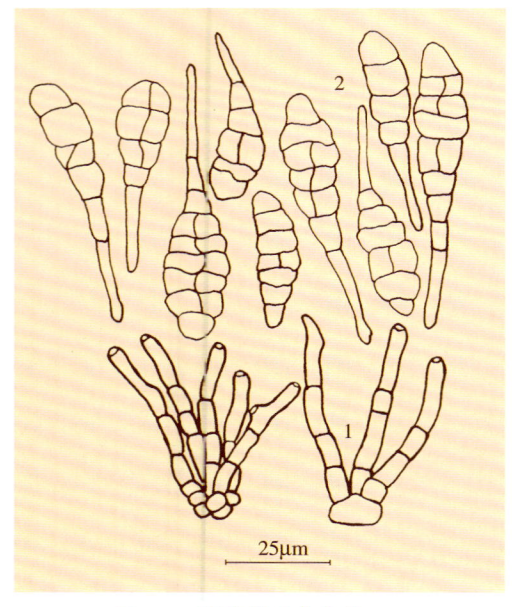

图7-12 根恭菜黑斑病菌
1.分生孢子梗 2.分生孢子

根恭菜黑斑病前期病叶

根恭菜黑斑病后期病叶

小为 32.5～45μm × 2.5～6μm。分生孢子棍棒形,浅褐色,表面光滑,有喙,有横隔膜 4～8 个,纵隔膜 0～2 个,大小为 35～70.5μm × 10～17.5μm(图 7-12)。

[发病规律] 病菌以菌丝体随病残体越冬。翌年条件适宜时产生分生孢子形成初侵染,借气流和雨水传播。温暖潮湿病菌多次重复侵染。田间 5～10 月均可见零星病株,一般在晚春和秋季多雨时发病较重。管理粗放、中后期严重缺肥的地块病害发生严重。11 月以后病菌即进入越冬阶段。

[防治方法]

1. 收获后彻底清除病残落叶及根茎。重病地块实行轮作。

2. 施足底肥,适当增施有机肥和磷、钾肥。生长期加强田间水肥管理,提高植株抗病能力。

3. 发病初期喷洒 75% 百菌清可湿性粉剂 600 倍液,或 70% 代森锰锌可湿性粉剂 500 倍液,或 47% 加瑞农可湿性粉剂 600 倍液,或 50% 敌菌灵可湿性粉剂 500 倍液,或 65% 多果定可湿性粉剂 1 000 倍液,或 50% 农利灵可湿性粉剂 1 500 倍液,15～20 天防治 1 次,根据病情防治 1～3 次。

根菾菜白粉病
Table beet powdery mildew

白粉病为根菾菜的普通病害,分布较广,一般零星发生,对生产无明显影响,一旦发生,发病率常较高,对植株生长影响较大。此病还可为害其他藜科蔬菜。

[症状] 此病主要为害叶片,亦为害叶柄和花序。发病初在叶片的正面和背面产生紫红色放射状病斑,随病害发展逐步变成大小不等的不规则粉斑,最后多个病斑相互连接使叶片表面布满白粉,终致叶片早衰枯死,严重时造成植株大片死亡。花期染病,使植株提早衰老,严重时不结实。

[病原] *Erysiphe betae*(Vanha)Weltzier 属子囊菌甜菜白粉菌真菌。病菌子囊壳散生,球形,褐色至暗褐色,壳壁细胞小,不规则多角形,直径 78～105μm。附属丝丝状,生于"赤道"的下半部,褐色,多数顶端无色,屈膝状弯曲,具 1～3 个隔膜,个别顶部有分枝,常和菌丝体交织在一起,长于闭囊壳直径。子囊 2～6 个,长椭圆形,有短柄,大小为 48～78μm × 30～54μm,在水中极易破裂,内有 4 个子囊孢子,个别 2 个。子囊孢子卵圆形,大小为 16.5～36μm × 12～19.5μm。菌丝体匍匐生于叶表面。分生孢子长椭圆形至长圆柱形,单顶生,大小为 24～55μm × 10～18μm(图 7-13)。

[发病规律] 病菌在北方以闭囊壳随病残体越冬,成为翌年发病的初侵染源。南方可以菌丝体在病残组织上越冬或以菌丝和分生孢子在藜科蔬菜上辗转为害。分生孢子借气流传播,孢子萌发后产生侵染丝,直接侵入寄主表皮。菌丝在寄主叶面不断伸长蔓延,迅速扩展。高温少雨天气利于发病。植株生长衰弱、缺肥,或日暖夜凉、多露病害发生较重。

[防治方法]

1. 收获后及时清除病残体,集中烧毁或深埋。

2. 施足有机底肥,增施磷、钾肥。

3. 发病初期喷洒 43% 菌力克悬浮剂 8 000 倍液,或 10% 世高水分散粒剂 8 000 倍液,或 30% 特富灵可湿性粉剂 3 000～4 000 倍液,或 40% 福星乳油 8 000 倍液,或 2% 农抗 120 水剂或 2% 武夷菌素水剂 200 倍液,10～15 天防治 1 次,共防 1～3 次。

根菾菜白粉病初期病斑

根菾菜白粉病后期病叶

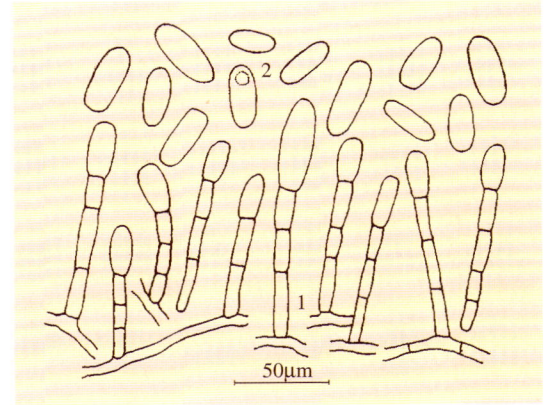

图 7-13 根菾菜白粉病菌
1. 分生孢子梗 2. 分生孢子

根恭菜炭疽病
Table beet anthracnose

炭疽病为根恭菜的普通病害，分布较广，一般零星发生，对生产无明显影响，病害严重时，影响产量和品质。此病还为害菠菜。

[症状]　此病主要为害叶片，严重时可为害茎。叶片染病，初生黄褐色小斑，边缘水渍状，后逐渐变成圆形或近圆形浅灰褐色斑，中央略下陷，边缘紫色，后期病斑上产生稀疏小黑点，即病菌的分生孢子盘。有时病斑上腐生灰黑色霉状物，严重时多个病斑相互汇合成片致叶片枯死。后期种株染病多为害茎部，形成梭形或纺锤形灰褐色斑，病斑上产生略呈轮状排列的小黑点，即病菌的分生孢子盘。

[病原]　*Colletotrichum spinaciae* Ell.et Halst. 属半知菌菠菜刺盘孢真菌。病菌分生孢子盘先埋生后暴露，深色，上生浅黑色针状刚毛，具2～3个隔膜，基部屈曲，大小为72～142μm×4～5μm。分生孢子梗无色单胞。分生孢子新月形或梭形，大小为14～25μm×3～4μm。

[发病规律]　病菌以菌丝体在病组织内或黏附在种子表面越冬。翌春条件适宜时产生分生孢子，萌发后直接侵入表皮或由伤口侵入形成初侵染，经3～5天潜育后开始产生分生孢子盘和分生孢子。通过风雨传播形成再侵染。病菌生长温度5～34℃，适宜温度24～29℃，高湿对病菌萌发侵染有利。降雨多、田间多露，或地势低洼、植株生长衰弱病害较重。

[防治方法]

1. 从无病株采种，或播种前用52℃温水浸种20～30min后移入凉水中冷却，待晾干后播种。

2. 收获后注意清洁田园，减少越冬病菌数量，重病地块与非藜科蔬菜轮作。

3. 增施有机肥，适当配合磷、钾肥。

4. 发病初期喷洒25%炭特灵可湿性粉剂600倍液，或25%施保克可湿性粉剂1 200倍液，或10%世高水分散粒剂6 000倍液，或30%倍生乳油1 500倍液，或70%甲基托布津可湿性粉剂600倍液，或40%多硫胶悬剂500倍液，或25%敌力脱乳油1 000倍液，或40%百科乳油1 000倍液，或2%加收米水剂，或50%多菌灵可湿性粉剂500倍液，7～10天防治1次，连防2～3次。

根恭菜炭疽病中期叶背病斑

根恭菜炭疽病中后期叶面病斑

根恭菜酸腐病
Table beet Oospora rot

酸腐病为根恭菜的普通病害，在部分地区发生分布，保护地、露地都可发病。通常零星发病，少数植株因病腐烂坏死，在一定程度上影响生产。

[症状]　此病主要侵害根部，多从裂口处开始侵染。病部呈水渍状黑褐色坏死腐烂，表面产生白色霉层，即病菌的分生孢子，终致根茎腐烂、植株坏死。

[病原]　*Oospora lactis* Fr.var. *parasitica* Pritch.et Porte 属半知菌寄生酸腐节卵孢霉真菌。病菌分生孢子梗与菌丝区别很小，分生孢子串生于顶端，无色，无隔膜，两端平切，大小为7.5～17μm×4.5～6.5μm。

发病规律、防治方法参见马铃薯酸腐病。

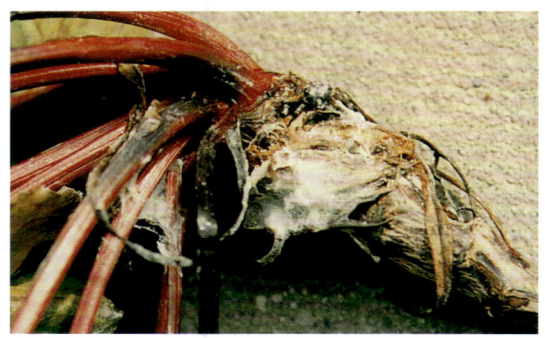
根恭菜酸腐病前期病茎

根恭菜酸腐病中期病茎

根恭菜缘枯病
Table beet bacterial rot

缘枯病为根恭菜的一般病害，局部地区分布，通常零星发病，轻度影响生产，严重时病株可达10%以上，影响根恭菜的质量。

[症状] 此病主要在根恭菜生长中后期发生，可为害叶片和根茎。初期在叶缘出现褪绿黄斑，以后发展成黄褐色坏死斑，逐渐向叶柄方向发展，最后病叶坏死干枯。严重时病害可蔓延至根茎，使根茎呈黑褐色坏死腐烂。

[病原] 由一种细菌侵染所致，病原不详。

[发病规律] 病菌可能随种子传带，田间还可来自其他寄主。病菌从叶缘水孔等自然孔口侵入，发病后病部产生细菌借风雨、浇水和农事操作等传播蔓延，进行再侵染。种植期间温暖多雨、昼夜温差大、结露时间长等有利发病。

[防治方法]

1. 有病地块在收获后及时彻底清除病残体集中堆沤处理。

2. 播种前种子可选用52℃温水浸种30min，或55℃温水浸种15min。也可用种子重量的0.3%的47%加瑞农可湿性粉剂拌种。

3. 必要时在发病初期进行喷药防治，可选用47%加瑞农可湿性粉剂600～800倍液，或77%可杀得可湿性粉剂400倍液喷雾，10～15天1次，视病情防治1～3次。

根恭菜缘枯病病斑

5. 根芹病害 Diseases of celeriac

根 芹 顶 腐 病
Celeriac tipburn

顶腐病为根芹的常见生理病害，种植地区都可发生，以保护地种植发病较普遍，通常病情很轻，对生产无明显影响。

[症状] 此病多表现幼嫩生长点或未展开的幼嫩顶叶受害，发病生长点或嫩叶边缘初呈水渍状坏死，暗褐色至褐色，以后腐烂或干枯，有时在病部腐生黑褐色杂菌。因生长点或叶缘受害坏死，多造成植株秃头或叶片顶端几个小叶卷缩畸形。

[病因] 此病主要由于生长点或未展开的幼叶长时间积水，使其与空气隔离，不能进行正常生理代谢而窒息死亡。

[防治方法]

1. 适当稀植，改善植株株形，减少幼嫩组织表面积水。

根芹顶腐病病叶

2. 加强管理，避免田间过湿，浇水后增加通风，降低空气湿度。

根 芹 黄 脉 病
Celeriac yellow pulse

黄脉病为根芹的重要生理病害，部分地区发生，严重时显著影响产量和质量。

[症状] 此病发生后全株性表现症状，发生轻时或病害较轻时仅叶脉褪绿，随病害发展，叶脉和叶柄组织坏死变褐，以后叶肉组织逐渐坏死，最后整株坏死。

[病因] 不详。从田间病株成片或成团分布及发生发展情况分析，可能因缺素所致。

根芹黄脉病病叶

[防治方法] 不详。

6. 辣根病害　Diseases of horse-radish

辣根黑斑病
Horse-radish Alternaria leafspot

辣根黑斑病病斑

黑斑病为辣根的普通病害，分布较广，发生较普遍，多在夏、秋露地发病。一般病株率10%～30%，对辣根生产无影响，个别地块或黑斑病大发生年，发病程度较重，病株率100%，下部4～8片叶枯死，在一定程度上影响生产。

[症状] 此病主要为害叶片，多由基部叶向中上部发展。初期在叶面形成水渍状浅褐色小点，以后发展成黄褐色近圆形斑，随病害发展病斑显现同心轮纹，周缘有时具有黄绿色晕环。空气潮湿，病斑正背面产生稀疏灰黑色霉状物，即病菌分生孢子梗和分生孢子。空气干燥，病斑破裂穿孔。

[病原] *Alternaria brassicae*（Berk.）Sacc.属半知菌芸薹链格孢真菌。详见菜心黑斑病。

发病规律、防治方法参见青花菜黑斑病。

辣根褐腐病
Horse-radish Rhizoctoninia rot

辣根褐腐病病叶柄

褐腐病为辣根的常见病，分布较广，发生较普遍，一般发病率5%～10%，个别地块30%左右，轻度影响产量和品质。此病还可为害数十种其他蔬菜。

[症状] 此病主要为害茎基部和叶柄。茎基部染病，病部初呈褐色水渍状坏死，以后发展成不规则凹陷斑，最后干腐或湿腐，在病部产生灰黑色蛛丝状菌丝层。叶柄染病，初为水渍状暗褐色小点，以后逐渐形成灰白至灰褐色坏死斑，显著凹陷，边缘暗褐色，随病害发展病部逐渐朽烂。

[病原] *Rhizoctonia solani* Kühn 属半知菌立枯丝核菌真菌。详见马铃薯茎基腐病。

发病规律、防治方法参见马铃薯茎基腐病。

辣根拟黑斑病
Horse-radish pseudo-Alternaria leafspot

拟黑斑病为辣根的常见病，分布较广，种植地区都有发生。一般发病率20%～50%，对生产无明显影响，少数地块病株达100%，病叶达40%以上，明显影响辣根的正常生长。

[症状] 此病主要侵染叶片，多由下向上发展。初期出现暗褐色坏死小点，以后扩展成近圆形暗褐色坏死斑，具1～4个不明显轮纹，随病害发展叶片黄化坏死。空气潮湿，病斑两面产生少许灰黑色霉层，即病菌分生孢子梗和分生孢子。

[病原] *Alternaria brassicicola*（Schweinitz）Wilts.属半知菌甘蓝链格孢真菌。病菌分生孢子长卵形至倒棍棒状，棕褐色，具横隔膜2～11个，纵隔膜0～4个，喙胞短且颜色较深，分生孢子多个串生，大小为18.8～88.5μm×6.3～20.5μm（图7-14）。

发病规律、防治方法参见青花菜黑斑病。

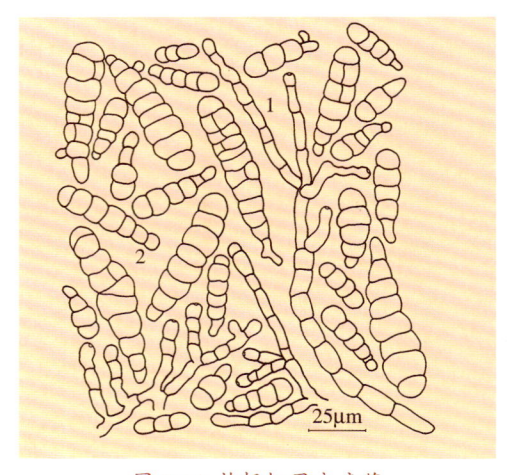

图7-14 辣根拟黑斑病菌
1. 分生孢子梗　2. 分生孢子

辣根拟黑斑病叶面病斑

辣根拟黑斑病叶背病斑

辣根灰霉病
Horse-radish gray mold

辣根灰霉病中期病株

　　灰霉病为辣根的普通病害，主要在南方菜区发生分布，通常发病不明显，对生产无明显影响。仅多雨季节或长时间阴、雾天气后此病发生较重，造成部分植株染病坏死，在一定程度上影响产量和品质。

　　[症状] 此病主要侵染基部叶片和根茎。叶片受害，病叶呈黄褐色不规则坏死腐烂，在病部表面产生灰色霉层，即病菌的分生孢子梗和分生孢子。根茎染病，多呈暗褐色坏死腐烂，在其表面产生灰色霉层，终致植株萎蔫枯死。

　　[病原] *Botrytis cinerea* Pers.属半知菌灰葡萄孢真菌。详见青花菜灰霉病。

　　发病规律、防治方法参见青花菜灰霉病。根据辣根的种植特点，生长期需注意及时清除基部老黄病叶带到田外集中妥善处理。

辣根灰霉病前期病株

辣根灰霉病后期病株

八、薯芋类蔬菜病害
Diseases of Starchy Underground Vegetables

1. 姜病害 Diseases of ginger

姜立枯病
Ginger Rhizoctonia wilt

姜立枯病病苗

立枯病为姜的普通病害，分布广泛，发生较普遍。通常病情较轻，仅零星植株发病，对生产无明显影响，个别地块发病较重，病株率可达10%～30%，明显影响生产。

[症状] 此病主要在幼苗期发生，成株期亦可发病。植株各个部位都可染病，地上部发病，多从茎基部开始侵染，病部呈水渍状坏死，以后变褐干缩。块茎染病，病部亦变褐坏死，后期腐烂或干缩。叶片和茎秆染病，多形成椭圆形至不定形灰褐色病斑，相互汇合成云纹状坏死大斑。空气潮湿，病部表面可产生蛛丝状菌丝。

[病原] *Rhizoctonia solani* Kühn 属半知菌立枯丝核菌真菌。详见蚕豆立枯病。

发病规律、防治方法参见蚕豆立枯病。

姜绵腐病
Ginger soft rot

绵腐病为姜的主要病害，分布广泛，发生较普遍，种植地区都有不同程度发生。通常发病率5%～10%，轻度影响姜的生产，少数地块或特殊年份病害发生严重，病株可达30%，致植株成片死亡，显著影响产量和质量。

[症状] 此病主要为害块茎和茎基部。发病初期植株基部茎叶褪绿黄化，出现黄褐色不定形坏死病斑，以后软化腐烂，迅速向上发展使地上部茎叶黄化凋萎或枯死倒折。随病害发展，地下块茎变褐软腐。在田间易和细菌引致的根腐相混淆，区别主要在于细菌引起的根腐不倒伏，地上部多表现青枯，剖开根茎可见维管束变褐，挤压病部可溢出污白色菌液，发病后期无论是与真菌混合侵染或与细菌混合及单独侵染，病部都散发臭味。本病仅表现病部变褐腐烂，挤压时无污白色菌液溢出，田间湿度高时病茎基部和块茎表面可产生白

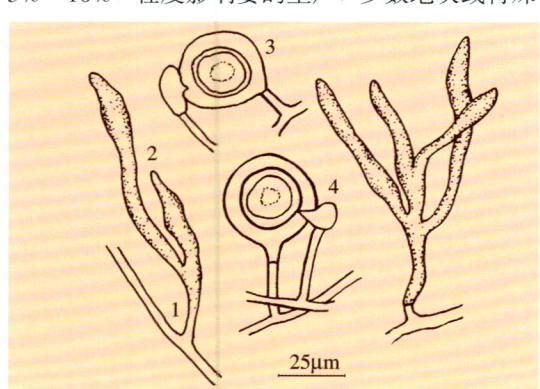

图 8-1 姜绵腐病菌
1. 孢囊梗 2. 孢子囊 3. 藏卵器 4. 雄器

姜绵腐病病株

色菌丝。

[病原] *Pythium myriotylum* Drechsler 属鞭毛菌结群腐霉真菌。病菌菌丝在室温保湿条件下能迅速生长，易产生附着胞，菌丝宽 2.5～4.5μm，不产生游动孢子囊。孢子囊丝状或瓣状，长约 330μm，萌发时产生无色泡囊，大小为 15～20μm，以后从泡囊中释放出游动孢子。藏卵器无色至浅黄色，球形，壁薄，平滑，顶生或侧生，偶有间生，柄直，直径 25～42μm。雄器异丝生，具柄，呈曲颈状，以颈端与藏卵器接触。卵孢子无色至浅黄色，近球形不满器，大小为 19～32μm，内生多个贮物球。田间常出现其他腐霉（*Pythium* spp.）单独或混合侵染的情况（图 8-1）。

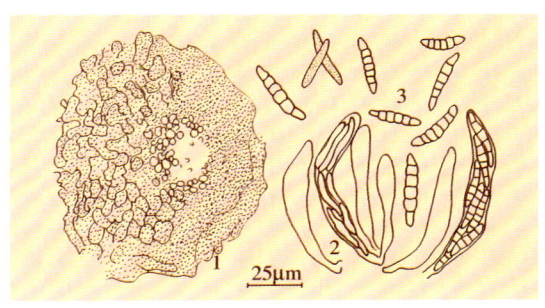

图 8-2　姜白星病菌
1. 子囊座　2. 子囊　3. 子囊孢子

[发病规律] 病菌以菌丝体在种姜上或以菌丝体和卵孢子随病残体遗落在土壤中越冬。带菌种姜、病残体和带菌堆肥为病害的初侵染源。温暖地区，游动孢子囊及萌发产生的游动孢子借雨水溅射和浇水传播，进行初侵染和再侵染。通常昼暖夜凉、种植地块低洼积水、土质黏重、土壤含水量高容易发病。种姜带病、常年连作发病重。

[防治方法] 根据此病特点，防治方法和策略参见姜瘟病。土壤处理、种姜灭菌和田间药剂防治宜参见苦瓜猝倒病。

姜白星病
Ginger Phyllosticta leafspot

白星病为姜的主要病害，分布较广，发生较普遍。一般病株率 30%～50%，轻度影响生产。重病地块发病率可达 80% 以上，明显影响姜的正常生产。

[症状] 此病主要为害叶片，初为浅褐色小点，周围具浅黄色晕环，以后扩展成黄白色至灰白色小病斑，梭形至长圆形，边缘红褐色，外围常具有褪绿晕环。后期病斑中部变薄，易破裂穿孔，病斑上密生针尖大小的黑色小点，即病菌分生孢子器。严重时，叶片上病斑密布，致叶片黄化坏死。

[病原] *Phyllosticta zingiberi* Hori 属半知菌姜叶点霉真菌。病菌分生孢子器球形至扁球形，具孔口，黑褐色，直径 50～120μm。分生孢子椭圆形，单胞，无色，大小为 5～9μm × 2.5～3.5μm。有性时期为 *Sphaerulina* sp. 属子囊菌多胞小球壳菌真菌。病菌子囊座生于寄主基质内，直径 95～120μm。子囊袋状至圆筒形，8 个。子囊孢子长梭形或蠕虫形，具 4～6 个隔膜，分隔处常缢缩，大小为 18.5～31.5μm × 3.5～5.5μm（图 8-2）。

[发病规律] 病菌主要以菌丝体和分生孢子器随病残体遗落在土中越冬，也可以子囊座在病残体上越冬。条件适宜时以分生孢子或子囊孢子进行初侵染，发病后形成分生孢子借雨水溅射传播，进行多次重复再侵染，使病害发展蔓延。温暖潮湿、田间郁蔽，植株生长衰弱和长时期连作均有利于发病。

[防治方法]

1. 轮作换茬，选择地势较高的地块种植，施足底肥，注意增施磷、钾肥和有机肥。

2. 收获后及时彻底清理田间植株残体，集中妥善处理，以减少菌源。

3. 发病初期开始喷药防治。参见菜用大豆灰星病。

姜白星病前期病斑

姜白星病后期病斑

姜炭疽病
Ginger anthracnose

炭疽病为姜的重要病害，分布较广，发生较普遍，少数地区发病较重。通常病株30%～50%，轻度影响生产，严重地块病株常达80%以上，部分植株因病枯死，显著影响生产。

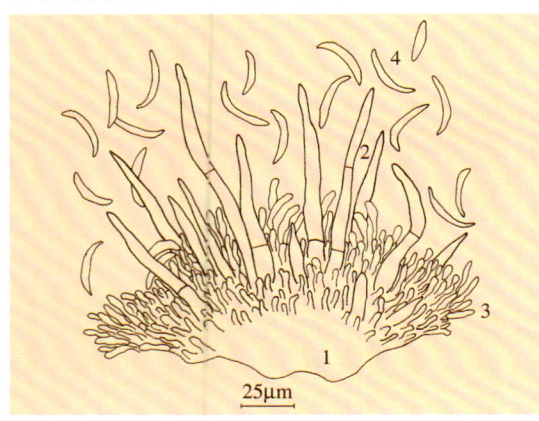

图8-3 姜炭疽病菌
1. 分生孢子盘 2. 刚毛 3. 分生孢子梗 4. 分生孢子

[**症状**] 此病主要侵害叶片，多从叶尖或叶缘开始发病，病斑初为水渍状，黄褐色至绿褐色，以后扩展成椭圆形至不定形褐色坏死斑，边缘云纹状，多个病斑相互连接成不规则形大斑，致叶片变褐枯死。空气湿度高时后期病斑上产生黑色小粒点，即病菌的分生孢子盘。

[**病原**] *Colletotrichum capsici*（Syd.）Bull. et Bisby属半知菌辣椒刺盘孢真菌。分生孢子盘黑褐色，周围及内部密生大量刚毛。刚毛较粗短，坚硬，具0～2个隔膜，长40～120μm。分生孢子单胞，星月形，无色，大小为20.5～32.5μm×3.5～5μm（图8-3）。

[**发病规律**] 病菌以菌丝体和分生孢子盘在病部或随病残组织遗落在土中越冬。分生孢子借雨水溅射或小型昆虫传播，在田间形成初侵染和再侵染。病菌可侵染茄科和姜科多种作物，温暖地区可在多种寄主上辗转发生，周年为害。通常田间高湿、连茬种植、偏施氮肥、植株生长茂密有利于发病。

[**防治方法**]
1. 重病地区实行与非茄科、姜科作物轮作。
2. 收获后及时彻底清除病残植株，减少田间越冬菌源。
3. 增施磷、钾肥和有机底肥，避免偏施氮肥。生长期加强管理，适时防治害虫，雨后防止田间积水。
4. 发病初期进行药剂防治。参见马铃薯炭疽病。

姜炭疽病中后期病苗

姜炭疽病中后期病株

姜根茎腐病
Ginger Fusarium rhizome rot

根茎腐病亦称姜块腐烂病，为姜的普通病害，仅在部分地区发生分布。通常在田间仅零星植株染病，轻度影响姜的产量，重病地块可造成植株成片枯死，显著影响姜的生产。除生长期发病外，贮运期还可侵害姜块，引起腐烂。

[**症状**] 此病主要为害地下块茎和茎基部，病株块茎和茎基部变褐，呈水渍状腐烂，湿度高

时在茎基表面产生少量白霉，随病害发展植株地上部姜蔫枯死。此病与细菌性姜瘟易于混淆，但姜瘟块茎多呈半透明水渍状，挤压病部可溢出淘米水状污白色菌脓，镜检可见大量细菌。姜根茎腐病块茎变褐而不呈水渍状半透明，挤压病部不能溢出混浊污白色菌液，湿度高时病部可见白色菌丝和分生孢子，发病块茎表面亦长有菌丝体。

[**病原**] *Fusarium* sp.属半知菌镰孢霉真菌。病菌可产生大型和小型分生孢子，大型分生孢子纺锤形至镰刀形，多细胞，无色。小型分生孢子卵圆形至肾形，单胞或双胞，无色。

[**发病规律**] 病菌以菌丝体和厚垣孢子遗落在土壤中越冬。带菌的肥料、种姜和病土都可成为田间发病的初侵染源。发病后病部产

生分生孢子，通过雨水、浇水和田间操作传播，进行重复侵染。连作地块、低洼积水、土质黏重或施用未充分腐熟的堆肥和因管理不当、害虫造成根伤较多，则病害发生严重。

[防治方法]

1. 常发病区或重病地块轮作换茬，最好实行水旱轮作。

2. 选择地势高燥易排易浇的地块和采用高厢或高垄种植，必要时覆盖地膜。

3. 因地制宜选用抗、耐涝品种，可选用密轮细肉姜，疏轮大肉姜等。

4. 施用充分腐熟的有机肥，适当增施磷、钾肥。生长期防止田间积水，适时浇水追肥，尽量避免根伤。

5. 收获后及时彻底清除病株残体带到田外妥善处理。

6. 常发病区种植前精选种姜，并用 50% 多菌灵可湿性粉剂 400 倍液，或 10% 双效灵水剂 800 倍液，或 65% 多果定 800 倍液浸泡种姜 1～2 h 后待晾干再下种。

7. 发病初期及时清除病株，病穴及周围植株喷浇药液防治。参见苦瓜枯萎病。

姜根茎腐病病株

姜 眼 斑 病
Ginger Drechslera leafspot

眼斑病为姜的普通病害，分布较广，发生较普遍，南北方种植区都时常发病，北方部分地区发病较重。一般病株率30%～50%，重病地块病株率80%～100%，使部分叶片因病干枯坏死，明显影响姜的生产。

[症状] 此病主要为害叶片，初在叶片上出现浅褐色小点，以后扩展成椭圆形至梭形灰白或灰黄色中型病斑，边缘浅褐色，有时病斑周围具有明显的黄色晕环。湿度高时病斑两面产生暗灰色至黑色霉状物，即病菌的分生孢子梗和分生孢子。

[病原] *Drechslera spicifera*（Bain）v. Arx 属半知菌德斯霉真菌。病菌分生孢子梗单生，暗褐色，正直，不分枝，基部细胞膨大，顶端色淡，具隔膜，产孢细胞多苗芽殖，合轴式伸长。分生孢子长椭圆形，两端钝圆，单生或顶侧生，正直，淡榄褐色，具 2～7 个隔膜，大小为 22～53μm × 8～14μm。

[发病规律] 病菌以分生孢子丛随病残体在土中存活越冬。条件适宜时以分生孢子借风雨传播，进行初侵染和再侵染。温暖潮湿有利于发病。种植地块地势低洼、植株缺钾、生长衰弱，则病害发生较重。

[防治方法]

1. 施用充分腐熟的有机底肥，增施磷、钾肥。

2. 加强管理，适时浇水追肥，避免田间积水。

3. 必要时结合防治其他病害施药防治。参见山药褐斑病。

姜眼斑病中期病斑

姜眼斑病中后期病斑

姜菌核病
Ginger Sclerotinia rot

菌核病为姜的普通病害，局部地区发生分布。主要在春季南方少数地块发病，通常病株零星，轻度影响产量和质量。严重时发病率可达10%左右，明显影响生产。

[症状] 此病主要为害茎基部和生长露出地面的姜块。茎基染病，初为水渍状灰黄色至灰褐色坏死，形成不规则形坏死斑，表面产生少量白色絮状菌丝，植株上部茎叶随病害发展萎蔫枯死，后期在病株的茎基表面或组织内部形成黑色鼠粪状菌核。姜块染病亦呈水渍状腐烂，病部表面初生絮状白霉，以后转变成黑色鼠粪状菌核。

[病原] *Sclerotinia sclerotiorum*（Lib.）de

姜菌核病病根茎

Bary 属子囊菌核盘菌真菌。详见结球莴苣菌核病。

发病规律、防治方法参见结球莴苣菌核病。

姜曲霉病
Ginger aspergillus rot

曲霉病为姜的普通病害，分布较广，偶尔发生，田间病株较少，主要在贮藏期发病，造成姜块因病坏死干腐，影响品质。

[症状] 田间发病多从带伤的茎基部或露出地面受伤的部位开始侵染，初期病部呈不明显水渍

状，以后软化，挤压病部可渗出混浊组织液，逐渐向里扩展，使内部组织呈黄色至黄褐色坏死腐烂，终致植株萎蔫枯死，最后病部仅剩干缩的表皮和维管束，内部充满黑色粉末，即病菌的分生孢子梗和分生孢子。

[病原] *Aspergillus* sp.属半知菌黑曲霉真菌。病菌分生孢子头球形，直径65～80μm，炭黑色，边缘裂开成放射状。分生孢子梗双层，从中心泡囊伸出，呈放射状排列，第一层孢子梗棒状，下端生有一长柄，大小为15～20.5μm×3.5～4.5μm，顶层小梗4～5个，小梗大小为5～7.5μm×1.5～2.5μm。分生孢子串生于小梗顶端，球形，暗褐色，直径1.5～2.5μm（图8-4）。

[发病规律] 病菌可侵染多种作物，广泛存在于田间，条件适宜时分生孢子从伤口侵入，发病后产生大量分生孢子通过风雨或浇水传播。植株生长衰弱、各种伤口多，则发病较重。

[防治方法]

1. 施足底肥，增施充分腐熟的有机肥和磷、钾肥。生长期加强管理，适时浇水追肥，尽可能防止产生生理裂口和机械损伤。

2. 必要时施药防治，可选用50%扑海因可湿性粉剂1 200倍液，或25%施保克可湿性粉剂1 200倍液，或10%世高水分散粒剂6 000倍液，或45%特克多悬浮剂1 500倍液，或25%多丰农可湿性粉剂800倍液喷雾，重点喷洒茎基部。

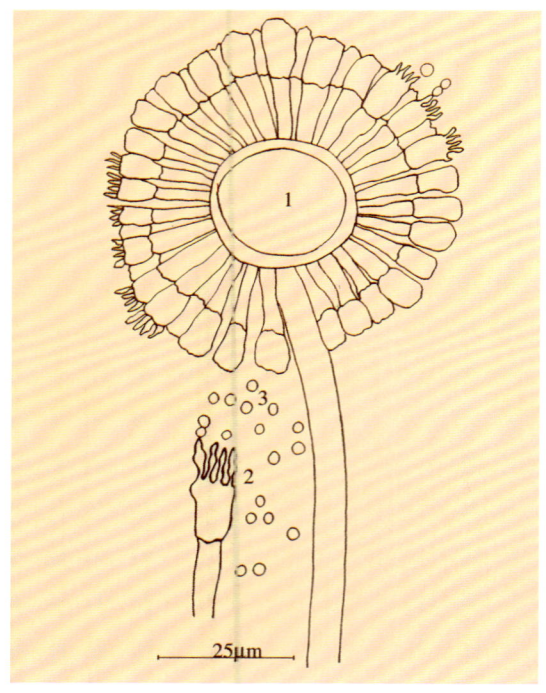

图8-4 姜曲霉病菌
1.分生孢子头 2.分生孢子梗 3.分生孢子

姜曲霉病病根茎

姜 白 绢 病
Ginger Sclerotium wilt

白绢病为姜的一般病害，仅在南方部分地区零星发生，可造成死苗或块根腐烂。储运期发病可造成产品大批腐烂。

[症状] 此病多为害块根近地表根茎或幼苗根茎，严重时向下扩展引致块根发病。染病部初呈水渍状灰褐至暗褐色坏死，稍凹陷，其上产生白色纹羽状菌丝，以后逐渐形成油菜籽状小菌核。染病植株或病苗外叶先期变黄，以后萎蔫，最后枯死。土壤潮湿时，病菌菌丝可扩展到病株邻近的植株和地面上，并产生许多菌核。

[病原] *Sclerotium rolfsii* Sacc.属半知菌罗氏白绢小菌核菌真菌。病菌菌核白菜籽状，初为白色，后呈茶褐色，内部灰色，表面光滑，

姜白绢病病根茎

菌核间无菌丝相连，直径 0.5～2mm。

发病规律参见胡萝卜白绢病。

防治方法参见西瓜白绢病。

姜 瘟 病
Ginger bacterial wilt

瘟病又称腐烂病或青枯病，为姜的主要病害，分布广泛，发生普遍，种植地区都常年发生，以南方种植区发病严重。一般病株率10%～30%，严重地块发病率可达60%～80%，常造成植株成片坏死腐烂。

[症状] 此病主要侵害地下茎及根部，发病后肉质茎初呈水渍状，灰黄色至黄褐色，以后内部组织逐渐软化腐烂，仅残留表皮，挤压病部即可渗出污白色菌液，散发臭味。根部受害亦呈淡黄褐色坏死，最后腐烂。地上茎被害呈暗紫色，内部组织变褐腐烂，最后仅残留丝状维管束。叶片染病，叶色淡黄，边缘卷曲并逐渐萎蔫，终至全株下垂枯死。

[病原] *Pseudomonas solanacearum*（Smith）Smith 属假单胞杆菌青枯假单胞菌细菌。病菌菌体短杆状，单细胞，两端圆，单生或双生，极生1～3根鞭毛，0.9～2.0μm×0.5～0.8μm。在琼脂培养基上菌落圆形至不正形，稍隆起，污白色或暗色至黑褐色，表面平滑，具亮光。革兰氏染色阴性，能利用多种糖产生酸，不能液化明胶，能使硝酸盐还原。

[发病规律] 病菌主要随种姜越冬，成为远距离传播和田间发病的初侵染源，也可随根茎及其他病残组织在土壤中越冬。种植带菌种姜，苗期即可发病，成为大田发病的中心病株，通过浇水、雨水、田间流水和地下害虫传播扩散。病菌由根茎伤口侵入，经薄壁组织进入输导组织，迅速致全株发病。时晴时雨、高温高湿、地温变化剧烈有利于发病。寄主生长期降雨多、雨量大，病害严重。通常每次大雨或暴雨后5～10天即出现发病高峰。此外，土壤黏重、地势低洼、多年连作或地下害虫和管理不当造成根伤和偏施氮肥等，均有利于病害的发生与发展。品种间抗病性差异明显。

[防治方法]

1. 种窖在贮姜前喷洒47%加瑞农可湿性粉剂400倍液，或40%福尔马林80倍液消毒灭菌。选用无病姜留种，种姜单收单贮，贮前

姜瘟病中期根茎

姜瘟病中后期根茎

适当晾晒。

2. 重病地区轮作换茬，最好实行水旱轮作。或在盛夏深翻整地后分别施生石灰和碎稻草4.5～7.5t/hm²，耕翻均匀后灌水覆地膜10～20天进行高温灭菌。

3. 选择地势高燥，易排易浇的地块，采用高垄或高畦配合地膜种植。增施磷、钾肥，有条件的在行间覆盖遮荫，控制发病。

4. 因地制宜选用抗、耐病品种，可选用浙江铁杆青、临平小型姜、新昌小型竹边姜、义乌首

姜、广东细肉姜等品种。

5. 种姜消毒灭菌，种植前可选用47%加瑞农可湿性粉剂500倍液，或0.5%盐酸溶液浸种24～48 h后晾干播种。

6. 生长期加强管理，雨后及时排水，防止大水漫灌。发现病株及时挖除，病穴喷浇药液灭菌。必要时全面进行药剂防治，可选用47%加瑞农可湿性粉剂400～500倍液，或25%噻枯唑可湿性粉剂600～800倍液，或77%可杀得可湿性粉剂，或77%丰护安可湿性粉剂400～500倍液，或50%多丰农可湿性粉剂600倍液，或新植霉素、农用链霉素、硫酸链霉素5 000倍液喷雾及浇根。

姜 软 腐 病
Ginger bacterial soft rot

软腐病为姜的重要病害，分布广泛，种植地区

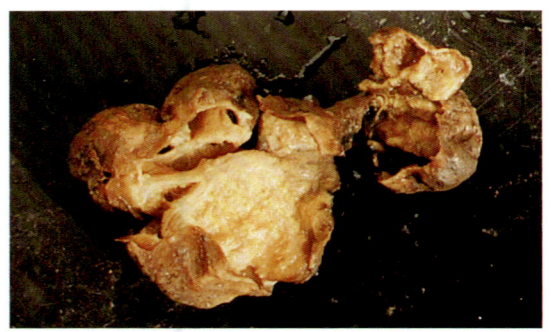

姜软腐病病根茎

都有发生。通常病株零星，轻度影响生产。姜生长期雨水较多，病害发生较重，可造成块茎大批腐烂，产量损失明显。此病除生长期发生外，储运期还可发病，造成块茎腐烂。

[症状] 此病主要为害根茎和块茎。病部初呈水渍状灰绿至灰褐色坏死，迅速向各方向发展致块茎全部溃烂，随病害发展地上部亦迅速呈暗绿色湿腐，挤压病部，可溢出乳白色菌液。病害严重时，病部呈糊状软腐，并散发出臭味，终致全株枯死。

[病原] *Erwinia carotovora* subsp. *carotovora* （Jones）Bergey et al. 属胡萝卜软腐欧氏杆菌胡萝卜软腐亚种细菌。详见甘薯软腐病。

[发病规律] 病菌主要随病残体及其他寄主残体在土壤中存活，经伤口侵入发病。病菌生长温度2～41℃，适宜温度25～30℃，致死温度50℃10min。姜生长期降雨较多、土壤潮湿、造成根伤较多，或田间低洼积水，则病害发生较重。

防治方法参见姜瘟病。

姜细菌性叶枯病
Ginger bacterial leaf blight

细菌性叶枯病为姜的重要病害，部分地区发生分布，多在夏、秋季发病。通常病株率10%～20%，部分植株因病死亡。重病地块发病率可达40%以上，显著影响生产。

[症状] 此病可为害植株各个部位。叶片发病，多从叶尖开始沿叶脉向叶柄方向发展，使病叶呈鲜黄至黄褐色坏死卷曲，最后凋萎。茎部染病，病部颜色由浅黄褐水渍状逐渐变成暗紫色，最后呈黄褐色腐烂。根茎染病，初在茎基部或块茎上出现黄褐色水渍状病变，逐渐失去光泽，病部由外向里软化腐败，内部充满灰白至灰黄色糊状溃烂组织和汁液，向外散发腐败鸡蛋臭味，最后仅剩表皮组织。

[病原] *Xanthomonas campestris* pv. *zingibericola*（Ren et Fang）Bradbury 属黄单胞杆菌油菜黄单胞杆菌姜致病亚种细菌。病菌菌体杆状，大小为0.4～0.7μm×0.7～1.8μm，单生为主，两端钝圆，单极生1～2根鞭毛。革兰氏染色阴性，好气性。在田间常与周毛杆菌（*Bacillus zingiberi* Uyeda）混合侵染。

[发病规律] 病菌主要随带菌种姜或随病残组

姜细菌性叶枯病病株

织遗留在土壤中越冬或越夏。带菌种姜是病害远距离传播和田间发病的主要初侵染源。在田间病菌主要通过灌溉水、雨水、害虫和农事操作传播，从伤口或叶片上水孔侵入，沿维管束向上、下蔓延，引致根茎腐烂或植株枯死。土温28～30℃，土壤潮湿易发病。寄主生长期多雨、地下害虫严重、地势低洼、积水病害严重。

[防治方法] 根据此病特点，提倡选种较抗、耐涝品种密轮细肉姜和疏轮大肉姜。同时应保证种姜无病。参见姜瘟病。

2. 马铃薯病害 Diseases of potato

马铃薯病毒病
Potato virus disease

病毒病为马铃薯的主要病害，分布广泛，发生普遍。病害发生情况因地区、管理、气候条件而异，通常造成轻度损失，少数地区或特殊年份发病较重，显著影响马铃薯生产。此病还可侵染多种其他作物。

[症状] 此病在田间常表现花叶、坏死、卷叶三种类型症状。花叶型：即叶片颜色不均，呈现浓淡相间花叶或斑驳，严重时皱缩畸形、植株矮化，有时还表现明脉。坏死型：即在叶、叶脉、叶柄和枝条、茎蔓上出现褐色坏死斑点，后期转变成坏死条斑，严重时叶片枯死或萎蔫脱落。卷叶型：即叶片沿主脉由边缘向内翻卷，继而叶片变硬、变脆，严重时叶片卷曲呈筒状。田间复合侵染时多引起马铃薯条斑坏死。

[病原] Potato virus X（PVX）、Potato virus Y（PVY）、Potato virus S（PVS）和 Potato leafroll virus （PLRV）即马铃薯X病毒、马铃薯Y病毒、马铃薯S病毒和马铃薯卷叶病毒侵染所致。PVX病毒粒体线形，长480～580nm，寄主范围广，侵染的植物主要是茄科，病毒稀释限点100 000～1 000 000倍，钝化温度68～75℃，体外存活期1年以上，在马铃薯上引起轻花叶，有时产生斑驳或环斑。PVY病毒粒体线形，长730nm，寄主范围较广，可侵染多种茄科植物，汁液稀释限点100～1 000倍，钝化温度52～62℃，体外存活期1～2天，在马铃薯上引起严重花叶或坏死斑点和条斑。PVS病毒粒体线形，长650nm，寄主范围较窄，系统侵染只限于少数茄科植物，汁液稀释限点1～10倍，钝化温度55～60℃，体外存活3～4天，在马铃薯上引起轻度皱缩花叶或不显症。PLRV病毒粒体球状，直径25nm，主要侵染茄科植物，汁液稀释限点10 000倍，钝化温度70℃，体外存活期12～24 h，2℃低温下存活4天，在马铃薯上引起卷叶。此外，Potato virus A（PVA）和TMV即马铃薯A病毒和烟草花叶病毒也可侵染马铃薯。

[发病规律] 病毒主要在带毒薯块内越冬，为播种后形成病害的主要初始毒源。在田间PVY、PVS、PLRV都可通过蚜虫及汁液摩擦传播。高温干旱，田间管理粗放，蚜虫数量大，病害发生严重。25℃以上高温降低寄主对病毒的抵抗力，有利于传毒媒介蚜虫的繁殖、迁飞和传病，使病害迅速扩展蔓延，加重其受害程度。此外，品种抗性和栽培措施在很大程度上影响发病程度。

[防治方法]

1. 建立无毒种薯繁育基地，采用茎尖组织培养脱毒种薯，以确保无毒种薯种植。

2. 选用抗耐病优良品种，可选用中薯2号、3号、东农304、鄂薯1号、鲁马铃薯2号、津引1号、克新1号、郑薯4号、乌盟601和白头翁、丰收白、疫不加、广红2号等。

3. 加强栽培防病，施足有机底肥，增施磷肥和钾肥。精细整地，高垄或高畦栽培。生长期及时中耕除草和培土，适时浇水，严防大水漫灌。

4. 出苗前后彻底防治蚜虫。必要时在发病初期喷洒1.5%植病灵乳剂1 000倍液，或20%病毒A可湿性粉剂500倍液。

马铃薯病毒病黄化病株

马铃薯病毒病坏死病株

马铃薯早疫病
Potato early blight

早疫病为马铃薯的主要病害，分布广泛，发生普遍。南、北方马铃薯种植地区都有发生，常造成枝叶枯死，明显影响生产。此病有进一步加重的趋势，除为害马铃薯外，还可侵害其他几种茄科蔬菜。

[症状] 此病主要为害叶片，重时亦为害薯块。多先从植株下部老叶开始染病，初在叶面出现水渍状小点，以后发展成近圆形具有同心轮纹的褐色坏死斑，与健康组织界限明显，病斑外围多具有一窄的褪绿晕环。湿度高时病斑上产生黑色霉层，即病菌的分生孢子梗和分生孢子。多个病斑相互连接形成不规则形斑，终致病叶坏死干枯。块茎染病，多产生暗褐色圆形至近圆形凹陷斑，边缘明显，使块茎皮下组织呈浅褐色海绵状干腐。

[病原] *Alternaria solani*（Ell. et Mart.）Jones et Grout.属半知菌茄链格孢霉真菌。病菌分生孢子梗自气孔伸出，单生或几根成束，暗褐色，偶有分枝，具 2～6 个隔膜，直或较直，顶端着生分生孢子，大小为 52.5～131.5μm × 6.5～9.5μm。分生孢子长椭圆形至倒棍棒状，淡褐色，具纵隔 3～9 个，横隔 0～8 个，大小为 57.9～118.5μm × 12.2～23.5μm。喙状细胞较长，无色，偶有分枝，具 1～15 个横隔膜，大小为 22.5～142.1μm × 3.5～7.9μm（图 8-5）。

[发病规律] 病菌以分生孢子或菌丝在病残体或带病薯块上越冬。翌年，种薯发芽时病菌即开始侵染，使幼苗染病。条件适宜病菌上产生分生孢子通过风雨等传播，进行多次再侵染，使病害扩展蔓延。高温高湿利于发病。分生孢子萌发适温 26～30℃，当叶面结露或有水滴时，分生孢子萌发和侵入均很快。马铃薯生长期连续阴雨或湿度连续高于 70%，此病发生严重甚至流行。土壤贫瘠，后期植株脱肥早衰，病害发生较重。品种间抗、耐病性存在一定差异。

[防治方法]

1. 因地制宜选用相对抗、耐病品种，适当提前收获。

2. 选择土壤肥沃的高燥田块种植，施足底肥，增施有机肥，生长期加强管理，提高植株抗病力。

3. 收获后及时清除病残组织，深翻晒土，减少越冬菌源。重病地块实行 2～3 年与非茄科蔬菜轮作。

4. 发病初期进行药剂防治。可选用 50% 敌菌灵可湿性粉剂 400～500 倍液，或 80% 大生可湿性粉剂 600～800 倍液，或 50% 扑海因可湿性粉剂 1 000～1 200 倍液，或 65% 多果定可湿性粉剂 800～1 200 倍液，或 77% 可杀得可湿性粉剂 500 倍液，或 70% 代森锰锌可湿性粉剂 500～600 倍液，或 75% 百菌清可湿性粉剂 600 倍液喷雾，7～10 天防治 1 次，视病情防治 1～3 次。

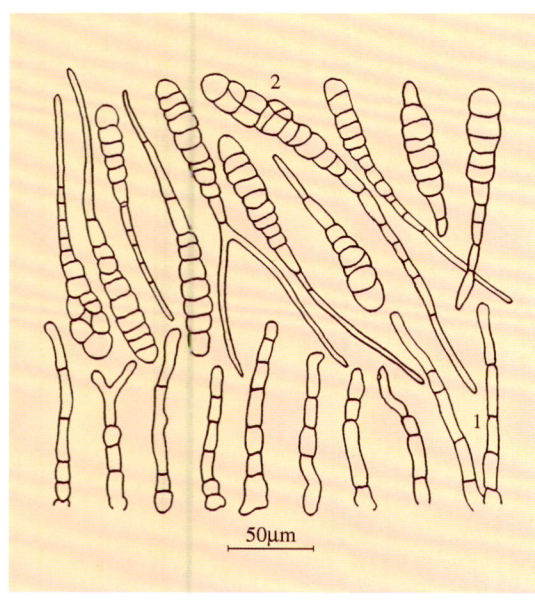

图 8-5 马铃薯早疫病
1. 分生孢子梗 2. 分生孢子

马铃薯早疫病前期病叶

马铃薯早疫病后期病叶

马铃薯晚疫病
Potato late blight

晚疫病为马铃薯的主要病害，分布广泛，发生普遍。在马铃薯产区常年发病，通常造成轻度产量损失，重病地块或大发生年损失严重。

[症状] 此病可侵染叶片、茎蔓和薯块。叶片染病，多从中下部叶开始，先在叶尖或叶缘出现水渍状绿褐色小斑点，周围具有较宽的灰色晕环，湿度高时病斑迅速扩展成黄褐色至暗褐色大斑，边缘灰绿色，界限不明显，常在病健交界处产生一圈稀疏白霉，即病菌的孢囊梗和孢子囊，雨后或清晨尤为明显。空气干燥，病斑变褐干枯，破裂或卷缩。茎秆和叶柄染病，多形成不规则形褐色条斑，严重时致叶片萎垂卷曲，终致全株黑腐。薯块染病，初生浅褐色斑，以后变成不规则形褐色至紫褐色病斑，稍凹陷，边缘不明显，病部皮下薯肉呈浅褐色至暗褐色，终致薯块腐烂。

[病原] *Phytophthora infestans* (Mont.) de Bary 属鞭毛菌致病疫霉真菌。病菌孢囊梗单生或多根成束，由气孔伸出，无色，较菌丝略细，分枝上有结节状膨大，大小为 658～1 115μm × 6.5～7.5μm。孢子囊顶生或侧生，无色，卵形至近圆形，顶端有乳状尖，基部具短柄，大小为 23～38.5μm × 18.2～23.4μm。

[发病规律] 病菌主要以菌丝体在薯块中越冬。播种带菌薯块多不能发芽或发芽后即死去，

马铃薯晚疫病苗期病叶

马铃薯晚疫病病株

马铃薯晚疫病前期病叶

马铃薯晚疫病田间受害状

马铃薯晚疫病叶面病斑

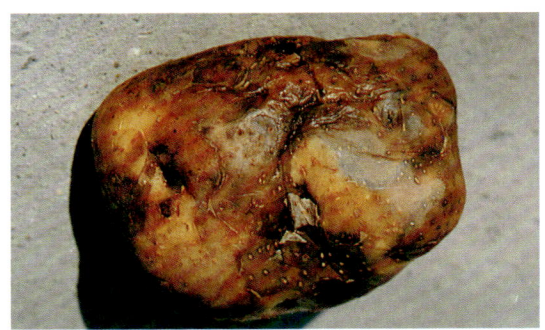
马铃薯晚疫病病薯

马铃薯晚疫病叶背病斑

马铃薯晚疫病病薯解剖

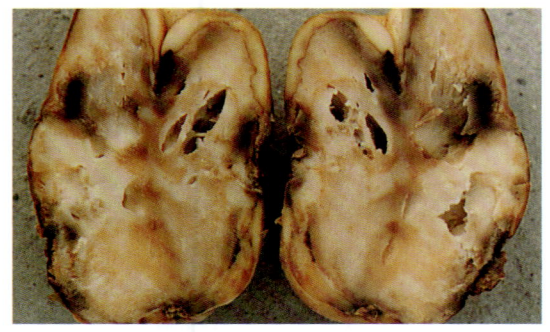

马铃薯晚疫病后期病薯

有的可以出土，但多成为中心病株，发病后在病部产生孢子囊借气流传播进行再侵染，形成发病中心。病菌孢子囊还可随雨水或浇水渗入土中侵染薯块，形成病薯作为下一季的主要侵染源。日暖夜凉，空气潮湿有利于发病。气温18～22℃，相对湿度95%以上，利于孢子囊形成，冷凉高湿或叶面积水利于游动孢子形成，气温24～25℃，植株表面结水有利于孢子囊直接产生芽管形成侵染。

通常马铃薯生长期多雨、多雾、空气潮湿，病害发生严重。平均气温10～22℃，连续3日相对湿度高于75%，3～5日后即出现中心病株，连续3旬相对湿度高于75%病害将大流行。此外，施氮肥过多、土壤黏重、地势低洼、植株生长茂密等，有利于发病。品种间抗病性亦存在差异。

[防治方法]

1. 因地制宜选用抗病品种，可选用克新10号、克新11、东农304、春薯3号、坝薯10号、鄂薯1号等抗病良种。

2. 严格挑选无病薯作种薯，减少病害初侵染源。必要时进行种薯处理，可选用72.2%普力克水剂600倍液，或72%霜脲·锰锌可湿性粉剂600倍液浸泡种薯10～15min后晾干种植。

3. 选择土质疏松、排水良好的地块种植，合理密植，避免偏施氮肥和雨后田间积水。及时清除中心病株。

4. 发病初期及时进行药剂防治。可选用69%安克·锰锌可湿性粉剂800～1 200倍液，或72%凯克灵可湿性粉剂600～800倍液，或72%克露可湿性粉剂600～800倍液，或72.2%普力克水剂600倍液，或50%溶菌灵可湿性粉剂600～800倍液喷雾，施药时应尽量把药液喷到基部叶背面。

马铃薯干腐病
Potato Fusarium dry rot

干腐病为马铃薯的重要贮藏期病害，发生十分普遍，通常损失10%～20%，严重时达30%以上。

马铃薯干腐病前期病薯

马铃薯干腐病中期病薯

[症状] 此病主要为害块茎，多在贮藏期发生。常从块茎芽眼附近或伤口处侵染，形成褐色坏死小斑，近圆形或不规则形，稍凹陷，扩大后形成不规则形浅褐色坏死干斑，表面多具有同心轮纹状皱褶，有的在病部表面长出灰白色绒状颗粒，即病菌的子实体。剖开病薯，可见内部组织干腐变空，空腔内长满灰白色菌丝，随病害发展，内部组织变为灰褐至暗褐色，终致整个块茎干腐僵缩。

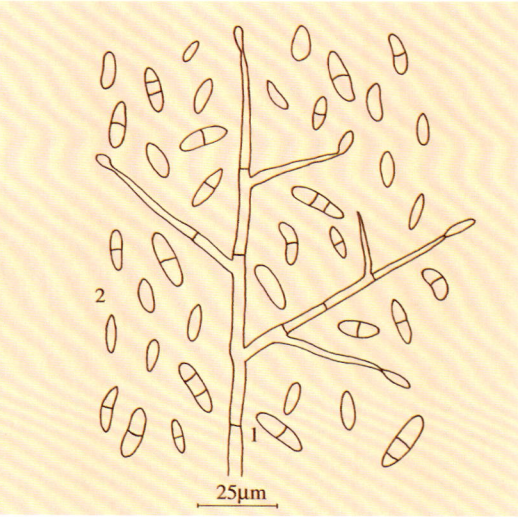

图 8-6　马铃薯干腐病菌
1.分生孢子梗　2.分生孢子

[病原] *Fusarium* spp. 多种半知菌镰孢霉真菌均可引起发病。主要由 *F. coeruleum*（Lib.）Sacc.和 *F. solani*（Mart.）App. et Wollenw.即半知菌深蓝镰孢霉和腐皮镰孢霉真菌侵染所致。前者菌丝棉

马铃薯干腐病前期潮湿状态病薯

絮状，能产生黄、红、紫等色素。分生孢子梗聚集成垫状分生孢子座。大型分生孢子镰刀形或纺锤形，多具3个隔膜，大小为21～47μm×3.5～6μm。小型分生孢子单细胞，少有隔膜。孢子和菌丝聚集时可呈黄、粉红或蓝紫色。后者菌丝绒毛状，大型分生孢子梭形或纺锤形，稍弯曲，两端较钝，亦多具3个隔膜，大小为19～50μm×3.5～7μm。小型分生孢

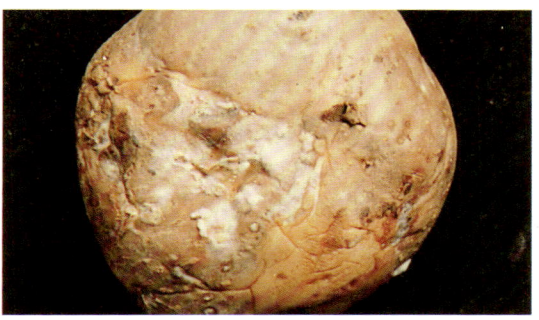

马铃薯干腐病中期潮湿状态病薯

马铃薯干腐病病薯解剖

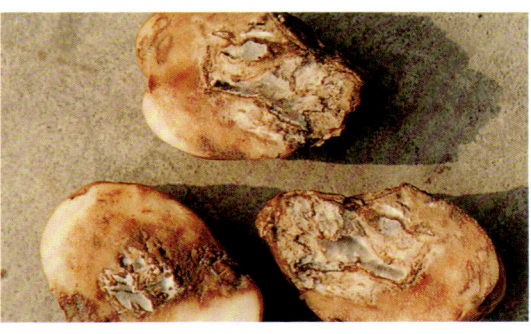

马铃薯干腐病后期病薯解剖

马铃薯干腐病与细菌混合侵染病薯

子椭圆形至卵圆形，单细胞，偶有1个隔膜。孢子和菌丝聚集时可呈灰褐色、土黄色或绿褐色（图8-6）。

[发病规律] 病菌以菌丝体或分生孢子在病残组织或土壤中越冬，随块茎传带。病菌寄生能力较弱，多从伤口或芽眼侵入。其他病害侵染块茎后亦有利于发病。温度5～30℃时病菌均可生长，贮藏条件不良、块茎水分多、伤口多、通风不好等利于发病。

[防治方法]

1. 生长后期注意田间排水和控水，晴天收获，避免块茎表皮受伤。

2. 块茎充分晾干后入窖贮藏。

3. 贮藏期间，保持通风，避免雨淋，温度以1～4℃为宜，发现病烂块茎随时清除。

马铃薯癌肿病
Potato wart

癌肿病为马铃薯的重要检疫性病害，毁灭性极强，一般损失30%～40%，重病地块可达80%以上，甚至绝收。

[症状] 此病可为害块茎、蔓茎、叶和花。生长期和贮藏期均可发生。通常田间病株与健株外形上无明显差异。有的病株比健株高，分枝多，保持绿色期比健株长，有的长肿瘤或呈畸形。地下部受害，薯块芽眼和蔓茎上形成不规则粗糙疏松突起花椰菜状肿瘤，初呈乳白色，以后逐渐变成粉红至红褐色，最后变黑腐烂，有恶臭味和褐色黏液。茎基染病，四周亦产生圆形花椰菜状肿瘤。叶片、分枝与主茎交界处也产生绿色瘤状物，较地下肿瘤小，长瘤的叶色淡，易提早枯死，其枝条横伸瘦短。病株主茎末端花器畸形，组织增厚变脆，叶色淡，叶背出现许多无叶柄和叶脉呈鸡冠状的小叶。病害在贮藏期可进一步扩展为害，使病薯变褐、腐烂发臭，严重时造成烂窖。

[病原] *Synchytrium endobioticum*（Schulbersky）Percival 属鞭毛菌集壶菌马铃薯癌肿菌真菌。病菌内寄生，营养体初期为无胞壁裸露原生质团，后为具胞壁的单胞菌体，以后再转化成近球形休眠

马铃薯癌肿病田间受害状

孢子囊堆，内含若干个休眠孢子囊。休眠孢子囊锈褐色，近球形，大小为50.4～81.9μm×37.8～69.3μm，周围具不规则脊突。休眠孢子囊萌发生成无数单鞭毛游动孢子，游动孢子洋梨形或球形，异常活跃，直径2～2.5μm。夏孢子囊锈色，球形，具较多脊突，壁厚薄不均，大小为40.3～77μm×31.4～64.6μm，破裂后释放出大量双鞭毛接合子，形状如游动孢子，较大，能游动，亦可进行初侵染和再侵染。

[发病规律] 病菌以休眠孢子囊在病组织内或随病残体遗落在土壤中越冬。休眠孢子囊可在土中存活25～30年，条件适宜时萌发产生游动孢子和合子，经寄主表皮细胞侵入引起发病，再生成孢子囊，释放游动孢子或合子进行重复侵染，最后以休眠孢子囊越冬。远距离传播主要依靠薯块带菌，近距离亦可通过土壤、流水、牲畜粪便、农具和人畜等传播。病菌对温度条件要求严格，气温12～24℃，多雨高温有利于发病。通常低温高湿，气候冷凉，昼夜温差大，土壤潮湿的地区发病较重。酸性土壤或富含有机质的土壤有利于发病。品种间抗病性差异明显。

[防治方法]

1. 严格检疫，禁止从疫区调运种薯，病区的土壤、肥料及生长植物也严禁外移。

2. 因地制宜选用抗病品种，目前马铃薯"米粒"品种表现高抗，可以选用。

3. 重病地区改种非茄科作物，或对土壤进行消毒处理，连续使用生石灰或硫酸铜可在一定程度上控制病害发生。

4. 加强管理，施用充分腐熟的粪肥或沤肥，增施磷、钾肥，适时中耕，避免田间积水，及时挖除病株，集中深埋或烧毁。

5. 及时进行药剂防治，苗期和薯期可选用20%三唑酮乳油1 500～2 000倍液，或50%溶菌灵可湿性粉剂600～800倍液，或69%安克·锰锌可湿性粉剂800～1 000倍液，或72%霜脲·锰锌可湿性粉剂600～800倍液喷浇。

马铃薯茎基腐病
Potato Rhizoctonia rot

茎基腐病为马铃薯的主要病害，分布较广，发生亦较普遍。一般发病率5%～10%，严重时病株可达20%，常造成田间缺苗断垄，影响生产。

[症状] 此病主要为害幼芽、茎基部和块茎。幼芽染病，呈黄褐至暗褐色坏死，常在出苗前腐烂，致田间缺苗。出土后染病，多侵害茎基部，形成褐色凹陷坏死斑，湿度高时病斑上产生浅褐色至紫褐色菌丝层。随病害发展植株地上部萎蔫下垂，块茎亦开始受害，最后在茎基和块茎表面产生大小不等、形状各异的暗褐色块片状菌核。

[病原] *Rhizoctonia solani* Kühn 属半知菌立枯丝核菌真菌。病菌初生菌丝无色，宽为5～9μm，呈直角分枝，附近不远处具1隔膜，分枝处多缢缩，新分枝菌丝逐渐变为褐色，缩短变粗后结成菌核。菌核初为白色，后变成浅褐至暗褐色，大小为0.5～5mm（图8-7）。

[发病规律] 病菌以菌核随病薯或遗留在土壤中越冬。病薯是翌

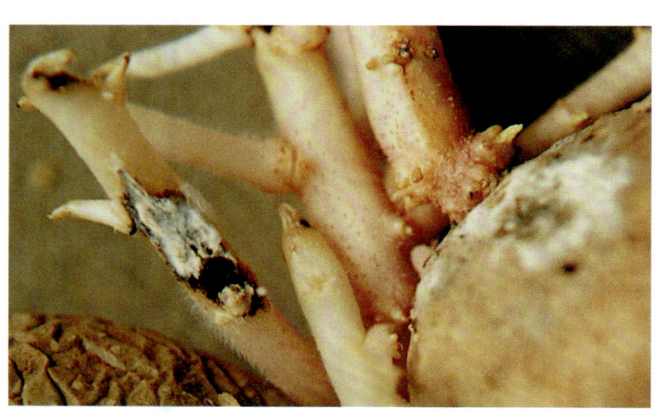

马铃薯茎基腐病病种薯

马铃薯茎基腐病病株

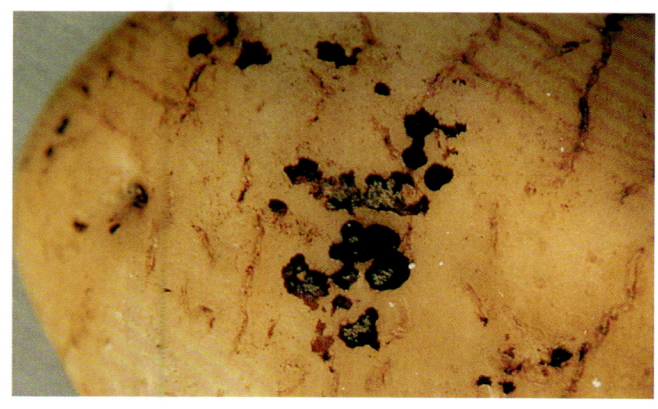

马铃薯茎基腐病菌核

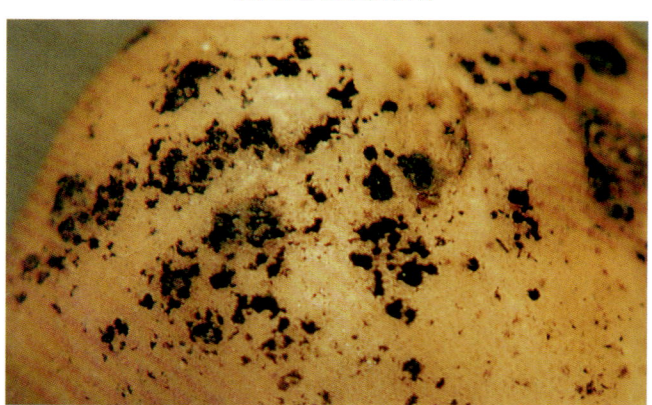

马铃薯茎基腐病后期病薯

年的主要初侵染源，也是远距离传播的主要途径。病菌生长温度4～34℃，适宜温度20～26℃，最适23℃，菌核形成适温23～28℃。一般春寒、空气潮湿，或播种后土温低发病较重。黏重土壤、田间高温有利于发病。

[防治方法]

1. 选用无病种薯，播种前用福尔马林200倍液，或50%扑海因可湿性粉剂600～800倍液浸种10min杀死种薯上沾着的菌核。

2. 适期播种，尤其是高海拔冷凉地区要特别注意适期晚播，以确保播种时地温不低于10℃。生长期加强管理，增施钾肥，提高植株抗病力。

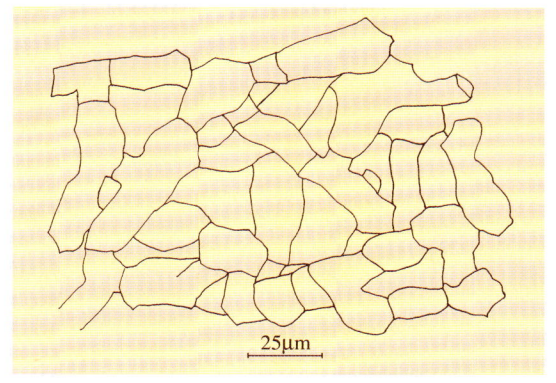

图8-7 马铃薯茎基腐病菌菌核结构

马铃薯炭疽病
Potato anthracnose

炭疽病为马铃薯的普通病害，在局部地区发生分布。通常病情较轻，对生产无影响，严重时可造成部分植株坏死干枯和引起根茎腐烂，对产量有一定影响。

[症状] 此病主要为害叶片，在叶片上形成近圆形至不定形坏死斑点，赤褐色至褐色，以后转变成灰褐色，边缘明显，相互汇合形成不规则坏死斑。病害严重时亦可侵染根部的块茎。引起植株萎蔫坏死和块茎腐烂，后期在病部表面产生许多黑色小点，即病菌的分生孢子盘和分生孢子。

[病原] Colletotrichum coccodes（Wallr.）Hughes属半知菌番茄果腐少刺盘孢菌真菌。病菌分生孢子盘聚生或散生，刚毛聚生于分生孢子盘中央，黑褐色，顶端较尖，具1～3个隔膜，大小为26～65.5μm×3～5.5μm。分生孢子梗圆柱形，无色至淡褐色。分生孢子圆柱形，无色，单胞，大小为5～10μm×3～4μm（图8-8）。

[发病规律] 病菌以菌丝体或分生孢子随病残体越冬。带病种薯亦可成为重要的初侵染源。条件适宜时分生孢子引起侵染，发病后在病部产生分生孢子，借风雨传播，形成再侵染。高温潮湿有利于发病。马铃薯生长中后期遇雨、露、雾多的天气，有利于病害扩展蔓延。田间管理粗放，土壤贫瘠，排水不良，病害较重。

[防治方法]

1. 严格挑选种薯，实行无病薯种植，播种前可选用25%炭特灵可湿性粉剂600倍液，或70%甲基托布津可湿性粉剂600倍液浸种5～10min杀灭病菌。

2. 重视栽培防病，选择土质肥沃的壤土种植，增施有机底肥，避免田间积水。

3. 必要时在发病初期进行药剂防治。可选用40%多硫悬浮剂400倍液，或25%施保克可湿性粉剂1 200倍液，或10%世高水分散粒剂6 000倍液，或25%炭特灵可湿性粉剂600倍液，或40%百科乳油2 000倍液，或30%倍生乳油2 000倍液，或2%加收米水剂800倍液，或6%乐必耕可湿性粉剂1 500倍液，或25%敌力脱乳油1 000倍液，或50%敌菌灵可湿性粉剂400倍液，或5%田

安水剂500倍液，或70%甲基托布津可湿性粉剂600倍液喷雾，7～10天防治1次，连续防治2～3次。

马铃薯炭疽病病株

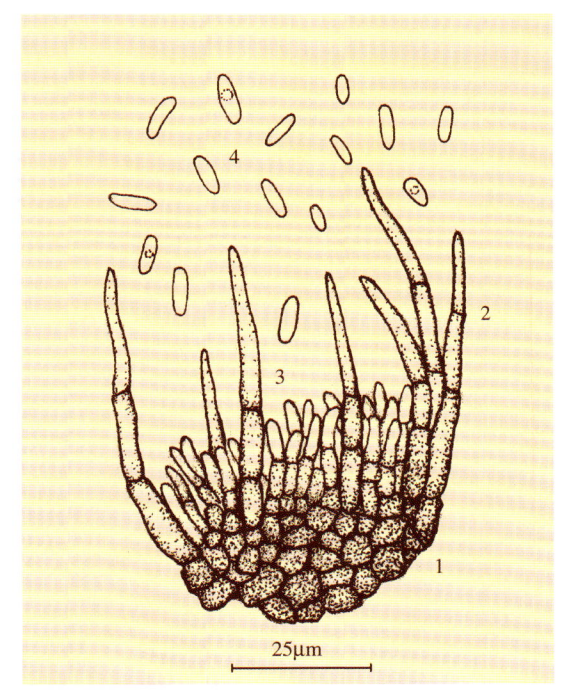

图8-8 马铃薯炭疽病菌
1.分生孢子盘 2.刚毛 3.分生孢子梗 4.分生孢子

马铃薯白绢病
Potato southern blight

白绢病为马铃薯的普通病害，主要在南方菜区发生分布，部分地区发生较重，一般病株率10%～15%，可造成明显减产。贮藏期此病亦较常见，可引起大量薯块坏死腐烂，甚至造成烂窖。此病还可为害其他多种作物。

[症状] 此病主要为害块茎，有时亦为害茎基部。薯块受侵染后，病部密生白色绢丝状白霉，扩展后呈放射状，后期形成黄褐至棕褐色圆形粒状小菌核。剖开病薯，皮下组织变褐腐烂。茎基染病，初期略呈水渍状，病部亦产生绢丝状白霉，后期形成紫黑色近圆形粒状小菌核。

[病原] *Sclerotium rolfsii* Sacc.属半知菌齐整小菌核真菌。详见西瓜白绢病。

[发病规律] 病菌以菌核在土壤内越冬。也可以菌丝体随病残体在土壤内越冬。条件适宜时菌核萌发产生菌丝侵染薯块或从茎基间直接侵入。在田间通过雨水、土壤、病株残体等进行传播。病菌生长温度8～40℃，气温30～35℃，土壤或空气潮湿适宜发病。疏松砂壤土发病较多见。贮藏期温度过高、湿度高时此病也易发生。

[防治方法]
1. 深翻土地，使菌核埋于土壤深层不能萌发，或萌发后不能出土。
2. 实行水旱1年以上轮作，使病菌彻底腐烂坏死。
3. 生长期加强调查，在未形成菌核前及时清除病株，病穴用生石灰消毒。发病初期可用20%利克菌乳油800倍液，或30%倍生乳油1 000倍液，或45%特克多悬浮剂1 000倍液喷浇。

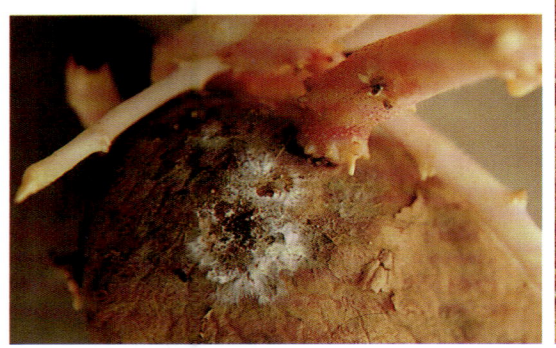
马铃薯白绢病初期病薯

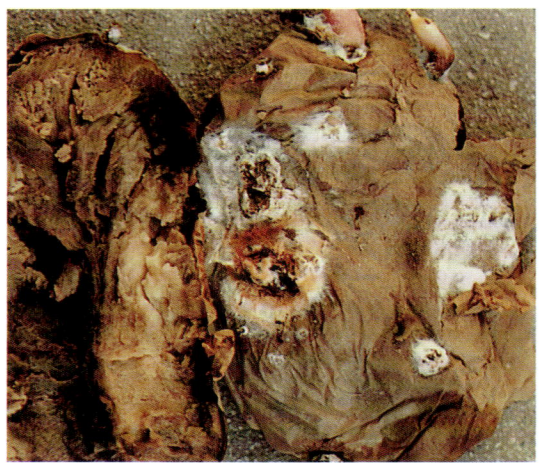
马铃薯白绢病中后期病薯

马铃薯白绢病中期病薯

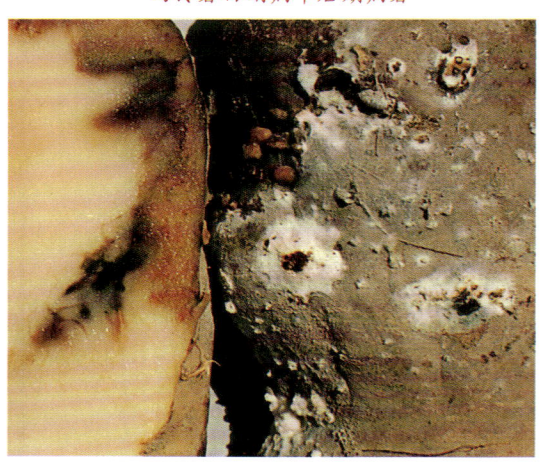
马铃薯白绢病后期病薯及小菌核

马铃薯粉痂病
Potato powdery scab

粉痂病为马铃薯的重要病害，在部分地区分布为害，一般产量损失5%～10%，重时达20%以上。此病还可侵染番茄和茄子等茄科植物。

[症状] 此病主要为害块茎和根部。块茎受害，初在表皮上出现褐色小点，外围具有半透明晕环，以后小斑逐渐隆起膨大成大小不等的疱状斑，表面破裂，散出大量暗褐色粉末状物，即病菌休眠孢子囊球。病斑破裂后，表皮反卷，下陷呈火山口状，外围常具有木栓化斑环。

[病原] *Spongospora subterranea*（Wallr.）Lagerh.属鞭毛菌马铃薯粉痂病真菌。病菌休眠孢子囊球由许多近球形黄色至黄绿色休眠孢子囊集结而成，外观如海绵状球体，直径19～33μm，具中空腔穴。休眠孢子囊球形至多角形，平滑，直径3.5～4.5μm，萌发时产生游动孢子。游动孢子近球形，无胞壁，顶生不等长双鞭毛，在水中能游动，静止后成为变形体。

[发病规律] 病菌以休眠孢子囊球随种薯或病残体越冬。病薯和土中病残体为病害的初侵染源，远距离传播主要依靠种薯，田间传

播主要通过浇水、病土、病肥等。休眠孢子囊在土中可存活4～5年，条件适宜时萌发产生游动孢子，游动孢子静止后成为变形体，由根毛、皮孔或伤口侵入，寄主生

马铃薯粉痂病前期病薯

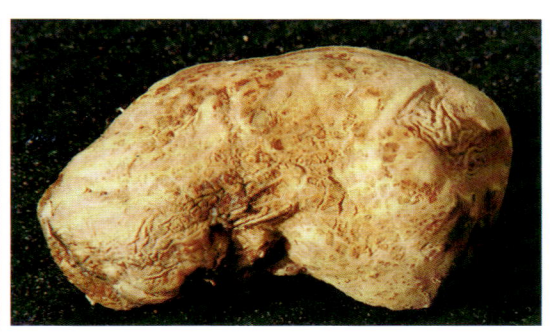

马铃薯粉痂病后期病薯

长后期在病组织内形成海绵状孢子囊球，病组织溃解，休眠孢子囊球又落入土中越冬或越夏。土温18～20℃，土壤湿度90%左右，pH4.7～5.4适宜病菌生长发育，田间发病较重。马铃薯生长期降雨多、夏季凉爽利于发病。病害轻重主要取决于初侵染数量和程度。

[防治方法]

1. 加强检疫，病区种薯严格管理，禁止外运。

2. 重病区实行5年以上轮作。

3. 严格选留无病种薯，必要时可用2%盐酸溶液，或40%福尔马林200倍液浸种5min，或用40%福尔马林200倍液浸湿种薯后用塑料膜密闭2h，晾干播种。还可用72%霜脲·锰锌可湿性粉剂500倍液浸种薯6～8h后晾干播种。

4. 增施底肥，配合施用磷、钾肥。酸性土壤宜施用生石灰调节土壤酸碱度。提倡高垄或高畦栽培，禁止大水漫灌，雨后避免田间积水。

马铃薯叶枯病
Potato Macrophomia blight

叶枯病为马铃薯的普通病害，在部分地区发生分布，通常病株率5%～10%，对生产无明显影响，少数地块发病较重。病株达30%以上，部分叶片因病枯死，轻度影响产量。此病还可侵染其他多种作物。

[症状] 此病主要为害叶片，多是生长中后期下部衰老叶片先发病，从靠近叶缘或叶尖处侵染。初形成绿褐色坏死斑点，以后逐渐发展成近圆形至V字形灰褐色至红褐色大型坏死斑，具不明显轮纹，外缘常褪绿黄化，最后致病叶坏死枯焦，有时可在病斑上产生少许暗褐色小点，即病菌的分生孢子器。有时可侵染茎蔓，形成不定形灰褐色坏死斑，后期在病部可产生褐色小粒点。

[病原] Macrophomina phaseoli（Maubl.）Ashby属半知菌广生亚大茎点菌真菌。病菌在叶片上不常产生分生孢子器。分生孢子器近球形，散生于寄主表皮下，有孔口，分生孢子器直径100～220μm。分生孢子长椭圆形至近圆筒形，单胞，无色，大小为15～28μm×3～4.5μm。病菌可产生微菌核，其表面光滑，近圆形，直径30～90μm。

[发病规律] 病菌以菌核或以菌丝随病残组织在土壤中越冬，也可在其他寄主残体上越冬。条件适宜时通

过雨水把地面病菌冲溅到叶片或茎蔓上引起发病。以后在病部产生菌核或分生孢子器借雨水或浇水扩散，进行再侵染。温暖高湿有利于发病。土壤贫瘠、管理粗放、种植过密、植株生长衰弱的地块发病较重。

马铃薯叶枯病中期病斑

马铃薯叶枯病中后期病叶

马铃薯叶枯病前期病斑

[防治方法]

1. 选择较肥沃的地块种植，掌握适宜的种植密度。

2. 增施有机底肥，适当配合施用磷、钾肥。生长期加强管理，适时浇水和追肥，防止植株早衰。

3. 必要时进行药剂防治，参见菜用大豆灰星病。

马铃薯酸腐病
Potato Oospora acid rot

酸腐病为马铃薯的普通病害，分布较广，发生亦较普遍。通常造成零星薯块发病腐烂，损失5%～10%，重时染病率很高，可引起薯块大批腐烂甚至烂窖。

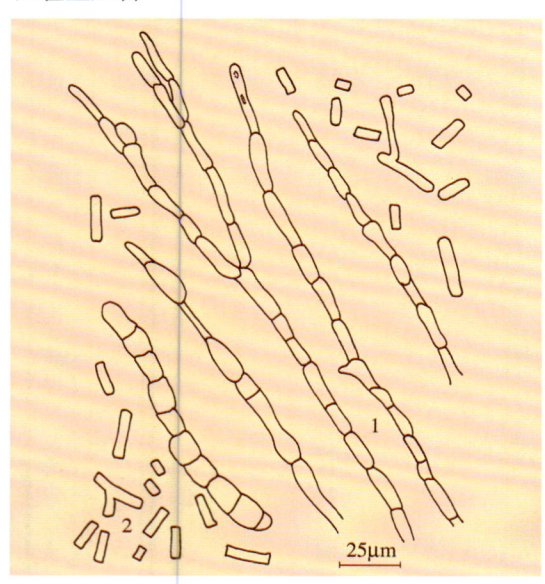

图8-9 马铃薯酸腐病菌
1. 分生孢子梗 2. 分生孢子

[症状] 此病主要为害块茎，多在贮藏期发生为害，生长期也偶有发生。初在薯块表面产生近圆形浅灰褐色坏死斑，略凹陷，逐渐扩大使内部组织变色腐烂，病部表面产生很紧密的近圆形白色霉点，紧贴薯块表面，大小不等，具酸臭味。条件适宜，霉层更加茂密，呈颗粒或堆状散布，相互连接成片，致薯块变质腐烂。

[病原] *Oospora pustulans* Owen et Wakef. 属半知菌马铃薯皮斑卵形孢霉真菌。病菌菌丝和分生孢子梗生长茂密，紧贴寄主表面。菌丝与分生孢子梗差异不大，分生孢子串生于顶端。分生孢子梗分枝较少或不分枝。分生孢子圆筒形至棍棒状，大小为7～30μm×4～6μm（图8-9）。

[发病规律] 病菌以菌丝随病残组织在土壤内存活越冬，随病薯或病土传播。条件适宜时病菌由芽眼或伤口侵入，发病后以分生孢子或菌丝接触传染，使病害扩展蔓延。高温高湿利于发病。

[防治方法]

1. 生长期防治方法参见球茎茴香酸腐病。

马铃薯酸腐病病薯

2. 选晴天收获，尽可能避免薯块带土贮藏，入窖前晾干薯块，并彻底清除病薯。

3. 保持较低贮藏温度和良好的通风条件，避免高温高湿。发现病薯及时清除。

马铃薯青枯病
Potato southern bacterial wilt

青枯病为马铃薯的重要病害，分布较广，南方多数地区发生，为害较重。北方地区零星发病，

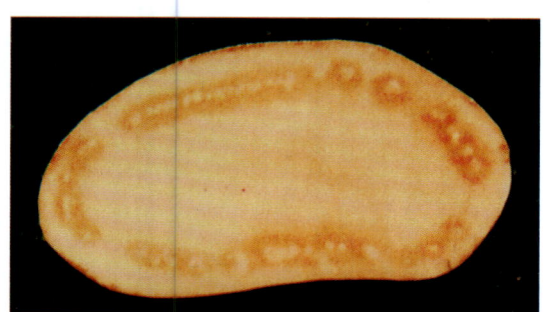

马铃薯青枯病病薯

局部较重。此病造成的损失在不同地区、品种、年度间差异较大，重病田损失均达30%以上。此病还可侵害多种其他蔬菜。

[症状] 此病多在成株期发生，苗期亦可发病，致幼苗萎蔫死亡。成株发病，植株略矮缩，叶片灰绿至暗绿，中下部叶片先萎蔫，以后全部萎垂。初期早晚可恢复，4～5天后不再恢复，全株叶片即萎蔫死亡，但仍保持青绿色，病叶不脱落，仅叶脉变褐，病茎表面出现褐色条纹。剖茎亦可见维管束组织变褐，湿度高时，剖面有白色菌液溢出。薯块染病，轻时症状不明显，重时脐部呈灰褐色水渍状，切开薯块维管束圈呈暗褐色，挤压时溢出白色菌液，但皮肉不从维管束处分离，区别于环腐病。严重时薯块外表皮龟裂，髓部溃烂如泥。

[病原] *Pseudomonas solanacearum*（Smith）Smith 属假单胞青枯假单胞细菌。病菌菌体短杆状，单细胞，两端圆，单生或双生。极生1～3根鞭毛，大小为0.9～2.0μm×0.5～0.8μm。在肉汁陈蔗糖琼脂培养基上，菌落圆形或不整形，污白色或暗色至黑褐色，稍隆起，平滑，具光泽。革兰氏染色阳性。

[发病规律] 病菌随病残体在土壤中越冬，可在土壤中存活1～6年。带菌种薯可在窖内越冬，进行远距离传播。生长期病菌通过浇水或雨水传播，从茎基部或根部伤口侵入，也可通过导管进入相邻的薄壁细胞，致茎部出现不规则水渍状斑。病菌侵入维管束后迅速繁殖并堵塞导管，阻碍水分运输导致萎蔫。病害发育温度10～40℃，最适温度30～37℃。酸性土壤、连作、地势低洼，或阴雨天多、土壤潮湿，或大雨后转晴，气温急剧升高，病害发生严重。

[防治方法]

1. 建立无病留种基地，以小整薯作种，秋季种植选用休眠期较短的品种。选用无病种薯。

2. 因地制宜选用高抗青枯病兼抗晚疫病的无性系优良品种。

3. 实行与十字花科或禾本科或豆科作物4年以上轮作，最好实行水旱轮作。

4. 施用生石灰1.5～2.25t／hm²，调节土壤酸碱度，并注意施用充分腐熟的有机肥。

5. 进行种薯处理，方法参考环腐病。生长期注意排水，避免大水漫灌，及时清除病株及残体。

6. 发病初期可选用47%加瑞农可湿性粉剂500倍液，或77%可杀得可湿性粉剂400倍液，或新植霉素5 000倍液喷雾和浇根。

马铃薯环腐病
Potato ring rot

环腐病为马铃薯的重要病害，分布较广，发生较普遍。多数地区常年发生，损失程度因地区、品种、气候条件差异较大，轻者低于5%，重病地块损失可达80%以上，显著影响生产。

[症状] 此病是维管束病害，全株系统侵染，病株通常表现茎叶萎蔫，块茎沿维管束环状腐烂坏死。一般病薯外观症状不明显，纵切薯块可见自基部开始维管束变色，重时变色部分可达一圈，破坏维管束周围的薄壁细胞组织，使皮层与髓部部分或全部分离，成为离核。经贮藏过冬，病薯芽眼干枯发黑，有的外表爆裂。地上部常表现枯斑或萎蔫两种类型症状。枯斑型由植株基部叶向上逐渐发展，叶尖或叶缘变褐，蔓延至叶肉呈黄绿色至灰绿色，叶尖逐渐干枯卷曲，叶脉仍保持绿色。萎蔫型由顶叶开始萎蔫，似缺水状，边缘向内卷，叶色不变，逐渐向下部叶发展。随病害发展，病株根、茎、蔓维管束逐渐变褐，新鲜病蔓有时可溢出菌液。

[病原] *Clavibacter michiganense* subsp. *sepedonicum*（Spieckormann and Kotthoff）Davis et al.属杆状菌密执安棒杆菌环腐病亚种细菌。病菌菌体短杆状或棒状。还可见到V形和L形菌体。大小为0.4～0.6μm×0.8～1.2μm，无荚膜，无芽孢，无鞭毛，不运动，革兰氏染色阳性，好气性。肉汁胨琼脂培养基上生长缓慢，菌落白色，圆形，薄，半透明，有光泽，表面光滑，边缘整齐。在肉汁胨液中生长弱，无菌膜，微有沉淀。明胶不液化或微弱液化。不产生吲哚、硫化氢或氨。

[发病规律] 病菌随种薯越冬，也可随病残体在土内越冬。未经消毒的切刀是病害的重要传播媒介。带菌薯块播种后细菌由导管进入地上部，使地上部发病。新薯形成时又沿导管进入新薯。病菌在田间通过伤口侵入，借助雨水或浇水传播蔓延。远距离传播主要通过种薯调运。病菌生长温度为2～36℃，适宜温度为20～23℃，致死温度为55℃，地温19～28℃有利于病害发展。品种间抗病性差异很大。

[防治方法]

1. 实行无病田留种，采用整薯播种。留种田适当增加种植密度，提早培土，增加种薯收获数量。种薯大小一般以50～75g为宜。

2. 选用抗、耐病品种。可选用郑薯4号、宁紫7号、庐山白皮、乌盟601、克新1号、克新10号、克新11、长薯4号、高原3号、同薯8号及铁筒、赫拉、克疫等。

3. 严格选种。播种前进行室内晾种和削尾检查，彻底淘汰病薯。切块种植，切刀可用47%加瑞农可湿性粉剂300倍液浸洗灭菌。切后的薯块可用新植霉素5 000倍液或47%加瑞农可湿性粉剂500倍液浸泡30min，或用20 000倍液硫酸铜浸泡10min。

4. 生长期注意排涝。结合中耕培土，及时拔除病株带到田外集中处理。某些地区使用过磷酸钙375kg／hm²穴施，或按种薯重量的5%拌种有较好的防治效果，可以试用。

马铃薯环腐病病薯

马铃薯疮痂病
Potato scab

疮痂病为马铃薯的重要病害，分布较广，多数马铃薯种植区发生，部分地区发病较重，明显降低产品质量。此病还可侵害其他一些块茎作物。

[症状] 此病仅为害块茎，初在块茎表面产生浅褐色小点，逐渐扩大成褐色近圆形至不定形大斑，以后病部细胞组织木栓化，使病部表皮粗糙，开裂后病斑边缘隆起，中央凹陷，呈疮痂状。病斑仅限于表皮，不深入薯块内部，区别于粉痂病。

[病原] Streptomyces scabies（Thaxt.）Waks. et Henrici 属放线菌链霉菌马铃薯疮痂链霉菌细菌。病菌菌丝细长，有分枝，多核，直径0.5～1μm，末端呈螺旋状，连续分割生成大量孢子。孢子圆筒形，无内生孢子，大小为1.2～1.5μm×0.8～1μm。革兰氏染色阳性，好气性。

[发病规律] 病菌在种薯上越冬，或在土壤中腐生。病土、带菌肥料和病薯是主要初侵染源。病菌从皮孔、气孔或伤口侵入，块茎表皮木栓化后侵入较难。适宜发病温度25～30℃，中偏微碱性砂壤土发病严重。土壤高温干燥适宜发病，pH5.2以下土壤很少发病。白色薄皮品种易感病，褐色厚皮品种较抗病。

[防治方法]

1.因地制宜选用相对较抗病品种。

2.重病地区实行葫芦科、豆科、百合科等非块茎类蔬菜5年以上轮作。

3.严格检疫，禁止从病区调种，播种前可用盐酸或福尔马林处理种薯，参见粉痂病。

4.选择保水较好的土地种植，增施有机肥或绿肥，禁止施用带菌厩肥。

5.加强管理，防治好地下害虫，结薯期适时浇水，避免干燥。

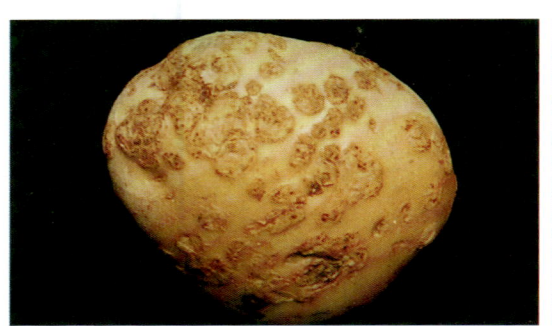

马铃薯疮痂病中期病薯

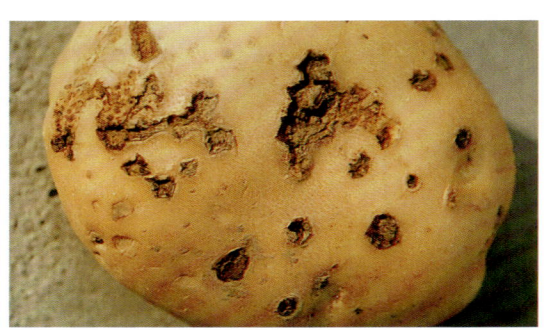

马铃薯疮痂病后期病薯

马铃薯疮痂病中后期病薯

马铃薯疮痂病后期病薯

马铃薯软腐病
Potato bacterial soft rot

软腐病为马铃薯的普通病害，分布较广，发生亦较普遍，所有马铃薯种植区都有发生，但一般病情较轻，损失常在5%以下，个别地块达10%以上。

[症状] 此病主要侵害块茎，也可侵害叶片和茎蔓。块茎染病，多从皮层伤口处侵入，病部初呈水渍状，不规则，灰褐至黄褐色，迅速扩展软腐，使块茎组织溃烂，释放出臭味。叶片染病，多从下部叶开始，形成不规则略呈水渍状斑，暗绿色至暗褐色。潮湿时病叶腐烂，空气干燥，病叶干枯破裂。茎蔓染病，多从伤口侵入，快速向上下扩展，致茎内组织腐烂发臭，随病情发展病部以上枝叶萎蔫枯死。

[病原] Erwinia carotovora subsp. carotovora（Jones）Bergey et al. 属胡萝卜软腐欧氏杆菌胡萝卜软腐病亚种细菌。详见青花菜软腐病。

[发病规律] 病菌随病残体或随其他寄主在土壤中越冬。生长期从伤口或自然孔口侵入，引起发病，通过雨水、浇水或昆虫传播蔓延。地下害虫为害严重、土壤黏重、潮湿有利于发病。田间长时间积水，病害严重。

[防治方法]

1.选择通透性较好的土壤种植，生长中后期加强管理，避免田间积水。抓好害虫防治，尤其注意地下害虫的预防工作。

2.及时清除病株带到田外妥善处理，病穴用石灰消毒或喷洒

47%加瑞农可湿性粉剂500倍液灭菌。

3. 适时浇水，避免大水漫灌。

4. 必要时在发病初期进行药剂防治，参见青花菜软腐病。

马铃薯软腐病前期病薯

马铃薯软腐病中后期病薯

马铃薯菟丝子
Potato dodder

菟丝子为马铃薯的重要寄生性种子植物。分布较广，发生亦较普遍，但通常在一些管理粗放的地区形成为害，局部严重地块可造成显著减产。

[症状] 菟丝子以藤蔓缠绕马铃薯的地上部，在其接触处产生吸器伸入寄主主茎或叶柄组织内，吸收养分和水分，致寄主生长衰弱，叶片变黄凋萎，重时造成马铃薯成团或成片枯死。

[病原] *Cuscuta chinensis* Lamb. 和 *C. australis* R. Br.即中国菟丝子和南方菟丝子。中国菟丝子茎细弱、黄化、无叶绿素，其茎与寄主的茎接触后产生吸器吸收寄主养分，花白色，花柱2条，头状，萼片具纵行脊，使之现出棱角。南方菟丝子茎为线状，右旋缠绕，幼嫩部分初为黄色，后渐变花白色，蒴果扁球形，萼片背面光滑无脊，雄蕊着生于2个花冠裂开间曲处，蒴果成熟后，花冠仅包住蒴

果下半部，破裂时呈不规则开裂，区别于中国菟丝子的是萼片背面具纵脊，雄蕊与花冠裂开互生，蒴果成熟后被花冠全部包住，破裂时呈周裂。

发病规律、防治方法参见食用菊菟丝子。

马铃薯菟丝子单株为害状

马铃薯菟丝子田间为害状

马铃薯菟丝子田间为害状

3. 甘薯病害 Diseases of sweet potato

甘薯黑斑病
Sweet potato black rot

黑斑病又称黑疤病，是甘薯的毁灭性病害。分布广泛，发生普遍，是造成甘薯死苗、烂床和烂窖的主要原因，严重影响正常生产。

病菌还能刺激病薯产生对人畜有毒的物质。

[症状] 此病在整个生长期和贮存期都可发生，主要为害薯苗茎基部和薯块。薯苗受害，茎基白色部分产生黑色圆形或近圆形病斑，稍凹陷，以后幼茎、种薯和须根变黑腐烂，幼苗坏死至烂床。条件适宜时，病斑上可产生灰色霉状物，

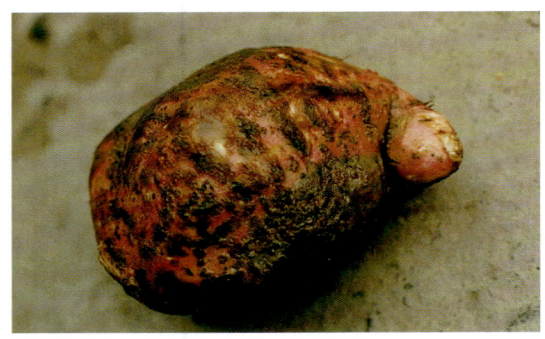

甘薯黑斑病前期病薯

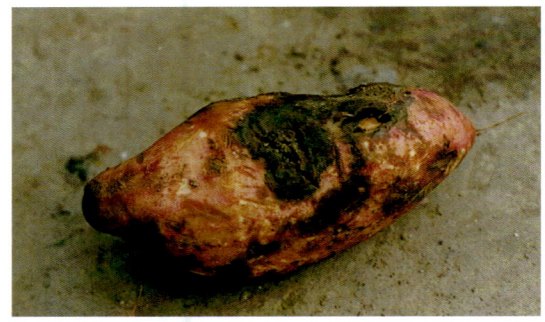

甘薯黑斑病中期病薯

甘薯黑斑病后期病薯

即病菌的菌丝层和分生孢子。后期病斑表面粗糙，生出刺毛状突起物，即病菌的子囊壳长喙。有时还可产生黑色粉状厚垣孢子。大田期病苗基部叶片变黄脱落，根部腐烂，仅剩纤维状维管束，使薯苗枯死。薯块染病，多在伤口处出现黑褐色病斑，初为近圆形，后扩大成不规则形大斑，边缘明显，中央略凹陷，有时可见黑色刺毛状物，切

开薯块可见病部薯肉呈青褐至墨绿色，病薯味苦。窖藏期薯块感病，多在伤口和芽眼上出现病斑，初为黑色小点，逐渐扩大成圆形或不规则形斑，中央亦产生刺毛状物，病薯易感染其他真菌或细菌病害而腐烂，重时造成烂窖。

[病原] *Ceratocystis fimbriata* Ell.et Halst.属子囊菌甘薯长喙壳真菌。病菌有性阶段子囊壳似长颈瓶状，基部膨大，具长喙，喙顶裂为须状，内含梨形或卵圆形子囊，每个子囊含8个子囊孢子。子囊孢子单胞，无色，扁圆形。无性阶段产生分生孢子和厚垣孢子。分生孢子单胞，无色透明，圆筒形或棍棒形。厚垣孢子青褐色，圆形或卵圆形，内含2～3个油胞。

[发病规律] 病菌以厚垣孢子和子囊孢子在窖藏病薯或在大田、苗床土壤中及粪肥中越冬。主要通过病薯和病苗传播。还可通过病土、肥料、风雨、浇水等传播蔓延。病菌多从伤口侵入，也可从芽眼、皮孔等自然孔口侵入，还可直接侵入幼苗的白色幼嫩部分。发病后产生分生孢子和子囊孢子进行多次重复侵染，使病害扩展蔓延。病菌生长温度9～36℃，适宜温度23～28℃，致死温度51～53℃10min。发病温度10～35℃，25℃最适。生长期土壤潮湿、地势低洼、土质黏重或重茬地块病重。多雨和前期干旱后期雨大形成生理裂口则病重。品种间抗性有差异，一般薯块皮厚、薯肉坚实、水分少、味较淡的品种较抗病。窖藏期温度23～27℃最易感病，10～14℃发病轻，15℃以上35℃以下有利于发病。高湿或通风不良发病重。

[防治方法]

1. 建立无病留种田，认真精选入窖种薯，严防病薯混入。

2. 培育无病壮苗。温汤浸种，剔除病、虫、伤、冻薯块，用58～60℃温水浸泡2～3min后降至51～54℃再浸泡10min。品种间耐热能力不同，浸前应做品种耐热范围测试。药剂处理种苗，可用70%甲基托布津可湿性粉剂400～500倍液浸种2～3min，或50%多菌灵可湿性粉剂300～400倍液浸种2～4min，亦可用上述药剂较稀的药液浸蘸薯苗基部。此外，种薯上床后前3天床温保持35～38℃，使愈伤组织形成后降至30℃，可抑制病菌繁殖，提高薯块抗病能力。出苗后再降温至25～28℃。

3. 高剪苗，离床面6cm处剪苗可除去易染病的白色部分，栽前使用药剂浸苗。

4. 安全贮藏，旧窖用硫磺熏蒸或喷洒1%福尔马林消毒。入窖前避免薯块受冻受伤，病虫薯块不得入窖。薯块入窖后最好15～20 h内升温至38～40℃维持4天后降温至12～15℃，以后保持11～13℃。

甘薯软腐病
Sweet potato soft rot

软腐病为甘薯的重要病害，分布广泛，生长期和贮藏期都可发生，主要在贮藏期造成损失。此病可为害多种蔬菜。

[症状] 此病多从薯块伤口处或从一端开始侵染，初期略呈水渍状，以后病部变软，颜色逐渐

变褐，挤压时溢出黄色汁液，条件适宜时在病部表面产生白色毛霉状菌丝，以后产生疏松放射状黑霉，即病菌的孢子囊。

[病原] *Rhizopus nigricans* Ehrb.属接合菌黑根霉菌真菌。病菌产生两种菌丝，即营养菌丝和气生菌丝。营养菌丝在寄主组织内扩展蔓延。气生菌丝由伤口长出覆盖于薯块表面，初为灰白色，以后变成暗褐色，形成匍匐丝，自结节处产生直立簇生的孢囊梗。孢囊梗暗褐色，不分枝，无分隔，顶端膨大形成球形孢子囊，黑褐色。孢囊孢子圆形，褐色。此外 *Mucedo piriformis* Fischer 即梨形毛霉菌也可引起腐烂。病菌菌丛高20～30mm，白色转黄色，孢囊梗偶有分枝，

直径15～30μm。孢子囊为白色，后呈暗褐色，直径50～200μm，壁有刺，易融解。囊轴无色平滑，洋梨形至近球形，长150～200μm。孢子无色，椭圆形，3～10μm×3～8μm（图8-10）。

[发病规律] 病菌多以孢子囊附着在薯块或窖壁上越冬，病薯上菌丝也可营腐生存活。孢囊孢子随气流传播，条件适宜时由伤口侵入。菌丝生长温度6～31℃，适温23～26℃。孢子对高温抵抗力很弱，35℃即被杀死。气温23℃左右，空气湿度80%左右最易发病。病害发展迅速，很短时间内病部即腐烂。病菌腐生性强，只侵染受伤薯块。

[防治方法]

1. 适时收获入窖。防止冻伤。收贮过程中尽量避免薯块受伤，减少染病机会。

2. 贮藏前对薯窖喷洒40%福尔马林100～150倍液进行表面消毒灭菌。或用硫磺5g/m³点燃后密闭熏蒸1～2天，再通气2天后入窖。

3. 加强贮藏期管理，入窖时严格挑出伤冻薯块。贮藏温度保持在10～15℃。

4. 结合黑斑病防治，进行高温愈伤处理，减少发病。

甘薯软腐病病薯解剖

甘薯软腐病病薯

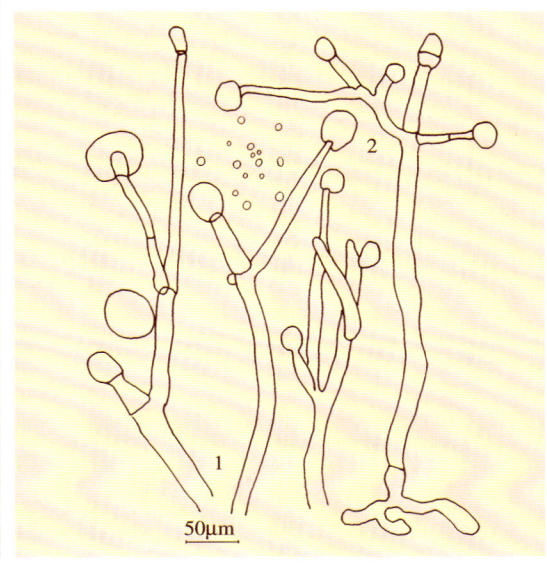

图8-10 甘薯软腐病菌
1. 孢囊梗 2. 孢子囊

甘薯叶枯病
Sweet potato Phyllosticta blight

叶枯病又称斑点病，为甘薯的主要病害，分布较广，发生较普遍。通常病情较轻，对生产无明显影响，严重时多数叶片坏死干枯，在一定程度上影响产量与品质。

[症状] 此病各生育期都可发生，以大田生长中后期较常见，主要为害叶片。初在叶片上出现浅褐色小点，以后变成灰白色近圆形至不正形斑，边缘红褐至暗褐色，稍隆起，后期在病斑表面散生小黑点，即病菌的分生孢子器。条件适宜时病斑发展迅速，在外围形成

甘薯叶枯病叶背病斑

甘薯叶枯病叶面病斑

甘薯叶枯病后期病斑

灰褐至红褐色浸润状坏死区，后期病斑易破裂穿孔。严重时叶片上病斑密布，相互连接成片致病

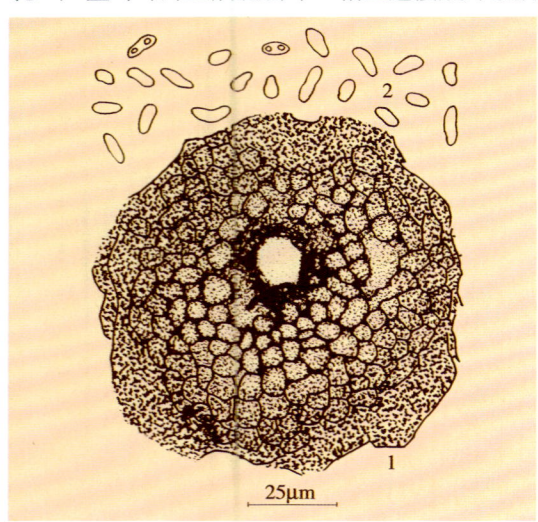

图 8-11 甘薯叶枯病菌
1.分生孢子器 2.分生孢子

甘薯黑痣病
Sweet potato scurf

黑痣病为甘薯的普通病害，分布较广，发生亦较普遍，多在贮藏期造成经济损失。

[症状] 此病主要为害甘薯地下部分。染病薯块初期在表面出现浅褐色小点，以后扩大变黑，

甘薯黑痣病病薯

甘薯黑根病
Sweet potato black root

黑根病为甘薯的普通病害，分布较广，发生亦较普遍。通常对产量无明显影响，但发病后会显著降低品质。此病还为害多种其他蔬菜。

[症状] 此病主要侵害成熟的块茎，多在晚

叶坏死干枯。

[病原] *Phyllosticta batatas*（Thüm.）Cke. 属半知菌甘薯叶点霉真菌。病菌分生孢子器近球形，具孔口，直径 100～125µm。分生孢子单胞，无色，长卵形至肾形，常具有 1～2 个油球，大小为 5.3～11.8µm × 3.3～5.0µm（图 8-11）。

[发病规律] 病菌以分生孢子器和菌丝随病残体在土壤中越冬。条件适宜时病菌以分生孢子形成初侵染。在我国南方，病菌在全年辗转为害，无明显越冬期。甘薯发病后产生分生孢子，借雨水传播蔓延，形成重复侵染。甘薯生长期多雨，空气湿度高，或田间低洼积水等有利于发病。

[防治方法]
1.收获后及时彻底清除植株病残体，集中沤肥或烧毁。
2.重病地块避免连作，注意选择地势高燥的地块种植。常发病区，采用高垄栽培。雨后注意及时排水，降低田间湿度。
3.重病地块或常发病地块，于发病初期进行药剂防治。可选用 70% 甲基托布津可湿性粉剂 600 倍液，或 40% 多硫悬浮剂 500 倍液，或 50% 扑海因可湿性粉剂 1 500 倍液，或 40% 福星乳油 8 000 倍液喷雾。

相互汇合成不规则形黑褐色大斑，潮湿时表面产生灰黑色霉层。严重时病部硬化并出现细微龟裂。通常薯块染病仅限于表层细胞，但病薯易失水干缩。

[病原] *Monilochaefes infuscans* Ell.et Halst. 属半知菌甘薯黑痣串孢霉真菌。病菌分生孢子梗从病部表层的菌丝分出，不分枝，有隔膜，长 40～175µm。分生孢子单胞，顶生，浅灰褐色，大小为 12～20µm × 4～7µm。

[发病规律] 病菌主要在病薯及病株藤蔓上越冬，也可在土壤内越冬。条件适宜时先侵染幼苗，以后产生分生孢子再侵染薯块。病菌可直接从表皮侵入，6～32℃均可发病，较高温度和湿度有利于发病。通常夏、秋季多雨，土质黏重，排水不良的地块，或盐碱地发病严重。

[防治方法]
1. 选用无病种薯，培育无病壮苗。育苗前可用 70% 甲基托布津可湿性粉剂 600 倍液浸泡种薯 5～10min。
2. 重病地区实行轮作。
3. 低洼和土壤黏重地区实行高垄或高畦栽培，生长期防止田间积水。

秋发生，贮藏期亦可大批发病。发病初期薯块表面产生淡褐色至黑褐色不规则凹陷斑，后期在病斑表面产生黑色霉层，即病菌的分生孢子梗和分生孢子。此病一般仅为害薯块表层，不深入组织内部，病部薯肉味道苦。

[病原] *Thielaviopsis basicola* Ferr.属半知菌烟草拟黑根霉真菌。病菌内生分生孢子生于小梗顶端，小梗大小为 50～90µm × 3～7µm。分生孢子圆筒形，无色，大小为 8～30µm × 3～6µm。厚垣孢子串生或簇生于菌丝顶端或侧方，壁厚，褐色，短圆筒形，大小为 12µm × 5～8µm。

[发病规律] 病菌以菌丝体或分生孢子随病残组织在土壤内越冬，也可随病薯在薯块表面越冬。22℃左右最适宜病菌生长发育。受冻薯块发病严重，窖藏温度管理良好，病害发生轻。

防治方法参见甘薯黑痣病。

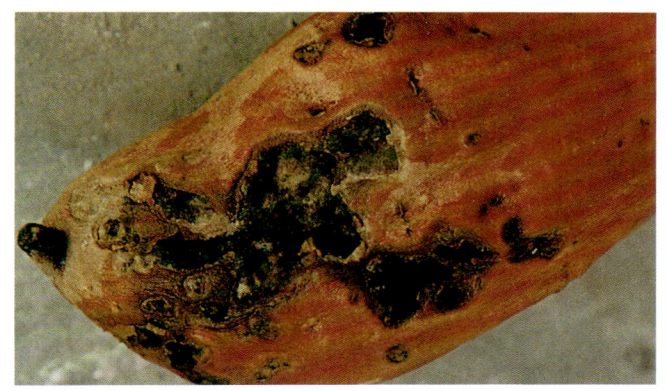

甘薯黑根病潮湿状态病薯

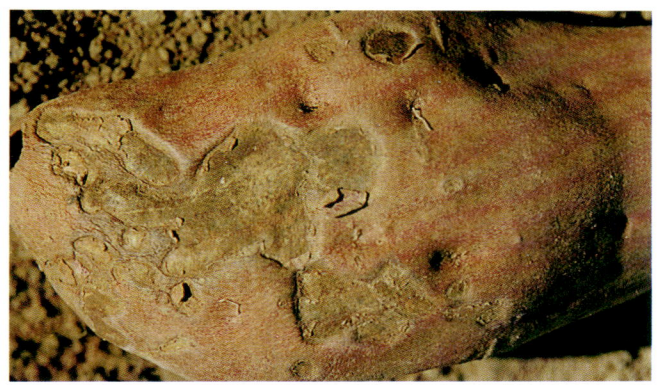

甘薯黑根病干燥状态病薯

甘薯炭腐病
Sweet potato Sclerotium rot

炭腐病为甘薯的普通病害，部分地区发生，通常造成少量薯块腐烂，严重时形成大批烂薯，损失严重。

[症状] 此病主要侵害薯块，发病初期薯肉呈灰白色，以后颜色逐渐变深呈粉质状，内有细微黑点，即病菌的菌核。菌核增多使全部薯肉呈炭黑色干腐。随病害发展病薯表皮呈不规则疱状隆起，由浅红褐色逐渐变成暗褐色，后期病薯表皮易开裂，露出炭黑色薯肉。有时病薯表面可产生较致密的白霉。

[病原] *Sclerotium bataticota* Taub.属半知菌甘薯基腐小菌核菌真菌。病菌菌核生于病组织内，直径5～100μm，黑色，小而多。分生孢子阶段为 *Macrophomina phaseoli*（Maubl.）Ashby 属广生亚大茎点菌真菌。分生孢子器不常形成。

[发病规律] 病菌以菌核在薯块上越冬，寄生能力弱，多从伤口

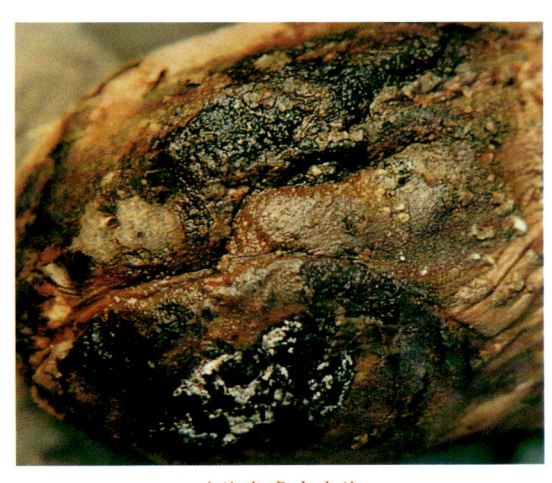

甘薯炭腐病病薯

侵入，生长适温为30～35℃。

防治方法参见甘薯黑痣病。

甘薯黑心病
Sweet potato dry rot

黑心病为甘薯的重要病害，在局部地区发生分布，发病后常造成薯块大批腐烂。

[症状] 此病在甘薯各生育期都可发生，以贮藏期受害损失重。幼苗染病可引起死苗，生长期藤蔓染病后变褐坏死。薯块染病，初期在表面出现疱状隆起，表皮破裂成为隆起小黑斑点，其病薯表皮干缩变硬，以后内部薯肉呈炭黑色坏死干腐，表皮开裂翘起，露出炭黑色薯肉。

[病原] *Diaporthe batatatis* Harter et Field 属子囊菌甘薯黑心病真菌。病菌子囊壳生于单独的子座内或与无性世代的分生孢子器同生于一子座

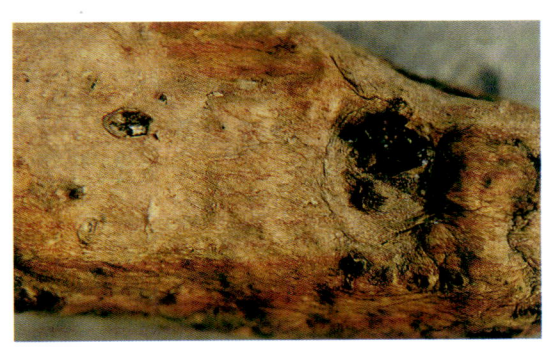

甘薯黑心病前期病薯

甘薯黑心病中期病薯

甘薯黑心病后期病薯

内，直径120～370μm，喙长0.5～3mm。子囊圆筒形或棍棒形，大小为23～38μm×7～12μm。子囊孢子近椭圆形，无色，双细胞，分隔处缢缩，大小为8～12μm×4～6μm。无性时期为*Phomopsis batatae* Hohn.甘薯黑心拟茎点菌，分生孢子器分散，大小为110～130μm×60μm。分生孢子长圆形至梭形，单胞，无色，大小为6～8μm×3～5μm。柄生孢子丝状，无色，无分隔，长16～30μm。

[发病规律] 病菌随病薯或病株在土壤内越冬。条件适宜时分生孢子和子囊孢子均可形成侵染，发病后产生子囊孢子或分生孢子进行重复侵染，主要通过气流、雨水等进行传播。温暖潮湿，生长期多雨，气温20～25℃等条件适宜发病。

防治方法参见甘薯黑痣病。

甘薯褐斑病
Sweet potato Cercospora leafspot

褐斑病为甘薯的普通病害，分布较广，发生较普遍。通常病情较轻，仅局部地区发病严重，使部分叶片提早坏死，在一定程度上影响生产。

[症状] 此病可在全生育期发生，以中后较常见，主要为害叶片，病斑初为浅褐色小点，后扩展成圆形坏死斑，中央黄褐色，边缘红褐至暗褐色，外围常具有绿黄色晕环。空气潮湿时病斑表面产生灰褐色绒霉，即病菌的分生孢子梗和分生孢子。病叶随病害发展黄化枯死。

[病原] *Cercospora ipomoeae* Wint.属半知菌甘薯叶尾孢霉真菌。病菌分生孢子梗束生，直立或微屈曲，浅榄色，大小为25.6～96.5μm×4.5～5.5μm。分生孢子无色，针形，基部平切，直或微弯，具横隔膜2～17个，不明显，大小为65.8～220μm×2.5～4.5μm。

[发病规律] 病菌以菌丝体随病叶越冬。条件适宜时产生分生孢子形成初侵染，主要借气流和雨水传播。甘薯生长期多雨、多露有利于发病。

防治方法参见山药褐斑病。

甘薯褐斑病前期病叶

甘薯褐斑病中后期病叶

甘薯黑星病
Sweet potato Alternaria gray spot

黑星病为甘薯的普通病害，在我国北方地区偶有零星发病，通常南方染病率较高，病情偏重，在一定程度上影响正常生产。

[症状] 此病主要为害叶片，严重时还为害茎和叶柄。发病初期叶片上出现水渍状褐色至暗褐色不定形病斑，以后发展成灰褐色近圆形坏死斑，中央具有灰白色小点，周围褐色，再外层为淡褐色，与健部交界处为暗褐色，形成浓淡相间的轮纹。条件适宜时病斑密布，相互连接致叶片变黄坏死或脱落。叶柄和茎上病斑灰褐至暗褐色，椭圆形至纺锤形，显著凹陷。空气潮湿时病斑表面产生灰黑色稀疏霉层，即病菌的分生孢子梗和分生孢子。

[病原] *Alternaria bataticola* Ikata属半知菌甘薯交链孢霉真菌。病菌分生孢子梗褐色。分生孢子长棍棒形，褐色，具横隔膜5～12个，纵隔膜多个，大小为96～206μm×13～28μm。喙细胞细长，多个横隔膜，大小为16～128μm×3～6μm。

[发病规律] 病菌以菌丝体随病残体越冬。条件适宜时产生分生孢子，借风雨等传播引起发病，以后再产生分生孢子进行重复侵染。

病菌也可以分生孢子在种薯上越冬，育苗时侵染幼苗，再随病苗传播。通常土壤贫瘠，管理过于粗放，缺少水肥的地块发病偏重。多雨有利于发病。

[防治方法]

1. 育苗前对种薯进行药剂处理，可选用50%扑海因可湿性粉剂800倍液，或80%大生可湿性粉剂400倍液，或70%代森锰锌300倍液浸种薯5～10min。

2. 收获后及时彻底清洁田园，防止病残组织散落在田间。

3. 增施底肥，加强田间管理，避免缺水缺肥。

4. 严重地块进行药剂防治，参见马铃薯早疫病。

甘薯黑星病叶面病斑

甘薯黑星病叶背病斑

甘薯青霉病
Sweet potato Penicillium rot

青霉病为甘薯贮藏期重要病害，各地都有发生，寄主范围很广。条件适宜，发病严重，造成大量薯块腐烂。

[症状] 此病主要在贮藏期发生。染病薯块初期在其表面产生颗粒状白霉，以后转变成灰绿色霉层，即病菌的分生孢子梗和分生孢子。随病害发展霉层四周出现大片水渍状扩展区，薯块内部组织软化腐烂，散发出酒精气味。

[病原] *Penicillium* sp.属半知菌青霉真菌。病菌菌落灰绿色，分生孢子梗从菌丝垂直生出，无足细胞，成束聚集，有横隔膜，顶生排列成帚状的间枝。分枝不对称，1～3次，顶层为小梗，以切离方式生成分生孢子。分生孢子串链状，不分枝，单个孢子球形至椭圆形，光滑，淡绿色。

[发病规律] 病菌广泛存在于自然界，分生孢子随气流飞散传播。贮藏温度低于12℃时容易发病。

防治方法参见甘薯软腐病。

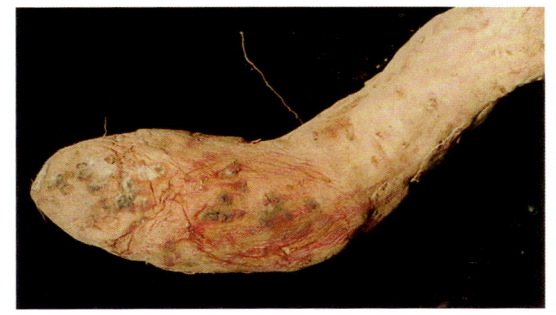

甘薯青霉病前期病薯

甘薯青霉病后期病薯

甘薯灰霉病
Sweet potato gray mold

灰霉病为甘薯贮藏期病害，我国南方露地偶有发生，仅为害下部个别叶，对生产无影响。贮藏期发病，常造成薯块腐烂变质。

[症状] 此病多从伤口处开始侵染，病部初呈水渍状软腐，薯肉组织变成米黄色至棕褐色，病薯表面产生稀疏灰色毛霉状物，即病菌分生孢子梗和分生孢子。病薯水分蒸发，变成僵薯，外表皮皱缩，

甘薯灰霉病病薯

后期在薯块表面形成不规则紫黑色至紫褐色块状菌核。

[病原] *Botrytis cinerea* Pers.属半知菌灰葡萄孢霉真菌。详见青花菜灰霉病。

[发病规律] 病菌的寄主范围很广，主要在收获和贮运过程中传播到薯块上。病菌寄生能力弱，易从伤口侵入，受冻或受伤的薯块易染病。发病温度6～20℃，适宜温度10～15℃，25℃以上发病缓慢。通气不好，空气潮湿易发病。

[防治方法]

1. 适时收获，避免薯块受冻。

2. 入窖前严格挑选薯块，确保无伤害薯块入窖。

3. 入窖后15～20天加强通风，促使伤口愈合，防止高温高湿。寒冷季节防止薯块受冻，最好保持贮藏温度12～14℃。

甘薯茎线虫病
Sweet potato stem nematode

茎线虫病为甘薯的毁灭性病害，一旦发病，损失严重。

[症状] 此病又称糠心病，可为害薯块、茎蔓和薯苗。幼苗染病，病苗矮小发黄，纵剖茎基部可见褐色空隙，剪苗后不流白浆或很少。茎蔓染病在主蔓基部拐子上出现黄褐色裂纹，髓部干腐，叶变黄或主蔓枯死。根部染病多表现糠心、裂皮或混合症状。即块根内形成棉絮状白色糠道，后表现褐色糠心或块根表皮褐色，凹陷或产生裂口，最后皮层变成暗紫色，龟裂，内部呈褐白色干腐。

[病原] *Ditylenchus destructor* Thorne属植物寄生线虫马铃薯腐烂线虫。成熟雌虫和雄虫都为

甘薯茎线虫病病薯

细长蠕虫形，雌虫较雄虫大。虫体前端的唇区较平，无缢缩，尾部长圆锥形，末端钝尖。表面的角质膜上具细环纹，角质膜上具侧带，侧带上明显呈现六条纵行的侧线。雌虫阴门大约位于虫体后部的3/4处，雄虫的抱片不包住整个尾部。食道垫刃型，口针细小，长13～14μm，有基部球。中食道球卵圆形，具瓣。食道腺明显，近乎前窄后宽的圆锥形，后部常延伸一叶覆盖在肠前端。神经环位于食道狭部的偏后位置。雌虫单卵巢，前伸，无曲折。雄虫具1对交合刺，后部较宽，末端尖，每个交合刺的宽大处有2个指状突起。

[发病规律] 线虫多以成虫或幼虫在土壤中越冬，在田间土壤中可存活3～5年，终年繁殖，生长期和贮藏期都为害。主要通过种薯、土壤、粪肥及秧苗传播，从薯块附着点或从幼苗根或所形成的小薯块表皮上自然孔口或伤口以吻针刺孔侵入，沿髓或皮层向上活动。条件适宜时每雌产卵1～3粒。产卵量100～200粒，卵期20～30天。活动温度2～30℃，7℃以上即产卵和孵化，25～30℃最适。耐低温力强，致死温度-25℃7 h，35℃以上不活动。寄主表层48～49℃温水浸10min即死，干燥条件下存活1年。

[防治方法]

1. 严格检疫，建立无病留种田，选用无病种薯或高剪苗，防止秧苗传带。

2. 使用充分腐熟的净肥。收获后及时彻底清除病残体，以减少菌源。

3. 禁止使用病薯、病薯干、病秧做饲料，防止茎线虫通过牲畜消化道进入粪肥传播。

4. 土壤药剂处理可选用1.8%虫螨克乳油10～15L/ hm²，对水3.75～7.5t于栽秧后浇棵。或选用3%米乐尔颗粒剂30～45kg/ hm²均匀撒施在薯秧茎基部后覆土浇水。

4. 豆薯病害　Diseases of yam bean

豆薯青霉软腐病
Yam bean Penicillium rot

青霉软腐病主要在贮存期发生为害，生长期偶有零星发病。一般生长期对生产无影响。贮藏期发生较普遍，造成轻度损失。管理不善，腐烂损失严重。此病还可引起多种其他蔬菜腐烂。

[症状] 此病主要为害块根，在其表面产生不规则形凹陷斑，斑上产生初为灰白色，后为灰蓝色的霉状物，即病菌的分生孢子梗和分生孢子，随病害发展，病薯软化腐烂。在田间或贮藏期间，表皮受伤的薯块最易受感染，条件适宜时，薯块表面遍生病斑，相互汇合而加速病情发展。

[病原] *Penicillium chrysogenum* Thom属半知菌青霉菌真菌。病菌分生孢子梗柄长200～300μm，壁光滑，帚状分枝，通常三轮生；梗基3～4个，较短；瓶梗轮生，3～6个，瓶梗顶端狭小，大小

为 6～8μm×2～2.5μm，产孢后可见瓶颈。分生孢子椭圆形至近椭圆形，无色，串生，呈长链，壁光滑，大小为 2.5～4μm×2～3μm。

[**发病规律**] 病菌广泛存在于土壤和贮藏环境中，条件适宜即引起发病，可通过土壤、气流、农事操作、浇水等传播蔓延。田间管理不当，土壤板结、龟裂，或地下害虫严重，造成薯块许多伤口容易发病，贮藏期高温高湿亦有利于发病。

[**防治方法**]

1. 选择地势较高燥的壤土地块种植，生长期加强管理，适时浇水、施肥和防治好地下害虫，减少薯块受伤。

2. 收获、运输避免受伤，受伤严重的薯块不能贮存。必要时可选用特克多烟雾剂熏烟灭菌。

3. 贮藏期间注意通风降温排湿。

豆薯青霉软腐病前期病根

豆薯青霉软腐病中期内部软腐病根

5. 芋病害 Diseases of taro

芋病毒病
Taro virus disease

病毒病为芋的普通病害，分布较广，部分地区发生为害。通常病株零星，轻度影响芋生产，重病地块病株达 10% 左右，明显影响产量和品质。

[**症状**] 此病主要侵害叶片，病叶沿叶脉出现褪绿黄点，逐渐扩展成黄绿相间花叶，最后卷曲坏死。新生叶除上述症状外，还常出现羽状黄绿色斑纹，或抽出扭曲畸形叶。有时病叶上产生大小不等浅褐色环形蚀纹坏死病斑，相互汇合致叶片枯死。病害严重时植株矮化，分蘖减少，球茎变小或不生球茎，有的维管束变褐坏死，终致病株死亡。

[**病原**] CMV 和 Dasheen mosaic virus（DMV）即黄瓜花叶病毒（CMV略）和芋花叶病毒。芋花叶病

毒质粒线状，大小为 750 nm×13nm。

[**发病规律**] 病毒可在芋球茎内或其他寄主植物体内越冬，翌春播种带毒球茎，出芽后即表现发病，6～7 叶前叶部症状明显，进入高温期后症状隐蔽消失。田间主要通过蚜虫传播。带菌球茎作母种，病毒亦随之繁殖蔓延。品种间抗病性有差异。

[**防治方法**]

1. 因地制宜选用较抗病品种。

2. 单株选育无病毒原种，有条件的可在人工

芋病毒病花叶病株

芋病毒病坏死斑病株

脱毒后种植。

3. 病害发生期及时防蚜，尤其注意有翅蚜迁飞前的防治。

4. 发病初期喷洒 NS-83 增抗剂 100 倍液，或 1.5% 植病灵乳剂 1 000 倍液，或 1% 抗毒剂 1 号水剂 200 倍液，10 天左右喷 1 次，视病情喷 1～3 次。

芋污斑病
Taro leaf mold

污斑病为芋的主要病害，分布广泛，发生较普遍，多在南方种植区形成为害。通常病株率 60%～80%，在一定程度上影响生产，重病地块发病率均 100%，部分叶片因病坏死，显著影响产量和质量。

[症状] 此病仅为害叶片，初在叶片上出现大小不等绿褐色圆形至不定形的病斑，后呈淡黄

芋污斑病病叶

芋疫病病叶

色，最后变成浅褐至暗褐色，叶背病斑颜色较浅，呈淡黄褐色，近圆形至不整形。病斑边缘多不明显，湿度高时病斑表面产生隐约可见的暗褐色霉层，即病菌的分生孢子梗和分生孢子。病害严重时，叶片上病斑密布，短期内病叶即变黄干枯。

[病原] *Cladosporium colocasiae* Saw. 属半知菌芋芽枝孢霉真菌。病菌分生孢子梗单生或数枝丛生，丝状，略弯曲，基部稍粗，呈暗褐色，大小为 60～160μm × 4.5～6μm，具 3～6 个隔膜。分生孢子卵形至纺锤形或长椭圆形，单胞或双胞，无色至淡色，大小为 12～18μm × 6.5～8μm。

[发病规律] 病菌以菌丝体和分生孢子在病残体上越冬，可在病组织上或土壤中营腐生生活。条件适宜时病菌以分生孢子进行初侵染，借气流或雨水溅射传播蔓延，病部不断产生分生孢子进行再侵染。南方菜区，病菌辗转侵染，病害周年发生，无明显越冬期。芋生长期高温高湿利于发病。植株生长衰弱，田间郁蔽，或偏施氮肥植株旺而不壮，病害发生较重。

[防治方法]

1. 收获后及时、彻底清理田间植株及病残组织，集中妥善处理，减少菌源。

2. 增施有机底肥，氮、磷、钾肥配合施用，生长期加强田间管理，防止田间积水，增强植株抗病力。

3. 发病初期及时进行药剂防治，可选用 43% 菌力克悬浮剂 6 000～8 000 倍液，或 47% 加瑞农可湿性粉剂 600～800 倍液，或 2% 加收米水剂 400～500 倍液，或 30% 特富灵可湿性粉剂 5000 倍液，或 70% 甲基托布津可湿性粉剂 600 倍液，或 2% 武夷菌素水剂 500 倍液喷雾。

芋疫病
Taro phytophthora blight

疫病为芋的重要病害，分布较广，发生较普遍，多在夏、秋两季发病。一般病株率 10%～30%，在一定程度上影响生产，重病地块发病率达 50% 以上，部分植株因病坏死，显著影响产量和质量。

[症状] 此病主要侵害叶片，亦可侵染叶柄和球茎。叶片染病，初为黄褐色圆形斑点，以后扩展成圆形至不规则形斑，具不明显轮纹，边缘有暗绿色水渍状环带，湿度高时病斑表面产生稀疏白霉，组织坏死，常分泌黄色至淡褐色液滴，后期病斑腐败穿孔，严重时仅剩破伞状叶脉。叶柄受害，产生大小不等的褐色坏死斑，不规则，病斑周围组织褪绿变黄，相互连接致叶柄腐烂倒折，叶片枯萎。地下球茎染病，病部组织变褐腐烂。

[病原] *Phytophthora colocasiae* Racib 属鞭毛菌芋疫霉真菌。病菌孢囊梗一至数枝自叶片气孔伸出，短而直，无色，无隔，顶端着生孢子囊，大小为 15～24μm × 2～4μm。孢子囊梨形至长椭圆形，

单胞，无色，壁薄，顶端具明显乳突，下端具一短柄，大小为45～145μm×15～21μm。游动孢子肾形，单胞，无色，无胞膜，大小为17～18μm×10～12μm，中部一侧具两根鞭毛。

[发病规律] 病菌主要以菌丝体在种芋球茎内或病残体上越冬，亦能产生厚垣孢子随病残体在土壤中越冬。带菌种芋为发病的主要初侵染源，种植后形成中心病株。温暖地区，病菌通过雨水和气流辗转传播，无明显越冬期。温暖高湿利于发病，发生与流行主要取决于芋生长期间的雨量和雨日，雨量大、雨日多，病害严重。种植过密、偏施氮肥、植株生长过旺，或田间积水、低洼等发病严重。品种间抗性差异较大，通常水芋较陆芋抗病。香芋较红芽芋、白芽芋抗病。

[防治方法]

1. 重病区轮作换茬，最好实行水旱轮作1～2年。

2. 因地制宜选用抗病品种，从无病区调种，选留无病种芋。

3. 选择地势高燥，易排能灌的地块种植。施足底肥，增施磷、钾肥，避免偏施过施氮肥。

4. 发现中心病株及时铲除，并注意及时清理病株残体集中妥善处理。

5. 发病前期或初期施药防治。参见马铃薯晚疫病。

芋褐腐病
Taro Rhizoctonia rot

褐腐病为芋的普通病害，分布较广，发生亦较普遍。多在夏、秋季发病，通常病株零星，对生产无明显影响。少数地块发病严重，病株率可达10%以上，明显影响产量和质量。

[症状] 此病主要为害叶柄基部和球茎。初在叶柄基部形成浅褐色近椭圆形坏死斑，以后发展成不定形坏死大斑，浅褐至暗褐色，同时向球茎和叶柄内部组织扩展，终致病部组织干腐，地上部萎蔫枯死。球茎染病呈黄褐色至暗褐色坏死，由表层向内部和向外围扩展，逐渐使球茎组织腐朽干缩，最后仅剩维管束组织和病菌菌丝。

[病原] *Rhizoctonia solani* Kühn 属半知菌立枯丝核菌真菌。详见青花菜褐腐病。

[发病规律] 病菌以菌核或厚垣孢子在土壤中休眠越冬，春季地温高于10℃病菌开始萌发，进入腐生阶段，芋生长期病菌从叶柄基部或球茎上的伤口或表皮直接侵入，引起发病。以后病部长出菌丝继续向四周扩展，病菌还可通过雨水、浇水、肥料或病土传播蔓延。

芋褐腐病病茎

土温11～30℃、土壤湿度20%～60%均可侵染，高温、连阴雨、田间管理粗放，植株生长衰弱，地下害虫较多，病害容易发生。

防治方法参见马铃薯茎基腐病和蚕豆立枯病。

芋枯萎病
Taro Fusarium wilt

枯萎病亦称干腐病，为芋的常见病害，分布较广，发生较普遍。多在夏秋季发病，通常病株零星，轻度影响生产。重病地块病株可达20%以上，致植株成片倒伏死亡。

[症状] 此病主要侵害茎部，引致植株枯萎或腐烂。轻病株症状不明显，仅生长缓慢，外叶提前早衰黄化。重病株生长衰弱，叶色黄绿，由外叶向里枯死，秋季提早干枯或致茎叶倒伏。剖开球茎，皮层变红，横切可见红色小斑点，病重球茎组织呈红褐色，后期干腐。

[病原] *Fusarium solani*（Martius）App.et Wollenw.属半知菌茄腐皮镰孢霉真菌。病菌分生孢子散生，或生在假头状体上或孢子座、黏孢子团中。大型孢子纺锤形，略弯曲，两端圆，基部在长轴斜向具微小凸起，具3～5个隔膜，3个隔膜的大小为19～50μm×3.5～7μm，5个隔膜的大小为32～68μm×4～7μm。厚垣孢子间生或顶

芋枯萎病中期病株

生，球形至洋梨形，褐色，单生，单胞孢子大小为8μm×8μm，双胞的大小为9～16μm×6～10μm，表面光滑或有小瘤。

[发病规律] 病菌以厚垣孢子随病残体在土壤中存活越冬，也可随球茎在种球内越冬。条件适

芋枯萎病后期病株

宜时引致田间发病，病芋在贮运期也可扩展蔓延。气温28～30℃易发病，生产上种植病芋、多年连作，或地下害虫严重易诱发此病，管理粗放、土壤过干或过湿发病重。

[防治方法]

1. 重病区实行3年以上轮作，收获后及时清除病株残体带到田外妥善处理。

2. 采用高畦或高垄栽培，南方高温季节畦面铺稻草或麦秸，以降低地温。

3. 无病留种，选用无病种芋。必要时用50%多菌灵可湿性粉剂400倍液，或75%萎福双可湿性粉剂800倍液浸泡种芋30min后晾干播种。

4. 增施生物菌肥或充分腐熟的有机肥，防治好地下害虫，防止田间积水。

芋炭疽病
Taro anthracnose

炭疽病为芋的普通病害，分布较广，发生较普遍。多在夏、秋季发病，一般病株30%，轻度影响生产，严重地块发病率达50%以上，显著影响芋的产量和质量。

[症状] 此病主要为害叶片，重时亦为害球茎和叶柄。多从下部老叶开始发病，初在叶片上产生水渍状暗绿色病斑，后逐渐变为近圆形、黄褐至暗褐色病斑，四周具湿润变色晕环。干燥条件下病斑干缩成羊皮纸状，易破裂，上面轮生黑色小点，即病菌的分生孢子盘。球茎染病，上生圆形病斑，似漏斗状深入肉质球茎内部，病组织呈黄褐色。

[病原] Colletotrichum capsici（Syd.）Bull. & Bisby 属半知菌辣椒刺盘孢真菌。病菌分生孢子盘上着生有较长的暗褐色刚毛，数量较多，2～4个隔膜，顶端渐细。分生孢子单胞，无色，月芽形，顶端尖锐，末端略钝，大小为19～29.5μm×2.5～5.5μm。少数地区有另一种刺盘孢真菌 Colletotrichum sp.侵染致病。病菌刚毛较 C. capsici 少，明显粗短，顶端稍钝，大小为49～80μm×5～7.5μm。分生孢子单胞，无色，圆筒形，大小为13.5～20.5μm×3.5～6μm（图8-12）。

[发病规律] 病菌以分生孢子附着在球茎表面或以菌丝体潜伏在球茎内越冬，也可以菌丝体和分生孢子盘及分生孢子随病残体在土壤中越冬。条件适宜时分生孢子借风雨及昆虫传播，由伤口或从寄主表皮直接侵入进行初侵染和再侵染。高温、高湿有利于发病，气温25～30℃易发病，水分对病菌繁殖和传播起重要作用，分生孢子通过雨水溅射冲刷分散扩展，在有水膜的条件下萌发。芋生长期高温多阴雨，或雾大、露重易发病，种植过密、田间积水发病重。

[防治方法]

1. 选择地势平坦、排水良好的壤土种植。施用充分腐熟的有机肥。

2. 选用无病种芋留种，或

芋炭疽病病叶

芋炭疽病病株

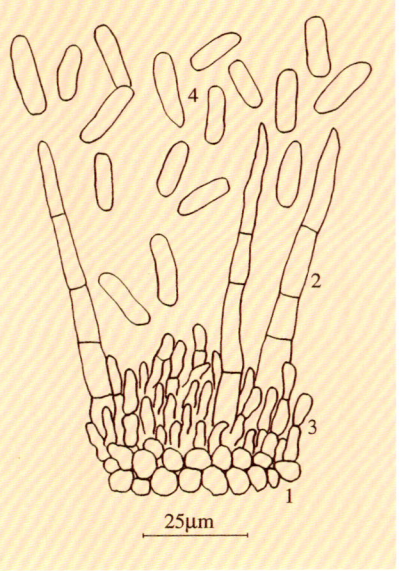

图8-12 芋炭疽病菌
1.分生孢子盘　2.刚毛
3.分生孢子梗　4.分生孢子

25μm

种植前进行球茎处理。可用58～60℃温水或25%炭特灵可湿性粉剂600倍液，或25%施保克可湿性粉剂800倍液，或25%敌力脱乳油800倍液浸泡种芋10min。

3.收获后及时彻底清除病残植株和病株球茎等，减少田间越冬菌源。

4.发病初期施药防治，参见马铃薯炭疽病。

芋 轮 斑 病
Taro Ascochyta leafspot

轮斑病为芋的普通病害，部分地区发生分布，多在夏秋季发病。通常病株零星，对生产无明显影响，重病地块发病率可达20%以上，少数叶片因病坏死，在一定程度上影响产量和质量。

[症状] 此病主要为害叶片，多从叶缘或叶面外围开始侵染。初期在叶缘或叶面生浅褐色水渍状小点，以后扩展成半圆形、近圆形或不定形黄褐至灰褐色坏死病斑，具有同心轮纹，外围常具有较宽浅黄色晕环，后期病斑上轮生小黑点，即病菌的分生孢子器。空气干燥，病斑破裂穿孔。

[病原] *Ascochyta* sp.属半知菌壳二孢真菌。病菌分生孢子器球形至扁球形，器壁褐色，初埋生，以后突破寄主表皮部分外露，具有孔口。分生孢子椭圆形，无色，双细胞，分隔处略缢缩。

[发病规律] 病菌以分生孢子器随病叶遗留在土壤中越冬，条件

芋轮斑病叶面病斑

适宜时产生分生孢子形成初侵染。发病后病部产生分生孢子借雨水传播进行再侵染。高温、高湿有利于发病。芋生长期多雨，土壤贫瘠，植株生长衰弱适宜发病。

防治方法参见蚕豆褐斑病。

芋 白 粉 病
Taro powdery mildew

白粉病为芋的普通病害，局部地区偶尔发生，多在秋季发病。通常病株率10%～20%，对生产无明显影响，重病地块发病率可达30%～50%，在一定程度上影响产量和品质。

[症状] 此病主要为害叶片，在叶片正背面产生圆形至不定形白色粉状斑，大小变化较大，相互融合形成不规则形粉斑，严重时致叶片早衰枯死。

[病原] 不详。仅见无性时期，病菌菌丝体叶两面生，分生孢子串生，近圆柱形至卵圆形。

[发病规律] 不详。

防治方法参见根恭菜白粉病。

芋白粉病病斑

芋 黄 萎 病
Taro Verticillium wilt

黄萎病为芋的重要病害，部分地区发生分布。通常病株零星，轻度影响生产，重病地块病株可达30%以上，可造成植株成片枯死，显著影响产量和质量。

[症状] 此病主要侵害维管组织形成全株性发病，多从外叶开始显症。初期叶脉间出现许多浅绿褐色边缘模糊的不规则小斑，以后

沿叶缘向里黄化坏死，最后变褐，终致病叶卷曲枯死。纵剖叶柄，可见维管束变色。随病害发展，病株叶片由外向里萎蔫枯死。

[病原] *Verticillium* sp.属半知菌轮枝霉真菌。病菌分生孢子梗直立，分枝，初次分枝两出，二次分枝轮生，顶层小，梗下部膨大，尖端细削，分生孢子单生，很快脱落，单细胞，卵圆形至长椭圆形，大小为4～10μm×2.5～4μm。

[发病规律] 病菌以休眠菌丝或厚垣孢子随病

残体在土壤中越冬，条件适宜时从根部伤口或从幼根侵入，通过风、雨、流水、带菌土壤和堆肥传播。土壤温度时高时低，地势低洼，过度偏砂，施用未腐熟有机肥，地下害虫严重，或田间管理不当，土壤过干过湿，尤其雨后长时间积水有利于病害发生与发展。连作地块发病较重。品种间抗病性存在着差异。

[防治方法]

1. 重病地区实行与葱蒜类、禾谷类作物轮作，最好水旱轮作。

2. 因地制宜选用相对抗、耐病品种。

3. 重病地块种植前用50%多菌灵可湿性粉剂，或75%姜福双可湿性粉剂30～60kg/ hm²，拌细土均匀撒施在种植穴内。

4. 发病初期用20%姜锈灵乳油4 000倍液，或50%多菌灵可湿性粉剂400倍液，或75%姜福双可湿性粉剂600倍液浇根，每株浇药液0.2～0.3L。

芋黄萎病病叶

芋 黑 斑 病
Taro Alternaria leafspot

黑斑病为芋的常见病，分布较广，发生较普遍，多在秋季发病。通常病株率30%～50%，在

一定程度上影响生产，严重时病株60%～80%，部分叶片因病枯死，明显影响产量和品质。

[症状] 此病主要为害叶片，初在叶片上出现浅黄色坏死小点，以后扩展成近"鱼形"病斑，略具同心轮纹，大小变化较大，后期在病斑上产生黑褐色霉层，即病菌的分生孢子梗和分生孢子。严重时叶片上病斑密布，相互连接致叶片枯死。

[病原] *Alternaria tenuis* Nees 属半知菌细交链孢霉真菌。病菌分生孢子梗直立，单生或几根成束，偶有分枝，暗色，有屈曲，顶端扩大，具多个孢子痕，大小为42～115μm×4～6μm。分生孢子单生或串生，暗褐色，倒棍棒状，喙胞明显，有横隔2～8个，纵隔0～5个，大小为25～56μm×8.5～18μm。喙胞具0～2个隔膜，大小为7～70μm（图8-13）。

发病规律、防治方法参见根荙菜黑斑病。

芋黑斑病病叶

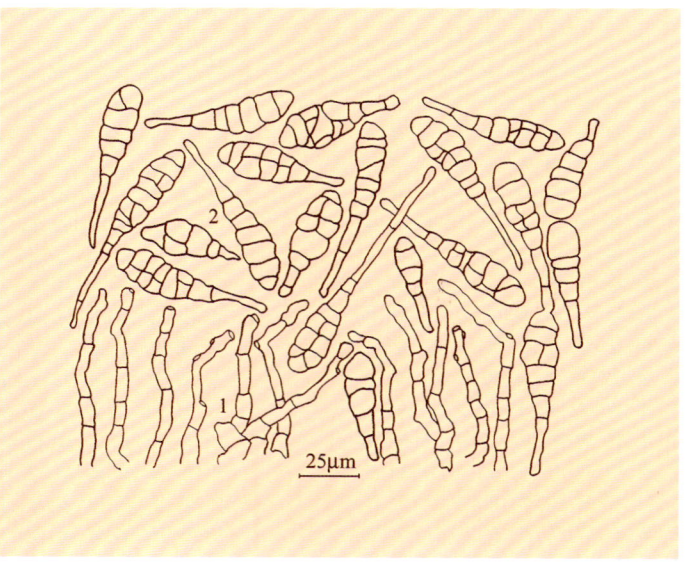

图8-13 芋黑斑病菌
1.分生孢子梗 2.分生孢子

芋 白 绢 病
Taro southern Sclerotium wilt

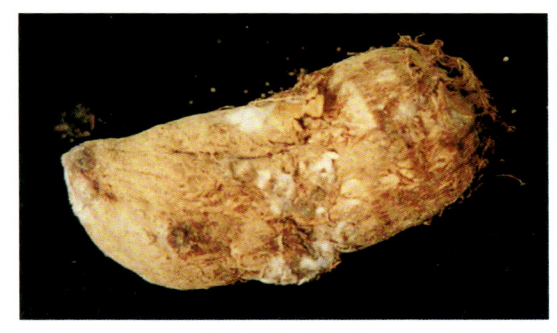

芋白绢病病球茎

　　白绢病为芋的重要病害，主要在南方菜区轻度发生。通常病株零星，在一定程度上影响生产，严重时可造成植株成片坏死腐烂，还可侵害多种其他蔬菜。

　　[症状] 此病主要为害球茎，亦为害叶柄。早期地上部无明显病变，仅叶柄与球茎结合处产生白色丝状物，以后迅速向四周辐射，致病部软化腐烂，同时向球茎蔓延，使其腐烂。后期在病部形成黄褐至紫褐色颗粒状小菌核，严重时植株成片黄化坏死。

　　[病原] *Sclerotium rolfsii* Sacc.属半知菌齐整小菌核真菌。详见马铃薯白绢病。

　　发病规律、防治方法参见西瓜白绢病。

芋 菌 核 病
Taro Sclerotinia rot

芋菌核病病球茎

　　菌核病为芋的重要病害，主要在南方菜区零星发生。一般病株5%左右，轻度影响生产，严重地块发病率可达10%以上，明显影响产量和品质。

　　[症状] 此病主要为害茎基部和叶柄，亦可侵染球茎。病部初呈水渍状不规则软化，在病部表面产生浓密絮状白霉，以后迅速向四周扩展蔓延，短时期内致植株腐烂倒折，最后在病组织表面形成鼠粪状菌核。

　　[病原] *Sclerotinia sclerotiorum* （Lib.）de Bary 属子囊菌核盘菌真菌。详见青花菜菌核病。

　　发病规律、防治方法参见青花菜菌核病。

芋 青 霉 病
Taro Penicillium rot

芋青霉病病球茎

　　青霉病为芋的普通病害，分布较广，发生较普遍，主要在贮运期发病，在一定程度上影响品质，严重时可造成球茎大量腐烂。

　　[症状] 此病主要为害球茎，多在病部形成大小不等、不定形的凹陷斑，初为水渍状，以后在病斑中央产生白色至蓝灰色霉层，即病菌的分生孢子梗和分生孢子。随病害发展病部软化腐烂，终致球茎全部腐败变褐。

　　[病原] *Penicillium* sp.属半知菌青霉菌真菌。参见豆薯青霉软腐病。

　　发病规律、防治方法参见豆薯青霉软腐病。

芋 软 腐 病
Taro bacterial soft rot

　　软腐病为芋的常见病，分布较广，发生较普遍，常在夏季发病，通常病株零星，造成轻度产量损失，重病地块发病率可达10%以上，明显影响生产。

　　[症状] 此病主要为害球茎和叶柄基部。球茎染病，呈不规则软化腐烂，发展迅速，短期内致全株萎蔫死亡或倒伏，病部散发恶臭气味。叶柄基部染病，初呈水渍状不规则暗绿色坏死，病部边缘不明显，逐步扩展使叶柄内部组织变褐腐烂，

或叶片黄化坏死倒折，亦散发出臭味。

[病原] *Erwinia carotovora* subsp. *carotovora*（Jones）Bergey et al. 属胡萝卜软腐欧氏杆菌胡萝卜软腐病亚种细菌。详见青花菜软腐病。

[发病规律] 病菌在种芋内或随其他寄主病残体越冬，条件适宜时从伤口侵入，在田间辗转为害。寄主生长期多雨、地下害虫等造成叶柄基部或球茎伤口多、田间长时间积水发病较重。

[防治方法]

1.选择地势高燥，能排能灌的地块种植，生长期避免积水。

2.施用充分腐熟的有机肥，做好地下害虫防治工作。

3.发病初期及时挖除病株后喷洒药液防治，可选用47%加瑞农可湿性粉剂500倍液，或77%可杀得可湿性粉剂500倍液，或77%丰护安可湿性粉剂500倍液，或新植霉素5 000倍液，施药液1 125～1 500L/ hm²。

芋软腐病病茎

芋软腐病病球茎

6. 山药病害　Diseases of yam

山药炭疽病
Yam anthracnose

炭疽病是山药的主要病害，分布广泛，发生普遍，一般病株率20%～30%，常致叶片枯死，造成减产。

[症状] 此病主要为害叶片和茎蔓。叶片受害初形成暗绿色水渍状小斑点，以后逐渐变成褐色至暗褐色略凹陷圆形至椭圆形或不规则形病斑，最后病斑中部变成灰白至灰褐色，有时亦产生较明显的轮纹。湿度高时病斑表面出现红

山药炭疽病病叶

褐色小液点或黑色小点，即病菌的分生孢子盘。多个病斑相互连接成不规则大斑，病部易破裂穿孔，病叶易脱落。蔓茎染病，多为基部受害，初出现褐色水渍状斑，后变成深褐色凹陷斑，造成茎枯和落叶。

[病原] *Colletotrichum pestis* Massee.属半知菌刺盘孢真菌。病菌分生孢子聚集成孢子盘，分生孢子梗无色，单胞，顶端钝圆或稍尖，大小为4.7～4.9μm×2.5～4.8μm，有的可长达20μm，后期分生孢子盘长出刚毛，浅褐色，顶端色淡，偶有分隔，大小为16.3～51.6μm×3～6μm。分生孢子无色单胞，椭圆形至圆筒形，两端钝圆，具有一透明油球，大小为12～19μm×4～6μm。

[发病规律] 病菌以菌丝体和分生孢子盘附着在病苗上，或随病残体遗落在土壤中越冬。翌年5～6月分生孢子借风雨传播，进行初侵染，通过雨水或昆虫传播，在田间扩展蔓延直到山药收获。温度25～30℃，相对湿度达80%以上时发病严重。生长期温暖多雨、空气潮湿，此病发生严重。施用过多氮肥会加重病情。

[防治方法]

1. 山药收获后及时清洁田园，彻底清除病株残叶集中烧毁或沤肥。

2. 移栽前种苗用25%施保克可湿性粉剂600倍液，或25%炭特灵可湿性粉剂500倍液浸种10～15min，或喷洒灭菌处理，减少种苗带菌。

3. 发病初期施药保护，可选用70%甲基托布津可湿性粉剂600倍液，或25%炭特灵可湿性粉剂600倍液，或25%施保克可湿性粉剂1 000倍液，或40%多硫悬浮剂400倍液，或25%敌力脱乳油1 000倍液，或40%百科乳油1500倍液，或6%乐必耕可湿性粉剂1 500倍液喷雾，根据病情10～15天防治1次，连续防治2～3次。

山药根腐病
Yam Fusarium root rot

根腐病为山药的主要病害，分布广泛，发生普遍，一般零星发病，对生产无明显影响。严重时发病率可达40%以上，造成山药成片死亡，显著影响产量与质量。

[症状] 此病主要为害地下块茎。块茎受害首先出现水渍状小斑点，或黄褐色坏死，逐渐发展成黄褐至锈褐色大斑，同时致内部组织腐烂，终致地下块茎全部腐烂。土壤潮湿，病害发展迅速。有时病部表面产生白色至粉红色霉状物，即病菌的分生孢子丛。染病植株多叶色不正，叶脉附近褪绿或叶缘坏死，最后全株萎蔫死亡。带菌块茎在贮藏期温湿度高时极易腐烂。

[病原] *Fusarium* sp.属半知菌镰孢霉真菌。病菌大型分生孢子镰刀形，无色，多胞，有隔膜。有时还产生长椭圆形至梭形小型分生孢子，无色，多单细胞，少数具一隔膜。

[发病规律] 病菌以分生孢子或菌丝体在土壤中或随病残组织越冬。病土或带菌的肥料为病害的初侵染源。高温多雨利于发病。生长期一旦条件适宜即引起发病。天气时晴时雨，土壤积水、黏重，或地下害虫活动频繁的地块发病严重。

[防治方法]

1. 选择易于排水的轻壤土地块种植。收获后深翻土壤，晒土晾地，清除染病块茎及残体，减少田间菌源。

2. 施用充分腐熟的有机肥，搞好地下害虫防治。生长期及时疏沟排水，降低土壤湿度，同时注意防止土壤板结。

3. 重病地块，用45～75kg/hm² 70%土菌消可湿性粉剂，或50%多菌灵可湿性粉剂，或50%福美双可湿性粉剂拌细土450～750kg，均匀撒施于种植沟内，进行土壤消毒灭菌。

4. 发病初期选用10%双效灵水剂1 500倍液，或50%多菌灵可湿性粉剂500倍液，或40%复方硫菌灵可湿性粉剂400倍液，或45%特克多悬浮剂1 000倍液，或65%多果定可湿性粉剂1 000倍液，或98%恶霉灵可湿性粉剂2 000倍液浇根，7～10天1次，视病情连续浇灌1～3次。

山药根腐病田间为害状

山药根腐病病株

山药褐斑病
Yam Cercospora leafspot

褐斑病为山药的常见病，主产区发生普遍，一般病株率30%～40%，严重时可达80%以上，明显影响山药生产。

[症状] 此病主要为害植株叶片，中下部叶首先发病。发病初期叶片边缘或中央出现褪绿病斑，逐渐变成浅褐色坏死斑，随病情发展病斑扩大呈不规则形，灰褐色，边缘紫褐色，有时受叶脉限制呈多角形，后期在病斑两面产生灰白色霉状物，即病菌的子实体。多个病斑相互连接呈较大坏死斑，致叶片提早衰老枯死。空气干燥，病斑易破裂穿孔。

[病原] *Cercospora dioscorea* Ell.et Mart.属半知菌山药大褐斑尾孢霉真菌。病菌子实层叶两面生，非扩展形，子座小，淡褐色。分生孢子梗7～20根束生，淡榄褐色，有时分枝，屈曲0～10处，隔膜0～2个，顶端圆，孢子痕小型，大小为55～405μm×3.5～5μm。分生孢子鞭状或倒棍棒形，直或微弯，淡榄褐色，隔膜不明显，3～16个，基部短圆锥形，顶端钝圆，57.5～180μm×2.5～5.5μm（图8-14）。

[发病规律] 病菌主要以菌丝块随病残体越冬，也可随种苗传播。翌年温度适宜时病部产生大量分生孢子随气流或雨水传播形成初侵

染和再侵染。平均气温达18℃以上，相对湿度90%以上时，最适宜分生孢子萌发。温暖多雨有利于发病，一般重茬种植、管理粗放、植株缺肥或氮肥过多容易发病。

[防治方法]

1. 注意田园清洁，收获后认真清除病残落叶，妥善处理。重病地块与其他作物轮作。

2. 加强栽培管理，增施有机肥和磷、钾肥，增强植株抗病能力。

3. 发病初期喷药防治，可选用50%敌菌灵可湿性粉剂500倍液，或70%甲基托布津可湿性粉剂600倍液，或70%代森锰锌可湿性粉剂600倍液，或6%乐必耕可湿性粉剂1 500倍液，或50%扑海因可湿性粉剂1 500倍液，或40%多硫悬浮剂500倍液喷雾，10～15天防治1次，视病情防治1～3次。

山药褐斑病后期受害状

山药褐斑病叶面病斑

山药褐斑病叶背病斑

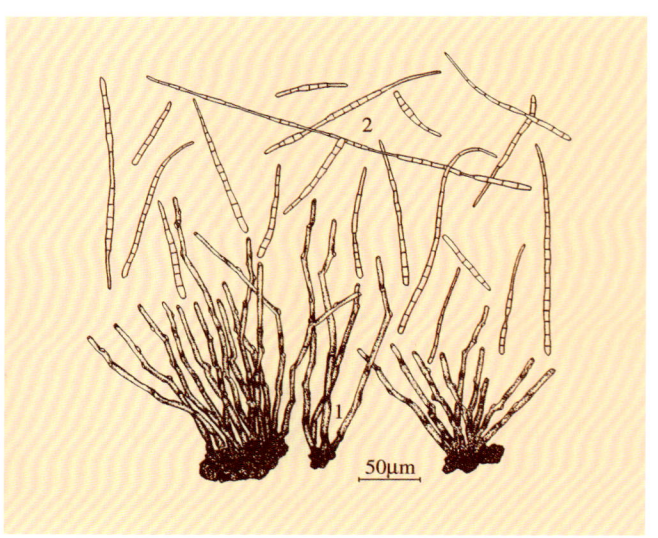

图8-14 山药褐斑病菌
1. 分生孢子梗 2. 分生孢子

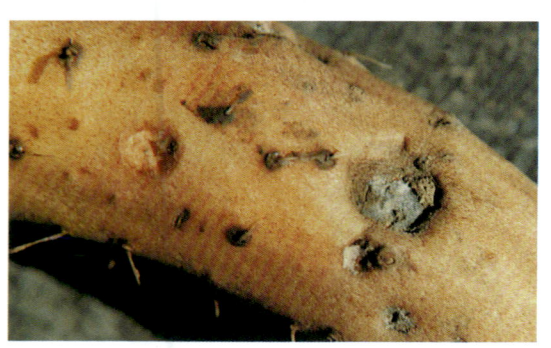

山药青霉软腐病前期病根

山药青霉软腐病
Yam Penicillium rot

青霉软腐病为山药贮藏期病害，生长期很少发生，常造成一定程度的经济损失，严重时造成贮藏山药大批腐烂，损失严重。

[症状] 此病主要为害块茎。初期多在块茎截口面或块茎表面产生大小不等的白色絮状菌丝团，随病害发展病部逐渐变成浅蓝色霉层或霉团，病部逐渐软化腐烂，最后干缩，终致块茎全部毁坏，不能食用。

[病原] *Penicillium chrysogenum* Thom属半知菌青霉菌真菌。详

见豆薯青霉软腐病。

[发病规律] 病菌广泛存在于土壤及贮藏场所环境中。条件适宜即引起发病，可通过气流、贮藏管理及运输等多途径传播。贮存期

温度偏高、空气潮湿有利于发病。块茎表面各种伤口多，发病较重。

防治方法参见豆薯青霉软腐病。

山药青霉软腐病贮藏期病根

山药青霉软腐病病根

山药疮痂病
Yam Streptomyces scab

疮痂病是山药的普通病害，零星分布，发生较轻，一般发病率5%以下，少数重病地块病株达10%～30%，在一定程度上影响产量与品质，还可为害多种其他根菜。

[症状] 此病主要为害地下块茎，染病块茎初期表面产生许多褐色小点，扩大后形成褐色不规则形斑，进一步发展使表层细胞木栓化坏死，形成大小不等的瘤状突起，或疮痂状破裂。发病块茎表层僵硬，后期部分病组织成片碎落。

[病原] *Streptomyces scabies*（Thaxt.）Waks. et Henrici 属放线菌疮痂链霉菌。菌原体丝状，有分枝，尖端常呈螺旋状，极细，连续分割形成大量粉孢子。孢子圆筒形，大小为1.2～1.5μm×0.8～1.0μm。

[发病规律] 病菌主要在土壤中营腐生生长，长时间存活，也可随病茎越冬。病土、病茎和带菌的肥料是引起发病的主要来源。夏、秋季温度适宜时，病菌以菌丝体和孢子从块茎的气孔、皮孔或伤口侵入，当块茎表层木栓化以后病菌则很少侵染。新长出的块茎或老块茎端部易染病。高温干旱适宜发病，地温23～25℃最适合发病，10℃以下或30℃以上发病很少。沙土地、中性或偏碱性土壤，或土

壤干燥等发病较重。

[防治方法]

1. 选用无病块茎种植，严格检疫，禁止从病区引种和施用带菌堆肥。

2. 种植前用40%福尔马林150倍液浸种5～10min，晾干后下种。

3. 重病地块实行与非根菜类作物2～3年轮作。增施充分腐熟的有机肥或绿肥，减少发病。

4. 选择保水性能较好的壤土种植，块茎发育期适时浇水和防治地下害虫，避免土壤高温干燥和造成块茎伤口。

山药疮痂病病根

7. 魔芋病害　Diseases of elephant-foot yam

魔芋炭疽病
Elephant-foot yam anthracnose

炭疽病为魔芋的主要病害，分布广泛，魔芋种植地区都有发生，春、夏、秋季都发病。通常病株率20%左右，在一定程度上影响魔

芋生产。重病地块发病率可达60%以上，使植株提早黄化死亡，显著影响产量和品质。

[症状] 此病主要侵害叶片，初期在叶片上出现褐色小点，以后扩大为圆形至不定形红褐色坏死斑，中央灰褐色至淡黄褐色，边缘紫褐色，后期病斑上产生黑色小粒点，即病菌的分生孢子盘。严重时叶

魔芋炭疽病病叶

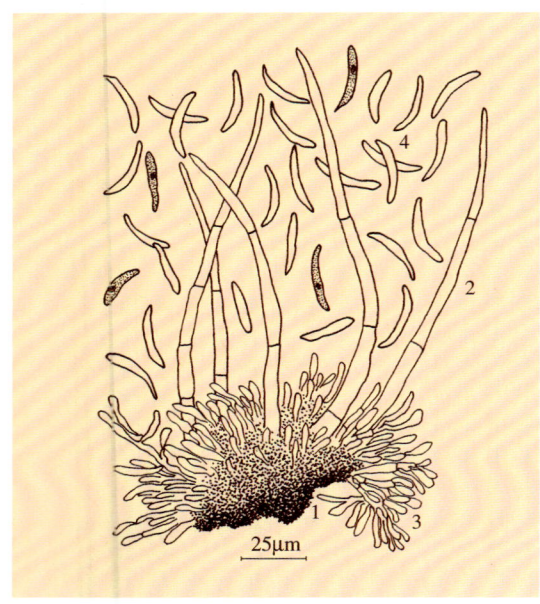

图 8-15 魔芋炭疽病菌
1. 分生孢子盘 2. 刚毛 3. 分生孢子梗 4. 分生孢子

片上病斑密布，相互连接成坏死大斑，短期内致叶片黄化坏死。

[病原] *Colletotrichum* sp. 属半知菌刺盘孢真菌。病菌分生孢子盘先埋生，以后暴露，暗褐色。刚毛散生，刺状，暗褐色，直或弯曲，具 2～4 个隔膜，大小为 75～170μm × 5～8μm。分生孢子梗较短，单细胞。分生孢子新月形，单胞，无色，大小为 18.5～27.5μm × 2.5～4.5μm（图 8-15）。

[发病规律] 病菌以菌丝体和分生孢子盘在病株上或随病残体遗落在土中越冬。条件适宜时产生分生孢子，借雨水溅射传播，进行初侵染引致发病，以后病部不断产生分生孢子进行重复再侵染，使病害扩展蔓延。温暖潮湿有利于发病。通常种植地低洼积水、过度密植、田间高湿、植株生长过旺，病害发生较重。

魔芋炭疽病病株

[防治方法]

1. 选择高燥的地块采用深沟高厢或高垄种植。

2. 增施有机底肥，合理密植，避免偏施氮肥，及时防治各种害虫和加强田间管理，增强植株抗性。

3. 收获后及时彻底清除病残植株，妥善处理，减少田间菌源。

4. 发病初期开始进行药剂防治。参见山药炭疽病。

魔芋软腐病病球茎

魔芋软腐病
Elephant-foot yam bacterial soft rot

软腐病为魔芋的主要病害，分布广泛，发生普遍，南方种植地区常年发生。通常病株零星，轻度影响生产，严重时发病率可达 10% 以上，显著影响生产。

[症状] 此病主要为害叶片、叶柄和球茎。出苗期染病，芋尖弯曲，叶柄或种芋腐烂。苗期染病，初生暗绿色水渍状小斑，扩大后组织腐烂。病菌沿维管束侵染叶柄，叶柄表面出现水渍状条斑，有汁液流出，或致叶柄基部溃烂脱落。球茎染病，半边或整株发黄，叶片萎蔫，球茎表面出现水渍状暗褐色病斑，向内部扩展致球茎呈灰色至灰褐色黏稠状腐烂，散发出恶臭气味。植株基部染病，呈软腐状倒伏，后期叶片呈黄褐色干枯。

[病原] *Erwinia carotovora* subsp. *carotovora* （Jones）Bersey et al.属胡萝卜软腐欧氏杆菌胡萝卜软腐病亚种细菌。参见青花菜软腐病。

[发病规律] 病菌随病残体在土壤或球茎中越冬，贮藏期种芋可继续发病并进一步发展蔓延，病菌从伤口或气孔侵入，在田间通过昆虫、接触或浇水传播蔓延，进行重复再侵染。病菌生长温度4～38℃，最适温度为25～30℃，高温、高湿条件下易流行。魔芋生长期多雨、田间高湿，或地势低洼、排水不良，或害虫发生严重、偏施氮肥及管理不当形成伤口较多，均有利于病害的发生与发展。

[防治方法]

1. 室外覆土盖膜无病贮藏种芋，发现病芋随时挑除，防止传染。

2. 选择地势高燥、排灌方便的地块，采用高垄深沟小块种植。

3. 选种晒种，无病种植。种芋可用47%加瑞农可湿性粉剂400倍液浸30～60min后晾干下种。

4. 生长期加强管理，及时防治害虫，雨后防止田间积水。发现病株立即挖除，病穴喷洒药液灭菌，避免大水漫灌。必要时选用药液浇根防治。参见芋软腐病。

魔芋软腐病病株

8. 菊芋（洋姜、鬼子姜）病害 Diseases of jerusalem artichoke

菊芋褐斑病
Jerusalem artichoke Cercospora leafspot

褐斑病为菊芋的常见病，分布较广，发生较普遍，春、秋季都可发病，主要在秋季发生，一般病株率30%～50%，严重时病株100%，中下部叶片因病坏死干枯，影响菊芋正常生长。

[症状] 此病多在菊芋生长中后期发生，主要为害叶片。初期在叶片上出现近圆形至不规则形浅褐色小斑，边缘多不明显，以后逐渐形成多角形至不规则形灰褐至红褐色坏死斑，空气潮湿时病斑正背面产生灰褐色霉状物，即病菌的分生孢子梗和分生孢子，发病后期多个病斑相互连接成片，使叶片早衰枯黄死亡。

[病原] *Cercospora helianthicola* Chupp et Viegs.属半知菌尾孢霉真菌。病菌子实体叶两面生，无子座或由少数几个褐色细胞组成。分生孢子梗2～10根束生，褐色，顶端色淡而渐狭，一般不分枝，正直或1～3个膝状节，顶端近截形，孢痕显著，具1个至多个隔膜，

长短差异较大，大小为94.5～428.5μm×4.5～6.3μm。分生孢子鞭形，无色透明，正直至弯曲，基部近截形至截形，顶端略尖，隔膜多，不明显，大小

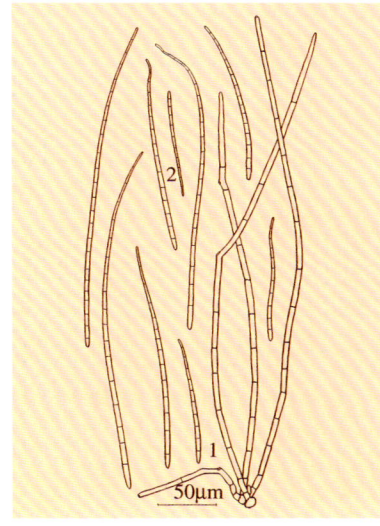

图8-16 菊芋褐斑病菌
1. 分生孢子梗 2. 分生孢子

菊芋褐斑病叶面病斑

菊芋褐斑病叶背病斑

为85.5～289.5μm×2.5～5μm（图8-16）。

[发病规律] 病菌以菌丝体在病残体上越冬。翌春天气暖和湿度合适时，分生孢子借气流传播引起侵染。发病后可产生大量分生孢子，借气流、雨水扩散蔓延，反复侵染。温暖多雨利于发病。

防治方法参见山药褐斑病。

菊芋斑枯病
Jerusalem artichoke Septoria leafspot

斑枯病为菊芋的普通病害，在部分地区发生分布，以秋季发病较重，病株可达60%～90%，染病叶片常早衰而提前枯死，在一定程度上影响产量。

[症状] 此病多在菊芋生长中后期发生，主要侵害叶片。初期在叶片上出现褪绿小斑点，以后变成褐色坏死斑，圆形至不规则形，边缘多不整齐，空气潮湿略呈水渍状，随病害发展病斑上长出许多黑色小粒点，即病菌的分生孢子器。发病后期，病斑相互连接成大斑，终致叶片枯死。

[病原] *Septoria helianthi* Ell. et Kell.属半知菌向日葵褐斑菌真菌。病菌分生孢子器多生于叶面，突出表皮，球形至亚球形，暗褐色，大小为79.5～168.4μm×45.8～141.5μm。分生孢子丝状，无色透明，略弯，基部稍钝，顶端略尖，3～5个隔膜，大小为42～73μm×2.5～3.5μm（图8-17）。

[发病规律] 病菌以分生孢子器随病残体遗落在土壤中越冬，翌年分生孢子萌发形成初侵染，发病后产生分生孢子借风雨传播使病害扩展蔓延。秋季多雨、田间缺肥有利于发病。

[防治方法]

1. 收获后彻底清除病株残体，集中处理，减少田间菌源。

2. 增施有机肥，中后期适当追肥，避免后期脱肥，提高植株抗病力。

3. 发病初期进行药剂防治，参见蕉芋叶斑病。

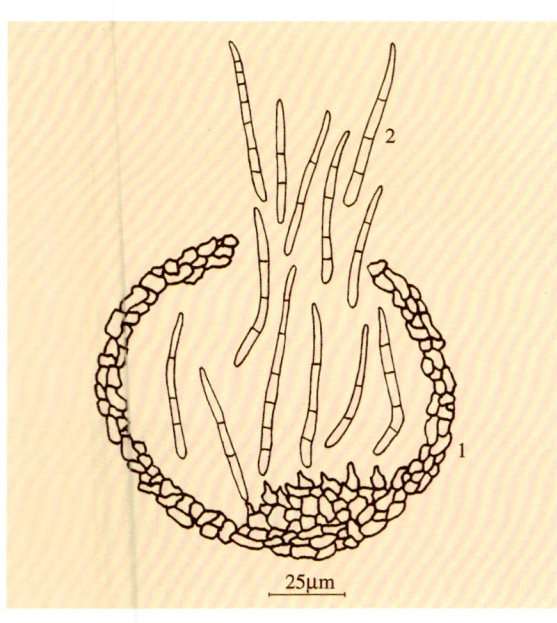

图8-17 菊芋斑枯病菌
1.分生孢子器 2.分生孢子

菊芋斑枯病叶背病斑

菊芋白粉病
Jerusalem artichoke powdery mildew

白粉病为菊芋的常见病，全国各地均有分布，主要在春、秋季发生。一般病株率30%～60%，对产量影响不明显，严重时病株率100%，植株叶片由下向上早衰枯死，明显影响产量。

[症状] 此病主要为害叶片，在叶片上形成大小不等的白色粉斑，以后相互连接成片，颜色由白转灰，病部叶肉组织随病情发展黄化坏死，最后在病部形成黑色小粒点，即病菌的子囊壳。

[病原] *Sphaerotheca fuliginea*（Schl.）Poll.属子囊菌单囊白粉菌。病菌闭囊壳直径70～119μm，壳壁细胞特大，直径12～31μm。附属丝5～10根，菌丝状，褐色，有隔膜。子囊短椭圆至拟球形，48～96μm×51～75μm。子囊孢子8个，无色透明，椭圆形，大小为14～27μm×11～19μm。

[发病规律] 病菌以闭囊壳在病残体上越冬。翌春由子囊孢子引起初侵染，发病后病斑上产生分生孢子借风雨传播，不断形成再侵染。天气干旱，病情严重。

防治方法参见牛蒡白粉病。

菊芋白粉病前期病株　　　　　　　　　菊芋白粉病后期病株

9. 蕉芋病害　Diseases of edible canna

蕉芋病毒病
Edible canna virus disease

　　病毒病为蕉芋的重要病害，分布较广，通常病株零星，轻度影响蕉芋生产，重病地块病株可达 10%，明显影响产量和品质。

　　[症状] 此病在蕉芋全生育期都可发生，以幼嫩期较常见。病株矮化、叶片松散，病叶沿主脉两侧褪绿黄化，形成黄绿相间的花叶，最后卷曲坏死。

　　[病原] 一种病毒所致，毒原不详。

　　[发病规律] 病毒可通过种芋越冬，播种带毒种芋引致发病。管理粗放、缺少水肥发病较重。

蕉芋病毒病病株

　　[防治方法] 一般不进行专门防治，必要时参见芋病毒病。

蕉芋叶斑病
Edible canna Hendersonia leafspot

　　叶斑病为蕉芋（蕉藕）的常见病，分布较广，一般零星发生，对蕉芋生产无明显影响，严重时病株率达 60% 以上，在一定程度上影响生产。

　　[症状] 此病主要为害叶片，偶尔为害叶柄。发病初在叶片上形成黄褐色圆形至椭圆形小病斑，边缘颜色较浅。以后发展成大小不等的近椭圆形斑，边缘清晰，黄褐色。后期在病斑表面产生深褐色颗粒状物，即病菌的分生孢子器。多个病斑互相连接，致叶片枯死。

　　[病原] *Hendersonia* sp.属半知菌壳色多隔孢真菌。分生孢子器散生于寄主表皮下，以后暴露，球形至扁球形，有孔口，器壁亚炭质，暗褐色至深褐色，直径 97.5～125μm。分生孢子长梭形，有时

蕉芋叶斑病病斑

稍弯，有 0～4 个隔膜，多数 3 个隔膜，分隔处缢缩明显，暗褐色，大小为 13.5～32.5μm × 2.5～3.5μm（图 8-18）。

　　[发病规律] 病菌以菌丝体或分生孢子器随

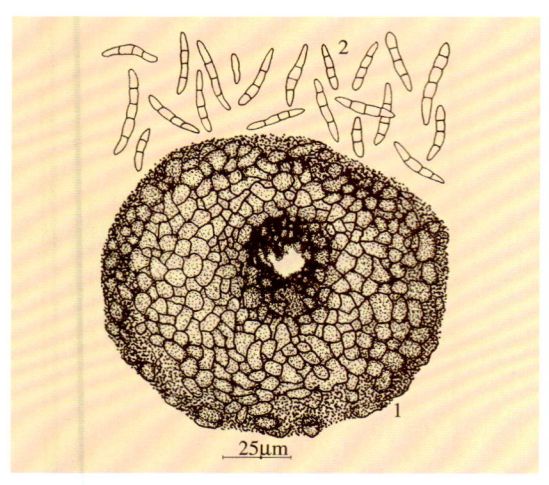

图 8-18 蕉芋叶斑病菌
1. 分生孢子器 2. 分生孢子

病叶遗落在土壤表层，或随病组织越冬或越夏，成为引起发病的初侵染源。生长期产生分生孢子，借风雨传播扩大为害。温暖多雨、空气潮湿利于发病。土壤贫瘠、植株生长衰弱发病较重。我国南方春、秋雨季后发生较普遍。

[防治方法]

1. 冬季彻底清除病残组织及枯枝落叶，集中妥善处理。深翻土地，减少越冬病菌。

2. 加强管理，增施有机底肥，注意土壤培肥，中后期适时追肥，增强植株抗性。

3. 发病后或雨季前进行药剂防治，可选用 45% 特克多悬浮剂 1 000 倍液，或 70% 甲基托布津可湿性粉剂 600 倍液，或 50% 扑海因可湿性粉剂 1 500 倍液，或 40% 多硫胶悬剂 500 倍液，或 50% 大富丹可湿性粉剂 1 000 倍液，或 65% 多果定可湿性粉剂 1 000 倍液喷雾，10～15 天防治 1 次，视病情防治 1～3 次。

蕉芋褐斑病
Edible canna Cercospora leafspot

褐斑病为蕉芋的常见病，分布广泛，多零星发病，对蕉芋生产无明显影响，条件适宜时发病亦较普遍，可致使枝叶枯死而影响生产。

[症状] 此病主要为害叶片。侵染叶片初在叶面产生浅灰褐色坏死斑，边缘红褐色，外缘常具黄绿色晕环。以后发展成大小不等的黄褐至灰褐色不规则形斑，边缘颜色较深，多带有浅黄色晕环。空气潮湿，病斑正背面均产生灰褐色霉状物。空气干燥，病斑破裂穿孔。多个病斑汇合使叶片早衰枯死。

[病原] *Cercospora* sp. 属半知菌尾孢霉真菌。病菌子实体叶两面生，以叶面为多，无子座，分生孢子梗束生，呈放射状，暗褐色，顶端较狭，近截形，色淡，偶有分枝，正直或有屈曲，1～3 个膝状节和 2～5 个隔膜，孢痕明显，大小为 35～125μm × 3～4.5μm。分生孢子鞭状，无色透明，略弯，基部钝圆，顶端尖细，隔膜多而不明显，大小为 55～187.5μm × 3～4μm。

[发病规律] 病菌以菌丝体在病残体上越冬。翌年条件适宜时分生孢子随气流传播引起侵染。生长期病斑上产生分生孢子借风雨传播引起多次再侵染。温暖潮湿天气有利于发病。缺肥或氮肥过多亦有利于发病。南方 4～9 月均有发生。

[防治方法]

1. 清除病残组织，减少越冬菌源。

2. 施足底肥，增施磷、钾肥，注意适时浇水和追肥，增强植株抗病力。

3. 发病初喷洒 70% 甲基托布津可湿性粉剂 600 倍液，或 50% 敌菌灵可湿性粉剂 500 倍液，或 70% 代森锰锌可湿性粉剂 600 倍液，或 6% 乐必耕可湿性粉剂 1500 倍液，或 40% 百科乳油 1000 倍液，或 45% 特克多悬浮剂 1500 倍液，或 50% 多菌灵超微可湿性粉剂 500 倍液，或 50% 扑海因 1500 倍液，10～15 天防治 1 次，连续防治 2～4 次。

蕉芋褐斑病前期病斑

蕉芋褐斑病后期病斑

10. 巴蕉芋病害 Diseases of bajiao taro

巴蕉芋叶斑病
Bajiao taro Phyllosticta leafspot

叶斑病为巴蕉芋的普通病害，在南方地区发生分布，通常病情较轻，对生产影响不明显，严重时可使叶片和叶柄坏死干枯，在一定程度上影响生产。

[症状] 此病多从叶片边缘开始侵染，初为浅褐色不规则坏死斑，逐渐发展成大型V字形灰褐至灰白色斑，不规则，有不明显轮纹，边缘颜色较深，后期病斑上产生稀疏黑色小点，即病菌的分生孢子器。条件适宜时叶片很块坏死，终致茎秆枯死。

[病原] *Phyllosticta* sp.属半知菌叶点菌真菌。病菌分生孢子器近球形，初埋生于寄主组织中，以后部分外露，壁薄。分生孢子椭圆至长椭圆形，单细胞，无色。

[发病规律] 病菌以分生孢子器随病残组织越冬。条件适宜时产生分生孢子形成初侵染，发病后再产生分生孢子借风雨传播形成再侵染。多雨、潮湿有利于发病。

[防治方法]
1. 冬季彻底清除病残组织及枯枝败叶，集中妥善处理。
2. 生长期喷药防治，叶柄和主茎可涂抹较喷雾更浓的药液。参见蕉芋叶斑病。

巴蕉芋叶斑病病株

九、葱蒜类及芳香族蔬菜病害
Diseases of Bulb and Aroma Vegetables

1. 韭葱病害　Diseases of leek

叶枯病为韭葱的常见病，分布广泛，发生普遍。春、秋季都可发病，发生轻时对生产无明显影响，重时造成大量叶片枯死，明显影响产量和品质。

[症状] 此病主要为害叶片和花梗。叶片染病多从叶尖或积水处开始侵染，初形成白色近椭圆形小点，以后发展成长条形或不规则形灰白色坏死斑，其上产生黑色霉状物，即病菌的分生孢子梗和分生孢子，严重时病叶枯死。花梗染病，初期也形成近椭圆形白色凹陷小点，以后发展成坏死枯斑，其上产生黑色霉层，易从病部折断。有时可在病部产生许多黑色小粒点，即病菌的子囊壳。

[病原] *Stemphylium botryosum* Wallr.属半知菌匍柄霉真菌。病菌分生孢子梗丛生，由气孔伸出，褐色，稍弯曲，具4～7个隔膜，大小为30～110μm×3～6μm。分生孢子单生，暗黄色至灰色，卵形至广椭圆形，具横隔膜3～8个，纵隔膜1～3个，分隔处略缢缩，大小为22～40μm×18～22μm，表面密生细微点刻。有性时期 *Pleospora herbarum*（Pers.et Fr.）Rab.属子囊菌

韭葱叶枯病前期病斑　　　　　　　　　　韭葱叶枯病中期病斑

韭葱叶枯病中后期病斑

韭葱叶枯病后期病株

葱叶枯菌真菌。子囊壳散生，扁球形至球形，具孔口，直径180～250μm。子囊长椭圆形至棍棒状，20～30个，无色，内含8个子囊孢子。子囊孢子黄褐色，纺锤形至椭圆形，具横隔膜3～7个，纵隔膜0～7个，大小为25～45μm×10～15μm。

[发病规律] 病菌主要以菌丝体或子囊壳随病残体在土中越冬。翌年以子囊孢子引起初侵染，发病后病部产生分生孢子进行再侵染。管理粗放、植株缺肥、生长衰弱发病较重。

[防治方法]

1. 收获后及时彻底清理病残组织，集中妥善处理。

2. 增施有机肥料，加强田间管理，雨后及时排水，避免植株早衰，增强植株抗病力。

3. 发病初期进行药剂防治，可选用50%扑海因可湿性粉剂1 500倍液，或50%敌菌灵可湿性粉剂400倍液，或65%多果定可湿性粉剂1 000倍液，或50%农利灵可湿性粉剂1 500倍液，或80%大生可湿性粉剂800倍液喷雾，根据病情防治1～2次。

韭葱炭疽病
Leek anthracnose

炭疽病为韭葱的重要病害，分布较广，发生较普遍。通常发生很轻，对生产无明显影响，仅个别地块或种植期雨水较多时病害发生严重，100%植株染病，部分叶片因病枯死，明显影响产量和品质。

[症状] 此病主要侵害叶片和叶鞘，初期在叶片或叶鞘表面出现白色小点，以后发展成近椭圆形至长梭形或不规则形白色坏死枯斑，病健交界明显，最后在病斑表面产生黑色小点，即分生孢子盘。病害严重时叶片上病斑密布，相互连接成片，短时期内即致叶片枯死。

[病原] *Colletotrichum circinans*（Berk.）Vog.属半知菌刺盘孢真菌。病菌分生孢子盘浅盘状，刚毛混生，有隔膜，长60～205μm。分生孢子梗圆筒形，大小为9.5～18.5μm×2～4μm。分生孢子新月形，大小为14.5～23.5μm×2～3.5μm（图9-1）。

发病规律、防治方法参见洋葱炭疽病。

韭葱炭疽病前期病株

韭葱炭疽病后期病叶

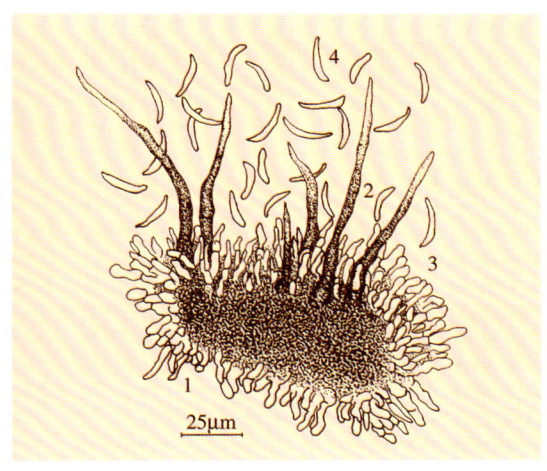
图9-1 韭葱炭疽病菌
1.分生孢子盘 2.刚毛 3.分生孢子梗 4.分生孢子

韭葱紫斑病
Leek Alternaria leafspot

紫斑病为韭葱的普通病害，分布较广，发生较普遍。通常病情较轻，对生产无明显影响。仅个别地块或多雨年份发病较重，在一定程度上影响产品质量。

[症状] 此病多在生育中后期发生，可为害叶片和花梗。初期在叶尖或花梗上出现近椭圆形至梭形白色小病斑，略凹陷，以后逐渐

韭葱紫斑病前期病斑

韭葱紫斑病中后期病斑

扩大成黄褐色至灰褐色纺锤形或椭圆形病斑，边缘常具有黄色晕环。空气潮湿时病斑上产生轮纹状紫红色或紫褐色霉层，即病菌的分生孢子梗和分生孢子。

[病原] *Alternaria porri*（Ell.）Ciferri 属半知菌香葱链格孢真菌。病菌分生孢子梗淡褐色，单生或 5～10 根束生，具 2～4 个隔膜，不分枝或偶有分枝，其上着生一个分生孢子，大小为 28.5～86.5μm×5.5～8.6μm。分生孢子长棍棒状，褐色，具横隔膜 2～12 个，纵隔膜 0～4 个，大小

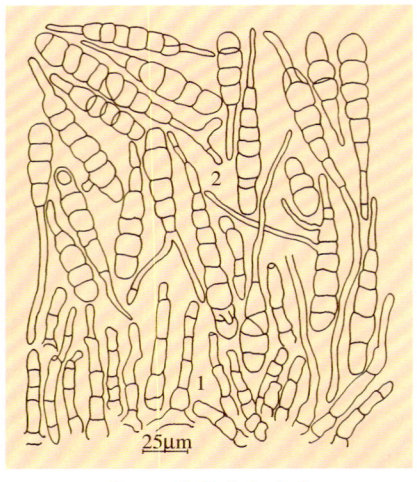

图 9-2 韭葱紫斑病菌
1. 分生孢子梗　2. 分生孢子

为 29～112μm×8.5～23.5μm。喙胞较长，有时分枝，具 0～4 个隔膜，大小为 15～125μm × 2～5μm（图 9-2）。

[发病规律] 病菌以菌丝体在寄主体内或随病残体越冬。条件适宜时产生分生孢子，借气流或雨水传播，经气孔、伤口或从表皮直接侵入。南方温暖地区，病菌以分生孢子在葱、蒜类蔬菜上辗转为害，无越冬期。温暖潮湿有利于发病。发病适宜温度 25～27℃，孢子萌发和侵入需要饱和湿度。通常砂壤土、田间管理差、缺水或缺肥，或葱蓟马为害严重，此病发生严重。

[防治方法]
1. 施足底肥，增施有机肥，加强田间管理，增强寄主抗病力。
2. 重病地块实行 2 年以上与非葱、蒜类蔬菜轮作。
3. 发病初期喷药防治。参见韭葱叶枯病。

韭葱灰霉病
Leek gray mold

灰霉病为韭葱的重要病害，分布较广，但发生不普遍，仅在南方露地和北方保护地部分地块内发生。一经发病，病情较重，显著影响韭葱产量与品质，有的完全丧失食用价值。

[症状] 此病主要为害叶片顶部，多由叶尖侵染，并迅速向下发展使叶尖坏死。空气潮湿病部腐烂，表面产生灰色霉层，即病菌的分生孢子梗和分生孢子。空气干燥多造成植株干尖。

[病原] *Botrytis squamosa* Walker 属半知菌葱鳞葡萄孢真菌。病菌分生孢子梗自寄主叶内伸出，密集或丛生，直立，淡灰色至暗褐色，具 0～7 个分隔，梗长 195～1 185μm × 8～16μm，基部稍膨大，分枝处正常或缢缩，分枝末端呈头状膨大，其上着生短而透明的小梗及分生孢子，孢子脱落后侧枝干缩，形成波状皱褶，最后多从基部分隔处折倒或脱落，主枝上留下清楚的疤痕。分生孢子卵圆至梨形，光滑，透明，浅灰至灰褐色，大小

韭葱灰霉病中后期病叶

韭葱灰霉病田间为害状

为 8.5～16.8μm × 11.5～26.5μm（图 9-3）。

[发病规律] 病菌以菌丝、分生孢子或菌核越冬和度夏。随气流、雨水、浇水传播，低温高湿有利于发病。

[防治方法]

1. 收获后及时清除病残体，减少田间病菌，防止病菌蔓延。

2. 保护地内注意通风降湿。

3. 发病初期施药防治。参见结球莴苣灰霉病。保护地选用 6.5% 甲霉灵粉尘剂 15kg/ hm² 喷粉防治较适宜。

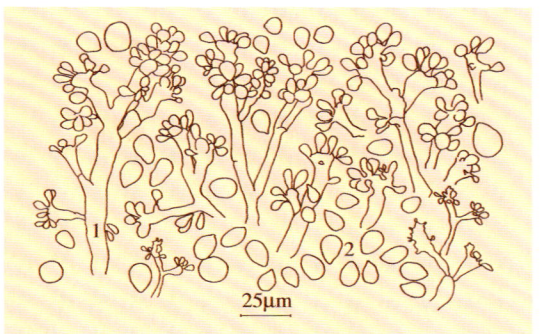

图 9-3 韭葱灰霉病菌
1. 分生孢子梗　2. 分生孢子

韭 葱 疫 病
Leek Phytophthora blight

疫病为韭葱的重要病害，分布较广，发生较普遍，主要在夏、秋露地种植时发病。可造成植株成片坏死，明显影响韭葱的产量与质量。

[症状] 此病主要为害叶片，叶片染病多从叶尖开始，初生苍白色至浅黄色水渍状斑，边缘浅绿色，迅速扩展至半个或整个叶片萎垂，湿度高时病斑腐烂，其上产生稀疏灰白色霉状物，即病菌的孢囊梗和孢子囊。花茎染病，亦呈水渍状腐烂，灰绿至暗绿色，终致全株枯死。

[病原] *Phytophthora porri* Foister 属鞭毛菌韭葱疫霉真菌。病菌孢子囊倒洋梨形、圆形至卵圆形，偶具乳头状突起，产生游动孢子，大小为 31～82μm × 23～52μm。雄器侧位或穿雄生。卵孢子球形，壁厚 3～4.5μm，直径为 22～39μm。

[发病规律] 病菌以菌丝体和厚垣孢子在病株地下部分或在土壤中越冬。条件适宜时产生孢子囊和游动孢子形成初侵染。发病后产生孢子囊释放游动孢子借风雨和浇水传播蔓延，进行重复侵染。高温高湿适宜发病，病菌萌发和侵染适宜温度为 25～32℃，要求相对湿度高于 95% 和有水滴存在。通常韭葱在高温多雨季节发病，保护地种植因浇水过大，高温高湿亦会较严重发病。

[防治方法]

1. 收获后及时彻底清除病残植株，集中深埋或妥善处理。重病地块与非葱蒜类蔬菜实行 2～3 年轮作。

2. 合理种植，掌握适当的种植密度。较黏重土壤宜采用小高垄或高畦栽培。

3. 合理施肥，避免偏施氮肥。生长期加强管理，雨后及时排除积水。保护地浇水后避免闷棚。

4. 发病初期及时进行药剂防治，可选用 69% 安克·锰锌可湿性粉剂 800～1 000 倍液，或 72.2% 普力克水剂 600～800 倍液，或 72% 克露可湿性粉剂 600～800 倍液，或 72% 霜脲·锰锌可湿性粉剂 600～800 倍液，或 50% 溶菌灵可湿性粉剂 600～800 倍液喷雾。

韭葱疫病前期病叶

韭葱疫病中期病叶

韭葱煤斑病
Leek Cladosporium leafspot

煤斑病为韭葱的重要病害，在部分地区发生分布，以春、秋露地种植发生严重，保护地内亦可发生。一般病株率40%～80%，重病地块均达100%，明显影响生产。

[症状] 此病主要为害叶片，初期在叶片上出现梭形至长椭圆形灰白至灰黄色坏死小斑，边缘具有浅黄色晕圈，潮湿时略呈水渍状。以后发展成长梭形红褐色至黄褐色中型坏死斑，边缘灰白至灰黄色，几个病斑相互连接成不规则条斑，终致叶片坏死。湿度较高时在病斑上产生紫褐至榄褐色绒状霉层，即病菌的分生孢子梗和分生孢子。

[病原] *Cladosporium allii*（Ellis et Martin）P. M. Kirk. et J. G. Cromptom属半知菌葱芽枝孢霉真菌。病菌分生孢子梗暗色，从叶片病斑两面伸出，单生或2～3根丛生，不分枝，基部略粗，暗褐色，大小为50～80μm×3～4μm。产孢细胞作合轴式延伸，单胞芽生，其上具1～3个孢痕。分生孢子暗色，圆筒形，两端钝圆，中间稍收缩，有1～3个横隔膜，个别5个，单生或两个孢子链生，表面粗糙，多细疣状突起，大小为40～70μm×10.5～13.5μm。

[发病规律] 病菌以休眠菌丝及分生孢子随病残体越冬或越夏。韭葱生长期随带菌肥料进入田间形成初侵染，发病后病部产生分生孢子随风传播，形成再侵染。菌丝生长温度0～25℃，适宜温度10～20℃，30℃以上停止生长。分生孢子萌发温度0～30℃，10～20℃最适宜，空气相对温度100%和有自由水存在时萌发最好，相对湿度低于90%病菌不能萌发。植株生长不良，或生长茂密发病较重。生长期阴雨较多，或雾多露重、空气潮湿病害发生严重。

[防治方法]
1. 收获后彻底清除田间病残植株集中妥善处理，减少越冬病菌。
2. 施足底肥，氮、磷、钾肥配合施用。合理密植，生长期加强管理，避免田间积水，防止早衰，提高寄主抗病能力。
3. 发病初期进行药剂防治。参见樱桃番茄叶霉病。

韭葱煤斑病病叶

韭葱霉腐病
Leek Spicaria rot

霉腐病为韭葱的普通病害。在部分地区发生分布，多在夏、秋露地发生，病株零星，通常对生产无明显影响，严重时可造成部分叶片坏死腐烂，在一定程度上影响产量和品质。

[症状] 此病主要为害叶片，重时亦为害叶鞘，多从叶片中部中脉处开始发病。初呈暗绿至灰绿色条形坏死，以后形成长椭圆形至长梭形黄褐或红紫色病斑，随病害发展病斑上轮生白色绒霉，即病

韭葱霉腐病前期病斑

韭葱霉腐病中后期病斑

菌的分生孢子梗和分生孢子，最后致叶片腐烂坏死。

[病原] *Spicaria* sp.属半知菌穗霉属真菌。病菌分生孢子梗单生，分枝多，顶部生松散轮辐状排列的小梗。分生孢子单生或串生，球形，长圆形至梭形，无色，大小为9.5～18.0μm×3.5～6.0μm（图9-4）。

[发病规律] 病菌主要随病残体在土中越冬。条件适宜时形成初侵染，发病后以分生孢子进行再侵染。叶片上形成伤口，或长时间积水利于侵染和发病。管理粗放，植株生长衰弱利于病害扩展。生长期多雨，空气湿度高病害发展快。

[防治方法]

1. 收获后彻底清除病残体，减少田间初侵染菌源。使用沤肥应注意充分腐熟。

2. 田间发现个别叶片染病及时清除，控制病害发展蔓延。

3. 必要时进行药剂防治，可选用50%扑海因可湿性粉剂1 200倍液，或45%特克多悬浮剂1 500倍液，或25%施保克可湿性粉剂1 200倍液喷雾。

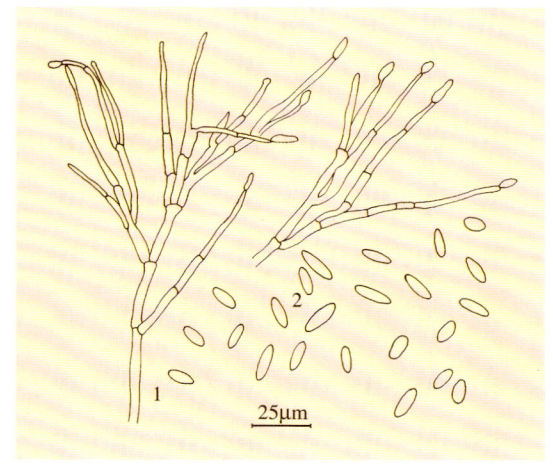

图9-4 韭葱霉腐病菌
1. 分生孢子梗 2. 分生孢子

韭葱灰叶斑病
Leek gray Cercospora leafspot

灰叶斑病为韭葱的普通病害，在部分地区发生分布。通常病情较轻，对生产无明显影响，少数地区或特殊年份病害发生较重，在一定程度上影响产量和品质。

[症状] 此病主要为害叶片，病斑初为白色至浅黄色小点，以后发展成长椭圆形至长梭形灰白至灰褐色坏死斑，空气潮湿在病斑表面产生灰黑色霉状物，即病菌分生孢子梗和分生孢子。严重时多个病斑连接成片，终致叶片枯死。

[病原] *Cercospora duddiae* Welles属半知菌蒜尾孢霉真菌。病菌子实体叶两面生，无子座。分生孢子梗束生，淡褐色至褐色，顶端较狭，色浅，不分枝，偶有屈曲，具隔膜，孢痕大而明显，大小为35～90μm×4～6μm，个别达150μm。分生孢子鞭状，无色透明，正直或略弯，基部截形，顶端渐尖，隔膜多而不明显，大小为55～150μm×3～5μm。

[发病规律] 病菌以菌丝块在病残体上越冬。翌年条件适宜时产生分生孢子形成初侵染和再侵染。昼暖夜凉，夜间结露时间长，或雾大、露重的天气，病害发生严重。

防治方法参见茼蒿褐斑病。

韭葱灰叶斑病前期病斑　　　　　　　　韭葱灰叶斑病中后期病斑

韭葱锈病
Leek rust

锈病为韭葱的普通病害，局部地区发生，一般年份不易发病，仅个别特殊年发生。通常病情较轻，对生产无影响，个别地块发病稍重，可造成少量叶片因病枯死，在一定程度上影响产品质量。

[症状] 此病主要为害叶片。病部初为近椭圆形褪绿斑，后在表皮下出现圆形或椭圆形稍凸起的夏孢子堆，表皮破裂后散出橙黄色粉状物，即病菌的夏孢子。病斑四周具黄色晕圈，后期病斑连接成片，致叶片变黄枯死。有时在未破裂的夏孢子堆上可产出表皮破裂的黑色冬孢子堆。

[病原] *Puccinia allii*（DC.）Rud.属担子菌葱柄锈菌真菌。详见细香葱锈病。

发病规律、防治方法参见细香葱锈病。

韭葱锈病中期病叶

韭葱锈病后期病叶

韭葱软腐病
Leek bacterial soft rot

软腐病为韭葱的普通病害，分布较广，发生较普遍。通常零星发病，对生产无影响，重时发病率可达10%～15%，在一定程度上影响生产。

[症状] 此病主要为害叶鞘和鳞茎基部。多从叶片机械伤口或生理裂口处开始侵染，呈水渍状软腐，向上下迅速扩展，逐渐使外叶倒折，坏死腐烂，最后致鳞茎软化腐烂。

[病原] *Erwinia carotovora* subsp. *carotovora*（Jones）Bergey et al. 属胡萝卜软腐欧氏杆菌胡萝卜软腐病亚种细菌。详见青花菜软腐病。

发病规律、防治方法参见芋软腐病。

韭葱软腐病病株

2. 细香葱病害　Diseases of chive

细香葱叶枯病
Chive Stemphylium leaf blight

叶枯病为细香葱的常见病，分布广泛，发生普遍。此病多在露地种植时发生，尤以细香葱生长期多雨发病偏重，病株常达80%以上，显著影响产品质量。

[症状] 此病主要侵害叶片和花梗，常在细香葱生长中后期发生。多从叶片和花梗上部开始染病，初出现褪绿近圆形至椭圆形坏死斑，以后变白并逐渐扩大致叶尖或花梗坏死干枯。湿度高时在病部产生黑色霉状物，即病菌的分生孢子梗和分生孢子。后期病部可产生许多黑色小点，即病菌子囊壳。

[病原] *Stemphylium botryosum* Wallr.属半知菌葱叶枯匍柄霉真菌。病菌分生孢子梗暗色，单生或丛生，短小，顶端膨大，大小为20～32μm×3～7μm。分生孢子卵形至长方圆形，具横隔膜3～8个，

纵隔膜1～3个，分隔处缢缩，榄褐色，表面有细刺，大小为18～29μm×16～20μm。有性时期为 *Pleospora herbarum*（Pers.ex Fr.）Rab.属子囊菌葱叶枯菌。病菌子囊壳球形至扁球形，具孔口，直径210～285μm。子囊棍棒状，无色，内含8个子囊孢子。子囊孢子黄褐色，纺锤形至椭圆形，具横隔膜1～7个，纵隔膜0～7个，大小为29～38μm×12～16μm（图9-5）。

[发病规律] 病菌主要以子囊随病残体遗落在土中越冬。条件适宜时散发子囊孢子形成初侵染。温暖潮湿，昼夜温差大，植株生长衰弱有利病害发生与发展。

[防治方法]

1. 收获后彻底清除病残体枯死叶片，减少越冬病菌。

2. 增施有机底肥，加强管理，避免缺肥，注意防治其他病害。

3. 发病初期进行药剂防治。可选用50%扑海因可湿性粉剂1 500倍液，或43%菌力克悬浮剂8 000倍液，或10%世高水分散粒剂8 000倍液，或40%福星乳油8 000倍液，或50%敌菌灵可湿性粉剂500倍液，或80%大生可湿性粉剂600倍液喷雾，根据病情防治1～2次。

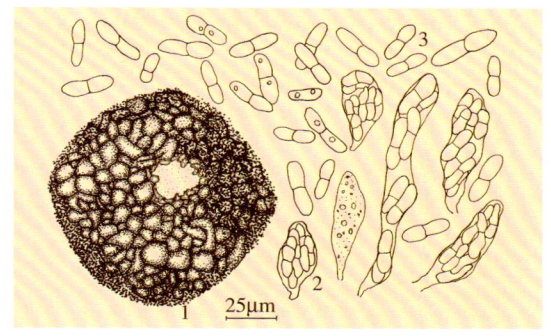

图9-5 细香葱叶枯病菌
1.子囊壳 2.子囊 3.子囊孢子

细香葱叶枯病病株

细香葱叶枯病病花茎

炭疽病为细香葱的常见病，分布较广，常在夏、秋季发生。通常病情很轻，对生产无明显影响，严重时造成植株坏死干枯。

[症状] 此病主要为害叶片和花梗。发病初期在病部出现近椭圆形至纺锤形褪绿病斑，以后发展成不规则形淡灰褐色至褐色坏死斑，后期在病部产生许多黑色小点，即病菌的分生孢子盘。严重时叶片和花梗枯死。

[病原] *Colletotrichum circinas*（Berk）Vog.属半知菌葱刺盘孢

细香葱炭疽病
Chive anthracnose

真菌。详见洋葱炭疽病。

发病规律、防治方法参见洋葱炭疽病。

细香葱炭疽病中后期病花茎

细香葱炭疽病后期病花茎

细香葱黑霉病
Chive Alternaria mold

黑霉病为细香葱的普通病害，分布较广，常在生育中后期发生为害。一般病情较轻，对生产无明显影响，严重时使部分叶片和花梗坏死干枯，

细香葱黑霉病后期病花茎

在一定程度上影响细香葱的品质和开花结实。

[症状] 此病主要侵染花梗，严重时侵染叶片。花梗和叶片受害初期为褪绿色略凹陷椭圆形小斑点，以后发展成长梭形至不规则形坏死斑。随病害发展病斑表面产生黑色霉状物，即病菌的分生孢子梗和分生孢子。

[病原] *Alternaria* sp.属半知菌交链孢霉真菌。病菌分生孢子梗多根丛生，榄褐色，偶有分枝，具1～4个隔膜，顶端略膨大，孢痕明显。分生孢子倒棍棒形至长椭圆形，具4～8个横隔膜，0～7个纵隔膜，大小为34.5～83.5μm×12.5～22.0μm。喙胞有或无，具0～2个隔膜，大小为6～35.5μm×3.5～7.0μm（图9-6）。

发病规律、防治方法参见细香葱叶枯病。

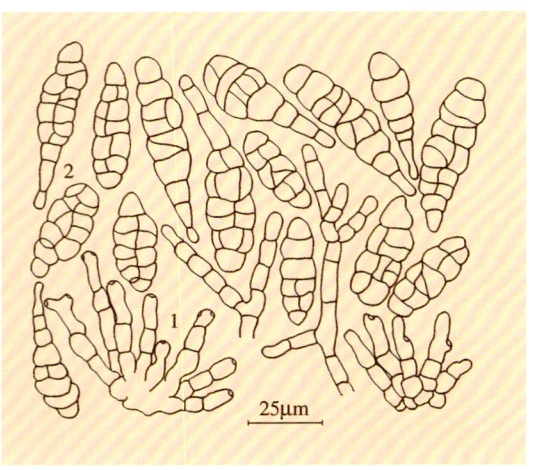

图9-6 细香葱黑霉病菌
1. 分生孢子梗　2. 分生孢子

细香葱白腐病
Chive Sclerotium rot

白腐病为细香葱的重要病害，分布广泛，发生较普遍，保护地、露地都可发病，使植株或幼苗成片坏死，明显影响香葱生产。

[症状] 此病多侵染鳞茎基部。幼株发病多萎蔫枯死。成株发病，生长衰弱，由叶尖向下逐渐褪绿枯黄。湿度高时在鳞茎基部产生许多绒毛状白色菌丝体，以后菌丝退减露出黑色颗粒状菌核，

细香葱白腐病后期病苗

随病害发展病部变褐腐烂。

[病原] *Sclerotium cepivorum* Berk.属子囊菌白腐小菌核真菌。病菌菌核球形，由1～2个厚壁暗色细胞组成，外表黑色，内部为紧密的浅红色长形细胞，大小为0.3～1.0mm×0.3～1.4mm。菌核萌发时表面凸起，外皮破裂后细密的菌丝自由融合后伸出，其上生小瓶梗，瓶梗上链生小型分生孢子，孢子透明，球形，直径1.6～2.0μm。

[发病规律] 病菌以菌核在土壤中或病残体上存活越冬，受根系分泌物刺激萌发，长出菌丝侵染植株根茎。气温15～20℃最适宜病菌侵染和扩展，低于10℃或高于25℃病害扩展缓慢。土壤含水量对菌核影响较大，通常，春末夏初多雨病害发展快。长时期连作，土壤缺肥，排水不良病害发生严重。

[防治方法]

1. 重病地块实行3～4年轮作，收获后彻底清除病残组织，深翻土地，使菌核不能萌发。

2. 播种前用种子重量0.3%的50%扑海因可湿性粉剂，或65%甲霉灵可湿性粉剂拌种。

3. 发病初期及时清除病株或病菌，控制病害扩展蔓延，并及时喷药防治，参见洋葱小菌核病。

细香葱锈病
Chive rust

　　锈病为细香葱的重要病害，分布较广，但发生不普遍，一旦发病，染病率通常达50%以上，明显影响产品质量。

　　[症状] 此病主要侵害叶片、花梗。发病初期在其表皮上出现褪绿小点，以后长出近椭圆形稍隆起的橙黄色疱斑，破裂后散出橙黄色粉末，即病菌的夏孢子堆和夏孢子。秋后疱斑变为黑褐色，破裂时散出暗褐色粉末，即病菌的冬孢子堆和冬孢子。

　　[病原] *Puccinia allii*（DC.）Rud.属担子菌细葱柄锈菌。病菌夏孢子圆形至椭圆形，淡褐色，大小为22.5～29.5μm×27～32.5μm，壁上有微刺，发芽孔分散，不明显。冬孢子黑色至黑褐色，长筒形，顶斜尖，或一头偏高，壁厚2μm，双细胞，分隔处缢缩，个别单细胞，顶端厚2～6.5μm，柄长8～32.5μm，易脱落，孢子大小为32.5～64μm×14～22.5μm（图9-7）。

　　[发病规律] 病菌以冬孢子在病残体上越冬，温暖地区以夏孢子在葱蒜类蔬菜上辗转为害，或在生长寄主上活体越冬。条件适宜时产生夏孢子随气流传播进行初侵染和再侵染。夏孢子萌发后从寄主表皮直接或由气孔侵入，萌发适温9～18℃。气温低、昼夜温差大、植株缺肥、生长衰弱的地块发病严重。

　　[防治方法]

　　1. 重病地块实行与非葱蒜类蔬菜轮作。

　　2. 施足有机肥，增施磷、钾肥，提高寄主抗病能力。

细香葱锈病中期病株

　　3. 发病初期喷药防治，可选用43%菌力克悬浮剂8 000倍液，或10%世高水分散粒剂8 000倍液，或40%福星乳油8 000倍液，或30%特福灵可湿性粉剂5 000倍液，或25%敌力脱乳油5 000倍液，或30%百科乳油4 000倍液，或6%乐必耕可湿性粉剂4 000倍液喷雾，视病情防治1～2次。

细香葱锈病中后期病株

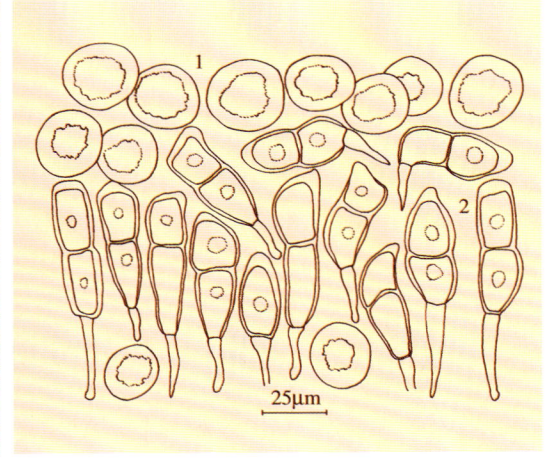

图9-7 细香葱锈病病菌
1. 夏孢子 2. 冬孢子

细香葱疫病
Chive Phytophthora blight

　　疫病为细香葱的重要病害，分布较广，发生较普遍。通常在春、秋多雨季节发生，一旦发病，对生产即造成明显影响。

　　[症状] 此病主要侵害叶片，严重时亦为害花梗。多从叶尖或花梗上部开始发病，初期在叶片和花梗上出现青白色不明显的斑点，扩大后成为灰白色不规则形病斑，迅速扩展蔓延致叶片枯死。阴雨连绵或湿度高时病斑上长出绵毛状霉，空气干燥时白霉消失，撕开叶片病部表皮，可见棉毛状白色菌丝体。

　　[病原] *Phytophthora nicotianae* Breda.属鞭毛菌烟草疫霉真菌。病菌孢囊梗由气孔伸出，梗长多为100μm。梗上孢子囊单生，近圆形至椭圆形，顶端有明显的乳状突起，大小为23～30μm×19.5～25μm。卵孢子淡褐色，球形，直径20～22.5μm。厚垣孢子微黄色，球形，直径20～40μm（图9-8）。

　　[发病规律] 病菌以卵孢子、厚垣孢子或菌丝体随病残体越冬。条件适宜时产生孢子囊及游动

孢子，借风雨传播，孢子萌发后产出芽管穿透寄主表皮直接侵入引起发病。发病后在病部产生孢子囊进行再侵染，使病害进一步扩展蔓延。高温高湿利于发病，病菌生长温度12～36℃，适宜温度25～32℃。通常在阴雨连绵的雨季易发病，地势低洼、田间积水或种植过密、植株生长茂密的地块发病严重。

[防治方法]

1. 收获后及时清除病残体，减少田间菌源。

2. 重病地块实行与非葱蒜类蔬菜2年以上轮作。

3. 选择地势高燥的壤土种植，采用高垄或高畦方式栽培，合理密植，合理配合施肥。雨后及时排水，降低田间湿度。

4. 发病初期进行药剂防治，可选用72%克露可湿性粉剂600～800倍液，或50%溶菌灵可湿性粉剂600～800倍液，或72%霜脲·锰锌可湿性粉剂600～800倍液，或69%安克·锰锌可湿性粉剂800～1200倍液喷雾，根据病情防治1～2次。

细香葱疫病病株

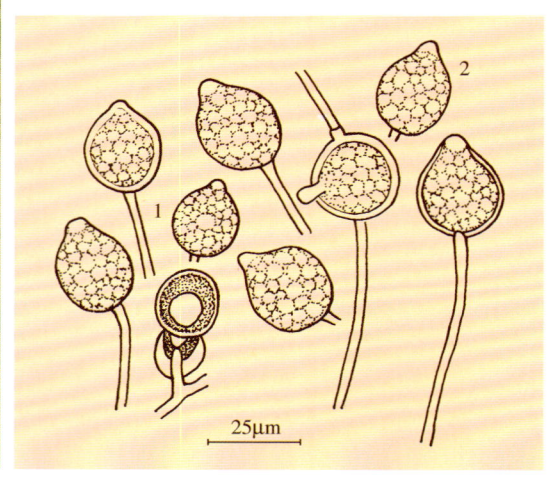

图9-8 细香葱疫病病菌
1. 孢囊梗 2. 孢子囊

细香葱灰霉病田间为害状

细香葱灰霉病
Chive gray mold

灰霉病为细香葱的普通病害，多数地区发生分布。主要在保护地发病，南方露地亦可发生，发病后病情往往较重，病株多达100%，显著影响生产。

[症状] 此病主要为害叶片，初在叶片中上部产生灰白色小点，以后发展成白色坏死斑，椭圆至近梭形，多个病斑逐渐连接成片致葱叶扭曲枯死。空气潮湿，病组织表面产生灰色霉层，即病菌的分生孢子梗和分生孢子。条件适宜时病害在短时期内由叶尖向下扩展致叶尖枯死，严重时植株成片枯死。

[病原] *Botrytis squamosa* Walker 属半知菌葱鳞葡萄孢真菌。参见鸭儿芹灰霉病。

发病规律、防治方法参见鸭儿芹灰霉病。

细香葱灰霉病前期病叶

细香葱菌核病
Chive Sclerotinia rot

菌核病为细香葱重要病害，仅个别地区保护地内零星发生，通常很少见，一旦发生，病情严重，显著影响香葱生产。

[症状] 此病可侵害香葱各个部位，幼嫩时期发病损失严重。多从生长衰弱的外叶或长时间积水的叶尖开始侵染，病部初呈水渍状暗绿色至灰绿色坏死，以后迅速腐烂，并快速向各方向发展蔓延，使香葱成片坏死腐烂，在病组织表面产生浓密的白色菌丝，后期转变成黑色颗粒状菌核。

[病原] *Sclerotinia sclerotiorum*（Lib.）de Bary 属子囊菌核盘菌真菌。菌核初为白色，以后表面变成黑色，颗粒状，大小不等，

1～7mm，由菌丝扭集在一起形成。

发病规律、防治方法参见洋葱小菌核病。

细香葱菌核病田间为害状

细香葱斑枯病
Chive Septoria blight

斑枯病为细香葱的普通病害，在部分地区发生分布。通常在秋季露地种植时发生，以生育后期较多见，病情较轻，对生产无明显影响。严重时造成花梗和部分叶片枯死，影响细香葱品质和开花结实。

[症状] 此病主要为害花梗，重时可为害叶片。花梗受害，初为褪绿长圆形小斑，以后发展成灰白色至灰紫色长梭形坏死枯斑，边缘颜色较深，病健交界模糊不清，后期花梗枯死，病部变成灰白至灰紫色大型不规则放射斑，其上密生微小黑点，即病菌的分生孢子器。叶片染病，病斑长椭圆形，边缘模糊，以后发展成边缘不清晰的不规则形枯斑，其上产生微小黑点。

[病原] *Septoria allii* Moesz.属半知菌韭菜壳针孢真菌。病菌分生孢子器初埋生于表皮下，成熟时突破表皮，近球形，器壁较厚，细胞致密，深褐色，直径55～98μm，孔口14.5～22.5μm。分生孢子针形，略弯，顶端尖锐，基部钝圆，有1～4个隔膜，大小为18～31μm×1.5～2.5μm（图9-9）。

发病规律、防治方法参见西芹斑枯病。

细香葱斑枯病后期病花茎

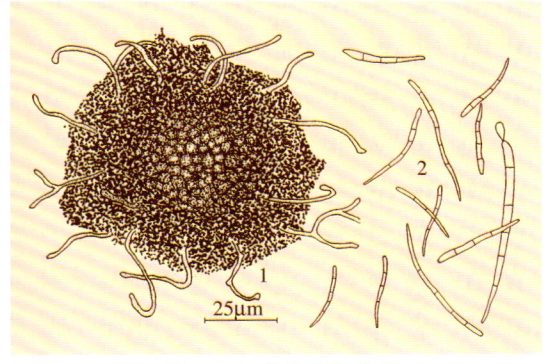

图9-9 细香葱斑枯病菌
1.分生孢子器 2.分生孢子

细香葱菟丝子
Chive dodder

菟丝子为寄生性种子植物，各地零星分布，在新发展菜田或粗放管理地块发生，影响细香葱产量和质量。菟丝子还可为害茄科、豆科、葫芦科、菊科、伞形花科等多科作物。

[症状] 菟丝子在细香葱的整个生育期都可发生为害，在田间呈零星或成团分布。菟丝子主要以藤蔓缠绕细香葱的地上部分，在与香葱接触处产生吸根伸入寄主叶片或幼茎组织内吸收水分和养分，致细香葱早衰死亡。

[病原] *Cuscuta chinensis* Lamb.属中国菟丝子。详见食用菊菟丝子。

细香葱菟丝子为害状

细香葱菟丝子单株为害状

［**发病规律**］参见苦瓜菟丝子。菟丝子的种子成熟后除落入土壤中外，极易混杂在细香葱的种子间传播蔓延。

防治方法参见食用菊菟丝子。

3. 分葱病害　Diseases of bunching onion

分葱疫病
Bunching onion Phytophthora blight

疫病为分葱的重要病害，分布较广，局部地区发生分布，通常在春、秋雨后发生。发病后常造成幼株成片坏死，影响生产。

［**症状**］此病主要侵染叶片，以幼嫩时期发病重。多从叶片顶端开始侵染，初在叶片上形成灰白至灰绿色近椭圆形病斑，以后发展成较大的白色枯斑，短期内致叶尖坏死干枯。空气潮湿，在病部表面产生白色霉状物。随病害发展，病株坏死腐烂。空气干燥，病害停止发展病株表现干尖，严重时叶片由上向下逐渐萎蔫枯死。

［**病原**］*Phytophthora nicotianae* Breda.属鞭毛菌烟草疫霉真菌。详见细香葱疫病。

发病规律、防治方法参见细香葱疫病。

分葱疫病病株

分葱锈病后期病叶

分葱锈病
Bunching onion rust

锈病为分葱的重要病害，部分地区分布，少数地块或特殊年份发生。一旦发病，病情较重，病株常达60%以上，显著影响品质。

［**症状**］此病主要为害叶片，初在叶片上产生圆形至椭圆形隆起橘黄色小疱斑，即病菌夏孢子堆，病斑四周具有浅黄色晕环，以后发展成为较大而明显突起的大疱斑，表皮破裂后散出橘黄色夏孢子。后期在病叶上产生黑色隆起小疱斑，即病菌的冬孢子堆。病害严重时叶片上病斑密集，相互连接成隆起条斑或致叶片早衰枯死。

［**病原**］*Puccinia allii*（DC.）Rud.属担子菌葱柄锈菌真菌。详见细香葱锈病。

发病规律、防治方法参见细香葱锈病。

分葱白腐病
Bunching onion Sclerotium rot

白腐病为分葱的重要病害，在部分地区发生分布，多在春、秋温暖多雨季节发病，发病后常造成植株成片坏死，明显影响分葱生产。

［症状］此病主要侵害根系和鳞茎。发病后叶片从顶尖开始向下变黄枯死。幼株发病常造成幼株枯萎，成株发病后生长衰弱，逐渐枯萎坏死，湿度高时在鳞茎和不定根上长出许多绒毛状白色菌丝体，以后菌丝减退，露出黑色颗粒状菌核，随病害发展，根和鳞茎呈水渍状腐烂。严重时植株或幼苗成片死亡。

［病原］*Sclerotium cepivorum* Berk.属子囊菌白腐小菌核真菌，详见细香葱白腐病。

发病规律、防治方法参见洋葱小菌核病。

分葱白腐病田间为害状

4. 胡葱病害 Diseases of shallot

胡葱菌核病
Shallot Sclerotinia rot

［症状］此病主要为害鳞茎基部和下部叶片。病部呈水渍状软腐，在其表面产生浓密的白色絮状霉层，后期转变成鼠粪状菌核，随病害发展病株腐烂倒折。

［病原］*Sclerotinia sclerotiorum*（Lib.）de Bary 属子囊菌核盘菌真菌。详见细香葱菌核病。

发病规律、防治方法参见洋葱小菌核病。

菌核病为胡葱的重要病害，仅在南方露地和北方老菜区保护地内零星发病，通常对生产无明显影响，重时在一定程度上影响产品质量。

胡葱菌核病前期病株

胡葱菌核病中期病株

5. 薤（藠头）病害 Diseases of scallion

薤叶枯病
Scallion Stemphylium leaf blight

叶枯病为薤的常见病，分布较广，种植地区都发生。通常病情较轻，病株率10%～30%，轻

薤叶枯病病叶

度影响产量和品质。重病地块病株可达60%以上，致上部叶片因病枯死，显著影响薤的生产。

[症状] 此病主要侵害叶片和花梗。叶片染病，多从叶尖开始侵染，以后向下发展。初期出现浅黄色至灰白色小点，以后扩展成不规则至椭圆形灰褐色至灰白色坏死病斑，空气潮湿，病斑上产生稀疏灰黑色霉层，即病菌的分生孢子梗和分生孢子。空气干燥时常使病叶坏死干枯。花梗染病，多形成灰白至灰褐色不规则形坏死病斑，早期产生少量灰黑色霉状物，后期散生黑色小粒点，即病菌的子囊壳，常从病部断折。

[病原] *Stemphylium botryosum* Wallr.属半知菌匍柄霉真菌。病菌分生孢子梗3～5根丛生，由气孔伸出，稍弯曲，暗色，具4～7个隔膜，大小为30～110μm×3～6μm。分生孢子灰色至暗黄褐色，单生，卵形至椭圆形或广圆形，具横隔膜3～8个，纵隔膜1～3个，隔膜处略缢缩，大小为22～40μm×18～22μm，表面密生疣状细点。有性时期为 *Pleospora herbarum*（Pers. et Fr.）Rab.属子囊菌枯叶格孢腔菌真菌。病菌子囊壳群生或散生，球形或扁球形，具孔口，直径180～250μm。子囊20～30个，长椭圆形至棍棒状，无色，内含8个子囊孢子。子囊孢子纺锤形至椭圆形，黄褐色，具横隔3～7个，纵隔0～7个，大小为25～45μm×10～15μm。

发病规律、防治方法参见细香葱叶枯病。

6. 洋葱病害 Diseases of onion

洋葱紫斑病
Onion purple blotch

紫斑病为洋葱的重要病害，分布广泛，发生普遍，常年发病。通常对洋葱生产无明显影响，重病地块或重发生年常使葱叶提早枯死，明显影响产量与品质。

[症状] 此病主要为害叶片、花梗。病害多从叶尖或花梗及叶片中部开始发生。初期为白色凹陷斑点，以后发展成近椭圆形至纺锤形大斑，中央紫红至紫褐色，边缘黄褐色，外围常具有一褪绿晕环。多个病斑相互连接形成不规则形长条大

洋葱紫斑病前期病斑

洋葱紫斑病后期病斑

斑，致叶片、花梗枯死或从病部倒折。后期在病斑表面产生暗褐色轮纹状霉层，即病菌的分生孢子梗和分生孢子。花梗染病后显著影响种子质量。

[病原] *Alternaria porri*（Ell.）Ciferri 属半知菌葱链格孢真菌。病菌分生孢子梗单生或 5～10 根束生，淡褐色，具 2～3 个隔膜，不分枝或分枝极少，其上着生 1 个分生孢子，大小为 30～100μm×4～9μm。分生孢子褐色，长棍棒状，具横隔膜 5～15 个，纵隔膜 1～6 个，大小为 60～130μm×15～20μm。喙胞较长，有时分枝，具 0～7 个隔膜，大小为 45～432μm×2～4μm（图 9-10）。

[发病规律] 病菌在南方以分生孢子在葱类作物上为害过冬。北方寒冷地区以菌丝体在寄主体内或随病残体在土壤中越冬。翌年产生分生孢子借气流或雨水传播，经气孔、伤口或直接穿透表皮侵入，潜育期 1～4 天。病菌生长温度 6～34℃，分生孢子发芽适温 24～27℃。病菌产孢需要高湿，萌发和侵入需有水滴或水膜存在。潮湿多阴雨病重。此外，土壤贫瘠、管理粗放、植株生长衰弱和葱蓟马为害严重的地块发病严重。

[防治方法]

1. 重病地区实行与非葱蒜类 2 年以上轮作。收后彻底清除病残体，随后深翻，消灭菌源。

2. 施足底肥，加强水肥管理，增强植株抗病能力。

3. 选用无病种子，必要时用种子重量 0.3% 的 50% 扑海因可湿性粉剂拌种。鳞茎可用 40～45℃温水浸泡 1.5 h。

4. 发病初期喷药防治。参见青花菜黑斑病。

5. 适时收获，收后晾晒至鳞茎外部干燥后贮藏，温度宜控制在 0℃左右、相对湿度 65% 以下，防止病害进一步发展蔓延。

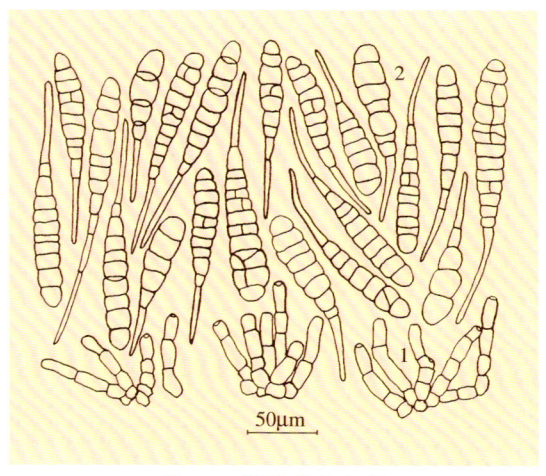

图 9-10 洋葱紫斑病菌
1. 分生孢子梗 2. 分生孢子

洋葱霜霉病
Onion downy mildew

霜霉病为洋葱的重要病害，分布较广，南、北方种植地区都有发生，春、秋季多雨发病较重，病株常达 60% 以上，多造成植株早枯坏死，显著影响洋葱生产。

[症状] 此病主要为害叶片，重时亦侵染花梗和鳞茎。叶片染病，初生黄白色至灰绿色病斑，近椭圆形至纺锤形，边缘模糊。空气干燥病斑呈苍白绿色，长椭圆形至不规则形，重时波及上半叶，致植株黄化枯死。湿度高时，病部产生较稀疏白色至紫灰色霉层，即病菌的孢囊梗和孢子囊。花梗染病亦产生近长椭圆形病斑，易从病部折断枯死。鳞茎染病后软化，外部鳞片表面粗糙或皱缩，病株明显矮化，叶片扭曲畸形，随病害发展而枯死。

[症原] *Peronospora schleidenii* Ung. 属鞭毛菌葱霜霉菌真菌。病菌孢囊梗稀疏，1～3 根由气孔伸出，顶端作 3～6 次二杈状分枝，无色，无隔膜，大小为 250～400μm。孢子囊单胞，卵圆形，淡褐色，具有乳状突，大小为 60～65μm×22～30μm。卵孢子球形，壁厚，黄褐色，大小为 50～60μm（图 9-11）。

[发病规律] 病菌以卵孢子随病残体遗留在土壤中越冬，亦可在种子上越冬。条件适宜时，卵

洋葱霜霉病中期病斑

洋葱霜霉病中后期病斑

图9-11 洋葱霜霉病菌
1. 孢囊梗 2. 孢子囊

孢子萌发由植株气孔侵入引起发病，湿度高时病斑上产生孢子囊，借风、雨、昆虫等传播，进行再侵染。孢子囊形成温度10～20℃，适宜温度13～18℃，15℃最适，孢子囊萌发温度3～27℃，适宜温度11℃左右。孢子囊萌发要求有水膜。一般地势低洼、排水不良、重茬地发病重，阴凉多雨或大雾、露重的天气多易流行。品种间抗病性存在着一定差异。

[防治方法]

1. 重病区实行与非葱蒜类作物2～3年轮作。选择地势高燥，易排水的地块种植。

2. 因地制宜选用抗耐病品种。

3. 用种子重量0.3%的72%克露可湿性粉剂，或72%霜脲·锰锌可湿性粉剂拌种，或用72.2%普力克水剂400倍液浸种30min后晾干播种。

4. 发病初期进行药剂防治，药液中适当加入展着剂以提高药剂防治效果。参见青花菜霜霉病。

5. 收获时彻底清理病残植株带到田外妥善处理，减少田间菌源。

洋葱叶枯病
Onion leaf blotch

叶枯病为洋葱的重要病害，分布较广，发生较普遍。通常病害较轻，病株率10%～30%，轻度影响生产，重时病株可达80%以上，常致植株成片枯死，显著影响产量和质量。

[症状] 此病主要为害叶片，多在生长中后期发病，初生苍白色小点，逐渐扩大后形成近椭圆形至梭形病斑，中央枯黄色，边缘红褐色，外围黄色，向叶片两端扩展，以向叶尖方向扩展较快，致叶尖扭曲枯死。湿度高时病斑中央深榄褐色，病斑表面产生黑色绒状霉层，即病菌的分生孢子梗和分生孢子。干燥时病斑较小，霉层不明显。病害流行时叶片上病斑密布，相互连接致全叶枯死，其上着生较厚的深榄褐色绒毛状物，区别

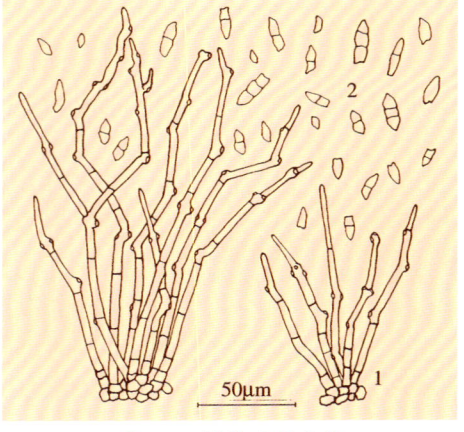

图9-12 洋葱叶枯病菌
1. 分生孢子梗 2. 分生孢子

于黑霉病的病斑表面稀疏浅色的霉状物。

[病原] *Cladosporium allii*（Ellis et Martin）P. M. Kirk. et J. G. Cromptom 属半知菌葱芽枝孢真菌。病菌分生孢子梗暗色，单生或2～3根丛生，不分枝，基部略粗，暗褐色，大小为50～80μm×3～4μm。产孢细胞作合轴式延伸，单胞芽生，其上具1～3个孢痕，个别5个。分生孢子圆筒形，两端钝圆，中间稍收缩，暗色，有1～3个横隔膜，个别5个，单生或两个孢子链生，表面粗糙，多细疣突起，大小为40～70μm×10.6～13.3μm（图9-12）。

[发病规律] 病菌以休眠菌丝和分生孢子随病残体在干燥的地方越冬或越夏。洋葱生长期随带菌肥料进入田间引起发病，病菌随气流传播，经气孔侵入，发病后病部产生分生孢子进行再侵染，使病害进一步扩展蔓延。病菌生长温

洋葱叶枯病前期病叶

洋葱叶枯病后期病叶

度为0～30℃，10～20℃生长最快。孢子萌发温度为0～30℃，适宜温度为10～20℃。孢子萌发要求高湿，相对湿度低于90%不能萌发，饱和湿度和具有自由水时萌发最好。阴雨潮湿、天气多露、植株生长衰弱，病害发生严重。品种间存在着抗性差异。

[防治方法]

1. 收获后彻底清除病残植株并及时妥善处理，越夏病残体应在种植前彻底销毁，堆肥需充分腐熟。

2. 因地制宜选用适宜的抗病品种。施足底肥，及时追肥，注意

增施有机肥和磷、钾肥，提高植株抗病力。

3. 发病初期进行药剂防治，可选用43%菌力克悬浮剂8 000倍液，或10%世高水分散粒剂8 000倍液，或40%福星乳油8 000倍液，或47%加瑞农可湿性粉剂800倍液，或30%特富灵可湿性粉剂3 000倍液，或2%加收米水剂、2%武夷菌素水剂300倍液喷雾防治，7～10天防治1次，视病情防治1～3次。

洋葱炭疽病
Onion anthracnose

炭疽病为洋葱的主要病害，分布广泛，发生普遍，南、北方都常年发病。一般病株率5%～10%，重发生年或重病地块病株可达20%以上，明显影响洋葱的产量与质量。

[症状] 此病主要为害叶片、花茎和鳞茎。叶片染病，初生近纺锤形不规则淡灰褐色至褐色病斑，后期在病斑上产生许多小黑点，严重时上部叶片枯死。鳞茎染病，在外层鳞片上生出圆形暗绿色或黑色斑纹，扩大后连接成片，病斑上散生黑色小粒点，即病菌的分生孢子盘。花茎染病，初为近椭圆形灰白至灰褐色略凹陷斑。以后发展成大型坏死枯斑，后期在其表面产生许多呈轮状排列的小黑点。

[病原] *Colletotrichum circinans*（Berk.）Vog.属半知菌葱刺盘孢真菌。病菌分生孢子盘浅盘状，基部褐色，上生黑色刺毛状刚毛。分生孢子梗单细胞，无色，短棍棒状，大小为7～15µm×2～3µm。分生孢子纺锤形，单细胞，无色，直或略弯，大小为17.5～27.5µm×3～3.5µm（图9-13）。

[发病规律] 病菌以子座或分生孢子盘，或菌丝随病残体在土壤中越冬。条件适宜时分生孢子盘产生分生孢子形成侵染。发病后借雨水和浇水飞溅使病害传播蔓延。病菌发育温度4～34℃，适宜温度20℃左右，20～26℃适宜孢子萌发。10～32℃，空气潮湿即可使洋葱发病，26℃时最适宜发病。洋葱生产期间多雨，尤其是鳞茎膨大期多阴雨，或田间排水不良病害发生严重。

[防治方法]

1. 收获后彻底清除病残组织，及时耕翻土地，减少越冬病菌。

2. 与非葱蒜类实行2年以上轮作。

3. 发病初期

进行药剂防治，可选用25%施保克可湿性粉剂800倍液，或25%炭特灵可湿性粉剂500倍液，或70%甲基托布津可湿性粉剂600倍液，或40%多硫悬浮剂500倍液，或2%农抗120水剂200倍液喷雾或浇根。

洋葱炭疽病花茎病斑放大

洋葱炭疽病后期花茎

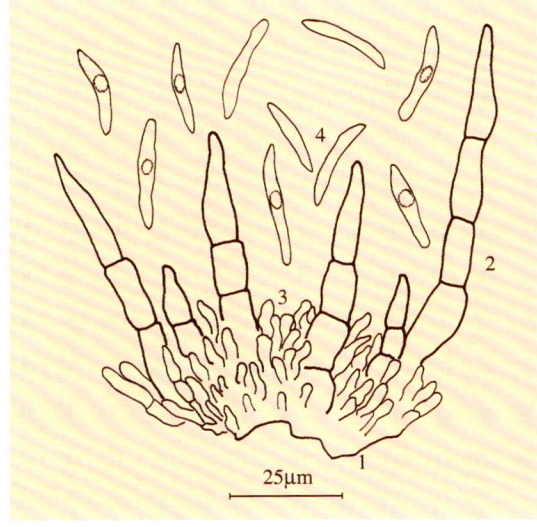

25µm

图9-13 洋葱炭疽病菌
1.分生孢子盘 2.刚毛 3.分生孢子梗 4.分生孢子

洋葱黑秆腐烂病
Onion black stalk rot

黑秆腐烂病为洋葱的普通病害,分布较广,发生较普遍。通常零星发生,对洋葱生产无明显影响。重病地块病株可达60%～80%甚至更高,使植株枯黄坏死,在一定程度上影响洋葱产量和质量。

[症状] 此病主要为害叶片和花梗。叶片染病,初为黄白色褪绿长圆斑,迅速向上下发展成黑褐色长椭圆大斑,边缘具黄色晕圈,病斑上略现轮纹,层次分明。有时病害从叶尖开始发生并迅速向下扩展蔓延,使叶尖枯死。后期病斑上密生黑短绒霉,即病菌的分生孢子梗和分生孢子。病害严重时多个病斑相互汇合使叶片变黄枯死,花梗断折,种株上更为常见。

[病原] *Stemphylium botryosum* Wallr.属半知菌匍柄霉真菌。病菌分生孢子梗单生或束生,褐色,顶端孢痕明显。分生孢子着生在梗顶端或分枝上,褐色,卵圆形,具纵横隔膜,分隔处缢缩,有的隔斜生,表面具细刺,无喙胞,大小为13.5～46.5μm×10.5～25.5μm。病菌有性阶段 *Pleospora herbarum* (Pers.et Fr.) Rab.属子囊菌枯叶格孢腔菌真菌。病菌子囊座近球形,黑色,直径250～450μm。子囊圆筒形,大小为90～160μm×24～40μm。子囊孢子多胞,椭圆形,具纵隔0～7个,横隔3～7个,黄褐色,大小为31～39μm×13.5～18μm(图9-14)。

[发病规律] 病菌以子囊座随病残体在土中越冬。以子囊孢子进行初侵染,靠分生孢子进行再侵染,借气流传播蔓延。温暖地区病菌以分生孢子辗转为害,无越冬期。病菌寄生能力较弱,植株生长衰弱、田间管理粗放、植株受冻或受其他伤害后容易发病。

[防治方法]

1. 收后及时清除病残组织,适当翻耕,减少田间病菌。

2. 增施有机底肥,合理密植,加强肥水管理,雨后及时排水,增强植株抗病力。

3. 发病初期开始喷药防治。参见青花菜黑斑病。

洋葱黑秆腐烂病病幼叶

洋葱黑秆腐烂病病花茎

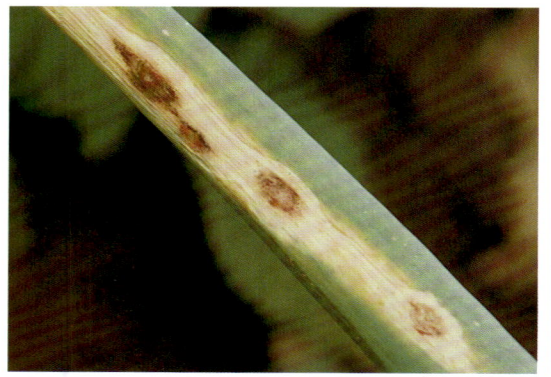
洋葱黑秆腐烂病病斑

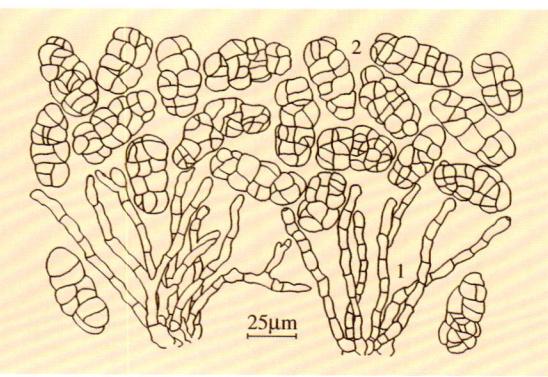
图9-14 洋葱黑秆腐烂病菌
1.分生孢子梗 2.分生孢子

洋葱疫病
Onion Phytophthora blight

疫病为洋葱的普通病害,分布较广,多雨年份或土质黏重的地区此病发生较重,造成局部或较大面积洋葱坏死腐烂,在一定程度上影响洋葱生产。

[症状] 此病全生育期都可发生,主要为害叶片和花梗。染病叶片、花梗初出现青白色不明显斑点,扩大后成为灰白色斑,终致叶片枯萎。阴雨连绵或湿度高时病部长出白色绵毛状霉,即病菌菌丝和孢囊梗,随病害发展病组织呈水渍状腐烂。空气干燥时病叶由上向下干枯,撕开表皮可见绵毛状白色菌丝体。

[病原] *Phytophthora nicotianae* Breda.属鞭毛菌烟草疫霉真菌。病菌孢囊梗由气孔伸出,梗长为100μm左右。梗上孢子囊单生,长椭圆形,顶端乳头状突起明显,大小为30～65μm×15～30μm。卵孢子球形,淡黄色,直径20～22.5μm。厚垣孢子圆球形,微黄色,直径20～40μm。

[发病规律] 病菌以卵孢子、厚垣孢子或菌丝体在病残组织内越冬,翌年春天产生孢子囊和游动孢子,借风雨传播。孢子萌发后产生芽管,穿透寄主表皮直接侵入,发病后病部产生孢子囊进行再侵染,扩大为害。病菌发育温度12～36℃,适宜温度25～32℃,菌丝50℃经5min致死。洋葱生长期阴雨连绵、种植密度大、地势低洼、田间积水、植株徒长的田块发病较重。

[防治方法]

1.及时彻底清除病残体,减少田间菌源。必要时深翻土壤,实行与非葱蒜类蔬菜2年以上轮作。

2.选择排水良好的壤土栽种,南方采用高厢深沟,北方采用高畦或垄作覆地膜种植。合理密植,雨后避免田间积水。科学配方施肥,增强寄主抗病力。

3.发病初期喷药防治。参见青花菜霜霉病。

洋葱疫病病株

洋葱根腐病
Onion Fusarium root rot

根腐病为洋葱的常见病,分布较广,发生较普遍。黏重低洼地和多年重茬发病严重,显著影响洋葱生产。

[症状] 此病在洋葱全生育期都发生,可为害须根和表皮。须根染病,病部略呈水渍状坏死,浅黄褐至暗褐色,迅速发展致根系腐烂。鳞茎发病,其表面变褐,终致鳞茎腐烂,在病部表面产生白色霉层,即病菌的分生孢子。

[病原] *Fusarium redolens* Wr.属半知菌芳香镰孢霉真菌。病菌子座扩展型,苍白色。小型分生孢子纺锤形至肾形,单细胞,大小为6.5～15μm×2.5～3.7μm,或有一隔膜,大小为16.5～23.2μm×2.5～3.5μm。大型分生孢子镰刀形,弯曲,基部足形或呈乳头状突起,多具3个隔膜,大小为24～52μm×2.3～4.5μm。厚垣孢子顶生或间生于分生孢子或菌丝内,平滑或皱缩,1～2个细胞(图9-15)。

[发病规律] 病菌以菌丝体或厚垣孢子随病残体在厩肥及土壤中越冬。厚垣孢子可在田间长时间存活,成为病害的主要初侵染源,通过施肥、浇水、降雨和农具传播,经伤口侵入。发病后产生分生孢子,再由雨水和浇水传播蔓延进行再侵染。温暖高湿利于发病,尤其土壤高湿利于病菌传播。阴湿多雨、地势低洼、土质黏重易于发病。此外,施用带菌肥或肥料未充分腐熟病害发生严重。植株生长衰弱,或长时间连作容易发病。

洋葱根腐病中期鳞茎受害状

洋葱根腐病后期鳞茎受害状

洋葱根腐病幼苗受害状

[防治方法]

1. 重病地块避免连茬种植。采用高畦或高垄栽培。

洋葱根腐病后期受害鳞茎

2. 施用充分腐熟的有机肥，氮、磷、钾肥配合施用。防止大水漫灌，雨后及时排水。发病初期及时清除病株带到田外妥善处理。

3. 播种或定植前用药剂处理土壤，可选用50%多菌灵可湿性粉剂22.5～30kg/hm²，或70%土菌消可湿性粉剂30～45kg/hm²，拌细土均匀撒在苗床表面和穴施。

4. 发病初期使用药液喷浇防治。参见山药根腐病。

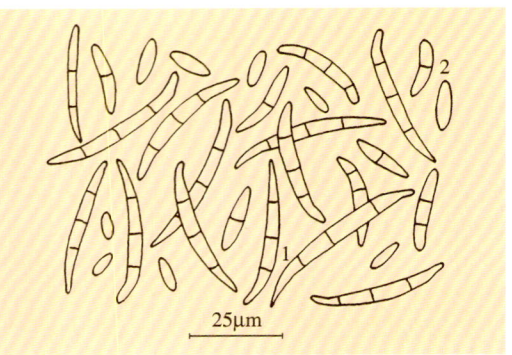

图9-15 洋葱根腐病菌
1. 大型分生孢子 2. 小型分生孢子

干腐病为洋葱的普通病害，局部地区分布，多在夏、秋季发病。发病地块一般病株率30%～50%，少数叶片受害，轻度影响洋葱生产，重病地块叶片染病率可达80%以上，明显影响生产。

[症状] 此病主要侵害叶片，多从叶尖开始侵染，初在叶片上产生近椭圆形水渍状暗绿色病斑，以后逐渐褪绿坏死，形成不定形凸起坏死斑，黄褐色至暗绿色，后期在病斑表面产生不明显的小黑点，即病菌的分生孢子器。严重时病斑密布，短

洋葱干腐病
Onion Phyllosticta leaf blight

期内致病叶坏死干腐。

[病原] *Phyllosticta* sp.属半知菌叶点霉真菌。病菌分生孢子器球形，直径85～120μm。分生孢子椭圆形至长圆形，无色，单细胞，大小为3.5～7.5μm×2.5～4.5μm（图9-16）。

[发病规律] 病菌以分生孢子器随病残体在土壤内越冬。翌年条件适宜时产生分生孢子，通过雨水、气流传播，进行初侵染和再侵染。温暖高湿有利于发病。洋葱生长期多雨、田间湿度很高发病较重。

[防治方法]

1. 收获后及时彻底清除病残体，带到田外妥善处理，减少田间菌源。

2. 必要时在发病初期进行药剂防治。参见西芹斑枯病。

洋葱干腐病后期病叶

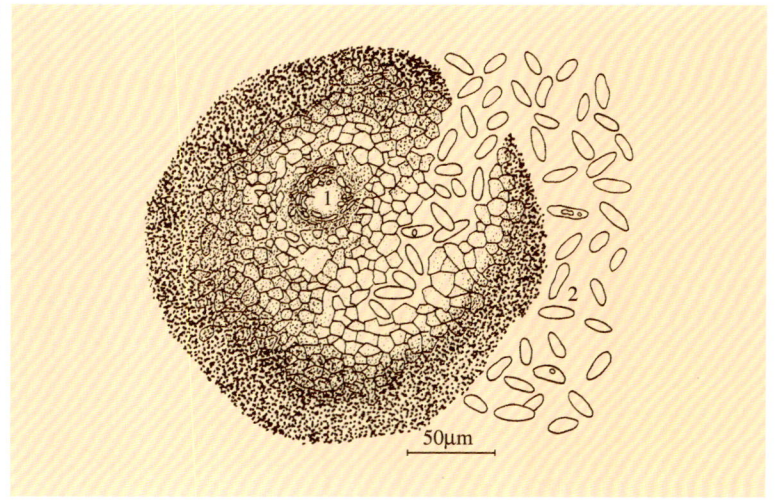

图9-16 洋葱干腐病菌
1. 分生孢子器 2. 分生孢子

洋葱灰霉病
Onion gray mold

洋葱灰霉病病苗

洋葱灰霉病中期病斑

灰霉病为洋葱的重要病害，分布广泛，发生普遍。通常在贮存期发生较重，生长期发病以南方较常见，少数年份北方部分菜区亦严重发生，可引致植株成片枯死，显著影响洋葱生产。

[症状] 此病在洋葱生长期发生主要为害叶片，初在叶上产生白色斑点，椭圆至近圆形，直径 1～3 mm，多从叶尖向下发展，严重时叶片上布满病斑，相互连接成片使叶片坏死枯卷。湿度高时在枯叶上产生大量灰霉，即病菌的分生孢子梗和分生孢子。贮藏期发病，病菌多从鳞茎顶部坏死或从较衰弱的鳞片开始侵染，产生浓密的灰色霉层，随病害发展使鳞茎软化腐烂。

[病原] *Botrytis squamosa* Walker 属半知菌葱鳞葡萄孢真菌。病菌分生孢子梗由寄主叶内伸出，初淡灰色，后变暗褐色，具隔膜 0～7 个，基部略膨大，顶部有较多的分枝，分枝处有时缢缩，顶端球状膨大，上密生小梗，孢子生在小梗顶端，孢子脱落后，侧枝干缩，形成波状皱褶，后脱落，在主枝上留下明显疤痕，梗长 220～1 230μm×8.5～17.5μm。分生孢子卵形至椭圆形，透明，浅灰褐色，大小为 6.5～11.5μm×2.9～4.2μm（图9-17）。

[发病规律] 病菌以菌丝、分生孢子或菌核越冬。随气流、雨水、浇水传播蔓延。病菌生长温度 15～30℃，适宜温度 15～21℃，高温时产生菌核越夏。洋葱生长期多阴雨、潮湿、多露或大雾天较多此病易发生流行。贮藏期温度偏高、通气不良病害发生严重。

洋葱灰霉病幼苗受害状

[防治方法]

1. 采收后及时清除病残落叶，减少田间病菌。

2. 施足底肥，加强田间管理，避免田间积水，增强植株抗病力。

3. 适时进行药剂防治。参见青花菜灰霉病。为便于药剂附着，可在药液中加入 3% 的中性洗衣粉或肥皂粉。

4. 贮藏期加强管理，尤其注意通风降湿。

洋葱灰霉病贮藏期发病鳞茎　　　　　　洋葱灰霉病中后期鳞茎

图9-17 洋葱灰霉病菌
1. 分生孢子梗　2. 分生孢子

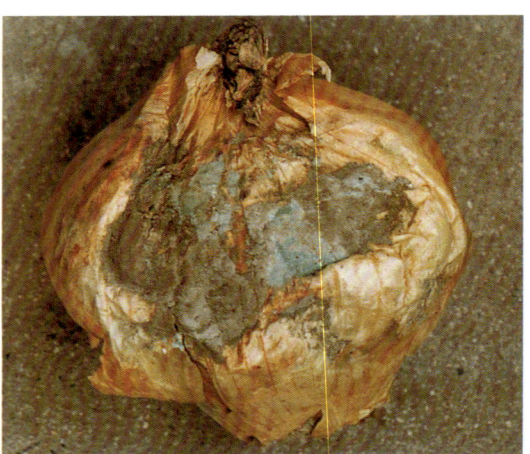

洋葱灰霉病中后期鳞茎　　　　　　洋葱灰霉病后期鳞茎　　　　　　洋葱灰霉病菌核

洋葱小菌核病
Onion Sclerotinia rot

小菌核病为洋葱的普通病害，分布较广，发生较普遍，但通常病情较轻，对生产无明显影响，发病严重时使部分植株死亡或造成鳞茎腐烂。

[症状] 田间生长期发病，主要为害叶片和花梗，初期叶片或花梗先端变色，逐渐向下扩展，使植株局部或全部枯死，仅残留新叶。剥开病叶，里面产生白色棉絮状气生菌丝，病部表皮下散生黄褐色

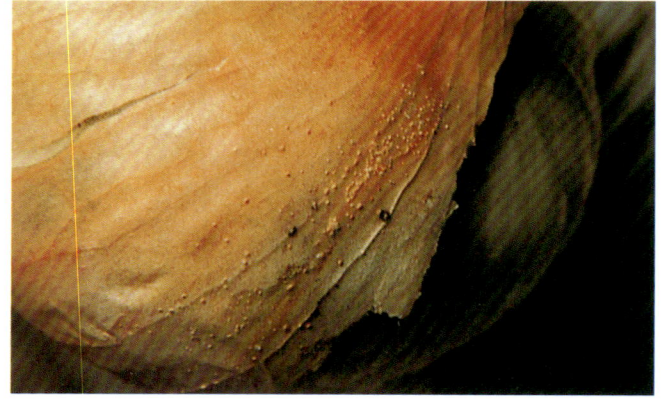

洋葱小菌核病中期鳞茎　　　　　　洋葱小菌核病中后期鳞茎

至黑色小菌核。贮藏期染病，在鳞茎鳞片间产生白色菌丝，病部呈水渍状软腐，在其表皮下散生黄褐至黑色小菌核。

[病原] *Sclerotinia allii* Saw.属子囊菌葱叶枯座盘菌。病菌菌核形成于寄主表皮下，片状至不规则形或近椭圆形，萌发时产生4～5个子囊盘。子囊筒状，大小为184～212μm×12～18μm，内含8个子囊孢子。子囊孢子长椭圆形，单胞，无色，大小为17～21μm×7～11μm（图9-18）。

[发病规律] 病菌以菌核随病残体在土壤中越冬，春、秋两季形成子囊盘，产生子囊孢子，子囊孢子借气流弹射传播，或直接产生菌丝传播蔓延。病菌发育适温20～25℃，洋葱生长期温暖潮湿，或多雨适宜发病。

[防治方法]
1. 收获后及时清除病残组织，集中深埋或高温堆沤。
2. 重病地区实行与非葱蒜类2～3年轮作。
3. 加强田间管理，雨后及时排水，降低田间湿度。
4. 发病初期施药防治。参见青花菜菌核病。
5. 贮藏期注意通风，避免贮温过高。

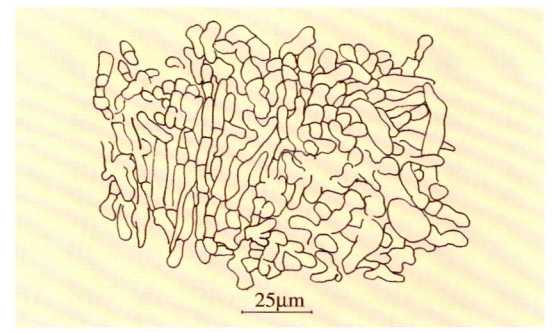

图9-18 洋葱小菌核病菌菌核结构

洋葱白腐病
Onion Sclerotium rot

白腐病为洋葱的重要病害，分布较广，发生较普遍，但多数地区发病较轻，仅零星植株染病，对生产无明显影响。局部地区发病较重，染病率可达10%以上，明显影响产量和质量。

[症状] 此病在洋葱各生长期都可发生，主要为害鳞茎。幼株发病，多表现萎蔫死亡。成株发病，叶片从顶尖开始向下变黄，逐渐枯死，湿度高时在鳞茎和不定根上长出许多绒毛状菌丝，随病害发展根或鳞茎呈水渍状腐烂。菌丝减退后病组织表面即露出黑色颗粒状菌核。贮藏期染病，鳞茎亦呈水渍状软腐。

[病原] *Sclerotium cepivorum* Berk.属子囊菌葱白腐小菌核真菌。病菌菌核球形或扁球形，灰黑至黑色，外表由1～2层厚壁暗色细胞组成。内部为紧密的浅红色长形细胞，大小为0.3～1.4mm×0.3～1.0mm。菌核萌发时表面凸起，外皮破裂后细密的菌丝自由融合后伸出，在其上产生小瓶梗，瓶梗上链生小型分生孢子。孢子透明，球形，直径为1.6～2.0μm。

[发病规律] 病菌以菌核在土壤中或随病残体存活越冬。遇根分泌物刺激萌发，长出菌丝侵染寄主，通过浇水和病土在植株间传播。发病温度为5～25℃，15～20℃最适宜病害侵染和扩展。土壤含水量直接影响菌核萌发，春末夏初多雨极有利于发病，夏季高温抑制病害发展。长期连作、排水不良、土壤贫瘠，则病害严重。

[防治方法]
1. 重病田实行与非葱蒜类作物3～4年轮作。
2. 加强田间调查，发现病株及时挖除深埋。
3. 用种子重量0.3%～0.4%的50%扑海因可湿性粉剂，或65%甲霉灵可湿性粉剂拌种。
4. 发病初期用药剂喷淋根茎，贮藏期亦可选用药液喷洒。参见青花菜菌核病。

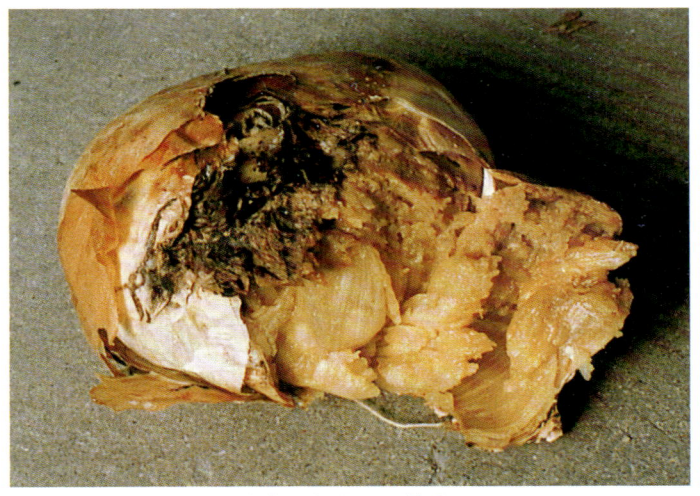

洋葱白腐病后期鳞茎

洋葱白腐病菌核

猝倒病为洋葱的重要病害，分布较广，常年发生。严重时造成鳞茎腐烂，损失严重。

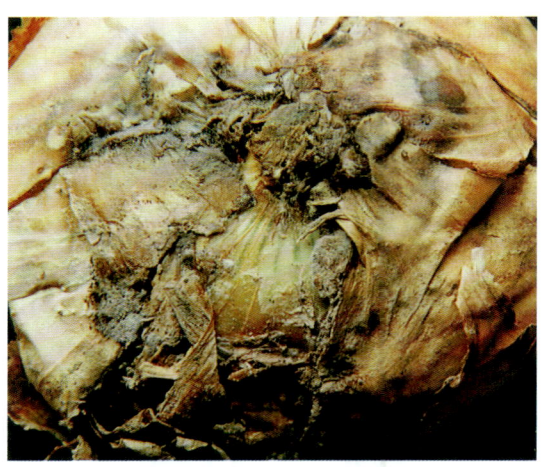

洋葱猝倒病贮藏期腐烂鳞茎

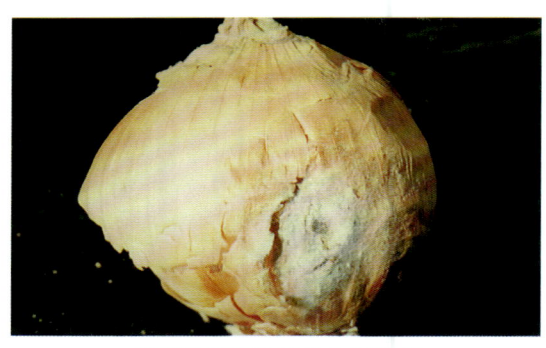

洋葱镰孢霉腐烂病初期鳞茎

洋葱镰孢霉腐烂病中期鳞茎

［症状］此病在洋葱各生育期都可发生，以贮藏期发生损失重。生长期多引起幼苗或植株鳞茎基部腐烂。贮藏期侵染鳞茎后病部呈水渍状腐烂，在病组织表面产生稀疏蛛丝状灰褐色霉状物，即病菌的菌丝。终致鳞茎全部腐烂。

［病原］*Rhizoctonia solani* Kühn 属半知菌立枯丝核菌真菌。病菌菌丝初无色，以后迅速变褐，直角分枝，附近具隔膜，分枝基部变细，直径8～12μm。菌核不定形，浅褐至黑褐色。

［发病规律］病菌主要以菌核随病残体在土中越冬，也可在土中营腐生生活。菌核萌发产生菌丝侵染幼苗或幼株，借雨水、浇水、农具和带菌肥料传播。田间积水、土壤过湿、施用未充分腐熟的有机肥，则发病严重。贮藏期参见镰孢霉腐烂病。

防治方法参见结球莴苣褐腐病和洋葱镰孢霉腐烂病。

洋葱镰孢霉腐烂病
Onion Fusarium rot

镰孢霉腐烂病为洋葱的普通病害，常在贮藏期发生，造成鳞茎腐烂，显著影响洋葱贮藏质量甚至引起腐烂。

［症状］此病仅为害鳞茎，多从受伤处开始侵染，在其表面密生白色致密絮状霉层，即病菌的分生孢子，最后使鳞茎腐烂。

［病原］*Fusarium avenaceum*（Fr.）Sacc.属半知菌燕麦细镰孢霉真菌。病菌菌丝白色棉絮状。分生孢子散生或群集，暗橙色，细长，弯曲，有细足细胞，具3～5个隔膜，大小为35～65μm×3.0～4.4μm。

［发病规律］病菌随鳞茎携带传播，鳞茎表皮受伤利于病菌侵染。洋葱鳞茎水分过多、贮藏期通风不良、空气潮湿、管理温度过高等都有利于发病。

［防治方法］
1. 收获前适当控水，贮藏前鳞茎应充分晾干。
2. 贮藏前精选鳞茎，严格去除受伤鳞茎。
3. 贮藏时注意通风，保持较低贮藏温度。

洋 葱 黑 粉 病
Onion smut

黑粉病为洋葱的普通病害，局部地区发生分布。通常病情较轻，对生产无明显影响，病害重时显著影响洋葱产量和质量。

［症状］此病在洋葱全生育期都可发生，主要在苗期发病形成为害。植株染病后生长衰弱，叶片浅黄，肿大而向下弯曲。拔出病株可见鳞茎表面生有铁灰色疱状肿瘤，有时叶鞘或叶片上也产生银灰色肿胀条斑。最后病疱破裂，散出黑色粉末。发病严重时植株成片枯死。贮藏期鳞茎可继续发病，引起鳞茎腐烂，在鳞片间产生黑色粉末，即病菌的孢子团。

［病原］*Urocystis cepulae* Frost属担子菌洋葱黑粉菌真菌。病菌

冬孢子球形，直径为16～27μm，中央为1～3个暗褐色细胞，直径为11～16μm。周围有数个不孕细胞，浅黄褐色，直径为4～8μm（图9-19）。

[发病规律] 病菌以冬孢子在土壤中或在粪肥中越冬，也可附着在种子表面越冬。种子发芽时病菌萌发侵入引起发病。病菌喜欢较低温度和较高湿度，13～20℃适宜孢子萌发，发病适温18℃左右。土壤潮湿利于发病。

[防治方法]

1. 重病地区实行与非葱蒜类蔬菜2～3年轮作。施用充分腐熟的粪肥，无病土育苗移栽。

2. 带病种子用种子重量0.2%～0.3%的75%卫福可湿性粉剂，或种子重量0.15%～0.2%的40%卫福胶悬剂拌种。还可用40%福星乳油4 000倍液，或43%菌力克悬浮剂4 000倍液浸种10min。

3. 初发生地块彻底拔除病株烧毁或深埋，并注意避免再传入。

4. 病地在播种前用药剂处理，可选用生石灰配合稻草利用日光能灭菌。还可选用12.5%粉唑醇乳油2 000倍液，或用98%

洋葱黑粉病前期鳞茎

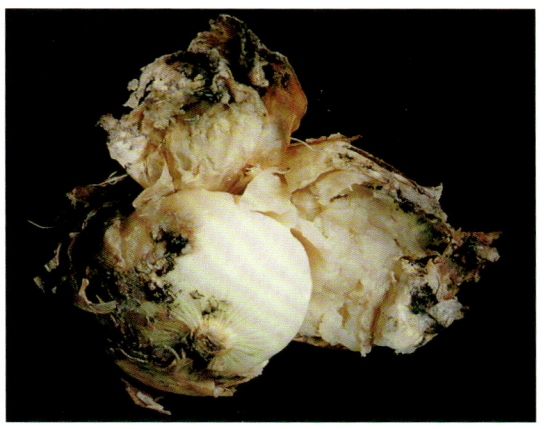

洋葱黑粉病剖面

洋葱黑粉病中期鳞茎

洋葱黑粉病田间病株剖面

洋葱黑粉病中后期鳞茎

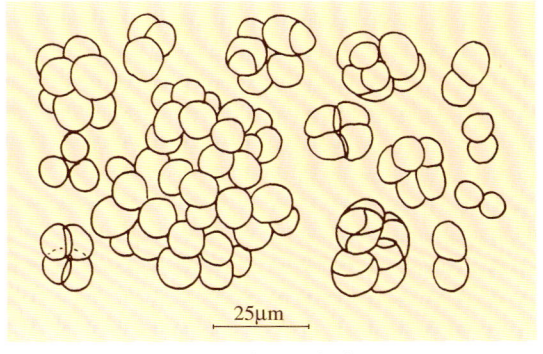

图9-19 洋葱黑粉病菌冬孢子

恶霉灵可湿性粉剂2 000倍液，或43%菌力克悬浮剂4 000倍液，或40%福星乳油4 000倍液喷浇苗床。

洋葱青霉病
Onion blue mold rot

青霉病为洋葱贮藏期的重要病害，分布较广，发生较普遍。发病程度因管理而异，严重时造成大量鳞茎腐烂。

[症状] 染病鳞茎初期病部发软，呈水渍状湿烂，以后在其表面产生初为白色后为灰绿色的霉状物，即病菌的分生孢子梗和分生孢子。最后鳞茎全部腐烂。

[病原] *Penicillium* sp.属半知菌青霉菌真菌。病菌分生孢子梗

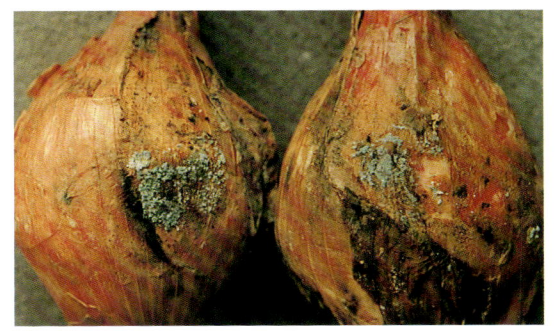

洋葱青霉病病鳞茎

较细长，顶端规则或不规则2～3次帚状分枝，顶端瓶梗较多，上部突然变窄。分生孢子串生，椭圆形，无色，个体较小。

洋葱软腐病
Onion bacterial soft rot

软腐病为洋葱的主要病害，分布广泛，发生普遍。一般病株率5%左右，轻度影响产量，严重地块或重发生年份，病株可达20%以上，显著影响洋葱生产。

[症状] 此病在各生育期都发生，以鳞茎膨大期和贮藏期发病较重。鳞茎膨大期在1～2片外叶的下部产生半透明灰白色斑，叶鞘基部软化腐烂，随病害发展，植株叶色变淡，外叶萎蔫倒折，随后，鳞茎呈水渍状软腐，并散发出恶臭气味。贮藏期染病，常造

洋葱软腐病中期病株

[发病规律] 病菌广泛存在于贮藏环境中，分生孢子随气流飞散传播。贮藏温度12℃以下时容易发病。

防治方法参见豆薯青霉腐烂病。

成鳞茎腐烂。

[病原] *Erwinia carotovora* subsp.*carotovora* （Jones）Bergey et al.属胡萝卜软腐欧氏杆菌胡萝卜软腐病亚种细菌。详见青花菜软腐病。

[发病规律] 病菌在鳞茎中越冬，也可在土壤中腐生。经伤口侵入，通过肥料、雨水或灌溉水传播蔓延。蓟马、种蝇也可传病。洋葱鳞茎膨大期多雨、害虫多，尤其是地下害虫多或管理不当、施用未腐熟肥料造成鳞茎受伤利于发病。此外，低洼连作，或土质黏重的地块发病较重。

[防治方法]

1. 选择中性壤土育苗和种植，施用充分腐熟的有机肥，合理浇水和施肥，避免鳞茎受伤，雨后及时排水。

2. 加强葱蓟马、葱菜蛾、葱蝇等害虫的防治。

3. 发病初期和收获前5～7天喷浇药液防治，参见青花菜软腐病。

洋葱软腐病中后期病株

洋葱生理变异
Onion physiological aberrance

生理变异为洋葱一般非侵染性病害，偶有零星发生。对生产无明显影响，重时在一定程度上影响洋葱的品质。

[症状] 生理变异在田间表现为整株或植株一侧的叶片或少数叶片叶肉自下向上褪绿黄化或白化，仅叶脉保持绿色，病株生长缓慢，叶片弯曲，后期易断折倒伏。

[病因] 生理变异主要是由于遗传基因发生变异，使植株不能进行正常光合作用，从而表现部分叶片黄化或白化。

[防治方法] 一般不需专门防治。

洋葱生理变异幼株

洋葱黄化苗
Onion physiological yellows

温度过高。

2.生长期加强田间管理，促使幼苗生长新叶。

黄化苗为洋葱的一般生理性病害，主要发生在冬季囤苗种植洋葱的地区，通常对生产无明显影响，严重时影响缓苗。

[症状] 受害幼苗在某一叶位均匀褪绿变黄，有的表现在叶尖，有的表现在叶的中段，有的在幼苗定植后随叶片生长抽出后才表现变色，通常不进一步发展。

[病因] 出现黄化苗主要是由于冬季囤苗覆土太厚，或管理不当，囤苗温度太高，使叶片细胞丧失了光合作用能力，在幼苗定植缓苗后仍不能恢复正常。

[防治方法]

1.囤苗期覆土厚度适中，避免过厚，控制好囤苗温度，防止

洋葱黄化受害幼苗

洋葱倒折
Onion falling over

生长期倒折属洋葱生理病害。洋葱种植地区都有发生，轻重和普遍程度与管理水平直接相关，严重时显著影响洋葱生产。

[症状] 受害田块植株叶色浓绿，叶片长而粗大，叶鞘细软，叶片与叶鞘比例严重失调，在鳞茎膨大期陆续倒伏，严重影响鳞茎生长膨大。

[病因] 生长期倒伏主要是由于氮、磷、钾肥施用比例不当，植株严重缺钾，使地上部生长过旺，甚至返青，鳞茎生长缓慢，地上部植株重量超过了叶鞘正常负重能力。

[防治方法]

1.根据洋葱生长发育需要配合施用氮、磷、钾肥，避免偏施氮肥。

2.进入鳞茎膨大期，植株需要大量钾肥，需及时追施钾肥，尤期是前期未施过钾肥的地块。

洋葱倒折田间受害状

7. 薄荷病害 Diseases of mint

薄荷病毒病
Mint virus disease

病毒病为薄荷的普通病害，分布较广，种植地区都零星发病。通常病株5%以下，对生产无明显影响，严重时病株达10%以上，在一定程度上降低产品质量。

[症状] 此病多全株表现症状，常在幼嫩叶片上出现黄绿相间、不规则的花叶或斑驳。病株叶片较健株略小，轻微扭曲，后期呈不规则坏死。有的病株明显矮化，嫩梢扭曲皱缩，中下部叶片呈不规则坏死，终致全株枯死。

[病原] 由一种或几种病毒混合侵染引起发病，待详细检测鉴定。发病规律、防治方法参见茼蒿病毒病。

薄荷病毒病病株

薄荷茎枯病
Mint Rhizoctonia wilt

茎枯病为薄荷的重要病害，种植地区均有发生，保护地、露地都可发病。通常病株零星，轻度影响生产，严重时常造成植株成片死亡。

[症状] 此病主要为害茎部，初在茎部出现浅黄褐色至褐色坏死斑，以后发展成不定形黄褐至黑褐色坏死条斑，终致病茎变褐缢缩，植株枯死，条件适宜时病茎上产生稀疏蛛丝状菌丝。

[病原] *Rhizoctonia solani* Kühn 属半知菌立枯丝核菌。详见蚕豆立枯病。

发病规律、防治方法参见蚕豆立枯病。

薄荷茎枯病病株

薄荷茎腐病病茎

薄荷茎腐病
Mint Fusarium rot

茎腐病为薄荷的普通病害，种植地区零星发病，以夏季雨后发病较重，一般发病率 1% 左右，重病地块病株可达 10% 以上，在一定程度上影响生产。

[症状] 此病主要侵害植株茎部，多从植株断折受伤的分枝处开始侵染，向上下扩展形成长条形浅褐色坏死斑，终致植株上部枯死。后期在病部表面产生粉红色霉层，即病菌的分生孢子丛。

[病原] *Fusarium* sp. 属半知菌镰孢霉真菌。详见石刁柏梢枯病。

发病规律、防治方法参见石刁柏梢枯病。

薄荷叶枯病前期病株

薄荷叶枯病
Mint Alternaria leaf blight

叶枯病为薄荷的普通病害，分布较广泛，保护地、露地都有发生。一般病情较轻，对生产无明显影响，严重时病株可达 30%～50%，显著影响产品质量。

[症状] 此病主要为害叶片，在叶片上产生大小不等浅褐至暗褐色不规则形坏死斑，多个病斑相互连接致叶片枯死，空气潮湿时，病斑表面产生灰黑色霉状物，即病菌的分生孢子梗和分生孢子。

[病原] *Alternaria tenuis* Nees 属半知菌细交链孢霉真菌。病菌分生孢子梗直立，橄褐色，有屈曲，具多个孢子痕，梗尖端常膨大，大小为 25～118μm × 3～6μm。分生孢子链生，椭圆形至倒棍棒状，淡橄褐色，多具有喙胞，具横隔膜 2～6 个，纵隔膜 0～3 个，大小为 12～65μm × 8～22μm。喙胞大小为 3.5～45μm × 2～6.5μm。

[发病规律] 病菌以菌丝体在病残体上越冬，或以分生孢子在保

护地内越冬。翌春，分生孢子借气流或雨水传播形成初侵染，发病后病斑上产生分生孢子不断进行重复侵染，使病害进一步扩展蔓延。

[防治方法]

1. 在采收后或入冬前彻底清除枯枝烂叶，集中烧毁，减少田间

菌源。

2. 生长期加强管理，雨后避免田间积水，保护地注意通风排湿。

3. 发病初期进行药剂防治，参见球茎茴香叶枯病。

薄荷叶枯病中期病叶

薄荷叶枯病后期病株

薄荷菌核病
Mint Sclerotinia rot

菌核病是薄荷的重要病害，多发生在老菜区的保护地内，一般病株率5%～8%，个别棚室发病较重，病株可达20%～30%，对产量和品质有一定影响。此病寄主范围极广，还可为害多种其他蔬菜。

[症状] 主要为害地上部，全生育期均可发生，以幼嫩时期受害重。发病初期病部呈水渍状，以后变褐腐烂，在病部长出浓密白色絮状白霉，最后转变成黑褐色菌核。空气潮湿，病害发展迅速，造成幼苗成片死亡。

[病原] *Sclerotinia sclerotiorum*（Lib.）de Bary 属子囊菌核盘菌真菌。病菌菌核初为白色，后呈黑褐色，为大小不等颗粒状，由菌丝扭集在一起形成，大小为 1.3～7.5mm×1.2～4.4mm。子囊

盘褐色，扁平状，柄长 4～13mm，子囊孢子单细胞，无色，椭圆形，大小为 9.5～15μm×5～11μm。

[发病规律] 病菌以菌核遗落在土壤内或随病残组织越冬。翌年条件适宜时，菌核萌发产生子囊孢子或菌丝，形成初侵染。温暖潮湿适宜发病，

薄荷菌核病初期病茎

薄荷菌核病病苗

薄荷菌核病中期病茎

薄荷菌核病后期病茎

棚温15～28℃均可发病，适宜温度18～22℃。一般种植年限长、密度高、湿度高的棚室发病较重。北方保护地内多3～6月发生。

[防治方法]

1. 发病期注意随时清除病残组织，防止病菌遗落在土中，减少越冬菌源。

2. 深翻土地，晾晒土壤，重病地块长时间灌水淹地，使菌核腐烂，或利用生石灰和草秸配合地膜覆盖进行日光高温灭菌。

3. 发病初期，发现病株及时清除后增加棚室通风，降低土壤和空气相对湿度，并配合药剂防治。可选用40%菌核利可湿性粉剂500倍液，或45%特克多悬浮剂800倍液，或65%甲霉灵可湿性粉剂500倍液，或40%施加乐悬浮剂800倍液，或50%农利灵可湿性粉剂1 200倍液，或10%宝丽安可湿性粉剂1 000倍液，或50%敌菌灵可湿性粉剂400倍液，或70%甲基托布津可湿性粉剂500倍液喷雾，7～10天1次，连续防治2～3次。

薄荷灰霉病
Mint gray mold

灰霉病为薄荷的普通病害，主要在保护地内发生，长江流域露地偶有发病。一般对生产无影响，严重时在一定程度上影响产品质量。

[症状] 此病主要为害叶片和嫩茎、嫩梢。叶片发病多从叶尖或积水的叶面及受伤的部位开始侵染。初形成水渍状灰褐至红褐色斑，呈不规则V字形或近圆形。随病害发展，在病部产生灰白色毛霉状物，即病菌的分生孢子梗和分生孢子。空气湿度高，叶片很快坏死并致邻近植株迅速染病。嫩茎和嫩梢染病后亦呈浅褐色坏死腐烂，病部产生灰白色霉毛状物。

[病原] *Botrytis cinerea* Pers.属半知菌灰葡萄孢真菌。病菌分生孢子梗浅褐色，单生或丛生，具

薄荷灰霉病病株

1～2次分枝，顶端密生小柄，小柄上着生葡萄状分生孢子群，大小为1 285～1 980μm×10.5～20.5μm。分生孢子圆形至椭圆形，单细胞，无色，大小为5～15.5μm×4.5～9.5μm。

[发病规律] 病菌主要以菌丝体或分生孢子随病残体越冬，亦可以菌核遗留在土壤中越冬。条件适宜越冬病菌和从其他发病寄主传播来的分生孢子引起初次侵染。低温潮湿，病部产生分生孢子借气流、雨水及农事操作传播蔓延，反复侵染为害。棚室温度低、湿度高、夜间长时间结露，利于病害发生发展。植株生长茂密，或因管理不当造成伤口或衰老黄叶较多也有利于发病。

[防治方法]

1. 收获后彻底清除各种作物的枯枝老叶及病残组织，减少残留病菌。

2. 种植翻地前，用较浓的防灰霉病药液喷洒地表、墙壁、立柱和棚膜等，进行表面灭菌，或用防治灰霉病烟雾剂熏烟，进行棚室消毒。

3. 发病初期及时小心地清除病叶和病株，用塑料袋带出棚外妥善处理，并配合药剂防治和棚室管理。发病后应增加通风和提高管理温度。药剂防治可选用65%甲霉灵可湿性粉剂600倍液，或40%施加乐悬浮剂800～1 000倍液，或10%宝丽安可湿性粉剂1 200倍液，或45%特克多悬浮剂1 000倍液，或50%敌菌灵可湿性粉剂500倍液，或50%农利灵可湿性粉剂800倍液喷雾，7～10天防治1次，视病情连续防治2～3次。有条件的选用防治灰霉病的粉尘喷粉防治效果更理想。

8. 罗勒病害　Diseases of sweet basil

罗勒病毒病
Sweet basil virus disease

病毒病为罗勒的普通病害，种植地区零星发病，对生产无明显影响，严重时在一定程度上降低产品质量。

[症状] 此病常在幼嫩叶片上出现黄绿相间不规则花叶或斑驳。

病株叶片轻微扭曲，后期坏死。重病株叶片扭曲皱缩，植株矮化，后期呈不规则坏死，终致全株枯死。

[病原] 由一种或几种病毒混合侵染所致，毒原不详。

[发病规律] 不详。

[防治方法] 通常不需防治，必要时参见茼蒿病毒病。

罗勒病毒病花叶病苗

罗勒病毒病坏死斑病苗

罗勒猝倒病
Sweet basil Pythium damping-off

猝倒病为罗勒的普通病害，保护地和露地均有发生，一般病株率5%～12%，对罗勒生产有轻度影响，重病地块病株最高可达40%

以上，造成局部成片死苗。

[症状] 此病主要在苗期发生。播种后幼苗未出土时染病，常引起烂种或烂芽，使幼苗不能出土。幼芽出土后至幼苗根茎维管束组织尚未发育完全而比较幼嫩时染病，田间常表现猝倒症状，初期嫩茎基部或幼根呈水渍状腐烂，并迅速向上

发展，致茎基湿烂缢缩，幼苗折倒，土壤湿度高时，病部产生绵状白霉。成苗一般发病少而轻，初期病部亦呈水渍状软腐，暗绿色至灰褐色，沿各方向发展迅速，病部表皮极易脱落，湿度高时亦产生稀疏白色霉状物，随病害发展病部略缢缩、腐烂，最后仅剩维管束组织，最终致植株萎蔫死亡。

[病原] *Pythium aphanidermatum*（Eds.）Fitzp.属鞭毛菌瓜果腐霉真菌。病菌菌丝发达，绵状，分枝，无隔膜，菌丝宽3～7.5μm。孢子囊顶生，膨大形成条状至不规则姜瓣状，萌发时形成球形泡囊，泡囊内形成12～31个游动孢子。游动孢子肾形，双鞭毛，大小为11.5～15.5μm×5～6μm。游动孢子休止时呈球状，直径10.5～12.5μm。藏卵器顶生，无色，球形，表面光滑，直径16～32μm。雄器有柄，同丝或异丝生，近椭圆形，一般只与一个藏卵器交配，大小为8～17μm×8～11μm。卵孢子球形，浅黄色，光滑，不满器，直径19～26.5μm，壁厚1～2μm（图9-20）。

罗勒猝倒病病苗

[发病规律] 病菌以卵孢子在表层土壤中越冬，可在土中长期存活。也可以菌丝体随病残体在土内越冬，营腐生生活。条件适宜时，病菌萌发产生孢子囊，释放游动孢子，经伤口或衰弱组织侵入寄主，也可直接产生芽管侵入。田间再侵染主要靠病菌产生孢子囊和游动孢子，经浇水或降雨传播。温暖高湿适宜发病，病菌生长温度10～30℃，适宜温度为15～20℃。播种后土壤潮湿、地温偏低，或幼苗期遇连阴、雨、雪天气，或幼苗受寒流袭击，生长衰弱，利于发病。此外，黏性土壤、低洼积水地块容易发病。

[防治方法]

1. 采取营养方、营养盘、营养钵或地热线等快速育苗方法育苗，缩短幼苗在土壤内的染病时间。

2. 苗土药剂处理，可选用72%霜脲·锰锌可湿性粉剂，或50%溶菌灵可湿性粉剂，或69%安克·锰锌可湿性粉剂30～60kg/hm²，拌细土450～750kg，均匀撒施在苗土表面，留少许药土在播种后撒施盖种。也可用72.2%普力克水剂或72%克露可湿性粉剂600～800倍液，或98%恶霉灵可湿性粉剂2 500倍液在播种后喷浇苗床土。

3. 选用壤土或砂壤土或基质育苗，播种前浇足底水，出苗后尽量少浇水，避免土壤过于潮湿。施用充分腐熟的肥料，待地温达15℃以上时播种催过芽的种子，保护地在播种和分苗后高温管理，催苗出土和尽快缓苗。出现病苗及时拔除，并适当增加通风排湿和辅以药剂防治。

4. 发病初期进行药剂防治，可选用72.2%普力克水剂，或72%霜脲·锰锌可湿性粉剂600～800倍液，或69%安克·锰锌可湿性粉剂1 200倍液2 250～3 000L/hm²喷浇苗床。

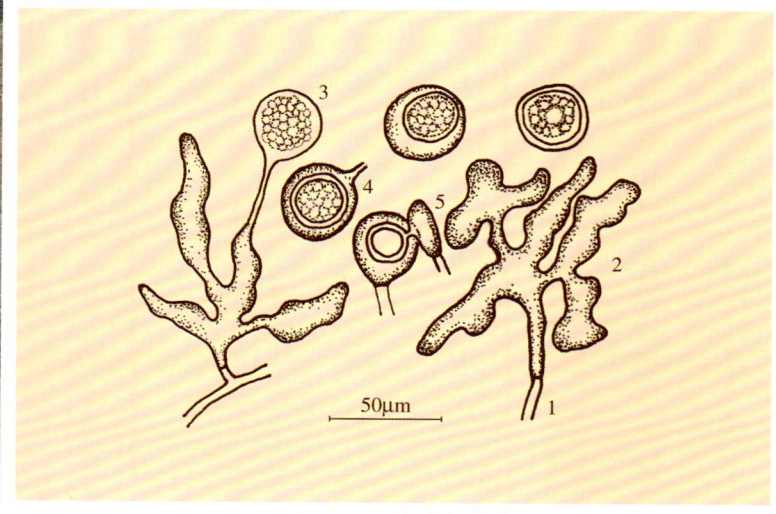

图9-20 罗勒猝倒病菌
1.孢囊梗 2.孢子囊 3.泡囊 4.藏卵器 5.雄器

立枯病为罗勒的常见病，分布较广，发生较普遍，保护地、露地都可发病。一般病株零星，对罗勒生产影响不大，严重时可造成植株成片死亡，明显影响生产。

[症状] 此病主要侵害根茎部和根系。植株受

罗勒立枯病
Sweet basil Rhizoctonia wilt

害后病部呈黑色坏死，以后皮层腐烂，露出木质部组织。植株地上

部随病害发展褪绿黄化，最后萎蔫坏死。田间病株往往容易拔起。条件适宜时病部产生灰褐色蛛丝状菌丝层。

[病原] *Rhizoctonia solani* Kühn 属半知菌立枯丝核菌真菌。详见蚕豆立枯病。

发病规律、防治方法参见蚕豆立枯病。

罗勒立枯病病苗

罗勒根腐病
Sweet basil Fusarium root rot

根腐病为罗勒的普通病害，保护地、露地都有发生，以露地受害偏重。一般病株率20%～30%，个别地块达40%以上，对生产有一定影响。

[症状] 此病主要为害根和根茎部。发病初期主根和侧根表面出现黄褐至灰褐色坏死斑点，逐步发展成不规则褐色坏死斑，致部分侧根坏死，重时根系全部坏死，随病害发展病斑迅速发展至茎基部，使之呈黑褐色干腐、缢缩，终致植株萎蔫死亡。

[病原] *Fusarium* sp.属半知菌镰孢霉真菌。病菌有大小两型分生孢子，大型分生孢子镰刀形，有隔膜，多细胞，色浅；小型分生孢子卵圆形，单细胞。

[发病规律] 病菌以菌丝体和分生孢子在病田土壤内或随病残体越冬。条件适宜时病菌从根部伤口或由幼根的端部侵入，形成初次侵染。在田间，病害以菌丝或分生孢子通过浇水、施肥等方式传播。温暖多雨利于发病，一般在温暖季节雨后或浇水后即开始发病。生长期尤其是苗期多阴雨，地下害虫活动频繁，根部因害虫或农事操作造成伤口较多，或土壤黏重、低洼积水、管理粗放等均有利于发病。

防治方法参见鸭儿芹根腐病。

罗勒根腐病后期病苗

罗勒根腐病前期病苗

罗勒褐斑病
Sweet basil Cercospora leafspot

褐斑病为罗勒的常见病，保护地、露地都有发生，分布广泛，一般对生产无明显影响，重时病株率40%～60%，最严重的可达100%，明显影响产量和品质。

[症状] 此病主要为害叶片。发病初期在病部出现紫色至灰褐色坏死小点，逐渐退淡转变成灰白色近圆形斑，外围形成一紫色至灰褐色坏死宽带，不规则形，边缘明显或不明显。多个病斑相互连接致叶片坏死干枯。空气潮湿，病斑两面产生浅灰黑色霉状物，即病菌的分生孢子梗和分生孢子。

[病原] *Cercospora* sp.属半知菌尾孢霉真菌。病菌子实层生于叶两面，平铺状，浅褐色，无子座或由少数几个褐色细胞组成，暗褐色。分生孢子梗单生或几根成束，浅褐色，2～6个分隔，一般不分枝，0～3个屈曲，大小为95～275µm×3.5～5.5µm。分生孢子浅灰褐色，鞭状至倒棍棒形，2～9个分隔，直或略弯，基部多圆锥形，顶端钝圆，大小为45～125µm×3～5.5µm（图9-21）。

[发病规律] 病菌以菌丝体在病叶上越冬，或随病叶遗落在土壤内越冬。条件适宜时产生分生孢子随气流传播，引起初侵染。以分生孢子在田间借气流、雨水或农事操作等进行

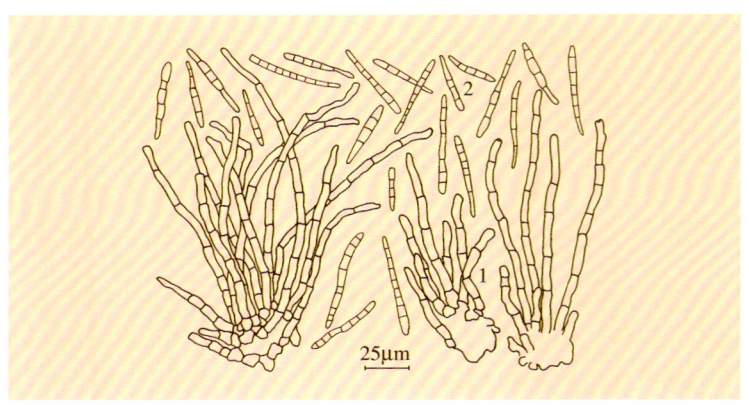

图9-21 罗勒褐斑病菌
1.分生孢子梗 2.分生孢子

重复侵染。温暖潮湿适宜发病，温度18～25℃，空气湿度达80%以上即可引起发病。多阴雨、多露、多雾，或保护地昼夜温差大、结露时间长，或棚内高湿，有利于发病。此外，黏土地、低洼地、贫瘠地块发病较重。

[防治方法]

1. 彻底清除病叶及残体，集中烧毁或沤肥，减少菌源。

2. 轮作倒茬，增施有机底肥，平整土地，雨后注意排水。发病期间清除部分中下部衰老枝叶，改善通透条件，保护地适当增加通风，降低空气湿度。

3. 发病初期药剂防治，可选用50%敌菌灵可湿性粉剂500倍液，或40%多硫悬浮剂400倍液，或70%甲基托布津可湿性粉剂600倍液，或70%代森锰锌600倍液，或6%乐必耕可湿性粉剂1 500倍液，或40%百科乳油1 500倍液，或45%特克多悬浮剂1 000倍液喷雾。10～15天1次，连续防治2～3次，保护地选用粉尘或烟雾剂防治效果更好。

罗勒褐斑病前期病叶

罗勒褐斑病中期叶面病斑

罗勒褐斑病中期叶背病斑

罗勒褐斑病后期病叶

罗勒炭疽病
Sweet basil anthracnose

炭疽病为罗勒的主要病害，一般病株率5%～10%，对生产无明显影响，严重地块达30%以上，在一定程度上影响产量与品质。

[症状] 此病主要为害叶片，发病初在叶片上产生水渍状斑点，逐渐发展呈灰褐色近圆形坏死斑，潮湿时病斑呈黑褐色，边缘明显，后期在病斑两面产生红褐色黏稠物，即病菌子实体。空气干燥，病斑呈灰白色，边缘褐色，病健部边缘不明显。

[病原] *Colletotrichum* sp.属半知菌刺盘孢真菌。病菌分生孢子盘散生或聚生，近圆形，初期红褐色，以后黑褐色，有刚毛。刚毛圆柱形，黑褐色，向上颜色逐渐变浅。分生孢子圆筒形，直，两端钝圆，内具1～2个油球（图9-22）。

[发病规律] 病菌以分生孢子或菌丝体随病残组织遗留在土表越冬。翌年条件适宜时引起初侵染，发病后病部产生分生孢子通过雨水、昆虫等传播，形成再侵染。病菌可直接侵入表皮，也可从伤口侵入。温暖多雨、空气潮湿有利于炭疽病的发生与发展。一般种植过密、施肥不足或偏施氮肥，或田间积水的地块有利于发病。

[防治方法]

1. 收获后彻底清除病残体，减少越冬菌源。

2. 重病地块与非唇形花科作物轮换种植，掌握合适的种植密度，黏壤土地块雨季避免积水。

3. 发病初期进行药剂防治。参见洋葱炭疽病。

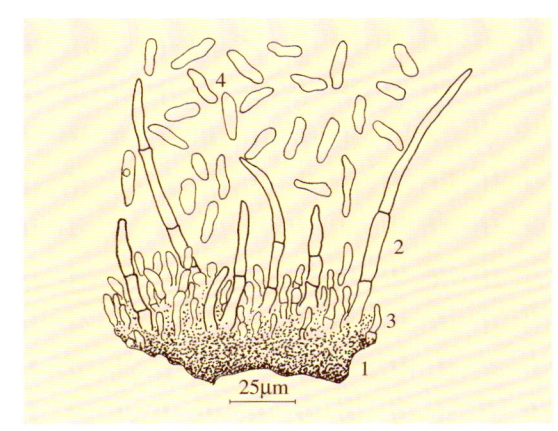

图9-22 罗勒炭疽病菌
1.分生孢子盘 2.刚毛 3.分生孢子梗 4.分生孢子

罗勒炭疽病前期病斑

罗勒炭疽病中后期病斑

罗勒黑斑病前期病叶

罗勒黑斑病中后期病株

罗勒黑斑病
Sweet basil Alternaria leafspot

黑斑病为罗勒的重要病害，分布较广，发生较普遍，保护地、露地都可发生，以较冷凉时期发病较重。一般病株率10%～30%，轻度影响产品质量，严重时发病率均达100%，显著影响产量和品质。

[症状] 此病主要侵染植株叶片，多沿叶尖或叶缘开始侵染，形成V字形或不定形灰褐至黑褐色坏死病斑，具有不明显的轮纹。空气潮湿，病斑表面产生较稀疏灰黑色霉层，即病菌的分生孢子梗和分生孢子。

[病原] *Alternaria tenuis* Nees 属半知菌细交链孢霉真菌。病菌分生孢子梗单生或簇生，呈不规则棍棒形，偶有分枝，暗褐色，具2～9个隔膜，顶端着生分生孢子，大小为42.5～90.5μm×3.5～5.5μm。分生孢子倒棒状或圆筒形，淡黄褐色，具2～10个横隔膜，0～7个纵隔膜，大小为27.5～53.5μm×9.5～17.5μm。喙胞较短，无隔，大小为2.7～15.5μm×2.5～4.5μm（图9-23）。

[发病规律] 病菌随病残体在土壤中越冬，也可在其他寄主上为害过冬。条件适宜时产生分生孢子通过风雨、气流或管理操作传播，形成初侵染和再侵染，温暖高湿或植株叶片结露积水有利于发病，植株生长衰弱发病严重。

防治方法参见球茎茴香叶枯病。

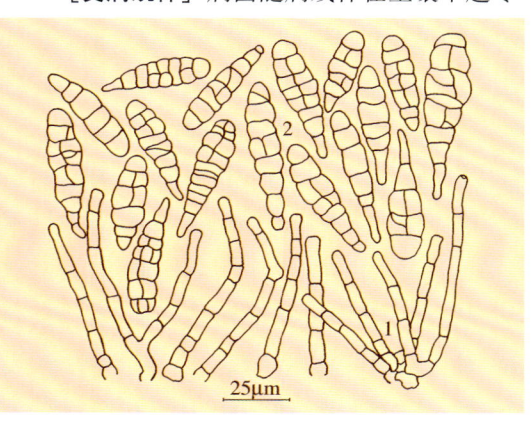

25μm

图9-23 罗勒黑斑病菌
1. 分生孢子梗　2. 分生孢子

罗勒茎腐病病茎

罗勒茎腐病
Sweet basil Phytophthora rhizome blight

茎腐病为罗勒的普通病害，分布较广，一般零星发病，造成少量死苗，严重时发病率可达30%左右，对罗勒生产有明显影响，此病还可侵害多种其他作物。

[症状] 此病主要为害幼苗，引起猝倒或基腐。发病初期病部水渍状，逐步变成黄褐色水渍状不规则坏死斑，迅速向各个方向发展使茎基和嫩茎腐烂，表皮极易脱落，最后仅剩丝状维管束组织。病株最后猝倒或茎折，湿度高时病部表面产生少许白色菌丝。叶片染病，初产生水渍状不规则形斑，后呈浅灰褐色水渍状腐烂。

[病原] *Phytophthora parasitica* Dast.属鞭毛菌寄生疫霉真菌。病菌菌丝生于寄主细胞间或细胞内，孢子囊顶生，有时侧生或间生，卵圆形至球形，大小为24～72μm×20～48μm。厚垣孢子多球形，黄色，直径为20～60μm。藏卵器间生或侧生，穿雄器而出，球形。卵孢子球形，直径11～29μm。雄器下位。

[发病规律] 病菌以菌丝体或卵孢子随病残体在土壤中越冬,也可随其他寄主越冬。借风雨和浇水、施肥进行传播。生长期间多以孢子囊传播蔓延。病菌生长发育温度10～36℃,适宜温度为27～31℃,高温多雨利于发病。一般多雨季节,湿度高或长时间降雨发病较重。另外,土壤黏重、地势低洼、植株生长茂密或前茬作物发病较重的地块发病亦重。棚室种植,分苗浇水后容易发病。

[防治方法]

1. 选择地势高燥,排灌方便的地块种植。掌握合理的种植密度。

2. 收获后深翻土地,晾晒土壤。施用充分腐熟的有机肥,采用半高垄栽种,修好排水沟渠,避免田间积水。

3. 发病后及时清除病株,注意适当控制浇水,切忌大水漫灌,并配合药剂防治。可选用50%溶菌灵可湿性粉剂600倍液,或72%克露可湿性粉剂600倍液,或72%霜脲·锰锌可湿性粉剂600倍液,或80%赛得福可湿性粉剂400倍液,或10%宝丽安可湿性粉剂600倍液,或72.2%普力克水剂600倍液喷雾和浇根,7～10天防治1次,视病情防治1～3次。

罗勒灰霉病
Sweet basil gray mold

灰霉病是罗勒的普通病害,仅在保护地内发生,一般造成零星死苗或烂叶,严重时发病率极高,常使幼苗成片坏死腐烂。

[症状] 此病主要侵染幼嫩、衰弱坏死或受伤的组织。叶片染病,多从叶尖或积水的部位开始侵染,形成近V字形斑,上生灰白色稀疏霉毛状物,即病菌的分生孢子梗和分生孢子。嫩茎和嫩梢染病,多呈水渍状腐烂,形成茎折或烂心,并导致邻近幼苗染病坏死,病部亦产生灰白色毛霉状物。

[病原] *Botrytis cinerea* Pers.属半知菌灰葡萄孢真菌。详见薄荷灰霉病。

发病规律、防治方法参见薄荷灰霉病。

罗勒灰霉病初期病叶

罗勒灰霉病后期病株

罗勒灰霉病中后期病叶

罗勒灰霉病中后期病茎

罗勒菌核病前期病株

罗勒菌核病病苗

罗勒菌核病
Sweet basil Sclerotinia rot

菌核病亦为罗勒的重要病害，主要发生在保护地内，在老菜区分布普遍，造成死株烂叶，对罗勒生产造成一定程度的影响。

[症状] 此病为害植株地上部分，任何时期均可发生，以幼嫩植株受害重。最初多由子囊孢子引起发病，通常幼苗或成株中下部叶片最先开始染病，造成幼苗嫩茎、嫩叶腐烂，产生絮状白霉，最后变成黑褐色菌核。老叶染病，初呈水渍状坏死，形成灰褐至黑褐色不规则坏死斑，随病害发展病斑上产生较稀疏的白色霉状菌丝层，最后形成小型菌核。空气潮湿，病害发展迅速，短时间内即致使许多茎叶坏死腐烂。

[病原] *Sclerotinia sclerotiorum*（Lib.）de Bary 属子囊菌核盘菌真菌。详见薄荷菌核病。

发病规律、防治方法参见薄荷菌核病。

罗勒菌核病成株受害状

罗勒菌核病中后期病株

罗勒菌核病后期病株

罗勒菌核病幼苗受害状

罗勒细菌性叶斑病
Sweet basil bacterial leafspot

细菌性叶斑病为罗勒的普通病害，在局部地区分布，多在夏、秋季雨后发生，一般病株零星，对罗勒无明显影响。严重时发病率可达20%～30%，在一定程度上影响生产。

[症状] 此病主要为害叶片，多从中下部叶开始发病，逐渐向上发展。初期沿叶尖或叶缘坏死，形成半圆形至V字形黄褐色坏死斑，逐渐向叶柄方向发展，形成黄褐色V字形坏死大斑，边缘常具有黄绿色晕环，最后致叶片坏死干枯。病害也可在叶面上形成大小不等的不规则黄褐色坏死斑，后期呈半透明牛皮纸状。侵染幼嫩部位可引起褐色干腐。

[病原] 此病由一种细菌侵染所致。

[发病规律] 病菌可在病残体上越冬，借风雨、浇水传播蔓延。生长期多雨此病易发生蔓延。种植过密、害虫数量多，病害发生较重。

防治方法参见青花菜黑腐病。

罗勒细菌性叶斑病幼苗病叶

罗勒细菌性叶斑病成株后期病叶

罗勒细菌性叶斑病成株病叶

罗勒细菌性叶斑病病苗

罗勒褐腐病
Sweet basil bacterial blight

褐腐病是罗勒的重要病害，局部分布，偶尔发生，但对罗勒生产影响较大。轻度发生多引起零星植株染病死亡，重度发病常造成大片植株萎蔫坏死。是一个潜在的危险性较大的病害。

[症状] 此病在幼苗和成株期都可发生。幼苗发病，多表现茎基浅褐色至深褐色坏死，病斑由一侧向整个嫩茎发展，染病方向根系变褐坏死，病茎表面疮痂状龟裂，病后期幼苗萎蔫死亡。成株发病，多表现由茎基部维管束向上发展，在茎的一侧形成大型不规则凹陷条状坏死斑，或在皮孔处形成大小不等略凹陷的梭形坏死斑，浅褐色，病害发展到一定程度，病部表面破裂，呈不规则疮痂状，内部组织外翻，有时在健康部位产生气生根突，随病害发展植株萎蔫死亡。

[病原] 一种细菌，有待研究鉴定。

罗勒褐腐病中期病株

罗勒褐腐病中期病茎

罗勒褐腐病后期病株

罗勒褐腐病后期病茎

[发病规律]病菌随病残组织越冬，也可种子带菌，远距离传播主要靠带菌种苗引起发病。高温潮湿是引起发病的重要条件。多在较高温季节浇水或降雨后开始发病，保护地在分苗或定植后也常发病。一般黏土地、低洼地块，或长时间缺水突然浇大水或降雨后田间积水，发病较重。此外，施肥、浇水等管理不当或地下害虫活动频繁造成根伤较多，有利于发病。

[防治方法]

1. 收获后彻底清理病株，集中烧毁。重病田实行2～3年轮作。

2. 采用无病种子，或对种子进行消毒。种子可用52℃温水浸种15～25min后移入凉水中冷却，再催芽播种。也可用1%稀盐酸液浸种4～8h，或用1.05%次氯酸钠溶液浸种20～30min后用清水洗净晾干，催芽播种。

3. 生长期加强管理，适时浇水和防虫，施用充分腐熟的有机肥，禁止大水漫灌，避免田间长时间积水。

4. 发现病株及时拔除，并配合药剂防治。可选用47%加瑞农可湿性粉剂600～800倍液，或77%可杀得可湿性粉剂400～500倍液，或25%噻枯唑可湿性粉剂500～600倍液，或新植霉素、农用链霉素5 000倍液喷雾或淋浇，7～10天1次，根据病情防治2～3次。

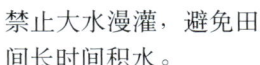

罗勒辛硫磷药害
Sweet basil Phoxim injury

辛硫磷药害为罗勒一般性生理伤害。偶有发生，对生产无明显影响，严重时在一定程度上影响产品质量。

[症状]辛硫磷药害主要表现上部嫩叶受害。轻度受害时仅表现叶尖和叶缘褪绿变白，后期逐渐恢复正常。受害较重时叶片全部白化坏死或呈白色网状花斑状坏死。

[病因]多种蔬菜对辛硫磷敏感，在使用辛硫磷防治害虫时由于防治害虫使用药液浓度太高，或环境温度较高致着药部位和存药较多的部位组织受害。轻时仅表现抑制叶绿素形成，重时致叶片受害细胞组织完全丧失生理机能，最后坏死。

防治方法参见甜瓜药害。

罗勒辛硫磷药害受害幼株

罗勒菟丝子
Sweet basil dodder

菟丝子主要发生在局部管理粗放的地区，或部分新发展蔬菜的地区，严重时对罗勒生产一定影响。

[症状] 菟丝子以藤蔓缠绕罗勒地上部而造成危害,被害植株幼茎歪扭，生长缓慢，叶片变小，叶色褪淡，严重时被害株萎蔫死亡。

[病原] *Cuscuta chinensis* Lamb.属中国菟丝子。茎丝状，黄色，叶退化为鳞片状，伞状花序，浅黄色，花小，多个至10多个簇生，无柄，有两片包叶，花萼长卵形，花冠钟形，花药长卵形。

[发病规律] 罗勒菟丝子以种子在土中越冬,也可混杂在罗勒种子内越冬。春天播种后菟丝子种子吸水萌发后抽出藤蔓，缠绕侵入寄主。还可通过人、畜、农具、肥料等进行传播。

防治方法参见食用菊菟丝子。

罗勒菟丝子单株为害状

罗勒菟丝子田间为害状

罗勒菟丝子单株为害状

9. 紫苏病害 Diseases of perilla

紫苏褐斑病
Perilla Phoma spot

褐斑病为紫苏的重要病害，部分地区发生分布，多在夏、秋季发病，一般病株率10%～30%，在一定程度上影响生产，重病地块发病率可达80%以上，部分植株因病枯死，明显影响产量和质量。

[症状] 此病主要侵害叶片和茎秆。叶片染病，在叶片上散生浅紫色至紫褐色近圆形至不定形病斑。初期为水渍状，以后成为暗色坏死干斑，叶背面颜色较浅。通常病斑不穿孔，发病后期病斑上可产生少许黑点，即病菌的分生孢子器。病害严重时，叶片上病斑密集，短期内病叶即枯死。茎部染病，多形成长椭圆形坏死斑，并向上下扩散，红褐至紫褐色，边缘颜色略浅，后期可产生分生孢子器，严重时病部以上枯死。

紫苏褐斑病病叶

紫苏褐斑病病茎

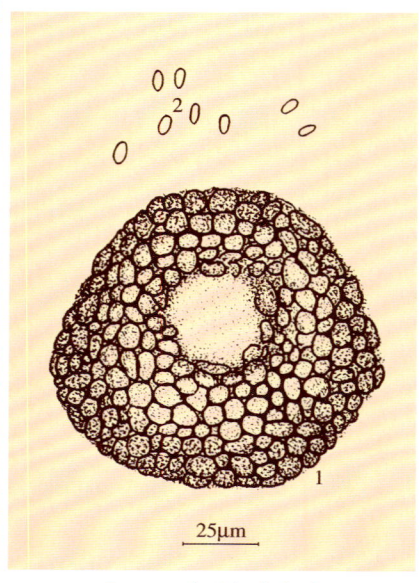

图9-24 紫苏褐斑病菌
1. 分生孢子器 2. 分生孢子

[病原] *Phoma* sp.属半知菌茎点菌真菌。病菌分生孢子器近球形，初埋生于寄主组织内，以后突破表皮，部分外露，具有较大孔口，直径30～45μm。分生孢子卵圆形至椭圆形，单细胞，淡色，大小为0.8～1.3μm×1.7～2.3μm（图9-24）。

[发病规律] 病菌以菌丝体和分生孢子器随病残体越冬，条件适宜时以分生孢子形成初侵染，发病后病部产生分生孢子器释放分生孢子借雨水和气流传播，进行重复侵染。温暖高湿有利于发病。昼夜温差大，夜间长时间结露，或紫苏生长期多阴雨、多雾，植株生长衰弱，病害发生较重。

[防治方法]

1. 收获后彻底清除病残植株。

2. 施足有机底肥，适当增施磷、钾肥，加强田间管理，雨后防止田间积水。

3. 发病初期施药防治，参见菜用大豆灰星病。

紫苏根腐病
Perilla Fusarium root rot

根腐病是紫苏的普通病害，分布广泛，发生普遍，保护地、露地种植都有发生。一般发病率5%～10%，严重地块可达40%以上，明显影响生产。

[症状] 此病主要为害幼苗或幼嫩植株根系和根茎部。染病后叶缘颜色褪绿变淡，以后逐渐萎蔫坏死，由下向上发展。有时仅某方向部分叶片沿叶缘向叶柄方向变褐坏死，最后至全株萎蔫死亡。染病植株根部和根茎部多形成不规则黑褐色坏死斑，几个病斑相互汇合致根系或根茎部呈黑褐色腐烂，剖开茎部可见维管束变褐坏死。

[病原] *Fusarium* sp.属半知菌镰孢霉真菌。病菌产生两种类型分生孢子，大型分生孢子纺锤形，稍弯曲，3～5个隔膜。小型孢子卵圆形至长椭圆形，单胞或双胞。

[发病规律] 病菌主要以菌丝体或厚垣孢子随病残组织在土壤内越冬，带菌的肥料和土壤是引起发病的主要初侵染源。其他作物遗留的病组织也可引起发病，病菌分生孢子还可随种苗传播。田间病菌以病部产生分生孢子进行再侵染，借雨水溅射或浇水施肥传播蔓延。低洼、土质黏重的地块发病较重，施用未腐熟的堆肥或施肥、管理不当，或地下害虫严重致植株根部受伤等诱发此病。

紫苏根腐病前期病苗

紫苏根腐病中期病苗

[防治方法]

1. 收获后及时彻底清除植株及病残组织，集中妥善处理。重病地块种植前深翻晒土，杀灭病菌。

2. 施足底肥，增施磷、钾肥，有机堆肥充分腐熟，常发病地块采用高垄或高畦栽培。生长期适时中耕，及时防治地下害虫，避免田间积水或因水肥管理不当造成根伤。

3. 重病地块选用土菌消可湿性粉剂，或利克菌可湿性粉剂，或多菌灵可湿性粉剂，种植前拌细土均匀撒施在地表，或沟施或穴施在种植沟穴内，进行土壤消毒灭菌。

紫苏根腐病后期病苗

10. 白苏病害 Diseases of common perilla

褐斑病为白苏的主要病害，分布广泛，发生普遍。主要在夏、秋露地种植时发生为害。病害轻时对白苏生产无明显影响，严重时发病率很高，常致白苏茎叶枯死，影响生产。在田间，此病常和黑斑病、斑枯病混合发生。

白苏褐斑病
Common perilla Cercospora leafspot

[症状] 此病多在白苏生长中后期发生，主要为害叶片，严重时亦为害茎、叶柄和花序。叶片染病初形成浅褐色小点，以后发展成多角形至不规则形浅褐色至暗褐色坏死斑。空气潮湿时病斑正背面产生暗灰褐色绒状霉层，即病菌的分生孢子梗和分生孢子。严重时叶片上病斑密布，短期内病叶即坏死干枯。茎和叶柄染病，多形成长椭圆形至梭形病斑，黄褐至暗褐色，稍凹陷，边缘浸润状，湿度高时病斑表面亦产生灰褐色绒状霉层。花序染病，多从花萼尖端开始染病，形成黄褐色至暗褐色不规则形坏死斑，使花序提早干枯坏死。湿度高时病部表面亦产生灰褐色绒状霉层。

[病原] *Cercospora althaeina* Sacc.属半知菌蜀葵尾孢霉真菌。病菌子座由少数褐色细胞组成。分生孢子梗密

白苏褐斑病后期叶面病斑

白苏褐斑病中期叶背病斑

白苏褐斑病病茎

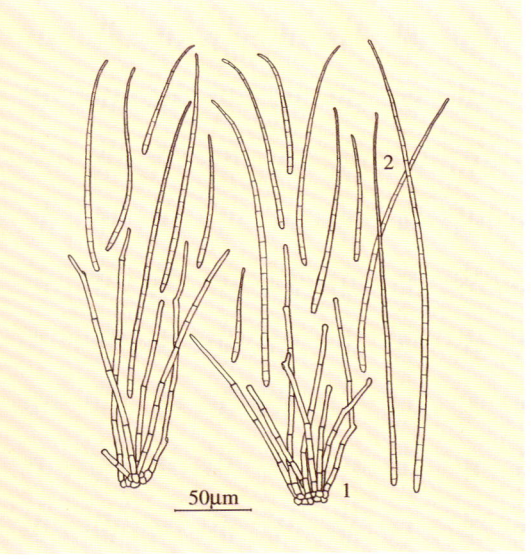
图9-25 白苏褐斑病菌
1. 分生孢子梗 2. 分生孢子

白苏褐斑病病花序

集，5~18根成束，淡榄褐色，隔膜多，有膝状屈曲，作各种形式的弯曲，孢子痕在平切状的顶端，大小为32~178.5μm×3.5~5μm。分生孢子鞭状至针形，直或稍弯曲，隔膜多而不明显，基部平切，浅色，大小为54~304μm×3~5μm（图9-25）。

[发病规律] 病菌以菌丝体随病残体越冬。条件适宜时产生分生孢子，借风雨传播蔓延，侵入寄主引起发病，以后产生新的分生孢子进行多次重复侵染。高温高湿利于发病。阴雨潮湿、光照不足、昼夜温差大适于病害发生与发展。此外，地势低洼、连作、管理粗放、肥料不足、植株生长衰弱等发病均重。

防治方法参见罗勒褐斑病。

白苏黑斑病
Common perilla Alternaria leafspot

黑斑病为白苏的普通病害，分布广泛，发生较普遍。保护地、露地种植都可发病。通常病情较轻，对白苏生产影响不明显，严重时病株率可达100%，并常与褐斑病混合发生，致植株早衰枯死，明显影响白苏生产。

[症状] 此病主要在白苏生长中后期发生，主要侵害叶片，在叶片上形成初为褐色水浸状的小斑点，以后发展成近圆形或不定形黄褐色至灰褐色的中型坏死斑，边缘颜色略深。随病害发展，病斑正背面均产生稀疏灰黑色霉状物，即病菌分生孢子梗和分生孢子。有的病菌沿叶缘侵染，向里扩展形成较大的不规则坏死斑，致叶片提前坏死干枯。

[病原] *Alternaria tenuis* Nees 属半知菌细交链孢霉真菌。病菌分生孢子梗多根成束，直立，榄褐色，有屈曲，顶端常扩大，具多个孢子痕，大小为20~98.5μm×4~7μm。分生孢子椭圆形至棍棒状，有喙或无喙，淡榄褐色，有横隔膜4~9个，纵隔膜0~8个，大小为28.5~62.5μm×9.5~23.2μm。喙胞大小为6.3~23.5μm×2.6~7.1μm（图9-26）。

发病规律、防治方法参见球茎茴香叶枯病。

白苏黑斑病病斑

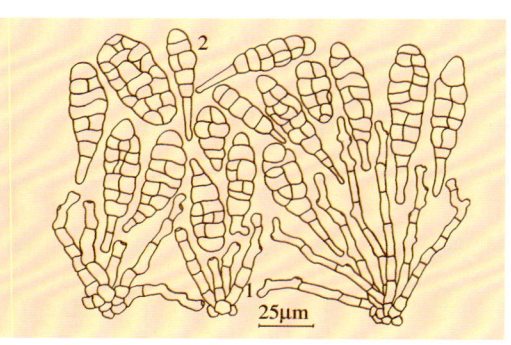

图9-26 白苏黑斑病菌
1.分生孢子梗 2.分生孢子

白苏斑枯病
Common perilla Septoria leafblight

斑枯病为白苏的普通病害，分布较广，发生较普遍，多在夏、秋季发生，一般病株率30%~50%，对生产无明显影响。严重地块，病株率可达80%~100%，明显影响产量和品质。在田间，常与褐斑病、黑斑病混合发生。

[症状] 此病多在白苏生长中后期发生，主要为害叶片，在叶上形成近圆形至多角形小型病斑，中央灰白色至浅黄褐色，边缘暗褐色，后期病斑上可产生不很明显的小

白苏斑枯病中期叶面病斑

白苏斑枯病中后期叶背病斑

黑点，即病菌的分生孢子器。严重时病叶脱落。

[病原] *Septoria perillae* Miyake 属半知菌壳针孢真菌。病菌分生孢子器叶两面生，散生或聚生，孔口微露。器壁膜质，褐色，球形至近球形，直径55～80μm。分生孢子针形，无色透明，正直或微弯，基部钝圆，顶端较尖，具2～4个隔膜，大小为24～35μm×1～2μm。

[发病规律] 病菌以菌丝体和分生孢子器随病残体在土壤中越冬。越冬后产生分生孢子是田间发病的最初侵染源。一般分生孢子器吸水后膨胀，从孔口溢出分生孢子，借风雨传播或通过雨水反溅到植株叶片上引起发病。发病后产生新的分生孢子器和分生孢子借风雨传播，进行重复侵染。多雨、多露、雾大有利于病害的发生与发展。

防治方法参见樱桃番茄斑枯病。

11. 牛至病害 Diseases of oregano

牛至立枯病
Oregano Rhizoctonia wilt

立枯病为牛至的常见病，分布较广，保护地、露地种植都可发生。通常零星发病，重时造成幼苗成团坏死，在一定程度上影响生产。

[症状] 此病主要侵害根茎部，初期病部出现黄褐至灰褐色坏死小点，逐步发展至根茎全部变褐坏死，幼苗真叶由下向上逐渐萎蔫枯死，终致整棵苗枯死。后期根茎干缩，根系腐烂，有时在病组织表面产生灰褐色蛛丝状菌丝。

[病原] *Rhizoctonia solani* Kühn 属半知菌立枯丝核菌真菌。病菌菌丝有隔，初期无色，后变褐色，多为直角分枝，分枝基部缢缩，分枝不远处有一隔膜。

[发病规律] 病菌主要在土壤中越冬，幼苗出土后管理不善即引起发病。土壤过干或过湿，幼苗生长衰弱，有利于发病。

防治方法参见蚕豆立枯病。

牛至立枯病病苗

牛至灰霉病病苗

牛至灰霉病
Oregano gray mold

灰霉病为牛至的普通病害。分布较广，主要在保护地内发生，通常病情较轻，对生产影响较小，重时影响产品质量。

[症状] 此病可侵染幼株所有地上部分，多从下部叶尖或嫩茎开始发病，呈灰褐至灰绿色坏死，在病部表面产生稀疏灰白色霉状物，即病菌的分生孢子梗和分生孢子。严重时幼苗成片坏死。

[病原] *Botrytis cinerea* Pers. 属半知菌灰葡萄孢真菌。详见鸭儿芹灰霉病。

发病规律、防治方法参见鸭儿芹灰霉病。

牛至沤根受害幼苗

牛至沤根
Oregano moisture stress

沤根为牛至的生理病害，各地时有发生，通常局部受害，重时造成大批死苗。

[症状] 此病主要表现幼苗不生新根，已出根变褐坏死，最后腐烂，地上部萎蔫，褪色，最后枯死。

病因、防治方法参见香芹沤根。

12. 鼠尾草病害 Diseases of sage

鼠尾草黑斑病
Sage Alternaria leafspot

黑斑病为鼠尾草的重要病害，仅在个别地区发生，保护地、露地都可发病。通常病害程度较轻，但对产品质量影响较大。

[症状] 此病主要为害叶片，严重时为害叶柄。多从叶尖或积水的叶面开始侵染。初为浅黄褐色小点，略呈水渍状，周缘颜色较浅，以后发展成大小差异较大形状不规则的病斑，病健交界明显。病害严重时，叶片上病斑密布，相互连接致叶片枯死。叶柄受害，多形成褐色梭形坏死病斑，后期易从病部折断。空气潮湿，病斑上可产生少许暗褐色霉层，即病菌的分生孢子梗和分生孢子。

[病原] *Alternaria tenuis* Nees 属半知菌细交链孢霉真菌。病菌分生孢子梗直立，分枝或不分枝，榄褐色，有屈曲，顶端膨大，具多个孢子痕，大小为15～89μm×3～6μm。分生孢子多个串生，椭圆形、卵形至倒棍棒状，表面光滑，淡榄褐色，有横隔膜3～8个，纵隔膜0～5个，有喙或无喙，大小为18.5～51μm×7～16.5μm（图9-27）。

[发病规律] 病菌以菌丝体在病残体上越冬。条件适宜时产生分生孢子形成初侵染。发病后病部再产生分生孢子，随风雨、气流传播蔓延，温暖高湿有利于发病。管理粗放，植株生长衰弱，病害严重。

[防治方法]

1. 收获后彻底清除病残落叶，集中妥善处理，减少田间菌源。

2. 适当增施有机肥，生长期加强管理，雨后及时排水，保护地内注意通风降湿。发现个别叶片受害时及时摘除。

3. 发病初期进行药剂防治。参见球茎茴香叶枯病。

鼠尾草黑斑病叶面病斑

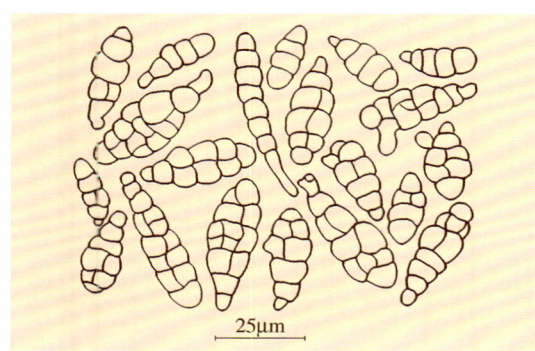

图9-27 鼠尾草黑斑病菌分生孢子

25μm

鼠尾草黑斑病叶背病斑

鼠尾草菌核病后期病苗

鼠尾草菌核病
Sage Sclerotinia rot

　　菌核病是鼠尾草的普通病害，主要发生在老菜区保护地内，发病程度差异较大，一般病株率5%～10%，个别棚室病株达20%以上，或造成局部死苗烂秧。

　　[症状]　此病主要发生在苗期，重时成株期亦发生。苗期染病，初期呈水渍状腐烂，发展迅速，随后长出浓密絮状白色菌丝团，最后菌丝团纠集形成黑褐色鼠粪状菌核，重时大片菜苗坏死腐烂。成株期染病，病菌多为害茎基部，使茎基呈浅褐色干腐，初期病部表面长出少许白霉，以后变成大小不等的菌核，随病害发展植株萎蔫枯死，病茎内产生鼠粪状菌核。

　　[病原]　*Sclerotinia sclerotiorum*（Lib.）de Bary属子囊菌核盘菌真菌。详见结球莴苣菌核病。

　　发病规律、防治方法参见结球莴苣菌核病。

鼠尾草沤根
Sage moisture stress

　　沤根为鼠尾草的生理病害，多在育苗期发生。病害发生程度与管理水平关系密切，严重时可造成毁苗。

　　[症状]　此病从幼苗出苗至移栽定植都可发生。病苗表现不发新根和不定根，根皮呈铁锈色，逐渐腐烂、干朽。地上部生长受抑制，叶片逐渐变黄，不出新叶，随病害发展病苗逐渐萎蔫，最后枯死。在田间病苗极易拔起。

　　[病因]　此病主要由于苗床土温过低，持续时间较长，同时因浇水过多或遇连阴雨天造成苗土过湿，根系缺氧，呼吸作用受阻，不能正常发育，持续时间超过幼苗根系耐受限度，使根系正常生理机能受到破坏造成沤根。

　　[防治方法]

　　1. 选用适当的苗土育苗，使苗土保持疏松，适时适量浇水，防止苗土过湿。

　　2. 加强苗床温度管理，防止温度过低，使苗床土温保持在14℃以上。

　　3. 发生轻微沤根，应及时提高苗床温度、松土并适当控制浇水，促使病苗尽快发出新根。

鼠尾草沤根受害幼根

鼠尾草沤根受害幼苗

13. 莳萝病害 Diseases of dill

莳萝立枯病病根

莳萝立枯病
Dill Rhizoctonia wilt

立枯病为莳萝的常见病，分布广泛，发生普遍，保护地、露地都发病。一般零星发生，引起局部死苗。发病严重时造成成片毁苗或死株。

[症状] 此病主要为害幼苗的茎基部，通常在近地表嫩茎处开始发病。嫩茎上病斑黄褐至暗褐色，略凹陷，椭圆至不规则形，随病情发展病斑深入到嫩茎内部组织，致维管束组织坏死，地上部逐渐变黄枯死。空气潮湿，可在病部产生灰白色稀疏蛛丝状物，即病菌的菌丝体。

[病原] *Rhizoctonia solani* Kühn 属半知菌立枯丝核菌真菌。详见蚕豆立枯病。

发病规律、防治方法参见蚕豆立枯病。

莳萝白粉病
Dill powdery mildew

白粉病为莳萝的主要病害，分布较广，发生较普遍，保护地、露地都有发病，秋季发病较重。一旦发病，染病株率都很高，常达100%，明显影响莳萝生产。

[症状] 此病可为害叶片、叶柄、主茎和花梗。初期在其表面产生白色粉状斑，以后发展成明显粉堆，即病菌的分生孢子梗和分生孢子。严重时病斑连片，植株表面布满白粉，最后使植株枝叶枯死。后期病组织上可产生黑色小点，即病菌的子囊壳。

[病原] *Erysiphe heraclei* DC. 属子囊菌独活白粉菌。病菌菌丝体寄主表面生，产生直立分生孢子梗，其上串生分生孢子。分生孢子圆柱形，两端钝圆，无色，大小为30.6～55.6μm×11.1～19.4μm。子囊壳球形至扁球形，暗褐色，直径75～

莳萝白粉病病幼株

莳萝白粉病病茎

130μm，内含4～6个子囊。子囊椭圆形至卵形，无色，具明显的子囊柄，50～75μm×30～35μm，内含2～6个子囊孢子。子囊孢子正圆形至卵形，无色透明，单胞，大小为18～27μm×10～14μm（图9-28）。

发病规律、防治方法参见球茎茴香白粉病。

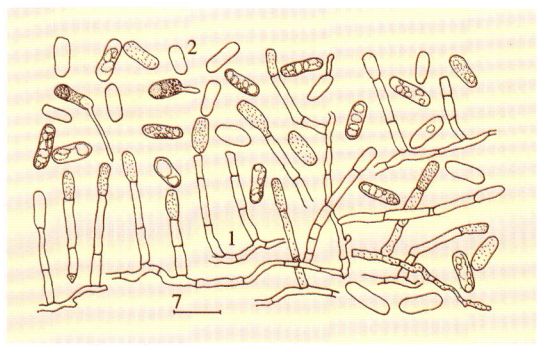

图9-28 莳萝白粉病菌
1.分生孢子梗 2.分生孢子

莳萝白粉病幼苗受害状

莳萝白粉病种株受害状

莳萝根腐病
Dill Fusarium root rot

根腐病为莳萝的常见病。分布较广，发病亦较普遍，保护地、露地都可受害。一般病株零星，轻度影响生产，个别地块发病较重，造成植株成团或成片死亡。

[症状] 此病主要为害根系，染病植株根系最初出现锈斑，逐渐发展使根系坏死腐朽，根茎发黑，潮湿时在根茎表面产生少量白霉，即病菌的分生孢子。病株地上部随病害发展逐渐萎蔫，最后枯死。

[病原] *Fusarium* sp.属半知菌镰孢霉真菌。病菌产生大小两种类型分生孢子。大型孢子镰刀形，多细胞。小型孢子卵圆形，单胞，无色。

[发病规律] 病菌随病残体在土壤内越冬，土壤内残留的病菌成为翌年发病的初侵染源。排水不良、中耕除草或地下害虫造成根伤有利于发病。土壤黏重的地块发病较重。

[防治方法]
1.选择排水较好的肥沃土壤种植。
2.精耕细作，及时中耕除草，防治好地下害虫，避免伤根，减少病菌侵染机会。
3.必要时进行药剂防治。参见山药根腐病。

莳萝根腐病中后期病根

莳萝根腐病后期病根

莳萝灰霉病
Dill gray mold

灰霉病为莳萝的普通病害，在部分地区发生分布，主要在保护地内发病，严重时在一定程度上影响生产。

[症状] 此病主要为害叶片和叶柄，多从受伤或衰弱坏死的组织开始侵染，造成茎叶坏死腐烂，并迅速向各个方向发展，后期在病组织表面产生灰白色霉层，即病菌的分生孢子梗和分生孢子。严重时造成局部毁苗或枝叶坏死。

[病原] *Botrytis cinerea* Pers.属半知菌灰葡萄孢真菌。详见鸭儿芹灰霉病。

发病规律、防治方法参见鸭儿芹灰霉病。

莳萝灰霉病前期病株

莳萝灰霉病中后期病叶

莳萝菌核病中期病苗

莳萝菌核病后期病株

莳 萝 菌 核 病
Dill Sclerotinia rot

菌核病也为莳萝的普通病害，主要在老菜区保护地内零星发生，但发病后损失较重，一般病株率5%～10%，个别达20%左右，明显影响生产。

[症状] 此病主要为害植株中下部茎叶组织，发病初期病部呈不规则水渍状软腐，暗绿至灰褐色，迅速向各方向发展，在病部产生浓密白色絮状菌丝团，以后变成鼠粪状菌核。随病情发展，植株倒折或萎蔫死亡。

[病原] *Sclerotinia sclerotiorum*(Lib.)de Bary属子囊菌核盘菌真菌。详见青花菜菌核病。

发病规律、防治方法参见青花菜菌核病。

莳萝菌核病中期病株

14. 茴香病害 Diseases of fennel

茴香病毒病
Fennel virus disease

病毒病为茴香的常见病，分布较广，发生亦较普遍。多在露地发生，一般发病较轻，对生产无明显影响。夏、秋种植或春季干旱此病较重，病株可达10%～30%，明显影响茴香产量和品质。

[症状] 此病全生育期都可发生，以苗期发病重。发病较早的幼苗矮化，叶片畸形皱缩，或呈花叶斑驳状，或黄化坏死，不能抽薹开花。幼苗较大时染病，叶片亦呈花叶状皱缩，可抽薹开花，但结实少而小。

[病原] Apium virus 1 和 CMV 即芹菜花叶病毒1号和黄瓜花叶病毒单独或复合侵染所致。芹菜花叶病毒粒体线状，长780nm，致死温度40～45℃，10min，稀释限点100～1000倍，室温下体外保毒期6天。黄瓜花叶病毒粒体球状，直径

28～30nm，钝化温度60～70℃，10min，稀释限点1 000～10 000倍，体外存活期3～4天，不耐干燥。

[发病规律] 芹菜花叶病毒1号和黄瓜花叶病毒都在活体寄主上为害越冬，主要通过汁液和蚜虫传染。高温干旱有利于蚜虫的发生、繁殖，此病发生较重。

防治方法参见西芹病毒病。

茴香病毒病黄化病苗

茴香病毒病矮化畸形病苗

茴香白粉病
Fennel powdery mildew

白粉病为茴香的重要病害，分布较广，但一般不常发生，一经发病，病株几乎都达100%，病情严重，显著影响产品质量。

[症状] 此病在茴香各个生育期都可发生，以苗期发病时对生产影响大。植株地上部均可染病，较成熟的中下部叶片先发病。初期在幼苗表面产生白色粉状斑点，以后逐渐扩大，相互融合使植株表面布满白粉，即病菌的分生孢子梗和分生孢子。严重时白粉成堆，病部组织变色，生长缓慢，终致幼苗萎

蔫枯死。

[病原] Erysiphe heraclei DC.属子囊菌伞形花科白粉菌真菌。详见球茎茴香白粉病。

发病规律、防治方法参见球茎茴香白粉病。

茴香白粉病病叶

茴香白粉病幼苗受害状

茴香灰霉病病苗

茴香灰霉病
Fennel gray mold

灰霉病为茴香的普通病害。分布广泛，发生普遍，保护地、露地都有发生，主要在保护地内造成危害。一旦发生，染病率常达10%以上，造成部分叶片坏死腐烂，或造成茴香成团死苗，明显影响产量和品质。

[症状] 此病可为害幼苗各个部位。多从密集的下部衰老叶片开始侵染或从受伤的、积水的叶尖侵染。病部呈水渍状坏死腐烂，黄褐至灰褐色，后期在病组织表面产生灰色霉层，即病菌的分生孢子梗和分生孢子。

[病原] *Botrytis cinerea* Pers.属半知菌灰葡萄孢真菌。详见鸭儿芹灰霉病。

发病规律、防治方法参见鸭儿芹灰霉病。

茴香菌核病
Fennel Sclerotinia rot

菌核病为茴香的重要病害，在部分老菜区发生分布，北方保护地和南方露地都有发生。通常造成局部毁苗，轻度影响产量和品质。严重时染病率可达30%以上，使茴香成团或成片腐烂坏死，明显影响产量和品质。

[症状] 此病主要侵害茎基部和下部叶片及叶柄。发病初期病部呈水渍状软腐，表面密生絮状白霉，迅速向各方向发展，致幼苗瘫倒腐烂。条件适宜时，短时期内幼苗即成团坏死。发病后期白色霉状物逐渐转变成黑色鼠粪状菌核。

[病原] *Sclerotinia sclerotiorum* (Lib.) de Bary 属子囊菌核盘菌真菌。详见青花菜菌核病。

发病规律、防治方法参见青花菜菌核病。

茴香菌核病病苗

茴香菌核病后期病株

茴香菌核病中期病株

茴香菌核病田间为害状

茴香霜霉病
Fennel downy mildew

霜霉病为茴香的重要新病害，仅在局部地区发生分布，主要在保护地内发病。发病率一般较高，病株常达30%以上，重病棚室达80%～100%，损失严重，明显影响产量和质量。

[症状] 此病在茴香全生育期都可发生，幼嫩时期容易发病。主要为害幼嫩的叶片、小柄和叶柄，初期在表面形成均匀的白色霜状霉层，即病菌的孢囊梗和孢子囊，以后病部组织褪绿变黄，最后坏死变褐干枯。条件适宜时病害发展迅速，短时期内病害即扩展开来，致幼苗成团或成片发病死亡。

[病原] *Bremiella oenantheae* Tao et Y.Qin 属鞭毛菌水芹拟盘梗霉真菌。病菌孢囊梗单根或2～4根自气孔伸出，长200～350μm，多220～300μm，主轴长110～190μm，多150～170μm，粗4～8μm。上部二权至近单轴分枝，分枝0～4次，末枝直或稍弯曲，长8～32.5μm，多15～23μm，顶端平截或略扩大。孢子囊淡黄褐色，矩圆形至倒卵形，顶部略平截，有孔，基部具短柄，大小为22.5～45μm×17.5～30μm，多数25～30μm×20～22.5μm（图9-29）。

[发病规律] 病菌随病残体在保护地内越冬。条件适宜时产生孢子囊形成初侵染。发病后产生新的孢子囊通过气流和浇水传播，使病害扩展蔓延。温暖高湿有利于发病。幼苗生长茂密、棚内高湿、夜间结露时间长发病较重。

[防治方法]

1. 收获后彻底清除植株残体，尤其发病棚室的病残组织，集中妥善处理。

2. 加强棚室管理，发现中心病苗及时清除，并配合药剂全面预防。发病后适当控制浇水，增加棚室通风，以降低空气湿度和减少夜间结露。

3. 发病初期或前期选用5%百菌清粉尘剂15kg/hm²喷粉防治。发病后选用5%霜脲·锰锌15kg/hm²粉尘剂喷粉防治效果较好。也可喷雾防治，参见青花菜霜霉病。有条件的最好采用常温烟雾施药防治。

茴香霜霉病中期病叶

茴香霜霉病中后期病苗

茴香霜霉病初期病苗

茴香霜霉病田间为害状

茴香霜霉病初期病叶

50μm

图9-29 茴香霜霉病菌
1.孢囊梗 2.孢子囊

茴香软腐病病株

茴香软腐病
Fennel bacterial soft rot

　　软腐病为茴香的常见病，分布广泛，发生普遍。保护地、露地都可发病。多零星发生，轻度影响生产，严重时造成幼苗成团死亡。明显影响产量和品质。

　　[症状] 此病主要发生在茴香幼嫩时期，多从幼苗基部叶柄和茎基开始侵染，使幼苗呈水渍状软腐，并迅速向上扩展蔓延，短期内即使幼苗倒折，终致邻近幼苗染病腐烂，严重地块成片毁苗，有时还散发出恶臭气味。

　　[病原] *Erwinia carotovora* subsp. *carotovora*（Jones）Bergey et al. 属胡萝卜软腐欧氏杆菌胡萝卜软腐病亚种细菌。详见结球莴苣软腐病。

　　发病规律、防治方法参见结球莴苣软腐病。

　　根结线虫病为茴香的普通病害，部分老菜区发生分布，局部地区发病严重，几乎100%幼苗染

茴香根结线虫病病苗

茴香根结线虫病
Fennel root-knot nematode

病，影响幼苗生长，造成减产和降低品质。

　　[症状] 此病主要在春保护地和夏、秋露地种植时发生。常侵害幼苗根系，使幼根呈不均匀肿瘤状膨大，侧根和须根减少，或在新长出的侧根上形成新的链珠状肿瘤。随病害发展，病根变褐腐烂，终致幼苗黄化坏死。

　　[病原] *Meloidogyne incognita* Chitwood 属南方根结线虫。详见香芹根结线虫病。

　　发病规律、防治方法参见香芹根结线虫病。

茴香菟丝子
Fennel dodder

　　菟丝子为寄生性种子植物，分布广泛，多在新开菜田或管理粗放的地区发生为害，重发生地

块显著影响产量和质量。

　　[症状] 菟丝子主要以幼茎缠绕茴香的地上部，在与嫩茎和叶柄接触处产生吸器伸入寄主细胞内吸收养分和水分，终致茴香褪绿萎蔫死亡。严重时造成茴香成团或成片枯死。

　　[病原] *Cuscuta chinensis* Lamb. 属中国菟丝子。详见食用菊菟丝子。

　　发病规律、防治方法 参见食用菊菟丝子。

茴香菟丝子田间为害状

茴香菟丝子发生初期

15. 香芹病害 Diseases of parsley

香芹猝倒病
Parsley Pythium damping-off

　　猝倒病为香芹的普通病害，多在较黏重的苗床发生，保护地、露地育苗都可发病。一般病情较轻，造成零星死苗。严重时菜苗成片坏死，明显影响香芹正常生产。此病还可侵染多种其他菜苗。

　　[症状] 此病主要在苗床内发生，为害茎基部和下部嫩叶。发病初期茎基部呈水渍状坏死，迅速向上下及叶柄发展，使茎基和叶柄呈水渍状腐烂倒折，湿度高时病部表面产生少量白霉。

　　[病原] *Pythium ultimum* Trow 属鞭毛菌腐霉真菌。病菌菌丝发达，有分枝，无隔膜，条件适宜时生长呈棉絮状。孢子囊球形，大小为 14.5～23.2μm，有的间生。游动孢子不常产生。卵孢子壁厚，球形，直径 15.5～18.5μm。

　　[发病规律] 病菌以菌丝体和卵孢子随病残体在土壤中越冬。条件适宜时引起侵染，通过雨水或浇水传播蔓延。土壤潮湿利于发病。

苗期多雨、管理不当易诱发此病。一般黏性土壤病情严重。

　　防治方法参见罗勒猝倒病。

香芹猝倒病病苗

香芹斑枯病
Parsley late blight

　　斑枯病为香芹的主要病害，分布广泛，发生普遍，保护地、露地均可受害，以夏、秋露地发病重。一般发病率 20%～30%，一定程度影响香芹品质。严重时病株达 60%～80%，显著影响香芹的产量和品质，经济损失 30%～50%，甚至更高。

　　[症状] 此病全生育期均可发生，以中后期发病重。主要为害叶片，严重时亦为害叶柄。叶片染病初形成水渍状暗绿至灰绿色近椭圆形小斑，逐渐发展成黄褐色坏死斑，近椭圆形至不规则形，中心颜色较浅，边缘色深，后期病斑表面产生黑色小点，即病菌分生孢子器。严重时多个病斑连接成片，致叶片坏死萎蔫或腐烂。条件适宜时病菌侵染后可直接产生大量分生孢子

香芹斑枯病叶面病斑

香芹斑枯病叶背病斑

香芹斑枯病病叶柄

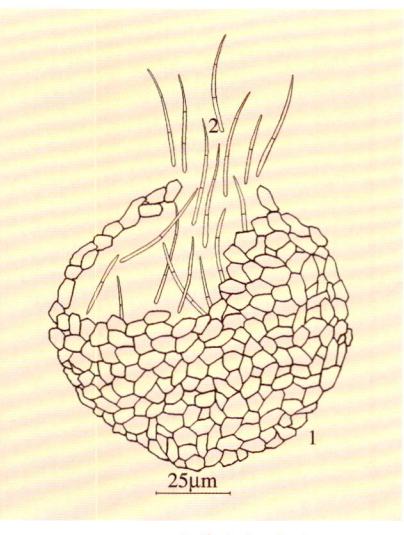

图9-30 香芹斑枯病菌
1.分生孢子器 2.分生孢子

器。叶柄染病初期形成大小不等水渍状暗绿色长椭圆形坏死斑，逐渐发展成长椭圆至长梭形红褐色至暗褐色坏死斑，显著凹陷，病斑多向两端辐射扩展。后期在病斑中央产生黑色小粒点，即病菌分生孢子器。

[病原] *Septoria apiicola* Speg.属半知菌芹菜壳针孢真菌。病菌分生孢子器初埋生于寄主表皮组织下，后突破表皮外露，近球形，直径92～128μm。分生孢子针状，略弯曲，顶端较钝，无色透明，具0～4个分隔，多1～2个分隔，大小为25～52μm×1.5～2.5μm（图9-30）。

发病规律、防治方法参见西芹斑枯病。

香芹叶斑病
Parsley early blight

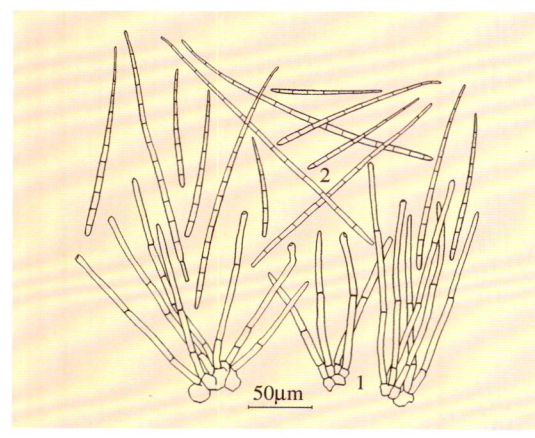

图9-31 香芹叶斑病菌
1.分生孢子梗 2.分生孢子

叶斑病为香芹的普通病害，主要在露地夏、秋季节发生，分布较广。一般病情较轻，病株率20%～30%，在一定程度上影响香芹的产量和品质。重病地块病株可达40%以上，显著影响香芹品质，甚至丧失价值。

[症状] 此病主要为害叶片，严重时亦侵染叶柄。病菌多从叶缘开始侵染，形成半圆形至不规则形灰褐至灰白色坏死斑，最终致叶片枯死。空气潮湿时病叶表面产生稀疏灰黑色绒霉状物，即病菌的分生孢子梗和分生孢子。叶柄染病，多形成大小不等形状差异大的灰褐色坏死斑，严重时易从病部折断。

[病原] *Cercospora apii* Fres.属半知菌芹菜尾孢霉真菌。病菌子实体叶两面生，子座由少数褐色细胞组成，分生孢子梗多根束生，杆状，榄褐色，无分枝，顶端色较浅，近截形，具2～4个分隔，有明显孢痕，大小为110～205μm×4～6μm。分生孢子无色，鞭状，正直或略弯，顶端渐尖，基部近截形，具3～17个分隔，大小为83.5～250μm×3.5～4.5μm（图9-31）。

发病规律、防治方法参见西芹叶斑病。

香芹叶斑病前期病叶

香芹叶斑病中后期病株

香芹根腐病
Parsley Fusarium root rot

根腐病为香芹的普通病害，分布较广，发生较普遍。保护地、露地都有发生，但发病率多在3%～10%，个别发病严重的地块或棚室病株可达40%以上，对产量有明显影响。

[症状] 此病在各生育期都有发生。菜苗发病，随病害发展黄化萎蔫死亡，根系变褐腐烂，土壤潮湿时根茎部产生少量白霉。成株发病，先是外叶萎蔫褪色，逐步发展至全株萎蔫坏死，同时根茎和根系开始变色，初期多为红褐至黄褐色坏死，后发展成褐色至黑褐色腐烂，最后根部组织腐朽变糟，极易拔起。土壤和空气湿度高时，病部产生少量初为白色后为粉红色的霉状物，即病菌分生孢子。

[病原] *Fusarium* sp.属半知菌镰孢霉真菌。大型分生孢子镰刀形，无色，2～4个隔膜，多为3个，大小为22.5～52.6μm×4.5～5.9μm。有时还形成卵圆形小型分生孢子，无色，单细胞（图9-32）。

[发病规律] 病菌来源于土壤，条件适宜即引起发病。一般在温度较高的夏、秋季易发生，与栽培管理关系密切。排水不良、地势地洼或水

香芹根腐病中后期病根

肥管理不当的地块发病较重。平畦种植，地下害虫严重有利于发病。

[防治方法] 参见鸭儿芹根腐病。栽培管理方面应注意水肥管理，施用充分腐熟的有机肥，小水勤浇，禁止漫灌。提倡育苗带土移栽，高畦种植，尽量减少机械、生理伤口。

香芹根腐病后期病株

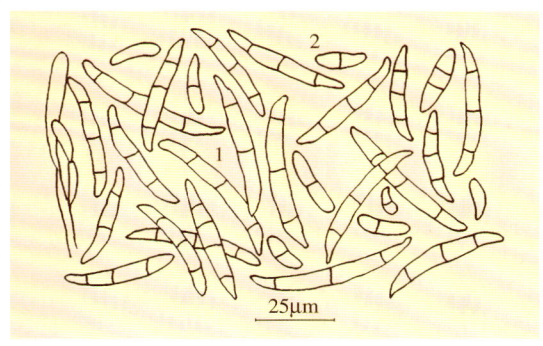
图9-32 香芹根腐病菌
1.大型分生孢子 2.小型分生孢子

香芹褐腐病
Parsley Rhizoctonia rot

褐腐病为香芹的普通病害，分布广泛，生病普遍，保护地、露地多零星发生，病株率3%～5%，局部地块发病率可达20%～30%，造成局部死苗，明显影响生产。

[症状] 此病主要侵染根茎和根部。染病初期根茎部产生水渍状浅褐色小斑，以后呈不规则褐色坏死，进而病部腐烂，并逐渐向上下发展，终致根茎和根系全部

腐烂，根髓部变空，在根茎表面产生稀疏灰白至灰褐色菌丝层。病株随病害发展逐渐褪绿、萎蔫，最后死亡。

[病原] *Rhizoctonia solani* Kühn 属半知菌立枯丝核菌。详见结球莴苣褐腐病。

发病规律、防治方法参见结球莴苣褐腐病。

香芹褐腐病中后期病苗

香芹褐腐病后期病株

香芹灰霉病
Parsley gray mold

灰霉病是保护地种植香芹的重要病害,分布广泛,发生普遍,一般在冬、春两季发病,对产量无明显影响,严重时对产量和品质有一定影响,估计损失5%～12%。

香芹灰霉病后期病株

[症状] 此病主要发生在成株期。多从基部衰老叶的叶柄或从受伤的叶柄开始侵染,使病部呈浅褐色坏死腐烂,在其表面产生灰色霉状物,即病菌的分生孢子梗和分生孢子。随病情发展,病害迅速向上下及四周扩展蔓延,致许多外叶染病坏死,最后干腐。

[病原] *Botrytis cinerea* Pers.属半知菌灰葡萄孢真菌。病菌分生孢子梗多单生,少量成束,具1～4个隔膜,后期可分枝,顶端膨大,呈棒头状,上生小梗,小梗上着生大量分生孢子,大小为1 920～3 650μm×12.5～18.5μm。分生孢子卵圆形至球形,无色,单胞,大小为5.6～13.9μm×4.0～11.8μm(图9-33)。

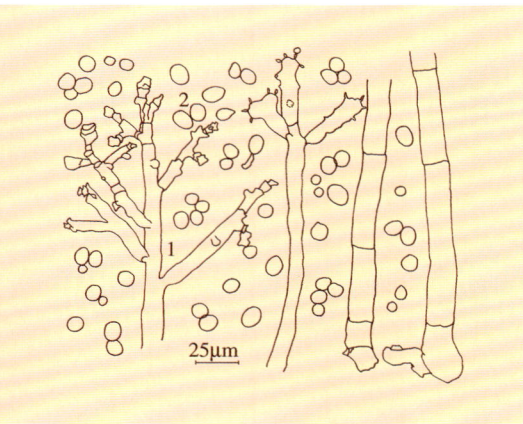

图9-33 香芹灰霉病菌
1. 分生孢子梗 2. 分生孢子

发病规律、防治方法参见鸭儿芹灰霉病。根据香芹的形态特点,药剂防治选用防治灰霉病粉尘剂喷粉防治,或采用常温烟雾施药防治效果较好。

香芹菌核病病株放大

香芹菌核病前期病苗

香芹菌核病
Parsley Sclerotinia rot

菌核病为香芹的重要病害,多分布在老菜区,主要为害保护地香芹。一般零星发病,发病率8%～15%,重病棚室可达20%以上,造成植株成片坏死,明显影响生产。

[症状] 此病在各生育期都可发生,以成株期发生较多。病菌多从茎基部或下部叶柄开始侵染,使病部呈水渍状腐烂,并迅速向各个方向发展到多片外叶腐烂坏死。随病害发展,病部表面产生浓密的絮状白霉并逐渐转变成黑色鼠粪状菌核。

[病原] *Sclerotinia sclerotiorum*(Lib.)de Bary属子囊菌核盘菌真菌。详见青花菜菌核病。

发病规律、防治方法参见西芹菌核病。

香芹菌核病中后期病株

香芹白粉病
Parsley powdery mildew

白粉病为香芹的普通病害，在局部地区发生分布，保护地、露地都可发生。病轻时在一定程度上影响产品品质，严重时显著影响产品质量。

[症状] 此病可为害香芹的叶片、叶柄和茎部。初期在其表面形成白色小粉斑，以后发展成白色粉末状斑块，相互连接使植株表面布满白色粉末，即病菌的分生孢子。最后病部组织黄化坏死。

[病原] *Erysiphe umbelliferarum* de Bary 属子囊菌伞形科白粉菌真菌。病菌菌落叶两面和茎上生，菌丝体消失。分生孢子单生，长椭圆形至椭圆形，假粉孢型，大小为32～48μm×14～32μm。闭囊壳散生，球形至扁球形，暗褐色，直径69～120μm。壳壁

细胞多角形，不规则，大小为9～18μm×6～12μm。附属丝丝状，多而短，有隔或无隔，无色或浅褐色，少数顶部不规则分枝，长为闭囊壳直径的1～2倍。子囊4～6个，椭圆形至倒卵形，有短柄，大小为33～60μm×27～42μm，内有子囊孢子2～5个。子囊孢子椭圆形，大小为18～30μm×9.5～15μm（图9-34）。

发病规律、防治方法参见球茎茴香白粉病。

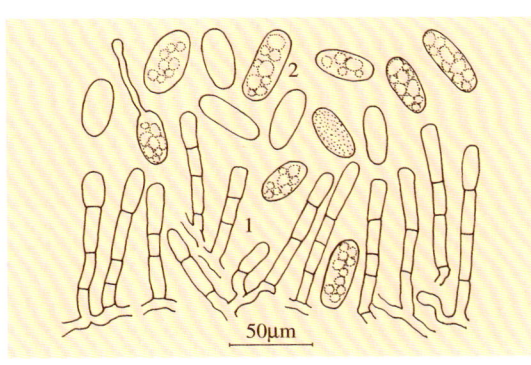

图9-34 香芹白粉病菌
1. 分生孢子梗　2. 分生孢子

香芹白粉病病叶

香芹软腐病
Parsley bacterial soft rot

软腐病为香芹的普通病害，分布广泛，发生普遍，各地都常见，保护地、露地都零星发生，发病率常在2%～5%，轻度影响香芹产量。

[症状] 此病在香芹各生育期都可发生，以采收以后发病较多。病菌多从根茎部伤口或根系开始侵染，使病部呈水渍状坏死腐烂，初期多为黄褐至红褐色，后期颜色变深，随病情发展病组织完全腐烂，植株叶片由外向内萎蔫瘫倒。

[病原] *Erwinia carotovora* subsp.*carotovora*

香芹软腐病前期病株

香芹软腐病中期病株

香芹软腐病后期病株

香芹软腐病后期病根

（Jones）Bergey et al. 属胡萝卜软腐欧氏杆菌胡萝卜软腐病亚种细菌。详见青花菜软腐病。

发病规律、防治方法参见青花菜软腐病。根据香芹的生产特点，在管理方面应注意种植不宜太深，最好采用高畦栽培，生长期禁止大水漫灌。

根结线虫病是香芹的主要病害，仅在局部地区发生分布，一旦发生，染病率很高，常达80%～100%，轻则造成严重减产，重则全部绝收。此病可为害十字花科、茄科、葫芦科、菊科、伞形花科、藜科等数十种蔬菜。

[症状] 此病仅发生在根部，地上部症状不明显，主要表现生长不良、矮小，空气干燥时植株萎蔫，有时外叶黄化坏死。植株染病以侧根和须根最易受害，其上产生大小不等的瘤状根结。解剖根结，病部组织内有很小的乳白色线虫。

香芹根结线虫病病苗

香芹根结线虫病
Parsley root-knot nematode

[病原] *Meloidogyne incognita* Chitwood 属南方根结线虫。病原线虫雌雄异形，幼虫细长蠕虫状。雄成虫线状，尾端稍圆，无色透明，大小为 1.0～1.5mm × 0.03～0.04mm。雌成虫梨形，每头雌线虫可产卵 300～800 粒，埋生于寄主组织内，大小为 0.44～1.59mm × 0.26～0.81mm。

[发病规律] 南方根结线虫以二龄幼虫或卵在土壤中越冬。越冬卵孵化后从嫩根侵入，刺激根细胞增生，形成瘤状根结。幼虫在根结内发育至四龄进行交尾产卵。卵孵化后，幼虫到二龄时离开卵壳脱离寄主进入土中进行再侵染或越冬。根结线虫多分布在距表土20cm的土层内，主要在3～10cm土层内活动。通过病土、病苗和浇水传播。中性砂壤、结构疏松的土壤发病严重，连作时间长受害严重。一般南方根结线虫在北方地区露地不能越冬，因而保护地受害较重。

[防治方法]

1. 棚内土壤高温消毒，在前茬拉秧后仔细清除植株残根，深翻土壤，在盛夏挖沟起垄，在沟内灌水，然后盖严地膜再密闭棚室10～15天。有条件的可分别均匀施入4.5～7.5t/ hm² 碎稻草和生石灰，在灌水盖膜前均匀翻入土壤，消毒效果更理想。

2. 药剂土壤处理。播种前7～20天选用98%～100%必速灭微粒剂 75～105 kg/ hm² 沟施于20cm 土层内，施药后浇水封闭或覆盖塑料薄膜，过5～7天后松土散气，然后再播种。还可选用3% 米乐尔颗粒剂15～22.5kg/ hm²均匀施于苗床土内和拌少量细土均匀施于定植沟穴内。苗床和定植穴也可用1.8%虫螨克乳油1 500倍液浇灌防治，浇施药液 2t/ hm²。

3. 收获后彻底清除病根，深翻土壤，长时间灌水。北方可进行表土层换土，经严冬可冻死大量虫卵。

4. 实行与葱、蒜、韭菜、辣椒等抗、耐病蔬菜轮作，可减少损失，降低土壤中线虫数量。

香芹白化变异
Parsley physiological albinism

香芹白化变异病苗

白化变异为香芹的一般非侵染性病害，种植地区偶有发生，通常病株零星，对生产无明显影响，重时在一定程度上影响香芹品质。

[症状] 白化变异在田间表现为整株或植株一侧的叶片或少数叶片全部呈白色，无叶绿素形成。或叶片初期绿色，以后局部褪绿而均匀变白或变黄。病叶生长细弱，叶片薄而软，易断折倒伏。

[病因] 白化主要是由于遗传基因发生变异，使植株不能进行正常的光合作用，从而表现部分叶片变白或黄化。

[防治方法] 白化变异一般不需专门防治。为减少损失，发现病苗或病株随时清除。

香芹沤根
Parsley moisture stress

沤根是香芹的常见生理病害，在育苗和移栽时经常发生，严重时造成毁苗。

[症状] 此病从刚出土的幼苗至成株都可能发生。主要表现在出苗后或移栽后根系不发新根和不定根，根皮上初出现锈褐色小斑点，逐渐扩大形成锈褐色坏死斑，进而腐烂干朽。地上部生长受抑制，外部叶片萎蔫发黄，不产生新叶，最后全株萎蔫枯死，病株极易拔起。

[病因] 此病属生理病害。主要是由于土温过低，持续时间长，加上浇水过大或遇连阴雨天，光照不足，致使幼苗根系在土壤低温、过度潮湿、氧气不足的环境中呼吸作用受阻，根系不能正常生长发育，不良条件持续超过植株根系耐受限度，根系吸收水分和养分能力降低或生理机能遭受破坏，造成沤根。

[防治方法]

1. 加强苗床土温管理，有条件的改普通育苗为地热线或育苗盘等新法育苗。保持适当育苗土温。

2. 选择适宜的土壤和地块育苗或移栽，最好选择壤土或砂壤土种植，育苗和移栽前平整土地，播种后或移栽后保持土壤疏松，底水之后适当控水，防止土壤过湿，阴雨天较多时适当增加中耕。

3. 加强管理，提高管理温度，促使地温快速升高。

4. 发生沤根后，及时中耕松土，加强棚室增温和保温管理，促使病苗尽快发出新根。

香芹沤根受害株

香芹肥害
Parsley fertilizer injury

肥害是香芹生产中容易出现的非侵染性伤害，保护地、露地都可能发生，以保护地内较为常见，轻时少量叶片受害，后期可逐渐恢复，严重时成片或成棚毁苗。

[症状] 植株叶片，尤其是嫩叶易受害。受害轻时仅叶缘褪绿变黄，最后叶缘发白干枯。受害重时，叶片初呈水渍状，以后变褐干枯，或在叶面上产生许多白色坏死斑点，连片时致叶片枯焦。

[病因] 肥害属非侵染性伤害，主要由于施肥方法不当或施肥过量，肥料在分解过程中产生氨气和亚硝酸气逸出到空气中，超过植株耐受浓度时，造成生理毒害。氨气危害多在过量施用鸡粪、碳酸氢铵后发生。使用碳酸氢铵盖土不当或施肥后不盖土更易造成植株氨气中毒。亚硝酸气是由于大量施用粪肥和化肥后，土壤从碱性变为酸性，

土中硝化细菌活动受抑制，亚硝酸不能及时转换成硝态氮时产生，散发到空气中造成植株生理中毒。

[防治方法]

1．避免过量施肥，施肥后注意覆土并压实。避免偏施氮肥，施用粪肥要充分腐熟。

2．施肥后注意检查是否有氨气，或亚硝酸气体产生。可用精密pH试纸蘸取棚膜水滴，把试纸浸湿后用比色板比色，当pH达7.5以上即表示有氨气放出，当pH低于6.5时即表示有亚硝酸气体逸出，应立即通风换气，还可适当浇水。

3．发现有毒气体危害后应及时通风换气，避免进一步受害，亚硝酸气体危害可适当施用石灰及硝酸化抑制剂，大量浇水可使其渗入土中。

香芹肥害前期受害状

香芹肥害中期受害状

香芹肥害中后期受害状

香芹肥害后期受害状

香芹寒害和冻害
Parsley chilly injury

香芹寒害和冻害均是非侵染因素所造成的生理性障碍或伤害。在香芹生产中时有发生，程度轻时，通过加强管理可恢复正常，受害重时常造成损失。

[症状] 寒害或冻害多发生在早春和后秋，一般苗期容易发生。植株受低温寒害，主要表现生理代谢失调，生长发育受阻，较长时间温度持续低于生长最低温度（5～7℃）时叶片暗绿，失去光泽。温度再低于－1～0℃时，植株叶片白化，轻度萎蔫，长时间持续低温即干枯死亡。较长时间低于－1℃即出现冻害，植株叶片表现初呈水渍状，随后即褪绿坏死，叶肉组织变白或变褐，最后全株坏死变褐。

[病因] 香芹喜冷凉，较耐寒，气温过低，长时间低于最低生长温度，使植株正常同化作用受抑制，叶片不能进行正常的光合作用而表现叶片褪绿。当温度低于植株最低忍耐温度时，植株细胞组织发生冻结，造成组织结构破坏，细胞坏死。

[防治方法]

1．加强苗期管理，培育壮苗。早春和晚秋温度变化转折时期，注意幼苗耐低温锻炼，进一步增强幼苗抗寒能力。

2．适时定植，寒冷季节加强棚室防寒保温。可采用地膜覆盖，或多层膜覆盖。大寒潮侵袭或大幅度降温时临时加温。

香芹寒害和冻害幼苗受害状

香芹菟丝子前期为害状

香芹菟丝子
Parsley dodder

菟丝子为寄生性种子植物，仅在局部地区发生为害，对香芹危害较轻。重发生地块可造成明显减产，一般结合管理即可控制为害。

[症状] 菟丝子以藤蔓缠绕香芹叶柄和叶片，产生吸器伸入香芹组织内吸收水分和营养，使香芹生长衰弱、萎黄，最后枯死。菟丝子生活力强，蔓延迅速，在较短时期内即可发展成片，影响正常生产。

[病原] *Cuscuta chinensis* Lamb.属中国菟丝子。详见食用菊菟丝子。

发病规律、防治方法参见食用菊菟丝子。

16. 芫荽病害 Diseases of coriander

芫荽病毒病病苗

芫荽病毒病
Coriander virus disease

病毒病为芫荽的普通病害，分布较广，仅在部分地区少数地块造成危害。通常病株零星，重病地块染病率可达10%以上，明显影响生产。

[症状] 此病多表现全株性受害，以苗期发病重。病苗生长缓慢，矮化，心叶皱缩，扭曲或畸形。外叶叶脉间褪绿黄化，表现明显花叶，或完全失绿。严重时病苗早衰死亡。

[病原] CMV、PVY即黄瓜花叶病毒和马铃薯Y病毒。CMV略，PVY病毒粒体长杆状，弯曲，质粒大小为11nm×730nm，致死温度52～62℃，稀释限点100～1000倍，体外存活期2～3天。

[发病规律] CMV、PVY均由蚜虫传播。高温干旱、蚜虫数量多发病相对较重。土地贫瘠、管理粗放、出苗后缺水缺肥有利于发病。

[防治方法]

1. 因地制宜选用抗、耐病品种，施足有机底肥，增强寄主抗、耐病能力。

2. 加强生长期管理，及时浇水和防治蚜虫。

3. 必要时在发病初期进行药剂防治。参见西芹病毒病。

芫荽叶枯病病苗

芫荽根腐病病苗

芫荽灰霉病病苗

芫荽叶枯病
Coriander Alternaria leaf blight

　　叶枯病为芫荽的普通病害，分布较广，发生较普遍，但通常病害发生很轻，多零星发病，对产量和品质无明显影响，重时病株可达5%～10%，明显影响芫荽生产。

　　[症状] 此病主要为害叶片，多侵染幼嫩叶片，从叶尖或叶缘或受伤的部位开始侵染，初为水渍状，以后形成不规则形坏死斑，黄褐色至暗褐色，终致叶片坏死枯萎。湿度高时病叶腐烂，病组织表面可产生暗褐色霉状物，即病菌的分生孢子梗和分生孢子。

　　[病原] *Alternaria tenuis* Nees 属半知菌细交链孢霉真菌。详见球茎茴香叶枯病。

　　发病规律、防治方法参见球茎茴香叶枯病。

芫荽根腐病
Coriander Fusarium root rot

　　根腐病为芫荽常见病，分布较广，发生较普遍。发生轻时对生产无明显影响，重时常造成菜苗成片死亡，明显影响生产。

　　[症状] 此病多在苗期和采种期发生。苗期染病多从根茎部或幼根开始侵染，病部呈水渍状浅褐色至黄褐色坏死，以后变成暗褐色，短期内即腐烂，病苗随病害发展倒折或萎蔫死亡，病组织表面可产生少量粉红色霉层，即病菌的分生孢子丛和分生孢子。种株染病，多表现根系坏死，以后变褐腐烂，病部亦可产生粉红色霉层，终致种株枯萎死亡。

　　[病原] *Fusarium oxysporum* Schl.属半知菌尖镰孢霉真菌。病菌分生孢子梗无色，大小为6～40μm×2.5～4μm。分生孢子新月形，无色，具0～3个隔膜，大小为6～42.5μm×3.5～6.5μm。

　　发病规律、防治方法参见鸭儿芹根腐病。

芫荽灰霉病
Coriander gray mold

　　灰霉病为芫荽的普通病害，分布较广，发生较普遍，保护地、露地都可发生。通常个别植株染病，对生产无明显影响，严重时发病率可达5%～10%，在一定程度上影响产量与品质。

　　[症状] 此病主要为害基部较衰弱的叶片或受伤的叶片。染病叶由叶尖或伤口处侵染，呈水渍状灰褐色至黄褐色坏死，以后软化或干腐，在病组织上产生稀疏灰白色霉状物，即病菌的分生孢子梗和分生孢子。随病害发展，菜苗成片坏死腐烂。

　　[病原] *Botrytis cinerea* Pers.属半知菌灰葡萄孢真菌。详见鸭儿芹灰霉病。

　　发病规律、防治方法参见鸭儿芹灰霉病。

菌核病为芫荽的重要病害，主要在老菜区发生，保护地、露地都可发生，以保护地发病重。通常局部发病，病株零星，轻度影响芫荽产量和品质，重时常造成幼苗成片坏死腐烂，严重影响产量和质量。

[症状] 此病可为害地上部各个部位，发病初期病部呈水渍状浅黄褐至灰褐色坏死，以后软化腐烂并迅速向四周扩展蔓延，在病部产生浓密白色菌丝团，最后转变成黑色鼠粪状菌核。

[病原] *Sclerotinia sclerotiorum*（Lib.）de Bary 属子囊菌核盘菌真菌。详见青花菜菌核病。

发病规律、防治方法参见西芹菌核病。

芫荽菌核病病株

软腐病为芫荽的常见病，各地都有发生，保护地、露地都可发病。通常病情较轻，零星发病，轻度影响产品质量，重时可使植株成片腐烂。

[症状] 此病可为害植株各个部位，多在生长中后期发病重。常从心叶或受伤的部位开始染病，呈水渍状软腐，浅黄色至黄褐色，发病后迅速向四周扩展，短期内使幼苗成片腐烂，散发出恶臭气味。

[病原] *Erwinia carotovora* subsp. *carotovora*（Jones）Bergey et al. 属胡萝卜软腐欧氏杆菌胡萝卜腐病亚种细菌。详见青花菜软腐病。

[发病规律] 病菌来源于田间其他寄主，条件适宜时形成侵染，通过雨水、浇水和昆虫传播。过度密植、植株生长纤细柔嫩、田间高湿和害虫较多、管理形成伤口多，病害发生重。

[防治方法]
1. 适当稀植，

芫荽软腐病成株受害状

改善田间通透条件。
2. 加强生长中后期管理，雨后防止田间积水，避免大水漫灌，适时控制好害虫。
3. 必要时在幼苗生长前期进行药剂防治。参见青花菜软腐病。

芫荽软腐病病苗

根结线虫病为芫荽的重要病害，在部分地区发生，春、秋都有发病，以秋季发病稍重。通常病情较轻，对生产无明显影响，严重地块或棚室染病率可达80%以上，明显影响产量与品质。

[症状] 此病主要侵害根系，多表现幼小细根受害，其上产生乳白色近球形至葫芦状根结，剖开根结可见乳白色半透明洋梨形线虫雌虫。随病害发展，根结逐渐变褐腐烂，终致根系坏死腐烂。病害轻时地上部症状不明显，仅个别外叶发黄。重病株生长缓慢或明显不生长，叶色淡绿，全株黄矮。

[病原] *Meloidogyne incognita* Chitwood 属南方根结线虫。详见

香芹根结线虫病。
发病规律、防治方法参见香芹根结线虫病。

芫荽根结线虫病病苗

芫荽沤根幼苗受害状

沤根为芫荽常见的生理病害。各地都时有发生，保护地、露地都形成为害。一经发生沤根，即明显造成损失。

[症状] 沤根主要表现为新根不发，根细小而少，根表皮呈红褐至锈褐色。长时间沤根，根表皮即呈水渍状红褐色病变，终致根系坏死。菜苗地上部多表现外叶变黄，叶缘干缩，空气干燥即萎蔫坏死。

病因、防治方法参见香芹沤根。

芫荽沤根受害幼苗

芫荽沤根病苗

17. 菊花脑病害 Diseases of vegetable chrysanthemum

菊花脑根腐病
Vegetable chrysanthemum Fusarium root rot

根腐病为菊花脑的普通病害，分布较广，主要在夏、秋季发生，多零星发病，轻度影响生产。严重时植株局部成片死亡。

[症状] 此病主要为害根系和根茎部。染病植株主根和侧根初呈红褐色水渍状坏死，以后逐渐扩展至根茎部和全部根系，后期病根颜色变褐，并逐渐腐烂，根髓部变空。病株叶片随病情发展自下向上褪绿黄化、萎蔫枯死，最后全株死亡。

[病原] *Fusarium* sp.属半知菌镰刀菌真菌。病菌生大小两种类型分生孢子。大型分生孢子镰刀形，多细胞；小型分生孢子卵圆形，无色，单细胞。

[发病规律] 土壤内残留的病菌为翌年引起发病的初侵染源。排水不良或因地下害虫和管理、施肥等造成根伤，有利于病菌侵染。

[防治方法]

1. 选择排水良好，土质肥沃的地块种植。

2. 下雨后或浇水后避免田间积水，生长期防治好地下害虫，管理和施肥时，避免伤根。

3. 发病初期进行药剂防治。药剂和方法参见鸭儿芹根腐病。

菊花脑根腐病中后期病株　　　　　　菊花脑根腐病后期病株

18. 芝麻菜病害 Diseases of rocket

芝麻菜菌核病
Rocket Sclerotinia rot

菌核病为芝麻菜的重要病害，主要在老菜区保护地内发生分布。通常病株零星，对生产造成一定影响，严重棚室常造成幼苗成片死亡。

[症状] 此病全生育期都发生，以苗期发病损失重。幼苗发病，多呈水渍状腐烂，在病苗上产生浓密絮状白霉，短期内即致幼苗瘫倒在地，后期在病组织上形成黑色菌核。

[病原] *Sclerotinia sclerotiorum* (Lib.) de Bary属子囊菌核盘菌真菌。详见青花菜菌核病。

发病规律、防治方法参见结球莴苣菌核病。

芝麻菜菌核病症状

19. 球茎茴香病害 Diseases of corm fennel

球茎茴香白粉病
Corm fennel powdery mildew

白粉病为球茎茴香的主要病害，分布广泛，发生亦较普遍。春、夏、秋季都可发生，保护地、露地种植均有受害，一旦发病，染病率很高，常达80%～100%，显著影响球茎茴香生产。此病还可侵染多种其他伞形花科植物。

[症状] 此病可为害植株地上所有部位。初期在植株表面出现少量白色粉状斑点，以后逐渐扩大，表面产生大量白色粉末状物，即病菌的分生孢子梗和分生孢子。病斑相互融合，使植株表面覆盖一层厚厚的白粉。随病害发展，植株组织开始褪色，以后坏死枯萎。

[病原] *Erysiphe heraclei* DC.属子囊菌独活白粉菌真菌。病菌菌丝在寄主茎叶表面寄生，孢

球茎茴香白粉病病苗

球茎茴香白粉病病幼株

球茎茴香白粉病病成株

球茎茴香白粉病田间为害状

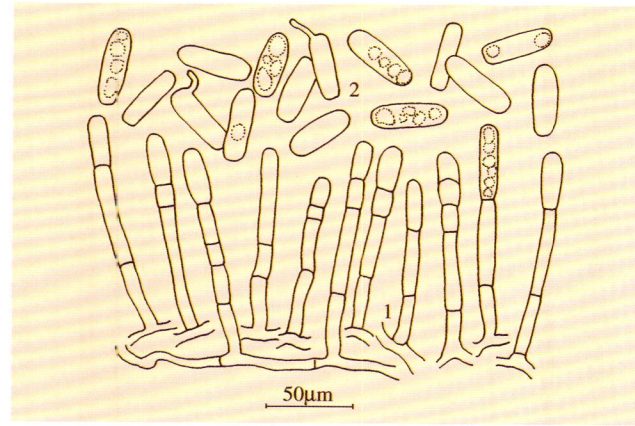

图9-35 球茎茴香白粉病菌
1. 分生孢子梗　2. 分生孢子

子梗直立，其上串生分生孢子。分生孢子圆柱形至筒形，两端钝圆，无色，大小为35～48.5μm×11.5～15.5μm。子囊壳一般在茎叶表面散生至近聚生，暗褐色，扁球形，直径80～112μm。壳壁细胞呈不规则多角形，具多根附属丝，分权不规则或呈双叉。少数不分枝，有隔膜。子囊近球形至广卵形，无柄或柄短，多2～5个，大小为50.8～68.6μm×38.1～43.2μm。子囊孢子3～5个，椭圆形至卵形，浅黄色，大小为19.1～25.4μm×12.7～15.2μm（图9-35）。

[发病规律] 病菌以菌丝和子囊壳随病残体越冬，翌春条件适宜时以子囊孢子或分生孢子形成初侵染引致发病。温暖地区病菌以分生孢子在越冬寄主上为害过冬。种子也可带菌做远距离传播。发病后病菌以分生孢子通过风雨传播，使病害扩展蔓延。温暖潮湿有利于发病。田间植株荫蔽、昼夜温差大、结露时间长发病较重。

[防治方法]
1. 收获后及时彻底清理病残组织，减少越冬菌源。
2. 重病地块实行与非伞形花科作物轮作。
3. 发病初期喷洒43%菌力克悬浮剂8 000倍液，或10%世高水分散粒剂8 000倍液，或30%特富灵可湿性粉剂3 000～4 000倍液，或40%福星乳油8 000倍液，或2%农抗120水剂或2%武夷菌素水剂200倍液，10～15天防治1次，共防1～3次。

球茎茴香根朽病
Corm fennel Rhizoctonia rot

根朽病为球茎茴香的重要病害，分布广泛，发生普遍，保护地、露地都可发病，多造成局部或成片死苗，明显影响生产。

[症状] 此病从苗期至成株期都可发生，一般苗期较常见。多从茎基部开始侵染，初期病斑呈黄褐色凹陷，进一步扩展成不规则棕褐至暗褐色坏死斑并深入到茎基内部，终致茎基和根系坏死腐朽，有时可在病茎表面产生少量灰白色霉状物。

球茎茴香根朽病病株

球茎茴香根朽病后期病球茎

[病原] *Rhizoctonia solani* Kühn 属半知菌丝核菌真菌。详见蚕豆立枯病。

发病规律、防治方法参见蚕豆立枯病。

球茎茴香根腐病
Corm fennel Fusarium root rot

根腐病为球茎茴香的主要病害，分布广泛，发生普遍，全年都可发病，保护地、露地种植均有受害。一般零星发病，造成局部死苗或烂根。严重时植株成片坏死，明显影响球茎茴香生产。

[症状] 此病主要侵染根系。发病初期根尖或幼根呈褐色水渍状，以后变成黑褐色坏死病斑，逐渐发展使主根呈锈黄至锈褐色腐烂，最后仅剩纤维状维管束，病株极易从土中拔起。空气潮湿在球茎表面产生白色霉层，即病菌的分生孢子。发病植株随病害的发展叶片由外向里逐渐变黄坏死，最后全株枯死。

[病原] *Fusarium* sp.属半知菌镰孢霉真菌。病菌产生大小两种类型的分生孢子。大型分生孢子镰刀形，多细胞，具 3 个隔膜，多具有明显脚胞，大小为28.9～42.1μm×4.6～6.2μm。小型分生孢子单胞，无色，椭圆形至纺锤形，偶有一个分隔，大小为9.2～14.5μm×5.2～5.9μm（图9-36）。

发病规律、防治方法参见山药根腐病。

球茎茴香根腐病病幼株

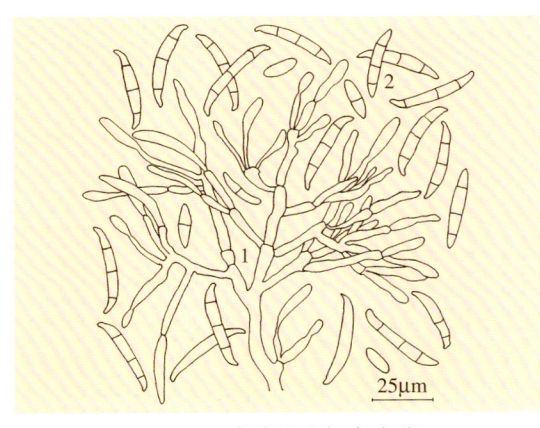

图 9-36 球茎茴香根腐病菌
1.分生孢子梗 2.分生孢子

球茎茴香根腐病后期病球茎

球茎茴香灰斑病
Corm fennel Cercospora spot

球茎茴香灰斑病病株

灰斑病为球茎茴香的主要病害，分布较广，种植地区都有发生，多在夏、秋季发病，一般病株率20%～40%，个别地块可达80%以上，致植株干枯坏死，影响产量和品质。

[症状] 此病主要为害叶，严重时亦为害茎和叶柄。初期在叶上产生黄色小点，逐渐扩大成圆形至近圆形坏死病斑，中央浅灰色，边缘浅褐色，空气潮湿病斑上生出灰色霉状物，即病菌的分生孢子梗和分生孢子。干燥时叶片枯死。叶柄和茎上病斑椭圆形，淡褐色，中心浅黄色，表面亦产生灰色霉状物。病害严重时病斑密集成片，短时间内致病株叶片枯死。

[病原] *Cercospora foeniculi* Magn.属半知菌尾孢霉真菌。病菌子实体叶两面生，较小，褐色。分生孢子梗密集，基部褐色，顶端近于无色，宽度不一致，不分枝，顶端较狭，圆锥形，0～3个膝状节，常呈波状屈曲，孢痕明显，具0～2个隔膜，大小为14～48μm×4～5μm。分生孢子圆柱形，近无色，正直或微弯，基部圆锥形，顶端钝圆，常串生，具1～4个隔膜，大小为16～64μm×4～6μm。

[发病规律] 病菌以菌丝体在病残体上越夏或越冬。翌年条件适宜产生分生孢子借风雨传播形成初侵染，发病后病部产生大量分生孢子进行再侵染。高温高湿有利于发病。一般生长茂密、施氮肥过多的地块发病偏重。此外，7～9月多雨发病较重。

[防治方法]

1. 收获后彻底清除病残组织，减少越冬菌源。

2. 掌握合适的种植密度，氮、磷、钾肥配合施用，避免偏施氮肥，增强植株抗病力。

3. 发病初期进行药剂防治，参见西芹叶斑病。

球茎茴香酸腐病
Corm fennel Geotrichum rot

球茎茴香酸腐病病球茎

球茎茴香酸腐病球茎腐烂状

酸腐病为球茎茴香的重要病害，分布较广，发生较普遍，多在夏、秋露地发生，尤以多雨年份发病重，一般病株率10%～20%，明显造成经济损失，病害严重时病株达40%以上，显著影响生产。

[症状] 此病主要为害球茎。初在球茎上形成浅褐色至暗褐色长椭圆形至不规则形坏死病斑，以后扩展成不规则浅褐至深褐色坏死凹陷斑，周缘略呈浸润状，并迅速向幼嫩组织发展蔓延，使球茎呈红褐至黄褐色软腐，随病害发展在病组织表面产生较明显的白色霉层，即病菌分生孢子梗和分生孢子。

[病原] *Geotrichum* sp.属半知菌白地霉真菌。病菌菌丝匍匐状，分生孢子梗与菌丝无明显差异，顶生长串状分生孢子。分生孢子圆筒形，无色或浅色，两端平切，长短差异大，大小为3.9～40.8μm×3.1～7.9μm（图9-37）。

[发病规律] 病菌以菌丝体随病残体越冬，也可在土壤内营腐生生活。条件适宜时产生分生孢子借气流、浇水、降雨等传播，多由伤口或生长极其衰弱部位侵入引起发病，病部产生大量分生孢子形

成再侵染。温暖潮湿有利于发病。球茎茴香生长中后期多雨高温或水肥失调，植株生长衰弱，或生理伤口较多等发病较重。发病后雨水冲溅或大水漫灌可加重病害。

[防治方法]

1. 收获后彻底清除病残组织，带到田外深埋，或集中妥善处理，减少田间菌源。

2. 采用高畦或高垄栽培。施足底肥，加强中后期管理，适时浇水追肥，减少生理裂口和机械伤口。雨后及时排除田间积水。

3. 发病后及时清除病株，避免大水漫灌。必要时进行药剂防治，可选用 50% 多菌灵可湿性粉剂 500 倍液，或 70% 甲基托布津可湿性粉剂 600 倍液，或 30% 土菌消水剂 800 倍液，或 10% 双效灵水剂 1 500 倍液，或 40% 多硫悬浮剂 400 倍液，或 80% 大生可湿性粉剂 800 倍液喷浇植株及邻近土壤。

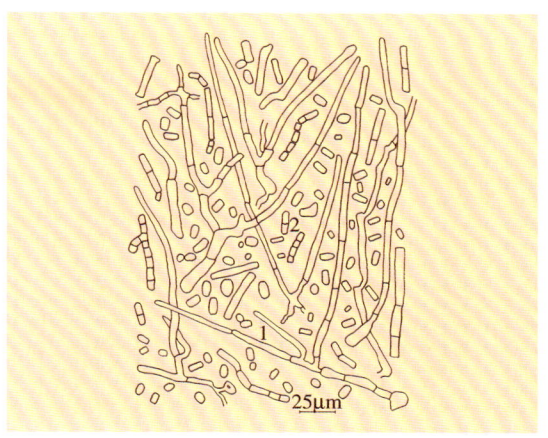

图 9-37 球茎茴香酸腐病菌
1. 分生孢子梗 2. 分生孢子

球茎茴香叶枯病
Corm fennel Alternaria leaf blight

叶枯病为球茎茴香的常见病，分布较广，发生较普遍，保护地、露地种植都可发生。通常病株 10% 以下，轻度影响生产。严重时病株 30% 以上，致使植株茎叶枯死，显著影响产量与品质。

[症状] 此病主要为害叶片，多从叶尖开始侵染，逐渐向叶柄方向发展。初期叶尖褪绿，以后黄化坏死，最后病叶枯卷扭结。严重时植株枝叶枯死甚至成片死亡。空气潮湿在病组织表面产生灰黑色霉状物，即病菌的分生孢子梗和分生孢子。

[病原] *Alternaria tenuis* Nees 属半知菌细交链孢霉真菌。病菌分生孢子梗直立，分枝，绿褐色，有屈曲，顶端常扩大，具有多个孢子痕，大小为 5～178.5μm × 3.5～6μm。分生孢子棒状至长椭圆形，榄褐色，多个串生，有横隔膜 1～8 个，纵隔膜 0～4 个，大小为 8.5～49.5μm × 7～13.5μm，喙胞大小为 1.5～5.5μm × 1～3.5μm（图 9-38）。

[发病规律] 病菌主要以菌丝体随病残体越冬，也可在其他寄主上为害过冬。条件适宜时以分生孢子形成初侵染，发病后产生分生孢子传播蔓延。温暖多雨，空气潮湿，植株生长衰弱或受不良因素伤害后容易发病。

[防治方法]

1. 收获后彻底清除病残组织，减少田间菌源。

2. 生长期加强管理，避免肥害或冻害、烟害等。适时追肥浇水，防止田间积水，保护地注意通风降湿。

3. 发病初期进行药剂防治，可选用 50% 扑海因可湿性粉剂 1 000 倍液，或 65% 多果定可湿性粉剂 1 000 倍液，或 50% 农利灵可湿性粉剂 1 200 倍液，或 50% 敌菌灵可湿性粉剂 500 倍液，或 2% 农抗 120 水剂 200 倍液，或 50% 克菌丹可湿性粉剂 400 倍液，或 80% 大生可湿性粉剂 800 倍液，或 70% 代森锰锌可湿性粉剂 600 倍液喷雾。

球茎茴香叶枯病后期病株

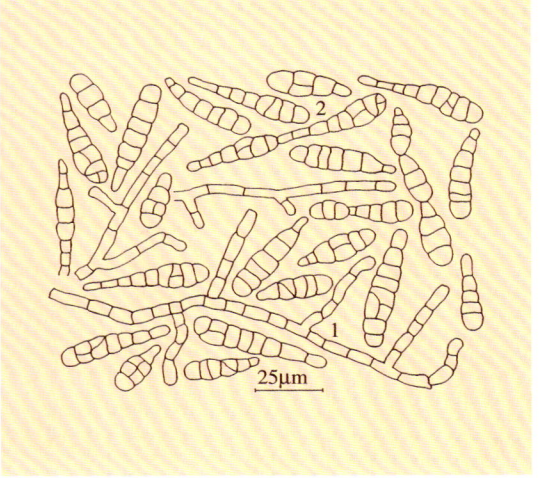

图 9-38 球茎茴香叶枯病菌
1. 分生孢子梗 2. 分生孢子

球茎茴香灰霉病后期病株

球茎茴香灰霉病后期病叶柄

球茎茴香灰霉病
Corm fennel gray mold

灰霉病为球茎茴香的普通病害，主要在北方菜区保护地内发生为害。多零星发病，病情较轻，对生产无明显影响。严重时发病率可达40%，造成部分植株枝叶坏死腐烂。

[症状] 此病主要侵染叶片和叶柄，有时亦可为害球茎。多从衰老、坏死或结水的叶片或叶柄开始侵染发病，引起枝叶坏死腐烂，在病组织表面产生灰色霉层，即病菌的分生孢子梗和分生孢子。球茎染病，初呈水渍状灰绿色至灰褐色坏死，以后软化腐烂，在病部表面产生灰色霉层。

[病原] *Botrytis cinerea* Pers.属半知菌灰葡萄孢真菌。详见结球莴苣灰霉病。

发病规律、防治方法参见结球莴苣灰霉病。

球茎茴香灰霉病病球茎

菌核病为球茎茴香的主要病害，主要在北方老菜区保护地内发生，南方露地也可发病。通常零星发病，轻度影响生产。严重棚室病株率可达40%以上，造成植株成片坏死腐烂，明显影响生产。

[症状] 此病主要为害球茎，重时叶柄也受害。球茎和叶柄染病后，初呈暗绿色至灰褐色水渍状，迅速扩展腐烂，病部转变成黄褐色至暗褐色，其表面长出较浓密的絮状菌丝团，以后转变成黑色鼠粪状菌核。随病害发展，病株外叶萎蔫下垂，很快全株萎蔫死亡。

[病原] *Sclerotinia sclerotiorum*（Lib.）de Bary 属子囊菌核盘菌真菌。详见结球莴苣菌核病。

发病规律、防治方法参见结球莴苣菌核病。

球茎茴香菌核病
Corm fennel Sclerotinia rot

球茎茴香菌核病病叶

球茎茴香菌核病中后期病株

球茎茴香菌核病病苗

球茎茴香菌核病后期病株

球茎茴香绵腐病
Corm fennel Pythium rot

Fitzp.属鞭毛菌瓜果腐霉真菌。详见小西葫芦绵腐病。

发病规律、防治方法参见小西葫芦绵腐病。

绵腐病为球茎茴香的普通病害，局部地区发生为害，常在春、秋季雨后发病。一般病株零星，造成个别植株腐烂坏死，轻度影响产量和质量。

[症状] 此病主要为害球茎和叶柄。初期病部呈暗绿色水渍状不规则坏死，以后病部软化腐烂，并迅速向四周发展，在病部表面长出浓密的白色絮状菌丝团块，随后病株腐烂倒折。

[病原] *Pythium aphanidermatum*（Eds.）

球茎茴香绵腐病初期病株

球茎茴香绵腐病中期病株

球茎茴香斑枯病病叶柄

球茎茴香斑枯病
Corm fennel Septoria blight

　　斑枯病为球茎茴香的普通病害。在部分地区发生分布，多在夏、秋露地种植发病，主要在生长中后期为害，使植株提早枯死，影响球茎茴香开花结实。

　　[症状] 此病可侵害叶片、叶柄和茎秆，以生长中后期受害重。叶片上多产生近圆形至不定形灰白色小斑，边缘颜色较深，上生黑色小点，即病菌的分生孢子器。严重时叶上病斑连片，短期内即枯萎死亡。叶柄和茎秆染病，多形成不规则灰白色坏死斑，边缘不明显，发展后迅速褪绿，坏死干枯，在病部表面密生黑色小点。

　　[病原] *Septoria* sp.属半知菌壳针孢真菌。病菌分生孢子器生于寄主表皮组织内，多聚生，初埋于表皮下，后突破表皮，部分外露。分生孢子器球形至扁球形，褐色至暗褐色。分生孢子线形，无色透明，正直或略弯，两端钝圆，有隔膜。

　　[发病规律] 病菌以菌丝体和分生孢子器随病残体越冬。翌年分生孢子借气流传播引起初侵染。发病后病斑上产生大量分生孢子借风雨不断进行再侵染。球茎茴香生长中后期昼暖夜凉，温差大，长时间结露，或晴雨交替，多风等病害发生严重。

　　防治方法参见西芹斑枯病。

球茎茴香锈病
Corm fennel rust

　　锈病为球茎茴香的一般偶发性病害，局部地区分布，一般不常见，一旦发病，染病率较高，常达50%以上，致球茎茴香枝叶早衰枯死，明显影响产量和品质。

　　[症状] 此病可为害叶片、主茎和叶柄，在茎叶表面产生红褐色粉疱状病斑，随病害发展病斑表皮破裂，散出大量锈褐色粉末状物，即病菌的夏孢子。以后在茎叶表面再出现暗褐至黑褐色疱状病斑，即病菌的冬孢子堆，破裂后亦可散出黑色粉末，即病菌的冬孢子。

　　[病原] *Puccinia* sp.属担子菌柄锈菌真菌。病菌夏孢子堆生于寄主表面，黄色，藏于表皮下。夏孢子球形至椭圆形，淡褐色，表面有刺，有不明显的芽孔。冬孢子堆与夏孢子堆近似，暗褐色。冬孢子椭圆形，两端圆，淡栗褐色，表面有细瘤，顶部略厚，柄无色，可脱落。

　　[发病规律] 病菌以菌丝体和冬孢子堆在活体

球茎茴香锈病病花茎

寄主上存活越冬。田间发病很可能由其他有病寄主传染引起。温暖地区病菌可以夏孢子借气流在寄主间周年侵染，辗转为害，无明显越冬期，温暖潮湿或多雾、多露天气有利于发病。此外，植株偏施过量氮肥、生长过旺，发病较重。

[防治方法]

1. 增施有机底肥，氮、磷、钾肥配合应用，避免偏施氮肥。

2. 发病初期及时进行药剂防治。可选用40%福星乳油8 000倍液，或45%特富灵可湿性粉剂5 000倍液，或6%乐必耕可湿性粉剂4 000倍液，或30%百科乳油3 000倍液，或25%敌力脱乳油5 000倍液，或15%粉锈宁可湿性粉剂1 500倍液喷雾。

球茎茴香软腐病
Corm fennel bacterial soft rot

软腐病为球茎茴香的普通病害，分布广泛，发生普遍，主要在夏、秋露地种植时发生。尤其是在大雨或暴雨后发病较常见。一般病株率5%～10%，严重地块可达20%以上，明显影响生产。此病可为害多种蔬菜。

[症状] 此病主要侵害球茎和叶柄基部。多从球茎基部或从叶柄基部伤口处开始侵染，病部初呈水渍状灰绿至浅褐色不定形，以后呈黄褐至灰白色软腐，并迅速向上下扩展蔓延，短时期内致球茎组织软腐溃烂，散发出恶臭气味。

[病原] *Erwinia carotovora* subsp. *carotovora*（Jones）Bergey et al. 属胡萝卜软腐欧氏杆菌胡萝卜软腐病亚种细菌。详见青花菜软腐病。

[发病规律] 病菌可随病残体越冬。也可在其他多种寄主作物上为害，广泛存于田间。寄主生长期，病菌经雨水、浇水、施肥和昆虫传播，由伤口或生理裂口侵入引起发病。温暖高湿利于发病。球茎茴香生长后期高温多雨病害较重。此外，地势低洼、土壤黏重、地下害虫较多或水肥及田间管理不当、造成生理或机械伤口多，则病害发生严重。一般球茎茴香生长后期暴雨、暴晴的天气较多发病较重。

[防治方法]

1. 实行高畦或起垄栽培。选择通透性较好的壤土或砂壤土种植。

2. 施足底肥，适时追肥和浇水，粪肥要充分腐熟，追施化肥避免直接接触植株。雨后及时排水，禁止大水漫灌。抓好地下害虫防治工作，发现病株及时清除。

3. 必要时进行药剂防治，参见青花菜软腐病。

球茎茴香软腐病中后期病株

球茎茴香软腐病中期病株

球茎茴香软腐病后期病株

球茎茴香菟丝子单株为害状

球茎茴香菟丝子
Corm fennel dodder

菟丝子为寄生性种子植物，分布广泛，仅在部分地区管理粗放的地块造成危害。多成片发生，一般受害率低于5%，局部达10%以上，造成植株成片死亡。

[症状] 菟丝子茎蔓回旋缠绕球茎茴香叶柄和主茎，在其接触部位长出吸根伸入球茎茴香叶柄和主茎细胞组织内，吸取养分和水分。受害植株生长衰弱，逐渐褪色变黄，最后凋萎枯死。

[病原] *Cuscuta chinensis* Lamb.属中国菟丝子。详见食用菊菟丝子。

发病规律、防治方法参见食用菊菟丝子。

球茎茴香菟丝子田间为害状

十、水生蔬菜病害
Diseases of Aquatic Vegetables

1. 莲藕病害　Diseases of lotus root

莲藕腐败病
Lotus root Fusarium rhizome rot

　　腐败病为莲藕的主要病害，分布广泛，发生普遍，全生育期都可发生，病害发生程度地区间、地块间和年度间差异较大，轻时对莲藕损失较小，严重时常造成植株成片枯死，明显影响产量和质量。

　　[症状] 此病主要侵害地下茎节，造成莲藕变褐腐烂，植株地上部变褐枯死。茎节受害，初期症状不明显，剖视病茎可见部分维管束变褐，以后随病情发展，地下茎节逐渐变褐并发展扩大，由种藕向当年新生地下茎节蔓延，严重时地下茎节都呈褐色至紫黑色腐败，不能食用。由于地下茎节受害，植株输导组织受阻，地上部叶片亦表现叶色褪绿变黄，逐渐由叶缘向里变褐干枯或卷曲，终致叶柄顶部弯曲，变褐干枯。严重时藕田一片枯黄，似火烧一般。挖检病株地下茎节，可见藕节上产生蛛丝状菌丝体和粉红色黏稠物，即病菌的分生孢子团。

　　[病原] *Fusarium* spp.即半知菌多种镰孢霉真菌。其主要种类有尖镰孢霉莲专化型[*F. oxysporum* Schl. f. sp. *nelumbicola*（Nis.& Wat.）Booth. comb.]、串珠镰孢霉（*F. moniliforme* Sheld.）、腐皮镰孢霉[*F.solani*（Mart.）App. et Wollenw]、半裸镰孢霉（*F. semitectum* Berk. et Raw.）、接骨木镰孢霉（*F. sambucinum* Fuck.）和球茎状镰孢霉莲变种（*F. bulbigenum* var. *nelumbicolum* Nisikado et Watanabe）等。不同地区主要病原种类和组成有所不同，发病程度差异亦较大。

　　[发病规律] 病菌以菌丝体在种藕内和以厚垣孢子在土壤中越冬，带菌的种藕和病土为田间发病的主要初侵染源，栽种带菌种藕长出的幼苗即成为田间中心病株，先是地下茎节和根系发生病变，后扩展到叶柄和叶片。中心病株发病后产生分生孢子经水流移动传播，从伤口侵入，形成再侵染。带菌种藕是本病发生流行的主导因素，品种间存在抗性差异，深根系品种较浅根系品种发病轻。莲藕生长期阴雨连绵、光照不足或暴风雨频繁易诱发此病。藕田土壤通透性差、酸性较强、污水灌溉、食根害虫严重，施用未腐熟有机肥、过量偏施氮肥或水温持续偏高等，病害发生严重。

　　[防治方法]

　　1. 重病田实行与其他作物2年以上轮作。

　　2. 种植前深耕翻耙藕田，适当晾晒土壤，撒施生石灰3 000～3 750kg/ hm²。

　　3. 因地制宜选用抗病品种。可选用"紫藕"、"毛节"等。

　　4. 精选无病种藕，用50%多菌灵可湿性粉剂500倍液，或10%双效灵水剂1 000倍液，或65%

莲藕腐败病前期病株

莲藕腐败病中后期病株

防霉宝可湿性粉剂 800 倍液浸泡种藕 4～6 h 后晾干栽种。

5. 加强肥水管理，施足腐熟有机肥，氮、磷、钾肥配合使用，生长期适时适量追肥，防止偏施氮肥。按莲藕不同生育期的需要科学管理水层，深浅适中，以水调温调肥，防止因水温过高或长期深灌加重发病。

6. 及时拔除病株，清除发病茎节后排水施药防治。可选用 45% 特克多悬浮剂，或 25% 敌力脱乳油，或 65% 多果定可湿性粉剂，或 10% 双效灵水剂，或 50% 多菌灵可湿性粉剂 22.5～45kg/ hm²，直接拌细土 300～450kg，或药剂对适量水后让细土吸附再均匀撒入浅水层。地上部喷洒药液防治参见芋枯萎病。

莲藕褐斑病
Lotus root Corynespora leafspot

褐斑病为莲藕的主要病害，分布较广，发

莲藕褐斑病病斑

生较普遍，春、夏、秋季都可发病。一般病株率 30%～50%，轻度影响莲藕生产。严重时发病率可达 80% 以上，明显影响正常生产。

[症状] 此病主要为害叶片和叶柄。叶片染病，初在叶片上产生绿褐色小点，以后扩展成红褐色至暗褐色不规则形至多角形坏死病斑，外围常具有黄色晕圈，大小为 2～10mm，病斑常具有同心轮纹，后期病斑常相互汇合成大的斑块，致病部变褐干枯。叶柄染病，易断折下垂。空气湿度高时病斑表面产生灰褐色稀疏霉层，即病菌的分生孢子梗和分生孢子。

[病原] *Corynespora cassiicola*（Berk. & Curt.）Wei 属半知菌多主棒孢霉真菌。病菌分生孢子梗从菌丝上垂直生出，顶端有时膨大，长约 600μm，直径 3.8～11.3μm。分生孢子倒棍棒状至圆筒形，微弯曲，顶生或单生，偶尔 2～6 个孢子链生，具 4～16 个横隔膜，大小为 32～220μm × 8.4～22.4μm。

[发病规律] 病菌随病残组织越冬，条件适宜时产生分生孢子形成初侵染，发病后产生分生孢子进行再侵染。莲藕生长期气温 20～30℃，阴雨较多，此病易发生。

防治方法参见莲藕尾孢褐斑病。

莲藕黑根病
Lotus root physiological darkening-root

黑根病为莲藕的重要生理病害，种植地区均有发生，一般发病后损失 20%～30%，严重地块损失达 80% 左右。

[症状] 此病主要表现茎节受害，发病后茎节呈褐色至黑褐色，后期腐败变质，不能食用。向上抽生的叶片，初期叶脉间褪绿，以后转变成褐色或紫褐色，由叶缘向内扩展，终致全叶枯死。

[病因] 黑根主要因过多过晚压青、气温高、施用未腐熟的有机肥，使莲藕发生生理障害。通常稻田改种莲藕、夏秋季高温则病重。

[防治方法]

1. 冬季保持深水泡田，施用充分腐熟的有机肥。

2. 科学管水，压青以 37.5t/ hm² 为宜，最迟不晚于第 4 片立叶伸展期，发现黑根病后采用耘田搁田可减轻发病。

莲藕黑根病病茎

莲藕黑根病病茎

莲藕根腐病
Lotus root Pythium rhizome rot

根腐病为莲藕的重要病害，分布较广，发生较普遍，田间常和腐败病混合发生。通常病株率5%～10%，少数田块发病较重，发病率可达30%，显著影响产量和品质。

[症状] 此病主要为害茎节，多从节间开始侵染，逐渐向里扩展蔓延，使茎节呈不规则水渍状变褐腐败，在病部表面产生稀疏平铺状白色

莲藕根腐病病茎

菌丝层，终致茎节全部变糟腐朽，不能食用。植株地上部随病害发展，叶片褪绿变黄，由叶缘向里萎蔫坏死，最后枯朽。

[病原] *Pythium* sp.属鞭毛菌的一种腐霉真菌。有待进一步鉴定。

发病规律、防治方法参见莲藕疫病。

莲藕根腐病病茎解剖

莲藕叶腐病
Lotus root Sclerotium leaf rot

叶腐病为莲藕的重要病害，分布较广，发生较普遍。通常在夏、秋季发病，病叶一般30%左右，在一定程度上影响生产，严重田块发病率可达40%以上，明显影响莲藕生产。

[症状] 此病主要为害浮贴水面的叶片，在叶片上形成不定形、S形、蠕虫形坏死病斑，黄褐色至黑褐色。病叶上病斑多密布连片，短期内病叶即变褐坏死。坏死部位后期出现白色皱球状菌丝团，最后产生茶褐色颗粒状小菌核。发病严重时，叶片和叶柄都坏死变褐，新生叶难以抽出水面。

[病原] *Sclerotium hydrophilum* Sacc.属半知菌喜水小菌核菌真菌。病菌菌核球形、椭圆形至洋梨形，初期白色，后变黄褐色至黑色，表面粗糙，大小为315～690μm×290～700μm。外层细胞深褐色，大小为4～15μm×3～8μm，内层细胞无色至浅黄色，结构疏松，直径3～6μm。

[发病规律] 病菌以菌核随病残体遗落在土壤中越冬，翌年菌核漂浮到水面，气温回升后菌核萌发产生菌丝侵染叶片，病菌发育温度15～39℃，适温25～30℃。夏、秋季高温多雨易发病。

莲藕叶腐病病叶

[防治方法]

1. 采收后及时彻底清除病株残体，集中妥善处理。

2. 生长期加强管理，发病初期清摘病叶后降低田间水位，进行药剂防治，可选用65%甲霉灵可湿性粉剂600倍液，或40%施加乐悬浮剂800倍液，或40%菌核利可湿性粉剂500倍液，或50%扑海因可湿性粉剂1000倍液，均匀喷洒下部叶片。

莲藕疫病
Lotus root Phytophthora blight

疫病为莲藕的重要病害，分布较广，主要在南方地区形成为害，多在夏、秋多雨季节后发病。一旦发生，植株染病率较高，常达60%以上，明显影响莲藕生产。

[症状] 此病主要侵害叶片，以浮贴水面的叶片受害严重。叶片染病，初为绿褐色小斑，以后扩展成圆形、椭圆形或不定形黑褐色湿腐状病斑，病斑颜色分布不均匀，多个病斑相互连接致叶片变褐腐烂或干缩，贴水叶片不能抽离水面。严重时叶柄亦因病坏死腐烂。

[病原] *Phytophthora* sp.属鞭毛菌疫霉真菌。

病菌孢子囊长梨形，长宽比为 2.5:1～3:1，顶部具明显乳状突起，基部具短柄，大小为11～12μm×3～4μm。

[**发病规律**] 病菌随植株病残组织，或以卵孢子散布在田间越冬，借水流传播蔓延。高温多雨、空气潮湿利于病害的发生与发展。品种间存在着抗性差异。

[**防治方法**]

1. 因地制宜选用抗病品种。严禁移栽带病秧苗，发现中心病株及时拔除。

2. 加强水浆管理，遇有水涝在水退后应及时冲洗叶面。

3. 发病初期及时喷药防治，可选用69%安克·锰锌可湿性粉剂1 200倍液，或72%霜脲·锰锌可湿性粉剂600～800倍液，或50%溶菌灵可湿性粉剂600～800倍液，或72.2%普力克水剂600倍液喷雾。

莲藕疫病初期病斑

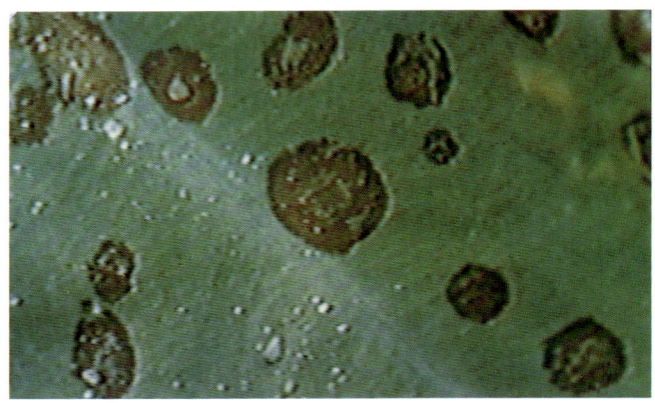

莲藕疫病中期病斑

莲藕黑斑病
Lotus root Alternaria leafspot

黑斑病为莲藕的主要病害，分布广泛，发生普遍，春、夏、秋季都可发病，以夏、秋发病严重。通常病株率30%～60%，发病程度较轻，对生产无明显影响，重病田发病率可达80%以上，使部分植株提早枯死，明显影响莲藕产量和质量。

[**症状**] 此病主要为害叶片，初期在叶片上出现浅褐色至黄褐色小点，逐渐扩展成圆形至不定形绿褐色或黄褐至褐色枯死斑，边缘较明显，病健交界部常具有黄色晕环，叶背面病斑颜色较正面略浅，湿度高时，病斑表面产生灰黑色霉状物，即病菌的分生孢子梗和分生孢子。严重时，叶片上病斑密布，相互汇合成大型枯斑，短期内致叶片坏死干枯，病田似火烧一般，植株成片枯焦。

[**病原**] *Alternaria nelumbii*（Ell.et Ev.）Enlows et Rand 属半知菌链格孢霉真菌。病菌分生孢子梗单生或2～6根丛生，不分枝，具0～1个膝状节，1～3个隔膜，褐色，大小为55～90μm×5～7μm。分生孢子卵圆形至椭圆形，褐色至淡褐色，具横隔膜1～6个，纵隔膜0～4个，分隔处略缢缩，喙胞较短，大小为35～65μm×10～15μm（图10-1）。

[**发病规律**] 病菌以菌丝体和分生孢子丛随病残体或采种株上存活越冬。条件适宜时产生分生孢子借风雨传播进行初侵染，发病后在病部产生分生孢子进行再侵染，高温多雨利于发病。莲藕生长期暴风雨较多、植株生长衰弱、田间水温高于35℃、或偏施氮肥、害虫数量多，则病害发生严重。

[**防治方法**]

1. 重病地区与禾本科作物实行2～3年轮作。施用充分腐熟的有机肥，避免偏施过量氮肥。

2. 生长期加强

莲藕黑斑病中后期病叶

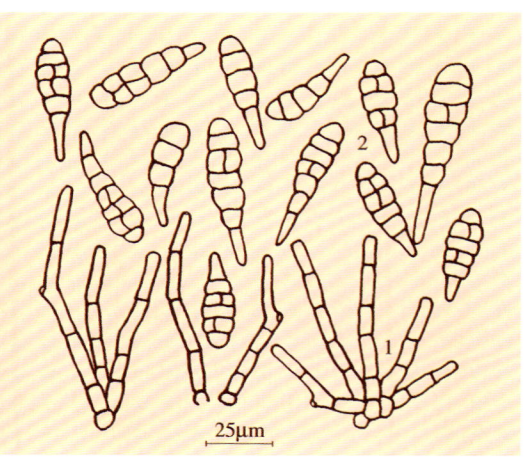

图 10-1 莲藕黑斑病菌
1. 分生孢子梗　2. 分生孢子

管理，高温季节控制水温在35℃以下，暴风雨来临之前深灌水，防止植株受伤。

3. 无病留种，收藕后及时彻底清除病残组织，减少田间菌源。

4. 发病初期进行药剂防治，可选用50%扑海因可湿性粉剂1 000倍液，或65%多果定可湿性粉剂1 000倍液，或50%农利灵可湿性粉剂1 200倍液，或50%敌菌灵可湿性粉剂500倍液，或2%农抗120水剂200倍液，或50%克菌丹可湿性粉剂400倍液，或80%大生可湿性粉剂800倍液，或70%代森锰锌可湿性粉剂600倍液喷雾。

莲藕尾孢褐斑病
Lotus root Cercospora leafspot

尾孢褐斑病为莲藕的主要病害，分布较广，发生较普遍，春、夏、秋季都可发病，以夏、秋季病害较重，一般病株率30%～50%，轻度影响生产，严重时80%～100%植株染病，部分叶片因病枯死，显著影响产量和质量。

[症状] 此病主要为害叶片，初在叶片上出现浅红褐色小点，以后发展成圆形至近圆形病斑，大小不等，红褐至浅褐色，外围常具有不均匀黄色晕环，有时具同心轮纹。空气潮湿，病斑表面产生灰褐色霉层。严重时病斑密布，相互连接成片，终致叶片枯死。

[病原] *Cercospora nymphaeacea* Cke.et Ell. 属半知菌莲褐斑尾孢霉真菌。病菌分生孢子梗散生或丛生，不分枝，淡橄褐色，大小为10～50μm×2.5～4μm。分生孢子鞭状至长倒棍棒形，淡色，直或弯曲，具10个以上隔膜，基部具明显脐痕，大小为25～125μm×2～3.5μm。

[发病规律] 病菌以菌丝体或分生孢子座在病残体上越冬，条件适宜时产生分生孢子进行初侵染和再侵染，借气流或风雨传播蔓延。夏、秋高温多雨利于发病。连茬种植和过度密植的田块发病重。

[防治方法]

1. 收获后彻底清理病残组织，集中妥善处理。

莲藕尾孢褐斑病中后期病叶

2. 重病田块实行轮作，合理密植，科学管理，控制病害发生发展。

3. 必要时在发病初期选用50%敌菌灵可湿性粉剂400～500倍液，或70%甲基托布津可湿性粉剂600倍液，或50%农利灵可湿性粉剂1 000倍液，或6%乐必耕可湿性粉剂1 000倍液，或40%多硫悬浮剂500倍液，或80%大生可湿性粉剂800倍液，或70%代森锰锌可湿性粉剂600倍液喷雾。

莲藕斑枯病
Lotus root Phyllosticta blight

斑枯病为莲藕的普通病害，分布较广，部分地区发生较重，春、夏、秋季都可发病。通常病株率30%～50%，轻度影响生产，重病田病株80%以上，部分叶片因病坏死，明显影响莲藕生产。

[症状] 此病主要为害叶片，多从叶缘开始侵染，发病初期叶片上出现水渍状暗绿色小点，以后发展成近圆形坏死病斑，中央灰白色，边缘暗褐色，相互连接成不规则形大斑，有的略具轮纹，后期病斑易穿孔脱落，其上可产生黑色小点，即病菌的分生孢子器。病害严重时，病斑相互连接形成大型孔洞，致病叶枯死。空气潮湿，病叶腐烂。

[病原] *Phyllosticta hydrophila* Speg.属半知菌喜温叶点霉真菌。病菌分生孢子器褐色，近球形，初埋生在叶表皮内，以后部分突出，大小为130～200μm。分生孢子单胞，无色，纺锤形至椭圆形，略弯曲，大小为5～10μm×1.5～3μm，具有1～2个油球。

[发病规律] 病菌以分生孢子器在病残体上越冬，条件适宜时产

莲藕斑枯病叶背病斑

生分生孢子，借雨水、气流和害虫传播，形成初侵染。发病后病部产生分生孢子进行再侵染。高温高湿有利于发病，病菌生长适宜温度20～25℃，湿度90%以上。莲藕生长期多雨，植株生长

衰弱、郁蔽，田间容易发病。老叶、浮叶发病较重。

[防治方法]

1. 增施有机肥和生物菌肥，氮、磷、钾肥配合施用，防止偏施氮肥。

2. 田间零星发病时，及时摘除早期病叶带到田外妥善处理，减少田间病菌。

3. 必要时在发病初期选用70%甲基托布津可湿性粉剂600倍液，或40%多硫悬浮剂500倍液，或50%扑海因可湿性粉剂1 500倍液，或40%福星乳油8 000倍液喷雾防治。

莲藕绵腐病
Lotus root Pythium rot

绵腐病为莲藕的普通病害，分布较广，发生较普遍，通常在夏、秋季零星发病，对生产无明显影响，严重时病株可达5%～10%。

[症状] 此病主要为害立叶和叶柄，晒田和贮运期可为害茎节。叶片多在暴雨后发病，在叶片上形成不定形暗绿色水渍状大斑，病部呈湿腐状，表面产生白色絮状菌丝。空气干燥，呈灰白色，易破裂干枯。叶柄染病，多侵染较幼嫩茎秆，呈绿褐色水浸状腐烂，易从病部倒折，湿度高时病部可产生少许白霉。茎节染病，病部呈水渍状腐败变褐，表面产生浓密白色絮状菌丝团，终致全部茎节腐败变褐，丧失食用价值。

[病原] *Pythium aphanidermatum*（Eds.）Fitzp.属鞭毛菌瓜果腐霉真菌。病菌菌丝无色无隔，孢子囊丝状至分枝裂瓣状，呈不规则膨大。孢子囊萌发时产生球形泡囊，由内放出几个至几十个游动孢子。藏卵器球形，雄器袋状，两者结合后形成卵孢子。卵孢子球形，厚壁，淡黄褐色。

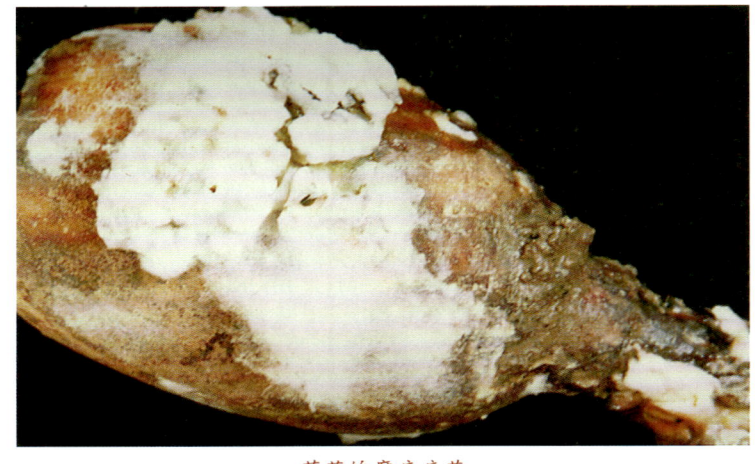

莲藕绵腐病病茎

[发病规律] 病菌以卵孢子在藕田边际土壤表层越冬，也可以菌丝体在土中腐生，条件适宜，卵孢子萌发或土中菌丝产生孢子囊，孢子囊萌发释放出游动孢子，借灌溉水或雨水飞溅到植株叶片上至藕田边缘植株发病。高温高湿有利于发病。孢子囊萌发释放出游动孢子需有水存在。莲藕生长期高温多暴风雨病害发生相对较重。

[防治方法] 此病通常发病较轻，发病后人工及时清除田边染病叶片和叶柄即可控制病害。必要时采用其他措施防治。参见莲藕疫病。

莲藕炭疽病
Lotus root anthracnose

炭疽病为莲藕的普通病害，分布较广，发生较普遍。通常发病较轻，病株率30%左右，对生产影响不明显，严重时病株可达60%以上，明显影响莲藕生产。

[症状] 此病主要侵害叶片，严重时亦侵染茎，全生育期都可发生。幼叶染病，病斑近圆形，紫黑色，具有不明显轮纹。成株染病，在叶片上出现近圆形至不规则形病斑，红褐色，略凹陷，具有轮纹，有的病斑外围具有黄色晕圈，后期病斑上产生黑色小粒点，即病菌的分生孢子盘。条件适宜，叶片上病斑密布，致叶片局部或全部枯死。严重时叶柄和茎亦受侵染，形成近椭圆形病斑，暗褐色，后期病斑上产生很多小黑点，终致全株枯死。

[病原] *Colletotrichum gloeosporioides*（Penz.）Sacc.属半知菌盘长孢刺盘孢真菌。病菌分生孢子盘圆形至扁圆形，黑褐色，直径为90～250μm，分生孢子梗短，密集。分生孢子短圆柱形至近椭圆形，单胞，无色，有的一端略小，多具有2个油球，少数3个，大小为5.5～11.5μm×2～5μm。刚毛较少见。有性时期为 *Glomerella cingulata*（Stonem.）Spauld.et Schrenk 属子囊菌围小丛壳真菌。病菌子囊壳近球形，基部埋在子座中，散生，喙明显，孔口处暗褐色，大

莲藕炭疽病病叶

小为180~190μm×130~145μm。子囊棍棒形，单层壁，内含8个子囊孢子，大小为45~80μm×7.5~15μm。子囊孢子长椭圆形至纺锤形，直或微弯，大小为15~25μm×4~5μm。

[发病规律] 病菌以菌丝体和分生孢子座随病残体越冬，以分生孢子进行初侵染和再侵染，借气流或风雨传播，使病害扩展蔓延。高温高湿有利于发病，分生孢子萌发温度10~35℃，适宜温度20~28℃，饱和湿度最适宜。通常高温多雨，尤其暴风雨频繁的年份或季节发病较重，连作或密植病害亦较重。

[防治方法]

1. 重病地块实行轮作，收获后和生长期及时清除病残组织和重病叶片，带到田外妥善处理。

2. 合理密植，科学进行水肥管理，参见莲藕腐败病。

3. 发病初期适时进行药剂防治。可喷洒25%炭特灵可湿性粉剂600倍液，或25%施保克可湿性粉剂1 200倍液，或10%世高水分散粒剂6 000倍液，或30%倍生乳油1 500倍液，或70%甲基托布津可湿性粉剂600倍液，或40%多硫胶悬剂500倍液，或25%敌力脱乳油1 000倍液，或40%百科乳油1 000倍液，或2%加收米水剂，或50%多菌灵可湿性粉剂500倍液，7~10天防治1次，连防2~3次。

2. 茭白病害 Diseases of water bamboo

茭白黑粉病
Water bamboo rhizome smut

黑粉病为茭白的重要病害，分布较广，发生较普遍，多在结茭期发病。通常病株5%~20%，严重田病株可达30%以上，显著影响茭白生产。

[症状] 此病主要为害茭白嫩茎，病株生长衰弱，略矮化，叶片微宽，叶色变深，叶鞘发黑，始终不开裂。病株茭肉变短，剖开茭肉可见黑色粉末状孢子堆。

[病原] *Ustilago esculenta* P. Henn. 属担子菌茭白黑粉菌真菌。病菌孢子堆生于茎秆内部，病茎显著膨大，形成纺锤形至长圆形菌落，内部形成椭圆形可长达12mm的黑褐色孢子堆。孢子球形，壁暗褐色，密生细刺，大小为6~12.5μm（图10-2）。

[发病规律] 病菌以菌丝体在茭白体内发育产生厚垣孢子，再由厚垣孢子产生小孢子侵入茭白嫩茎，随茭白生长逐渐扩展到生长点，发病及症状显示程度和病菌侵染时间、数量有关，当茭白抽薹后，花茎内产生黑点程度变化较大，轻者不明显，重者茭肉全被厚垣孢子所充满，成为一包黑粉，完全丧失食用价值。此病多由种茭带菌引起，植株缺肥、分蘖过多、灌水不当等均有利于发病。

[防治方法]

1. 选用无病健壮优良茭种栽种，春季割老墩，压茭墩，降低分蘖节位。

2. 老墩萌芽初期，疏除过密分蘖，集中养分促使整齐萌芽。

3. 分蘖前灌浅水，及时增施分蘖肥，促进分蘖生长。

4. 高温季节适当深灌水，控制追肥，抑制后期分蘖和防止茭株徒长。夏、秋季摘除黄叶，改善田间通透环境。

茭白黑粉病病茭

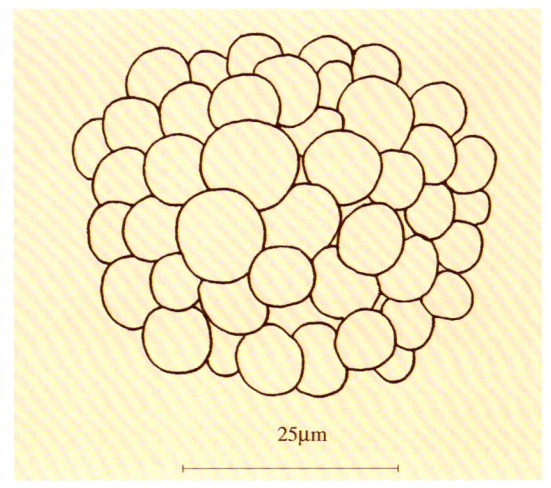

图10-2 茭白黑粉病菌孢子堆

25μm

茭白胡麻叶斑病
Water bamboo Helminthosporium leafspot

胡麻叶斑病为茭白的主要病害,分布广泛,发生普遍,种植茭白地区都有发生,以夏、秋季发病较重,病株常达80%～100%,明显影响生产。

[症状] 此病主要为害叶片,病斑初为褐色坏死小点,以后发展成近椭圆形至梭形黄褐色小型坏死斑,较老病斑中央颜色稍浅,周缘常具有黄色晕环。湿度高时病斑表面产生暗灰色至黑色霉

茭白胡麻叶斑病中期病叶

茭白胡麻叶斑病中后期病叶

状物,即病菌的分生孢子梗和分生孢子,病害严重时,病斑密布,相互连接成不规则形大斑,终致病叶枯死。

[病原] *Helminthosporium zizaniae* Nishik. 属半知菌菰长蠕孢霉真菌。病菌分生孢子梗数枝丛生,黄褐至绿褐色,80～260μm×7.5～9.5μm。分生孢子倒棍棒状,黄褐至绿褐色,具横隔膜1～9个,胞壁较厚,脐明显突出,顶端钝圆,大小为33.5～150μm×11～26.5μm(图10-3)。

[发病规律] 病菌以菌丝体和分生孢子在老株或病残体上越冬,条件适宜时产生分生孢子进行初侵染,发病后病部产生分生孢子通过气流或雨水溅射进行再侵染,使病害扩展蔓延。高温高湿适宜发病,病菌生长温度为5～35℃,最适温度28℃。分生孢子萌发适宜温度28℃,要求具有高湿条件,饱和湿度或在水滴或水膜中更有利于萌发。病菌抗逆力较强,干燥条件下可存活数年。通常在茭白生长期高温多雨,或闷热潮湿,病害发生较重,此外,长时期连作、田间缺钾缺锌、植株生长不良,有利于发病。

[防治方法]

1. 结合冬前割茬,彻底清理病残老叶,集中粉碎沤肥,减少田间菌源。

2. 加强水肥管理,冬施腊肥,春施发苗肥。病害常发区注意增施磷、钾肥和锌肥,适时适度排水晒田,促进根系生长,增强植株抗病能力。

3. 发病初期进行药剂防治,可选用50%敌菌灵可湿性粉剂500倍液,或40%福星乳油5 000倍液,或40%异稻瘟净可湿性粉剂600倍液,或2%加收米水剂400倍液,或70%甲基托布津可湿性粉剂600倍液,或30%倍生乳油1 500～2 000倍液喷雾,施药液1 500～1 800L/hm²,7～15天防治1次,视病情防治2～4次。

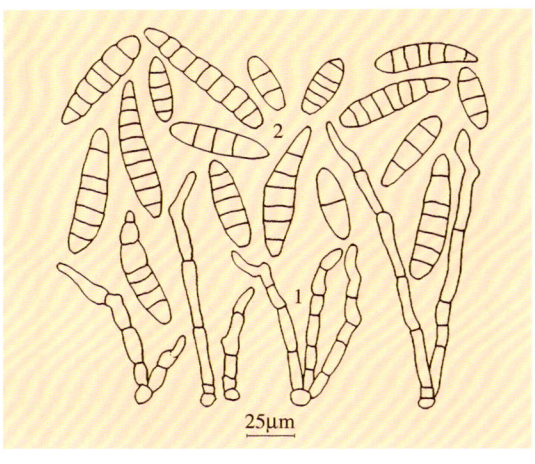

图10-3 茭白胡麻叶斑病菌
1.分生孢子梗 2.分生孢子

茭白纹枯病
Water bamboo Rhizoctonia blight

纹枯病为茭白的主要病害,分布较广,发生较普遍,夏、秋季发病较重,一般病株率30%～50%,重病田发病率可达80%以上,严重影响茭白生产。

[症状] 此病主要为害叶片和叶鞘,在分蘖至结茭期易发生。病斑初呈圆形至椭圆形,以后扩展成不定形,似地图或云纹状,病斑中部呈草黄色,湿度高时呈墨绿色至绿褐色,边缘暗褐色,病健部分界明显。中后期病部可见蛛丝状菌丝,或由菌丝纠结形成的菌核。

[病原] *Rhizoctonia solani* Kühn 属半知菌立枯丝核菌真菌。病菌菌丝分枝发达,分枝处稍缢缩,初期无色,以后呈淡褐色,分枝附近形成一隔膜。菌核茶褐色,扁球状,表面粗糙。

[发病规律] 病菌主要以菌核遗落在土中,或以菌丝体和菌核在

病残体或田间其他寄主及杂草上越冬，成为病害的初侵染源。再侵染主要靠田间病株产生病菌借菌丝攀缘，或以菌核借流水传播。病菌生长温度10～40℃，适宜温度28～32℃。高温多雨有利于发病。田间遗落的菌核数量多，天气高温潮湿，或茭田长期深灌、偏施氮肥，病害发生严重。

[防治方法]

1. 施足底肥，增施磷、钾肥，避免偏施氮肥。根据茭株有效分蘖和正常孕茭需要，保持前期浅灌水，中期晒田，后期保持湿润的水浆管理，避免长期深灌。

2. 结合中耕管理，及时除去下部病叶黄叶，增加田间通透性。

3. 发病初期及时喷药防治，可选用5%田安水剂400倍液，或30%倍生乳油1 000倍液，或50%敌菌灵可湿性粉剂400倍液，或65%甲霉灵可湿性粉剂600倍液，或40%菌核利可湿性粉剂500倍液，或

茭白纹枯病病叶鞘

5%井冈霉素水剂1 500～2 000倍液喷雾，注意重点防治叶鞘，施药液1 500～1 800L/hm²。

茭白锈病
Water bamboo leaf rust

锈病为茭白的重要病害，主要在南方地区发生分布，发病后病情往往较重，病株常达60%以上，明显影响茭白生产。

[症状] 此病主要为害叶片和叶鞘。发病初期在叶片和叶鞘上散生橘红色隆起小疱斑，即夏孢子堆，以后破裂，散出锈黄色粉末状物，即病菌的夏孢子。条件适宜常产生狭长条至长梭形锈黄色疱斑，周缘常具有黄色晕环。后期在叶片和叶鞘上出现黑色疱斑，即病菌的冬孢子堆，表皮通常不易破裂，破裂后可散出黑色粉末状物，即病菌的冬孢子。

[病原] *Uromyces coronatus* Miyabe et Nishida 属担子菌茭白单胞锈菌真菌。病菌夏孢子球形至椭圆形，黄褐色，壁厚，表面具有微刺，大小为16～26.5μm×23.5～39.5μm。冬孢子卵圆形至长椭圆形，顶端壁厚，上有若干指状突起，下部具淡褐色柄，大小为26～44μm×16～26μm，柄长2.5～47.5μm（图10-4）。

[发病规律] 病菌以菌丝体及冬孢子在老株残体上越冬，翌年在茭白生长期间，夏孢子借气流传播进行初侵染，病部产生夏孢子再不断进行重复侵染，采茭结束，病菌又在老株和病残体上越冬。茭白生长期高温高湿，田间偏施氮肥发病较重。

[防治方法]

1. 采茭后彻底清理病残体及田间杂草，减少田间

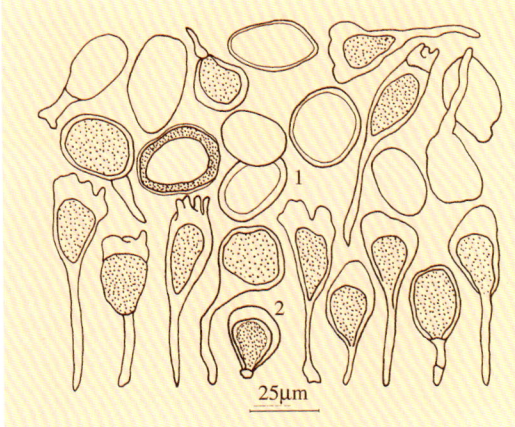

图10-4 茭白锈病病菌
1. 夏孢子 2. 冬孢子

菌源。

2. 合理进行水肥管理，增施磷、钾肥，避免

茭白锈病中后期病株

茭白锈病后期病株

偏施氮肥。高温季节适当深灌水，降低水温和土温，控制发病。

3. 发病初期适时喷药防治。可选用43%菌力克悬浮剂8 000倍液，或10%世高水分散粒剂8 000倍液，或40%福星乳油8 000倍液，或15%粉锈宁可湿性粉剂1 000倍液，或25%敌力脱乳油3 000倍液，或40%多硫悬浮剂400倍液，或30%特富灵可湿性粉剂3 000～4 000倍液，或30%百科乳油1 500～2 000倍液，或6%乐必耕可湿性粉剂2 000～2 500倍液喷雾。

茭白黑斑病
Water bamboo Alternaria leafspot

黑斑病为茭白的重要病害，分布较广，发生较普遍，多在夏、秋季发病，通常发病后病株率较高，常达80%以上，使部分叶片早衰枯死。

[症状] 此病主要侵害叶片，初期在叶片上出现暗绿色水渍状小点，以后呈紫褐色，进一步发展成近椭圆形至梭形小型病斑，中央浅红褐色至紫褐色，边缘暗褐色，湿度高时病斑表面产生灰黑色霉状物，即病菌的分生孢子梗和分生孢子，病斑外围常具有暗绿色晕环。病害严重时，叶片上病斑密布，相互连接成片，终致叶片枯死。

[病原] *Alternaria* sp.属半知菌交链孢霉真菌。病菌分生孢子梗暗褐色，单枝，长短不一，偶有分枝或具有屈曲，顶端常扩大，具有几个孢子痕，大小为22.5～116μm×3～5.5μm。分生孢子长椭圆形至倒棍棒状，有喙或无喙，表面光滑，浅榄褐色，具横隔膜2～12个，纵隔膜0～8个，大小为24～73μm×6.5～18μm。喙胞具0～2个隔膜，大小为7～35.5μm×2.5～5μm（图10-5）。

[发病规律] 病菌以菌丝体或分生孢子在病残体上越冬，成为翌年初侵染源，借气流或雨水传播，分生孢子可直接侵入叶片，条件适宜时产生分生孢子进行再侵染。温暖高湿有利于发病。茭白生长期多阴雨，或降雨次数多、植株茂密、生长衰弱等发病较重。

[防治方法]

1. 采茭后彻底清除病残植株，集中妥善处理。

2. 重病田轮作倒茬，减轻发病。

3. 合理密植，增施有机肥，防止偏施氮肥，提高寄主抗病力。

4. 发病初期进行药剂防治。参见莲藕黑斑病。

茭白黑斑病中后期病叶

茭白黑斑病病斑放大

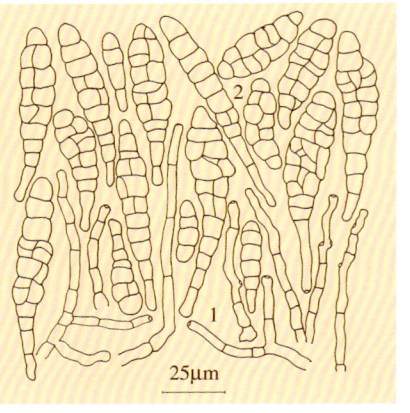
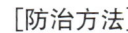

图10-5 茭白黑斑病菌
1. 分生孢子梗 2. 分生孢子

茭白灰心病
Water bamboo Pyricularia spot

灰心病又称瘟病，为茭白的重要病害，分布较广，发生较普遍，茭白种植地区都有发生。一般发病率30%～50%，轻度影响茭白产量和质量，严重时发病率达70%～80%，显著影响茭白生产。

[症状] 此病可为害叶片、叶鞘和茭笋。田间症状表现差异较大，叶片和叶鞘染病，初为针尖大小黄褐至橙黄色小点，以后发展成近椭圆形至狭梭形斑，暗绿色至浅红褐色，边缘模糊，常具有浅黄色至浅褐色晕环。湿度高时病斑上产生灰绿色霉层，即病菌的分生孢子梗和分生孢子。有时病斑中央褪色，呈灰白色，边缘暗褐至红褐色，湿度高时病斑上亦产生灰绿色霉层。病害严重时茭笋亦可受侵害，在其表面产生圆形至椭圆形褐色病斑，边缘不明晰，略向上下扩散，中央黄褐至灰褐色，湿度高时病斑表面产生灰绿色霉层。

[病原] *Pyricularia zizaniae* Hara属半知菌茭白灰心斑梨孢霉真菌。病菌分生孢子梗3～5枝簇生，无色至浅褐色，大小为125～420μm×3～4μm。分生孢子倒梨形，无色，群集时呈灰绿色，大小为19～32μm×6～12μm，基部小突起长1～5μm。

[发病规律] 病菌以菌丝体和分生孢子在老株或遗落在田间的病叶上越冬。翌春条件适宜时产生分生孢子通过风雨传播形成初侵染。

发病后病部形成分生孢子进行再侵染。温暖高湿利于发病，病菌发育适温 25～28℃，高湿利于分生孢子形成、飞散和萌发。通常阴雨连绵、光照不足、土壤温度低，发病较重。

倍液，或 40% 异稻瘟净可湿性粉剂 600 倍液，或 50% 敌菌灵可湿性粉剂 400 倍液，或 40% 多硫悬浮剂 400 倍液喷雾，施药液 1 200～1 500L/hm²。

[防治方法]

1. 选用新育良种，可选用杨茭 1 号、83－1、浙茭 2 号、浙茭 5 号、8601 等。

2. 冬前割茬，彻底清理病残老叶，集中粉碎沤肥，减少菌源。

3. 冬季施好腊肥，春季施足发苗肥，尽可能施用生物肥和充分腐熟的有机肥。重病区增施磷、钾肥和锌肥。茭白生长中期适度晒田，增强根系活力，提高抗病能力。

4. 发病初期及时施药防治，可选用 50% 扑海因可湿性粉剂 800 倍液，或 30% 倍生乳油 1 200

茭白灰心病病茭

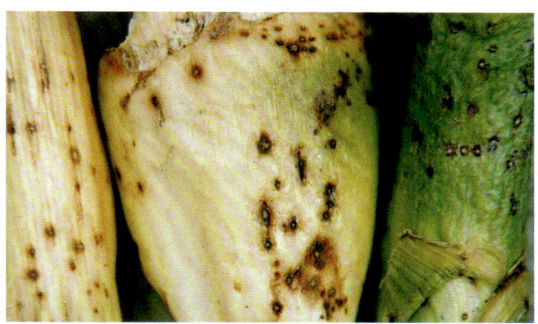

茭白灰心病前期病斑

茭白灰心病中后期病茭

茭白褐腐病
Water bamboo Dendrodochium rot

褐腐病为茭白的重要病害，在部分地区发生分布，常在夏、秋季发病。通常病情较轻，病株率低于 10%，在一定程度上影响茭白生产。严重时植株染病率可达 20% 左右，显著影响茭白产量与质量。

[症状] 此病主要为害叶鞘和茭笋。初在叶鞘上出现浅黄褐色水渍状病斑，边缘模糊，以后发展成不定形褐色坏死斑，边缘不清晰，颜色较浅，继续发展病部腐烂变朽。茭笋染病，多形成红褐色至黄褐色梭形病斑，中央和两端颜色较浅，并向上下扩展，严重时多个病斑连片，致茭笋腐烂变质，完全不能食用。病

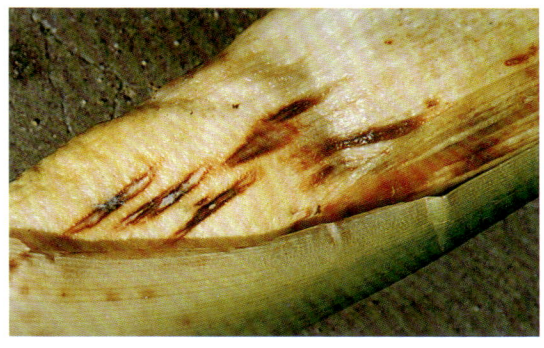

茭白褐腐病中期病茭

茭白褐腐病初期病茭

茭白褐腐病后期病茭

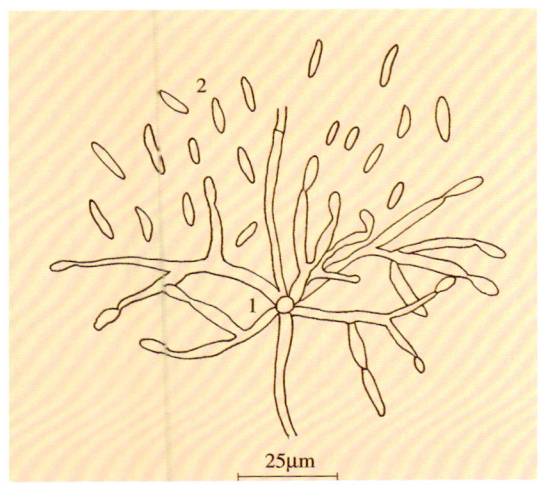

图 10-6 茭白褐腐病菌
1.分生孢子梗　2.分生孢子

部露于水面之上时，病斑中央可产生白色霉状物，即病菌的分生孢子梗和分生孢子。

[病原] *Dendrodochium* sp.属半知菌多枝瘤座孢霉真菌。病菌分生孢子座垫状，白色。分生孢子梗轮枝状分枝，瓶状小梗轮生于顶端。分生孢子顶生，单细胞，长椭圆形，无色，大小为 3～7μm×2～3.5μm（图 10-6）。

[发病规律] 病菌主要以菌丝体和分生孢子随病残体和老株在土壤中越冬，条件适宜时形成初侵染。以分生孢子通过灌溉水和雨水流动或溅射传播，使病害扩展蔓延，温暖潮湿有利于发病。

[防治方法]

1. 冬季收茭后结合割茬，彻底清理田间病残组织和带病老株，减少田间菌源。

2. 茭白生长期浅灌水，适当增加晒田，结合田间管理适时清除植株中下部老黄病叶和带病的叶鞘，改善田间小气候。

3. 必要时于发病初期进行药剂防治。参见茭白纹枯病。

茭白白腐病
Water bamboo Sclerotium rot

白腐病为茭白的重要病害，部分地区发生分布，多在夏、秋季发病。通常发病较轻，病株率 5% 左右，轻度影响茭白生产，严重时病株可达 10%～20%，明显影响茭白的产量和品质。

[症状] 此病主要为害叶鞘和茭笋。叶鞘染病，病部初为水渍状灰绿色至黄褐色，不定形，多呈云纹状，边缘不明显，随病害发展病斑相互连接致大片叶鞘组织坏死变褐，最后腐朽。剥开叶鞘，茭笋表面产生许多绢丝状白霉，随病菌侵染茭笋组织呈水渍状坏死变褐，最后腐烂。后期在病鞘内部形成初为白色后为黑褐色的小粒状菌核。

[病原] *Sclerotium hydrophilum* Sacc.属半知菌稻球小菌核菌真菌。病菌菌核球形，椭圆形或洋梨形，表面粗糙，初为白色，后渐变成黄褐色至黑色，大小为 315～681μm×290～664μm。菌核外层细胞深褐色，大小为 4～14μm×3～8μm；内层细胞无色或淡黄色，结构疏松，细胞直径 3～6μm。

发病规律、防治方法参见茭白纹枯病。

茭白白腐病前期病茭

茭白白腐病中期病茭

茭白白腐病后期病茭

3. 荸荠病害 Diseases of Chinese water-chestunt

荸荠秆枯病
Chinese water-chestunt Cylindrosporium blight

秆枯病为荸荠的主要病害，主要在南方种植区发生分布。通常病株率30%～50%，严重时病株80%～100%，致植株成片枯死，显著影响荸荠生产。

[症状] 此病主要为害叶鞘、茎、花器。叶鞘染病，初期基部出现暗绿色不规则形水渍状斑，后扩展到整个叶鞘，病部干燥后呈灰白色并出现短条状黑色小点，即病菌的分生孢子盘。茎秆染病，初出现水渍状暗绿色梭形或椭圆形至不定形病斑，病部凹陷变软，其上产生黑色小点。花器染病后亦产生类似椭圆形至不定形病斑，多发生在鳞片或穗颈部，终致花器枯黄坏死。湿度高时病斑上可产生浅灰色霉层，即病菌的分生孢子梗和分生孢子。

[病原] *Cylindrosporium eleocharidis* Lentz 属半知菌荸荠柱盘孢霉真菌。病菌分生孢子盘细长，不突出，平行排列呈长短不等的黑色短条点。分生孢子梗瓶梗状或短棒状或梨形，大小为7～19μm×4～7μm。分生孢子无色，无隔，线形，略弯曲，顶端尖细，大小为24～82μm×3～7μm。

[发病规律] 病菌主要以菌丝体在病组织里越冬，条件适宜时产生分生孢子，分生孢子萌发产生芽管，由气孔或穿透表皮直接侵入引起发病。发病后病部产生分生孢子，借风雨传播蔓延，进行重复侵染。田间17～29℃，连阴雨或浓雾、重露天气，利于此病的发生与流行。通常种植过密、偏施氮肥、植株间通风透光性差，病害严重。

[防治方法]

1. 重病区实行3年以上轮作。

2. 科学种植，小块种植，做到排灌分开，避免串灌或漫灌。发现病株及时拔除，防止病害传播蔓延。

3. 药剂处理球茎或荠苗。育苗前选用43%菌力克悬浮剂6 000倍液，或40%福星乳油6 000倍液，或6%乐必耕可湿性粉剂1 200倍液，或50%农利灵可湿性粉剂1 000倍液，或70%甲基托布津可湿性粉剂600倍液浸泡球茎12～24h，定植前浸泡荠苗18 h。

4. 生长期于发病初用上述药液喷雾防治。

荸荠秆枯病病株

荸荠枯萎病
Chinese water-chestunt Fusarium wilt

枯萎病又称荸荠瘟，为荸荠的重要病害，部分地区发生分布，发病后病情往往较重，常造成毁灭性损失。

[症状] 此病可侵害根、球茎和茎部，播种至采收期都可发病，致荸荠烂芽、苗枯和球茎腐烂，尤以成株期受害重。苗期或成株染病，茎基部初期变褐，逐步向上发展坏死，病株生长衰弱、矮化变黄，少数分蘖开始枯萎，终至全株枯死。根和茎部染病，呈黄褐至暗褐色软腐，致植株枯死或倒伏，局部可见粉红色霉层，即病菌的分生孢子座和分生孢子。球茎染病后，荠肉变褐腐烂，球茎表面亦可产生少许粉红色霉层。

[病原] *Fusarium oxysporum* f. sp. *eleocharidis* Schiecht，D. H. Jiang，H. K. Chen属半知菌尖镰孢霉荸荠专化型真菌。病菌产生大小两种类型分生孢子，大型分生孢子镰刀形，两端逐渐均匀收缩变尖，具3～5个分隔，大小为17.5～32.5μm×3.5～14μm。小型分生孢子卵形或肾形，0～1个

莘荠枯萎病病株

分隔，大小为5.5～10.5μm×2.5～3.5μm。厚垣孢子球形，壁厚，多单生或顶生，直径7～10μm。

[发病规律] 病菌以菌丝潜伏在莘荠球茎上越冬，随球茎调运进行远距离传播。田间发病后病菌通过灌溉和雨水传播，使病害扩展蔓延。莘荠生长期偏施氮肥和施用未腐熟的有机肥，病害发生严重。

[防治方法]

1. 加强普查，明确该病分布，严格控制疫区。

2. 禁止从病区调运球茎和种苗。

3. 种植前对种球进行消毒处理，可选用10%双效灵水剂1 000倍液，或65%多果定可湿性粉剂1 000倍液，或25%敌力脱乳油1 500倍液，或50%多菌灵可湿性粉剂400倍液浸泡种球24～48 h。

4. 生长期药剂防治参见莲藕腐败病。

莘荠酸腐病
Chinese water-chestunt Oospora rot

酸腐病为莘荠的普通病害，分布广泛，多在采收储运期发病。通常零星发病，少量球茎因病腐烂，损失较轻。严重时致大批球茎坏死腐烂，造成明显的经济损失。

[症状] 此病主要为害球茎，多从伤口侵入，病部呈黄褐色至暗褐色坏死，并逐渐向内发展，终致整个球茎腐烂变质，在病部表面产生较致密的浅粉色霉层，即病菌的分生孢子梗和分生孢子。

[病原] *Oospora* sp.属半知菌卵形孢霉真菌。病菌分生孢子梗与菌丝区别很小。分生孢子串生于顶端，椭圆形至圆柱形，单胞，无色，两端平切（图10-7）。

[发病规律] 病菌腐生性较强，可以菌丝体在土壤中越冬，广泛存在于自然环境中，条件适宜产生分生孢子，通过气流或病土或接触传播，经伤口侵入，高温高湿利于发病。

[防治方法]

1. 精细采收，防止莘荠球茎受伤。

2. 储运过程中轻拿轻放，保持阴凉通风，发现病球，随时挑出集中深埋。

3. 必要时进行药剂防治。参见球茎茴香酸腐病。

莘荠酸腐病病球茎解剖

莘荠酸腐病病球茎

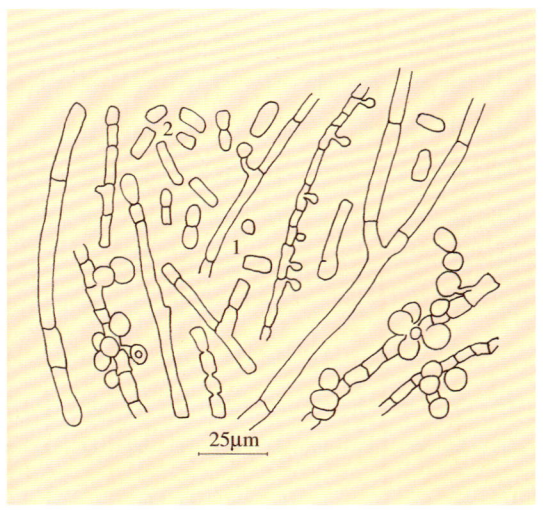

25μm

图10-7 莘荠酸腐病菌
1.分生孢子梗 2.分生孢子

荸荠灰霉病
Chinese water-chestunt gray mold

灰霉病为荸荠的普通病害，分布较广。多在贮藏期发生，大田生长期亦可发病，发病情况各地差异较大，严重时可造成叶片干枯和引起球茎大批腐烂。

[症状] 此病可侵染叶片和球茎。主要发生在采收和贮藏期的球茎上，多在伤口处产生灰黑色霉层，即病菌的分生孢子梗和分生孢子，被害球茎内部呈深褐色软腐。叶片染病，多从叶尖或折伤的叶开始侵染，逐步使叶片呈枯白色坏死，在病部产生稀疏灰色霉状物，即病菌的分生孢子梗和分生孢子。

[病原] *Botrytis cinerea* Pers.属半知菌灰葡萄孢真菌。分生孢子梗丛生，大小为850～2 100μm×10～19.5μm，顶端有1～3次分枝，分枝顶端头状膨大，其上密生小梗，小梗上着生分生孢子。分生孢子圆形至椭圆形，单细胞，近无色，大小为5.5～18μm×5～9.5μm。

[发病规律] 病菌以菌丝或分生孢子在球茎及病残体上越冬，分生孢子借气流传播，从伤口侵入引起发病。以后病部产生分生孢子进行再侵染，低温高湿有利于发病，贮藏期湿度高发病重。

[防治方法]

1. 选用无病种荸，种植前用防治灰霉病的药液浸泡种茎。

2. 田间发病初期施药防治。参见鸭儿芹灰霉病。

3. 贮藏期球茎用45%特克多悬浮剂2 000倍液，或10%宝丽安可湿性粉剂1 200倍液，或65%甲霉灵可湿性粉剂600倍液喷淋并结合冷藏进行防治。

荸荠灰霉病病株

荸荠软腐病
Chinese water-chestunt bacterial soft rot

软腐病为荸荠的普通病害，分布较广，发生较普遍，多在采收、贮运期零星发病，造成一定程度的经济损失。

[症状] 此病主要为害球茎，生长期亦可侵染茎部。球茎染病，病部表面呈浸润状，略凹陷，内部呈灰白色至黄褐色，以后软化溃烂，高温高湿时散发出臭味。茎部染病，多从茎基部开始侵染，病部呈水渍状污绿色坏死，以后软化腐烂，仅剩维管束组织。发病后期病部常混生其他杂菌。

[病原] *Erwinia carotovora* subsp.*carotovora* （Jones）Bergey et al.属胡萝卜软腐欧氏杆菌胡萝卜软腐病亚种细菌。详见青花菜软腐病。

发病规律参见荸荠酸腐病。

防治方法参见芋和菱角软腐病。

荸荠软腐病病球茎解剖

荸荠软腐病病球茎

4. 慈姑病害 Diseases of Chinese arrowhead

慈姑斑纹病
Chinese arrowhead Cercospora leafspot

斑纹病为慈姑的主要病害，分布很广，发病率也较高，一般病株率 20%～40%，严重时高达 100%，可造成减产 10%～30%。

[症状] 此病主要为害叶片和叶柄，叶片染病初形成近圆形褐色坏死斑点，边缘褪绿，后发展成不正形或多角形大小不等的黄褐至灰褐色斑，稍呈轮纹状，病健交界明显，病斑周围多产生黄绿色晕环，多个病斑相互连接形成大斑，最后致叶片变黄枯死。叶柄染病，多形成近长梭形病斑，浅褐至深褐色，边缘不明显，略显褪绿晕环，上下两端均呈放射侵染状，严重时致叶柄坏死而干腐。空气潮湿，叶片和叶柄病斑表面均产生灰色至灰褐色霉状物。

[病原] *Cercospora sagittariae* Ell.et Kell.属半知菌慈姑密束尾孢霉真菌。子实层生于叶的两面，分生孢子梗多根束生，浅褐色，不分枝，末端稍弯曲，近基部有 1～2 个隔膜，大小为 35～84μm×4.5～7μm。分生孢子鞭状或针形，有 3～7 个分隔，无色，大小为 18～30μm×3～5μm。

[发病规律] 病菌以菌丝体和分生孢子座在病组织内越冬。翌年条件适宜时产生分生孢子进行初侵染，借气流和雨水传播。生长期间温暖多雨，或阴雨多风，分生孢子可进行多次重复侵染，使病害迅速蔓延。田间植株生长茂密、空气湿度高，有利于病害发生发展。

[防治方法]

1. 冬前及时清理植株枯黄病叶，妥善处理或烧毁，减少菌源。

2. 重病地块实行轮作，注意合理密植，发病后及时清除枯黄病叶和做好水的管理，改善植株通风透光条件。

3. 发病初期进行药剂防治，可选用 50% 敌菌灵可湿性粉剂 500 倍液，或 40% 百科乳油 2 000 倍液，或 25% 敌力脱乳油 1 000 倍液，或 70% 甲基托布津可湿性粉剂 600 倍液，或 6% 乐必耕可湿性粉剂 1 500 倍液，或 70% 代森锰锌可湿性粉剂 600 倍液，或 50% 农利灵可湿性粉剂 1 000 倍液喷雾，10 天左右防治 1 次，视病情连续防治 2～4 次。

慈姑斑纹病病叶柄

慈姑斑纹病前期叶面病斑

慈姑斑纹病中期叶背病斑

慈姑斑纹病中后期病叶

褐斑病为慈姑的重要病害，发生分布较普遍。一般发病率 30% 左右，严重田块均达 100%，对产量有较大影响。

[症状] 此病主要为害叶片和叶柄，叶片病斑近圆形，褐色至深褐色，大小略有变化，直径多 0.5～4mm，最大不超过 8mm，病斑常产生轮纹状斑痕，边缘深色，后期病斑中部转成灰白色，中心灰褐色，病健部分界明显，严重时，叶片上病斑密布，相互连接成大的坏死斑块，最后致叶片枯黄坏死。叶柄染病，在病部产生较小的近梭形坏死斑，浅褐至深褐色，稍下陷，数量多且大小差异明显，相互连接致叶柄坏死而倒折。空气潮湿，病斑表面均产生稀薄灰白色霉层，即病菌的分生孢子梗和分生孢子。

[病原] *Ramularia sagittariae* Bres. 属半知菌慈姑褐斑长隔孢霉真菌。病菌分生孢子梗由气孔伸出，数枝丛生，无色，长短差异较大，基部略膨大，具不太明显分隔 1～2 个，一般不分枝，个别呈二杈分枝，末端稍弯曲。分生孢子纺锤形，多数单胞，少数具 1 分隔，分隔处稍缢缩，大小为 12.5～22.5μm×2.5～4.3μm，多数 16μm×3μm（图 10-8）。

[发病规律] 病

菌以菌丝体或分生孢子座在球茎或病残体上越冬，种子也可带菌。越冬病菌在条件适宜时形成初侵染。分生孢子借气流和雨水溅射传播。生长期温暖多雨、空气潮湿，病菌可进行多次重复侵染。我国南方一般 6 月下旬至 7 月开始发病，8～10 月盛发流行，11 月后进入越冬阶段。通常温暖高湿、植株生长过于茂密，或施用氮肥过多，利于病害发生与发展。

慈姑褐斑病初期病叶

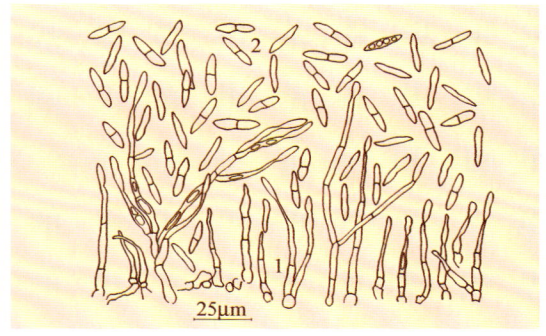

图 10-8　慈姑褐斑病菌
1.分生孢子梗　2.分生孢子

慈姑褐斑病叶面病斑

慈姑褐斑病后期病叶

慈姑褐斑病中后期病叶

慈姑褐斑病病叶柄

[防治方法]

1. 选用抗病品种，如白肉慈姑、刮老乌、紫圆、苏州茨等品种。

2. 加强水肥管理，适当增施磷、钾肥，避免偏施氮肥，有条件的可施用有机肥。慈姑发芽期、抽叶至球茎形成和膨大期注意水层管理，宜间湿间干，避免长时间深灌。

3. 适时进行药剂防治，病害发生初期开始用 70% 甲基托布津可湿性粉剂 800 倍液，或 65% 甲霉灵可湿性粉剂 800 倍液，或 80% 大生可湿性粉剂 600 倍液，或 50% 敌菌灵可湿性粉剂 500 倍液，或 70% 代森锰锌可湿性粉剂 600 倍液，或 40% 百科乳油 2 000 倍液喷雾，10～15 天防治 1 次，连续防治 2～4 次。

慈姑叶柄基腐病
Chinese arrowhead Sclerotium rot

叶柄基腐病为慈姑的重要病害，分布广泛，发病后对产量影响较大，还可侵染多种水生植物。

[症状] 此病主要侵害叶柄基部，也为害叶片。病害多先从外部老叶叶柄处开始侵染，逐渐向内叶发展，叶柄病部先呈湿润状坏死，随后在其表面或病组织内产生菌丝，逐渐纠集成小颗粒，即病原菌的菌核，由白色变为黄褐色，最后呈黑色。叶片发病，多侵染外部老叶，在叶面形成不规则坏死大斑，黄褐至灰褐色，边缘不明显，有时有不明显的轮纹，干燥时易破裂穿孔，一般不产生菌丝和菌核，有时在病部产生病菌子实层。

[病原] *Sclerotium hydrophilum* Sacc. 属半知菌喜水小菌核真菌。病菌菌核球形，结构疏松，外层深褐色，内部无色或浅黄色，直径为 425～625μm，平均 515μm。有性时期子实层为纸状，稍粗糙，间断形成。担子卵形，大小为 3.8～12.5μm × 2.5～5μm（图 10-9）。

[发病规律] 病菌以菌核随病残体遗落在土壤中越冬，翌年菌核漂浮于水面，温度适宜菌核萌发产生菌丝侵害叶柄。病菌亦可以有性子实层随病组织越冬，条件适宜时形成担子和担孢子侵染老黄叶片。病菌发育温度 15～39℃，最适温度为 25～30℃。夏、秋季多雨高湿，容易发病。

[防治方法]

1. 清洁田园，采收后仔细清除病残组织，深埋或集中烧毁，以减少田间菌源。

2. 施足底肥，增施磷、钾肥，中后期及时摘除外部黄叶、病叶。

3. 发病初期开始喷洒 70% 甲基托布津可湿性粉剂 600 倍液，或 50% 农利灵可湿性粉剂 1 000 倍液，或 50% 扑海因可湿性粉剂 800 倍液，或 50% 利克菌可湿性粉剂 1 500 倍液，或 45% 特克多悬浮剂 1 000 倍液，或 30% 倍生乳油 2 500 倍液，10～12 天防治 1 次，连续防治 2～3 次。

慈姑叶柄基腐病后期病叶

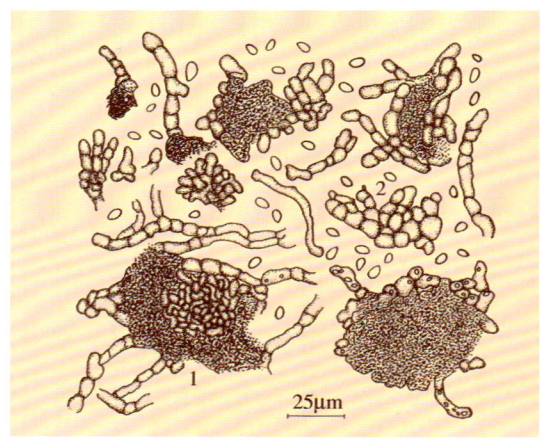
图 10-9 慈姑叶柄基腐病菌
1. 子实层 2. 担子

慈姑叶柄基腐病中后期病叶柄

慈姑黑粉病
Chinese arrowhead smut

黑粉病是慈姑的主要病害，分布较广，一般发病率 20%～40%，重病田病株 60% 以上，最重达 100%，严重影响慈姑产量和品质，常造成 10%～20% 减产，重病田可损失 50% 以上。

[症状] 此病主要为害叶片和叶柄，亦为害花器和球茎。叶片染病，初在叶面形成椭圆形至不规则形褪绿斑，后变成黄褐至灰褐色大小不等的隆起疱斑，叶背病斑稍凹陷，随病害发展疱斑枯黄破裂，散出黑色粉粒，即病菌的孢子团，严重时病叶扭曲畸形。叶柄染病，

在病部形成球状肿瘤，或产生黑色条斑，内生黑粉状孢子。花器染病，子房呈黑褐色疱状。球茎染病，多在植株基部与匍匐茎结处开裂，在球茎内产生黑色孢子团，病重时植株枯黄坏死。

[病原] *Doassansiopsis horiana*（P.Henn.）Shen 属担子菌慈姑虚球黑粉真菌。孢子堆常生于叶和叶柄上，孢子团排列成一层，卵形至亚球形，大小为77～218μm×67～188μm，外层和中心为不孕细胞，中间为孢子层，外层由3～4层无色、多角形细胞组成，细胞大小为5～7μm×4～5μm。中心部分细胞浅榄褐色，壁薄。孢子结合紧密，长而多角，平滑，红褐色，大小为10～17μm×7～10μm（图10-10）。

慈姑黑粉病前期病叶

[发病规律] 病菌以孢子团随病残体遗落在土中或在种球上越冬。翌年日均温达15℃以上时，孢子团开始萌发产生担孢子，通过气流、雨水或灌溉进行初次侵染，发病后以病部孢子进行多次重复侵染。高温高湿是发病的主要有利因素。生长期高温多雨、多露，病害发生严重。田间植株生长嫩绿、偏施氮肥、密度过大，病害发生早而重，连作地块发病亦重。品种间对病害存在一定的抗性差异。

慈姑黑粉病中期病叶

[防治方法]
1.因地制宜选用抗、耐病品种，如白肉慈姑、刮老乌、紫圆等品种。注意选用无病种球，自留种在催芽

慈姑黑粉病中期病斑放大

慈姑黑粉病后期病叶

慈姑黑粉病病株受害状

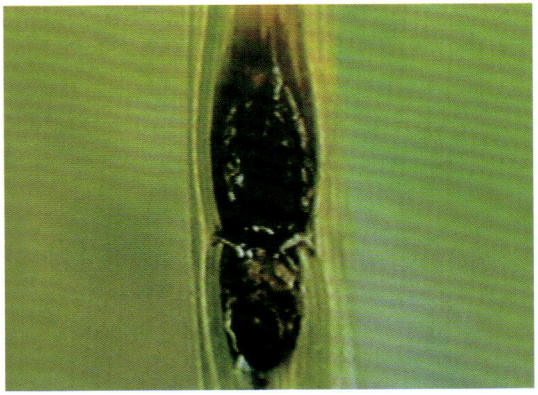

慈姑黑粉病叶柄病斑

前用20%粉锈宁可湿性粉剂1 500倍液，或12.5%粉唑醇乳油3 000倍液，或20%萎锈灵乳油2 500

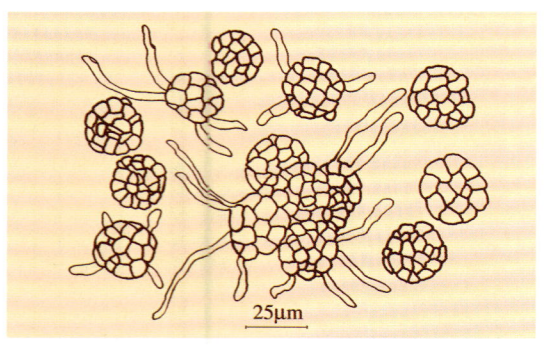

图10-10 慈姑黑粉病菌 孢子团

倍液浸2 h，或用25%多菌灵可湿性粉剂500倍液浸种3 h后用清水洗净催芽。

2. 清洁田园，采收后彻底清除病残组织，集中销毁。

3. 重病区避免连作，注意增施磷、钾肥，合理定植，防止太密。

4. 加强水肥管理，避免长时间深灌和过量施用氮肥，后期采用间湿间干的水层管理方法，促进根系发育，及时摘除老黄病叶。

5. 发病初期及时进行药剂防治，可选用80%抗菌素402乳油1 000倍液，或12.5%粉唑醇乳油2 500倍液，或25%粉锈宁可湿性粉剂800倍液，或50%多菌灵超微可湿性粉剂500倍液，或43%菌力克悬浮剂8 000倍液，或10%世高水分散粒剂8 000倍液，或40%福星乳油8 000倍液，或40%多硫胶悬剂500倍液喷雾，10～15天防治1次，共防治2～4次。

慈姑镰孢霉红粉病
Chinese arrowhead Fusarium rot

镰孢霉红粉病为慈姑的一般性病害，局部发生，在一定程度上影响慈姑品质。

[症状] 此病多在采收至储运期发生。最初在球茎上出现水渍状黄褐色坏死小点，逐步变成灰白色至黄褐色近圆形凹陷斑，边缘水渍状，黑褐色，其表面产生初为白色后呈粉红色的霉层，即病菌菌丝体和分生孢子丛。终致球茎全部腐烂。

[病原] *Fusarium* sp.属半知菌镰孢霉真菌。病菌产生两种类型分生孢子，大型分生孢子多为镰刀形，2～7个隔膜，多数5个，大小为21.5～58.0μm × 3.7～5.9μm。小型分生孢子椭圆形至长圆形，单胞至双胞，大小为5.3～11.2μm × 2.6～5.3μm。

[发病规律] 病菌在储运环境中广泛存在，条件适宜即引起染病，发病后病组织产生大量分生孢子通过接触进一步传播扩散。高温或温暖潮湿有利于发病。

[防治方法] 储运期保持球茎清洁，避免长时间堆放，发现病球及时挑出。

慈姑镰孢霉红粉病前期病球茎

慈姑镰孢霉红粉病中后期病球茎

慈姑黏菌病
Chinese arrowhead Myxomycetes

慈姑黏菌病病球茎

黏菌病为慈姑的一般病害，仅储运期零星发生，生长期偶有发生，对慈姑生产基本无影响。

[症状] 此病主要侵染球茎，在球茎表面或在植株根茎表面产生白色粉状病斑，以后发展成白色粉状霉层，后期致球茎腐烂。生长期发病，病株生长缓慢，叶片扭曲，由外叶向心叶褪绿变黄，随病害发展逐渐坏死，终致全株坏死。

[病原] 为一种黏菌（Myxomycetes）。菌体为近球形原生质团，灰白色粉末状，相互聚结粘连在一起形成白色胶泥状物。

[发病规律] 不详。

[防治方法] 一般无须防治。必要时施用适量草木灰或生石灰等改良土壤，以阻碍病菌增殖。种植前深翻土地，晾晒土壤。

5. 菱角病害 Diseases of water caltrop

菱角绵疫病
Water caltrop Phytophthora rot

绵疫病为菱角的重要病害，部分地区分布，多在夏季发病。通常病株零星，轻度影响生产，重时病株可达20%以上，造成部分植株菱盘腐烂，明显影响产量与质量。

[症状] 此病主要侵害叶片，亦可为害花和果实。田间多为"出水叶"和菱盘受害，染病后在叶片上形成近圆形至不定形病斑，灰绿色至绿褐色，迅速发展成不规则形大斑，边缘明显，短期内致叶片腐烂坏死。花和果实受害，呈水渍状腐烂，褐色或暗绿色，病部表面可产生絮状白霉。

[病原] Phytophthora parasitica Dast.属鞭毛菌寄生疫霉真菌。病菌菌丝白色，絮状，无隔，多分枝，气生菌丝发达。孢囊梗无隔，纤细，不分枝，无色，顶端产生孢子囊。孢子囊单胞，无色，球形或卵圆形，有明显乳状突起。菌丝顶端或中间可单生或串生黄色球状厚垣孢子。卵孢子球形，黄褐色（图10-11）。

[发病规律] 病菌以卵孢子随病残体越冬。菱角生长期随浇水、施肥传播，形成初侵染。发病后产生孢子囊通过雨水或管理传播扩散形成再侵染。夏季多暴风雨，或闷热天较多适宜发病。偏施氮肥，植株柔嫩易发病。邻近已发病的瓜果蔬菜田块发病较重。

[防治方法]

1. 种植田适当远离瓜果类菜田，采收后彻底清理病株及残体，勿用蔬菜残体沤制的堆肥。

2. 发现病株或病叶及时清除，带到田外妥善处理。

3. 发病初期施药防治，可选用69%安克·锰锌可湿性粉剂800～1 000倍液，或72%霜脲·锰锌可湿性粉剂600～800倍液，或72%

克露可湿性粉剂600～800倍液，或50%溶菌灵可湿性粉剂600～800倍液喷洒叶片。

菱角绵疫病病菱角

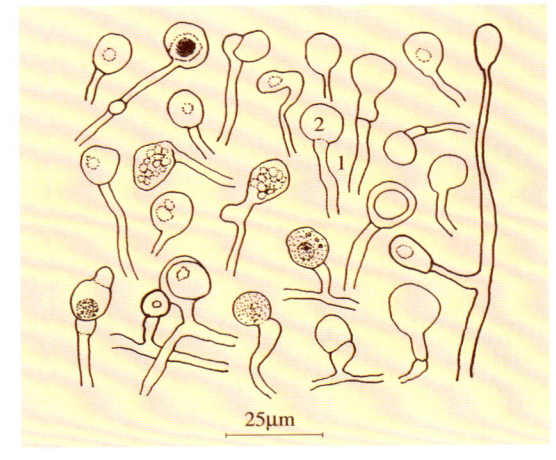

图10-11 菱角绵疫病病菌
1. 孢囊梗 2. 孢子囊

菱角软腐病
Water caltrop bacterial soft rot

软腐病为菱角的普通病害，分布较广，种植地区都有发生。通常零星发病，对生产影响较小，严重时病株可达20%以上，明显影响菱角产量与品质。

[症状] 此病可为害叶片、茎蔓、菱盘和花果等各个部位。多从伤口处或接触水面的部位开始侵染，病部呈水渍状暗绿色至绿褐色不规则腐烂，迅速向四周扩展，使病部组织烂成糊状，最后仅剩维管组织，严重的田块向外散发恶臭气味。

[病原] Erwinia carotovora subsp.carotovora （Jones）Bergey et al.属胡萝卜软腐欧氏杆菌胡萝卜软腐病亚种细菌。详见青花菜软腐病。

菱角软腐病病菱角

[发病规律] 病菌主要来自于邻近的多种作物，通过雨水、灌水或害虫传播，使田间发病。发病后借助风雨和水面扩散蔓延，在田间形成再侵染。夏季暴风雨较多、害虫严重、植株受伤，有

利于发病。施用未腐熟的有机肥和浇灌污水病害严重。

[防治方法]

1. 科学管理，施用充分腐熟的有机肥，禁止用污水浇灌，生长期适时防虫。重病田清除病株残体后更换清水。

2. 必要时发病初期进行药剂防治。可喷洒47%加瑞农可湿性粉剂600倍液，或77%可杀得可湿性粉剂500倍液，或25%噻枯唑800倍液，或新植霉素5 000倍液防治。

6. 芡实病害 Diseases of cordon euryale

芡实瘟病
Cordon euryale Sclerotium rot

瘟病为芡实的重要病害，种植地区发生分布，春、夏、秋季都可发病，以夏季闷热天较多，发病重。通常少数植株发病，在一定程度上影响芡实生产。严重时植株发病率达60%以上，多数叶片和花器因病坏死腐烂，显著影响芡实产量和品质。

[症状] 此病主要为害叶片，严重时亦侵染花器。初在病部出现形状不规则的褐色小点，以后扩展成不定形黄褐色至暗褐色坏死斑，短期内致叶缘坏死腐烂。花器染病，呈褐色不规则坏死，以后软化腐烂，最后仅剩纤维组织和种子，其上可产生灰白至黄褐色菌丝团；最后变成茶褐色粒状菌核。严重时，种子亦变褐腐烂，病叶组织腐烂破碎，漂浮于水面，产生许多小气泡，使水面极端污浊。

[病原] *Sclerotium hydrophilum* Sacc.属半知菌喜水小菌核菌真菌。详

见莲藕叶腐病。

发病规律、防治方法参见莲藕叶腐病。

芡实瘟病前期病叶

芡实瘟病中期病叶

芡实瘟病中后期病叶

芡实叶斑病
Cordon euryale Heterosporium leafspot

叶斑病为芡实的主要病害，种植地区时有发生，以夏、秋季发病较常见。通常少数植株零星发病，在一定程度上影响芡实生产。严重时植株发病率达40%以上，显著影响生产。

[症状] 此病仅为害叶片。初期在叶片上产生许多暗绿色至浅黄色圆形小斑，以后扩展成近圆形略具轮纹的黄褐色至暗褐色坏死斑，多个病斑相互连接成片致叶片坏死腐烂。空气潮湿，病斑表面产生灰褐色霉层，即病菌的分生孢子梗和分生孢子。

[病原] *Heterosporium variabile* Cke.属半知菌菠菜霉斑瘤蠕孢霉真菌。病菌分生孢子梗簇生，暗色，有隔膜，具有明显的孢子痕。分生孢子顶生，暗色，圆筒形，表面有小突起，具0～5个隔膜，大小为8～50μm×6～12μm。

[发病规律] 病菌主要来源于田间病残体，多在夏、秋季芡实开花结果期开始发病，病菌分生孢子借风雨和气流传播形成重复侵染。夏、秋季闷热多雨、偏施氮肥病害发生严重。

[防治方法]

1. 重病田实行轮作，避免偏施氮肥。

2. 及时清除重病残叶带到田外妥善处理。

3. 发病初期施药防治。参见慈姑褐斑病。

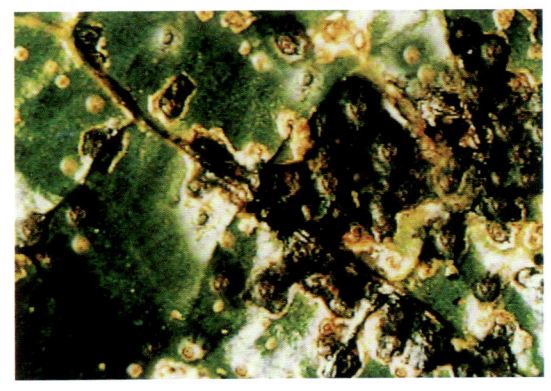

艾实叶斑病中后期病斑

芡实叶瘤病
Cordon euryale Entyloma leaf nodule

叶瘤病为芡实的重要病害，在部分地区发生分布，多夏、秋季发病。一旦发生，发病率往往较高，显著影响芡实生产，是一个值得注意的病害。

[症状] 此病主要侵染叶片，发病初期在病部形成褪绿黄斑，以后病部畸形肿大，向外快速增生突起，形成外表皱缩的球状叶瘤，大小不等，形状不规则，黄色，上生红色条纹或红斑，后期逐渐变褐腐烂，散出黑褐色球形孢子球。严重时，叶片上数个或十余个叶瘤同时生出，肿瘤大时致芡叶下沉，花果不能正常出水，严重影响芡实正常生长结实。

[病原] *Entyloma euryale* 属半知菌叶黑粉菌真菌。病菌孢子堆生于寄主叶片组织内，厚垣孢子单生，常由2个至数个孢子相互胶结成片，外常有胶质膜包裹。厚垣孢子近球形，表面光滑，无色。

[发病规律] 病菌随病残组织越冬，多在夏季高温多雨季节发病，病菌随流水传播，偏施氮肥有利于发病。

[防治方法]

1. 避免偏施氮

肥。

2. 割除肿瘤带到田外深埋。

3. 发病初期喷药防治。参见慈姑褐斑病。施药时可同时加入500～600倍磷酸二氢钾进行根外施肥。

艾实叶瘤病中期叶瘤

艾实叶瘤病前期叶瘤

芡实叶瘤病叶片受害状

7. 水芹病害 Diseases of water dropwort

水芹斑枯病
Water dropwort Septoria late blight

斑枯病为水芹的主要病害，分布较广，发生亦较普遍，以南方发生较重，北方地区个别年份或局部发生较重，显著影响产量和品质。

[症状] 此病主要为害叶片，严重时亦为害茎和叶柄。在田间常和锈病混合发生。初在叶片上产生淡褐色水渍状小点，以后扩大成近圆形至不

水芹斑枯病病叶

规则形坏死斑，周缘常具有黄色晕环，中央灰白至灰褐色，生有稀疏小黑点，即病菌的分生孢子器。茎和叶柄染病，初为浅褐色小点，以后形成略凹陷近椭圆形坏死斑，有时龟裂，后期亦产生少量小黑点。

[病原] *Septoria oenanthis-stoloniferae* Saw. 属半知菌水芹壳针孢真菌。病菌分生孢子器叶面生，扁球形至近球形，黑褐色，直径60～160μm，孔口5～20μm。分生孢子针形，无色，一端稍尖，略弯曲，具1～6个隔膜，大小为20～45μm×1～2μm。

[发病规律] 病菌主要以菌丝体在种株或随病残体越冬。条件适宜产生分生孢子形成初侵染，发病后再产生分生孢子，借气流、雨水传播，形成再侵染，温暖多雨、空气潮湿病害严重。

防治方法参见西芹斑枯病。

水芹锈病
Water dropwort rust

锈病为水芹的重要病害，主要在南方菜区发生分布，北方地区偶有发生。发病后染病率均较高，病株常达60%以上，严重影响产量与质量。

[症状] 此病全生育期都可发生，可为害叶片、叶柄和茎。发病初期在植株叶片上产生许多针尖大小浅黄色斑，以后转变成红褐至锈褐色，中央呈泡状突起，即病菌的夏孢子堆，泡斑破裂散出橙黄至红褐色粉末状物，即病菌的夏孢子。后期在泡斑上及附近产生暗褐色泡状斑，即病菌的冬孢子堆。叶柄和茎秆染病，初为浅黄绿色点状或短条状隆起斑，破裂后散出夏孢子，有时表皮呈条状龟裂。严重时植株表面病斑密布，短时间内致茎叶坏死干枯。

[病原] *Puccinia oenanthes-stoloniferae* Ito 属担子菌水芹柄锈菌真菌。病菌夏孢子堆表面生，0.1～1mm。夏孢子近球形或卵圆至椭圆形，淡黄至淡褐色，单细胞，有小刺，芽孔不明显，2～3个，大小为18～32μm×14～25μm。冬孢子堆与夏孢子堆相似，暗褐色。冬孢子近椭圆形，一端稍大，单细胞，淡栗褐色，柄无色，易脱落，细瘤不明显，大小为24～30μm×14～21μm（图10-12）。

[发病规律] 病菌以菌丝体或冬孢子堆在种株上越冬，南方地区夏孢子可在田间辗转为害，无明显越冬期。天气温暖潮湿、雾多或露重，植株偏施氮肥，长势过旺发病严重。

防治方法参见蚕豆锈病。

水芹锈病前期病叶

水芹锈病中期病叶

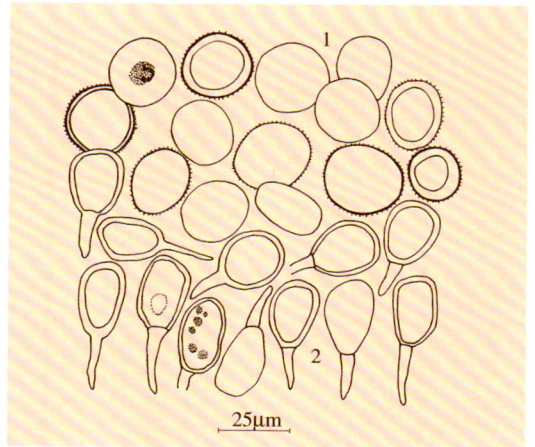

25μm

图10-12 水芹锈病病菌
1. 夏孢子　2. 冬孢子

十一、多年生蔬菜病害
Diseases of Perennial Vegetables

1. 石刁柏（芦笋）病害 Diseases of asparagus

石刁柏茎枯病
Asparagus stem blight

茎枯病为石刁柏的毁灭性病害，分布广泛，为害严重，一般减产20%～30%，严重时达70%以上甚至绝收。此病亦称茎腐病，除为害石刁柏外，仅见侵染文竹、紫狼尾草的报道。

[症状] 病菌可侵染嫩茎、茎秆、侧枝及拟叶。茎秆上病斑有两种类型，低温或高温干燥条件下出现慢性型褐色小斑症状，中温高湿条件下则出现急性型茎枯症状。两类病斑在发病初期均表现为褪绿水渍状小斑，慢性型扩展速度慢，最后病斑呈梭形或长椭圆形，凹陷，边缘褐色至黑褐色，病健组织交界明显，病斑中间不形成黑色小粒点或只有稀疏几个黑色小点，即病菌的分生孢子器。急性型病斑扩展迅速，病斑边缘水渍状淡褐色至褐色。大小、形状变化较大，微凹陷，病斑呈黄褐色或灰白色，其上密生黑色小粒点，散生或轮纹状排列，潮湿环境下，病斑边缘处有灰白色绒状菌丝。病菌侵入到木质部及髓部导致病部茎秆中空易折断，终致上部枯死。病害流行时，短期内可使大面积石刁柏一片枯黄。

[病原] *Phomopsis asparagi*（Sacc.）Bubak 属半知菌天门冬拟茎点霉真菌。可产生典型的线状孢子和出现中间类型孢子，分生孢子器单生或2～3个生于一个子座内，初埋生于寄主表皮下，后逐渐突破表皮半露，球形，直径41～73μm，有孔口，黑褐色，近孔口处壁较厚，内生分生孢子梗和分生孢子。分生孢子梗短，无色。A型分生孢子长椭圆形，无色，单胞，内有脂肪球1～2个，分布在孢子的两端，大小为5.0～12.5μm×2.0～4.5μm。B型分生孢子线形至披针

形，少数钩形或波浪形，无色，不分隔，大小为17.5～26.0μm×1.0～2.0μm。此外还有少量中间型孢子，大小为12～16μm×2.5～4.5μm。自然状态下多产生A型孢子和中间型孢子（图11-1）。

[发病规律] 病菌主要以休眠菌丝和分生孢子器或分生孢子在病残体内越冬。温度是菌丝生长和分生孢子发芽的重要条件。菌丝5～45℃均可生长，5～15℃或35～45℃生长良好，以24℃左右最适。分生孢子在11～36℃能发芽，最适温度为22～27℃，发芽率在95%以上。水是分生孢子器释放分生孢子的必要条件，只有在饱和湿度条件下或在水中才能喷出分生孢子。石刁柏全生育期均可被侵染，以出土两周以内的嫩茎感病最重。病菌易从伤口侵入，也可从茎表面茸毛基部间隙

石刁柏茎枯病前期病茎

石刁柏茎枯病中后期病茎

直接侵入。越冬病菌为病害的初侵染源，远距离传播主要靠带菌种子，病斑上产生的分生孢子借风雨和农事操作扩散传播，雨水、浓雾、露水或枝叶茂盛造成高湿，都能使成熟的分生孢子释放传播，形成再侵染。干燥时分生孢子则随空气飞扬传播。在我国，病菌可顺利越夏，春季病茎是秋季的病原。病害发生规律在南方和北方、采笋与不采笋差异较大。平均气温低于10℃，茎枯病不发生，15℃时病菌侵染后7～10天即显症，26.5～28℃病害潜育期5～7天。旬平均气温19.8～28.6℃为病害盛发期，降雨频次与病害严重程度呈正相关。病害发生季节连续降雨，尤其是暴风雨之后病害发生严重。连作地块、黏重土壤、低洼积水、土壤含水量高、植株偏施氮肥或缺少氮、磷、钾肥，病害发生严重。此外，品种间存在一定抗性差异，玛丽华盛顿、加州大学711较抗，Asp8272和Asp8284品系极抗病。

[防治方法]

1. 选用丰产抗病的优良品种，如玛丽华盛顿、加州大学711等。避免连作，选择土质好、排水方便的土壤种植，施足有机底肥，增施磷、钾肥。新种植区做好种子消毒，培育无病苗。可采用热水烫种结合药剂浸种，即播前先将种子放在70～80℃热水中浸烫5～10min，立即放进冷水中漂洗，然后放在25%多菌灵可湿性粉剂400倍液中浸泡2～3天再催芽播种。防止病区的病残体及病菌带入新种植区。

2. 做好笋园清洁，及时清除病残及枯枝落叶和杂草，齐地面割除病枝及老枝带到田外烧毁，同时配合撒施毒土或喷洒药液，减少田间病菌。

3. 加强管理，集中选留母茎，每穴3～5根均匀分布，病弱多余茎应随时拔除。合理调整采收期，使嫩茎大量出土期与雨季错开，可减轻染病或推迟发病。暴风雨前对生长过密的田块采取疏枝打顶措施，改善通风透光条件降低发病率。

4. 关键期适时施药，春季培土前先向石刁柏根盘喷洒药液灭菌，割除老株留母茎时立即喷药保护，防止幼笋出土后受土表残存病菌侵染，同时保护所留母茎免受空中病菌为害，必要时用稍浓的药液涂茎。生长期视病情5～14天防治1次，多雨季节应加强防治，雨后要重防，采笋前7天应停止施药。有效药剂有50%扑海因可湿性粉剂1 500倍液，70%甲基托布津可湿性粉剂600倍液，40%多硫悬浮剂500倍液，2%农抗120水剂200倍液，芦保一号2 000倍液，50%多菌灵超微可湿性粉剂500倍液，25%培福朗水剂800倍液等。注意合理混用或轮换用药，配药时加入0.1%洗衣粉或0.3%中性皂或吐温20等黏着剂或展布剂可提高药效。

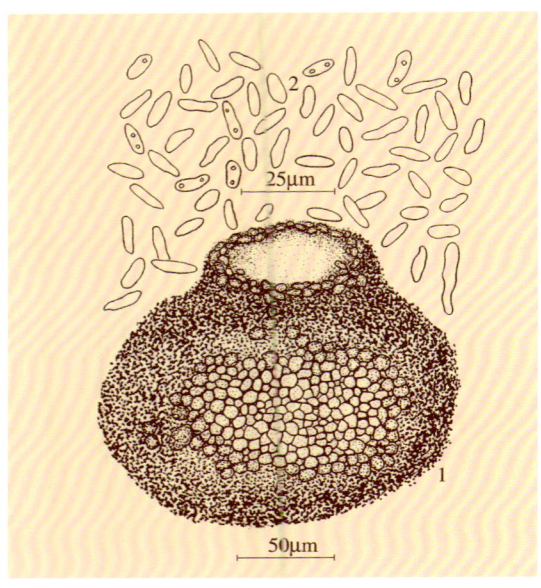

图11-1 石刁柏茎枯病菌
1.分生孢子器 2.分生孢子

石刁柏茎枯病病斑放大

石刁柏茎枯病后期病茎

石刁柏褐斑病
Asparagus needle blight

褐斑病是石刁柏的主要病害，分布广泛。我国石刁柏主要产区都有发生，一般病株率15%～40%，严重时达80%以上，对石刁柏生产影响较大。

[症状] 此病主要为害茎秆、侧枝及拟叶柄。茎秆发病初在病部出现褐色小点，后逐渐扩大为卵圆形斑，大小为1～2 mm×2～6mm，病斑中央灰白色，边缘紫红色，潮湿条件下病斑中央产生一层稀疏的淡灰色霉层，即病菌的分生孢子梗和分生孢子。病害严重时常引起植株提早枯黄死亡。叶柄和侧枝上病斑较小，红褐色。

[病原] *Cercospora asparagi* Sacc.属半知菌石刁柏尾孢霉真菌。分生孢子梗褐色，单生或束生，不分枝，曲膝状，具1～6个分隔。分生孢子鞭状或针形，基部钝圆，顶端渐细，初期无隔，成熟后形成1～16个分隔，大小为35～200μm×2.5～5μm（图11-2）。

[发病规律] 病菌以菌丝体和分生孢子在病残体上越冬，翌年病残体上的病菌引起初侵染。田间分生孢子借风雨传播，形成再侵染，秋季达发病高峰。病菌发育温度25～28℃，5℃以下或37℃以上病菌停止生长，29℃适于分生孢子形成，长期阴湿环境和感病品种是诱发病害的主要条件。高温多雨或受暴风雨侵袭后发病严重。

[防治方法]

1. 选用抗、耐病品种，如泽西巨人，Asp8278和Asp8284品系等。

2. 收获后及时清除枯枝落叶及残体，予以烧毁，茎秆齐地表割除并及时翻耙土壤，减少菌源。

3. 发病初期开始喷洒50%敌菌灵可湿性粉剂500倍液，或70%甲基托布津可湿性粉剂600倍液，或6%乐必耕可湿性粉剂1 500倍液，或50%多菌灵可湿性粉剂600倍液，或40%多硫悬浮剂500倍液，或47%加瑞农可湿性粉剂600倍液，根据病情7～10天防治1次，每次施药液1 050～1 500L/hm²，共防治2～5次。

石刁柏褐斑病前期病茎

石刁柏褐斑病中后期病茎

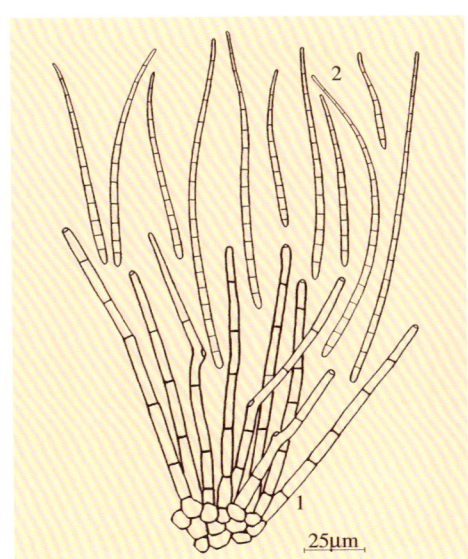

图11-2 石刁柏褐斑病菌
1. 分生孢子梗 2. 分生孢子

石刁柏褐斑病中期病茎

石刁柏褐斑病后期病茎

石刁柏炭疽病
Asparagus anthracnose

炭疽病是石刁柏的常见病，分布较广。一般发病率20%～60%，严重地块可达100%，对石刁柏生产影响较大。

[症状] 此病主要为害茎秆、侧枝和拟叶柄。田间前期症状易与茎枯病混淆。主茎发病多从茎基部开始侵染，初为水渍状暗灰色小点，逐渐形成红褐色至黑褐色椭圆形斑，略凹陷，随后病斑表面产生许多明显突出的小黑点，即病菌的分生孢子盘。多个病斑汇合常形成不规则大斑，黑点随病害发展亦逐渐扩展，明显粗大变形，最后致植株枯死。侧枝及叶片染病易折断或脱落。病害严重时植株成片死亡。

[病原] Colletotrichum sp.属半知菌炭疽刺盘孢霉真菌。病菌分生孢子盘褐色至黑褐色，埋生于寄主表皮下，逐渐隆起呈疱状黑点，最后成盘状或垫状，盘上密生分生孢子梗和刚毛。刚毛黑褐色，弯曲，基部粗大，有0～3个隔膜，55～115μm×5～7μm。分生孢子梗短杆状，无色，单胞。分生孢子新月形至纺锤形，单胞，无色，大小为11.5～28.5μm×3.5～6.3μm（图11-3）。

[发病规律] 病菌附着在被害组织上在土壤中越冬，种子也可带菌。翌年病组织上分生孢子在田间形成初次侵染，其后产生分生孢子借风雨传播进行再侵染。在多雨天气、高温高湿、地势低洼、排水不良、植株生长茂密或嫩弱的情况下，发病严重。

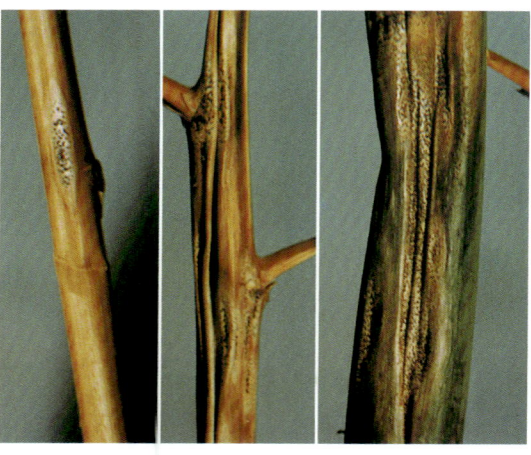

石刁柏炭疽病中期病茎

石刁柏炭疽病初期根茎病斑

石刁柏炭疽病病斑放大

石刁柏炭疽病中后期根茎病斑

石刁柏炭疽病后期病茎

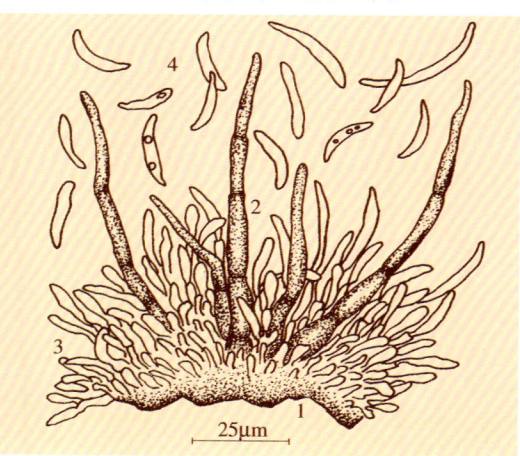

图11-3 石刁柏炭疽病菌
1.分生孢子盘 2.刚毛 3.分生孢子梗 4.分生孢子

[防治方法]

1. 新种植区进行种子消毒，可用52～55℃温水浸种20～30min灭菌，或用0.3%种子重量的25%施保克可湿性粉剂，或25%炭特灵可湿性粉剂拌种灭菌。

2. 清洁芦园，去除所有病株并烧毁，冬季用较浓的防炭疽病药剂或200倍五氯酚钠药液喷洒土壤消毒灭菌。

3. 施足有机底肥，增施磷、钾肥，雨后避免田间积水，改善田间通风条件，提高植株抗病能力。

4. 发病初期开始喷药防治，可选用25%炭特灵可湿性粉剂600～800倍液，或25%施保克可湿性粉剂800～1 000倍液，或50%退菌特可湿性粉剂600倍液，或50%多菌灵超微可湿性粉剂600倍液，或30%倍生乳油1 200倍液，或40%百科乳油1 200倍液，或50%敌菌灵可湿性粉剂400倍液，或5%田安水剂400倍液，或6%乐必耕可湿性粉剂1 000～1 500倍液，或70%甲基托布津可湿性粉剂600倍液，或40%灭菌丹可湿性粉剂400倍液，或47%加瑞农可湿性粉剂500倍液喷雾，10～15天防治1次，连续防治2～3次，施药液1 050～1 500L/hm²，重点喷洒中下部茎和嫩笋。

石刁柏枯萎病
Asparagus Fusarium wilt

枯萎病为石刁柏的常见病，分布较广，但多为零星发生。一般病株率3%～10%，个别严重地块发病率可达30%～50%，对产量有明显影响。

[症状]此病主要为害根和根茎部，引起腐烂，致植株死亡，以成株发病较多见。发病初期在根茎处产生红褐色至紫红色病斑，不规则，逐渐发展茎基部呈黄褐色，以后变成深褐色，地上枝叶自下向上黄化、凋萎，最后枯死。染病植株矮化扭曲，田间湿度高时茎基部表面产生较厚的粉红色霉层。剖开病茎，可见内部组织变色坏死，根茎部表面褐色腐烂。幼小植株染病，在嫩茎的鳞片及茎部产生红褐至紫褐色斑，潮湿时病茎表面亦产生粉白色霉层，地上部枯死。

[病原] *Fusarium* sp.属半知菌镰孢霉真菌。病菌分生孢子梗近于无色、丛生，粗短，产生两种类型分生孢子。大型分生孢子镰刀形，无色，稍弯，两端略尖，足胞多不明显，有1～5个隔膜，大小为28.5～64.5μm×2.9～5.3μm。小型分生孢子无色，单胞，长椭圆形，大小为5.3～8.4μm×1.3～4.9μm（图11-4）。

[发病规律]病菌在土壤中或随病残体在土壤内越冬。一般由根部直接侵入，也可由采割嫩茎后的伤口或从地下茎的伤口侵入，随水传播。种子亦能带菌，在播种后直接侵害幼苗，使种植失败。病菌繁殖适宜温度为24～28℃。田间若收获过度、植株生长衰弱，或高湿多雨，或阴雨连绵病害发生严重。一般在定植后植株尚未成活时易受感染。此外，黏性土壤、平畦栽培、浇水偏多或地下害虫多的地块发病严重。

[防治方法]

1. 选择洁净的地块种植，低洼、下湿、盐碱

石刁柏枯萎病中期病株

石刁柏枯萎病前期病株

石刁柏枯萎病后期病株

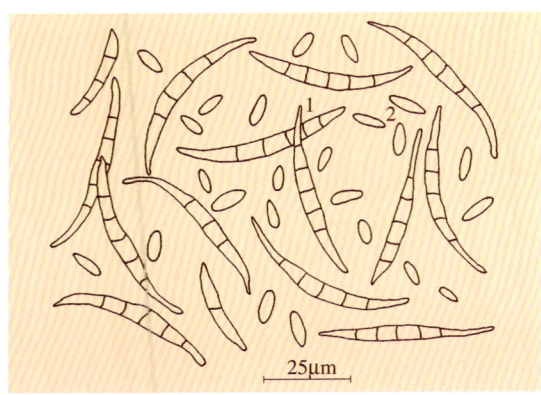

图 11-4 石刁柏枯萎病菌
1. 大型分生孢子　2. 小型分生孢子

地或过于贫瘠的地块不宜种植石刁柏。

2. 进行种子和种苗消毒，可选用 0.3% 种子重量的 65% 防霉宝可湿性粉剂，或 50% 多菌灵可湿性粉剂，或 50% 利克菌可湿性粉剂拌种。种苗可用 65% 防霉宝可湿性粉剂，或 50% 多菌灵可湿性粉剂 400 倍液，或 45% 特克多悬浮剂 800 倍液浸 10～20min。

3. 加强综合管理，提高植株的抗病能力，避免高温多雨季节定植，雨后及时排水和适当中耕培土。

4. 发病初期选用 45% 特克多悬浮剂 1 000 倍液，或 25% 敌力脱乳油 2 000 倍液，或 65% 多果定可湿性粉剂 1 000 倍液，或 10% 双效灵水剂 2 000 倍液，或 50% 多菌灵可湿性粉剂 500 倍液，或 30% 土菌消水剂 700 倍液，或 98% 恶霉灵可湿性粉剂 2 000 倍液灌根。

石刁柏黑斑病
Asparagus Alternaria spot

黑斑病是石刁柏的普通病害，分布较广，发生较普遍，一般病株率 10%～20%，对产量无明显影响，严重时病株可达 80%，明显影响石刁柏

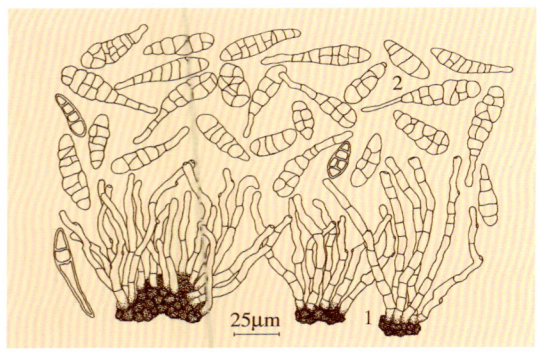

图 11-5 石刁柏黑斑病菌
1. 分生孢子梗　2. 分生孢子

的生长势和翌年出笋。

[症状] 此病主要为害茎秆和分枝。多从较衰弱的植株开始侵染，初在茎部形成水渍状近椭圆形暗绿色斑，以后病部逐渐坏死，病斑转变成灰白至黄褐色，随病害发展，病斑迅速扩大，表面长出黑点，并相互连接形成云纹状坏死宽条斑，很快使全株枯死，在病茎表面产生大小不等、分布不均的黑色点状霉层，即病菌的分生孢子梗和分生孢子。有时植株染病一侧略下陷，黑色点状霉层十分紧密地黏附在病茎表面，用利器方可刮下。分枝染病亦是灰白色坏死，后期病枝表面亦产生不均匀黑色点状霉层，易折断枯死。

[病原] *Alternaria* sp.属半知菌交链孢霉真菌。病菌分生孢子梗丛生，屈曲，不分枝，榄褐色，顶端色淡，1～9 个分隔，孢子痕明显，27.5～93.5μm × 4～6μm。分生孢子多单生，纺锤形至倒棒状，深褐色，具 3～8 个横隔膜，0～3 个纵隔膜，喙细胞有或无，孢子大小为 22.5～65μm × 8.8～15μm（图 11-5）。

[发病规律] 病菌以菌丝体和分生孢子随病残组织越冬，翌年条件适宜时越冬菌丝产生分生孢子，或越冬分生孢子直接萌发侵入寄主，引起初侵染。温暖高湿利于发病，在多雨潮湿的条件下，病菌产生大量分生孢子，通过气流、雨水或浇水及昆虫传播，形成再侵染，使病害发展蔓延。土壤贫瘠、黏重积水、缺肥或管理粗放、害虫数量多发病较重。

[防治方法]

1. 收笋后彻底清除枯枝落叶，集中烧毁，减少田间菌源。

2. 施足底肥，增施磷、钾肥，注意中后期适时追肥。

3. 生长期加强管理。适时防治害虫和其他病害，雨后避免田间积水和注意根盘培土，防止植株早衰。

4. 发病初期进行药剂防治，可选用 65% 多果定可湿性粉剂 1 000 倍液，或 50% 扑海因可湿性粉剂 1 000 倍液，或 50% 敌菌灵可湿性粉剂 500 倍液，或 2 %

石刁柏黑斑病中期病茎

石刁柏黑斑病后期病茎

农抗120水剂200倍液，或47%加瑞农可湿性粉剂500倍液，或70%代森锰锌可湿性粉剂500倍液，或50%农利灵可湿性粉剂1 200倍液喷雾，10～15天1次，视病情防治1～3次，施药液1 050～1 500 L/hm²。

2. 增施磷、钾肥，合理密植，保持植株生长健壮，不易倒折受伤。

3. 及时防治各种害虫，发现病株尽早清除，减少发病。

4. 必要时进行药剂防治，可选用50%多菌灵可湿性粉剂400倍液，或65%多果定可湿性粉剂1 000倍液，或25%敌力脱乳油1 500倍液喷雾。中心病株可用较浓的药液涂抹。

石刁柏梢枯病
Asparagus Fusarium top blight

梢枯病为石刁柏的普通病害，分布较广，种植地区都零星发病，以夏季雨后发病较重，一般发病率1%左右，重病地块或重发生年病株可达20%～30%，在一定程度上影响石刁柏生产。

[症状] 此病主要侵害植株嫩梢和嫩枝，多从顶梢或枝条分权处或植株断折受伤部位开始侵染，向下扩展形成长条形坏死凹陷斑，终致植株顶梢或整株枯死。后期在病部表面产生粉红色霉层，即病菌的分生孢子丛。

[病原] *Fusarium* sp.属半知菌镰孢霉真菌。病菌菌丝无色，有分隔。分生孢子梗丛生于分生孢子座上，露出寄主表面呈淡红色或粉红色小点。分生孢子有两种类型，大型分生孢子新月形，无色，1～5个分隔。小型分生孢子单胞，无色，圆形或纺锤形，偶有一个分隔。

[发病规律] 此病多在6～9月发生。病菌以菌丝体和分生孢子随病残体越冬。翌年随雨水反溅或随气流飘浮到植株地上部衰弱或受伤部位形成侵染后发病。多雨高湿病部产生大量分生孢子，通过风雨传播形成重复侵染使病害发展蔓延。田间植株种植密度高、通风透光不良、生长衰弱、机械伤口或害虫造成的伤口较多，病害发生较重。

[防治方法]

1. 冬前彻底清除田间病株残体，烧毁或集中粉碎发酵处理，减少越冬病菌。

石刁柏梢枯病中期病梢

石刁柏梢枯病前期病梢

石刁柏梢枯病后期病梢

石刁柏紫纹羽病
Asparagus Helicobasidium rot

紫纹羽病是石刁柏的常见病，分布较广，零星发生。病株率10%～30%，产量损失5%～20%，严重时病株可达80%～100%，减产50%以上甚至毁种。病菌寄主范围很广，还可侵染粮食、蔬菜、果树等多种经济作物。

[症状] 此病为害根部，受害根失去光泽，变为黄褐色，以后转变成黑褐色，中心腐烂，仅留表皮。中后期病根表面呈紫红色，在上面形成绒状紫色菌丝膜，或紫色纹羽状菌索及紫褐色菌核。被害植株矮小、弯曲，茎叶变黄，最后落叶致全株死亡。

[病原] *Helicobasidium mompa* Tanaka 属担子菌紫纹羽卷担子菌真菌，无性世代 *Rhizoctonia violacea* Tul. 属半知菌紫纹羽丝核菌。病菌在病根上形成紫褐色菌索、菌核或绒膜状菌丝层。菌丝层上可并列着生担子，担子上着生担子孢子。担子无色，圆筒状，弯向一边，由4个细胞组成，每个细胞伸出1个小梗，小梗顶端着生1个担子孢子。担子孢子无色，单胞，卵圆形或一端稍大（图11-6）。

石刁柏紫纹羽病后期病株

[发病规律] 病菌以菌丝体、菌索、菌核附着在病根表皮和在土壤内越冬，可在土壤中存活多年。越冬的病菌成为翌年病害的初侵染源。雨水、灌溉水、带菌肥料、土壤和病残体都可传带病菌。砂壤、漏水地、土层浅、缺肥或植株生长衰弱等发病较重。生长期多雨、潮湿，连茬种植或酸性土壤病重。

[防治方法]

1. 妥善选择种植地块，避免在发生过紫纹羽病的菜园、桑园及甘薯、大豆、山芋等地种植石刁柏。

2. 生长期发现病株，连根带土掘起并彻底清除病根，病残体集中烧毁或深埋。病穴用150倍福尔马林药液、65%甲霉灵可湿性粉剂500倍液，或撒生石灰消毒，并填入无病土。

3. 发病初期在病株周围开沟隔离，防止菌丝体、菌核随土壤和流水传播。重病田实行水旱轮作。

4. 发病初期及时用药控制，可选用70%甲基托布津可湿性粉剂600倍液，或50%多菌灵可湿性粉剂500倍液，或12.5%粉唑醇乳油3 000倍液，或45%特克多悬浮剂2 000倍液，或50%敌菌灵可湿性粉剂500倍液，或30%倍生乳油1 000倍液，或95%敌克松可湿性粉剂600倍液浇根，或拌毒土撒施在根围。

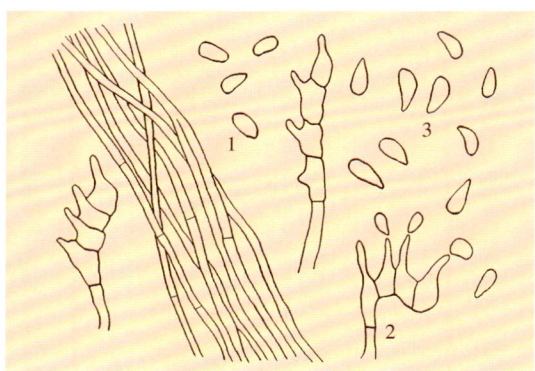

图11-6 石刁柏紫纹羽病菌
1.菌丝 2.担子 3.担孢子

石刁柏根腐病
Asparagus Fusarium root rot

根腐病为石刁柏的一般病害，分布广泛，多零星发病，对生产无明显影响，严重地块发病率可达20%以上，明显影响生产。

[症状] 此病主要为害根系。幼苗染病多造成立枯死苗。成株染病多表现茎基至根系受害，病部表皮初呈红褐色水渍状坏死，后形成黑褐色水渍状不规则形大斑，最后腐烂，随病害发展根系及根茎内部组织逐渐变色坏死，病部表皮极易与木质部分离脱落。潮湿时病部表面产生稀疏白色至粉红色霉层，即病菌子实体。染病植株地上部随病害发展逐渐褪绿变黄，最后萎蔫枯死。

[病原] *Fusarium* sp. 属半知菌镰孢霉真菌。病菌产生两种类型分生孢子。大型分生孢子新月形，无色，1～5个隔膜。小型分生孢子单胞，无色，卵圆形至长椭圆形，偶有分隔。

发病规律、防治方法参见香椿根腐病。

石刁柏根腐病病株

石刁柏根腐病病根茎

石刁柏锈病
Asparagus rust

锈病为石刁柏的重要病害，欧美各地发生较重，在我国南方种植石刁柏的地区发生也较普遍，严重时明显影响生产。

[症状] 此病在石刁柏全生育期都可发生，主要为害茎秆和枝条，被侵染的茎和枝先出现许多水浸状斑点，渐渐变成深绿色，继而变成棕黄色或棕色稍隆起的小斑点，即病菌夏孢子堆，病斑破裂后散出黄褐色粉末状夏孢子。秋末冬初，形成暗褐色椭圆形病斑，即病菌的冬孢子堆。被害植株生长衰弱，使茎叶提早变黄枯死。

[病原] *Puccinia asparagi* DC.属担子菌天门冬柄锈菌真菌。为单主寄生长型锈菌，孢子多型。病菌锈孢子器乳白色，常分散为长条形组群，内含球形或卵形锈孢子。锈孢子单胞，大小为17～27μm×13～21μm。锈孢子壁透明，厚1μm其上长有细刺。夏孢子堆粉末状，黄褐至棕褐色。夏孢子球形至椭圆形，金黄色，有4个发芽孔，大小为17～30μm×10～29μm。冬孢子堆浅黑褐色。冬孢子双胞，大小为30～50μm×18～26μm，分隔处稍缢缩，孢子壁栗褐色厚10μm，孢子柄通常为孢子长的2倍。担孢子单胞，无色。有报道 *Puccinia asparagi-lucidi* Diet.也可引起此病（图11-7）。

[发病规律] 病菌以冬孢子随病残组织越冬。翌年萌发产生担子孢子，借风雨传播到茎叶上形成初侵染，产生性孢子器和性孢子，后在叶背产生锈子腔和锈孢子。锈孢子成熟从腔顶出口处散出，靠气流传播蔓延，继续侵染产生夏孢子堆和夏孢子，以夏孢子进行重复多次侵染。低温季节在病部形成冬孢子堆和冬孢子越冬。南方温暖地区夏孢子也能越冬。自生苗和野生植株也能形成侵染。高温高湿是诱发此病的主要因素，寄主表面结水是病菌萌发和侵入的必要条件。品种间抗性差异很明显。病菌还可侵染洋葱。

[防治方法]

1. 选用抗病品种，如玛丽华盛顿、加州大学309、加州大学711、泽西巨人和Asp8278、Asp8284品系等都是抗锈病优良品种。

2. 冬季注意清洁田园，烧毁干枯的茎秆和枝叶，土表还可喷洒较浓的石硫合剂或硫磺悬浮剂，杀灭残存病菌。

3. 加强管理，雨后及时排水，改善通风条件，降低田间空气湿度。

4. 适时进行药剂防治，发病初和多雨季节要及时喷药。可选用50%敌菌灵可湿性粉剂500倍液，或25%敌力脱乳油2 000倍液，或30%特富灵可湿性粉剂5 000倍液，或30%百科乳油1 500倍液，或6%乐必耕可湿性粉剂2 000倍液，或43%菌力克悬浮剂8 000倍液，或10%世高水分散粒剂8 000倍液，或40%福星乳油8 000倍液喷雾，7～10天防治1次，视病情连续防治2～4次。

石刁柏锈病病茎

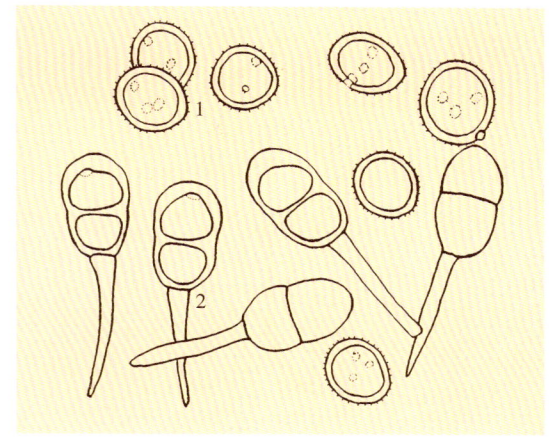

图11-7 石刁柏锈病菌
1.夏孢子 2.冬孢子

2. 香椿病害 Diseases of Chinese toon

香椿病毒病
Chinese toon virus disease

病毒病是香椿的普通病害，一般零星发生，对香椿生产无明显影响，严重时病株达3%～5%，在一定程度上影响香椿品质。

[症状] 此病多在苗期至生长幼嫩期发生，发病初期幼嫩叶片上出现不规则褪绿斑块，很快转变为皱缩花叶，以后病叶畸形扭曲，幼嫩植株节间缩短，矮化畸形。随病害发展染病叶片脱落或逐渐坏死。

[病原] 病毒种类不详。

[发病规律] 香椿苗期或生长前期遇高温干旱，生长不良，微小害虫多且活动频繁发病较重。

防治方法参见秋葵病毒病。

香椿病毒病病枝

香椿病毒病坏死斑

香椿病毒病病叶

香椿根腐病病株

香椿根腐病
Chinese toon Rhizoctonia rot

　　根腐病为香椿的主要病害，分布广泛，多零星发病，一般病株率5%～10%，个别地块可达40%以上，明显影响生产。

　　[症状] 此病主要为害幼苗和半成株。幼苗染病多造成芽腐、立枯或猝倒。大苗和半成株染病则表现为茎基和叶片腐烂，潮湿时病叶表面产生稀疏白霉，茎基病部皮层出现初为红褐色，后为黑褐色水渍状不规则大斑，最后腐烂。病害继续发展使根及根茎内部组织变色坏死，病部表皮极易与木质部分离脱落。染病植株多生长发育缓慢，萎蔫落叶，最后全株枯死。

　　[病原] *Rhizoctonia solani* Kühn属半知菌立枯丝核菌真菌。病菌菌丝丝状，具分枝，多隔，分枝处常缢缩，初无色，以后变为褐色，粗细不等，直径12～14μm。菌核由筒状细胞聚结形成，大小不等，初为白色，后呈深褐至黑褐色，可相互联成壳状，内外颜色都为黑褐色，直径为1～10mm或更大。有性世代为 *Pellicuaria filamentosa* （Pat.）Rogers仅在高温高湿的条件下偶然发生。

　　[发病规律] 病菌可在土壤中长时间生存，也可以菌丝和菌核随病残体越冬，借浇水、施肥和病土传播，以菌丝侵入寄主，土壤温

度 10～28℃均可完成侵染，以 16～20℃最适。田间一般排水不良、土壤湿度过高，或施肥造成根系烧伤容易引起发病。

[防治方法]

1. 选择排水良好的高燥地栽种，培育壮苗，适时间苗。生长期防止田间积水，避免施肥烧根，忌大水漫灌，土壤湿度过高时可在行间撒施草木灰 1.25～1.5t / hm²。

2. 重病地块土壤消毒，可选用 50% 利克菌可湿性粉剂，或 70% 土菌消可湿性粉剂，或 50% 敌菌灵可湿性粉剂 45～75kg/ hm² 拌细土 450～750kg，均匀撒盖苗圃土表层，或施于种植穴内。

3. 发现病株及时拔除，并进行药剂防治。可选用 95% 敌克松可湿性粉剂 600 倍液，或 45% 特克多悬浮剂 1 000 倍液，或 50% 敌菌灵可湿性粉剂 500 倍液，或 10% 宝丽安可湿性粉剂 500 倍液，或 65% 甲霉灵可湿性粉剂 600 倍液喷洒根茎，必要时浇根。

香椿根腐病病根

香椿褐斑病
Chinese toon Cercospora leafspot

褐斑病为香椿的常见病，分布广泛，发病率较高，一般 40%～60%，严重地块均达 100%，造成大批落叶，严重影响树势，降低椿芽品质。

[症状] 此病主要为害叶片，以 2～3 年生长期椿树被害重。发病初期在叶面产生红褐至锈褐色、多角形或不规则形坏死斑，后期在病斑正面和背面产生明显灰白色霉状物，即病菌的分生孢子梗和分生孢子，随病情发展病叶枯死脱落。

[病原] *Cercospora* sp.属半知菌尾孢霉真菌。子实体生于叶的两面，煤烟状，子座小，由少数褐色细胞组成。分生孢子梗 2～5 根或多数密集丛生，浅灰色，具多个隔膜，无分枝，多屈曲，顶端渐细，产生许多孢痕，大小为 31～250μm×3～5μm。分生孢子无色，针形，隔膜多，直或弯曲，基部平切状，大小为 34～171μm×2～4.5μm（图 11-8）。

[发病规律] 病菌以菌丝体和分生孢子丛在病叶上或随病残体遗落在土中越冬，以分生孢子进行初侵染和再侵染，借气流和雨水传播。温暖多雨、空气潮湿或秋季昼夜温差大、夜间结露时间长，病害发生严重。

[防治方法]

1. 注意清洁田园，冬季认真清除枯枝病叶集

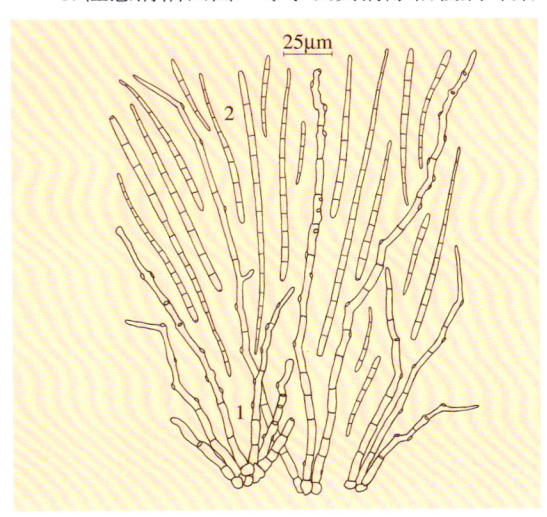

图 11-8 香椿褐斑病菌
1. 分生孢子梗　2. 分生孢子

香椿褐斑病中期叶面病斑

香椿褐斑病中期叶背病斑

香椿褐斑病病斑放大

中处理或烧毁，减少越冬菌源。

2. 合理密植，多雨季节及时清沟排水，适当打掉部分老叶，增加田间通风，降低田间湿度。

3. 发病初期开始喷洒50%敌菌灵可湿性粉剂500倍液，或70%甲基托布津可湿性粉剂600倍液，或70%代森锰锌500倍液，或6%乐必耕可湿性粉剂1500倍液，或2%加收米水剂600倍液，或47%加瑞农可湿性粉剂800倍液，或40%百科乳油1500倍液，或25%敌力脱乳油1000倍液，或30%倍生乳油1500倍液，或80%大生可湿性粉剂600倍液，10～15天防治1次，连续防治1～3次。

香椿炭疽病
Chinese toon anthracnose

炭疽病是香椿的常见病，分布广泛，一般病株率5%～15%，重时可达30%以上，造成枝叶干枯、脱落，在一定程度上影响椿芽产量与质量，降低树势。

[症状] 此病主要为害叶片，有时亦为害叶柄和嫩枝。叶片染病，初形成暗绿色水渍状斑点，后转变成红褐色不规则形病斑，空气湿度高时常在病斑外围形成较宽的灰绿色侵染环，边缘浅褐色至暗绿色，后形成较大的坏死斑。最后病斑中央由里向外产生黑色粒点，即病菌的分生孢子盘和刚毛。空气干燥，病斑极易破裂、穿孔或脱落。叶柄和嫩枝、嫩茎染病呈浅褐色坏死。病害严重时造成许多枝叶枯死。

[病原] *Colletotrichum* sp.属半知菌刺盘孢菌真菌。病菌分生孢子盘先埋生后暴露，褐色，近圆形，刚毛深褐色，有隔膜1～3个，大小为48～136μm×4～6μm。分生孢子梗短，不分枝，多圆筒形。分生孢子多新月形，个别纺锤形，胞核明显，大小为18～29μm×3.1～4.8μm（图11-9）。

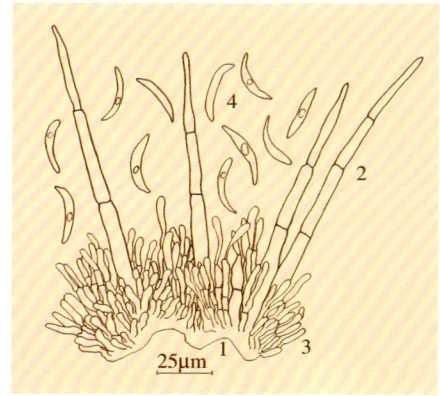

图11-9 香椿炭疽病菌
1. 分生孢子盘 2. 刚毛 3. 分生孢子梗 4. 分生孢子

[发病规律] 病菌以分生孢子和以病组织内菌丝体随病残体越冬，翌年条件适宜形成初侵染。病菌可以从伤口侵入，也可直接侵入，自然条件下多直接侵入。病害多在6～8月发生，潜育期3～5天，主要借风、雨传播。天气温暖多雨，病害可连续侵染为害，降雨多、空气湿度高病害发生重。

[防治方法]

1. 冬季清洁田园，剪去病枝、病叶，清除地面枯枝落叶，减少越冬病菌。

2. 加强管理，避免种植过密，雨季控制水肥，下雨后注意及时排水降湿，减轻病害发生。

3. 发病初期或雨季前药剂防治，可选用25%炭特灵可湿性粉剂500～700倍液，或25%施保克可湿性粉剂800～1000倍液，或30%倍生乳油1000～2000倍液，或25%敌力脱乳油1000～1500倍液，或40%百科乳油1000～1500倍液，或2%加收米水剂500～800倍液，或70%甲基托布津可湿性粉剂1500～2000倍液，或6%乐必耕可湿性粉剂1500～2000倍液，或50%敌菌灵可湿性粉剂400倍液喷雾，10～20天防治1次，共防治2～4次。

香椿炭疽病前期病斑

香椿炭疽病中后期病斑

香椿炭疽病中后期病苗

香椿黑斑病
Chinese toon Alternaria leafspot

黑斑病为香椿的常见病，分布较广，露地多零星发病，个别棚室内发病较重，影响香椿树势和椿芽质量。

[症状] 此病主要为害叶片，在叶片上产生圆形至近圆形斑，黄褐至红褐色。空气干燥时病斑发展很慢，呈不规则形，病斑较小，边缘明显。空气潮湿时病斑发展很快，在病斑外围产生褐色坏死宽带，形成较大坏死斑，叶背颜色稍浅，随病害发展叶背病斑表面长出稀疏灰白至灰褐色霉状物，即病菌的分生孢子梗和分生孢子。后期病斑破裂或腐烂，病叶枯萎脱落。

[病原] *Alternaria* sp.属半知菌交链孢霉真菌。分生孢子梗浅褐色，单生或束生，基部稍膨大，2～9个分隔，个别产生分枝，顶端着生分生孢子，孢痕明显，大小为25～95μm×3.8～7.5μm。分生孢子长圆形至棒形，暗色，有纵横隔膜（图11-10）。

[发病规律] 病菌以分生孢子及菌丝随病组织越冬。翌年条件适宜时形成初侵染，借气流和雨水传播。自6月开始发生一直可延续到9～10月，以7～8月为害较重。高温多雨、植株生长衰弱有利于发病。

[防治方法]

1. 冬季清洁田园，消灭或减少越冬病菌。

2. 加强田间管理，氮肥、磷肥、钾肥合理配合施用，雨后及时排水，增强植株抗病力。

3. 发病初期喷施50%敌菌灵可湿性粉剂500倍液，或50%农利灵可湿性粉剂1 500倍液，或65%多果定可湿性粉剂1 200倍液，或50%扑海因可湿性粉剂1 000倍液，或2%农抗120水剂200倍液，或47%加瑞农可湿性粉剂500倍液，或70%代森锰锌可湿性粉剂500倍液，15～20天防治1次，共防治1～2次。

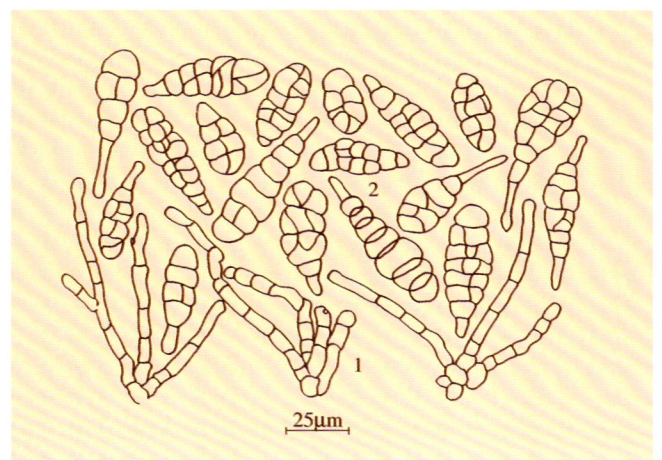

图11-10 香椿黑斑病菌
1.分生孢子梗 2.分生孢子

香椿黑斑病中期病斑

香椿黑斑病中后期叶面病斑

香椿黑斑病中后期叶背病斑

香椿茎黑斑病中期病茎

香椿茎黑斑病后期病茎

香椿茎黑斑病
Chinese toon Alternaria stemspot

茎黑斑病为香椿的普通病害，分布较广，发生较普遍，保护地、露地都发病。通常病株率20%左右，在一定程度上影响香椿生产，重病地块或棚室病株可达50%以上，致幼株成片早衰坏死。

[症状] 此病主要为害幼茎和嫩枝，全生育期都可发生，以移植期发病重。初期病部呈水渍状暗绿色，以后变成灰褐至红褐色近椭圆形至不规则形坏死斑，后期病斑表面密生黑色小点，即病菌的分生孢子梗和分生孢子。随病害发展病部以上萎蔫坏死，幼茎萎缩干枯。

[病原] *Alternaria* sp.属半知菌交链孢真菌。病菌分生孢子梗丛生，直或屈曲，单枝或偶有分枝，暗褐色，顶端稍膨大，色浅，基部稍大而色深，大小为24～110μm×4～7.5μm。分生孢子倒棍棒状至长椭圆形，有喙或无喙，暗褐色，有横隔膜2～8个，纵隔膜0～6个，大小为16～46.5μm×7～14.5μm（图11-11）。

发病规律、防治方法参见香椿黑斑病。

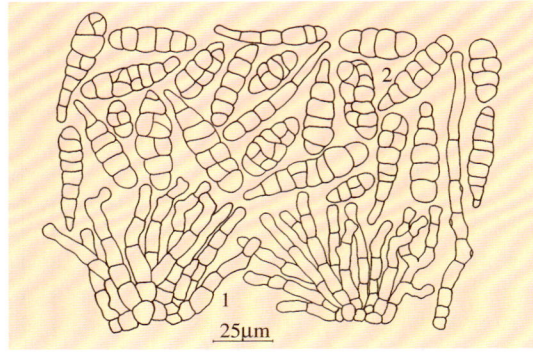

图 11-11 香椿茎黑斑病菌
1. 分生孢子梗 2. 分生孢子

香椿干枯病
Chinese toon Haplosporella stem blight

干枯病为香椿的重要病害，分布较广，保护地、露地都有发生，露地种植主要发生在春、秋或梅雨季后，保护地主要在冬、春温室或大棚内发生。一般病株率20%～40%，造成一定产量损失。严重地块或棚室，发病率可达60%左右，显著影响香椿产量和品质，还明显影响树势。

[症状] 此病主要在香椿幼年期发生，以幼树和苗圃发病较重，病株较普遍。发病轻者病株树干干枯，重者全株枯死。幼苗和嫩芽染病呈水渍状污绿色坏死，形成不规则形大斑，继而使幼苗萎蔫死亡，嫩芽呈褐色枯死而干缩。幼树染病，初期在树皮上产生水渍状湿腐斑，近棱形，浅褐色至棕褐色，逐渐扩大成不规则形大斑。空气湿度低时，病斑常开裂流胶，当病斑绕茎一周后，树梢即枯死。后期，病部表面均密生黑色小粒点，即病菌的分生孢子器。

[病原] *Haplosporella* sp.属半知菌壳小单胞菌真菌。病菌分生孢子器球形，黑褐色，密集丛生于寄主组织中，以后自寄主表皮突出，器壁介于炭质与膜质之间，直径为165～225μm。分生孢子梗短。分生孢子近椭圆形，单细胞，浅褐色，大小为15.5～22.5μm×4.5～7.5μm（图11-12）。

[发病规律] 病菌以分生孢子器在树体上越冬和越夏。翌年条件

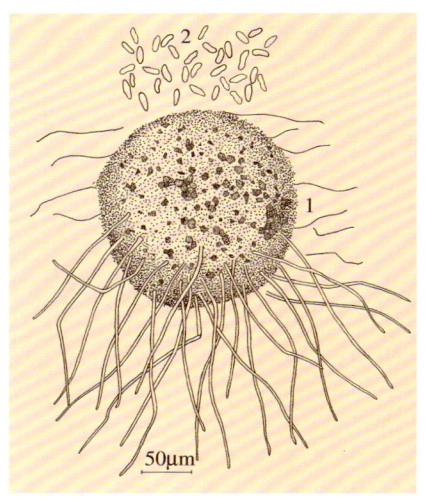

图 11-12 香椿干枯病菌
1. 分生孢子器 2. 分生孢子

香椿干枯病前期病株

香椿干枯病中期病茎

香椿干枯病后期病茎

适宜时产生分生孢子形成初侵染。香椿生长期病菌以分生孢子通过雨水、气流或人为传播，进行重复侵染。温暖潮湿有利于发病。长时间阴雨、香椿种植过密、植株间荫蔽、偏施氮肥或田间缺肥、树势衰弱等，病害发生严重。

[防治方法]

1. 秋末及时清除染病枝干、病株和病梢，集中烧毁，减少田间菌源。

2. 就地选无病株留种。苗圃或幼树应适当增施磷、钾肥，避免偏施氮肥。

3. 冬、春季树干涂白，防止日灼和冻裂。生长期雨后避免田间积水，保护地注意通风排湿。

4. 发病初期及时进行药剂防治，幼苗和嫩芽染病，可选用70%甲基托布津可湿性粉剂600倍液，或40%多硫悬浮剂500倍液，或40%福星乳油8 000倍液，或30%倍生乳油1 000倍液，或50%扑海因可湿性粉剂1 000倍液，或65%多果定可湿性粉剂1 000倍液，或45%特克多悬浮剂1 200倍液喷雾。成树发病，可先割去病斑，或在病斑上打许多深孔后用较浓的上述药液涂抹。10～15天防治1次，根据病情连续防治2～3次。

香椿红粉病
Chinese toon Trichothecium rot

红粉病为香椿的普通病害，分布较广，多在保护地内发生。通常病情较轻，对生产无明显影响，严重时可造成植株茎叶或幼芽枯死。

[症状] 此病可侵害幼芽、嫩茎和嫩叶。多从采芽后伤口或皮孔，或长时间积水的衰弱组织开始侵染，初期病部呈水渍状、灰绿色至暗绿色坏死，以后形成黄褐至红褐色不规则坏死斑，病部表面产生白色至粉红色霉层，即病菌的分生孢子梗和分生孢子。

随病害发展，病部以上茎、叶及嫩芽萎蔫死亡。

[病原] *Trichothecium roseum*（Bull.）Link 属半知菌粉红单端孢霉真菌。病菌分生孢子梗直立，无色，不分枝，偶有1～2个隔膜，顶端有时稍大，大小为154～196μm×2.5～4.5μm。分生

香椿红粉病前期病茎

香椿红粉病病斑放大

香椿红粉病后期病茎

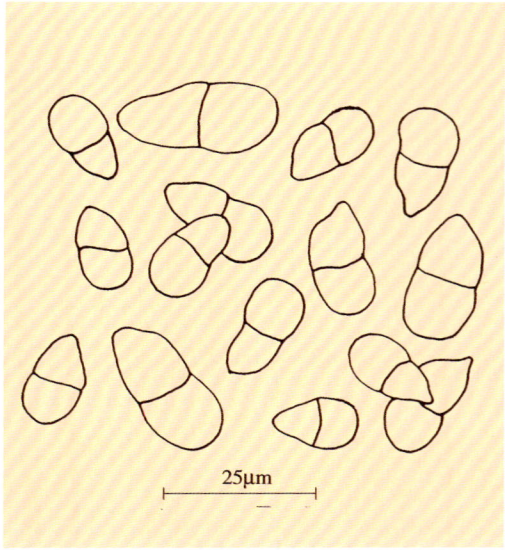

图 11-13 香椿红粉病菌分生孢子

宜时产生分生孢子经伤口或皮孔侵入，发病后产生大量分生孢子借风雨或浇水传播蔓延，进行重复侵染。病菌发育温度25～30℃，相对湿度高于85%利于发病。香椿种植过密、空气湿度过高、浇水后通风不及时，发病较重。

[防治方法]

1. 掌握合适的栽植密度，避免过度密植，以满足正常通风透光条件。

2. 采芽后适当提高管理温度和增加通风，促使伤口愈合，保持相对湿度85%以下可有效控制病害。

3. 发病后在病部尚未产生白色至粉红色霉层之前清除病组

孢子顶生，单独形成，多数可聚集成头状，呈白色至粉红色，分生孢子倒洋梨形，半透明至无色，成熟时具1个隔膜，分隔处略缢缩，大小为13.5～27.5μm×8～12.5μm（图11-13）。

[发病规律] 病菌以菌丝体随病残组织遗留在土壤中越冬，也可在其他寄主上存活。条件适

织，带到棚室外妥善处理。

4. 必要时采后伤口和病部用药剂涂抹。或选用50%多丰农可湿性粉剂600倍液，或70%甲基托布津可湿性粉剂600倍液，或45%特克多悬浮剂1 500倍液，或50%扑海因可湿性粉剂1 200倍液喷雾。有条件时选用上述药剂粉尘剂喷粉防治效果更理想。

香椿白粉病
Chinese toon powdery mildew

白粉病是香椿的主要病害，分布较广，一般病株率30%～50%，严重地块均达100%，显著影

响树冠发育和树木生长，降低椿芽的产量与品质。

[症状] 白粉病主要为害叶片，有时也侵染枝条。在叶面、叶背及嫩枝表面形成白色粉状物，即病菌的菌丝和粉孢子。后期于白粉层上产生初为黄色，逐渐转为黄褐色至黑褐色大小不等的小粒点，即病菌的闭囊壳。叶片上病斑多不太明显，呈黄白色斑块，严重时卷曲枯焦，嫩枝染病后扭曲变形，最后枯死。

[病原] *Phyllactinia* sp.属子囊菌棒球针壳真菌。分生孢子形成于梗顶端，单生，近倒卵形。闭囊壳黑褐色，球形，外生5～8根附属丝，其基部膨大成球形，上部针状，内有圆筒形至长圆形的子囊5～45个；子囊具有略弯曲的柄；子囊孢子2～3个，呈椭圆形。

[发病规律] 病菌以闭囊壳在病叶及病枝上越冬。翌年春天由越冬闭囊壳释放的子囊孢子借风雨传播侵染，孢子萌发由气孔侵入叶片，在叶背产生菌丝和大量分生孢子进行再侵染，使病害扩展蔓延。条件适宜时病菌侵染、潜育、产孢和成熟，分生孢子萌

香椿白粉病病叶

香椿白粉病病茎

发再侵染时期较短，所以一年内可进行多次侵染为害。秋季病菌开始形成闭囊壳，晚秋成熟，随病叶落地越冬。品种间也表现一定抗病性差异。

[防治方法]

1. 及时清理病枝、病叶，集中处理或烧毁。

2. 配合施用氮肥、磷肥和钾肥，适时浇水和追肥，增强植株生长势和抗病能力。

香椿疫病
Chinese toon Phytophthora blight

疫病为香椿的重要病害，多为害幼年苗林，一般发病率3%～8%，严重时可达20%～30%，在一定程度上影响椿芽产量与质量。

[症状] 此病主要为害叶片、嫩茎和嫩枝。多从叶尖或叶缘开始发病，发病初期叶片上病斑呈水渍状，不规则，随后腐烂下垂。空气潮湿，病部可产生稀疏丝状霉层，干燥时病部干缩破裂，叶片枯死。叶柄及嫩枝染病，多呈褐色水渍状坏死或腐烂，使枝叶萎蔫下垂。幼茎染病后形成水渍状不规则长条形斑，很快变褐软化倒伏或干腐致全株枯死。

[病原] *Phytophthora* sp.属鞭毛菌疫霉真菌。菌丝无色透明，绵状，无隔膜，直径3.5～5μm。孢囊梗无色，无隔膜，无分枝，宽4～5μm，其上生一个孢子囊。孢子囊卵圆形至球形，或梨形，单胞，成熟后多生有乳状突起，直径为35～38.5μm，多生于孢囊梗上，萌发时产生游动孢子。卵孢子近球形，表面光滑，大小为25～31.5μm×17.5～22.5μm（图11-14）。

[发病规律] 病菌以菌丝体和卵孢子在病残体上越冬。翌年条件适宜时菌丝直接侵染幼苗，或卵孢子萌发产生芽管，芽管顶端膨大形成孢子囊，释放出大量游动孢子，借风雨传播，引起植株发病，病部产生孢子囊进行多次再侵染。条件不适

3. 香椿发芽前和发病初期进行药剂防治，可选用40%福星乳油8 000倍液，或30%特富灵可湿性粉剂5 000倍液，或40%多硫悬浮剂600倍液，或30%百科乳油3 000倍液，或6%乐必耕可湿性粉剂3 000倍液，或2%农抗120水剂，或2%武夷菌素水剂200倍液均匀喷洒枝叶，10～20天防治1次，视病情防治2～3次。

时病菌在病组织内形成卵孢子和菌丝体随病残体越冬。温度和湿度是发病的主要因素。一般雨后

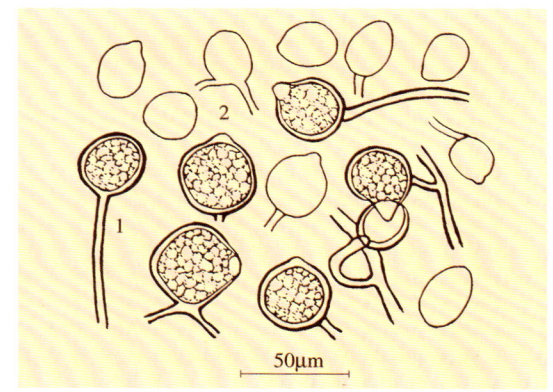

图 11-14 香椿疫病病菌
1.孢囊梗　2.孢子囊

香椿疫病初期病叶

香椿疫病后期病斑

香椿疫病中期病叶

香椿疫病病株

高湿易发病。田间地势低洼、土壤潮湿、密度大、通风透光不好或施氮肥过多，病害发生严重。

[防治方法]

1. 注意田间排水，种植不宜过密，育苗时保持水分适度，避免田间积水。

2. 保护地内种植，发现病株应及时清除病叶和重病株，并注意增加通风降湿和及时进行药剂防治。

3. 发病初期选用72%克露可湿性粉剂，或72%霜脲·锰锌可湿性粉剂，或50%溶菌灵可湿性粉剂，或72.2%普力克水剂600~800倍液，或69%安克·锰锌可湿性粉剂800~1 000倍液，或50%溶菌灵可湿性粉剂600~800倍液，或58%甲霜灵锰锌可湿性粉剂500倍液喷雾，10~15天防治1次，视病情防治1~3次。

香椿灰霉病
Chinese toon gray mold

灰霉病是香椿的普通病害，仅在保护地内发生，多零星发病，对香椿生产无明显影响，严重时发病率较高，造成落叶、烂芽或死苗，在一定程度上影响生产。

[症状] 此病主要在育苗期发生，早春温室生产也偶有发病。幼苗多从衰弱或受伤的子叶、真叶开始侵染，心叶长时间积水亦受侵染，使幼叶呈水渍状不规则腐烂，初呈暗绿色，后为灰褐至黄褐色，后期病部长出灰白色霉毛状物，即病菌的分生孢子梗和分生孢子。成株染病，多为害1~2年生植株积水的嫩梢或嫩叶，或采摘后带有伤口的嫩枝，病部呈黄褐色坏死、腐烂。空气潮湿略显水渍状，后期病组织表面产生灰白色霉毛状物。

[病原] *Botrytis cinerea* Pers.属半知菌灰葡萄孢真菌。详见冬寒菜灰霉病。

发病规律、防治方法参见冬寒菜灰霉病。

香椿灰霉病初期叶面病斑

香椿灰霉病后期病叶

香椿灰霉病初期叶背病斑

香椿灰霉病中后期病叶

香椿灰霉病病苗

香椿菌核病
Chinese toon Sclerotinia rot

菌核病为香椿的普通病害，仅个别保护地栽培棚室内零星发生，通常很少见，一旦发生，在一定程度上影响香椿生产。

[症状] 此病主要侵害香椿根茎部和下部叶片，幼嫩时期发病较重。多从生长衰弱的外叶开始侵染，病部初呈水渍状暗绿色至灰绿色坏死，以后迅速腐烂，并快速发展蔓延，使叶片坏死腐烂，在病组织表面产生稀疏白色菌丝，后期偶尔形成黑色颗粒状菌核。

[病原] *Sclerotinia sclerotiorum*

（Lib.）de Bary 属子囊菌核盘菌真菌。详见青花菜菌核病。

[发病规律] 参见青花菜菌核病。

[防治方法] 一般无须防治，必要时详见青花菜菌核病。

香椿菌核病初期病苗

香椿菌核病初期叶背病斑

香椿菌核病初期叶面病斑

香椿菌核病中期病幼茎

香椿缘枯病
Chinese toon bacterial leafedge wilt

缘枯病为香椿的重要病害，仅在局部地区发生，一般零星发病，轻度影响香椿生产。

[症状] 此病主要在夏、秋雨季发生，多为害叶片。初期叶缘褪绿变黄，逐渐坏死后形成 V 字形红褐色至黄褐色坏死斑，病健交界处常具有褪绿晕环，空气干燥，病叶叶缘短期内坏死枯卷。条件适宜，病害可在叶片上形成不规则油渍状浅褐色坏死斑，相互连接形成大小不等的坏死斑，致叶片卷缩后死亡，最终致整枝枯萎坏死。

[病原] 一种细菌侵染所致，病原不详，有待进一步研究。

[发病规律] 据观察，病菌可能随种苗传带，也可在病株上越冬。多由叶缘水孔等自然孔口侵入，发病后病部产生细菌借风雨传播蔓延，进行再侵染。高温潮湿或多雨有利于发病。

香椿缘枯病中期病叶

香椿缘枯病中后期病枝

香椿缘枯病后期病株

[防治方法]

1. 有病地块冬前彻底清除发病植株，减少田间发病。

2. 实行无病土育苗和进行种子处理。可采用日光高温或臭氧水处理苗床。可用种子重量的0.3%的47%加瑞农可湿性粉剂拌种，或用40%福尔马林150倍液，或1%稀盐酸溶液浸种1.5 h后，洗净催芽播种。

3. 发病初期将重病株拔除并配合药剂防治，可选用47%加瑞农可湿性粉剂600～800倍液，或77%可杀得可湿性粉剂400倍液，或30%络氨铜水剂500倍液，或25%噻枯唑可湿性粉剂600倍液，或72%农用链霉素可湿性粉剂4 000倍液，或新植霉素5 000倍液喷雾，10～15天1次，视病情防治1～3次。

香椿软腐病
Chinese toon bacterial soft rot

软腐病是香椿的一般病害，多在储运期发生，生产日偶见零星发病，通常对香椿生产无明显影响，储运管理不当可造成一定损失。

[症状] 高湿条件下，田间可偶见幼嫩叶片或嫩尖染病萎蔫或腐烂。储运期发病，组织呈暗绿色水渍状坏死后软化腐烂，并散发出恶臭气味。

[病原] *Erwina carotovora* subsp. *carotovora*（Jones）Bergey et al. 属胡萝卜软腐欧氏杆菌胡萝卜软腐病亚种细菌。详见青花菜软腐病。

[发病规律] 田间发病多因害虫和机械损伤后，病菌通过雨水溅射而感染发病。储运期可因冻害、挤压、高温潮湿造成发病。

[防治方法] 一般无须专门防治。

香椿软腐病病梢

香椿软腐病病株

3. 枸杞病害 Diseases of Chinese wolfberry

枸杞病毒病
Chinese wolfberry virus disease

病毒病为枸杞的重要病害，分布较广，种植地区都有发生，多在南方种植区形成为害。一般病株率10%左右，在一定程度上影响产品质量，严重地块发病率可达20%～30%，明显影响枸杞生产。

[症状] 此病多表现全株受害，以幼嫩部位受害严重，病株多表现不规则花叶，嫩芽簇生，枝叶扭曲，或叶片皱缩畸形，植株矮小，提早死亡。

[病原] CMV、PVX、PVY即黄瓜花叶病毒、马铃薯X病毒和马铃薯Y病毒单独或复合侵染所致。详见苦瓜病毒病和马铃薯病毒病。

[发病规律] 病毒主要在枸杞或其他茄科植物上存活越冬。通过多种蚜虫传毒或汁液摩擦传毒。PVY可通过叶螨*Tetranychus tetarius*传毒，PVX可通过马铃薯甲虫及菟丝子传毒。高温闷热适宜发病，蚜虫及其他传毒昆虫多，则病害严重。土壤缺肥、植株生长衰弱病害较重。

[防治方法]

1. 进行无病繁殖，从无病株选取枝条繁殖。

2. 增施肥料，增强植株抗病能力，减轻发病。

3. 及时防治各种害虫，尤其是蚜虫和叶甲类害虫，减少田间传毒，最好分别进行病健株农事操作。

4. 必要时发病初期开始喷洒1.5%植病灵乳剂1 000倍液，或1%抗毒剂1号水剂300倍液。

枸杞病毒病病株　　　　枸杞病毒病病枝条

枸杞霉斑病
Chinese wolfberry Cercospora leafspot

霉斑病为枸杞的主要病害，分布较广，发生较普遍。种植地区多有发生，一旦发病，植株染病率往往很高，常达80%以上，明显影响枸杞生产。

[症状] 此病主要为害叶片。病菌多从叶背开始侵染，形成大小不等、近圆形、紫红色的霉斑，边缘模糊，颜色较浅。病斑正面初期失绿，呈绿黄色晕斑，随病害发展逐渐坏死变褐。条件适宜，叶片上病斑密布，叶背面数个霉斑汇合成大型斑块，使整个叶背覆满霉状物，即病菌的分生孢子梗和分生孢子，终致全叶变黄枯死。

枸杞霉斑病初期病叶

[病原] *Cercospora chengtuensis* Tai 属半知菌成都枸杞尾孢霉真菌。病菌分生孢子梗密集成束，不分枝，丝状，榄褐色，长短不一，呈波浪状弯曲，末端钝圆，偶有屈曲，大小为30～80μm×3～5μm。分生孢子棍棒状，直或弯曲，端部狭细，基部膨大而渐变尖削，脐点明显，浅榄褐色，具3～14个隔膜，大小为30～105μm×3.5～5μm（图11-15）。

枸杞霉斑病中期病叶

[发病规律] 寒冷地区病菌以菌丝体和分生孢子丛在病叶上，或随病残体在土壤中越冬，以分生孢子进行初侵染和再侵染，借气流和雨水溅射传播。温暖地区枸杞周年种植，病菌辗转为害，无明显越冬期。温暖潮湿有利于发病，枸杞生长期多温暖湿闷天气，病害易发生流行。通常小叶品种较抗病。

防治方法参见香椿褐斑病。

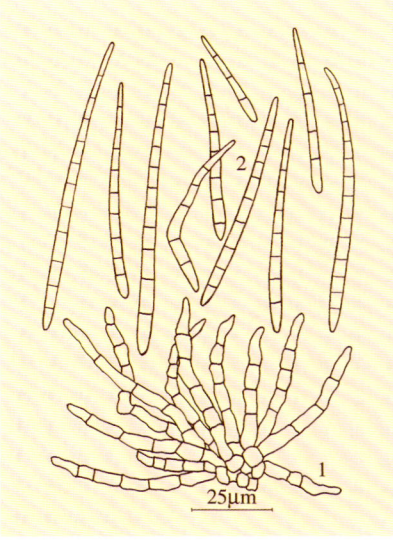

图11-15 枸杞霉斑病菌
1.分生孢子梗　2.分生孢子

枸杞霉斑病中后期叶背病斑

枸杞炭疽病
Chinese wolfberry anthracnose

炭疽病亦称黑果病，为枸杞的主要病害，分布较广，种植地区都有发生。一般病株率10%～30%，在一定程度上影响产品质量，严重时病果达80%以上，明显影响枸杞生产。

[症状] 此病可为害叶片、花蕾、嫩枝和青果。叶片染病，多从叶尖或叶缘开始，形成半圆形或近圆形黄褐色坏死斑，空气潮湿病斑表面可

枸杞炭疽病病叶

枸杞炭疽病病果

产生粉红色至橘红色黏稠小点，即病菌的分生孢子盘和分生孢子，后期病叶湿润变褐。花蕾和嫩枝染病，多形成不定形浅褐至暗褐色坏死病斑。果实染病，初期多形成不规则形褐斑，随病害发展病斑不断扩大，致病果部分或全部坏死变黑，最后干缩或湿腐，空气高湿，亦在病果表面产生许多橘红色黏稠状小点。

[病原] *Colletotrichum gloeosporioides*（Penz.）Sacc.属半知菌盘长孢刺盘孢真菌。病菌分生孢子盘初埋生，后突破表皮外露，褐色至黑褐色，圆盘状，中央突起，刚毛少、暗褐色。分生孢子梗短棒状，并列生，大小为10～20μm×4.5～5μm。分生孢子圆筒形至近梭形，大小为10～20μm×4～6μm。

[发病规律] 病菌以菌丝体和分生孢子随病株或病残组织越冬。条件适宜，分生孢子萌发经伤口或直接侵入，形成初侵染，潜育4～6天后即发病。以后在病部再产生分生孢子，通过风、雨、昆虫和农事操作传播扩散。多雨潮湿利于发病。雨量和湿度直接决定病害发生和流行程度。通常，春季降雨后即开始发病，雨季后大暴发。空气湿度100%，果实和幼嫩组织表面结水，病菌即萌发侵染，湿度低于75%，分生孢子不能萌发。阴雨日多、雨量大，病害发生严重。

[防治方法]

1. 冬季及时剪掉病枝、病果，彻底清除地面各种病残组织，减少越冬菌源。

2. 春季第一次降雨前仔细清除病枝、病叶、病果等病残组织，普遍施一次药杀灭残留病菌。

3. 加强田间管理，早期及时追肥；夏季适当控制水肥，禁止大水漫灌；雨季及时排水降湿，避免田间积水；浇水宜在上午进行，减少夜间结露。

4. 生长期及时防治蚜虫、害螨、叶甲、负泥虫等，减少病菌传播。

5. 适时进行药剂防治。注意发病前期和初期预防，发病期抓好雨后重点防治，即在雨后24 h内，病菌尚未完成侵染前施药。参见香椿炭疽病。

枸杞黑腐病
Chinese wolfberry Alternaria rot

黑腐病为枸杞的普通病害，分布较广，种植地区都有发生，通常病果零星，轻度影响生产，严重时病果率达50%以上，显著影响枸杞的产量与质量。

[症状] 此病可为害叶片、花器和果实，以幼嫩果实受害重。叶片染病，多从衰弱的叶片或长期结水的叶尖开始侵染，病部不规则坏死，暗褐至灰褐色，逐渐扩展成半圆形或V字形斑，其上产生稀疏灰褐色霉层，即病菌的分生孢子梗和分生孢子。花器和果实染病，亦从衰弱和积水的

部位开始侵染，呈水渍状褐色坏死，以后干腐僵缩，在病花或病果表面产生灰黑色霉层。

[病原] *Alternaria alternata*（Fr.）Keiss1.属半知菌细交链孢真菌。病菌分生孢子梗单生，或数根束生，暗褐色。分生孢子倒棒形或倒梨形、长椭圆形，具短喙，长度不超过孢身的1/3，褐色至青褐色，2～6个串生，表面光滑或具瘤刺，有纵隔膜1～2个，横隔3～4个，多在横隔处缢缩。

[发病规律] 病菌主要随病残体越冬，亦可在其他寄主上为害过冬。病菌的寄生能力较弱，生长衰弱的花器和果实容易染病，发生此病与植株生长势有关，植株密闭衰弱，长时间阴湿积水，或害虫发生严重，此病多发生较重。

[防治方法]

1. 采收后及时彻底清理田间残枝落叶，减少病菌来源。

2. 增施有机肥，适当稀植增强树势。

3. 必要时在发病初期喷洒50%扑海因可湿性粉剂1 500倍液，或50%敌菌灵可湿性粉剂500倍液，或70%代森锰锌可湿性粉剂500～600倍液，或75%百菌清可湿性粉剂600倍液，7～10天防治1次，视病情防治1～3次。

枸杞黑腐病病枝

枸杞黑腐病病果

枸杞瘿螨
Chinese wolfberry vine Eriophyes

瘿螨为枸杞的重要害螨，分布广泛，发生普遍，种植地区都有发生，严重影响枸杞的生长发育和产品质量。

[症状] 瘿螨主要为害叶片、嫩茎和果实。被害部初呈黄绿色小疱状突起，以后形成叶两面都外突的疱状虫瘿，后期虫瘿正面呈浅红紫色，叶背虫瘿中部略下陷。严重时受害叶片虫瘿密布，扭曲畸形，植株生长严重受阻，果实不能正常发育，品质低下，叶片和嫩茎不能食用。

[病原] *Eriophyes macrodonis* Keifer 属瘿螨科害螨。成螨长圆锥形，体长120.6～328.8μm，橙黄色，近头胸部具2对足，足末端均有1根羽毛状爪，躯体具52～54环沟，尾端具特长的尾毛1对。幼螨圆锥形，略向下弯曲，体长74～109.6μm，浅白色，半透明。若螨形似成螨，体长较成螨短，较幼螨长，浅白色至浅黄色，半透明。卵近球形，直径39～42.5μm，浅白色，透明。

[发病规律] 在我国较寒冷地区以成螨在枸杞地块附近的其他植物缝隙、腋芽内越冬。翌春天气转暖枸杞冬芽刚开绽露绿时，越冬成螨开始出蛰活动，枸杞展叶时出蛰成螨大量转移到枸杞新叶上产卵，孵出的幼螨钻入叶片组织内形成虫瘿，秋季达到为害高峰。冬季气温降至5℃以下，成螨转入越冬。气温20℃左右，瘿外成螨爬行活跃。此外，枸杞上的蚜虫与木虱的腹部和足的跗节上附着有数量不等的成螨，使螨害随蚜虫和木虱扩散而传播蔓延。南方温暖地区枸杞常年生长，瘿螨在田间周年发生，辗转为害，无明显越冬现象。

[防治方法] 根据害螨习性，掌握在成螨越冬前期和越冬后，出瘿成螨大量出现时施药防治，可选用1.8%虫螨克乳油3 000～4 000倍液，或5%尼索朗乳油2 000倍液喷雾。兼防其他害虫可选用5%卡死克乳油1 000～1 500倍液，或2.5%天王星乳油2 500倍液防治效果理想。

枸杞成叶受瘿螨为害状

枸杞幼叶受瘿螨为害状

枸杞植株瘿螨为害状

4. 黄花菜病害 Diseases of day lily

黄花菜炭疽病
Day lily anthracnose

炭疽病也称叶枯病，为黄花菜的主要病害，分布广泛，发生普遍，黄花菜种植地区都可发病。通常中度发病，造成一定程度的产量损失。部分地区发病严重，造成植株成片枯死，严重影响产量和品质。

[症状] 此病全生育期都发生，主要为害叶片，也侵染花茎。初期在中、上部叶片边缘或叶尖产生水渍状褪绿小点，以后沿叶脉向上下蔓延，形成褪绿条斑。叶尖染病致叶尖枯死，沿叶脉向下发展致整片叶上部枯死，病健交界处呈红褐色，中央颜色较深，后期产生很多黑色小点，即病菌的分生孢子盘。严重时多个病斑连成大斑致全叶枯死。枯死叶片初呈赤褐色，以后变成灰白色。花茎受害，多从下部开始侵染，初产生水渍状小斑点，后变成黄褐色长椭圆形病斑，病健交界处暗褐色，中央长出许多黑色小点，发病严重时花茎枯死。

[病原] *Colletotrichum liliacearum* Ferr.属半知菌百合科刺盘孢真菌。病菌分生孢子盘黑褐色，初埋生于寄主表皮下，后突破表皮。刚毛褐色，有1～5个分隔，数量不定，一般花茎上分生孢子盘的刚毛较多。分生孢子梗短，无色，不分隔，大小为3.9～10.5μm×2.0～5.2μm。分生孢子新月形，无色，单细胞，大小为15.5～23.7μm×2.2～5.3μm（图11-16）。有性时期*Meliola* sp.属小煤炱菌真菌。子囊果球形，黑色，顶部有不规则裂口。子囊不多，棍棒状，内含8个子囊孢子。子囊孢子长梭形，3个隔膜，分隔处缢缩（图11-17）。

[发病规律] 病菌以菌丝体或分生孢子盘随病残组织越冬，翌春条件适宜时产出分生孢子借风雨传播，孢子萌发产生芽管并侵入寄主，后又在病斑上产生分生孢子盘和分生孢子进行再侵染。黄花菜生长期雨水多、湿度高、排水不良，或连续种植发病较重。偏施氮肥，或施氮肥过量发病亦较重。品种间抗性有明显差异。

[防治方法]

1. 重病地区选用相对较抗或较耐病品种。

2. 加强培育管理，适时中耕松土，搞好秋、冬培育管理，合理施用氮、磷、钾肥，增强植株抗性。雨后注意及时排水，避免田间积水，降低田间湿度。

3. 发病初期进行药剂防治。参见香椿炭疽病。

黄花菜炭疽病中期病叶

黄花菜炭疽病中后期病叶

黄花菜炭疽病病花茎

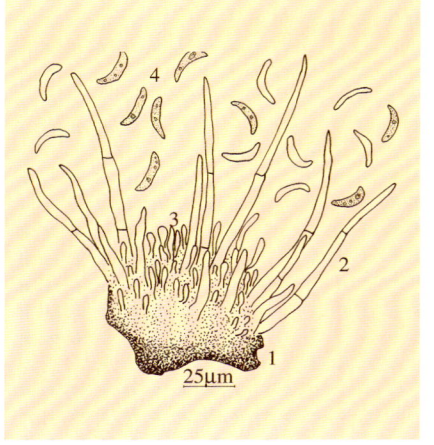

图11-16 黄花菜炭疽病菌
1.分生孢子盘 2.刚毛 3.分生孢子梗 4.分生孢子

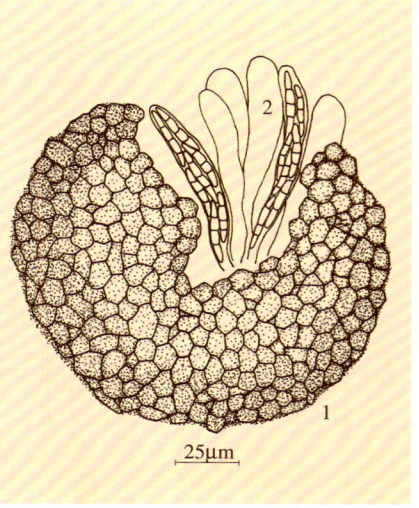

图11-17 黄花菜炭疽病菌
1.子囊果 2.子囊

黄花菜叶斑病
Day lily Fusarium leafspot

叶斑病为黄花菜的主要病害，分布较广，发生较普遍，几乎所有黄花菜种植地区都有发生。一般发病率40%～60%，减产10%～20%，严重时病株率80%～100%，损失可达50%以上。

[症状] 此病主要为害叶片，重时为害花茎。叶片受害初在嫩叶中部正面出现暗绿色小点，以后转变成淡黄色小斑，边缘水渍状，扩大后变成灰褐色至灰白色梭形至纺锤形坏死斑，边缘红褐色，病斑周围具黄色晕环，常干裂穿孔。空气潮湿，病斑表面产生淡红色霉状物，即病菌的分生孢子梗和分生孢子。多个病斑扩展汇合使叶片枯黄坏死。花茎染病，多出现浅褐色凹陷病斑，表面亦长出粉红色霉状物，多个病斑相互连接形成较长的坏死凹陷病区，严重影响花茎生长和形成花蕾，终使花茎断折枯死。

[病原] *Fusarium concolor* Reink 属半知菌同色镰孢霉真菌。病菌产生两种类型分生孢子和厚垣孢子。大型分生孢子镰刀形，无色，稍直或弯曲，具3～5个分隔，大小为26.3～72.4μm×3.3～5.8μm。小型分生孢子卵圆形至梭形，单胞，个别有一隔膜，大小为7.5～23.6μm。厚垣孢子球形，1～2个细胞，间生或顶生，平滑或稍具皱，大小为7～15μm×7～11μm（图11-18）。

[发病规律] 病菌以菌丝体或分生孢子在病残组织上越冬，在寒冷地区以厚垣孢子随病残组织越冬，翌年条件适宜时孢子萌发产生芽管侵染叶片或幼苗，发病后病部产生分生孢子借气流传播反复侵染。春黄花菜枯死后病菌随病叶越夏，秋季继续侵染为害。病菌生长温度8～35℃，适宜温度15～20℃，高湿有利于发病。通常春、秋季多阴雨，空气潮湿病害严重。此外，种植年代过久、生长衰弱、密度过高、田间阴湿或偏施氮肥、叶片柔嫩，病害较重。品种间亦存在抗性差异。

[防治方法]

1. 选用抗、耐病品种，可选用细叶花、大同花、重阳花、猛子花、冬子花等较抗、耐病品种。

2. 合理施肥，抓好秋培，增强秋苗抗性。采花后及时割苗和清除枯枝落叶及病残组织，妥善处理。适时更新复壮老蔸，秋苗新叶生出时避免过量偏施氮肥。

3. 发病初期及时进行药剂防治，可选用60%防霉宝可湿性超微粉600倍液，或65%多果定可湿性粉剂1 000倍液，或25%敌力脱乳油2 000倍液，或45%特克多悬浮剂1 000倍液，或10%双效灵水剂1 000倍液，或50%复方硫菌灵可湿性粉剂400倍液，或50%多菌灵可湿性粉剂500倍液喷雾，7～10天防治1次，根据病情防治1～3次，注意轮换用药。

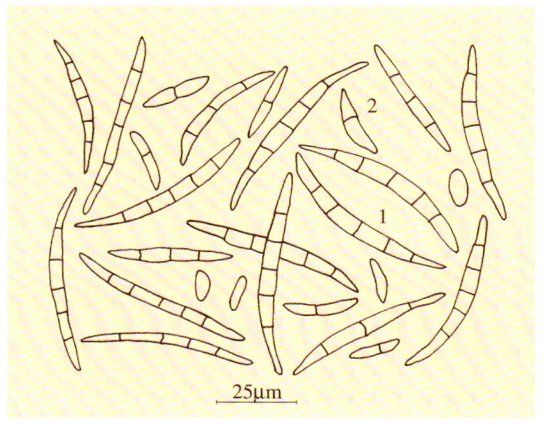

图11-18 黄花菜叶斑病菌
1. 大型分生孢子 2. 小型分生孢子

黄花菜叶斑病病叶

黄花菜锈病
Day lily rust

锈病是黄花菜的主要病害，分布较广，种植地区都有发生，春、秋季都有发病。一般发病率30%～50%，重病地区或重病地块病株常达100%，轻者减产10%左右，严重时达30%以上，特别严重地块可造成绝收。

[症状] 锈病为害叶片及花茎，初期在叶片和花茎表面出现灰白至鸭黄色梭形小斑，逐渐变成橘黄色疱状斑，即夏孢子堆，表皮破裂后散出橘黄色粉末状夏孢子。生长中后期在叶片和花茎表面产生锈褐色至黑色长椭圆形至短线状冬孢子堆。有时几个冬孢子堆连接在一起形成长条状疱斑。冬孢子堆生于表皮下，非常紧密，表皮不破裂。严重时病斑密布，表皮翻卷，病叶变黄，叶表面覆满橘黄色粉末状夏孢子，短时间内叶片和花茎即呈红褐色坏死干枯，花蕾干瘪或凋谢脱落。有时植株未现蕾即因病死亡。

[病原] *Puccinia hemerocallidis* Thüm.属担子菌萱草柄锈菌真菌。病菌可在黄花菜上产生夏孢

子和冬孢子，也可在败酱草（*Patrinia villosa*）叶片上产生性子器和性孢子，通过转主寄生完成其生活史。病菌夏孢子单胞，椭圆形至卵圆形，橙黄色，内有1～3个油球，少数看不到，孢子表面有细刺，大小为18.5～29.5μm×15～25μm。冬孢子倒棍棒形，黄褐色，双细胞，分隔处稍缢缩，

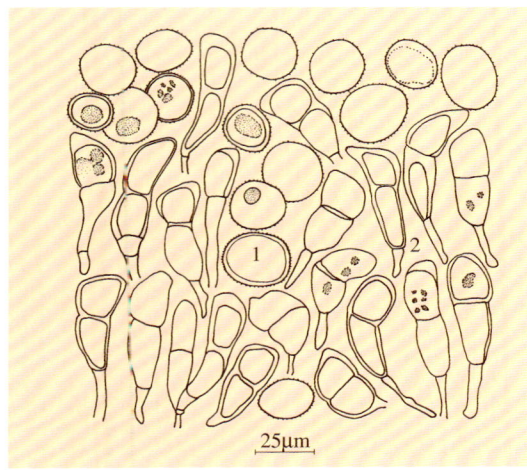

图11-19 黄花菜锈病菌
1. 夏孢子 2. 冬孢子

顶端壁较厚，平钝，具有短柄，大小为31.5～56.5μm×12.5～20.6μm。孢子柄长7.5～37.5μm（图11-19）。

[发病规律] 病菌以冬孢子在病残体上越冬。翌春条件适宜时冬孢子萌发产生担子和担孢子，成熟的担孢子借气流传到败酱草上，在叶面产生性子器及性孢子，后在叶背产生锈子腔和锈孢子，锈孢子成熟从锈子腔顶端弹出，借气流传到黄花菜上侵染致病。病部产生夏孢子堆及夏孢子。夏孢子借气流传播进行重复再侵染使病害扩展蔓延，生长后期产生冬孢子堆和冬孢子。黄花菜生长期平均气温24～26℃，相对湿度85%左右有利于发病。降雨次数多、空气潮湿，此病易流行。此外，管理粗放、偏施氮肥，或植株缺肥，病害较重。种植过密、通风透光差或地势低洼、排水不良等，亦可加重病情。另据调查，品种间抗性差异明显。

[防治方法]

1. 因地制宜选用抗病良种。目前中期花、早茶山条子花、白花、荆州花、叶子花、片子花、高龙花、猛子花等比较抗病。

2. 增施绿肥、堆肥等有机底肥，注意氮、磷、钾肥配合使用，适时追肥，尤其注意追施催薹肥，防止偏施氮肥。

3. 加强管理，及时分株，合理密植，及时除草，尤其注意铲除病菌的中间寄主败酱草。黄花采摘完毕抓好秋培，及时清除老叶枯薹集中烧毁。

4. 发病初期，即中心病株期开始进行药剂防治。参见石刁柏锈病。

黄花菜锈病前期病株

黄花菜锈病中后期叶背病斑

黄花菜锈病中后期叶面病斑

黄花菜锈病后期病株

黄花菜红腐病
Day lily Fusarium rot

红腐病为黄花菜的重要病害，分布较广，黄花菜产区均有发生。一般零星发病，对生产无明显影响。重病年或重病地块病株率可达20%~30%。花茎受害后花蕾大量脱落，成蕾率极低。

[症状] 此病主要为害花茎，有时也为害花蕾。花茎受害多从花茎基部开始侵染，初形成浅褐色水渍状小斑点，逐渐扩大呈椭圆形或纺锤形，中央棕褐色，略凹陷，边缘暗褐色，病斑扩大后环绕花茎一周致花茎坏死。空气潮湿或多雨花茎的任何部位都可发病，在病部表面密生粉红色霉状物，即病菌的分生孢子梗和分生孢子。后期发病花茎干缩，易断折或易拔起。花和花蕾受害，多沿顶端向下呈不规则坏死腐烂，病部颜色由红褐色逐渐变成暗褐色，空气潮湿，病组织表面亦产生大量粉红色霉层。

[病原] *Fusarium* sp.属半知菌镰孢霉真菌。病菌分生孢子梗丛生于分生孢子座上，露出寄主表面，呈现淡红色至粉红色小点。分生孢子有两种类型，大型分生孢子新月形，无色，有1~5个分隔。小型分生孢子单胞，无色，圆形或纺锤形，偶有一个分隔。干旱条件下易产生厚垣孢子。厚垣孢子近球形，壁较厚，抗逆力较强。

[发病规律] 病菌以菌丝体或厚垣孢子随病残组织遗留在土壤中越冬。翌春随雨水反溅到幼嫩花茎上形成初侵染，多雨高湿病部产生分生孢子通过风雨传播造成再侵染。黄花菜生长期尤其是花茎抽出后多雨，或植株荫蔽、通风透光差发病严重。此外，花茎抽出后害虫多，来回飞串可加重病情。

[防治方法]

1. 合理密植，保持田间植株间通风透光良好，雨后及时排水，避免田间积水，降低田间空气湿度。花茎抽出后加强害虫防治。

2. 施足有机底肥，花茎抽出时增施磷肥和钾肥，提高植株抗病力。

3. 发病初期施药保护。参见黄花菜叶斑病。

黄花菜红腐病病花

黄花菜红腐病病花茎

黄花菜茎枯病
Day lily Phoma stem blight

茎枯病为黄花菜的普通病害，在部分地区发生分布，春、秋季都可发病，常在生长中后期发生，在一定程度上影响黄花菜生产。严重时植株发病率很高，部分植株花蕾未抽出就因病坏死，明显影响黄花菜的产量。

[症状] 此病多在黄花菜生产中后期发生，主要为害花茎，偶尔也为害叶片。花茎受害，多从顶端采收后的伤口开始侵染，形成不规则或不定形坏死斑，灰褐至灰白色，边缘黄褐色，逐步向下扩展，致花茎全部枯死，在病部散生许多黑色小点，即病菌的分生孢子器。

[病原] *Phoma* sp.属半知菌茎点霉真菌。

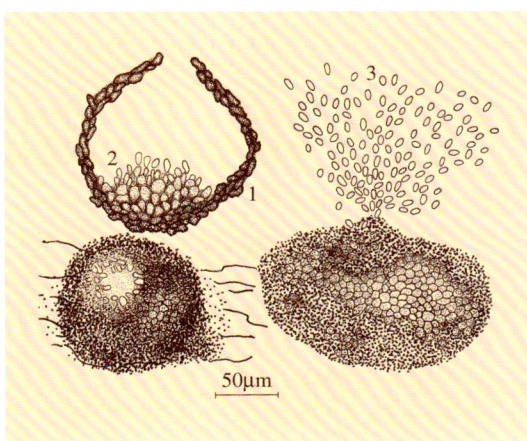
50μm
图 11-20 黄花菜茎枯病菌
1.分生孢子器 2.分生孢子梗 3.分生孢子

黄花菜茎枯病病花茎

病菌分生孢子器球形至扁球形，直径110～195μm，器壁细胞橄榄褐色，细胞壁较厚。分生孢子梗长5.6～9.8μm。分生孢子卵圆形，无色，单胞，大小为5～9.5μm×2.5～4μm（图11-20）。

[发病规律] 病菌为弱寄生菌，常寄生在植株枯死花茎上越冬。翌年借风雨传播，从花茎上的

各种伤口、气孔和皮孔，或从生长衰弱部位侵入。在土肥条件差、管理粗放、或生长较衰弱的田间发展蔓延。温暖高湿有利于病菌孢子萌发和侵入，阴雨天多发病亦较重。此外，冬季清园不彻底、田间雨后积水、偏施氮肥等，病害发生亦较重。

防治方法参见石刁柏茎枯病。

黄花菜细菌性叶斑病
Day lily bacterial leafspot

细菌性叶斑病为黄花菜的普通病害。在部分地区发生分布，春、秋季都可发病。一般病株率30%～50%，重病地块或重病年发病率多达100%，部分叶片因病坏死，在一定程度上影响产量和品质。

[症状] 此病在黄花菜全生育期都可发生，主要侵害叶片。多从叶端部开始侵染，初期在叶片上出现许多橙红色小点，以后发展成近椭圆形坏死斑，中央粉红色，边缘橙红至红褐色，大小为0.2～4mm。病菌从叶缘或叶尖侵入多形成灰白色波纹长条状至不规则坏死斑，边缘橙红色。病害严重时病斑密布，致叶片枯黄坏死。

[病原] 此病由一种细菌侵染所致，病原不详，待进一步研究鉴定。

[发病规律] 病菌潜伏在病叶内越冬。翌年条件适宜病菌在高湿或有露水的情况下借风雨、害虫或叶片相互接触传播，经气孔、水孔、皮孔或伤口侵入。温暖高湿或多阴雨有利于病害发生与发展。

[防治方法]

1. 秋末彻底割除病叶，集中销毁。分株时严格淘汰病苗，减少田间菌源。

2. 生长期加强管理，雨后及时排水，避免田间积水，搞好田间害虫防治，合理浇水、追肥，减少各种伤口。

3. 发病初期进行药剂防治，可选用47%加瑞农可湿性粉剂600倍液，或77%可杀得可湿性粉剂500倍液，或25%噻枯唑可湿性粉剂800倍液，或30%络氨铜水剂350倍液，或新植霉素、农用链霉素5 000倍液喷雾，10～15天防治1次，视病情防治1～3次。

黄花菜细菌性叶斑病初期病斑

黄花菜细菌性叶斑病后期病斑

黄花菜细菌性叶斑病田间为害状

---

5. 桔梗病害 Diseases of balloon flower

桔梗病毒病
Balloon flower virus disease

病毒病为桔梗的普通病害，分布较广，一般病株率1%～5%，对桔梗生产影响较小，严重时病株可达10%以上，在一定程度上影响桔梗生产。

[症状] 此病多在苗期至生长前期发生，主要表现嫩叶褪绿、黄化后逐渐坏死。有的病株发病后叶片皱缩、节间缩短、植株矮化。有的在植株叶片上形成不规则坏死斑。重病株一般不开花，随病害发展病株早衰死亡。

[病原] 一种或多种病毒侵染所致。病毒种类不详。

发病规律、防治方法参见秋葵病毒病。

桔梗病毒病前期病株

桔梗病毒病中期病株

Balloon flower Pythium rot

腐霉病为桔梗的普通病害,局部地区发生分布,一般病情较轻,不影响正常生产,少数地块发病严重,造成幼苗成片死亡。

[症状] 此病主要为害根茎和基部叶片。发病初期幼苗或植株根茎部出现浅褐色水渍状病斑,迅速向上发展致茎叶发病,以后呈浅褐色坏死萎缩,空气潮湿在病部表面产生稀疏白色菌丝,短时间内病苗坏死腐烂。空气干燥,幼苗病部以上失水垂萎,最后枯死。

[病原] *Pythium* sp.属鞭毛菌腐霉真菌。病菌菌丝较发达,分枝,无隔膜,宽约3~4μm。孢子囊球形,无色。藏卵器球形,顶生或间

桔梗腐霉病病苗

生,无色。雄器大多同丝生,无色,无柄。卵孢子球形,光滑,不满器,壁光滑。

发病规律、防治方法参见罗勒猝倒病。

桔梗褐腐病
Balloon flower Rhizoctoninia rot

褐腐病为桔梗的常见病,分布广泛,发生较普遍,一般发病率5%~10%,重病地块可达30%以上,明显影响桔梗生产。

[症状] 此病主要为害茎基部和根系。幼根染病,初呈水渍状坏死,黄褐至暗褐色,以后发展成近椭圆形凹陷坏死斑,随病害发展干腐或湿腐,在病部产生灰黑色蛛丝状菌丝层。茎基部染病,初为水渍状暗褐色小点,以后逐渐形成灰褐色至暗褐色不规则坏死斑,显著凹陷,随病害发展病部迅速扩展致根茎全部腐朽。

[病原] *Rhizoctonia solani* Kühn 属半知菌立枯丝核菌真菌。详见马铃薯茎基腐病。

发病规律、防治方法参见马铃薯茎基腐病。

桔梗褐腐病病幼根

桔梗褐腐病病茎

桔梗褐腐病后期病茎放大

桔梗黑斑病

Balloon flower Alternaria leafspot

黑斑病为桔梗的主要病害，分布广泛，发生普遍。一般发病率30%～50%，严重地块达80%以上，明显影响桔梗生产。

桔梗黑斑病叶面病斑

[症状] 此病主要为害植株中下部叶片，在叶尖、叶缘或叶片中央形成黄褐色至灰褐色病斑，近圆形至不规则形，大小差异较大。空气潮湿病斑表面产生灰黑色霉层，即病菌的分生孢子梗和分生孢子。随病害发展病叶黄化坏死或干燥脱落。

[病原] *Alternaria tenuis* Nees 属半知菌细交链孢霉真菌。病菌分生孢子梗直立，分枝或不分枝，榄褐色，有屈曲，顶端膨大，具多个孢子痕，大小为15～89μm×3～6μm。分生孢子多个串生，椭圆形、卵形至倒棍棒状，表面光滑，淡榄褐色，有横隔膜3～8个，纵隔膜0～5个，有喙或无喙，大小为18.5～51μm×7～16.5μm。

[发病规律] 病菌主要以菌丝体和分生孢子随病残组织越冬。翌年条件适宜时病菌孢子即萌发侵染植株形成初侵染。发病后病斑上产生大量分生孢子，借风雨、气流传播蔓延形成重复侵染。生长期内高温潮湿，或多雨、多露病害发生严重。

[防治方法]

1. 重病地块避免连作，秋末及时清除病残落叶以减少越冬菌源。生长期防止田间积水。

2. 必要时在发病初期开始进行药剂防治，可选用50%扑海因可湿性粉剂1 000倍液，或65%多果定可湿性粉剂1 000倍液，或50%敌菌灵可湿性粉剂500倍液，或70%代森锰锌可湿性粉剂500倍液喷雾防治。

桔梗黑斑病叶背病斑

桔梗黑斑病田间为害状

桔梗软腐病
Balloon flower bacterial soft rot

软腐病为桔梗的普通病害，分布很广，发生较普遍，但一般发病很轻，对生产无明显影响，仅个别地块或多雨季节发病较重，明显影响生产。

[症状] 此病主要为害地下幼嫩部位。病部初呈水渍状，灰白色，以后软化腐烂，迅速向上下发展致幼根全部腐烂并释放出臭味。

[病原] *Erwinia carotovora* subsp.*carotovora*（Jones）Bergey et al.属胡萝卜软腐欧氏杆菌胡萝卜软腐病亚种细菌。详见青花菜软腐病。

发病规律、防治方法参见芋软腐病。

桔梗软腐病中期病根　　　　　　　　　桔梗软腐病后期病根

桔梗菟丝子
Balloon flower dodder

菟丝子为寄生性种子植物，分布较广，桔梗种植区都可发生，一般零星发生，对桔梗生产无明显影响，重时成团或成片发生，显著影响生产。

[症状] 菟丝子以茎蔓缠绕桔梗的嫩茎、幼枝和叶柄，在接触部位产生吸盘，伸入桔梗细胞组织内吸收水分和养分，抑制其生长，使植株生长衰弱，最后死亡。

[病原] *Cuscuta chinensis* Lamb.属中国菟丝子。详见菜用大豆菟丝子。

发病规律、防治方法参见菜用大豆菟丝子。

桔梗菟丝子单株为害状　　　　　　　　桔梗菟丝子田间为害状

6. 仙人掌病害 Diseases of cactus

仙人掌腐烂病
Cactus Fusarium rot

　　腐烂病亦为仙人掌的常见病,分布较广,春、夏、秋季都可发病,普通病害发生较轻,少数植株因病腐烂坏死,轻度影响生产。

仙人掌腐烂病病株

　　[症状] 此病主要侵染较幼嫩的茎节。通常茎基部和分节处易发病,发病初期茎节呈水渍状、暗绿至绿褐色坏死,以后变成灰黄至黄褐色,外皮变干,易碎裂,界限明显。较老病斑呈褐色不规则形,内部组织腐烂。空气潮湿,病部表面产生白色至粉红色霉状物,即病菌的分生孢子丛和分生孢子。

　　[病原] *Fusarium oxysporum* Schl. var. *aurantiacum*（Link）Wollenw.属半知菌金黄尖镰孢霉真菌。参见 *F. oxysporum* 与该菌的区别在于大型分生孢子较大,4～5 个隔膜的孢子较多。3 个隔膜的孢子大小为 23～48μm × 3～5.5μm, 5 个隔膜的孢子大小为 33～70μm×3～5.5μm,7 个隔膜的孢子大小为36～95μm×3.5～4.5μm。

仙人掌腐烂病病株

厚垣孢子球形至卵形,单胞的直径为5～12μm,双胞的孢子大小为11～14μm × 7～9μm。

　　发病规律、防治方法参见仙人掌萎蔫病。

仙人掌干腐病
Cactus Phoma rot

　　干腐病为仙人掌的普通病害,分布较广,发生亦较普遍。通常病情较轻,对仙人掌影响较小,重时可使茎节坏死干腐,明显影响仙人掌的品质。

　　[症状] 此病多从茎节附近开始侵染,初期产生很小的黄褐至褐色病斑,近圆形,略凹陷,

仙人掌干腐病病斑

以后扩展成不规则形坏死大斑,黄褐至灰褐色,病部表层细胞坏死,角质化,明显下陷,表面产生褐色至黑褐色小粒点,即病菌的分生孢子器。

　　[病原] *Phoma* sp.属半知菌茎点菌真菌。病菌分生孢子器近球形,初埋生于组织内,以后突破表皮外露,无明显孔口,器壁较厚,炭质,黑褐色,大小为80～180μm,多120～160μm。分生孢子长卵形至圆柱形,单细胞,大小为5～15μm × 2.5～5μm,多7.5～12μm×3～4μm（图11-21）。

　　[发病规律] 病菌以分生孢子器随病残体越冬,南方可常年发生为害。条件适宜时病菌产生分生孢子,借风雨或昆虫传播。高温高湿利于发病,气温20～30℃,降雨较多,病害发生发展较快。

　　[防治方法]

　　1. 用无病茎节进行繁殖,或植前用 70% 甲基托布津可湿性粉剂600倍液,或50%多

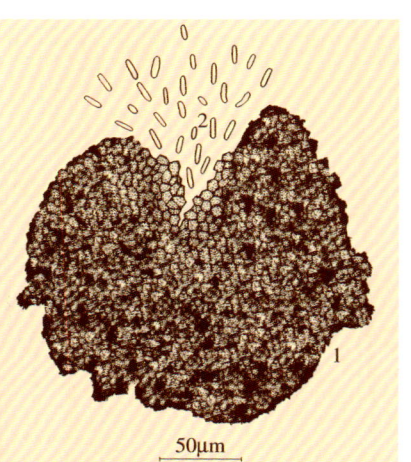

图 11-21 仙人掌干腐病菌
1. 分生孢子器　2. 分生孢子

菌灵可湿性粉剂 500 倍液浸泡 10min，待药干后插植。

2. 随时检查，发现病株，立即削除病部集中妥善处理，并用喷

雾的药剂调成糊状涂抹患处。

3. 发病初期全面喷药防治。参见石刁柏茎枯病。

仙人掌炭疽病
Cactus anthracnose

炭疽病为仙人掌的普通病害，部分地区发生分布，通常病害很轻，对仙人掌生长无明显影响，重时可使植株腐烂坏死。

[症状] 此病主要侵害茎节，病部初呈浅褐色至暗绿色不定形坏死，略显水渍状，以后发展成不规则形凹陷湿腐状病斑，进一步发展致茎节腐烂倒折。空气潮湿病部表面产生粉红色黏稠物和黑色小点，即病菌的分生孢子盘和分生孢子。

[病原] *Colletotrichum opuntiae*（Ell.et Ev.）Saw.属半知菌仙人掌刺盘孢真菌。病菌分生孢子盘浅盘状，褐色，埋生于表皮下，成熟时突破寄主表皮外露，盘上刚毛有或无。刚毛黑褐色，刺状，具 1～2 个隔膜，基部宽，末端尖细色淡。分生孢子长椭圆形，两端钝圆，有的一端稍窄细，单胞，无色，具一油点，大小为 10.5～14.5μm × 3.5～4.5μm。

[发病规律] 病菌以菌丝和分生孢子盘随病残体越冬。温暖地区常年发生，无明显越冬期。病菌以分生孢子借风雨或小昆虫活动传播，人为接触有利于孢子飞散，病菌发育适温 25℃左右，高温高湿适宜发病。茎节受伤利于染病。

[防治方法]

1. 加强管理，发现病茎随时切除病部组织集中妥善处理，随后用 25% 炭特灵可湿性粉剂 300 倍液，或 70% 甲基托布津可湿性粉剂 500 倍液，或 50% 施保功可湿性粉剂 1 200 倍液，或 30% 倍生乳油

800 倍液，或 2% 农抗 120 水剂、或 2% 加收米水剂 200 倍液涂抹伤口和病茎。

2. 采用无病茎节繁殖，繁殖材料插植前用上述药剂浸泡 5min，或用上述药液喷雾，晾干后插植。

3. 较大面积发病时，发病初期进行药剂防治。可选用 25% 炭特灵可湿性粉剂 600 倍液，或 25% 施保克可湿性粉剂 1 000 倍液，或 30% 倍生乳油 1 200～1 500 倍液，或 70% 甲基托布津可湿性粉剂 600 倍液，或 2% 农抗 120 水剂 300 倍液，或 2% 加收米水剂 500 倍液喷雾。

仙人掌炭疽病病斑

仙人掌萎蔫病
Cactus Fusarium wilt

萎蔫病为仙人掌的常见病，分布较广，主要在夏、秋季发生，通常零星发病，造成部分植株萎蔫死亡，在一定程度上影响仙人掌种植。

[症状] 此病主要为害茎部，初在茎节处出现黄褐至灰褐色水渍状不规则褪绿斑，扩大后呈绿褐色坏死，逐渐软化萎缩并向上下蔓延，终致全株萎蔫枯死，仅剩一层干枯的外皮。湿度高时病部表面可产生粉红色霉状物，即病菌的分生孢子丛和分生孢子。

[病原] *Fusarium oxysporum* Schl.属半知菌尖镰孢霉真菌。病菌分生孢子梗丛生，呈帚状分枝，分枝顶端生轮状排列的瓶状小梗，其上着生分生孢子。大型分生孢子镰刀形，无色，具 3～5 个隔膜，3 个的居多，大小为 19～50μm × 2.5～5μm。小型分生孢子卵形至肾形，单胞或双胞，无色，大小为 5～26μm × 2～4.5μm。病菌可产生厚垣孢子，顶生或间生，球形，壁厚，直径 5～15μm。

[发病规律] 病菌以菌丝体和厚垣孢子随病部组织或随遗落在土中的病残体越冬。条件适宜时产生分生孢子，借雨水溅射传播，从伤口侵入致病，病部产生分生孢子进行再侵染。生长期多阴雨，昼夜温

仙人掌萎蔫病病株

差大有利于发病。低洼积水，空气潮湿，茎节受伤，病害发生较重。

[防治方法]

1. 施用充分腐熟的土杂肥或其他有机肥，适当增施磷、钾肥。

2. 发现病株及时挖除，彻底清除病残组织妥善处理。

3. 轻病茎节用刀挖除肉质病部，切口用50%多菌灵可湿性粉剂200倍液，或65%多果定可湿性粉剂400倍液，或25%敌力脱乳油500倍液，或45%特克多悬浮剂500倍液涂抹。

4. 发病初期全面喷淋50%多菌灵可湿性粉剂400倍液，或10%双效灵水剂500倍液，或65%多果定可湿性粉剂800倍液，或25%敌力脱乳油1 200倍液，或45%特克多悬浮剂1 200倍液，或65%敌克松可湿性粉剂600倍液。

仙人掌炭斑病
Cactus Stevensea spot

仙人掌炭斑病病斑

炭斑病为仙人掌的重要病害，发生较普遍，通常发病较轻，对仙人掌无明显影响，重时病株可达10%以上，显著影响仙人掌的生长发育。

[症状] 此病主要侵害茎节，初在茎节上产生锈褐色圆形至不正形凹陷斑，逐渐扩展成较大的红褐色坏死斑，显著凹陷。通常病斑间不相互连接成片，但条件适宜，病害可发展较快，茎节上产生较多坏死斑，易从病部萎缩或腐烂。后期可在茎节腔状结构中充满菌丝组织，进而产生子囊壳和子囊孢子。

[病原] 资料介绍由 *Stevensea rightii* 侵染所致，属子囊菌，但培养未能产生子实体，有待进一步鉴定。

发病规律、防治方法待研究。

仙人掌软腐病
Cactus bacterial soft rot

软腐病为仙人掌的普通病害，分布较广，发生较普遍，常在多雨的夏季发病。通常零星发生，个别植株因病腐烂而损失。

[症状] 此病多从茎节处开始侵染，以幼嫩茎节受害重。初呈水渍状暗绿色坏死，以后软化腐烂并向上下迅速扩展。条件适宜时短期内植株病部以上因病萎蔫坏死或倒折。有时病部可溢出菌脓，并散发臭味。

[病原] *Erwinia carotovora* subsp. *carotovora*（Jones）Bergey et al. 属胡萝卜软腐欧氏杆菌胡萝卜软腐病亚种细菌。详见芋软腐病。

[发病规律] 病菌主要随病残体或其他寄主存活。条件适宜时通过雨水溅射传播，经伤口侵入形成初侵染。发病后病菌借雨水、浇水和害虫扩散传播。生长期多雨、害虫发生数量多，或施用未腐熟肥料，有利于病害发生扩展。

[防治方法]

1. 施用充分腐熟的肥料，避免烧

仙人掌软腐病初期病茎

仙人掌软腐病中后期病株

仙人掌软腐病中期病茎

仙人掌软腐病后期病茎

根和泅根。

2. 生长期及时防治好害虫，细心管理，防止机械损伤。

3. 发病初期用刀挖除发病组织后用47%加瑞农可湿性粉剂或77%可杀得可湿性粉剂200倍液涂抹。重病株及时清除，必要时可喷淋药液防治，参见芋黑腐病。

7. 芦荟病害 Diseases of aloe

芦荟褐斑病
Aloe Ascochyta spot

褐斑病是芦荟的主要病害，分布广泛，发生普遍，南方地区此病发生严重，发病率常达80%以上，显著影响芦荟的产量和质量。

[症状] 此病主要为害叶片，病斑灰褐色或赤褐色，圆形至椭圆形或不规则形，中央凹陷、颜色稍浅，边缘暗褐色，外围有水渍状坏死晕圈，可穿过叶片两面，呈薄膜状，病斑质地较炭疽病硬，后期在叶面病斑上产生小黑点，即病菌的分生孢子器。严重时叶片上病斑密布，终致叶片腐烂，严重影响生产。

[病原] *Ascochyta tini* Sacc.属半知菌芦荟壳二孢真菌。病菌分生孢子器散生或集中生于叶片正面，球形至近球形，直径144～192μm。无分生孢子梗，产孢细胞安瓿形，短，无色，瓶体式产孢。分生孢子长椭圆形至长圆筒形，两端钝圆，无色至近无色，1～2个细胞，正中央分隔，分隔处稍缢缩，大小为12～19μm×4～5μm。

[发病规律] 病菌随病叶在病株上或落在土表越冬。翌年条件适宜时形成初侵染，发病后在病部产生分生孢子借风雨传播扩大为害，高湿利于病害扩展。通常6～10月发病严重。

[防治方法]

1. 彻底清除田间病残组织，减少病菌初侵染源。

2. 雨后及时排水，防止田间持续潮湿，减轻发病。

3. 发病初期及时进行药剂防治，可选用70%甲基托布津可湿性粉剂600倍液，或50%扑海因可湿性粉剂1 000倍液，或80%大生可湿性粉剂800倍液，或40%多硫悬浮剂400倍液，或45%特克多悬浮剂1 000倍液喷雾。保护地种植亦可用5%百菌清粉尘剂，或5%加瑞农粉尘剂15kg/hm²喷粉防治。

芦荟褐斑病田间为害状

芦荟软腐病
Aloe bacterial soft rot

软腐病为芦荟的重要病害，分布较广，常在多雨季节发病。通常零星发生，个别植株因病腐烂而损失。保护地种植管理不善发病率可达30%以上，显著影响生产。

[症状] 此病多从叶柄基部和伤口处开始发病，病部初呈水渍状暗绿色坏死，以后迅速软化腐烂并向上扩展，短期内致病部以上萎蔫坏死或倒折。保护地内发病，可在幼嫩叶片中下部产生许多近圆形至不规则形边缘水渍状暗绿色病斑，病斑迅速腐烂下陷，空气潮湿病部可溢出菌脓，并散发出恶臭味。

[病原] *Erwinia carotovora* subsp.*carotovora* （Jones）Bergey et al.属胡萝卜软腐欧氏杆菌胡萝卜软腐病亚种细菌。详见青花菜软腐病。

[发病规律] 病菌主要来源于田间其他寄主。条件适宜时通过雨水溅射传播，经伤口侵入形成初侵染。保护地内主要通过浇水或

芦荟软腐病中期病叶

水管喷水引起初侵染，发病后病菌借雨水、浇水和害虫扩散传播。生长期多雨、害虫发生数量多，或施用未腐熟肥料，或直接用水管喷浇，将土壤砂粒冲溅到叶片上，有利于病害发生扩展。

[防治方法]

1. 施用充分腐熟的肥料，避免烧根和沤根。

2. 生长期及时防治好害虫，细心管理，避免直接用水管喷洒浇水，防止机械损伤。

3. 发病后尽可能降低田间湿度，避免大水漫灌和田间积水。

4. 发病初期用47%加瑞农可湿性粉剂或77%可杀得可湿性粉剂200倍液喷雾防治。重病腐烂株及时清除，必要时可喷淋药液防治。

8. 竹笋病害　Diseases of bamboo shoot

竹笋纹枯病
Bamboo shoot Rhizoctonia wilt

纹枯病为竹笋的常见病，分布较广，发病程度轻于基腐病。一般零星发生，个别田块发病率达10%以上，对竹笋生产有一定影响。此病还可为害多种其他作物。

[症状] 此病主要为害嫩笋，以刚出土幼笋较易染病。病斑初期呈椭圆形，扩大后成不规则形或不定形斑，边缘不明显，红褐色，中央颜色稍

竹笋纹枯病内部卷叶病斑

浅，有时病斑呈云纹状，空气潮湿病部产生稀疏蛛丝状灰白色菌丝网。剥开笋壳，病部明显，有时可在笋壳间产生由菌丝扭结成的细小颗粒状菌核。染病幼笋病部呈浅褐色坏死，随病害发展致全部幼笋腐烂干缩。

[病原] *Rhizoctonia solani* Kühn 属半知菌立枯丝核菌真菌。病菌菌丝分枝发达，分枝处略缢缩，附近具一隔膜，初期无色，后变浅褐色，由菌丝纠集形成菌核，茶褐色，扁球形，表面粗糙。

[发病规律] 病菌主要以菌核遗落在土中，或以菌丝体在病残体上越冬，也可在其他寄主上为害过冬。翌春条件适宜时即形成初侵染，田间发病后主要以病土、坏死的幼笋，或脱落的病笋壳等传播，形成再侵染。高温多雨适宜发病。病菌生长温度为10～40℃，适宜温度为28～30℃。一般阴雨天多、田间积水、土壤湿度高，发病较重。植株生长衰弱或偏施氮肥等有利于发病。

[防治方法]

1. 选择地势比较高燥的田地种植，种植前施足充分腐熟的底肥，增施磷、钾肥，避免偏施氮肥。

2. 重病地块种植后和培土后出笋前喷浇20%萎锈灵乳油2 000倍液，或5%井冈霉素水剂1 000倍液，或2%加收米水剂800倍液，或50%利克菌可湿性粉剂1 000倍液，或30%倍生乳油1 500倍液，直到土壤湿润。

3. 出笋期避免田间积水，随时清除病株和病残组织，病穴用上述药液淋浇后用净土压实。不用病株附近的土壤培土和施用未腐熟的沤肥，减少人为传病。

竹笋纹枯病前期叶鞘病斑

竹笋纹枯病后期卷叶病斑

竹笋基腐病
Bamboo shoot Fusarium rhizome rot

基腐病为竹笋的常见病，主产区都有发生，一般零星发病，对竹笋产量造成轻度损失，严重时可引起竹笋成片死亡，明显影响生产。

[症状] 此病一般侵染幼笋，严重时亦使半成竹或幼竹发病。病害多从幼笋基部开始侵染，初期幼笋基部笋壳略显湿润状，失去正常的鲜色，逐步发展，幼笋变褐坏死干缩，致最后干腐朽烂。空气潮湿病部表面产生白色至粉红色霉状物，即病菌的分生孢子。病笋笋壳一般较易剥下，笋茎易折断，后期在笋腔内壁可见病菌产生的白色至粉红色霉状物。有时在病笋表面亦出现不规则褐色坏死斑块。

[病原] *Fusarium* sp.属半知菌镰孢霉真菌。病菌分生孢子镰刀形，无色，有隔，多细胞。有时还产生卵圆形小型分生孢子，小型分生孢子单细胞，无色。

[发病规律] 病菌以分生孢子在土壤内或随病残组织越冬。竹笋生长期一旦条件适宜，病菌即开始侵染，引起发病。在田间以分生孢子借风雨和浇水传播，人工培土、除草、施肥等亦可传病。多阴雨、空气潮湿，或时晴时雨有利于发病。此外，笋田积水、土壤贫瘠、植株缺肥，或害虫为害严重等利于发病。

[防治方法]

1. 收笋后彻底清除笋壳及病株残体，集中烧毁，减少病菌来源。或选择未种植过竹笋的田地移植新笋，注意从无病田块选留母竹。

2. 选用50%多菌灵可湿性粉剂300倍液浸泡母竹或竹蔸10～20min后种植。或种植培土后浇灌50%多菌灵可湿性粉剂500倍液，或10%双效灵水剂1 000倍液，或40%复方多菌灵可湿性粉剂800倍液，或20%萎锈灵乳油2 000倍液，每株浇灌药液1～2L，待新笋萌发后出土前再浇灌1次。

3. 生长期避免笋田积水，施肥、培土、除草等操作注意不要将病土带到无病区，避免人为传病。

4. 发现病笋连根将病组织清除，病穴用上述药液之一喷浇后用无病净土压实。

竹笋基腐病前期病笋

竹笋基腐病后期病笋

9. 百合病害 Diseases of lily

百合病毒病
Lily virus disease

病毒病为百合的主要病害，分布较广，发生较普遍。多在夏、秋季发病，地区间、地块间因毒原种类、管理水平不同差异较大。通常零星发病，轻度影响生产，重病地块或重发生年病株常达10%～30%，显著影响产量与质量。

[症状] 病毒病主要表现花叶、坏死斑、环斑和丛簇4种症状。花叶型即叶面表现浅绿与深绿相间斑驳，严重时叶片分杈扭曲，花器变形，花蕾不开。坏死斑型多在叶片上产生褪绿斑驳或出现坏死斑。环斑型多出现小型蚀纹环形坏死斑。丛簇型即表现植株丛簇、叶片呈浅绿至浅黄色，以后产生条斑或出现斑驳，幼叶反卷扭曲，全株矮化。有时可表现混合症状，或病株无主茎或不形成花等。

百合病毒病矮化病株

百合病毒病无花序病株

[病原] Lily mosaic virus、Lily symtomless virus、Cucumber mosaic virus、Lily ringspot virus 和 Lily rosettle virus 即百合花叶病毒、百合潜隐病毒、黄瓜花叶病毒、百合环斑病毒和百合丛簇病毒单一或复合侵染所致。百合花叶病毒粒体线条状，长650nm，致死温度70℃，主要引起花叶。百合潜隐病毒粒体线条状，大小为15～18nm×635～650nm，致死温度65～70℃，稀释限点10⁻⁵，在黄瓜苗上产生系统花叶，与黄瓜花叶病毒（略）复合侵染形成坏死斑。百合环斑病毒致死温度60～65℃，稀释限点1 000～10 000倍，体外保毒期25℃条件下1～2天，在心叶烟上产生黄色叶脉状花叶，主要引起环斑病。百合丛簇病毒主要形成丛簇症状。

[发病规律] 百合花叶病毒、百合环斑病毒通过汁液接种传播，蚜虫亦可传毒。百合潜隐病毒通过鳞茎带毒传播，汁液摩擦亦可传毒。黄瓜花叶病毒、百合丛簇病毒由蚜虫传播。

[防治方法]

1. 实行无病种植，选用无病健株球茎繁殖，或采用组培脱毒苗种植。

2. 加强田间管理，发现病株及时拔除，生长期适时防治蚜虫，减少传毒。

3. 发病初期施用抗毒增抗剂抑制病害发展。可选用20%毒克星可湿性粉剂500倍液，或5%菌毒清可湿性粉剂500倍液，或20%病毒A水溶性粉剂500倍液，或1%抗毒剂1号水剂300倍液喷雾，7～10天1次，连喷3次。

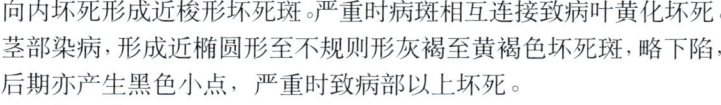

百合炭疽病
Lily anthracnose

炭疽病为百合的常见病，分布广泛，发生较普遍，保护地、露地都可发病，以夏、秋露地种植发病较重，通常病株20%左右，重病地块发病率达70%以上，明显影响生产。

[症状] 此病主要侵害叶片，重时亦侵害茎秆。叶片染病，初在叶片上出现水渍状暗绿色小点，以后发展成近圆形至椭圆形灰白至黄褐色坏死斑，边缘多具有浅黄色晕环，后期在病斑上产生黑色小点，即病菌的分生孢子盘。叶尖染病，多

向内坏死形成近梭形坏死斑。严重时病斑相互连接致病叶黄化坏死。茎部染病，形成近椭圆形至不规则形灰褐至黄褐色坏死斑，略下陷，后期亦产生黑色小点，严重时致病部以上坏死。

[病原] *Colletotrichum circinans*（Berk.）Vog.属半知菌葱刺盘孢真菌。病菌分生孢子盘浅盘状，基部褐色，上生黑色刺毛状刚毛。病菌分生孢子梗单胞，无色，棍棒状，大小为11～18μm×2～3μm。分单胞生孢子新月形，无色，大小为17.5～22.5μm×3.0～3.5μm。

[发病规律] 病菌以分生孢子盘或菌丝体在土壤中越冬，条件适宜时产生分生孢子通过雨水或浇水形成初侵染和再侵染。温暖潮湿适宜发病。病菌生长温度4～34℃，发病适宜温度20～26℃，百合生长期多雨，尤其是鳞茎生长期阴雨较多、田间积水发病较重。

[防治方法]

1. 重病地区实行与非百合科蔬菜2年以上轮作。

2. 收获后及时彻底清理病残组织，减少田间菌源。

3. 发病初期进行药剂防治，可选用25%炭特灵可湿性粉剂600～800倍液，或25%施保克乳油600～800倍

百合炭疽病病叶

百合炭疽病病茎

液，或 6% 乐必耕可湿性粉剂 1 500 倍液，或 40% 百科乳油 2 000 倍液，或 30% 倍生乳油 2 000 倍液，或 25% 敌力脱乳油 1 000 倍液喷

雾，保护地可选用上述有关药剂的粉尘剂喷粉，7～10 天防治 1 次。

百合叶枯病
Lily Alternaria leaf blight

叶枯病为百合的普通病害，分布较广，发生较普遍，保护地、露地种植都发病，以生长中后期发病较常见。通常病株率 10%～30%，对百合生产无明显影响，重病地块发病率均达 80% 以上，部分叶片因病枯死，明显影响百合产量与品质。

[症状] 此病主要侵害叶片。多从下部叶片开始发病，逐渐向上部发展。病菌多沿叶尖向里侵染，初呈水渍状 V 字形绿褐色坏死，以后发展成不定形黄褐至灰褐色坏死斑，后期在病斑上产生黑色霉层，即病菌的分生孢子梗和分生孢子。随病害发展病叶逐渐枯死。

[病原] *Alternaria tenuis* Nees 属半知菌细交链孢霉真菌。病菌分生孢子梗直立丛生，不分枝，暗褐色，顶端略膨大，具有明显的孢子痕，2～5 个隔膜，大小为 25～92μm × 3.5～6μm。分生孢子倒棍棒状或圆筒形，淡黄色，具横隔膜 2～9 个，纵隔膜 0～8 个，大小为 24～62.5μm × 9.5～20μm。喙胞有或无，多 0～2 个隔膜，大小为 6.25～50μm × 3.5～7μm。

[发病规律] 病菌随病残体在土壤中越冬。翌年条件适宜时产生分生孢子，借风、雨传播蔓延。高温多雨，植株生长衰弱有利于发病。

防治方法参见 0 根 菜黑斑病。

百合叶枯病病叶

百合叶枯病病斑放大

百合灰霉病
Lily gray mold

灰霉病为百合的主要病害，分布广泛，发生普遍。南方露地、北方保护地都可发病。一般病株率 10%～30%，重病地块或棚室病株可达 50% 以上，显著影响生产。

[症状] 此病全生育期都可发生，可侵染植株各个部位。苗期染病，常致幼苗成片坏死，最后腐烂，在病组织上产生灰色霉层，即病菌的

分生孢子梗和分生孢子。幼株染病，生长点死亡。叶片染病，多从叶尖或叶缘向花茎方向坏死腐烂，黄褐至红褐色，病叶上产生稀疏灰霉。亦可在叶片上形成浅黄至浅褐色圆形至椭圆形病斑，边缘色深，中央浅灰色，多个病斑连片致病叶枯萎。花茎

百合灰霉病病苗

百合灰霉病中期病株

百合灰霉病田间为害状

受害呈湿腐或干腐状，后期病部失水缢缩，浅褐至暗褐色，病部以上萎蔫或倒折，病部可产生灰色霉状物。花器染病，常引起花器变褐腐烂并产生灰霉。

[病原] *Botrytis cinerea* Pers.属半知菌灰葡萄孢真菌。病菌分生孢子梗单生或几根成束，具2～5个分隔，后期分枝，顶端膨大，上生小梗，小梗上着生分生孢子，大小为2180～3850μm×13.2～19.8μm。分生孢子多卵圆形，单细胞，近于无色，大小为7.9～13.2μm×6.6～10.5μm。

[发病规律] 病菌以菌核、分生孢子或菌丝在土壤内及病残体上

百合灰霉病后期病株

越冬。分生孢子借气流、浇水或农事操作传播。病菌生长适宜温度为18～24℃，发病适宜温度为4～32℃，最适温度为22～25℃，空气湿度达90%以上，植株表面结露易诱发此病。

防治方法参见结球莴苣灰霉病。

百合疫病
Lily Phytophthora blight

疫病为百合的重要病害，分布较广，多在南方发生，北方保护地内偶有发病。通常病株率5%～10%，在一定程度上影响百合生产，重时可

百合疫病病株

达30%以上，致植株成片死亡，显著影响产量和品质。

[症状] 此病可侵害百合的各个部位。茎部染病，初呈水渍状浅褐色至绿褐色腐烂，逐渐向上下扩展，致植株枯死或倒折。叶片染病，初生水渍状小斑，以后发展成灰绿至暗绿色大斑，终致病叶腐烂或枯死。花器染病后呈黄褐色至暗褐色软腐，空气潮湿在病组织表面产生稀疏白色霉层，即病菌孢囊梗和孢子囊。球茎染病，初为水渍状黄褐色坏死斑，以后扩展腐烂，在病组织表面产生稀疏白霉。

[病原] *Phytophthora cactorum*（Leb. et Cohn）Schrötr属鞭毛菌恶疫霉真菌。病菌菌丝分枝较少，宽2～6μm，孢子囊卵形至近球形，大小为33.5～41μm×28～34μm。卵孢子球形，直径为27～33.5μm。

[发病规律] 病菌以厚垣孢子或卵孢子随病残体遗留在土壤中越冬。条件适宜时厚垣孢子或卵孢子萌发，侵入寄主引致发病，病部产生大量孢子囊，萌发后释放游动孢子或孢子囊直接萌发进行再侵染。气温26～28℃，天气潮湿或多雨适宜发病。雨后排水不良，田间植株茂密柔嫩有利于病害发生与发展。

[防治方法]

1. 采用高垄或高畦栽培，精细整地，修好田间排水沟，以便雨后及时排水。

2. 合理密植，施用充分腐熟的有机肥，适当增施钾肥，增强植株抗病力。

3. 加强田间管理，发现病株及早挖除，带到田外集中深埋。发病后适当控制浇水。

4. 发病初期及时施药防治，保护地内最好采用粉尘施药技术。参见马铃薯晚疫病。

百合茎腐病
Lily Fusarium rot

茎腐病为百合的重要病害，分布较广，发生较普遍。一般病株率5%～10%，轻度影响生产，严重时病株可达20%左右，显著影响产量与质量。

[症状] 此病主要侵染鳞茎和幼茎基部。鳞茎染病，多从鳞茎外层基部侵入，以后病部呈水渍状坏死，植株基部叶片黄化或变紫，提前衰老死亡，随病害发展鳞茎呈灰黄至红褐色腐烂，终致鳞茎全部腐烂，植株萎蔫枯死。幼株发病，茎基部呈水渍状软腐，病部表面产生白色至粉红色霉层，即病菌的分生孢子座和分生孢子。

[病原] *Fusarium bulbigenum* Cke. et Mass.属半知菌蔬萎座镰孢霉真菌。病菌产生大、小两种类型的分生孢子，大型分生孢子生于分生孢子座或黏分生孢子团中，锥钻形至镰刀形，两端尖削，3～5个隔膜，3个隔膜的大小为20～54μm×2.5～4μm，5个隔膜的大小为34～62μm×3～4.5μm。小型分生孢子椭圆形至长椭圆形，单细胞或间有1个隔膜，单胞的大小为5～12μm×2～3.5μm，1个隔膜的大小为11～33μm×2～4μm。厚垣孢子生于气生菌丝中，顶生或间生，1～2个细胞，直径为5～12μm。

[发病规律] 病菌以菌丝和分生孢子或以厚垣孢子在土壤中，或随病残体越冬。条件适宜时形成侵染。发病后通过雨水、浇水或农事操作传播蔓延。地下害虫活动频繁，施用未腐熟肥料，或因管理不当造成鳞茎伤口多有利于发病。地势低洼积水、土壤含水量过高病害发生严重。

[防治方法]

1. 重病地块实行与非百合科作物2～3年轮作。

2. 收获后及时彻底清理植株残体及发病组织，减少田间菌源。

3. 必要时在发病初期喷浇药液防治。参见姜枯萎病。

百合茎腐病病苗

百合茎腐病田间为害状

百合褐腐病
Lily Rhizoctonia rot

褐腐病为百合的重要病害，分布较广，发生较普遍。通常病株零星，轻度影响百合生产。严重时植株成团发病，常造成植株成片坏死。

[症状] 此病主要为害鳞茎，亦侵害茎基部。鳞茎染病，多从基部或其他受伤处开始侵染，初呈黄褐色小点，以后形成暗褐色凹陷斑，随病害发展病部腐烂，在其表面产生稀疏灰白色菌丝。茎基染病，呈灰绿至灰褐色坏死缢缩，终致植株萎蔫死亡。

[病原] *Rhizoctonia solani* Kühn 属半知菌立枯丝核菌。初生菌丝无色，后变黄褐色，有隔膜，直径8～12μm，分枝基部变细，分枝处多呈直角。菌核不定形，浅褐至黑褐色。

百合褐腐病前期病球茎

百合褐腐病中期病球茎

[发病规律] 病菌主要以菌核随病残体在土中越冬，在土壤中可营腐生生活，可存活 2～3 年。菌核萌发后产生菌丝，与鳞茎接触侵染致病，通过雨水、浇水和带菌肥料传播扩展。病菌生长温度 13～42℃，适宜温度 20～28℃。田间积水或湿度过高、种植太密、鳞茎受伤较多利于发病。施用未充分腐熟的有机肥也有利于发病。

[防治方法]

1. 注意彻底清理田间病株残体，施用充分腐熟的肥料，减少田间菌源。

2. 合理施肥，避免偏施过施氮肥，适当稀植，生长期防治田间积水，尽可能改善植株通风透光条件。

3. 必要时进行药剂防治。参见马铃薯茎基腐病。

百合软腐病
Lily bacterial soft rot

软腐病为百合的常见病，分布广泛，发生普遍。保护地、露地都有发生，通常病株零星，对生产影响较小，严重时发病率可达 20% 以上，显著影响百合产量与品质。

百合软腐病病苗

[症状] 此病可为害叶片、茎基和鳞茎。叶片染病，呈水浸状绿褐色坏死腐烂。茎基染病，呈不规则水渍状灰褐至暗褐色坏死，迅速扩展致病部以上萎蔫枯死或倒折。鳞茎染病，初出现灰褐色不规则水渍状斑，逐渐扩展向内蔓延湿腐，终致整个球茎腐烂呈糊状，散发出恶臭气味。

[病原] *Erwinia carotovora* subsp.*carotovora* （Jones）Bergey et al. 属胡萝卜软腐欧氏杆菌胡萝卜软腐病亚种细菌。详见青花菜软腐病。

[发病规律] 病菌在土壤中多种蔬菜残体或鳞茎上越冬，翌年条件适宜时通过雨水或流水侵染叶片、茎及鳞茎，并进一步发展蔓延。百合生长期雨水较多、雨量较大，或田间长时间积水，病害发生较重。施用未腐熟肥料、害虫造成伤口多有利于发病。

[防治方法]

1. 选择排水良好、地势较干燥的地块种植，施用充分腐熟的有机肥。

2. 生长期避免造成伤口，防止田间积水，适时防治好根蛆，挖掘鳞茎时尽可能避免碰伤鳞茎，减少侵染。

3. 必要时进行药剂防治。参见青花菜软腐病。

百合软腐病中后期病球茎

百合软腐病后期病球茎

百合细菌性叶斑病
Lily bacterial leafspot

细菌性叶斑病为百合的重要病害，在个别地区发生分布，保护地、露地都可发病。通常病株率 5%～10%，在一定程度上影响产量与质量。重病地块田间发病率可达 20% 以上，明显影响百合生产。

[症状] 此病可为害百合的各个部位，多为地上部表现症状，初在叶片上密生水渍状绿褐色近椭圆形小点，以后发展成近梭形黄褐色至暗褐色坏死斑，略凹陷，边缘水渍状、绿褐色，相互连接成不规则坏死大斑。空气潮湿，短期内致叶片腐烂坏死。空气干燥时病叶呈浅褐色坏死干枯。随病害发展，茎部呈不规则浅褐至黄褐色坏死，以后腐烂或干缩。

[病原] 不详。初步鉴定为一种细菌，有待进一步研究。

[发病规律] 据观察，此病主要随种苗或球茎越冬，随带菌苗或带菌球茎传带。条件适宜时发病，通过雨水、浇水或害虫等传播，进行再侵染，致病害扩展蔓延。多雨潮湿利于发病。

[防治方法]

1. 加强检疫，谨防调运带菌种苗和球茎。

2. 种植前用 47% 加瑞农可湿性粉剂 500 倍液，或用 0.3%～0.5%

盐酸溶液浸泡种球5～10min。

　　3.加强田间管理，发现病株及时清除。避免大水漫灌，雨后防

止田间积水。

　　4.发病初期及时喷药防治。参见青花菜黑腐病。

百合细菌性叶斑病中期病叶　　　　　　　　百合细菌性叶斑病后期病叶

百合硫磺粉药害
Lily sulfur-powder injury

　　药害为百合一般生理性伤害，通常不易发生，仅个别地块或棚室施药不当时发生，对百合生产可造成明显影响。

　　[症状]此病主要表现叶片受害，以开展度大的植株和接受药粉相对较多的叶片受害重。田间表现为药尘沉积较多的部位密布很多细小的不规则坏死小点，灰白色至白色，连片后叶片扭曲畸形，最后干枯坏死。若温室内或大气中SO_2气体浓度过高，植株表现叶尖干枯坏死，严重时幼嫩叶片和心叶停止生长。

　　[病因]此种伤害主要是由于施用含硫磺的粉尘过量，使叶片细胞因硫中毒坏死所造成。若SO_2浓度过高，则主要表现为硫酸对叶片形成伤害。

　　[防治方法]

　　1.加强管理，消除受害隐患。避免过量施用含硫磺药剂粉尘。早期发现，待植株尚未表现受害时喷洒清水，可减轻或消除受害。

　　2.若因SO_2气体中毒伤害，应重点防止SO_2气体散发飘逸。

百合硫磺粉药害中度受害株

百合硫磺粉药害轻度受害株

百合硫磺粉药害重度受害株

十二、芽菜类蔬菜病害
Diseases of Sprouting Vegetables

1. 豌豆苗病害 Diseases of sugar pea shoot

豌豆苗黑根病
Sugar pea shoot Fusarium necrotic

　　黑根病为豌豆苗的重要病害，分布较广，主要在基质培育苗圃内发生，常造成豌豆苗成片死亡。

豌豆苗黑根病病种

豌豆苗黑根病病苗

　　[症状] 此病主要侵害幼根，种子发芽时即可发病。初在种皮上出现不规则浅红褐至暗褐色坏死斑，以后发展成不规则黑褐色大斑至种子全部变褐坏死，表面产生白色霉层，即病菌的分生孢子丛。幼根染病，多从胚根以下侵染，初呈浅黄褐色水浸状坏死，以后变褐，最后腐烂或干缩，在病根表面产生白色霉层，病苗随病害发展萎蔫瘫倒。

　　[病原] *Fusarium avenaceum*（Fr.）Sacc. var. *fabae*（Yu）Yamamoto属半知菌蚕豆枯萎细镰孢霉真菌。病菌分生孢子座上的大型分生孢子弯梭形，顶端细胞狭窄，稍尖，弯曲度较大，多具5个隔膜，大小为41.5～57.5μm×3～4.5μm。小型分生孢子不产生或偶尔产生，有隔膜0～1个（图12-1）。

　　[发病规律] 病菌主要随种子越冬，在种子表面经种皮传播，也可以菌丝体或厚垣孢子随病残组织在基质内越冬。发病轻重与基质含水量直接相关，浇水大而多、温度较高发病较重。

　　[防治方法]

　　1. 精选种子，实行无病种子播种。播种前用56℃温水浸种5～10min，或用50%多菌灵可湿性粉剂500倍液浸种30min。

　　2. 生产期加强水分管理，适时适量浇水，均匀浇水，防止浇大水。

　　3. 选用洁净基质培育，禁用旧基质进行生产。发病后及时拔除病苗，适当控制或延迟浇水。

　　4. 必要时喷洒药液防治。可试用0.1%～0.2%高锰酸钾溶液或1%纯碱溶液。

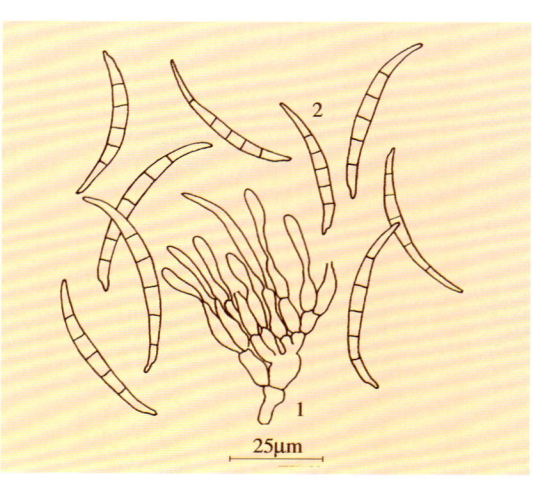

25μm

图12-1 豌豆苗黑根病菌
1. 分生孢子梗 2. 分生孢子

豌豆苗红腐病
Sugar pea shoot Fusarium rot

红腐病为豌豆苗的重要病害，发生很普遍，轻则零星烂豆或死苗，重则成盘毁苗。

[症状] 此病亦从种子发芽开始侵染，初在种子表皮上出现浅红褐色近圆形斑，以后逐渐变褐并向四周扩展成不定形病斑，中心凹陷，边缘仍保持浅红褐色，病健交界模糊，逐步在病斑表面产生白色霉状物，即病菌菌丝和分生孢子。条件适宜时种子表面产生很多较致密白色至浅粉红色的霉状物，多粒病种子可相互粘连成团。幼根染病亦呈水渍状浅黄褐色坏死腐烂或干缩。

[病原] *Fusarium oxysporum* Schl. f. 8 Snyder 属半知菌豌豆"近萎"尖镰孢霉辛型真菌。病菌小型分生孢子散生于气生菌丝中，肾形至长椭圆形，具0～2个隔膜，大小为7.5～18.5μm×3～4.5μm。大型分生孢子生在分生孢子座或黏分生孢子团内，纺锤形至梭形，弯曲，3～5个隔膜，大小为32.5～56.0μm×3.5～4.5μm（图12-2）。

[发病规律] 病菌随种子越冬，带菌种子为初侵染源，通过浇水使病害传播扩展。高温潮湿适宜发病，浇水多、温度高发病重。

[防治方法]

1. 精选种子，严格淘汰带菌种粒是减少发病最有效的措施。

2. 培育前进行种子处理和加强种植期管理。参见豌豆苗黑根病。

3. 适时采收，发病后及时清除病苗，

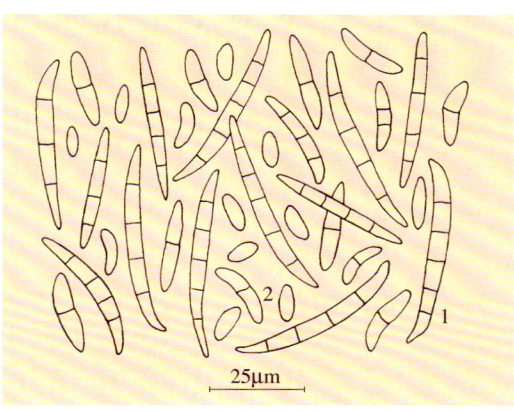

图12-2 豌豆苗红腐病菌
1. 大型分生孢子　2. 小型分生孢子

浇水时防止上部苗盘的游离水漏滴到下部苗盘而传播病害。

豌豆苗红腐病前期病种

豌豆苗红腐病中期病种

豌豆苗红腐病后期病种

豌豆苗红粉病
Sugar pea shoot Trichothecium rot

红粉病为豌豆苗的常见病，发生较普遍，通常造成零星死苗，轻度影响豆苗生产，重时可使豆苗成盘坏死。此病还可侵染马齿豌豆及多种其他豆苗或豆芽。

[症状] 此病主要侵染水培豆苗的种粒和幼根，多在种子发芽期开始发病，易从裂开后的种皮表面开始侵染，使病部呈浅黄褐色坏死，逐步产生白色粉状霉层。同时使幼根或胚轴也呈浅黄褐色坏死，致病苗逐渐萎蔫死亡。条件适宜时亦在病菌幼茎和坏死幼叶上产生较稀疏的粉状白霉，即病菌的分生孢子梗和分生孢子。

[病原] *Trichothecium* sp.属半知菌聚复端孢霉真菌。病菌分生孢子梗直立，不屈曲，有0～2个隔膜，不分枝，顶生多个分生孢子，孢子梗大小为45～213μm×3.5～5.5μm。分生孢子洋梨形，无色，多双细胞，分隔处缢缩，少数具2个隔膜，大小为11～40.5μm×10～18.5μm（图12-3）。

[发病规律] 病菌主要随种子越冬，主要由带菌种子引起发病，亦可由其他寄主传播致病。发病后病菌通过浇水和气流传播，使病害扩展蔓延。温暖潮湿适宜发病，干湿交替、管理温度时高时低或持续偏高发病较重。

豌豆苗红粉病病种

豌豆苗红粉病病苗

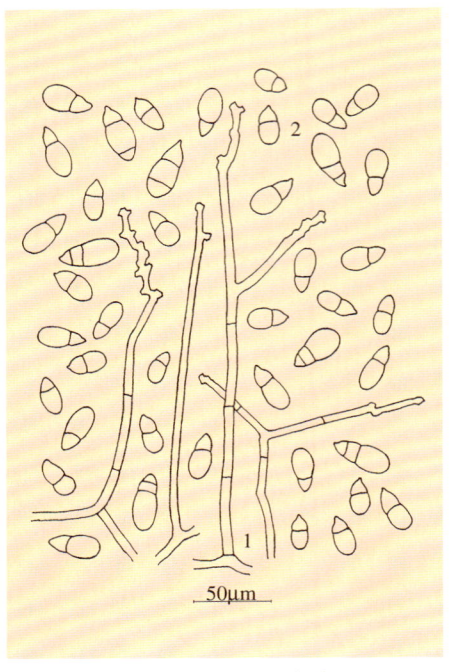

图 12-3　豌豆苗红粉病菌
1. 分生孢子梗　2. 分生孢子

[防治方法]

1. 精选种子，淘汰病种子。培育前进行种子处理，参见豌豆苗黑根病。

2. 发病初期及时清除带病种粒和幼苗，用塑料袋带出棚室外妥善销毁处理。

3. 精心管理，避免过干过湿及管理温度忽高忽低。发病后防止浇大水导致病菌随水传播和空气干燥而有利于病菌随气流扩散。幼苗生长较弱时可适当喷施叶面肥，控制发病。

豌豆苗疫病
Sugar pea shoot Phytophthora blight

疫病为豌豆苗的重要病害，偶尔发生，发病后常造成豆苗成盘或成片坏死腐烂，显著影响生产。

12-1-8　豌豆苗疫病病苗

[症状] 此病多在豆种萌芽期开始发生，初期病部略呈水渍状，以后逐渐软化湿腐，颜色变深，在病部表面产生少量白霉，即病菌菌丝和孢子囊。条件适宜时使豆粒和嫩芽、嫩茎短期内呈水渍状软化腐烂，豆苗倒折，腐烂组织表面可产生少许白霉。

[病原] *Phytophthora* sp.属鞭毛菌疫霉真菌。病菌菌丝白色，无隔，多分枝。孢囊梗较细长，无隔，一般不分枝。孢子囊顶生，卵圆形，具有乳状突起，条件适宜时产生游动孢子。

[发病规律] 病菌以卵孢子随病残体在培养基质内越冬，也可随种粒传带。温暖潮湿，豆粒间长时间持水即萌发形成侵染。发病后产生孢子囊释放游动孢子随水传播。高温潮湿适宜发病。通常用旧基质，或水培用木质容器未经消毒容易发病。

[防治方法]

1. 选用无病种子，培育豆苗前仔细清除杂物，洗净种粒，用50～52℃温水浸种5～10min。

2. 选用清洁基质培育，水培容器使用前用碱溶液浸泡后洗净。

3. 培育期加强管理，发现烂豆或病苗随时清除。保持基质间湿间干，防止豆苗表面长期结水。

豌豆苗软腐病
Sugar pea shoot bacterial soft rot

软腐病为豌豆苗的普通病害，基质培育和水培都时有发生。轻时对豆苗生产无显著影响，重时可造成豆苗成片腐烂坏死，影响产量和质量。

[症状] 此病亦可从种子发芽开始侵染，使种子、幼芽、胚轴呈水渍状浅灰褐至浅黄褐色软化腐烂，释放出臭味。幼苗染病，可从嫩茎侵染，也可从嫩叶和生长点侵染，病部呈水渍状腐烂坏死，灰白色或深绿色，重时豆苗成片瘫倒坏死。

[病原] *Erwinia carotovora* subsp. *carotovora*（Jones）Bergey et al.属胡萝卜软腐欧氏杆菌胡萝卜软腐病亚种细菌。详见青花菜软腐病。

[发病规律] 病菌主要来源于带菌基质或水培容器，种子也可带菌。培植前种子未经消毒或携带杂物易发病，豆苗生长过大或生长

豌豆苗软腐病病种

豌豆苗软腐病病苗

细弱也易发病。培植期始终浇水过多过大，幼根缺氧或幼苗密集，苗间长时期结水，发病严重。

[防治方法]

1. 精选种子，彻底清除各种杂物，种子用50～55℃温水浸泡30～40min消毒灭菌。培植前有关用具喷洒防治细菌病害较浓的药液全面灭菌。药剂参见青花菜软腐病。

2. 培植期注意保持环境间湿间干，避免基质或豆粒间长时间积水。

3. 发现病苗或染病豆粒随时清除，适当控水并浇洒稀纯碱溶液控制发病。

4. 适当增加光照，避免猛浇大水。注意及时防治害虫，适时采收，减少发病。

豌豆苗褐腐病
Sugar pea shoot bacterial brown rot

褐腐病为豌豆苗的常见病，基质培育和水培都可发生，发病轻重因种子带菌量而异，明显影响豆苗生产。

[症状] 此病在种子萌动时就开始发生，症状与黑根病很相似，初在种皮表面出现红褐至黑褐色小点，以后发展成不规则形黑褐色至黑色坏死斑，逐渐使种粒腐烂变褐，不发芽或致幼芽萎蔫，最后呈褐色腐烂。病部始终不产生霉状物，而区别于其他病害。

[病原] 一种细菌，有待研究。

[发病规律] 病菌主要随种子传带，种子带菌量高发病严重。培育

豌豆苗褐腐病病种

期高温高湿，尤其豆粒间长时间被水浸泡发病重。

[防治方法] 重点把好种子关，实行无病种子培育。其余参见豌豆苗软腐病。

豌豆苗白化病
Sugar pea shoot physiological albinism

白化病为豌豆苗的一般生理变异，偶尔发生，通常较少见，病株零星，对生产基本无影响。

[症状] 白化苗主要表现幼茎和所有幼叶长出来就呈浅黄色或白色。有时幼苗沿叶脉呈半边绿色半边白色，或半边绿色半边黄色。通常白化苗生长速度相对较慢，幼苗弱小。

[病因] 在培育豌豆苗过程中，发生白化苗或黄化苗，原因可能有几个方面，一是因遗传基因变异，出现零星白化苗。二是由于苗

豌豆苗白化病病苗

圃或棚室严重遮光，幼苗光合作用很弱，无叶绿素形成，使幼苗部分或全部白化。三是由于受温度或某些对豌豆较敏感物质的影响，使豆苗白化。

[防治方法] 白化苗一般不需专门防治。若由遮光、温度或敏感物质造成白化苗，需针对性采取措施，防患于未然。

2. 黑豆芽病害 Diseases of rice bean sprouts

黑豆芽顶腐病病种

黑豆芽顶腐病
Rice bean sprouts Fusarium rot

顶腐病为黑豆芽的常见病，水培和基质培育均可发生，一般发病率1%～3%，严重时可达5%以上，明显影响豆芽品质。

[症状] 此病主要侵害子叶，沿子叶边缘或顶端产生不规则水浸状坏死病斑，灰褐至红褐色，以后病部凹陷腐烂，在其表面产生灰白至粉红色黏稠物，即病菌分生孢子。终致整颗豆芽坏死腐烂，丧失食用价值。

[病原] *Fusarium* sp.属半知菌镰孢霉真菌。参见黄豆芽脚腐病。发病规律、防治方法参见豌豆苗红腐病。

黑豆芽褐腐病
Rice bean sprouts Rhizoctonia rot

褐腐病为黑豆芽的主要病害，以基质培育发病较普遍。一般发病率3%～5%，轻度影响豆芽品质，严重时病芽可达30%，明显影响黑豆芽正常生产。

[症状] 此病主要为害豆芽胚根，病部初为黄褐色小点，以后变褐坏死，逐步向上下扩展，凹陷或缢缩，终致豆芽胚轴全部变褐坏死，丧失食用价值。

[病原] *Rhizoctonia solani* Kühn 属半知菌丝核菌真菌。详见青花菜褐腐病。

[发病规律] 病菌主要来源于培养基料，种子亦可带菌。种子发芽后遇适宜条件即形成初侵染，发病后病菌通过浇水和接触传染。培养料高温干燥，豆芽生长不良容易发病。培养料过度潮湿亦有利于病害的发生蔓延。

[防治方法] 根据此病特点，培育前应严格精选豆种，淘汰带菌种粒。用52～55℃温水浸种30～40min，彻底洗净豆粒。其余参见黑豆芽软腐病。

土培黑豆芽褐腐病病豆芽

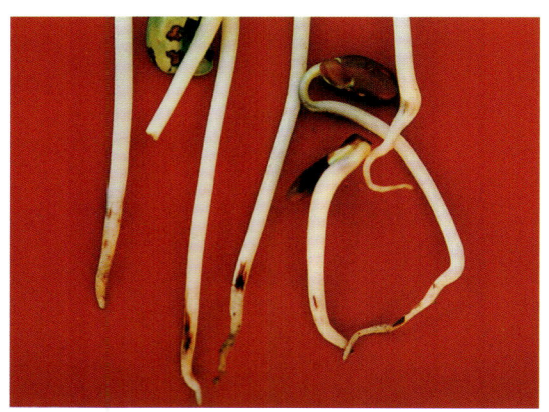

水培黑豆芽褐腐病病豆芽

水培黑豆芽褐腐病初期病豆芽

黑豆芽软腐病
Rice bean sprouts bacterial soft rot

软腐病为黑豆芽的常见病，生产和销售过程中时有发生。轻时零星染病，重时造成豆芽大批坏死腐烂，明显影响产量和品质。

[症状] 病菌多从豆芽胚轴受伤或受挤压处开始侵染，病部呈浅黄褐至黄褐色水渍状软腐，并迅速向上下扩展，终致整颗豆芽全部腐烂。

[病原] *Erwinia carotovora* subsp. *carotovora* （Jones）Bergey et al. 属胡萝卜软腐欧氏杆菌胡萝卜软腐病亚种细菌。详见青花菜软腐病。

[发病规律] 病菌主要来源于培养基料或随水传带。培养豆芽温度过高或过低，豆芽长时间被水包裹，处于厌氧状态容易发病。

[防治方法]

1. 选用洁净的培养基质培育豆芽，用洁净的20～30℃温水淋浇。

2. 科学浇水，保持基料间湿间干。

3. 必要时可用 0.1%～0.3% 漂白粉溶液淋浇。采收包扎不宜太紧，运销过程中防止挤压受伤。

黑豆芽软腐病后期病豆芽

3. 黄豆芽病害 Diseases of syobean sprouts

黄豆芽脚腐病
Syobean sprouts Fusarium rhizome rot

脚腐病为黄豆芽的主要病害，经常发生。轻时零星染病，在一定程度上降低豆芽质量，严重时豆芽染病率达 20% 以上，显著影响产品质量。

[症状] 此病多为害豆芽胚根，初产生梭形至椭圆形水渍状浅黄褐色坏死斑，以后软化腐烂，迅速扩展使病部缢缩，终因染病丧失食用价值，后期在病部形成少量白霉，即病菌的菌丝和分生孢子。

[病原] *Fusarium redolens* Wr. 属半知菌芳香镰孢霉真菌。病菌产生两种类型分生孢子。大型分生孢子镰刀形至纺锤形，弯曲，上部1/3处较中部粗大，向下逐渐狭小，多具 3 个隔膜，大小为22.5～53.5μm × 3.0～5.5μm。小型分生孢子形状变化大，卵圆形、长钻形，或肾形至椭圆形，单细胞或偶具一隔，大小为6.5～18.5μm × 3.5～6.0μm（图12-4）。

发病规律、防治方法参见豌豆苗红腐病。

黄豆芽脚腐病中后期病豆芽

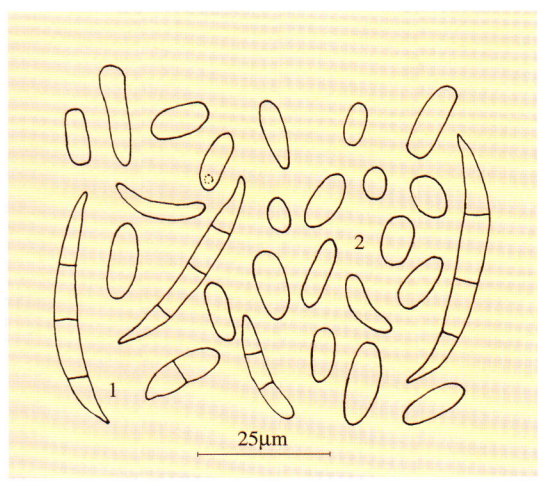

25μm

图 12-4 黄豆芽脚腐病菌
1.大型分生孢子 2.小型分生孢子

4. 绿豆芽病害 Diseases of mung bean sprouts

绿豆芽顶腐病后期病豆芽

绿豆芽顶腐病
Mung bean sprouts Fusarium rot

顶腐病为绿豆芽的主要病害，经常发生。通常零星发病，轻度影响豆芽品质，重时染病率较高，显著影响豆芽质量。

[症状] 此病多侵染子叶，初生水渍状浅黄褐色不规则小斑，逐渐形成不规则坏死凹陷斑，以后软化腐烂，在病部产生白色霉状物，即病菌菌丝和分生孢子。有时亦造成豆芽胚根变褐腐烂。

[病原] *Fusarium redolens* Wr. 属半知菌芳香镰孢霉真菌。详见黄豆芽脚腐病。

发病规律、防治方法参见豌豆苗红腐病。

绿豆芽朽根
Mung bean sprouts root rot

绿豆芽朽根中期病豆芽

朽根为绿豆芽生产中常见的生理性病害，发生普遍，染病率较高。轻时对豆芽生产无明显影响，严重时显著降低豆芽品质甚至丧失食用价值。

[症状] 此病主要为害胚根，初期在病根表面出现大小不等浅锈黄色不定形的浸润斑，无明显边缘，以后病部中央呈明显锈褐色凹陷，相互连接成长条状，最后致胚根软化腐烂，不能食用。

[病因] 此病主要由于豆层缺氧，浇水温度或培育温度过高或过低所致。豆芽超过适时采收期，胚根生长衰弱，或浇不洁净水容易发病。

[防治方法] 根据豆芽萌发生长对温度、空气和水分的要求，科学管理。最好夏季用凉水，冬季用温水定期淋浇，保持管理温度 20～27℃，豆层间湿间干，避免豆芽长时期被水包裹，禁止用不洁净水淋浇。

5. 云松豌豆苗病害 Diseases of yunsong sugar pea shoot

云松豌豆苗红粉病
Yunscng sugar pea shoot Trichothecium rot

红粉病为云松豌豆苗的重要病害，种植地区时有发生，常造成零星死苗，严重时可使豆苗成盘坏死。

[症状] 此病主要侵害云松豌豆苗的种粒和幼根，种粒染病多从裂开后的种皮表面开始侵染，沿病部向内坏死腐烂，以后致幼根或胚轴坏死，在病部表面产生白色粉状霉层，致病苗萎蔫死亡。后期亦在病苗幼茎和坏死幼叶上产生稀疏粉状白霉，即病菌的分生孢子梗和分生孢子。

[病原] *Trichothecium roseum* （Bull.）Link 属半知菌粉红聚端孢霉真菌。病菌分生孢子梗直立，无色，不分枝，偶有

1～2个隔膜，顶端略膨大，大小为140～185μm×2.5～4.0μm。分生孢子顶生，单独形成，多数孢子聚集成头状，呈浅粉色。分生孢子倒洋梨形，无色至半透明，成熟时具一隔膜，

分隔处略缢缩，大小为 15～28μm×8～14μm。

发病规律、防治方法参见豌豆苗红粉病。

云松豌豆苗红粉病为害状　　　　　　云松豌豆苗红粉病中后期病豆芽

6. 萝卜芽病害　Diseases of radish sprouts

萝卜芽根霉腐烂病
Radish sprouts Rhizopus rot

根霉腐烂病为萝卜芽的常见病害，时有发生，重时明显影响生产。

[症状] 此病常引起种子腐烂。嫩芽期染病呈水渍状软腐，在病部产生白色毛状霉团，后期形成细小黑点，即病菌的孢子囊。

[病原] *Rhizopus nigricans* Ehrb.属接合菌黑根霉真菌。详见小西葫芦根霉腐烂病。

[发病规律] 病菌随种子传带。萝卜芽生产期透气不良、温度过高容易发生。

[防治方法] 播种前仔细清洗种子后用52℃温水浸泡处理20min，生产期注意通风和适当增加光照。

萝卜芽根霉腐烂病为害状　　　　　　萝卜芽根霉腐烂病病苗

7. 豌豆尖病害 Diseases of pea tender leaf

豌豆尖软腐病
Pea tender leaf bacterial soft rot

软腐病为豌豆尖的常见病,多在储运期发病。

豌豆尖软腐病嫩尖

生长期也可发生,可造成一定损失。

[症状] 此病主要表现为豌豆大苗嫩尖、嫩叶呈水渍状暗绿色坏死软腐、倒折或溃烂,散发出臭味。

[病原] *Erwinia carotovora* subsp.*carotovora*（Jones）Bergey et al. 属胡萝卜软腐欧氏杆菌胡萝卜软腐病亚种细菌。详见青花菜软腐病。

[发病规律] 储运期病菌通过采收伤口侵染而引起发病,温度偏高、捆把较紧、为保鲜洒水较多或人为损伤较重,或经历时间长等易发病,且损失重。生长期因霜冻、害虫损伤后遇较高温度,伤口长时间积水而发病,伤口多,发病重。

[防治方法]

1. 为减少储运期发病,捆把不宜太紧,不要洒水,尽量在低温条件下储运,注意轻拿轻放。提倡使用保鲜膜配合包装盒包装。

2. 生长期注意防治害虫,尽量减少各种伤口,保护地增加通风,防止嫩尖积水。

十三、其他蔬菜病害
Diseases of Other Vegetables

1. 甜玉米病害　Diseases of sweet corn

甜玉米粗缩病
Sweet corn rough dwarf virus disease

甜玉米粗缩病病株

粗缩病为甜玉米的重要病害，分布较广，甜玉米种植地区都有发生。一般零星发病，轻度影响生产，重病年发病率可达20%以上，明显造成损失。

[症状] 此病在全生育期都可发生。幼苗染病严重矮化，不抽穗结实。成株染病植株矮化，叶色浓绿，叶片短宽而硬脆，密集丛生。心叶叶脉两侧初产生半透明小点，以后发展成虚线状条纹，叶背出现密集白色小突起，病株不抽穗。轻病株或发病较晚的植株可抽穗结实，但果穗细小畸形。有时苞叶上也产生蜡白色条斑，或许多泪状突起。

[病原] Maize rough dwarf virus（MRDV）即玉米粗缩病毒。病毒质粒等轴对称，直径约70nm。

[发病规律] 此病由灰飞虱传播，病毒随灰飞虱若虫和成虫在田间杂草上越冬。通常天气干旱，飞虱发生数量多病害较重。与普通玉米套种或早播发病较重。田间调查表明，幼苗苗龄小发病重，芽鞘期至七叶一心期易染病。

[防治方法]

1. 适期播种，避免与普通玉米或甜玉米套种。冬春彻底灭草除荒，减少虫源，压低毒源。

2. 增施有机肥，加强田间管理，增强植株抗病力。

3. 及时防治灰飞虱等传毒昆虫。

甜玉米大斑病
Sweet corn northern leaf blight

甜玉米大斑病前期病斑

大斑病为甜玉米的主要病害，分布广泛，发生普遍，所有甜玉米种植地区都有发病。一般病株率30%～50%，轻度影响生产，严重时病株达80%～100%，部分叶片甚至全部叶片因病坏死干枯，严重影响甜玉米产量和品质。

[症状] 此病主要为害叶片，严重时亦可侵染叶鞘和包叶。叶片受害，多从中下部叶开始，由下向上发展，初期在叶片上出现水渍状灰绿色小点，以后沿叶脉向两端扩展，形成中央灰褐色边缘红褐色梭形至纺锤形的大斑。空气潮湿，病斑上产生

灰黑色霉状物，即病菌的分生孢子梗和分生孢子。严重时多个病斑相互连接成大型坏死斑，边缘颜色较深，空气潮湿病斑表面亦产生灰黑色霉状物。

[病原] *Helminthosporium turcicum* Pass.属半

甜玉米大斑病中期病斑

甜玉米大斑病后期病斑

知菌玉米大斑长蠕孢霉真菌。病菌分生孢子梗黄褐色，单生，或2～6根丛生，直立或微弯曲，具3～6个隔膜，不分枝，顶端着生分生孢子，孢痕明显，大小为87.5～165μm×8～9.8μm。分生孢子淡青褐色或黄绿色，梭形，具隔膜1～9个，中间细胞最宽，两端狭细，脐明显，脐点突出于基细胞之外，大小为44.5～140.5μm×13.5～19.5μm（图13-1）。

[发病规律] 病菌以菌丝体或分生孢子随病残体在土壤中越冬，种子也可带菌。翌年条件适宜病菌产生分生孢子引起初侵染，植株发病后产生分生孢子借气流、雨水传播进行多次重复侵染，使病害不断扩展蔓延。气温18～22℃和高湿有利于发病。甜玉米生长期多雨、多雾或连续阴雨天病害发生严重甚至流行。

[防治方法]

1. 收获后彻底清除病残组织，重病区选用相对抗、耐病品种。避免连作，尽可能远离普通玉米种植区。

2. 选用种子重量0.3%的75%卫福可湿性粉剂，或40%卫福悬浮剂作拌种处理。

3. 增施有机底肥，配合使用磷、钾肥，适当稀植或与矮生作物或蔬菜间作。

4. 发病初期或心叶至抽丝期进行药剂防治，可选用50%敌菌灵可湿性粉剂500倍液，或30%倍生乳油2 000倍液喷雾。

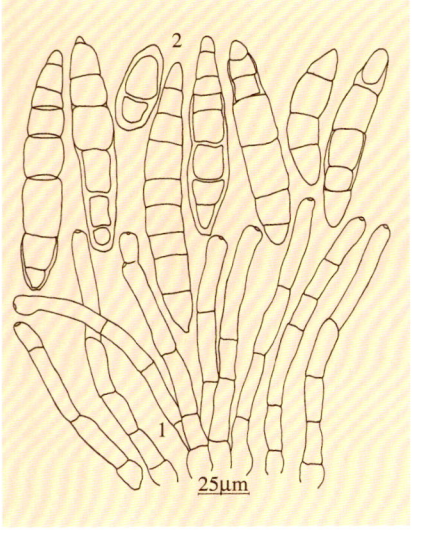

图13-1 甜玉米大斑病菌
1. 分生孢子梗 2. 分生孢子

甜玉米小斑病
Sweet corn southern leaf blight

小斑病为甜玉米的重要病害，分布广泛，发生普遍。一般发病程度较轻，轻度影响甜玉米生产，少数重病地块或重发生年病害对甜玉米影响较大，估计可造成10%～30%产量损失，并降低产品质量。

[症状] 此病主要为害叶片，严重时亦侵染茎、穗和子粒。田间症状因品种和环境差异有所不同，通常形成小而多的椭圆形至长矩圆形灰白至黄褐色病斑，受叶脉限制，边缘明显呈紫色或红褐色，具不明显轮纹。有时病斑呈椭圆形或纺锤形，灰褐至黄褐色，不受叶脉限制，边缘不明显，有褪绿晕环。条件特别适宜时叶片上产生黄褐色坏死小点，不扩展，外围具浅色晕环，多个病斑常形成暗绿色浸润区。潮湿多雨病斑上可产生灰黑色霉状物，即病菌的分生孢子梗和分生孢子。

[病原] *Helminthosporium maydis* Nishikado et Miyabe 属半知菌玉米胡麻斑霉真菌。病菌分生孢子

甜玉米小斑病初期病斑

甜玉米小斑病前期病斑

梗单生或几根束生,不分枝,榄褐色,正直或有膝状曲折,基部细胞略膨大,顶端色淡,孢痕坐落于顶端及折点处,显著,3～14个隔膜,大小为72～125μm×4.5～8.5μm。分生孢子长椭圆形,浅榄褐色,中央或中央稍下部最宽,两端渐狭,多向一方弯曲,胞壁较薄,顶细胞和基细胞钝圆形,3～11个隔膜,大小为40～94μm×10～16.5μm。脐点明显,深褐色,凹入基部细胞内(图13-2)。

[发病规律]
小斑病与大斑病相近,都需要高湿,不同之处在于小斑病菌菌丝发育和孢子萌发要求较高的温度,其发育适温为28～30℃,分生孢子萌发适温为26～32℃,此温度对大斑病有抑制作用,高温高湿更利于小斑病流行。

防治方法参见甜玉米大斑病。

甜玉米小斑病中期病斑

甜玉米小斑病中后期病斑

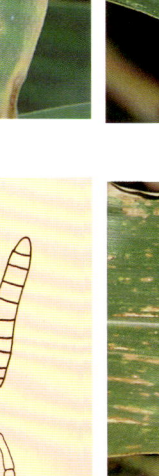
图13-2 甜玉米小斑病菌
1. 分生孢子梗　2. 分生孢子

甜玉米小斑病后期病叶

甜玉米小斑病后期病斑

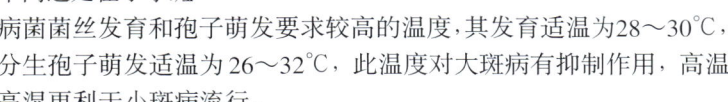

甜玉米褐斑病
Sweet corn Physoderma brown spot

褐斑病为甜玉米的主要病害,分布广泛,发生普遍,甜玉米种植地区都有发生。一般病株率20%～40%,造成轻度经济损失,严重时病株可达60%～80%,显著影响甜玉米的产量与品质。

[症状] 此病可为害叶片、叶鞘、茎秆和苞叶,以叶鞘受害严重。染病初期为浅黄褐色小点,逐渐变成红褐色至紫红色近圆形至椭圆形坏死斑,隆起成疱状,相互汇合形成不定形大斑,病斑周缘组织常呈红色,后期病斑表皮破裂,散出锈褐色粉末,即病菌的休眠孢子囊。严重时植株部分茎叶及苞叶上病斑密布,病组织局部散裂仅剩丝状维管束,终致植株茎叶枯死。

甜玉米褐斑病前期病叶

甜玉米褐斑病中期病叶

甜玉米褐斑病中后期叶鞘病斑

甜玉米褐斑病中后期果穗病斑

[病原] *Physoderma maydis* Miyabe属鞭毛菌玉米褐斑病菌真菌。病菌休眠孢子囊近球形，一面扁平有盖，大小为20～32μm×18～26μm。萌发时盖开启，释放单尾鞭毛游动孢子，游动孢子大小为5～7μm×3～4μm（图13-3）。

[发病规律] 病菌以休眠孢子囊在土中或病残组织中越冬。甜玉米生长中后期通过风雨、气流传播到叶鞘和叶轴内，温暖高湿病菌萌发侵染引起发病。气温23～30℃和高湿条件下发病严重。田间地势低洼、土质黏重、空气潮湿发病较重。甜玉米生长中后期连续阴雨或降雨多，则发病亦较重。

[防治方法]

1. 收获后彻底清除病株及残体，妥善处理并深耕翻土，减少越冬菌源。

2. 重病地块和其他作物实行2～3年轮作，不用病株作饲料或堆肥，减少发病。

3. 加强田间管理，尤其注意田间排水，及时打掉下部部分老叶，降低田间湿度，抑制发病。

4. 必要时进行药剂防治，参见青花菜霜霉病。

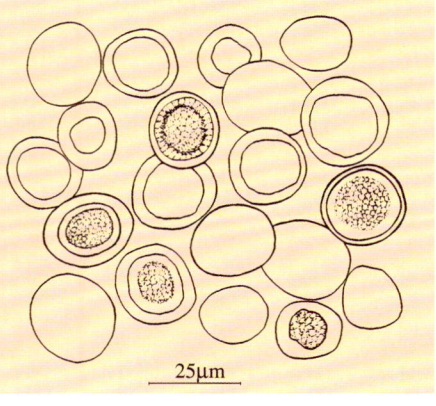

25μm

图13-3 甜玉米褐斑病菌休眠孢子囊

甜玉米褐斑病中后期叶鞘内层病斑

甜玉米褐斑病后期叶鞘病斑

甜玉米褐斑病后期茎节

甜玉米纹枯病
Sweet corn banded leaf and sheath spot

纹枯病为甜玉米的主要病害，分布广泛，发生普遍，一般零星发病，在一定程度上影响甜玉米生产，发病重时致植株成片枯死，明显影响甜

玉米生产，此病还为害多种其他蔬菜。

[症状] 此病主要为害茎秆、叶鞘和苞叶。基部叶鞘先发病，初期病斑水渍状，椭圆形灰绿色至浅褐色，扩大后相互连接成边缘颜色较深呈云纹状的不规则形坏死大斑，逐渐向上发展致苞叶和茎秆呈灰白色枯死。后期在叶鞘组织内或病部表面产生灰褐色颗粒状物，即病原菌菌核，或产生稠密的白色霉层，即病菌的担子和担孢子。

[病原] *Rhizoctonia solani* Kühn 属半知菌立枯丝核菌真菌。病

菌分枝与主枝呈直角，分枝处明显缢缩，附近有一分隔，菌丝集结成菌核。高湿条件下病部产生一层白色粉状子实层，即病菌的担子和担孢子。担子顶端生2～4个小梗，每小梗顶端着生1个担子孢子。

[发病规律] 病菌主要以菌核在土内越冬，也可以菌核或菌丝在病株和田间杂草上越冬。条件适宜时产生新菌丝形成侵染。温暖潮湿或多雨，有利于发病。通常20～30℃均可发病，降雨和湿度直接影响发病程度。甜玉米拔节后长时间阴雨病害严重。此外，土壤肥沃、偏施氮肥、植株生长茂密郁闭、田间高湿或低洼积水等，均有利于发病。

[防治方法]

1. 增施有机肥，避免偏施氮肥，生长期注意开沟排水。

2. 合理密植，低洼地或重病区实行与矮生作物间作，增加田间通风透光，降低田间湿度，减少或抑制发病。

3. 发病初期剥除病鞘和其他病组织，及时配合药剂防治。根据此病发生特点，重点针对植株中下部和茎基部喷施药液，参见蚕豆立枯病。

甜玉米纹枯病中期病株　　　　甜玉米纹枯病后期病株　　　　甜玉米纹枯病后期病果穗

甜玉米茎基腐病
Sweet corn Fusarium rhizome rot

茎基腐病为甜玉米的常见病，分布广泛，发生普遍，多数地区发病较轻，一般病株率5%～10%，少数地区或特殊年份发病较重，发病率可达20%以上，明显影响甜玉米生产。

[症状] 此病多在雌穗抽丝后发生，主要为害茎基部。在茎基部节间表面产生浅褐色至暗褐色水渍状病斑，纵向扩展，形状不规则，随病害发展髓部组织软化腐烂，维管束分裂成丝状，病茎褐腐。田间病茎腐烂多扩展到地面上第二、第三节，严重时达四节以上，少数病株上部茎节局部发病。病株叶片随茎基坏死逐渐褪褪绿枯黄提前死亡。条件适宜时，病情发展迅速，部分植株突然呈青绿色枯萎死亡，多数病株明显根腐，初生根和次生根都腐烂破裂，表皮或内部变红或变褐，须根减少。空气潮湿病部表面产生粉红色霉或白色绒状霉，即病菌的分生孢子和病菌菌丝组织。

[病原] *Fusarium graminearum* Schw.属半知菌禾赤色镰孢霉真菌。病菌分生孢子丛赭石色至橙红色，相聚成片，呈蜡质，气生菌丝洋红色，

甜玉米茎基腐病前期病株　　　　甜玉米茎基腐病后期病株

棉絮状至蛛网状，小型分生孢子少见。大型分生孢子常生于黏分生孢子团中，不常形成孢子堆，梭形至镰刀形，微弯，两端尖削，顶端亚锥形，基部足细胞明显，具1～9个隔膜，多3～5个，大小多为25～72μm×3～6μm。此外，*F. moniliforme*、*Pythium* sp.、*Erwinia* sp.及 *Pseudomonas* sp.即串珠镰孢霉、腐霉真菌、欧氏杆菌和假单胞细菌也可引起零星植株茎基腐烂。

[发病规律] 病菌随病残体在土壤中越冬，也可靠种子传播。条件适宜时，病菌经伤口、气孔或直接侵入。高温高湿利于发病。甜玉米生长中后期，遇30℃左右高温，降雨较多时，病害发生较重。地势低洼、排水不良、种植过密、田间通风不良，或偏施氮肥，或害虫多，或因管理不当造成植株根茎组织损伤，病害亦较重。一般久雨后骤晴，青枯坏死较多。

[防治方法]

1. 重病田实行与非禾本科作物轮作。收获后注意彻底清除病株及残体带到田外妥善处理，减少田间菌源。

2. 合理施肥，氮、磷、钾肥搭配施用，控制氮素化肥使用，禁止施用未腐熟的带菌堆肥。

3. 加强管理，适时浇水，注意雨后排水和培土，及时中耕松土，避免或减少产生各种伤口。茎基发病可及时扒开茎基部四周的培土，降低湿度，待发病盛期后再培好，重病株应及时拔除。

甜玉米黑粉病
Sweet corn smut

黑粉病为甜玉米的重要病害，广泛分布，发生很普遍。通常零星发病，在一定程度上影响产量与品质。严重时发病率可达10%以上，明显影响甜玉米生产。

[症状] 此病为害甜玉米叶片、茎秆、雄花花序及雌花果穗等具有分生能力的幼嫩组织。病部典型症状是形成肿瘤，大小不等，随染病部位不同而异。肿瘤初期外部包以薄膜，呈银白色，具光泽，内部白色，肉质多汁，以后膨大变暗，内部由白变灰，由灰转黑，外膜破裂后散出大量黑色粉末，即病菌的厚垣孢子。叶片受害时，多形成密集成串的子瘤。果穗受害，部分或全部果穗变成黑粉。茎秆受害，植株矮小，果穗不饱满，甚至不结实。

[病原] *Ustilago maydis*（DC.）Corda 属担子菌玉米瘤黑粉菌真菌。病菌厚垣孢子卵圆形至球形，壁厚，茶褐色，表面具细刺状突起，大小为8～13μm×3～13μm。厚垣孢子萌发产生具有隔膜的担孢子，在其顶部或分隔处侧生担孢子及次生担孢子。担孢子长出的单核菌丝可侵染寄主，但不形成肿瘤，只有不同性的单核菌丝在甜玉米体内、外结合成双核菌丝后，才能在寄主组织内迅速发育，刺激生瘤，产生厚垣孢子（图13-4）。

[发病规律]

甜玉米黑粉病初期病果穗

甜玉米黑粉病中后期病果穗

甜玉米黑粉病中期病果穗

甜玉米黑粉病中后期病叶

病菌随病残体和种子在土壤内越冬，也可以厚垣孢子在土壤或粪肥中越冬。越冬厚垣孢子在条件适宜时先产生担孢子或次生担孢子借气流、雨水或昆虫传播，由寄主幼嫩组织的表皮或伤口侵入，刺激寄主细胞膨大，形成瘤状物，其内产生厚垣孢子，菌瘤破裂散出大量黑粉，进行重复侵染。高温干旱或施氮肥过多容易发病。厚垣孢子生长发育温度 8～38℃，萌发适宜温度 26～34℃，侵入适宜温度 20～35℃。担孢子萌发适宜温度 20～26℃，最高 40℃。

甜玉米黑粉病中期病花序

甜玉米黑粉病后期重病果穗

甜玉米黑粉病后期重病果穗

甜玉米黑粉病后期轻病果穗

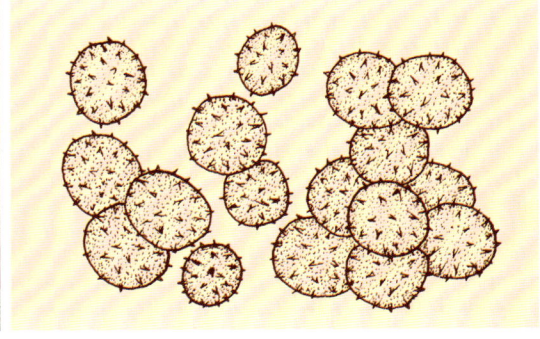
图 13-4 甜玉米黑粉病菌厚垣孢子

[防治方法]

1. 重病田实行 2 年以上轮作。尽量选用抗、耐病品种。

2. 种子处理，可用 25% 百坦拌种粉 240～300 克或 20% 萎锈灵乳油 500～1000ml 拌甜玉米种子 100kg。也可用 12.5% 粉唑醇乳油 320～480ml 调成种子重量的 1.5% 药浆量拌匀后播种。还可用 20% 三唑酮乳油 1000ml 拌 25kg 种子。

3. 生长期及时清除病瘤，深埋或集中妥善处理。收获后彻底清理病残植株，深耕翻土，减少田间菌源。

4. 避免用病株沤肥，施用粪肥要充分腐熟。注意防治害虫，减少害虫及其他原因造成的伤口，减轻发病。

甜玉米丝黑穗病
Sweet corn head smut

丝黑穗病为甜玉米的重要病害，分布较广，几乎种植甜玉米地区都有发生。一般发病较轻，对生产无明显影响，重病地块病株率可达 5%～10%，明显影响产量与品质。

[症状] 此病仅在雄穗和雌穗上表现症状，多数植株只是雌穗发病，雄穗发病较少。雄穗染病，部分或整个花器变形，颖片增多变长，呈叶片状，基部膨大，不能形成雄蕊。小花基部膨大形成菌瘿，呈灰褐色，易破裂并散出黑粉，即病菌的厚垣孢子。雌穗受害时，外观短粗无花丝，除苞叶外全部被病菌所破坏，其内部充满黑粉，成熟时苞叶破裂散出大量黑粉，仅留寄主残余丝状维管束组织。

[病原] *Sphacelotheca reiliana*（Kühn）Clint. 属担子菌丝黑穗菌

甜玉米丝黑穗病中期病花序

甜玉米丝黑穗病后期病花序

真菌。病菌孢子堆破坏整个花序，外裹白色被膜，早期即破裂。孢子块深褐色，混有大量长丝状残留寄主组织。不孕细胞在膜破裂后成群混入孢子块中，几乎无色，球形或圆筒形，长 7~16μm。孢子红褐色，密生细刺，球形至卵形，直径 8~15μm（图 13-5）。

[发病规律] 病菌以厚垣孢子随病残组织在土壤内越冬。种子黏附也可传播病菌，种子发芽时病菌萌发，从幼芽幼根侵染幼苗，7 叶期前病菌均可侵入，以 3 叶前侵染发病率高。染病后随植株生长，病菌在植株体内扩展蔓延最后破坏穗部，产生大量黑粉。病菌发育适温为 28℃左右。土壤干燥、温度低、覆土过厚种子出苗时间长，有利于发病。耕作粗放，或与普通玉米连作、田间高湿等病害较重。

[防治方法]

1. 重病地块与其他蔬菜实行轮作。

甜玉米丝黑穗病中后期病果穗

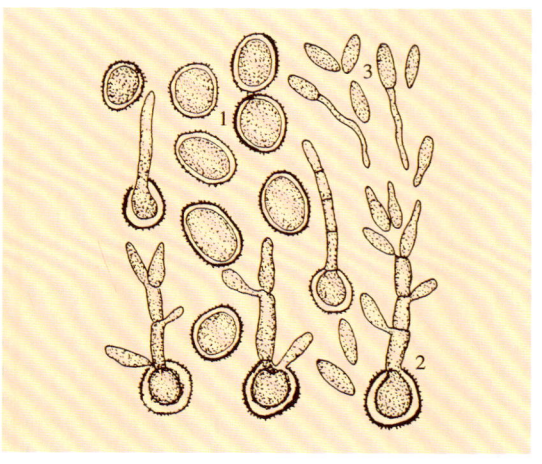

图 13-5 甜玉米丝黑穗病菌
1. 厚垣孢子 2. 担子 3. 担孢子

2. 施足有机底肥，增施磷肥，不施带菌粪肥。

3. 种子处理，参见甜玉米黑粉病。

4. 精耕细作，适期播种，促使种子早发芽，快出苗，减少发病。生长期病穗未破裂前割掉病穗或拔除病株，减少田间菌源。

甜玉米穗腐病
Sweet corn red ear rot

穗腐病为甜玉米的常见病，分布较广，发生较普遍，各地都有零星发生，一般病穗率 5%~8%，重病年可达 20% 以上，明显影响产量与品质。

[症状] 被害果穗病初期在子粒间产生白色菌丝，以后变成致密的白色至粉红色霉层，即病菌的菌丝和分生孢子，病重时子粒间完全被粉红色霉充满，子粒腐朽或病粒无光泽，不饱满，向里凹陷，长成后发芽率很低，播种后常在土中腐烂，或幼苗生长不良，叶片褪绿。随病害发展病菌由内层苞叶向外扩展，初呈黄褐色不规则坏死，以后变成暗褐色至紫褐色不规则腐朽斑，最后由里向外长出白色至粉红色霉状物。条件适宜，多层苞叶均可染病腐朽、穿孔或破裂。

[病原] *Fusarium graminearum* Schw. 属半知菌禾赤色镰孢霉真菌。病菌在果穗上通常产生小型分生孢子，椭圆形至梭形，单胞，无色，少数具一个隔膜，大小为 5.5~16.5μm × 2~4μm。有时亦可见到少许大型

甜玉米穗腐病病穗

甜玉米穗腐病前期病果穗

分生孢子，多为披针形，无色透明，正直或略弯，3～5个分隔。病菌还可侵害茎基部，引起茎基腐病（图13-6）。

[发病规律] 病菌可随病茎或病穗残余组织在土壤中越冬，种子也可带菌传播。果穗发病多由气流或刮风传播病菌引起初侵染，发病后病菌可通过雨水溅射传播，使病害向外扩展。玉米螟或其他害虫也可引起发病。高温多雨有利于发病。玉米螟等钻蛀害虫数量多，发病严重。

[防治方法]
1. 重病田实行轮作，收获后彻底清除病穗和茎基腐病残余组织，减少田间菌源。

2. 适时防治田间害虫，尤其注意防治玉米螟等钻蛀害虫，减少田间发病。

3. 发病后及时发现病穗，尽早清除，控制后期传染。

甜玉米穗腐病中期病果穗

甜玉米穗腐病后期病穗

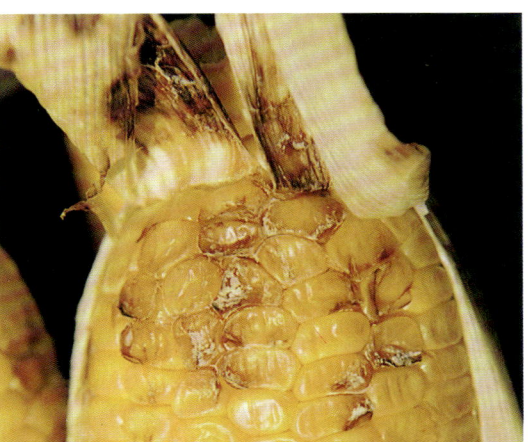
甜玉米穗腐病中后期病果穗

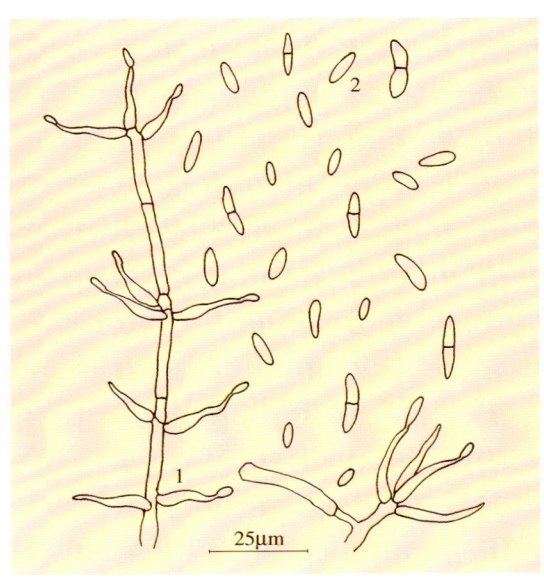
图13-6 甜玉米穗腐病菌
1. 分生孢子梗 2. 分生孢子

甜玉米叶斑病
Sweet corn northern corn leafspot

叶斑病为甜玉米的重要病害，分布较广，在部分地区发生为害。一般年份零星发病，病情较轻，对生产无明显影响，少数地块或重病年发病严重，致大量叶片枯死，显著影响甜玉米产量和品质。

[症状] 此病主要为害叶片、苞叶和果穗。初在叶片上产生淡黄褐色至黄绿色椭圆形小点，以后变成卵圆形至长椭圆形黄褐色坏死斑，边缘浅紫褐色，外围常具有黄绿色晕环，进一步发展成矩圆形至不规则形斑，潮湿时病斑两面产生黑色霉状物，即病菌的分生孢子梗和分生孢子。多个病斑汇合终致叶片局部或全部枯死。包叶受害，先出现浅褐色小点，后扩大成近圆形至不规则形大斑，中央灰褐色，边缘紫褐色，潮湿时病部亦产生黑霉。后期病部常凹陷，呈黑腐状，随病害发展在苞叶间、子粒及穗轴上密生毡状黑霉，致果穗弯曲，病粒干秕，重者呈炭黑色。

[病原] *Helminthosporium carbonum* Ullstrup.属半知菌炭黑蠕孢

甜玉米叶斑病前期病叶

霉真菌。病菌分生孢子梗多单生，少数2～5梗成束，暗褐色，正直或有膝状曲折，基部细胞膨大，不分枝，顶端色淡，孢痕显著，生于折点和顶端，

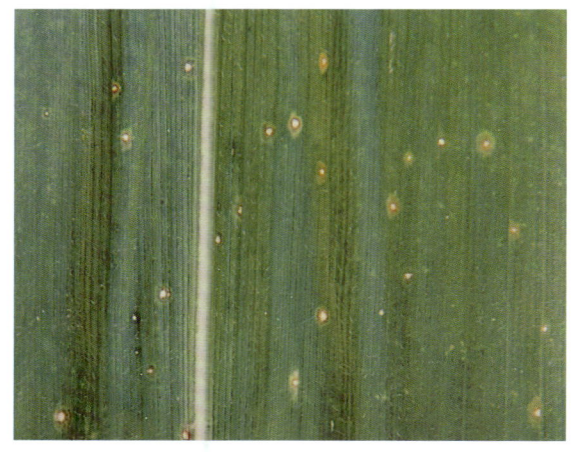

甜玉米叶斑病初期病斑

甜玉米叶斑病非典型病斑

甜玉米叶斑病后期病斑

甜玉米叶斑病中后期病斑

甜玉米叶斑病非典型病斑

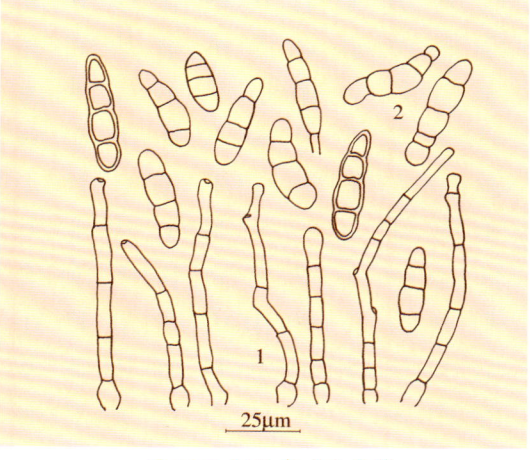

图13-7 甜玉米叶斑病菌
1. 分生孢子梗 2. 分生孢子

3～9个隔膜，大小为77～132μm×5.5～8.5μm。分生孢子长椭圆形，暗榄褐色，中央最宽，两端渐狭，顶细胞和基细胞钝圆形，多数正直，孢壁较厚，3～8个隔膜，大小为29～78μm×8.5～12μm。脐点小，不显著。经鉴定，国内存在两个生理小种，形态无差别（图13-7）。

[发病规律] 病菌以菌丝体在病残体上越冬，种子可带菌传播。翌年条件适宜时病菌产生分生孢子借气流传播，孢子萌发产生菌丝迅速穿越寄主叶表皮或苞叶薄壁细胞组织使之发病，以后产生新的分生孢子进行重复侵染。气温20～30℃都适宜病菌生长发育，高湿利于发病。病害流行与甜玉米生育期和气候条件密切相关，主要在生长中后期发生，多在寄主抽雄吐丝期开始发病，授粉、灌浆、乳熟期为病害侵染高峰，此期间多雨、多雾或露重，病害发生严重。

[防治方法] 参见甜玉米大斑病。根据此病特点，对果穗为害突出，防治时除对叶片施药外，还应注意保护果穗，最好掌握在果穗冒尖期喷药防治。

甜玉米青霉粒腐病
Sweet corn Penicillium rot

青霉粒腐病为甜玉米的普通病害，分布较广，甜玉米种植地区时有发生，一般均零星发病，在一定程度上影响产品质量。严重时病穗率可达20%以上，显著污染子粒，降低品质。

[症状] 此病主要为害雄穗和雌穗。初在穗部产生白色菌丝，逐步转变成绿色霉状物，最后变成青绿色霉层，即病菌的分生孢子，使雄穗小花干腐朽烂，雌穗子粒干瘪霉烂。严重时雄穗和雌穗上产生许多青绿色霉堆，即病菌的分生孢子。空气干燥时，病菌孢子呈烟状飘逸。

[病原] *Penicillium* sp.属半知菌青霉属真菌。病菌菌落绒状，后期成束状，有时形成孢子梗束，暗绿色，有白色边缘。分生孢子梗较长，壁光滑，直径3.5～5μm，有2个以上间枝，大小16～25μm×3～4μm。小梗3～5个，大小8～14μm×3μm。分生孢子链状，椭圆形至亚球形，壁光滑，长径为3～5μm（图13-8）。

[发病规律] 病菌可随病残体在土中越冬。分生孢子

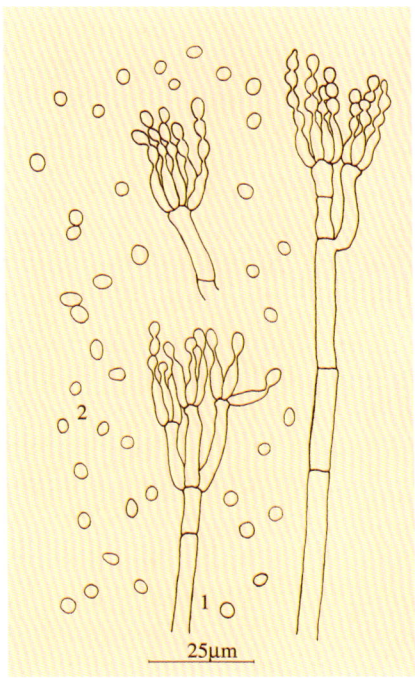

图13-8 甜玉米青霉粒腐病菌
1. 分生孢子梗 2. 分生孢子

通过气流飞散传播，条件适宜时形成侵染，发病后产生分生孢子进行再侵染。温度偏低、夜间结露和多风天气有利发病。

[防治方法]
1. 收获后彻底清理病穗，集中烧毁。翻地晒土，减少田间菌源。
2. 生长前期发现病穗及时清除，并注意防治害虫，控制病害发展蔓延。

甜玉米青霉粒腐病中后期病果穗

甜玉米青霉粒腐病后期病果穗

2. 食用菊病害 Diseases of edible chrysanthemum

食用菊病毒病
Edible chrysanthemum virus disease

病毒病是食用菊的普通病害，分布较广，但仅零星发病，一般对产量无明显影响，仅个别年份或少数地块发病较重，病株率可达10%～30%，轻度影响产量。

[症状] 染病植株初期表现轻度花叶和明脉，以后在叶片上出现大小不等、形状各异的浅褐色坏死斑。有时在小花上产生褐色坏死条斑。一般不表现明显畸形。发病植株开花数量较正常植株略少。

[病原] Chrysanthemum B carlavirus（Chr BV）即菊花B病毒。病毒质粒直棒状，大小为650～750nm×12nm。寄主范围较窄。在菊的汁液中热钝化温度为70～75℃ 10min，稀释限点1 000～10 000倍，20℃下2～6天失毒。

[发病规律] 此病毒主要由苗木传带，或在冬季其他活寄主及菊花本身带毒。在田间借助桃蚜、马铃薯长管蚜、长须蚜、菊小长管蚜和菊姬长管蚜以非持久方式传播，2～5min即可获毒。取食介体保毒时间30～45min，不取食蚜虫可保毒1 h以上。田间还可通过汁液接

食用菊病毒病病株

种传播。夏季长日照病毒不能传播，高温季节病害症状潜隐或症状不明显。

[防治方法]

1. 应用茎尖组织培养脱毒苗。茎尖培养基以 $MS + BA_{0.8} + NAA_{0.1}$ 最佳，分化培养基为 $MS + NAA_{0.1} + BA_3$，发根培养基为 $2/1MS + IBA_{0.1}$。也可通过热处理获得无毒菊花。上述两种方法结合应用效果更理想。

2. 食用菊生长期加强管理，及时防治蚜虫。此外，还可参考茼蒿病毒病防治。

食用菊霜霉病
Edible chrysanthemum downy mildew

霜霉病为食用菊的重要病害，分布较广，南北方都有发生，保护地、露地种植都可受害。通常零星发病，发病较轻，对生产无明显影响。条件适宜，病害发生严重，发病率常达80%～100%，数片外叶因病坏死，显著影响产量和品质。

[症状] 此病主要为害叶片，多从基部叶片开始发病，由下向上发展。初期多在叶背面直接生出霜状白霉，即病菌孢囊梗和孢子囊，以后叶面逐渐褪绿变黄，最后坏死。空气湿度高时，病菌常沿叶缘侵染，形成水浸状污绿色至褐色不规则形坏死斑，在其背面产生白色霜状霉层。严重时，叶正面亦产生白霉，终使全部病叶变褐腐烂。

[病原] *Parasiticae leptosperma* de Bary 属鞭毛菌菊花脑霜霉真菌。病菌孢囊梗277～462μm × 7.4～10.2μm，4～6次分枝，常不对称；顶枝尖端膨大，直或微弯，3.7～16.7μm × 1.3～2.2μm。孢子囊椭圆形，9.3～16.7μm × 14.8～29.6μm（图13-9）。

[发病规律] 病菌以菌丝体在寄主上越冬。翌年条件适宜时产生孢子囊借风雨传播，产生游动孢子形成初侵染，孢子囊也可产生芽管直接从气孔侵入。温暖潮湿，或多露、大雾，病害发生严重。保护地长时间闷棚，病害发生亦很严重。

[防治方法]

1. 冬季彻底清除基部老黄叶和病残体，集中妥善处理。

2. 生长期加强管理，发病初期及时清除基部病叶，并注意降低田间湿度，雨后避免田间积水，保护地应加强通风排湿。

3. 发病初期进行药剂防治，参见青花菜霜霉病。

食用菊霜霉病病株

食用菊霜霉病病叶

图13-9 食用菊霜霉病菌
1. 孢囊梗 2. 孢子囊

食用菊花腐病
Edible chrysanthemum blossom rot

花腐病为食用菊的重要病害，在局部地区发生，保护地、露地都可发病。一般零星发病，轻度影响菊花的采收量，发病重时，病花率可达10%～25%，明显影响产量。

[症状] 花腐病主要在花期发生，自花瓣开放到衰败均可染病，将要开败的花更易发病。初期在部分花瓣基部出现多个褐色斑点，逐渐发展使染病花瓣全部坏死变褐，以后腐烂。空气潮湿，病部产生灰白色蛛丝状物，最后变成棕褐色小颗粒状菌核。空气干燥，染病花瓣变成灰白色至灰褐色，最后失水干缩。此病一般仅使部分花瓣染病坏死，很少侵染整个花冠。

[病原] *Rhizoctonia* sp.属半知菌丝核菌真菌。病菌菌丝体呈白色蛛网状，并不断结成白色菌丝团，最后形成卵圆形至不规则形菌核。初期菌核灰白色，质地疏松，老熟菌核棕褐色，坚硬，底面扁平或稍凹陷，大小为1～10mm×1～8mm。

[发病规律] 病菌以菌核遗落在土中越冬，也可以菌丝随病残体越冬。条件适宜时病菌即侵入寄主。发病后多由病健部接触传播。食用菊生长期阴湿多雨，有利于发病。

防治方法参见紫甘蓝褐腐病。

食用菊花腐病前期病花

食用菊花腐病后期病花

食用菊猝倒病
Edible chrysanthemum Pythium damping-off

猝倒病为食用菊的重要病害，分布较广，主要在苗期发生为害，造成局部或成片死苗，明显影响正常生产。

[症状] 此病主要为害幼苗茎基部和下部叶片。发病初期，近地面处幼苗基部出现暗绿色水渍状病斑，迅速向上下发展，使病部腐烂收缩变软，幼苗倒折或萎蔫枯死。空气潮湿，病部表面常出现一层灰白色霉状物。叶片染病，多呈污绿色不规则坏死，初期略显水渍状，后期变褐腐烂，在其表面产生白色霉状物。

[病原] *Pythium aphanidermatum*（Eds.）Fitzp.属鞭毛菌瓜果腐霉真菌。菌丝无色无隔，宽2.5～6.9μm。孢子囊着生于菌丝先端或中间，呈不规则圆筒形或作手指状分枝，直径4～20μm，萌发产生泡囊，形成游动孢子。游动孢子肾形，具两根侧生鞭毛，大小为12～17μm×5～6μm。藏卵器球形，直径13～34μm。卵孢子球形，表面光滑，直径12～24μm。

[发病规律] 病菌腐生性很强，以卵孢子在土中越冬和渡过不良环境，在土中长期存活。条件适宜时萌发产生游动孢子侵染幼苗，湿度高时直接长出芽管侵染幼苗。病菌也可以菌丝体遗留在土壤中的病残体上营腐生生活，产生孢子囊，再形成游动孢子侵害幼苗。病组织上形成孢子囊，产生游动孢子，通过雨水或流水传播，进行重复侵染而进一步扩展蔓延。病菌也可通过带菌的堆肥传播转移。低温高湿适宜发病。育苗期多阴雨、苗床低温潮湿、幼苗生长衰弱，则容易发病。

防治方法参见苦瓜猝倒病。

食用菊猝倒病病苗

食用菊猝倒病幼苗受害状

食用菊斑枯病
Edible chrysanthemum Septoria leafspot

斑枯病为食用菊的重要病害,分布较广,南、北方均有发生,露地、保护地种植都可受害。一般零星发生,使部分叶片坏死,对产量影响不明显。严重时病株率可达 50% 以上,使植株叶片大量枯死,显著影响产量和品质。此病除为害食用菊外,还可侵染多种其他菊科作物。

[症状] 此病主要为害叶片,各生育期都可发病。初期在叶片上出现褐色小斑,以后发展成圆形、椭圆形或不规则形黄褐至暗褐色病斑。边缘清楚或外围具有褪绿色晕环,后期病斑中央产生黑色小点,即病菌分生孢子器。叶缘发病多形成半圆形或 V 字形斑,病情严重时多个病斑汇合成大斑,使植株叶片自下向上变褐枯死。病斑的形状和大小常因品种而异,干枯的叶片一般不脱落。

[病原] *Septoria chrysanthemella* Sacc.属半知菌菊斑枯菌真菌。病菌分生孢子器球形至近球形,褐色至暗褐色,顶部有孔口,直径为 70～136μm。分生孢子梗短,不明显。分生孢子细长,丝状,无色,有 4～9 个隔膜,大小为 36～65μm × 1.5～2.5μm。

[发病规律] 病菌以菌丝体和分生孢子器在病残体上越冬。温度适宜时分生孢子器产生分生孢子,通过雨水、气流传播引起发病。高温多雨适宜发病。病菌发育温度为 20～30℃左右,最适温度 24～28℃。食用菊生产期间多阴雨天气,夜间多露、大雾或昼夜温差大,病害发生严重。品种间抗病性存在着一定差异。

[防治方法]

1. 采收后彻底清除病残落叶,集中烧毁,减少田间菌源。

2. 因地制宜选用抗病品种,增施有机底肥,注意氮、磷、钾肥适当配合,以提高植株抗病力。

3. 发病初期进行药剂防治,可选用 50% 大富丹可湿性粉剂 500 倍液,或 50% 敌菌灵可湿性粉剂 500 倍液,或 65% 多果定可湿性粉剂 1 000 倍液,或 45% 特克多悬浮剂 1 000 倍液,或 40% 福星乳油 8 000 倍液,或 70% 甲基托布津可湿性粉剂 600 倍液喷雾,7～10 天防治 1 次,视病情防治 1～3 次。

食用菊斑枯病初期病叶

食用菊斑枯病后期病叶

食用菊菌核病
Edible chrysanthemum Sclerotinia rot

菌核病为食用菊的重要病害,在局部地区发生分布,主要在老菜区保护地内造成为害,南方菜区露地种植偶有发生,对生产有一定影响。

[症状] 此病主要为害茎基部和下部叶片。染病植株病部呈水渍状红褐至暗绿色坏死腐烂,在其表面产生白色絮状菌丝团,后期逐渐变成鼠粪状菌核,最后致病株萎蔫死亡。

[病原] *Sclerotinia sclerotiorum*(Lib.)de Bary 属子囊菌核盘菌真菌。详见青花菜菌核病。

发病规律、防治方法参见青花菜菌核病。

食用菊菌核病病苗

食用菊菌核病病株

食用菊菌核病后期病茎

食用菊黑斑病
Edible chrysanthemum Alternaria leafspot

黑斑病为食用菊的普通病害，分布较广，发生亦较普遍，但一般发病程度较轻，对生产无明显影响，仅个别地块或棚室发病较重，病株率达30%～50%或更高，部分叶片因病坏死干枯，在一定程度上影响食用菊的产量与品质。

[症状] 此病多从中下部叶片开始发生，常从叶缘开始侵染，形成黄褐色半圆形坏死斑，也可在叶面上形成圆形或椭圆形斑，有不明显轮纹。空气潮湿，病斑表面产生稀疏灰黑色霉状物。严重时多个病斑相互连接成大斑，致叶片局部或整叶枯死。

[病原] *Alternaria tenuis* Nees 属半知菌细交链孢霉真菌。病菌分生孢子梗直立，少数有分枝，淡榄褐色，有屈曲，顶端膨大，具有多个孢子痕，大小为24～148μm×4.5～7μm。分生孢子链生，浅褐色，多数有喙胞，长椭圆形至倒棍棒状，有横隔膜2～8个，纵隔膜0～4个，分隔处略缢缩，大小为34～72μm×14～29μm，喙胞大小为5～45μm×7～11μm（图13-10）。

[发病规律] 病菌以菌丝体在病残体上越冬，翌春产生分生孢子借风雨传播引起初侵染。病斑上产生分生孢子进行再侵染，不断扩大为害，高温高湿利于发病。植株生长衰弱，管理粗放发病较重。

防治方法参见结球莴苣黑斑病。

食用菊黑斑病病斑

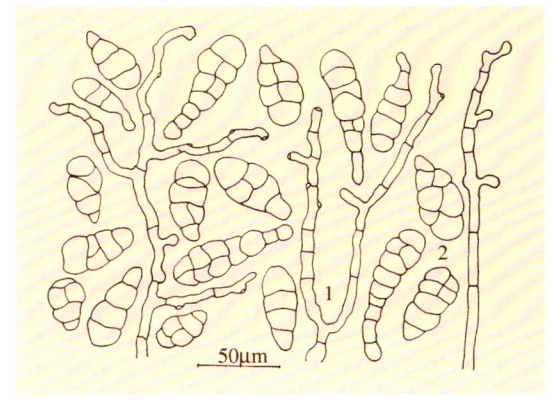

图13-10 食用菊黑斑病菌
1. 分生孢子梗 2. 分生孢子

食用菊菟丝子
Edible chrysanthemum dodder

食用菊菟丝子主要分布在新开菜区，或管理粗放的地区。一般发生较轻，对生产无明显影响，局部地块发生较重，影响产量和品质。

[症状] 菟丝子以藤蔓缠绕食用菊地上茎、叶柄及花梗，产生吸器伸入寄主组织，吸收水分和养分，使植株叶片变黄，幼株矮化，

长势衰弱，开花减少或不开花，严重时植株枯死。

[病原] *Cuscuta chinensis* Lamb. 和 *C. australis* R. Br.即中国菟丝子和南方菟丝子，以中国菟丝子较常见。中国菟丝子茎细弱，黄化，无叶绿素，茎与寄主接触后产生吸器，附着在寄主表面吸收营养。花白色，花柱2条，头状，萼片具脊，脊纵行，使萼片现出棱角。南方菟丝子藤线状，右旋缠绕，幼嫩部分初黄色，后渐变乳白色，蒴果扁球形，吸器卵圆形。与中国菟丝子的主要区别

是：南方菟丝子萼片背面光滑无脊，雄蕊着生于2个花冠裂开间曲处，蒴果成熟后，花冠仅包住蒴果下半部，破裂时呈不规则开裂；中国菟丝子萼片背面具纵脊，雄蕊与花冠裂开互生，蒴果成熟后被花冠全部包住，破裂时呈周裂。

[发病规律] 食用菊菟丝子主要以种子在土中越冬。翌春，温度适宜，种子吸水发芽后侵入寄主。种子也可通过多种途径人为传带，其外壳坚硬，1～3年才发芽，出苗后沿四周攀缠蔓延，遇适宜寄主即缠茎寄生为害。

[防治方法]

1. 防止人为将菟丝子种子经肥料、工具等携带，或把被寄生的苗木带入田间。使用经高温发酵充分腐熟的沤肥。

2. 深翻土壤20cm以上，抑制菟丝子种子萌发，减少出苗。

3. 结合田间管理，在菟丝子种子成熟前，人工随时清除藤蔓，带到田外烧毁或深埋。或掌握在菟丝子幼苗缠绕茎抽出之前锄灭。

4. 进行药剂防治，食用菊移栽定植前选用43%拉索乳油3～4.5L/ hm²，或30%敌草安乳油5.25～6.75L/ hm²，或96%敌草安乳油1.8L/ hm²加水稀释后喷洒地表，一般每公顷对水100L左右。菟丝子出苗后可选用48%地乐胺乳油100～200倍液，或用含活孢子数量不少于3×10^{11}个/ml的生物农药鲁保1号于雨后或傍晚或阴天进行茎叶处理，药前最好人工使菟丝子造成伤口，以提高防除效果。

食用菊菟丝子田间为害状

高温障碍为食用菊的一般性生理病害，主要在保护地内发生。一般对生产无明显影响，严重时影响花芽分化和开花，在一定程度上降低产量与品质。

[症状] 此病多发生在大棚和日光温室内，因管理温度过高，使植株受害，受害植株多是外叶叶缘最先开始褪绿变黄，逐渐沿叶脉间向叶柄方向发展，继而叶肉组织呈不规则坏死，坏死斑呈紫红至紫黄色，终致数片外叶提前早衰死亡。

[病因] 高温障碍主要是由于空气温度长时间持续高于食用菊生长发育的适宜温度，使植株增

食用菊高温障碍
Edible chrysanthemum high temperature injury

加呼吸作用强度，加大了植株功能叶光合产物的消耗而促进了功能叶的衰老和枯死。

[防治方法]

1. 增加通风，适当降低管理温度，以满足食用菊正常生长要求。

2. 如阳光照射太强，采用遮阳网适当遮阳。

3. 喷施增进叶片功能的叶面肥或氮、磷、钾复合肥，并注意适时浇水。

食用菊高温障碍田间受害状　　　　　食用菊高温障碍受害株

3. 聚合草病害　Diseases of juhe herb

聚合草轮斑病
Juhe herb Phyllosticta leafspot

轮斑病为聚合草的普通病害，部分地区发生。通常零星发病，病情较轻，对生产无明显影响，重时轻度影响产品质量。

[症状] 此病主要为害叶片，多从下部叶开始发病。初在叶片上出现浅褐色水渍状小点，以后发展成圆形至椭圆形或不定形浅黄褐

色凹陷斑，最后发展成不定形黄褐色薄纸状大斑，略呈轮纹状，后期病斑上产生很细的小黑点，即病菌分生孢子器。空气干燥，病斑破裂穿孔。

[病原] *Phyllosticta* sp.属半知菌叶点霉真菌。病菌分生孢子器埋生于寄主表皮下，孔口突破表皮后外露，球形至扁球形，器壁膜质，浅褐色。分生孢子梗极短，分生孢子小，卵形，无色，单胞。

[发病规律] 病菌以菌丝体和分生孢子器随病残体越冬。条件适宜时以分生孢子借气流传播，进行初侵染和再侵染。温暖多雨有利于发病。聚合草生长期，昼夜温差大、田间管理粗放、植株生长衰弱容易发病。

[防治方法]

1. 收获后彻底清理病残组织，带到田外集中妥善处理，减少田间菌源。

2. 增施有机底肥，生长期加强管理，适时浇水追肥，增强寄主抗病性。

3. 发病初期进行药剂防治，可选用50%扑海因可湿性粉剂1 200倍液，或70%甲基托布津可湿性粉剂600倍液，或50%多硫悬浮剂500倍液，或50%敌菌灵可湿性粉剂500倍液，或45%特克多悬浮剂1 500倍液，或65%多果定可湿性粉剂1 000倍液喷雾。

聚合草轮斑病病叶

4. 草石蚕（螺丝菜、宝塔菜）病害 Diseases of Chinese artichoke

草石蚕病毒病
Chinese artichoke virus disease

病毒病为草石蚕的常见病，分布较广，种植地区都有发生，多在夏、秋季发病。通常病株率5%～10%左右，在一定程度上影响生产，重病地块发病率可达30%，显著影响产量和质量。

[症状] 此病多全株性侵染，通常症状潜隐，植株生长受抑制，叶片略显皱缩，株形矮小，块根个体小。重病株表现花叶，后期畸形或早衰死亡，有的不生块根。

[病原] Alfalfa mosaic virus（AMV）即苜蓿花叶病毒。病毒粒子呈弹状，是多个质粒的体系，含有5种大小不同的质粒，大小为18.9～58.3nm×18nm，致死温度55～60℃，稀释限点1 000～2 000倍，体外存活期3～4天。

[发病规律] 此病毒主要来自于其他寄主，田间主要由蚜虫和汁液摩擦传毒，传毒蚜虫有桃蚜、大戟长管蚜、豌豆蚜。病害发生与蚜虫数量及活动直接相关，高温干旱，蚜虫发生重，植株生长衰弱，病害相对严重。

防治方法参见冬寒菜病毒病。

草石蚕病毒病矮化病株

草石蚕病毒病黄化病株

草石蚕根腐病
Chinese artichoke Fusarium wilt

根腐病为草石蚕的普通病害，分布较广，种植地区零星发病，通常对生产无明显影响，重时可造成10%左右植株死亡，明显影响产量和质量。

草石蚕根腐病病根

[症状] 此病全生育期都可发生，主要侵害根部。幼苗发病，根部呈浅褐色坏死，以后萎蔫死苗。土壤潮湿，根茎部可产生少量白色至粉红色霉状物，即病菌的分生孢子丛。成株染病，多从块根受伤处或从较细小的根开始侵染，使根系或块根呈锈褐色至黄褐色坏死，逐渐发展致使地上部萎蔫死亡。土壤潮湿，病根腐烂，最后仅剩丝状维管束组织，病茎基部可产生白色霉状物。土壤干燥，块根萎缩，地上部枯死。

[病原] *Fusarium* sp.属半知菌镰孢霉真菌。病菌产生两种不同类型分生孢子。大型分生孢子镰刀形，多胞，无色。小型分生孢子卵形至长椭圆形，单胞，或偶具一隔膜，无色。

[发病规律] 病菌以菌丝和分生孢子在土壤中越冬。翌年8月开始发病直至收获。雨水多、地下害虫活动频繁、地势低洼有利于发病。

[防治方法]

1. 实行轮作，选择地势高燥的地块种植。
2. 发现病株，及时连根清除，集中妥善处理。
3. 加强管理，有效控制地下害虫，雨后防止田间积水。
4. 必要时进行药剂防治。参见山药根腐病。

5. 秋葵病害 Diseases of okra

秋葵病毒病
Okra virus disease

　　病毒病是秋葵的主要病害，分布广泛，发生普遍，一般病株率8%～15%，对秋葵生产影响较小，严重时病株率达40%以上，严重影响产量与品质。

　　[症状] 此病多在苗期至生长前期发生，主要表现畸形花叶和蚀纹坏死斑。发病初期幼叶叶脉褪绿，很快转变为皱缩花叶状，以后病叶增厚，叶柄和节间缩短，叶片畸形，植株矮化。发病较晚的植株仅在叶片上表现初期褪绿，后期出现褐色蚀纹坏死斑和叶片轻度皱缩症状。染病后植株生长发育缓慢，开花结果瘦小，严重时不能开花结果。

　　[病原] Okra mosaic virus 属秋葵花叶病毒。病毒质粒球状，呈20面体，直径28nm。

　　[发病规律] 病毒在冬寒菜、秋葵等锦葵科植物上活体寄生越冬。高温干旱是诱导发病的主要条件。可通过汁液和借叶甲类、跳甲类昆虫及叶螨等媒介昆虫进行非持久性传毒。植株感病的时期与发病轻重有密切关系。苗期感染发病较重，后期感染发病轻。栽培管理不良，如缺肥、缺水或受涝，以及防治害虫不及时等发病较重。生长前期高温干旱、植株生长不良、害虫多且活动频繁，发病亦较重。

　　[防治方法]
　　1. 培育壮苗，增施底肥，定植后适当追施磷、钾肥。干旱季节注意适时浇水，使植株生长健壮，减轻发

秋葵病毒病黄化病株

秋葵病毒病皱缩病株

秋葵病毒病矮化病株

秋葵病毒病坏死病斑

秋葵病毒病坏死病斑放大

病程度。

2.及时防治害虫,特别是在植株幼嫩时期要

加强防虫。

此外,应及时清除田间及四周杂草,重病株尽早拔除,减少传毒。

秋葵炭疽病
Okra anthracnose

炭疽病为秋葵的主要病害,分布广泛,发生普遍,保护地、露地都有发生。秋季发生较重,病株率可达80%以上,显著影响秋葵的产量与质量。此病在田间常与轮斑病、黑斑病混合发生。

秋葵炭疽病中期叶面病斑

秋葵炭疽病后期病果柄

秋葵炭疽病中期叶背病斑

秋葵炭疽病果荚病斑

秋葵炭疽病后期病叶

秋葵炭疽病中期病果柄

秋葵炭疽病后期病株

[症状] 此病在秋葵全生育期都可发生,叶片、茎秆、果荚都可受害。叶片染病初为褐色小斑,以后发展成近圆形褐色坏死斑,多个病斑相互连接成不规则形坏死大斑,终致病叶枯死,后期在病斑上产生小黑点,即病菌的分生孢子盘。茎秆和果柄染病,多从叶柄基部或受伤处侵染,形成浅黄褐色坏死斑,略凹陷,近椭圆形至不规则形,以后发展成不定形大斑,后期在病斑表面密生黑色小点。果荚染病,初期形成近椭圆形黄褐色水渍状病斑,以后发展成不规则形坏死斑,可蔓及全荚,在病荚表面产生许多黑色小点。

[病原] *Colletotrichum* sp.属半知菌刺盘孢真菌。病菌分生孢子盘先埋生,后暴露,暗褐色。刚毛深褐色,有隔膜1～2

个，大小为 53～197μm×4～9μm。分生孢子新月形，浅褐色，大小为 18～28μm×3.5～5μm（图 13-11）。

[发病规律] 病菌以菌丝体和分生孢子随病残组织越冬，亦可随种子传带。条件适宜时分生孢子借气流、雨水或浇水传播，形成初侵染。发病后形成分生孢子进行再侵染。秋葵生长期多雨、多雾、露重等病害发生严重。

防治方法参见香椿炭疽病。

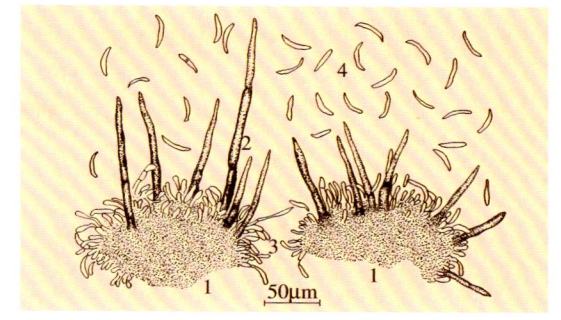

图 13-11　秋葵炭疽病菌
1. 分生孢子盘　2. 刚毛　3. 分生孢子梗　4. 分生孢子

秋葵白粉病
Okra powdery mildew

白粉病为秋葵的主要病害，分布广泛，发生普遍，保护地、露地都有发生。多在秋季发病，病株率常达 80% 以上，使植株早衰枯死，明显影响生产。

[症状] 此病在秋葵各生育期都发生，主要为害叶片，初在叶两面生白色粉状斑，近圆形，以后相互连接成不规则形大斑，其上覆满白粉，即病菌的分生孢子梗和分生孢子。后期白粉消失，病部变褐坏死，在病斑上产生黑色小点，即病菌的子囊壳。

[病原] *Leveillula malvacearum* Golov. 属子囊菌锦葵内丝白粉菌真菌。病菌菌落叶两面生，菌丝体留存，厚毡状，污白色至浅咖啡色。分生孢子梗直立，由气孔伸出，有隔或无隔，初生分生孢子柳叶形，次生分生孢子圆柱形至椭圆形，大小为 24～45μm×13～19μm。闭囊壳生于菌丝体中，扁球形，暗褐色，直径 120～170μm。壳壁细胞不清楚，附属丝多，丝状，与菌丝交织在一起，短于闭囊壳。子囊多，长棒形至圆柱形，有长柄，大小为 60～90μm×27～36μm，内生子囊孢子 2 个。子囊孢子长椭圆形，大小为 24～36μm×12～18μm（图 13-12）。

[发病规律] 病菌主要以闭囊壳随病残体在土壤表层越冬。条件适宜时释放子囊孢子随气流传播引起发病，发病后病部产生分生孢子进行重复侵染。秋葵生长期气温波动大、昼夜温差大，有利于发病。气温 15～30℃、间断性阴雨多，病害发生严重。

防治方法参见香椿白粉病。

秋葵白粉病病叶

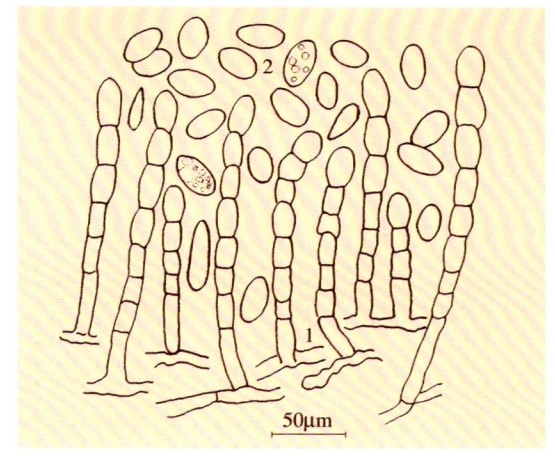

图 13-12　秋葵白粉病菌
1. 分生孢子梗　2. 分生孢子

秋葵褐斑病
Okra Cercospora leafspot

褐斑病是秋葵的主要病害，分布广泛，发生普遍。一般病株率 30%～50%，严重时 100%，明显影响生产。

[症状] 此病主要为害叶片，严重时为害主脉。初在叶片上形成黄褐色小点，逐渐变成圆形至多角形斑，大小为 1～5mm，灰褐色，有时中央灰白色，边缘红褐色，空气潮湿在病斑表面产生灰黑色霉

状物，即病菌的子实体。严重时叶片上病斑密集，叶片干枯，最后使植株干枯死亡。

[病原] *Cercospora malayensis* Stev. et Solh. 属半知菌潺茄明针尾孢霉真菌。病菌子实层扩展于叶面，浅褐至橄榄色，无子座或由少数褐色细胞组成。分生孢子梗束生，紧密或疏散，褐色，有多个隔膜，直、波纹状或有少数屈曲，顶端圆锥平切状，有明显孢痕，大小为 20～195μm×3～5.5μm。分生孢子针形至圆筒形，淡色，直或弯曲，有隔膜

秋葵褐斑病叶面病斑

秋葵褐斑病叶背病斑

秋葵褐斑病中后期叶背病斑

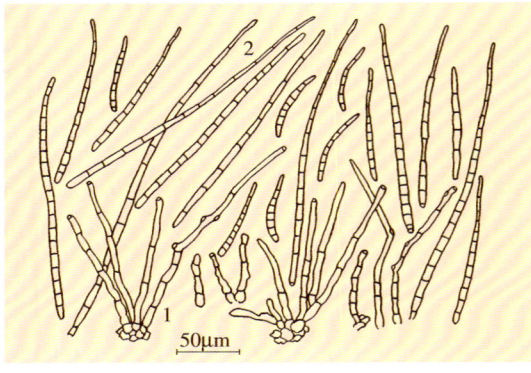

图 13-13 秋葵褐斑病菌
1. 分生孢子梗　2. 分生孢子

4～18个，不明显，基部平切或近于平切，顶端钝圆，大小为 20～265μm × 3～6.5μm（图13-13）。

[发病规律] 病菌以菌丝体在病残体内越冬。翌春分生孢子随气流传播引起发病，病斑上产生分生孢子借风雨传播引起再侵染。秋季温暖多雨病害发生严重。北方地区多 6～9 月发生。

[防治方法]

1. 秋末彻底清除病株残体集中处理，以减少菌源。

2. 发病前期或初期选用 50% 敌菌灵可湿性粉剂 500 倍液，或 40% 多硫胶悬剂 500 倍液，或 25% 敌力脱乳油 1 000 倍液，或 70% 代森锰锌可湿性粉剂 500 倍液，或 30% 百科乳油 1 500 倍液，或 70% 甲基托布津可湿性粉剂 600 倍液，或 6% 乐必耕可湿性粉剂 1 500 倍液喷雾，7～10 天防治 1 次，连续防治 2～4 次。

秋葵轮纹病
Okra Stagonospora leafspot

轮纹病是秋葵的常见病，分布广泛，发生较普遍。一般发病率 20%～40%，严重时病株达 60% 以上。田间常与炭疽病、黑斑病、褐斑病混合发生，使植株早衰枯死，在一定程度上影响生产。

[症状] 此病多在秋葵生长中后期发生，主要为害叶片。在叶片上初形成黄褐色近圆形斑，逐渐发展成圆形至多角形，灰褐色，边缘褐色，直径 3～12mm，后期病斑上产生黑色小点，即病菌的分生孢子器。有时病斑呈轮纹状，多个病斑相互连接或与其他病害混合发生时叶片上多形成不规则形大斑，终致植株枯死。

[病原] *Stagonospora* sp. 属半知菌壳多隔孢真菌。病菌分生孢子器埋生于病组织内，后突破表皮部分外露，球形至扁球形，暗褐色，器壁拟柔组织状，有孔口，直径 185～225μm。分生孢子椭圆形，无色，大小为 15.5～19.5μm × 5.5～8μm，多双细胞，个别 3 个细胞，分隔处略缢缩，含有油球（图13-14）。

[发病规律] 病菌以分生孢子器随病残落叶越冬。翌年条件适宜时分生孢子随气流传

秋葵轮纹病初期病斑

秋葵轮纹病中期病斑

播引起侵染，在病叶上产生大量分生孢子借风雨传播蔓延，引起重复侵染。温暖潮湿、昼夜温差大、多露或植株生长衰弱，病害发生较重。北方地区多在7～9月发生。

[防治方法]

1. 采收后注意清除病残组织，集中烧毁或妥善处理，以减少越冬菌源。

2. 增施有机底肥，适时采收，适时追肥。

3. 发病初期选用70%甲基托布津可湿性粉剂600倍液，或40%多

秋葵轮纹病后期病斑

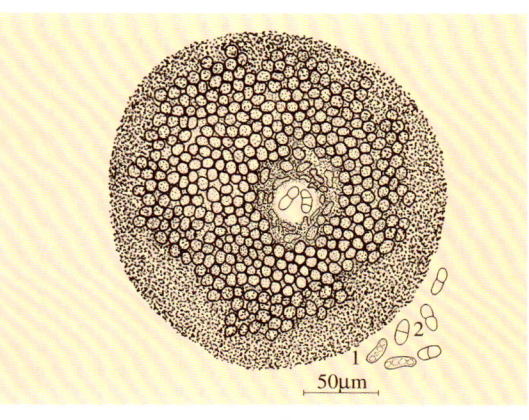

图 13-14　秋葵轮纹病菌
1. 分生孢子器　2. 分生孢子

硫悬浮剂500倍液，或50%敌菌灵可湿性粉剂500倍液，或50%扑海因可湿性粉剂1 500倍液喷雾防治，10～15天防治1次，根据病情防治2～3次。

秋葵黑斑病
Okra Alternaria leafspot

黑斑病为秋葵的主要病害，分布亦很广泛，发生普遍而严重。病株率一般50%左右，生长后期达80%～100%，常与褐斑病、轮纹病、炭疽病等混合发生，明显影响生产。

[症状] 此病主要为害叶片，亦为害花器和果实。叶片受害，多在叶尖、叶缘和叶片中央形成黄褐色水渍状小斑。以后发展成大小差异很大的不规则坏死斑，浅黄褐色，边缘褐色，呈水渍状。空气潮湿病斑表面产生灰黑色霉状物，即病菌的分生孢子梗和分生孢子。空气干燥，病叶很快失水枯卷死亡。花器和果实染病，多形成近圆形或不规则形褐色坏死斑，潮湿时病部产生灰黑色霉状物。

[病原] *Alternaria* sp.属半知菌交链孢霉真菌。病菌分生孢子梗多3～6根束生，少数单生，暗褐色，顶端色浅，孢子痕明显，基部细胞稍大，不分枝，正直或屈曲，2～5个隔

膜，分隔处略缢缩，大小为25～58μm×4～6μm。分生孢子单生或串生，倒棍棒状，暗褐色，嘴喙细胞较长或不明显，不分枝，尖端稍膨大；孢身至嘴喙逐渐变狭，孢身具3～8个横隔膜，0～2个纵隔膜，隔膜处常缢缩，大小为20～90μm×10～16μm。嘴喙0～3个横隔膜，大小为6～45μm×2～8μm（图13-15）。

[发病规律] 病菌主要以菌丝体和分生孢子随病残组织越冬，种子亦可传带病菌。翌年平均气温达15℃以上、空气相对湿度达75%以上时，病

秋葵黑斑病中后期叶面病斑

秋葵黑斑病病斑放大

秋葵黑斑病中后期叶背病斑

秋葵黑斑病后期病叶

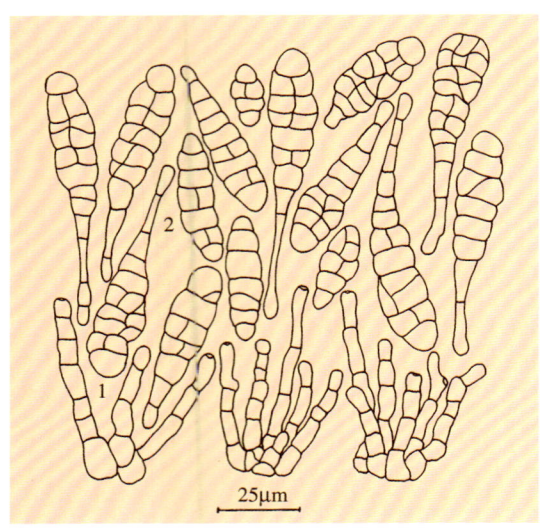

图 13-15 秋葵黑斑病菌
1. 分生孢子梗　2. 分生孢子

菌孢子即萌发侵染植株形成初侵染。发病后病斑上产生分生孢子，借风雨、昆虫和农事操作传播蔓延，进行多次重复侵染。生长期内高温潮湿，或多雨、多露，或施肥不当，缺肥、氮肥过多病害发生严重。北方地区黄秋葵全生育期均可发生，以春、秋季连阴雨天后发病较重。

[防治方法]

1. 选用无病种苗或进行种子消毒灭菌。可用52℃温水浸种20～25min，冷却晾干后播种。或用种子重量0.3%的50%扑海因可湿性粉剂拌种。

2. 重病地块避免连作，最好安排与非锦葵科作物轮作。

3. 加强田间管理，秋末及时清除病残落叶以减少越冬菌源。

4. 施足底肥，增施磷、钾肥，后期注意适时浇水追肥，避免偏施氮肥。

5. 发病初期开始进行药剂防治，可选用50%扑海因可湿性粉剂1 000倍液，或65%多果定可湿性粉剂1 000倍液，或50%敌菌灵可湿性粉剂500倍液，或70%代森锰锌可湿性粉剂500倍液，或47%加瑞农可湿性粉剂500倍液，每10～15天防治1次，连续防治2～3次。

秋 葵 疫 病
Okra Phytophthora blight

疫病为秋葵的重要病害，分布较广，发生较普遍。主要在夏、秋露地发生为害。一般病株率10%左右，严重时病株可达30%以上，明显影响生产。

[症状] 此病在秋葵全生育期都有发生，以幼嫩期发病受害重。主要侵害嫩叶、嫩梢、嫩茎和嫩荚。幼苗染病，呈水渍状猝倒，以后腐烂，在病组织上产生少量白霉。幼叶染病，多从叶缘开始侵染，病斑初呈水渍状暗绿色坏死，迅速向四周扩展形成黄褐至灰褐色坏死大斑，近圆形至不规则形，中央颜色较深，空气潮湿病部很快腐烂，其表面产生少量白色霉状物。嫩梢、嫩茎和嫩荚染病，多呈暗绿色至深绿色水渍状坏死，潮湿时腐烂，在病组织表面产生白霉。干燥时萎缩枯死。

[病原] *Phytophthora parasitica* Dast.属鞭毛菌寄生疫霉真菌。病菌菌丝纤细无色，无隔，穿生于寄主细胞内或细胞间。孢囊梗无色，细长，顶生或间生孢子囊。孢子囊卵圆形至球形。厚垣孢子球形，黄色。卵孢子球形，壁厚，黄色。

[发病规律] 病菌以卵孢子或厚垣孢子随病残体在土壤中越冬，借雨水溅射到植株上引起植株发病。病部产生孢子囊和游动孢子通过雨水和浇水传播蔓延，形成重复侵染。高温高湿适宜发病。病菌生长温度8～38℃，最适温度28～30℃，菌丝发育、孢子囊形成和萌发要求95%以上相对湿度和有水滴存在。秋葵生长期尤其是苗期和生长前期雨水多、雨量大，或地势低洼、土质黏重，或偏施氮肥病害发生严重。

[防治方法]

1. 选择地势较高，排水良好的壤土种植。精细整地，高垄或高畦栽培。

2. 加强田间管理，雨后及时排水，避免田间积水。发病后及时清除中心病叶和重病植株。

3. 发病初期及时施药防治。参见香椿疫病。

秋葵疫病病叶

秋葵疫病病根

秋葵菌核病
Okra Sclerotinia rot

　　菌核病为秋葵的重要病害，主要在部分老菜区发生分布，多在保护地内发病，病株零星，在一定程度上影响秋葵生产。

　　[症状] 此病多在秋葵幼嫩时期发生，叶片、茎秆和果荚都受害。叶片染病，多形成黄褐至灰褐色大型坏死斑，空气潮湿时在病斑上产生少许白霉，以后形成黑色菌核，随病害发展病叶腐烂。干燥时，病斑易破裂脱落。茎秆、叶柄和果荚染病，初呈水渍状暗绿色至灰绿色坏死，迅速向各方向扩展成不规则形大斑，在病部产生浓密白色絮状霉层，最后形成鼠粪状黑色菌核。病株多从病部以上萎蔫枯死。

　　[病原] *Sclerotinia sclerotiorum*（Lib.）de Bary 属子囊菌核盘菌真菌。详见薄荷菌核病。

　　发病规律、防治方法参见薄荷菌核病。

秋葵菌核病叶面病斑

秋葵菌核病叶背病斑

秋葵软腐病
Okra bacterial soft rot

　　软腐病是秋葵的重要病害，多在生长后期发生，明显影响秋葵品质。

　　[症状] 此病主要侵染果荚。多从害虫或机械造成的伤口处开始感染，病部初呈水渍状暗绿色坏死，以后迅速向各方向扩展蔓延，致果荚软化腐烂。空气潮湿，腐烂果荚表面产生明显的菌脓，并散发出恶臭气味。

　　[病原] *Erwina carotovora* subsp. *carotovora*（Jones）Bergey et al. 属胡萝卜软腐欧氏杆菌胡萝卜软腐病亚种细菌。详见青花菜软腐病。

　　[发病规律] 病菌初侵染源主要来自田间其他寄主，病菌多从害虫和机械伤口处侵染，发病后病菌通过雨水溅射传播。生长后期高温多雨、天气闷热潮湿有利于发病。

秋葵软腐病中期病荚

[防治方法]

　　1. 前期注意防治咀嚼口器害虫，避免人为造成机械损伤。

　　2. 发现病荚及时摘除。

秋葵软腐病前期病荚

秋葵软腐病后期病荚

6. 草莓病害 Diseases of strawberry

草莓丛枝病
Strawberry witches broom

丛枝病为草莓的重要病害，分布较广，发生较普遍。通常零星发病，轻度影响产量和品质。部分地区、部分品种发生较重，病株率可达10%以上，显著影响草莓生产。

[症状] 植株染病后叶片变黄，出现丛枝，花瓣变小，有时呈绿白色，发育不正常，植株矮缩。轻病株能结果，但果实畸形，以后僵缩褪色，品质很差。

[病原] *Mycoplasma-like* Organism 属植原体。病菌菌体球形至椭圆形或哑铃形，直径约50～260nm，集中分布在寄主韧皮部组织内。

[发病规律] 草莓丛枝病植原体寄主范围广，由东方叶蝉（*Macrosteles orientalis*）接种传毒，能侵染翠菊、金盏菊、芜菁、菠菜、洋葱等12科26种植物。目前栽培的宝交早生、春香及从国外引进的多个品种发生较重。

[防治方法] 发病初期选用医用四环素或土霉素4 000倍液喷雾，重点喷洒幼嫩部分。

草莓丛枝病丛枝病株

草莓丛枝病黄化病株

草莓根腐病
Strawberry Fusarium root rot

根腐病为草莓的常见病，各地均有分布，以冬季和早春发病严重。一般发病率10%以下，严重时达50%以上，造成幼苗坏死，明显影响草莓生产。

[症状] 此病主要为害根系。发病时由细小侧根或新生根开始，初出现浅红褐色不规则的斑块，颜色逐渐变深呈暗褐色。随病害发展全部根系迅速坏死变褐。地上部分先是外叶叶缘发黄、变褐，以后病株表现缺水状，坏死卷缩，由外叶逐渐向心叶发展至全株枯黄死亡。

[病原] *Fusarium oxysporum* Schl.属半知菌尖镰孢霉真菌。病菌产生两种类型的分生孢子，大型分生孢子纺锤形至镰刀形，弯曲或端直，基部有足细胞或近似足细胞，3～5个隔膜，大小为19.5～48.5μm×4.5～6.5μm。小型分生孢子1～2个细胞，卵形至肾脏形，大小为7.9～18.5μm×2.6～6.5μm。厚垣孢子顶生或间生，球形，多单细胞（图13-16）。

[发病规律] 病菌主要以菌丝和厚垣孢子在土壤内越冬。主要通过浇水、肥料和农具等传播，土壤温度低、含水量高利于发病。田间地势低洼、重茬、土壤黏重、施用未腐熟沤肥、中耕或害虫等造成根部受伤多，则病害严重。

草莓根腐病中期病株

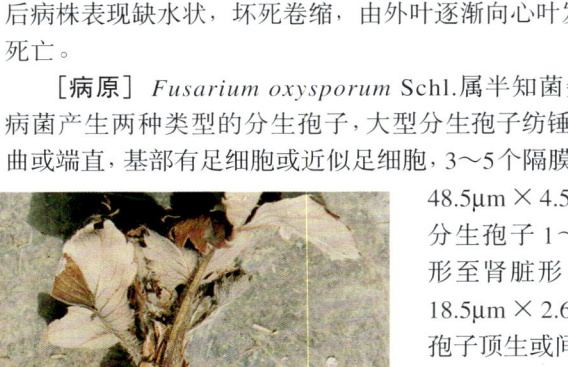

草莓根腐病后期病株

[防治方法]

1. 轮作换茬，最好与十字花科、百合科蔬菜轮作。

2. 采用高垄地膜覆盖，或滴灌等节水栽培技术。

3. 施用充分腐熟的有机肥，减少伤根。浇小水，并注意浇水后及时浅中耕。

4. 播种前或移栽前，用50%多菌灵可湿性粉剂，或50%利克菌可湿性粉剂，或70%土菌消可湿性粉剂30～45kg/hm²拌细土750～900kg沟施或穴施。也可用15%双效灵水剂1 500倍液，或65%多果定可湿性粉剂1 000倍液，或25%敌力脱乳油3 000倍液，或45%特克多悬乳剂1 000倍液，或98%恶霉灵可湿性粉剂2 500倍液，或50%多菌灵可湿性粉剂500倍液浇灌定植穴，每穴浇药液0.25L。发病初期亦可用上述药剂同浓度药液灌根，每棵灌药液0.25～0.3L。

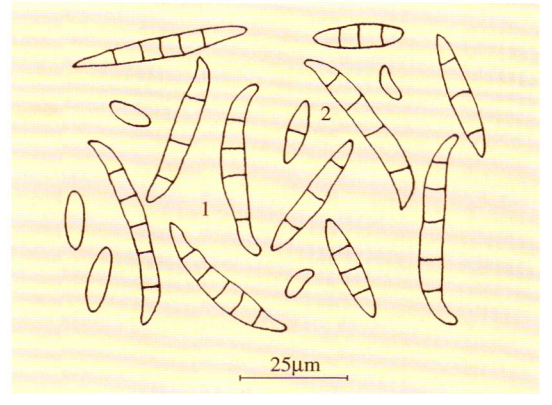

图13-16 草莓根腐病菌
1. 大型分生孢子 2. 小型分生孢子

草莓灰霉病
Strawberry gray mold

灰霉病为草莓的主要病害，分布广泛，发生普遍。北方主要在保护地内发生，南方露地亦可发病，以冬春季发生最普遍。一般发病率20%～40%，产量损失8%～20%，严重时病株率达80%以上，损失达50%以上，最重可达100%。此病还可侵害茄科、葫芦科、豆科、菊科、伞形花科等数十种蔬菜。

[症状] 此病主要为害花和果实，也侵害叶片和叶柄。发病多从花期开始，病菌最初从将开败的花或较衰弱的部位侵染，使花呈浅褐色坏死腐烂，产生灰色霉层。叶多从基部老黄叶边缘侵入，形成V字形黄褐色斑，或沿花瓣掉落的部位侵染，形成近圆形坏死斑，其上有不甚明显的轮纹，上生较稀疏的

草莓灰霉病病叶

草莓灰霉病后期病叶

草莓灰霉病病花

草莓灰霉病中后期病果

草莓灰霉病后期病果

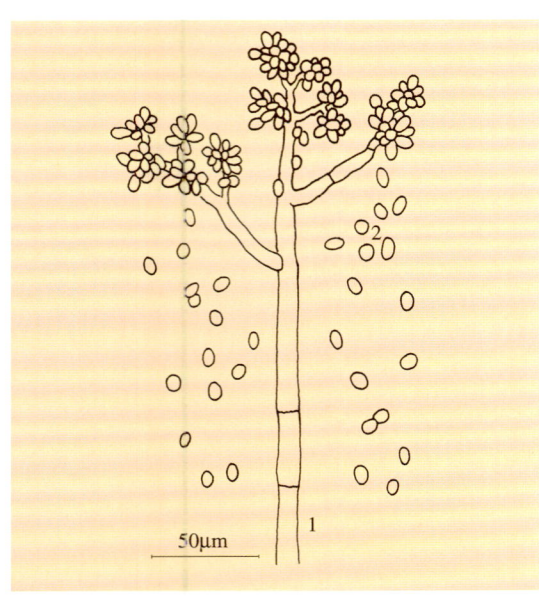

图 13-17 草莓灰霉病菌
1. 分生孢子梗　2. 分生孢子

灰霉。果实染病多从残留的花瓣或靠近、接触地面的部位开始，也可从早期与病残组织接触的部位侵入，初呈水渍状灰褐色坏死，随后颜色变深，果实腐烂，表面产生浓密的灰色霉层。叶柄发病，呈浅褐色坏死、干缩，其上产生稀疏灰霉。

[病原] *Botrytis cinerea* Pers. 属半知菌灰葡萄孢真菌。病菌孢子梗数根丛生，褐色，有隔膜，顶端呈 1～2 次分枝，顶端密生小柄并着生大量分生

孢子，大小为 1 452.5～ 3 168.2μm × 8.5～11.5μm。分生孢子椭圆形至圆形，单细胞，近无色，大小为 4.2～10.5μm × 3.5～7.5μm。有时产生菌核（图 13-17）。

[发病规律] 病菌以菌丝体、分生孢子随病残体或菌核在土壤内越冬。通过气流、浇水或农事活动传播。温度 0～35℃、相对湿度 80% 以上均可发病，以温度 0～25℃、湿度 90% 以上，或植株表面有积水适宜发病。空气湿度高，或浇水后逢雨天或地势低洼积水等特别有利于此病的发生与发展。另据调查，平畦种植或卧栽盖膜种植病害严重，高垄、地膜栽培病害轻。

[防治方法]

1. 收获后彻底清除病残落叶。移栽或育苗整地前用 65% 甲霉灵可湿性粉剂 400 倍液，或 50% 溶菌灵可湿性粉剂 600 倍液，或 50% 敌菌灵可湿性粉剂 400 倍液，或 45% 特克多悬乳剂 600 倍液，或 40% 施加乐悬浮剂 800 倍液对棚膜、土壤及墙壁等表面喷雾，进行彻底的消毒灭菌。

2. 采用高垄地膜覆盖或滴灌节水栽培，或选用紫外线阻断膜抑制菌核萌发。开花前期、开花坐果期和浇水前喷药防治，重点保花保果。浇水后加大通风量。

3. 一旦发病，应及时小心地将病叶、病花、病果等摘除，放塑料袋内带到棚室外妥善处理。发病后应适当提高管理温度。

4. 发病初期用 50% 农利灵可湿性粉剂 1 200 倍液，或 65% 甲霉灵可湿性粉剂 600 倍液，或 50% 溶菌灵可湿性粉剂 800 倍液，或 50% 敌菌灵可湿性粉剂 400 倍液，或 45% 特克多悬乳剂 800 倍液，或 10% 宝丽安可湿性粉剂 600 倍液，或 40% 施加乐悬浮剂 800 倍液喷雾，重点喷花喷果。保护地选用 6.5% 甲霉灵粉尘剂 15kg/ hm² 喷粉，或用 20% 特克多烟剂 4.5～7.5kg/hm² 熏烟防治效果更理想。

草莓普通叶斑病
Strawberry common leafspot

普通叶斑病为草莓的普通病害，分布较广，发生较普遍。通常病情较轻，对生产无明显影响，严重时病株率可达 60%，使植株部分叶片因病坏死干枯，明显影响草莓生产。此病易与褐斑病相混淆。

[症状] 此病主要为害叶片，多从下部老叶开始发病，逐步向上发展。发病初期在叶片上出现许多大小不等的近圆形紫红色小斑，以后中央转变成灰白至灰褐色，有时具有紫红色轮纹，湿度高时病斑表面产生白色粉状霉层，即病菌的分生孢子梗和分生孢子。后期在病斑上可生出许多小黑点，即病菌的子囊座。严重时，叶片上病斑密布，短时间内病叶即坏死枯焦。

[病原] *Ramularia tulasnei* Sacc. 属半知菌杜拉柱隔孢真菌。病菌分生孢子梗丛生，分枝或不分枝，基部子座不发达。分生孢子圆筒形至纺锤形，无色，单胞，或具 1～2 个隔膜，大小为 20～35μm × 3.5～4.5μm。有性时期 *Mycosphaerella fragariae*（Tul.）Lindau 属子囊菌草莓蛇眼小球壳真菌。病菌子囊壳球形至扁球形，初埋生，后露出表皮，直径为 90～130μm。子囊束生，长圆形或棍棒状，内含 8 个子囊孢子，子囊孢子卵形，无色，大小为 13～15μm × 3～4μm，具隔膜 1 个。

[发病规律] 病菌以菌丝体随

草莓普通叶斑病前期病叶

草莓普通叶斑病中后期病叶

病残体越冬。翌春产生分生孢子进行初侵染，发病后病部产生分生孢子进行再侵染。病菌发育温度7～25℃，以18～22℃为适宜。品种间抗病程度略有差异。

[防治方法]

1. 因地制宜，选用优良品种。

2. 收获后及时彻底清除田间植株残体妥善处理，减少菌源。

3. 移植时严格清除病苗。移植前用喷雾防治的药液浸洗幼苗，待晾干后定植。

4. 发病初期施药防治，可选用47%加瑞农可湿性粉剂500倍液，或50%敌菌灵可湿性粉剂500倍液，或30%倍生乳油1 200倍液，或40%百科乳油1 200倍液，或80%大生可湿性粉剂600倍液，或40%福星乳油5 000倍液，或70%甲基托布津可湿性粉剂600倍液喷雾。保护地可选用5%百菌清粉尘剂，或5%加瑞农粉尘剂15kg/hm²喷粉防治。

草莓轮斑病
Strawberry Phyllosticta leaf blight

轮斑病亦称叶枯病，是草莓的主要病害，分布广泛，发生普遍，保护地、露地都有发生，以秋季发病较重。通常发病率10%～30%，对产量无明显影响，严重地块或棚室，病株率可达80%以上，显著影响生产。

[症状] 此病主要侵害叶片，多从叶缘或叶边开始侵染，初形成紫褐色小斑，以后扩大成大小不等的圆形或V字形斑，病斑边缘紫红色，中央黄褐至灰褐色，多具有较明显的轮纹，其上密生黄褐至黑褐色小粒点。后期病斑可发展至1/4～1/2叶片大小，使病叶枯萎死亡。

[病原] *Phyllosticta gradimaculans* Bub. et Krieg.属半知菌草莓大斑叶点霉真菌。病菌分生孢子器球形，黑褐色，器壁膜质，具孔口，向外突起，直径为65～175μm。分生孢子椭圆形，单细胞，两端较尖钝，并各具有一个油球，无色，大小为5～8μm×2～2.5μm（图13-18）。

[发病规律] 病菌以菌丝体和分生孢子器在病叶组织内或随病残体在土壤中越冬。越冬病菌产生分生孢子进行初侵染，借气流、浇水、农事操作传播。随后病部产生分生孢子进行多次再侵染，使病害进一步扩展蔓延。平均气温达17℃左右，空气潮湿有利于发病。品种间抗性差异明显。

[防治方法]

1. 选用优良抗病品种，目前可因地制宜选用上海早、绿色种子、弋雷拉、丹东乌冠、宝交早生、华东10号和金明星、静香、丰香、

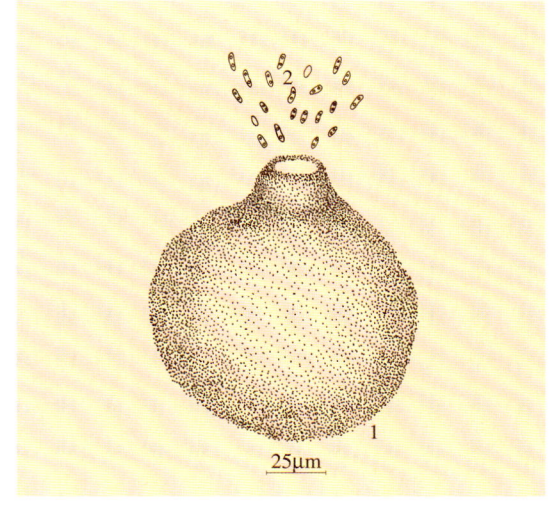

图13-18 草莓轮斑病菌
1.分生孢子器　2.分生孢子

春香、明宝等。

2. 移栽前清除病叶和重病株，集中施药防治，或用药液浸苗10～20min，晾干后移植。

3. 发病初期选用70%甲基托布津可湿性粉剂500倍液，或50%敌菌灵可湿性粉剂400倍液，或25%培福朗水剂600倍液，或40%多硫悬乳剂500倍液，或50%扑海因可湿性粉剂1 000倍液喷雾防治。保护地可用5%百菌清粉尘剂15kg/hm²喷粉防治，亦可以用6.5%甲霉灵粉尘剂在防治灰霉病的同时兼治。

草莓轮斑病病株

草莓轮斑病病斑

草莓灰斑病
Strawberry Phyllosticta leafspot

灰斑病又称褐角斑病、叶斑病，是草莓的主要病害。分布广泛，发生普遍，常与叶枯病混合发生，保护地、露地都有发病。严重时发病率可达40%～60%，病株抗逆性和抗病性明显下降，在一定程度上影响草莓的产量和品质。

[症状] 此病主要为害叶片、果柄、花萼、匍

草莓灰斑病病株

匐茎有时也受害。叶片染病，初形成小而不规则的褐色至紫红色病斑，病斑扩大后，中心变成灰白色圆斑，边缘紫红色，似蛇眼状，后期病斑上产生许多小黑点，即病菌的分生孢子器。果柄、花萼、匍匐茎染病后多形成边缘颜色较深的不规则形的黄褐至黑褐色斑，干燥时易从病部断折。

[病原] *Phyllosticta fragaricola* Desm. et Rob.属半知菌草莓褐角斑菌真菌。病菌分生孢子器球形至扁球形，浅褐色，大部分埋生于寄主组织内，直径183～200μm。分生孢子卵圆形至椭圆形，浅色，表面平滑，大小为5～6μm×1.5～2μm。

[发病规律] 病菌以分生孢子器随病残体越冬，也可在保护地内为害越冬。条件适宜时病菌借浇水、施肥和气流传播。高温潮湿适宜发病。保护地内平均温度达20℃以上，长时间处于潮湿状态，则病害发生严重。品种间抗病性差异明显。

[防治方法]

1. 冬、春季彻底清除病叶及腐烂叶集中妥善处理。

2. 对易发病的品种控制施用氮肥，以防徒长，适当稀植。保护地在发病期注意多通风，避免浇水过量。

3. 开花结果期多为此病的初发期，应及时摘除病叶。发病严重时采收后全部割叶，随后加强中耕、施肥、浇水，促使及早长出新叶。

4. 发病初期进行药剂防治。参见草莓轮斑病。

草莓皮腐病
Strawberry leather rot

皮腐病为草莓的重要病害，分布广泛，发生普遍。多在露地发生，保护地亦可发病。通常病株零星，造成少量烂果，严重地块果实染病率可达20%以上，显著影响草莓生产。此病还可在草莓贮运期发生为害。

[症状] 此病主要为害果实。开花至果实成熟均可染病。幼果多从接触地面处侵染，初呈水渍状近圆形或不定形浅黄褐色斑，以后发展成黑褐色。空气干燥，病部硬化似皮革状。空气潮湿，病果软化腐烂，在病部表面产生浓密白霉。成熟果染病，病部软化褪色，呈水渍状腐烂，病斑初为浅黄褐色，以后变成褐色至黄褐色，湿度高时病果表面亦产生白色霉层。

[病原] *Phytophthora cactorum*（Leb.et Cohn）Schrötr属鞭毛菌苹果疫霉真菌。病菌菌丝分枝较少，孢囊梗细长，稍有分枝，孢子囊顶生或侧生，卵圆形，大小为28.5～42.5μm×27.0～38.5μm，顶端有乳状突起。卵孢子球形，直径27～33μm。

[发病规律] 病菌以卵孢子在土壤中越冬，条件适宜时产生孢子囊，遇水释放游动孢子，通过

雨水或浇水传播为害。病菌生长温度8～35℃，最适温度25～28℃，较高温和高湿适宜发病。平畦种植、地势低洼、土壤黏重、偏施氮肥和过度密植发病严重。

[防治方法]

1. 选择地势高燥的壤土地块种植，采用高畦或高垄地膜覆盖方式栽培。

2. 氮、磷、钾肥合理配合施用，生长期加强管理，避免田间积水，发现病果及时清除。

3. 普通种植可在畦沟内铺撒稻壳或碎稻草，避免果实与地面直接接触，阻止病菌溅射传播。

4. 发病初期进行药剂防治。参见结球莴苣霜霉病。

草莓皮腐病病果

草莓果腐病
Strawberry Alternaria fruit rot

果腐病为草莓的普通病害，分布较广，发生较普遍。保护地、露地都可发病，通常为害程度较轻，仅零星烂果，严重时病果率可达10%～15%。

[症状] 此病主要为害果实，以成熟果或近成熟果较多见。染病果实初期软化，以后呈粉白色坏死和不定形腐烂，在病部表面产生初为白色后为绿黑色的霉层，即病菌的分生孢子梗和分生孢子。

[病原] *Alternaria tenuis* Nees 属半知菌细交链孢霉真菌。病菌分生孢子梗直立，分枝或不分枝，淡绿褐色，有屈曲，顶端膨大，具有明显的孢子痕，大小为26～140μm×3～5μm。分生孢子串生，倒棍棒形至长椭圆形，有喙或无喙，绿褐色，有横隔膜2～8个，纵隔膜0～5个，大小为20～71μm×6～15μm（图13-19）。

[发病规律] 病菌腐生性较强，可在多种作物残体上存活。条件适宜时产生分生孢子，借气流传播。多侵染接触地面的成熟果实或受虫伤、被水泡的果实。发病适温23～27℃，需相对湿度90%。草莓采收高峰期，浇水或降雨过多，田间土壤潮湿发病严重。普通平畦栽培发病较重。

[防治方法]

1. 采用高垄或高畦地膜覆盖栽培。

2. 果实成熟后及时采收，并清除田间病果。

3. 合理管理肥水，加强害虫防治，果实采收高峰前期减少浇水，保护地注意通风降湿。

4. 发病初期及时进行药剂防治。参见结球莴苣黑斑病。

草莓果腐病病果

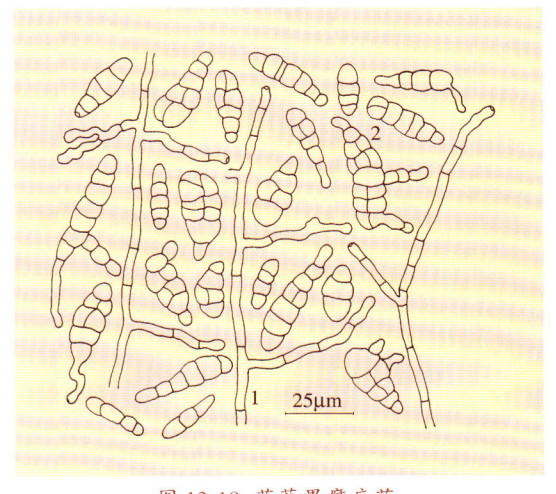

图 13-19 草莓果腐病菌
1. 分生孢子梗 2. 分生孢子

草莓镰孢霉果腐病
Strawberry Fusarium fruit rot

镰孢霉果腐病为草莓的重要病害，分布较广，发生较普遍。生长期和贮运期都可发病，生长期常零星发生，造成少批量烂果，个别地块或特殊年份损失严重。贮运期发病后严重影响商品价值。

[症状] 此病只为害果实，以成熟果或近成熟果较常见。病菌多从伤口或果实与地面接触处侵染，初期病斑灰红至浅黄色，以后变成黄褐色，形状大小不规则，很快扩展至半个及整个果实，随病害发展病部密生白色略带粉红色较致密的絮状霉层，即病菌的菌丝和分生孢子。病果伴随发病即腐烂。

[病原] *Fusarium* sp. 属半知菌镰孢霉真菌。病菌分生孢子多为大型镰刀形孢子，顶胞尖钝圆形，底胞、脚胞明显，具2～4

草莓镰孢霉果腐病中后期病果

草莓镰孢霉果腐病后期病果

个隔膜。

[发病规律] 病菌在土壤中越冬,受伤果实或触地果实易受侵染,温暖潮湿有利于发病。黏土地、种植过密、平畦种植、低洼潮湿地块发病严重。贮运时温度偏高、挤压翻动和通风不良发病较重。

[防治方法]

1. 采用高垄或半高垄地膜覆盖栽培,防止果实与地面接触。

2. 避免大水漫灌,雨后及时排水。保护地浇水后加强通风降湿。

3. 适时采收成熟果实,发现病果及时清除,带到田外集中妥善处理。

4. 必要时在果实近成熟前施药防治,可选用65%多果定可湿性粉剂1 000倍液,或25%敌力脱乳油1 500倍液,或45%特克多悬浮剂1 500倍液,或50%多菌灵可湿性粉剂500倍液喷雾。

5. 带包装运输注意轻拿轻放,减少机械损伤。贮存时尽可能降低贮温,注意通风透气,发现伤病果及时挑出。

草莓芽枯病
Strawberry Rhizoctonia bud rot

芽枯病为草莓的重要病害,分布较广,发生较普遍,保护地、露地都有发生。通常局部零星发病,病株率5%～10%,严重时病株率可达20%以上,明显影响草莓生产。

[症状] 此病主要为害花蕾、幼芽、托叶和叶柄基部。花蕾和新芽染病后萎蔫青枯,以后呈黑褐色枯死。托叶和叶柄基部染病,使托叶倒垂,在叶片和花萼上产生暗褐色病斑,叶片减少,结果也减少,终致叶片和果实畸形,后期易被灰霉病菌寄生,发生此病后常在病部表面产生稀疏的灰白至浅褐色蛛丝状菌丝,而区别于灰霉病。

[病原] *Rhizoctonia solani* Kühn 属半知菌丝核菌真菌。病菌菌丝粗壮,初期无色,老熟时淡褐色,呈直角分枝,分枝处缢缩。老熟菌丝最后形成一连串的桶形细胞,相互交织成质地疏松的黑褐色菌核。

[发病规律] 病菌以菌丝体或菌核随病残体在土壤中越冬,可在土壤中腐生存活2～3年。草莓幼苗在定植时易被侵染而发病,定植后气温低或逢连阴雨天也易发病,遇寒流侵袭或长时间高湿发病严重。保护地栽培长时间闷棚,室内温暖潮湿发病较重。

[防治方法]

1. 实行无病土育苗,栽植无病苗。

2. 重病地块进行土壤处理,可用50%利克菌可湿性粉剂,或50%多菌灵可湿性粉剂,或70%土菌消可湿性粉剂22.5～30kg/hm²,拌细土450～750kg后均匀撒施于定植穴内。

3. 提倡使用酵素菌肥,掌握合适的种植密度,加强棚室温湿度管理,浇水后避免闷棚。

4. 现蕾后用10%立枯灵悬浮剂300倍液,或30%倍生乳油1 200倍液,或5%井冈霉素水剂1 000倍液,或45%特克多悬浮剂1 500倍液,或98%恶霉灵可湿性粉剂2 000倍液喷淋植株。

5. 与灰霉病混合发生时还可用65%甲霉灵可湿性粉剂600倍液,或40%施加乐悬浮剂800～1 000倍液,或10%宝丽安可湿性粉剂800倍液喷雾。保护地可用6.5%甲霉灵粉尘剂15kg/hm²喷粉防治。

草莓芽枯病前期病株

草莓芽枯病后期病株

草莓叶枯病
Strawberry Gnomonia leaf blight

叶枯病为草莓的普通病害,分布较广,发生较普遍。通常病情很轻,对生产无明显影响,严重时致部分植株叶片枯死,在一定程度上影响产量。

[症状] 此病仅见为害叶片,叶片染病初生紫褐色小斑,多分布在叶缘附近,扩大后形成黄绿色大斑。嫩叶染病,多从叶尖开始,沿叶脉向里扩展,形成V字形黄褐色坏死斑,边缘暗褐色,有时病斑上可出现轮纹,后期病部产生黑色小点,即病菌的子囊壳。通常叶片上病斑较少,多为一个大斑,易与轮斑病混淆,需镜检病原区别。

[病原] *Gnomonia fructicola*(Arnaud)Fall.属子囊菌草莓日规壳真菌。病菌子囊壳多在土壤中形成。子囊孢子长纺锤形,双细胞,无色。病菌分生孢子盘呈黏块状,分生孢子椭圆形,单胞,无色。

[发病规律]
病菌随病残体在土壤中越冬。条件适宜时产生子囊孢子或分生孢子，通过气流传播进行初侵染，发病后多以分生孢子形成再侵染，使病害扩展蔓延。温暖潮湿

草莓叶枯病中期病斑

草莓叶枯病后期病叶

适宜发病。草莓生长前期和中期潮湿多雨，或连阴雨、日照较少、植株生长衰弱易发病，棚室内高温潮湿也有利于发病。品种间抗病性存在一定程度差异。

[防治方法]
1. 收获后彻底清除病残老叶，集中妥善处理。
2. 因地制宜选用较抗病品种，目前达娜、高岭等品种较耐病，可选

用试种。此外还可试用其他抗病品种，参见蛇眼病。
3. 增施底肥，配合施用磷、钾肥。加强田间管理，增强植株抗病力。避免大水漫灌，保护地注意加强通风排湿，尽可能增加植物的光照，避免偏施氮肥。
4. 发病初期进行药剂防治。参见菊苣轮纹病。

草莓枯萎病
Strawberry Fusarium wilt

枯萎病为草莓的普通病害。部分地区发生分布，多在连茬几年种植草莓的田块或棚室发生。通常病株零星，轻度影响草莓生产，严重时病株率可达30%左右，显著影响产量。

[症状] 此病在草莓全生育期都可发生，以生长前期发病对生产影响大。发病多从一侧向全株发展，初期仅心叶变黄，有的卷缩或产生畸形叶，使病株叶片失去光泽，长势衰弱，随病害发展叶缘逐渐坏死，老叶呈紫红色萎蔫，终致全株枯黄坏死。剖开根冠和茎部，可见根部、茎部、果梗和叶柄维管束变褐。田间易和黄萎病混淆，枯萎病心叶变黄、卷缩或畸形，多在高温季节发生，区别于黄萎病。

[病原] *Fusarium oxysporum* Schl. f. sp. *fragariae* Winks et Willams 属半知菌尖镰孢霉草莓专化型真菌。病菌大型分生孢子镰刀形至纺锤形，直或弯曲，基部具有足细胞或近似足细胞，3～5个隔膜，以3个隔膜的居多，大小为19～45μm×2.5～5μm。小型分生孢子卵形或肾形，无色，单胞或双胞，大小为5～26μm×2～4.5μm。厚垣孢子球形，多数单胞，顶生或间生，光滑或皱缩，直径为5～15μm。

病残体在土中或随未腐熟肥料越冬，种子亦可带菌。厚垣孢子在土中可存活5～10年，病土和病肥是引起发病的主要初侵染源。在田间，病菌主要通过分苗、移栽、中耕、浇水等传播蔓延，由

草莓枯萎病中后期病株

[发病规律]
病菌主要以菌丝体和厚垣孢子随

草莓枯萎病前期病株

草莓枯萎病后期病株

根部自然裂口或伤口侵入。土壤温度15～32℃均可发病，以22～32℃较适宜。通常连作时间长、土壤黏重、地势低洼、排水不良的地块发病较重，耕作粗放、土壤贫瘠、偏酸、施用未腐熟沤肥，或地温低，植株根系发育不良等病害亦发生较重。品种间抗病性存在着差异。

[防治方法]

1. 重病地区实行与禾本科作物3年以上轮作，有条件的最好实行水旱轮作。

2. 选用相对抗病的优良品种。可试用全明星、哈尼、梯旦、宝交早生、盛冈16、82-6、82-2、83-35、绿色种子、金明星、明宝、静香、丰香、春香等。

3. 无病田育苗、分苗，栽种无病苗。

4. 发现病株及时拔除，集中妥善处理，病穴喷浇药液消毒灭菌。

5. 药剂防治。参见西瓜枯萎病。

草莓白粉病
Strawberry powdery mildew

白粉病为草莓的普通病害，局部地区发生分布，露地、保护地都可发病。通常病情较轻，对生产无明显影响。严重地块或棚室病株率可达80%以上，病果率可达30%，显著影响草莓的产量与质量。

[症状] 此病主要为害叶片和果实，严重时亦侵害叶柄、花萼和匍匐茎。叶片染病，在叶两面产生白色粉状斑，随病害发展病斑上形成白色粉末状物，即病菌的菌丝和分生孢子。严重时多个病斑相互汇合致叶片卷曲坏死。果实染病，也在果实表面形成形状和大小差异较大的白色粉斑，其上产生较明显的白色粉末状物。叶柄、花萼、匍匐茎染病亦在病部表面产生白色粉状物。

[病原] *Sphaerotheca aphanis*（Wallr.）Braun 属子囊菌羽衣草单囊壳真菌。病菌菌丝生于叶两面和果实、叶柄、花萼、嫩茎表面，分生孢子梗与菌丝相近，分生孢子圆筒形至椭圆形，串生，无色，大小为18～30μm×12～18μm。子囊果球形至近球形，聚生或散生，褐色，壳壁细胞不规则多角形，附属丝丝状，屈膝状弯曲，3～13根，长为子囊果直径的0.2～8倍，子囊果大小为60～93μm。子囊广椭圆形至椭圆形，单个无色，大小为53～99μm×45～84μm。子囊孢子8个，个别6个，椭圆形至长椭圆形，无色，具1～3个油点，大小为15～33μm×9～20μm。

[发病规律] 病菌在寒冷地区以子囊果随病残体越冬，也可在保护地内越冬。温暖地区病菌以菌丝或分生孢子在寄主上为害越冬。越冬病菌在条件适宜时产生子囊孢子或分生孢子形成初侵染，发病后产生分生孢子借气流或雨水传播蔓延，形成多次重复侵染。气温15～30℃，相对湿度80%以上适宜产生分生孢子。温暖潮湿有利于发病。草莓生长期高温干旱与高温高湿交替出现，病害发生严重。品种间抗病性差异明显。

[防治方法]

1. 采收后彻底清除田间病残组织，减少越冬菌源。

2. 因地制宜地选用抗病品种，可抑制病害，如明宝草莓等。

3. 发病初期及时进行药剂防治，可选用2%农抗120水剂，或2%武夷菌素水剂200倍液，或43%菌力克悬浮剂8 000倍液，或10%世高水分散粒剂8 000倍液，或40%福星乳油6 000～8 000倍液，或30%特富灵可湿性粉剂1 500～2 000倍液，或40%多硫悬浮剂500倍液喷雾，兼防灰霉病，还可选用45%特克多悬浮剂1 000～1 500倍液喷雾。保护地可选用5%百菌清粉尘剂15kg/hm² 喷粉防治。

草莓白粉病前期病果

草莓白粉病中期病果

草莓黄萎病
Strawberry Verticillium wilt

草莓黄萎病病株

黄萎病为草莓的重要病害，部分地区发生分布，保护地、露地都可发生。通常零星发病，病株率1%～5%，重病地块或棚室发病率可达10%以上，明显影响草莓生产。

[症状] 此病多在开花坐果期发生，以坐果盛期病害严重。病株初期外部叶片萎蔫下垂，叶缘或叶尖逐渐褪绿变黄，继而干缩变褐，最后坏死。随病害发展植株叶片由外向内逐渐褪色显症，呈灰绿色萎蔫，最后全株坍倒死亡。剖开根茎可见维管束变褐，并沿叶柄和花序向上扩展。

[病原] *Verticillium dahliae* Kleb.属半知菌大丽菊轮枝霉真菌。病菌菌丝无色至褐色，有隔膜，分生孢子梗直立，长110～200μm，孢子梗上具有1～5个轮枝层，每层有2～3枝轮枝，轮枝长10～35μm。分生孢子椭圆形至卵圆形，单胞，无色，单生于分枝末端，大小为3～7μm×1.5～3μm。有时具有一个分隔，湿度高时分生孢子呈假头状。菌丝可形成厚垣孢子和拟菌核。

[发病规律] 病菌可以休眠菌丝、厚垣孢子和拟菌核，随病株残体在土壤中越冬，可在土壤中存活多年。病菌还有可能以菌丝潜伏在种子内和以分生孢子附着在种子外随种子越冬，田间发病以土壤中越冬病菌为主。病区可通过带菌堆肥、土壤和多种其他寄主传播。病菌从根部伤口或直接从幼根表皮和根毛侵入。侵入后病菌在维管束内发育繁殖，逐渐扩展到叶、果和种子。在田间主要通过浇水、降雨和管理传播。草莓开花坐果期较长时间低温，其地温持续低于15℃此病容易发生。重茬种植、地势低洼积水，或地下害虫严重，则病害发生较重。品种间抗病性差异较大。

[防治方法]
1. 重病地区实行与单子叶作物轮作，与葱蒜类或与粮食类作物轮作较理想。

2. 选用相对抗、耐病品种，新引进的品种可用50%多菌灵可湿性粉剂500倍液浸种1 h进行种子灭菌处理。

3. 采用无病土育苗。老苗床可用50%多菌灵可湿性粉剂，或50%萎福双可湿性粉剂22.5～30kg/hm²，拌适量细土均匀施于苗床，进行土壤灭菌。

4. 定植时或发病初期施用药液浇灌。可选用20%萎锈灵乳油3 500倍液，或30%二元酸铜悬浮剂350倍液，或80%防霉宝超微可湿性粉剂600倍液，或10%治萎灵水剂300倍液，或12.5%增效多菌灵浓缩可溶剂500倍液，或98%恶霉灵可湿性粉剂2 000倍液浇灌植株，每株浇药液0.25～0.3L。

草莓沤根
Strawberry moisture stress

草莓沤根受害苗

沤根为草莓的常见生理病害，各地都有发生。通常局部地区发病，使部分植株发育迟缓或死亡，在一定程度上影响生产。严重地块可致植株成片死亡，明显影响产量。

[症状] 此病多发生在分苗和移植时期。主要是根系受害，沤根时常表现新根不发，老根根皮变褐发锈，逐渐坏死甚至腐烂。地上部似缺水状，外叶萎蔫，以后变褐枯焦。严重时长时期不能恢复正常而死亡。

[病因] 沤根主要因分苗或移植后土壤长时间持续低温，或浇水过量，或遇连阴雨天使土壤含水量持续很高而缺乏氧气，根系受低温和缺氧影响，正常生理机能持续受到抑制使根部细胞逐渐坏死所致。通常黏土地、低洼地、下湿地，或采用卧栽地块容易发病。

[防治方法]
1. 选择地势高燥的壤土地块分苗和种植草莓。

提倡使用酵素菌肥。重病地区选用耐涝抗低温品种。

2. 采用高垄或高畦栽培，低洼地、下湿地深挖排水沟。

3. 加强田间管理，露地种植雨后及时排水。

保护地在分苗和定植后尽量提高管理温度，防止地温长时间低于5～6℃，避免浇大水，防止田间积水。

4. 发生轻微沤根时，及时中耕松土，以利改善土壤通透性和提高地温。必要时可施用生根剂。

草莓肥害
Strawberry fertilizer injury

肥害是草莓的一般性非侵染性生理伤害。生产中时有发生，程度轻时对生产无影响，严重时明显影响草莓生产。

[症状] 肥害症状因施肥方式、肥料种类和受害部位不同而表现出差异。较常见的表现为叶缘坏死变褐，由外向内干枯。另一种是表现心叶和根系坏死，或在叶面上出现灼烧坏死斑。

[病因] 叶缘坏死肥害症状常因施碳酸氢铵或尿素等数量较大，施肥后没有及时覆土，散发在空气中的氨气浓度过高，叶片吸收后发生铵中毒，致叶片组织坏死，叶绿素解体，而出现褐色坏死斑。施肥不当，肥料直接接触叶片，肥料吸水后形成很高浓度的肥料溶液，与叶表皮和叶肉细胞形成很强的渗透压，使叶表皮和叶肉细胞局部失水坏死变褐。同样，因施肥不当肥料直接与心叶、根系及其他器官接触，即产生类似受害状。土壤中过量施用尿素或碳酸氢铵等肥料，可导致土壤盐溶液浓度过高，使根系细胞组织与外界土壤形成很强的渗透阻力，植株根系吸收养分和水分的正常机能受到抑制而表现受害。有些肥料，特别是未腐熟的堆肥、农家肥等施在土壤中，在空气、水分、温度作用下，产生一些有机酸和释放热量，当根系忍耐不了高酸、高热的作用时即发生肥害。

[防治方法]

1. 根据草莓生长发育特性，适量合理施肥，注意氮、磷、钾肥配合施用，防止一次过量偏施氮肥。

2. 采用适当的施肥方法，施肥后注意表面覆土，防止肥料挥发。施肥后根据土壤墒情决定是否需要浇水，通常在施肥后需保持土壤湿润。

3. 施用化肥需根据天气、土壤、植株生长情况和肥料的理化性质，选择相应的施肥方法，提倡化肥与生物肥配合施用。

4. 发生肥害时应加强管理，若施肥不当尚未表现受害症状前，应及时采取补救措施，可针对性采取盖土，或喷淋叶片，或浇水等方法，快速改善空气或土壤环境，避免或减轻肥害。发生肥害后需加强水、肥、风等全面管理，促使植株恢复正常，减少肥害损失。

草莓肥害中度受害叶片

草莓肥害重度受害株

草莓肥害恢复株

7. 霸王花病害 Diseases of nightblooming cereus

霸王花炭疽病
Nightblooming cereus anthracnose

炭疽病为霸王花的主要病害，分布广泛，发生普遍，种植地区都有发生，多在夏、秋季发病。一般病株率10%～20%，重时达30%以上，终使植株因病坏死。

[症状] 此病主要为害茎部，初在茎节上或在茎边缘出现水渍状淡褐色小斑，后扩大成圆形至椭圆形或半圆形至不定形褐色斑。病部呈湿腐状下陷，边缘稍隆起，后期病斑中央转为灰褐至灰白色，病斑表面呈现明显或不明显轮纹，前期病斑边缘常具有黄色晕环。湿度高时病斑表面散生或轮生初为赭红色后为暗黑色的小点，即病菌的分生孢子盘和分生孢子。随病害发展病斑相互连接致茎节坏死干枯或腐烂。

[病原] *Colletotrichum gloeosporioides*（Penz.）Sacc. 和 *C.montemartinii* var. *rhodeae* Trav.属半知菌盘长孢刺盘孢真菌和万年青炭疽刺盘孢菌真菌。*C.gloeosporioides* 分生孢子盘圆形至椭圆形，黑褐色，刚毛有或无，直立，浅褐色至褐色，顶端色淡而钝。分生孢子圆筒形，无色，单胞，具2个油球，两端钝圆，大小为15～22μm×3.5～5μm。

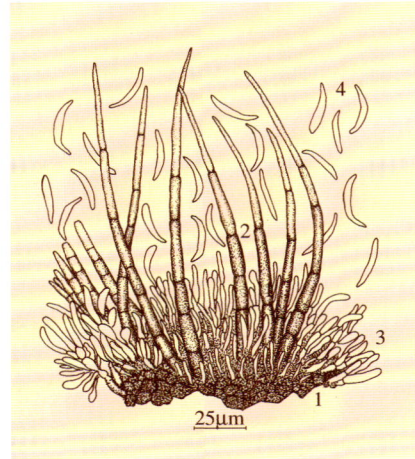

图13-20 霸王花炭疽病菌
1. 分生孢子盘 2. 刚毛
3. 分生孢子梗 4. 分生孢子

C. montemartinii 分生孢子盘圆形至椭圆形，黑褐色，刚毛深褐色，有隔膜2～6个，大小为45～170μm×5～7.5μm。分生孢子新月形，大小为22.5～28.5μm×2.6～4.5μm（图13-20）。

发病规律、防治方法参见仙人掌炭疽病。

霸王花炭疽病中后期病斑

霸王花炭疽病后期病斑

霸王花日灼病
Nightblooming cereus sunscald

日灼病为霸王花的普通病害，种植地区都可发生，一般夏、秋季较重，影响产品质量。

[症状] 此病多发生在阳光直射的叶片上，亦可发生在叶面凹陷积水处，初为暗绿色至褐色椭圆形坏死斑，以后变成灰白色或浅黄褐色，病健边缘分界明显，常有一褐色圈，后期病斑上多腐生灰黑色霉层。有时可因细菌感染而腐烂。

[病因] 此病由于炎热高温季节，植株突然较长时间暴晒，局部灼伤或因叶面凹处积水大量吸热造成烫伤所致。

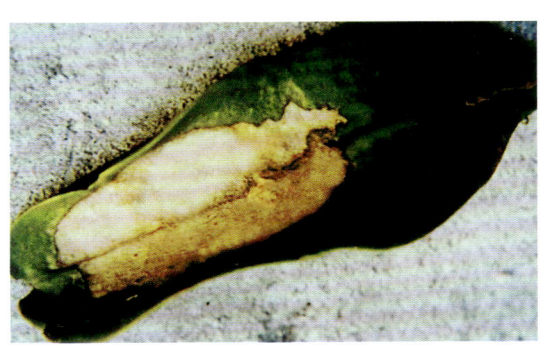

霸王花日灼病中后期受害叶

[防治方法] 因地制宜采取遮荫措施，避免长时间在较弱光环境后突然暴露在强阳光下直晒。

8. 杜鹃花病害 Diseases of azalea

杜鹃花灰霉病
Azalea gray mold

灰霉病为杜鹃花的重要病害，分布较广，保护地和露地都有发病，一旦发生，花受害率很高，常达80%以上，显著影响可食用花的数量和质量。

[症状] 此病主要为害花器，多沿花瓣边缘侵染，逐渐向里扩展。病花初呈灰白至浅橙黄色坏死，以后病部呈黄褐色腐烂。空气潮湿，病部表面产生灰色霉层，即病菌的分生孢子梗和分生孢子。空气干燥，染病花瓣干缩枯焦。

[病原] *Botrytis cinerea* Pers.属半知菌灰葡萄孢真菌。详见鸭儿芹灰霉病。

发病规律、防治方法参见鸭儿芹灰霉病。

杜鹃花灰霉病病花

杜鹃花黑腐病
Azalea Pestalotia rot

黑腐病为杜鹃花的重要病害，部分地区发生分布，主要在早春发病。通常病株率20%～40%，在一定程度上影响花的质量，严重时发病

杜鹃花黑腐病病花

率达100%，显著影响生产。

[症状] 此病主要侵害花，重时亦侵染叶片。多从日灼、冰冻、机械损伤或较衰弱的花开始侵染，沿花瓣边缘向里呈灰褐至紫褐色坏死，以后干缩或腐烂，最后在病部长出暗褐色小点，即病菌的分生孢子盘。亦可直接侵染花瓣，初生灰白色坏死小点，以后逐渐扩大坏死变褐。叶片染病，初期病斑灰白至浅黄色，边缘暗褐色，后期变成浅褐色至暗褐色枯死斑，相互连接致叶片枯死，其上可产生针尖大小的暗色分生孢子盘。

[病原] *Pestalotia macrotricha* Kleb.属半知菌杜鹃花盘多长毛孢菌真菌。分生孢子大小为25～31μm×7.4～9.4μm；鞭毛2～4根，长13～40μm。

[发病规律] 病菌随病残体越冬，春天借风雨传播形成初侵染，发病后病部产生分生孢子进行再侵染。温暖潮湿利于发病。土壤贫瘠，植株生长衰弱容易发病。

[防治方法]

1. 增施肥料，增强寄主生长势，根据杜鹃喜光，但忌烈日曝晒等特性，选择夏季不易发生日灼、冬季不易发生冻害的地块种植。

2. 发病初期施药防治。可喷洒30%倍生乳油1500倍液，或40%百科乳油1500倍液，或25%施保克乳油800倍液，或70%甲基托布津可湿性粉剂600倍液，或2%加收米水剂500倍液。

蔬菜害虫

Pests of Vegetables

蔬菜害虫

Pests of Vegetables

十四、十字花科蔬菜害虫

Pests of Cruciferae Vegetables

菜蛾〔*Plutella xylostella*（L.）〕属鳞翅目菜蛾科。又名小菜蛾、小青虫、两头尖、方块蛾。全国普遍分布，露地、保护地都发生，以我国南方和常年种植叶类蔬菜的地区发生严重。主要为害青花菜、芥蓝、豆瓣菜、京水菜、芝麻菜、乌塌菜、薹菜、辣根等蔬菜，损失严重。

[为害特点] 菜蛾以幼虫为害。一至二龄幼虫仅能取食叶肉，残留表皮，在菜叶上形成一个个"天窗"状透明斑痕，三至四龄幼虫可将菜叶吃成孔洞或缺刻，严重时全叶被吃成网状。幼苗期幼虫常集中为害心叶，影响菜心生长，也为害嫩茎和花蕾等组织。

[形态特征] 成虫为灰褐色小蛾，体长6～7mm，翅展12～15mm，翅狭长。前翅后缘有黄白色三度曲折的波纹，两翅合拢时呈屋脊状，形成三个相接的菱形斑。前翅缘毛长，翘起呈鸡尾状。雄蛾腹部末节腹面左右分裂，雌蛾腹部末节呈管状，不分裂。卵扁平、椭圆状，约0.5mm×0.3mm，浅黄绿色，表面光滑，略具光泽。老熟幼虫体长10～12mm，头黄褐色，胸腹部黄绿色，体节明

显，两头尖细，腹部4～5节膨大。虫体呈纺锤形，臀足向后伸长，超过腹部末端。蛹长5～8mm，黄绿至灰褐色，纺锤形，外被灰白色透明薄茧，透过茧可见蛹体。翅芽达第五腹节后缘，无臀刺，肛门周缘有3对钩刺，腹末有小钩4对。

[生活习性] 此虫在各地年发生世代差异较大。东北地区2～4代，华北4～6代，华南20代左右，海南22代。多代区世代重叠严重。长江流域及以南地区此虫周年发生为害。北方以蛹越冬，也可以幼虫、成虫在保护地内过冬。越冬蛹多在5月天气转暖后开始羽化。越冬代成虫寿命可长达100天，其它各代成虫寿命11～28天。成虫羽化后当天即可交尾，1～2天后产卵。产卵期可达

菜蛾为害（羽衣甘蓝）状

菜蛾成虫放大

菜蛾为害（菜心）状和菜蛾成虫

菜蛾幼虫

10天。成虫昼伏夜出，白天隐藏在植株荫蔽处，受惊扰时在植株间作短距离飞行，也可随风作远距离迁飞。黄昏后开始取食、交尾、产卵，午夜前后活动最盛，有趋光性。卵散产或数粒集聚在一起，多产于寄主叶脉间凹陷处。每雌平均产卵约200粒。卵期3～11天。幼虫期12～27天。幼虫共4龄，初孵幼虫潜入叶肉取食，二龄初从隧道中退出，取食下表皮和叶肉，留下上表皮呈"天窗"状，三龄后可将叶片吃成孔洞，严重时仅剩网状叶脉。通常一龄食量仅占整个幼虫期食量的3%，二至三龄占19%，四龄占78%。幼虫活跃，遇惊扰即快速扭动、倒退、翻滚或吐丝下垂。老熟幼虫在被害叶反面或枯叶、枯草上吐丝做薄茧，

在茧内化蛹。蛹期5～15天，平均9天。成虫发育适宜温度20～30℃，0～10℃可存活数月，10～40℃可存活并繁殖。其抗逆性强，适温范围广，为害时期长、程度重。北方5～6月和8～9月多出现两个发生高峰。南方3～6月和8～11月出现两个为害盛期，一般秋季重于春季。海南10月至翌年3～4月发生为害严重。盛夏时节，各地多因高温多雨和天敌等因素综合抑制作用，发生数量显著下降。但凡是在寄主生长适宜季节或周年十字花科蔬菜连作套种，菜蛾常猖獗成灾。主要天敌有菜蛾绒茧蜂（*Apanteles plutella*）、菜蛾双缘姬蜂（*Diadromus* sp.）、亚非草蛉（*Chrysopa boninensis*）和颗粒体病毒（paGV）等。

[防治方法]

1. 合理布局。一定范围尽量避免十字花科蔬菜周年连作、套栽，切断虫源。加强苗期防虫，避免菜苗传带害虫。收获后及时清除和处理残株败叶，消灭残存虫源。

2. 利用成虫的趋光性，设置黑光灯或高压诱虫灯诱杀成虫。利用性诱剂诱杀，可挂性诱器诱捕，或用铁丝穿吊诱芯（含人工合成性诱素50mg/个）悬挂在水盆水面上方1cm处，水中加适量洗衣粉，或悬挂自制诱捕罩，每只诱芯诱蛾半径可达100m，有效诱蛾期1个月以上。

3. 药剂防治。由于菜蛾虫体小，世代多，繁殖快，使用农药频繁，极易产生抗药性。药剂防治必须注意不同性状药剂间交替轮换，优先使用非化学杀虫剂。①微生物杀虫剂。如苏云金杆菌Bt乳剂、粉剂，复方Bt乳剂、粉剂，杀螟杆菌、青虫菌粉剂500～1 500倍液，每毫升约10⁸个活孢子，在气温

菜蛾幼虫放大

菜蛾蛹

双光雷达自控害虫诱杀灯

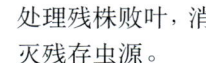
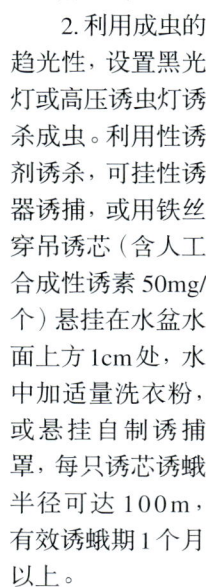
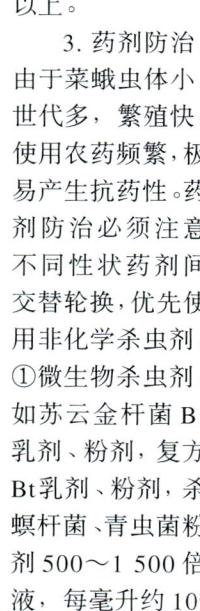

诱杀灯夜间应用情况

落地式双光雷达自控害虫诱杀灯

性诱捕器

性诱捕罩

性诱捕效果

20℃以上时喷雾；或用3%敌宝可湿性粉剂1 000～1 500倍液，或2.5%菜喜悬浮剂1 000～1 500倍液喷雾防治。②选用昆虫特异性杀虫剂，如5%抑太保乳油，或5%卡死克乳油、5%农梦特乳油3 000～4 000倍液，或25%灭幼脲3号悬浮剂500～1 000倍液，或20%除虫脲悬浮剂3 000～5 000倍液，或促蜕皮仿生杀虫剂米满2 000～3 000倍液喷雾。施药时间较普通杀虫剂提早3天左右。③选用抗生素类杀虫剂，如1.8%虫螨克乳油2 500～3 000倍液，或25%菜喜悬浮剂1 000～1 500倍液喷雾。④选用植物性杀虫剂，如1%印楝素水剂800～1 000倍液，或0.5%藜芦碱醇溶液800～1 000倍液，或0.65%茼蒿素水剂400～500倍液喷雾。⑤使用低残低毒留高活性化学杀虫剂，如3%莫比朗乳油1 000～2 000倍液，10%多来宝悬浮剂1 500～2 000倍液，或12.5%保富悬浮剂8 000～10 000倍液，或2.5%天王星乳油、10%除尽悬浮剂1 200～1 500倍液喷雾。

菜 粉 蝶
Imported cabbage worm

菜粉蝶［*Pieris rapae*（Linnaeus）］属鳞翅目粉蝶科。又名白粉蝶、菜白蝶，其幼虫称菜青虫。全国分布。主要在露地发生。春、夏、秋季连续种植十字花科蔬菜的地区发生严重。主要为害青花菜、紫甘蓝、芥蓝、球茎甘蓝、抱子甘蓝、羽衣甘蓝等蔬菜和多种普通十字花科蔬菜，以青花菜受害严重。

菜粉蝶为害（青花菜、仙人掌）状

[为害特点] 菜粉蝶以幼虫取食叶片。二龄前幼虫只能啃食叶肉，留下一层透明的表皮。三龄后可蚕食整个叶片，轻则吃成孔洞，重则仅剩叶脉，严重影响植株生长发育和包心，造成减产。虫口密度高时幼虫啃食花蕾，造成菜株或花球腐烂。此外，虫粪还污染青花菜花球，降低产品质量。

[形态特征] 成虫体长12～22mm，翅展45～55mm，体灰黑色，翅白色，顶角灰黑色。雌蝶前翅有2个明显黑色圆斑，雄蝶只有一个明显黑斑。卵为弹头状，高约1mm，宽约0.4mm，表面具纵脊和横格，初产乳白色，后为橘黄色。幼虫体长15～20mm，青绿色，背线淡黄色，腹面绿白色，体表密布细小黑色毛瘤，沿气门线有黄斑。蛹纺锤形，长18～21mm，中间膨大，并有棱角状突起，绿色至棕褐色。

[生活习性] 菜粉蝶在我国由北往南年发生3～9代。各地发生代数、历期不同。华北地区年发生4～5代，华中5～8代，华南8～9代。各地均以蛹多在菜地附近的墙壁、屋檐下或篱笆、树杆上、土缝、杂草和枯枝落叶堆内越冬。一般在背阳的一面，多分布在秋茬以十字花科蔬菜为主的菜田及周围。越冬蛹蛹期可达半年。翌春4月越冬蛹开始羽化，成虫边取食花蜜边产卵。以晴暖的中午活动最盛，夜间和风雨天常躲在隐蔽处。

交尾后 3～7 天开始产卵。成虫期 7 天。卵散产，多产于叶背。每头雌虫产卵 100～140 粒，平均 120 粒左右。幼虫不活跃，一般不转株为害。卵的发育起点温度 8.4℃，有效积温 56.4℃，发育历期 3～8 天；幼虫的发育起点温度 6℃，有效积温 217℃，发育历期 11～22 天；蛹的发育起点温度 7℃，有效积温 150.1℃，发育历期 5～16 天；成虫寿命 5 天左右。菜粉蝶发育最适温度 20～25℃，相对湿度 76% 左右，与寄主作物发育适宜温湿度接近，多在春、夏交接期和中秋期形成两个高峰。各地因气候差异，重点为害期很不一致。常在十字花科蔬菜生产的旺盛季节严重为害，且世代重叠严重。在自然条件下天敌对菜粉蝶有一定控制作用。目前已知天敌有 70 多种。卵期重要天敌有广赤眼蜂（*Trichogramma evanescens*）等；幼虫期重要天敌有微红绒茧蜂（*Apanteles rubecula*）黄绒茧蜂（*A. glomeratus*）、颗粒体病毒（prGV）等；蛹期重要天敌有凤蝶金小蜂（*Pteromalus puparum*）等。

[防治方法] 根据菜粉蝶发生为害特性，宜采取多项综合防治措施。重视蔬菜品种合理布局，避免十字花科蔬菜连作。秋季收获后及时清除田间杂草、残株及败叶，杀灭虫蛹，尽可能减少越冬虫源。成虫盛发期在清晨露水未干时人工捕捉，或在成虫活动时进行网捕。药剂防治避免采用广谱杀虫剂，尽量保护利用天敌，发挥天敌自然控制作用。施药适期宜掌握在卵盛期后 3～5 天。使用微生物杀虫剂或昆虫特异性杀虫剂，施药时间需提前 2～5 天。药剂防治参见菜蛾防治方法。

菜粉蝶卵粒放大

青花菜田间受害状

菜粉蝶幼虫为害青花菜

菜粉蝶幼虫为害菜心

菜粉蝶蛹

菜粉蝶幼虫为害紫甘蓝

菜粉蝶成虫

斑 粉 蝶
Bath white

斑粉蝶［*Pontia daplidice*(Linnaeus)］属鳞翅目粉蝶科。又名云斑粉蝶、花粉蝶、朝鲜粉蝶。在华北地区发生分布，常与菜粉蝶混合发生。主要为害青花菜、紫甘蓝、芥蓝、菜心等蔬菜。

[为害特点] 幼虫取食叶片，形成孔洞和缺刻，排泄粪便污染菜株。

[形态特征] 成虫体长 1 5 ～ 18mm，灰黑色；翅展 40～48mm，白色。雄蝶前翅顶角有一群黑斑，中央横脉处有一黑斑，后翅背面黑斑隐约可见；雌蝶前翅黑斑均比雄蝶大，中央黑斑至外缘之间有一黑斑，后翅外缘有一列黑斑。卵弹头状，表面具纵横网格，高约 1mm。老熟幼虫体长约 30mm，蓝灰色，头部及体表散布紫黑色突起，上有短毛，胴部具相间的黄

色纵纹。蛹与菜粉蝶的蛹近似，但体表有黑斑。

[生活习性] 斑粉蝶主要在东北、华北、西北等地区发生。各地发生世代不一。华北地区年发生3～4代，以蛹越冬。发生时期与菜粉蝶接近，但虫口比例在年度间和地区间都有所不同，一般都零星发生。

[防治方法] 此虫常与菜粉蝶混合发生，可在防治菜粉蝶时兼治，一般不单独防治。

斑粉蝶成虫取食花蜜

斑粉蝶幼虫

斑粉蝶成虫

绒茧蜂寄生斑粉蝶幼虫

大 菜 粉 蝶
Large white

大菜粉蝶［*Pieris brassicae*(Linnaeus)］属鳞翅目粉蝶科。又名欧洲粉蝶。主要分布在我国西部地区。可为害青花菜、紫甘蓝、芥蓝、抱子甘蓝、皱叶甘蓝、羽衣甘蓝等多种十字花科蔬菜。

[为害特点] 大菜粉蝶以幼虫食叶，并排泄粪便污染菜株，后期将叶片吃光，仅留叶脉。严重时，钻蛀叶球或花茎，显著降低产品质量，甚造成菜株腐烂。

[形态特征] 成虫体型较大。翅展60～70mm。前翅白色，顶角黑色，内缘成圆弧形。雌蝶具3个黑斑亦略呈弧形排列，雄蝶无黑斑。后翅白色，有时微带黄色，前缘具黑斑。卵弹头状，淡黄色，

高约1mm，表面具纵横网格。老熟幼虫体长38～44mm，头部黑色，胴部蓝绿色，带黑点；体背黄色，体侧具白毛构成隐约的条纹，各节每侧具一显著黑斑。蛹淡黄至绿色，具黑斑或黑点。

[生活习性] 此虫常在西南、西北地区发生，新疆地区发生尤为严重。成虫白天活动。卵成丛产于叶面。每雌可产2～3丛，每丛50～80粒。初孵幼虫群集为害，后分散到周围菜株上取食。老熟幼虫在寄主植株的叶或茎叶上化蛹。以蛹越冬。夏季高温条件下，卵、幼虫及蛹的发育历期平均为3.2、5.6、7.3天，春季低温情况时分别为17.6、40.7、28.8天。

防治方法参见菜粉蝶。

大菜粉蝶幼虫

大菜粉蝶幼虫放大

甘蓝夜蛾
Cabbage moth

甘蓝夜蛾〔*Mamestra brassicae*(L.)〕属鳞翅目夜蛾科。又名甘蓝盗蛾。主要分布在我国北方地区。为害十字花科、豆科、茄科、葫芦科、藜科、伞形花科等100多种蔬菜。以青花菜、芥蓝、

甘蓝夜蛾黑色型幼虫

甘蓝夜蛾褐色型和白色型幼虫

皱叶甘蓝、抱子甘蓝等十字花科蔬菜受害严重。

[为害特点] 甘蓝夜蛾以幼虫为害。初孵幼虫群集叶背取食叶肉，残留表皮，三龄后将叶片吃成孔洞或缺刻，四龄后分散为害，昼夜取食，六龄幼虫白天潜伏根际土中，夜出为害。大龄幼虫可钻入叶球为害，并排泄大量虫粪，污染叶球，引起腐烂。

[形态特征] 成虫体长20mm，翅展45mm，棕褐色。前翅有明显的肾形斑和环形斑，后翅外缘有一个小黑斑。卵半球形，淡黄色，顶部具一棕色乳突，表面具纵脊和横格。老熟幼虫体长50 mm，头部褐色，胴部腹面淡绿色，背面呈黄绿或棕褐色。褐色型各节背面具倒八字纹。蛹长20mm，棕褐色，臀棘为2根长刺，端部膨大。

[生活习性] 东北、西北、华北均有发生。黑龙江年发生2代，内蒙古、华北2～3代，陕西南部及重庆年发生4代。以蛹在土中越冬。甘蓝夜蛾发育最适温度18～25℃，相对湿度70%～80%，温度低于15℃或高于30℃及相对湿度低于68%或高于85%均不利于甘蓝夜蛾的发生。在我国北方地区，甘蓝夜蛾在春、秋两茬甘蓝、白菜上出现两次发生高峰，此时的十字花科等多种蔬菜亦受害较重。在华北地区三代成虫发生期分别为5月下旬、7月中旬和8月下旬，一般第二代发生轻，第三代发生重。成虫需要补充营养。成虫发生期有无蜜源植物对成虫寿命和产卵量有显著影响，直接关系到下一代的发生量。成虫对黑光灯和糖蜜气味有较强趋性，喜欢在植株高而密的田间产卵。卵产于寄主叶背，单层成块。每雌可产4～5块，600～800粒。卵的发育适温23.5～26.5℃，历期4～5天。幼虫共6龄，一至二龄幼虫因前2对腹足尚未长大，行走如尺蠖，易与银纹夜蛾混淆；三龄后有所分散，一般仍在产卵周围的植株上，在田间表现为成团分布；四龄后食量大增；五至六龄为暴食期。幼虫发育适温20～24.5℃，老熟幼虫入土6～7cm做土茧化蛹。蛹发育适温20～24℃，发育历期10天左右，但越夏蛹历期达2个月，越冬蛹历期达半年以上。蛹在土壤中适宜的含水量为20%，5%以下或35%以上羽化率大大降低。成虫发生期前旬降雨量在30～60mm，且分布较均匀时有利于羽化成虫，少于20mm或80mm以上则不利于成

虫羽化。

[防治方法]

1. 加强田间调查监测。由于三龄后幼虫分散,并常钻入叶球,很难防治,初龄期幼虫对药剂较敏感,且集中取食,暴露在外,易用药防治,必须重视田间虫情调查监测。通常采用黑光灯或糖醋盆,监测每日成虫发生量。在成虫盛期一周后即为防治适期。

2. 根据甘蓝夜蛾以蛹在土中越冬,对菜田进行秋耕或冬耕可消灭部分虫蛹。甘蓝夜蛾卵成块产于菜叶上,二龄前幼虫不分散,极易发现,结合田间管理及时摘除。

3. 在成虫期设置黑光灯或糖醋盆诱杀,亦可在春季结合诱杀地老虎成虫同时进行。

4. 甘蓝夜蛾卵期人工释放赤眼蜂,每公顷90～120个放蜂点,每次放2 000～3 000头。隔5天1次,持续2～3次,寄生率可达80%以上。

5. 药剂防治。参见菜蛾防治。喷洒苏云金杆菌制剂宜选用对夜

甘蓝夜蛾蛹和被白僵菌感染幼虫

蛾科幼虫致病力强的株系,并掌握在幼虫钻蛀叶球前施药。选用植物源杀虫剂或昆虫特异性杀虫剂需根据药剂和害虫的特性科学施用。

甜菜夜蛾
Beet armyworm

甜菜夜蛾[*Spodoptera exigua*(Hübner)]属鳞翅目夜蛾科。全国分布。间歇性暴发,年度间发生数量差异很大。食性杂,可为害十字花科、茄科、豆科、葫芦科、菊科、伞形花科、藜科、百合科等200多种蔬菜及其他植物。

[为害特点]以幼虫为害,初孵幼虫群集叶背,吐丝结网,在网内取食叶肉,留下表皮,形成透明小"天窗"。三龄后将叶片吃成孔洞或缺刻。严重时将叶片食成网状,仅剩叶脉和叶柄,致菜苗死亡,造成缺苗断垄至毁种。三龄以上幼虫可钻蛀多种蔬菜的花器、花茎、球茎、嫩梢、果实等。

[形态特征]成虫灰褐色,头、胸有黑点,体长8～10mm,翅展19～25mm。前翅灰褐色,基线仅前段有双黑纹;内横线双线黑色,波浪形外斜;剑纹为一黑条;环纹粉黄色,黑边;肾纹粉黄色,中央褐色,黑边;中横线黑

甜菜夜蛾成虫

甜菜夜蛾为害(白菜)状

甜菜夜蛾卵块

甜菜夜蛾为害(彩色甜椒)状

甜菜夜蛾初孵幼虫

甜菜夜蛾低龄幼虫

甜菜夜蛾幼虫为害洋葱

甜菜夜蛾高龄幼虫

甜菜夜蛾老龄幼虫

甜菜夜蛾幼虫为害白菜

白僵菌感染甜菜夜蛾幼虫和甜菜夜蛾蛹

甜菜夜蛾幼虫为害西瓜

双光雷达自控害虫诱杀灯

8～100粒不等，排为1～3层，外覆白色绒毛，不能直接看到卵粒。老熟幼虫体长约22mm，体色多变。绿色、暗绿色、黄褐、灰褐色至黑褐色，背线有或无，颜色各异。明显特征是腹部气门下线为明显黄白色纵带，有时带粉红色，纵带末端直达腹部末端，不弯到臀足上，区别于老熟甘蓝夜蛾幼虫纵带直通到臀足上。各节气门后上方具一明显白点。蛹黄褐色，长约10mm，中胸气门显著外突，臀棘上有刚毛2根，其腹面基部亦有2根极短的刚毛。

[生活习性] 在我国由北往南年发生大约4～7代。华东、华北4～5代，热带和亚热带地区全年发生繁殖，广州地区终年发生为害。以蛹在土室内越冬。越冬蛹发育起点10℃，有效积温220℃。成虫发育活动最适温度20～23℃，相对湿度50%～75%，有趋光性，夜间活动，产卵

色，波浪形；外横线双线黑色，锯齿形，前、后端的线间白色；亚缘线白色，锯齿形，两侧有黑点，外侧在M_1处有一较大的黑点；缘线为一列黑点，各点内侧均衬白色。后翅白色，翅脉及缘线黑褐色。卵圆球状，白色，成块产于叶面或叶背，

期3～5天。每雌产卵量100～600粒。卵期2～6天。幼虫5龄，个别6龄。三龄前群集为害，食量少，四龄后食量增大。有假死性，昼伏夜出，虫口密度过高时有互相残杀习性。幼虫发育历期11～39天。老熟幼虫入土吐丝筑室化蛹。蛹历期7～11天。

双光雷达自控害虫诱杀灯杀虫效果

[防治方法]

1. 秋季和冬季翻耕土地，消灭越冬蛹，减少田间虫源。

2. 采用光灯诱捕器或性诱剂早期诱杀成虫。方法参见小菜蛾防治。

3. 春季清除田间地角及附近杂草，消灭部分初龄幼虫。结合田间管理，人工采卵块和捕捉幼虫。

4. 幼虫三龄前喷药防治，参见菜蛾防治。因该虫抗药性较强，选用美满、除尽等药剂防治效果较好。根据害虫昼伏夜出习性，施药宜在清晨或傍晚进行。注意交替用药。

银纹弧翅夜蛾
Threespotted plusia

银纹弧翅夜蛾（*Plusia agnata* Staudinger）属鳞翅目夜蛾科。又名黑点银纹夜蛾、豆银纹夜蛾、菜步曲。全国分布。主要发生在露地蔬菜上。可为害十字花科、豆科、茄科、菊科和伞形花科的多种蔬菜。

[为害特点] 以幼虫取食叶片。低龄时多在叶背啃食叶肉，残留叶片上表皮，形成"天窗"，以后将菜叶吃成孔洞或缺刻，并排泄粪便污染菜株。

[形态特征] 成虫体长 12～17mm，翅展 32mm，体灰褐色。前翅深褐色，具 2 条银色横纹，翅中有一明显的 U 形银纹和一个近三角形银斑；后翅暗褐色，有金属光泽。卵半球形，长约 0.5mm，白色至淡黄绿色，表面具网纹。末龄幼虫体长约 30mm，淡绿色，虫体前端较细，后端较粗。头部绿色，两侧有黑斑，胸足和腹足绿色，第一、二对腹足退化，行走时体背拱曲。体背及体侧具白色纵纹。蛹长约 18mm，初期背面褐色，腹面绿色，后期全部黑褐色。茧薄。

[生活习性] 在我国南方常年发生，年发生 4～7 代。以蛹越冬。

银纹弧翅夜蛾幼虫

成虫夜间活动，有趋光性，卵产于叶背，单产。初孵幼虫在叶背取食叶肉，残留上表皮，大龄幼虫取食全叶及嫩茎、嫩荚，有假死性。幼虫老熟后多在叶背吐丝结茧化蛹。常与菜蛾、菜粉蝶混合发生。在春、秋季形成两个发生高峰，其数量常低于菜蛾和菜粉蝶。

[防治方法] 一般不单独防治，常在防治菜蛾或菜粉蝶时兼治。

菜螟
Cabbage webworm

菜螟（*Hellula undalis* Fabricius）属鳞翅目螟蛾科。又名菜心野螟、卷心菜螟、甘蓝螟、白菜螟、萝卜螟、吃心虫、钻心虫、剜心虫。主要为害芥蓝、抱子甘蓝、皱叶甘蓝、青花菜、白菜、樱桃萝卜、榨菜、菠菜等多种特菜及普通十字花科蔬菜。

[为害特点] 以幼虫钻蛀为害菜苗心叶及叶片，形成无心苗或缺苗断垄。抱子甘蓝和皱叶甘蓝受害后不能抱心、结球，有时还造成菜株软腐。

[形态特征] 成虫灰褐色，体长 7mm，翅展 15mm。前翅具 3

菜螟幼虫

条白色横波纹，中部有一深褐色肾形斑，镶有白边；后翅灰白色。卵椭圆形，扁平，表面有不规则网纹。初产淡黄色，以后逐渐出现红色斑点，孵化前橙黄色，长约0.3mm。老熟幼虫体长12～14mm，头部黄色，胴部淡黄色，前胸背板黄褐色，体背有不明显灰褐色纵纹，各节有毛瘤，中、后胸各6对，腹部各节前排8个，后排2个。蛹体长约7mm，黄褐色，翅芽长达第四腹节后缘，腹部背面5条纵线隐约可见，腹部末端臀刺2对，中央1对略短，末端略弯曲。

[生活习性] 在华北地区年发生3～4代，四川和江浙6～7代，广西、广东9～10代。以老熟幼虫在地面吐丝缀合土粒、枯叶等做丝囊越冬，少数害虫以蛹越冬。翌春越冬幼虫入土6～10cm做茧化蛹。成虫趋光性不强，飞翔能力弱。卵多散产于菜茎嫩叶上。每雌平均产卵200粒左右。卵期2～5天。初孵幼虫潜叶为害，隧道短宽，二龄后钻出叶面，三龄吐丝缀合心叶，在内取食，使心叶枯死致不能再生心叶，四至五龄可由心叶或

叶柄蛀入茎髓部或根部，蛀孔显著，孔外缀有细丝和排除的潮湿虫粪。受害苗枯死或叶柄腐烂。幼虫可转株为害4～5株。五龄幼虫老熟后在菜根附近入土化蛹。5～9月幼虫历期9～16天，蛹期4～19天。此虫喜高温低湿环境。北京8～9月播种的白菜、青花菜、芥蓝、抱子甘蓝等，菜苗3～5片真叶期，气温24℃左右，相对湿度60%～70%，与幼虫盛发期吻合，受害较重。

[防治方法]

1. 深秋或冬季耕翻土地，消灭在表土或枯叶残株内的越冬幼虫。

2. 调整蔬菜播种期，使菜苗3～5片真叶期与菜螟盛发期错开。幼虫发生期适当增加田间浇水，增大田间湿度，抑制害虫生长发育。

3. 成虫盛发期和幼虫孵化期及时进行药剂防治。可选用3%莫比朗乳油、5%卡死克乳油1 000～2 000倍液，或10%多来宝悬浮剂、2.5%强力高效氯氰菊酯乳油1 500～2 000倍液，或5%快杀敌乳油、5.7%百树得乳油、2.5%天王星乳油2 500～3 000倍液，或12.5%保富悬浮剂8 000～10 000倍液，或25%灭幼脲3号悬浮剂500～800倍液、5%农梦特乳油1 000～2 000倍液、5%抑太保乳油3 000～4 000倍液、20%除虫脲悬浮剂3 000～4 000倍液喷雾。注意喷洒心叶和嫩叶。

梨剑纹夜蛾
Sorrel dagger moth

梨剑纹夜蛾（*Acronicta rumicis* Linnaeus）属鳞翅目夜蛾科。零星分布。可为害皱叶甘蓝、羽衣甘蓝、樱桃萝卜、菜心、叶用芥菜、白菜和甜玉米等蔬菜。

[为害特点] 以幼虫食叶，将叶片食成孔洞或缺刻，严重时影响植株生长。

[形态特征] 成虫体长约14mm，翅展32～46mm。头部及胸部棕灰色杂黑白毛，额棕灰色，有一黑条，跗节黑色间以淡褐色环，腹部背面浅灰色带

棕褐色，基部毛簇微带黑色；前翅暗棕色间以白色，基线为一黑色短粗条，末端弯向内线；内线为双线黑色，波曲；环纹具灰褐色黑边；肾纹淡褐色，半月形，有一黑条从前缘脉达肾纹；外线黑色，双线，锯齿形，在中脉处有一白色新月形纹；亚端线白色，端线白色，外侧有一列三角形黑斑，缘毛灰褐色。后翅棕黄色，边缘较暗，缘毛灰褐色。幼虫体长约30mm，黑褐色，背线为黄白色点刻及一列黑斑。亚背线有一列白点，气门上线灰褐色，气门下线紫红色间有黄斑，腹面紫褐色，腹部第一、第八节背面隆起，气门筛白色，围气门片黑色，各节有黑褐色短毛丛，胸足、腹足黄褐色。

[生活习性] 主要分布于我国东部和华北地区。一年发生2代。以蛹越冬。翌年6月中旬羽化，8～9月零星可见。幼虫食性杂，可生活在多种低矮植物上。在北京发现取食多种十字花科蔬菜。

[防治方法] 零星发生，对生产无明显影响，不单独防治。

梨剑纹夜蛾幼虫

梨剑纹夜蛾幼虫为害罗勒

红腹灯蛾
White tiger moth

红腹灯蛾〔*Spilarctia subcarnea*（Walker）〕属鳞翅目灯蛾科。又名红腹白灯蛾、纹灯蛾。分布于我国东北、华北、西南等区的多个省(自治区、直辖市)。为害青花菜、芥蓝、皱叶甘蓝、羽衣甘蓝、菜心、樱桃萝卜、荠菜、叶用芥菜、薹菜、菜用大豆、荷兰豆、四棱豆、秋葵、牛蒡、甜玉米等多种名、特、优、稀蔬菜。

[为害特点] 以幼虫取食叶片，将叶片吃成孔洞或缺刻，严重时将叶片吃光，甚至连幼茎全部吃掉。

[形态特征] 成虫体长20～26mm，翅展37～46mm。头、胸部黄白色，下唇须红色，顶端黑色。前翅自后缘中央向顶角斜生一列小黑点，内线常有一黑点。后翅粉红色，或白色，后缘红色或无色。腹部背面除基节与端节外为红色，每节中央有一黑斑，两侧各有2黑斑。卵扁球形，淡绿色，直径约0.6mm。幼虫体长40～50mm，背面棕黄色，有暗褐色纵带，腹面黑褐色，腹足黑色，圆形，全身密生棕褐色长毛。蛹体长22～24mm，棕褐色，腹部末端有一束短而粗的臀刺。蛹茧丝质，黄色，杂有体毛和土粒。

[生活习性] 在各地发生世代各异。河北地区均发生2代。以蛹在沟坡、道旁或杂草丛中越冬。翌年4～5月羽化为成虫。第一代成虫盛期在河北南部为6月中旬，中部为7月中、下旬。成虫羽化后3～4天即可产卵。卵成块产于叶背，单层排列成行，每块数十粒至一二百粒。卵经5～6天开始孵化。初孵幼虫群集叶背取食，三龄后分散为害。受惊后落地假死，卷缩成环。6月下旬至7月上旬为第一代幼虫发生期，通常发生量较小。第二代幼虫盛期，河北南部为8月下旬至9月上旬，发生量较大。幼虫期30～40天。9月以后老熟幼虫开始向沟坡、道旁等处转移并化蛹越冬。成虫有趋光性，昼伏夜出，白天多隐藏在作物或杂草丛中，夜间活动。卵多集中产在叶片背面，成块状。

[防治方法]

1. 用黑光灯诱杀成虫，减少田间虫源。

2. 早期检查十字花科、豆科蔬菜等害虫寄主田周围荒地，发现大批幼虫往菜田迁移，可挖沟阻杀。

3. 幼虫三龄前及时施药防治。参见红棕灰叶蛾防治。

红腹灯蛾低龄幼虫

红腹灯蛾幼虫

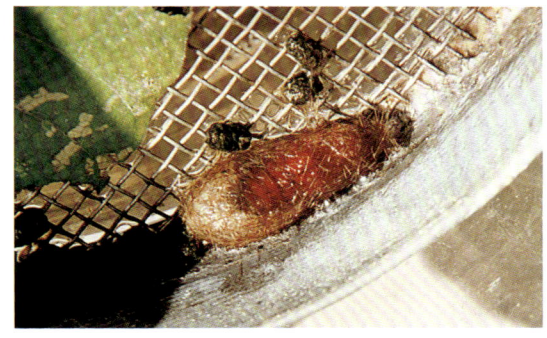
红腹灯蛾蛹

银纹夜蛾
Ni Moth

银纹夜蛾（*Phytometra ni* Hübner）属鳞翅目夜蛾科。分布于华北、华东、华南、华中、西南地区。为害白菜、芥蓝、青花菜、皱叶甘蓝、羽衣甘蓝、抱子甘蓝和结球莴苣、长叶莴苣、叶甜菜、甜豌豆、荷兰豆、西芹、芫荽、樱桃番茄、香艳茄、马铃薯等。

[为害特点] 以幼虫食害叶片，将叶片吃成孔洞或缺刻，也可啃食嫩茎、花器和果实。

[形态特征] 成虫体长14～16mm，翅展28～33mm。头、胸、腹

银纹夜蛾高龄幼虫

银纹夜蛾老龄幼虫

灰褐色，颈板中部具黑横线1条。前翅淡褐色至暗灰褐色，上有黑色细点，略具金属光泽，基横

线灰白色，亚中褶处向外伸出黑纹1条，双内横线黑色波浪形外弯，线间白色，环形纹白色，中间稍褐，后端连着银白斜斑1个，扁圆斑1个，外横线褐色双线，波浪状，线间白色，亚端线黑褐色，呈锯齿状，翅外缘有白线1条；后翅黄白色带褐色，端区暗褐色具黄闪光。卵乳白色，馒头型。幼虫浅绿色，由头部到腹部末端渐变粗，气门上线白色，近背中线具2条细线，胸足细长，第一、二对腹足退化，爬行时似尺蠖状弓起。蛹浅绿色至浅褐色，外具一层薄丝茧。

[生活习性] 该虫常与菜粉蝶、菜蛾混合发生，是一种分布很广的杂食性害虫。以蛹在寄主植物上越冬。卵散产在叶正面。每雌平均产卵300～500粒。成虫有趋光性，夜出活动。

防治方法参见菜蛾。

红缘灯蛾
Red-costate tiger moth

红缘灯蛾［*Amsacta lactinea*（Cramer）］属鳞翅目灯蛾科。又名红袖灯蛾、红边灯蛾。为害青花菜、芥蓝、菜心、白菜、樱桃萝卜、荷兰豆、扁豆、甜玉米等数十种植物。

[为害特点] 以幼虫啃食作物的嫩叶、花和果实，影响产量和质量。

[形态特征] 成虫体长18～20mm，翅展46～64mm。体和翅白色，前翅前缘及颈板端缘红色，腹部背面除基节及肛毛簇外为橙黄色，并有间隔的黑带。老熟幼虫体长40mm左右。头黄褐色，胴部深赭色或黑色，全身密披红褐色或黑色长毛。胸足黑色，腹足红色。低龄幼虫体色灰黄。卵半球形，直径0.79mm。卵壳表面自顶部向周缘有放射状纵纹。初产时黄白色，有光泽，后渐变为灰黄色至暗灰色，卵孔微红，后变为黑色。蛹椭圆形，长22～26mm，胸部宽9～10mm，黑褐色，有光泽，腹部10节，外面有黄褐色丝茧。雌蛹第8腹节腹面中央有生殖孔，雄蛹末端有臀刺10根。

[生活习性] 在我国东部地区、辽宁以南发生较多。河北年发生1代，江苏可年发生2～3代。均以蛹越冬。翌年5～6月开始羽化。卵成块产于叶背，可达数百粒。幼虫刚孵化时群集取食，三龄后分散为害。低龄幼虫行动敏捷。卵期6～8天。幼虫期27～28天。成虫寿命5～7天。

[防治方法] 通常发生较轻，不需进行专门防治，必要时参见红腹灯蛾。

红缘灯蛾幼虫   红缘灯蛾蛹

白雪灯蛾
Snowy-white tiger moth

白雪灯蛾［*Spilosoma niveua*(Ménétriés)］属鳞翅目灯蛾科。又名白灯蛾。局部地区发生分布。为害菜用大豆、车前草、蒲公英、甘薯、长寿菜等多种蔬菜及其他植物。

[为害特点] 以幼虫取食寄主的叶片，将叶片吃成缺刻或孔洞。

[形态特征] 雄蛾翅展55～70mm，雌蛾70～80mm。体白色，下唇须基部红色，第三节黑色。触角栉齿状，黑色。前足基节红色，有黑斑，前、中、后足腿节上方红色，前足腿节具黑纹。翅白色，无斑纹。腹部白色，侧面除基部及端节外具红斑，背面、侧面各具一列黑点。卵淡绿色。幼虫体浅红褐色，节间处色较暗，密被灰黄色长毛。气门白色，胸足、腹足赭色，头黄黑色，有V形斑。茧丝质，椭圆形，黑褐色，蛹纺锤形，暗褐色。

生活习性、防治方法参见红腹灯蛾。

白雪灯蛾幼虫

白雪灯蛾幼虫

桃 蚜
Green peach aphid

桃蚜〔*Myzus persicae*（Sulzer）〕属同翅目蚜科。全国分布。又名烟蚜、桃赤蚜、菜蚜、腻虫。为害芥蓝、青花菜、抱子甘蓝、皱叶甘蓝、紫甘蓝、白菜、樱桃萝卜、菠菜、结球莴苣、茼蒿、樱桃番茄等多种蔬菜。

[为害特点] 以成虫和若虫在菜叶上刺吸汁液，造成叶片卷缩变形，植株生长不良，影响包心。还为害种株的嫩茎、嫩叶、嫩荚和花梗，使花梗扭曲畸形，不能正常抽薹、开花、结实。此外，还传播多种病毒病，诱发煤污病，严重影响蔬菜产量和品质。

[形态特征] 无翅孤雌蚜体长2.6mm，宽1.1mm。体淡色，浅绿、浅黄至浅红色。头部色深。体表粗糙，背中域光滑，第七、八腹节有网纹。额瘤显著，中额瘤微隆。触角长2.1mm，

桃蚜为害（京水菜）状

桃蚜为害（抱子甘蓝）状

桃蚜为害白菜

赤色与褐色型无翅桃蚜

有翅桃蚜

第三节长 0.5mm，有毛 16～22 根。腹管长筒形，端部黑色，为尾片的2.3倍。尾片黑褐色，圆锥形，近端部 1/3 处收缩，有曲毛6～7根。有翅孤雌蚜头、胸黑色，腹部淡色。触角第三节有小圆形次生感觉圈9～11个。腹部第四至六节背中融合为一块大斑，第二至六节各有大型缘斑，第八节背中有一对小突起。

[生活习性] 在我国发生世代由北向南逐渐增多。华北地区年发生10多代，南方地区可达30～40代，且世代重叠极为严重。以无翅胎生雌蚜在露地蔬菜、窖藏白菜或温室内越冬。也可在菜心里产卵越冬。在温室内蔬菜上终年胎生繁殖，无越冬现象。翌春4月下旬产生有翅蚜，迁飞到已定植的芥蓝、青花菜等多种蔬菜上继续胎生繁殖，至10月下旬开始越冬。靠近桃树的亦可产生有翅蚜飞回桃树交配产卵越冬。桃蚜的发育起点温度为4.3℃，有效积温为137℃，在9.9℃下历期24.5天，25℃为8天；发育最适温度为24℃，高于28℃则不利。在我国北方地区春、秋呈两个发生高峰。桃蚜对黄色、橙色有强烈的趋性，对银灰色有负趋性。可利用其趋性进行测报防治。主要天敌有食蚜瘿蚊（*Aphi-doletes aphi-dimyza*）、食蚜蝇类（Syrphidae）、菜蚜

桃蚜为害青花菜状和天敌食蚜蝇（Syrphidae）幼虫

桃蚜为害彩色甜椒

有翅桃蚜放大

无翅桃蚜放大

蚜霉菌寄生状

茧蜂（*Diaeretiella rapae*）、七星瓢虫（*Coccinella septempunctata*）、异色瓢虫（*Harmonia axyridis*）、草蛉类（Chrysopidae）、蚜霉菌（*Entomophthora japonicum*）等。

[防治方法]

1. 在菜地内间隔铺设银灰色膜或挂银灰色膜条驱避蚜虫。

2. 田间挂黄板涂黏虫胶，诱集有翅蚜，或距地面20cm架黄色盆，内装0.1%肥皂水或洗衣粉水，诱杀有翅蚜虫。

3. 适时进行药剂防治。由于桃蚜世代周期短，繁殖快，蔓延迅速，多聚集在蔬菜心叶或叶背皱缩隐蔽处，喷药要求细致周到，尽可能选择兼具触杀、内吸、熏蒸三重作用的药剂。保护地内宜采用烟雾剂或常温烟雾施药技术。喷雾可选用20%康福多浓可溶剂3 000～4 000倍液，或70%艾美乐水分散粒剂6 000～8 000倍液、25%阿克泰水分散粒剂4 000～6 000倍液、50%抗蚜威（辟蚜雾）可湿性粉剂2 000～3 000倍液、48%乐斯本乳油3 000～4 000倍液、1%印楝素水剂800～1 200倍液、0.65%茼蒿素水剂400～500倍液、0.5%藜芦碱醇溶液800～1 000倍液、15%蓖麻油酸烟碱乳油800～1 000倍液、3%莫比朗乳油1 000～2 000倍液、10%多来宝悬浮剂1 500～2 000倍液、或12.5%保富悬浮剂8 000～10 000倍液、2.5%天王星乳油2 000～3 000倍液。

被蚜茧蜂（*Diaeretiella rapae*）寄生僵蚜

瓢虫卵块放大

被蚜茧蜂寄生的蚜体

瓢虫幼虫放大

七星瓢虫

银灰色吊绳驱避有翅蚜虫

七星瓢虫取食蚜虫

银灰膜驱避有翅蚜

黄盆诱杀有翅蚜虫

黄板诱杀有翅蚜虫

萝卜蚜为害（白萝卜）状

萝卜蚜为害白萝卜

萝卜蚜为害紫甘蓝

萝卜蚜
Turnip aphid

萝卜蚜〔*Lipaphis erysimi*（Kaltenbach）〕属同翅目蚜科。全国分布。又名菜蚜、菜缢管蚜。为害白菜、菜心、樱桃萝卜、芥蓝、青花菜、紫菜薹、抱子甘蓝、羽衣甘蓝、薹菜等十字花科蔬菜。

[为害特点] 多在蔬菜叶背、心叶或留种株的嫩梢、嫩叶上为害。造成节间变短、弯曲，幼叶向下卷缩畸形，植株矮小，影响包心或结球，降低品质。留种菜株受害后不能正常抽薹、开花和结籽。也传播病毒病，造成远远大于蚜害本身的为害。

[形态特征] 有翅胎生雌蚜，头、胸黑色，腹部绿色。第一至六腹节各有独立缘斑，腹管前后斑愈合，第一节有背中窄横带，第五节有小型中斑，第六至八节各有横带，第六节横带不规则。无翅胎生雌蚜，体长 2.3mm，宽 1.3mm，绿色至黑绿色，被薄粉。表皮粗糙，有菱形网纹。腹管长筒形，顶端收缩，长度为尾片的1.7倍。尾片有长毛4～6根。

萝卜蚜为害（豆瓣菜）状

[生活习性]
北方地区年发生
十余代，南方地
区年发生数十代。
温暖地区或在温
室内以无翅胎生
雌蚜繁殖，终年
为害。长江以北
地区在蔬菜上产
卵越冬，翌春3～
4月孵化为干母，
在越冬寄主上繁
殖几代后产生有
翅蚜，向其他蔬菜
上转移，扩大为
害，无转寄主习
性。到晚秋部分产
生性蚜，交配产卵
越冬。萝卜蚜的
发育适温较桃蚜
稍广，在较低温
情况下萝卜蚜发
育快，9.3℃时发
育历期17.5天，桃
蚜9.9℃，需24.5
天。此外，对有毛
的十字花科蔬菜
有选择性。

防治方法参
见桃蚜。

萝卜蚜放大

瓢虫幼虫取食蚜虫

萝卜蚜成蚜产幼蚜

瓢虫成虫放大

萝卜蚜为害（紫甘蓝）状

被蚜茧蜂寄生的僵蚜

甘 蓝 蚜
Cabbage aphid

甘蓝蚜［*Brevicoryne brassicae*（Linnaeus）］属同翅目
蚜科。主要分布在北方地区。又名菜蚜。主要为害芥蓝、青花
菜、紫甘蓝、抱子甘蓝、皱叶甘蓝、普通甘蓝、花椰菜等多种
十字花科蔬菜。

[为害特点] 甘蓝蚜喜在叶面光滑、蜡质较多的十字花科
蔬菜上刺吸植物汁液，造成叶片卷缩变形，植物生长不良或影
响包心。大量排泄蜜露和脱皮污染叶片，降低蔬菜商品价值。
此外，还传播病毒病，造成远远大于蚜害本身的经济损失。

[形态特征] 有翅胎生雌蚜，体长约2.2mm。头、胸部黑
色，复眼赤褐色。腹部黄绿色，有数条不明显暗绿色横带，两

甘蓝蚜放大

侧各有5个黑点，全身覆白色蜡粉。无额瘤。
触角第三节有37～49个排列不规则感觉孔。

甘蓝蚜为害青花菜种株

腹管很短，远比触角第五节短，中部稍膨大。无翅胎生雌蚜，体长2.5mm左右，全身暗绿色，被较厚的白色蜡粉。复眼黑色。触角无感觉孔，无额瘤，腹管短于尾片。尾片近似等边三角形，两侧各有2～3根长毛。

[生活习性] 甘蓝蚜在华北地区年发生十余代。以卵在蔬菜上越冬。翌春4月孵化，先在越冬寄主嫩芽上胎生繁殖，后产生有翅蚜迁飞到已定植的芥蓝、青花菜、紫甘蓝和普通甘蓝、花椰菜上，继续胎生繁殖为害。春末夏初和秋季发生最重。10月初产生性蚜交尾产卵于留种的或贮藏的菜株上越冬。少数成蚜和若蚜可在菜窖或温室内越冬。甘蓝蚜发育起点温度为4.3℃，有效积温112.6℃，繁殖适温16～17℃，低于14℃或高于18℃产卵量减少。此外，甘蓝蚜嗜食叶面光滑无毛的十字花科蔬菜。所以，在北方地区这些作物春、秋两茬大面积栽培时，甘蓝蚜也形成两次发生高峰。

防治方法参见桃蚜。

黄曲条跳甲
Striped flea beetle

黄曲条跳甲 [*Phyllotreta striolata*（Fabricius）] 属鞘翅目叶甲科。又名黄条跳甲、黄曲条菜跳甲、菜蚤子、土跳蚤、黄跳蚤、狗虱虫。全国普遍分布。主要为害十字花科蔬菜，也为害茄科、豆科、葫芦科的蔬菜，显著影响产量和质量。

[为害特点] 以成虫和幼虫形成为害。成虫食叶，以菜苗受害最严重。刚出苗的幼苗子叶即可被吃光，至菜苗死亡，造成缺苗断垄。稍大的幼苗真叶被害后形成许多孔洞。在种株上主要为害花蕾和嫩荚，影响种子生产。幼虫主要为害菜根，

蛀食根皮，咬断须根，致幼苗或幼株萎蔫死亡。根类蔬菜受害后根茎表面常形成许多黑斑，最后使整个根系变黑腐烂。受害植株易从伤口感染软腐病。

[形态特征] 成虫为黑褐色长椭圆形小甲虫，鞘翅上各有一条黄色纵斑，中部狭而弯曲，体长1.8～2.4mm。后足腿节膨大，善跳，跗节黄褐色。老熟幼虫长圆筒形，体长4mm。黄白色，各节具不明显肉瘤，有细毛，卵椭圆形，淡黄色，半透明，长约0.3mm。蛹椭圆形，乳白色，长约2 mm。头部隐于前胸下面，翅芽和足达第五腹节，胸部背面有稀疏的褐色刚毛，腹末有1对叉状突起，叉端褐色。

[生活习性] 在东北年发生2代，华北年发生4～5代，华东4～6代，华南7～8代。以成虫在落叶、杂草中潜伏越冬。春季气温达10℃以上开始取食。随温度升高食量增加，20℃时食量大增。成虫善跳跃，高温时还能飞翔，以中午前后活动最盛，有趋光性，对黑光灯敏感，寿命长，产卵期可延续1个月以上，因而发生不整齐，世代重叠。卵散产于菜株周围湿润的土隙中或细根上，平均产卵量200粒左右，20℃时发育历期4～9天。幼虫在高湿条件下才能孵化。通常在近沟边的地块较多。幼虫孵化后，在3～5cm

黄曲条跳甲为害白菜

黄曲条跳甲放大

的土表层啃食根皮，发育历期 11～16 天，共 3 龄。老熟幼虫在 3～7cm 深的土中作室化蛹，蛹期约 20 天。全年春、秋两季发生重，秋季明显重于春季；湿度高的重于湿度低的菜田。

[防治方法]

1. 冬前彻底清除菜田落叶和杂草，消灭越冬场所。

2. 播种前耕翻晒土，消灭部分虫蛹。

3. 结合防治其他害虫，采用黑光灯诱杀成虫。

4. 幼虫期及时进行药剂防治。可选用 3% 米乐尔颗粒剂 15～22.5kg/ hm²，均匀撒施在靠近菜根的地面，后浇水，也可穴施于根茎旁，或选用 90% 敌百虫可湿性粉剂 1 000 倍液、40% 辛硫磷乳油 1 000 倍液、40.7% 乐斯本乳油 1 500 倍液灌根，施药液 150～250ml/ 株。

5. 成虫发生期药剂防治。参见马铃薯瓢虫。

菜 潜 蝇
Serpentine leaf miner

菜潜蝇〔*Liriomyza brassicae*（Riley）〕属双翅目潜蝇科。又名甘蓝斑潜蝇。为害十字花科、葫芦科、茄科、豆科的蔬菜，以十字花科蔬菜受害较重。

[为害特点]
成虫将卵产在叶片组织内，并通过产卵器刺破表皮，形成产卵点和取食点。卵孵化后，幼虫在叶肉与表皮组织间潜食，形成由细变宽的曲折隧道，数量多时致叶片坏死枯焦。

[形态特征]
成虫与美洲斑潜蝇极相似。头部下端、触角、口须黄色，胸部黑色，中胸侧板上面 1/3 及胸腹板上方绿黄色，足基节、腿节黄色，胫节和基节褐色，腹部黑褐色，光滑，背板后缘黄色，第九背板褐色，尾铗黄色。幼虫蛆状，白色。蛹长椭圆形，乳黄色至黄褐色。

[生活习性]
此虫多在春季形成

为害。幼虫老熟后钻出潜道在叶表或土表化蛹。通常十字花科蔬菜受害较重。以青花菜、芥蓝、茎蓝、小白菜受害重。樱桃番茄、荷兰豆、甜豌豆偶尔受害。

防治方法参见豌豆潜叶蝇。

菜潜蝇为害（白菜）状

菜潜蝇成虫

菜潜蝇为害（芥蓝）状

菜潜蝇幼虫潜叶取食

菜潜蝇成虫

菜潜蝇幼虫和蛹

黄翅菜叶蜂
Cabbage sawfly

黄翅菜叶蜂〔*Athalia rosae japanensis* (Rhower)〕属膜翅目叶蜂科。又名油菜叶蜂、芜

黄翅菜叶蜂为害（白菜）状

黄翅菜叶蜂成虫

黄翅菜叶蜂低龄幼虫

菁叶蜂。分布广泛。华北和华东地区发生普遍，局部或特殊年份暴发成灾。以油菜、芥蓝、青花菜、樱桃萝卜等蔬菜受害较重。

[为害特点] 以幼虫取食叶片和花蕾，严重时也啃食幼尖、花器或根部，严重影响蔬菜的生长发育和产品质量。

[形态特征] 成虫体长6～8mm。头部和中、后胸背面两侧及胫节端部和跗节为黑色，其余橙黄色。翅基部黄褐色，翅尖透明，前缘有一黑带与翅痣相连。卵近圆形，大小为0.83 mm×0.42mm。卵壳光滑，初产时乳白色，后变成黄褐色。幼虫体长约15mm。幼龄时灰绿色，逐渐变成蓝黑色。头部黑色，体表有许多小突起和皱纹，胸部较粗，腹部较细，有3对胸足和8对腹足。蛹长15mm，头部黑色，蛹体初为黄白色，后变为橙色，覆长椭圆形灰色薄膜状茧。

[生活习性] 在北方地区年发生5代。以老熟幼虫在土中结茧越冬。越冬代成虫出土很不整齐。4月上、中旬可见成虫。在春、秋季形成为害，通常秋季发生较重。成虫羽化当天即可交尾，1～2天后产卵。也可行孤雌生殖，其后代多为雄虫。成虫晴天温度较高时飞翔、交配和产卵，有假死性。卵多产在叶缘背面的组织内，呈小隆起，常1～4粒排成一排。每雌产卵40～150粒。卵历期6～14天。幼虫共5龄，早晚活动取食，有假死性，发育历期10～13天，老熟后入土做茧化蛹。前蛹期10～20天，蛹期7～10天。

[防治方法]

1.冬季翻耕土地，消灭越冬蛹，减少害虫基数。

2.利用假死性进行人工捕杀。

3.药剂防治。参见菜粉蝶。

黄翅菜叶蜂高龄幼虫

黄翅菜叶蜂的土室和蛹

小猿叶虫
Daikon leaf beetle

小猿叶虫（*Phaedon brassicae* Baly）属鞘翅目叶甲科。又名猿叶虫、乌壳虫、白菜猿叶甲。分

布广泛，发生较普遍。为害十字花科、菊科、豆科、伞形花科和百合科的多种蔬菜。

[为害特点] 成虫和幼虫取食寄主叶片，将其食成缺刻或孔洞。严重时将叶片食成网状，仅剩叶脉，影响寄主的产量和品质。

[形态特征] 成虫卵圆形，长3.4mm，宽2.1～2.8mm。背面蓝色，具绿色光泽，腹面黑色，腹部末节端缘棕色，头小，深嵌入前

胸，刻点深密。触角基部 2 节的顶端带棕色，向后伸展达鞘翅基部，第二节与第四节等长，短于第三节，端部 5 节明显加粗。鞘翅刻点排列规则，每翅 8 行半，肩瘤外侧还有一行相当稀疏的刻点。后翅退化，不能飞行。卵长椭圆形，1.2～1.8mm×0.45～0.54mm。一端较钝。初产时鲜黄色，渐变成暗黄色。幼虫灰黑色，各节有 8 个黑色肉瘤，在腹部每侧呈 4 个纵行，末龄幼虫体长 6.8～7.5mm。蛹半球形，长 3.5～3.8mm。黄色，腹部各节无成丛的毛，腹部末端也无叉状突起。

小猿叶虫为害（白菜）状

小猿叶虫幼虫

[生活习性] 年发生 3～5 代。在南方常与大猿叶虫混合发生。广东年发生 5 代，无明显越冬现象。长江流域年发生 3 代，以成虫越冬。2 月底 3 月初成虫开始活动，3 月中旬产卵，3 月底孵化，4 月成虫和幼虫混合发生，为害较重，4 月下旬化蛹和羽化。5 月以后随气温升高 成虫蛰伏越夏，8 月下旬又开始活动，9 月上旬产卵，9～11 月为盛发期，各虫态同时存在，12 月中、下旬成虫开始在枯枝落叶下或根隙内越冬。成虫多群集为害，夏季气温偏低食料丰富时夏眠缩短或不休眠。成虫寿命长，平均约 2 年。卵散产于叶柄上，产前咬孔，一孔一卵，横置其中，卵期约 7 天。幼虫喜欢在心叶中取食，昼夜活动，以晚上最甚。第一代幼虫历期 21 天，其他各代 7～8 天。老

小猿叶虫成虫

熟幼虫入土 3cm 左右筑土室化蛹，蛹期 7～11 天。

[防治方法]

1. 冬前和早春彻底清除田间植株残体和落叶，减少越冬成虫。

2. 幼虫期施药防治。参见十四星负泥虫。

大猿叶虫
Cabbage leaf beetle

大猿叶虫（*Colaphellus bowringi* Baly）属鞘翅目叶甲科。又名白菜掌叶甲、乌壳虫、黑壳虫、弯腰虫，幼虫称癞虫。发生分布在华北、华中等地区。主要为害十字花科蔬菜。

[为害特点] 成虫和幼虫均取食菜叶，多群集为害，将叶片吃成许多孔洞，严重时把叶片吃成筛网状，仅剩残存叶脉。

[形态特征] 成虫长椭圆形，长 4.7～5.2mm，宽 2.5mm。蓝黑色，略带金属光泽，背面密布不规则大刻点。小盾片三角形，鞘翅基部宽于前胸背板，并形成稍隆起的"肩部"，后翅发达，能

飞翔。卵长圆形，1.5mm×0.6mm，鲜黄色，表面光滑。幼虫黑灰色稍带黄色，头部黑色有光泽，各节有大小不等的肉瘤，以气门下线及基线上的肉瘤最明显。肛上板颇坚硬，末龄幼虫体长约 7.5mm。蛹半球形，长约 6.5mm，黄褐色。腹部各节两侧各有 1 丛黑色短小的刚毛，腹部末端有 1 对叉状突起，叉端紫黑色。

[生活习性] 在北方地区年发生 2 代，长江流域年发生 2～3 代，广西 5～6 代。主要以成虫

大猿叶虫为害菜用大豆

大猿叶虫为害皱叶甘蓝

在5cm表土层越冬，少数在枯叶、土缝、石块下越冬。春天开始活动，卵成堆产于根际土表、土缝或植株新叶内，每堆20粒左右，计200～500粒。成虫和幼虫都有假死习性。受惊即缩足落地，都日夜取食。成虫寿命平均3个月。春季发生的成虫夏初气温达26.5℃以上即潜入土中或草丛阴凉处越夏。夏眠期达3个月左右，至8、9月气温降到27℃左右又陆续出土为害。卵历期3～6天。幼虫期约20天，共4龄。蛹期约11天。每年4～5月和9～10月为两次发生高峰，秋季受害更重。

[防治方法]

1. 秋冬季清除田间菜株败叶，铲除杂草，消灭部分越冬虫源和减少早春害虫的食料。

2. 夏季及时除草清场和及时整地，集中处理杂草和菜株残体，消灭部分夏眠成虫和破坏越夏场所。

3. 利用害虫假死性，敲打菜株后集中捕杀。

4. 药剂防治。参见十四星负泥虫和马铃薯瓢虫。

油菜蚤跳甲
Cabbage flea beetle

油菜蚤跳甲〔*Psylliodes punctifrons* Baly〕属鞘翅目叶甲科。又名菜蓝跳甲。分布于全国多数地区。主要为害十字花科蔬菜等。

[为害特点] 幼虫蛀根，并可向上钻蛀潜食至地上组织，使幼株或菜苗坏死。成虫啃食菜叶，形成天窗状斑孔，啃食嫩茎和嫩荚表皮后形成许多溃疡状斑痕，并遗留粪便及排泄物，影响产品质量。

[形态特征] 成虫长卵形，长3mm，宽1.5mm。头、尾稍尖狭，背面蓝色带绿色光泽，腹面黑色。触角黑色，细长，共10节，基部2、3节棕黄色。足黑色，前、中足胫节带棕色，后足腿节黑色。头顶刻点细密，额瘤不明显。触角之间宽，隆凸，唇基着生细毛。触角向后伸接近鞘翅中部，第二、三节等长，第四节较长，端部4节粗短。前胸背板四方形，宽大于长，侧边直形，表面生细密刻点。小盾片具紫色光泽，无刻点。鞘翅上刻点稀疏，排成11纵列。幼虫体长7～8mm。黄白色，略扁。头部、前胸背板、腹部末节背板及各节毛突褐色，末节背板末端分两叉。

[生活习性] 在西北和华北地区年发生1代。以成虫在土缝中或在心叶及枯叶下越冬。早春气温回升后交尾。卵产在油菜根部四周土表中，3月中旬孵化，幼虫开始为害菜心或油菜的根茎。夏季主要为害叶片。植株抽薹开花老叶干枯时幼虫从叶柄、茎秆中转移或潜到根、茎、分枝内或未脱落的叶片中继续为害。幼虫期约1个月。蛹期约18天。5月下旬羽化为成虫，继续取食。寄主植物收获后，转移到土层下或杂草上越夏。秋季菜心等生产时又开始为害，连续种植往往幼苗刚出土就被为害死亡。新羽化成虫有趋上性和群集性，特别在制种地成虫喜欢在主茎顶端、角果尖端群集取食。成虫还有趋绿性，在田间由老黄植株向青绿植株集中转移，遇惊扰时落地假死。

[防治方法]

1. 冬前彻底清除菜田落叶和杂草，耕翻土地，消灭越冬场所。

2. 避免菜心、油菜等喜食蔬菜连作。

3. 利用其趋上性、趋绿性、群集性和假死性人工捕杀。

4. 成虫和幼虫期适时进行药剂防治。成虫可选用40%辛硫磷乳

油菜蚤跳甲成虫

油菜蚤跳甲被猎蝽捕食

油菜蚤跳甲成虫交配

油菜蚤跳甲被猎蝽麻醉

油1 000倍液，或40.7%乐斯本乳油1 500倍液、10%赛乐收乳油1 000～1 500倍液、5%氯氰菊酯乳油3 000～4 000倍液、5.7%百树得乳油3 000～4 000倍液喷雾。幼虫还可选用3%莫比朗乳油1 000～2 000倍液，或10%多来宝悬浮剂1 500～2 000倍液、10%赛乐收乳油1 000～1 500倍液喷雾。注意采收前10天停止用药。

散居型飞蝗
Asiatic migratory locust

散居型飞蝗［*Locusta migratoria migratoria*（L.）］属直翅目蝗科。又名散居型亚洲飞蝗、蝗虫、蚂蚱、青头郎。分布北方地区。为害皱叶甘蓝、青花菜、芥蓝、冬寒菜、菊苣、长寿菜等数十种蔬菜。

[为害特点] 蝗虫成虫和若虫取食叶片，吃成缺刻或孔洞，影响作物生长发育，并降低产品质量。

[形态特征] 成虫体长40～55mm。头、胸及后足腿节绿色，余为褐色，前胸背板的中隆线作弧形隆起。卵长约6mm，宽约1.3mm，长椭圆形，中间略弯，后端较粗，具一圈微孔。初产浅黄至肉红色，以后呈灰黄色。卵粒倾斜排列成卵块，包裹在胶囊之中。若虫称蝗蝻，共5龄。一龄若虫触角13～14节，翅芽不明显；二龄若虫触角18～19节，前胸背板后缘开始向后拱出，翅芽较显著，端部圆形，向后斜伸；三龄若虫触角20～21节，前胸背板后缘拱成钝角形，前翅芽狭长，后翅芽略呈三角形；四龄若虫触角22～23节，前胸背板后缘向后拱成三角形，翅芽伸达第二腹节；五龄若虫触角24～25节，前胸背板后缘向后拱出十分明显，翅芽很大，伸达第四至五腹节。

散居型飞蝗成虫

[生活习性] 主要在华北、东北、西北地区发生。一年1代。以卵在土中越冬。若虫在生长盛期取食较多，在17～36℃范围内，温度越高取食越多。成虫羽化后1～2周生殖器官成熟，开始交尾，可行多次交配。交尾后7～10天进行产卵。产卵多在下午1～5时，每雌产卵4～5块，每块约70粒。此虫多在夏、秋季零星为害蔬菜。

[防治方法] 一般发生较轻，不进行专门防治，必要时在防治其他害虫时兼治。

短额负蝗
Brevis front grasshopper

短额负蝗（*Atractomortha sinensis* I. Bolivar）属直翅目蝗科。又名尖头蚱蜢、中华负蝗、括搭板。分布在多数地区，以华东和华北地区发生较普遍。为害十字花科、茄科、豆科、葫芦科的多种蔬菜。

[为害特点] 若虫和成虫取食叶片，将叶片食成孔洞，影响作物生长发育，降低产品质量。

[形态特征] 成虫绿色，冬型褐色，体长20～30mm，头至翅端30～48mm。头尖削，绿色型自复眼起向斜下有一条粉红纹，与前、中胸背板两侧下缘的粉红纹衔接。体表有浅黄色瘤状突起。后翅基部红色，端部浅绿色。前翅长度超过后足腿节端部约1/3。卵长椭圆形，黄褐至深黄色，中间稍凹陷，一端较粗钝。卵壳表面呈

鱼鳞状花纹，长2.9～3.8mm。卵粒在卵块内倾斜排列成3～5行，并有胶丝裹成卵囊。若虫共5龄。一龄若虫体长3～5mm。草绿带黄色，前、中足褐色，有棕色环若干，全身布满颗粒状突起；二龄若虫逐渐变绿，前后翅芽可辨；三龄若虫前胸背板稍凹至平直，翅芽肉眼可见，前、后翅芽未合拢，盖住后胸一半至全部；四龄若虫前胸背板后缘中央稍向后突出，后翅翅芽在外侧盖住前翅芽，开始合拢于背上；五龄若虫前胸背面向后方突出较大，形似成虫，翅芽增大到盖住腹部第三节或稍超过。

短额负蝗绿色型成虫

短额负蝗褐色型成虫

[生活习性] 华北地区年发生1～2代。以卵在沟渠边土壤中越冬。5月下旬至6月中旬为孵化盛期，7～8月羽化为成虫。2代区越冬卵于5月下旬孵化，7月上旬羽化为成虫，中、下旬交尾产卵，8月上旬出现第二代蝗蝻，9月上旬羽化为成虫，下旬交尾产卵，至10月成虫相继死亡。此虫喜栖息在潮湿、双子叶植物茂密或杂草丛生的环境。通常沟渠两边双子叶植物生长茂密发生较多。

[防治方法] 一般不进行单独防治，必须防治时参见中华稻蝗。

黄胫小车蝗
Yellow tibia locust

黄胫小车蝗（*Oedaleus infernalis* de Saussure）属直翅目蝗科。分布在华北、华东、华南等地区。

黄胫小车蝗成虫

食性较杂。主要为害十字花科作物。

[为害特点] 成虫和若虫取食叶片。

[形态特征] 成虫体型较大，绿色至黄褐色。雄虫体长23～27.5mm，前翅长22～26mm；雌虫体长30.5～39mm，前翅长26.5～34mm。前胸背板的背面常有不完整的X形淡色斑纹，后纹较前纹宽，中隆线较高，侧隆线的中部向内弯曲。前翅超过后足股节顶端，具褐斑；后翅宽大，在中部具暗色横带纹。后足股节底侧，雄虫呈红色，雌虫为黄色，后足胫节雄虫红色，雌虫黄色。

[生活习性] 在北京地区年发生1代，南方可发生2代。均以卵越冬。在2代区越冬卵于5月中旬孵化，6月中、下旬羽化为成虫，7月上旬交尾产卵。7月下旬出现第二代蝗蝻，9月上、中旬羽化为成虫，10月上、中旬交尾产卵。成虫寿命可延至11月初。多分布在低洼地区的田埂、地头、道边等场所。霜降以后逐渐死亡。

防治方法参见中华稻蝗。

亚洲小车蝗
Asians small locust

亚洲小车蝗成虫

亚洲小车蝗（*Oedaleus asiaticus* Bey-Bienko）属直翅目蝗科。主要分布在华北地区。为害十字花科、百合科、葫芦科、旋花科、禾本科的多种植物。

[为害特点] 成虫和若虫取食植株叶片，吃成缺刻或孔洞。

[形态特征] 成虫绿色或暗灰色。雄虫体长21～24.5mm，前翅长20～24mm；雌虫体长31～37mm，前翅长28.5～34.5mm。前胸背板中部明显缩狭，背面有不完整的X形淡色斑纹，后纹不宽于前者。前翅超过后足股节顶端，后翅宽大，中部具暗色横带纹，基部黄色至绿黄色。

[生活习性] 年发生1代。以卵越冬。越冬卵于5月中、下旬开始孵化，6月下旬多进入二至三龄，7月上旬开始羽化，7月中、下旬为羽化盛期，7月下旬开始交尾，8月中、下旬为交尾盛期并产卵。多在山坡、高岗地较干燥处生活、为害和产卵。

防治方法参见中华稻蝗。

青螽斯成虫

青螽斯
Green katydid

青螽斯［*Ducetia thymifolia*（Fabricius）］属直翅目螽斯科。又名刺腿绿青螽。局部地区发生分布。为害白菜、菜心、芥蓝、西瓜、苦瓜、西葫芦和荷兰豆、甜豌豆等蔬菜。

[为害特点] 成虫和若虫取食叶片，吃成缺刻或孔洞。

[形态特征] 成虫体绿色，背脊红褐色。触角黄色。头垂直，额微向前倾斜。前翅长而狭，渐向端部缩小达后足腿节末端，径脉（R）

在端半部向后分出3～4支平行而不分支的脉，前翅长度为后翅长度的4/5。前足胫节上面有沟，沿沟有小刺，腿节下面两缘有刺；中足腿节下面也有刺；后足腿节近基部较粗，但不宽于产卵器的基部。产卵器极弯曲，弓成半圆形。

[生活习性] 多在5～9月零星发生。田间管理粗放，杂草丛生害虫数量较多。

[防治方法] 一般发生很轻，不需专门防治。必要时参见中华稻蝗的防治。

大青叶蝉
Green leafhopper

大青叶蝉［*Cicadella viridis*（Linnaeus）］属同翅目大叶蝉科。又名青大叶蝉、大浮尘子、大绿浮尘子、菜蚱蜢、青头虫、大青衣虫。广泛分布于全国各地。为害十字花科、豆科、茄科、伞形花科、菊科、藜科的多种蔬菜。

[为害特点] 成虫和若虫刺吸寄主汁液，致寄主细胞坏死，叶片褪色、畸形或卷缩，甚至枯死。还可传播病毒病。

[形态特征] 成虫体长8～9mm。头部黄色，头顶有1对黑斑。前胸背板宽阔，黄色，靠后缘具绿色三角形大斑。前翅绿色，前缘淡白色，末端透明至灰白色。小盾片黄绿色。足黄色。卵香蕉形，长2mm，宽0.5mm。初产淡黄色，末期可见红色眼点。若虫初孵时灰白色，后变淡黄色，胸、腹背面具4条暗褐色纵带。

[生活习性] 在北京年发生3代。以卵在树枝皮内越冬。翌年4月孵化。第一代成虫出现于5月下旬，第二代6月末至7月末，第三代8月中旬至9月中旬。第一、二代卵发育历期9～15天，越冬代5个多月。第一代若虫发育历期40～47天，第二代22～26天，第三代

大青叶蝉成虫

23～27天。成虫交配后次日产卵。卵产于寄主叶背主脉组织中，卵痕月牙状，每处3～15粒，一般10粒左右，排列整齐。第三代成虫羽化20天后交配，卵产在果树及杨、柳等树枝表皮内。每雌产卵40～60粒。初孵若虫有群集性。成虫有很强的趋光性。早晨和傍晚气温低时，成虫和若虫潜伏不动，中午气温高时活跃。

防治方法参见黑尾叶蝉。

北京油葫芦
Beijing field cricket

北京油葫芦［*Teleogryllus emma*（Ohmachi et Matsuura）］属直翅目蟋蟀科。全国各地均有分布。为害豆科、茄科、禾本科、十字花科、锦葵科、旋花科的多种蔬菜。

[为害特点] 成虫和若虫取食寄主的根茎、叶片、花荚和幼果，将其吃成孔洞或缺刻，或造成缺苗断垄。

[形态特征] 体型大，黑褐色。雄成虫体长22～24mm，雌

北京油葫芦成虫

成虫体长23～25mm。头顶黑色，复眼四周及面部橙黄色，从头背面观复眼内方的横黄纹八字形。前胸背板黑褐色，1对羊角形深褐色斑纹隐约可见，侧片背半部深色，前下角橙黄色。中胸腹板后缘中央具小切口。雄虫前翅黑褐色，具油光，长达尾端。发音镜近长方形，前缘脉近直线弯曲，镜内1弧形横脉把镜室一分为二，端网区有数条纵脉与小横脉相间成小室。后翅发达如长尾盖住腹端。后足胫节背方具5～6对长刺，6个端距，跗节3节，基节长于端节和中节，基节末端有长距1对，内距长。雌虫前翅长达腹端，后翅发达，伸出腹端如长尾。产卵管长于后足股节。

[生活习性] 年发生1代。以卵在土中越冬。次年4～5月孵化为若虫，经6次蜕皮，于5月下旬至8月陆续羽化为成虫。成虫9～10月交配产卵。交尾后2～6日产卵。卵散产于杂草丛、田地边2cm土内。每雌产卵34～114粒。成虫和若虫白天隐蔽，夜间活动，取食和交尾。成虫有趋光性。

[防治方法] 根据成虫趋光性除采用灯光进行诱杀外，其余参见斗蟋。

南方油葫芦成虫

南方油葫芦
South field cricket

南方油葫芦（*Gryllus testaceus* Walker）属直翅目蟋蟀科。主要分布于华北、华东和华南地区。食性较杂，可为害多种蔬菜。

[为害特点] 成虫和若虫为害幼苗和幼株。咬食叶片、花荚、幼根或嫩茎。

[形态特征] 体型大，黄褐色。雄虫体长26～27mm，翅长17mm；雌虫体长27～28mm，翅长17mm。与北京油葫芦极相似，此虫体型显大，体色稍浅，头顶不比前胸背板前缘隆起，背板前缘与两复眼相连，头上八字形黄纹微弱不显。

生活习性、防治方法参见北京油葫芦。

菜蝽
Cabbage bug

菜蝽［*Eurydema dominulus*（Socopoli）］属半翅目蝽科。又名花菜蝽、斑菜蝽、姬菜蝽、萝卜赤条蝽、河北菜蝽、云南菜蝽。主要分布在华东和华北地区。为害青花菜、芥蓝、皱叶甘蓝、羽衣甘蓝、樱桃萝卜、菜心和芥菜等蔬菜。

[为害特点] 成虫和若虫刺吸蔬菜汁液，尤其喜欢刺吸嫩芽、嫩茎、嫩叶、花蕾和嫩荚。影响植株正常生长发育，降低其品质。

[形态特征] 成虫体长6～9mm，宽3～5mm，椭圆形，橙黄至橘红色，头黑色，侧缘上卷，橙黄或橙红色。前胸背板有6块黑斑。小盾板具橙黄至橙红色Y形纹，交会处缢缩。翅革片具橙黄至橙红色曲纹，在翅外缘形成2黑斑。膜片黑色，具白边。足黄黑相间。腹部腹面黄白色，具4纵列黑斑。

[生活习性] 在北京年发生2代。以成虫在石块下、土缝、落叶、枯草中越冬。翌年3月下旬开始活动，4月下旬开始交尾产卵。越冬成虫历期可延续到8月中旬。产卵末期拖至8月上旬，则只能发育完成一代。早期卵到6月中、下旬发育为第一代成虫，7月下旬前后出现第二代，大部分为越冬个体，少数可发育到第三代，但难于越冬。5～9月为成、若虫的主要为害期。一般每雌产卵100多粒，多在夜间产于叶背，单层，块状。若虫共5龄，高龄若虫适应性、耐饥饿能力较强。

[防治方法]

1. 冬季翻耕土壤，清除田间杂草，减少越冬成虫数量。

2. 成虫产卵盛期人工摘除卵块或若虫团。

3. 若虫低龄期施药防治。可选用3%莫比朗乳油1 000～2 000倍液，或10%氯氰菊酯乳油3 000～3 500倍液、40.7%乐斯本乳油800～1 000倍液喷雾，施药液750～900L/ hm²。采收前7天停止施药。

菜蝽成虫交配

菜蝽成虫放大

斑 须 蝽
Sugarbeet stink bug

斑须蝽［*Dolycoris baccarum*（Linnaeus）］属半翅目蝽科。又名臭大姐、细毛蝽。全国广泛分布。为害十字花科、豆科、伞形花科、百合科的多种蔬菜。

[为害特点] 成虫和若虫刺吸嫩叶、嫩茎、幼果及花穗的汁液，造成落蕾落花。茎叶被害后出现黄褐色斑点，严重时叶片卷曲，嫩茎凋萎。

[形态特征] 成虫椭圆形，黄褐至紫褐色，密被白色绒毛和黑色小刻点。触角黑白相间。喙细长，紧贴于头部腹面。小盾片末端钝而光滑，黄白色。

[生活习性] 在内蒙古和山西年发生2代。以成虫在田间杂草、枯枝落叶、植物根际、树皮及屋檐下越冬。翌年4月初开始活动，4月中旬交尾产卵，4月底至5月初幼虫孵化。第一代成虫6月初羽化，6月中旬为产卵盛期。第二代幼虫于6月中、下旬至7月上旬孵化，8月中旬开始羽化为成虫，10月上、中旬陆续越冬。卵多产在植株上部叶片正面或花蕾、果实的包片上，多行整齐排列。初孵若虫群集为害，二龄后分散。

防治方法参见菜蝽。

斑须蝽成虫

斑须蝽成虫

麻 皮 蝽
Yellow marmorated stink bug

麻皮蝽［*Erthesina fullo*（Thunberg）］属半翅目蝽科。又名黄斑蝽、黄霜蝽。分布于华北、东北、华东、华中、西南、华南地区。主要为害果树，也为害菜心、草莓、菊芋等蔬菜。

[为害特点] 成虫、若虫吸食寄主叶片、嫩梢及果实的汁液，致刺吸点以上叶脉变黑，叶肉组织颜色变暗枯死。刺吸草莓浆果形成畸形果。

[形态特征] 成虫体长18～24.5mm，宽8～11.5mm。体稍宽大，密布黑色点刻，背部棕褐色，由头端至小盾片中部具1条黄白色至黄色细纵脊。前胸背板、小盾片、前翅革质部有不规则细碎黄色凸起斑纹。腹部侧接缘节间具小黄斑。前翅膜质部黑色。头部稍狭长，前尖，侧叶和中叶近等长，头两侧有黄白色细脊边。复眼黑色。触角5节，丝状，黑色，第五节基部1/3淡黄白或黄色。喙4节，淡黄色，末节黑色，喙缝暗褐色。足基节间褐黑色，跗节端部黑褐色，具1对爪。卵近鼓形，灰白色，顶端具盖，周缘有齿，不规则块状，数粒或数十粒黏在一起。幼虫和老熟若虫与成虫相似，体红褐至黑褐色。头端至小盾片具1条黄色或微黄红色细纵线。触角黑色，4节，第四节基部黄白色。前胸背板、小盾片、翅芽暗黑褐色。前胸背部中部具4个横排淡红色斑点，内侧2个较大，小盾片两侧角各具淡红色稍大斑点1个，与前胸背板内侧的2个排成梯形。腹部背面中央具纵裂暗色大斑3个，每个斑上有横排淡红色臭腺孔2个。足黑色。

[生活习性] 年发生1代。以成虫在草丛、树洞、树皮裂缝、墙缝、枯枝落叶下或屋檐下越冬。次年3～4月，草莓或果树发芽后开始活动，5～7月交配产卵。卵多产于叶背，卵期50多天。5月中、下旬孵化为若虫。刚孵化的若虫多聚集在一起。7～8月羽化为成虫，为害至深秋开始越冬。成虫飞行力强，喜在草莓或果树上部活动，有假死性，受惊扰时分泌臭液。

[防治方法]

1. 深秋清除杂草，集中妥善处理，减少越冬虫源。

麻皮蝽成虫

2. 成虫和若虫为害期，清晨抖落后人工捕杀。防治成虫最好在产卵前进行。

3. 成虫产卵盛期摘除卵块和若虫团。

4. 若虫低龄期施药防治。可选用3%莫比朗乳油1 000～2 000倍液，或10%氯氰菊酯乳油3 000～3 500倍液，40.7%乐斯本乳油800～1 000倍液喷雾，施药液750～900L/ hm²。

稻 绿 蝽
Southern green stink bug

稻绿蝽［*Nezara viridula*（Linnaeus）］属半翅目蝽科。又名稻青蝽。分布于华东、华南、华北和西南地区。为害十字花科、茄科、豆科、禾本科等数十种蔬菜。

[为害特点] 成虫和若虫吸食汁液，影响寄主生长发育，造成减产。

[形态特征] 成虫体长12～19mm，宽6～8.5mm。长椭圆形，青绿色。头近三角形。触角5节，基节黄绿色，第三、四、五节末端棕褐色。复眼黑色，单眼红色。喙4节，伸达后足基节，末端黑色。前胸背板边缘黄白色，侧角圆，稍突出。小盾片长三角形，基部有3个横列的小白点，末端狭圆，超过腹部中央。前翅稍长于腹末。足绿色，跗节3节，灰褐，爪末端黑色。腹下黄绿或淡绿色，密布黄色斑点。卵杯形，初产黄白色，后变红褐色，顶端有盖，周缘白色，精孔突呈环状，24～30个，长1.2mm，宽0.8mm。

[生活习性] 在北方地区年发生1代，西南年发生3代，华南4～5代。以成虫在杂草、土缝、林木灌丛中越冬。卵发育起点温度12.2℃，若虫为11.6℃，有效积温为668℃。卵成块产于寄主叶片上，规则排列成3～9行，每块60～70粒。低龄若虫有群集性，三龄后分散。若虫和成虫有假死性。成虫还有趋光性和趋嫩性。

[防治方法]

1. 冬季清除田间杂草，翻耕土壤，消灭部分越冬成虫。

2. 灯光诱杀成虫。

3. 低龄若虫期人工摘除虫叶，利用假死性人工捕杀成虫和若虫。

4. 成虫和若虫期进行药剂防治。参见菜蝽。

稻绿蝽成虫

萝 卜 种 蝇
Turnip root fly

萝卜种蝇［*Delia floralis*（Fallén）］属双翅目花蝇科。又名萝卜地种蝇、萝卜蝇、白菜蝇、地蛆、根蛆。广泛分布于北方地区。为害樱桃萝卜、菜心、白菜等。

[为害特点] 幼虫蛀食菜株根部和周围的菜帮，受害轻者外叶垂萎，植株发育不良，脱帮或畸形，受害重者蝇蛆可钻入菜心或蛀空根部，致植株枯死或腐烂。

[形态特征] 成虫体长约7mm。雄虫暗褐色，后足腿节外下方生有一列稀疏长毛，腹部扁平。雌虫黄褐色，胸腹背面无斑纹。雌、雄虫前翅基背毛与盾间沟后背中毛大致相等。卵乳白色，长椭圆形，长1.3mm。幼虫腹部末端有6对突起，第五对明显较大，并分成很深的两叉。蛹椭圆形，红褐至黄褐色，约7mm，尾端可见6对突起。

[生活习性] 年发生1代。以蛹越冬。成虫8月中、下旬羽化，卵产于菜苗周围地面或心叶及叶腋，经5～14天孵化成幼虫。幼虫迅速钻入叶柄基部，再向茎中钻蛀，幼虫期35～40天。9月下旬开始化蛹，10月下旬全部化蛹越冬。8月多雨潮湿有利于成虫羽化及幼虫孵化。

防治方法参见葱蝇。

萝卜种蝇成虫

捕食萝卜种蝇幼虫的天敌——食虫虻幼虫

小萝卜蝇
Smaller turnip maggot

小萝卜蝇成虫

小萝卜蝇［*Delia planipalpis*（Stein）］属双翅目花蝇科。又名毛尾地种蝇、地蛆、根蛆。为害十字花科蔬菜。

[为害特点] 幼虫钻蛀菜根，影响寄主生长，引发软腐病致菜株死亡。

[形态特征] 成虫前翅基背毛很长，几乎与盾间沟后的背中毛等长。雄虫两复眼间额带的最狭部分比中单眼宽2倍。后足腿节下方只有近末端部分有显著的长毛。雌虫体长约5.5mm，从后面看腹部背面中央有暗色纵带，两侧有不规则的暗色花纹。幼虫腹部末端有6对突起，第六对突起分成很浅的两叉。

[生活习性] 主要分布在华北和东北地区。年发生3代。以蛹越冬。一代成虫发生时期5月下旬至6月上旬，二代7月，三代8月。

卵多产在心叶、嫩叶和叶腋上，很少产在土表。卵期约5天。幼虫期20～30天。8～10月第三代常与萝卜种蝇混合发生。

防治方法参见葱蝇。

西 瓜 虫
Pillbug

西瓜虫（*Armadillidiu vulgare* Latreille）属节肢动物甲壳纲等足目鼠妇科。又名鼠妇，俗称潮虫。广泛分别于全国各地。为害十字花科、葫芦科、茄科、豆科等数十种柔嫩多汁蔬菜，以菜心、小西葫芦、香瓜、草莓、蕹菜及食用菌受害较重。还有一种西瓜虫 *Porcellio scaber* Latreille 称球鼠妇，广泛分布于室内阴暗潮湿处，在田间也为害蔬菜。

[为害特点] 主要为害寄主的幼苗、嫩芽、嫩叶、嫩根和靠近地面的花器及瓜果，把浆果和幼瓜吃成孔洞，为害幼苗后造成缺苗断垄。

[形态特征] 成虫灰褐色，体长10～14mm，宽5～6.5mm，长椭圆形，共13节。触角丝状。胸部8节，各节具1对足，腹部有7对腹足，尾节末端为2个片状突起。雌成虫体背暗褐色，黄褐色云状纹不明显，每节后缘具白边。雄虫青黑色。卵黄褐色，近球形至卵形。初孵幼虫白色，半透明，形态与成虫相似，长约1.3～1.5mm，宽0.5～0.8mm，随生长发育颜色逐渐变深。

[生活习性] 胎生繁殖。离开母体即可自由活动取食。取食后体壁颜色逐渐变深，身体增大，隔一段时间需钻入土中蜕皮。每雌可繁殖110头。幼虫孵化后多随雌成虫群集在一起，经1～2.5个月开始独立生活，经1年成熟。多发生在阴暗潮湿的墙角、石块、土块和植物残渣下，夜出为害，以7～8时和21～22时活动最盛。阴天白天也出来活动。幼苗和贴地瓜果最易受害。对圈肥和腐烂残渣有趋性，怕光，有假死性，受惊后卷缩成"西瓜"状。

[防治方法]

1. 彻底清除田间杂草，田埂、垄间和地边的植株残渣，及时清理并集中堆沤发酵处理。

2. 避免施用未腐熟的有机肥。

3. 幼嫩多汁蔬菜采用地膜覆盖，及时采收，防止过度成熟。

4. 结合防治地下害虫进行药剂防治。

西瓜虫成虫

灰巴蜗牛
Taper top snail

灰巴蜗牛［*Bradybaena ravida ravida*（Benson）］属腹足纲柄眼目巴蜗牛科。全国分布，发生普遍。又名蜓蚰螺、水牛。为害青花菜、紫甘蓝、紫菜薹、樱桃萝卜、马铃薯、荷兰豆等多种蔬菜。

[为害特点] 灰巴蜗牛取食作物的幼茎、幼苗、叶片，形成大的缺刻和孔洞。也可造成缺苗断垄。

[形态特征] 贝壳中等大小，壳质较厚，坚

硬，呈圆球形。壳高 18～21mm，宽 20～23mm，有 5.5～6 个螺层，顶部几个螺层增长缓慢，略膨

灰巴蜗牛为害白菜

灰巴蜗牛为害紫菜薹

灰巴蜗牛为害苋菜

胀，体螺层急剧增长膨大。壳面黄褐色或琥珀色，常分布暗色不规则形斑点，并有细致而稠密的生长线和螺纹。壳顶尖，缝合线深。壳口呈椭圆形，口缘完整，略外折，锋利，易碎。轴缘在脐孔处外折，略遮盖脐孔。脐孔狭小，呈缝隙状。个体大小、颜色变异较大。卵为圆球形，白色。

[生活习性] 灰巴蜗牛主要在土壤耕作层内越冬或越夏，也可在土缝或较隐蔽的场所越冬或越夏。菜田、农田、庭院、公园、林边杂草丛中及乱石堆内均可发生。一年繁殖 1～3 次。卵产于草根、作物根部土壤中、石块下或土缝内。每头可产卵 50～300 粒。喜温暖潮湿，常在多雨季节形成为害高峰。在疏松的土层中可随温度变化上下移动。

[防治方法]

1. 种植前彻底清除田间及邻近杂草，耕翻晒地。

2. 发生期进行药剂防治。可选用 2% 灭旱螺毒饵 6～7.5kg/hm²，或 6% 密达杀螺颗粒剂 7.5～9kg/hm²、8% 灭蜗灵颗粒剂、10% 多聚乙醛颗粒剂 12～15kg/hm²，均匀撒施或间隙性条施。

同型巴蜗牛
Smooth top snail

同型巴蜗牛［*Bradybaena similaris*（Férussac）］属腹足纲柄眼目巴蜗牛科。全国分布，发生较普遍。又名水牛。杂食性。为害青花菜、白菜、樱桃萝卜、冬寒菜、枸杞等多种蔬菜和多种其他作物。

[为害特点] 初孵幼螺只取食叶肉，残留表皮，个体稍大用齿舌将嫩茎、幼叶舐食成小孔或将其吃断。

[形态特征] 贝壳中等大小，壳质厚，坚实，呈扁球形。壳高 11.5～12.5mm，宽 15～17mm，有 5～6 个螺层，顶部几个螺层增长缓慢，略膨胀，螺旋部低矮，体螺层增长迅速、膨大。壳顶钝，缝合线深。壳面呈黄褐色至灰褐色，有稠密而细致的生长线。体螺层周缘或缝合线处常有一条暗褐色带，有些个体无。壳口呈马蹄形，口缘锋利，轴缘外折，遮盖部分脐孔。脐孔小而深，呈洞穴状。个体间形态变异较大。卵圆球形，直径 2mm，乳白色，有光泽，渐变淡黄色，近孵化时为土黄色。

[生活习性] 同型巴蜗牛各地较常见，多与灰巴蜗牛混合发生。生于潮湿灌木丛、草丛中、田埂上、乱石堆里、枯枝落叶下、作物根际土块和土缝中以及温室、菜窖、畜圈附近等阴暗潮湿、多腐殖质的环境，适应性极强。年繁殖 1 代。多在 4～5 月间产卵。卵多产在根际疏松湿润的土中、缝隙中、枯叶或石块下。每个成体可产卵 30～235 粒。成螺多蛰伏于作物秸秆堆下面或冬季作物的土壤中越冬。幼螺也可在冬季作物根部土壤中越冬。

防治方法参见灰巴蜗牛。

同型巴蜗牛为害枸杞

同型巴蜗牛为害冬寒菜　　　　　　　　　　　同型巴蜗牛田间诱杀状

野蛞蝓
Wild slugs

野蛞蝓 [*Agriolimax agrestis* (Linnaeus)] 属腹足纲柄眼目蛞蝓科。全国分布。保护地、露地都可发生。又名鼻涕虫。为害豆瓣菜、菜心、白菜、青花菜、紫甘蓝、百合等数十种蔬菜。

[为害特点] 野蛞蝓主要为害幼苗、幼嫩叶片和嫩茎，将其食成孔洞或缺刻，同时排泄粪便、分泌黏液污染蔬菜。

[形态特征] 成体伸直时体长 30～60 mm，体宽 4～6mm；内壳长 4mm，宽 2.3mm。长梭形，光滑无外壳，柔软。体表暗黑色或暗灰色、黄白色或灰红色。触角 2 对，暗黑色，下边一对短，约 1mm，有感觉作用，称前触角；上边一对长约 4mm，称后触角，端部具眼。口腔内有角质齿舌。体背前端具外套膜，为体长的 1/3，边缘卷起，其内有退化的贝壳，上有明显呈同心圆状排列的生长线。同心圆状生长线中心的外套膜后端偏右。呼吸孔在体右侧前方，其上有细小的色线环绕。嵴钝。黏液无色。右触角后方约 2mm 处为生殖孔。卵椭圆形，韧而富有弹性，直径 2～2.5mm，白色透明可见卵核，近孵化时颜色变深。初孵幼体长 2～2.5mm，淡褐色，体形同成体。

[生活习性] 以成体或幼体在植物根部湿土下越冬。5～7 月在田间大量活动为害，入夏气温升高，活动减弱，秋季气候凉爽后又活动为害。保护地内发生为害时间更长。通常完成一个世代约 250 天。5～7 月产卵，卵期 16～17 天。从孵化至成贝性成熟约需 55 天。成贝产卵期可长达 160 天。野蛞蝓雌雄同体，异体受精，亦可同体受精繁殖。卵产于湿度大、且隐蔽的土缝中，每隔 1～2 天产一次，1～32 粒，每处产卵 10 粒左右，平均产卵 400 余粒。野蛞蝓怕光，强光照下 2～3 小时即死亡。因此，均夜间活动，从傍晚开始出动，晚上 10～11 时达到高峰，清晨之前又陆续潜入土中或隐蔽处。耐饥饿力强。在食物缺乏或不良条件下能不吃不动。阴暗潮湿时大发生，当气温 11.5～18.5℃、土壤含水量为 20%～30% 时，对其生长发育最为有利。

防治方法参见灰巴蜗牛。

褐色型野蛞蝓为害豆瓣菜　　　　　　　　　　赤色型野蛞蝓为害豆瓣菜

十五、瓜类蔬菜害虫

Pests of Gourd Vegetables

黄守瓜
Yellow melon leaf beetle

黄守瓜〔*Aulacophora femoralis*（Motschulsky）〕属鞘翅目叶甲科。又名瓜守、瓜蛆、黄萤。广泛分布于华南、西南、华东、华中、华北和西北部分地区。为害近20科70多种植物。主要在南方菜区发生。以黄瓜、南瓜、丝瓜、苦瓜、甜瓜、西瓜、西葫芦等瓜类蔬菜受害较重。严重时茄科、豆科、十字花科蔬菜也明显受害。

[为害特点] 成虫和幼虫均可为害。成虫咬食叶片，将叶片吃成圆形或半圆形孔洞或缺刻，严重时仅剩下网状叶脉。咬食嫩茎，常形成死苗。花和

黄守瓜为害（迷你黄瓜）状

黄守瓜幼虫

幼瓜被咬食，直接影响产量和质量。幼虫在土中生活，主要为害寄主地下部分。一至二龄幼虫时取食幼根，三龄后蛀入主根和近地面幼茎，致植株萎蔫枯死。幼虫也可蛀入接触地面的瓜果，引致腐烂。

[形态特征] 成虫体长7～9mm，宽3.5～4.2mm。体橙黄至橙红色，有时带棕色，腹面后胸和腹节黑色，腹末节大部分橙黄色。虫体长椭圆形，触角伸至翅中部。基节粗，第二节短小，第三节比以下各节略长。前胸背板宽约为长的2倍，上有一波形横凹沟，两端达到边缘。鞘翅中部以后略膨大。有的中足和后足颜色较深，黑褐至褐色，有时前足胫节和跗节亦为深色。卵长1mm，黄色，圆形，表面具六角形蜂窝状网纹。幼虫体长约12mm，头部黄褐色，体黄白色，臀板腹面有肉质突起，上生微毛。蛹长9mm，黄白色，裸蛹，头顶、腹部及尾端有粗短刺。

[生活习性] 在华北地区年发生1代，长江流域2代，华南3代。以成虫在背风向阳的地面杂草、落叶中或在土缝中越冬。春季地温达10℃时越冬成虫开始活动，先取食杂草和其他蔬菜，以后转移为害瓜类蔬菜。一代成虫5～8月产卵，6～8月幼虫孵化为害，7月达为害高峰。8月成虫羽化后为害秋季蔬菜，10～11月成虫陆续越冬。此虫喜温湿，中午前后最活跃。成虫有假死性。雌虫可产卵4～7次。卵多产于潮湿的表层土内，湿度越高产卵越多，平均每次约30粒。通常在雨后大量产卵，相对湿度低于57%卵不能孵化。卵期10～14天。初孵幼虫为害细根，三龄后食害主根，多在6～10cm土层中活动，不喜欢沙土。老熟幼虫在寄主根际周围筑土室化蛹，幼虫期20～40天。前蛹期4～5天，蛹期12～23天。

[防治方法]

1. 冬前彻底清除田间杂草、枯枝落叶，填平土缝，消灭越冬虫源及场所。

2. 采用地膜覆盖或基质栽培，防止成虫产卵，减轻害虫为害，或在植株根部附近撒草木灰、烟草粉、木屑、糠秕，亦可阻止成虫产卵。

3. 调节播种期，使害虫盛发期与瓜菜受害敏感期（5片真叶期前）错开，降低其为害。

4. 实行葱蒜、甘

黄守瓜成虫

蓝、西芹、莴苣等非喜食寄主轮作或间作，减轻为害。

5.适时进行药剂防治。防治成虫宜在清晨露水未干时进行。可选用10%多来宝悬浮剂1 200～1 500倍液，或3%莫比朗乳油1 000～1 200倍液、10%赛乐收乳油1 000～1 200倍液、5%氯氰菊酯乳油3 000～4 000倍液、5.7%百树得乳油2 500～3 000倍液喷雾。防治成虫可选用70%高巧干种衣剂拌种，或选用20%康福多浓可溶剂1 500～2 000倍液、0.9%虫螨克乳油1 500～2 000倍液、40%辛硫磷乳油1 500～2 000倍液灌根，每株灌药液150～200ml。亦可选用3%米乐尔颗粒剂45～75kg/ hm²拌适量细砂均匀施在幼株根部附近。

苹斑芫菁
Apple blister beetle

苹斑芫菁成虫

苹斑芫菁（*Mylabris calida* Pallas）属鞘翅目芫菁科。又名花斑虫。为害多种瓜菜和水果等。

[**为害特点**] 成虫为害多种瓜类蔬菜的叶片,将叶片吃成缺刻或孔洞。幼虫可捕食蝗卵。

[**形态特征**] 成虫体长11～23mm, 宽3.5～7.0mm。体和足黑色,被黑色长竖毛。鞘翅浅黄色至棕黄色,具黑斑。头略呈方形,后角圆,表面密布刻点,中央具2个小圆斑。触角11节,末端5节膨大呈棒状。前胸背板长略大于宽,两侧平行,前端1/3处向前束窄,表面具密小黑粒点,盘区中间和后缘之前各具一个圆凹洼。鞘翅有细皱纹,基部有稀疏的黑长毛,在近基部1/4处生黑圆斑1对,中部和端部1/4处各具1横斑,有时端部横斑分裂成2个斑。

[**生活习性**] 在北方地区年发生1代,南方年发生2代。以前蛹在土中越冬。北方翌年5月中旬羽化,7月中旬至8月上旬为盛发期,9月下旬成虫停止活动。成虫喜在9时和16时活动和交尾,中午炎热静伏不动,温度25℃时活动最盛。成虫产卵后群居为害,一般几十头至上百头,并远距离飞翔为害,有假死性,无趋光和趋化性。可交尾两次,交尾后一周产卵。产卵多先挖土,然后将卵产在杂草和地表10cm之间,产后埋土。每雌虫一次产卵120粒左右,无遗卵,寿命约96天。产卵多在10～17时,每次产卵约半小时,卵期平均约25天。卵多在7～8时和17～18时孵化。幼虫共6龄,每龄历期平均约15天,一、二龄活动迅速,三、四龄多在黑暗中活动和寻食,主要取食蝗卵,五、六龄进入休眠状态。

[**防治方法**] 一般不需单独防治,必要时参见黄守瓜。

美洲斑潜蝇
Vegetable leaf moner

美洲斑潜蝇（*Liriomyza sativae* Blanchard）属双翅目潜蝇科。又名蔬菜斑潜蝇、美洲甜瓜斑潜蝇、苜蓿斑潜蝇。全国除内蒙古、新疆、西藏等地外,均有分布。在北方可为害130多种蔬菜、花卉和一些杂草。以番茄、茄子、黄瓜、架豆、豇豆等多种蔬菜受害严重;以樱桃番茄、甜瓜、西瓜、小西葫芦、香艳茄、牛蒡等受害严重。

[**为害特点**] 主要以幼虫钻蛀叶肉组织,在叶片上形成由细变宽的蛇形弯曲遂道,多为白色,有的后期变成铁锈色,白色遂道内交替排列湿黑色线状粪便。严重时叶片在很短时间内就被钻花干枯。成虫产卵和取食还刺破叶片表皮,形成白色坏死产卵点和取食点,严重影响光合作用,大量蒸发水分,致叶片坏死。

[**形态特征**] 成虫体长1.3～2.3mm,淡灰黑色。额鲜黄色,侧额上面部分色深,甚至黑色,小盾片鲜黄色至金黄色,前盾片和盾片亮黑色,外顶鬃着生于黑色区域,内顶鬃着生黑黄交界处,触角第三节黄色。中胸背板黑色,背中鬃3+1,中鬃呈不规则4列,中侧片黑色区域大小有变化。翅长1.3～1.7mm, M_{3+4}脉末段长是次末段长的

美洲斑潜蝇为害（樱桃番茄）状

3～4倍。足基节鲜黄色。腿节主要为鲜黄色，胫、跗节色深。雄外生殖器端阳体豆荚状，柄部短。雌虫较雄虫稍长。卵很小，米色，略半透明，产在植物叶片内。幼虫乳白至金黄色，蛆状，最长可达3mm，有一对形似圆锥的气门，气门每侧具3个孔突和开口。蛹长2mm左右，椭圆形，腹面稍扁平，橙黄至金黄色。

[**生活习性**] 美洲斑潜蝇在北京地区年发生8～9代，冬季露地不能越冬。过冷却点和体液冰点分别为－9.96℃和－9.06℃。保护地可周年发生。春、秋、冬季保护地分别可发生4～5代、3.5～4代和0～2代。春季露地美洲斑潜蝇主要来源于有虫温室。雌虫刺伤寄主植物叶片，作为取食和产卵的场所。取食导致大量叶片细胞死亡，形成肉眼可见的灰白色刻点。造成的叶片伤孔中，约15%含有活卵。雄虫不具刺伤叶片能力，只能在雌虫造成的伤口上取食。卵产于叶片表皮下。产卵的数量因温度和寄主不同而异。幼虫从卵中孵化后，用口钩不断刮食叶片的栅栏组织，残留上表皮，形成白色蛇形潜道，将黑色粪便挤出，二龄前粪便在虫道中呈交替排列，三龄后常排在一侧连成线，有时发生卷曲。幼虫昼夜均可取食，随着龄期增加虫道不断加粗变长。幼虫有三龄，龄期改变时虫道宽度和虫粪长度有明显变化。可根据虫道宽度和虫粪长度变化判断幼虫龄期。幼虫老熟后钻出叶面，在叶面或土壤表层正式化蛹。各虫态的发育起点温度和有效积温分别是卵9.96℃，37.52℃；幼虫11.14℃，63.55℃；蛹11.33℃，130.76℃；卵至蛹11.08℃，232.16℃。成虫羽化多集中在上午，温度越高，羽化高峰越早。26.5℃是最适的取食、产卵温度。平均每雌一生可取食2 817孔，产卵519粒，最高取食4 501孔，产卵780粒。36.5℃以上高温和16.5℃以下低温都对取食、产卵不利。低温下成虫寿命最长。16.5℃平均26.67天，高温下最短，31.5℃以上4.5天。在最适温度下产卵前期最短为0.33天。成虫在43℃可短时间存活，但36℃以上高温对幼虫存活和化蛹有明显影响。幼虫潜食与脱道也与温度密切相关。温度越高，脱道化蛹高峰越早。高湿和干旱对化蛹不利，在连续光照条件下可昼夜脱道。幼虫在田间的分布型为负二项分布。蛹在土中的分布为土表占15.2%，0～1cm占77.34%，1～2cm占7.65%，2cm以下无。成虫取食、产卵集中在中上部叶片。幼虫多集中在中部。成虫在5cm以上可顺利出土，10cm以下出土率降低，深度40cm无法出土。种群主要受温度影响，其次为寄主和天敌。湿度影响较小，强降水对成虫杀伤力较强。北京露地7～9月为美洲斑潜蝇发生高峰期，大棚在初夏和秋季形成2个发生高峰，温室可全年发生，高峰在春季和秋季。在喜食蔬菜上种群增长很快。美洲斑潜蝇天敌较多，初步鉴定寄生蜂约30种，其中以幼虫期寄生姬小蜂（Eulophidae）最多，其次是金小蜂（Pteromalidae）和小蜂

美洲斑潜蝇为害（紫背天葵）状

叶内美洲斑潜蝇幼虫

美洲斑潜蝇幼虫放大

美洲斑潜蝇为害（甜瓜）状

美洲斑潜蝇为害（杂草）状

（Chalcididae）。幼虫末期和蛹期主要是捕食性天敌，种类有瓢虫1种、蝽2种、蚂蚁2种、草蛉1种、蜘蛛1种。各种天敌在不同地区、季节发生数量差异很大。美洲斑潜蝇重发生区较轻发生区多。管理粗放、施用杀虫剂较少的地区较精细管理地区多，保护地内相对较少，

夏秋露地天敌种类和数量是一年中最多的时期。6月上旬至10月上、中旬在美洲斑潜蝇未施药地块均有天敌存在，7～9月为天敌发生盛期，控制力较强的为幼虫寄生蜂，秋季一般不施药田块因受寄生蜂的影响种群数量急剧下降。成虫有趋黄、趋嫩、趋绿性。经测定美洲斑潜蝇成虫对波长为250～490 nm的橙黄、金黄、中黄色趋性最强，用于测报和防治采用上述颜色大小为30 cm×40cm黄板竖直悬挂综合效果最佳。

[防治方法]

由于美洲斑潜蝇虫体微小，繁殖能力强，成虫飞行，农药防治极易产生抗性。同时，田间世代重叠明显，蛹粒可掉落在土壤表层，有效控制美洲斑潜蝇发生与为害，必须采取综合防治措施。

1. 发生较重的地区，实行与非喜食蔬菜轮作，北方地区冬季进行1～2月休闲。

2. 收获完毕，及时彻底清除田间植株残体和杂草，有虫植株残体必须高温堆沤处理。保护地在尚未拉秧前40℃以上高温闷棚，杀灭残存虫蛹。

3. 种植前耕翻土壤30cm以上，害虫发生期增加中耕和浇水，破坏化蛹，减少成

美洲斑潜蝇脱道幼虫和初化蛹　　　　　　　美洲斑潜蝇成虫取食孔和产卵孔

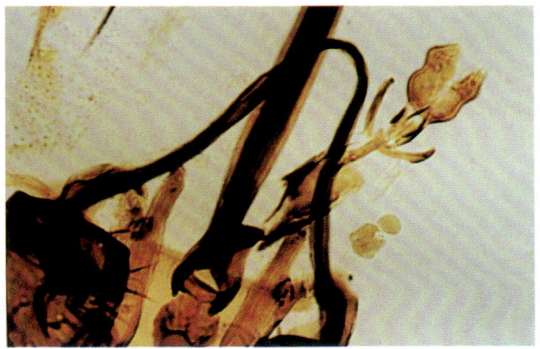

美洲斑潜蝇成虫放大　　　　　　　美洲斑潜蝇成虫雄性生殖器解剖

美洲斑潜蝇世代发育

1. 成虫产卵　2. 一龄幼虫及虫道　3. 二龄幼虫及虫道　4. 三龄幼虫及虫道　5. 老熟幼虫
6. 幼虫脱道孔　7. 脱道化蛹幼虫　8. 蛹　9. 初羽化成虫　10. 成虫补充营养　11. 成虫交配

蛹发育羽化过程

美洲斑潜蝇寄生蜂

1. 稻苞虫柄腹姬小蜂（*Pediobius mitsukurii*）　　2. 潜蝇姬小蜂（*Diglyphus* sp.）　　3. 未知天敌

4. 潜蝇羽角姬小蜂（雌）（*Sympiesis* sp.）　　5. 潜蝇姬小蜂（*Diglyphus isaea*）　　6. 潜蝇羽角姬小蜂（雄）（*Sympiesis* sp.）

虫羽化。

4.轻发区加强田间调查，发现受害叶片及时摘除，集中沤肥或淹埋。

5.悬挂30cm×40cm大小的橙黄或金黄色黄板涂黏虫胶、机油或色拉油，诱杀成虫。

6.药剂喷花和仅对诱集作物局部施药防治，保护自然天敌，控制害虫增长。必要时人工采集田间被寄生的幼虫室内繁殖后再释放。

7.药剂防治注意交替轮换准确用药。防治成虫喷药宜在早晨或傍晚进行，防治幼虫宜在低龄期施药，即多数被害虫道长度在2cm以下时进行。最好选用兼具内吸和触杀作用的杀虫剂。可选用1.8%虫螨克乳油2 500～3 000倍液，或52.25%农地乐乳油1 000～1 500倍液、50%蝇蛆净乳油2 000倍液、50%灭蝇胺乳油4 000～5 000倍液、5%卡死克乳油1 000～1 500倍液喷雾防治。保护地最好采用常温烟雾施药防治。

鼎突多刺蚁（*Polyrhachis vicina*）

黄缘巧瓢虫（*Oenopia sauzeti*）

红蚂蚁（*Tetramorium guineense*）

角园蛛（*Araneus comutus*）

美洲斑潜蝇被自然天敌寄生状态

美洲斑潜蝇被人工释放天敌寄生状态

高温闷棚防治
1. 闷前美洲斑潜蝇发生状态　2. 闷杀美洲斑潜蝇效果　3. 黄瓜坐秧后生长效果

黄板诱杀成虫：不同大小、方式、颜色、材质黄板诱杀美洲斑潜蝇

生产上应用黄板诱杀美洲斑潜蝇

生产上应用黄板诱杀美洲斑潜蝇

农民自制黄色诱杀器

温室白粉虱
Greenhouse whitefly

温室白粉虱〔*Trialeurodes vaporariorum* (Westwood)〕属同翅目粉虱科。南方部分地区发生，北方地区广泛分布。为害葫芦科、豆科、茄科、菊科、伞形花科、十字花科、锦葵科等100多种蔬菜和花卉。以葫芦科、豆科、茄科、菊科作物受害严重。

[为害特点] 成虫和若虫吸食寄主植物的汁液，致叶片褪绿、变黄、萎蔫，甚至全株枯死。同时，分泌大量蜜露诱发煤污病，影响叶片光合作用，污染叶片和果实，严重时使蔬菜失去商品价值。此外，还传播多种病害。

[形态特征] 成虫体长1～1.5mm，淡黄色。翅面覆盖白色蜡粉，停息时双翅在体背合成屋脊状。翅端半圆形，遮住整个腹部。翅脉简单，沿翅外缘有一排小颗粒。卵长约0.2mm，侧面观长椭圆形，基部有卵柄，柄长0.02mm，从叶背气孔插入植物组织中。初产时淡绿色，后渐变褐色，孵化前呈黑色，表面有蜡粉。一龄若虫体长约0.29mm，长椭圆形，二龄约0.37mm，三龄约0.51mm，淡绿色或黄绿色，足和触角退化，紧贴在叶片上营固着生活。四龄若虫又称伪蛹，体长0.7～0.8mm，椭圆形，初期体扁平，逐渐加厚呈蛋糕状，中央略平，黄褐色，体背有长短不齐的蜡丝，体侧有刺。

[生活习性] 温室白粉虱在北方温室内繁殖为害，无滞育和休眠现象。繁殖适温为18～21℃，发育历期：18℃31.5天，24℃24.7天，27℃22.8天。各虫态发育历期：24℃卵期7天，一龄5天，二龄2天，三龄3天，伪蛹8天。在温室生产条件下约1个月完成一代。成虫

温室白粉虱诱发霉污病初期

温室白粉虱为害（樱桃番茄）状

羽化后1～3天交配产卵。平均每雌产卵142.5粒。也可行孤雌生殖，其后代为雄性。成虫有趋嫩性，在寄主植物打顶以前，成虫随植株生长不断追逐顶部嫩叶产卵。因此，各虫态在作物上自上而下的分布为：成虫、新产绿卵、变黑卵、初龄若虫、老龄若虫、伪蛹、新羽化成虫。卵以卵柄从气孔插入叶片组织中，与寄主植物保持水分平衡，不易脱落。若虫孵化后3天内在叶背可做短距离游走，当口器插入叶组织后开始营固着生活。据观察，温室白粉虱可通过风口近距离随季节气温变化往返迁移。冬季在温室作物上繁殖为害，春季通过温室通风或菜苗进入露地，深秋少量成虫经风口飞回温室。种群数量由春到秋持续发展，夏季高温多雨抑制作用不明显，秋季达数量高峰。冬季温室持续生产瓜果类喜温蔬菜，春末夏初即形成为害高峰。由于北方温室和露地蔬

温室白粉虱诱发霉污病中期

温室白粉虱成虫放大

温室白粉虱诱发霉污病后期

温室白粉虱成虫和伪蛹放大

温室白粉虱为害扁豆

温室白粉虱伪蛹

温室白粉虱为害苦瓜

中华草蛉

菜生产紧密衔接和相互交替，白粉虱周年发生，种群数量呈指数增长，清除虫源和培育无虫苗非常重要。成虫对黄色有强烈趋性，可据此进行诱集防治。主要天敌近20种。草蛉类（Chrysopidae）为最主要捕食性天敌，其次是微小花蝽（*Orius minutus*）和东亚小花蝽（*O.sauturi*）。寄生性天敌主要有中棒蚜小蜂（*Eretmocerus mundus*）和丽蚜小蜂（*Encarsia formosa*）。主要寄生菌为玫瑰色拟青霉（*Paecilomyces fumosoroseus* var. *beijingensis*）和蜡蚧轮枝菌（*Verticillium lecanii*）。

[防治方法]

1. 实行非喜食寄主蔬菜轮作，避免适生寄主

中华草蛉卵块

采用防虫网室

丽蚜小蜂（*Encarsia formosa*）
自然寄生温室白粉虱状态

风口设置防虫网

新型黄板诱杀器

黄板诱杀温室白粉虱成虫

瓜类、豆类、茄果类蔬菜混栽套种。收获后彻底清理田间杂草和植株残体，妥善处理或高温发酵沤肥，减少田间虫源。

2. 培育无虫苗，把育苗和温室生产分开。育苗和移栽前彻底熏杀残余虫口，风口用防虫网隔离，控制外来虫源。

3. 采用挂黄板诱杀或架黄盆诱杀。在白粉虱发生初期，将黄板套上塑料膜外涂机油或黏虫胶，挂在棚室内诱杀成虫，并定期更换塑料膜和涂黏虫胶。也可用黄盆盛清水，内放一定量洗衣粉，支放在田间，高度略低于植株生长点，诱杀成虫。注意定期清除表面漂浮的成虫和换水。

4. 药剂防治。由于白粉虱世代重叠，各种虫态同时存在，目前尚无兼杀所有虫态的药剂。一种药剂防治需连续几次，并根据各虫态垂直分布规律重点针对相应虫态，以确保防治效果。可选用 25% 扑虱灵可湿性粉剂 1 000～1 500 倍液,或 2.5% 天王星乳油 2 000～3 000 倍液、20% 康福多浓可溶剂 2 000～3 000 倍液、25% 阿克泰水分散粒剂 3 000～5 000 倍液、5% 农梦特乳油 1 000～2 000 倍液、25% 优佳安可湿性粉剂 800～1 000 倍液、10% 氯氰菊酯乳油 2 500～3 000 倍液、3% 莫比朗乳油 1000～2000 倍液、40.7% 乐斯本乳油 800～1 000 倍液喷雾。虫情严重时可选用 2.5% 天王星乳油 4 000 倍液与 25% 扑虱灵可湿性粉剂 1 500 倍液混

用。保护地内可选用 22% 敌敌畏烟剂 7.5kg/hm² 熏烟防治。也可采用常温烟雾机施药防治。此虫对药剂易产生抗性，生产防治需注意轮换交替用药。

5. 生物防治。保护地内白粉虱成虫低于每百株 50 头时释放丽蚜小蜂（*Encarsia formosa*）"黑蛹" 300～500 头，10 天左右放 1 次，连续放蜂 3～4 次，可有效控制白粉虱种群增长，寄生率可达 75% 以上。放蜂期间可施用 25% 灭螨锰可湿性粉剂 1 000 倍液，防治白粉虱的成虫、若虫和卵，而不影响丽蚜小蜂的生长繁殖。

黄板诱杀温室白粉虱效果

瓜 蚜
Cotton aphid

瓜蚜（*Aphis gossypii* Glover）属同翅目蚜科。全国分布。又名棉蚜。主要为害甜瓜、西瓜、哈密瓜、西葫芦等瓜果蔬菜，亦可为害扁豆、荷兰豆、甜豌豆、四棱豆、菠菜、秋葵、洋葱等多种其他蔬菜。

[为害特点] 瓜蚜以成虫和若虫在叶片背面和幼嫩组织上吸食作物汁液。瓜苗嫩叶和生长点受害后，叶片卷缩，瓜苗萎蔫，严重时枯死。老叶受害，提前老化枯落，缩短结瓜期或影响幼瓜生长，造

瓜蚜为害（小西葫芦）状

瓜蚜为害（迷你黄瓜）状

瓜蚜为害黄秋葵

瓜蚜为害小西葫芦

瓜蚜为害黄秋葵

褐色型瓜蚜放大

褐色型和黄色型瓜蚜

绿色型瓜蚜

食蚜蝇幼虫取食瓜蚜

成减产。也传播病毒病。

[形态特征] 无翅胎生雌蚜体长1.5～1.9mm，夏季黄色、黄绿色，春、秋季墨绿色。触角第三节无感觉圈，第五节1个，第六节膨大部3～4个。体表被薄蜡粉。尾片两侧各具3根毛。有翅孤雌成蚜，体长1.2～1.9mm，黄色、绿色或深绿色至蓝黑色，夏季以黄色型居多，体表被薄蜡粉。若蚜黄绿色至黄色，也有蓝灰色。有翅若蚜于第一次蜕皮出现翅芽，蜕皮4次变成成虫。

[生活习性] 瓜蚜在华北地区年发生10余代，长江流域20～30代。以卵在越冬寄主上或以成蚜、若蚜在温室内蔬菜上越冬或繁殖为害。春季气温6℃以上时开始活动，在越冬寄主上繁殖2～3代后，于4月底产生有翅蚜迁飞到露地蔬菜上繁殖为害，秋末冬初又产生有翅蚜迁入保护地，可产生雄蚜与雌蚜交配产卵越冬。春、秋季10天左右完成1代，夏季4～5天繁殖1代，每雌产若蚜60余头。繁殖

适温16～20℃,北方超过25℃,南方超过27℃,相对湿度高于75%,不利于瓜蚜繁殖。北方露地6月至7月中、下旬虫口密度最高,为害最重,7月中旬以后高温高湿和雨水冲刷,瓜蚜为害减轻。

[防治方法] 参见桃蚜防治。抗蚜威对瓜蚜防治效果较差,不宜选用。保护地可选用20%灭蚜烟雾剂,每次6～7.5kg/hm²均匀摆放, 点燃后闭棚3h即可。

瓜 绢 螟
Indian cabbage moth

瓜绢螟〔*Diaphania indica*(Saunders)〕属鳞翅目螟蛾科。又名瓜螟、瓜野螟,华北、华中、华南、华东、西南地区均有分布。为害黄瓜、甜瓜、丝瓜、冬瓜、苦瓜、节瓜、西瓜、樱桃番茄、番茄、香艳茄、茄子和菜用大豆等。

[为害特点] 幼虫为害叶片。低龄幼虫在叶背啃食叶肉,残留表皮呈灰白斑,三龄后吐丝将叶或嫩梢缀合,匿居其中取食,致使叶片穿孔或缺刻,严重时仅剩叶脉。幼虫也常蛀入瓜内取食,影响产量和质量。

[形态特征] 成虫体长10～11mm,翅展25mm。头、胸黑色。腹部白色,但第一、第七、第八节黑色,末端具黄褐色毛丛。前、后翅白色透明,略带紫色。前翅前缘和外缘、后翅外缘呈黑色宽带。卵扁平,椭圆形,淡黄色,表面有网纹。末龄幼虫体长23～26mm。头部、前胸背板淡褐色,胸腹部草绿色,亚背线呈两条较宽的乳白色纵带,气门黑色。蛹长约14mm,深褐色,头部光整尖瘦,翅端达第六腹节。外被薄茧。

[生活习性] 在广东年发生6代。以老熟幼虫或蛹在枯叶或表土内越冬。翌年4月底羽化,5月幼虫为害,7～9月发生数量多,世代重叠,为害严重,11月后进入越冬期。成虫夜间活动,稍有趋光性。雌蛾产卵于叶背,散产或几粒在一起。每雌可产卵300～400粒。幼虫三龄后卷叶取食,在卷叶或落叶中化蛹。卵期5～7天;幼虫期9～16天,共4龄;蛹期6～9天;成虫寿命6～14天。

[防治方法]

1. 及时清理瓜地,消灭藏匿于枯蔓落叶中的虫蛹。

2. 幼虫发生初期及时摘除卷叶,以消灭部分幼虫。

3. 幼虫盛发期及时进行药剂防治。可选用10%多来宝悬浮剂1 500～2 000倍液,或3%莫比朗乳油1 000～2 000倍液、12.5%保富悬浮剂8 000～10 000倍液、10%氯氰菊酯乳油3 000～4 000倍液、2.5%天王星乳油2 500～3 000倍液、50%巴沙乳油1 500～2 000倍液喷雾。

瓜绢螟为害迷你黄瓜

瓜绢螟幼虫放大

黄 蓟 马
Honeysuckle thrips

黄蓟马(*Thrips palmi* Karny),异名*Thrips flavus* Schrank,属缨翅目蓟马科。又名棕榈蓟马、瓜蓟马、棕黄蓟马。分布在南方部分省(自治区、直辖市)。为害葫芦科、豆科、十字花科、茄科等数十种蔬菜。

[为害特点] 黄蓟马以成虫和若虫锉吸瓜果、豆类蔬菜的嫩梢、嫩叶、花和果的汁液,使被害组织老化坏死,枝芽僵缩,植株生长缓慢,幼瓜、嫩荚或幼果表皮硬化变褐或开裂,严重影响作物的产量与质量。

[形态特征] 成虫体长1mm,金黄色。头近方形,复眼稍突出。单眼3只,红色,排成三角形。单眼间鬃位于单眼三角形连线外缘。触角7

黄蓟马为害（马铃薯）状

黄蓟马为害马铃薯

黄蓟马放大

黄蓟马若虫放大

黄蓟马成虫放大

天敌小花蝽（*Orius minutus*）

节，翅2对，周围有细长缘毛，腹部扁长。若虫黄白色，3龄，复眼红色。卵长椭圆形，白色透明，长0.2mm。

[生活习性] 黄蓟马在广东年发生20多代，广西17～18代，浙江11～12代，北方地区可发生8～10代左右，保护地内可周年发生。在南方可终年繁殖，世代重叠严重。发育适温15～32℃，2℃仍可生存。卵、若虫、蛹及全代发育起点温度和有效积温分别为10.8℃、70.4℃；12.1℃、79.6℃；12.2℃、59.9℃；11.7℃、209.9℃。卵期2～9天，若虫期3～11天，"蛹期"3～12天，成虫寿命6～25天。成虫在土壤内羽化爬出土表后向上移动，较活跃，有强烈的趋光性和趋蓝色习性，在作物叶片上"跳跃"飞动，多在幼嫩多毛的部位取食。雌成虫主要营孤雌生殖，偶行两性繁殖。卵散产于叶肉组织内。每雌产卵22～35粒。若虫怕光，多聚集在叶背取食，到三龄末期落入土中"化蛹"，在离土表3～5cm处栖息。土壤含水量8%～18%时，"化蛹"和羽化率最高，骤然降温易死亡。南方在春季和秋季多分别出现为害高峰，以秋季严重。北方地区多在夏、秋季形成严重为害。主要天敌有草蛉类（Chrysopidae）、东亚小花蝽（*Orius sauturi*）、小花蝽（*O. minutus*）和蜡蚧轮枝菌（*Verticillium lecanii*）及蜘蛛等。

[防治方法]
1. 每茬收获完毕，彻底消除田间植株残体和田间附近的野生寄主，注意妥善处理。

2. 避免瓜类、豆类、茄果类蔬菜间作、套种。提前或延后种植，避开为害高峰期。

3. 地膜覆盖栽培。黄蓟马发生时期适当增加田间浇水。

4. 黄蓟马发生初期采用蓝板诱杀。

5. 适时进行药剂防治。此虫繁殖快，易形成灾害，防治应立足于早期，通常单株虫口达3～5头即需喷药防治。可选用20%康福多浓可溶剂3000～4000倍液，或1.8%虫螨克乳油3000～4000倍液、10%赛乐收乳油800～1000倍液、25%阿克泰水分散粒剂3000～4000倍液喷雾。重点防治幼嫩部位和叶片背面。保护地宜采用常温烟雾施药技术施药。

6. 有条件可人工饲养繁殖小花蝽、草蛉等天敌进行生物防治。

蓝板诱杀黄蓟马成虫

红脊长蝽
Red-spine bug

　　红脊长蝽〔*Tropidothorax elegans*（Distant）〕属半翅目蝽科。又名黑斑红长蝽。分布于华东、华南和华北的部分地区。为害葫芦科、十字花科及其他多种蔬菜。

　　[为害特点] 成虫和若虫群集于嫩茎、嫩瓜、嫩叶上刺吸汁液，在被害处出现褐色坏死斑点，终致萎蔫枯死。

　　[形态特征] 成虫体长8～12mm，长椭圆形，赤黄色。头、触角和足黑色。前胸背板后缘中部稍向前凹入，纵脊两侧各有一个近方形的大黑斑。小盾片三角形，黑色。前翅爪片除基部和端部赤黄色外，多为黑色；革片和缘片的中域有一黑斑；膜质部黑色，基部近小盾片末端处有一白斑，其前缘和外缘白色。卵长椭圆形，初产乳黄色，渐变成紫黄色，卵壳上有许多细纵纹，长约0.9mm。

　　[生活习性] 年发生2代。以成虫在石块下、土穴或树洞里成团越冬。翌年4月中旬开

红脊长蝽成虫交配

红脊长蝽为害鼠尾草花器

始活动，5 月上旬交尾。第一代若虫于 5 月底至 6 月中旬孵出，7～8 月羽化、产卵。第二代若虫于 8 月上旬至 9 月中旬孵出，9 月中旬至 11 月中旬羽化，11 月上、中旬进入越冬。成虫怕强光，上午 10 时前和下午 5 时后取食较盛。卵成堆产于土缝内、石块下或根际附近土表。一般每堆 30 余粒，最多达 200～300 粒。

防治方法参见菜蝽。

红脊长蝽为害鼠尾草

行 军 蚁
Oriental driver ant

行军蚁（*Dorylus orientalis* Westwood）属膜翅目蚁科。又名东方食植矛蚁、黄蚂蚁、黑蚂蚁、黄丝蚂。分布在西南、华南和华北的部分地区。为害十字花科、茄科、豆科、伞形花科、葫芦科、菊科的多种菜苗和幼果。

[为害特点] 主要以工蚁咬食寄主植物的幼茎、嫩根、块茎和块根，形成孔洞或将柔嫩组织吃光，致茎叶枯黄死亡。也可咬食贴近地面的西瓜、甜瓜、小西葫芦、樱桃番茄、草莓等。还为害小飞蓬、香丝草等杂草。

[形态特征] 成虫工蚁有大小两种类型。大型工蚁体长 5～6 mm，体褐色至栗褐色，腹部色较胸部淡。头近方形或矩形，后缘深凹，额中央具一条纵沟。触角 9 节，上颚内缘具 2 齿，无复眼、单眼。前、中胸背板之间缝缝不明显。腹柄节 1 节，胸部及腹柄节背面扁平。小型工蚁体长 2.5～3mm，体蜜黄色，额中央无纵沟。雄蚁体似胡蜂，具 2 对翅，体长 17～23 mm，体表密生黄毛。翅黄色透明。复眼、单眼发达。卵长椭圆形，长 1 mm 左右，乳白色。幼虫长 2 mm 左右，米黄色。蛹椭圆形，长 4mm 左右，米黄色。

[生活习性] 有翅雄蚁有趋光性。卵多集中产在寄主茎基部 3～5 mm 处，一处数十至二百多粒。工蚁在南方温暖地区可周年发生为害，北方主要在春、秋季发生为害，保护地可全年发生。多群集在植物根茎部地面上、下 3 mm 内的根、茎或靠近地面瓜果上为害取食。为害后转移。在寄主根部土表用泥作成 "蚁丘"，在地表下面形成 "地道"，多经 "地道" 成群迁移，最深可达 15 mm 左右。

[防治方法]

1. 彻底铲除田间周围的小飞蓬、香丝草等杂草，清除瓜果菜地的植株残体、瓜果。

2. 为害期，尤其为害高峰期发现幼苗受害，立即用 40% 辛硫磷乳油 1 000 倍液浇灌根。每隔 10 天左右 1 次，连用 2～3 次。

3.用"灭蟑螂蚂蚁药"简称"灭蟑药"每15 m²用1～3管,每管2克,分放10～30堆,潮湿地方可把药放在玻璃瓶内侧诱杀。

4.选用90%晶体敌百虫加石灰1:1对水2 000倍液灌根,每株0.2～0.3L。注意采收前7天停止用药。

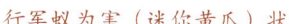

行军蚁为害（迷你黄瓜）状

行军蚁为害迷你黄瓜幼苗

十六、茄果类蔬菜害虫

Pests of Solanceous Fruits

棉铃虫
Cotton bollworm

棉铃虫〔*Helicoverpa armigera*（Hübner）〕属鳞翅目夜蛾科。又名棉铃实夜蛾。全国分布。为害樱桃番茄、香艳茄、秋葵、结球莴苣、皱叶甘蓝、抱子甘蓝、甜瓜、扁豆、荷兰豆、甜豌豆、甜玉米、菜用大豆等蔬菜及多种其他蔬菜和花生、蓖麻等经济作物。

[为害特点] 棉铃虫以幼虫蛀食植株的花蕾、花器、果实、种荚。也钻蛀茎秆、果穗、菜球等。早期食害嫩茎、嫩叶和嫩芽。花蕾和花器受害后，苞叶张开，变成黄绿色，易脱落。果实和种荚常被吃空或引起腐烂。菜球被钻蛀后因雨水、病菌侵入常引起腐烂、变质，不能食用或显著降低产品质量。

[形态特征] 成虫体长14～18mm，翅展30～38mm，灰褐至黄褐色。前翅具褐色环状纹和肾形纹。肾形纹前方的前缘脉上有二褐纹，肾形纹外侧为褐色宽横带，端区各脉间有黑点。后翅黄白色至灰褐色，端区褐色至黑色。雄蛾阳茎端部有倒生小钩1个，阳茎内小圆锥形的角状器大而少（约12对）。雌蛾交配囊的囊附器上除皱纹外，满布小三角刺。卵长约0.5mm，半球形，乳白色，具网状花纹，二纵棱间夹有1～2条短纵棱，多为二岔式或三岔式，中部纵棱25～30条，多为26～28条，卵孔不明显。老熟幼虫体长30～42mm，体色变化很大。由淡绿、淡红至红褐、黑紫色，常见为绿色型及红褐色型。头部黄褐色，背线、亚背线和气门上线呈深色纵线，气门白色，腹足趾钩为双序中带。两根前胸侧毛（L_1、L_2）连线与前胸气门下端相切或相交。体表布满小刺，其底座较大。蛹长17～21mm，黄褐色。腹部第五至七节背面和腹面有7～8排半圆形刻点，臀棘钩刺2根。

[生活习性] 棉铃虫在东北年发生2代，内蒙古和新疆等地年发生3代，华北4代，长江以南5～6代，云南7代。以蛹在土中越冬。在华北于4月中、下旬开始羽化，5月上、中旬为羽化盛期。一代卵见于4月下旬至5月末，5月中旬为盛期，一代成虫见于6月初至7月初，盛期为6月中旬；第二代卵盛期6月中、下旬，7月为第二代幼虫为害盛期，7月下旬为二代成虫羽化

棉铃虫为害（樱桃番茄）状

棉铃虫为害甜豌豆

棉铃虫为害甜豌豆

棉铃虫为害黄秋葵

和产卵盛期；第四代卵见于8月下旬至9月上旬，所孵幼虫于10月上、中旬老熟，入土化蛹越冬。成虫有趋光和趋杨树枝习性。于夜间交配、产卵。卵多散产于植株的顶尖及嫩梢、嫩叶、果萼、果荚、果穗及茎基部。每雌产卵100～200粒。卵发育历期15℃时6～14天，20℃时5～9天，25℃时4天，30℃时2天。初孵幼虫仅能啃食嫩叶、花蕾、嫩梢等，一般在三龄开始钻蛀，四至五龄转移蛀食频繁，六龄时相对减弱。一头幼虫可钻蛀多个果穗、果荚等。幼虫共6龄，发育历期20℃时31天，25℃时22.7天，30℃时17.5天。老熟幼虫在3～9cm表土层筑土室化蛹，预蛹期约3天。蛹发育历期20℃时为28天，25℃时18天，28℃时13.5天，30℃时9.5天。棉铃虫喜温喜湿。成虫产卵适温在23℃以上，20℃以下很少产卵。幼虫发育以25～28℃和相对湿度75%～90%最适宜。在北方尤以湿度影响较显著。月降雨量在100mm以上，相对湿度70%以上时为害严重。雨水过多造成土壤板结，不利于幼虫入土化蛹，同时蛹的死亡率增加。此外，暴雨可冲掉棉铃虫卵。成虫需在蜜源植物上取食，以补充营养。第一代成虫发生期与其他作物花期相遇，若气温适宜，发生量大，第二代棉铃虫为害严重。主要天敌有广赤眼蜂（*Trichograuma evanescens*）、玉米螟赤眼蜂（*T.ostriniae*）、齿唇姬蜂（*Campoletis chiovidea*）、棉铃虫侧沟茧蜂（*Microplitis tadzhica*）、广大腿小蜂（*Brachymeria lasus*）、伞裙追寄蝇（*Exorista civilis*）和草间小黑蛛（*Erigonidium graminicola*）、T纹狼蛛（*Pardosa* sp.）等。

[防治方法]

1.冬季和早春翻地灭蛹，减少田间越冬虫源。

棉铃虫为害结球莴苣

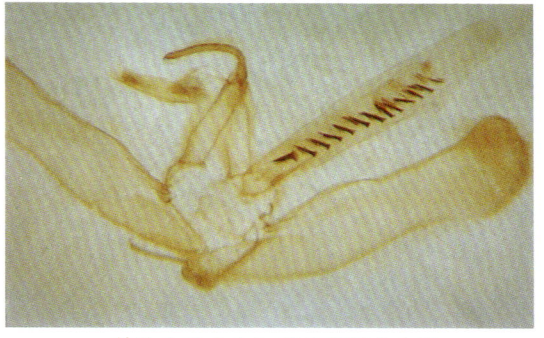

棉铃虫雄成虫阳茎端部倒生小钩和阳茎内小圆锥形角状器

棉铃虫为害四棱豆

棉铃虫成虫

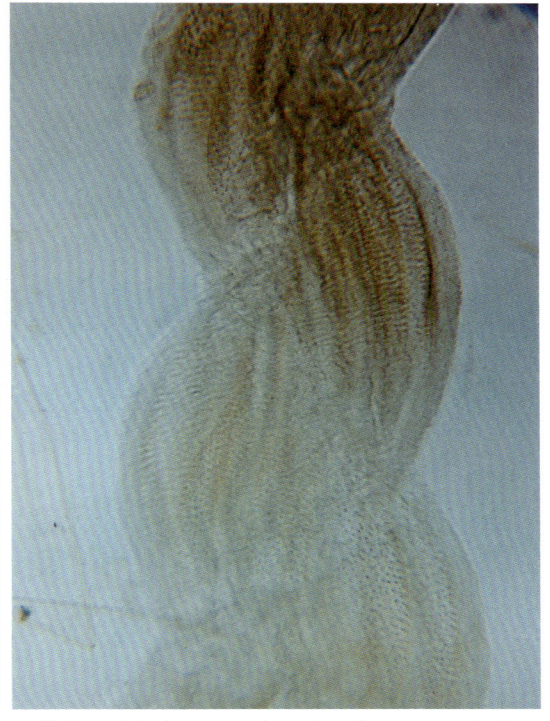

棉铃虫雌成虫交配囊囊附器上皱纹和小三角刺

棉铃虫成虫

棉铃虫卵放大

棉铃虫幼虫放大

高压汞灯诱杀棉铃虫成虫

减少对生产蔬菜的为害。

4. 结合田间管理随整枝打叉摘除卵虫叶片、果实和嫩梢等，蛹期增加中耕和灌水，破坏棉铃虫正常化蛹。

5. 卵高峰后3～4天和6～8天连续喷洒苏云金杆菌Bt乳剂或HD-1粉剂，或棉铃虫核型多角体病毒。在幼虫2龄期（未钻蛀）前选用5%农梦特乳油1 000～2 000倍液，或5%抑太保乳油3 000～4 000倍液、10%多来宝悬浮剂1 500～2 000倍液、3%莫比朗乳油1 000～2 000

棉铃虫蛹

棉铃虫性诱捕器

2. 用黑光灯、高压汞灯、杨树枝把或性诱剂诱捕盆诱杀成虫。

3. 根据棉铃虫对不同寄主的选择性，在田间有意识种植喜食寄主作物诱集带，引诱棉铃虫产卵，

倍液、5%卡死克乳油1 000～2 000倍液、52.25%农地乐乳油2 500～3 000倍液、5.7%百树得乳油3 000～4 000倍液、12.5%保富悬浮剂8 000～10 000倍液喷雾。钻蛀后宜在早晨或傍晚幼虫钻出活动时喷药。

烟 青 虫
Tobacco budworm

烟青虫［*Helicoverpa assulta*（Guenée）］属鳞翅目夜蛾科。又名烟夜蛾、烟实夜蛾。全国各

地都有分布。为害彩色甜椒、普通甜辣椒、番茄、甜玉米、秋葵等。

［为害特点］幼虫蛀食彩色甜椒、辣椒等寄主的幼蕾、花和果实，造成落花、落果，致果实腐烂，也可咬食嫩叶，形成缺刻或将其吃光，钻蛀嫩茎，形成孔洞使幼茎中空而倒折。

［形态特征］此虫与棉铃虫极近似。主要区别为：成虫体色较黄，前翅上各线纹清晰，后翅棕黑色宽带中段内侧有一棕黑线，外

烟青虫为害（彩色甜椒）状

烟青虫成虫

侧稍内凹。雄蛾阳茎端部无小钩,阳茎内长圆锥形的角状器小而多(约23组)。雌蛾交配囊的囊附器上仅有皱纹,无小三角刺。卵稍扁,淡黄色,纵棱双序式,以1长1短为主,中部纵棱21～26条,多为22～24条,卵孔明显。幼虫两根前胸侧毛(L₁、L₂)的连线远离前胸气门下端,体表小刺较短。蛹体前段略显粗短。气门小而低,很少突起。

[生活习性]烟青虫在各地发生较棉铃虫代数少。华北地区年发生3～4代。以蛹在土中越冬。发生期略晚于棉铃虫。成虫产卵量亦比棉铃虫少,最多可达500粒。幼虫生活习性与棉铃虫相似。但在食性和为害特点上有较大区别。烟青虫主要为害辣(甜)椒。在辣(甜)椒生长前期多在上部叶片正面或叶背产卵,后期多在果面、萼片或花瓣上产卵。一般每处只产1粒。三龄后开始蛀果,

烟青虫雄成虫阳茎内长圆锥形角状器

烟青虫为害幼嫩彩色甜椒

烟青虫雌成虫交配囊囊附器上皱纹

烟青虫蛹

烟青虫卵

烟青虫幼虫被天敌寄生和被病毒感染状态

只要食料充足一般不再出果(区别于棉铃虫)。在田间多1果1虫。但在食料少,害虫发生量大时,一个果内可有2～3头幼虫,各居1室。在幼虫喜食的胎座、果肉吃光时,或被害果腐烂而幼虫尚未老熟时也可转果为害。通常幼虫老熟后才从果内钻出,入土化蛹。因此,田间防治较棉铃虫困难,施药必须掌握在幼虫钻蛀果实之前。彩色甜椒多在夏、秋季受害较重。烟草种植面积大的地区,辣(甜)椒

等菜田烟青虫发生为害重。成虫可在番茄上产卵,但存活幼虫极少。发育历期为卵3～4天,幼虫11～25天,蛹10～17天,成虫5～7天。主要天敌与棉铃虫基本相同。

[防治方法]参见棉铃虫。由于幼虫在三龄蛀果后不再钻出,药剂防治必须在钻蛀前进行。

稀点雪灯蛾
White-wing blake-dotted moth

稀点雪灯蛾〔*Spilosoma urticae*（Esper）〕属鳞翅目灯蛾科。分布于华北、东北、西北、华东地区。为害樱桃番茄、番杏、香艳茄、甜瓜、西瓜、苦瓜、甜玉米、菜用大豆、甘薯、薄荷等多种蔬菜。

[为害特点] 幼虫为害叶片，将叶片吃成缺刻或孔洞，严重时仅剩叶脉，影响植株正常生长。

[形态特征] 雌成虫体长 14～15mm，翅展 40～44mm，体白色。下唇须上方黑色，下方白色。触角端部黑色。胸足有黑带，腿节上方黄色。腹部背面除基节、端节黄色外，腹面白色，腹背中央有

黑点纹 7 个，侧面有 5 个黑点，个体差异较大。前翅白色，内横线、外横线、亚缘线或多或少有黑点，后翅无点纹。雄蛾外生殖器瓣基部内方具一几丁质小脊。卵淡黄色。幼虫黄褐色，四龄后变为暗褐色，末龄幼虫体长 21.5～25.8mm，全身披长毛。刚毛暗灰色。胸部背面每节具 8 个毛瘤。腹部 1、2 节及 7～9 节每节具毛瘤 14 个，中央 2 个较小。气门明显，白色，头部黑色。蛹椭圆形，蛹长 11.4～15.5mm，黑褐色，节间黄色，表面粗糙，密生小刻点，化蛹时结一薄茧。

[生活习性] 在华北地区年发生 3 代。以蛹在土内越冬。4 月中旬至 5 月上旬始见成虫，第一代幼虫 5 月上旬至 6 月中旬，幼虫共 6 龄。6 月中旬第一代成虫始见，第二代幼虫 6 月中旬至 8 月上旬，8 月下旬第二代成虫始见，8 月中旬至 9 月中旬为第三代幼虫期，9 月中旬后老龄幼虫化蛹越冬。成虫寿命 3～14 天，卵期 3.5～4.1 天，幼虫期 27.7～31.4 天，蛹期 10.3～11.3 天，整代历期 48～52 天。成虫羽化后第二天傍晚即开始交尾、产卵。卵多产在叶背或茎部。块产，每块 6～160 粒。每雌产卵 150～750 粒。成虫趋光性强。白天多栖息在植物丛中叶片背面，夜间飞出活动，20～22 时活跃。初孵幼虫只啃食叶肉，三龄后把叶片吃成缺刻或孔洞，四至六龄进入暴食阶段。食料缺乏时相互残杀。幼虫上午栖息在叶背面或土块、枯枝落叶下，下午开始取食，傍晚最盛，20 时后开始减少。末龄幼虫爬到地头、路旁石块或枯枝杂草丛中吐丝结薄茧化蛹越冬。

[防治方法]
1. 冬季清除枯枝落叶及田间、地旁杂草，破坏害虫结茧化蛹场所。
2. 利用黑光灯诱杀成虫，减少成虫数量。
3. 适当密植，注意通风透光，减少成虫产卵，降低幼虫密度。
4. 幼虫低龄期在傍晚喷药防治。参见棉铃虫防治。

稀点雪灯蛾幼虫为害苦瓜

茄二十八星瓢虫
Eggplant lady beetle

茄二十八星瓢虫〔*Henosepilachna vigintioctopunctata*（Motschulsky）〕属鞘翅目瓢虫科。又名酸浆瓢虫。主要分布在我国东南部地区，华中、华北地区也时有发生。通常对生产损失不

明显，严重时显著影响正常生产。为害茄科、葫芦科、豆科和十字花科的数十种蔬菜。以茄科蔬菜受害重。

[为害特点] 成虫和幼虫舐食叶肉，残留上表皮呈网状，严重时被害叶片在短期内坏死干枯。

[形态特征] 成虫半球形，体长 6mm，黄褐色，体表密生黄色细毛。前胸背板上着生 6～7 个黑斑，中间两个常连接成一个横斑；每个鞘翅上着生 14 个黑斑，其中第二列 4 个黑斑呈一直线，是与马铃薯瓢虫的显著区别。卵弹头形，淡黄色至褐色，卵长约 1.2mm，卵粒排列较紧密。末龄幼虫体长约 7mm，初龄淡黄色，后变白色；体表多枝刺，其基部有黑褐色环纹，枝刺白色。蛹椭圆形，长 5.5mm，背面有黑色斑纹，尾端包着末龄幼虫的蜕皮。

茄二十八星瓢虫为害（樱桃番茄）状

茄二十八星瓢虫为害（香瓜）状

[生活习性]
在长江以南发生较多，在广东年发生5代，无越冬现象。每年以5月发生数量多，为害较重。北方多在夏秋季发生为害。成虫白天活动，有假死性和自残性。雌成虫将卵块产于叶背。初孵幼虫群集为害，稍大后分散。老熟幼虫在原处或枯叶中化蛹。卵期5～6天，幼虫期15～25天，蛹期4～15天，成虫寿命25～60天。

防治方法参见马铃薯瓢虫。

茄二十八星瓢虫幼虫放大

茄二十八星瓢虫成虫

茄二十八星瓢虫幼虫放大

茄二十八星瓢虫卵块

茄无网蚜
Foxglove aphid

茄无网蚜[*Acrythosiphon solani*（Kaltenbach）]属同翅目蚜科。又名茄无网长管蚜。在华北、东北、华东地区零星分布。为害樱桃番茄、马铃薯、番杏、扁豆、荷兰豆、甜豌豆、四棱豆、叶莶菜、根莶菜等多种蔬菜。

[为害特点] 茄无网蚜成虫和若虫吸食蔬菜汁液，传播病毒病。

[形态特征] 无翅孤雌成蚜体长2.8mm，宽1.1mm，长卵形。头部和前胸红橙色，胸、腹部绿色。触角第一、二、六节黑色，第三至五节端部黑色。头部粗糙，有深色小刺突，中额瘤不明显，额瘤显著外倾，与中额成直径，额槽深U形。胸及腹部第一至六节有微网纹，第七、八节有明显瓦纹，体缘网纹明显。气门三角形，关闭，气门片黑色。缘部有淡褐色节间斑。腹管0.65mm，为体长的0.23倍，为尾片的1.6倍；端部及基部收缩，端部有明显缘突和切迹；尾片长

茄无网蚜有翅蚜

圆锥形，中部收缩，有小刺突构成瓦纹及长毛5～6根。

[生活习性] 茄无网蚜在植物叶背面取食，叶面常出现白点。害虫数量和直接为害关系不大。主要为害是传播马铃薯、甜菜和烟草病毒病。

防治方法参见桃蚜防治。

茶黄螨
Yellow tea mite

茶黄螨[*Polyphagotarsonemus latus*（Bank）]属蜱螨目跗线螨科。又名侧多食跗线螨、黄茶螨、嫩叶螨、白蜘蛛。全国分布。杂食性。可为害30科70多种作物。主要为害茄果类、瓜类、豆类及苋

菜、芥蓝、西芹、蕹菜、落葵、茼蒿、樱桃萝卜、白菜等蔬菜。一般减产10%～30%，严重时可达80%～100%。

[为害特点] 成、幼螨集中在寄主幼嫩部位刺吸汁液，尤其是尚未展开的芽、叶和花器。被害叶片增厚僵直，变小变窄，叶背呈黄褐色或灰褐色，带油状光泽，叶缘向背面卷曲，变硬发脆。幼

茶黄螨为害（彩色甜椒）状

茶黄螨为害（彩色甜椒）状

茶黄螨为害（彩色甜椒）状

茶黄螨为害（樱桃番茄）状

茶黄螨为害（樱桃番茄）状

茶黄螨为害（樱桃番茄）状

茶黄螨为害（香艳茄）状

茶黄螨为害（四棱豆）状

严重时不能开花。幼果或嫩荚受害，被害处停止生长，表皮呈黄褐色，粗糙，果实僵硬，膨大后表皮龟裂，种子裸露，味苦不能食用，果柄和萼片呈灰褐色。

[形态特征] 成螨个体很小，需借助放大镜才能看到。雌螨长约 0.21mm，体躯阔卵形，腹部末端平截，淡黄至橙黄色，半透明，有光泽。体分节不明显。体背部有 1 条纵向白带。足较短，4 对，第四对足纤细，其跗节末端有端毛和亚端毛。腹部后足体部有 4 对刚毛。假气门器官向后端扩展。雄螨长约 0.19mm，近六角形，腹部末端圆锥形。前足体 3～4 对刚毛，腹面后足体有 4 对刚毛。足较长而粗壮，第三、四对足的基节相连，第四对足胫、跗节细长，向内侧弯曲，远端 1/3 处有 1 根特别长的鞭毛，爪退化为钮口状。卵长约 0.1mm，椭圆形，无色透明。卵表面有纵向排列的 5～6 行白色瘤状突起。幼螨长约 0.11mm，近椭圆形，淡绿色。足 3

茎受害后呈黄褐至灰褐色，扭曲，节间缩短。严重时顶部枯死，形成秃顶。花器受害，花蕾畸形，

对，体背有一条白色纵带，腹末端有 1 对刚毛。若螨长约 0.15mm，是一静止阶段，外罩幼螨的表皮。

茶黄螨为害（茼蒿）状

茶黄螨为害（秋葵）状

茶黄螨为害（青花菜）状

茶黄螨为害（四棱豆）状

茶黄螨为害（白菜）状

茶黄螨为害（苦瓜）状

茶黄螨为害（白菜）状

[生活习性] 南方茶黄螨年发生25～30代。有世代重叠现象。以成螨在土缝、蔬菜及杂草根际越冬。温暖地区和有温室的菜区茶黄螨可终年发生。螨靠爬行、风力和人、工具及菜苗传带扩散蔓延。开始发生时有明显点片阶段。4～5月间螨数量较少，6～10月上旬大量发生。保护地内立冬后至12月中旬数量显著下降。北京、天津地区茶黄螨在露地不能越冬，主要在加温温室或日光温室及苗棚内继续繁殖为害。春季通过菜苗移栽传播。5月上、中旬，大棚蔬菜可见到明显的被害状，5月底至6月初可出现严重受害田块。一般7～9月为盛发期，10月以后随气温下降数量随之减少。茶黄螨繁殖快，喜温暖潮湿，要求温度更严格。15～30℃发育繁殖正常，25℃时完成一代平均历期12.8天，数

茶黄螨为害（茼蒿）状

茶黄螨成、若螨

茶黄螨为害（根茶菜）状

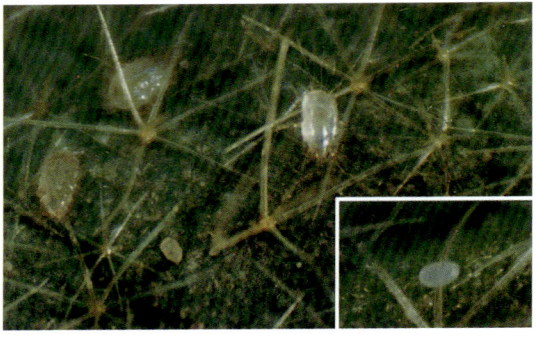

茶黄螨成螨和卵放大

茶黄螨为害（苋菜）状

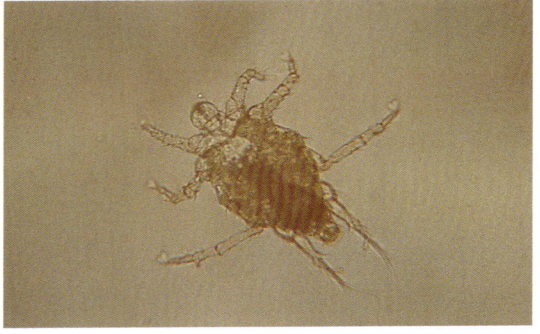

茶黄螨雄螨

茶黄螨为害（长寿菜）状

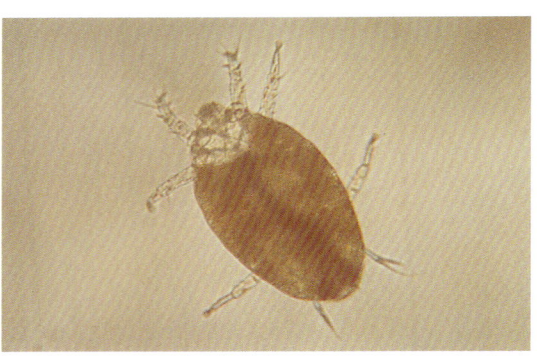

茶黄螨雌螨

螨生长发育和繁殖有利。因而冬季温室生产喜温蔬菜仍可发生为害。但保护地以秋棚为害严重。成螨十分活跃，且雄螨背负雌螨向植株幼嫩部转移。1头雌螨可产卵百余粒。卵多产在嫩叶背面、果实凹陷处及嫩芽上。卵期2～3天。雌雄以两性生殖为主，其后代雌螨多于雄螨。也可营孤雌生殖，但卵的孵化率低，后代为雄性。

[防治方法]

1. 搞好冬季苗房和生产温室的防治工作。铲除棚、室周围的杂草，收获后及时彻底清除枯枝落叶，消灭越冬虫源。

2. 培育无虫苗。移栽前用药剂对菜苗全面防治。

3. 药剂防治。由于茶黄螨虫体极小，不易发现，早期调查需根据被害植株进行判断。保护地蔬菜在定植缓苗后要加强调查，发现个别植株出现受害症状时及时挑治，防止进一步扩展蔓延。春秋茶黄螨盛发期需间隔7～10天定期施药防治。喷药重点主要是植株上部嫩叶、嫩茎、花器和嫩果，并注意轮换用药。可选用1.8%虫螨克乳油4 000～5 000倍液或5%尼索朗乳油1 500～2 000倍液、25%倍乐霸可湿性粉剂1 000～1 500倍液、或50%阿波罗悬浮剂2 000～4 000倍液、5%卡死克乳油1 000～1 500倍液、20%速螨酮可湿性粉剂3 000～4 000倍液喷雾防治。

量增长31倍，30℃时历期为10.5天，数量增长13.5倍。35℃以上卵孵化率降低，幼螨和成螨死亡率极高，雌螨生育力显著下降。成螨对湿度要求不严格。相对湿度40%仍可正常生殖。适于卵孵化和幼螨生长发育需80%以上相对湿度，低于80%则大量死亡。保护地温暖潮湿对茶黄

十七、豆类蔬菜害虫

Pests of Legume Vegetables

豆野螟
Bean pod borer

豆野螟（*Maruca testulalis* Geyer）属鳞翅目螟蛾科。又名豇豆荚螟、豇豆螟、豇豆蛀野螟、豆荚野螟、豆荚螟、豆螟蛾、豆卷叶螟、大豆卷叶螟、大豆螟蛾。全国分布。主要为害豇豆、菜豆、大豆、四季豆，也为害荷兰豆、甜豌豆、蚕豆、菜用大豆等多种豆科作物。

[为害特点] 幼虫为害豆叶、花器及豆荚。常卷叶为害或蛀入荚内取食幼嫩的种粒，在荚内及蛀孔外堆积粪便，受害豆荚品质极低甚不能食用。

[形态特征] 成虫体长约13mm，翅展24～26mm，暗黄褐色。前翅中央有2个白色透明斑；后翅白色半透明，内侧有暗棕色波状纹。卵0.6mm×0.4mm，椭圆形，扁平，淡绿色，表面具六边形网状纹。老熟幼虫体长约18mm，体黄绿色。头部及前胸背板褐色。中、后胸背板上有黑褐色毛片6个，前列4个，各具2根刚毛，后列2个无刚毛；腹部各节背面具同样6个毛片，但各自只1根刚毛。蛹长13mm，黄褐色。头顶突出，复眼红褐色。羽化前在褐色翅芽上能见到成虫前翅的透明斑。

[生活习性] 在华北地区年发生3～4代，华中地区4～5代，华南地区7代。以蛹在土中越冬。每年6～10月为幼虫为害期。成虫有趋光性。卵散产于嫩荚、花蕾和叶柄上。卵期2～3天。幼虫共5龄。初孵幼虫直接蛀入嫩荚或花蕾取食，造成落蕾、落荚；三龄后蛀入荚内食害豆粒，每荚1头幼虫，个别2～3头，被害荚雨后常腐烂。幼虫也常吐丝缀叶为害。幼虫期8～10天。老熟幼虫多在叶背主脉两侧做茧化蛹，可吐丝下落在土表或落叶中结茧化蛹。蛹期4～10天。该虫对温度适应范围较广，7～31℃均能发育，最适温度28℃左右，相对湿度80%～85%。

[防治方法]

1. 在田间架设黑光灯诱杀成虫，0.67~2hm²架设一盏。

2. 及时清除田间落花、落荚，摘除被害的卷叶和豆荚，减少田间虫源。

3. 开花初期或现蕾期开始喷药防治。每10天喷蕾喷花1次。可选用52.25%农地乐乳油2 500～3 000倍液，或2.5%强力高效氯氰菊酯乳油、10%多来宝悬浮剂、3%莫比朗乳油、5%卡死克乳油1 500～2 000倍液，或5%快杀敌乳油、5.7%百树得乳油3 000～4 000倍液，或12.5%保富悬浮剂8 000～10 000倍液喷雾。

豆野螟幼虫

豆野螟蛹

豆荚螟
Limabean pod borer

豆荚螟〔*Etiella zinckenella*（Treitschke）〕属鳞翅目螟蛾科。又名豆荚斑螟、豇豆荚螟、大豆荚螟、洋槐螟蛾、槐螟蛾。部分地区发生分布。主要为害大豆、菜用大豆，也可为害豇豆、荷兰豆、甜豌豆、菜豆、扁豆、绿豆等。

[为害特点] 幼虫蛀荚，取食豆粒，严重影响产量和质量。

[形态特征] 成虫体长10～12mm，翅展20～24mm。头部、胸部褐黄色。前翅褐黄色，前翅前缘有一条白色纹带，中室内侧有棕红金黄色横线；后翅灰白色，边缘色较深。卵椭圆形，长约0.5mm，卵表面密布不规则网状纹，初产乳白色，后转红黄色。幼虫体长14～18mm，初为黄色，后转绿色，老熟后背面紫红色，前胸背板近前缘中央有人字形黑斑，其两侧各有黑斑1个，后缘中央有小黑斑2个。气门黑色，腹足趾钩为双序环。蛹长9～10mm，黄褐色，臀刺6根。

[生活习性] 年发生世代随地区而异。江苏4～5代，广东、广西年发生7代，无明显越冬现象。4～5月为害大豆和菜用大豆，6～9月为害豇豆及豆科绿肥等，10～11月又为害秋播大豆等。通常秋季干旱少雨发生数量多，为害严重。成虫夜出，有趋光性，飞翔力极强，寿命6～7天，在豆荚、叶柄、嫩芽上产卵。卵散产或几粒在一起。每雌可产80～90粒。卵期3～6天。孵化后的幼虫蛀入荚内，取食豆粒，排泄粪便，有时也蛀食豆茎。老熟幼虫在豆荚内、或在被害荚之间，或在1～2cm表土内吐丝结茧化蛹。幼虫期9～12天。

防治方法参见豆野螟防治。

豆荚螟成虫

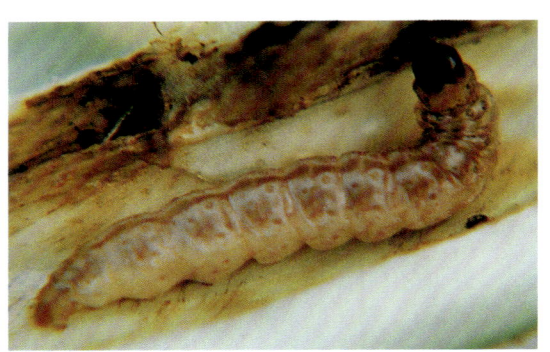

豆荚螟幼虫

大豆食心虫
Soybean moth

大豆食心虫〔*Leguminivora glycinivorella*（Matsumura）〕属鳞翅目卷蛾科。分布在北方地区。主要为害大豆、菜用大豆和野豌豆等。

[为害特点] 幼虫蛀荚，食害豆粒，影响产品质量和产量。

[形态特征] 成虫体长5～6mm，翅展12～14mm，黄褐至暗褐色。前翅暗褐色，沿前翅前缘有10条左右黑紫色短斜纹，周围有明显黄色区，外缘在顶角下略向内凹陷，臀角上方有一银灰色椭圆斑，斑内有3个紫褐色小斑；后翅浅灰色，无斑纹。卵椭圆形，略具光泽，长约0.5mm，宽0.25mm，初为乳白色，后转橙黄色，表面可见一半圆形红带。老熟幼虫体长8～10mm。初孵幼虫黄白色，渐变橙黄色，老熟时红色，头及前胸背板黄褐色。腹足趾钩单序环状。蛹长5～7mm，黄褐色，纺锤形，第二至七腹节背面前、后缘有大小刺各1列，第八至十腹节仅有1列较大的刺，臀棘有8根粗大的短刺。幼虫吐丝缀合土粒做成土茧，长椭圆形，长8mm，宽3～4mm。

[生活习性] 分布于我国长江以北。年发生1代。老熟幼虫在2～8cm表土内作茧越冬。翌年7月下旬破茧出土，爬到地表重新结茧化蛹。成虫8月羽化，在嫩荚上产卵。卵期7天左右。幼虫孵化后即蛀入豆荚内食害豆粒，可在荚内生活20～30天，至豆荚成熟时脱荚入土做茧越冬。

[防治方法]

1. 此虫食性单一，飞翔力弱，在远离前一年大豆田1 000m以外的地块种植，可显著降低害虫密度。

2. 在卵高峰期后3～5天进行药剂防治，重点保护豆荚。药剂参见豆野螟防治。

大豆食心虫幼虫和蛹

豆银纹夜蛾
Mentha semilooper

豆银纹夜蛾（*Plusia nigrisigna* Walker）属鳞翅目夜蛾科。又名黑点银纹夜蛾、黑点Y纹夜蛾、豌豆造桥虫、豌豆黏虫、豆步曲。部分地区发生分布。为害荷兰豆、甜豌豆、青花菜、菜心、结球莴苣、茼蒿及普通豌豆、豇豆、白菜、甘蓝、莴苣、向日葵等。

[为害特点] 幼虫取食叶片，形成孔洞或缺刻，影响作物生长，降低产品质量。

[形态特征] 成虫体长约17mm，翅展34mm，黑褐色。后胸及第一、三腹节背面有褐色毛块。前翅中央具显著银色斑点及U形银纹；后翅淡褐色，外缘黑褐色。卵半球形，黄绿色，表面有纵横网格。末龄幼虫体长32mm，头部褐色，两颊具黑斑，胴部黄绿色，背面具8条淡色纵纹，气门线淡黄色。胸足3对，黑色，腹足2对，尾足1对，黄绿色。蛹长15～20mm，褐色，臀棘具分叉钩刺，其周围4个小钩。茧由丝网包被，丝网薄而透明。

[生活习性] 在我国北方地区年发生2～3代。成虫在6～8月出现，有趋光性。卵散产或成块产于叶背。幼虫6～8月间为害多种蔬菜，老熟幼虫在植株上结薄茧化蛹。

[防治方法] 一般不单独防治，常在防治其他害虫时兼治。

豆银纹夜蛾幼虫

扁豆羽蛾
Bonavist plume moth

扁豆羽蛾（*Sphenarches anisodactylus* Walker）属鳞翅目羽蛾科。部分地区发生分布。主要为害扁豆、四棱豆、菜豆等。

[为害特点] 幼虫取食花蕾、花瓣和豆荚。

[形态特征] 成虫体长6～7mm，翅展13～16mm，浅褐色。前翅在中部分成两支，前支具4个不规则深褐色或褐色斑块，后支末端似笔尖状，具与前支相对应的斑纹。后翅分为三支，第一、二支分叉于翅基1/3处，二、三支分叉于近基部。前、后翅缘毛中有几处夹有黑色长毛。腹部前三节明显细瘦似姬蜂状，腹部中线两侧有明显的前尖后圆的黑斑。卵0.48mm×0.32mm，卵圆形，初产淡绿色，渐变黄白色。老熟幼虫体长8～10mm。头宽0.8mm，黑褐色。体紫红带绿色或污绿带赤色。体表具刺状刚毛和末端呈铲状的毛。腹足细长，具趾钩7枚，臀足趾钩8枚。蛹长7～8mm，体色变化大。绿色至枯褐色。各节具细密的横皱纹及明显支刺和刚毛。前胸至第三腹节具两条高低起伏的纵隆脊。脊上具支刺。腹面第九节有一横列刺毛丛。末端尖削，具多根钩刺。

[生活习性] 成虫将卵散产于花蕾、花萼及花轴的嫩茎上。幼虫只在蕾、花、果外面啃食，不蛀入为害。老熟幼虫在为害处附近化蛹。多作悬蛹。

[防治方法] 多零星发生，对生产无明显影响。一般不单独防治，必要时结合防治其他害虫时兼治。

扁豆羽蛾成虫（背面）

扁豆羽蛾成虫（腹面）

豆卷叶螟
Bean leaf webber

豆卷叶螟（*Lamprosema indicata* Fabricius）属鳞翅目螟蛾科。又名豆蚀卷叶螟、豆蚀叶野螟、大豆卷叶虫、豆三条野螟。主要分布在东北、华东、华中、华南各地。为害菜用大豆、四棱豆、扁豆、荷兰豆、甜豌豆及普通大豆、豇豆、菜豆、绿豆、赤豆等。

[为害特点] 幼虫缀叶取食，造成缺刻或穿孔，后期可蛀食豆荚和豆粒，发生严重时影响产量。

豆卷叶螟幼虫

[形态特征] 成虫体长10mm，翅展18～21mm，黄褐色。胸部两侧有黑纹，翅面有黑色鳞片。前翅外缘黑色，翅中有黑色横纹3条，内横线外侧有黑点。后翅外缘也为黑色，仅有2条黑色横线。卵椭圆形，淡绿色。末龄幼虫15～17mm，头部及前胸背板淡黄色，口器褐色。胸部淡绿色。气门环黄色。亚背线、气门上线、气门下线和基线有小黑纹。全身被细毛。蛹长12mm，褐色。茧长约17mm，白色，极薄丝质，近椭圆形。

[生活习性] 在各地发生世代不一。广东发生5代、江西4～5代、浙江2～3代、辽宁1～2代。以蛹在残株落叶内越冬。广东以6月和8月发生数量多。南昌越冬代成虫多在4月中旬至5月中、下旬羽化。成虫卵散产在豆叶背面，5月中、下旬孵化出第一代幼虫，6月中旬羽化出第一代成虫，6～9月田间世代重叠，10月幼虫发生数量最多。幼虫孵化后即吐丝卷叶，常将2～3片叶卷成筒状，潜伏其中取食。幼虫较活跃，受触动即迅速倒退。老熟后在卷叶内结茧化蛹。也可落地在落叶中化蛹。卵期4～7天，幼虫期6～12天，蛹期4～8天。成虫昼伏夜出，白天多潜伏在叶背，夜间飞出活动、交尾、取食，有趋光性。

[防治方法]

1. 黑光灯诱杀成虫。
2. 结合田间管理，幼虫卷叶后摘除卷叶，消灭幼虫。
3. 加强虫情监测。掌握在成虫盛期或幼虫孵化盛期及时施药防治。参见豆野螟防治。

斑缘豆粉蝶
Asian pale clouded yellow

斑缘豆粉蝶［*Colias erate*（Esper）］属鳞翅目粉蝶科。又名黄粉蝶、黄纹粉蝶、纹黄蝶、迷黄蝶、星黄蝶、豆粉蝶。零星发生。为害豆科蔬菜及豆科其他作物。

[为害特点] 幼虫食害豆叶，将叶片吃成缺刻或孔洞，影响产品质量。

[形态特征] 成虫为中型黄蝶，体长约20mm，翅展约50mm。雄虫翅黄色，前翅顶角有一群黑斑，其中杂有黄斑，近前缘中央有一个黑斑，后翅外缘有成列黑斑，中室端有一橙黄色圆斑。前、后翅反面均橙黄色。后翅圆斑银色，周围褐色。雌虫有两种类型：一种类型与雄虫同色；一种类型底色为白色。卵纺锤形，有纵脊28条，14条到达精孔区；横脊约60条，瓣饰5～6个，有副瓣4～5圈。幼虫体绿色，多黑色短毛，毛基呈黑色小隆起，气门线黄白色。蛹前端突起短，腹面隆起不高。

[生活习性] 年发生4～6代。以幼虫越冬。早春及6～8月可常见成虫飞翔于紫云英、苜蓿和豆科作物的花朵间。

[防治方法] 通常发生很轻，不需单独防治。必要时参见菜蛾防治。

斑缘豆粉蝶幼虫和成虫

斑缘豆粉蝶成虫

大造桥虫
Mugwort looper

大造桥虫〔*Ascotis selenaria*（Denis et Schiffermuller）〕属鳞翅目尺蛾科。主要分布在北京、河北、山东、江苏、浙江、四川、广西、贵州、吉林等地。为害荷兰豆、甜豌豆、扁豆、蚕豆及多种十字花科蔬菜。

[为害特点] 幼虫取食叶片，形成较大孔洞或缺刻，也可取食嫩茎、嫩尖和花器等。

[形态特征] 成虫体长15～22mm，翅展40～50mm。体色变化很大。一般浅灰褐色。前翅亚基线和外横线黑色，锯齿状，其间为灰黄色宽带，具一暗褐色星斑。后翅外横线以内灰黄色，也具一暗褐色斑。老熟幼虫体长38～49mm。头褐绿色，头顶两侧有黑点1对。体黄绿色。腹部第三、四节上具黑褐色斑。胸足褐色，腹足黄绿色，足端部黑色。

[生活习性] 在多数地区零散发生。通常6～9月间形成轻度为害。长江流域年发生4～5代。为害稍重。幼虫入土化蛹，以蛹在土中越冬。

[防治方法] 一般不单独防治，常在防治其他害虫时兼治。

大造桥虫幼虫

焰 夜 蛾
Rose budworm

焰夜蛾〔*Pyrrhia umbra*（Hufnagel）〕属鳞翅目夜蛾科。又名豆黄夜蛾、烟火焰夜蛾。分布在东北、西北、华北、华中部分地区。主要为害菜心、油菜、大豆、菜用大豆、豇豆、菜豆、烟草、荞麦等。

[为害特点] 幼虫取食叶片，形成孔洞或缺刻，严重时将叶片吃光。也可为害花器。

[形态特征] 成虫体长12mm，翅展32mm。头、胸部黄褐色。翅基片有一黑纹。腹部褐色，有黄毛。前翅黄色，布赤褐色细点。翅面各线纹明显。外线至外缘带呈紫灰色；基线赤褐色，只达亚中褶；内线赤褐色，大锯齿形；剑纹黄色，端部有赤褐边；环纹黄色，赤褐色边；肾纹黄色，中央一淡黑斑，边缘赤褐色，外斜至肾纹后端，折角内斜；外线棕黑色，后半与中线平行；亚端线黑色，锯齿形，稍间断；端线黑褐色。翅脉赤褐色，前缘脉灰黑色，外线至亚端线一段有3个白点。后翅淡黄色，翅脉及横纹纹稍黑，端区具一黑色大斑，端线褐色。幼虫体长约38mm。头部灰褐色，胴部青绿色、绿黄色或红褐色，具小白点和黄纹。背线明显，暗褐色，胸足3对，腹足4对，尾足1对。蛹长约12mm，长椭圆形，红褐色。

[生活习性] 发生世代不详。在吉林，幼虫于6月上、中旬大量出现，为害豆叶。6月中旬至7月中旬幼虫进入末龄，以后开始化蛹，8月上旬至下旬可见新一代成虫。北京6～10月零星发生，秋季发生稍重。幼虫不活跃，多在中、上部叶片上取食为害。

防治方法参见红棕灰夜蛾防治。

焰夜蛾幼虫

东北茶鹿蛾
Tea amatid

东北茶鹿蛾（*Amata germana mandarinia* Butler）属鳞翅目鹿蛾。分布在东北、华北地区。主要为害大豆、菜用大豆、四棱豆、扁豆、菜豆等。

[为害特点] 幼虫食害幼苗，将叶片吃成孔洞或缺刻。亦可为害嫩茎、嫩芽和花器。

[形态特征] 雌成虫体长12～14mm，翅展32～36mm；雄成虫体长9～13mm。头顶黄色，复眼黑色，触角丝状，黑色，胸部背面黄色至淡黄色。前翅较大，黑色，翅基部有一个白斑，翅中部有两个白斑，亚端线有两个白斑，其后缘有一个白斑，被 M_3 脉分割，似两个白斑。后翅很小，黑色，有一个白斑。腹部背面浅黄色，每节后缘

有黑褐色短毛，节间清楚。足黑色，后足跗节一段有白色斑。幼虫体长37mm左右，黑色，体被许多毛瘤及白色刚毛。体前端较细，后端粗。有胸足3对，腹足4对，尾足1对。蛹体长14～15mm，纺锤形，红褐色。

[生活习性] 年发生世代不详。吉林中部地区幼虫6月上旬发生为害，6月下旬老熟化蛹，7月上旬羽化为成虫。幼虫行动迟缓，多伏于豆苗主茎上，不易发现，遇风雨时潜入豆苗根际土缝里。

防治方法参见红棕灰叶蛾防治。

东北茶鹿蛾幼虫

东北茶鹿蛾幼虫

双线盗毒蛾
Cashew hairy caterpillar

双线盗毒蛾［*Porthesia scintillans*（Walker）］属鳞翅目毒蛾科。又名桑褐斑毒蛾、棕夜黄毒蛾。主要发生分布在南方，北方零星发生。为害扁豆、甜豌豆、荷兰豆、甘薯、甜玉米、香艳茄等多种蔬菜。

[为害特点] 幼虫食害植株叶片、豆荚、果实，将叶片吃成孔洞或缺刻，严重时叶片仅剩网状叶脉；豆荚和果实被害后也形成缺刻或孔洞，影响产量和质量。

[形态特征] 雄成虫体长9～12mm，翅展20～26mm；雌成虫体长17～19mm，翅展26～38mm。头部和颈板橙黄色，胸部线黄棕色，腹部褐黄色，肛毛簇橙黄色。前翅赤褐色，略带紫色光泽，内线和外线黄色，前缘、外缘和缘毛柠檬黄色。外缘和缘毛黄色部分被赤褐色部分分隔成三段。后翅浅黄色，体下淡黄色。卵黄色，半球形，每块有卵6～25粒。末龄幼虫体长17～25mm，头淡褐，胸部、腹部暗棕色，前胸、中胸及第三至七和第九腹节的背线为黄色，其中间纵贯红线，后胸红色，前胸侧瘤红色，第一、二、八腹节背面具绒球状黑色短毛簇，其余为污黑色至浅褐色，后胸背板还有1对红色毛突，体上毛瘤上生黑色长毛。蛹褐色，藏在棕色薄茧内。

[生活习性] 在南方各省普遍发生。福建年发生3～4代。以幼虫在寄主叶片间越冬。广州地区年发生10余代，无越冬现象。蛹多在傍晚或夜间羽化。成虫昼伏夜出，白天多栖息在叶背。卵多产在叶背。卵半球形，黄色，聚集在一起成块状，上覆黄色茸毛。每头雌虫可产卵40～84粒，卵期5～10天。初孵幼虫有群集性，啃食叶片下表皮和叶肉，三龄后分散为害，将寄主叶片、种荚或果实吃成孔洞或缺刻，末龄幼虫吐丝结茧黏附在残株落叶上化蛹。幼虫期15～20天。蛹期5～10天。幼虫天敌有姬蜂和小茧蜂。

[防治方法]

1. 及时清除田间残株落叶，集中妥善处理，减少害虫化蛹。

2. 在害虫三龄前用25%灭幼脲3号悬浮剂500～600倍液，或5%农梦特乳油1 000～1 500倍液、5%抑太保乳油2 500～3 000倍液、20%除虫脲悬浮剂3 000～4 000倍液、10%多来宝悬浮剂、3%莫比朗乳油1 500～2 000倍液、10%赛乐收乳油800～1 500倍液、5%快杀敌乳油3 000～4 000倍液、12.5%保富悬浮剂8 000～10 000倍液喷雾防治。

双线盗毒蛾幼虫

古 毒 蛾
Rusty tussock moth

古毒蛾〔*Orgyia antiqua*（Linnaeus）〕属鳞翅目毒蛾科。又名落叶松毒蛾、褐纹毒蛾、桦纹毒蛾、缨尾毛虫。主要分布于东北、华北、西北地区。为害樱桃番茄、香艳茄、草莓、菜用大豆等蔬菜和多种树木。

[为害特点] 幼虫取食叶片，将叶片吃成孔洞和缺刻，严重时把叶片吃光。

[形态特征] 雌成虫纺锤形，体长10～20mm。头胸部较小，体肥大。翅退化，仅为极小翅痕。体被灰黄色细毛，无鳞片。复眼黑色，球形；触角丝状，暗黑色。足被黄毛，爪腹面有短齿。雄成虫体长10～12mm，翅展25～30mm，体锈褐色。触角羽状。前翅黄褐色，有3条波浪形深褐色微锯齿条纹，近臀角有一半圆形白斑，中室外缘有一模糊褐色圆点，缘毛黄褐色，有深色斑。后翅黄褐至橙褐色。卵圆形，稍扁，直径约0.9mm，白色至淡褐色，中央凹陷。幼虫体长25～36mm。头黑褐色，体黑灰色，有红、白灰纹，腹面浅黄，胴部有红色和淡黄毛瘤。前胸盾片橘黄色，其两侧及第八腹节背面中央各有一束黑而长的毛；第一至四腹节背面具黄白色刷状毛丛4块；第一、二节侧面各有1束黑长毛。雄蛹锥形，长10～12mm；雌蛹纺锤形，长15～21mm，黑褐色，被灰白色茸毛。茧灰黄色，丝质较薄，上有幼虫体毛。

[生活习性] 东北北部地区年发生1代，华北地区3代。以卵在茧内越冬。成虫交尾、产卵多在白天。卵多产在茧内，偶产于茧上或茧的附近。每雌产卵150～300粒。初孵幼虫2天后开始群集于叶、芽上取食，能吐丝下垂，借风力传播，稍大即分散为害。多在夜间取食，常将叶片吃光，老熟后结茧化蛹，幼虫共5～6龄。已发现此虫寄生性天敌有50余种，主要有小茧蜂、细蜂、姬蜂和寄生蝇等。

[防治方法]

1. 冬、春季人工摘除卵块，减少害虫数量。
2. 保护利用天敌，发挥天敌自然控制作用。
3. 幼虫期药剂防治。参见豆野螟。

古毒蛾幼虫

大 豆 蚜
Soybean aphid

大豆蚜〔*Aphis glycines* Matsumura〕属同翅目蚜科。分布于东北、华北、西北、西南、华南等地。主要为害大豆、菜用大豆、野生大豆和鼠李等。

[为害特点] 大豆蚜以成、若蚜吸食大豆幼嫩枝叶的汁液，致茎叶卷曲，生长不良，分枝结荚减少。同时还可传播病毒病。

[形态特征] 有翅孤雌蚜体长1.2～1.6mm，长椭圆形。头、胸黑色，额瘤不明显。触角长1.1mm，第三节具次生感觉圈3～8个，第六节鞭节长为基部2倍以上。腹部圆筒形，基部宽，黄绿色，腹管基半部灰色，端半部黑色，尾片圆锥形，具长毛7～10根，臀板末端钝圆多毛。无翅孤雌蚜体长1.3～1.6mm，长椭圆形，黄色至绿黄色。额瘤不明显。触角短于躯体，第四、五节末端及第六节黑色，第六节鞭部为基部长的3～4倍。腹部第一、七节有锥状钝圆形突起。尾片圆锥状，具长毛7～10根，臀板具细毛。

[生活习性] 大豆蚜在东北地区年发生10多代，山东20多代。以卵在鼠李和圆叶鼠李枝条上芽侧或缝隙中越冬。翌春日均温高于10℃时，越冬卵孵化成干母，以后孤雌胎生繁殖，产生有翅孤雌蚜迁飞为害豆苗。6月下旬至7月中旬进入为害盛期，7月下旬出现淡黄色小型大豆蚜，蚜量开始减少，8月下旬至9月上旬大豆蚜进入后期繁殖阶段，有翅性母迁至鼠李上产生无翅卵生雌蚜与有翅雄蚜交配，把卵产在鼠李上越冬。通常，越冬卵量多，6月下旬至7月上旬旬均温22～25℃，相对湿度低于78%将可能大发生。

[防治方法]

1. 及时清除田边、沟边和田间杂草，减少田间虫源。
2. 挂黄板或架黄盆诱杀有翅蚜虫，或田间挂、拉银灰膜条，或田间覆盖银灰色膜驱避蚜虫。

无翅大豆蚜

3. 保护利用田间瓢虫、草蛉、食蚜蝇、小花蝽、烟蚜茧蜂、菜蚜茧蜂、蚜小蜂、蚜霉菌等天敌或有益微生物，控制蚜虫为害。

4. 必要时在苗期或蚜虫盛发前期当蚜株率达10%，或平均单株蚜量达3～5头时进行药剂防治。

可选用20%康福多浓可溶剂3 000倍液、25%阿克泰水分散粒剂3 000～4 000倍液、1.8%虫螨克乳油3 000倍液、50%抗蚜威可湿性粉剂1 500倍液、10%多来宝悬浮剂1 500倍液、3%莫比朗乳油1 500倍液、1%印楝素水剂800倍液、0.65%茴蒿素水剂400倍液喷雾。施药液600～900L/ hm²。应注意间隔跳行施药以便保护天敌。

豆蚜
Cowpea aphid

豆蚜[*Aphis craccivora* Koch]属同翅目蚜科。全国分布。又名苜蓿蚜、花生蚜。为害蚕豆、扁豆、荷兰豆、甜豌豆和普通菜豆、豌豆、豇豆等豆科作物。

[为害特点] 豆蚜成虫和若虫刺吸嫩叶、嫩茎、花及豆荚的汁液，使叶片卷缩发黄，嫩荚萎缩，影响生长发育，造成减产。

[形态特征] 有翅胎生雌蚜体长1.5～1.8mm，翅展5～6mm，黑绿色，具光泽。触角第三节有5～7个圆形感觉圈，排成一行。腹管较长，末端黑色。无翅胎生雌蚜体长1.8～2mm，黑色至紫黑色，具光泽。触角第三节无感觉圈。腹管较长，末端黑色。

[生活习性] 豆蚜年发生10～20代。广东地区年发生20代，无越冬现象。冬季在紫云英、豌豆上取食为害。每年5～6月和10～11月发生较多。在气温24～26℃，相对湿度60%～70%条件下，4～6天繁殖1代。每头无翅胎生雌蚜可产若蚜100多头。北方地区夏、秋季为害严重。保护地内可常年发生繁殖。

防治方法参见瓜蚜防治。

豆蚜为害甜豌豆

豆蚜为害扁豆和被蚜茧蜂（*Diaeretiella rapae*）寄生的僵蚜

豆蚜为害蚕豆　　　　　　　　　　　　　　　　　豆蚜为害（蚕豆）状

豌豆彩潜蝇

Vegetable leafminer

豌豆彩潜蝇［*Chromatomyia horticola*（Goureau）］属双翅目潜蝇科，除西藏外各地均有发生。又名豌豆潜叶蝇。主要为害甜豌豆、荷兰豆、蚕豆、扁豆、菜心、白菜、结球莴苣、茼蒿、长叶莴苣、苦菜、樱桃萝卜、樱桃番茄、马铃薯、西瓜、甜瓜等数十种蔬菜。

[为害特点] 主要以幼虫在叶片组织中潜食叶肉，形成迂回曲折的隧道，仅留上下表皮。严重时全叶枯萎，不仅直接影响叶片的商品价值，还影响寄主的果荚、果实或种子质量和产量。幼虫发育成熟后在叶片内化蛹，区别于其他多种斑潜蝇在叶外化蛹。幼虫还可潜食嫩荚和花梗。成虫可用产卵器刺破叶表皮，吸食汁液，形成许多小白点。

[形态特征] 成虫体长 2～3mm，翅展 5～7mm，暗灰色。头部黄色，短而宽。复眼椭圆形，红褐色。触角 3 节，短小，黑色。胸部发达，翅 1 对，透明，有紫色闪光。后翅退化为平衡棒，黄色至橙黄色。卵椭圆形，长约 0.3mm，乳白或灰白色，略透明。幼虫蛆状，体长 2.9～3.5mm，前端可见能伸缩的口钩。体表光滑柔软，由乳白色转为黄白色或鲜黄色。蛹卵圆形，略扁，长约 2.5mm，围蛹。初为黄色，后呈黑褐色。

[生活习性] 在我国由北向南世代逐渐增加。

豌豆彩潜蝇为害（甜豌豆）状　　　　豌豆彩潜蝇为害（芥蓝种株）状　　　　豌豆彩潜蝇为害（菜心）状

豌豆彩潜蝇为害（樱桃萝卜）状　　　豌豆彩潜蝇为害（结球莴苣）状　　　豌豆彩潜蝇为害（茼蒿）状

豌豆彩潜蝇成虫　　　　　　　　　豌豆彩潜蝇潜叶幼虫

产在叶背边缘叶肉上，尤以叶尖居多。成虫寿命一般7～20天。每头雌蝇产卵45～98粒。卵期8～11天。幼虫孵后即潜食叶肉，虫量大时短期内致使全叶发白干枯。幼虫期5～14天，共3龄，老熟后在蛀道末端化蛹，伸出2个气门梗呼吸。蛹期5～16天。

[防治方法]

豌豆彩潜蝇成虫放大　　　　　　　豌豆彩潜蝇叶内剥出幼虫

1. 早春及时清除菜田内和菜田边杂草及带虫的蔬菜老叶。收获后及时进行田园清

辽宁年发生4～5代，华北5代，江西12～13代，广东近20代。淮河以北蛹在被害叶中越冬，淮河秦岭以南至长江流域主要以蛹越冬，少数幼虫、成虫也可越冬，华南地区周年发生。各地均从早春起虫口数量逐渐上升，春末、夏初达到猖獗为害时期。气温超过35℃时有蛹期越夏现象。秋后可造成轻度为害。成虫白天活动，吸食花蜜，也可在寄主叶面吸食汁液，形成许多不规则小白点，对甜汁有较强趋性，补充营养后产卵。卵散产，多

洁，妥善处理带有幼虫和蛹的叶片，减少虫口数量。

2. 在越冬代成虫羽化盛期用诱杀剂点喷部分植株诱杀成虫。诱杀剂以甘薯或胡萝卜煮液，加0.05%敌百虫可溶粉剂相配，每隔3～5天点喷1次，共喷5～6次。

3. 适时进行药剂防治。田间有虫株达70%以上，百株幼虫潜道数量接近100时为第一次施药适期。可选用1.8%虫螨克乳油2 500～3 000倍液、50%灭蝇胺乳油4 000～5 000倍液、50%蝇蛆净乳油1 000～2 000倍液、40.7%乐斯本乳油800～1 000倍液、52.25%农地乐乳油1 000～1 500倍液喷雾。注意喷洒叶片背面。

豌豆彩潜蝇叶片内化蛹

豌豆彩潜蝇被自然天敌寄生状态

豌豆彩潜蝇叶内剥出蛹

豆芫菁
Bean blister beetle

豆芫菁（*Epicauta gorhami* Marseul）属鞘翅目芫菁科。又名白条芫菁、锯角豆芫菁。分布较广，多数地区零星发生。主要为害豆科、茄科蔬菜。也为害苋菜、蕹菜等。

[为害特点] 成虫群集为害，取食叶片和花瓣，食成缺刻或孔洞，影响产量和质量。

[形态特征] 成虫体长11～19mm，宽2.5～4.6mm。体黑色，具有绒毛和刻点。头部红色，具一对扁平黑疣，近复眼内侧黑色，额中央有一条赤纹。雌虫触角丝状，第一节外方赤色，雄虫触角第三至七节扁平，非栉状，上有一纵凹沟。前胸背板中央有1灰白色纵纹。鞘翅黑色，在鞘翅中央各有灰白色纵纹，鞘翅周缘灰白色。前足胫节具两个尖细端刺，后足胫节具两个短而等长的端刺。卵长圆形，一端较尖，初产时淡黄色，渐变成黄色。幼虫复变态，各龄形态不同。一龄，三爪蚴-蛃型；二至四龄蛴螬型，乳白色，体长3.8～10.8mm，全身被一层薄膜，胸足呈乳状突。蛹体长15.4mm，灰黄色，翅芽稍淡，复眼黑色。

[生活习性] 在华北年发生1代，华中和华南年发生2代。华北地区以五龄幼虫（假蛹）越冬。翌春继续发育至六龄，6月中旬化蛹。成虫在6月下旬至8月中旬出现为害并交尾产卵。幼虫自7月中旬开始孵化，在土中生活，8月中旬发育到五龄即在土中越冬。成虫多在白天群集为害，喜食嫩叶、嫩茎。有成群迁飞习性。受惊后常迅速逃逸或落地藏匿。羽化后4～5天开始交尾产卵。成虫将卵产在5cm深的卵穴内。每穴产卵70～150粒，卵块排成菊花状，以土封口。每雌产卵400～500粒。幼虫有假死性，受惊后腹部卷曲不动，以蝗虫卵或土蜂巢内幼虫为食料。幼虫越冬后蜕皮为第六龄幼虫，随即化蛹。卵期18～21天，成虫寿命30～35天。

[防治方法]

1. 重发生地块进行秋翻或冬耕，减少越冬虫蛹。

2. 成虫点片发生时用捕虫网捕杀。

3. 必要时进行药剂防治。参见马铃薯瓢虫。

豆芫菁成虫

双斑萤叶甲
Double-spotted leaf beetle

双斑萤叶甲［*Monolepta hieroglyphica* (Motschulsky)］属鞘翅目叶甲科。又名双斑长跗萤叶甲。为害豆科、茄科、十字花科、菊科、伞形花科及禾本科的多种蔬菜。

[为害特点] 成虫取食叶片和花穗,将其吃成缺刻或孔洞。

[形态特征] 成虫长卵形,棕黄色,具光泽,体长 3.6～4.8mm,宽 2～2.5mm。复眼卵圆形。触角丝状,端部黑色,11 节,长为体长的 2/3。前胸背板隆起,宽大于长,密布许多细小刻点;小盾片黑色,三角形。鞘翅有线状细刻点,每个鞘翅基半部有 1 个近圆形浅色斑,四周黑色,浅色斑

后外侧多不完全封闭,其后面黑色带纹向后突伸成角状,有些个体黑带纹不清或消失,两翅后端合为圆形。后足胫节端部有 1 长刺,腹管外露。卵椭圆形,长 0.6mm,初棕黄色,表面具网状纹。幼虫体长 5～6mm,白色至黄白色,体表具瘤和刚毛,前胸背板颜色较深。蛹长 2.8～3.5mm,宽 2mm。白色,表面具刚毛。

[生活习性] 在华北地区可年发生 1 代。以卵在土中越冬。次年 5 月开始孵化。在 3～8cm 土中活动或取食寄主的根部及杂草。幼虫共 3 龄。幼虫期约 30 天。7 月初始见成虫,一直延续至翌年 2 月。成虫期 3 个月以上。初羽化的成虫喜欢在地边、沟边、路旁的杂草上活动,约经 15 天后转移到蔬菜田为害,7、8 月进入为害盛期。成虫有群集性和弱趋光性,在一株上自上向下取食,日光强烈时常隐藏在植株下部叶片背面或花穗中。成虫飞行力弱,一般 2～5m,早晚气温低于 8℃或风雨天时喜躲藏在植株根部或枯叶下,气温高于 15℃时成虫活跃。成虫羽化后经 20 天开始交尾,将卵产在田间或菜田附近草丛中的表土下或果树叶上。卵散产或数粒黏在一起,耐干旱。幼虫生活在杂草丛下表土中,老熟幼虫在土中做土室化蛹,蛹期 7～10 天。通常少雨干旱年发生重。

[防治方法]

1.及时铲除田边、地埂、沟边杂草,秋季耕翻灭卵。

2.药剂防治参见油菜蚤跳甲。

双斑萤叶甲取食花蜜

双斑萤叶甲成虫

眼斑芫菁
Lesser blister beetle

眼斑芫菁(*Mylabris cichorii* Linnaeus)属鞘翅目芫菁科。又名黄黑花芫菁、黄黑小芫菁、眼斑小芫菁。主要为害豆科、茄科、十字花科蔬菜及花生、苹果等。

[为害特点] 成虫食害植株叶片、嫩梢和花瓣,将叶片吃成缺刻,残存叶脉。重时咬食豆荚,使豆荚残缺不全,或将幼株吃成秃尖,影响产量和质量。

[形态特征] 成虫体长 15～20mm,宽 4～7mm。头、体躯和足黑色,被黑毛。鞘翅黑色,呈现 3 条黄色横带纹。黑色部分被黑色细短毛,黄带上被淡色细短毛,间有稀疏黑竖毛。头密布小刻点,额中央有一条光滑纵纹,此纹的中部常扩展成 1 个小光斑。触角 11 节,由基部向末端逐渐变粗,呈棒状。前胸长大于宽,两侧平行,前端束狭,背板密布细刻点,有显著纵缝,后缘中间之前有 1 个三角

眼斑芫菁为害扁豆

眼斑芫菁成虫

形凹洼。鞘翅基部有1个圆形相对如眼睛状的黄斑，肩胛外侧还有1个小黄斑。腹部末端节后缘平直。雄虫腹部末端节后缘向前凹，呈弧圆形。

[生活习性] 在安徽、江苏、四川等省年发生1代。以卵越冬。翌年4月下旬至5月下旬孵化后为害大豆、菜用大豆，或其他蔬菜。幼虫有捕食性，幼虫期29～58天，共5龄。一龄行动敏捷，爬行力强，觅到蝗虫卵块后就不再爬行，发育至五龄后幼虫才掘穴入

土定居，直到羽化。该虫为复变态昆虫，成虫取食后多群集在禾本科植物或杂草顶端、叶背面，喜阳光，多分布在海拔600～700m丘陵及平原地区。北京地区春、秋季可零星发生。卵期263～275天。幼虫多潜入田边、地角荒埂的薄土层内取食。

防治方法参见豆芫菁。

黑龙江筒喙象
Amur elongate weevil

黑龙江筒喙象（*Lixus amurensis* Faust）属鞘翅目方喙象亚科。分布在东北、华北、华中、华东等地区。为害菜用大豆、油菜、草莓、扁豆、四棱豆等。

[为害特点] 成虫取食叶片，吃成孔洞或缺刻，有的咬断嫩芽或花序。

[形态特征] 成虫体长约10mm，宽2.5～3mm。狭长形，黑色，覆灰毛。初羽化个体表面覆鲜艳的砖红色粉末。触角暗褐色，细长。喙略弯，长达前胸的3/4，比前足腿节粗，有灰毛，有较大的刻点，有的端部有浅沟。前胸宽大于长，基部最宽，向前逐渐缩窄，表面散生极密的小刻点，无光泽。小盾片前有1长窝，小盾片不明显。鞘翅隆起，两侧近于平行。每一鞘翅上有呈纵行排列的刻点，基部的刻点较深，两侧及后端刻点稍浅，鞘翅端部开裂，具1长而尖的锐突。腹部有不明显黑点。足长，中间黄毛密被，形成隆脊。雌虫腹

部前2节稍隆起。

[生活习性] 在吉林于6月下旬盛发，8月中旬仍可见到成虫；北京6月中旬至9月中发生为害；江苏6～10月可见成虫。成虫耐干旱和饥饿能力均极强。

防治方法参见黄守瓜。

黑龙江筒喙象成虫

棉尖象
Chinese cotton weevil

棉尖象（*Phytoscaphus gossypii* Chao）属鞘翅目象甲科。又名棉象鼻虫、棉小灰象。部分地区发生分布。为害豆科、禾本科等多种蔬菜和数十种其他植物。

[为害特点] 成虫食害叶片，形成缺刻或孔洞，有时咬断嫩尖。

[形态特征] 成虫体长41～50mm。雌虫较肥大，雄虫较瘦小。体和鞘翅黄褐色。鞘翅上具褐色不规则云纹斑。体两侧及腹面黄绿色，具金属光泽。喙长是宽的2倍。触角弯曲呈膝状。前胸背板近梯形，具褐色纵纹3条。足腿节内侧具1刺状突起。卵长约0.7mm，椭圆形，有光泽。幼虫体长4～6mm。头部、前胸背板黄褐色，体黄白色。虫体后端稍细，末节具管状突起，围绕肛门后方具骨化瓣5片，两侧的略小。骨化瓣间各具刺毛1根，中间2根刺毛长。裸蛹，长4～5mm，腹部末端具2根尾刺。

[生活习性] 年发生1代。多以幼虫在大豆、玉米根部土壤中越冬。越冬幼虫距表土深度随地区而异。黄河流域25～50mm，长江流域为10～20mm。4、5月气温升高，幼虫上升至表土层。黄河流域5月下旬至6月下旬化蛹，6月上旬出现成虫。长江流域5月中旬化蛹，蛹期约8天，5月中、下旬出现成虫。成虫羽化后经10多天交

配，2～4天后产卵，寿命30天左右。卵多散产在禾本科作物基部1、2茎节表面或气生根、土表或土块下，卵期约8天。幼虫孵化后即入土，食害嫩根。秋末气温下降后下移越冬。成虫喜群集，有假死性，夜间为害。通常，前茬玉米或甜玉米的地块虫量大，受害重。

[防治方法]

1. 发生数量大的地区或田块于成虫出土期在田间挖10cm深的坑，坑中撒上毒土，其上覆盖青草，翌晨再集中杀灭。毒土可用80%敌百虫可

棉尖象成虫

溶性粉剂 1.5～2.25kg/ hm²，或 3% 米乐尔颗粒剂 15～22.5kg/ hm² 拌细土 225～300kg，或用 40% 辛硫磷乳油 3kg/ hm²，或用 40.7% 乐斯本乳油 2L/ hm² 对少量水稀释后和细土 225～300kg 拌制而成。

2. 利用棉尖象假死性，人工捕打，集中处理。

3. 当田间百株虫量达 30～50 头时，喷洒 40% 辛硫磷乳油 1 000～1 200 倍液，或 12.5% 保富悬浮剂 8 000～10 000 倍液、2.5% 天王星乳油 2 000～3 000 倍液、5% 氯氰菊酯乳油 2 500～3 000 倍液。

稻棘缘蝽
Rice spiny coreid

稻棘缘蝽〔*Cletus punctiger*（Dallas）〕属半翅目缘蝽科。又名稻针缘蝽、大稻棘缘蝽、黑棘缘蝽。为害蚕豆、菜用大豆、甜玉米、茭白等多种蔬菜。

[为害特点] 成虫和若虫以口针刺吸寄主汁液，在被害部位产生褐色坏死小点，影响产量和质量。

[形态特征] 成虫体长 9.5～11mm，宽 2.8～

稻棘缘蝽成虫

3.5mm。黄褐色，狭长，体表密布点刻。头顶中间具短纵沟。头顶、前胸背板前缘有黑色小粒点。前胸背板多为一色，侧角细长，并略向前倾。触角第三节明显短于第一节，向外稍弯。复眼褐红色。喙伸达中足基节间，末端黑。前翅革片侧缘浅色，膜片淡褐色，透明。腹部腹板每节后缘具 6 个小黑点，列一横排。卵杏核状，长 1.5mm，高 1mm，底宽 0.8mm。具珠泽，表面密布六角形网纹。若虫初孵时长 1.8～2mm，宽 0.9～1.1mm，体生刺毛。头、胸、触角、复眼、中后足腿节深褐色，腹部浅绿色。触角 4 节。

[生活习性] 在长江中、下游地区年发生 2～4 代。以成虫在枯枝落叶下或杂草丛中越冬。华南地区无越冬现象。江西一带 3 月下旬至 4 月上旬成虫开始活动，4 月下旬至 6 月中、下旬产卵。一代 6 月上旬羽化，二代 8 月初羽化，三代 9 月底羽化，有的延续到 12 月上旬。羽化后 1 周开始交配，经 4～5 天产卵。产卵期 3～96 天，卵期 8～28 天，成虫寿命 18～25 天，越冬代 7～10 个月。一般于 11 月中、下旬至 12 月越冬。卵散产或数粒间隔呈平行排列，卵量 12～385 粒，平均约 200 粒。卵孵化、若虫蜕皮、成虫羽化多在夜间进行。初孵若虫经 4～6 h 即可取食。成虫需补充营养，一生交尾多次，每次 3～28 h。

[防治方法]

1. 秋季彻底清洁田园，集中处理清除的田间杂草，减少越冬害虫数量。

2. 若虫低龄期施药防治。参见麻皮蝽。

二 星 蝽
White spotted globular bug

二星蝽〔*Stollia guttiger*（Thunberg）〕属半翅目蝽科。又名二小星蝽。分布于西北、西南、华中、华东和华南等地区。为害菜用大豆、甜玉米、茭白、甘薯等多种作物。

[为害特点] 成虫和若虫用口器吸食寄主的汁液，影响正常生长和结实。

[形态特征] 成虫体长 5～5.5mm，宽 4.5 mm，污黄褐色，密布黑色刻点。头部多全黑色，极少数个体头基部有淡色短纵纹。喙淡黄色，长达后胸端部。触角淡黄褐色，5 节。前胸背板侧角短。前胸背板胝区的黑斑前缘隐约可达前胸背板前缘。小盾片末端常无明显的锚形淡色斑，在小盾片基角有两个黄色光滑的小圆斑。胸部腹面污黄色，密布黑色刻点。腹部腹面黑色，节间明显，

气门黑褐色。足淡褐色。

[生活习性] 多在秋季发生为害，不喜飞行，喜欢在茎和叶柄上爬行。以成虫越冬。

防治方法参见麻皮蝽。

二星蝽成虫

黄斑大蚊
Yellow spotted crane fly

黄斑大蚊（*Nephrotoma* sp.）属双翅目大蚊科。又名土大蚊、切蛆、蚕豆切蛆。主要分布在华东、华北、西北地区。为害荷兰豆、蚕豆、甜瓜、樱桃番茄和草莓等。

[为害特点] 幼虫在地下为害寄主的种子、幼苗根茎部。阴雨天幼虫钻出地表切断近地面的叶柄和食害嫩叶。

[形态特征] 成虫体长15～19mm。鲜黄色，具黑色斑纹。头部橙黄色，头顶三角形，中央具三角形黑斑。复眼黑色。触角细小，基部2节黄色，鞭部黑褐色。下颚须暗黄色。胸部鲜黄色，有光泽。前胸背板具3条黑色纵纹，中间宽长。中胸背板具2条斜向内方的黑纹。小盾板稍透明，浅褐色，后小盾板有1条较小黑纵纹。腹部两侧鲜黄色，具黑褐色细纵纹，背面中央黑纹较大，每节中部近菱形。前翅狭长，透明，烟灰色，缘纹的外半部及脉纹黑褐色。平衡棍基部暗褐色，末短鲜黄色。产卵器茶褐色。足细长，暗褐至黑褐色。雄纹腹端具钳形抱握器。卵长圆形，长1mm左右。黑色，具光泽。幼虫蛆形，体长25mm左右，污黄色。头尖小，常缩入胸部。口器黑色。前胸背板中央有浅色纵线，两侧暗褐色，背中线稍暗色。体多横皱纹。

腹末钝，尾须4个，外侧2个较长，后气门2个，椭圆形，黑色。裸蛹，长筒形，13～18mm。

[生活习性] 华北和西北地区年发生3代。以中龄及老龄幼虫入土8～10cm处越冬。翌年3月下旬开始活动，4月下旬开始化蛹，蛹期5～10天。5月上、中旬成虫大量羽化。羽化后5～8 h 交配产卵。平均产卵269粒。卵期5～8天，成虫寿命5～7天，幼虫期45～50天。6月为第一代幼虫发生为害期，8月为第二代幼虫为害期，9月为第三代幼虫为害期，9月下旬天气变凉入土越冬。越冬代幼虫期可长达6～6.5个月。

[防治方法]

1. 早春耕翻土壤，减少田间越冬害虫数量。

2. 第一代幼虫开始活动时在土表均匀撒施2.5%辛硫磷粉剂45～75kg/ hm²，后耙入土中或浇水，或在植株根部附近均匀撒施3%米乐尔颗粒剂45kg/ hm²。

3. 害虫为害盛期可选用1.8%虫螨克乳油3 000～4 000倍液或40.7%乐斯本乳油1 500倍液浇灌。

黄斑大蚊成虫

黄斑大蚊成虫

黄斑大蚊成虫

黄斑大蚊幼虫

笨蝗
Soybean locust

笨蝗（*Haplotropis brunneriana* Saussure）属直翅目蝗科。又名土蝗。主要分布在华东、华北、西北等地区。为害禾本科、豆科、葫芦科、茄科、十字花科、菊科、旋花科的多种蔬菜。

[为害特点] 成虫和若虫取食叶片，吃成孔洞或缺刻，影响作物的正常生长和产品质量。

笨蝗成虫

[形态特征] 虫体黄褐色、褐色或暗褐色。雄虫体长28～37mm，前翅长6～7.5 mm；雌虫体长34.5～49mm，前翅长5.5～8 mm。后足股节上侧有3个暗褐色横斑，内侧黄褐色，胫节上侧青蓝色，有时呈紫色，底侧黄褐或淡黄色。颜面略向后倾斜，隆起明显，有纵沟。头顶较短，三角形，背面低凹。侧隆线十分发达，中隆线可见，后头具不规则隆线。头顶前端有细纵沟，即颜顶角沟向下延伸与颜面隆起的纵沟相连。头侧窝近三角形。触角丝状。前胸背板的前、后缘均呈角状突起，3条横沟均不发达。前胸腹板前缘略隆起，中胸腹板侧叶间的中隔较宽。前翅不发达，鳞片状，侧置，顶端不达或刚达腹部第一节背板的后缘。后翅很小，略短于前翅。后足股节粗短，外侧两侧隆线间具不规则棒状隆起，上侧上隆线光滑。胫节顶端具外端刺和内端刺。跗节爪间中垫较大，顶端到达或超过爪的中部。腹部第一节具发达的鼓膜器。鼓膜孔近圆形。腹部第二节背板的侧面具有摩擦板。雄性下生殖板锥形，顶端尖锐。雌性产卵瓣狭锐。

[生活习性] 年发生1代。以卵在土中越冬。春秋都可发生。多于4月中、下旬开始孵化，6月上旬进入羽化盛期，6月下旬开始产卵。晴朗温和天气成虫活跃。食性很杂。多在向阳坡及田埂上产卵。

[防治方法] 一般不需单独防治，必要时参见中华稻蝗。

红褐斑腿蝗
Catantops pinguis

红褐斑腿蝗［*Catantops pinguis*（Stål）］属直翅目蝗科。分布较广。为害禾本科、豆科、菊科、茄科、菊科、旋花科的多种蔬菜。

[为害特点] 成虫和若虫将作物叶片食成孔洞或缺口，降低产品质量。

[形态特征] 成虫红褐色至灰褐色。雌虫体长32～34mm，前翅长26～27mm；雄虫体长24～27mm，前翅长19～22mm。头短，约为前胸背板长度的一半。头顶短而平，与颜面隆起形成圆角。后头部具不明显中隆线。颜面略倾斜，具粗大刻点，中眼以上平，以下凹，颜面侧隆线几乎直。复眼长卵形。触角丝状。前胸背板前缘平直，后缘呈圆角形突出，侧片长略大于高。前胸背板平，具密小刻点，中隆线明显，无侧隆线，3条横沟都明显切断中隆线，后横沟位于背板中部略前处。前胸腹板突圆柱形，直，顶端圆形。中胸腹板侧叶宽大于长，中隔较狭，长度为最狭处的1.7～2倍。后胸腹板侧叶相互连接。前翅狭长，超过后足股节顶端。后足股节粗短，长度为宽度的3.2～3.4倍，上隆线具细齿。后足胫节无外端刺。跗节爪间中垫长，超过爪顶端。雄性肛上板长，两侧几乎平行，顶端1/4处急剧尖细，在肛上板基半中央具纵沟。尾须长，超过肛上板顶端，端部略向上及向内弯曲，其基部宽，中部细，顶端略扩大。下生殖板锥形，顶端圆。雌性肛上板三角形，中部具横沟，基半中央具纵沟。尾须短锥形，上产卵瓣之上外缘基部具4齿，末端沟状。下生殖板后缘中央具三角形突起。

[生活习性] 年发生约1代。以卵在土壤中越冬。多在秋季发生。食性亦很杂。多在较潮湿的向阳坡地及田埂上产卵越冬。

[防治方法] 一般不需单独防治，必要时参见中华稻蝗。

红褐斑腿蝗成虫

红褐斑腿蝗成虫

云斑车蝗
Gastrimargus marmoratus

云斑车蝗〔*Gastrimargus marmoratus*（Thunberg）〕属直翅目蝗科。主要分布在西北、华北地区。食性杂。为害豆科、伞形花科、禾本科的多种植物。

[为害特点] 成虫和若虫取食叶片。

[形态特征] 体型大，绿色至灰褐色。雄成虫体长28～30mm，前翅长30～31mm；雌成虫体长44～45mm，前翅长42～46mm。头顶宽短，前缘、侧缘及中隆线明显。颜面垂直，颜面隆起宽平，仅中眼处略凹，颜面侧隆线弧形弯曲。前胸背板前后缘均呈尖角形突出，后横沟在背板中穿过。后胸腹板侧叶分开较宽。前翅发达，几乎达后足胫节中部，后翅与前翅等长。后足股节匀称，长为宽的4.3～4.4倍，上侧的上隆线具细齿。雄性下生殖板短锥形，雌性产卵瓣短粗，上产卵瓣的上外缘无细齿。

[生活习性] 年发生1代。以卵在土中越冬。杂食。5月下旬开始孵化出蝗蝻，8月初成虫羽化。防治方法参见中华稻蝗。

云斑车蝗成虫

斗 蟋
Fighting cricket

斗蟋〔*Velarifictorus micado*（Saussure）〕属直翅目蟋蟀科。东北、华北、西北、西南、华南和华东地区都有分布。食性很杂。为害豆科、茄科、十字花科及禾本科的多种蔬菜。

[为害特点] 成虫和若虫啃食幼苗、嫩茎、幼根、花和幼果，造成缺苗断垄，倒伏或空棵。

[形态特征] 雌成虫体长14～19mm，雄虫体长13～16mm。头顶漆黑色，有反光。后头有三对橙黄色纵纹，前端一般无横纹相连。此虫常与长颚蟋混生，形态很相似，可根据此虫单眼间橙黄色横纹两端粗，中央缢缩成括弧"}"形；雄虫颜面平直，不凹入；雌虫产卵管特长（比后腿还长）等与长颚蟋项区别。前胸背板黑褐色。雄虫前翅长达末端，雌虫前翅较短，仅超过腹部中央或接近腹端。雌、雄虫后翅均不发达。雄虫发音镜长方形，其中有一横脉曲成直角，将镜分为2室，斜脉2，端网区与镜等长，后端圆。产卵管比后腿节还长。

[生活习性] 华北和华东地区年发生1代。以卵越冬。翌年8月初出现若虫，8月下旬出现成虫，9月为盛发期。9月下旬至10月中旬产卵。卵产于1～1.5cm土层内，不成块。次年夏末孵化。成虫和若虫怕光，喜欢生活在土壤较湿润的菜田及砖石或草丛间。有好斗习性，鸣声宽宏，音节匀称，略有拖声，连续长鸣不已。

[防治方法]

1. 秋耕灭卵和清除田间及周边杂草，破坏繁殖、越冬场所，减少虫源。

2. 在田间堆放7～10cm厚草堆，其内施放麦麸拌敌百虫毒饵诱杀成虫和若虫。

3. 傍晚撒毒土或毒饵诱杀防治。毒土可选用5%辛硫磷颗粒剂15kg/hm²混细土300kg制备。毒饵可选用80%敌百虫可溶粉剂0.75kg，或40%辛硫磷乳油600ml、40.7%乐斯本乳油450ml对少量水后拌麦麸，或米糠、花生壳30kg。

斗蟋成虫

齿绢毛蓟马
Leguminosae thrips

齿绢毛蓟马（*Sericothrips dentatus* Steinweden et Moulton）属缨翅目蓟马科。主要为害豆科植物。

[为害特点] 成虫和若虫锉吸花器和嫩荚汁液，致花瓣凋萎脱落，嫩荚萎蔫，或在嫩荚上产生墨绿色小点及白绿色疱疹斑块，严重影响产品质量和产量。

[形态特征] 雌虫体长约1.2mm，棕黄色。前胸前部及两侧网纹区黄色或淡棕色，后部有1大型暗棕色斑。翅、胸和足黄棕色。前翅基部暗，接着有1淡横带，其余部分棕色。头宽，单眼区略隆起，具细横纹，复眼连线后部有网纹。复眼大，

单眼小，位置略靠后。前单眼前外侧有1对小鬃，两侧靠近复眼处有1对短鬃。单眼间鬃小，位于后单眼前方的3个单眼外缘连线之外。触角8节，较细，第三、四节上有较长的叉状感觉锥。口锥尖，伸至前胸腹片后缘。下颚须细长，3节。前胸宽大于长，长于头。前部和两侧淡色区有网纹，居中后部有1横长方形封闭的斑。斑的前缘之内有6根鬃，两侧内缘各有3根鬃。前胸前缘和侧缘无鬃。后角鬃短小。中、后胸两侧有网纹。中胸腹片与后胸腹片被缝分离。前翅狭长，前缘有鬃31～35根，仅有前脉均匀排列着的33或35根鬃，后脉无鬃。足细，各胫节内缘有一排刺，跗节2节。腹部第一至八节背片两侧有密微毛，第一至六节两侧后缘各约有30根长毛梳。毛梳在第七、八节完整，第九节排列有不甚规则的长鬃，第十节有长短鬃各2对。

[生活习性] 在南方年发生10多代，北方地区年发生3～5代。主要在豆科作物残株和田间越冬。温暖干旱发生严重。北京可在5～6月形成发生高峰，形成严重为害，尤以甜豌豆、荷兰豆、普通豌豆受害重。

[防治方法]

1. 收获后彻底消除植株残体，翻耕土地，减少田间虫源。

2. 实行非豆科作物轮作。

3. 及时进行药剂防治。发生初期选用1.8%虫螨克乳油3 000倍液，或20%康福多浓可溶剂2 500倍液、25%阿克泰水分散粒剂3 000～4 000倍液、5%氯氰菊酯乳油3 000倍液、5%百树得乳油3 000倍液喷雾。药液中加入1%洗涤灵或适量中性洗衣粉，增强药液的展着性。根据此害虫的为害习性，重点保护花和嫩荚。

齿绢毛蓟马为害（甜豌豆）状

齿绢毛蓟马为害（甜豌豆）状

齿绢毛蓟马成虫

花 蓟 马
Flower thrips

花蓟马（*Frankliniella intonsa* Trybom）属缨翅目蓟马科。又名台湾蓟马。多数地方分布。为

害葫芦科、茄科、豆科及十字花科的多种蔬菜和粮、棉等作物。

[为害特点] 成虫和若虫为害蔬菜的花器，影响开花结实。也为害幼苗、嫩叶和嫩荚。严重时显著降低产量和质量。

[形态特征] 成虫体长约1.3mm，体褐色略带紫，头、胸部黄褐色。触角较粗壮，第三节长为宽的2.5倍，并在前半部有一横脊。头短于前胸，后部背面皱纹粗，颊两侧收缩明显。头顶前缘在两复眼

间较平，仅中央稍突。前翅较宽短，前脉鬃20～21根，后脉鬃14～16根。第八腹节背面后缘梳完整，齿上有细毛。头、前胸、翅脉及腹端鬃较粗壮，黑色。二龄若虫体长约1mm，基色黄，复眼红。触角7节，第三、四节最长，第三节有覆瓦状环纹，第四节有环状排列的微鬃。胸、腹部背面体鬃尖端微圆钝。第九腹节后缘有一圈清楚的微齿。

[生活习性] 在我国南方年发生11～14代。以成虫越冬。成虫有趋花性。卵大多产于花类植物组织中，如花瓣、花丝、花柄等处。花瓣上着卵最多。华北地区可能以荷兰豆、甜豌豆等蔬菜受害严重。重发生时花尚未开放，即可受害，所生豆荚表面显现出许多明显受花蓟马为害的斑痕。通常每雌产卵约180粒，产卵历期20～50天。主要天敌种类与黄蓟马天敌种类基本相同。

[防治方法]

1. 收获完毕，彻底消除田间植株残体和杂草，集中堆沤发酵处理。

2. 冬前深翻土壤，破坏化蛹场所，减少害虫越冬基数。

3. 避免瓜、豆、茄果类蔬菜连作、套种。采用地膜覆盖栽培，阻止害虫入土化蛹。

4. 播种前选用70%高巧干拌种剂，按种子重量的0.3%～0.5%拌种处理种子。

5. 害虫发生前或初期采用滴灌施药或药液浇根防治。根据此虫多隐藏在花器内为害和选择为害幼嫩组织的特性，喷雾防治需重点针对花器和幼嫩部位。宜选用具有内吸、熏蒸作用对作物花器无药害的高效药剂。目前可选用20%康福多浓可溶剂3 000～4 000倍液，或25%阿克泰水分散粒剂3 000～4 000倍液、1.8%虫螨克乳油3 000～4 000倍液、10%赛乐收乳油800～1 000倍液喷雾。

花蓟马为害（甜豌豆）状

花蓟马为害（甜豌豆豆荚）状

花蓟马群集为害花器

花蓟马群集为害花器

花蓟马幼虫和成虫放大

朱砂叶螨〔*Tetranychus cinnabarinus* (Boisduval)〕和二点叶螨 (*Tetranychus urticae* Koch) 属真螨目叶螨科。全国分布。朱砂叶螨发生普遍,二点叶螨在部分地区与之混合发生。朱砂叶螨又名棉红蜘蛛。为害葫芦科、豆科、茄科、锦葵科、百合科、伞形花科等10多科近百种蔬菜。

[为害特点] 幼螨、若螨、成螨在叶背吸食汁液,致叶片出现褪绿斑点,逐渐变成灰白色斑和红色斑。严重时叶片枯焦脱落,田块如火烧状,造成植株早衰,缩短结果期,降低产量和品质。

[形态特征] 朱砂叶螨雌成螨体长 0.42～

朱砂叶螨和二点叶螨

Carmine spider mite and Two spotted spider mite

0.52mm,椭圆形,体色变化较大。有红色、锈红色、暗红色等。体背两侧各有1暗色斑块,有时分隔成前后2块。足4对,长度相近,无爪。足和体背有长毛。雄螨体长约0.36mm,长圆形,腹末略尖,阳具柄部弯向背面,形成端锤,其背缘形成1钝角。卵黄绿至橙黄色,有光泽,圆球形,直径约0.13mm。初产时无色透明,以后颜色逐渐加深,孵化前出现红色眼点。幼螨近圆形,长约0.15mm,色泽透明,取食后体色呈暗绿色。眼红色。足3对。若螨长约0.21mm,足4对,体形和体色似成螨,但个体小。二点叶螨雌螨体淡黄至黄绿色,体背两侧各有1黑斑。雄螨阳具端锤弯向背面,微小。

[生活习性] 南方地区年发生20代以上,东北地区年发生约12代。华北地区以滞育雌成螨在枯枝落叶、土缝或树皮中越

朱砂叶螨和二点叶螨为害(蚕豆)状

朱砂叶螨和二点叶螨为害(小西葫芦)状

冬，华中地区以各虫态在杂草丛中或树皮缝中越冬，华南地区冬季气温较高时继续繁殖为害。北方温室可周年发生。早春气温达10℃以上，越冬成螨开始大量繁殖，4月下旬至5月上、中旬从杂草等越冬寄主迁入菜田。首先在田边点片发生，再向周围植株扩散。在植株上先为害下部叶片，再向上部叶片蔓延，数量多时可在叶端或嫩尖上形成螨团。主要靠爬行，或吐丝下垂借风力传播。以两性生殖为主，有孤雌生殖现象。1头雌螨可产卵50～110粒。春秋完成1代需15～22天，夏季只需7～10天。生长发育最适温度29～31℃，相对湿度35%～55%。高温低湿有利于发育繁殖。露地蔬菜以6～8月受害最重。夏季少雨容易暴发成灾。降雨有抑制作用。植株矮小，叶片内可溶性糖含量高利于繁殖，长期连作发生重。滥用农药杀伤天敌易猖獗成灾。北方温室内种植适宜寄主可全年繁殖为害，成为大棚和露地的重要螨源。主要天敌为拟长毛钝

朱砂叶螨和二点叶螨为害（西瓜）状

朱砂叶螨和二点叶螨为害（芫荽）状

朱砂叶螨和二点叶螨为害（西瓜）状

朱砂叶螨和二点叶螨为害（香芹）状

朱砂叶螨和二点叶螨为害（球茎茴香）状

朱砂叶螨和二点叶螨为害（香椿）状

朱砂叶螨在根茶菜上群集为害状

朱砂叶螨和二点叶螨为害（香葱）状

朱砂叶螨在根茶菜上群集为害状

朱砂叶螨和二点叶螨为害（韭葱）状

朱砂叶螨在冬寒菜上群集为害状

朱砂叶螨在芫荽上群集为害状

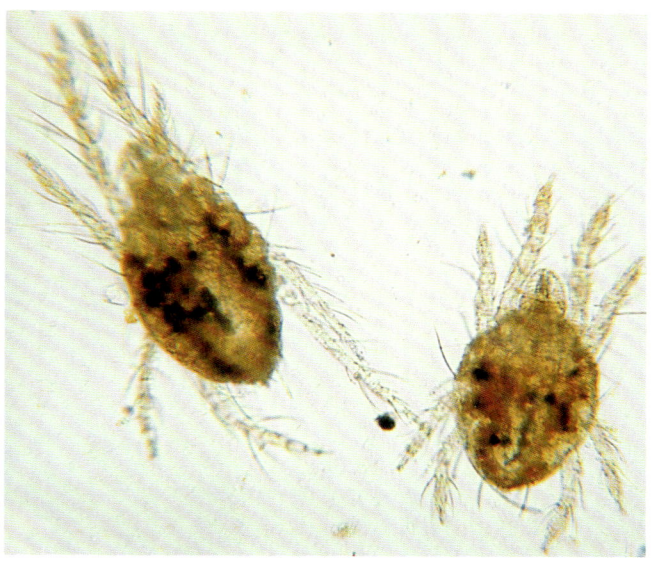

朱砂叶螨放大

朱砂叶螨在球茎茴香上群集为害状

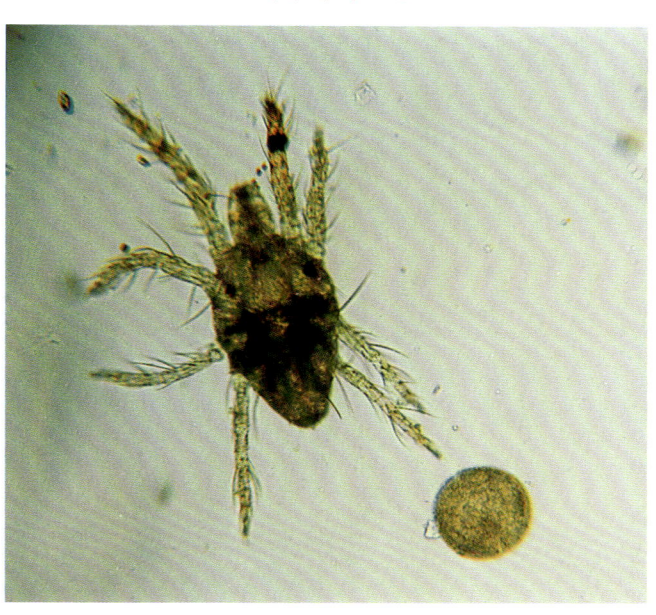

朱砂叶螨成螨和卵放大

绥螨（*Amblyseius pseudolongispinosus*）。

[防治方法]

1. 随时清除田间、地头、沟边杂草，收获后彻底清除田间残枝落叶，减少越冬螨源。秋季深翻菜地，破坏越冬场所。

2. 合理施用氮肥，增施磷肥，提高植株抗害能力。注意合理浇水，夏秋高温干旱一定要适时抗旱浇水，控制螨害发展。

3. 以朱砂叶螨为主的地区在发生密度较低时按叶螨与捕食螨20:1之比释放拟长毛钝绥螨，自6月中旬开始每10天放1次，共放2～3次。

4. 害螨点片发生时及时挑治，有螨株达5%以上时立即进行普防。可选用1.8%虫螨克乳油4 000～5 000倍液，或5%尼索朗乳油1 500～2 000倍液、5%卡死克乳油1 000～1 500倍液、20%速螨酮可湿性粉剂3 000～4 000倍液、50%阿波罗悬浮剂2 000～4 000倍

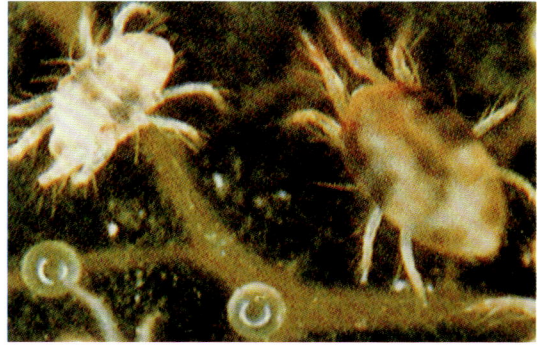

二点叶螨放大

液、9.5%螨即死乳油4 000～5 000倍液喷雾。重点防治中下部叶片。

十八、根茎类蔬菜害虫
Pests of Starch Underground and Root Vegetables

马铃薯瓢虫（*Henosepilachna vigintioc tomaculata* Motschulsky）属半翅目瓢虫科。又名二十八星瓢虫。主要分布在华东、华北、西北、西南和华中地区。为害茄科、豆科、葫芦科、菊科和十字花科的多种蔬菜。

[为害特点] 以成虫和若虫取食叶片、嫩茎和果实。被害叶片仅留叶脉及上表皮，形成许多不规则透明的凹纹，后变成褐色斑痕。严重时叶片枯死。果实受害后在表面形成许多凹纹，逐渐变硬，品质下降。

[形态特征] 成虫体长7～8mm，半球形，赤褐色，密生黄褐色细毛。前胸背板前缘凹陷，前缘角突出，中央有一较大剑状斑纹，两侧各有2个黑色小斑，有时合成一个。两鞘翅上各有14个黑斑，鞘翅基部3个黑斑后方的4个黑斑不在一条直线上，两鞘翅合缝处有1～2对黑斑相连。卵长1.4mm，弹头形，纵立，鲜黄色，有纵纹。幼虫体长约9mm。长椭圆形，淡黄褐色，背面隆起，各节有黑色枝刺。蛹长约

马铃薯瓢虫为害（马铃薯）状

马铃薯瓢虫为害（马铃薯）状

6mm，椭圆形，淡黄色，背面有稀疏细毛及黑色斑纹，尾端包着末龄幼虫的蜕皮。

[生活习性] 在华北地区年发生2代，华中地区4代。以成虫群集越冬。一般5月开始活动。为害马铃薯和其他蔬菜幼苗。6月上、中旬产卵盛期，6月下旬至7月上旬为第一代幼虫为害期，7月中、下旬为化蛹盛期，7月底至8月初为第一代成虫羽化盛期，8月中旬为第二代幼虫为害盛期，8月下旬开始化蛹，羽化为成虫，9月中旬开始寻找越冬场所，10月上旬开始越冬。成虫上午10时至下午4时最活跃，中午前多在叶背取食，下午4时后转向叶面。成虫和幼虫都有残食同种卵的习性。成虫假死性强，可分泌黄色黏液。越冬成虫多把卵产在马铃薯基部叶背，20～30粒靠近在一起。第一代产卵量约为240粒，卵期约6天，越冬代为400粒左右，卵期5天。幼虫夜间孵化，共四龄，二龄后分散为害，第一代发育历期约23天，第二代约15天。幼虫老熟后多在植株基部茎上或叶背化蛹。第一代蛹期约5天，二代约7天。

[防治方法]

1. 人工捕捉成虫，利用假死性敲打植株，收集消灭。

2. 幼虫孵出前人工摘除卵块，集中处理，减少害虫数量。

3. 幼虫分散前进行药剂防治。可选用3%莫比朗乳油1 000～2 000倍液，或5%氯氰菊酯乳油3 000～4 000倍液、5.7%百树得乳油3 000～4 000倍液、10%赛乐收乳油1 000～1 500倍液喷雾。

马铃薯瓢虫幼虫

马铃薯瓢虫成虫正面放大

马铃薯瓢虫幼虫放大

马铃薯瓢虫成虫侧面放大

马铃薯瓢虫为害马铃薯

甘薯叶甲
Sweetpotato leaf beetle

甘薯叶甲（*Colasposoma dauricum* Mannerheim）属鞘翅目叶甲科。又名甘薯金花虫、甘薯华叶虫、红苕蛀虫、剥皮虫、牛屎虫、番薯鸠。有两个地理亚种：甘薯叶甲指名亚种 *C. dauricum dauricum* Mannerheim 主要分布在北方地区和四川；甘薯叶甲丽鞘亚种 *C. dauricum auripenne* Motschulsky 主要分布在南方地区。均为害甘薯、蕹菜、长寿菜等蔬菜。

[为害特点] 成虫为害甘薯、蕹菜、长寿菜等寄主植物的嫩叶、嫩茎和嫩尖，致幼苗倒折枯死，将叶片吃成孔洞。幼虫为害土中薯块，把薯块表面吃成许多不规则弯曲伤痕，影响产量和质量。

[形态特征] 成虫体短宽，体色变化大。有蓝色、绿色、青铜色、蓝紫、蓝黑、紫铜色等。肩胛后方具 1 闪蓝光三角形，长 5～7mm，宽 3～4mm。触角基部 6 节蓝色或黄褐色，端部 5 节黑色。头部有粗密的刻点，刻点间具纵皱纹。上唇黑色至暗红色。前胸背板宽为长的 2 倍。前角尖锐，侧缘圆弧形，盘区隆起，密布粗点刻。小盾片近方形。鞘翅隆凸。肩胛高隆，光亮。翅面刻点粗密混乱。丽鞘亚种肩胛后方有一闪蓝色光泽的三角斑，区别于指名亚种。卵长圆形，初产时浅黄色，后略呈黄绿色，长约 1mm。幼虫圆筒状，体粗短，黄白色，头部浅黄褐色，有的弯曲，体表密布细毛，长 9～10mm。蛹长 5～7mm，为裸蛹，椭圆形，先为白色，后变黄白色。

[生活习性] 在多数地区年发生 1 代。以幼虫在土下 15～25cm 越冬，有的在甘薯内越冬，有的以成虫在石缝或枯枝落叶内越冬。次年 5 月下旬开始化蛹，6 月下旬成虫大量羽化并形成为害。成虫羽化后先在土室内活动，几天后出土为害，以雨后 2～3 天出土最多，通常上午 10 时和傍晚为害最烈，中午隐蔽在土缝或树枝下。成虫耐饥饿力强，飞翔力差，有假死性。7 月上、中旬交尾产卵。每雌产卵约 120 粒，最多可达 600 粒。雌成虫寿命 34 天，雄虫 53.5 天，产卵前期 10 天，产卵期 21 天，卵期 9 天。初孵幼虫先潜入土中啃食薯块表皮。相对湿度低于 50% 幼虫停止活动，土温低于 20℃幼虫钻入土壤深处造室越冬。幼虫期约 10 个月，蛹期 15 天左右。

[防治方法]

1. 利用害虫假死性敲打菜株后集中捕杀。

2. 幼虫期可选用 3% 米乐尔颗粒剂 15～22.5kg/ hm² 均匀穴施于根茎旁后浇水，或选用 90% 敌百虫粉剂 1 000 倍液、40% 辛硫磷乳油 1 000 倍液，或 40.7% 乐斯本乳油 1 500 倍液灌根，施药液 150～250ml/ 株，注意收获前 15 天停止施药。

3. 成虫防治参见马铃薯瓢虫。

甘薯叶甲成虫背面

甘薯叶甲成虫侧面

马铃薯块茎蛾
Potato tuberworm

马铃薯块茎蛾 [*Phthorimaea operculella* (Zeller)] 属鳞翅目麦蛾科。又名马铃薯麦蛾、番茄潜叶蛾、烟潜叶蛾。主要为害马铃薯、茄子、番茄、樱桃番茄、香艳茄、烟草、青椒等茄科蔬菜。

[为害特点] 幼虫潜叶为害，沿叶脉蛀食叶肉，余留上下表皮，呈半透明状。严重时嫩茎、叶芽萎蔫枯死，幼苗可整株死亡。还可钻蛀马铃薯块茎，将其蛀成蜂窝状，甚至全部蛀空，外表皱缩，终致腐烂。

[形态特征] 成虫体长 5～6mm，翅展 13～15mm，灰褐色。前翅狭长，中央有 4～5 个褐斑，缘毛较长；后翅烟灰色，缘毛甚长。卵约 0.5mm，椭圆形，黄白色至黑褐色，带紫色光泽。末龄幼虫体长 11～15mm，灰白色，老熟时背面呈粉红色或棕黄色。蛹长 5～7mm，初期淡绿色，末期黑褐色，第十腹节腹面中央凹入，背面中央有一角刺，末端向上弯曲。茧灰白色，外面黏附泥土或黄色排泄物。

[生活习性] 在西南地区可年发生 6～9 代。以幼虫或蛹在枯叶

或贮藏的块茎内越冬。马铃薯生长期在5月和11月受害较重，贮藏期7～9月受害严重。成虫夜出，有趋光性。卵产于叶脉处和茎基部。薯块上卵多产在芽眼、破皮、裂缝等处。幼虫孵化后四处爬散，吐丝下垂，随风飘落在邻近植株叶片上，潜入叶内为害。在块茎上多从芽眼蛀入。卵期4～20天，幼虫期7～11天，蛹期6～20天。

[防治方法]

1. 带虫种薯用二硫化炭熏蒸，也可用90%晶体敌百虫或40%辛硫磷乳油1000倍液喷种薯，晾干后再贮存。

2. 马铃薯生长期及时培土，勿让薯块露出表土，避免害虫产卵。

3. 成虫盛发期采用黑光灯诱杀，也可喷洒5%氯氰菊酯乳油3 000～4 000倍液喷雾。

马铃薯块茎蛾幼虫

甘薯麦蛾
Sweetpotato leaf-folder

甘薯麦蛾幼虫为害（蕹菜）状

甘薯麦蛾幼虫放大

甘薯麦蛾（*Brachmia macroscopa* Meyrick）属鳞翅目麦蛾科。全国分布。主要为害甘薯、蕹菜和其他旋花科植物。

[为害特点] 幼虫卷叶，在其内啃食叶肉，形成"天窗"被害状，在其内排泄粪便，后期将叶片吃成孔洞。

[形态特征] 成虫翅展18mm左右，翅宽2.5mm，体黑褐色。头顶与颜面紧贴深褐色鳞片。唇须镰形，侧扁，第二节宽，第三节细，末端尖，超过头顶。前翅黑褐色，在中室中部和端部各有一个淡黄色环状斑纹，外缘有5个横列的小黑点。后翅暗灰白色。卵椭圆形，长约0.6mm，初产乳白色，渐变黄褐色。幼虫体长15mm，头稍扁平，虫体前半部黑褐色，后半部淡绿色，体背有2条黑纵线，两侧各有4条斜线。蛹长7～9mm，头钝，尾尖。

[生活习性] 在各地年发生世代差异较大。江苏、浙江年发生3～4代。以蛹在残叶中越冬。成虫羽化后当晚交配，次日晚产卵。成虫有趋光性。卵散产于嫩叶背中脉或叶脉间，也产于新芽、嫩茎上。每雌产卵40粒左右，卵期3～7天。幼虫共4龄，活跃，一触即跳跃落地，老熟时在卷叶中化蛹。

[防治方法]

1. 秋冬彻底清除田间枯枝落叶，消灭越冬虫源。

2. 采用甘薯麦蛾性诱剂诱杀成虫。

3. 在幼虫尚未卷叶前适时进行药剂防治。可选用10%多来宝悬浮剂、3%莫比朗乳油、2.5%强力高效氯氰菊酯乳油1 500～2 000倍液，或5%快杀敌乳油、5.7%百树得乳油、2.5%天王星乳油3 000～4 000倍液，或5%卡死克乳油1 000～2 000倍液喷雾。施药时间以下午4～5时为宜。

甘薯谐夜蛾
Emmelia trabealis

甘薯谐夜蛾［*Emmelia trabealis*（Scopoli）］属鳞翅目夜蛾科。又名谐夜蛾、白薯绮夜蛾。分布于华北、东北、华东、华中、华南、西南等地区。主要为害甘薯、蕹菜、长寿菜等旋花科蔬菜。

[为害特点]幼虫啃食叶片,低龄幼虫啃食叶肉,形成小孔洞,三龄后沿叶缘食成缺刻,影响产品质量。

[形态特征]成虫体长 8～10mm,翅展 19～22mm。头、胸暗褐色,下唇须黄色,额、颈板基部黄白色,翅基片及胸背有淡黄纹;腹部黄白色,背面略带褐色。前翅黄色,中室后及臀脉各有 1 紫色纵条伸至外横线,外横线灰黑色,粗大;环纹、肾纹为黑色小圆斑;前缘脉有 4 个小紫色斑;顶角有一紫黑色斜条至亚端线前端;M_2 外有一小黑紫色点,臀角处有 1 条曲纹;缘毛白色,有一列紫黑色斑。后翅烟褐色,中室有一小紫黑色斑。卵馒头形,污黄色。末龄幼虫体长 20～25mm,体细长似尺蠖,淡红褐色,第八腹节略隆起。体色变化较大,分为头部褐绿色型、头部黑色型、头部红色型等。头部褐色型具灰褐色不规则网纹,额区浅绿色,体青绿色,背线及亚腹线至气门线之间具不明显黑色花纹;背线、亚背线绿褐色,气门线较宽,黄绿色,中间有深色细线。

[生活习性]年发生 2 代。以蛹在土室内越冬。翌年 7 月中旬羽化为成虫,产卵于寄主幼嫩叶的背面,单产。初孵幼虫黑色,三龄后花纹逐渐明显。幼虫十分活跃。

[防治方法]一般发生较轻,不进行单独防治。必要时选用 10%多来宝悬浮剂,或 3% 莫比朗乳油、5% 卡死克乳油、5% 农梦特乳油 1 500～2 000 倍液,或选用 5% 快杀敌乳油、5%氯氰菊酯乳油 3 000～4 000 倍液喷雾防治。

甘薯谐夜蛾成虫

甘薯谐夜蛾成虫

斜纹夜蛾为害（芋）状

斜 纹 夜 蛾
Tobacco semi-looper

斜纹夜蛾（*Prodenia litura* Fabricius）属鳞翅目夜蛾科。又名莲纹夜蛾、莲纹夜盗蛾。在我国大部分地区发生分布,温暖地区常年发生,受害严重。为害天南星科、十字花科、茄科、豆科、菊科、藜科、葫芦科、伞形花科、旋花科、百合科、禾本科等 90 多个科近 300 种作物,几乎所有蔬菜都受害。

[为害特点]低龄幼虫啃食叶肉,残留表皮,形成半透明纸状或"天窗"。大龄幼虫直接取食叶片、嫩茎、花蕾、花器及果实,形成孔洞、刻缺或秃尖等。也可钻蛀为害菜球、花茎等器官,排泄粪便污染蔬菜,造成组织腐烂,严重时菜株一片精光。

斜纹夜蛾低龄幼虫

期增加中耕和浇水
次数,抑制害虫发
生繁殖。

　　2.采用地膜覆
盖栽培,阻止害虫
入地化蛹。

　　3.适时进行药
剂防治。田间百株
虫口达50～100头
时立即施药。可选
用20%康福多浓
可溶剂2 000倍
液,或1.8%虫螨克
乳油3 000倍液、

葱蓟马成虫和若虫显微放大

葱蓟马成虫显微放大

10%赛乐收乳油1 000倍液、25%阿克泰水分散粒剂3 000～4 000
倍液、2.5%天王星乳油2 500倍液、5%百树得乳油3 000倍液喷

雾。对药时适量加入中性洗衣粉或1%洗涤灵或
其他展着剂、渗透剂,可增强药液的展着性。

葱 斑 潜 蝇
Onion leaf miner

　　葱斑潜蝇[*Liriomyza chinensis*(Kato)]属双翅目潜蝇科。又名
葱潜叶蝇、韭菜潜叶蝇。为害洋葱、香葱等百合科蔬菜。

　　[为害特点]幼虫在叶片组织内钻食,形成灰白色弯曲隧道,致
葱叶枯死,严重影响产量和品质。

　　[形态特征]成虫体长2mm。头部黄色,头顶两侧有黑纹,复
眼红黑色,周缘黄
色,单眼三角区黑
色。触角黄色,芒
褐色。胸部褐色有
绿晕,上覆淡灰色
粉,肩部、翅基部及
胸背的两侧淡黄色,
小盾片黑色。腹部
黑色,各关节处淡
黄色或白色。足黄
色,基节基部黑色,
胫节、跗节黄色,跗
节先端黑褐色。翅
脉褐色,平衡棒黄
色。幼虫体长
4mm,淡黄色,细
长圆筒形,尾端背
面有后气门突1对,
体壁半透明,绿黄
色,内脏外面隐约
可见。蛹长2.8mm,

葱斑潜蝇叶内剥出幼虫

葱斑潜蝇为害(洋葱)状

葱斑潜蝇成虫

葱斑潜蝇潜叶幼虫

葱斑潜蝇被自然天敌寄生状态

宽0.8mm。扁圆筒形，后端略粗，褐色。

[生活习性] 成虫活跃，在植株间活动飞行，将卵产在叶片组织内。幼虫在叶组织内取食，形成由小变宽的不规则隧道，在隧道内自由移动取食。多在秋季发生为害，8～9月为发生盛期，被害率常达80%以上，后期多致植株枯死。幼虫成熟后在隧道内化蛹。

[防治方法]

1. 在成虫发生期选用1.8%虫螨克乳油4 000倍液，或5.7%百树得乳油4 000倍液喷洒。

2. 在幼虫为害期选用40.7%乐斯本乳油1 500倍液，或1.8%虫螨克乳油3 000倍液喷雾。

葱 蝇
Onion bulb fly

葱蝇［*Delia antigua*（Meigen）］属双翅目花蝇科。又名葱蛆、蒜蛆。广泛分布于全国各地。为害洋葱、香葱、百合等多种百合科蔬菜。

[为害特点] 幼虫蛀食寄主的鳞茎，引致植株萎蔫、枯黄甚至腐烂。

[形态特征] 成虫体长4.5～6.5mm，眼裸。前翅基背毛极短小，短于盾间沟后的背中毛的1/2。雄虫额较前单眼宽，间额黑色或红棕色，交叉鬃短细，两复眼间额带最狭部分比中单眼狭。后足胫节的内下方中央约在全胫节长的1/3～1/2部分具成列稀疏等长的短毛。雌虫间额前略带棕色，触角芒具毳毛，胸部分被灰黄色，中足胫节的外上方有两根刚毛。老熟幼虫腹部末端有7对突起，各突起均不分叉。第一对高于第二对，第六对显著高于第五对。

[生活习性] 华北地区年发生3～4代。以蛹在土中或在粪堆中越冬。翌年5月上旬成虫大量羽化，在植株基部叶片、鳞茎和表土中成堆产卵，对未腐熟的粪肥和有机质有强趋性。卵期3～5天。幼虫孵化后很快钻入鳞茎内为害。幼虫期17～18天。老熟幼虫在被害植株周围的土中化蛹，蛹期14天左右。

[防治方法]

1. 冬季耕翻土壤，减少田间越冬虫口。

2. 使用充分腐熟的粪肥和有机肥，尽可能把种子与肥料隔开。

3. 采用糖:醋:水为1:1:2.5的糖醋液加少量敌百虫诱杀成虫，或用酒糟拌少量敌百虫诱杀成虫。

4. 害虫发生期加强田间管理，适当增加中耕和浇水。药剂防治宜在成虫产卵高峰及幼虫孵化盛期进行。药剂和方法参见异型眼蕈蚊。

葱蝇为害洋葱田间受害状

葱蝇为害（洋葱苗）状

葱蝇成虫

葱蝇为害（百合）状

葱蝇幼虫

葱蝇老熟幼虫

葱蝇蛹

韭菜迟眼蕈蚊
Bradysia odoriphaga

韭菜迟眼蕈蚊（*Bradysia odoriphaga* Yang et Zhang）属双翅目眼蕈蚊科。又名韭蛆。分布很广。主要为害韭菜，也可为害韭葱、香葱、洋葱和多种食用菌。

[为害特点] 幼虫为害鳞茎、幼根和根茎，影响植株正常生长发育，或引致菜株根茎腐烂而成片死亡。

[形态特征] 雄成虫体长 3.3～4.8mm，黑褐色，头部小，复眼很大，被微毛，在头顶由眼桥将一对复眼相连，眼桥的宽度为 2～3 个小眼面，单眼 3 个。触角长约 2mm，黑褐色，被毛，共 16 节，基部 2 节粗大，第四鞭节长是宽的 2.4 倍。下颚须 3 节。胸部粗壮。足细长，褐色。前足胫节端部有 1 根长距，中、后足胫端有 2 根距。翅烟色，脉褐色。腹部背板和腹板均为深褐色，腹端宽大，尾器的顶端弯突，有 6 根刺。雌虫体长 4～5mm，一般特征与雄虫相似，但触角较短细，长约 1.5mm，腹部中段粗大，向端部细而尖，腹端有一分叉的尾须，腹面有阴道叉。卵乳白色，椭圆形，长 0.28mm，宽 0.17mm，近孵化时白色透明，有一明显黑点，为幼虫的头壳。幼虫头黑亮，体乳白色，共 12 节，老熟时体长 5～5.5mm。蛹为裸蛹，雄蛹长 2.3mm，雌蛹长 3.4mm，初化蛹乳白色，逐渐变为淡黄色，羽化前呈深褐色。

[生活习性] 华北地区年发生 3～4 代。以幼虫在韭菜鳞茎内或韭菜根围 3～4cm 表土层越冬。保护地或菇棚内可周年发生。通常 3 月下旬开始化蛹，4 月初至 5 月中旬羽化为成虫。各代幼虫出现时间大致为：第一代 4 月下旬至 5 月下旬，第二代 6 月上旬至下旬，第三代 7 月上旬至 10 月下旬，第四代（越冬代）10 月上旬至翌年 5 月初。越冬幼虫翌春逐渐向地表移动，多在 1～2cm 表土中化蛹，少数在植株根茎内化蛹。成虫羽化多在傍晚至翌日上午，羽化后翅未展开便可交尾，有多次交尾习性，交尾后 1～2 天成堆产卵于韭菜周围土缝内或土块下，每雌虫产卵 100～300 粒。成虫喜在弱光、阴湿的环境下活动，以 9～11 时最活跃，并进行交尾，16 时至夜间栖息于韭菜田土缝中，善飞翔，可间歇扩散达 100m 左右。雄虫比雌虫活跃，有趋光性。25℃条件下，成虫寿命 5～7 天，20℃左右时，卵期 7～8 天，幼虫期 18～20 天，蛹期 2～6 天。幼虫喜食腐殖质，喜在潮湿环境中取食为害。幼虫孵化后先食害韭菜等寄主植物的叶鞘、幼茎和幼芽，后咬断嫩茎钻入内部取食，并转向根茎下部为害。土壤湿度是卵孵化和成虫羽化的重要条件。3～4cm 土层含水量 15%～24% 最适宜，

韭菜迟眼蕈蚊成虫

韭菜迟眼蕈蚊为害（韭葱）状

过湿或过干都不利于孵化和羽化。一般黏土比沙壤土发生轻，成虫对未腐熟粪肥无趋性。

[防治方法]

1. 严重地块实行冬灌或春灌，必要时加入适量农药杀灭幼虫。在春天韭葱、香葱、洋葱、韭菜等萌发前，扒土晒根，可减轻受害。

2. 于4月中、下旬，6月上、中旬，7月中、下旬及10月中旬成虫羽化盛期喷药防治。可选用1.8%虫螨克乳油2 500～3 000倍液，

或40%绿菜宝乳油1 000～1 500倍液、50%蝇蛆净乳油2 000倍液、50%灭蝇胺乳油4 000～5 000倍液、5%卡死克乳油1 000～1 500倍液、12.5%保富悬浮剂8 000～1 000倍液喷雾防治。施药以上午9～10时效果最佳。

3. 幼虫发生时期选用3%米乐尔颗粒剂15～22.5kg/ hm²均匀撒施在靠近菜根的地面后浇水，也可穴施于根茎旁，或选用90%敌百虫粉剂1 000倍液、40%辛硫磷乳油1 000倍液、40.7%乐斯本乳油1 500倍液、50%蝇蛆净乳油2 000倍液、50%灭蝇胺乳油4 000～5 000倍液喷浇，施药液1 200～1 500kg/ hm²。

葱 蚜
Onion aphid

葱蚜［*Neotoxoptera formosana*（Takahashi）］属同翅目蚜科。又名葱小瘤蚜、台湾韭蚜。为害香葱、百合、洋葱、韭菜、韭葱、大葱、野蒜等。

[为害特点] 葱蚜为害寄主的叶片，刺吸汁液，严重时布满叶片和花器，使叶面扭曲，植株矮小或萎蔫坏死。

[形态特征] 无翅孤雌蚜体长2.0mm，宽1.2～1.5mm。体卵圆形，黑色至黑褐色。头和前胸黑色，中胸、后胸具黑缘斑。腹部色浅，第六节有中断横带，第七、八节各具宽横带；腹部微

具瓦纹，背毛短，腹管淡色。触角细，长约2.2mm，有瓦纹，第三节长，具短毛27～34根，无感觉圈；喙长达后足基节，额瘤圆，隆起外倾，粗糙。腹管花瓶状，光滑。有翅孤雌蚜头和胸部黑色，腹部色浅，第一、三腹节具横带，第四、五节中侧融合为一块大斑，第六、七节横带与缘斑相连，第八节有窄横带1条，其余各节缘斑独立。翅脉镶黑边。

[生活习性] 北京7、8月可发生无翅蚜，春季保护地内亦可发生，9月可发生有翅蚜。9月末出现有翅雄蚜。主要为害香葱、百合、洋葱。太原可为害大葱，云南11月可为害韭菜。

[防治方法]

1. 采用黄板诱杀或铺银灰色塑料薄膜驱避蚜虫。

2. 保护地内可用20%灭蚜烟剂6～7.5kg/ hm²熏烟防治。

3. 发生初期喷洒药液防治。可选用20%康福多浓可溶剂2 500～3 000倍液，或50%抗蚜威乳油2 000～3 000倍液、1.8%虫螨克乳油2 500～3 000倍液、25%阿克泰水分散粒剂3 000～4 000倍液、0.65%茼蒿素水剂400～500倍液，喷雾前最好加入0.1%～0.3%的中性洗衣粉或中性肥皂粉或洗涤灵，以增强药液的展着性能。

葱蚜为害（洋葱）状

葱蚜为害（百合）状

山楂圆瘤蚜为害（罗勒）状

山楂圆瘤蚜
Mint aphid

山楂圆瘤蚜［*Ovatus crataegarius*（Walker）］属同翅目蚜科。为害薄荷、罗勒、山楂、苹果、海棠等。

[为害特点] 山楂圆瘤蚜以成、若蚜为害寄主幼嫩叶片，吸食组织汁液，致叶片褪色、畸形坏死。同时还分泌蜜露，诱发煤污病，影响产品质量。

[形态特征] 无翅孤雌蚜体长2mm，宽0.96mm。活体淡绿至深

绿色,体背有横网纹及模糊的三角横状纹。背毛短小,钝顶。头部有长毛16根;第八腹节有短毛2对,毛长为触角第三节直径的0.38倍。中额稍隆,额瘤明显,突凸向内倾,呈馒头状,粗糙,额中缝可见。触角长1.9mm,第三节长0.47mm,有短毛14~16根,毛长为该节直径的1/5。喙超过中足基节,第四、五节之和长为后足第二跗节的1.4倍,有次生毛2对,偶有4对。腹管淡色,顶端黑色,长筒形,为尾片的3倍,顶端有2~3行网纹。尾片圆锥形,有长毛4~6根。有翅孤雌蚜头、胸褐色,腹部淡色。触角第三节有小圆形次生感觉圈46~52个,第四节29~33个,第五节10~15个。

[生活习性] 山楂圆瘤蚜5~9月零星发生,保护地内主要为害薄荷和罗勒,可周年发生。

[防治方法] 参见桃蚜防治。

葱菜蛾
Stone leek miner

葱菜蛾(*Acrolepia manganeutis* Meyrick)属鳞翅目菜蛾科。又名韭菜蛾、葱小蛾、苏邻菜蛾。为害洋葱、香葱、胡葱、分葱、韭葱、百合及普通葱、韭、蒜等。

[为害特点] 幼虫蛀食叶片的绿色组织,形成不规则放射状白色虫道。严重时心叶变黄,降低产量和质量。

[形态特征] 成虫体长4~4.5mm,翅展11~12mm,全体呈黑褐色;下唇须前伸并向上弯曲,第二节向末端逐渐膨大。触角丝状,长度超过体长的一半。前翅黄褐至黑褐色,后缘自翅基1/3处有一个三角形的大白斑,成虫静止时前翅合拢形成一个菱形白斑。该三角形白斑至翅外缘间有2个近三角形小白斑。翅前缘有5条浅褐色不明显斜纹;翅中部近外缘处有一深色近三角形区域,翅中部有一条色稍深的纵纹。后翅深灰色。卵长圆形,初产乳白色,略具光泽,后变浅褐色。老熟幼虫体长8~8.5mm,头浅褐色,虫体黄绿至绿色,各节有稀疏的毛。腹足趾钩二重全环,外环14个,内环6个,臀足趾钩单序缺环,共8个。蛹长6mm左右,纺锤形,老熟时深褐色,外被白色丝状网茧。

[生活习性] 发生世代不详。成虫羽化后需补充营养。卵散产于叶片上。幼虫孵化后向叶基部转移为害,将叶片咬成纵沟,有时残留表皮。幼虫在沟中向茎部蛀食,但不侵入根部,常把绿色虫粪留在叶基部分叉处。幼虫老熟后从茎内爬至叶中部吐丝做薄茧化蛹。25℃成虫羽化后经3~5天开始产卵。卵期5~7天,幼虫期7~11天,蛹期8~10天,成虫期10~20天。北方如有发生,6月前一般发生很轻,6月以后虫口逐渐增加,至夏秋达到最高峰。世代重叠。11月中旬田间蛹大部分羽化为成虫,因气温很低不再产卵,尚未羽化的蛹亦不再羽化。

[防治方法] 一般不进行单独防治。发生严重时可选用1.8%虫螨克乳油2 500~3 000倍液,或3%莫比朗乳油1 000~1 500倍液、20%康福多浓可溶剂2 500~3 000倍液、10%高渗氯氰菊酯乳油3 000~4 000倍液喷雾防治幼虫。药液中适当加入少量洗涤灵,可增强药剂的展着性。

葱菜蛾为害(洋葱和薤)状

葱菜蛾幼虫、蛹和老龄幼虫

伞锥额野螟
Loxostege palealis

伞锥额野螟(*Loxostege palealis* Schiffermüller et Denis)属鳞翅目螟蛾科。零星分布。为害球茎茴香、茴香、莳萝、胡萝卜、西芹、香芹、根芹和多种十字花科蔬菜。

[为害特点] 幼虫钻蛀寄主的嫩茎、花蕾和鳞茎、块茎等组织,造成腐烂或影响产品质量。

[形态特征] 成虫翅展30~36mm,体黄色。额向外突出成尖锥形。触角灰黑色。下唇须黑色。前翅硫磺色,翅前缘黑色,后翅白色,翅顶有1个比

伞锥额野螟幼虫

较发达的黑斑，从前缘到翅后角有 1 个不明显的黑横线。

[生活习性] 以老熟幼虫入土吐丝结茧越冬。成虫喜食花蜜，白天栖息在杂草间，傍晚飞翔交配。卵多产于花序上。卵粒圆形，排成鱼鳞状。幼虫杂食性，喜欢在十字花科蔬菜上吐丝拉网取食花和籽实，多在上午 10 时和下午 4~5 时取食，受惊时后吐丝下垂。幼虫老熟后在花梗间结稠密的丝网藏身于网中，8 月下旬开始入土，后吐丝结成一污黑色袋状弯曲顶端带羽化孔的茧。丝质茧外层黏附沙粒。

防治方法参见豆野螟防治。

葱黄寡毛跳甲
Luperomorpha suturalis

葱黄寡毛跳甲（*Luperomorpha suturalis* Chen）属鞘翅目叶甲科。分布于华北、西北和华东地区。为害洋葱、香葱、韭菜和大蒜等百合科作物。

[为害特点] 成虫和幼虫都为害。成虫取食叶片，吃成缺刻或孔洞。幼虫分散或集中在地下植株根围，啃食须根或鳞茎，引起腐烂或致地上部叶片生长不良，甚枯黄、凋萎。

葱黄寡毛跳甲成虫和幼虫

[形态特征] 成虫长圆形，长 3.3～4.2mm，宽 1.5mm。体色变化大，棕红色至黄褐色。头黑色，中、后胸腹面棕褐色，其余部分黄褐色。触角基部 3 节色浅，向上色深。雄虫触角特长，伸展至鞘翅末端，2、3 节细小，其余各节等长，有的末端数节呈扁形。头和背面均具革质状皱纹，额瘤斜成近三角形。前翅背板有小刻点，中部两侧各具 1 浅凹陷，两侧边缘直形。鞘翅两边平行，表面有点刻，近内缘更明显。雄虫前足第一跗节膨大呈卵状。幼虫体长 8～10mm。黄白色，略横扁，稍弯。头黄褐色，前口式。头上具黑色弧形斑。胸部 3 节，腹部 8 节。中胸、腹部各节侧生气门 1 对。腹部各节腹面有 1 对突起。蛹白色。

[生活习性] 在华北地区年发生 2 代。以幼虫在根际周围土壤 10cm 深处越冬。越冬幼虫于次年 3 月上旬移至 5～10cm 处为害取食，5 月上旬化蛹，5 月中旬羽化为成虫，5 月下旬至 6 月初开始产卵。卵历期约 14 天。幼虫龄期不整齐，为害时间持续较长，6～11 月连续不断。蛹期约 15 天，成虫寿命 30 多天，产卵期约 30 天。通常降雨或浇水后 2～3 天成虫大量出土，将卵产在地下植株根际处。每雌产卵约 175 粒。

防治方法 参见异型眼蕈蚊。

韭萤叶甲
Galeruca reichardti

韭萤叶甲（*Galeruca reichardti* Jacobson）属鞘翅目叶甲科。又名愈纹萤叶甲、韭叶甲。多数地区分布，一般零星发生。为害白菜和百合科蔬菜。

[为害特点] 成虫食叶，吃成缺刻或孔洞。幼虫蛀食根系和鳞茎，造成腐烂或萎蔫，或影响正常生长。

[形态特征] 成虫体长 8.2～9.8mm。头为亚前口式，额与身体成钝角。唇基前部可明显分出前唇基，其前缘平直，两侧前角不突出。前胸背板侧缘前 1/2 外侧强烈圆形，内侧呈宽阔凹洼。鞘翅边缘扁平扩展，第一、四初级脊纹后部愈合，第三脊纹仅见后半段。

[生活习性] 不详。

[防治方法] 通常发生较轻，无须专门防治，必要时参见异型眼蕈蚊。

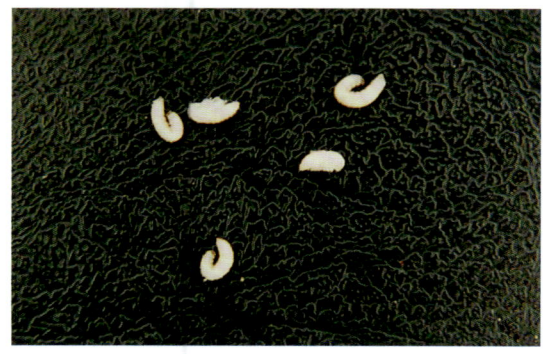

韭萤叶甲幼虫

薄荷金叶甲
Peppermint leaf beetle

薄荷金叶甲〔*Chrysolina exanthematica* （Wiedemann）〕属鞘翅目金叶甲科。局部地区零星发生。国外主要分布于日本、俄罗斯（西伯利亚）和印度等。仅发现为害薄荷。

[为害特点] 主要以成虫取食叶片和嫩梢，吃成缺刻或孔洞，将幼株或嫩梢吃成秃头，影响产品质量。

[形态特征] 成虫体长6.5～11mm，宽4.2～6.2mm。背面黑色或蓝黑色，具青铜色光泽，腹面蓝紫色。触角黑色，基部光亮，紫蓝色，第一、二两节杂棕色。头、胸部刻点相当粗密、混乱。触角细长，第三节长于第二节和第四节，端末5节略粗，节长大于端宽。前胸背板接近侧缘明显纵行隆起，其内侧纵向凹陷很深，前角突出，接近圆形。前缘向内凹进很深。鞘翅刻点约与前胸背板的等粗，但更密。每翅有5行无刻点的光亮圆盘状突起。雄虫前足跗节第一节略膨阔，雌虫各足跗节第一节腹面光秃。

[生活习性] 未进行过专门研究，生活习性不详。在北京可年发生2代，多在保护地内为害过冬。冬春各形成一个为害高峰，保护地内可周年为害。成虫有假死性。

防治方法参见油菜蚤跳甲。

薄荷金叶甲成虫

薄荷金叶甲为害（薄荷）状

二十、水生蔬菜害虫

Pests of Aquatic Vegetables

二化螟〔*Chilo suppressalis*（Walker）〕属鳞翅目螟蛾科。华东、华南、华中、华北、西南地区均有分布。以长江流域、华南和西南地区发生严重。主要为害茭白、蚕豆、荷兰豆、甜豌豆、甜玉米等蔬菜。

[为害特点] 幼虫蛀茎，或食害心叶、嫩荚，造成枯心或枯茎，以致减产。也蛀食茭笋和甜玉米雄穗，排泄大量粪便，严重影响产品质量。

[形态特征] 成虫体长12～14mm。雄虫翅展20mm，雌虫翅展25～28mm，体色灰黄至淡褐色。头小，复眼黑色，下唇须发达，突出前方很大。前翅近长方形，褐色至灰褐色，中室先端有紫黑色斑点，中室下方有3个斑，排成斜线，外缘有7个黑点；后翅灰白，近外缘稍带褐色，雌蛾色泽比雄蛾稍淡。卵扁平椭圆形，长1.2mm，数十粒至百余粒粘连在一起，呈鱼鳞状排列，卵块一般为长条形。老熟幼虫体长27mm，淡褐色，体背有5条暗褐色纵带，最下一条通过气门，腹足趾钩为双序缺环状。蛹长约13mm，圆筒形，淡棕色，背面可见5条棕褐色纵带。

[生活习性] 二化螟由北向南年发生世代增加。长江流域年发生2～3代，华南4代，海南岛5代。以幼虫在寄主植物中越冬。翌春化蛹。华东地区4～5月可见成虫，6月中、下旬为羽化盛期。成虫趋光性不强，每雌可产5～6个卵块，约300粒。第一代卵期7～8天，二、三代3.5～5天。初龄幼虫有群集性，长大后逐渐分散，从叶腋蛀入茎中。

[防治方法]

1. 二化螟严重发生地区，冬季或早春 齐泥割掉茭白残株，铲除田边杂草，消灭越冬螟虫。

2. 在卵孵化高峰期前2～3天进行药剂防治。可选用50%巴沙乳油800～1 000倍液，或10%多来宝悬浮剂1 500～2 000倍液、50%巴丹可湿性粉剂1 000～2 000倍液喷雾。

二化螟为害（茭白）状

二化螟为害茭白状

二化螟幼虫

稻蓟马
Rice thrips

稻蓟马［*Chloethrips oryzae* (Williams)］，异名 *Thrips oryzae* Williams，属缨翅目蓟马科。主要分布在江淮流域及以南各省茭白、水稻种植区。为害茭白、水稻、玉米、甜玉米、小麦和李氏禾等禾本科植物。

［**为害特点**］ 成、若虫刺吸寄主嫩叶汁液，在叶片上出现白色小点。

［**形态特征**］ 雌成虫体长 1.2～1.4mm，体褐色至黑褐色。触角第二节端部和第三至第四节色淡。前翅灰色。头近正方形，单眼前鬃长于单眼间鬃。单眼间鬃位于单眼三角形连线外缘。复眼后鬃 4 根，B_1、B_3 长于单眼间鬃。触角 7 节，第三、四节着生叉状感觉锥，第五节外侧有 1 个，第六节外侧有 3 个，内侧有 1 个简单感觉锥。前胸背板明显长于头部，或约与头等长，后角各具 2 根长鬃，后缘有 3 对短鬃。前翅狭长，向端部变尖，有 2 条纵脉，上脉基鬃 4＋3 根，端鬃 3 根，下脉鬃 11～13 根。中、后胸腹板内叉骨均无刺。腹部 2～7 背板后缘具不规则栉齿，第八腹背板后缘梳完整，但中部梳毛短小。雄成虫体长 1～1.2mm，体色同雌虫。腹部 3～7 节腹板具腺域，腹端钝圆。卵肾形，长约 0.26mm，宽 0.1mm。初产白色透明，后变淡黄色。若虫共 4 龄。一龄体长 0.3～0.4mm，乳白色，触角直伸头前方，无单眼和翅芽；二龄体长 0.5～1mm，淡黄绿色，特征同一龄；三龄又称前蛹，体长 0.8～1.2mm，淡黄色，触角向头的两侧伸展，单眼模糊，翅芽短；四龄又称蛹，体长 0.8～1.3mm，淡黄色，触角折

稻蓟马成虫

向头、胸背面，单眼 3 个，明显，翅芽长达第六至第七腹节。

［**生活习性**］ 年发生 10～20 代。第二代后开始出现世代重叠。以成虫在茭白、麦类、李氏禾、看麦娘等禾本科植物上越冬。在江苏第一代成虫进入茭白、稻田后即产卵。成虫盛发与产卵盛期同时出现。广东、广西、福建等地冬季可见各虫态。成虫营两性或孤雌生殖。5～6 月卵期 8 天左右，若虫期 8～10 天。成虫活泼，羽化后 1～2 天即产卵，2～8 天进入产卵盛期，每雌产卵 50 多粒。卵多产在嫩叶组织里。产卵适温 18～25℃，气温高于 27℃虫口减少。若虫盛发高峰期主要是三、四龄若虫，有时若虫盛发期后 3 天就出现成虫盛发期。

防治方法参见黄蓟马。

白背飞虱
White-backed planthopper

白背飞虱［*Sogatella furcifera*（Horváth）］属同翅目飞虱科。主要分布在茭白和水稻种植地区。为害茭白、甜玉米等禾本科作物。

［**为害特点**］ 成虫和若虫刺吸寄主汁液，引致植株黄化坏死。

［**形态特征**］ 长翅型雄虫体长 3.2～3.8mm。浅黄色，有黑褐斑。头顶前突。前胸、中胸背板侧脊外方复眼后 1 新月形暗褐色斑，中胸背板侧区黑褐色，中间具黄纵带，前翅半透明，端部有褐色晕斑；翅痣、颜部、胸部、腹部腹面黑褐色。长翅型雌虫体长 4～4.5mm。黄白色，具浅褐色斑。卵新月形，长 0.7～0.8mm。若虫共 5

白背飞虱成虫

龄，末龄若虫灰白色，长约 2.9mm。

［**生活习性**］ 有迁飞习性。西北地区年发生 1～2 代，华东地区年发生 5～6 代，华南地区年发生 10～11 代。初始虫源由南方迁入。迁入期从南向北推迟，世代重叠。14～29℃卵期 6～20 天，21～30℃若虫期 14～29 天，雌成虫产卵前期 4～6 天，寿命 20 天左右，雄成虫寿命 14 天左右。每

白背飞虱若虫

雌产卵 80～90 粒。田间每代种群数量增长 2～4 倍。成虫有趋绿和趋光性。雌虫有长、短翅型，雄虫仅有长翅型。长翅型成虫飞翔力强，密度高时迁飞转移。湿度和降雨影响此虫的发生与为害，以相对湿度 80%～90% 适宜。蜘蛛等天敌对此虫有明显控制作用。

[防治方法]

1. 远离稻区种植，减少初始虫源。

2. 害虫发生期利用其趋光性采用高压汞灯诱杀。

3. 助迁和保护利用自然天敌，控制害虫数量增长。

4. 必要时选用 25% 扑虱灵可湿性粉剂，或 20% 稻虱净可湿性粉剂 2 000 倍液、20% 康福多浓可溶剂 3 000 倍液、25% 阿克泰水分散粒剂 3 000～4 000 倍液、3% 莫比朗乳油 1 500 倍液、40.7% 乐斯本乳油 1 500 倍液、2.5% 天王星乳油 3 000 倍液喷雾防治。施药宜在茭白封垄前进行。药液中加入 0.2% 中性洗衣粉或洗涤灵可进一步提高防效。

灰飞虱
Small brown planthopper

灰飞虱 [*Laodelphax striatellus*（Fallén）] 属同翅目飞虱科。全国普遍分布。以长江中、下游和华北地区发生较多。为害茭白、甜玉米、普通

灰飞虱成虫

玉米及多种禾本科作物。

[为害特点] 成虫和若虫刺吸寄主汁液，引致植株黄化坏死。

[形态特征] 长翅型雌虫体长 3.3～3.8mm，短翅型体长 2.4～2.6mm，浅黄褐色至灰褐色。头顶稍突出，长度大于或等于两复眼间距离。额区有 2 条黑色纵沟，额侧脊呈弧形。前胸背板、触角浅黄色。小盾片中间黄白色至黄褐色，两侧有褐色半月形条斑纹。中胸背板黑褐色。前翅较透明，中间生 1 褐色翅斑。卵香蕉形，初产时乳白色，半透明，逐渐变成浅黄色，双行块状排列。末龄若虫体长 2.7mm，前翅翅芽较后翅翅芽长，共 5 龄。

[生活习性] 在华南地区年发生 7～8 代，华中地区 5～6 代，华北地区 4～5 代。华中和华北地区多以三、四龄若虫在禾本科作物或杂草上越冬，华南地区冬季 3 个虫态同时可见。通常早春旬均温高于 10℃越冬若虫羽化，发育适宜温度 15～28℃，冬暖夏凉容易发生。18～30℃成虫寿命 8～30 天，产卵前期 4～8 天，雄虫寿命较短。此虫耐低温能力较强，发育适宜温度 23℃左右。越冬成虫以短翅型居多，其余各代长翅型多。除越冬雄虫外，各代多为长翅型。成虫产卵趋嫩绿和高大茂密，产卵量数十粒。

防治方法参见白背飞虱。

黑尾叶蝉
Green rice leafhopper

黑尾叶蝉 [*Nephotettix cincticeps*（Uhler）] 属同翅目叶蝉科。又名黑尾浮尘子。东北、华北、西北、华东、华南、华中、西南均有分布。主要在长江流域和西南地区发生。为害茭白、慈姑、甜

黑尾叶蝉成虫

玉米等。

[为害特点] 成虫取食产卵、若虫取食时刺伤植物茎叶，破坏输导组织，受害处呈棕褐色条斑，严重时至植株枯死。

[形态特征] 成虫体长 4.5～6mm，绿黄色。头与前胸背板等宽，向前成钝圆角突出。头冠复眼间接近前缘处有 1 条黑色横凹沟，内有 1 条黑色亚缘横带。单眼黄绿色，复眼黑褐色。雄虫额唇基区黑色，前唇基和颊区为淡黄绿色。雌虫颜面淡黄褐色，额唇基的基部两侧各有数条淡褐色横纹，颊区淡黄绿色。小盾片和前胸背板黄绿色。前翅淡蓝绿色，前缘区淡黄绿色。雄虫翅端 1/3 黑色，雌虫为淡褐色。雄虫胸、腹部腹面及背面黑色，雌虫腹面淡黄色，背面黑色。足黄色。卵长 1～1.2mm，长茄形。末龄若虫体长 3.5～4mm，共 4 龄。

[生活习性] 在长江中、下游地区年发生 5～6 代。以三至四龄若虫及少量成虫在绿肥田边、沟、溏、渠边的杂草上越冬。越冬若虫多在 4 月羽化为成虫，以后迁入茭白田为害。世代重叠。最适温度 28℃左右，相对湿度 75%～90%。成虫将卵产在叶鞘边缘内侧组织中。每雌产卵 100～300 多粒。若虫多栖息在植株下部或叶片背面，有群集性，喜高温，三至四龄尤其活跃。成虫有趋嫩性和较强趋光性，晚 8～10 时扑灯最多。冬季温暖干燥、夏秋高温干旱年份易大发生。此虫与野生寄主看麦娘生长好坏直接相关。褐腰赤眼蜂

（*Paracentrobia andoi*）、捕食性蜘蛛对其有一定控制作用。

[防治方法]

1. 清除田边杂草，减少初始虫源。

2. 成虫发生期进行灯光诱杀。

3. 保护利用天敌昆虫和捕食性蜘蛛。

4. 适时进行药剂防治，可选用3%莫比朗乳油1 000～2 000倍液，

或25%优乐得可湿性粉剂1 500～2 000倍液、20%康福多浓可溶剂3 000～3 500倍液、25%优佳安可湿性粉剂800～1 000倍液、40.7%乐斯本乳油800～1 000倍液、50%巴丹可湿性粉剂1 000～1 500倍液、2.5%天王星乳油2 500～3 000倍液喷雾防治。

莲缢管蚜
water lily aphid

莲缢管蚜无翅蚜

莲缢管蚜［*Rhopalosiphum nymphaeae*（Linnaeus）］属同翅目蚜科。发生分布于全国各地产莲区。为害莲藕、慈姑、菱角、芋和绿萍等。

[为害特点] 主要为害寄主浮叶、嫩叶、立叶、叶梗、花薹和花瓣等，致叶片发黄，生长不良，影响莲藕、慈姑、芋的地下茎生长，降低其产量和质量。

[形态特征] 成蚜具6个形态型。无翅胎生雌蚜、有翅胎生雌蚜常见。无翅胎生雌蚜体长2.5mm，宽1.6mm，卵圆形，褐色至褐绿色或深褐色。额瘤不明显，被薄蜡粉。胸腹背面具小圆圈连成的网纹。腹管长筒形，中部、顶部缢缩，端部膨大。腹管长于触角第三节，尾片具4～5根长曲毛。腹部2～6节有缘瘤。有翅胎生雌蚜体长2.3mm，宽1.0mm，体背全骨化，长卵形。触角、头、胸黑色，腹部褐绿色至深褐色。额瘤不明显。腹部第二至六节有缘瘤。腹管长筒形，长于触角第三节。尾片锥形。卵长0.55～0.71mm，宽0.3～0.39mm，长卵圆形，黑色。若蚜4龄，体形与无翅胎生雌蚜相似，体小。

[生活习性] 江苏年发生27～29代。以卵在桃、李、杏、梅、樱桃等核果类枝条叶芽及树皮下越冬。浙江以若蚜在李、梅等蔷薇科李属的果树上越冬。北纬30°以南冬季温暖地区以无翅胎生雌蚜和若蚜在绿萍、水葫芦等水生植物上越冬。营孤雌生殖。属半周期生活型。越冬卵翌年3月日均温稳定在12℃时孵化。在桃树上繁殖4、5代，于4月下旬至5月上旬产生有翅蚜迁飞到莲藕、慈姑、芡实、香蒲、绿萍、浮萍、眼子菜等水生植物上，繁殖为害约25代，直到10月中、下旬产生有翅雌性母蚜再迁回越冬寄主上交尾产卵。气温高的年份或地区可持续到翌年3月。以成、若蚜在李属果树上越冬的，待桃、梅开花时开始繁殖，5月中、下旬产生有翅蚜迁往水生蔬菜上继续繁殖为害。在绿萍上越冬的，在气温14℃时开始繁殖，出现有翅蚜后迁到水生蔬菜上为害。通常绿萍、莲藕、慈姑混生田，早春蚜虫发生早、数量多，春、夏慈姑混栽的受害重，单独栽植慈姑、莲藕或纯夏慈姑区发生较迟，为害较轻。

[防治方法]

1. 水生蔬菜统一协调布局，避免插花栽植。

2. 及时清除田间绿萍、浮萍等水生植物，减少田间虫口数量。

3. 保护利用田间瓢虫、蚜茧蜂、食蚜蝇、草岭、食蚜盲蝽和蚜霉菌等自然天敌，抑制害虫发生为害。

4. 重发生地区，在夏秋季害虫盛发期加强田间虫情调查监测，当半数叶片出现皱缩，田间有蚜株达15%～20%，单株蚜量达1 000头左右时应立即防治。药剂参见桃蚜防治。由于害虫寄主表面多具有蜡质层，药液不易附着，对药液时宜加入适量展着剂（洗涤灵等）或渗透剂，以提高防治效果，喷洒药液750～825L/hm²。

禾谷缢管蚜
Bird cherry-oat aphid

禾谷缢管蚜［*Rhopalosiphum padi*（Linnaeus）］属同翅目蚜科。分布较广。为害茭白、甜玉米等禾本科、莎草科及香蒲科的植物。

[为害特点] 以口针吸食嫩叶或嫩梢的汁液，致叶片卷缩，节间缩短，影响产量和品质。

[形态特征] 无翅孤雌蚜体长1.9mm，宽1.1mm。体色淡，无斑纹。头部光滑，胸、腹背面有清楚网纹。第八腹节有背中毛2～3根，长为触角第三节直径的1.4倍。触角长1.2mm，为体长的0.7倍，第三节长0.35mm，第三至第六节长度比例为100，57，48，27＋110；第三节有短毛9～

禾谷缢管蚜无翅蚜

11根，毛长为该节直径的0.54倍。喙粗大，超过中足基节，第四、五节之和长与后足第二附节约相等。第一附节毛序3，3，2。腹管长圆筒状，顶部收缩，长0.26mm，为尾片的1.6倍。尾片长圆锥形，有曲毛4根，尾板有毛9～12根。有翅孤雌蚜头、胸黑色，腹部淡色。第二至七腹节有缘斑，第七节大，第七、八节背中有横带。触角第三节有小圆形次生感觉圈19～28个，第四节2～7个。

[生活习性]　以卵在稠李、桃、李、榆叶梅等李属第一寄主植物上越冬。活体黑绿色，常有薄粉。在李属植物树枝上为害，严重时可使叶片向下纵卷。5～6月和11月为害茭白和麦类，6～7月为害甜玉米和高粱等。

防治方法参见莲缢管蚜。

红腹缢管蚜
rice root aphid

红腹缢管蚜〔*Rhopalosiphum rufiabdominalis* (Sasaki)〕属同翅目蚜科。主要分布在北京、山东、山西、陕西、湖南、湖北、江苏、浙江等地。为害茭白等禾本科及莎草科植物。

[为害特点]　红腹缢管蚜多群集在寄主叶片的

红腹缢管蚜无翅蚜

两面，刺吸汁液，影响植物生长，严重时可使寄主叶片卷成筒状或提早枯死。

[形态特征]　无翅孤雌蚜体长1.7mm，宽1.1mm。头部黑色，胸、腹部稍骨化，无斑纹。体表粗糙，胸、腹部有明显不规则五边形背纹。缘瘤骨化，位于前胸及第一、第七腹节。体背生粗长尖毛，头部12根；第二至八节各有缘毛2～3对，第一至四节有中侧毛10～11根，第五至八节各有4～5根，第八节毛长为触角第三节直径的3倍。中额瘤显著隆起，稍高于额瘤。触角5节，长0.97mm，第三节长0.25mm，第三节有长毛11根，长毛为该节直径的3倍。喙粗大，达后足基节，第四、五节之和长为后足第二跗节的1.4倍，有毛6对。第一跗节毛序3，3，2。腹管长筒形，为尾片的2.5倍。尾片有毛4根，尾板有毛16根。有翅孤雌蚜体长1.8mm，宽0.91mm。头胸漆黑色，腹部淡色，第一至六腹节有缘斑，第一、六节斑小，第一、四、五节有断续中斑，第六节与缘斑偶相连，第七、八节横带横贯全节。触角第三节有圆形次生感觉圈15～26个，第四节6～12个，第五节2～6个。

[生活习性]　红腹缢管蚜多在5～9月发生为害，可繁殖10多代。夏季为害水稻、麦类和茭白等。冬季在李属植物上产卵越冬。

防治方法参见玉米蚜防治。

稻 水 象 甲
Rice water weevil

稻水象甲（*Lissorhoptrus oryzophilus* Kuschel）属鞘翅目象虫科。又名美洲稻象甲。主要为害水稻和小麦等禾本科作物，也为害茭白、甜玉米及普通玉米。

[为害特点]　成虫吃叶，啃食叶肉，留下下表皮，形成约1mm宽的长条白斑。幼虫取食根部，造成孔洞或断根，严重影响植株生长。

[形态特征]　雌成虫体长约3mm，体表覆浅绿色至灰褐色鳞片。喙短阔，端部环绕白色刚毛。前胸背板肩突明显。从前胸背板端部至基部有1个由黑色鳞片组成的大瓶口状暗色斑，由鞘翅基部向下至鞘翅3/4处有1黑斑。鞘翅长宽比为1.5：1，有6条纵纹，鞘翅不覆盖臀板。触角棒状，赤褐色，索节6节，棒基处无毛，棒端密生细毛。足基节基部鳞片黄色，中足胫节两内侧生白色长毛，跗节3和2等宽。雌虫后足胫节具前锐突，背板后缘呈深的凹陷。卵圆柱形，向一侧略内弯，乳白色。幼虫体长8mm，白色，无足。头部褐色，第二至第七腹节的背面各具1对突起。蛹居于土茧中。土茧灰褐色，近椭圆形，黏附于根上，直径约5mm。蛹白色，复眼红褐色，形似成虫。

[生活习性]　一般年发生1代，南方可发生2代。以成虫在田边、草丛、枯枝落叶层中越冬。耐寒性很强，最低－15℃仍能生存。次春4月上旬成虫开始取食杂草、甜玉米叶片，随即进入水田，为害茭白、水稻植株基部，黄昏时爬到叶片尖端活动。成虫有趋光性。成虫将卵产在水下植物组织中，产卵期约1个月。每雌产卵50～100粒，

稻水象甲成虫

卵期6～10天。幼虫4龄。初孵幼虫取食叶肉，1～3天后落入水中，蛀入根内取食为害。幼虫期30～40天。老熟幼虫附着于根际营造卵形土茧后化蛹。蛹期7～14天。此虫主要随植株及产品运输远距离传播，成虫飞翔和田间流水也可传播蔓延。

菱萤叶甲
Water chestnut beetle

　　菱萤叶甲（*Galerucella birmanica* Jacoby）属鞘翅目叶甲科。又名菱金花虫。为菱角的主要害虫，毁灭性较强，显著影响菱角生产。

　　[为害特点] 幼虫和成虫啃食菱角叶肉，将叶片吃成孔洞，轻时致菱盘千疮百孔，造成减产。重时将菱叶吃光，造成严重减产甚至绝收。

　　[形态特征] 成虫体长5mm，褐色。前胸背板两侧黑色，中央有工字形光滑区，小盾片黑色。鞘翅折缘，黄色。幼虫蛞形，体12节，三龄幼虫体长6～9mm。

　　[生活习性] 在长江流域可年发生6～8代，世代重叠。夏、秋

[防治方法]

　　1. 加强检疫防治。对稻水象甲疫区的有关植物产品、肥料、包装材料及运输工具进行严格检疫，防止传入。可进行灯光诱集监测。

　　2. 严格控制茭白和水稻田周围的灌溉排水，防止水流传入。

　　3. 秋耕灭茬，彻底清除田边及沟渠边杂草，消灭越冬成虫。

　　4. 有虫田块应耙平田面，尽量保持低水位至0.5 cm，减少成虫在水面下产卵。分蘖后晒田，减少幼虫存活。

　　5. 成虫发生期在早晨进行药剂防治。可选用10% 多来宝悬浮剂1 500～2 000 倍液，或10% 赛乐收乳油1 000～1 500 倍液、5% 氯氰菊酯乳油2 500～3 000 倍液喷雾。施药液600～900L/hm²。幼虫发生期可选用4% 多来宝油剂3～3.75L/ hm²，或10% 赛乐收乳油1.5～2.25L/hm²，直接滴在水面上，或用7.5～15kg/ hm² 2% 赛乐收粒剂均匀撒在田间进行防治。

季易大发生。以成虫在茭草、芦苇等残茬或土缝中越冬。春季菱盘和莼菜一出水面即迁入菱塘，啃食叶肉，在叶片上交配产卵。卵孵化出的低龄幼虫即啃食叶肉。该虫食性比较单一，仅为害菱角和莼菜，10月以后开始越冬。

　　[防治方法]

　　1. 秋后及时处理衰老菱盘，集中堆肥或用做饲料，彻底铲除岸边杂草，减少自然越冬成虫数量。

　　2. 菱叶受害初期及时施药防治。可选用5%氯氰菊酯乳油3 000～4 000 倍液，或10% 多来宝悬浮剂1 500～2 000 倍液、10% 赛乐收乳油1 000～1 500 倍液喷洒菱盘叶面，连续喷布2～3 次。每次间隔5～7天。

菱萤叶甲幼虫

菱萤叶甲老熟幼虫

中华稻蝗
Chinese rice grasshopper

中华稻蝗〔*Oxya chinensis*（Thunberg）〕属直翅目蝗科。又名稻蝗。主要分布在我国稻区。为害茭白、甜玉米等禾本科植物及茄科、豆科、旋花科、锦葵科的多种植物。

[为害特点] 成虫和若虫取食寄主叶片，将叶片吃成空洞或缺刻。严重时仅残留主脉或吃光叶片。

[形态特征] 成虫黄绿色、绿色或褐绿色。雄虫体长15～33mm，雌虫19～40mm。前翅前缘绿色，其余淡褐色。头宽大，卵圆形。头顶前伸，颜面隆起宽，两侧缘近平行，具纵沟。触角丝状，

中华稻蝗成虫

复眼卵圆形。前胸背板后横沟，位于中部之后；前胸腹板突圆锥形，略向后倾斜。翅长超过后足腿节末端。雄虫尾端近圆锥形，肛上板短三角形，平滑无侧沟，顶端呈锐角。雌虫腹部第二至三节背板侧面的后下角呈刺状，有的第三节不明显。产卵瓣长，上下瓣大，外缘具细齿。卵长约3.5mm，宽1mm，长圆筒形，中间略弯，深黄色，外包褐色胶质卵囊。囊内包含卵10～100粒，多为30粒左右，2行纵斜向排列。若虫5～6龄，少数7龄。一龄灰绿色，头大高举，无翅芽，触角13节；二龄绿色，头胸侧的黑褐色纵纹开始显现，触角14～17节；三龄浅绿色，头胸两侧黑褐色纵纹明显，沿背中线淡色中带明显，触角18～19节，微露翅芽；四龄翅芽呈三角形，长达腹部第一节，触角20～22节；末龄翅芽超过腹部第三节，触角23～29节。

[生活习性] 长江中、下游地区以北年发生1代，以南年发生2代。以卵块在田埂、堤坝、荒滩等潮湿地段的土中1.5～4cm处或在杂草根际、稻茬株间越冬。次年4～8月由南向北逐步孵化。产卵前期25～65天，成虫寿命59～113天。一代区卵期6个月，二代区第一代3～5个月，第二代近1个月，若虫期42～55天，多的80天。成虫多在早晨羽化，羽化后15～45天开始交配，一生可多次交配，夜晚闷热时有扑灯习性。卵成块产在土下，田埂上居多。每雌产卵1～3块。初孵若虫先聚集取食杂草，三龄后扩散为害茭白、豆类等特种蔬菜。重要天敌有青蛙、蟾蜍和鸟类。

[防治方法]

1. 铲埂、翻埂，彻底清除田边、地头和渠沟旁的杂草，杀灭蝗卵。

2. 保护青蛙、蟾蜍和鸟类等天敌，控制蝗虫为害。

3. 在3龄前若虫聚集取食期突击防治，重点防治田埂、地边、渠旁嫩草丛。可选用40.7%乐斯本乳油1 500倍液，或40%辛硫磷乳油1 500倍液、5%抑太保乳油1 000倍液喷雾。喷洒药液900～1 125L/hm²。

福寿螺
Apple snail

福寿螺〔*Pomacca lineata*（Spix）〕主要分布在我国南方。为害莲藕、茭白、芡实、水芹、慈姑、蕹菜等多种水生蔬菜和一些其他植物。

[为害特点] 福寿螺以幼螺和成螺啮食寄主植物幼嫩组织，影响植物生长，甚至造成缺苗少株。

[形态特征] 外形似田螺螺体，较田螺大近20倍。卵圆形，粉红或鲜红色，其上具蜡粉状覆盖物，每一卵块由3～4层卵粒叠覆成葡萄串状，色泽鲜艳，十分醒目，以后色泽变淡，7～10天后变成白色。

[生活习性] 福寿螺在广东等南方地区年发生2～3代。主要以成、幼螺在河沟渠道中越冬，少数在低洼潮湿田的表土内越冬。喜高温条件，最适水温24～32℃，15℃以上即可取食，8℃以下停止活动。喜阴，怕光。多栖于土壤肥沃、有水生植物的缓流河及阴湿通气的沟渠、溪河、水田等处。白天多沉于水底或附在沟渠边，或聚集在水生植物下面。傍晚、凌晨和阴天活跃，进行觅食。水干涸时钻入淤泥中，或长时间紧闭壳盖，静止不动。暴露于阳光下会因脱水而死。雌雄异体卵生繁殖。雌螺多在晚上至凌晨爬出水面，在10～30cm的杂草、植株、沟渠石壁上产卵。卵期14天左右。初孵幼螺落入水中觅食浮游生物、水藻和幼嫩植株，有趋腐习性，常在沟渠、田角牛粪和动植物残体附近群集觅食。适宜条件下经50～60天后达性成熟，交配一次可连续产卵10多次，每块卵量100～400粒。

[防治方法]

1. 冬修水利整治沟渠，破坏越冬栖息场所，降低越冬存活率，减少冬后螺量。

2. 越冬期和产卵盛期前，对沟河、农田的成螺，组织人力捕螺

摘卵，集中深埋、作饲料或加石灰沤肥。

3. 饲养鸭群，在螺卵盛孵期放鸭，啄食幼螺。

4. 药剂防治。可选用2%灭旱螺毒饵剂 7.5～9kg/ hm²，或2%三苯醋锡粒剂 15～22.5kg/ hm²、8% 灭蜗灵颗粒剂 22.5～30kg/ hm²均匀撒施、用70% 贝螺杀可湿性粉剂 6～7.5kg/ hm²、65% 五氯酚钠 3～4.5kg/ hm²、80% 聚乙醛可湿性粉剂 1.2～1.5kg/ hm²，拌细土 75～150kg，撒施。注意施药宜掌握在卵盛孵期或幼螺期，药后宜保持 3～5cm 水层 5～7 天，水温不低于 20℃，以便更好地发挥药效。

福寿螺

福寿螺卵块

福寿螺卵块放大

二十一、多年生蔬菜害虫

*P*ests of Perennial Vegetables

棉卷叶野螟
Cotton leaf roller

棉卷叶野螟（*Sylepta derogata* Fabricius）属鳞翅目螟蛾科。又名棉卷叶螟、棉大卷叶螟、棉大卷叶虫、棉野螟蛾、包叶虫。广泛分布于我国大多数地区。为害苋菜、秋葵、蜀葵、黄蜀葵、棉花、芙蓉等。

[为害特点]　幼虫吐丝卷叶，形成筒状，于其中将叶食成孔洞或缺刻。

[形态特征]　成虫体长 10～14mm，翅展22～30mm，淡黄色。胸部背面有 12 个棕黑色小点，排列成 4 行。腹部各节前缘有黄褐色带。触角丝状。前、后翅外横线、内横线褐色，呈波纹状。前翅中室前缘具 "OR" 形褐斑，在 "R" 斑下具一黑线，缘毛淡黄；后翅中室端有细长棕褐色环纹，外横线曲折，外缘线和亚外缘线波纹状，缘毛淡黄色。卵扁椭圆形，长 0.12mm，宽0.09mm，初产乳白色，后变浅绿色。末龄幼虫体青绿色，略具光泽，长约 25mm，化蛹前变成桃红色，全身具稀疏长毛。胸足、臀足黑色，腹足半透明。蛹长 13～14mm，红褐色，细长。

[生活习性]　发生世代随地区而不同。辽宁年发生 3 代，黄河流域 4 代，长江流域 4～5 代，华南 5～6 代。以末龄幼虫在落叶、树皮缝、树桩孔洞、田间杂草根际处越冬。成虫白天停息在叶背阴暗处，夜间交配、产卵，有趋光性。羽化一天后交配，两天后产卵。每雌产卵 70～200 粒，散产，多产于叶背，一般产卵期 3 天。初孵幼虫褐色，取食后变绿。一至二龄多聚集在棉叶背面残食叶片，形成孔洞，三龄后吐丝卷叶成圆筒喇叭状，在卷叶内取食。大发生时一个卷叶内有几头幼虫，还未吃光一片叶又转移到另一片叶。幼虫有吐丝下垂、随风飘移的习性。共 5 龄，每世代历期约 40 天。幼虫老熟后在卷叶内化蛹，蛹期 5～7 天。多在 6～10 月形成为害。生长茂密地块，多雨年份发生偏重。主要天敌有广大腿小蜂（*Brachymeria lasus*）、卷叶虫绒茧蜂（*Apanteles* sp.）、小造桥虫绒茧蜂（*Apanteles* sp.）、日本黄茧蜂（*Apanteles* sp.）等。

[防治方法]

1. 采用黑光灯诱杀成虫。
2. 幼虫卷叶结包时捏包灭虫。
3. 产卵盛期至卵孵化盛期喷药防治。参见棉铃虫。

棉卷叶野螟为害（黄秋葵）状

棉卷叶野螟幼虫

樗蚕
Philosamia cynthia

樗蚕 [*Philosamia cynthia* Walkeri（Felder）] 属鳞翅目大蚕蛾科。分布于我国多个省（自治区、直辖市）。主要为害臭椿、冬青、含笑、梧桐、泡桐等多种树木。大发生时也为害香椿、杨树等。

[为害特点] 幼虫将叶片吃成大的孔洞或缺刻。严重时连嫩茎、嫩梢都食光。

[形态特征] 成虫翅展127～130mm。体青褐色。头部四周、颈板前缘、前胸后缘及腹部背线、侧线、腹部末端为粉白色。翅顶宽圆略突出，有一块黑色圆斑，上方有弧形白色斑。前翅内横线及外横线均为白色，有棕褐色边缘，中室端部有较大的新月形半透明斑，前缘色较深，下缘黄色。卵近球形，约2mm，初淡黄色，后呈灰褐至暗褐色。低龄幼虫金黄色，背面和侧面生有6列小黑点和6列肉刺，肉刺顶端膨大，着生放射状枝刺；老熟幼虫长55～65mm，浅黄绿色，前端略细，后部粗大。头部、胸部背板和臀板金黄色，具光泽，腹部各节和臀板上均有横向排列的浅蓝绿色肉刺。老熟后吐丝作茧。丝茧黄褐色。蛹黄褐至棕褐色，长圆形。

[生活习性] 年发生1～2代。以丝茧在寄主叶间化蛹越冬。成虫在5月和9月出现，此间温暖少雨发生量大，为害严重。1996

樗蚕幼虫

年秋，京郊南部地区此虫暴发成灾，数量罕见，局部地区多种树木被食成光杆。香椿等也严重受害。

[防治方法] 通常情况下不为害香椿等蔬菜，无需专门防治。重发生时需在三龄前施药。由于该虫的食量很大，防治宜选用多来宝、莫比朗、高效氯氰菊酯、快杀敌、保得、卡死克等速效性较强的药剂。参见菜蛾防治。

十四星负泥虫
Spotted asparagus beetle

十四星负泥虫 [*Crioceris quatuordecimpunctata*（Scopoli）] 属鞘翅目负泥虫科。又名芦笋叶甲、细颈叶甲。主要为害芦笋，也为害小麦和文竹等。

[为害特点] 成虫和幼虫啃食芦笋的嫩茎或表皮，致嫩茎腐烂、植株畸形或食成光杆，或拟叶丛生，严重时植株枯死。

[形态特征] 体长5.5～7 mm，宽2.5～3.2mm，椭圆形，棕黄色或红褐色。头前端、眼四周及触角均为黑色，其余部分红褐色。头部带黑点。触角粗短，11节。前胸背板长略大于宽，前半部有4个呈一字形排列的黑斑，基部中央1个，小盾片舌形，黑色。每个鞘翅上有7个黑斑，其中基部3个，肩中部2个，后部2个。体背光洁，腹部褐色或黑色。初

十四星负泥虫橙色型和黑色型成虫

十四星负泥虫成虫

十四星负泥虫成虫交配

十四星负泥虫幼虫

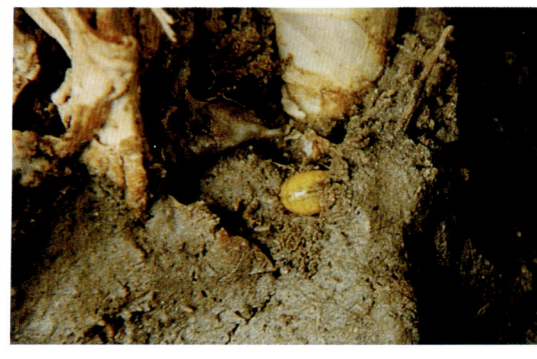

十四星负泥虫蛹

十四星负泥虫幼虫为害（石刁柏）状

[生活习性] 在华北地区可年发生3～5代。成虫在芦盘四周的土下或在残留地下的枯茎里越冬。翌春3月中、下旬至4月上旬出土活动，4月中旬产卵，卵期3～9天。4月下旬至5月上旬为成虫和幼虫的第一次为害高峰。一代发生期5月中旬至7月下旬，6月中旬为卵孵化盛期，7月初为第二个幼虫为害高峰期。幼虫期7～10天，共4龄。二代发生期6月下旬至9月上旬，8月上旬为卵孵化盛期和幼虫为害高峰期。8月中旬至10月中旬为三代发生期。秋季温度偏高、雨水偏少可发生第四代。日均温20℃时，预蛹期3天，蛹期6～8天，成虫寿命50多天。越冬成虫春季出土后先在育苗地取食嫩茎，啃食表皮，7月上旬成虫转移到大田植株上，7月下旬至8月上旬进入为害高峰。世代重叠。成虫具有假死性，能短距离飞行。幼虫爬行慢，四龄进入暴食期，老熟后钻入土中笋株茎基部1～2cm处结茧化蛹。成虫交尾3～4天后开始产卵。卵散产在叶茎交界处或嫩叶、嫩茎上。

产卵乳白色至浅黄绿色，后呈深褐色，长1～1.25mm，宽0.25mm。幼虫寡足型。初孵时灰黄色至绿褐色。头、胸足、气孔黑色。二龄后乳黄色，三龄以后头胸部变细，腹背隆起肥大，肛门露在背面，体外常具泥状粪便，故名为14星负泥虫。老熟幼虫体长6mm。腹部更肥胖隆起，体表光亮，暗黄色。土茧椭圆形。蛹鲜黄色，可见触角、足和翅等，长5～6mm，宽2.5～2.9mm。

[防治方法]

1. 冬前和早春彻底清除田间植株枯枝落叶，拔除枯茎，消灭越冬成虫。

2. 冬前中耕培土护根，破坏越冬蛹茧。

3. 越冬成虫出土盛期和幼虫孵化盛期分别进行药剂防治。可选用40%辛硫磷乳油1 000倍液，或40.7%乐斯本乳油1 500倍液、10%塞乐收乳油1 000～1 500倍液、5%氯氰菊酯乳油3 000～4 000倍液、5.7%百树得乳油3 000～4 000倍液喷雾。采收前10天停止用药。

枸杞负泥虫
Ten-spotted lema

枸杞负泥虫（*Lema decempunctata* Gebler）

属鞘翅目叶甲科。又名十星叶甲、稀屎蜜。广泛分布于枸杞生产地区。仅为害枸杞。

[为害特点] 成虫和幼虫取食植株叶片，吃成缺口或孔洞，仅剩叶脉，并在叶背排泄粪便，影响植株生长，降低产品质量。

[形态特征] 成虫体长4.5～5.8mm，宽2.2～2.8mm。头胸狭长，鞘翅宽大。头、触角、前胸背板、体腹面、小盾片蓝黑色，鞘翅黄褐至红褐色。每个鞘翅上有5个近圆形黑斑，其中肩胛1个，中部前后各2个，斑点常有变异，有的全部消失。足黄褐至红褐色。头部

枸杞负泥虫成虫

枸杞负泥虫卵块

枸杞负泥虫卵块放大

枸杞负泥虫幼虫

有粗密刻点。头顶平坦，中央有1条纵沟。触角黑色粗壮。复眼较大，突出于两侧。前胸背板近方形，两侧中部稍收缩，表面较平，无横沟。小盾片舌形，刻点每行4～6个刻点。卵长形，橙黄色。幼虫体长7mm，灰黄色。头黑色，具反光，前胸背板黑色，中间分离，胴部各节背面具2横列细毛。3对胸足，腹部各节的腹面具1对吸盘。蛹长7mm，浅黄色，腹端具2根刺毛。

[生活习性] 年发生5代。4～9月在枸杞上发生为害。成虫喜欢在枝叶上栖息，将卵产在叶片的正面和背面，排成人字形。成虫和幼虫都为害叶片和嫩梢。幼虫因背负着自己的排泄物得名为负泥虫。老熟后入土吐丝黏合土粒结茧化蛹。

防治方法参见十四星负泥虫。

枸杞龟甲
Cassida deltoides

枸杞龟甲（*Cassida de-ltoides* Weise）属鞘翅目铁甲科。主要分布在华北、西北、西南和华东的枸杞种植生产区。仅见为害枸杞。

[为害特点] 成虫和幼虫为害叶片、嫩梢和幼果。幼虫仅啃食叶肉，残留表皮，成虫和老龄幼虫将叶片、嫩梢和幼果吃成缺刻或孔洞影响产品质量。

[形态特征] 成虫长4.3～5.5mm，宽4～4.6mm。卵圆形，草绿色、翠绿色或黄褐色。鞘翅于驼顶前呈现1块三角形血红色至暗红色大斑。触角、足及体腹面淡黄色至棕红色。额唇基次方形，平坦，顶部微凹，密布刻点；侧沟近眼缘上部稍内弯，顶端呈脊状。触角1～5节较细，端部6节稍粗，末节端部尖。前胸背板横椭圆形，前、后缘稍拱出，侧角宽圆，位于中线稍前；盘区中部稍隆，敞边罩下，密布刻点，盘区两侧的稍粗或具皱褶。鞘翅较前胸背板稍宽，侧缘稍膨出，肩角向前伸，驼顶拱出，两翅基部在前面形成1块平坦的三角形，2个基洼位于其中；肩瘤较突出，刻点较深，排列成行，肩后的显粗，行距稍隆，第一和最末行距

枸杞龟甲成虫

较宽；敞边较宽但小于盘区的一半，刻点粗而宽，点间形成横皱。

[生活习性] 成虫在树根附近或在枯枝落叶下越冬。春季天气转暖后开始活动取食。成虫具假死性，寿命较长。将卵产在叶片上。幼虫老熟后在枝叶隐蔽处化蛹。通常夏秋季数量较多。

[防治方法] 一般为害较轻，无须专门防治。必要时与其他害虫一起兼治。

康氏粉蚧
Comstock mealybug

康氏粉蚧［*Pseudococcus comstocki*（Kuwana）］属同翅目粉蚧科。又名桑粉蚧、李粉蚧、梨粉蚧，华南、西南、华中、华东、华北、东北和西北部分地区分布，北方温室可发生。为害食用仙人掌、佛手瓜和数十种果林植物。

[为害特点] 此虫以若虫、雌成虫刺吸寄主植物叶片、果实、嫩芽、嫩枝和根部的汁液，使受害部位褪色、坏死，后期变质。终造成嫩枝肿胀，

皮层纵裂，果实畸形，叶片枯黄和诱发霉污病。

[形态特征] 雌成虫椭圆形，长3～5mm，淡粉红色，体表面覆盖一层较厚的白色蜡粉，体缘周有白色蜡丝17对，蜡丝细直，基部粗大，末端略尖，体前部蜡丝短，向后稍长，末对蜡丝最长，为体长的1/3～2/3，末前对蜡丝长度约为体宽的1/2，其余蜡丝长度约为体宽度的1/4。触角丝状，7～8节，末节最长。腹裂1个，椭圆形。臀瓣发达而突出，顶端生有臀瓣刺1根。足细长。雄成虫长约1mm，翅展约2mm，紫褐色，具尾须1对。卵椭圆形，浅橙黄色，包于白色絮状卵囊内。若虫椭圆形，扁平，淡黄色，形似雌成虫。蛹长1.2mm，淡紫色。茧长椭圆形，白色，长2～2.5mm，白色棉絮状。

[生活习性] 华北地区年发生3～4代，世代重叠。以卵囊在枝干表面各种缝隙和土块石缝内越冬，少数以若虫和受精雌成虫越冬。寄主萌动发芽时卵开始孵化分散为害，5月中下旬为第一代若

虫盛发期，6月上旬至7月陆续羽化、交配产卵。7月中、下旬为第二代若虫盛发期，8月上旬至9月上旬羽化、交配、产卵。8月下旬至9月上旬为第三代若虫盛发期，9月下旬羽化、交配产卵越冬。早产的卵可孵化，以若虫越冬。晚羽化成虫交配后不产卵即越冬。雌若虫发育期35～50天，雄若虫发育期25～40天。雌成虫交配后再经短时间取食即寻找场所分泌卵囊产卵，每头雌成虫产卵量200～450粒。自然条件下该虫的天敌较多，主要种类有豹纹花翅蚜小蜂、粉蚧长索跳小蜂、粉蚧蓝绿跳小蜂、粉蚧玉棒跳小蜂、异色阔柄跳小蜂、粉蚧三色跳小蜂和多种瓢虫、草岭等。

[防治方法]

1. 保护利用和人工释放天敌进行自然控制。

2. 冬季清除越冬卵囊，减少虫源。初期点片发生时人工刷抹有虫叶片、枝蔓等。

3. 若虫分散转移期在分泌蜡粉形成蚧壳前选择40.7%乐斯本乳油1 200倍液，或5%氯氰乳油3 000～4 000倍液，或5.7%百树得乳油3 000～4 000倍液，或12.5%保富悬浮剂6 000～8 000倍液喷雾。由于该虫分泌蜡粉，施药时最好同时添加适量渗透剂、展着剂、增效剂，并注意药剂的安全间隔期。

康氏粉蚧前期为害（仙人掌）状

康氏粉蚧中后期为害（仙人掌）状

康氏粉蚧虫体放大

二十二、地下害虫

小地老虎
Black cutworm

小地老虎〔*Agrotis ypsilon*（Rottemberg）〕属鳞翅目夜蛾科。又名地蚕、土蚕、黑土蚕、黑地蚕。全国分布。几乎可为害各种名、特、优、稀蔬菜幼苗。主要为害甜玉米、豆苗、瓜苗、叶菜根茎和马铃薯、香艳茄、胡萝卜、牛蒡、甘薯、豆薯、山药、草食蚕等。

[为害特点] 幼虫啃食蔬菜幼苗近地面茎基部,后期可将其咬断,致菜苗或菜株死亡,造成缺苗断垄,严重时毁种。幼虫亦可啃食多种名、特、优、稀蔬菜的块茎或块根,影响产品质量或造成腐烂。

[形态特征] 成虫体长16～32mm,翅展42～54mm,深褐色。前翅由内横线、外横线将全翅分为3段,有明显的肾形纹、环形纹。棒状纹和2个黑色剑状纹。后翅灰色无斑纹。卵长0.5mm,半球形,表面具纵横隆纹,初产乳白色,后出现红色斑纹,孵化前灰黑色。幼虫体长37～47mm,灰黑色,体表布满大小不等的颗粒,臀板黄褐色,具2条深褐色纵带。蛹长18～23mm,赤褐色,有光泽,第六至七腹节背面的刻点比侧面的刻点大,臀棘为1对短刺。

[生活习性] 年发生世代由北向南逐代递增。黑龙江2代,北京3～4代,江苏5代,福州6代。越冬虫态及地点在北方地区尚不清楚,春季虫源可能系外地迁飞而来。长江流域小地老虎能以老熟幼虫、蛹及成虫越冬。广东、广西、云南等南方菜区,可全年繁殖为害,无越冬现象。成虫夜间活动,交配产卵。卵多产在5cm以下的矮小杂草上,尤其在贴近地面的叶背或嫩茎上,如小旋花、小蓟、藜、猪毛菜等。卵散产或成堆,每雌平均产卵800～1 000粒。成虫对黑光灯及糖醋酒液等趋性较强。幼虫共6龄,三龄前在地面、杂草或寄主幼嫩部位取食,为害较小;三龄后白天潜伏在土表中,夜间为害,行动敏捷,虫量大时相互残杀。老熟幼虫有假死性,受惊扰后缩成环形。幼虫发育历期15℃67天,20℃32天,30℃18天。蛹发育历期12～18天,越冬蛹可长达150天。小地老虎喜温暖潮湿环境,发育适宜温度13～25℃。在河流湖泊地区或低洼内涝、雨水充足及常年灌溉地区,土质疏松、团粒结构好、保水性强的壤土、黏壤土、沙壤土地块均适宜小地老虎发生。尤其在早春菜田及周围杂草多、蜜源植物多,可为成虫提供较充足的补充营养和适宜的产卵场所的地区,此虫很可能大发生。

[防治方法]

1. 早春清除菜田及周围杂草,防止小地老虎成虫产卵。若已被

产卵并发现一至二龄幼虫,应先喷药后除草,以免个别幼虫入土隐蔽。清除的杂草应远离菜田,堆沤处理。

2. 采用捕虫灯诱杀成虫。采用6份糖、3份醋、1份白酒、10份水和1份90%敌百虫调匀,或用泡菜水加适量农药,在成虫发生期诱杀成虫。

小地老虎为害（牛蒡）状

小地老虎成虫

小地老虎幼虫

小地老虎幼虫

亦可用发酵变酸的食物，如甘薯、胡萝卜、烂水果等加入适量药剂诱杀成虫。

3. 用毒饵诱杀幼虫（参见东方蝼蛄），或用草堆诱杀幼虫，即在菜苗定植前根据小地老虎仅以田中杂草为食，选择小地老虎喜食的灰菜、刺儿菜、苦荬菜、小旋花、苜蓿、艾蒿、青蒿、白茅、鹅儿草等杂草堆，诱集小地老虎幼虫，进行人工捕捉或拌入药剂毒杀。

4. 加强虫情监测，适期进行防治。对成虫可采用黑光灯或蜜糖液诱蛾器，诱集监测。华北地区春季自 4 月 15 日至 5 月 20 日设置。如平均每天每台诱蛾 5～10 头以上，表示进入蛾盛期，在蛾量最多的一天即高峰日后 20～25 天为二至三龄幼虫盛期，此期为药剂防治适期。如诱蛾连续两天在 30 头以上，预兆将可能大发生。对幼虫采用田间系统调查进行监测，如定苗前有幼虫 0.5～1 头 / m²，或定苗后有幼虫 0.1～0.3 头 / m²，或百株菜苗上有虫 1～2 头即应防治。

5. 药剂防治。小地老虎一至三龄幼虫对药剂较敏感，且暴露在寄主植物或地面上，为药剂防治适期。选用多种药剂都可将其杀死。参见菜蛾防治。

黄地老虎
Cutworm

黄地老虎〔*Agrotis segetum*（Denis et Schiffermuller）〕属鳞翅目夜蛾科。全国分布。主要为害甜玉米、瓜苗、豆苗、马铃薯、胡萝卜、草食蚕、牛蒡、山药等。

[为害特点] 幼虫啃食蔬菜幼苗茎基部，使菜株死亡，造成缺苗断垄，严重时毁种。

[形态特征] 成虫体长 14～19mm，翅展 31～43mm，体淡灰褐色。前翅灰褐色，基线与内横线褐色，双线，内横线波浪形，剑纹小，具黑褐色边，环纹中央有 1 个黑褐点，黑边，肾纹棕褐色，黑边，中横线褐色，前半段明显，后半段减弱，波浪形，外横线褐色，锯齿形，亚缘线褐色，外侧衬灰色，翅外缘有一列三角形黑点。后翅白色半透明，前、后缘及端区微褐色，翅脉褐色。雌蛾色较暗，前翅斑纹不明显。老熟幼虫 33～42mm，体表颗粒不明显，臀板为两块黄褐色斑。

黄地老虎幼虫

黄地老虎幼虫

[生活习性] 在北方地区年发生 2～4 代，东北地区 2 代，西北地区 2～3 代，华北地区 3～4 代。均以幼虫在 10cm 以上的表土层内越冬。以春秋两季为害严重。

防治方法参见小地老虎防治。

东方蝼蛄
African mole cricket

东方蝼蛄（*Gryllotalpa orientalis* Burmeister）属直翅目蝼蛄科。分布较广，食性很杂。为害十字花科、茄科、葫芦科、禾本科、百合科、藜科等许多科数十种蔬菜。

[为害特点] 成虫和若虫在地下活动，取食播下的种子和幼芽，或将幼苗咬断至死，受害幼根仅剩丝状维管束。此外，成虫和若虫在地下活动，将土表窜成许多隧道，使幼根脱离土壤失水而枯死，造成缺苗断垄。

[形态特征] 成虫体长 30～35mm。灰褐色，腹部色较浅，全身密布细毛。头圆锥形，触角丝状。前胸背板卵圆形，中间具一明显暗红色，长心脏形凹陷斑。前翅灰褐色，较短，仅达腹部中部。后翅扇形，较长，超过腹部末端。腹末具 1 对尾须。前足为开掘足，后足胫节背面内侧有 3～4 个距。卵长约 2.8 mm，长椭圆形，初产时乳白色，渐变黄褐色，孵化前为紫褐色。初孵若虫乳白色，渐变成褐色。

[生活习性] 在南方年发生 1 代，北方 2 年发生 1 代。以若虫或成虫在地下越冬。清明后上升到地表活动，在洞口顶起一个小虚

土堆。5月上旬至6月中旬为蝼蛄最活跃时期，也是第一次为害高峰期。6月下旬至8月下旬天气炎热，即转入地下活动。卵产于地下25～30cm深的土室中。6～7月为产卵盛期，每头雌虫可产33～250粒。9月气温下降，再次上升到地表，形成第二次为害高峰，10月中、下旬以后陆续钻入深层土中越冬。昼伏夜出，以夜间9～11时活动最盛，特别是高温高湿闷热的夜晚大量出土活动。早春和晚秋天气凉爽，仅在土表层活动，不到地面上，在炎热的中午常潜至深土层。成虫有趋光性，对半熟的谷子、炒香的豆饼、麦麸等香甜物具有强烈趋性。成虫和若虫均喜欢松软潮湿的壤土或砂壤土，以20cm表土层含水量20%以上最适宜，小于15%时活动减弱。气温12.5～20℃，20cm土温15～20℃时对蝼蛄最适宜，温度过高或过低时则潜入深层土中。

[防治方法]

1. 根据蝼蛄夜间出土活动，成虫对香甜物有强烈趋性，撒施毒饵进行防治。可选用秕谷、麦麸、豆饼、棉籽饼或碎玉米粒之一种

炒香后，每1kg拌入30ml 90%敌百虫30倍液，或40%乐果乳油10倍液。

2. 苗床可选用40%辛硫磷乳油3～3.75kg/hm²随水浇灌，或用3%米乐尔颗粒剂22.5～30kg/hm²均匀撒施后浇水。

东方蝼蛄成虫

华北蝼蛄
Mongolian mole cricket

华北蝼蛄（*Gryllotalpa unispina* Saussure）属直翅目蝼蛄科。又名大蝼蛄、拉拉蛄、地拉蛄、土狗子、地狗子。在北方地区发生分布。为害各类蔬菜作物播下的种子和幼苗。

[为害特点] 成虫和若虫取食蔬菜种子、幼芽和幼根，形成隧道使幼苗悬空致死。

[形态特征] 体椭圆形，密被细毛，黄褐色至灰褐色，腹面略淡。雄虫体长39mm，雌虫体长45mm。头小，狭长。触角丝状。前胸背板盾形，中央有光滑不正纺锤形小区，但不及东方蝼蛄明显。前翅甚短，黄褐色，无发音镜。后翅纵褶成条，突出腹端。前足扁宽，后足胫节背侧内缘有0～2个可动棘刺。卵长约2mm，椭圆形，初产时白色，后变灰色，每一卵室有300～400粒。初孵若虫乳白色，后变褐色。

[生活习性] 3年发生1代。成虫、若虫在土内60cm深处越冬。越冬成虫于春季3～5月开始活动，5～6月产卵，每次产卵120～160粒，7月中、下旬孵化为若虫，9～10月若虫经8次蜕皮后越冬。次

华北蝼蛄成虫

年继续蜕皮3～4次，至秋季达十二至十三龄时再越冬，第三年秋羽化为成虫越冬。此虫多在夜间活动，有趋向马粪等有机质习性。

[防治方法]

1. 避免使用未充分发酵腐熟的马粪等农家厩肥。

2. 用马粪拌敌百虫诱杀。

3. 其他措施参见东方蝼蛄。

蛴螬

Grubs

蛴螬是金龟子的幼虫，俗称白地蚕、白土蚕、蛭虫等。*Holotrichia diomphalia* Bates、*Holotrichia oblita*（Faldermann）、*Holotrichia parallela* Motschulsky、*Serica orientalis* Motschulsky、*Anomala corpulenta* Motschulsky，即东北大黑鳃金龟、华北大黑鳃金龟、暗黑鳃金龟、黑绒金龟和铜绿丽金龟为常见种类。分别属鞘翅目鳃金龟科和丽金龟科。暗黑鳃金龟和铜绿丽金龟分布普遍，东北大黑鳃金龟、

蛴螬为害（菜苗）状

蛴螬

东北大黑鳃金龟成虫背面与腹面

蛴螬和黑绒金龟

黑绒金龟放大

华北大黑鳃金龟和黑绒金龟主要分布在北方地区。为害豆科、茄科、葫芦科、十字花科、伞形花科、菊科等多科蔬菜及多种粮食、经作和果林等。

[为害特点] 幼虫啃食蔬菜萌发的种子、咬断幼苗根茎，致使幼苗死亡，严重时造成缺苗断垄。也可啃食寄主的块根、块茎，使寄主生长衰弱，降低产量和质量。成虫喜食大豆、花生及果树的叶片。

[形态特征] 东北大黑鳃金龟成虫体长 16～22mm，体黑褐色至黑色，有光泽。触角 10 节，鳃片部 3 节黄褐或赤色。鞘翅革质、坚硬、长椭圆形，每侧各有 4 条明显的纵隆线。前足胫节外侧有 3 个齿，内侧有 1 距，均较锋利，中、后足胫节末端具端距 2 根。腹部臀节外露，臀节背板包住末节腹板呈半月形。卵初产为长椭圆形，两头稍尖，长 2～2.7mm，水青色，逐渐变为卵圆形，污白色，表面光滑。幼虫体长 35～45mm，乳白色，肥胖，弯曲呈 C 形，多皱纹。头部橙黄或黄褐色，每侧具前顶毛 3 根。胸足 3 对，细长，密生棕褐色细毛。臀节腹面有呈三角形分布的钩状刚毛，肛门孔三裂。蛹为裸蛹，长 21～23mm，头小，体微弯曲，由黄白色渐变为橙黄色，尾节端部有 1 对角状突起。

华北大黑鳃金龟与本种为近似种。

暗黑鳃金龟成虫暗黑色，无光泽。前足胫节外侧 3 根齿突较钝。鞘翅及腹部有蓝白色短小绒毛。幼虫头部前顶毛每侧 1 根。臀节腹面钩毛区面积小于东北大黑鳃金龟幼虫。肛门孔三裂。

黑绒金龟成虫体长 6～9mm，卵圆形，黑褐色或棕褐色，具丝绒感。鞘翅有 9 条刻点沟。臀板宽大，三角形，密布刻点。胸部腹板密被绒毛。腹部各节腹板有一排毛。前足胫节外缘 2 齿。幼虫体长 14～16mm，头部前顶刚毛每侧 1 根，额中侧毛每侧 1 根，无额前缘毛。肛腹片后部满布尖端稍弯的刺状刚毛，毛群前缘呈双峰状，裸露区呈楔状指向尾端，将覆毛区分隔为二，刺毛列位于覆毛区的后缘，呈横弧状排列，由 16～22 根锥状刺组成，中间明显中断。

铜绿丽金龟成虫的前胸背板和鞘翅均为铜绿色，具闪光。幼虫臀节肛门孔呈横裂状，腹面钩毛区中央有 2 列长针状刺毛。

[生活习性] 东北大黑鳃金龟在北方多为 2 年发生 1 代。幼虫和成虫在 55～150cm 无冻土层中越冬。翌年 4 月成虫开始出土，5 月中旬至 6 月中旬为越冬成虫出土盛期，20～21 时为取食、交配活动盛期。卵多散产在寄主根际周围松软潮湿的土壤内，以水浇地居多。每雌产卵 100 粒左右。初孵幼虫先取食土中腐殖质，后为害蔬菜地下部分，立秋时进入三龄盛期，秋末冬初地温下降后下移越冬。翌年 4 月中旬形成春季为害高峰，夏季高温时则下移筑土室化蛹。羽化的成虫多在原地越冬。

暗黑鳃金龟在华北、华东等地年发生 1 代。以三龄幼虫多在 30cm 以下土层处越冬。翌年 4 月开始活动为害，于春末夏初化蛹。6 月中旬至 8 月上旬成虫羽化并大量出土，随即进行交配，进入产卵盛期。当年孵化的一龄幼虫在 8～9 月形成严重为害。

黑绒金龟在华北、西北等地区年发生 1 代。以成虫越冬。翌春 4 月中旬成虫出土活动为害，具雨后出土习性，4 月末至 6 月上旬为活动盛期。成虫飞翔力强，喜食蔬菜苗期叶片。卵产于 10～20cm 表土层，幼虫为害作物幼根，一般不重。8 月至 10 月上旬幼虫老熟化蛹，8 月中、下旬开始羽化为成虫 在原土室内越冬。

铜绿丽金龟年发生 1 代。以幼虫在 30～60cm 土层中越冬。幼虫活动为害期从 3 月下旬至 10 月中旬，通常春秋季为害较重。

蛴螬的成虫有假死性、趋光性、趋粪性和喜湿性。白天潜伏在土中，黄昏后出土活动，咬食叶片并交尾产卵。三龄期以后幼虫为暴食期，往往把根茎部咬断吃光后再转移为害。新菜区前茬种植豆类、花生、薯类及玉米，蛴螬密度一般较高，施用未腐熟肥料，受害较重。

地温 14～22℃，土壤含水量 10%～20%，小雨连绵，为害加重。

[防治方法]

1. 适时秋耕，将部分成虫和幼虫翻至地表，使其风干、冻死或被天敌捕食以及机械杀伤，减少田间虫口基数。

2. 合理安排茬口，避免与大豆、花生、玉米等喜食寄主套作，重发生地块实行水旱或葱蒜类轮作。

3. 施用充分腐熟的农家肥，避免将幼虫和虫卵带入菜田。

4. 黑光灯诱杀成虫。在成虫盛发期，每 2 hm² 菜田设 40W 黑光灯 1 盏，距地面 30cm，灯下挖一土坑（直径约 1m），铺膜后加满水再加微量煤油封闭水面。傍晚开灯诱集，清晨捞出死虫，并捕杀未落入水中的活虫。

5. 人工捕杀。发现菜苗被害，挖出土中的幼虫。利用成虫假死性，用竹竿敲击寄主，震落捕杀。

6. 药剂防治。用 3% 米乐尔颗粒剂 15～22.5kg/ hm² 与种子拌匀后播种，或用 80% 敌百虫可溶性粉剂 1.5～2.25kg/ hm²、3% 米乐尔颗粒剂 15～22.5kg/ hm² 拌细土 225～300kg，或用 40% 辛硫磷乳油 3kg/ hm²，对少量水稀释后制成毒土，均匀撒在播种或定植沟（穴）内，再覆一

猎蝽捕食蛴螬成虫

层细土。生长期蛴螬发生较重时，可用 40% 辛硫磷乳油 1 000 倍液，或 80% 敌百虫可溶性粉 800 倍液灌根，每株灌药液 150～250ml。也可选用 3% 米乐尔颗粒剂 30～37.5kg/ hm² 拌少量细土后均匀撒施在植株根际附近，再浇小水杀灭害虫。必要时在成虫盛发期进行药剂防治，方法参见黄守瓜。

网目拟地甲
Darkling tenebrionid

网目拟地甲（*Opatrum sabulosum* Linnaeus）属鞘翅目拟步甲科。又名沙潜。主要发生分布在北方地区。可为害多种蔬菜。

[为害特点] 成虫和幼虫为害蔬菜的幼苗，取食嫩茎、嫩根，致菜苗死亡或缺苗断垄。幼虫还可钻入根茎、块根和块茎内取食，致幼苗枯萎死亡。

[形态特征] 成虫椭圆形，头部较扁，背面似铲状，复眼在头部下方，黑色。雌成虫体长 7.2～8.6 mm，宽 3.8～4.6 mm；雄成虫体长 6.4～8.7 mm，宽 3.3～4.8 mm。成虫羽化初期乳白色，逐渐加深，最后呈黑褐色，鞘翅上多附有泥土致外观成灰色。触角棍棒状，11 节，第一、三节较长，其余各节呈球形。前胸发达，前缘呈半月形，其上密生细纱状刻点。鞘翅近长方形，其前缘向下弯曲，将腹部包住，不可飞翔，鞘翅上有 7 条隆起的纵线。每条纵线两侧有 5～8 个突起，形成网格状。前、中、后足各有 2 个距。足上有黄色细毛。腹部背板黄褐色，腹部腹面可见 5 节，末端第二节很小。卵长 1.2～1.5 mm，宽 0.7～0.9 mm，椭圆形，乳白色，表面光滑。初孵幼虫乳白色，体长 2.8～3.6mm，老熟幼虫体细长，似金针虫，深灰黄褐色，背板色深，体长 15～18.3mm。足 3 对，前足发达，为中、后足长度的 1.3 倍。腹部末节小，纺锤形，背板前部稍突起成一横沟，前部有 1 对褐色沟形纹，末端中央有隆起的褐色部分，边缘共有 12 根刚毛，末端中央 4 根，两侧各排列 4 根。裸蛹，乳白色并略带白色，羽化前深黄褐色，腹部末端有沟刺 2 个。蛹长 6.8～8.7mm，宽 3.1～4mm。

[生活习性] 年发生 1 代。以成虫在土壤、土缝、洞穴和枯枝落叶下越冬。次春 3 月下旬杂草发芽时成虫大量出土，先取食蒲公英、野蓟等杂草的嫩芽，以后为害蔬菜幼苗。成虫在 3～4 月活动期间交配，交配后 1～2 天产卵，将卵产于 1～4cm 表土中。幼虫孵化后即在

网目拟地甲成虫

土表层取食幼苗嫩茎和嫩根。幼虫 6～7 龄，历期 25～40 天，具有假死性。6～7 月间幼虫老熟后在 5～8cm 土层内筑室化蛹，蛹期 7～11 天。成虫羽化后多在作物和杂草根部越夏，秋季向外转移，为害秋菜幼苗。幼虫喜干燥，多在沙壤或沙黏壤土中。成虫只能爬行，假死性很强，寿命较长，最长可跨越 4 个年度，连续 3 年都可产卵，孤雌后代成虫仍能进行孤雌生殖。

[防治方法]

1. 冬前彻底清除菜田落叶和杂草，耕翻土壤，消灭部分虫源。

2. 重发生地调整蔬菜播种期或定植期，错开害虫发生期。

3. 幼虫和成虫发生期及时进行药剂防治。可选用 3% 米乐尔颗粒剂 15～22.5kg/ hm² 均匀撒施在靠近菜根的地面后浇水，也可穴施于根茎旁。也可选用 90% 敌百虫粉剂 1 000 倍液、40% 辛硫磷乳油 1 000 倍液、1% 印楝素水剂 800 倍液、40.7% 乐斯本乳油 1 500 倍液灌根，施药液 150～250ml/ 株。

沟金针虫
Grooved click beetle

沟金针虫（*Pleonomus canaliculatus* Faldermann）属鞘翅目叩头虫科。又名沟叩头虫、沟叩头甲、土蚰蜒、钢丝虫、荬荬虫。主要分布在北方地区。为害豆科、茄科、葫芦科、十字花科等蔬菜及数十种粮食和经济作物。

[为害特点] 主要以幼虫在土中取食种子、生长的幼芽、菜苗的根系，致寄主作物萎蔫枯死，造成缺苗断垄，甚至全田毁种。

[形态特征] 老熟幼虫体长20～30mm，细长扁圆筒形，体壁坚硬而光滑，具黄色细毛，两侧的较密。体黄色，前头和口器暗褐色。头扁平，上唇呈三叉状突起。胸、腹部背面中央呈一条细纵沟，体节宽大于长，从头部至第九腹节渐宽，最宽约4mm；尾端分叉并略向上弯曲，各叉内侧都有1个小齿。成虫雄虫体长14～18mm，宽4mm；雌虫体长16～17mm，宽5mm。体型雌雄间差异很大。雄虫显然瘦狭，背面扁平；雌虫明显阔壮，背面拱隆。体色棕红至深栗褐色，触角、前胸背板两侧、鞘翅侧缘和足为棕红色，前胸和鞘翅盘

沟金针虫幼虫

区色泽较暗。体表密被金黄色半卧细毛。头、胸部的毛较长，鞘翅上的毛较短。头部刻点相当粗深刻，头顶中央低凹，两触角窝上侧明显高隆，略呈瘤状，触角间低平。额唇基前缘明显高于上唇，上唇很小，上颚强大。雄虫触角12节，细长，约与体等长；第一节粗，棒状，略弓弯，第二节短小，第三至六节明显变长而宽扁，节长约为宽的3～4倍，第五、六节长于第三、四节，自第六节起，渐向端部趋狭略长，末节顶端尖锐。雌虫触角短粗，11节，向后伸展稍过鞘翅基部，3～10节各节基细端粗，彼此约等长，节长仅为端宽的2～2.5倍。前胸背板长明显大于宽，侧边直，略向前端收狭，无边框，或仅极细的脊纹，基部较鞘翅狭，后角尖锐，无隆脊，表面拱凸，刻点粗密。小盾片略呈心脏形。雄虫鞘翅狭长，两侧近乎平行，端前收狭，末端略尖；雌虫较肥阔，末端钝圆，翅面略具沟痕。雄虫足细长，各足腿节长出体侧很多；雌虫明显粗短。跗节1～4节节长依次渐短，第四节仅为第一节的一半，第五节又细又长，爪单齿式。

[生活习性] 2～3年发生1代。以幼虫和成虫在土中越冬。越冬成虫于2月下旬至3月上旬开始出蛰，3月中旬至4月中旬为活动盛期，白天潜伏于表土内，夜间出土交配产卵。雌虫无飞翔能力，每雌产卵32～166粒，平均产卵94粒。雄成虫善飞，有趋光性。卵发育历期33～59天，平均约42天。5月上旬卵孵化，食料充足，当年体长可达15mm以上，第三年8月下旬，幼虫老熟后于16～20cm深的土层内作土室化蛹。蛹期12～20天，平均约16天。9月中旬蛹开始羽化，当年在原蛹室内越冬。在北京，3月中旬10cm土层地温平均为6.7℃时，幼虫开始活动，3月下旬地温达9℃以上时开始为害，4月上、中旬地温为15～17℃时为害最烈，5月上旬地温达19～24℃时，幼虫则移至13～17cm土层栖息，6月10cm地温达28℃以上时，金针虫下潜至深土层越夏。9月下旬至10月上旬，地温下降到18℃左右时，幼虫又上升到表土层活动，10月下旬随地温下降幼虫开始下潜，至11月下旬10cm地温平均为1.5℃时，金针虫潜于27～33cm土层越冬。由于沟金针虫雌成虫活动能力弱，一般多在原地交尾产卵，扩散为害受到限制，因而在有效防治后，短期内种群密度不易回升。

防治方法参见蛴螬。通常金针虫田间虫口密度达1.5头/m²时，即需进行防治。

细胸金针虫
Barley wireworm

细胸金针虫（*Agriotes fuscicollis* Miwa）属鞘翅目叩头虫科。又名细胸叩头虫、细胸叩头甲、土蚰蜒。分布与为害同沟金针虫。

[为害特点] 参见沟金针虫。

[形态特征] 老熟幼虫体长约32mm，宽约1.5mm，细长圆筒形，淡黄色，光亮。头部扁平，口器深褐色。第一胸节较第二、三节稍短。1～8

腹节略等长，尾节圆锥形，近基部两侧各有1个褐色圆斑和4条褐色纵纹，顶端具1个圆形突起。成虫体长8～9mm，宽2.5mm。体细长，背面扁平，被黄色细卧毛。头、胸棕黑色，鞘翅、触角和足棕红色，光亮。头顶拱凸，刻点深、细密。额唇基前缘和两侧突出呈脊状，明显高出上唇和触角窝，顶端平截或略弓弧。触角着生于复眼前缘，被宽额分开。触角细短，向后不伸达前胸后缘，第一节最粗长，第二节稍长于第三节，基端略等粗，自第四节起略呈锯齿状，各节基细端宽，彼此约等长，末节呈圆锥形。前胸背板长稍大于宽，基部与鞘翅等宽，侧边很细，中部之前明显向下弯曲，直抵复眼下缘，后角尖锐，顶端上翘，表面拱凸，刻点深密。小盾片略似心脏形，被毛极密。鞘翅狭长，末端渐尖，翅面细粒状，每翅具9行规则的深

刻点沟。足粗，各足腿节向外不超过体侧，跗节1~4节，节长渐短，爪单齿式。

[生活习性] 东北地区3年发生1代。6月中、下旬成虫羽化，活动能力强，对刚腐烂的禾本科草类有趋性。6月下旬至7月上旬为产卵盛期。卵产于表土内，卵发育历期10~20天。幼虫喜欢潮湿及微偏酸性土壤，一般在5月10cm地温7~13℃时为害严重，7月上、中旬地温升至17℃以上时即逐渐停止为害。在华北地区多发生在水地或湿度较大的低洼过水地及河岸淤土地，以富含水分和有机质的黏土地较多见。

防治方法参见蛴螬。田间虫口密度达1.5头/m²时，即需进行防治。

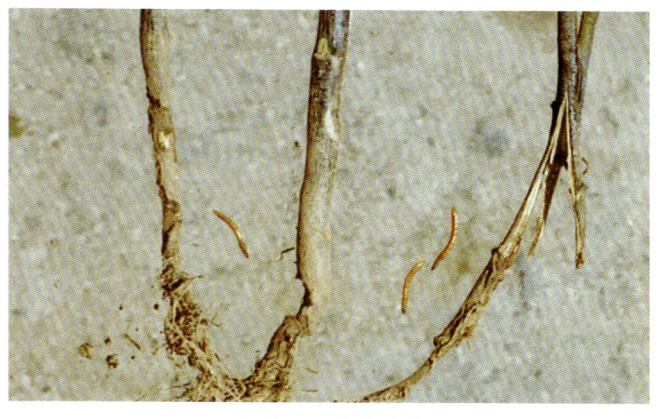
细胸金针虫为害状

细胸金针虫成虫

细胸金针虫幼虫

鳃 蚯 蚓
Sowerby red worm

鳃蚯蚓（*Branchiura sowerbyi* Beddard）属环形动物门贫毛纲原始贫毛目。又名蚰蟮、红砂虫、古泥虫。全国普遍分布。为害多种蔬菜。

[为害特点] 鳃蚯蚓主要在蔬菜育苗期形成为害。一般不直接食害蔬菜幼苗或其他组织，多在苗床或田间泥土下取食腐殖质，用身体在泥土中伸缩翻动，将蔬菜种子或幼根悬空，使之不能正常吸收水分或养分而萎蔫死亡，最终导致缺苗断垄或幼苗倒伏。

[形态特征] 成虫长圆筒状，红色至红褐色或灰褐色，体长50~80mm，体节120多个，在身体后部60~70节背腹正中线上有细长的丝状鳃。

[生活习性] 蚯蚓身体前部埋在土壤中，后部有鳃的部位伸出土外呈波形摆动进行呼吸，遇惊扰缩入土中。多在低洼、富含腐殖质的老菜园、烂泥田或过水田发生，常数十头群居，多时达100余头，土质偏砂的地块较少。当地表10cm土层温度达12℃时开始活动，逐渐向地面转移，地温20℃时最活跃。当地温达21℃土壤相对湿度高于50%时，尤其地表温度高于深层地温且湿度高时，蚯蚓则上升到地表活动与繁殖，部分鳃毛伸出泥外摆动

鳃蚯蚓

呼吸和排泄。

[防治方法]

1. 施用充分腐熟的有机肥，实行间歇性灌水，必要时实行水旱轮作。

2. 苗床用茶枯粉75~150kg/hm²对水3 750~4 500L浇灌，幼苗期用0.1%茶枯水液浇淋根部。

3. 重发生地区选用25%西维因可湿性粉剂7.5~15 kg/hm²均匀撒施后浇水，或直接对水喷浇。

二十三、其他蔬菜害虫

Pests of other Vegetables

黏 虫
Orlental armyworm

黏虫（*Pseudaletia separata* Walker）属鳞翅目夜蛾科。全国分布。为害禾本科、十字花科、豆科、茄科、葫芦科、伞形花科、菊科等100多种植物。主要为害甜玉米、茭白、荷兰豆、甜豌豆、菜用大豆、香艳茄、西葫芦、菠菜、结球莴苣、盖菜、荠菜、草莓、洋葱、枸杞、慈姑、山药等。

[为害特点] 幼虫主要食叶，虫口密度高时可将作物叶片全部食光，造成严重损失。还可啃食花器、嫩茎，钻蛀菜荚、球茎或果实。

[形态特征] 成虫体长15～17mm，翅展36～40mm。头部与胸部灰褐色，腹部暗褐色。前翅灰黄色，黄色或橙色，变化很大，内横线往往只现

几个黑点，环形纹与肾形纹黄褐色，界限不明显，肾纹后端有一个白点，其两侧各有一个黑点；外横线为一列黑点；亚缘线自顶角内斜至 M_2 缘线为一列黑点。后翅暗褐色，向基部色渐淡。卵长约0.5mm，半球形，初产白色，渐变黄色，有光泽。卵粒单层排列成行、成块。老熟幼虫体长38mm，头红褐色，头盖有网纹，额扁，两侧有褐色粗纵纹，略呈八字形，外侧有褐色网纹。体色由淡绿至浓黑，变化很大，大发生时背面常呈黑色，腹面浅污色，背中线白色，亚背线与气门上线之间稍带蓝色，气门线与气门下线之间粉红色至灰白色。腹足外侧有黑褐色宽纵带，足的先端有半环式黑褐色趾钩。蛹长约19mm，红褐色，腹部5～7节背面前缘各有一列齿状刻点，臀棘上有4根刺，中央2根粗大，两侧的细短，略弯。

[生活习性] 年发生2～8代。华南6～8代，长江流域5～6代，淮河流域4～5代，华北3～4代，东北2～3代。黏虫耐寒力较低，北纬33°以北的地区不能越冬，长江以南以幼虫及蛹在稻田越冬。在华南终年繁殖。春季大量成虫由南方迁飞至北方。成虫有趋光性和趋化性，对杨树也具有趋性，昼伏夜出，飞行能力极强。成虫多产卵于叶尖或嫩叶、心叶皱缝间，常使叶片纵卷。幼虫常聚群为害，初孵幼虫腹足未全发育，行走如尺蠖。初龄幼虫仅啃食叶肉，使叶片呈现白点状，三龄后可蚕食叶片成缺刻，五至六龄幼虫进入暴食期。幼虫共6龄，老熟幼虫在根际表土层1～3cm做土室化蛹。发育起点温度：卵13.1+1℃，幼虫7.7+1.3℃，蛹12.0+0.5℃，成虫9.0+0.8℃。有效积温：卵期45.3℃，幼虫期402.1℃，蛹期121.0℃，成虫111℃。全生育期发育起点9.6±1℃，有效积温685.2℃。

[防治方法]

1.采用糖醋盆或黑光灯及杨树枝把诱杀成虫，压低虫口基数。

2.药剂防治宜在幼虫幼龄期，宜采用速效性药剂。可选用10%多来宝悬浮剂1 500～2 000倍液，或2.5%强力高效氯氰菊酯乳油、3%莫比朗乳油1 500～2 000倍液、5%快杀敌乳油、5%氯氰菊酯乳油3 000～4 000倍液、12.5%保富悬浮剂8 000～10 000倍液、5%卡死克乳油1 000～2 000倍液、40.7%乐斯本乳油800～1 000倍液、5.7%百树得乳油3 000～4 000倍液喷雾。

黏虫成虫放大

黏虫成虫放大

黏虫幼虫

红棕灰夜蛾
Mulberry caterpillar

红棕灰夜蛾（*Polia illoba* Butler）属鳞翅目夜蛾科。又名苜蓿紫夜蛾。分布较广。为害叶荠菜、胡萝卜、甜瓜、茼蒿、甜豌豆、荷兰豆、菜用大豆、香葱、洋葱、草莓、草食蚕等多种蔬菜。

[为害特点] 幼虫为害，将菜叶吃成缺刻或孔洞，严重时仅剩叶脉。还可为害嫩茎、嫩头、花蕾、果荚等，显著影响产品质量。

[形态特征] 成虫体长15～18mm，翅展38～42mm。棕色至红棕色，腹部褐色，腹端具褐色长毛。前翅上剑纹粗大，褐色；环纹灰褐色，圆形；肾纹不规则，较大，灰褐色；外线棕褐色，锯齿形；亚端线在中脉后不成锯形；缘毛褐色。翅基片长，毛笔头状。后翅大部分红棕色，基部色淡，缘毛白色。触角黄白色。下唇须红棕色，向上斜伸。足红棕色，胫节具长毛。前足胫节外侧具白边，前、中足胫节基部无黑点。各足跗节均有白色环。卵半球状，宽0.65mm，高0.4mm，中间约具50条纵棱，棱间有细横格，初产浅绿色，后变紫褐色。末龄幼虫体长35～45mm，头宽3～3.5mm，具褐色网纹，单眼黑色，前胸盾褐色，背线和亚背线各具1纵列黄白色小圆斑，圆斑上生出棕褐色边，每节每列5～7个，毛片圆形黑色；气门线黑褐色，沿上方具深褐色圆斑；气门下线浅黄色至黄色。腹足颜色与体色相同。趾沟单序带。初孵幼虫浅灰褐色，腹部紫红色，全体有大而黑的毛片。足呈尺蠖状。取食后至三龄幼虫绿色或青绿色，四龄后出现红棕色型，六龄时基本都成为红棕色。蛹长18～20mm，宽6～7mm，深褐色，下颚须达第四腹节后缘，蛹体较粗糙，臀棘粗短，末端分成二叉。

[生活习性] 未曾进行深入研究。吉林、银川年发生2代。以蛹越冬。第一代成虫始见期吉林和银川分别为5月上旬和5月中旬至下旬。6月上旬吉林出现第一代幼虫，8月上旬始见第二代成虫。卵常产在叶面或枝上。每雌产卵150～200粒。银川第二代成虫始见期7月下旬至8月上旬。一至二龄幼虫群集叶背取食叶肉，有的钻蛀花蕾，三龄后开始分散，四龄时出现假死性，白天多栖息在叶背或心叶上，五、六龄进入暴食期，每天可食光1～2片叶，末龄幼虫可吃光草莓的嫩头、花蕾和幼果。末龄幼虫在土内3～6cm处化蛹。幼虫白天隐居叶背，主要在夜间取食，受惊扰卷缩落地。成虫有趋光性。

[防治方法]

1. 成片种植区安装黑光灯诱杀成虫，降低初始虫源。

2. 在低龄幼虫时人工摘除虫叶，三至四龄期结合田间管理人工捕杀幼虫。

3. 药剂防治。幼虫低龄期可选用25%灭幼脲3号悬浮剂500～800倍液，或5%农梦特乳油1 000～1 500倍液、5%抑太保乳油3 000～4 000倍液、20%除虫脲悬浮剂3 000～4 000倍液、10%多来宝悬浮剂1 500～2 000倍液、2.5%强力高效氯氰菊酯乳油2 000～3 000倍液、3%莫比朗乳油、5%卡死克乳油1 500～2 000倍液、5%快杀敌乳油、5.7%百树得乳油、2.5%天王星乳油3 000～4 000倍液喷雾。

红棕灰夜蛾幼虫

红棕灰夜蛾幼虫

红棕灰夜蛾幼虫放大

红棕灰夜蛾幼虫放大

草 地 螟
Beet webworm

草地螟（*Loxostege sticticalis* Linnaeus）属鳞翅目螟蛾科。又名黄绿条螟、甜菜网螟、网锥额野螟。分布于北方地区。仅在露地蔬菜上发生，食

草地螟成虫放大

草地螟低龄幼虫

性很杂，偶尔暴发成灾。为害十字花科、豆科、茄科、葫芦科、伞形花科、禾本科、百合科的数十种蔬菜。

[为害特点] 草地螟以幼虫为害。初孵幼虫取食叶肉，残留表皮，长大后将叶片吃成孔洞和缺刻，重时被害叶仅留叶脉，使叶片呈网状。虫口密度高时，还为害嫩茎、花器、幼果和幼荚。

[形态特征] 成虫体长 8～12mm，翅展 24～26mm。体、翅灰褐色。前翅具暗褐色斑，翅外缘有淡黄色条纹，中室内有一个较大的长方形黄白色斑；后翅灰色，近翅基部色较淡，沿外缘有两条黑色平行的波纹。卵 0.5mm × 1mm，椭圆形，乳白色，有光泽，单粒或 2～12 粒覆瓦状排列。老熟幼虫体长 19～22mm，头黑色有白斑，胸、腹部黄绿色或暗绿色，有明显纵行暗色条纹，周身有毛瘤。蛹长 14mm，淡黄色。土茧长 40mm，宽 3～4mm。

[生活习性] 每年发生 2～4 代。以老熟幼虫在土内吐丝作茧越冬。翌春 5 月化蛹、羽化。成虫飞翔力较弱，趋光，喜食花蜜。卵散产于叶背主脉两侧，常 3～4 粒在一起，以距地面 2～8cm 的茎叶上最多。初孵幼虫多集中在枝梢上结网躲藏，取食叶肉，三龄后食量剧增，幼虫共 5 龄。

[防治方法] 草地螟食性很杂。老熟幼虫在土内吐丝作茧越冬。

草地螟高龄幼虫

在蔬菜生长期及时清除菜田杂草，秋、冬季注意耕翻土地，可减少田间虫源。成虫趋光可采用灯光捕杀。药剂防治宜在三龄前施药，药剂种类及施用方法参见菜蛾防治。

小 造 桥 虫
Cotton semi-looper

小造桥虫［*Anomis flava*（Fabricius）］属鳞翅目夜蛾科。又名棉小造桥虫、小造桥夜蛾。部分

小造桥虫幼虫

地区发生。为害秋葵、冬苋菜、冬寒菜、落葵、胡萝卜等名、特、优、稀蔬菜。

[为害特点] 幼虫食叶。一至二龄幼虫仅食叶肉，残留表皮，形成天窗；三龄以后幼虫为害后形成缺刻或孔洞；五至六龄幼虫还为害花器、嫩枝和果实。

[形态特征] 成虫体长 10～12mm，翅展 23～25mm。头部与胸部黄色，腹部灰黄。前翅中横线内方黄色，密布红棕细点，中横线外方褐黄色，基线、内横线与中横线红棕色，中横线二曲，环纹白色褐边，肾纹暗棕褐色，内有 2 个黑点，外横线深褐色，锯齿形，亚缘线暗褐色；后翅淡褐色。卵扁圆形，长约 0.6mm，青绿色，卵顶有一圆圈，四周有 30～34 条隆起纵脊，纵脊间有 11～14 个横隔，形成方格网纹，卵孵化前为紫褐色。老熟幼虫体长约 35mm，头部淡黄色，胸、腹部黄绿、灰绿和绿色，背线、亚背线、气门上线及气门下线灰褐色，中间有不连接的白斑，毛片褐色；第一对腹足退化，仅留极不明显的趾钩痕迹；第二对腹足较小，趾钩 11～14 个；第三、四对腹足发达，趾钩 18～22 个；臀足趾钩 19～22 个，趾钩具亚端

齿。蛹长约 17mm，赤褐色，头顶中央有一乳头状突起，后胸背面、腹部 1～8 节背面布满细小刻点，5～8 节腹面有刻点及半圆形刻点，腹部末端较宽，背面与腹面有不规则皱纹，两侧延伸为尖细的角状突起，上有 3 对刺，腹面中央 1 对粗长，略弯曲，两侧的 2 对较细，黄色，尖端钩状。

[生活习性] 在黄河流域年发生 4 代，长江流域年发生 5～6 代，华北地区 3 代。以蛹在枯枝落叶间结茧越冬。翌年 4 月开始羽化。华中地区各代幼虫盛发期分别为 5 月中、下旬，7 月中、下旬，8 月中、下旬，9 月中旬和 10 月下旬至 11 月上旬，以三、四代发生较重。成虫有趋光性，可吸食柑橘、芒果、番石榴等果汁。卵散产于植株中部叶片背面，每雌可产卵 800 多粒。一至四龄幼虫常吐丝下垂，借风扩散。低龄幼虫多在植株中、下部为害，不易引起注意，五至六龄幼虫则多在上部叶背为害，较易发现。老熟幼虫多在早晨吐丝缀叶做茧化蛹。通常 6～8 月多雨发生较重。

[防治方法] 在菜地偶然发生，一般不单独进行防治。

桃蛀野螟
Peach pyralid moth

桃蛀野螟（*Dichocrocis punctiferalis* Guenée）属鳞翅目螟蛾科。又名桃蛀螟、桃斑蛀螟、豹纹斑螟、桃实螟、桃蛀虫。全国分布。为害甜玉米、生姜、秋葵等蔬菜及多种其他寄主作物。

[为害特点] 以幼虫为害。幼虫孵化后先取食叶肉，后钻蛀果穗、嫩茎或果荚，取食幼嫩种粒，排泄粪便，污染产品和影响正常开花结实。

[形态特征] 成虫体长 12mm，翅展 22～25mm，黄色至橙黄色。体翅表面具许多黑色斑点，似豹纹，胸背有 7 个，腹背第一和 3～6 节各有 3 个横列，第七节有时只有 1 个，第二、八节无黑点，前翅 25～28 个，后翅 15～16 个。雄虫第九节末端黑色，雌虫不明显。卵椭圆形，长 0.6mm，宽 0.4mm，表面粗糙，布细微圆点，初为乳白色，渐变橘黄、红褐色。幼虫体长 22mm。体色多变。淡褐、浅灰、浅灰蓝、暗红色等，腹面多为淡绿色。头暗褐，前胸盾褐色，臀板灰褐色。各体节毛片明显，灰褐至黑褐色。背面毛片较大，第 1～8 腹节气门以上各具 6 个，成 2 横列，前 4 后 2。气门椭圆形，围气门片黑褐色，突起。腹足趾钩呈不规则 3 序环。蛹长 13mm，初淡黄绿色，后变褐色，臀棘细长，末端有曲刺 6 根。茧长椭圆形，灰白色。

[生活习性] 年发生世代各地不一。华中地区年发生 4～5 代，华北地区 2～3 代，东北 1 代。以老熟幼虫在普通玉米、向日葵、蓖麻、秋葵等残株内结茧越冬。武昌各代盛期分别为 5 月中、下旬，6 月下至 7 月上旬，8 月上旬，9 月上、中旬，9 月中、下旬至 10 月上旬，世代重叠严重。华北地区各代成虫发生期为 5 月下旬至 6 月下旬，7 月中旬至 8 月下旬，8 月下旬至 9 月下旬。蛹期 20～30 天，卵期 7～8 天，非越冬幼虫期 20～30 天，一、二代蛹期 10 天左右。成虫昼伏夜出，在夜晚 8～10 时羽化，多在黎明交配，对黑光灯和糖酒醋液

桃蛀野螟幼虫

趋性较强，喜食花蜜和吸食成熟的葡萄、桃的果汁。卵多产在幼嫩部位、枝叶茂密的果上，花器或果穗及附近亦可产卵，1 果 2～3 粒，多时达 20 余粒。每雌产卵数十粒。产卵前期 3 天，成虫寿命 10 天。初孵幼虫先蛀食，老熟后吐丝结茧化蛹。第一代卵主要产在桃、杏等核果类果树上，第二至三代卵产在普通玉米、甜玉米、向日葵、秋葵等农作物上。幼虫为害至 9 月下旬陆续老熟，寻找适当场所结茧越冬，发生晚时以第二代幼虫越冬。已知天敌有黄眶离缘姬蜂（*Trathala flavoorbitalis*）、广大腿小蜂（*Brachymeria obscurata*）。

[防治方法]

1. 越冬幼虫化蛹前处理向日葵、普通玉米、秋葵等寄主植物的残体，消灭其中幼虫。

2. 采用黑光灯或糖酒醋液诱杀成虫。

3. 秋季玉米灌浆乳熟期，雌穗是主要施药部位，秋葵的花荚亦是药剂防治的重点。使用药剂参见豆荚螟防治。

甜 菜 螟
Hawaiian beet webworm

甜菜螟（*Hymenia recurvalis* Fabricius）属鳞翅目螟蛾科。又名甜菜叶螟、甜菜白带野螟。分布于全国多个省（自治区、直辖市）。为害叶菾菜、根菾菜、苋菜、甜瓜、黄瓜、菜用大豆、甜玉米、甘薯、白菜等。

[为害特点] 幼虫吐丝卷叶，取食叶肉，将叶片吃成"天窗"、孔洞或缺刻，最终留下叶脉。

[形态特征] 成虫翅展 24～26mm，体棕褐色。头部白色，额有黑斑，触角黑褐色，下唇须黑褐色，向上弯曲，胸部背面黑褐色，腹部环节白色，翅暗棕褐色。前翅中室有一条斜波纹状的

甜菜螟幼虫

黑缘宽白带，外缘有一排细白斑点；后翅也有一条黑缘白带，缘毛黑褐色与白色相间；双翅展开时白带相接呈倒八字形。卵扁椭圆形，长0.6～0.8mm，淡黄色，透明，表面有不规则网纹。老熟幼虫体长约17mm，宽约2mm，淡绿色，光亮

透明，两头细中间粗，近纺锤形，趾钩双序缺环。蛹长9～11mm，宽2.5～3mm，黄褐色，臀棘上有钩刺6～8根。

[生活习性] 多数地区年发生2代，山东1～3代。以老熟幼虫吐丝做土茧化蛹，在田间杂草、残叶或表土层中越冬。翌年7月下旬至9月上旬羽化，第一代幼虫发育期7月下旬至9月中旬，第二代8月下旬至9月下旬，第三代9月下旬至10月上旬，世代重叠。成虫飞翔力弱，白天藏于叶背或草丛中，夜晚飞翔，交尾、产卵，有趋光性。卵散产于叶脉处，常2～5粒聚在一起，每雌平均产卵80～100粒，卵期3～10天。幼虫孵化后昼夜取食。低龄幼虫在叶背啃食叶肉，留下上表皮成天窗状，蜕皮时拉一薄网，三龄后将叶片食成网状、缺刻。幼虫有假死性，共5龄，发育历期11～26天。幼虫老熟后为桃红色，开始拉网，24h内又变成黄绿色，多在表土层吐丝做茧化蛹，有的在枯枝落叶下或在叶柄基部间隙中化蛹，9月底至10月上旬开始越冬。

防治方法参见豆野螟防治。

木橑尺蠖
Culcula panterinaria

木橑尺蠖 [Culcula panterinaria（Bremer et Grey）] 属鳞翅目尺蛾科。分布于河北、河南、山东、山西、陕西、内蒙古、四川、广西、云南等地。为害菜用大豆、青花菜、苤蓝、樱桃萝卜、黄花菜、秋葵、桔梗、香椿、花椒及多种果树和蔬菜等。

木橑尺蠖幼虫

[为害特点] 幼虫取食叶片，吃成缺刻或孔洞，严重时可将叶片食光，仅残留叶脉，影响寄主正常生长。

[形态特征] 成虫体灰褐色，前翅长28～35mm，翅底白色。前翅基部有一个较大的橙黄色圆斑，各线由灰色及橙色斑点组成。前、后翅均有一串橙色和深褐色圆斑组成的外横线，但变异很大。前、后翅中室各有1大块灰色斑，斑内有星状浅纹。幼虫杂食，为害多种果树、林木、农作物、药材等。因食料不同体色变化很大。多为浅黄褐至浅灰褐色。幼虫体细长，有纵条纹，胸足3对，尾足1对。老熟幼虫体长约35mm，前端较细，后端粗。蛹长8mm左右，灰褐至黄褐色。

[生活习性] 在华北地区常年发生，尤以河南、河北、山西三省数十个县市发生数量大，为害严重。年发生1代。成虫趋光，夜间活动，多在6月羽化。幼虫发生期7月上、中旬至8月上旬。8～9月入土作室化蛹越冬。幼虫行动迟缓，呈拱形爬行，常停在叶片或叶柄上呈拟枝状。

[防治方法]
1.重发生地区冬季耕翻土地，消灭土中越冬虫蛹，减少春季虫源。
2.成虫发生期采用黑光灯诱杀。
3.幼虫发生初期药剂防治。参见黏虫防治。

亚洲玉米螟
Asian corn borer

亚洲玉米螟 [Ostrinia furnacalis（Guenée）] 属鳞翅目螟蛾科。又称玉米钻心虫。分布较广。可为害甜玉米、樱桃番茄、荷兰豆、甜豌豆、扁豆、四棱豆、结球莴苣、秋葵、生姜、叶甜菜和普通玉米等多种作物。

[为害特点] 初孵幼虫群聚取食嫩叶、心叶，

稍大即开始蛀茎、蛀果、蛀穗，造成严重伤害或引起腐烂。

[形态特征] 成虫体长10～13mm，翅展24～35mm，黄褐色。雌虫前翅鲜黄色，翅基2/3处有棕色条纹及一条褐色波纹，外侧有黄色锯齿状线，向外有黄色锯齿状斑，再向外有黄褐色斑。雄虫略小，翅色稍深。头、胸及前翅黄褐色，胸部背面淡黄褐色。前翅内横线暗褐色，波纹状，内侧黄褐色，基部褐色；外横线暗褐色，锯齿状，外侧黄褐色，再向外有褐色带与外缘平行；内横线与外横线之间褐色；缘毛内侧褐色，外侧白色。后翅淡褐色，中央有一浅色宽带，近外缘有黄褐色带，缘毛内半部分淡褐色，外半部分白色。卵扁椭圆形，长约1mm，鱼鳞状排列成卵块。初产乳白色，半透明，后转黄色，表

面光泽，具网纹。幼虫体长约25mm，头部和前胸背板深褐色，体背为淡灰褐色、淡红色或黄色等，第一至八腹节各节具两列毛瘤，前列4个，以中间两个较大，圆形，后列两个。蛹长14～15mm,黄褐至

亚洲玉米螟老龄幼虫

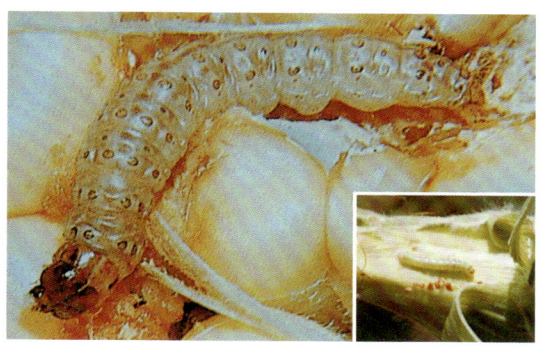

亚洲玉米螟高龄幼虫和低龄幼虫

红褐色，1～7腹节腹面具刺毛两列，臀棘显著，黑褐色。

[生活习性] 年发生1～6代。以末代老熟幼虫在作物或野生植物茎秆或穗轴内越冬。翌春在茎秆内化蛹。成虫羽化后白天隐藏在作物及杂草间，傍晚活动，飞翔力强，有趋光性，夜间交配。交配后1～2天产卵。卵多产在将抽雄蕊的植株叶背中脉两侧，茎上产卵较少。每雌平均产卵 400 粒左右，每卵块 20～50 粒。幼虫孵化后先群集于甜玉米心叶喇叭口处或在嫩叶上取食，被害叶长大时出现成排小孔。甜玉米抽雄授粉时幼虫为害雄花和雌穗，从叶片包叶部位蛀茎。为害豆类常从嫩茎分枝处蛀入。老熟幼虫在蛀道内靠近孔口处化蛹。在华南地区卵期3～4天，幼虫期20～31 天，蛹期 8～10 天。

[防治方法]

1. 秋冬季妥善处理玉米茎秆和其他野生寄主，减少越冬虫源。

2. 在卵始期至盛期人工释放玉米螟赤眼蜂（*Trichogramma*

玉米螟赤眼蜂（*Trichogramma ostrininae*）

ostrininae）。

3. 在幼虫二龄期前用 Bt 颗粒剂撒施在心叶中，或在玉米心叶末期向心叶撒施5%杀虫双颗粒剂3.75～7.5kg/ hm²，或向心叶喷洒25%杀虫双水剂 800～1 000 倍液。

黄褐天幕毛虫
Common lackey moth

黄褐天幕毛虫（*Malacosoma neustria testacea* Motschulsky）属鳞翅目枯叶蛾科。分布于东北、华北、华东、华中、西南、西北地区。为害草莓、冬寒菜、香椿、秋葵等蔬菜。

[为害特点] 幼虫取食叶片，食成孔洞或缺刻，影响植株正常生长。

[形态特征] 雌蛾翅展29～40mm，前翅中部具 2 条深褐色横线，两线间形成深褐色宽带，宽带外侧有黄褐色镶边；雄蛾翅展24～33mm，体翅均黄褐色，前翅中部有2条深褐色横线，两横线间色稍深，形成上宽下窄的宽带。触角黄色，羽枝黄褐色，外缘毛为褐色和白色相间，呈明显花斑状。老熟幼虫长40～50mm，灰褐色，有稀疏的毛，背面赤褐色，具白色纵线，侧面亚背线蓝色，下边有黑边，每一环节的纵线上有黑斑，第十一节上有黑色毛瘤，气孔淡黄色。蛹黑褐色，生锈黄色毛，位于丝织的卵形茧内，被白粉。

[生活习性] 年发生1代。以卵越冬。翌年早春树木萌芽后开始孵化。低龄幼虫群居在树枝叶间吐丝结成丝幕状巢。夜间取食为害，白天躲在巢内。末龄幼虫分散活动，但白天群集于树干基部，或大

黄褐天幕毛虫幼虫

的树枝下，作一薄的丝幕，静伏其中。在北京 5 月结茧化蛹，蛹期10～15天，成虫6月羽化，羽化后即交尾产卵。卵产于小枝上，成环状围绕嫩枝，形成卵块。每雌虫产卵100～400粒。成虫有趋光性。

防治方法参见稀点雪灯蛾和双线盗毒蛾。

桑斑雪灯蛾
Mulberry tiger moth

桑斑雪灯蛾（*Spilosoma imparilis* Butler）属鳞翅目灯蛾科。为害菊芋、薄荷、草莓、蕉芋等蔬菜和多种果树和园林植物。

[为害特点] 幼虫食叶，将叶片吃成缺刻或孔洞，严重时仅剩叶脉，致叶片枯黄死亡。

[形态特征] 雌成虫翅展 53mm，触角黑色，翅黄白色，前翅前缘有 5 个黑斑，后翅近外缘处有 3 块暗色斑。颈上环生黄色毛，腹部橙黄色，尾节处毛块黄色。雄虫较雌虫小，翅暗黑色，腹部背面、前胸橙黄色，腹末端无黄色毛块。卵粒多堆集排成数层，块状。末龄幼虫体长 40～45mm，头红褐色，有光泽，背中线上的黄色白带明显，各体节有大而明显的褐色毛瘤。胸足黑色，腹足红色，各节上的毛瘤有黑色刚毛。胸部第二、三节 D_2 毛瘤着生一根白色刚毛，长而明显。腹部第一节 D_2 毛瘤，第八节背中线两侧的 D_1、D_2 毛瘤及第九节背中线的毛瘤各具 1 白色刚毛。蛹长 12～15.6mm，宽 4.2～4.5mm，红褐色。茧白色至浅红色。

[生活习性] 年发生 1 代。以蛹越冬。成虫 6 月下旬开始羽化，7 月进入羽化盛期，7 月上、中旬卵孵化出幼虫进行为害，9 月上旬老熟幼虫开始化蛹。成虫趋光性强，产卵成堆，可达数百粒。初孵幼虫有群集习性，集中啃食叶肉，三龄后开始分散，老熟幼虫在土块、石缝、树洞等缝隙内化蛹。

[防治方法]
1. 黑光灯诱杀成虫。
2. 幼虫群集为害期人工摘除虫叶。
3. 在幼虫三龄前或点片发生期进行药剂防治，参见菜蛾。

桑斑雪灯蛾幼虫

茴香凤蝶幼虫

茴香凤蝶成虫

茴香凤蝶
Yellow swallowtail bottomerfly

茴香凤蝶（*Papilio machaon* Linnaeus）属鳞翅目凤蝶科。又名黄凤蝶、金凤蝶。全国分布。主要为害茴香、球茎茴香、莳萝、胡萝卜、西芹、香芹、水芹等伞形花科蔬菜。

[为害特点] 幼虫取食叶片、花器及嫩茎等。食量很大，影响蔬菜正常生长和发育。

[形态特征] 春型成虫体长 24～26mm，翅展 80～84mm；夏型体长 32mm，翅展 88～100mm。体黄色。背脊为黑色宽纵纹，前、后翅具黑色及黄色斑纹。前翅中室基部无纵纹；后翅近外缘为蓝色斑纹并在近后缘处呈一红斑。卵球形，淡黄色，孵化前呈紫黑色。老熟幼虫体长 52～55mm，绿色，头部具黑纵纹，胸、腹各节背面具短黑横斑纹。蛹黄褐色，具条纹，头上有 2 个角状突起，胸背及胸侧也有突起。

[生活习性] 全国各地均有发生。一年发生 2 代。以蛹在灌丛树枝上越冬。翌春 4～5 月羽化。第一代幼虫发生于 5～6 月，成虫于 6～7 月间羽化。第二代幼虫发生于 7～8 月间。卵散产于叶面。幼虫夜间活动取食，受惊扰时从前胸伸出臭角（Y 腺），渗出臭液。

[防治方法] 零星发生，不需单独防治。数量较多时结合田间管理人工清除幼虫。必要时在幼虫低龄期施药防治。参见红棕灰夜蛾防治。

花椒凤蝶

Smaller citrus dog

花椒凤蝶（*Papilio xuthus* Linnaeus）属鳞翅目凤蝶科。又名柑橘凤蝶、燕尾蝶、春凤蝶、凤子蝶、橘黑黄凤蝶。全国分布。通常零星发生，对生产无明显影响。主要为害花椒、柑橘等。

[为害特点] 幼虫取食叶片，形成大的孔洞或缺刻，影响花椒生长和结实。

[形态特征] 春型成虫体长21～24mm，翅展69～75mm；夏型成虫体长约27mm，翅展约91mm。体色淡黄，背部为黑色宽带。翅黄色，沿脉纹两侧黑色，外缘有黑色宽带，并沿外缘线具黄色新月斑。前翅中室基部具放射线状黄纹。后翅外缘有散生蓝色鳞粉。臀角橙色圆斑中有一小黑点。卵圆球形，1.5mm，初产黄色，后变黑紫色。幼虫体长42mm，绿色，侧面有3条蓝黑色斜带，后胸两侧有眼状斑，中间有2对马蹄形纹。蛹长30mm，暗褐色，头顶有2个角状突，胸背有一个角状突起。

[生活习性] 华东地区、西南地区发生偏重。一年2代。以蛹越冬。

[防治方法] 通常发生较轻，不单独进行防治。必要时在幼虫低龄期施药防治。

花椒凤蝶幼虫

花椒凤蝶成虫

菠菜潜叶蝇

Spinach leaf miner

菠菜潜叶蝇［*Pegomya exilis*（Meigen）］属双翅目花蝇科。又名藜泉蝇。主要发生在华中和华北地区。为害菠菜、叶荠菜、根荠菜和樱桃萝卜等蔬菜。

[为害特点] 幼虫潜在叶内取食叶肉，仅留上下表皮，形成较大块状潜食斑，斑内常有1～3头幼虫和湿黑色虫粪，严重影响蔬菜质量和品质。

[形态特征] 成虫灰黑色，体长4～6mm。雄虫间额狭于前单眼的宽，无间额鬃，腋瓣下肋无鬃，前缘脉下面有毛，腿节、胫节灰黄色，跗节黑色，后足胫节后鬃3根；侧尾叶后枝长度与肛尾叶长度相当，肛尾叶末端尖，侧面观侧尾叶后枝末端具极尖细的爪。雌虫第八腹板中央骨片小，长度短于第七腹板长的1/3，后者着生短小而密的毛。卵长约0.9mm，椭圆形，白色，表面有六角形网纹。老熟幼虫蛆状，污黄色，体表有许多皱纹，腹部末端围绕后气门有7对肉质突起，长约7.5mm。蛹4～5mm，棕褐色至暗褐色，长椭圆形。

[生活习性] 华北地区年发生3～4代。以蛹在土中越冬。第一代在早春根茬菠菜上为害，5月发生第二代，6月发生第三代，秋季在部分地区还可发生1代。成虫多在清晨羽化，产卵前期约4天。卵多产在叶背，4～5粒扇形排列在一起。每雌虫可产卵40～100粒，卵期2～6天。卵多在傍晚孵化。幼虫孵出后即潜入叶内取食。幼虫期约10天，共3龄，分别为1天、2天和7天，较寒冷地区可达20天。老熟幼虫部分在叶内化蛹，部分脱出叶片入土化蛹，蛹期2～3周。越冬代幼虫全部入土化蛹，蛹期可长达半年以上。此虫找不到适宜寄主时可在粪肥或腐殖质上完成发育。由于各代都

菠菜潜叶蝇为害（菠菜）状

菠菜潜叶蝇为害（叶荠菜）状

菠菜潜叶蝇叶内剥出幼虫

菠菜潜叶蝇成虫

菠菜潜叶蝇成虫放大

有部分蛹滞育，春天同时羽化，因而第一代数量常较大，为害较重。高温干旱对此虫有明显抑制作用。

[防治方法]

1. 种植前耕翻土壤，减少越冬害虫数量。

2. 施用充分腐熟的粪肥，避免使用未腐熟粪肥，特别是防止厕肥将害虫带入菜田。

3. 药剂防治必须掌握在成虫产卵盛期至卵孵化初期。由于菠菜生育期较短，宜选用虫螨克、卡死克等低毒生物农药进行防治。方法参见豌豆彩潜蝇。

灰 种 蝇
Seed maggot

灰种蝇［*Delia platura*（Meigen）］属双翅目

灰种蝇成虫

灰种蝇成虫和蛹

花蝇科。又名灰地种蝇、种蝇、地蛆、根蛆、菜蛆、种蛆。为害十字花科、百合科、豆科、葫芦科的多种蔬菜。

[为害特点] 幼虫在地下为害播下的种子，取食子叶或胚乳，引致种芽畸形或腐烂，种株根部受害后引致根茎腐烂，植株枯死。

[形态特征] 成虫体长4～6mm。雄虫暗黄至暗褐色。两复眼几乎接触。触角黑色。胸部背面有3条黑色纵纹。后足胫节内下方有稠密等长末端弯曲的短毛。腹部背面中央有一条黑色纵纹，各腹节间有一黑色纵纹，使腹背形成明显的小方块。雌虫灰色至灰黄色，两复眼间距较宽，约为头宽的1/3。中足胫节的外上方有一根刚毛，腹部背面中央纵纹不明显。前翅基背毛均短，短于盾间沟后背中毛的1/2。卵乳白色，长椭圆形，稍弯，弯内有纵沟陷，表面具网状纹。老熟幼虫体长7～8mm，乳白至浅黄色。头退化，仅有一对黑色口沟。体型前细后粗，腹末呈截面，有7对突起，突起不分叉，第七对极小，有时看不见，第一对和第二对在等高位置，第五对与第六对等长。蛹长椭圆形，红褐色至黄褐色，尾端可见7对突起，长4～5mm。

[生活习性]
全国广泛分布。由北向南年发生2～6代。以蛹在土中越冬。翌春羽化的成虫先在瓜苗和豆苗根部产卵。卵孵化后，幼虫钻入寄主的嫩茎内取食，使幼苗萎蔫、腐烂或枯死。通常第一

灰种蝇幼虫

代为害严重，部分年秋天第四代与萝卜种蝇混合发生，为害十字花科蔬菜。成虫晴天中午前后最活跃，对未腐熟的粪肥和有机质及发酵的饼肥有很强的趋性。

[防治方法] 参见葱蝇。因幼虫钻入菜株后不便防治，须加强田间调查和虫情测报。药剂防治宜抓住成虫产卵高峰及幼虫孵化盛期。

异型眼蕈蚊
Phyxia scabiei

异型眼蕈蚊（*Phyxia scabiei* Hopk.）属双翅目眼蕈蚊科。主要分布在华北地区。为害结球莴苣、球茎茴香、莳萝、甜瓜、樱桃番茄、马铃薯和食用菌等。

[为害特点] 幼虫为害寄主的根茎和块茎，至植株萎蔫枯死或腐烂。

[形态特征] 雌虫体长 1.4～1.8mm，褐色。背板和腹板色稍深，复眼黑色裸露，无眼桥，单眼 3 个排列成等边三角形。触角 16 节，0.9～1.1mm，柄节、梗节较粗，鞭节逐渐变细，节间均有颈，第四鞭节长是宽的 2.3 倍，节与颈的长度比为 5:1。下鄂须 1 节，有毛 4 根。翅淡褐色，长 0.9～1.1mm，宽 0.35～0.45mm，翅端宽而圆，R_1 甚短，与 Rs 到 M_{1+2} 间约占 2/3。足褐色，前足基节长约 0.3mm，腿节长约 0.35mm，胫节长 0.4mm，跗节长约 0.5mm，胫端有距，前足距 1 根，中后足各 2 根，爪无齿。腹部末端的尾器宽大，端节短粗，顶端钝圆有毛。雄虫体长 1.6～2.3mm，褐色，无翅，触角 16 节，长 0.7～0.8mm，胸部短小，背面扁平。腹部长而粗大，腹端渐细长，阴道很长，尾须 2 节，端节椭圆形，其余特征同雌虫。

[生活习性] 华北地区年发生 4 代左右。以幼虫在土壤内越冬。翌年 3 月下旬至 5 月陆续出土，4 月初至 5 月中旬羽化为成虫，第四代从 10 月延伸到第二年 5 月。各代在多种寄主上循环为害。保护地内无越冬现象。越冬幼虫在地表 1～2cm 处化蛹。成虫喜阴湿弱光环境，善飞翔，上午温暖时活跃，可多次交尾，夜间栖息于土缝中。幼虫孵化后逐渐分散，可上下移动。土壤过湿或过干影响孵化和羽化，也不利于幼虫活动，植株根系受伤受害较重。

[防治方法]

1. 种植前耕翻土壤，消灭部分越冬幼虫，减少害虫基数。

2. 重发地区用 3% 米乐尔颗粒剂 15～30 kg/ hm² 和种子一起均匀播种。移栽蔬菜用上述药剂拌细土均匀撒施定植穴后再移栽。

3. 蔬菜生长期用 1% 印楝素水剂 800 倍液，或 25% 阿克泰水分散粒剂 3 000～4 000 倍液、20% 康福多浓可溶剂 3 000 倍液、40.7%

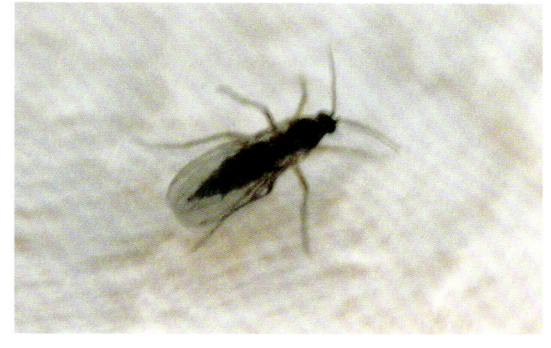
异型眼蕈蚊成虫放大

异型眼蕈蚊为害（球茎茴香）状

异型眼蕈蚊为害（结球莴苣）状

乐斯本乳油 1 500 倍液浇灌。

蘑菇眼蕈蚊
Bradysia

蘑菇眼蕈蚊（*Bradysia* sp.）属双翅目眼蕈蚊科。又名根蛆。分布较广。除主要为害食用菌外，还可为害多种蔬菜和花卉等，引致菜株根茎腐烂坏死，造成减产。

[为害特点] 幼虫钻蛀寄主植物的幼根和根茎，引起腐烂和死棵。

[形态特征] 雌成虫体长 3.06mm，宽 0.56mm，雄成虫体长 2.2mm，宽 0.49mm。体灰黑色。复眼发达，在头顶连接成眼桥。眼桥由二行小眼组成。触角丝状，细长，16 节。下腭须 3 节。前翅膜质，透明，后翅退化成平衡棒。足细长，腿节淡褐色。雌虫腹末尖细，雄虫腹末有一对夹状抱握器。卵淡黄绿色，快孵化时可见幼虫黑色头部，平均长 0.22mm，宽 0.14mm，卵圆形。幼虫白色透明或

乳白色，初孵化幼虫长 0.76mm，宽 0.1mm；老熟幼虫长 5.5mm，宽 0.5mm。体细长，共 12 节，头黑色，明显骨质化。口器发达，咀嚼式。蛹为裸蛹，初期白色，后渐变淡褐色，快羽化时黄褐色。雌蛹长 2.3mm，宽 0.65mm；雄蛹长 2.2mm，宽 0.49mm。

[生活习性] 年发生多代，世代重叠严重。气温 25℃ 左右时繁殖一代需要 21 天。成虫产卵前期 1 天，寿命 3～4 天，卵期 4 天，幼虫期 10.5 天，预蛹期 1 天，蛹期 3 天。10℃ 以下成虫不活动，幼虫也不取食。温暖时成虫活泼善飞，有趋光性，喜在腐烂的菜株周围活动，多在靠近腐烂菜株的植株根茎处产卵。25℃ 下每头雌虫平均产卵 70 粒左右，刚孵化幼虫即为害取食，化蛹前在表土层中做一薄茧。

防治方法参见韭菜迟眼蕈蚊。

蘑菇眼蕈蚊幼虫和成虫

棉蝗
Cotton locust

棉蝗［*Chondracris rosea rosea*（De Geer）］属直翅目蝗科。又名大青蝗。分布广泛。食性杂。为害锦葵科、豆科、禾本科、旋花科等多科作物。

[为害特点] 成虫和若虫取食植株叶片和嫩芽，严重时将叶片和嫩芽吃光。

[形态特征] 体型大，黄绿色。雄虫体长 44.5～56mm，前翅长 43～46mm；雌虫体长 62～81mm，前翅长 50～62.5mm。头顶中部、前胸背板沿中隆线以及前翅臀脉域具黄色纵条纹。后足股节内侧黄色，胫节和跗节红色。头大，短于前胸背板的长度。前胸背板粗糙，中隆线较高，侧面观上缘呈弧形，被 3 条横沟明显割断，后缘呈直角形。前胸腹板突长圆锥形，颇向后倾斜，顶端几乎到达中胸腹板的前缘。前、后翅发达，几乎到达后足胫节的中部。后足股节匀称，长约为宽的 5.5 倍，上侧的上隆线具细齿，下膝侧片的顶端为圆形，胫节无外端刺。雄性腹部末节背板的后缘无尾片，肛上板三角形，基部有纵沟，尾须圆锥状，略向内弯曲。下生殖板长圆锥状，顶端尖。雌性产卵瓣端粗，外缘无细齿，顶端呈沟状。

[生活习性] 北方地区年发生 1 代。以卵在土中越冬。成虫 8 月交尾产卵，卵成块状，每块平均约 125 粒左右。每头雌虫可产卵 1～3 块。成虫喜生活在草丛中，产卵于较坚硬、干燥的土壤中，多在夏秋形成为害。若虫有 6 龄，须经两个多月才能发育为成虫，一至二龄常群集为害，三龄以后逐渐分散。

[防治方法] 通常零星发生，不需进行专门防治，严重时参见中华稻蝗防治。

棉蝗成虫

长颚蟋
Long-gnathic cricket

长颚蟋［*Scapsipedus aspersus*（Walker）］属直翅目蟋蟀科。又名瘪嘴、小咪。分布亦较广。常与斗蟋混合发生。为害多种蔬菜。

[为害特点] 啃食幼根、嫩茎、花和嫩果等，造成缺苗断垄和死株。

[形态特征] 体中型，黑褐色。雄虫体长 13mm，雌虫体长 14mm。后头有 3 对淡褐纵纹，纵纹前连接至横纹。雄虫颜面凹入，嘴特长，正面观很像猴脸，大颚比前胸背还长。两单眼间的横黄纹全长一样粗，中央不缢入。前胸背板横形，淡褐色，具褐斑。前足胫节内、外均有听膜，外膜大，长圆形，内膜小，卵圆形。雄虫前翅长达腹端，发音镜长方形，常有 1 横脉分镜为 2 室，斜脉 2，尾毛约等于体长。雌虫前翅长于腹部中央，产卵管约与后腿节等长。

[生活习性] 北京年发生 1 代。以卵在土内越冬。次年 4～5 月孵化为若虫，6～8 月陆续出现成虫，8～9 月为盛发期。此虫喜栖息在较湿润的菜田、豆田及砖石下，植株生长茂密受害严重。此虫鸣声尖高清脆，音节为匀慢调，有拖音，一般是三个音节为一音组，故亦称它为三音蟋。无斗咬习性。

防治方法参见斗蟋。

长颚蟋成虫

中 华 蚱 蜢
Acrida cinerea

中华蚱蜢成虫

中华蚱蜢（*Acrida cinerea* Thunb.）属直翅目蝗科。又名尖头大蚱蜢。部分地区发生分布。为害甜玉米、豆类、茄果类蔬菜。也为害水稻、花生、棉花等农作物及禾本科杂草。

[为害特点] 成虫及若虫取食叶片，吃成缺刻，影响产品质量。

[形态特征] 雄虫体长 36～47mm，雌虫 58～81mm，雄虫前翅长 30.5～36.5mm，雌虫翅长 47～65mm。体色多变，通常呈绿色或枯草色。头圆锥形，明显长于前胸背板。颜面强烈向后倾斜，颜面隆起在中单眼处缩窄，全长有明显纵沟。头顶较长，顶端圆形，有明显的中隆线，无头侧窝。触角剑状，复眼长卵形，着生于头的前端。前胸背板宽平，有细小颗点。中隆线和侧隆线明显，几乎平行，前缘弧形，后缘锐角形，侧片后缘较凹入。前胸腹板平坦，或雄虫中前缘略隆起。中胸腹板侧叶间的中隔很窄，长度约为最窄处的 2.5～3 倍。前翅发达，明显超过后足股节端部，顶端尖锐，中脉域有明显的中闰脉。后翅略短于前翅，呈长三角形。后足股节细长，上侧上隆线平滑，上膝片和下膝片顶端均有锐刺，胫节具较多刺，外缘具刺 27～35 个，无外端刺。跗节爪间中垫宽大，顶端到达或超过爪顶端。雄性下生殖板锥形，顶端尖锐。雌性下生殖板的后缘有几乎等长的 3 个圆形突起，产卵瓣粗短。

[生活习性] 我国北方地区年发生 1 代。以卵在土中越冬。6 月开始孵化，7 月出现成虫，7、8 月为产卵盛期。在管理粗放的田边杂草丛中数量较多。

[防治方法] 通常对生产影响较小，不需专门防治。必要时参见中华稻蝗防治。

莴 苣 指 管 蚜
Taiwan lettuce aphid

莴苣指管蚜〔*Dactynotus formosanus*（Takahashi）〕属同翅目蚜科。主要分布在北京、天津、河北、河南、山东、吉林、四川、江苏、江西、福建、广东、广西、台湾等地。为害莴苣、苦菜、刺菜、苦苣菜、泥胡菜、结球莴苣和菊苣等。

[为害特点] 成、若蚜群集嫩梢、花序及叶背，吸食汁液，致植株幼嫩茎叶萎蔫死亡。

[形态特征] 无翅孤雌蚜体长 3.3mm，宽1.4mm，纺锤形；体土黄色或红黄褐色至紫红色，头顶骨化深色，腹部毛基斑黑色，腹管基部前后斑大型，黑色。体表光滑，背毛粗短，第一至五腹节每节具 11～13 根毛，六至七节每节 5～6 根，第八节具长毛 2～4 根。触角 3.4mm，细长，第三节具短毛 25～32 根，具突起指状次生感觉圈 76～123 个；喙细长，达后足基节。腹管长管状。尾片色浅，长锥形，具长短毛 18～25 根。无翅胎生雌蚜头和胸黑色，腹部色浅，除腹部各背片具毛基斑外，都有大型缘斑，第七、八节各具横带斑纹 1 条。触角第三节具次生感觉圈 121～148 个。体色红褐至紫红色。

[生活习性] 年发生 10～20 代。以卵越冬。早春干母孵化，在 20～25℃条件下 4～6 天完成一

莴苣指管蚜无翅蚜

莴苣指管蚜无翅蚜放大

瓢虫和卵块

代。每头孤雌蚜平均胎生若蚜 60～80 头。繁殖最适温度 22～26℃，相对湿度 60%～80%。北方 6～7 月大量发生为害。10 月下旬发生有翅雄蚜和无翅雌蚜。喜群集嫩梢、花序和叶背面，遇震动易落地。

[防治方法]

1. 发生初期选用 25% 阿克泰水分散粒剂 3 000～4 000 倍液，或 20% 康福多浓可溶剂 2 500～3 000 倍液、1.8% 虫螨克乳油 2 500～3 000 倍液、50% 抗蚜威乳油 2 000～3 000 倍液、1% 印楝素水剂 800 倍液、12.5% 保富悬浮剂 8 000～10 000 倍液喷雾，施药液 900～1 200L/ hm²。

2. 保护地内宜选用常温烟雾机施药或选用 20% 灭蚜烟剂 6～7.5kg/ hm² 熏烟防治。

红花指管蚜
burdock long-horned aphid

红花指管蚜［*Dactynotus gobonis*（Matsumura）］属同翅目蚜科。分布在东北、华北、华东、华南、西北、西南的部分地区。为害牛蒡、红

红花指管蚜无翅蚜

花、苍术等药用植物和蓟属植物。

[为害特点] 红花指管蚜多分布在叶背和幼嫩茎秆、花轴上为害，吸食汁液，致叶片早衰坏死，严重时使茎叶扭曲，最后萎蔫死亡。

[形态特征] 无翅孤雌蚜体长 3.6mm，宽 1.7mm。头、胸、腹均为黑色，前、中胸带横贯全节。体表微有网纹，背毛长而粗钝。头部有毛 10 根，第一至六腹节各有中侧缘毛 12～22 根，中毛 4～6 根，第七节有毛 7～8 根，第八节 4 根，长为触角第三节直径的 1.4 倍。中额沟深，额瘤显著外倾，内缘稍隆。触角长 3.3mm，第三节长 1mm，上生 25～31 根毛，小圆形次生感觉圈 35～48 个。喙不达后足基节，有次生毛 3 对。腹管长圆筒形，端部 1/4 有网纹，长为尾片的 1.8 倍。尾片圆锥形，有曲毛 13～19 根；尾板半圆形，有毛 8～14 根。有翅孤雌蚜头、胸黑色，腹部淡色。第二至四腹节缘斑大楔形，腹管前斑小于后斑，第七节缘斑小，各节中毛和侧毛基部均有小型毛基斑，第八节有背中横带。触角第三节有次生感觉圈 70～88 个。

[生活习性] 以卵在叶片上越冬。常在 5、6 月间严重发生，10 月下旬发生有翅雄蚜和无翅雄蚜。

防治方法参见瓜蚜防治。

藜 蚜
chenopod aphid

藜蚜［*Hayhurstia atriplicis*（Linnaeus）］属同翅目蚜科。分布在北京、河北、河南、山东、辽宁、云南、广东等地。主要为害菠菜、叶荠菜、根荠菜等藜属和滨藜属植物。

[为害特点] 藜蚜多集中在寄主植物的叶片背面吸食汁液，致叶片扭曲、萎蔫或枯死，影响产品的产量和品质。

[形态特征] 无翅孤雌蚜体长 1.7mm，宽 0.84mm。头部骨化，胸、腹部淡色，无斑纹，表皮光滑。背毛短粗，钝顶。头部有毛 12 根。第八腹节有毛 4 根。毛长为触角第三节直径的 0.7 倍。缘瘤不明显，额平，中额瘤微隆。触角长 0.71mm，第三节有短毛 5～7 根。喙达中足基节，第四、五

藜蚜为害（根荠菜）状

节之和长为后足第二跗节的 0.91 倍，有次生刚毛 3 对。后足胫节端部有卵圆形伪感觉圈 1～3 个。腹管短圆筒形，光滑，为尾片的 0.81

倍。尾片长圆锥形，有长毛6～8根。尾板末端圆形，有长毛10～13根。有翅孤雌蚜头、胸黑色，腹部淡色。第一、二节有小毛基斑，第二至四节有大型缘斑，腹管前斑与后斑相合围绕腹管，第七、八节横带与缘斑相合。缘瘤甚小，位于前胸及第二至六腹节。触角第三节有圆形次生感觉圈8～13个，第四节有0～3个。翅脉有昙。活体草绿色，有薄粉。

[生活习性] 北方地区春末夏初和秋季发生较多，在南方和北方保护地内除夏季炎热时可持续发生为害。

防治方法参见桃蚜防治。

藜蚜无翅蚜

胡萝卜微管蚜
celery aphid

胡萝卜微管蚜［*Semiaphis heracleri*（Takahashi）］属同翅目蚜科。分布全国多数地区。主要为害西芹、香芹、水芹、茴香、芫荽、胡萝卜等伞形花科蔬菜及金银花等其他植物。

[为害特点] 成、若蚜主要为害伞形花科植物的嫩梢、嫩叶，使嫩叶扭卷坏死，显著降低产品质量和产量。

[形态特征] 有翅蚜体长1.5～1.8mm，宽0.6～0.8mm。活体黄绿色，有薄粉。头、胸黑色，腹部淡色。第二至第六腹节均有黑色缘斑，第五、六节缘斑甚小，第七、八节有横贯全节的横带。触角黑色，第三节基部1/5淡色。中额瘤突起，额瘤突起不高于中额瘤。触角第三节很长，第三节有稍隆起小圆至卵形感觉圈26～40个，第四节6～10个，第五节0～3个。翅脉正常。腿节端部4/5黑色。腹管短，弯曲，无瓦纹，无缘突，不及尾片的1/2。尾片圆锥形，尾板末端圆形，无上尾片。无翅蚜体长2.1mm，宽1.1mm。活体黄绿至土黄色，有薄粉。头部灰黑色，胸、腹部淡色。前胸中斑与侧斑合为中断横带，有时与缘斑相接，第七、八腹节有背中横带。触角、足

近灰黑色。触角第三、四节淡色，第五、六节及胫节端部1/6和跗节黑色。腹管黑色，尾片、尾板灰黑色。前胸背有皱纹，第七、八腹节有横网纹。缘瘤不明显，背毛尖锐。中额瘤及额瘤平微隆。触角有瓦纹。腹管短，光滑弯曲，无缘突和切迹，为尾片的1/2。其余特征与有翅蚜相近。

[生活习性] 年发生10～20代。以卵在金银花等植株上越冬。3月中旬至4月上旬越冬卵孵化，4～7月在多种伞形花科蔬菜和其他寄主植物上严重为害。10月产生有翅雌蚜和雄蚜交配，产卵、越冬。

[防治方法]

1. 早春在越冬蚜较多的西芹等蔬菜上施药，防止有翅蚜迁飞扩散。

2. 蚜虫数量较高时进行药剂防治。可选用50%抗蚜威可湿性粉剂2 000倍液，或20%康福多浓可溶剂3 000倍液、1.8%虫螨克乳油3 000倍液、1%印楝素水剂800倍液喷雾。

3. 保护地内宜选用杀蚜烟剂熏烟防治，或用常温烟雾施药技术防治。

胡萝卜微管蚜为害（球茎茴香）状

胡萝卜微管蚜为害西芹

玉米蚜
corn leaf aphid

玉米蚜〔*Rhopalosiphum maidis*（Fitch）〕属同翅目蚜科。全国各地普遍分布。主要为害玉米、甜玉米、高粱、小麦、狗尾草等。

[为害特点] 玉米蚜多集聚在心叶为害。成、若蚜刺吸植株组织汁液，致叶片变黄或发红，影响生长发育，严重时植株枯死。为害叶片时分泌蜜露，产生黑色霉状物。

[形态特征] 无翅孤雌蚜体长卵形，长1.8～2.2mm。活虫深绿色，被薄粉，附肢黑色，复眼红褐色。腹部第七节毛片黑色，第八节具背中横带，体表有网纹。触角、喙、足、腹管、尾片黑色。触角6节，短于体长1/3。喙粗短，不达中足基节，端节为基宽的1.7倍。腹管长圆筒形，端部收缩，腹管具覆瓦状纹。尾片圆锥状，具毛4～5根。有翅孤雌蚜长卵形，体长1.6～1.8mm，头、胸黑色发亮，腹部黄红色至深绿色。触角6节，比身体短。腹部二至四节各具1对大型缘斑，第六、七节上有背中横带，八节中带贯通全节。其他特征与无翅蚜相近。

[生活习性] 在长江流域年发生20多代。以成、若蚜在大麦心叶或以孤雌成、若蚜在禾本科植物上越冬。翌年3、4月开始活动为害，4、5月麦类黄熟产生大量有翅蚜，迁飞到甜玉米、玉米、高粱、水稻上为害。华北地区5～10月为害严重。玉米蚜终生营孤雌生殖，虫口数量增加很快，高温干旱年发生多而重。天敌种类与桃蚜基本相同。

[防治方法]

1. 全面测报监测。根据田间蚜量、天敌数量及气候条件确定防治时期，出现中心蚜株时进行重点挑治。

2. 当有蚜株达30%～40%时进行全面防治。可选用20%康福多浓可溶剂3 000倍液，或50%抗蚜威可湿性粉剂2 000倍液、或1.8%虫螨克乳油3 000倍液、12.5%保富悬浮剂8 000～10 000倍液喷雾。重点喷洒植株上部嫩梢和心叶等。

玉米蚜为害甜玉米

玉米蚜无翅蚜放大

白星花金龟
White-spotted flower chafer

白星花金龟（*Potosia brevitarsis* Lewis）属鞘翅目花金龟科。又名白纹铜花金龟、白星金龟子、白星花潜、铜克螂。在我国多数地区发生。为害多种蔬菜。

[为害特点] 成虫取食寄主的花器、果实和柔嫩组织，引起腐烂和降低品质。

[形态特征] 成虫体椭圆形，具古铜色或青铜色光泽，体表散布许多不规则白绒斑，体长17～24mm，宽9～12mm。唇基前缘向上折翘，中凹，两侧具边框，外侧向下倾斜。触角深褐色，复眼突出。前胸背板具不规则白绒斑，后角与鞘翅前缘角有1个显著三角片，即中胸后侧片，后缘中凹。鞘翅宽大，近长方形，遍布粗大刻点，白绒斑多为横向波浪形。臀板短宽，每侧有3个白绒斑呈三角形排列。腹部1～5腹板两侧有白绒斑。足较粗壮，膝部有白绒斑。后足基节

白星花金龟为害（甜玉米）状

白星花金龟成虫

后外端角尖锐；前足胫节外缘3齿。各足跗节顶端有2个弯曲爪。

[生活习性] 年发生1代。成虫于5月上旬开始出现，6～8月大量发生为害。成虫白天活动，有假死性，飞翔力强，对酒醋味有趋性，对未腐熟的厩肥有强烈趋性。成虫常群集为害留种蔬菜的花器、甜玉米的花丝和过度成熟的果实，将卵产在土中，孵出幼虫（蛴螬）多以腐败物为食，以背着地行进。

[防治方法]

1. 深秋或初冬翻耕土地，消灭部分幼虫，减少田间害虫数量。施用充分腐熟的有机肥，禁止直接用植株残体还田。

2. 实行瓜果豆类与葱蒜、茴香、菠菜类非喜食蔬菜轮作。播种时用70%高巧悬浮剂拌种。

3. 成虫发生期利用群集为害和假死性进行人工捕杀。也可用酒糟或其他带酒醋味的饵料拌药剂诱杀成虫。

4. 幼虫发生期可选用40%辛硫磷乳油1 000倍液，或40.7%乐斯本乳油1 500倍液、80%敌百虫可溶粉剂1 000倍液喷洒或浇灌。也可用3%米乐尔颗粒剂15～22.5kg/hm²均匀撒施后浇水。

四纹丽金龟
Four spotted beetle

四纹丽金龟（*Popillia quadriguttata* Fabricius）属鞘翅目丽金龟科。又名中华丽金龟、四斑丽金龟、豆金龟子。分布全国多数地区。为害多种蔬菜。

[为害特点] 成虫吃食叶片、花瓣、果实和嫩梢，食成不规则缺刻或孔洞，严重时仅剩叶脉。幼虫为害寄主地下组织，致菜株死亡或组织腐烂。

[形态特征] 成虫椭圆形，翅基宽，前后收狭，体色多为深铜绿色，具金属光泽。鞘翅浅褐至草黄色，四周深褐至墨绿色。足黑褐色，体长7.5～12mm，宽4.5～6.5mm。臀板基部有2个白色毛斑，腹部1～5节腹板两侧各有1个由密细毛组成的白色毛斑。头小，其上密布刻点。触角鳃叶状，9节，棒状部由3节组成。雄虫大于雌虫。前胸背板明显隆凸，具强闪光，中间有光滑的窄纵凹线。小盾片三角形，前方呈弧状凹陷。鞘翅宽短，略扁平，后方窄缩，肩凸发达，背面有近平行的6条刻点纵沟，沟间有5条纵肋。足粗短。前足胫节外缘具2齿，端齿大而钝，内方距位于第二齿基部对面的下方；爪成双，不对称。前、中足内爪大，分叉，后足外爪大，不分叉。卵椭圆形至球形，初产乳白色，1.5mm×1mm。幼虫乳白色，体长15mm，头赤褐色，宽约3mm。头部前顶刚毛，每侧5～6根，排成1纵列；后顶刚毛每侧6根，其中5根成1斜列。肛背片后部具心圆形臀板，

肛腹片后部覆毛区中间刺毛列呈八字形岔开，每侧有5～8根锥状刺毛组成。蛹长9～13mm，宽5～6mm，唇基长方形，触角靴状。

[生活习性] 年发生1代。多以三龄幼虫在30～80cm土层内越冬。次年春季移至土表层为害，6月老熟幼虫开始化蛹，蛹期8～20天。成虫于6月中、下旬至8月下旬羽化，7月进入为害盛期。6月底开始产卵，7月中旬至8月上旬为产卵盛期，卵期8～18天。幼虫为害至秋末达三龄时钻入深土层越冬。成虫白天活动，适宜温度为20～25℃，飞行力强，具假死性，晚间入土潜伏，无趋光性，对未腐熟厩肥有趋性。成虫出土2天后取食，群集为害一段时间后交尾产卵。卵散产于2～5cm土层内，多次产卵。每雌虫产卵20～65粒，多为50～60粒。成虫寿命18～30天，一般25天。成虫喜在地势平坦、土质疏松、富含有机质、保水性能好的田园产卵。初孵幼虫以腐殖质或幼根为食，稍大即为害地下组织。当10cm土层地温低于7℃时幼虫开始向深层转移，11月中旬开始越冬，次春4月上旬开始向上移动，20cm土层温度达9.5℃时幼虫开始上移至表土层为害。幼虫适宜土壤含水量15%～20%。老熟幼虫多在3～8cm土层内做椭圆形土室化蛹。成虫羽化后稍加停留就出土活动，10cm土层均温近20℃时成虫开始羽化，气温20℃以上进入羽化出土盛期，高于30℃成虫多静伏不动。

[防治方法]

1. 重发生地块在深秋或初冬翻耕土地，消灭部分虫源。

2. 合理安排茬口，避免豆类、甜玉米、甘薯等害虫喜食的蔬菜连作。

3. 施用充分腐熟的有机肥，适当施用腐殖酸铵或氨化过磷酸钙或碳酸氢铵趋避成虫。

4. 根据蔬菜生长情况合理浇水，尽可能保持土壤持续干燥或潮湿，阻碍害虫正常活动与繁殖。

5. 必要时进行药剂防治。参见网目拟地甲防治。

四纹丽金龟成虫

小青花金龟
Citrus flower chafer

小青花金龟〔*Oxycetonia jucunda*（Faldermann）〕属鞘翅目花金龟科。又名小青金龟子、小青花潜、银点花金龟。几乎分布全国各地。为害球茎茴香、胡萝卜、西芹、香芹、洋葱、香葱、韭葱、草莓等多种蔬菜和果树、花卉。

[为害特点] 成虫取食寄主的嫩芽、花器、嫩叶及成熟带伤的果实。幼虫为害寄主的地下部组织。

[形态特征] 成虫体长 11～16mm、宽 6～9mm，长椭圆形，稍扁，颜色变化大。背面暗绿或绿色至古铜色，或红褐至暗褐色，多为绿色或暗绿色，腹面黑褐色。体表密布淡黄色毛和点刻，具光泽。头较小，黑褐或黑色，唇基前缘中部深陷。前胸背板半椭圆形，前窄后宽，中部两侧盘区各具白绒斑1个，近侧缘亦常生不规则白斑，有些个体没有斑点，小盾片三角状。鞘翅狭长，侧缘肩部外凸而内弯，翅面生白色或黄白色绒斑，一般在侧缘及翅合缝处各具 3 个较大的斑；肩凸内侧及翅面上也常具数个小斑。纵肋 2～3 条，不明显，臀板宽短，近半圆形，中部偏上有 4 个白绒斑，横列或呈微弧形排列。卵椭圆形，长 1.7～1.8mm，宽 1.1～1.2mm，初乳白色，以后渐变淡黄色。幼虫体长 32～36mm，头宽 2.9～3.2mm，体乳白色，头部棕褐色或暗褐色，上颚黑褐色；前顶刚毛、额中刚毛、额前侧刚毛各具 1 根。臀节肛腹片后部生长短刺状刚毛，覆毛区的尖刺列每列具刺 16～24 根，多为 18～22 根。蛹长 14mm，初淡黄白色，后变橙黄色。

[生活习性] 年发生 1 代。北方地区以幼虫越冬，南方可以幼虫、蛹及成虫越冬。越冬成虫翌年 4 月上旬出土活动，4 月下旬至 6 月盛发。以末龄幼虫越冬的地区，成虫于 5～9 月陆续出现，雨后出土较多。成虫白天活动，春季 10～15 时，夏季 8～12 时及 14～17 时活动最盛。春季多群聚在花上，食害草莓等寄主的花瓣、花蕊、嫩芽及嫩叶。成虫喜食花器，随寄主开花而转移为害。成虫飞行力强，具假死性，风雨天或低温时常栖息在花上不动，夜间入土潜伏或在树上过夜。成虫经取食后交尾、产卵。卵散产在土中、杂草或落叶下，以腐殖质多的场所居多。幼虫孵化后以腐殖质为食，长大后为害根部，植株通常受害不明显。幼虫老熟后在浅土层内化蛹。

[防治方法]

1. 以防治成虫为主，最好较大面积联防，利用成虫假死性在春季采种蔬菜、草莓等寄主开花期进行人工捕杀。

2. 必要时结合防治其他害虫，喷洒药剂防治。参见黄守瓜，注意采收前农药安全间隔期。

小青花金龟为害白菜

小青花金龟成虫

小青花金龟为害花器

无斑弧丽金龟
Popillia mutans

无斑弧丽金龟（*Popillia mutans* Newman）属鞘翅目丽金龟科。又名豆蓝丽金龟、棉花弧丽金龟、黑绿金龟、棕蓝金龟。分布全国各地。为害草莓、黑莓、甘薯、马铃薯、甜玉米、菜用大豆等多种蔬菜和其他作物。

[为害特点] 成虫和幼虫都可为害。成虫食害叶片和花器，把叶片咬成缺刻或孔洞。为害花器把花瓣或花器食掉，致不能结荚。群集为害草莓、黑莓的花和嫩叶，可咬断花丝和吃光柱头，有时把子房咬成孔洞，把浆果咬破而腐烂。幼虫则啃食植株的地下部分，将其吃成孔洞或坑道，致块茎或块根腐烂和植株萎蔫死亡。

[形态特征] 成虫体长 11～14mm，宽 6～8mm，体深蓝色，略带紫色，有绿色闪光。背面中间宽，稍扁平。头尾较窄。臀板无毛斑。唇基梯形。触角9节，棒状部3节。前胸背板弧拱明显。小盾片大，短阔三角形。鞘翅短阔，后方明显收狭。小盾片后侧具1对深显横沟，背面具6条浅缓刻点沟，第二条短，后端略超过中点。足粗壮，黑色。前足胫节外缘2齿，雄虫中足2爪，大爪不分裂。卵乳白色，近球形。幼虫体长24～26mm，弯曲呈C形，头黄褐色，体多皱褶，肛门孔呈横裂缝状。蛹为裸蛹，乳黄色，后端橙黄色。

[生活习性] 年发生1代。以老熟幼虫越冬。由南到北成虫于5～9月相继出现，白天活动。成虫善于飞翔，在一处为害后很快便飞往别处为害。成虫有假死性和趋光性。其发生量虽不如小青花金龟多，但为害期更长，个别地区发生数量大，有进一步发展的潜在危险。

防治方法参见小青花金龟。

无斑弧丽金龟成虫

红斑郭公虫
Trichodes sinae

红斑郭公虫（*Trichodes sinae* Chevrolat）属鞘翅目郭公虫科。又名中华郭公虫、青带郭公虫、黑斑红毛郭公虫、黑斑棋纹甲。主要分布在华北、西北、华中地区。为害球茎茴香、莳萝、胡萝卜、牛蒡、蚕豆、洋葱、枸杞及十字花科蔬菜等。

[为害特点] 主要以成虫吃食花粉，影响授粉和结实。

[形态特征] 雌成虫体长 14～18mm，雄虫 10～14mm，深蓝色，具光泽，被软长毛。鞘翅横带红色至黄色。头黑色，较短，向下倾。触角丝状，赤褐色，很短，末端数节粗大，呈棒状，黑色，末端尖端向内伸。复眼较大，赤褐色。前胸背板倒梯形，前缘与头后缘等长，后缘收缩似颈，

红斑郭公虫成虫

红斑郭公虫为害花器

窄于鞘翅。鞘翅狭长似天牛或芫菁，具3条红色或黄色横行色斑。足有5个跗节。幼虫狭长，橘红色，3对胸足，前胸背板黄色，几丁化，胴部柔软，被淡色稀毛，第九节背面具1硬板，腹端有1对硬质突起。

[生活习性] 幼虫多栖息在蜂类巢穴内，取食幼虫。成虫多在夏秋季发生，吃寄主花蜜，区别于有益郭公虫。成虫具有趋光性。

[防治方法]

1. 冬季翻耕消灭部分虫蛹，降低害虫越冬基数。
2. 夏、秋季用黑光灯诱杀成虫。

锹步甲
Oak longicorn beetle

锹步甲（*Scarites terricola* Bonelli）属鞘翅目步甲科。部分地区发生分布。为害甜玉米和部分蔬菜及小麦、粟、黍、高粱的幼根。也可捕食地老虎等地下害虫。

[为害特点] 幼虫食幼根，影响植株正常生长，降低产品质量。

[形态特征] 成虫体长17.7～21.4mm，宽5～5.8mm。长形，黑色，具光泽。触角、下唇、下颚及体腹面褐黄色。头方形，前角斜切，额具1对平行的纵沟。眼小，内侧具纵的浅皱折。触角短，向后不到前胸的基缘。前胸背板宽大，基部两侧收狭，侧缘具2根毛，分别位于前角之后及后角上，前横沟及中纵沟明显，无刻点，基部有1对纵凹，凹内常有皱及粗颗粒。鞘翅狭长，宽度与前胸背板相等或稍窄，二者由颈状的中胸连接，鞘翅两侧近于平行，肩胛方形，肩齿突出，肩后稍稍膨出。每翅有7条沟，第三条沟在端半部有2个毛穴。足胫节宽扁，前足胫节尤甚，中足胫节外缘近端部有1根刺突。

[生活习性] 不详。多在夏、秋温暖季节零星发生。

[防治方法] 一般不需专门防治。必要时参见蛴螬防治。

锹步甲成虫

茶 翅 蝽
Yellow-brown stink bug

茶翅蝽［*Halyomorpha picus*（Fabricius）］属半翅目蝽科。又名茶色蝽、柚木椿象、臭木蝽。分布广泛。为害草莓等。

[为害特点] 成虫和若虫吸食叶、梢及嫩果汁液，致组织坏死，果实畸形。

[形态特征] 成虫扁椭圆形，淡黄褐至茶褐色，略带紫红色，体长12～16mm，宽6.5～9mm。前胸背板、小盾片和前翅革质部有黑褐色刻点。前胸背板前缘横裂4个黄褐色小点，小盾片基部横列5个

茶翅蝽若虫

茶翅蝽成虫

小黄点，两侧斑点明显。腹部侧接缘为黑黄相间。卵短圆筒形，直径0.7mm，初期灰白色，孵化前黑褐色。若虫近圆形，初孵时体长1.5mm。腹部淡橙黄色，各腹节两侧节间各有1长方形黑斑，共8对。腹部第三、五、七节背面中部各有1个较大的长方形黑斑。老熟若虫与成虫相似，无翅。

[生活习性] 年发生1代。以成虫在屋内、檐下、树洞、石缝、土缝及草堆等处越冬。北方地区一般5月上旬开始活动，6月上旬至8月产卵，6月中、下旬为卵孵化盛期，7月上旬出现若虫，8月中旬为成虫盛期，9月下旬成虫陆续越冬。卵多产于叶背，块产，每块20～30粒，卵期10～15天。成虫和若虫受惊扰或触动时分泌臭液并逃逸。

[防治方法]
1. 利用成虫喜在屋内、檐下、树洞、石缝、土缝及草堆等处越冬的习性，进行人工捕杀。
2. 成虫产卵期摘除卵块或若虫团。
3. 成虫产卵盛期和若虫期喷药防治。参见麻皮蝽防治。

赤 条 蝽
Red-striped stink bug

赤条蝽 [*Graphosoma rubrolineata*（Westwood）] 属半翅目蝽科。主要分布在华北、华东和华南的部分地区。为害伞形花科、十字花科和百合科的部分蔬菜。

[为害特点] 成虫和若虫在花蕾和叶片上吸食汁液，严重时造成果实干缩、畸形、种子减产。

[形态特征] 成虫橙红色，体长10～12mm，宽7mm，有黑色条纹纵贯全身。头部2条，前胸背板6条，小盾片上4条。小盾片上的黑纹向后方逐渐变细，两侧的2条着生在其侧缘处。体表粗糙，具细密刻点。触角棕黑色，基部两节红黄色。喙黑色，基部黄褐色。足棕黑色，各腿节有红黄相间的斑点。侧接缘每节都有黑橙相间的点状纹，体下方橙红色，其上散生许多大的黑色斑点。卵桶形，竖置，初产乳白色，后变为浅黄褐色，长约1mm，卵壳上密布白色短绒毛。若虫橙红色，具黑纵纹，数目与排列和成虫相同。老龄若虫体长8～10mm，宽约7mm。翅芽达腹部第三节，周缘及侧接缘为黑色，各节杂生红黄色斑点。

[生活习性] 年发生1代。以成虫在枯枝落叶、杂草丛中或土块下越冬。南方在4月下旬开始活动，北方在5月上旬开始活动。5月上、中旬至7月下旬产卵，若虫5月中旬至8月上旬孵出，6月下旬开始羽化为成虫，8月下旬至10月中旬陆续进入越冬。卵期9～13天，若虫期约40天。卵多产在植株叶片和花蕾或嫩荚上，排成2行，每块约10粒。低龄若虫聚集为害，二龄后分散。

防治方法参见菜蝽。

赤条蝽为害花器

赤条蝽成虫

琥 珀 螺
Amber snail

琥珀螺（*Succinea* sp.）属腹足纲柄眼目琥珀螺属。部分地区发生分布。为害数十种蔬菜及其他作物，以水生植物受害重。

[为害特点] 成、幼螺为害寄主嫩芽、叶片和幼根，形成孔洞或刻缺，或造成腐烂死亡。排泄粪便污染产品。

[形态特征] 外形水滴状，与椎实螺相似。壳质薄，螺旋部短，透明或半透明，易碎，有光泽，具螺层3～4个，体螺层增长快，黄色至琥珀色。缝合线浅，偏斜。壳口大，椭圆形，壳口高大于壳口宽。口缘薄，锋利，易碎。体短且大，收缩时其肉体很难容纳在壳内。前触角

短，后触角在基部宽大，呈圆柱状，前端迅速膨大，有1小乳头状顶端。卵白色，圆形，颗粒状。

[生活习性] 琥珀螺生活在阴暗潮湿腐殖质丰富的草丛、沟渠里、灌木丛中，以腐殖质和植物的幼芽、嫩叶、嫩根为食。每当傍晚、黄昏或雨后爬出来活动觅食，繁殖。可随水草在水面上飘浮运动，也可在旱地上生活。休眠时用黏液膜封住壳口。

[防治方法]

1. 冬季结合平整菜地、修理渠道时将沟中污泥移至田埂顶，破坏其越冬场所。

2. 用茶子饼粉90～105kg/ hm²加温水750L浸泡3 h，滤去渣后喷洒，或加水2 250L泼浇，或选用石灰粉7.5～12kg/ hm²加水750～1 200L喷雾，或用45%三苯醋锡可湿性粉剂1.5kg/ hm²、80%聚乙醛可湿性粉剂4.5～6kg/ hm²对水2 000倍，或用70%贝螺杀可湿性粉剂11.25kg/ hm²对

琥珀螺

水1 000倍喷雾。

3. 用硫酸铜7.5kg/ hm²放入布袋内插挂在进水口处滴浇，或用8%灭蜗灵颗粒剂 22.5～30kg/ hm²、2%灭旱螺毒饵颗粒剂6～9kg/ hm²拌细土75～105kg于晴天傍晚撒施在受害株基部。

食用菌病虫害

Edible Fungi Diseases and Pests

食用菌病虫害

Edible Fungi Diseases and Pests

二十四、食用菌病害
Edible Fungi Diseases

1. 竞争性杂菌 Competitive contaminating fungi

木 霉
Trichoderma

木霉又称绿霉，为食用菌主要竞争性杂菌。分布广、寄主多。对多种食用菌子实体寄生力也很强。蘑菇、香菇、草菇、平菇、凤尾菇、金针菇、猴头菇、榆黄菇、木耳、银耳等几乎所有食用菌在制种和栽培过程中都受其侵染为害，发生轻时局部范围少出菇或出现斑点菇，重时导致整批菌种报废或整床培养料毁坏。

[症状] 培养料染菌后初期产生白色纤细致密菌丝，逐渐形成无定形菌落，以后从菌落中心到边缘逐渐产生分生孢子，使菌落由浅绿色变成深绿色霉层。菌落扩展很快，特别在高温、高湿条件下，几天内木霉菌落可遍布整个料面，毫无收获。

[病原] Trichoderma viride Pers. 和 T. köningii Oud.即常见种绿色木霉和康氏木霉，均属半知菌木霉真菌。菌丝纤细，无色，分枝，有隔膜，分生孢子梗为菌丝的短侧枝，其上对生或互生分枝，一般2～3次分枝，顶

木霉侵染中期

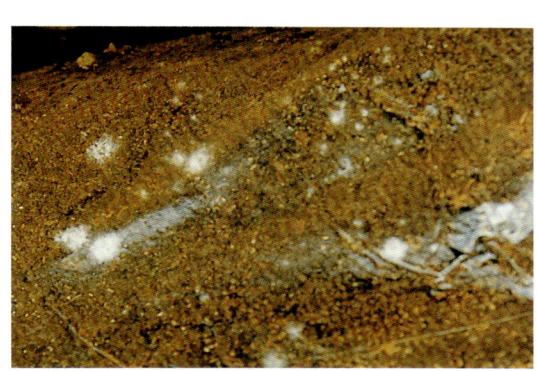

木霉侵染初期

木霉侵染后期

木霉侵染前期

木霉侵染蘑菇菌柄

木霉侵染金针菇培养料

木霉侵染茶树菇菌棒

木霉侵染平菇菌棒

木霉侵染香菇菌棒

木霉侵染蘑菇床面

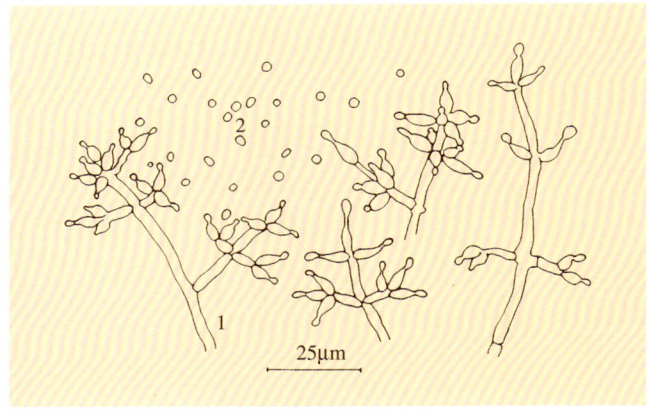

图 24-1　木霉菌
1. 康氏木霉分生孢子梗　2. 分生孢子

端小梗瓶形或锥形。绿色木霉分生孢子梗有隔膜，垂直对生分枝，直径2.5～3.5μm，顶枝尖端细削，微弯，分生孢子团内含4～12个孢子。分生孢子多为球形。孢壁有明显小疣状突起，大小3～4.5μm×2.5～4μm。菌落外观深绿色或蓝绿色。康氏木霉分生孢子椭圆形，卵形至长圆形，壁光滑，大小 2～3.5μm×1.5～3μm。菌落外观浅绿，黄绿或绿色（图 24-1）。

[发病规律] 病菌分布很广。栽培菇房、带菌的工具和废料等场所是主要初侵染源。以分生孢子通过气流、水滴、昆虫等传播扩散。高温、高湿和偏酸环境，适宜病菌生长繁殖。菌丝生长温度4～42℃，25～30℃生长最快，孢子萌发温度10～35℃，15～30℃萌发率最高。25～27℃菌落由白变绿只需4～5昼夜。高湿对菌丝生长和孢子萌发有利。孢子萌发要求相对湿度95%以上，但在较干燥的环境中也能生长。病菌喜微酸环境，pH4～5生长最好。通常接种时消毒不严格，棉塞潮湿，生产环境不干净，易染病。菌丝愈合、定植或采菇期菇柄基部伤口多易受感染。

[防治方法]

1. 注意接种箱、接种室、栽培菇房及有关用具的彻底灭菌，保持生产环境洁净。防止消毒施用甲醛过量，以免甲醛变成甲酸形成酸性环境。

2. 根据病菌和食用菌对温度的不同要求，尽可能利用不适宜木霉生长的环境条件，先让生产食用菌发菌良好，形成竞争优势。如香菇菌丝25℃生长最好，16℃时菌丝生长速度大于木霉菌丝，25℃以上木霉菌丝大于香菇，在香菇接种后先在16℃条件下培养，待菌

木霉污染造成大批培养料报废

丝占满料面后，逐渐提升到25℃，避免木霉侵染。

3. 尽量选择低温干燥季节栽培，菌丝愈合阶段覆盖塑料膜，注意适当通风降湿，后期揭膜不宜过早，以防病菌侵染。生产菇房空气湿度控制在85%左右，保持清洁卫生和通风良好，避免或减少侵染。高温潮湿或多雨季节加强菇房通风排湿，勤翻堆。播种后或生产期间发现木霉污染，立即挖除，同时注意把死菇、老根清除干净，防止病菌菌丝扩散蔓延。

4. 适时进行药剂防治。菌种袋或菌种块局部发生木霉时，可用1%克霉灵或0.5%多丰农、0.1%施保功、0.1%扑海因、0.2%食用菌专用万力、2%甲醛溶液注射或涂抹。也可用10%漂白粉溶液局部涂抹。菇床培养料发生木霉时，可直接在污染料面上撒薄层石灰粉，控制病菌扩展蔓延。

5. 必要时用克霉灵、多丰农、施保功或食用菌专用万力拌料防治。

青 霉
Blue green mold

青霉也称蓝绿霉，是食用菌制种和栽培过程中常见污染性杂菌。在一定条件下也能引起蘑菇、平菇、凤尾菇、香菇、草菇、金针菇等食用菌子实体致病，影响食用菌产量和品质。

[症状] 培养料面发生青霉时，初期菌丝白色，菌落近圆形至不定形，外观略呈粉末状。随着孢子的大量产生，菌落的颜色由白色逐渐变成绿色或蓝色，生长期菌落边缘常有1～2 mm呈白色，扩展较慢。老菌落表面常交织形成一层膜状物，覆盖在培养料面与空气隔绝，分泌毒素致食用菌菌丝体坏死。制种过程中，发生严重可致菌种腐败报废。发菌期发生较重，致局部料面不出菇。

[病原] *Penicillium cyclopium* Westl.、*P. chrysogenum* Thom、*P. funiculosum* Thom、*P. purpurogenum* Stoll、*P. ochraceum* (Bain.) Thom、*P. digitatum* Sacc.、*P. puberulum* Bain.即圆弧青霉、产黄青霉、绳状青霉、产紫青霉、赭色青霉、指状青霉、软毛青霉，均属半知菌青霉真菌。病菌营养菌丝具横隔，为埋伏型或部分埋伏型、部分气生型。气生菌丝密毡状、松絮状或部分结成

青霉侵染初期

青霉侵染中后期

青霉侵染中期

青霉侵染后期

青霉侵染平菇菌棒

青霉侵染茶树菇菌棒

青霉侵染白灵菇菌棒

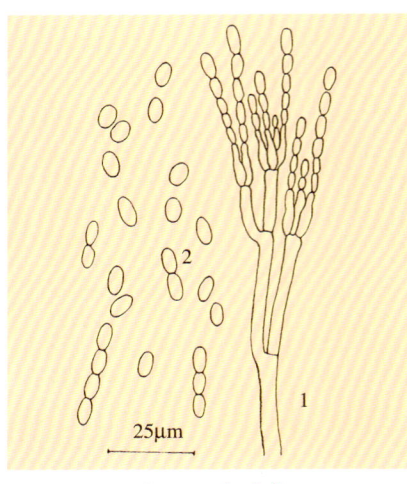

图 24-2 青霉菌
1. 分生孢子梗 2. 分生孢子

菌丝索。分生孢子梗由埋伏型或气生型菌丝生出，直立，除个别种外，无足细胞，分散或聚集成孢子梗束，有横隔膜，光滑或粗糙。其顶端有一至多次分枝，呈帚状。帚状枝对称或不对称，最后一级分枝为产生分生孢子小梗。每一小梗顶端着生成串的分生孢子。分生孢子球形、椭圆形或短圆柱形，直径 2～4μm，有的种更大。大批生长时分生孢子呈蓝绿色（图 24-2）。

[发病规律] 病菌分布广泛。多腐生或弱寄生。存在于多种有机物上，产生大量分生孢子，主要通过气流传入培养料，进行初次侵染。带菌的原辅料也是生料栽培的重要初侵染来源。侵染后产生分生孢子借气流、昆虫、人工喷水和管理操作进行再侵染。高温利于发病，28～30℃条件最易发生，分生孢子 1～2 天即能萌发形成白色菌丝，并迅速产生分生孢子。多数青霉菌喜酸性环境，培养料及覆土呈酸性较易发病。食用菌生长衰弱利于发病。凡幼菇生长瘦弱或菇床上残留菇根未及时清除均有利于病菌侵染。

[防治方法]

1. 认真做好接种室、培养室及生产场所的消毒灭菌，保持环境清洁卫生，加强通风换气，防止病害发生蔓延。

2. 调节培养料适当的酸碱度，栽培蘑菇、平菇、草菇的培养料可选用 1%～2% 的石灰水调节至呈微碱性。采菇后喷洒石灰水，刺激食用菌菌丝生长，抑制青霉菌发生。

3. 菌袋局部发病可注射 15% 甲醛溶液，段木发生青霉时可用石灰水洗刷，菇床上发病可用 1% 克霉灵或 0.5% 多丰农、0.1% 施保功、0.1% 扑海因溶液喷洒防治。

可变粉孢霉
Oidium mold of white Mushroom

可变粉孢霉俗称棉絮状杂菌，是食用菌生产中较重要杂菌。多在蘑菇、平菇、草菇的菇床上发生为害。蘑菇受害以春菇中、后期和秋菇覆土后较常见，明显影响食用菌生产。

[症状] 发病初期菌丝从培养料内沿土缝向细土表面生长。菌丝白色，细短，集结成团，似棉絮状，严重时铺满细土表面。经一段时间后菌丝萎缩，逐渐由丝状变成粉状，灰白色。生长后期或条件不适，灰白色粉状菌丝变为橘红色颗粒状孢子。菇床受害部位蘑菇菌丝不能生长，已形成的子实体原基和幼菇逐渐死亡。

[病原] *Oidium variabilis* 属半知菌粉孢霉真菌。菌丝白色，细而短，多丛状生长，形成菌丝团。分生孢子梗短，直立，不分枝，顶端

可变粉孢霉侵染初期

可变粉孢霉侵染中期

可变粉孢霉侵染后期

可变粉孢霉侵染中后期

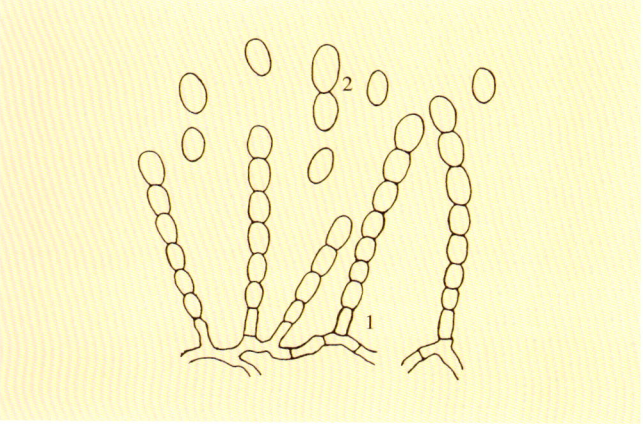

图24-3 可变粉孢霉
1. 分生孢子梗 2. 分生孢子

串生分生孢子。分生孢子由菌丝断裂形成，短圆柱形，单胞，自上而下成熟，聚在一起呈粉状(图24-3)。

[发病规律] 病菌主要来源于土壤、粪块，随培养料进入菇房，条件适宜时萌发形成棉絮状菌丝。病菌生长温度10～25℃，最适温度20℃左右。喜中性环境，对湿度要求不很严格。多发生在培养料堆制发酵不良，草料未充分腐熟，或未进行二次发酵的菇床上，特别是当培养料含水量偏高，呈中性反应时更有利于病菌发生蔓延。

[防治方法]

1. 培养料进行二次发酵，进行高温灭菌。

2. 栽培用覆土需经太阳暴晒和熏蒸消毒处理。

可变粉孢霉侵染蘑菇床面

3. 常发病菇房，可用1:800倍50%多菌灵或50%多丰农可湿性粉剂拌料预防。

4. 食用菌生产期喷施农用氨水，有菇时先轻喷一次清水，再喷0.3%～0.5%氨水。无菇时可用1%喷洒，或试用40%福星乳油8 000倍液、2%农抗120液剂300倍液控制病菌扩展蔓延。

胡桃肉状菌
False truffle

胡桃肉状菌又叫假块菌、小牛肉状菌、小孢德氏菌，为蘑菇的重要竞争性杂菌，显著影响蘑菇的产量和质量。

[症状] 多在蘑菇菇床秋菇覆土前后和春菇后期发生。初期在培养料内、料面及覆土上产生白色至奶油色棉絮状浓密菌丝，随病害发展病菌产生大量分生孢子。同时形成大小不等红褐色外观似胡桃仁的子囊果。受害部位蘑菇菌丝生长严重受抑制，最后消失，其培养料呈暗褐色湿腐，散发出刺鼻的漂白粉气味。病害严重时菇床不再形成蘑菇。

[病原] *Dichliomyces microspora* (Diehl. et Lambert) Gilkey 属子囊菌胡桃肉状菌真菌。病菌菌丝粗壮，具分枝，有隔膜，初期菌落白色。子囊果群生在覆土表面或料层中，大小不等，1～40mm，初期乳白色，后期红褐色、多皱褶、肉质，酷似胡桃肉仁或牛脑髓，其表皮下密生子囊。子囊排列不整齐，长椭圆形至卵形，内生8个子囊孢子。孢子成熟时，子囊自行消解，释放出子囊孢子。子囊孢子单胞，圆球形，无色，光滑。

[发病规律] 病菌在土壤中生活。孢子随覆土、培养料进入菇房，也可随气流、人为及工具传播。子囊孢子还可潜伏在菇房、床架和周围场地内休眠，条件适宜时萌发为害。子囊孢子生活力极强，耐高温、干旱和化学药品。93℃、82℃高温分别需经3 h、7 h才能把孢子杀死。菇床内有蘑菇菌丝时，刺激胡桃肉状菌孢子萌发。病菌菌丝生长最适温度26～28℃，菇房内高温高湿，通风

胡桃肉状菌侵染初期

胡桃肉状菌初期菌落放大

胡桃肉状菌侵染后期

胡桃肉状菌侵染中期

胡桃肉状菌侵染蘑菇床面

不良，培养料及覆土偏酸，极易发病。

[防治方法]

1. 搞好菇房及周围环境卫生。培养料进行二次发酵，覆土需经消毒处理，防止培养料及覆土带菌。

2. 严格检查菌种，发现菌种有漂白粉气味，菌丝浓而短并伴有子囊果，应予以淘汰。

3. 防止培养料过熟、过湿、过厚。播种后菇房温度宜控制在18℃以内，抑制子囊孢子萌发。

4. 发病时，立即停止喷水，加强通风。局部染病，尽早挖除受污染的培养料和覆土，并用2%甲醛溶液喷洒感染的床面。

白色石膏霉
White plaster mold

白色石膏霉又称帚霉，为食用菌重要竞争性杂菌。产孢量大，传播迅速，常引起第二次感染。主要在蘑菇菇床上发生为害。也可在凤尾菇、草菇菇床上为害。严重时显著影响蘑菇等食用菌生产。

[症状] 常发生在蘑菇播种前后。先在培养料内出现白色菌丝，随后在覆土层内及面上扩展。在覆土层表面产生初为白色，略具光泽斑块状浓密菌落，大小差异大。多形成近椭圆形大菌落。不久变成白色石膏粉末状物，以后转变成褐黄色，最后变成桃红色粉状颗粒。此时，菌落下的培养料内几乎为病菌菌丝所占领，蘑菇菌丝不能生长。病菌菌丝被消灭后，食用菌菌丝仍能恢复生长。

[病原] *Scopulariopsis fimicola* (Cost. et Mart.) Vuill属半知菌粪生帚霉真菌。病菌菌丝白色，有分枝，有隔膜。分生孢子梗短，直接从基质或气生菌丝、菌丝索分枝生出，顶端轮轴状分枝，分枝顶端串生短链状分生孢子。分生孢子卵形至球形，略有疣状突起，基部平截，印粉红至桃红色。分生孢子脱落后，在分枝的孢子梗顶端留有环痕（图24-4）。

[发病规律] 病菌主要生长在土壤中，也可生长在枯枝落叶等植物残体上。以孢子随气流、培养料及覆土进入菇床。喜潮湿偏碱环境，常被认作是培养料发酵温度偏低，未腐熟和酸碱度太高的一种指示菌。通常，培养料偏湿、偏碱或播种前后菇房通风不良极易发病。

白色石膏霉侵染前期

白色石膏霉床面菌落放大

白色石膏霉前期菌落

白色石膏霉侵染蘑菇菌床

[防治方法]

1. 掌握好培养料堆制发酵的温度和原料配比，保持堆温上升到60℃以上维持4～5天，适当增加过磷酸钙和石膏的用量，防止偏湿偏碱。

2. 用甲醛仔细熏蒸处理覆土。

3. 菇床表面局部发生时，可喷洒15%醋酸溶液或2%甲醛溶液。也可将过磷酸钙直接撒在发病的料面上。

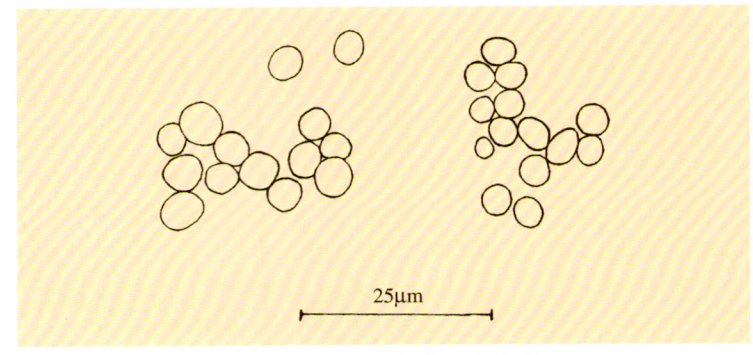

图24-4 白色石膏霉分生孢子

黄瘤孢菌侵染前期

黄瘤孢菌侵染中后期

黄瘤孢菌
Yellow Sepedonium

黄瘤孢菌又称黄霉菌。主要为害蘑菇。多发生在秋菇后期或越冬后的蘑菇培养料内。还可寄生于蘑菇、银耳、绒盖牛肝菌等子实体上，造成子实体腐烂，明显影响食用菌生产。

[症状] 病菌初期形成白色疏松网状菌落，继而在培养料内出现金黄色粉末状孢子，严重时料面上形成一厚层金黄色孢子。发病后培养料内发出一种浓厚的霉味，白色蘑菇菌丝逐渐减少，萎缩，出菇少、不出菇或出现"僵菇"。

[病原] *Sepedonium chrysospermum* (Bull.) Fr.属半知菌黄瘤孢菌真菌。病菌菌丝有隔，具较短分枝。分枝上产生单个或双叉或数个丛生的短细枝。短细枝顶端

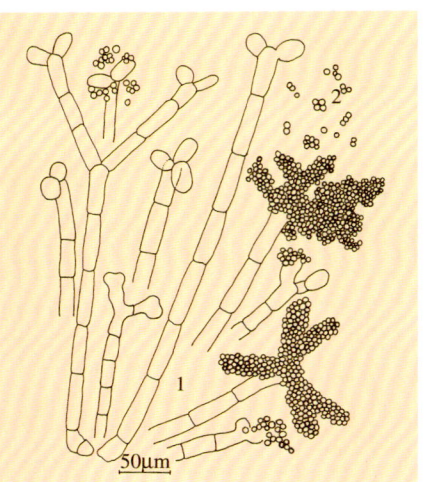

图24-6 黄瘤孢菌
1. 有隔菌丝及短细枝 2. 厚垣孢子

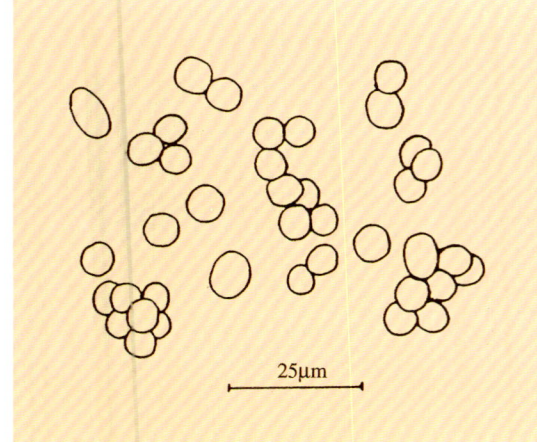

图24-5 黄瘤孢菌厚垣孢子放大

黄瘤孢菌侵染后期

单生厚垣孢子。厚垣孢子球形，初期无色，老熟时黄色至金黄色，外壁粗糙，呈明显瘤状突起。分生孢子梗纤细，轮状分枝，有时分枝稀疏。分生孢子梨形或长椭圆形，单生于轮状分枝的顶端（图24-5、24-6）。

[发病规律] 病菌广泛存在于各种土壤中。常腐生在菇床的培养料上，也可寄生于大型真菌的子实体中。通过带菌的培养料、覆土或病菌孢子借气流进入菇床，形成初侵染。培养料过厚、过湿、过度腐熟利于发病。菇房通风不良，高湿等亦有利于发病。

[防治方法]

1.培养料进行二次发酵，防止过度腐熟，上料不宜过厚，避免料过湿。

2.搞好菇房和生产场地的清洁卫生，尽可能杜绝污染源。

3.注意菇房通风换气，避免高湿。

束梗孢霉
Doratomyces mold

束梗孢霉俗称黑须霉，是食用菌生产中常见污染菌。可污染菌种、袋栽菌筒和多种食用菌菌床，抑制食用菌菌丝生长，一定程度影响食用菌产量和品质。

[症状] 主要发生在培养料面及菌筒的表面。病菌菌落呈烟灰色，由菌落向外产生长胡须或刚毛状由一般菌丝体和菌丝束组成的囊丝。菌落着生部位食用菌菌丝不能生长，培养料发黑腐烂。

[病原] *Doratomyces stemonitis* (Pers.ex Fr.) Morton et G. Smith属半知菌具柄矛束孢霉真菌。病菌菌丝束由分生孢子梗聚合在一起构成。梗束深色，有分隔，顶端松开，有帚状枝，其上形成分生孢子。分生孢子卵形至柠檬形，淡褐色或绿色，成链状。

[发病规律] 病菌广泛存在于土壤、植物残体、粪便及堆肥中。培养料含水量偏高，空气相对湿度大，有利于发病。

束梗孢霉侵染蘑菇床面

[防治方法]

1.搞好菇场环境卫生，清理并隔离污染物。

2.培养料彻底消毒，菇床覆土用5%福尔马林熏蒸处理。

3.结合防治其他杂菌可用0.1%干料重的甲基托布津或扑海因拌料。

指孢霉
Cobweb mold

指孢霉为食用菌主要竞争性杂菌。主要发生在蘑菇、平菇及生料栽培金针菇的菇床上，是床栽发菌期发生较普遍的一种病害。明显影响食用菌的产量和品质。

[症状] 病害发生初期在培养料或覆土层表面长出一层白色棉絮状菌丝，迅速扩展即形成一层很厚的白色菌被，常将菇床表面覆盖，使食用菌菌丝生长严重受抑制，子实体原基不能形成。菌被形成较晚时，菇床上子实体可被病菌包围，棉絮状菌丝和病菌孢子可长到子实体的菌柄及部分菌褶上，使子实体停止生长，失去生气和光泽，以后多从菌柄基部开始出现黄褐色或淡褐色软

指孢霉侵染中期

指孢霉侵染前期

指孢霉侵染后期

指孢霉菌落放大

蘑菇受害状

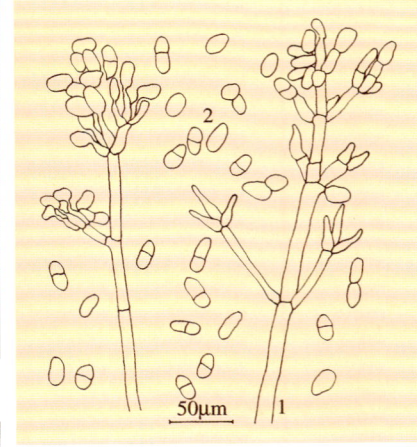
图 24-7 指孢霉
1. 分生孢子梗　2. 分生孢子

腐症状,终致子实体全部腐烂。

[病原] *Dactylium dendroides* Fries 属半知菌指孢霉真菌。病菌菌丝洁白,棉絮状。分生孢子梗从菌丝长出,细长,稀疏,具多层轮状分枝。分生孢子着生于小梗顶端,单生或呈小簇,无色,长圆形,多为 2 个细胞(图 24-7)。

[发病规律] 病菌生活于土壤中,尤其是在富含有机质的土壤中菌源较多。病菌随覆土、栽培料进入菇床。通常,利用蔬菜棚室、温床栽培平菇或在坑道中用坑内积水拌料栽培平菇的菇床易发病。高温、高湿条件亦有利于发病。

[防治方法]
1. 用 5% 福尔马林熏蒸处理菇床覆土。
2. 拌料选用洁净天然水或自来水。
3. 床面出现白色菌被后及时扒掉菌被,并注意加强通风,停止喷水 1～2 天。

脉孢霉
Red bread mold

脉孢霉又称串珠霉、链孢霉,引致病害称为粉霉病、红面包霉病、链孢霉病,为菌种生产最严重病害。常在高温季节菌种生产期发生。为害各种食用菌菌种。食用菌栽培过程中也时有发生。为害食用菌的菌丝体和子实体。培养料一经污染很难彻底清除,常引起整批菌种或培养料报废,显著影响食用菌生产。

[症状] 脉孢霉是一种顽强、速生气生霉菌。培养料受污染后,很短时间内即可在料面形成橙红色至粉红色霉层,即病菌分生孢子堆。在塑料袋内,霉层可通过孔隙迅速布满袋外。潮湿棉塞上,霉层可厚达 1cm。在高温、高湿条件下,1～2 天内病菌可传遍整个培养室。

[病原] *Neurospora sitophila* Shear et Dodge 属子囊菌面包脉纹孢菌真菌。病菌子囊壳簇生或散生于基质表面或埋生于内部,暗褐色,梨形或卵形,孔口乳头状突起。子囊壳内含多个子囊,无侧丝。子囊圆柱形,有短柄,内含 8 个子囊孢子,偶有 4 个。子囊孢子橄榄色至浅墨绿色,椭圆形,外壁上有似神经状纵肋突起。无性时期为 *Monilia sitophila* (Mont.) Sacc. 即半知菌面包串珠霉真菌。病菌营养菌丝有隔,有分枝,产孢菌丝上伸,呈二杈状分枝。分生孢子梗直

脉孢霉侵染平菇菌棒

脉孢霉污染致成批培养料报废

接从菌丝上生出，与菌丝无明显区别，较短。分生孢子串生成链，易脱落。分生孢子单细胞，卵形至柠檬形（图24-8）。

[发病规律] 病菌广泛存在于自然界土壤中、禾本科植物及富含淀粉的食物上可产生大量分生孢子。通过气流传播。培养室不卫生，培养料高压灭菌不彻底，或棉塞受潮、过松，或菌袋破漏，极易遭受侵染。受侵染后产生新的分生孢子进行再侵染。分生孢子可无限繁殖下去，严重为害食用菌。病菌菌丝生长温度4～44℃，25～36℃生长最快。在31～40℃条件下8 h菌丝就能长满整个试管斜面。孢子在15～30℃萌发率最高，低于10℃萌发率低。病菌要求基物含水量40%～80%，培养料含水量在食用菌生长适宜范围内（53%～67%）病菌生长迅速，棉塞受潮时能透过棉塞迅速伸入瓶内，并在棉塞上形成厚厚的粉红色霉层。病菌对酸碱度要求不严格，培养基pH3～9都能生长，以pH5～7.5最适。病菌属好气性微生物，氧气充足分生孢子形成快，无氧或缺氧菌丝不能生长，孢子不能形成。

[防治方法]

1. 搞好菌种生产各环节消毒灭菌工作，保持接种室、培养室和周围环境的清洁卫生。选用新鲜、干燥、无霉变的原料作培养料，杜绝病菌侵染。装袋时清除粗枝硬物，防止刺破菌袋。高压灭菌时棉塞上要包紧薄膜或牛皮纸，预防棉塞受潮等。

2. 用70%甲基托布津可湿性粉剂500倍液，或50%多丰农可湿性粉剂600倍液喷洒培养室地面、墙壁、培养架等。

3. 菌种局部感染，可拔掉棉塞将瓶口和棉塞都经火焰灭菌，棉塞蘸石灰后再塞上。棉塞、胶布有较厚粉红色霉层时，及时滴

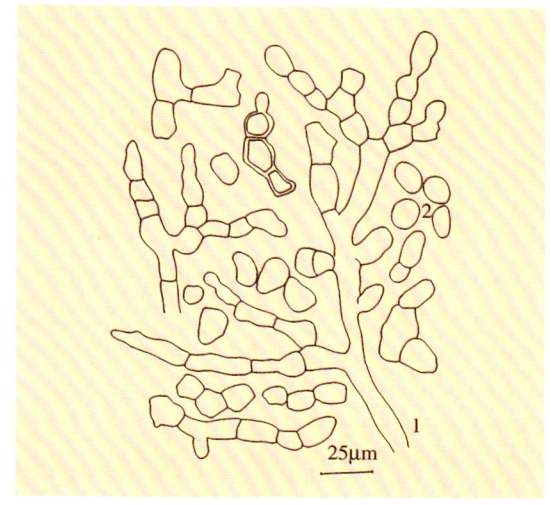

图24-8 脉孢霉
1. 分生孢子梗 2. 分生孢子

上适量甲醛或煤油或柴油后用薄膜包扎，使霉层腐烂死亡。菌袋遭受污染，可在背阴的地方挖土30～40cm将菌袋整齐排好用湿润土壤覆盖，待10～15天病菌消失，食用菌菌丝即可恢复生长。严重受污染的菌种或菌袋应及时清除，深埋或烧毁，防止病菌孢子扩散，形成再次污染。

单端孢霉
Trichothecium mold

单端孢霉又叫红粉菌。主要在食用菌制种中污染琼脂培养基，也经常发生在菇床的覆土表面，在很大程度上是腐生菌，也具有较弱的寄生能力，发生严重时明显影响食用菌生产。

[症状] 病菌在马铃薯—葡萄糖—琼脂培养基上，菌丝初期白色，纤细，絮状或蛛丝状，扩展迅速。后期由于产生孢子逐渐转变成粉红色霉层。在培养料或菇床上，与脉孢霉（链孢霉）和可变粉孢霉都具有白色或粉红色霉层，但它们有明显区别。脉孢霉和可变粉孢霉适应性强，生长速度快，所形成的霉层数量多而成堆、成团，颜色较深，粉状明显。单端孢霉的适应性较差，生长速度相对较慢，形成的霉层较薄，数量少，不成堆，稀散，颜色较

单端孢霉侵染蘑菇菌床

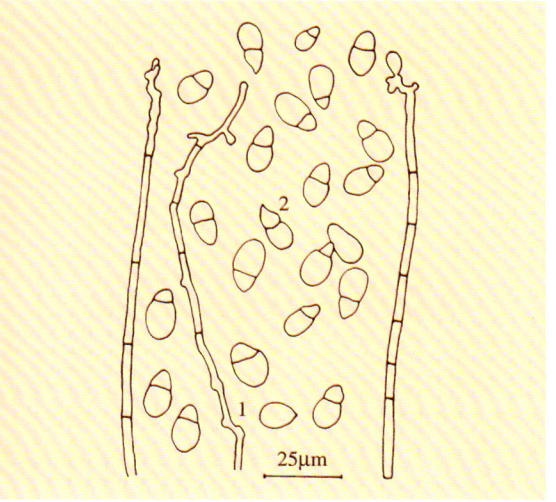

图24-9 单端孢霉
1. 分生孢子梗 2. 分生孢子

淡。为害性也不如脉孢霉严重。病菌能产生一种抗生素，即单端孢霉素，对细菌、真菌和动物有一定毒性。

[病原] *Trichothecium roseum* (Bull.) Link 属半知菌单端孢霉真菌。病菌菌丝匍匐，无色有隔。分生孢子梗直立，不分枝，无隔或有隔，顶端稍膨大。分生孢子倒梨形或倒卵形，无色透明，成熟时具一分隔，将孢子分成两个孢室。上孢室较下孢室大，下孢室基端明显收缩变细，孢痕在基端或在一侧。分生孢子不串生，而是靠着孢痕彼此连接聚集在孢梗的末端，形成外观近圆形至矩形的孢子头。当孢子聚集成孢子头时呈橙红色或浅粉红色（图24-9）。

[发病规律] 单端孢霉分布广泛，在玉米茎秆、穗轴、腐烂的果蔬上和土壤中都普遍存在。病菌分生孢子靠气流传播，或通过培养料及覆土传带，形成初侵染。高温、高湿容易发生。适宜温度25～30℃，相对湿度85%以上。病菌较耐高温，据报道，此菌在55℃可存活10min。

[防治方法]

1. 在菌种生产的各个环节高度重视消毒灭菌，杜绝病菌污染。搞好接种室、培养室及周围环境的清洁卫生。选用新鲜、干燥、无霉变的原料作培养料。装袋时清除粗枝硬物，防止刺破料袋。

2. 对培养室地面、墙壁、培养架等用70%甲基托布津可湿性粉剂500倍液，或50%多丰农可湿性粉剂800倍液、25%炭特灵可湿性粉剂500倍液喷洒灭菌。

3. 搞好二次灭菌。蘑菇菌种以粪草为原料要经高温堆制发酵。

4. 出菇前发病，喷施上述药液防治，控制病害发展蔓延。同时注意通风，降温排湿。

水绵霉菌
Isoachlya disease

水绵霉为食用菌一般性污染菌。主要发生在坑道栽培平菇的菇床上，蘑菇菇床亦可发生，一定程度影响食用菌生产。

[症状] 感染初期，病菌在菇床料面出现白色稀疏丝网状菌丝体，条件适宜菌丝体生长迅速，形成一层较厚并具有韧性的菌被。用手撕扯，有明显丝织物感觉，不易撕开扯断。病菌菌被下面的培养料呈水湿状变黑腐烂。

[病原] *Isoachlya* sp.属鞭毛菌拟绵霉真菌。病菌菌丝纤细，呈之字形。游动孢子囊常从基部分隔处膨大。藏卵器在主菌丝上顶生，常脱落。雄器无或雌雄同丝。游动孢子双游，形状和行为与水霉相似。

[发病规律] 病菌生活于水中或生活在潮湿的有机质上，随带菌水拌料或使用带菌的基料、覆土进入菇床。培养料含水量过高、菇房潮湿，通风条件差，空气湿度接近饱和，极易发生此菌。

[防治方法]

1. 用洁净水拌料和喷洒床面，不使用塘池、河沟和稻田中的污水。

2. 保持培养料适宜的含水量，特别是用水泥地面或不透水的地面做菇床时，培养料的含水量宜控制在65%左右。

3. 发病初期可喷洒72%凯克灵可湿性粉剂800倍液，或69%安克锰锌可湿性粉剂1 200倍液、40%溶菌灵可湿性粉剂800倍液。

水绵霉菌侵染初期

水绵霉菌浸染中期

葡枝霉
Cladobotryum mold

葡枝霉为食用菌重要污染菌，引致病害为蛛网病，又叫霜霉病。主要发生在蘑菇、平菇、金针菇的菇床上，尤其是生料栽培平菇菇床发生最为普遍。阴腐生于食用菌菇床的培养料外，还能寄生于蘑菇、平菇、金针菇的子实体上，明显影响食用菌生产。

[症状] 蘑菇菇床染病，最初在覆土层表面出现一层灰白色绒毛状霉斑，迅速扩展蔓延，使菇床大片染病，严重时可遍及整个菇床。发病覆土呈暗蓝绿色，其上密生肉眼可见的分生孢子梗和分生孢子。受害部位蘑菇菌丝停止生长，最后腐烂，严重病区不出菇。

[病原] *Cladobotryum dendroides* (Bull.)W. Gums et Hooz. 和 *C. variospermum* (Link) Hughes即半知菌树状葡枝霉和变孢葡枝霉真菌，为侵害蘑菇的常见种。病菌气生菌丝白色，致密，棉絮状。分生孢

子梗由气生菌丝生出，直立，轮生或不规则分枝。分枝顶端簇生小梗，小梗似瓶状，顶端尖细，其上着生分生孢子。分生孢子无色，卵圆至长圆形，不易与小梗分离，多为双细胞。

[发病规律] 病菌多生长在潮湿和富含有机质的土壤中。含有机质的覆土为主要初侵染来源。发病后通过喷水和昆虫传播，形成再侵染。相对湿度90%以上最易发病，25℃时菌丝生长最快。病菌孢子不耐高温。适宜温湿度条件下，培养料含水量偏高极易发病，气生菌丝在床面上扩展迅速，喷水使病菌菌丝生长更旺盛。

[防治方法]

1. 暴晒处理覆土，杀死病菌孢子，减少发病。

2. 控制好发菌期温湿度，保持培养料含水量不超过65%和保持空气相对湿度在70%以下，温度不超过25℃为宜。

3. 发病时停止喷水，注意加强通风，除去发病区的覆土，1～2天后再换新覆土。

葡枝霉中期菌落放大

葡枝霉侵染初期

葡枝霉侵染后期

丝内霉
Sporendonema mold

丝内霉又称唇红霉。常在蘑菇菇床上发生，寄生在蘑菇菌丝体上，毁坏菌丝，致覆土表面菇蕾死亡。还分泌毒素抑制蘑菇子实体生长发育，明显影响蘑菇生产。

[症状] 病菌初期在覆土或培养料的表面产生很细的棉絮状白色菌丝，以后随菌龄增加产生孢子，从菌落中心部位开始转为粉红色，最后变成浅黄褐色粉末状。

[病原] *Sporendonema purpurescens* (Bon.) Mason et Hughes属半知菌丝内霉真菌。病菌菌丝无色多隔。分生孢子由老菌丝断裂后形成，圆柱形至圆筒形，逐渐变成椭圆形或圆形。孢子聚集呈粉末状，浅粉红色，后期变褐色。

[发病规律] 病菌生活于各种牲畜粪肥、植物残体、土壤、垃圾上，随培养料、覆土和空气进入菇床。高温高湿，通风不良容易发生。

[防治方法]

1. 搞好蘑菇生产环境的清洁卫生，减少病菌污染。

2. 覆土用甲醛彻底熏蒸消毒灭菌。

3. 局部发生可喷洒含氯量为15%的漂白粉液，或70%代森锰锌可湿性粉剂600倍液。

4. 适当增加菇房通风换气，降低空气温度和湿度，控制病害发生发展。

丝内霉侵染蘑菇床面

丝内霉侵染初期

丝内霉侵染中后期

黏 菌
Myxomycetes

黏菌为食用菌菇床、菌筒及段木的重要竞争性杂菌。分布广泛。主要污染培养料和段木，与食用菌竞争空间和营养。同时还可为害食用菌的菌丝和孢子，显著影响食用菌生产。

[症状] 黏菌经常在平菇室外畦栽的畦面及蘑菇室内床栽的菇床上发生，发展迅速，侵染后半天即可在畦面或床面见到一大团白色菌体。营养体生长阶段多呈羽毛状或网络状向外扩展，与食用菌菌丝不易区别。平菇床面或菌筒受感染，开始在表面出现白色和鲜艳橘黄色胶质状菌团丝体，以后产生粉粒状黏胶质团，即繁殖阶段的黏菌孢子。平菇出菇后黏胶质团迅速从菇柄向菇盖蔓延，逐渐将子实体包裹覆盖，终致子实体倒伏腐烂。严重时未出菇菌筒或菇床就完全毁坏。露地阳畦或温室栽培平菇，此病普遍而严重。用棉籽壳生料栽培金针菇或代料瓶栽猴头菇、黑木耳亦常发生黏菌污染。香菇、木耳、银耳栽培段木常被黏菌污染，造成树皮脱落，致其他杂菌大量滋生，食用菌子实体腐烂。

[病原] 侵害食用菌的黏菌

黏菌侵染前期

黏菌侵染中期

(Myxomycetes)种类较多，涉及四个目。营养体为一团由多核无壁裸露原生质组成，称原生质团。原生质团能作变形虫式运动，在营养生长期可向潮湿、黑暗和有食物之处移动。生殖期向干燥有光的地方移动。停止运动后外生护膜成为子实体。子实体为各种形式的孢子器，内生孢子。孢子具纤维素的细胞壁，成熟后散出，在潮湿环境中萌发，经成对配合形成新的营养体。不同种类的黏菌，菌体颜色不同。侵害平菇的为 *Physaraceae polycephalum* Schw.即淡黄绒泡菌黏菌。

[发病规律] 黏菌广泛存在于自然界，喜生长在阴湿的地面、腐木、枯草、落叶、树皮及青苔上，特别喜欢生长在有机质丰富、环境阴湿的场所，营腐生生活。初次侵染是由空气传播孢子至富含有机质的培养料和土壤上，孢子随培养料、覆土进入菇床。发病后通过营养体自身蠕动、昆虫、人工喷水等传播。孢子也可通过气流、喷水或雨水传播蔓延，形成再侵染。22～25℃适于黏菌生长，空气相对湿度95％～100％，pH5.5～6.5，有机质含量高适宜发病。菇床培养料含水偏高，菇房通风不良，气温也较高，黏菌孢子极易萌发，生长繁殖亦很迅速。

黏菌侵染后期

黏菌侵染平菇菌袋

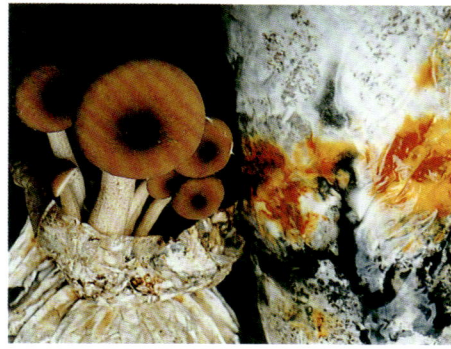
黏菌侵染茶树菇菌棒

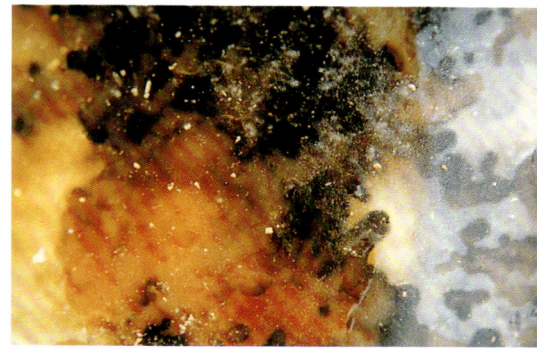
黏菌侵染木耳菌罐

黏菌污染致成批培养料报废

[防治方法]

1. 采用石灰半量式波尔多液(硫酸铜:生石灰:水＝1:0.5:100)拌培养料，每50L清水加入10L波尔多液稀释液。也可用45％特克多悬浮剂3 000倍液拌料。

2. 平菇、蘑菇培养料可通过高温堆制和二次发酵杀灭黏菌。

3. 覆土用甲醛熏蒸灭菌，注意避免过量施用甲醛。

4. 黏菌发生初期，及时铲去菌体及邻近培养料，控制喷水，加强通风，室外畦栽应适当增加光照，防止栽培场所长期处于阴湿状态。必要时选用石灰半量式波尔多液稀释液，或45％特克多悬浮剂3 000倍液喷洒病灶，10天左右1次，视情况防治1～2次。

地碗菌
Peziza fungi

地碗菌为食用菌的重要竞争性杂菌，经常在蘑菇、平菇及生料栽培金针菇菇床上发生为害，大量消耗培养料中的养分，影响食用菌产量和品质。

[症状] 此菌常在食用菌播种后头潮菇前发

地碗菌侵染鸡腿菇床面和地碗菌子实体放大

地碗菌中后期子实体

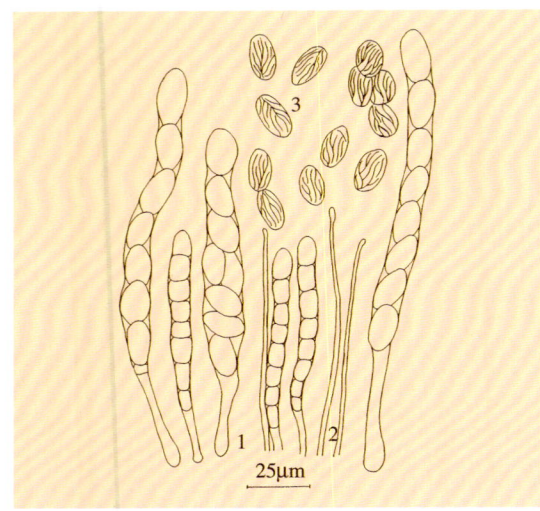

地碗菌生长前期

生。在菇床培养料面上长出初为颗粒状近圆形子实体，中间有一开口，颜色因菌种不同而异。浅黄色至肉桂色，大小如油菜籽至黄豆粒。长大后形成杯状或碗状半透明胶质子囊盘，近无柄，后期颜色变深，边缘开裂呈花瓣状，释放子囊孢子。严重时培养料面上子囊盘密集丛生，食用菌菌丝生长严重受抑制，致出菇少、菇畸形或不出菇。

[病原] *Peziza badia* Pers.和 *P. ostracoderma* Korf.属子囊菌疣孢褐地碗菌和土生硬皮盘菌等真菌。病菌子囊盘碗状，无柄，黄色至肉褐色。子囊上部圆柱形，往下渐细形成长柄。孢子单行排列在子囊上部，椭圆形，无色，光滑或有纹饰（图24-10、24-11）。

[发病规律] 病菌生活于土壤及有机物质上。子囊孢子可随培养料及覆土进入菇床。也可随空气飘浮沉降到菇床上，形成初侵染和再侵染。培养料有机质丰富、菇房潮湿，通风不良极易发生。

[防治方法]

1. 培养料进行高温堆制和二次发酵，利用高温杀灭培养料中病菌。

2. 用料重0.2%的50%多菌灵可湿性粉剂拌料，预防病害发生。

3. 菇床上出现病菌子实体，及时摘除，集中处理，防止扩散蔓延。必要时可用50%扑海因可湿性粉剂1 200倍液，或50%多菌灵可湿性粉剂500倍液喷洒床面。

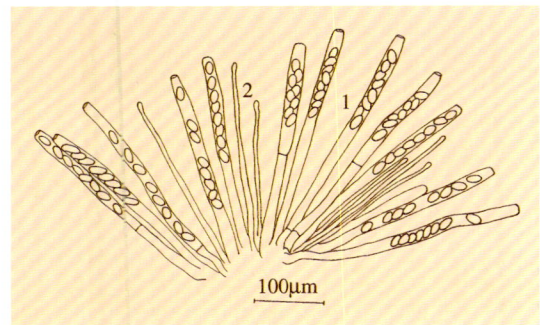

图 24-10 疣孢褐地碗菌
1. 子囊 2. 侧丝 3. 子囊孢子

25μm

图 24-11 土生硬皮盘地碗菌
1. 子囊 2. 侧丝

100μm

地碗菌生长后期

地碗菌后期子实体破裂

疣孢褐地碗菌（*Peziza badia*）侵染平菇覆土

硬皮盘地碗菌（*Peziza ostracoderma*）侵染平菇菌棒

鬼　伞
Inky caps

鬼伞为食用菌的常见竞争性杂菌，是一群生活条件和草菇极相似的腐生真菌。常发生在栽培草菇的草堆上，也发生在培养料堆制发酵不彻底的蘑菇菇床上。

[症状] 鬼伞是草生食用菌，尤其是草菇栽培中最常见、为害最大的一种竞争性杂菌。有时蘑菇菇床上也大量发生。在料面上长出柄细长、初期菌盖弹头状至卵形的伞菌。影响草菇及其他食用菌菌丝正常生长，争夺其养分，造成减产，甚至绝收。

鬼伞（*Coprinus* sp.）

鬼伞（*Coprinus* sp.）

鬼伞（*Coprinus* sp.）

[病原] *Coprinus atramentarius* (Bull.) Fr.、*C. fuscesens* (Schaeff.) Fr.、*C. comatus* (Muell.ex Fr.) Gray、*C. sterquilinus* Fr.、*C. macrorhizus* (Pers.ex Fr.) Rea.、*C. micaceus* (Bull.) Fr.即墨汁鬼伞、光头鬼伞、毛头鬼伞、粪鬼伞、长根鬼伞、晶粒鬼伞等。均属担子菌鬼伞菌真菌。共同特征是菌盖初呈玉白色、灰白色至灰黄色，卵形至弹头形，表面大多有鳞片毛。菌柄细长，中空。老熟时菌盖展开，菌褶逐渐由白变黑，最后与菌盖自溶成墨汁状，孢子存在于墨汁之中。

[发病规律] 鬼伞大多生于粪堆、肥土及植物残体上。稻草、棉籽壳、废棉、麦秆等培养料受潮霉变带有大量鬼伞孢子，使用类似培养料，未经堆制发酵或堆温不高，发酵不良或翻拌不匀，鬼伞孢子未完全杀死，致栽培后鬼伞大量发生。栽培中采用带鬼伞孢子的旧草帘等覆盖，也可引起鬼伞侵染。鬼伞自体溶解后，孢子随墨汁状液体流淌传播，进行再侵染。鬼伞大多发生在高温、高湿的夏季或潮湿基质上，喜酸性环境，培养料过度发酵，pH下降，呈酸性反应时，极易诱发鬼伞大量发生。在中性或碱性环境中，鬼伞菌生长不良。培养料添加麦皮、米糠及尿素过多，或添加未腐熟禽畜粪，堆制发酵产生大量氨气，抑制食用菌菌丝生长，而有利于诱发鬼伞发生。

[防治方法]

1.选用新鲜、干燥、无霉变稻草、棉籽壳等作为栽培用料，使用前暴晒2～3天，杀灭残留在培养料中的鬼伞孢子和其他杂菌。

2.原料堆制和高温发酵，使料温上升达60℃以上，维持3天，并及时翻堆。当料温降至35℃左右进行抢温接种，适当扩大接种量，使食用菌菌丝在菇床上尽快优质生长。

3.准备培养料时，添加含氮量高的辅助材料比例不宜过大，一般麦皮以5%、腐熟的禽畜粪以5%～10%为宜。用含氮素较高的棉籽壳和废棉不必再添加含氮的辅助材料。培养料需适当添加石灰粉，使pH达8～9，抑制鬼伞发生。每潮菇采收后，可用pH为9的石灰水喷洒床面。

4.菇床上一旦发生鬼伞的子实体，须及时摘除，防止孢子扩散传播继续侵染为害。

墨汁鬼伞前期

墨汁鬼伞后期

斑褶菌
Panaeolus fungi

斑褶菌又叫花褶伞，是一类发生在以粪草为培养料的菇床上竞争性杂菌。主要发生在室外栽培草菇的草堆上和室内床栽蘑菇、草菇的菇床上。与草菇和蘑菇争夺养分，影响菌丝正常生长和产量。

[症状] 菇床上长出形态与鬼伞相似，成熟时不自溶，而易破碎的单个或群生伞状菌。其菌盖边缘常垂悬有菌幕残片，菌柄中空，脆骨质。菌褶与柄贴生，菌褶成熟后因孢子残留而呈灰黑相间的花斑。

[病原] *Panaeolus retirugis* (Fr.)Gill.、*P. campanulatus* (Bull.ex Fr.)Quel.、*P. fimicola* (Pers.ex Fr.)Quel.、*P. subbalteatus* (Berk.et Br.) Sacc. 属担子菌网纹斑褶菌、钟盖斑褶菌、粪生斑褶菌、束带斑褶菌真菌。网纹斑褶菌子实体单生或群生，菌盖直径1～3cm，钟形至半球形，顶端钝圆，平滑，幼小及潮湿时呈烟灰色、干时灰色、淡赭色或奶油白色，中部时常有裂纹或网纹，边缘有菌幕残片。菌肉薄，色淡。菌褶直生，稍宽，不等长，初期白色，后变灰色，因孢子集结形成黑色斑点。菌柄圆柱形，与菌盖颜色相同，长5～15cm，粗0.2～0.6cm，上下大小一致，脆骨质，中空，上部色浅，并被粉状物，基部常有白色绒毛。孢子柠檬形，黑褐色，光滑，卵

斑褶菌（钟盖斑褶菌 *Panaeolus campanulatus*）

黑色，大小9～15μm×7～9μm。钟盖斑褶菌菌盖褐灰色，菌柄上部有条纹。粪生斑褶菌菌盖灰褐色或灰白色，表面平滑，菌柄细长。

[发病规律] 斑褶菌在自然界中常于春至秋季群生或散生在草食动物的粪堆或肥沃的土壤上。凡采用食草动物粪便与秸秆类堆制发酵的培养料，特别是在堆制发酵堆温不高，未翻拌均匀的培养料极易发生。孢子由空气传播。

防治方法参见鬼伞防治方法。

2. 蘑菇病害 *Agaricus bisporus* Diseases

蘑菇褐腐病
Agaricus bisporus wet bubble

褐腐病又称蘑菇疣孢霉病、湿腐病、湿泡病、白腐病，是当前蘑菇生产最严重病害。主要为害蘑菇，也为害平菇、草菇、银耳、灵芝等。发病严重时第一潮菇一无所获，损失惨重。

[症状] 此病在蘑菇菌丝开始扭结形成幼小菇蕾期最容易发生。初期在菇床上生出零星白色绒毛状菌丝团，与蘑菇菌丝和菇蕾交织生长形成瘤状菌团，外形如马勃状，一般较正常菇提早3～4天长出，严重时无一健康正常蘑菇，损失严重，或不形成马勃状菌团，不规则菌丝团相互连接很快遍及整个菇床。随着菌龄增长逐渐变

褐腐烂，在其表面产生鸭黄色至琥珀色液滴。幼菇生长期受侵染，多在菇柄基部形成绒毛菌团，致幼菇畸形，有的菌盖小，菌柄膨大，有的菌盖上生出不规则瘤状突起，有的无菌盖，后期病菇基部变褐，渗出黄褐色至红褐色汁液，最后软化腐烂，散发恶臭气味。有时菌柄和菌盖上亦产生病菌绒霉状菌丝，病部畸形，产生琥珀色至黄褐色液滴，最后腐烂。

[病原] *Mycogone perniciosa* Magn.属半知菌

蘑菇褐腐病发病初期

蘑菇褐腐病发病中期

菌盖疣孢霉真菌。病菌菌丝灰白色，疏松，气生菌丝发达。分生孢子梗短，侧生，与菌丝体相似。产生两种类型孢子，即厚垣孢子和分生孢子。厚垣孢子顶生，圆形，双细胞，顶端的一个细胞大，有粗糙的壁和短刺状突起，基部一个细胞半球形

蘑菇褐腐病初期染病子实体

蘑菇褐腐病致菌柄膨大

蘑菇褐腐病致菌柄膨大

蘑菇褐腐病致菌柄软化腐烂

或杯状，壁平滑。分生孢子较小，椭圆形，单细胞，产生在轮生分生孢子梗的顶端。

[发病规律] 病菌主要来源于污染的覆土，病菌孢子亦可在菇房表面存活，或由废料携带到菇房形成侵染。发病后病菌主要通过溅水和菇床水分流失传播蔓延，采菇人员还可通过手、工具、菇箱、工作服传播病菌，菇蝇及其他害虫也可传带。通常覆土带菌引起第一潮菇发病，后几潮发病主要由再侵染传播引起。病菌对环境适应性较强。厚垣孢子在干燥土壤中可存活1年以上，可在水稻田、蔗田、菜地中越夏。病菌生长温度12～32℃，菌丝生长和孢子形成最适温度为25℃。土壤和堆肥中的孢子不耐高温，55℃4 h，或60℃2 h就会死亡。

[防治方法]

1. 从未施用蘑菇废料的地区取土，选用的覆土置于阳光下暴晒，杀灭病菌孢子。

2. 培养料进行二次发酵，保持温度50～52℃持续4～6天，杀灭培养料中的病菌孢子。

3. 覆土被污染，用巴斯德灭菌法(60℃)处理1 h，或将覆土堆成垄状，覆上塑料薄膜，通入热蒸汽，保持土温60～65℃3～4 h，杀

蘑菇褐腐病病菇渗出黄褐色汁液

蘑菇褐腐病重病菇床

蘑菇褐腐病重病菇床

蘑菇褐腐病后期子实体

灭病菌孢子，或覆土上床前，每1m³覆土用36%福尔马林1L加水10kg喷洒，然后用塑料膜密封1～2天后使用，或用50%多菌灵可湿性粉剂500倍液、70%甲基托布津可湿性粉剂600倍液、45%特克多悬浮剂800～1 000倍液喷洒覆土。亦可在覆土后1～5天喷一次，菌丝爬至土表面时再喷一次。

4. 掌握适当播种期，控制菇房温度在15℃以下，使出菇期避开高温发病期。

5. 发病期加强菇房通风，及时清除病菇，停止喷水，保持床面干燥，病菇床面上可撒盐控制病害扩展蔓延，待气温降至10℃左右后再正常喷水。病区也可用1%～2%福尔马林溶液，或50%多菌灵

可湿性粉剂、70%甲基托布津可湿性粉剂500倍液、45%特克多悬浮剂800倍液喷洒。发病严重时需去掉原有覆土，更换新土。采菇及管理人员所用工具及物品需用4%福尔马林溶液消毒灭菌。

6. 做好菇蝇、菇蚊等害虫的防治工作，减少害虫传播病菌。菇房门窗用细眼纱网隔离，定期用0.5%敌敌畏药液喷洒菇房走道、地面、墙壁及周围环境。

7. 对病菇、烂菇及其他腐烂废弃物，及时烧毁或深埋，防止病菌扩散。

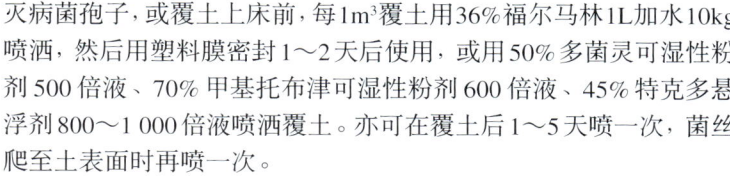

蘑菇褐斑病
Agaricus bisporus dry bubble

褐斑病又称轮枝霉病、干泡病、干腐病，为食用菌主要病害，种植食用菌地区都普遍发生。主要为害蘑菇，也为害平菇、草菇、银耳等，损失严重，最重时可在较短时间内把蘑菇全部毁掉。

[症状] 此病在蘑菇各生育期都可发生，表现症状各异。菇蕾形成初期感病，菇蕾生长发育受阻，形成一团未分化灰白色组织块，直径可达2～2.5cm，较疣孢霉引起的病菇质地紧密干燥，但不腐烂。菌

盖菌柄分化期染病，菌盖朵形不完整，菌柄基部变褐增粗，菌盖歪斜，表层组织起皮翘起，病菇上可产生一层细细的灰白色病菌菌丝，以后病菇干燥变褐，但不腐烂。子实体分化较完全阶段感病，菌盖顶部长出丘疹状小凸起，或在菌盖表面产生浅褐色近圆形病斑，以后逐渐扩大形成不规则形大斑，中央凹陷，空气潮湿长出灰白色霉状物，即病菌子实体。纵切病菇，内部组织干燥，呈黄褐色皮革状，具弹性，不分泌红褐色汁液，亦不散发恶臭气味而区别于湿泡病。轮枝霉病菌喜

蘑菇褐斑病发病前期

蘑菇褐斑病前期菌落放大

热变种侵害蘑菇一般不造成蘑菇畸形，常在菌盖上产生黄褐至暗褐色不定形病斑，边缘不清晰。严重时菌盖上病斑密布，病斑上可产生白色粉尘状霉层，后期病菇呈暗褐色。

[病原] *Verticillium fungicola* (Preuss) Hassebr.

(*V. fungicola* var.*aleop* Hilum) *V. lamellicol* W.Gams 和 *V. psalliotae* Tresch.属半知菌菌生轮枝霉(包括菌生轮枝霉喜热变种)、菌褶轮枝霉和蘑菇轮枝霉真菌。病菌营养菌丝匍匐，无色或淡色，有隔，有分枝。分生孢子梗直立，有隔，有分枝。第一轮分枝轮生、对生或互生，第二轮分枝轮生、二杈分枝或三杈分枝在第一轮分枝上。顶层小梗呈烧瓶状，下部膨大，顶端尖细。分生孢子无色或淡色，单生于小梗顶端，球形、椭圆形或卵形，大小13～16μm×1.5～5μm。通常有一层水膜或黏液包着呈头状簇生在小梗顶端（图24-12）。

[发病规律] 病菌广泛存在于自然界的土壤、有机物内，休眠菌丝可以存活较长时间。带菌覆土是引致发病的初侵染源，菇房带菌亦可引起侵染。发病后形成分生孢子，常被极黏的黏液包着，可黏附在与之接触的任何物体上传播扩散，形成再侵染。尤其尘埃、昆虫、螨类、废料和采菇者所用物品最易传带。病菌亦可随喷水扩散。蘑菇菌丝或发育中的子实体可刺激病菌孢子萌发，萌发后沿蘑菇菌丝束生长，接近菇蕾即形成侵染。病菌喜高温高湿条件，生长最适温度22℃左右，24℃生长最旺。20℃条件下，从感病到出现畸形症状约10天，菌盖出现病斑只需3～4天。喜热轮枝

病床形成未完全分化蘑菇组织团

病菇菌盖形成凹陷坏死斑

病菇菌盖不完整

病菇出现不定形浅褐色斑

病菇柄基部增粗变褐

病菇菌盖丘疹小凸起

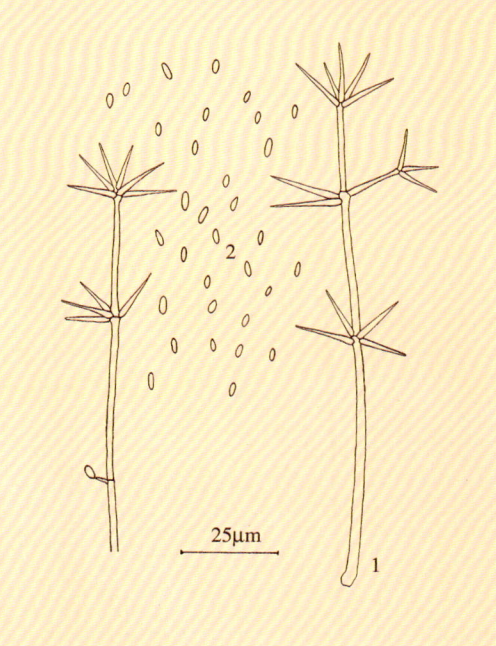
图 24-12　蘑菇褐斑病菌
1. 分生孢子梗　2. 分生孢子

蘑菇菇床受害状

蘑菇褐斑病喜热变种侵染症状

霉变种和蘑菇轮枝霉在更高的温度条件下生长最好。20℃以上，相对湿度90%～95%极易发病。夏秋季高温，覆土太湿，空气湿度高，此病极易暴发成灾。

[防治方法]

1. 搞好菇房及周围环境清洁卫生，培养料进行二次发酵，利用生物热杀死培养料中的病菌。

2. 覆土前，土粒用70～75℃蒸汽消毒30min。

3. 菇房保持低温低湿，出菇期温度降至14℃，相对湿度降至80%～85%，控制发病。

4. 生产期间做好害虫防治工作，防止菇蝇、菇蚊和螨类带菌传播。

5. 发病后，停止喷水，加强菇房通风，及时摘除病菇，并集中处理，切忌乱扔。发病菇床用2%福尔马林或用食盐作局部处理，使用过的工具也可用2%福尔马林或1%漂白粉消毒。产菇结束，对菇房、菇床及一切用具用福尔马林或漂白粉进行彻底消毒，或用福尔马林、硫磺熏蒸。

蘑菇软腐病
Agaricus bisporus Cladobotryum rot

软腐病又叫葡枝霉病、蛛网病、霜霉病、湿腐病。主要为害蘑菇，平菇也受为害。严重时明显影响蘑菇产量和质量。

[症状] 蘑菇全生育期都可受侵染。发病蘑菇不发生畸形，多从菇柄基部开始，逐渐向上蔓延至菇盖。病部初出现水渍状淡红褐至褐色不规则形病斑，无明显边缘，后被蛛丝网状菌丝覆盖，严重时整个菌盖被白色菌丝包裹，甚至连四周覆土亦密布白色病菌菌丝。随着菌龄增加。菌丝逐渐变成水红色，病菇亦逐渐变褐腐烂，稍触动即倒下。

[病原] *Cladobotryum dendroides* (Bull.) W.Gums et Hooz.属半知菌树状葡枝霉真菌。病菌气生菌丝致密，白色，棉絮状。分生孢子梗直立，由气生菌丝产生，不规则分枝，顶端

病菌菌丝包裹菌盖

蘑菇软腐病中期病菇

蘑菇软腐病中后期病菇

轮生小梗，通常3～5个，小梗似瓶状，顶端尖细，其上着生3～5个分生孢子。分生孢子透明，大多为双胞，偶具2隔，卵圆形至长椭圆形，大小16.5～22μm×7～9μm。

[发病规律] 自然状态病菌以休眠状态孢子存在于土壤中。病菌喜潮湿和富含有机质土壤。采用菜园含水量高的土壤作覆土成为初侵

染途径。发病后借喷水和昆虫传播，亦可通过病土和采菇、管理传播，形成再侵染。低温高湿利于病菌孢子萌发和菌丝生长。菌丝生长最适温度为25℃，分生孢子在20℃时萌发率最高，空气相对湿度达100%时，孢子萌发率最高，菌丝生长速度最快，低于82%时孢子基本不萌发。菇房的相对湿度和覆土的含水量越高，发病率也越高。病菌生长最适pH3.4。蘑菇菌丝体有刺激病菌孢子萌发的作用。

[防治方法]

1. 覆土用阳光暴晒处理，或用70℃蒸汽进行覆土消毒，杀灭病菌孢子。

2. 管理防病。蘑菇生长期用2%石灰水喷洒，喷水后注意通风，抑制病害发生。发病后及时除去病土和病菇，控制喷水，用石灰粉撒在病区表面，控制病害扩展蔓延，菇床湿度宁干勿湿，避免人为传播。

3. 局部喷洒2%～5%福尔马林溶液，或用50%多菌灵可湿性粉剂、70%甲基托布津可湿性粉剂500倍液、用80%二氯异氰尿酸800倍液喷洒病区，控制病害发展。

蘑菇软腐病后期病菇

蘑菇软腐病后期腐烂菇

蘑菇菇床受害状

蘑菇菌盖斑点病
Agaricus bisporus Aphanocladium blotch

菌盖斑点病又称丝枝霉病、褐斑病、凹斑病，为蘑菇重要病害。主要为害蘑菇子实体，也为害平菇、香菇、猴头菇等子实体。重时明显影响食用菌生产。

[症状] 蘑菇染病主要在菌盖上产生淡褐色至暗褐色近圆形病斑，稍凹陷，边缘不明显，菌肉组织溃烂。有时病斑上出现裂纹。空气潮湿，病斑表面产生灰白色霉状物，即病菌分生孢子梗和分生孢子。

[病原] *Aphanocladium aranearum* (Petch)W. Gams var. *sinense* J. D. Chen 和 *A. album* (Preuss)W.Gams 属半知菌蛛网丝枝霉中国变种和白丝枝霉真菌。病菌气生菌丝无色，有隔，有分枝。在分隔处或沿匍匐菌丝两侧产生瓶状分生孢子梗。分生孢子梗单生、对生和轮

生,梗顶端着生单个或短链状分生孢子。分生孢子卵形至椭圆形,单胞,无色,平滑。分生孢子成熟后,瓶状分生孢子梗缢缩成线状。

[发病规律]病菌在自然条件下,主要存在于稻田土壤中,随带菌覆土进入菇房,形成侵染。发病后病菇产生分生孢子,通过气流或人工喷水传播蔓延,进行再侵染。

防治方法参见蘑菇褐斑病。

蘑菇菌盖斑点病前期病菇

蘑菇菌盖斑点病前期和初期病斑放大

蘑菇菌盖斑点病中期病菇

蘑菇菌盖斑点病后期病菇

蘑菇镰孢霉病
Agaricus bisporus Fusarium mold

镰孢霉病又称猝倒病、枯萎病、萎缩病。主要为害蘑菇、平菇、银耳等食用菌的子实体,也是食用菌菌种生产中常见杂菌,一定程度影响食用菌生产。

[症状]病菌侵染蘑菇子实体后,生长发育受阻,颜色淡黄,以后停止生长,或变成"僵菇"。病菇菌柄由外向里变褐,有的整个菇体都变褐干腐,一般不腐烂。空气潮湿,病菇菌柄基部可产生白色菌丝和粉红色霉状物,即病菌分生孢子梗和分生孢子。

[病原]*Fusarium solani* (Mart.) App. et Wollenw.、*F. oxysporum* Schl.、*F. lateritium* Nees 属半知菌茄腐皮镰孢霉、尖孢镰孢霉和砖红镰孢霉真菌。病菌分生孢子梗从絮状菌丝垫上生出,单生或集成分生孢子座。产生两种类型分生孢子:大型分生孢子多细胞,镰刀形,无色,基部有一凹痕,两头稍尖细,多3~5隔,大小

16~29μm×3~5μm;小型分生孢子卵形或椭圆形,多为单细胞,少数具1~2个隔膜,形状和大小变化较大。菌丝中间或顶端还可形成厚垣孢子。

蘑菇镰孢霉病病菇褐色干腐

蘑菇镰孢霉病菌盖粉红色霉层

蘑菇镰孢霉病"僵菇"

厚垣孢子直径6～10μm。

[发病规律] 病菌广泛存在于土壤、谷物、植物及腐败的植物残体上。可随培养料和覆土等进入菇房形成侵染。病菇上产生分生孢子通过气流、喷水传播，形成再侵染。菇房通风不良，高温、高湿或菇床覆土太厚等有利于发病。

防治方法参见蘑菇褐斑病。

蘑菇贝勒被孢霉病
Agaricus bisporus shaggy stipe

贝勒被孢霉病又叫菇脚粗糙病、毛柄病。主要为害蘑菇，对产量和质量有一定影响。

[症状] 主要侵染子实体。发病蘑菇菌柄和菌盖变成褐色，随病情加重颜色加深。有时菌盖上产生黄褐色至暗褐色病斑，周围常有黄色斑环，区别于软腐病斑。此病最典型症状是病菇菇柄粗糙、起皮，呈纤毛状，菌柄和菌褶及周围覆土表面常生出病菌粗糙灰白色菌丝。

[病原] *Mortierella bainieri* Const.属接合菌贝勒被孢霉真菌。病菌气生菌丝灰白色，无隔。孢囊梗直立，顶端尖细，中部以下膨大。孢子囊球形，无囊轴，膜易破，成熟时消融。孢囊孢子球形至圆筒形，单细胞，有刺。接合孢子为一厚层交织菌丝所包被。

[发病规律] 病菌为土壤常见真菌，随覆土传播，条件适宜即形成初侵染。发病后产生成群的孢子囊和孢囊孢子进行再侵染。病菌孢子可气生也可水生，借气流、水滴传播。病菌喜潮湿。菇房空气相对湿度高，覆土含水量大，有利于发病。

[防治方法]

1. 种菇前菇房彻底消毒灭菌，培养料经过二次发酵处理杀灭病菌。生长期保持菇房及周围环境卫生，减少病菌传播侵染机会。

蘑菇贝勒被孢霉病黄褐至暗褐色病斑

2. 菇床上发现病菇及时清除，集中妥善处理。病区可用77%可杀得可湿性粉剂500倍液，或77%丰护安可湿性粉剂500倍液喷洒处理，控制病害发展蔓延。

蘑菇贝勒被孢霉病菌柄粗糙

蘑菇贝勒被孢霉病菌柄起皮

蘑菇绿霉病
Agaricus bisporus green mold

绿霉病又称木霉病，为菌种生产及代料栽培食用菌的重要病害。也可为害各种食用菌的子实体。常寄生在蘑菇、香菇、银耳、黑木耳、草菇等子实体上，产生毒素使子实体腐烂，显著影响食用菌产量和品质。

[症状] 蘑菇染病后，先在菌柄一侧出现浅褐色水渍状病斑，逐渐扩展到菌盖。菌盖受侵染，上生小的不定形浅褐色病斑，边缘模糊，以后逐渐扩大，颜色加深，在病斑上生灰白色霉层。病斑部位明显腐烂。严重时菌盖上病斑密布，以后整个子实体被病菌菌丝包裹，病菌菌丝产生分生孢子，颜色由白变成浅绿，最终使整个子实体腐烂。

[病原] *Trichoderma viride* Pers. 和 *T. köningii* Oud.属半知菌绿色木霉和康氏木霉真菌。详见木霉。

[发病规律] 木霉广泛存在于各种泥土和有机质上，分解纤维素能力较强，在富含木质纤维素的基物上极易发生。初期产生大量白色菌丝，以后形成分生孢子呈绿色。分生孢子通过气

流、水滴、昆虫、螨类等传播扩散。病菌喜高温、高湿和偏酸环境，适宜生长温度22～26℃，适宜pH为6以下。各种木霉生长温度有所不同。通常夏、秋季种植蘑菇发病较重。

防治方法参见木霉。

蘑菇绿霉病初期菌柄水渍状

蘑菇绿霉病病菇开始腐烂

蘑菇绿霉病菌盖不定形浅褐色病斑

蘑菇绿霉病后期菌盖覆满灰色霉层

蘑菇细菌性褐斑病
Agaricus bisporus bacterial blotch

细菌性褐斑病又叫托拉斯假单胞杆菌病、锈斑病、斑点病，为蘑菇的重要病害。分布广泛，发生普遍。常在秋季发生。主要为害蘑菇和平菇的子实体，损失严重。

[症状] 蘑菇常在发育早期发病。病菌多从结水的部位开始侵染，在菌盖表面形成浅褐色病斑，以后颜色加深，呈暗褐色至深锈褐色，中央凹陷。随病害发展，病斑相互汇合形成褐色坏死斑块。空气干燥，病斑干枯开裂，形成不对称菌盖。菌柄染病，形成纵向病斑。菌褶通常很少发病。病斑一般发生在浅层，超过皮下3mm菌肉极少变色。发病轻或条件不适时症状表现不明显，待采收后才出现病斑。特别是在变温条件下，水分凝聚在菌盖表面，极易发生病变，严重影响产品的质量。

[病原] *Pseudomonas tolasii* Paine 属假单胞菌托拉斯假单胞杆菌细菌。病原细菌为短杆状，两端钝圆，一端或两端有一根或多根鞭毛，革兰氏染色阴性，

大小1.0～1.7μm×0.4～0.5μm。在蛋白胨琼脂培养基上菌落乳白色，稍隆起，表面光滑，圆形，边缘整齐，具明显荧光。

[发病规律] 病菌广泛存在于自然界。培养料、覆土、管理用水是引致发病的主要初侵染源。含蘑菇孢子的空气、昆虫、人工喷水也可传播病害。一般菇房温度15℃以上，湿度85%以上容易发病。特别是菌盖表面较长时间保持一层水膜的条件下，病菌的繁殖速度快，几小时就可完成侵染而产生病斑。通常，管理温差大，蘑菇表面结露，有利于发病。不同品种间存在抗性差异。

[防治方法]
1. 因地制宜选用抗病品种。

蘑菇细菌性褐斑病初期病斑

蘑菇细菌性褐斑病坏死菇

2. 搞好菇房消毒和管理用水水质净化。菇房四壁及地面、床架等用8%漂白粉溶液消毒。栽培用普通水，可先用0.015%～0.02%漂白粉消毒。

3. 培养料充分发酵，用甲醛认真处理栽培用覆土。

4. 加强生长期温、湿度管理。每次喷水后及时通风换气，保持菌盖表面干燥，防止病菌侵染繁殖。

5. 发现病菇及时清除，暂停或控制喷水，加强菇房通风，尽快使相对湿度降到85%以下。病区可喷洒漂白粉500～600倍液，或链霉素(四环素)5000～8000倍液、47%加瑞农可湿性粉剂600～800倍液、5%石灰水上清液。也可在菇床上撒一薄层石灰粉。

6. 蘑菇生长期及时防治各种害虫，尤其是菇蝇、菇蚊和螨类等，减少病害传播。

蘑菇细菌性褐斑病中期病斑

蘑菇细菌性褐斑病贮藏期病菇

蘑菇细菌性褐斑病中后期病斑

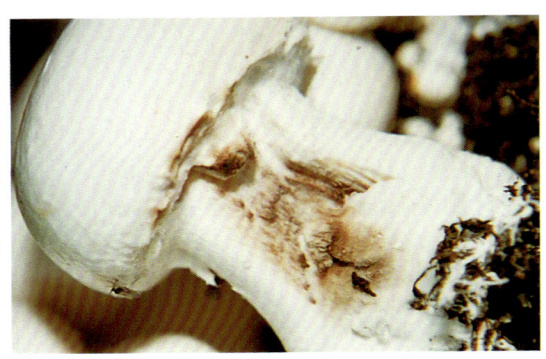

蘑菇细菌性褐斑病菇柄病斑

蘑菇细菌性凹点病初期病斑

蘑菇细菌性凹点病
Agaricus bisporus bacterial pit

细菌性凹点病为蘑菇一般性病害，少数菇房发生为害，一定程度影响蘑菇产量与质量。

[症状] 主要侵害菌盖。多在菌盖形成初期侵染，随菌盖生长，在其表面产生近圆形、显著凹陷、灰褐色至褐色病斑，有的暗褐色至黑色。潮湿时病斑因细菌存在略具光泽。通常病斑较稀疏。严重时多个病斑连接成片，显著影响蘑菇质量。

[病原] *Bacillus polymyxa* (Prazmowski) Migula 属黏芽孢杆菌细菌。病菌菌体短杆状。

[发病规律] 常在后期几潮菇上发生。菇房高湿、螨类、线虫严重，病害相对严重。

[防治方法] 目前尚无成熟的防治技术。可参见细菌性褐斑病。注意杀灭培养料和覆土中的病菌和害虫等。

蘑菇细菌性凹点病中期病斑

蘑菇细菌性凹点病后期病斑

蘑菇黄色单胞杆菌病
Agaricus bisporus Xanthomonas rot

黄色单胞杆菌病又称细菌性斑点病。主要为害蘑菇。多发生在秋菇后期，严重时蘑菇成片坏死腐烂，显著影响蘑菇产量和质量。

[症状] 仅为害子实体。在子实体分化的各个发育阶段均受侵染，不侵染菌丝。多表现幼小菇蕾、生长期蘑菇和成熟子实体发病。发病初期菌盖表面产生浅茶褐色至黄褐色斑块，形状不规则，随菇体生长，褐色斑块逐渐扩大，并不断深入菇肉内部，使子实体变褐或呈黑褐色坏死萎缩，最后腐烂。

[病原] *Xanthomonas campestris* 属蘑菇黄色单胞杆菌细菌。病菌菌体杆状，仅具一根端生鞭毛，大小1～2μm×0.6～0.8μm。在PDA培养基上菌落淡黄色，光滑，边缘整齐。革兰氏染色阳性。

[发病规律] 病菌初侵染来源尚不清楚。病原细菌不耐高温，50℃经10min可全部杀死。室内人工培养生长最适温度为

21～25℃。引起子实体发病温度为10～15℃。病菌可通过菇房喷水和采菇人员的手传播，条件适宜扩散迅速，从出现褐色病斑到整个菇体死亡腐烂只需3～5天。

[防治方法]

1. 发现病菇及时清除，集中妥善处理，并注意控制喷水，防止病害蔓延。

2. 选用47%加瑞农可湿性粉剂500倍液，或50%多丰农可湿性粉剂800倍液、77%可杀得可湿性粉剂500倍液或链霉素、氯霉素、四环素5 000倍液喷洒床面，抑制病害发展。

蘑菇黄色单胞杆菌病初期病斑

蘑菇黄色单胞杆菌病中后期病斑

蘑菇黄色单胞杆菌病初期病斑

蘑菇黄色单胞杆菌病干湿交替环境下病菇

蘑 菇 干 腐 病
Agaricus bisporus mummy

干腐病为蘑菇重要病害，通常发生较少，仅部分地区部分菇房发病。一旦发生，大批蘑菇死亡，甚至造成后几潮菇无收获，损失严重。

[症状] 蘑菇发病后，畸形，茶褐色，蘑菇菌盖常常歪斜，菌柄基部菌丝呈索状，病菇较健蘑菇根更发达，柄基部稍膨大。病菇一般不腐烂，随病害发展逐渐萎缩干枯，内部组织亦逐渐变褐。若病菇菌盖从菌柄上断下来，在菌盖着生部位可以看到许多针尖大小褐

色小点或暗褐色病变，其病菇组织发干。有经验者将菌柄切开或剪下，一摸即可判断此病。

[病原] *Pseudomonas* sp.属假单胞杆菌细菌。病菌菌体杆状，两端钝圆，端生鞭毛。琼脂培养基上形成白色圆形菌落，用病菌作感染试验接种蘑菇菌种，2～3周后即出现干腐病症状。

[发病规律] 一般认为干腐病病原菌是沿蘑菇菌丝传播的，若蘑菇丝相互连接，病害就会沿着菇床或沿着菇盘之间蔓延，传播迅速，大约每天扩散0.6m。菇箱、菌袋或菌砖栽培时，如果箱、袋、砖之间菌丝未相互接触，干腐病不向外

传播。此外，发病菇床覆土亦有可能传带病菌。通常培养料发酵灭菌不彻底，或发酵期间培养料过湿，病害发生严重。据观察，蘑菇品种间发病程度差异较大。有关报告指出，干腐病发生与伏革菌木腐菌有关，特别是利用被木腐菌感染过的菇床，可成为干腐病病原菌的来源。

[防治方法]

1. 备料时适量浇水，防止培养料预热发酵期过湿。

2. 防止病健区蘑菇菌丝连接，杜绝病害蔓延。长方形菇床每隔一段用一条塑料薄膜隔开，或在病区外端扒开一条宽约20cm隔离沟，沟内和两侧可喷0.5%福尔马林，或47%加瑞农可湿性粉剂600倍液，病区表面覆盖薄膜，限制病害蔓延。菇箱栽培应小心隔离菇箱，确保病健菇箱隔离。

3. 栽培结束，彻底熏蒸处理菇房，染病菇箱和菌床用福尔马林或加瑞农溶液重点处理。

蘑菇干腐病蘑菇受害状

蘑菇干腐病病菇放大

蘑菇病毒病
Agaricus bisporus virus disease

蘑菇病毒病，又称顶枯病、褐色蘑菇病、菇脚渗水病、法国蘑菇病。严重程度与感病期早晚有关。一般损失都很重，为世界性普遍发生的病害。

[症状] 全生育期都可发病。菌种带病毒，在培养期间菌丝生长缓慢、稀疏，颜色变褐，菌落边缘不整齐。播种带毒菌种，蘑菇发育早期即发病，菇床上菌丝生长缓慢，发菌不匀，出菇少或不出菇，显著影响产量甚至绝收。蘑菇菌丝体生长期，带毒担孢子降落在菇床上萌发引起发病，表现第一潮菇生长正常，产量几乎不受影响，以后几潮病菇逐批增多，产量逐批下降。长出子实体表现各种畸形：菌盖小、菌柄长或向一边弯曲；菌盖小、菌柄膨大呈球形；菌盖半球形、菌柄上粗下细呈"钉头状"；菌盖与菌柄无差别，或菌盖薄而平展、早开伞等。病菇产生担孢子较只有正常菇担孢子1/2~1/4，萌发较快。发病子实体症状表现与菇房生态条件有关。空气干燥、子实体萎缩，变褐或呈橡皮状。潮湿条件，菇柄膨大或细长，或出现水渍菇、水柄菇。蘑菇后期染病，对产量无明显影响。

[病原] 几种病毒。已从感病蘑菇子实体中分离到6种病毒粒子，分别为直径19、25、

蘑菇病毒病——小盖菇

蘑菇病毒病——水柄菇

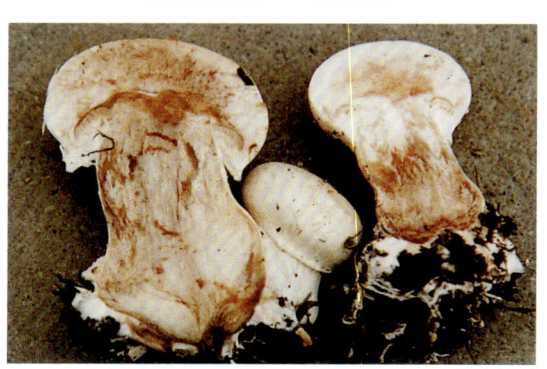
蘑菇病毒病——歪柄菇

蘑菇病毒病——粗柄菇

29、35、50nm的球形粒子和19nm×50nm的杆形粒子。英国把直径25nm、29nm的球形粒子、19nm×50nm的杆形粒子和直径为35nm、50nm的球形粒子，分别称为病毒1号、2号、3号、4号和5号。其中，病毒1号和4号现在最常见，常在一起发生。

[发病规律] 此病主要以带毒蘑菇孢子和菌丝进行传播。使用带毒菌种及菇床上潜伏有带毒菌丝或孢子是引起发病的主要原因。生长旺盛的蘑菇菌丝能刺激带毒蘑菇孢子萌发。无病菌种长出的蘑菇菌丝和感病蘑菇孢子长出的蘑菇菌丝融合，会传播病毒，致子实体发病。

[防治方法]

1. 培育和选用无毒菌种。

2. 播种后用地膜或旧报纸覆盖

床面，防止带毒孢子降落到培养料中，覆土前，每5～6天喷洒一次0.5%福尔马林溶液。

3. 生产前菇房彻底消毒。生产结束后及时清除废料，床架及用具彻底消毒灭菌。可用1%碳酸钠与2%五氯酚钠混合液涂刷后，再用5%福尔马林溶液喷洒菇房的墙壁、地面及床架，亦可用硫磺熏蒸消毒。

蘑菇病毒病——无盖菇

蘑菇病毒病——大肚菇

蘑菇菌丝徒长
Agaricus bisporus hypha hypertropy

蘑菇菌丝徒长为非侵染性生理病害。各地时有发生。重时明显影响产量。

[症状] 蘑菇播种后，菌丝生长旺盛，持续不断往覆土表面生长，在覆土表面形成一层较厚的、细密的、不透水"菌被"或"菌皮"状菌丝体，而不形成子实体，或推迟出菇，降低蘑菇产量。

[病因] 菌丝徒长主要由菇房温度过高，通风不良，空气湿度和二氧化碳浓度偏高所致。其次是播种偏早，播种后温度较长时间处于20～25℃，适宜于菌丝生长而明显高于子实体形成最适温度13～16℃，不利于子实体形成。此外，与菌种种性有关。在扩接原种时气生菌丝

挑取过多，或使用在菌种瓶中就表现有菌丝生长过旺的原种或栽培种，亦会造成菌丝徒长。

[防治方法]

1. 选用在菌种瓶中未结菌皮，种性良好的菌种播种。

2. 适期播种，出菇期保持温度16℃以下，使温度适宜于子实体形成。

3. 菇床覆土表面一旦出现菌被，程度轻时重新覆一层新土，并在早晚天气凉爽时喷水，适当增加通风。菌被连接成片时，采用齿耙在覆土表面来回轻轻耙破联结的菌被，增加通风量，降低空气湿度。若菌被中开始出现生长不良菇蕾，可用竹签在菌被处插几个小孔洞，增强透气性，促使菇蕾健壮生长。

蘑菇菌丝徒长形成"菌被"

"菌被"放大

蘑菇成团

菇蕾成丛

蘑菇成团　菇蕾成丛
Agaricus bisporus sclerodermoid mass and clump

　　蘑菇成团和菇蕾成丛均为较严重生理病害，各地都有发生。通常一定程度影响产量和质量。亦影响管理或采收。严重时可造成显著减产。

　　[症状]　蘑菇成团表现为较大的蘑菇子实体成堆发生，每一团蘑菇密度大、数量多，与出菇不均匀，即菇床形成蘑菇子实体不均匀分布明显不同。菇蕾成丛则表现为很小的蘑菇子实体密集丛生，很少发育长大。

　　[病因]　蘑菇成团和菇蕾成丛均为非侵染性生理病害。蘑菇成团主要是由于蘑菇形成菇蕾时期出现周期性低温，而菇蕾成丛是由于温度、湿度等极端有利于菇蕾形成，部分分化的蘑菇组织连接成片而阻碍了子实体生长。这种极端情形与菌丝徒长形成"菌被"极其相似，只是菇房较长时间低温13～16℃，更有利于子实体生长发育而已。但菌种间存在明显差异。

　　[防治方法]

　　1. 选用低温对子实体形成相对不敏感的菌种。

　　2. 加强蘑菇生长期的温、湿度管理，防止温度周期性波动，尤其在冬、春冷暖交替变化频繁季节，避免或减少发病。

　　3. 发病初期提高管理温度，或打重水，控制病害发展。

蘑菇畸形——裂盖

蘑 菇 畸 形
Misshapen *Agaricus bisporus*

　　蘑菇畸形为蘑菇生产中极为重要的非侵染性病害。发生极普遍，一般畸形菇数量5%～10%，严重时20%左右，最重可达80%以上。显著影响蘑菇的经济价值。

　　[症状]　畸形菇与正常蘑菇边缘整齐相比，菌柄粗短，菌盖半圆形，形态明显不同，常见畸形菇有：

　　菌盖不规则：有的向一边歪斜伸出；有的表面高低不平；有的形状不圆整；有的产生水锈斑；有的菌盖边缘向上翻翘，菌盖上露出水红色菌褶，俗称"玫冠菇"；有的菌盖小，柄长。

　　菌盖小或薄，菌柄异常：有的盖小柄长；有的盖小柄基部或中部膨大；有的盖薄柄长，早开伞；有的盖小柄大，俗称"罗汉菇"。

　　草帽菇：即菌盖草帽状，柄短或无。

蘑菇畸形——裂盖放大

蘑菇畸形——菌盖锈斑

地雷菇：菇蕾在覆土底层或料内形成，迟迟不出菇，根长，形似地雷，俗称"地雷菇"。

空根白心菇：菇柄髓部形成白色空心。

硬开伞：子实体生长发育未成熟，菌盖、菌柄就分离裂开，露出粉红色菌褶。

[病因] 畸形菇主要由于环境等非生物因素不适合蘑菇正常生长发育所致，原因有几个方面：

1. 覆土土粒粗大，且大小差异过大；土质过硬，致菌盖生长不规则。如覆土表层较干，底层及料内温、湿度条件适宜子实体形成，则容易产生地雷菇。覆土含水量不足，空气相对湿度低，喷水不及时，子实体得不到充足的水分，则容易产生空根白心菇。蘑菇喷水后，未及时通风换气，菇房湿度过大，水珠凝结在菇盖表面，则容易形成水锈花斑菇。蘑菇受烃类、酚类及其他一些化合物(如柴油、柴油或汽油发动机废气及木焦油的一些成分)的污染，易形成"玫瑰菇"。

2. 菇房温度超过23℃，通风不良，二氧化碳浓度超过0.3%，容易引起死菇，或盖小柄长畸形菇。温度低于12℃和受某些药物影响，容易形成盖小柄粗等畸形菇。

3. 气温波动太大，昼夜温差达10～15℃，或受寒流侵袭，菌盖菌柄生长不平衡，致幼菇僵硬不发，硬开伞。再遇高温低湿，幼菇密集，极易出现盖薄早开伞。

[防治方法]

1. 选择适宜的覆土材料。宜选用湿而不黏、干而不散、疏松透气、保水力强的塘泥、泥炭土等做覆土材料，土粒大小均匀，不宜过粗。适时适量喷水和通风。

2. 出菇期加强菇房温湿度管理，保持温度

蘑菇畸形——无盖菇

蘑菇畸形——大肚菇

蘑菇畸形——大肚菇发生状况

蘑菇畸形——草帽菇

蘑菇畸形——悬空菇

蘑菇畸形——斜腿菇

蘑菇畸形——硬开伞

12～16℃，湿度85%～90%，并注意通风。外界骤冷骤热，或过冷过热，需针对性采取保温、送暖或通风、降温管理措施，保持菇房相对适宜稳定的温湿度环境。

3. 必要时在子实体豆粒大时，喷洒0.05%丰产素或喷施宝。也可喷施其他蘑菇专用营养素，防治畸形菇和其他生理病害的发生。

蘑菇干裂——鱼鳞状干裂

蘑菇干裂
Agaricus bisporus dry split

蘑菇干裂为蘑菇一般性生理病害。各地时有发生。发生程度因管理水平而异。通常轻度影响生产。严重时显著影响产品质量。

[症状] 干裂主要表现蘑菇菌盖呈鱼鳞状放射开裂，或形成不规则裂口，菌柄沿纵横向开裂，裂开的组织向上下翻卷。

[病因] 开裂主要由于菇房通风太勤，空气过度干燥，温度和培养料较适宜子实体生长，使子实体表层组织快速失水收缩，最后开裂。

[防治方法] 加强温、湿度协调管理，适时喷水，适量通风。

蘑菇干裂——菌盖放射开裂

蘑菇干裂——花瓣状开裂

蘑菇干裂——菌柄干裂

蘑菇死菇
Dead *Agaricus bisporus*

蘑菇死菇为非侵染性生理病害。各地都时有发生。明显影响蘑菇产量。

[症状] 蘑菇在形成第一批菇蕾后，菇床上的小菇蕾萎缩、变黄、未长大就死亡。严重时小蘑菇亦成批、成片死亡。

[病因] 蘑菇子实体形成以13～16℃为最适宜。如果播种过早，出菇后遇22℃以上高温，或产菇期间温度连续超过22℃，形成的菇蕾不但不能良好生长，反而将其中的养分向菌丝体输送，形成养分倒流，造成死菇。此外，菇房通气不良，菇床上产生的热量不能很快散发，二氧化碳浓度过高，子实体生长过密，营养供应不足，亦可造成部分菇蕾死亡。

[防治方法]

1. 根据生产和气候条件，合理安排栽培季节，使出菇期避开高温时期。

2. 调节和控制菇房保温性能，防止昼夜温差过大。

3. 菇蕾形成和生长期，适时适量喷水，加强通风，避免菌丝长出土面和子实体生长过密，因养分供应不足造成死菇。

蘑菇死菇菇床受害状

蘑菇死菇放大

3. 平菇病害 *Pleurotus ostreatus* Diseases

平菇青霉病
Pleurotus ostreatus blue green mold

平菇青霉病又称绿霉病，为平菇常见病。分布较广。既为食用菌制种及代料栽培的污染菌，也是侵染平菇、蘑菇、凤尾菇、香菇、猴头菇、草菇、金针菇等食用菌子实体的重要病原菌。一般零星发病，重时明显影响平菇产量和品质。

[症状] 此病多以生长瘦弱的幼菇或采菇后遗留在菇床的菇根、菇桩开始侵染。幼菇发病多从顶端开始侵染，向下发展，呈黄褐色枯萎，生长停止，病部表面产生灰绿色粉状霉层，即病菌分生孢子梗和分生孢子。霉层下面组织腐烂，并向邻近扩展蔓延，引致健菇菌柄基部呈黄褐色腐烂，由基部向上发展。

平菇青霉病侵染菌褶

平菇青霉病侵染残存子实体

[病原] *Penicillium* sp.属半知菌青霉菌真菌。病菌分生孢子梗呈帚状分枝,产孢小梗呈瓶梗状,分生孢子单胞,近圆形,无色,串生。

[发病规律] 青霉菌为弱寄生菌,可寄生或腐生于多种有机质上,健壮正常食用菌一般不易受侵染。只有当培养料酸性过强,含水量低,空气干燥以及菇蕾丛生,水分和养分供应不足,幼菇生长衰弱的情况下,或残留在菇床的菇根未及时清除时才有利于发病。

[防治方法]

1. 拌料时加入干料重1%的生石灰,适量打水,调节好培养料的含水量及酸碱度。采完第一潮菇后喷洒2%的石灰水上清液,使培养料保持弱碱性。

2. 及时清除床面衰弱的幼菇和采收后残留在菇床上的菇根,预防病害发生蔓延。

3. 发病期可喷洒50%多丰农可湿性粉剂800倍液,或50%施保功可湿性粉剂1 500倍液、25%施保克可湿性粉剂800倍液、50%扑海因可湿性粉剂1 500倍液。

平菇软腐病
Pleurotus ostreatus Mucor rot

平菇软腐病又称毛霉病,为平菇主要病害。分布较广。多在阳畦和温室栽培平菇时发生。一定程度影响平菇产量和质量。

[症状] 主要为害平菇。多从菌柄基部开始侵染,逐渐向上发展。也可从菌盖开始发生。发病子实体呈淡黄褐色水渍状软腐,表面黏滑,一般无恶臭气味。病菇表面菌丝在喷水后不易看到。

[病原] *Mucor mucedo* (L.) Fres.属接合菌高大毛霉菌真菌。病菌在马铃薯蔗糖琼脂培养基上菌丝繁茂、粗壮,气生菌丝发达,灰白色,疏松,产生孢子囊后转变成灰黑色,肉眼可见到许多小黑点,即病原菌大型孢子囊。菌丝无隔。孢囊梗直立,不分枝,顶生球形大型孢子囊,有时孢囊梗基部长出分枝,形成小型孢子囊。孢子囊初为浅黄色,后变灰黑色。孢囊孢子椭圆形至近短柱形,单胞,光滑,无色或暗黄色,大小6~19μm×3~11μm。

[发病规律] 病菌可在多种有机质上存活,空气中到处都飘浮着孢囊孢子,沉降到菇房床面只要有一定温湿度条件就可萌发成菌丝。菇房高温、高湿,通风不良,子实体成熟后未及时采收,或喷水过多,有利于病害发生。

[防治方法]

1. 防止菇房高温、高湿和床面积水。

2. 子实体成熟后及时采收,及时防治菇蝇、菇蚊和螨类等害虫。

3. 温度较高时喷水后注意加强通风。

平菇软腐病前期病菇

平菇软腐病侵染幼菇

平菇软腐病中后期病菇

平菇软腐病干燥状态病菇

平菇指孢霉病
Pleurotus ostreatus Dactylium mold

指孢霉病为平菇常见病。各地都零星发生。多在发菌期为害,亦可侵染子实体。严重时显著影响平菇产量和品质。

[症状] 病菌早期在培养料面上产生棉絮状菌丝层,抑制平菇子实体形成。子实体形成后染病,多侵害菌柄基部,病菇生长缓慢,或停止生长,颜色逐渐变深。随病害发展病菇呈黄褐色坏死腐烂。病菌絮状菌丝可向上扩展到整个子实体,在其表面产生较厚的灰白色霉层,即病菌分生孢子梗和分生孢子。

[病原] Dactylium dendroides Fries 属半知菌指孢霉真菌。详见竞争性杂菌指孢霉。

发病规律、防治方法参见竞争性杂菌指孢霉。

平菇指孢霉病初期病菇

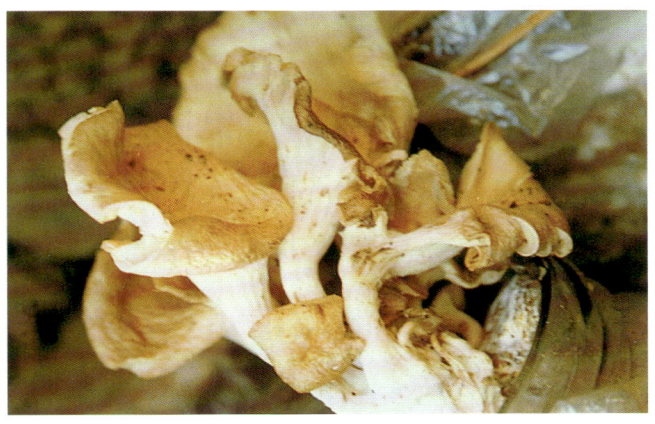
平菇指孢霉病死亡子实体

平菇指孢霉病死亡幼菇

病菇后期表面覆满白色霉层

平菇蛛网病
Pleurotus ostreatus Cladobotryum rot

蛛网病为平菇一般性病害。分布较广。通常发病期较短,零星子实体染病。严重时明显影响平菇生产。

[症状] 主要侵害子实体。多从菌柄基部开始发病,产生蛛网状菌丝,逐渐向上发展蔓延到菌盖,使病部呈浅黄色水渍状病变,发病后期整个子实体被蛛网状菌丝所包裹,终致子实体全部腐烂。

[病原] Cladobotryum dendroides (Bull.) W. Gums et Hooz.属半知菌树状葡枝霉真菌。详见蘑菇软腐病。

发病规律、防治方法参见蘑菇软腐病。

平菇蛛网病病菇

平菇细菌性腐烂病
Pleurotus ostreatus bacterial rot

细菌性腐烂病为平菇重要病害。部分地区发生。多见于温室或坑道栽培。重时明显影响平菇生产。此病还侵害凤尾菇等食用菌。

[症状] 平菇染病后，在菌盖或菌柄上出现淡黄色水渍状不定形病斑。高温、高湿，病斑扩展迅速，终致菌盖或菌柄呈淡黄色水渍状腐烂，散发出恶臭气味。

[病原] *Pseudomonas* sp.属假单胞杆菌荧光假单胞菌细菌。病菌在肉汁胨琼脂培养基上菌落乳白色，圆形，表面光滑、黏性，具明显荧光反应。

[发病规律] 此病发生规律目前尚不清楚。偶在温室、地道、阳畦栽培平菇上发病。温暖潮湿，特别是高湿有利于发病。病害通过喷水传播扩散，害虫等亦可传染。

[防治方法]

1. 加强管理，控制菇房空气湿度不超过95%，防止子实体表面较长时间积水，每次喷水后注意通风换气。

2. 发病后及时清除病菇，适当控制喷水，可选用47%加瑞农可湿性粉剂600倍液，或新植霉素、链霉素5 000倍液喷洒床面。

3. 做好对菇蝇、菇蚊的防治工作。

平菇细菌性腐烂病中后期病菇

平菇细菌性腐烂病后期病菇

平菇病毒病——菌盖卷曲

平 菇 病 毒 病
Pleurotus ostreatus virus disease

病毒病为平菇重要病害。各地普遍发生。形成各种畸形菇，造成明显减产，经济损失严重。

[症状] 染病菇床在菌丝体生长阶段无明显病变，出菇后症状明显。在子实体原基形成后，染病子实体表现出多种畸形，常见类型有：

1. 菌柄膨大型。菇柄膨大呈近球形或泡状或烧瓶形，不形成菌盖或只形成很小菌盖，或只在近球形子实体顶面保留菌盖的痕迹，后期产生裂缝，露出白色菌肉。

平菇病毒病——菌柄肥大

平菇病毒病——鱼嘴状菌盖

2.盖柄畸变型。菌柄变扁和弯曲，表面凹凸不平，或有瘤状突起，菌盖变小，畸形，具深的缺刻，呈歪曲波浪状。

3.盖柄斑纹型。菌盖和菌柄上出现明显水渍状条纹或条斑，菌盖皱褶，子实体明显瘦小。

[病原] 一种病毒。在电子显微镜下平菇病毒粒子大小多一致，球状，直径25nm。

[发病规律] 平菇病毒粒子存在于菌丝细胞内，主要通过菌丝传播。使用带有病毒的菌种是发病的主要条件。此外，带有病毒的平菇孢子降落到菇床上也可引起发病。

防治方法参见蘑菇病毒病。

平菇病毒病——菌盖波浪形

平菇病毒病——无盖菇

平菇病毒病——烧瓶菇

平菇病毒病——喇叭菇

平菇病毒病——顶花菇

平菇病毒病——干缩菇

子实体成团为平菇较重要生理病害。各地时有发生。以日光温室栽培较常见。严重时明显影响平菇产量和质量。

[症状] 主要表现为子实体原基形成后，大批分化幼菇并形成菌盖，使子实体紧密丛生，成堆集结，不能正常发育长大成商品菇。

[病因] 造成子实体成团主要原因是子实体原基形成期、幼菇分化期和菌盖形成期环境条件过

平菇子实体成团
Pleurotus ostreatus sclerodermoid mass

度适宜于菌种要求，使培养料养分供应分散，不能很好地集中利用。

[防治方法] 根据菌种特性，调整各个生育时期的环境条件，打破平菇生长发育的代谢平衡。此外，可参考蘑菇成团、菇蕾成丛防治，促使平菇正常出菇。

平菇子实体成团

平菇高脚型畸形

平菇高脚型畸形病
Drumstick mushroom of *Pleurotus ostreatus*

高脚型畸形病亦为平菇较重要生理病害。坑道栽培平菇时发生较普遍。露地栽培保温及遮光和草席过厚，揭席、揭膜不及时也可发病。严重时明显影响平菇生产。

[症状] 平菇子实体菌柄偏长，菌盖较小，颜色苍白，整个子实体外形好像高脚酒杯一样。

[病因] 主要原因是菇床光照偏弱，分化后期菇场通风换气不良，氧气不足和出菇期间气温偏高。

[防治方法]

1.平菇子实体生长发育阶段，保证提供所需光照，照度达 10 lx 以上。

2.增大昼夜温差，促使正常子实体形成，特别在坑道或用地下菜窖栽培平菇时尤为重要。

平菇珊瑚畸形病
Pleurotus ostreatus coral fruitbody

珊瑚畸形病亦为平菇较重要生理病害。多发生在矿山坑道栽培平菇菇床上，温室和阳畦栽培偶尔也发生。发病后明显影响平菇生产。

[症状] 在子实体原基形成后，长出较长而粗的菌柄，但菌柄长到一定程度时，不进一步分化形成正常菌盖，而在顶端分枝处长出许多小菌柄，并可继续分枝，形成珊瑚状子实体，颜色苍白，最后仍无菌盖或形成小的菌盖，完全无正常子实体形成。

[病因] 此病主要因二氧化碳浓度过高和光照太弱引起。据测定，出现此类畸形菇床二氧化碳气体浓度在 1500μl/L 左右，光照强度仅 1~2 lx。

[防治方法]

1. 当子实体原基开始形成以后，每天保持两次以上通风，使床面空气二氧化碳浓度不超过 1 000μl/L。

2. 保持二氧化碳浓度不超过 1 000μl/L 的同时，每天保持 4~6 h 光照，强度达 5lx。

3. 当床面发现珊瑚状畸形子实体时，及时清除，加强出菇管理，改善通风和光照条件，满足平菇子实体形成对氧气和光照的要求，恢复正常出菇。

平菇珊瑚畸形

平菇花菜型畸形病
Pleurotus ostreatus cauliflower fruitbody

花菜型畸形病为平菇的重要生理病害。常在坑道和菜窖栽培的平菇菇床上发生。阳畦或温室栽培揭膜过迟，未及时进行通风换气亦可发病。发病后明显影响平菇生产。

[症状] 平菇子实体原基形成后，不能进一步分化形成幼菇，更不能分化形成菌盖，而是呈桑椹状原茎不断增长，小柄不断分枝，顶端只形成很小一点的球状菌盖。以至原基团不断长大形成好似花椰菜球似的球形或半球形的子实体原基团，完全无正常平菇子实体。

[病因] 主要是由于二氧化碳气体浓度和空气相对湿度过高所致。据测定，出现花菜型畸形子实体的菇床床面上的二氧化碳气体浓度均高于1 800μl/L，个别达 2 500μl/L，空气相对湿度接近饱和或达到饱和。

[防治方法]

1. 利用坑道或菜窖栽培平菇，必须保持良好通风状况，必要时安装换气设施。子实体形成初期加强通风换气，降低二氧化碳气体浓度和空气相对湿度，使二氧化碳气体浓度不超过 1 000μl/L，相对湿度不超过95%。

2. 当菌丝铺满床面开始形成子实体原基时，及时揭掉覆盖在床面的薄膜，以保证床面有足够的氧气。

3. 箱栽或袋栽平菇时，发现花菜型畸形病时，及时将箱、袋移至通风和温湿条件好的场地，促使正常出菇，形成正常子实体。

平菇花菜型畸形

萎菇与薄盖菇为平菇常见生理病害。各地都有发生。严重程度因管理水平而异。明显影响平菇生产。

[症状] 萎菇表现为由菌盖向下逐渐萎缩死亡。薄盖菇则表现为菌柄生长快而粗，菌盖薄而小，有时菌盖边缘波浪形，或表面龟裂，严重时干枯萎缩。

[病因] 萎菇主要因培养料过干，使平菇生理失水，正常生长受影响而死亡。薄盖菇是

平菇萎菇与薄盖菇
Wither and thin slice *Pleurotus ostreatus*

由于空气湿度过低所致。

[防治方法]

1. 出现萎菇，立即将培养料块浸入水中，或向料袋中大量注水，使培养料吸入足够的水分，促进新子实体生长。

2. 出现薄盖菇需适时喷雾，增加空气湿度，或用塑料膜覆盖保湿。

平菇萎菇

平菇薄盖菇

平菇薄盖菇　　　　　　　　　　　　　　平菇薄盖菇

平菇幼菇萎缩干枯病
Pleurotus ostreatus young wither

幼菇萎缩干枯病为平菇常见生理病害。多发生在管理粗放，特别是在水分管理技术水平差的菇床上经常发生。损失程度差异很大。

[症状] 主要表现为幼菇及菇丛生长瘦弱，子实体浅黄至淡黄褐色，由菇顶向下萎缩枯死，分化形成的小菌盖及菌柄皱缩干瘪。

[病因] 由生理性缺水和空气湿度过低引起。菇床培养料含水量低于40%和出菇期床面空气湿度低于80%，或菇床处于较长时间吹风和阳光暴晒，或出菇期连续数天忘记喷水，使幼菇失水干枯死亡。

平菇幼菇萎缩干枯

[防治方法]

1. 调节好培养料含水量，出菇期保持菇房85%～90%相对湿度。

2. 出菇前和出菇期培养料含水量过低或过于干燥时，及时浇水或浸水。

3. 露地栽培，除床面打洞灌水外，对菇床周围的土壤充分浇水，使土中水分渗到培养料中，防止干燥的土壤从培养料中吸取水分。

4. 打洞灌水宜在傍晚进行，灌水后掀开床面覆盖的薄膜，第二天早上再盖上，保持床面较高的相对湿度。

平菇幼菇萎缩

平菇高温干裂
High temperature split *Pleurotus ostreatus*

高温干裂为平菇一般性生理病害。时有发生。通常轻度影响生产。严重时显著降低平菇产量与质量。

[症状] 高温干裂多在菌盖上表现症状。通常菌盖呈不规则向下扣卷，表面开裂。局部受阳光直射的菌盖，多表现为辐射状开裂与环状开裂同时发生，形成裂斑较均匀。子实体受干热及烟雾侵害后，常表现不规则畸形和不规则开裂，菌盖颜色受烟雾影响呈浅黄褐色至黄褐色。

平菇菌盖干裂

[病因] 高温干裂主要因空气干燥时温度长时间超过平菇正常生长发育高限温度，使子实体受生理热害并开裂。如果温度不是太高，待空气和培养料温湿度恢复正常后，平菇还可继续正常产菇。

[防治方法]

根据造成平菇干裂的具体原因分别采取防患措施。产菇期按平菇生长要求管理菇房，温度宜在30℃以下，湿度应高于60%。防止子实体直接受阳光直晒。用煤火加温栽培，防止烟雾逸散到菇房内，造成煤烟毒害。

平菇菌盖开裂

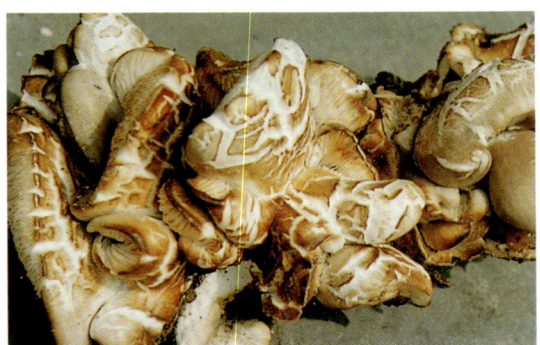

平菇子实体干裂

平菇轻度冻害菇

平菇冻害
Pleurotus ostreatus chilly injury

冻害为平菇一般性生理伤害。常在冬季温室栽培受寒流侵袭或因保温防寒设施损坏时发生。损失程度因受冻程度而异。严重时影响平菇生产。

[症状] 短时间轻微受冻，一般平菇菌丝和子实体无明显冻害症状，新出子实体可出现不同程度畸形。受冻温度不太低，子实体边缘向上卷曲，颜色变深。有的仅受冻害部位颜色变深，由菌盖外缘向里扩展，在受冻部位与正常组织交界处呈环状隆起。冻害严重时，菌盖全部冻结硬化，呈波浪形上卷或呈半球形融石状，解冻后组织软化溃烂，丧失商品价值。菌丝和菇蕾受严重冻害后，不能恢复正常生长，解冻后呈水渍状腐烂。

[病因] 冻害由长时间低于0℃所致。温度越低，持续时间越长，受害越严重。

[防治方法]

1. 冬季生产做好生产场地防寒御寒保暖工作。
2. 温室栽培平菇，开风换气时防止强寒流侵袭。

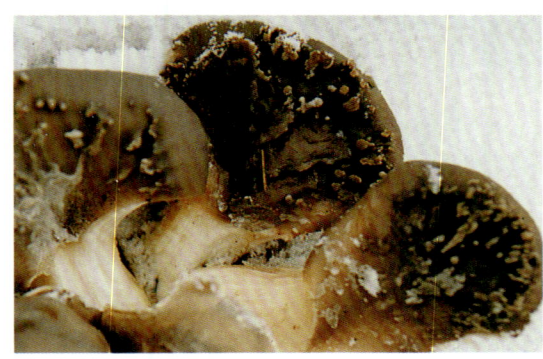

平菇中度冻害菇

平菇重度冻害菇

平菇严重冻害菇

4. 香菇病害 *Lentinus edodes* Diseases

香菇绿霉病
Lentinus edodes green mold

香菇绿霉病中后期病菇

　　绿霉病为香菇的主要病害。分布较广，发生较普遍。一般感病菇 10% 左右，严重时发病率可达 30% 以上。显著影响香菇产量和质量。

　　[症状] 除为害香菇子实体外，还可污染菌种和培养料，多种其他食用菌也受为害。香菇受害后，多在菌盖或菌柄的一侧产生微褐色水渍状病斑，以后扩展蔓延，在菌盖和菌柄上产生明显褐色凹陷病斑。随病害发展病斑继续扩大，在病斑上长出白色霉层，病斑部位明显腐烂。受害严重时，病斑可扩展到整个子实体，木霉菌丝将整个子实体包裹，致整个子实体腐烂。有时，子实体表面菌丝可产生颜色由白变浅绿的分生孢子。

　　[病原] *Trichoderma köningii* Oud. 和 *T. viride* Pers. 即半知菌康氏木霉和绿色木霉真菌。详见竞争性杂菌木霉。

　　发病规律、防治方法参见竞争性杂菌木霉。

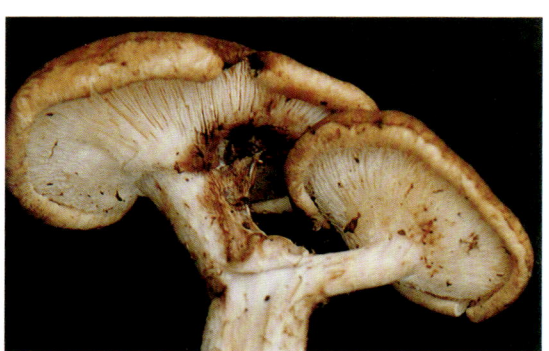
香菇绿霉病前期病菇

香菇绿霉病后期病菇

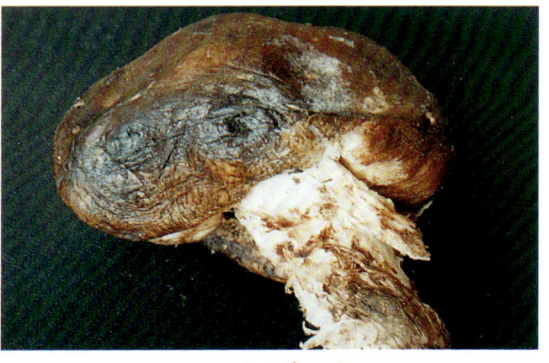
香菇绿霉病前期病菇

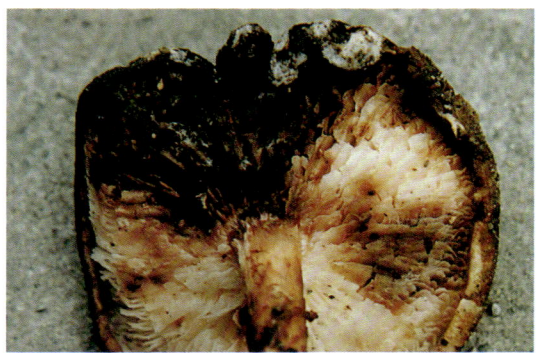
香菇绿霉病中后期菌褶

香菇绿霉病中后期病菇

香菇绿霉病后期菌褶

蛛网丝枝霉病为香菇主要病害。分布较广。种植香菇的地区时有发生。通常零星发病,轻度影响香菇质量,重时病菇可达10%~20%,显著影响香菇生产。

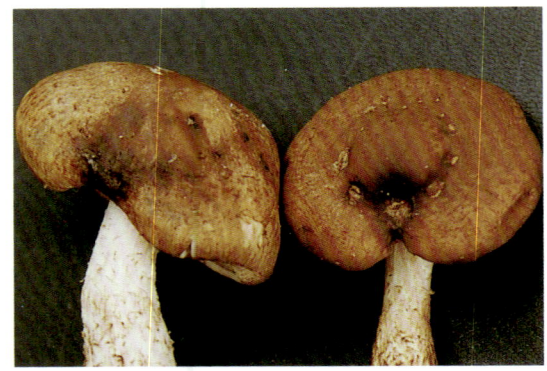

香菇蛛网丝枝霉病前期病菇

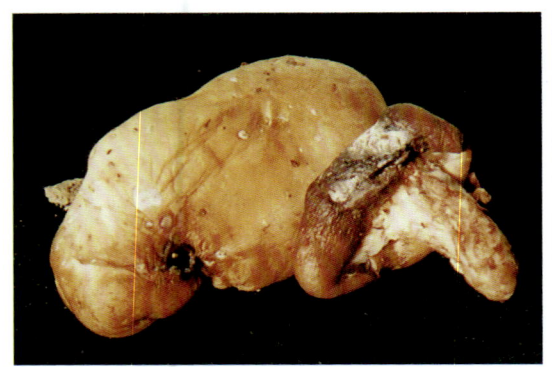

香菇蛛网丝枝霉病中期病菇

香菇蛛网丝枝霉病
Lentinus edodes Aphanocladium rot

[症状] 病菌多侵染菌盖。在菌盖上出现褐色稍凹陷近圆形病斑,边缘颜色较深,中间灰白。随病害发展菌肉组织腐烂。干燥时病斑出现裂纹;潮湿条件下,病斑表面长出灰白色霉状物,即病菌分生孢子梗和分生孢子。

[病原] *Aphanocladium aranearum* (Petch)W. Gums var. *sinense* J. D. Chen 属半知菌蛛网丝枝霉中国变种真菌。详见蘑菇菌盖斑点病。

[发病规律] 病菌在土壤中多种有机质上存活,一旦进入菇房,其分生孢子可借喷水或菇蝇传播侵染和进行再侵染。菇房高温、高湿和通风不良有利于发病。

[防治方法]

1. 菇生长期注意通风换气,防止菇房较长时间出现高温、高湿。
2. 及时防治害虫,室内栽培要特别注意防止菇蚊和菇蝇的发生,杜绝害虫传带病菌。

香菇蛛网丝枝霉病后期病菇

3. 及时清除病菇,集中深埋或烧毁,防止病菌孢子产生和扩大传播。发病后停止喷水,1~2天后对菇床喷药处理。参见蘑菇褐斑病。

香菇褐腐病
Lentinus edodes bacterial rot

褐腐病为香菇的重要病害。部分地区发生。一般零星发病,轻度影响香菇生产。严重时香菇成团或成堆坏死腐烂,明显影响香菇产量和质量。

[症状] 主要为害香菇子实体。初期在菌盖或菌柄上出现不定形褐色病斑,以后软化,并迅速向外扩展,使菌肉和菌褶变褐坏死,终使整个子实体变褐腐烂,散发出恶臭气味。

[病原] *Pseudomonas fluorescens* Migula 属假单胞杆菌荧光假单胞杆细菌。病菌菌体杆状,有4根极生鞭毛,大小0.5~0.7μm×1.0~3.0μm。好气性,革兰氏染色阴性。

[发病规律] 多发生在含水量高的段木或菌筒上,温暖高湿有利于发病。气温20℃以上时发病明显,气温降低,轻微发病。病菌主要通过

香菇褐腐病前期病菇

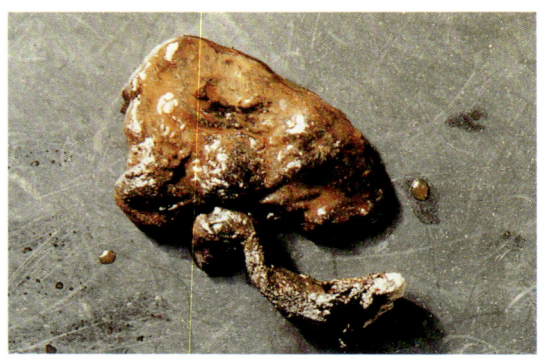

香菇褐腐病后期病菇

被污染的水或接触病菇的手和工具传播。

[防治方法]

1. 搞好菇场消毒灭菌，保持清洁生产环境。

2. 使用洁净的水喷洒，接触过病菇的手和工具，经严格消毒灭菌后方可接触其他菌筒和段木。

3. 保持菇场或菇房排水及通风换气良好，防止高湿，减少传病。

4. 必要时可喷洒药液防治。参见蘑菇细菌性褐斑病。

香菇冻害
Lentinus edodes chilly injury

冻害为香菇一般性生理伤害。偶尔发生，严重时可影响香菇产量和质量。

[症状] 冻害因受冻程度轻重表现有所不同。轻微受冻，菌盖外围出现水渍状浅褐色浸润圈，恢复正常后可继续生长，但因外围受冻后不再生长，形成中央外凸的厚顶菇。受冻较重时，菌盖外缘冻结，受冻部位膨大变形，解冻后软化腐烂或形成畸形菇。严重受冻，整个子实体冻结，解冻后完全软化溃烂。

病因、防治方法参见平菇冻害。

香菇中度冻害菇

香菇子实体畸形
Misshapen Lentinus edodes

子实体畸形为香菇的重要生理病害。多发生在室内代料栽培中，尤以菇房或床架角落处发生最多，明显影响产品质量。

[症状] 香菇畸形常表现为菌盖异常型、菌柄肥大型、盖柄连体型。

菌盖异常型：菌盖有缺口，盖顶下陷；盖缘呈波浪状内卷，或呈钟罩状、草帽形；盖上出现角状、须状、小盖等附属物。

菌柄肥大型：菌柄膨大呈球状，或基部膨大上端扁窄，盖小或无盖。

盖柄连体型：两个子实体的菌盖、菌柄连在一起，或盖柄不分，菌褶有或无。

[病因] 子实体畸形主要由于菇房内生态条件较差和管理不当引起。如长时间盖膜，通气不良，光照不足，或温度不够等原因造成。

[防治方法]

1. 注意通风换气，揭膜时勿将卷起的薄膜压住菇床边缘子实体。

2. 调节菇房光线，容易遮光的角落需增加光照。

3. 出菇期，保持菇房相对湿度90%左右，高温干旱季节，需经常向空间喷雾，向地面喷水。

4. 防治病虫杂菌时，不宜将农药直接喷到子实体上。

香菇子实体畸形——盖柄连体

香菇子实体畸形——凸顶菇

香菇子实体畸形——菌柄肥大

香菇子实体畸形——凹顶菇

香菇子实体畸形——大肚菇

香菇子实体畸形——连柄菇

香菇子实体畸形——连柄菇

5. 金针菇病害 *Flammulina velutipes* Diseases

金针菇绿霉病

Flammulina velutipes green mold

绿霉病又名木霉病，为金针菇的重要竞争性杂菌。显著影响食用菌产量和品质，严重时毫无收获。

[症状] 绿霉为害金针菇主要感染培养料，其菌丝和分生孢子迅速增长繁殖，吸收大量水分和养分，抑制金针菇的菌丝生长发育，短时间即在菌筒内产生大量灰绿色至黄绿色病菌孢子，使金针菇菌丝和子实体逐渐萎蔫死亡，菌筒以后不再出菇。木霉感染较早时，因病菌很快充满整个菌筒使培养料报废。

[病原] *Trichoderma viride* Pers.和 *T. köningii* Oud.属半知菌绿色木霉和康氏木霉真菌。详见木霉。

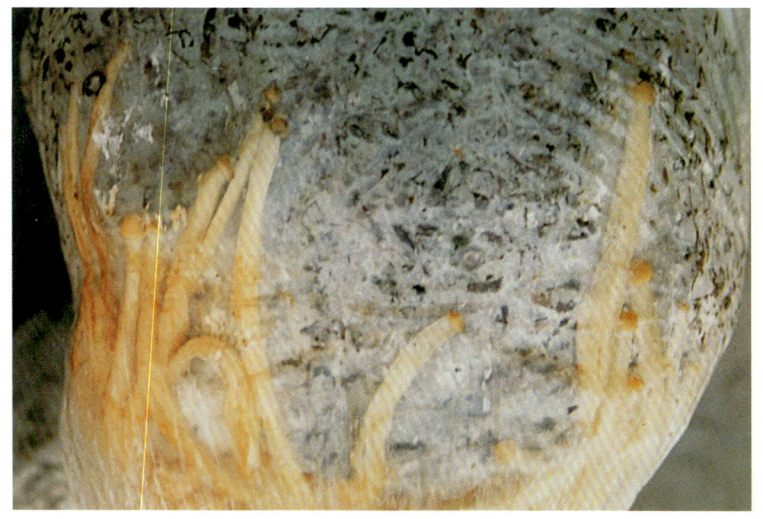

金针菇绿霉病侵染菌棒

发病规律、防治方法参见木霉。

金针菇软腐病
Flammulina velutipes Cladobotryum rot

软腐病又叫异形葡枝霉病，为金针菇重要病害。主要为害金针菇子实体，亦为害蘑菇子实体。金针菇感染后，从原基形成到采收期均可发病，严重时显著影响金针菇生产。

[症状] 早期染病，幼小子实体被病菌菌丝体包裹，子实体很小就变褐枯死。通常，金针菇的症状是先在菌柄基部出现深褐色水渍状斑点，以后病斑逐渐扩大变软、腐烂，在病部表面产生一层白色絮球状分生孢子丛。

[病原] *Cladobotryum varium* Nees 属半知菌异形葡枝霉真菌。病菌菌丝白色，分枝，有隔。分生孢子梗直立，有隔，可反复轮状分枝，最后为3～6根近圆柱形，基部宽，向末端渐细，顶部钝的产孢细胞。分生孢子全壁芽殖，由顶端向基部连续产孢，连成不规则长链，产孢细胞逐渐变短。分生孢子近椭圆形，双胞，少数为单胞。厚垣孢子埋生，2～5胞成链，少数为单胞，淡褐色至褐色，有的厚垣孢子链具分叉，胞间内缢，基部具透明短柄或长柄。

[发病规律] 病菌为土壤习居菌，可通过空气、覆土、水滴和昆虫进行传播。生长最适温度25℃左右，10℃时亦能正常生长。通常温暖或高温潮湿有利于发病。

[防治方法] 根据本病特点，需特别注意通风降湿。此外，可参见蘑菇湿泡病和蘑菇软腐病防治。

金针菇软腐病后期病菇

金针菇细菌性褐斑病
Flammulina velutipes bacterial blotch

细菌性褐斑病又叫金针菇假单胞杆菌病，是金针菇主要病害。分布较广，发生很普遍。对生产影响很大。发病较轻时子实体多斑点，生长不良，严重时整丛子实体变黑腐烂，完全丧失价值。严重影响鲜菇的产量和质量。

[症状] 主要为害子实体。发生在菌盖和菌柄上。菌盖上病斑圆形至椭圆形或不规则形，多数病斑发生在菌盖边缘。病斑外缘深褐色，潮湿时中央灰白色，有乳白色黏液。空气干燥，中央部分稍凹陷。菌柄上病斑梭形至长椭圆形，褐色，有轮纹，外圈颜色较深。条件适宜时多个病斑迅速发展扩大连片，遍及整个菌柄，使菌柄全部变褐软化，不能直立，病斑上亦有黏液，

金针菇细菌性褐斑病病菇放大

金针菇细菌性褐斑病中期病菇

金针菇细菌性褐斑病后期病菇

最后整朵菇变褐坏死腐烂，有时略具臭味。湿度很高，温度较低时，病菇往往不明显变色，病斑亦不明显，但乳白色菌液很多，病菇短期内即可腐烂倒伏。

[病原] *Pseudomonas* sp.属假单胞杆菌细菌。病菌菌体杆状，端生单鞭毛，不产生芽孢，革兰氏染色阴性。在PDA培养基上表面光滑，稍隆起，单个菌落近圆形，很小，边缘较整齐。培养中很多小菌落连接成大菌落，大片菌落呈不规则形。

[发病规律] 此病的发生与金针菇品种抗病能力直接相关。高温高湿亦为病害的必要条件。病菌通过气流，人工喷水传播。菇体机械损伤和害虫造成伤口是病菌侵染的主要途径。在高温高湿条件下，如培养料含水量过高，通风不良，气温在18℃以上，菌盖表面较长时间保持

水湿状态，均有利于病害的发生和发展。目前，国内品种如三明1号等抗病性较强，不发病或发病少，国外引进的乳白色品系如日本信农2号等发病率高，病情较重。另据观察，用冷水喷洒子实体可诱发或加重发病。

[防治方法]

1. 因地制宜选用抗病品种，合理安排种植期，使子实体分化生长避开高温高湿季节。

2. 合理调控菇房温湿度，出菇期菇房温度宜控制在15℃以下，最好用温水喷洒，适当控制喷水量，勿使菇体吸水过多，每次喷水后要通风换气。

3. 栽培管理中避免机械损伤，及时防治害虫，减少伤口，降低染病机会。

4. 发病后及时清除病菇，用含有效氯0.02%～0.03%的漂白粉液，或试用47%加瑞农可湿性粉剂500倍液，或新植霉素3 000倍液喷洒料面。

金针菇基腐病
Flammulina velutipes Paecilomyces rot

基腐病又称拟青霉病、蓝霉病、灰霉病，为金针菇常见病害。分布较广，发生较普遍。一般轻度发病，一定程度影响金针菇生产。严重时造成大批死菇，明显影响金针菇产量和质量。

[症状] 主要为害金针菇子实体。病菌由菌柄基部侵入，发病后菌柄基部呈黑褐色腐烂，致子实体成丛倒伏。幼菇丛发病后虽不倒伏，但不继续向上生长发育，严重时针状幼菇体成丛变黑腐烂。

[病原] *Paecilomyces* sp.属半知菌拟青霉菌真菌。病菌分生孢子梗由气生菌丝长出，呈对称分权，小梗拟瓶状，基部膨大，上部逐渐变尖成为一个细长的产生分生孢子管状体。分生孢子从瓶梗顶端呈链状形成，链长可达400～600μm。分生孢子卵形至长椭圆形，单细胞，无色。

[发病规律] 病菌广泛分布于土壤及有机质上。多在棉籽壳生料栽培的菇床上发生。培养料含水量过高，床面长时间积水和长时间覆盖薄膜，通风不良，湿度过大，容易发病。此病在代料栽培中也有发生。

[防治方法]

1. 在子实体生长阶段，控制培养料适宜的含水量，防止菇料表面积水。

2. 发现病菇，及时清除，可喷洒50%扑海因可湿性粉剂1 500倍液，或50%施保功可湿性粉剂3 000倍液、45%特克多悬浮剂1 200倍液、50%多菌灵可湿性粉剂500倍液、65%代森锌可湿性粉剂500倍液。

金针菇基腐病中后期病菇

金针菇基腐病中后期病菇

金针菇褐腐病
Flammulina velutipes bacterial rot

金针菇褐腐病中期病斑

褐腐病为金针菇重要病害，偶有发生。一旦发病，对金针菇的产量和品质都造成严重影响。

[症状] 主要侵染金针菇子实体，严重时亦侵染菌丝体。子实体染病，初在菌盖和菌柄上形成浅褐色近圆形小斑，以后扩展成不定形深色坏死斑。随病害发展菌盖菌柄全部变褐，最后软化腐烂。空气潮湿，亦可产生灰白色菌液。菌丝受侵染后，可被病菌溶解，为害损失极大。

[病原] *Erwinia* sp.属欧氏杆菌肠杆菌细菌。病菌菌体杆状，周生鞭毛。

发病规律、防治方法不详。可参见金针菇细菌性褐斑病。

金针菇冻害
Flammulina velutipes chilly injury

金针菇冻害菇

冻害为金针菇一般性生理伤害。偶有发生。严重时影响产量和品质。

[症状] 轻微受冻时，菌盖变成暗橘红至暗橙褐色，边缘颜色较浅，受冻部位略膨大，回暖后仅子实体颜色变暗。严重受冻，整个子实体冻结，菌盖畸形或扭曲，解冻后子实体软化溃烂。

病因、防治方法参见平菇冻害。

6. 草菇病害 *Volvariella volvacea* Diseases

草菇褐痘病
Volvariella volvacea Mycogone blain

草菇褐痘病前期和后期病菇

褐痘病为草菇的常见病。分布较广，发生较普遍。轻者影响产量和品质，重者只菇无收。

[症状] 病菌侵染草菇后，感病子实体变成膨大的畸形无分化组织，菇体内部呈暗褐色，质软，且有臭味，最后呈湿性软腐坏死。菇体表面受感染后，被一层密而柔软的白色菌丝覆盖，后期出现褐色水滴，病菇最终腐烂。

[病原] *Mycogone perniciosa* Magn.属半知菌丛梗孢淡色菌真菌。病菌分生孢子梗短，直立，轮枝型。分生孢子双细胞，无色，8～40μm×3～8μm。厚垣孢子单生，双细胞，上细胞球形，壁厚有瘤，18～20μm×14～17μm，下细胞壁薄，无色，10～14μm×9～12μm。

[发病规律] 病菌以厚垣孢子随病残组织在土中越冬。可停留在土中休眠存活达数年。在高温高湿及通风不良环境条件下极易发生。通常

以厚垣孢子形成初次侵染，发病后产生分生孢子靠空气、昆虫或人员及用具等传播，在菇房内进行多次再侵染，使病害不断发展蔓延。

[防治方法]

1. 种植前后彻底清除病残菇及杂物，搞好菇场消毒灭菌，保持清洁生产环境。

2. 种植期加强菇房管理，适时通风，使空气清洁、流畅。

3. 采菇及管理人员、生产用具保持清洁，注意防止菇蚊和菇蝇的发生，杜绝害虫和人为传带病菌。

草菇干腐
Volvariella volvacea dry rot

干腐为草菇普通生理病害。夏秋季棚室栽培时有发生。通常轻度影响生产，严重时子实体成片死亡，显著影响草菇生产。

[症状] 草菇干腐主要表现小菇和菇蕾受害后停止生长，以后呈革质状灰褐色至黄褐色干腐。较大的子实体受害呈灰褐色坏死，逐渐失水收缩成海绵状僵菇，严重时完全丧失食用价值。

[病因] 主要由于菇床在出菇后浇水太少，或覆膜破裂，或通风时间过长，菇床空气湿度较长时间低于60%，致菇蕾和子实体因菇床过度干燥逐渐失水坏死。通常，菇床气温越高此病发生越严重。

[防治方法]

1. 根据引致干腐的相关诱因，采取相应的防患措施，预防病害发生，尽量减少生产损失。

2. 加强菇床通风管理，适时喷水，保持适宜的空气湿度。

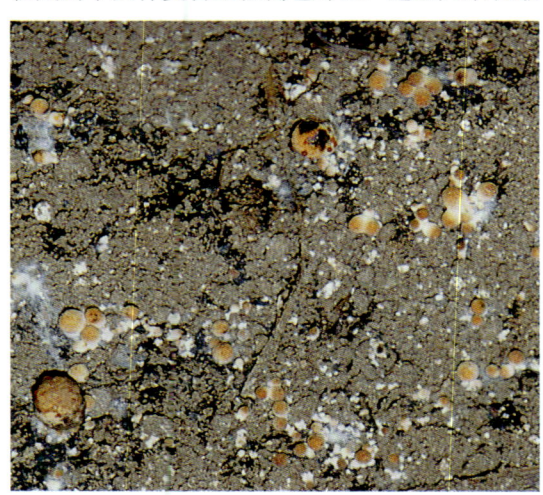

草菇干腐染病幼菇

草菇干腐成菇受害状

草菇软腐病
Volvariella volvacea rot

软腐病为草菇重要生理病害。各种方式栽培都有发生。通常造成零星死菇或烂菇，轻度影响草菇生产，严重时常造成大量死菇。

[症状] 软腐病多在草菇出菇后发生。主要表现长出的菇蕾和大小子实体沿组织表面积水处变褐坏死，以后软化腐烂至全部溃烂，散发出臭味。

[病因] 主要因空气过度潮湿，菇床温度长时间低于20℃，或床温长时间高于40℃所致。此外，采菇期喷洒较多的凉水也容易造成子实体软腐。

[防治方法]

1. 根据子实体生长情况，适时适量喷水，避免喷洒20℃以下的凉水，适当增加通风，保持相对稳定的空气湿度。

2. 冬春温度较低时注意防寒保温，盛夏季节加强通风换气。

草菇软腐病中期病菇

草菇软腐病后期病菇

7. 鸡腿菇病害 *Coprinus comatus* Diseases

鸡腿菇红粉病
Coprinus comatus Trichothecium mold

红粉病为鸡腿菇的主要病害。种植后期经常发生。除直接为害子实体外，也经常发生在菇床的覆土表面。严重时明显影响鸡腿菇的产品质量。

[症状] 在鸡腿菇生产期床面上产生初期白色纤细的絮状或蛛丝状菌丝，扩展迅速；后期产生由白色逐渐转变成粉红色较稀疏霉层，即病菌分生孢子。子实体受害，多从生长衰弱或未及时采摘的子实体菌盖顶端或菌柄基部开始侵染。在病部产生初为白色以后变为粉红色霉层。随病害发展迅速扩展，终致子实体腐烂坏死。

[病原] *Trichothecium roseum* (Bull.) Link 属半知菌单端孢霉真菌。详见单端孢霉。

发病规律、防治方法参见单端孢霉。根据此病发生特点，必须注意生产场所的清洁卫生，加强生产管理，增强菇体自身抗性，注意适时采摘，收获完毕，妥善处理病菇残体。

鸡腿菇红粉病初期

鸡腿菇红粉病前期

鸡腿菇红粉病中后期　　　　　　　　　　　鸡腿菇红粉病中期病菇

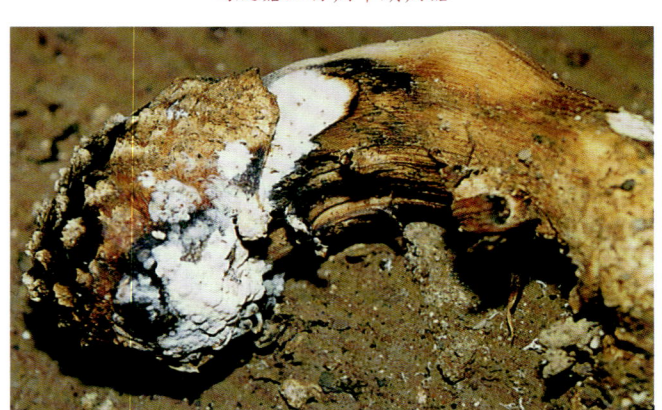

鸡腿菇红粉病前期病菇　　　　　　　　　　　鸡腿菇红粉病后期病菇

鸡腿菇干裂菇

鸡腿菇干裂
Coprinus comatus dry split

干裂为鸡腿菇一般性生理病害。各地都有发生。发生程度因管理而异。严重时显著影响产品质量。

[症状] 干裂主要表现鸡腿菇菌盖提前开伞，呈放射状开裂，或形成不规则裂口。菌柄从基部沿纵向开裂，裂开后菌柄向外破裂形成空柄。

[病因] 主要由于菇房通风太勤，空气过度干燥，温度偏高，使子实体表层组织快速失水收缩，最后开裂。

[防治方法] 加强温湿度协调管理，适时喷水，适量通风。

鸡腿菇干裂菇　　　　　　　　　　　　　鸡腿菇干裂菇

8. 白灵菇病害 *Pleurotus nebrodensis* Diseases

白灵菇绿霉病
Pleurotus nebrodensis green mold

　　绿霉病为白灵菇重要竞争性杂菌。显著影响白灵菇产量和品质，发生严重时损失巨大。

　　[症状] 病菌主要感染培养料，也为害子实体。培养料受感染，其菌丝和分生孢子迅速增长繁殖，吸收大量水分和养分，抑制白灵菇菌丝生长，在菌筒内产生大量灰绿色至黄绿色病菌孢子，致白灵菇菌丝和子实体逐渐萎蔫死亡，以后不再出菇。严重时病菌使培养料报废。子实体受感染，在表面产生近圆形灰绿色霉斑，以后致病部凹陷腐烂。

　　[病原] *Trichoderma viride* Pers.和 *T. köningii* Oud.属半知菌绿色木霉和康氏木霉真菌。详见木霉。发病规律、防治方法参见木霉。

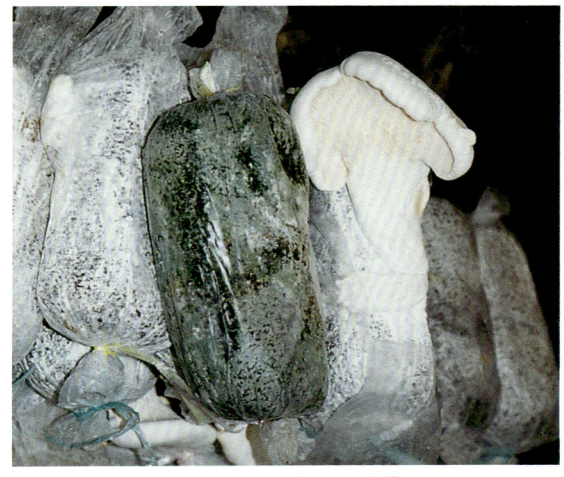

白灵菇绿霉病侵染菌棒

白灵菇绿霉病前期病菇

白灵菇绿霉病中期病菇

9. 杏鲍菇病害 *Pleurotus eryngii* Diseases

杏鲍菇青霉病
Pleurotus eryngii blue green mold

　　青霉病为杏鲍菇常见病。可污染菌种，也可侵染杏鲍菇子实体。一般零星发病。严重时显著影响杏鲍菇的产量和品质。

　　[症状] 病菌多侵染较衰弱的子实体，或幼菇，或残留菇根、菇桩等。子实体受害，多在病部形成边缘白色、中央灰绿色至蓝绿色绒霉斑，以后变成灰绿色粉状霉层，即病菌分生孢子梗和分生孢子。病斑由小变大，逐渐连接成片。随病害发展子实体逐渐呈黄褐色枯萎死亡，终致霉层下面组织腐烂。

　　[病原] *Penicillium* sp.属半知菌青霉菌真菌。病菌分生孢子梗呈帚状分枝，产孢小梗呈瓶梗状，分生孢子单胞，近圆形，无色串生。发病规律、防治方法参见平菇青霉病。

杏鲍菇青霉病后期病菇

10. 榆黄菇病害 *Pleurotus cirinopileatus* Diseases

绿霉病为榆黄菇重要病害。分布较广。主要感染菌筒，严重时显著影响榆黄菇产量和质量。

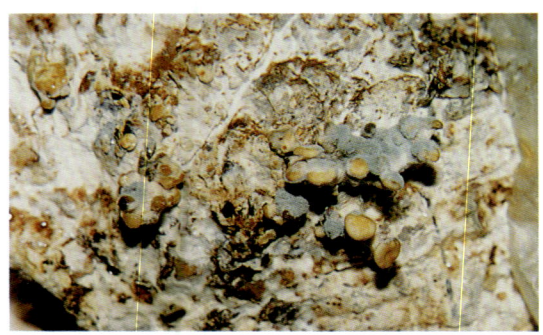

榆黄菇绿霉病后期病菇

榆黄菇绿霉病
Pleurotus cirinopileatus green mold

[症状] 主要感染培养料，也侵染子实体。培养料受感染后病菌菌丝和分生孢子迅速生长繁殖，抑制榆黄菇菌丝生长发育，致榆黄菇菌丝和子实体逐渐死亡。子实体受害，在菌盖或菌柄上产生浅褐色水渍状病斑，迅速扩展后形成浅褐色凹陷病斑。在病斑表面生出灰绿色至绿黄色霉层，以后病部组织腐烂。严重时病菌菌丝将整个子实体包裹，短期内致整个子实体腐烂。

[病原] *Trichoderma köningii* Oud.、*T. viride* Pers.即半知菌康氏木霉和绿色木霉真菌。详见竞争性杂菌木霉。

发病规律、防治方法参见竞争性杂菌木霉。

榆黄菇软腐病
Pleurotus cirinopileatus rot

榆黄菇软腐病后期病菇

软腐病为榆黄菇重要生理病害。常造成零星烂菇，影响榆黄菇生产，严重时可造成20%以上死菇和烂菇。

[症状] 软腐病多在榆黄菇采收前期发生。主要表现在长时间积水的子实体或培养料受杂菌污染后的子实体发病。发病子实体先褪色后变褐，以后坏死，最后软化腐烂至全部溃烂，散发出臭味。

[病因] 主要因喷水不均，管理不善，子实体过度成熟，或子实体表面长时间积水，或因前期受青霉菌侵染后榆黄菇生长衰弱致子实体逐渐萎蔫坏死，最后腐烂。

[防治方法]

1. 根据榆黄菇生理要求科学管理，适时适量喷水，避免直接将水喷洒在子实体上，注意适时采收。

2. 做好前期杂菌的防治工作，适时清除病菇烂菇。

11. 黑木耳病害 *Auricularia auricula* Diseases

黑木耳绿霉病侵染前期

黑木耳绿霉病
Auricularia auricula green mold

绿霉病为黑木耳常见病。时有发生。一般病情较轻，对黑木耳生产无明显影响。严重时显著降低黑木耳产量和品质。

[症状] 菌袋、菌种瓶、段木接种孔周围及子实体均可受绿霉菌感染。初期在培养料段木或子实体上产生白色纤细的菌丝，几天后形成分生孢子。一旦分生孢子大量形成或成熟后，菌落变成灰绿色

粉状，染病木耳耳片上布满灰绿色粉状病菌孢子。

[病原] *Trichoderma viride* Pers.、*T. köningii* Oud. 和 *T. lignorum* (Tode) Harz 即半知菌绿色木霉菌、康氏木霉菌和木素木霉菌真菌。参见竞争性杂菌木霉。

[发病规律] 绿色木霉菌广泛存在于自然界的各种有机质上和土壤中，空气中也到处飘浮有绿色木霉病菌的分生孢子。代料栽培黑木耳，多种途径都有可能将孢子带入木屑、棉子壳、稻草等培养料和生长衰弱的子实体上，形成菌落。采耳后的耳根极易受绿霉菌感染。病菌主要通过分生孢子随空气传播。高温、高湿和培养料偏酸性条件适宜于病害发生，最适温度为25℃，湿度为95%左右，pH3.5～6。

[防治方法]

1. 经常保持耳场、耳房及周围环境的清洁卫生。保持生产环境通风和排水良好。

2. 出耳后每3天喷一次1%石灰水，阻止病害发生。

3. 若绿霉发生在培养料表面尚未深入料内时，用pH为10的石灰水擦洗患处，或用有关药剂喷洒培养料面，控制绿霉菌生长。参见竞争性杂菌木霉防治。

黑木耳绿霉病中后期病耳

黑木耳绿霉病后期病耳

黑木耳烂耳
Auricularia auricula soft rot

烂耳又叫流耳，为黑木耳的重要生理病害。经常发生，严重时明显影响黑木耳产量和质量。

[症状] 耳片成熟后，耳片软化，耳片甚至耳根自溶腐烂，呈稠墨汁状。

[病因] 黑木耳烂耳是细胞充分破裂的一种生理障碍现象。黑木耳在接近成熟时期，不断地产生担孢子，消耗子实体内的营养物质。当子实体趋于老化，遇高湿条件很易溃烂。通常，高温、高湿，光照和通气不良时容易发病。代料栽培黑木耳，栽培料过湿，酸度过高或过低，黑木耳正常生长受影响易造成烂耳。耳片成熟期，持续高温高湿，光照差、通风不良，烂耳严重。此外，细菌感染和害虫为害也可造成烂耳。

[防治方法]

1. 针对发生烂耳的原因，加强栽培管理，注意通风换气，增加光照。

2. 及时采收，耳片接近成熟或已经成熟立即采收。

3. 可用0.04%金霉素或土霉素或新植霉素溶液喷雾防治。

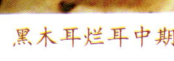

黑木耳烂耳中期

黑木耳烂耳后期

12. 猴头菌病害 *Hericium erinaceus* Diseases

猴头菌腐烂病
Hericium erinaceus bacterial rot

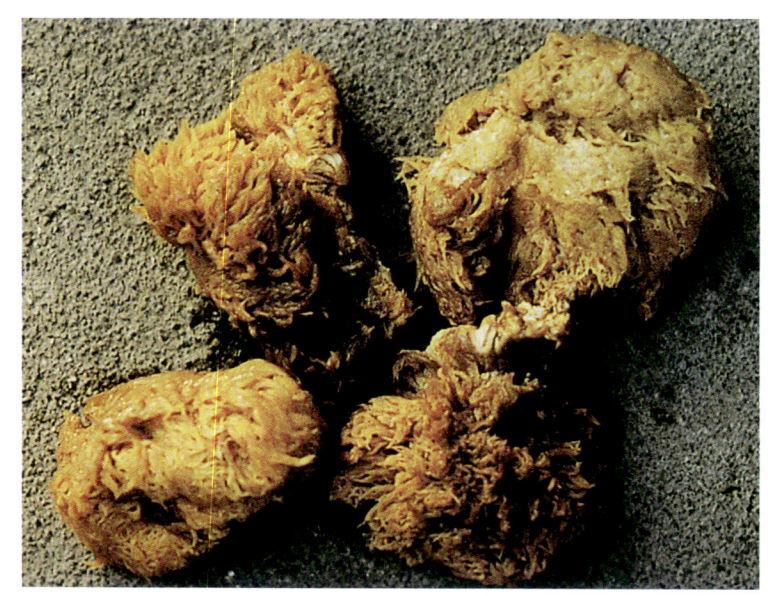

猴头菌腐烂病病菇

腐烂病为猴头菌重要病害。生产和销售过程中时有发生。影响产品质量和商品价值。

[**症状**] 主要侵害子实体。发病初期子实体上少许软刺呈水渍状,以后迅速向四周扩展,使子实体部分软刺呈浅黄褐色至褐色腐烂瘫倒,短期内致整个子实体腐烂,溢出混浊腐烂组织液,散发出恶臭气味。

[**病原**] 一种细菌,有待鉴定研究。

[**发病规律**] 高温高湿,子实体受杂物或泥土污染,局部造成机械损伤和长时间积水,子实体过度成熟有利于发病。

[**防治方法**] 一般不需防治。必要时针对性采取措施,即保持适宜的空气湿度,避免各种污物掉落在子实体上。适时采收,防止挤压和子实体积水,生产期减少移动。

13. 香杏丽蘑病害 *Calocybe gambosa* Diseases

香杏丽蘑青霉病
Calocybe gambosa blue green mold

香杏丽蘑青霉病病菇

青霉病为香杏丽蘑的一般性病害。自然状态下时有发生。发病后影响香杏丽蘑的品质。

[**症状**] 主要侵染菌褶。在菌褶表面产生大量灰绿色霉状物,即病菌分生孢子梗和分生孢子。条件适宜时菌柄和菌盖表面亦受侵染,在其表面产生灰白色菌丝,以后变成灰绿色霉状物,后期病菇坏死腐烂。

[**病原**] *Penicillium* sp.属半知菌青霉菌真菌。病菌分生孢子梗呈帚状分枝。产孢小梗呈瓶梗状,小梗顶端成串着生分生孢子。分生孢子单胞,近圆形,无色。

[**发病规律**] 病菌为弱寄生菌,广泛存在于自然界多种有机质上。条件适宜通过分生孢子传播侵染。闷热多雨,空气潮湿有利发病。

[**防治方法**] 香杏丽蘑为野生食用菌,一般不进行人工防病。

14. 灵芝病害 *Ganoderma lucidum* Diseases

灵芝黑霉病
Ganoderna lucidum Alternaria mold

黑霉病是灵芝的重要病害。主要在种植期发生。影响灵芝的产品质量。

[症状] 主要为害子实体。多侵染生长衰弱或受伤的子实体。在子实体边缘或表面上产生绿褐色至黑褐色霉斑，逐渐扩大后形成黑色霉层，终致子实体干腐变质死亡。

[病原] *Alternaria alternata*（Fr.）Keiss1.属半知菌细交链孢真菌。病菌分生孢子梗单生，或数根束生，暗褐色。分生孢子倒棒形，褐色至暗褐色，喙胞较短或无，多个串生，有纵隔膜1～2个，横隔3～4个，多在横隔处缢缩。

[发病规律] 病菌主要来源于病残体或其他寄主，侵染能力较弱。过度潮湿或生长衰弱的子实体容易染病。此病与操作管理直接相关。通常，管理粗放，空气温度和湿度忽高忽低，病害发生较重。

灵芝黑霉病病灵芝

[防治方法]

1. 加强栽培管理，尽可能满足灵芝生长发育的温度和湿度要求，提高其抗病能力。

2. 及时清除发病子实体，减少病菌来源，发病后适当降低空气湿度，避免子实体表面长时间积水。

灵芝青霉病
Ganoderna lucidum blue green mold

青霉病为灵芝主要病害。种植时经常发生。发病后一定程度影响灵芝的产量和品质。

[症状] 主要侵染菌盖和菌柄。多从较衰弱的菌盖边缘和残存菌柄开始侵染，在其表面产生灰绿色霉状物，即病菌分生孢子梗和分生孢子，终致菌盖和菌柄坏死干腐。

[病原] *Penicillium* sp.属半知菌青霉菌真菌。病菌分生孢子梗呈帚状分枝，产孢小梗呈瓶梗状，小梗顶端成串着生分生孢子。分生孢子单胞，近圆形，无色。

[发病规律] 病菌为弱寄生菌，广泛存在于自然界多种有机质上。条件适宜通过分生孢子传播侵染。温暖多雨，空气潮湿，管理不当有利发病。

防治方法参见平菇青霉病。

灵芝青霉病病菌柄

二十五、食用菌害虫
Edible Fungi Pests

平菇厉眼蕈蚊
Lycoriella pleuroti

平菇厉眼蕈蚊 *Lycoriella pleuroti* Yang et Zhang 属双翅目眼蕈蚊科。分布广泛，为食用菌常发性害虫。为害平菇、蘑菇、香菇、金针菇、柳松菇、茶树菇、木耳、猴头等多种食用菌。轻者影响产量及质量，重者不能出菇，只菇无收。还可侵入菌种瓶内取食菌种的菌丝，降低成品率。

[为害特点] 幼虫为害平菇的菌丝体和子实体。在菌种瓶内为害时，虫数多，最多可达400多头，能将菌丝吃光，严重时将棉籽壳吃成碎渣。为

害子实体时多将菌柄、菌盖吃成空洞，后期将菌盖的菌褶吃光，并排泻粪便污染产品，使被害菇完全丧失商品价值。

[形态特征] 雄成虫体长3.3mm左右，暗褐色。头部小，复眼很大，有毛。眼桥有小眼面4排，个别3排。触角16节，长约1.7mm，第四鞭节长为宽的2.5倍，鞭节颈明显。下颚须3节，基节有毛5～7根，中节稍短，有毛6～10根，末节长为中节的1.5倍，有毛5～8根。翅淡烟色，长2～2.8mm，宽0.9～1.1mm，翅脉黄褐色。平衡棒有一斜列不整齐刚毛。足黄褐色，跗节色深，胫梳为弧形。腹部9节，末端尾器基节中央有瘤状突起，生稀疏刚毛，端节呈弧形内弯，顶端锐尖细长。雌虫体长3.8mm，体形与雄虫相似。触角较短，腹部中段粗大，向末端渐细，腹端尾须1对，端节近圆形。卵椭圆形，长0.23～0.27mm，乳白色，孵化前卵壳外可见头部变黑。幼虫头部黑色，胸、腹部乳白色，共12龄，老熟幼虫4.6～5.5mm。蛹乳白色，羽化前褐色至黑色。雄蛹长2.3～2.5mm，雌蛹长2.9～3.1mm。

[生活习性] 温度为13～20℃时年发生10代左右。完成1代需20～35天，世代重叠严重。卵、幼虫、蛹的发育起点温度依次为5.2±0.6℃、9.7±1.2℃、8.3±0.8℃，有效积温分别为73.8±3.6℃、120±21.3℃、51.8±3.9℃。该虫较耐寒，不耐高温。越冬幼虫−6℃冷冻12 h，死亡率为6.7%，−11℃冷冻22～24 h，死亡率为78.5%～95.0%，成虫在−3.5℃冷冻

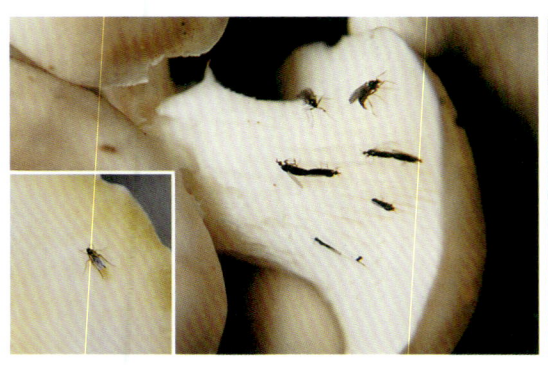

平菇厉眼蕈蚊成虫

平菇厉眼蕈蚊幼虫为害菇柄

平菇厉眼蕈蚊幼虫

平菇厉眼蕈蚊幼虫为害菇蕾

10～15 h，死亡率亦为78.5%～95.0%。平均温度高于31℃不能存活。成虫在34℃下放置4 h 100%死亡，幼虫在34℃下2 h则不能发育成成虫，37℃下1 h即100%死亡。成虫多在傍晚至翌日上午羽化。成虫活跃，有趋光性，喜欢在菇房电灯周围飞翔或停息在光源附近墙壁及玻璃窗上。成虫喜欢腐殖质，常在菇房培养料上爬行、交尾、产卵。每雌产卵50～100粒，最多250粒。堆产或散产于培养料、菌柄和菌根附近的覆土上，也可产在菌盖或菌褶之间。成虫寿命一般3～5天，最长10天。温度13.5～21.5℃时，卵期4～7天，幼虫期9～17天。幼虫喜欢在腐殖质丰富而又潮湿的环境中生活，菇床浇水后常在料面爬行，菇床料面干燥，即潜入较湿润处。幼虫喜欢为害菇类菌丝体、子实体原基及子实体。多先从基部开始为害，发生严重时，菌柄被吃成海绵状，菌盖仅剩上面一层表皮。调查明确，及时清除虫源并保持周围环境清洁是减轻为害的关键。凡食用菌废料处理及时、干净彻底的地区虫量少，为害轻，相反则很重。

[防治方法]

1. 搞好菇房及周围环境卫生，尽量减少虫源。尤其需彻底清除菇根、菇柄、弱菇、烂菇等富含腐殖质的产菇后的垃圾，集中高温发酵堆沤处理。

2. 安装60目以上纱门、纱窗，防止害虫传入菇房。

3. 在种菇前菇房及菇场用杀虫剂灭虫。室内用50%敌敌畏烟雾剂0.4g/m²熏蒸，室外可选用5%高效氯氰菊酯乳油3 000～4 000倍液，或0.9%虫螨克乳油1 500～2 000倍液、3%莫比朗乳油1 000～2 000倍液喷雾。

4. 设置黑光灯或高压静电灭虫灯或在纱窗上覆透明膜涂机油或植物油诱杀成虫。

5. 必要时在害虫发生之前或发生初期进行药剂防治。在蘑菇覆土后调水前用0.9%虫螨克乳油1 500～2 000倍液，或3%莫比朗乳油1 000～2 000倍液、5%卡死克乳油1 000～2 000倍液喷洒表面。

用诱杀灯诱杀成虫

诱杀菇蝇蚊专用灯

诱杀菇蝇蚊专用灯

平菇在播种前可用干培养料重量0.3%的保菇粉拌料，或用0.9%虫螨克乳油、5%卡死克乳油其中之一按栽培面积1ml/m²对少许水后喷洒培养料。栽培期在出菇前约20天用保菇粉300倍液，或0.9%虫螨克乳油1 500～2 000倍液、3%莫比朗乳油1 000～2 000倍液、5%卡死克乳油1 000～2 000倍液浇洒菇床。

小 菌 蚊
Sciophila

小菌蚊（*Sciophila* sp.）属双翅目菌蚊科。分布较广，发生较普遍。为害蘑菇、平菇、茶树菇等食用菌，是以群居为主拉网为害食用菌的新害虫。明显影响食用菌的产量和质量，严重时只菇无收。

[为害特点] 幼虫为害蘑菇、平菇、茶树菇的子实体，也取食为害培养料中的菌丝体。幼虫活跃，多群居在培养料的表面吐丝结网，藏身其中取食。出菇蕾至出菇阶段在子实体及幼菇丛中取

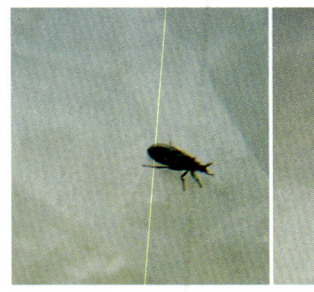

小菌蚊成虫

小菌蚊幼虫

自制黑光诱虫灯

筒形，灰白至乳黄色。老熟幼虫体长10～13mm，头部骨化，黄色。头的后缘有一条黑边。体12节。前3节有时有黑色花纹。各节腹面有2排小刺，腹部的较密。长约6mm，蛹乳白色，头紧贴在隆凸的胸部，复眼褐色，腹部9节，气门边缘有黑斑。

[生活习性] 成虫有趋光性，活动能力强，羽化当天即可交尾。雌虫交尾后当日产卵。一对雌雄虫可交尾1～7次，每次交尾持续0.5～2 h。卵堆产或散产。每雌产卵20～150粒，最多270余粒。雌

食并吐丝拉网，将整个菇蕾及自身罩住，在其内部取食。可将菌盖、菌褶吃成缺刻，将菌柄咬成小洞。受害菇蕾逐渐萎缩干枯死亡。有时数头或数十头幼虫群居为害，严重影响食用菌的产量和质量。

[形态特征] 雄成虫体长4.5～5.4mm，雌成虫5～6mm。淡褐色。头部深褐色，紧贴在隆凸的胸下。口器黄色，下颚须4节。触角丝状，共16节，基节、柄节较粗，其余各节逐渐变细。复眼黑色，肾形，顶端逐渐变窄。单眼3个，排成一字形，眼周围有黑圈。胸部有褐色毛，背板向上隆凸呈半球形。前翅发达，长3.8mm，宽1.6mm，平衡棒乳白色。足基节长而扁，胫节有3行排列不规则的褐色刺，胫端有距。腹部7节。雄虫外生殖器有一对铗状抱握器。雌虫腹部简单，产卵器尖细。卵长约1mm，乳白色，椭圆形。幼虫长

雄性比1.2:1。温度17.5～22.5℃时，成虫寿命3～14天，多为6～11天，卵期3～5天。温度为23～32.8℃时，幼虫期11～14天。幼虫有群居和吐丝结网习性。老熟幼虫常在栽培菌块的表面或边角作白色枣核状丝茧，在茧内化蛹。温度为17～22.8℃时，蛹期2～8天，一般3～4天。在17～32.8℃下，完成一世代约28天。经调查，多数菇房可见质硬发亮色暗，胸不隆凸，头胸不明显，仅腹节明显的被寄生蛹。

[防治方法]

1. 菇房门、窗、通气孔安装纱门、纱窗，防止成虫飞入菇房内交尾产卵。

2. 利用成虫趋光性，在菇房内外设置黑光灯或荧光灯诱杀。

3. 人工收集利用被寄生蛹，保护寄生在小菌蚊蛹内的一种天敌姬蜂，控制害虫为害。

4. 幼虫和蛹极易被发现，及时进行人工捕杀。

5. 必要时在采菇后进行药剂防治。可选用0.9%虫螨克乳油1 500～2 000倍液，或98%敌百虫粉500～1 000倍液喷洒菇床。

闽菇迟眼蕈蚊
Fujian Mudhroom Bradysia

闽菇迟眼蕈蚊（*Bradysia minpleuroti* Yang et Zhang）属双翅目眼蕈蚊科。又名尖眼菌蚊、菇蚊、菌蛆、蘑菇蝇等。分布较广，发生较普遍。为害蘑菇、平菇、茶树菇、金针菇、凤尾菇、香菇、黑木耳、毛木耳和银耳等食用菌。显著影响产量和质量。

[为害特点] 幼虫为害多种食用菌的菌丝和子实体。幼虫多在培养料表面取食为害，可把菌丝咬断吃光，使料面发黑，形成松散米糠状。为害子实体多从接近料面的菌柄基部蛀入，逐渐向上钻蛀，将整个菌柄内部蛀空，在菌柄外面留下许多针眼大小的虫孔，继而侵害菌褶和菌盖。每朵受害子实体内少则几头幼虫，多则300～400头。有时成虫在菌盖上产卵，幼虫向下蛀食，使被害子实体不能继续发育。

[形态特征] 雄成虫体长2.7～3.2mm，暗褐色。头部色较深。复眼大，肾圆形，黑色，眼桥小，眼面3排。触角长1.2～1.3mm，褐色，第四鞭节长是宽的1.6倍。下颚须基节较粗，中节较短，各有毛7根，端节细长，有毛8根。翅淡烟色，长1.8～2.2mm，宽

0.8～0.9mm，前缘脉（C）、亚前缘脉（Sc）和胫脉（R）三条纵脉很粗，呈深褐色，中脉（M_{1+2}）细弱，末端二分支成U字形。平衡棒淡黄色，有斜列小毛。足细长，基节、转节、腿节黄色，胫节和跗节暗褐色。胫节有胫梳一排，梳6根，爪有齿2个。腹部暗褐色，尾器基节宽大，基毛小而密，中节分开不连接，端节小，末端较细，内弯，有3根粗刺。雌虫较大，触角较雄虫短，腹部粗大，端部细长，阴

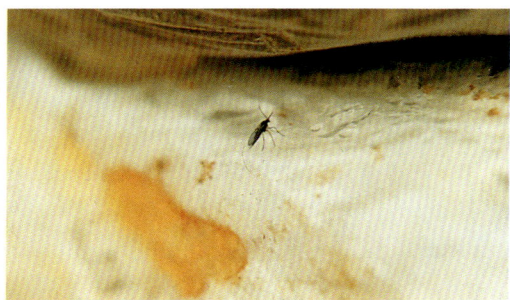

闽菇迟眼蕈蚊成虫

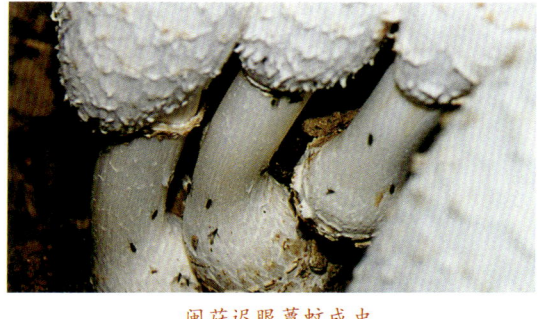

闽菇迟眼蕈蚊成虫

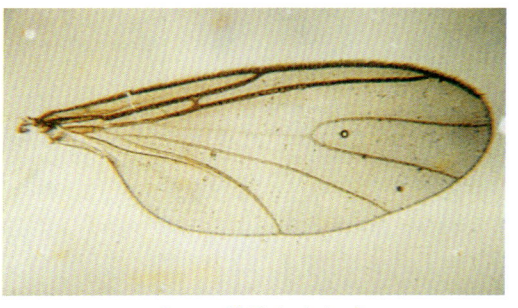

闽菇迟眼蕈蚊成虫翅脉

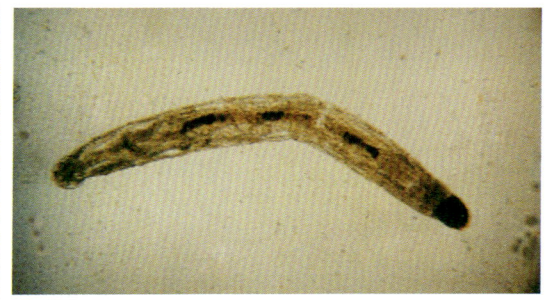

闽菇迟眼蕈蚊幼虫显微放大

道叉细长略弯，叉柄斜突，尾须粗短，端部圆。卵初期乳白色，长圆形。幼虫蛆形，老熟后体长6～8mm，乳白色，头部黑色，有一较硬头壳，头部后端几乎与前胸等宽，胸腹部共13节，腹部最末一节常向外突出呈泡状。蛹黄褐色，腹面较深，腹节8节，每节有一对气门。

[生活习性] 闽菇迟眼蕈蚊喜在畜粪、垃圾、腐殖质和潮湿的菜园土及花盆土上繁殖。幼虫为害蘑菇、平菇、茶树菇、金针菇等多种食用菌。发育繁殖最适宜温度15～21℃。成虫有趋光性，飞翔能力强，羽化4～5 h后交尾，翌日产卵于土缝或培养料中。每处产卵

40～220粒，一生产卵约300粒。温度14～17℃时，卵期5～6天，幼虫期16～18天，蛹期4～5天，成虫期3～4天，全世代历期约30天。幼虫共5龄，有群居为害和爬行时吐丝习性，幼虫老熟爬行至土缝或培养料表面吐丝作茧。化蛹于薄茧内，预蛹期1～2天，乳白色，4天后蛹体变黑，在薄茧内不断摇动，离开薄茧到土表羽化。通常质地松软、柔嫩的食用菌品种受害较重。

防治方法参见平菇厉眼蕈蚊。

韭菜迟眼蕈蚊
Bradysia odoriphaga

韭菜迟眼蕈蚊（*Bradysia odoriphaga* Yang et Zhang）属双翅目眼蕈蚊科。又名韭蛆。分布很广，几乎全国各地都有发生。为害平菇、蘑菇、金针菇等多种食用菌，亦常为害韭菜。

[为害特点] 幼虫为害食用菌原基及菇蕾，致子实体不能正常生长发育，严重时亦可造成不出菇。

[形态特征] 见蔬菜害虫韭菜迟眼蕈蚊部分。

[生活习性] 成虫羽化多在傍晚至翌日上午，羽化后爬行到料面上，翅未展开便可交

尾。雌虫产卵200余粒，少时数十粒，堆产或散产。多产于料块缝隙间。成虫喜腐殖质，有趋光性，雄虫比雌虫活跃。25℃条件下，成虫寿命5～7天，在20℃左右时，卵期7～8天，幼虫期18～20天，蛹期2～6天。幼虫喜食腐殖质，喜在潮湿环境中取食为害。

防治方法参见平菇厉眼蕈蚊。

韭菜迟眼蕈蚊成虫

韭菜迟眼蕈蚊幼虫

宽翅迟眼蕈蚊
Bradysia latiala

宽翅迟眼蕈蚊（*Bradysia latiala* Yang et Zhang et Tan）属双翅目眼蕈蚊科。分布较广，发生较普遍。主要为害蘑菇、平菇、茶树菇。亦为害黑木耳、银耳、草菇、竹荪、香菇等多种食用菌。此外，盆栽山茶、蟹爪莲也可受害。

[为害特点] 幼虫吃食菌丝、原基和菇蕾，出

宽翅迟眼蕈蚊成虫

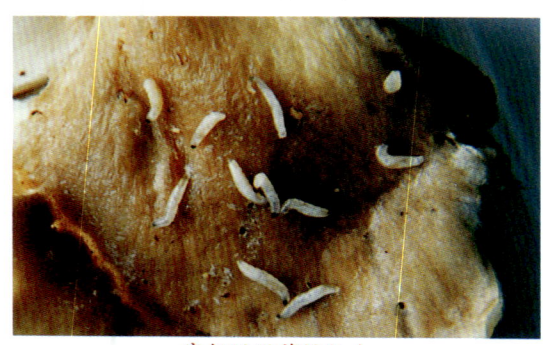

宽翅迟眼蕈蚊幼虫

菇后蛀食菇柄和菌盖，致子实体萎蔫死亡或腐烂。

[形态特征] 雄成虫体长 3.2～3.4mm。头胸及背板黑色，腹板灰黑色。腹节的节间膜淡黄白色带微绿。头部复眼有微毛，眼桥小，眼面 2～3 排。下颚须基节有感觉窝，有长毛 2 根及短毛 4～5 根，中节有长毛 1 根和短毛 6 根，端节有毛 7 根。触角 16 节，长 1.2～1.5mm，第四鞭节长为宽的 1.4 倍。翅淡烟色，长 1.8～2mm，宽 0.9～1mm，翅长为宽的 2 倍，中脉柄微弱，与眼蕈蚊科的其他种相比本种的翅短而宽。足黄褐色，前足胫梳一横排 7 根。腹褐色，尾器基节宽大，端节小，略内弯，有 5 根粗刺。雌虫体长 3.8mm，宽 0.6mm，阴道叉的柄突出于叉内，柄基大于端部。卵淡黄色略带微绿，表面光滑，卵圆形，长 0.22mm，宽 0.14mm。幼虫长筒形，略扁，四龄幼虫体长 5.5mm。蛹淡黄白色，后逐渐变成淡青灰色，羽化前复眼和翅的部位变成黑色。

[生活习性] 年发生多代。世代重叠。华东地区以老龄幼虫在蘑菇料、野外菌渣、盆栽花卉上越冬。卵、幼虫、蛹的发育起点温度分别为 9.8 ± 2.2、12.2 ± 2.8、9.3 ± 0.9℃，有效积温分别为 50.9 ± 8.2、104.3 ± 8.6、39.7 ± 4.5℃。平均温度 17～25℃时全世代历期 20～30 天，冬季气温低于 9℃时历期长达 5 个月。每年约 9 月初蘑菇播种时成虫迁入菇房，为害秋菇，12 月至翌年 2 月以四龄幼虫越冬。3 月待气温回升后越冬代幼虫化蛹羽化并交配，在春菇上为害繁殖 1～2 代，4～5 月达发生高峰。越冬成虫还可迁入花园内繁殖后代。6～10 月可在毛木耳上繁殖多代，也可在草菇上繁殖为害。5～6 月可在菇房周围蘑菇废料中发育繁殖，秋季待蘑菇播种后成虫即迁入菇房为害蘑菇。此虫较耐寒而不抗热，低温 -2～-6℃冻冷 10 h，死亡率仅为 3.3%～22.5%，4 龄幼虫在 40℃下 2 h 即 100% 死亡。成虫有较强的趋光性，喜在有光线的门窗口附近飞翔。卵堆产或散产在菌丝或子实体及附近的覆土上。每雌产卵 15～215 粒，平均温度 14～20℃时，平均产卵量超过 100 粒。通常冬季不冷，春天气温回升早，害虫发生代数多，为害重，反之则轻。菇场未及时清除废料，尤其是把废料堆在菇房周围或河边树阴下，头潮菇即严重受害。

防治方法参见平菇厉眼蕈蚊。

食菌瘿蚊
Mycophilous cecid

食菌瘿蚊（*Mycophila fungicola* Felt）属双翅目瘿蚊科。又名嗜菇瘿蚊、瘿蝇、菇蚊等。分布广泛，发生较普遍。为害蘑菇、平菇、香菇、木耳、银耳等食用菌，影响其产量和品质。

[为害特点] 幼虫为害蘑菇、平菇、木耳、银耳的菌丝体和子实体。发菌期间幼虫在培养料中为害，覆土后多数转移到覆土层为害绒毛菌丝及子实体原基。菇蕾受害后发黄、萎蔫死亡。子实体出土后，虫量少时主要在菇根上为害，多时扩散到整个菇体，钻入菇体在菌膜处

因幼虫群集呈橘红色或淡黄色。当菇少虫多时，覆土呈红色粉状。气温低时幼虫钻入菌肉的浅表层。蘑菇受害，幼虫多集中在菌环处，严重污染产品。

[形态特征] 成虫微弱细小。雌虫体长平均 1.17mm，雄虫长 0.82mm。成虫头部、胸部、背面深褐色，其他部位灰褐色或橘红色。头小，复眼大。触角念珠状，11 节，每节有环生放射状细毛。雄虫触角比雌虫长。前翅膜质，透明，有毛，翅脉只有 3 条纵脉和 1 条横脉。后翅退化为平衡棒。足细长，基节较短，胫节长而无端距。雌虫末端尖细，雄虫腹末有一对钳状抱器。卵乳白色，近孵化时淡褐色，肾形，长 0.3mm，宽 0.1mm。幼虫纺锤形，蛆状，头部不发达，有 1 对短触角。体 13 节，表皮透明，无足，淡黄色至白色。由卵孵化的幼虫平均长 0.79mm；经幼体生殖的幼虫平均长 0.91mm，淡橘黄色；即将生幼虫的母虫体长 3mm，淡橘黄色或白色透明。老熟将化蛹幼虫体长 1.83mm，橘红色，中胸腹面有一黑色剑骨片，端部呈

三载状。蛹为裸蛹，橘红色，平均长1.07mm，宽0.27mm；头顶有2根毛，为呼吸管，初期胸部白色，腹部橙红色，后期胸部渐变为淡褐至棕色，翅芽变黑（图25-1）。

[生活习性] 以幼虫为害为主。年发生多代。繁殖周期短。主要在秋菇上为害，春菇上数量较少。主要以幼虫在培养料中休眠越冬。可进行有性和幼体无性繁殖。通常条件适宜时营幼体生殖；环境不适时营有性生殖。由于菇房冬季最低温度在0℃左右，幼虫一般不会冻死，翌年2～3月随温度上升越冬幼虫开始幼体生殖，虫量随之增加，为害春菇。收获后幼虫随料出菇房，在废料中越夏。幼虫有较强的耐高温能力。秋季种菇后成虫又飞入菇房产卵。成虫多在9～15时羽化，羽化后即交尾，产卵。卵产于菇床土缝间，每处2～3粒。每雌可产卵15～28粒。未经交尾成虫寿命2～3天。温度18℃，相对湿度75%～80%时卵期4天。幼体繁殖不经过化蛹、成虫羽化和产卵过程，从卵孵化出或从母体钻出的初生幼虫体内就有了未成熟卵。随自身生长卵逐渐发育成熟，卵巢破裂后卵进入血腔吸取营养发育成幼虫。当幼虫取食光母体内部组织后，咬破母虫体壁钻出。母虫平均可产20多条幼虫。温度低于7℃时，幼虫停止取食和无性繁殖。高于37℃相对湿度低于65%时，幼虫聚集在一起而停止取食。老熟幼虫即化蛹，低龄幼虫死亡。成虫和幼虫都有趋光性，较明亮处虫口密度大，昏暗处则虫口少。幼虫喜潮湿。在潮湿处自由活动，水中可存活多日，干燥条件下活动困难，常靠身体卷曲、张开移动，或众多幼虫聚在一起形成一红色球保护其生命。环境条件适宜时球体瓦解，存活的幼虫继续繁殖。出菇期间，温度适宜，食物充足，害虫营幼体生殖，短期内可大量发生。据调查，塑料小棚和温室栽培的平菇受害较重，秋菇受害重于春菇。

[防治方法]

1. 菇房门、窗及通气孔安装纱门、纱窗，防止成虫飞入菇房内产卵。

2. 彻底清除菇房周围的垃圾及上年生产食用菌的废料等。

3. 进料前菇房彻底消毒。可用50%敌敌畏烟雾剂0.4g/m²熏蒸，或0.9%虫螨克乳油1 500～2 000倍液、3%莫比朗乳油1 000～2 000倍液、5%氯氰菊酯乳油3 000～4 000倍液、5%卡死克乳油1 000～2 000倍液喷洒菇房的内墙、地面和床架。

食菌瘿蚊幼虫群集为害平菇

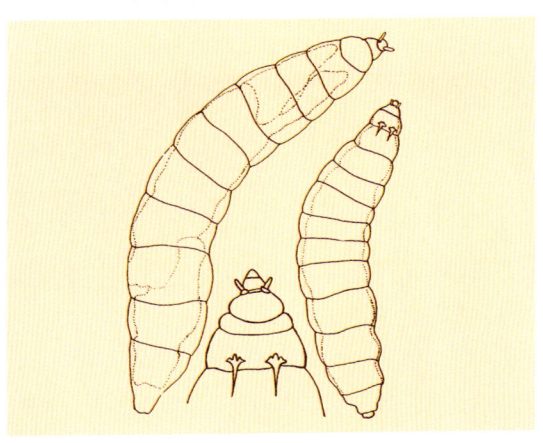

图25-1 食菌瘿蚊幼体生殖幼虫放大

4. 利用成虫趋光性，设置黑光灯或普通荧光灯或在纱窗上覆透明膜涂机油或植物油诱杀成虫。或在成虫高峰期定期向门、窗纱上喷洒5%氯氰菊酯乳油3 000倍液，杀灭成虫。

5. 覆土期及调水前采用药剂喷洒覆土或床面。参见平菇厉眼蕈蚊。平菇子实体受害，可用少量生石灰撒在有虫部位，或摘除被害菇让其干燥，使幼虫自然死亡。

蘑菇眼蕈蚊
Bradysia

蘑菇眼蕈蚊（*Bradysia* sp.）属双目眼菌蚊科。又名多齿眼蕈蚊或尖眼蕈蚊。分布广泛，全国各地都有发生。为害蘑菇、平菇、凤尾菇、白木耳、黑木耳、香菇、猴头及多种作物与花卉等。其中平菇、凤尾菇最易受害，有时菌丝、菇蕾被吃光，造成严重减产。

[为害特点] 幼虫取食培养料，为害发菌。取食菌丝和菇蕾，使幼菇枯萎死亡。为害子实体，在菇体内钻蛀取食，形成隧道。虫口密度高时一个菇体内有数十头幼虫，致菇肉变黄，并排泄粪便污染产品。

[形态特征] 见蔬菜害虫蘑菇眼蕈蚊部分。

[生活习性] 年发生多代。世代重叠严重。气温25℃左右时繁

殖一代需21天，成虫产卵前期1天，寿命3～4天，卵期4天，幼虫期10.5天，预蛹期1天，蛹期3天。10℃以下成虫不飞翔、不扑灯，停在土缝、草料等处，幼虫也停止取食活动。成虫活泼善飞，有趋光性，喜在腐烂的有机质上活动。对双孢蘑菇有很强的趋性，可从远处飞来在靠近覆土的菇柄处产卵。25℃下每头雌虫平均产卵71.5粒，幼虫化蛹前要做一薄茧。成虫不直接为害，但可传播多种病菌、线虫和害螨。通常春菇期害虫数量大，为害重。高含氮量的碱性培养料适合幼虫发生，可作为生产发酵后残存含氮物质转化是否完全的指示。

防治方法参见平菇厉眼蕈蚊和真菌瘿蚊。

蘑菇眼蕈蚊成虫

蘑菇眼蕈蚊幼虫为害蘑菇

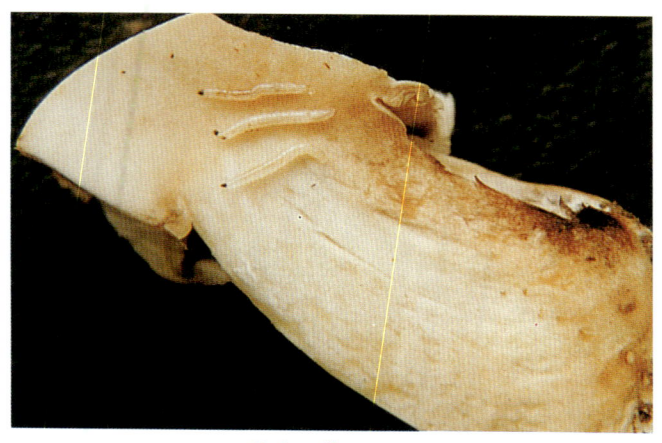

蘑菇眼蕈蚊幼虫

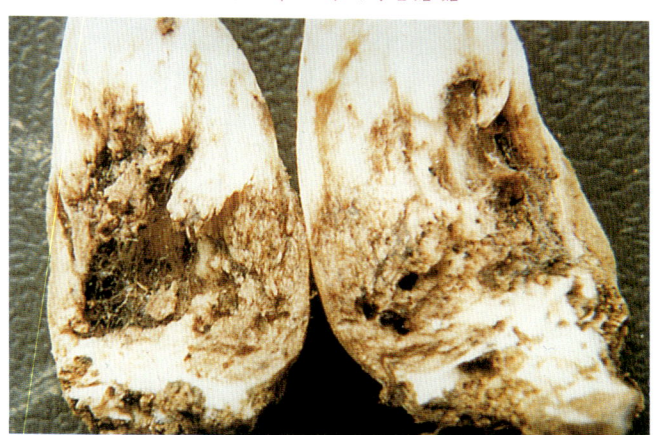

蘑菇被害菇柄解剖

中华新蕈蚊
Neoempheria sinica

中华新蕈蚊（*Neoempheria sinica* Wu et Yang）属双翅目蕈柄蚊科。又名大菌蚊，分布较广，发生较普遍。为害蘑菇、平菇、茶树菇、香菇等食用菌，显著影响产量和质量。

[为害特点] 幼虫群居蛀食为害多种食用菌。将蘑菇、平菇等食用菌原基和子实体蛀食成孔洞，将菌柄蛀空，把菌裙吃成缺刻，使子实体很快枯萎、腐烂、死亡。

[形态特征] 成虫体长 5～7mm，黄褐色，有光泽，长椭圆形。头淡黄及黄色，头上密生小刻点。触角褐色，长 1.4mm，鞭节 14 节。单眼 2 个，复眼较大，约占头侧面的 1/2，靠近复眼的后缘有一前宽后窄的褐斑。胸部发达，背板多毛，并有 4 条深褐色纵带，中间两条长，呈 V 字形。前翅发达，有褐斑，翅长 5mm，宽 1.4mm，后翅退化为平衡棒。足细长，基节和腿节均淡黄色，胫节和跗节黑褐色，胫节末端有 1 对距。腹部 9 节，1～5 节背板后端均有横带，中部连有纵带。卵褐色，椭圆形，顶端尖，背面凹凸不平，腹面光滑。幼虫初孵化时体长 1～1.3mm，老熟幼虫 10～16mm。头部黄色，胸、腹部淡黄色，共 12 节。从第一节至末节均有一条深色波状线连接。蛹乳白色，渐变淡褐色，最后为深褐色，长5mm，宽 2mm。

[生活习性] 成虫寿命 3～6 天，一般产卵 50～350 粒。性静，常停下后很长时间不动。有趋光

中华新蕈蚊成虫

中华新蕈蚊幼虫

中华新蕈蚊为害初期

中华新蕈蚊为害中期

中华新蕈蚊为害中期

中华新蕈蚊为害后期

性，成虫常停息在玻璃、灯光、门窗等有光源的墙壁附近。初孵化的幼虫到处爬行，头不停地摇动，有群居为害习性，一丛平菇周围常有数十条幼虫为害。阴湿山洞栽培、地沟栽培及车间生产蘑菇都容易发生。通常，幼虫都在料的表面为害，不深钻入培养料内。

防治方法参见平菇厉眼蕈蚊和真菌瘿蚊。

蘑菇群体受害状

伪步行虫
Tenebrionid

伪步行虫（*Ceropria subocellat* Cast）属鞘翅目伪步甲科。成虫叫光伪步甲，俗名黑壳子虫，幼虫俗称"鱼儿虫"。分布较广。主要为害黑木耳，亦为害平菇等食用菌。

[为害特点] 成虫啃食黑木耳耳片子实层的一面，胶质溶解后引致流耳。成虫还为害香菇、野生草耳和裂褶菌，啃食子实体表面后凹凸不平。幼虫分散在稍卷起的耳片内咬食耳肉，引起流耳。虫口密度高、食料缺少时，亦可为害其他食用菌类，影响产量和品质。

[形态特征] 成虫初期黄色，后呈蓝褐色，有光泽，体长9～12mm，宽4.5～6mm，长椭圆形。一般雌虫大于雄虫。头小，黑褐色，复眼大，触角锯齿状，11节。前胸背板宽大于长，前缘凹进角突出，后缘角略呈直角。小盾片小，近三角形。鞘翅有青、蓝、紫等金属光泽。每一鞘翅上有8条平行的小刻点纵沟。体腹部黑褐色，腹面5节。三对足近等长。各足的前跗节上均有两个黄褐色的向内弯的爪。卵乳白色，后呈黄白色，椭圆形，外表光滑，长0.8～0.9mm，宽0.4mm。幼虫初孵时黄白色，头部淡黄色，一龄幼虫体长1.8～3.1mm，腹部细长，9节，胸足发达，3对。老熟幼虫体长

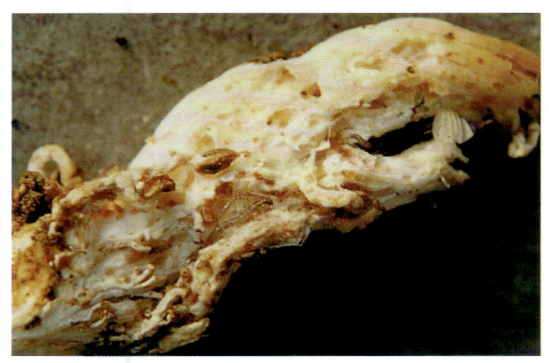

伪步行虫幼虫

9.5～12mm，灰褐色，体背各节有黑色圈，以胸部各节最明显，腹部背面除黑色圈外还有黄色圈，以腹背末端几节最明显。蛹为裸蛹，长7～9mm，宽4mm，初为乳白色，后呈黄白色，前胸背板隆起呈半圆形，近前缘的两侧各有一个赤褐色刺状突起。腹部细长，末端更细，各节两侧均有一小刺。尾端自中央裂开，有一对赤褐色刺状突起。

[生活习性] 在华中地区年发生1代。以成虫潜伏在耳木裂缝深处或藏在耳木下端的土缝内越冬。温度回升后开始活动，4～9月平均温度17.5℃，相对湿度65%左右均可交尾产卵，多在8～14时交配。每次交尾40～70min。雌虫一生要经过多次交尾，多在下午进行。交尾后2～3天在夜间产卵。卵块产，产于不干不湿皱缩或卷起的耳片缝隙中。卵粒排列紧密而不整齐。雌虫一生能产卵135～280粒。卵期6～13天。孵化时幼虫咬破卵粒顶端的卵壳，爬到耳片上取食。幼虫期30～43天。刚孵化时集中在耳片上取食，随虫体长大而分散，爬行时左右摇摆，故名"鱼儿虫"。食性杂，食量大。不仅取食耳片，还为害耳根、耳芽，缺食情况下还取食苹盖菌、平菇、金边蛾及腐木。幼虫也可在干耳上取食。可随商品调运迁移为害。老熟幼虫从耳片爬到地上钻入2mm深的土内做椭圆形土室，在其内不食不动，3～5天后蜕皮化蛹。蛹期4～7天。成虫多在白天羽化，少数在夜间。羽化8～10 h后开始取食。成虫寿命极长，一般200余天，最长321天。当年很少交配产卵。成虫为害主要靠爬行，从一朵木耳迁移至另一朵木耳。在寻找配偶或食料不足时可进行远距离飞迁。天气转凉后成虫陆续进入树洞、石块、土缝、荆刺丛的下部、耳木形成层和本质部间等处越冬。成虫爬行迅速，有假死性，怕光，喜阴湿，夜间活动频繁，常群居于枯枝落叶中或耳木接地潮湿处。凡耳木处于较阴湿条件，此虫即发生较重，相反，耳木两端垫有枕木，通风透光，则受害较轻。

[防治方法]

1. 当年接种的耳木最好排放在向阳坡上，耳木两端垫小枕木，尽量保持通风透光，抑制害虫发生。翻调耳木或采收鲜耳时捕杀幼虫和成虫。黑木耳晒干过程和贮藏中注意消灭成虫和幼虫。

2. 冬春彻底清除耳场内的残耳及附近的砖石、瓦块、枯枝落叶和烂草等，集中妥善处理。越冬成虫活动前选用0.9%虫螨克乳油1 000～1 500倍液，或3%莫比朗乳油1 000～1 500倍液、5%氯氰菊酯乳油2 500～3 000倍液、10%多来宝乳剂1 000～1 500倍液喷洒耳场及四周地面，杀灭成虫，减少虫源基数。

3. 虫害发生严重可在采耳后用上述药液喷洒防治。

跳　虫
Springtail

跳虫又名烟灰虫、弹尾虫。分布广泛，发生普遍，是弹尾目中无翅的低等小型害虫。种类很多。为害多种食用菌，有记载的种类约20种。分属于紫跳虫科、棘跳虫科、等节跳虫科、长角跳虫科和圆跳虫科等。常见种类有 *Hypogastrura communis* Folsom、*Ceratophysella flactoseta* Lin et Xia、*Folsomia fimetaria* Linne、*Entomobrya sauteri* Borner、*Xenylla longauda* Folsom、*Sminthurinus aureusbimaculata* Axelson 即紫跳虫、卷毛泡角跳虫、角跳虫、黑角跳虫、黑扁跳虫和姬圆跳虫等。

[为害特点] 跳虫常群居为害蘑菇、平菇、茶树菇、凤尾菇、金针菇、草菇、香菇、银耳等食用菌的菌丝体和子实体。播种后受害，取食菌丝体，使菌丝萎缩，抑制其发菌。菇体受害，钻进菌柄、菌盖，取食子实体，使菌柄和菌盖出现许多小孔洞，不堪食用，或在菌盖表面出现不规则凹点或孔道，显著降低商品价值，幼菇则成片

死亡。此外，还可携带和传播病害。

[形态特征]跳虫柔软无翅，体极小。体长多小于5mm，多体外具毛。触角多为4节，咀嚼式口器，足仅4节，末端一节为胫节与跗节合成。腹部最多6节，有时与胸部愈合。腹部第1、3及4、5节上有腹管、握弹器和弹器三种特化的腹部附肢。常见种特征是：

紫跳虫：体长约1.2mm，近圆筒形。头部较粗大。红紫色与蓝色相间，

紫跳虫

角跳虫

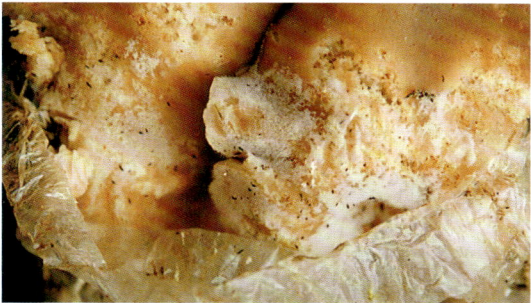
紫跳虫为害状

角跳虫

有灰白色小点。触角比头径短。弹器短，端节中部凹陷，末端圆形。

卷毛泡角跳虫：体长1.1～1.3mm，棕灰色。触角灰黑色，眼面黑色，腹面淡灰黄色，足及弹器淡灰色，体有稀疏长毛，其中零星分布较短小刚毛，皮肤有中等大小较密的皮肤粒。

角跳虫：又名短角跳虫。体长约1.4mm，圆筒形，白色，体表密被细毛，有少数长毛。触角与头等长。腹部4～6节愈合。爪微弯曲，内缘中央有1齿，褥爪为爪的1/2，弹器与触角约等长，端节小而上曲，具2齿。

黑角跳虫：体长约2mm，体上有黑斑，斑纹不定。触角4节，约为体长1/2。第四腹节特长，爪内缘有1对小齿，弹器约为体长的1/2，端节约占1/4，顶端有1对小齿。

黑扁跳虫：体长约1.5mm，黑色，略散生黄白色小点，扁形。触角粗大，约与头等长。在各足末端有2根端部膨大的黏毛，爪上无小齿，无褥爪，弹器短而细。

姬圆跳虫：体长约1.1mm，胸环节明显，5、6腹节可辨。触角4节，较头部长，体色多为灰黑。爪内缘小齿0～3个。弹器基节与端节长约为5:2，端节上有细微锯齿。

[生活习性]跳虫年发生6～7代。喜阴湿，不怕水。不耐高温，适宜温度20～25℃，常栖息在枯木、垃圾、堆肥等富含腐败物质及较阴湿的环境中。行动活泼，善于跳跃，常在培养料或子实体上迅速爬行，并以跳跃式前进，可跳跃数厘米高。有群集为害习性。一个菌盖上数百至数千头，似弹落在菌盖上的烟灰，故又名烟灰虫。虫体受到干扰，立即跳离原处，躲进潮湿阴暗角落或地上。虫体表面具蜡质层，不怕水，积水时可成群结队浮于水面，跳跃自如。跳虫常在食用菌废料和腐殖质多的菜地中生活，以食用菌废料做基肥的菜地种菇或用该地的土壤作为覆土，跳虫为害特别严重。

[防治方法]

跳虫为害状

1. 搞好菇场清洁卫生，防止过湿和周围积水。

2. 室内栽培蘑菇、草菇的培养料进行二次发酵处理，使堆温达65～70℃，杀死成虫及虫卵。种菇用覆土在使用前晒干或取用深层土，或用前1～2天药剂处理。

3. 老菇房栽种期彻底清除废料，并在地面喷洒0.9%虫螨克乳油1000～1500倍液，或3%莫比朗乳油1000～1500倍液、5%氯氰菊酯乳油2500～3000倍液、10%多来宝乳剂1000～1500倍药液。

4. 用80%敌敌畏乳油1000倍液或5%氯氰菊酯乳油2500倍液喷于纸上，再滴上数滴糖蜜后将药纸分散在培养料或覆土上进行诱杀。

5. 出菇前发生跳虫时可用上述药液喷雾杀灭。出菇后发生跳虫可选用0.9%虫螨克乳油1500倍液、10%多来宝乳剂1500倍液、1%印楝素水剂800倍液喷洒防治。

扁 足 蝇
Platypeza

扁足蝇（*Platypeza* sp.）属双翅目扁足蝇科。局部地区分布。主要为害蘑菇，影响其产量与质量。

[为害特点] 幼虫在出菇前取食蘑菇菌丝体，影响发菌。出菇后钻蛀菇柄和菌盖，形成许多孔穴，终致菌体腐烂或萎蔫死亡。

[形态特征] 成虫体小型，黑色或灰色，具黑斑，头大。复眼发达，常分上下两半不同颜色。触角3节，触角芒很长。胸和腹部只有短毛而无刚毛。足胫节无端距，后足跗节大而扁。幼虫短粗，扁平，可见11节。体多刺状突起，排列在体周围，头和前胸多弯向腹面，腹部第八节的一对后气门远离，无突起或只有小突起。

[生活习性] 不详。

防治方法参见平菇厉眼蕈蚊和真菌瘿蚊。

扁足蝇成虫放大

烟 草 甲
Tobacco beetle

烟草甲〔*Lasioderma serricorne* F.〕属鞘翅目窃蠹科。又名苦丁茶蛀虫、烟草标本虫、烟草窃蠹。分布广。为害香菇和烟草及植物标本。

[为害特点] 幼虫和成虫取食香菇子实体干品。也为害烟叶、纸张、种子、植物标本

烟草甲成虫放大

及香烟等。

[形态特征] 成虫体长2.5～3mm，宽椭圆形，背面显著隆起，体棕黄色至赤褐色，有光泽，密生黄褐色茸毛。头部宽大，隐蔽于前胸背板下方，能上抬。复眼大，圆形，黑色。触角位于复眼正前方，11节，锯齿状。鞘翅侧缘掩蔽腹部两端，末端呈圆形，密布微小刻点及黄褐色细毛，无纵行刻点纹。足短小。卵淡黄色，长0.4～0.5mm，长椭圆形，表面平滑，一端有若干微小突起。幼虫身体弯如C字形。老熟幼虫体长约4mm，密生金黄色丝状细长毛，除头部黄褐色外，体淡黄白色或乳白色，胴部多皱纹，各体节大小相近。蛹乳白色，椭圆形，长约3mm，宽1.5mm，头部向下，前胸背板后缘角向两侧显著突出，鞘翅伸达第二腹节中部，后翅被掩盖。

[生活习性] 年发生3～6代。以幼虫越冬。每一代需44～70天，卵期6～10天，幼虫期30～50天，蛹期8～10天。幼虫蜕皮4次，老熟后用分泌物做成白色强韧的薄茧化蛹。在温度25℃，相对湿度70%条件下，雌成虫寿命31天，雄成虫寿命28天。每头雌虫产卵103～126粒。卵单产于子实体表面碎屑中。成虫有假死性，善飞翔，喜黑暗，喜弱光，黄昏或阴天即四处飞翔。

[防治方法] 注意彻底处理香菇场的废料残渣，干品在销售期间妥善保藏。一般不需专门药剂防治。

灵 芝 造 桥 虫

灵芝造桥虫属鳞翅目(Geometridae)尺蛾科，该虫目前尚无资料记载，有待进一步鉴定。分布较广，种灵芝的地区都可发生，被害率一般10%左右，严重时达50%，明显影响灵芝生产。

[为害特点] 幼虫为害灵芝子实体。初龄幼虫在菌盖表面及外缘取食，形成凹坑和缺刻。随虫

体增长，可直接蛀入子实体内部，形成孔洞，影响灵芝正常生长和发育。同时，排泄大量粪便，不仅污染菇体，还诱发绿霉、黑霉等杂菌，显著影响灵芝的产量与质量。

[形态特征] 成虫体长12mm，翅展25～28mm，灰黑色。触角丝状。前翅外缘有8个小黑点，前缘中间有一个较大的黑点，后翅灰白色。卵乳白色，孵化前灰绿色，扁圆形，长0.6～0.7mm，宽0.4～0.5mm。幼虫头部黑色，体灰黄色，圆筒形。老熟幼虫体长22～25mm，体表有黑褐色疣状突起，进入四龄后，体节上有黄褐色斑纹，胸足3对，腹足2对，行走时呈拱桥状。蛹黄褐色，纺锤形，体长11～14mm。

[生活习性] 北京地区年发生1～2代。5月开始发生，7～8月为虫口发生高峰期，卵期7～9天，幼虫期23～25天，蛹期12天，成虫寿命5～6天。成虫昼伏夜出，产卵于菌盖下表面的边缘或菌环处，化蛹前老熟幼虫吐丝缀屑与虫粪作茧，在茧中化蛹，有少数在蛀孔隧道中化蛹。

[防治方法]

1. 在通气口处装纱窗、纱门或防虫网，防止成虫飞入产卵。

2. 发生期人工捕捉。

3. 幼虫低龄期进行药剂防治。可选用0.9%虫螨克乳油1 000～1 500倍液，或25%灭幼脲三号悬浮剂500～800倍液、5%抑太保乳油2 500～3 000倍液、5%农梦特乳油1 000～1 500倍液、20%除虫脲悬浮剂3 000～3 500倍液、1%印楝素水剂800倍液喷雾防治。

灵芝造桥虫蛹背面

灵芝造桥虫幼虫

灵芝造桥虫蛹腹面

沟金针虫
Grooved click beetle

沟金针虫（*Pleonomus canaliculatus* Faldermann）属鞘翅目叩头虫科。又名沟叩头虫、沟叩头甲、土蚰蜒、钢丝虫、茇茇虫。主要分布在北方地区。为害蘑菇、草菇、鸡腿菇等食用菌。

[为害特点] 主要在新发展菇棚造成为害。幼虫取食地栽蘑菇、草菇、鸡腿菇的菌丝或钻蛀菇柄，造成不出菇或幼菇死亡，或成菇干腐至湿腐。

[形态特征] 参见地下害虫部分。

[生活习性] 2～3年发生1代。以幼虫和成虫在菇棚土中越冬，或随覆土和培养料传入。越冬成虫于2月下旬至3月上旬出蛰，3月中旬至4月中旬为活动盛期。白天潜伏于表土内，夜间出土交配、产卵。雌虫无飞翔能力，每雌产卵32～166粒，平均产卵94粒。雄成虫善飞，有趋光性。5月上旬卵孵化，食料充足，当年体长可达15mm以上，第三年8月下旬，幼虫老熟后于16～20cm深的土层内作土室化蛹，蛹期12～20天，平均约16天。9月中旬蛹羽化，当年在原蛹室内越冬。在北京，3月中旬10cm土层地温平均为6.7℃时，幼虫开始活动，3月下旬地温达9℃以上时开始为害，4月上、中旬地温为15～17℃时为害最烈，5月上旬地温达19～24℃时，幼虫移至13～17cm土层栖息，6月10cm地温达28℃以上时，金针虫下潜至深土层越夏。9月下旬至10月上旬，地温下降到18℃左右时，幼虫又上升到表土层活动，10月下旬随地温下降幼虫开始下潜，至11月下旬10cm地温平均为1.5℃时，金针虫潜于27～33cm土层越冬。由于沟金针虫雌成虫活动能力弱，一般多在原地为害。

沟金针虫幼虫

沟金针虫幼虫蛀食蘑菇菌柄

[防治方法] 参见蛴螬。根据食用菌生产特点，做好食用菌种植前培养土壤、基料和覆土的害虫前期处理工作，可有效控制该虫的发生与为害。

日本蠷螋
Large japanese earwig

日本蠷螋（*Labidura japonica* de Hocan）属革翅目蠷螋科。为食用菌的重要害虫。食性杂。虫口密度大时可造成毁灭性损失。为害竹荪、平菇、香菇等食用菌。

[为害特点] 成虫在竹荪畦的覆土层内咬食菌丝，影响菌丝体扭结现蕾，严重时致菌蕾萎蔫溃烂。也可钻入幼嫩子实体，把子实体吃空后仅剩菌膜外壳。有的从菌柄隐蔽处钻入菌柄中取食，把菌柄咬成锯齿状，轻时子实体可正常生长撒裙。严重时菌柄被咬断，不能撒裙。为害子实体后形成凹坑或缺刻，影响产品质量，严重时将菇肉吃尽。

[形态特征] 成虫体长 10～16 mm，宽 2～2.5 mm，表皮坚韧，黑褐色，有光泽。头扁阔，活动自如，有明显 Y 字形头盖缝，顶部扁平或隆

日本蠷螋成虫

凸，前胸背板紧接头后，盖住中胸背板。复眼圆形，大小不一，无单眼。触角丝状，脆弱，10～50 节。前翅短截，角质。后翅膜质，扇形，翅脉放射状，折叠于前翅之下。足较短，跗节 3 节。腹部 11 节，末端有尾铗 1 对，雌铗简单，雄铗比雌铗长，内侧有 1 齿。卵椭圆形，青白色，表面光滑。若虫体形与成虫相似，共 5～7 龄。

[生活习性] 在江西可年发生 2 代。渐变态，寿命较长。成虫喜夜间活动，白天多在湿润的土壤、富含有机质的草丛、砖瓦块、朽木下栖息。卵多产于菇床周围的土缝中，成虫有护卵及保护初孵若虫习性。多隐蔽在料袋缝隙或覆土中为害。有的成虫会飞翔，有趋光性，尾铗可用作展开或折叠后翅，也能用作捕获猎物或防御。食性较杂，除为害食用菌、植物组织、腐败动植物残体外，还捕食小型昆虫。培养料未腐熟或厩肥多的菇床此虫活动频繁，为害较重。

[防治方法]

1. 栽培竹荪、平菇前彻底清除菇床周围砖瓦、枯枝落叶、杂草及废料等。培养料充分发酵腐熟。菇场可喷洒 10% 多来宝乳剂 1 000～1 500 倍药液，或 12.5% 保富悬浮剂 8 000 倍液灭虫。重发生菇床整理好的菇畦也应喷药防治，覆土材料及竹叶等需边喷药边翻拌后一起堆放，再用塑料膜覆盖闷杀 24 h。

2. 菇棚内可吊挂蘸有敌敌畏药液的棉球每 2.5m² 1 只，熏蒸驱避害虫。

3. 播种后菌丝生长 45 天左右畦面上喷洒 5% 抑太保乳油，或 5% 卡死克乳油、5% 农梦特乳油 1 500～3 000 倍液、25% 灭幼脲 3 号悬浮剂 400～500 倍液。菌丝开始扭结现蕾时可用 10% 多来宝乳剂 1 500 倍药液，或 12.5% 保富悬浮剂 8 000 倍液灭虫。子实体发育阶段不能使用农药时，可在收集新鲜竹荪菌托后用上述药液喷洒。

4. 竹荪破蕾时，根据成虫喜隐蔽在菌托处咬食菌柄的习性，进行人工捕捉。

马 陆
Spilobolus marginatus

马陆幼虫

马陆（*Spilobolus marginatus*）属节肢动门多足纲，又名百脚虫，分布较广，是草菇栽培的常见害虫。

[为害特点] 马陆啃食草菇菌丝体及采收后残存的菇体。

[形态特征] 马陆体圆长，分头、胸干两部分。体由许多环节构成，除第一、二、三、四和末节外，每节有 2 对足，形如蜈蚣。体红褐色至黄褐色，体长约 30mm。头部有短触角 1 对，眼为单眼。头部腹面有口器，背面有黄褐色相间的环纹。

[生活习性] 马陆喜欢在潮湿阴暗和腐殖质丰富的地方活动，昼伏夜出，具臭腺，能散发出恶臭味。

[防治方法]

1. 采完菇后彻底清除菇体残渣。

2. 用 1% 印棟素水剂 800 倍液或 80% 敌敌畏乳油 800 倍液喷洒马陆出没的地方。

3. 用炒至焦黄的豆饼粉拌入适量 80% 敌敌畏乳油或敌百虫粉后撒在墙角较暗的地方诱杀防治。

线　虫
Nematodes of mushroom

线虫属线虫门线虫纲。分布广泛,发生极普遍,种类亦很多。为害蘑菇、平菇、金针菇、茶树菇、凤尾菇、草菇、银耳、黑木耳、毛木耳等多种食用菌。为害最严重的种类分属于滑刃线虫属的蘑菇堆肥线虫,又名堆肥滑刃线虫(*Aphelenchoides composticola* Fraklin)和茎线虫属的蘑菇菌丝线虫,又名噬菌丝茎线虫(*Ditylenchus myceliophagus* J. B. Goodey)。此外,为害黑木耳、毛木耳、白木耳、凤尾菇的还有小杆线虫(*Pelodera* sp.)。

[为害特点] 线虫为害食用菌可造成毁灭性损失。主要靠口针穿入菌丝体内,吸食和消化菌丝细胞的营养物质,同时消化液也通过口针进入菌丝细胞内,使菌丝生长受阻,严重时萎缩消失,使培养料变湿、变黑、发黏。无口针线虫则营腐生生活,群集在一起依靠头部快速搅动使食物断成碎片,然后进行吸吮和吞咽。银耳、木耳等胶质菌子实体受害后,多产生"流耳"或腐烂,并放出难闻腥臭味,致不再出耳。凤尾菇受害后多形成柄长、盖薄小的黄色畸形菇,最后褐色软腐。此外,因线虫钻食为多种细菌、真菌、病毒等病原菌入侵创造了条件,使其他病害进一步加重或诱致发生新的病害。

[形态特征] 体圆筒形,通常分头、颈、腹和尾四部分。因体壁由透明角质膜和肌肉组成,不分节,其虫体分区不如昆虫明显。头部有唇、口腔、有或无口针。口针在口腔中央,为穿刺寄主组织并吸取养分的器官。颈部是从口针基部球到肠管前端的一段体躯,包括食道、神经环等。食道的形态结构是区别不同线虫的重要依据。腹部是肠管和生殖器官所充满的体躯。尾部是从肛门以下到尾尖部分。线虫体型极小,线状(短于1mm,宽50～100μm),像菌丝一样,无色透明,比菌丝略宽,两端稍尖。不同种类其形态结构有差异。主要根据器官组织的特征和身体外部形态大小鉴别区分。

蘑菇堆肥线虫的口针细小,长约11μm,食道滑刃型,雄虫无交合伞,交合刺弯曲。

蘑菇菌丝线虫的口针长约9.5μm,食道垫刃型,后食道球与肠分界明显,雄虫交合刺基部较宽,雌虫单卵巢。

小杆线虫无口针,有钩镰而广阔的吸吮口器。

[生活习性] 线虫生存范围广,繁殖能力强,速度快,一条成熟雌虫可产卵数十粒至上千粒。一龄幼虫在卵壳内发育,经孵化和3～4次蜕皮后即发育为成虫。常温下10天左右即可繁殖一代。线虫对低温与干燥环境有一定耐力。18℃时蘑菇堆肥线虫从卵发育到成虫约需10天,蘑菇菌丝线虫从卵到成虫约需26天,30℃时小杆线虫从卵发育到成虫12～16天。线虫对高温的忍耐力较弱。试验观察,60℃时1min即100%死亡。线虫以身体蠕动在土壤毛细管或其他基质微孔中穿行移动。水是其活动与为害的必要条件,活动时需有水膜存在。培养料含水量偏高,有利于线虫的活动与为害。线虫数量与培养料干湿有一定相关性。湿料线虫多,干料少。环境条件不利时以休眠状态在干燥土壤中可存活几年。蘑菇堆肥线虫和蘑菇菌丝线虫在水中都有聚团现象。小杆线虫也有群集觅食习性,经常成团聚集在瓶(袋)壁上。在同一种食用菌培养料中,线虫很少单一种

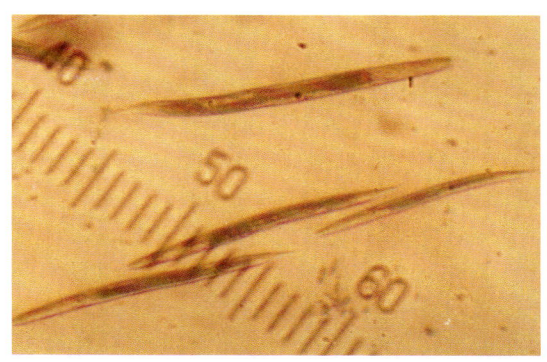

小杆线虫放大

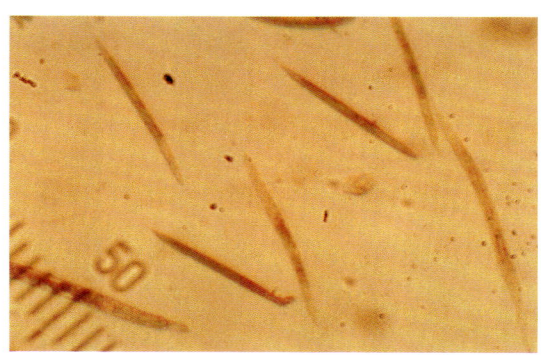

小杆线虫放大

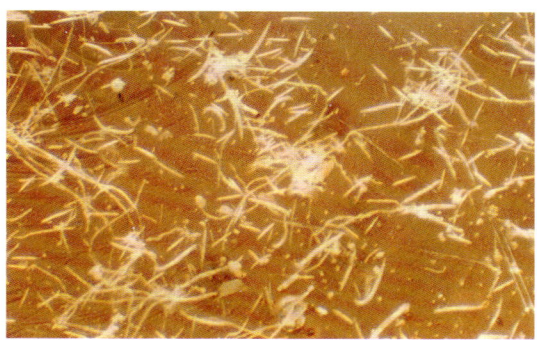

小杆线虫群体

类存在,多为两种或两种以上混合发生,其数量比例差异很大,优势种表现明显。通常,蘑菇堆肥线虫数量最多,杆型线虫次之,蘑菇菌丝线虫相对偏少。用牛粪、稻草、甘蔗渣、棉籽壳等做培养料多带有线虫或虫卵,如果堆制发酵不好就成为侵染源。采用富含有机质pH近中性,又未经消毒的土壤做覆土材料,或用不清洁的水喷洒,或旧菇房、旧床架缝隙中残存休眠虫体和虫卵未能彻底消灭,都是线虫侵染的主要来源。此外,线虫还可随雨水漂流,或黏附在蚊、蝇、螨及跳虫等害虫的身体或体毛上随其飞迁、移动,进行扩散。

[防治方法]

1. 培养料进行60℃ 2～4 h高温堆制和进行

二次发酵处理，杀死线虫。使用清洁干净的水源喷洒栽培料。水源不洁净可加入适量硫酸铝沉淀出杂质与线虫。

2. 对菇房进行严格消毒。栽培前或栽培结束后对有关的操作工具及场所保持3 h以上55℃高温，杀死所有线虫，或栽培前用2%石灰水喷洒栽培地面与四壁，或用1.8%虫螨克乳油2 000～2 500倍液喷洒菇房、菇床及地面，或用甲醛10ml/m³与敌敌畏10ml/m³混合密闭熏蒸24 h。保证地面不积水，及时清除残留在菇房的烂菇及一切废料。

3. 生料栽培保证菌种洁净。培养料可用3%米乐尔颗粒剂75～100g/m³，或1.8%虫螨克乳油

35～50 ml/m³处理。段木用70℃热水浸泡3 h，或开水浸0.5 h，或2%石灰水浸泡12 h，或保持60℃恒温浸泡10min以上，以杀死休眠期的线虫。

4. 覆土用60℃高温处理10min以上，或用3%米乐尔颗粒剂75～100g/ m³，或1.8%虫螨克乳油35～50 ml/m³处理，处理后及时覆盖，防止再污染。

5. 药剂处理蘑菇菇床料面，出菇前可用1.8%虫螨克乳油2 000～2 500倍液喷洒。出菇后发现被害，及时清除感染区及四周健康区用上述药剂喷洒控制，并注意保持培养料适宜含水量，防止水分过多。段木栽培木耳、银耳，可用1%石灰水上清液或1%食盐水，或用1.8%虫螨克乳油2 000倍液喷洒耳木，并在地面撒石灰粉防治小杆线虫。

蛞蝓又名鼻涕虫、软蛭、无壳蚰蜒、黏液虫。属软体动物门腹足纲柄眼目蛞蝓科。分布广泛，发生较普遍。为害蘑菇、平菇、香菇、草菇、凤尾菇、茶树菇、金针菇、银耳、黑木耳、竹荪等

蛞 蝓
Slugs

多种食用菌。影响多种食用菌的产量和质量。种类有 *Agriolimax agrestis*（Linnaeus）、*Phiolomycus bilineatus* Benson、*Limax flavus* Linnaeus 即野蛞蝓、双线嗜黏液蛞蝓和黄蛞蝓。

[为害特点] 蛞蝓直接取食多种食用菌的子实体。将其子实体咬成缺刻或锯齿状，使产品降低或失去商品价值。此外，经蛞蝓爬行后的子实体，常留下一条白色黏质带痕，影响产品质量。

[形态特征] 蛞蝓为雌雄同体，一般无外壳，身体裸露，有触角2对，第二对顶端生眼。卵为圆形，透明，成堆。主要种类特征：

野蛞蝓体柔软，暗灰色、黄白色或灰红色，少数有明显暗带或斑点。触角黑色，外套膜为体长的1/3，边缘卷起，内有一退化贝壳。分泌黏液无色。伸展时体长30～40mm，宽4～6mm。

双线嗜黏液蛞蝓体柔软，外套膜覆盖全身，呼吸孔圆形，位于右触角3mm处。体灰白色或淡黄褐色，背部中央及两侧各有1条由黑色斑点组成的纵带，两侧黑色斑点较细小，近色带处斑点稠密。体前端较宽，后端狭长，尾部有脊状突起。触角蓝褐色，蹠足肉白色，黏液乳白色。伸展时体长35～37mm，宽6～7mm。

黄蛞蝓体柔软，深橙色或黄褐色，有零星浅黄色或白色斑点。蹠足淡黄色，分泌黏液淡黄色。触角淡蓝色，体背前端1/3处有一椭圆形外套膜，前半部游离，收缩时可覆盖头部，外套膜内有一石灰质盾板。体伸展时可达120mm，宽12mm。

[生活习性] 蛞蝓是软体动物中最大的一个纲。常见种类为野蛞蝓。蛞蝓每年繁殖1代。以成虫、幼虫越冬。气候温暖潮湿的地区周年均可繁殖，以春秋季繁殖最盛。异体受精后可终生繁殖，少数可单体孤雌繁殖，卵生，直接发育。成虫交配后2～3天即可产卵。卵堆产。每成虫可产卵3～4堆，每堆10～20粒。不论哪种蛞蝓，白天均躲藏在阴暗潮湿的草丛、枯枝、落叶、石块、砖块、瓦砾下面，夜晚外出活动，并进行为害。食性较杂。除取食各种食用菌子实体外，还取食蔬菜、花卉和其他作物。

野蛞蝓活动最适温度为15～25℃，超过26℃或低于14℃时活动能力逐渐下降。产卵适宜温度比活动适宜温度低4～5℃。当地温平

野蛞蝓

双线嗜黏液蛞蝓

未知蛞蝓

均稳定在9℃以上，土壤湿度在75%左右时适于产卵及卵的孵化。卵多产于土粒缝隙中。通常21～23时取食最强，除为害菌丝体外，主要取食幼蕾，严重时可将整个菇体吃光。

[防治方法]

1. 搞好栽培场所环境卫生，清除蛞蝓白天躲藏的砖、石、瓦块、枯枝落叶和杂草。地面撒一层石灰粉或喷洒一次 0.3%～5% 五氯酚钠，或撒施6%密达颗粒剂1～1.5g/m²，或2%灭旱螺颗粒剂0.6～1g/m²。始终保持场地清洁、干燥。

2. 利用蛞蝓昼伏夜出，黄昏为害或晴伏雨出，阴雨天为害，进行人工捕杀。

3. 用砷酸钙：饼糠（或豆饼）为 1:10 制成毒饵 0.6～1g/m²，于傍晚撒于栽培场所附近诱杀。

4. 在蛞蝓经常出入处撒施 6% 密达颗粒剂1～1.5g/m²，或2%灭旱螺颗粒剂0.6～1g/m²，或喷洒5%煤酚皂溶液，或撒施新鲜熟石灰、生石灰、草木灰、食盐等进行预防。

蜗 牛
Snail

蜗牛（*Helix graminun* H.）属软体动物门腹足纲柄眼目蜗牛科。为害蘑菇、平菇、草菇、金针菇、茶树菇、银耳、黑木耳等多种食用菌，影响其产量和质量。

[为害特点] 蜗牛为害食用菌，以室外露地栽培发生最普遍。受害子实体在菌盖或菌柄上出现较蛞蝓为害浅的凹陷斑纹。

[形态特征] 成形蜗牛体长约35mm，背面褐色，有网状纹，腹面平滑，前半部为淡黄褐色，后半部体色较浅，腹部肌肉发达，形成腹足。腹足中有足腺，能分泌黏液，在爬行过的地方留下一条白色黏液痕迹。贝壳椭圆形，纵径约20mm，黄褐色，共分5层。各层螺纹顺时针方向旋转。壳顶小而圆，向下逐渐扩大，最下一层占全壳的2/3以上。顶及近顶处两层壳面平滑，第三层表面有很细的斜纵纹，壳光泽。外壳由外套鞘分泌物形成，壳内贴着一层外套膜。卵球形，直径1～1.5mm，初为白色，后转淡黄色，最后为土黄色，有2个淡黑色小点。卵粒多黏聚成块，每块60～70粒。

[生活习性] 蜗牛年繁殖1代。从卵孵化到死亡需2年。以成长的蜗牛或幼龄蜗牛在土内越冬。3月中旬开始活动，在大棚及塑料薄膜覆盖菇床，气温和土温较高，越冬时间较短，土温7～8℃时开始活动。蜗牛怕光、怕干燥，阴雨天可整天活动，晴天多于傍晚开始

蜗 牛

活动，到次日 8～9 时停止活动。在遮光的菇床上，由于无直射光线，蜗牛可全天活动。蜗牛雌雄同体，异体受精，年产卵 2 次，分别在 4～5 月和 9～10 月。卵多产在松软的土下或菇床培养料的 1～3cm 处。16℃左右时卵期22天，平均温度达 22℃时卵期 19～20 天。

[防治方法]

1. 根据蜗牛行动缓慢，昼伏夜出和阴雨天为害等习性，进行人工捕杀。

2. 在菇床四周堆放鲜嫩青草或菜叶，诱集杀灭。药剂防治参见蛞蝓。

害 螨
Mushroom mite

害螨是一类与昆虫近缘的更微小有害生物，属蛛形纲蜱螨目。分布广泛，发生普遍，种类繁多，食性极杂。为害蘑菇、平菇、香菇、茶树菇、草菇、凤尾菇、金针菇、银耳、黑木耳等多种食用菌。主要种类分属于薄口螨科、粉螨科、长头螨科、矮蒲螨科、囊螨科和微离螨科等。常见种类有 *Histiostoma feroniarum* Dufour、*Tyrophagus putrescentiae* Schrank、*Caloglyphus* sp.、*Dolichocybe perniciosa* Zou et Gao、*Siteroptes mesembrinae* Canestrini、*Pseudopygmephorus inconspicus* Berlese、*Proctolaelaps pygmaeus* Muller、*Brennandania lambi* Kreza1 即速生薄口螨、腐食酪螨、蘑菇嗜木螨、害长头螨、食菌穗螨、隐拟矮螨、矮肛厉螨和兰氏布伦螨。

[为害特点] 为害食用菌，直接咬食菌丝，把菌丝咬断，引致菌

速生薄口螨为害蘑菇

丝萎缩不长。也能咬食小菇蕾及成熟子实体。严重时培养料内的菌丝全被食光，造成只菇无收。

[形态特征] 螨体分颚体与躯体两部分。无翅、无触角，有 4 对足，一生经历卵、幼螨、若

速生薄口螨为害蘑菇放大

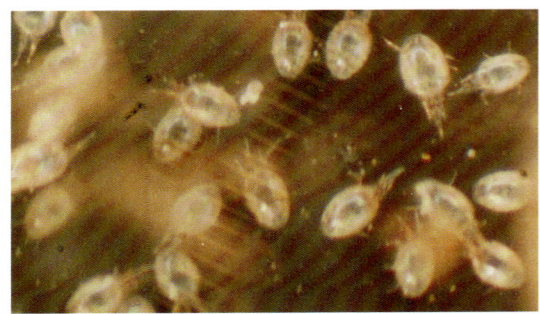

速生薄口螨放大

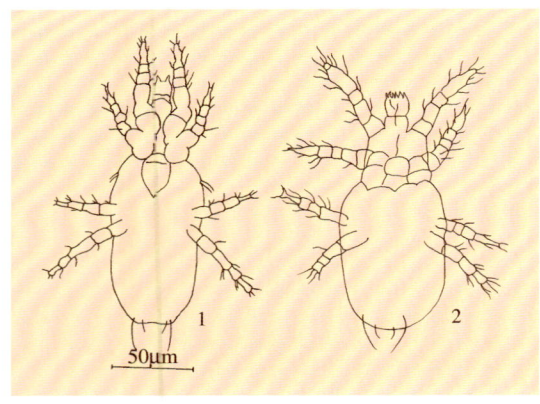

图 25-2 食菌穗螨
1. 雄螨 2. 雌螨

螨、成螨4个阶段，幼螨只有3对足（图25-2）。常见种类特征：

速生薄口螨成螨体乳白色，表面有微小突起，须肢端节扁平，体腹面有4个几丁质环。休眠体红棕色，足细长，体腹末有吸盘。

腐食酪螨成螨无色，体较大，体背有长刚毛，基节上毛（Ps）膨大，并有细长栉齿。无休眠体。

蘑菇嗜木螨成螨无色，体较大，体两侧有2个红斑，体上刚毛较短，基节上毛细长，有栉齿。休眠体红褐色，能活动。

害长头螨雄螨体长0.14mm，宽0.08mm，珠白色。未孕雌螨体长0.17mm，宽0.1mm，细小扁平。体珠白色，大量聚集时呈白色粉末状。足Ⅰ跗节端部有2爪，足Ⅲ棘节为三角形。怀孕雌螨

与未孕雌螨形态相似，仅后半体逐渐膨大呈球形或圆筒形，可长达数毫米，即怀孕雌螨的膨腹体。

食菌穗螨前足体背毛3对，足Ⅰ有单爪。经常出现多型现象。雌螨有正常型和异型两种形态。正常雌螨体黄白色，足Ⅰ爪有柄；异型雌螨体红褐色，足Ⅰ爪无柄。

隐拟矮螨体红褐色，前足体背毛2根，足Ⅰ腿节刚毛C呈小钩状，足Ⅱ有单爪，足Ⅲ跗节有距。

矮肛厉螨成螨体黄褐色，足Ⅰ有爪，体背毛多于23对。

兰氏布伦螨体黄白色至红褐色，前足体背板有1对明显刚毛，足Ⅰ无爪。大量发生时在覆土表面呈米黄色粉状。幼螨3对足，体小，无色透明。

[生活习性] 多数害螨喜温暖潮湿环境，常潜伏在稻草、米糠、麦皮、棉籽壳中产卵，并随同这些材料进入菇房。在环境不良时变成休眠体，休眠体腹部有吸盘，能吸附在蚊、蝇等昆虫体上进行传播。

速生薄口螨主要营腐生生活，喜潮湿腐烂的环境，因而在菌丝老化和湿度较高的菌种瓶内经常发生。当食料不足或环境干燥时即产生大量红棕色休眠体，用吸盘吸附于路过的昆虫体上，借此转移到适宜场所。此螨繁殖很快，25℃时3～4天即可完成1代。

腐食酪螨食性很杂，除为害贮藏食品、饲料、粮食外，还喜食木霉、绿霉、青霉、曲霉及镰刀菌等，也取食蘑菇菌丝。在菇床上常和兰氏布伦螨同时发生。

害长头螨无幼螨和若螨期，为卵胎生，一生只有卵和成螨两个时期。卵在母体内直接发育为成螨后从母体中钻出。雌成螨从母体出来就迅速找菌丝体或子实体取食，在24～48 h内多在固定处取食，后半体逐渐膨大即形成怀孕雌螨的膨腹体。膨腹体一般长2～4mm，最长达7mm，常被误认为是线虫。膨腹体内有几十头至几百头成螨，成熟后从母体钻出。27℃下一代约需8天。

兰氏布伦螨幼螨体小，取食后即寻找菌丝多的培养料缝隙静伏不动，后半体背部逐渐隆起成半球形，1天后就不食不动，几天后蜕皮变为成螨。雄成螨比雌成螨先羽化，不取食，等待与雌成螨交配。雌成螨食量大，取食后后半体逐渐膨大成球形，然后开始产卵。每头雌螨产卵近百粒。卵无色，似珍珠般堆积在雌螨体末。在出菇期繁殖一代需2周多时间。通常春季发生严重，显著影响产量，甚至绝收。

[防治方法]

1. 把好菌种质量关，严防菌种传带害螨。

2. 彻底清除菇房及周围环境生产垃圾和有关杂物。最好使菇房与粮食、饲料、肥料仓库保持一定距离。

3. 采用0.9%虫螨克乳油1 500～2 000倍液，或5%尼索朗可湿性粉剂1 500～2 000倍液、20%速螨酮可湿性粉剂3 000～4 000倍液、5%卡死克乳油1 000～2 000倍液喷洒菇房的内墙、地面和床架。

4. 培养料进行高温堆制，提倡二次发酵。

5. 生产期可用上述药剂喷洒菇床周围或用能与石灰粉混合的药剂与石灰粉混合后抖撒在菇床四周。

6. 产菇期害螨严重，可用蘸有80%敌敌畏乳油的棉团放在菇床下，每70～90cm放置3团呈品字形排列，同时在菇床培养料面上盖一张塑料薄膜或湿纱布。待害螨嗅到药味迅速从料内钻出爬至塑料薄膜或湿纱布上时，取下集满害螨的薄膜或纱布进行人工杀灭。

重要检疫性病虫害

Key Foreign Pests

重要检疫性病虫害

Key Foreign Pests

樱桃番茄斑萎病毒病
Cherry tomato spot wilt virus disease

斑萎病毒病为樱桃番茄的重要病害，仅在局部地区国外引进品种上发生，仅个别植株染病，对生产无明显影响，严重时发病率达5%～10%，在一定程度上影响樱桃番茄生产。

[症状] 此病全生育期都可发生。苗期染病幼叶呈铜色上卷，以后形成许多小黑点，叶背面叶脉变紫。有的生长点坏死，在茎上产生褐色坏死条斑，植株矮化或呈半边生长，严重时萎蔫，不能正常开花结果。坐果后染病，果实上即出现褪绿环斑，中央突起，具不明显轮纹。青果上产生褐色坏死斑，中央突起，病果易脱落。成熟果染病，呈轮纹状，褪绿斑在全色期明显，后期病斑亦变褐坏死，严重时全果僵缩。

[病原] Tomato spotted wilt virus（TSWV）即番茄斑萎病毒。病毒粒体扁球形，直径80～96nm，易变形，具包膜，存在于内质网和核膜腔里，有的具尾状挤出物；钝化温度40～46℃，稀释限点100～1 000倍，体外存活期3～4 h。可系统侵染番茄、辣椒、烟草、心叶烟、百日草、莴苣等。

[发病规律] 本病可汁液接种，种子亦传播。生长期主要通过多种蓟马进行持久性传毒。蓟马在幼虫期获得病毒，经体内繁殖后，具终生传毒能力，在田间长时间传毒，使病害扩展蔓延。一般潜育期4天。番茄、瓜叶菊等寄主外种皮可带毒。

[防治方法] 根据本病发生特点，野生寄主较多，病区应及时铲除苦苣菜、野大丽花及田间杂草。蓟马获毒后需经一定时间才传毒，番茄苗期和定植后施药防治传毒蓟马对防病是有效的，最好把药喷施到蓟马蛹生活的根茎基部。此外，可参考樱桃番茄条斑和蕨叶病毒病防治。

樱桃番茄斑萎病毒病病枝

樱桃番茄斑萎病毒病重病叶

樱桃番茄斑萎病毒病病叶

樱桃番茄斑萎病毒病病果

菜用大豆疫病
Soybean Phytophthora rot

疫病为大豆的重要检疫病害，主要分布于日本、美国、德国、英国、法国、意大利、澳大利亚、新西兰、加拿大、俄罗斯、巴基斯坦、匈牙利、阿根廷和巴西等。此病除为害普通大豆外，还侵染菜用大豆、羽扇豆、菜豆和豌豆。一般减产30%左右，严重时毁种绝收。

[症状] 此病在菜用大豆整个生育期均可发生并造成危害，可侵染植株的根、茎、叶和豆荚，引起根腐、茎腐和枯萎死亡。播种后至出苗前染病，常引起烂种和烂芽，出苗后引致猝倒，病苗主根

菜用大豆疫病病叶

菜用大豆疫病病茎

菜用大豆疫病病根

变褐软化，子叶节下表皮开裂，胚轴腐烂，最后倒伏。真叶期被害，幼苗茎部呈水渍状，叶片变黄后枯萎死亡。成株染病，茎基部出现黑褐色病斑，向上不同程度地扩展至下部侧枝，病斑断续出现，病茎髓部变黑，皮层和维管束组织坏死，靠近病斑的叶柄基部变黑，凹陷，随即叶片下垂凋萎，一般不脱落，其病株下部叶片发黄，很快上部叶片失绿，随即整株枯萎死亡。叶片直接受害，常形成灰绿色，或浅黄褐色至灰褐色不定形坏死大斑，外围常具有灰绿色宽带，随病害发展病叶干枯或腐烂。豆荚染病，基部呈水渍状，逐渐往端部扩展，致使整个豆荚变褐干枯，荚内豆粒表皮失去光泽，呈现淡褐色、褐色至黑褐色，皱缩干瘪，有的表皮呈现网纹，豆粒明显变小。根部受害变成黑褐色，除根尖外，茎部、侧枝及主根通常形成坚硬的边缘模糊的病痕。

[病原] *Phytophthora megasperma* Drechs. f.sp.*glycinea* Kuan & Erwin属鞭毛菌大雄疫霉菌真菌。病菌在PDA培养基上生长缓慢，菌落形态均匀，气生菌丝致密，幼龄菌丝无隔，多核，老化时产生隔膜，并形成结节状或不规则的菌丝体膨大，球形至椭圆形，大小不等，菌丝宽3～9μm。游动孢子囊梗单生，无限生长，多不分枝。游动孢子囊顶生，倒梨形，顶部稍厚，乳突不明显，新孢子囊在旧孢子囊内以层出方式产生，孢子囊不脱落，大小为23～89μm×17～52μm。游动孢子在孢子囊内形成，卵形，一端或两端钝尖，具两根鞭毛。卵孢子球形，壁厚，光滑，有内壁和外壁，壁厚约1～3μm，直径19～38μm。雄器侧生，偶有穿雄生，藏卵器壁薄，球形至扁球形，直径29～46μm。

[发病规律] 病菌可黏附在种子表面，也可随收获时混杂在种子中的土壤颗粒进行传播，带菌种子是远距离传播的主要途径。发病后土壤是病菌在田间传播的重要途径，孢子囊和游动孢子为田间再侵染的重要形式。病菌以卵孢子随土壤和病残体越冬，温湿度条件适宜时卵孢子萌发，长出芽管发育成菌丝和孢子囊，孢子囊在土中不断形成积累，土壤积水产生大量游动孢子，通过水流传播。游动孢子萌发侵入根部，以后病菌向上扩展至茎部和下部侧枝，病土颗粒被

菜用大豆疫病病株

菜用大豆疫病后期病株

风吹溅到叶面，使叶部染病。病害发生与降雨、土壤、耕作、品种等多种因素密切相关，土壤湿度是发病的关键。土壤湿度饱和利于游动孢子形成和传播。土壤被水淹没或雨后排水不良，或地势低洼积水时游动孢子大量形成并释放和随水传播，有利于病菌侵入和发病。土壤温度是影响此病的重要因素，病菌生长温度8～35℃，最适温度24～28℃。冷凉潮湿有利于病害发展。此外，土壤黏重、板结、施肥过多等，利于病害发展。

[防治方法]

1. 严格检疫，不从疫区引种。

2. 选择地势高燥的地块种植，避免在低洼、排水不良或黏重土壤种植，加强耕作，防止土壤板结，增强土壤通透性。

3. 实行与非豆科作物轮作。

4. 用种子重量0.4%的64%杀毒矾可湿性粉剂，或72%霜脲·锰锌可湿性粉剂拌种或闷种。

5. 发病初期进行药剂防治，参见菜用大豆霜霉病。

马铃薯甲虫
Colorado beetle

马铃薯甲虫［*Leptinotarsa decemlineata*（Say）］属鞘翅目叶甲科。又名蔬菜花斑虫，是毁灭性检疫害虫。目前分布于欧洲、美洲、亚洲的30多个国家和地区。主要分布在美国、加拿大、墨西哥、法国、德国、西班牙、比利时、瑞士、希腊、英国、卢森堡、荷兰、奥地利、意大利、捷克、斯洛伐克、波兰、前南斯拉夫、匈牙利、俄罗斯、乌克兰、白俄罗斯、土耳其、哈萨克斯坦、吉尔吉斯斯坦等，是我国对外重要检疫对象。主要严重为害茄科植物马铃薯。此外，还为害其他茄科蔬菜、枸杞和天仙子、曼陀罗、龙葵、酸浆、菲沃斯、打碗花、灰藜、苋菜、鸡冠菜等野生寄主。

[为害特点] 成虫和幼虫都为害马铃薯叶片和嫩尖，将叶片吃成大孔洞或仅剩主脉，可把叶片吃光，尤其是马铃薯始花期至薯块形成期受害，对产量影响极大，种群一旦失控，即造成毁灭性损失。

[形态特征] 成虫体长9～12mm，宽6～7mm。短卵圆形，背部明显隆起。雄虫小于雌虫，背面稍平，体黄色至橙黄色。头部、前胸、腹部具黑斑点，鞘翅上各有5条黑色纵纹。头宽于长，具3个斑点。眼肾形，黑色。头下口式，横宽，向前胸缩入达眼处。唇基前缘几乎平直，与额区有横沟为界。额和头顶稍隆起，刻点大而稀，额中区刻点变小。复眼肾形。触角11节，第一节长而粗，第二节短，五、六节等长，第六节明显宽于第五节，末节圆锥形。前胸背板隆起，宽为长的2倍。鞘翅坚硬隆起，侧稍圆，端部稍尖，肩部不明显突出。足短，转节三角形，股节稍粗侧扁，胫节向端部放宽，外侧有一纵沟，边缘锋利。跗节显4节，前三节下方具浓密的毛刷，第三节卵圆形，端部凹入，第四节短，第五节狭长。两爪相互接近，基部无跗齿。雌雄成虫差异不大。雄虫最末腹板比较隆起，具1纵凹线，雌虫体稍大，无凹线。卵长约2mm，椭圆形，黄色，表面有光泽，卵壳透明，略带黄色，柔软，并具有弹性。卵与卵之间紧密相接，卵壳底部有一圆盘状卵座，多粒排列成块。幼虫体暗红色，3龄后逐步变成鲜黄色、粉红色或橙黄色。腹部膨胀高隆，头两侧各具瘤状小眼6个和3节短触角1个。触角可稍伸缩。蛹为离蛹，长9mm，宽6mm。

[生活习性] 在美国年发生2～3代，欧洲1～3代。以成虫在6～15cm的土壤内越冬。翌春土温15℃时成虫出土活动，在马铃薯田内飞翔，经补充营养后开始交尾产卵，5～10天后把卵块产在叶背。成

马铃薯甲虫幼虫

马铃薯甲虫成虫

马铃薯甲虫成虫

虫可多次交配,有食卵习性。每次产卵20~60粒。每雌产卵量400粒。卵期5~7天。幼虫期分4龄。初孵幼虫立即取食,幼虫期15~35天,四龄后停止取食,坠入寄主下面的土中经4~5天静止不动预蛹期后化蛹。不同世代蛹期略有差异。第一代8~12天,第二代7~10天。不同湿度下蛹历期变化较大。不同种群发育起点温度各异,但一般界于8~12℃之间。最适发育温度为25~33℃。因越冬成虫出土时间长达1~2个月,致害虫世代重叠。该虫适应能力强,多雨年分对其发生繁殖不利。

[防治方法]

1. 加强检疫,严禁从疫区调运种苗,避免人为传播,一旦传入要及早铲除。

2. 采用非寄主作物如小麦、玉米、葱、蒜等轮作,或种植早熟品种,避开为害盛期,可明显控制发生为害。

3. 集中种植马铃薯及茄科蔬菜,在四周提前种植少量马铃薯或天仙子诱集带,便于诱集消灭早春出土成虫。同时有利于集中防治。

4. 该虫有集中产卵习性,组织人力捕杀越冬成虫和卵块,可起到事半工倍的效果。

5. 生物防治。目前应用较多的是喷洒苏云金杆菌(*Bt. tenebrionis* 亚种)制剂600倍液。

6. 化学防治。在马铃薯播种时穴施3%米乐尔颗粒剂37.5~60kg/hm² 防治越冬成虫,药效可达50天。同时还保护了自然天敌。由于早春越冬成虫出土不整齐,时间长,采用药剂喷雾防治,用药次数多,易产生抗药性。药剂应注意轮换和交替使用。药剂种类与用量参见黄守瓜部分。

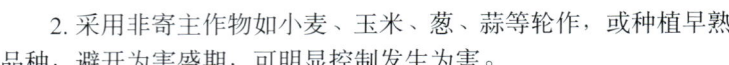

烟 粉 虱
Cotton white fly

烟粉虱[*Bemisia tabaci*(Gennadius)]属同翅目粉虱科。又名棉粉虱。分布于日本、马来西亚、印度等国及非洲、北美。为害十字花科、葫芦科、豆科、茄科、锦葵科等多种蔬菜和一些其他作物。

[为害特点] 成虫和若虫刺吸植物汁液,使受害叶片褪绿、萎蔫或枯死。

[形态特征] 成虫体长1mm,较温室白粉虱小,白色,翅透明,具白色细小粉状物,停息时双翅在体上合成屋脊状,较温室白粉虱更明显。蛹长0.55~0.77 mm,宽0.36~0.53 mm。背部刚毛较少,4对,蜡孔少。头部边缘圆形,较深弯。胸部气门褶不明显,背中央具疣突2~5个。侧背腹部具乳头状突起8个。侧背区微皱不宽,尾脊变化明显,瓶形孔大小0.05~0.09 mm×0.03~0.04mm,唇舌末端大小0.02~0.05 mm×0.02~0.03mm。盖瓣近圆形。尾沟

烟粉虱为害茎用莴苣

烟粉虱为害迷你黄瓜

烟粉虱为害白菜和蘿菜

烟粉虱为害香艳茄

0.03～0.06mm。

[生活习性]
参见温室白粉虱。

[防治方法]

1. 收获后彻底清理田间杂草和植株残体，集中高温发酵处理，减少田间虫源。

2. 合理布局，实行与非喜食寄主蔬菜轮作，避免茄果类、瓜豆类、十字花科叶菜类相互混栽套种。

3. 培育无虫苗，实行无虫苗移栽定植。

4. 早期挂黄板诱杀或架黄盆诱杀。参见温室白粉虱防治。

5. 在害虫密度较低时施药防治。参见温室白粉虱。

6. 保护地内应用生物防治。参见温室白粉虱。

烟粉虱卵放大

烟粉虱蛹（群体）放大

烟粉虱蛹放大

架黄盆诱杀成虫

地中海实蝇
Mediterranean fruit fly

地中海实蝇〔*Ceratitis capitata*（Wiedemann）〕属双翅目实蝇科。分布在亚洲、非洲、美洲、欧洲、大洋洲和太平洋的80多个国家和地区，是我国禁止传入的一类危险性检疫害虫。为害樱桃番茄、普通番茄、茄子、辣椒、彩色甜椒和甜橙、柠檬、芒果、香蕉、木瓜、番石榴、苹果、番荔枝、无花果和梨、桃、李、杏等250多种栽培或野生植物的果实。通常菜田发生较少。樱桃番茄和普通番茄等茄科蔬菜多为地中海实蝇传带者。

[为害特点] 成虫直接产卵在果实上。幼虫在果实内蛀食果肉，诱发病害，致果实腐烂或变质。

[形态特征] 成虫体长4～5mm。额黄褐色，表面大致平坦，其宽度大约与复眼相等。复眼具淡蓝色晕光。雄虫在其侧缘着生一对奇特的银灰色匙状额附器。中颜板黄色，平坦。触角不及颜长，第三节末端圆钝，触角芒短，黑色。胸部侧板黄色至黄褐色，背面黑色，具光泽。中胸背板被黄色细短毛，其上的灰黄色粉被将黑色区域隔开。沿横缝的一横带和近后缘处的一个"山"字形纹呈黄褐色。小盾片黑色，光亮，近基部有一波形黄色横带。上侧背板黄色，具一褐色斑点。足黄褐色，前足股节后腹鬃1列，黄色或赤褐色。翅透明，具橙黄至褐色斑波，中部和近端部各具一横带，前者长而宽，自翅痣直达后缘，后者较狭短，自 R_5 室中经 m_w 横脉伸至后缘，前缘区于翅痣后有一宽直纹，r_m 横脉位于 $1M_2$ 室中点。翅痣短，其长度为 C_2 室的 1/2。腹部黄褐色或淡赤褐色，被黑色细毛。第三、四背板后半部各有一银灰色横带。产卵器基节扁平，黄褐色，产卵管末端褐色，产卵器长度略短于或等于第五背板。卵乳白色，纺锤形，长 0.7～0.9mm，前端卵孔区有网状花纹。成熟幼虫体长 7～10mm，乳白色或淡红色，蛆形，前气门有指状突 10～12 个，末龄幼虫弯曲成钩状。蛹长椭圆形，长 4～4.3mm，黄色至黑褐色。

[生活习性] 在不同地区每年可发生 2～16

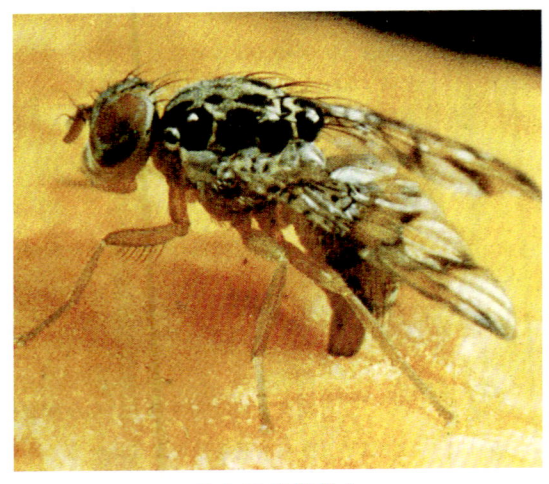

地中海实蝇成虫

1~2个月，冬季平均2~3个月，最长可达6~7个月。成虫产卵前期主要受温度影响，在15~16℃以下不产卵，20℃下产卵前期12.8天，25℃为5.3天，30℃为3.3天，35℃为2.4天。雌虫产卵时先用产卵器将果皮刺成空腔，然后产卵于其中。雌虫可在同一产卵腔内重复产卵，其他雌虫也可在其中产卵，形成一腔多卵。在果皮产卵处周围常出现黄斑或遗留褪绿色痕迹。每雌可产卵100~500粒，每次产3~9粒，每天平均可产6~21粒。幼虫孵出后，大多立即侵入果实，并在果瓤内发育。幼虫极怕光，脱果见光即不断爬行，待2~3min后，体躯极度弯曲而跳跃。老熟幼虫脱果后一般入土5~15cm处化蛹。该虫适应性强，繁殖快，以幼虫弹跳，成虫飞行等近距离传播。远距离主要以幼虫、卵和蛹随果实及包装物或带土苗木传播。茄果类蔬菜亦可传带。

[防治方法]

1. 加强检疫，禁止从地中海实蝇发生国家和地区进口水果和茄果类蔬菜。对进口有传带可能的货物和旅客随身携带的果品、蔬菜，注意检查果表是否有黄色或褪绿痕迹的产卵斑孔，必要时剖果查虫。

2. 对有虫果品及其他货物、包装材料可用0℃低温处理15天，或选用强力熏蒸剂熏蒸杀灭其中的卵和幼虫。如发现成虫可用引诱剂诱杀。

3. 在新传入地区，采取封锁、清除野生寄主，拣拾并销毁虫果，以及在成虫发生期用引诱剂诱杀，或选用50%灭蝇胺乳油4 000~5 000倍液、1.8%虫螨克乳油2 500~3 000倍液、12.5%保富悬浮剂8 000~10 000倍液、2.5%天王星乳油、2.5%强力高效氯氰菊酯乳油2 000~3 000倍液喷雾防治。

代。以蛹或成虫越冬。在有果实存在的温暖地区可终年活动。发育起点温度为12.4℃，全代发育积温为399℃。在不同温度条件下各虫态发育历期为：卵期15℃为4.4天，20℃为2.6天，25℃为1.7天，30℃为1.2天，35℃为1天；幼虫期15℃为22.7天，20℃为11.5天，25℃为7.7天，30℃为5.8天，35℃为4.7天；蛹期15℃为34.3天，20℃为17.7天，25℃为11.9天，30℃为9天，35℃为7.2天。成虫有趋光性，常年在寄主植物顶部的光亮处活动，很少在较荫蔽处栖息。在有蜜露、果汁、植物汁液时，存活时间较长。夏季平均寿命

南美斑潜蝇
South American leaf miner

南美斑潜蝇〔*Liriomyza huidobrensis*（Blanchard）〕属双翅目潜蝇科。又名拉美斑潜蝇、拉美豌豆斑潜蝇、拉美甜瓜斑潜蝇。为害十字花科、伞形花科、葫芦科、菊科、茄科、豆科和藜科等20多科数十种蔬菜。以结球莴苣、茼蒿、京水菜、叶芥菜、西芹、球茎茴

南美斑潜蝇为害（甜瓜）状

南美斑潜蝇为害（甜瓜）状

南美斑潜蝇为害（长叶莴苣）状

南美斑潜蝇为害（樱桃番茄）状

南美斑潜蝇为害（结球莴苣）状

南美斑潜蝇为害（茼蒿）状

香、樱桃番茄、彩色甜椒、根甜菜、落葵、蚕豆和甜瓜等受害严重。

[为害特点] 以幼虫和成虫为害。幼虫在寄主叶片上下表皮层内潜食叶肉，嗜食海绵组织，尤喜欢沿中肋、叶脉取食，有时还为害叶柄和嫩茎。潜道由细变粗，迂回弯曲，较美洲斑潜蝇潜道相对较直。因多在下表皮内为害，田间多种寄主叶面看不见明显潜道。成虫产卵、取食刺破叶片表皮，形成较粗大的产卵点和取食点，致叶片水分散失，生理机能严重受抑制。

[形态特征] 成虫体型较美洲斑潜蝇大，体长1.3～1.8mm。额黄色，但侧额上面部分较黑，内、外顶鬃均着生于黑色区域，触角第三节一般棕黄色。中胸背板黑色，有光泽，

南美斑潜蝇为害（白菜）状

南美斑潜蝇为害（根甜菜）状

南美斑潜蝇为害（彩色甜椒）状

南美斑潜蝇为害（西芹）状

南美斑潜蝇为害（芥蓝）状

南美斑潜蝇为害（食用菊）状

南美斑潜蝇为害（落葵）状

南美斑潜蝇为害（京水菜）状

南美斑潜蝇为害（京水菜）状

南美斑潜蝇为害（香芹）状

小盾片黄色，背中鬃3+1，中鬃呈不规则4列，中侧片下面3/4部分黑色。翅长1.70～2.25mm，M_{3+4}脉末段长是次末段长的近2～2.5倍。雄外生殖器的阳茎与番茄斑潜蝇近似，其端阳体与中阳体仅以膜囊相连，但端阳体形状与番茄斑潜蝇有较大差异。足基节黑黄色，腿节基色为黄色，有大小不定的黑纹，最黑的可能全为黑色，但内侧总有黄色区域。胫、跗节通常黑色，有时棕色。卵椭圆形，乳白色，微透明，0.3mm×0.15mm。幼虫初为半透明，逐渐变成乳白色，有的个体略显黄色，老熟幼虫体长2.3～3.2mm，后气门每侧具6～9个孔突和开口。蛹淡褐色至黑褐色，腹面略扁平，大小为1.3～2.5mm×0.5～0.75mm。

南美斑潜蝇为害（茼蒿）状

南美斑潜蝇为害（京水菜）状

南美斑潜蝇为害（结球莴苣）状

南美斑潜蝇为害（球茎茴香）状

南美斑潜蝇为害（芥蓝）状

南美斑潜蝇为害（樱桃萝卜）状

[生活习性] 南美斑潜蝇冬季主要在保护地内越冬。过冷却点和体液冰点分别为-12.27℃和-11.01℃，低于美洲斑潜蝇，因而比美洲斑潜蝇更耐寒。该虫喜温凉，耐低温，抗高温能力差，田间世代重叠。卵、幼虫、蛹及全生育期的发育起点温度和有效积温分别为7.78℃、41.52℃、6.24℃、117.19℃、7.97℃、140.70℃和7.37℃、298.35℃。生长发育和繁殖的适宜温度为18～25℃，30℃以上高温或干燥条件对成虫羽化、取食、产卵都具有明显抑制作用，2℃左右低温此虫仍可为害，仅活动减弱，发育缓慢。25℃时卵、幼虫、蛹及全世代历期分别为2.1天、5.8天、7.9天和15.9

南美斑潜蝇幼虫和幼虫脱道

南美斑潜蝇老龄幼虫和蛹

南美斑潜蝇成虫

南美斑潜蝇成虫放大

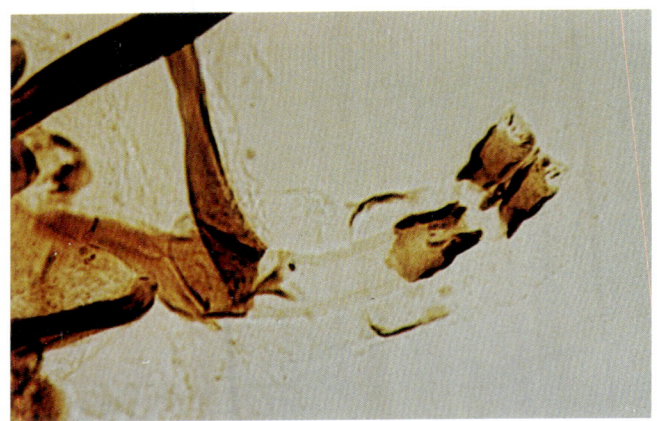

南美斑潜蝇成虫雄性生殖器解剖

南美斑潜蝇被自然天敌寄生状态

天。成虫多在上午羽化，可取食花蜜，羽化后当日即可交配，具有趋黄性和在寄主植株上层顶端飞翔活动特性，新羽化成虫有趋光性。成虫寿命5～25天，雌雄虫均可多次交配，将卵产在叶表皮下，多分布在植株中上部，平均产卵量约550粒，最高780多粒。老熟幼虫一般在上午脱道，在叶表面或表土中化蛹。

[防治方法] 参见美洲斑潜蝇。由于南美斑潜蝇幼虫白色，多在叶背面取食为害，叶面被害状多种蔬菜不明显，早期不易发现，且喜食寄主多为葡匐类蔬菜，防治更加困难。必须因地制宜，综合控制，高度重视农业措施防治，多种蔬菜喷施药剂需重点针对叶片背面。

番茄斑潜蝇
Melon leaf miner

　　番茄斑潜蝇 [*Liriomyza bryoniae*（Kaltenbach）] 属双翅目潜蝇科。又名茄斑潜蝇。为害茄科、葫芦科、十字花科的 30 多种蔬菜。以樱桃番茄、甜瓜和一些其他蔬菜受害较重。

　　[为害特点] 幼虫潜食叶肉，形成蛇形弯曲的被害潜道，其末端不明显变宽而区别于美洲斑潜蝇和南美斑潜蝇。植株幼嫩时期受害重，虫口多时叶片上潜道密布，短期内即枯黄坏死。成虫产卵和取食也形成类似于美洲斑潜蝇的产卵点和取食点，影响寄主正常光合作用。

　　[形态特征] 成虫与美洲斑潜蝇相似。体长约2mm，灰黑色。额鲜黄色，侧额色稍浅。内、外顶鬃均着生于黄色区内，但眼后黑色区域有时伸达外顶鬃基部。触角第三节鲜黄色，偶尔色稍深。中胸背板黑色，背中鬃3+1，中鬃呈不规则4列。翅长 1.75～2.1mm，M_{3+4} 脉末段长是次末段长的近2倍。足腿节主要为鲜黄色，有棕纹；胫、跗节主要为棕色。雄外生殖器端阳体前端较圆钝。卵椭圆形，米色，稍透明，0.2～0.3mm×0.1～0.15mm。幼虫蛆状。初孵时无色，渐变黄橙色，老熟幼虫长约 3mm。后气门每侧具 7～12 个孔突和开口。蛹卵形，腹面稍平，橙黄色，大小 1.7～2.3mm×0.5～0.75mm。

　　[生活习性] 在国内无专门研究，春秋季常与美洲斑潜蝇混合发生，春季数量高峰期较美洲斑潜蝇早，晚于南美斑潜蝇。年发生约为 8 代。15℃时卵期约 13 天，幼虫期约 9 天，蛹期约 20 天，成虫寿命 10～14 天。通常在保护地内越冬。田间常与其他种类斑潜蝇混合发生。不同地区不同季节所占比例不同。春、秋可分别形成不甚明显的发生高峰。喜欢取食茄科、葫芦科和豆科作物。有趋黄、趋嫩、趋光性。春、秋季少雨适宜发生，成虫产卵量较美洲斑潜蝇和南美斑潜蝇少，多为 180～250 粒。幼虫老熟后咬破叶表皮在叶外和土表下化蛹。

　　[防治方法]
　　1. 加强检疫，禁止从疫区调运蔬菜、花卉产品。
　　2. 其他防治方法参见美洲斑潜蝇。

番茄斑潜蝇为害（樱桃番茄）状

番茄斑潜蝇为害（樱桃番茄）状

番茄斑潜蝇为害（甜瓜）状

番茄斑潜蝇为害（甜瓜）状

番茄斑潜蝇为害（西瓜）状

番茄斑潜蝇为害（彩色甜椒）状

番茄斑潜蝇为害（白菜）状

番茄斑潜蝇幼虫和蛹

番茄斑潜蝇成虫

番茄斑潜蝇成虫放大

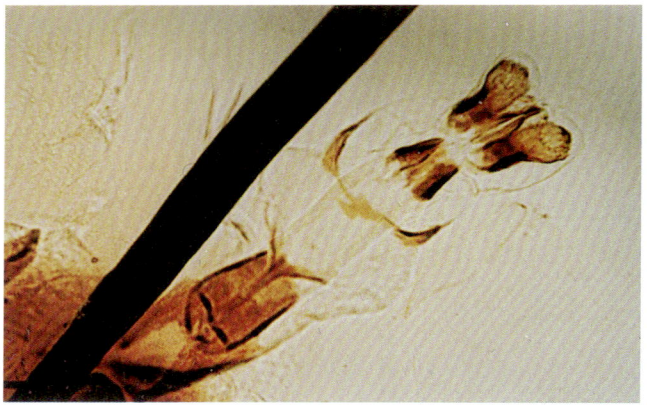

番茄斑潜蝇成虫雄性生殖器解剖

蔬菜中文名称索引

蔬菜英文名称索引
Index of vegetable variepies

蔬菜病害学名索引

蔬菜害虫学名索引

参 考 文 献

丁湖广.1997.四季种菇新技术疑难300解.北京：中国农业出版社

马大戭.1983.洋葱.北京：北京出版社

方中达.1979.植病研究方法.北京：农业出版社

方承莱.1985.中国经济昆虫志·鳞翅目·灯蛾科.北京：科学出版社

广东省无公害蔬菜工程技术研究开发中心等.1994.无公害蔬菜生产技术规程与实施.北京：中国农业出版社

王素，王德槟，胡是麟.1993.常用蔬菜品种大全.北京：北京出版社

尤其儆，黎天山，张永强，林日钊.1990.广西经济昆虫图册·植食性昆虫.南宁：广西科学技术出版社

中国园艺学会.1988.中国名特蔬菜论文集.北京：中国科学技术出版社

中国农作物病虫图谱编绘组.1978.中国农作物病虫图谱第三分册·旱粮病虫.北京：农业出版社

中国农作物病虫图谱编绘组.1982.中国农作物病虫图谱第五分册·油料病虫（一）.北京：农业出版社

中国农作物病虫图谱编绘组.1984.中国农作物病虫图谱第九分册·蔬菜病虫.北京：农业出版社

中国农学会.1994.保护地蔬菜医生.北京：科学普及出版社

中国农学会.1994.名优蔬菜新品种.北京：科学普及出版社

中国农学会.1994.特种蔬菜栽培技术.北京：科学普及出版社

中国地膜覆盖栽培研究会.1988.地膜覆盖栽培技术大全.北京：农业出版社

中国科学院动物研究所.1986.中国农业昆虫（上册）.北京：农业出版社

中国科学院动物研究所.1986.中国农业昆虫（下册）.北京：农业出版社

中国蔬菜编辑部.1988.蔬菜优良品种及栽培技术.北京：北京科学技术出版社

中美农业科技与发展研讨会论文编辑委员会.1996.中美农业科技与发展研讨会论文集.北京：中国农业出版社

[日]加藤徹，刘宜生，高振华，戚春章.1981.蔬菜的生长发育——理论和观察方法.北京：农业出版社

[日]全农肥料农药部.张有山译.1990.黄瓜的营养与生理障害.北京：北京科学技术出版社

邓明琴.1982.怎样种草莓.北京：农业出版社

冯兰香，郑建秋，师迎春.1998.番茄、甜（辣）椒、茄子病虫害诊断与防治新技术.北京：中国标准出版社

冯兰香，杨又迪.1999.中国番茄病虫害及其防治技术研究.北京：中国农业出版社

北京市农业技术推广站.1993.北京节能型日光温室研究与应用.北京：中国农业科技出版社

北京市农林科学院，北京市农业局.1983.北京蔬菜生产技术手册.北京：北京出版社

北京市植物保护站.1988.北方粮食作物、蔬菜主要病虫害彩色图集.北京：农业出版社

刘乃炽.1999.常用农药30种——杀菌剂.北京：中国农业出版社

刘仪，唐文华等.1995.植物病理学研究进展.北京：中国农业科技出版社

刘西存.1993.名特蔬菜栽培技术.银川：宁夏人民出版社

刘金.1992.草莓栽培.北京：科学普及出版社

刘连馥.1993.绿色食品实务.济南：山东人民出版社

刘秀芳.1990.西瓜蔬菜病害图解.合肥：安徽科学技术出版社

江西省农业厅植保检疫处，江西农学院昆虫病理教研室.1960.江西农业病虫害志.南昌：江西人民出版社

农业部农业司，中国园艺学会，农业部蔬菜专家顾问组，山西省园艺学会.1991.蔬菜生产发展现状及对策.北京：万国学术出版社

农业部农药检定所.1989.新编农药手册.北京：农业出版社

农民日报科教部.1988.中国特产蔬菜.北京：科学技术文献出版社

中国农业百科全书编委会1993.中国农业百科全书农药卷·北京：农业出版社

吕佩珂，刘文珍，段半锁，张宝棣.1996.中国蔬菜病虫原色图谱续集.北京：农业出版社

吕佩珂，李明远，吴钜文.1988.蔬菜病虫原色图谱.长春：吉林科学技术出版社

吕佩珂，李明远，吴钜文，易齐等.1992.中国蔬菜病虫原色图谱.北京：农业出版社

吕佩珂，高振江，张宝棣等.1999.中国粮食作物、经济作物、药用作物.病虫原色图鉴.下册.呼和浩特：远方
　出版社

吕佩珂，庞震，刘文珍等.1993.中国果树病虫原色图谱.北京：华夏出版社

曲丁，曲河.1992.生姜栽培.北京：科学普及出版社

朱志方等.1993.塑料棚温室种菜新技术.北京：金盾出版社

朱国仁，李宝栋，刘佳.1997.实用蔬菜病虫防治手册.北京：中国林业出版社

朱国仁，李宝栋，张秋芳，郑建秋等.1991.塑料棚、温室蔬菜病虫害防治.北京：金盾出版社

朱国仁，李宝栋，赵建周等.1990.新编蔬菜病虫害防治手册.北京：金盾出版社

朱国仁，张芝利，沈崇尧.1992.主要蔬菜病虫害防治技术及研究进展.北京：中国农业科技出版社

任欣正.1994.植物病原细菌的分类和鉴定.北京：中国农业出版社

向华.1989.草菇、金针菇、猴头菌.北京：农业出版社

全国农业技术推广服务中心.1998.中国稻水象甲.北京：中国农业出版社

全国农业技术推广服务中心.1998.植物检疫对象手册.北京：中国农业出版社

全国农业技术推广总站.1990.棚室蔬菜生产配套技术集锦.北京：农业出版社

孙树权，贺运春，王建明.1990.山西经济植物真菌病害志.太原：山西科学教育出版社

李正应.1993.稀有蔬菜栽培技术.北京：科学技术文献出版社

李式军.1993.蔬菜遮阳网、无纺布、防雨棚覆盖栽培技术.北京：农业出版社

李成章，罗志义等.1979.农业昆虫一百种鉴别图册.上海：上海科学技术出版社

李宝栋，冯东昕.1996.白菜、甘蓝病虫害防治新技术.北京：金盾出版社

李宝栋，林柏青.1993.番茄病虫害防治新技术.北京：金盾出版社

李明远，李固本，裘季燕.1987.北京蔬菜病情志.北京：北京科学技术出版社

李涉琴，张立今，陆杰.1996.日光温室蔬菜生理障害与病虫害防治.北京：中国农业出版社

杨易，马福华，杨中鹤，杨中航.1990.汉英农业科技词典.北京：中国农业科技出版社

杨惟义.1962.中国经济昆虫志·半翅目·蝽科.北京：科学出版社

吴士雄.1999.常用农药30种——杀虫剂.北京：中国农业出版社

吴世昌.1992.新农药荟萃.北京：中国农业出版社

吴秉钧，刘德先，余志敏.1993.实用香椿栽培新法.北京：农业出版社

吴菊芳，陈德明.1998.食用菌病虫螨害及防治.北京：中国农业出版社

余永年.1998.中国真菌志·第六卷·霜霉目.北京：科学出版社

邱强.1995.原色蔬菜营养诊断图谱.北京：中国科学技术出版社

邱强.1996.原色保护地蔬菜病虫与生理障害图谱.北京：中国科学技术出版社

邱强，罗禄怡.1996.新编原色蔬菜病虫图谱.北京：中国科学技术出版社

邱强，胡淼，王志田.1996.原色西瓜、甜瓜、草莓病虫与营养诊断图谱.北京：中国科学技术出版社

陈士瑜.1988.食用菌生产大全.北京：中国农业出版社

陈庆恩，白金铠，史耀波.1987.中国大豆病虫图志.长春：吉林科学技术出版社

陈碧琳，邱汉林，叶晓青，罗少波.1989.岭南名优蔬菜栽培技术.广州：科学普及出版社广州分社

陈静芬.1993.香椿栽培新技术.北京：金盾出版社

张有山，莒明，张腾福，邢堃，齐灵.1992.番茄营养生理障害与病虫防治.北京：北京科学技术出版社

张芝利，朴永范，吴钜文.1996.中国有害生物综合治理论文集.北京：中国农业科技出版社

张和义.1993.新编水生蔬菜栽培和加工.北京：中国农业科技出版社

张真和.1995.高效节能日光温室园艺——蔬菜果树花卉栽培新技术.北京：中国农业出版社

郑其春，陈容庄，陆志平，潘崇环.1995.食用菌主要病虫害及其防治.北京：中国农业出版社

郑建秋，师迎春.1999.特种蔬菜病虫害防治实用技术.北京：中国农业出版社

庞雄飞，毛金龙.1979.中国经济昆虫志·鞘翅目·瓢虫科.北京：科学出版社

房德纯，蒋玉文.1996.蔬菜病虫害防治彩色图说.北京：中国农业出版社

房德纯等.1997.蔬菜病虫草害综合防治.北京：中国农业出版社

苗长海等.1999.简明食用菌病虫防治.北京：中国农业出版社

[英]G.R.Dixon.北京农业大学植物病害生物防治研究室译.1987.蔬菜病害.北京：北京农业大学出版社

[英]J.T.弗莱彻，P.F.怀特，R.H.盖泽.王明秀译.1993.蘑菇病虫害防治.北京：农业出版社

英汉农业昆虫学词汇编辑委员会.1983.英汉农业昆虫学词汇.北京：农业出版社

英汉植物病理学词汇编辑委员会.1990.英汉植物病理学词汇.北京：农业出版社

[英]复旦大学生物系植物病毒研究室译.1986.植物病毒志·第二集.上海：上海科学技术出版社

[英]联邦真菌研究所应用生物学家学会.1981.植物病毒志·第一集. 上海：上海科学技术出版社

林孟勇.1993.芦笋高产栽培. 北京：金盾出版社

析介六，夏松云合编.1980.英汉昆虫俗名词汇.长沙：湖南科学技术出版社

中国农业百科全书编委会.1990.中国农业百科全书·昆虫卷. 北京：农业出版社

罗信昌，王家清，王汝才.1992.食用菌病虫杂菌及防治. 北京：农业出版社

金波，东惠茹，李锡志，慕增军.1992.香椿高效益栽培技术. 北京：中国农业科技出版社

周永健，徐和金.1991.蔬菜优良品种. 北京：农业出版社

周茂繁.1989.植物病原真菌属分类图索.上海：上海科学技术出版社

[美]J.N.萨塞 W.R.詹金斯编.毕志树，陈品三等译.1985.线虫学基础与进展——植物寄生性和土壤型线虫.北京：农业出版社

[美]N.W.Schaad 著.张克勤译.1986.植物病原细菌鉴定实验指导.贵阳：贵州人民出版社

[美]P.P.庇隆著.沈瑞祥等译.1987.花木病虫害. 北京：中国建筑工业出版社

胡晓，郭高球.1994.蚕豆豌豆高产栽培.北京：金盾出版社

赵有为.1999.中国水生蔬菜.北京：中国农业出版社

赵震宇.1979.新疆白粉菌志.乌鲁木齐：新疆人民出版社

袁美丽.1992.吉林省栽培植物细菌病害志.长春：吉林科学技术出版社

顾智章.1995.韭菜、葱、蒜栽培技术. 北京：金盾出版社

戚佩坤，白金铠，朱桂香.1966.吉林省栽培植物真菌病害志. 北京：科学出版社

戚佩坤.1994.广东省栽培药用植物真菌病害志.广州：广东科技出版社

徐明慧等.1993.花卉病虫害防治. 北京：金盾出版社

徐顺成.1993.西瓜、甜瓜病虫防治彩色图册.长沙：湖南科学技术出版社

翁祖信.1998.新编瓜类蔬菜病虫防治图说. 北京：中国农业出版社

康小湖等.1991.大豆栽培与病虫防治. 北京：金盾出版社

康乐.1996.斑潜蝇的生态学与持续控制.北京：科学出版社

黄仲生，范永华等.1989.蔬菜病虫草防治手册. 北京：中国农业科技出版社

黄年来.1993.中国食用菌百科. 北京：农业出版社

贵宝华，张天年.1994.甘薯的种植和开发利用. 北京：中国农业出版社

黄建南.1984.日、英、汉农业常用词汇.上海：上海科学技术出版社

曹家树，卢钢，叶纨芝.1999.野生蔬菜生产技术. 北京：中国农业出版社

萧采瑜等.1977.中国蝽类昆虫鉴定手册·半翅目异翅亚目. 北京：科学出版社

萧刚柔.1997.拉汉英昆虫、蜱螨、蜘蛛、线虫名称. 北京：中国林业出版社

屠予钦.1989.农药科学使用指南. 北京：金盾出版社

韩金声.1987.花卉病害防治.昆明：云南科技出版社

韩金声等.1990.中国药用植物病害.长春：吉林科学技术出版社

蒋书楠，蒲富基，华立中.1985.中国经济昆虫志·鞘翅目·天牛科（三）.北京：科学出版社

蒋先明.1989.中国农业百科全书蔬菜卷分册.各种蔬菜. 北京：农业出版社

蒋秋明，田爱民.1993.蔬菜高优新实用栽培技术. 北京：气象出版社

中国农业百科全书编委会.1996.中国农业百科全书·植物病理学卷.北京：中国农业出版社

舒惠国.1998.菜田农药使用指南.北京：中国农业出版社

谭增亮，张炎光，王育义.1992.蔬菜病虫害无公害防治.北京：科学技术文献出版社

中国农业百科全书编委会.1990.中国农业百科全书·蔬菜卷.北京：农业出版社

魏景超.1979.真菌鉴定手册.上海：上海科学技术出版社

戴芳澜.1979.中国真菌总汇.北京：科学出版社

A.JOHNSTON，C.BOOTH. Plant Pathologist 's Pocketbook Second Edition.COMMONWEALTH MYCOLOGI-CAL INSTITUTE

A.A.Brunt,G.V.H.Jackson，E.A.Frison.1989.FAO/IBPGR TECHNICAL GUIDELINES FOR THE SAFE MOVE-MENT OF YAM GERMPLASM

F.W.Zettler,G.V.H.Jackson，E.A.Frison.1989.FAO/IBPGR TECHNICAL GUIDELINES FOR THE SAFE MOVE-MENT OF EDIBLE AROID GERMPLASM

J.W.Moyer,G.V.H.Jackson，E.A.Frison.1989.FAO/IBPGR TECHNICAL GUIDELINES FOR THE SAFE MOVE-

MENT OF SWEET POTATO GERMPLASM

M.Diekmann,E.A.Frison，T.Putter.1994.FAO/IPGRI TECHNICAL GUIDELINES FOR THE SAFE MOVEMENT OF SMALL FRUIT GERMPLASM

C.C.Bernier.et al.1984.FIELD MANUAL OF COMMON FABA BEAN DISEASES IN THE NILE VILLEY，Information Bulletin NO.3

The American Phytopathological Society. 1986.Plant Disease.VOL 70 No.12

The American Phytopathological Society. 1991.Plant Disease.VOL 75 No.5

小岛圭三，林匡夫.1981.原色日本昆虫生态图鉴.保育社

六浦 晃，山本義丸，服部伊楚子.1977.原色日本蛾类幼虫图鉴 [上].保育社

木桥精一，野村健一.昭和47.原色野菜の病害虫诊断.农山渔村文化协会

日本甲虫学会.1981.原色日本昆虫图鉴.甲虫编.保育社

白水 隆，原 章.1979.原色日本蝶类幼虫大图鉴 VOL Ⅰ.保育社

白水 隆，原 章.1979.原色日本蝶类幼虫大图鉴 VOL Ⅱ.保育社

古川晴男，长谷川仁，奥谷祯一.昭和40.原色昆虫百科图鉴.集英社

田村市太郎，小野小三郎.昭和46.作物の病害虫诊断.农山渔村文化协会

伊藤修四郎，奥谷祯一，日浦 勇.1981.原色日本昆虫图鉴.保育社

奥野孝夫，田中 宽，木村 裕.1981.原色树木病害虫图鉴.保育社

奥野孝夫，田中 宽，木村 裕，米山伸吾.1981.原色草花野菜病害虫图鉴.保育社

读 者 反 馈 意 见

Reader 's comments

读 者 简 况 Reader 's information					
姓 名 Name		职 称 Occupation		职 务 Title	
单位性质 Responsibility	管理 Management □ 推广 Extension □			研究 Research □ 生产 Production □	
工作单位 Organization					
通讯地址 Mail Address					
联系方式 Contacts	电话: Tel.		电子邮箱: E-mail:		

读 者 反 馈 意 见 Reader 's comments	
错误内容 Error 遗漏内容 Omission 不准确内容 Confusion	页 page　　行 line 页 page　　行 line 页 page　　行 line
应修改为 Correction 增补内容 Supplement 准确内容为 Amendments	
评价意见 Notes	

作者地址：北京市北三环中路九号 北京市植物保护站　邮编:100029
电子邮箱：zhengjianqiu@cast.org.cn
Author's contact:
Zheng Jianqiu Beijing Plant Protection Station
Add.No.9 Beisanhuan Zhonglu Rd. Beijing, 100029 P. R. China
E-mail: zhengjianqiu@cast.org.cn